中国科学院科学出版基金资助出版

凝聚态物理学丛书·典藏版

电介质物理学

第二版

殷之文　主编

科学出版社

北京

内 容 简 介

本书第二版是在第一版(《电介质物理学》，方俊鑫、殷之文主编，1989年)的基础上进行全面的修改、补充和完善而完成的。第二版是19位该领域的院士或专家的集体创作. 它既保留了第一版的成功之处和特色，又增添了许多新成果、新观点、新应用等新内容，使其内容既全面、系统，又重点突出，是一部难得的更具中国特色的专著. 全书12章，主要介绍电介质的极化响应、电荷转移、唯象理论、晶格振动和声子统计、铁电原理、铁电体的第一原理研究、晶体缺陷、电介质能谱、电介质的实验研究、电介质材料的新应用和铁电薄膜等. 每章末尾还附有参考文献.

本书可供从事电介质物理、材料和器件的科研、教学、研制、应用、测试等的科技人员及大专院校有关专业师生参考.

图书在版编目(CIP)数据

电介质物理学/殷之文主编. —2版. —北京: 科学出版社，2003.1

（凝聚态物理学丛书 ：典藏版）

ISBN 978-7-03-010681-0

Ⅰ.①电… Ⅱ.①殷… Ⅲ.①电介质—介质物理学 Ⅳ.①O48

中国版本图书馆CIP数据核字(2002)第058770号

责任编辑：刘凤娟 / 责任校对：彭珍珍

责任印制：赵 博 / 封面设计：陈 敬

科学出版社出版

北京东黄城根北街16号

邮政编码：100717

http://www.sciencep.com

北京科印技术咨询服务有限公司数码印刷分部印刷

科学出版社发行 各地新华书店经销

*

1989年7月第 一 版 开本：850×1168 1/32

2003年5月第 二 版 印张：26 7/8

2024年4月印 刷 字数：701 000

定价：198.00元

(如有印装质量问题，我社负责调换)

《凝聚态物理学丛书》出版说明

以固体物理学为主干的凝聚态物理学,通过半个世纪以来的迅速发展,已经成为当今物理学中内容最丰富、应用最广泛、集中人力最多的分支学科.从历史的发展来看,凝聚态物理学无非是固体物理学的向外延拓.由于近年来固体物理学的基本概念和实验技术在许多非固体材料中的应用也卓有成效,所以人们乐于采用范围更加广泛的"凝聚态物理学"这一名称.

凝聚态物理学是研究凝聚态物质的微观结构、运动状态、物理性质及其相互关系的科学.诸如晶体学、金属物理学、半导体物理学、磁学、电介质物理学、低温物理学、高压物理学、发光学以及近期发展起来的表面物理学、非晶态物理学、液晶物理学、高分子物理学及低维固体物理学等都是属于它的分支学科,而且新的分支尚在不断迸发.还有,凝聚态物理学的概念、方法和技术还在向相邻的学科渗透,有力地促进了材料科学、化学物理学、生物物理学和地求物理学等学科的发展.

研究凝聚态物质本身的性质和它在各种外界条件(如力、热、光、气、电、磁、各种微观粒子束的辐照乃至各种极端条件)下发生的变化,常常可以发现多种多样的物理现象和效应,揭示出新的规律,形成新的概念,彼此层出不穷,内容丰富多彩,这些既体现了多粒子体系的复杂性,又反映了物质结构概念上的统一性.所有这一切不仅对人们的智力提出了强有力的挑战,更重要的是,这些规律往往和生产实践有着密切的联系,在应用、开发上富有潜力,有可能开辟出新的技术领域,为新材料、元件、器件的研制和发展,提供牢固的物理基础.凝聚态物理学的发展,导致了一系列重要的技术突破和变革,对社会和科学技术的发展将发生深远的影响.

为了适应世界正在兴起的新技术革命的需要,促进凝聚态物理学的发展,并为这一领域的科技人员提供必要的参考书,我们特组织了这套《凝聚态物理学丛书》,希望它的出版将有助于推动我国凝聚态物理学的发展,为我国的四化建设做出贡献.

主　编　葛庭燧
副主编　冯　端

第二版序

电介质物理学是一门古老的学科，经历了不同时期的发展阶段，逐步深入、渐进发展，直至发展到今天，电介质物理学的整个内容和机理都已发生了翻天覆地的变化．早先的电介质仅仅是作为分隔电流的绝缘材料来应用．当时电介质的研究对象就是绝缘体（材料），并以绝缘材料的介电常数、损耗、电导和击穿等所谓四大参数为其主要内容．

20世纪30年代后，随着电子技术、激光、红外、声学、各种高新技术和新材料不断出现和发展，特别是极性电介质的出现和被广泛应用，彻底改变了原先电介质的含义和所包括的内容，使人们对电介质的理解及其范畴大大加深、加宽，并使以四大参数为主要内容的电介质物理学逐步演变为研究物质内部电极化过程的学科．从这个意义上讲，电介质物理学又是一门崭新的学科，有许多新的领域和课题正等待着人们去进一步深入研究、探讨、发现和开拓．

由中国物理学会电介质专业委员会和科学出版社共同组织，由方俊鑫、殷之文主编的《电介质物理学》（1989年7月第一版，科学出版社，《凝聚态物理学丛书》之一），是一部由我国科学家集体智慧创作而成的，具有我国特色的高水平、高质量专著．问世之后，得到了同行专家和广大读者的好评和欢迎，对我国电介质事业的发展发挥过重要作用．在国外虽有大量的文章发表，但类同的专著也不多见，该书的内容编排与配搭，科学、技术、理论、实验方法和应用等论述都是经过深思熟虑的．在当时来说，这已是一部内容比较全面，基本上包括了电介质物理学的主要部分和组成，且是十分难得的具有中国特色的专著．

时至今日，该书出版已达10多年了．10多年来，国内外的电介质事业又有了突飞猛进的发展，出现了许多与国民经济建设、国防、科研、教学等紧密相关的新领域、新技术、新理论，取得了一系列新成果，并得到了空前的广泛应用，有许多已深入到老百姓的日常生活之中，例如各种不同功能的电器设备等．在这些新成就中，由于受到年代的限制，有些内容是当时原书无法涉及到的．因此，现在在殷之文院士的倡议和督促下，由中国物理学会电介质专业委员会和科学出版社共同组织，由殷之文院士任主编，不失时机地将原书中所没有涉及到的若干新内容（例如铁电薄膜、缺陷和微结构，铁电第一性原理电介质器件与应用等）补充进去，并对原书进行修订、编辑、完善、提高，出版该书的第二版，这一举措非常及时、非常必要，而且也是十分难能可贵的．因此，我深信，该书第二版的问世对我国电介质事业的深入发展将起更大的推动作用，并对我国电介质领域的理论、工艺、实验方法和应用将作出具有历史性的贡献．

冯端

第二版前言

《电介质物理学》第一版于1989年面世后，受到了有关科技人员的欢迎，已陆续重印三次．1998年在南京召开的第八届全国电介质物理学术会议期间，部分代表在谈到该书时一致认为该书起点较高，质量较好，对推动我国电介质物理学的科研、教学以及电介质材料的研究和开发都起到了积极的推动作用．同时专家们也注意到，电介质物理学的某些研究领域和研究成果尚未收入该书中；而且第一版问世后的十多年来国内外在电介质物理和电介质材料的研究上又取得了不少新成果，这些也都有必要在书中反映出来，使之更系统、更新颖、更能反映当代电介质物理学的主要成就和现状．

基于以上情况，不少代表建议对第一版做相应的补充和修改，出版《电介质物理学》第二版．经过各章作者和科学出版社等好几年的共同努力，现在新版终于与读者见面了．

电介质物理学是一门较老而又不断发展的学科，同时又是一门与其他学科有许多交叉的学科．这便决定了它内容的广泛性．本书从电介质最基本的现象，即极化和电荷转移现象入手，概括论述了本领域中较基础、较普遍的理论和较有力、较常用的研究方法，使本书既精炼而又实用，为本领域的科研工作和学科发展提供必备的工具．这些原理和方法将为理解电介质和部分其他功能材料的性质和控制改进这些材料的性能提供基础知识和分析问题的依据．部分章节还归纳了有关领域的研究现状，使读者容易把握该方向的前沿．我国正在经历着深刻的变革，随着我国科学技术的不断发展和积累、创新精神和思维方式的不断深入、经济全球化形势的不断推进，科技发展的新时代即将到来．在电介质领域中，研究材料宏观性质与物质内部的微观运动过程及原子组态的关系，从而提高材料研究和利用的能力和水平，对更好地创新是十分重要的. 电介质物理学的理论基础对相关材料和器件领域的发展将起着越来越重要的作用. 从这个角度说，本书对本学科的发展、电介质材料和器件的研制将起到一定的推动作用.

继承本书第一版的传统，本书第二版由多位专家共同撰写，他们在各自的领域中都有较深的造诣，使本书在保证一定系统性的同时，能够充分发挥作者各自的专长，使本书具有一定的深度，从而更充分地反映了本学科发展的水平和所取得的成就. 在理论、实验、应用的结合方面，本版做了较大的改进：在电介质理论方面，本版更系统，内容更全面，更充分地展示了电介质物理学从宏观到微观的发展进程；在实验方面，注重了近代的一些主要研究方法，所包括的研究方法也较多；本书还对电介质的部分应用和铁电薄膜做了较详细的讨论，这不仅对材料工作者及从事电介质应用的读者有益，也使本书更完整，内容更全面和系统化.

与本书上一版相比增加了四章，连同原有的八章共十二章. 新四章包括山东大学钟维烈、王渊旭撰写的铁电体的第一性原理研究(第七章)，南京大学李齐撰写的晶体中的缺陷(第八章)，中科院上海硅酸盐研究所王永龄撰写、董显林审阅的电介质材料的新应用(第十一章)和四川大学肖定全撰写的铁电薄膜(第十二章). 第一性原理研究反映了近年来电介质特别是铁电体研究从宏观到微观的又一发展进程，是材料性能预测和探索新材料的有力手段. 第七章介绍了第一性原理计算的基本概念、主要方法和主要结果. 第八章反映了实际晶体的不完整性. 点缺陷、线缺陷、面缺陷、体缺陷对电介质的电学、光学、老化等诸多性能有着重要的影响，简要介绍了晶体中主要缺陷的种类与作用、它们的形成与运动及晶体表面等，为深入分析电介质的宏观现象提供了不可缺少的基础知识. 第十一章中结合作者本人的工作，着重介绍了与电介质材料的高介电常数和自发极化特性有关的一些新应用，包括高介电容器、微波器件、铁电储能电容器、压电点火、压电双晶片、水声换能器、热释电应用、铁电高功率电源以及铁电薄膜存储器等应用，同时也对应用中的一些实际问题做了分析.第十二章介绍了近些年来对信息、电子等行业具有重要促进作用的铁电薄膜的制备技术、性能特点、研究方法和重要应用等.

对第一版的第一至八章也都作了全面的修改和补充,并将第七章调改为新版第九章,将第八章调改为新版的第十章,使得这些章节的内容更新颖更充实.在新版中,第一章由上海交通大学方俊鑫和上海硅酸盐研究所王评初撰写、(山东大学钟维烈审阅)主要增加了电介质物理学在近些年中的部分新进展.第二章(由中山大学陆夏莲、李景德撰写)、第四章(由中山大学陆夏莲、清华大学周志刚、中山大学李景德撰写)、第五章(由陆夏莲、李景德撰写)对第一版相应各章做了全面修订,使之更系统,更易于阅读和理解.第三章(由哈尔滨理工大学雷清泉、范勇撰写,中科院物理研究所陈正豪审阅,并对原第三章进行改写),主要介绍了电介质中的电荷转移与能带结构、电极、温度、电场的关系,空间电荷的形成、特点与表征,以及介质击穿机理;并简要介绍了导电逾渗、击穿和放电结构的分形研究.第六章(由清华大学周志刚和中科院物理研究所李从周撰写、陈正豪审阅)主要增加了铁电液晶的结构、铁电体的对称性、晶体对称性与晶体的物理性质及相变的关系,并对铁电畴及其新动向作了较详细的介绍.第九章(由浙江大学倪尔瑚和李从周撰写、上海大学孟中岩审阅)对介质能谱作了更全面的介绍,除频域介电谱外,增加了时域介电谱和色散傅里叶变换波谱.第十章(由美国加州大学洛杉矶分校许煜寰撰写)增加了薄膜微结构研究及电学、光学、力学性能的测量方法.

本版各作者和审校者虽都尽了最大努力,但由于时间仓促,缺点错误仍在所难免,欢迎各位读者批评指正.

殷之文

2002.4

目　录

第一章　绪　　论

方俊鑫　王评初

§1.1　介质的电极化[1～26]

电介质的特征是以正、负电荷重心不重合的电极化方式传递、存贮或记录电的作用和影响，但其中起主要作用的是束缚电荷．电介质物理学主要是研究介质内部束缚电荷在电场（包括光频电场）、应力、温度等作用下的电极化及运动过程，阐明其电极化规律与介质结构的关系，揭示介质宏观介电性质的微观机制，同时也研究电介质性质的测量方法，以及各种电介质的性能，进而发展电介质的效用．电介质可以是气态、液态或固态，分布极广，本书主要论述固态电介质．虽然电介质并非一定是绝缘体，但绝缘体都是典型的电介质．绝缘体的电击穿过程及其原理关系到束缚电荷在强场作用下的极化限度，这亦属于电介质物理的研究范围．实际上，金属也具有介电性质．当电场频率低于紫外光频率时，金属的介电性来源于电子气在运动过程中感生出的虚空穴（正电荷），从而导致动态的电屏蔽效应；此时基本上不涉及束缚电荷，故不列入电介质物理学研究的范畴．

因为电极化过程与物质结构密切相关，电介质物理学的发展总是与物质结构的研究相呼应．20 世纪 20 年代，当关于原子结构和分子结构的研究开始发展的时候，电极化基本过程的研究也随着发展起来了．电极化的 3 个基本过程是：(1)原子核外电子云的畸变极化；(2)分子中正、负离子的相对位移极化；(3)分子固有电矩的转向极化．在外界电场作用下，介质的相对介电常数 ε 是综合地反映这三种微观过程的宏观物理量，它是频率 ω 的函数 $\varepsilon(\omega)$. 只当频率为零或频率很低(例如 1kHz，)时，三种微观过程都参与作用；这时的介电常数 $\varepsilon(0)$ 对于一定的电介质而言是个常数. 随着频率的增加，分子固有电矩的转向极化逐渐落后于外场的变化. 这时，介电常数取复数形式

$$\varepsilon(\omega) = \varepsilon'(\omega) - i\varepsilon''(\omega), \tag{1.1}$$

其中虚部 $\varepsilon''(\omega)$ 代表介质损耗. 实部 $\varepsilon'(\omega)$ 随频率的增加而下降，同时虚部出现如图 1.1 所示的峰值，这种变化规律称为弛豫型的.

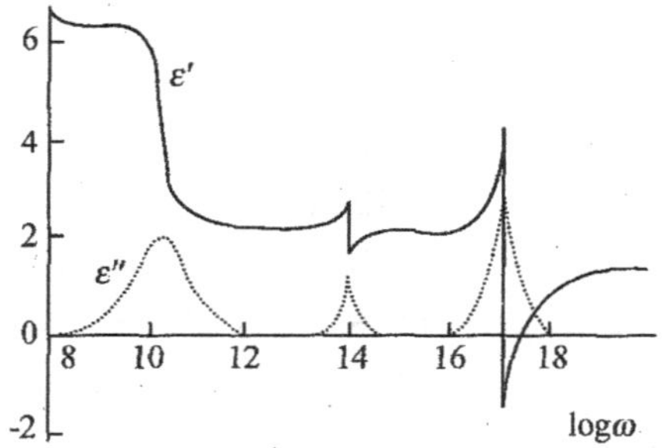

图 1.1 介质的色散和损耗.

频率再增加，实部 $\varepsilon'(\omega)$ 降至新恒定值，而虚部 $\varepsilon''(\omega)$ 则变为零；这反映了分子固有电矩的转向极化已经完成不再作出响应. 当频率进入到红外区，分子中正、负离子电矩的振动频率与外场发生共振时，实部 $\varepsilon'(\omega)$ 先突然增加，随即陡然下降；同时 $\varepsilon''(\omega)$ 又出现峰值. 过此以后，正、负离子的位移极化亦不起作用了. 在可见光区，只有电子云的畸变对极化有贡献，这时实部取更小的值，称为光频介电常数，记作 ε_∞；虚部对应于光吸收. 实际上，光频介电常数随频率的增加而略有增加，称为正常色散. 在某些光频频率附近，实部 $\varepsilon'(\omega)$ 先突然增加随即陡然下降，下降部分称为反常色散；与此同时，虚部出现很大的峰值，这对应于电子跃迁的共振吸收. 根据光的电磁波理论，介质对光的折射率 n 的平方等于相对介电常数. 在极高的光频电场下，只有电子过程才起作用，故

$$n^2 = \varepsilon_\infty. \tag{1.2}$$

共振型吸收(详细讨论见第二章)曲线的线宽也反映了一定的弛豫过程.弛豫过程决定于微观粒子之间的相互作用.当相互作用很强时,色散曲线和吸收曲线过渡到极端的弛豫型.

在频率更高时(如高于 10^{19}Hz),介质对这种激励没有反应,ε 取真空电容率.除上述的三种主要极化机构外,在更低的频率范围还有(1)空间电荷极化:由外场注入或缺陷的作用等原因形成宏观极化或局域极化,由于它们难于运动,只有频率很低时才对外场有响应.(2)带有电矩的基团的极化:如某些缺陷所形成的偶极矩连同周围受其感应的部分所形成的微小区域,以及铁电体中的畴壁等,因其质量大而运动缓慢.(3)界面极化:在非均匀介质系统中,当两种介质的介电常数和电导率不同时,在两种介质的界面上将有电荷积累,从而产生相应的极化.界面极化对电场的响应等价于双层电介质模型,其行为类似于德拜弛豫.

研究介电极化和弛豫始终是波谱学和光谱学的重要内容,这种研究促进了分子物理学和固态物理学的发展.在今后发展非晶态物理乃至液态物理的进程中,研究电极化和弛豫仍然是基本的课题;这时所面临的机制将更加复杂而深刻,所需要的手段也将更加精细和更加有效.由于所涉及的是电荷的分布、起伏和带电粒子间的相互作用,故在电介质物理的研究中,一方面需要很好的实验手段,另方面要求具备优良的理论武器.电动力学、量子力学、热力学和统计物理学等始终是研究和探讨本学科的必不可少的理论基础和手段,而且随着科学技术的向前发展,这些理论基础和方法将会更加完善.

在电介质物理学的发展过程中,有效场或内(电)场问题始终是个繁难的理论问题,并曾引起过许多学者的研究和讨论,但一直没有得到圆满的解决.问题是这样提出来的:在外电场的作用下电介质发生电极化,整个介质出现宏观电场.但作用在每个分子或原子上使之极化的有效场(内场)显然不包括该分子或原子自身极化所产生的电场,因而有效场不等于宏观场.通常在考虑有效场时必须把所讨论的分子或原子的贡献排除在外，对于所讨论的分子或原子来说，近邻的与远离的其他粒子所发生的作用并不相同；远离的只有长程作用，近邻的还有短程作用．在讨论这个问题时，Lorentz 设想以所考虑的分子或原子为心，作一半径足够大的球，球外可作为连续介质处理，对球内则必须具体考虑其结构．当介质具有对称中心时，Lorentz 得出结论，球内其他粒子对中心粒子的作用互相抵消；球外则可归结为空球表面的极化在中心所产生的场，在 C.G.S. 制下等于 $4\pi \boldsymbol{P}/3$，其中 $\boldsymbol{P}$ 代表介质的极化强度．因此，若外加电场为 $\boldsymbol{E}$，则作用于中心分子或原子上的有效场（内场）为

$$\boldsymbol{E}_e = \boldsymbol{E} + 4\pi \boldsymbol{P}/3 \ (\text{CGS 制}), \tag{1.3}$$

称 $\boldsymbol{E}_e$ 为 Lorentz 有效场或内场．实验表明，对不具有固有电矩、但具有中心反演对称的介质，Lorentz 内场是适用的．但对由具有固有电矩的分子所组成的液体，虽然液体各向同性（故有对称中心），但用 Lorentz 内场计算得到的介电常数比实测的要大得多，这表明此时的 Lorentz 内场过大了．在国际单位制（SI）下，式（1.3）的形式为

$$\boldsymbol{E}_e = \boldsymbol{E} + \boldsymbol{P}/3\varepsilon_0, \tag{1.4}$$

其中 ε_0 为真空介电常数，等于 8.8537×10^{-12} F/m．在本书中如无特别声明，一律系采用国际单位制．

昂萨格（L. Onsager）讨论和分析了这个问题，他认为分子固有电矩引起周围的电极化，反过来作用于中心电矩的场，他称为反作用场，这个场是不能使中心电矩转向的．Lorentz 内场中包含了反作用场，因而显得过大了．昂萨格还认为，在外电场作用下，引起中心电矩转向的是空球电场；其来源是因为取走点电矩而用空球代替时，外加电场在空球内、外都发生了畸变．由于空球电场不同点电矩平行，故能使之转向．对于极性不很强的液体，昂萨格理论给出的结果同实验比较符合．虽然昂萨格模型比 Lorentz 模型有所改进，但实际上它忽略了球内分子的结构，没有考虑分子间的短程作用．因而又在另一个极端上将问题过分地简化了．

对于形成分子集团的极性液体，例如水等，短程相互作用不能忽略，昂萨格理论不再适用．对于形成分子集团的液体，特别是对于聚合物和高分子介质，则必须考虑短程作用．Kirkwood 首先采用了统计的方法来考虑介质极化过程中粒子间的相互作用．其后，Frohlich 更为系统地发展了统计理论，这对于研究和发展极性高分子聚合物电介质来说是具有重要意义的．我们将在§2.3 中对内场问题作较详细的介绍．

对于结构紧密的固态介质，除接近熔点时的情况外，分子电矩的直接转向难以出现．但固态介质中总是存在缺陷的，在外电场作用下，带电缺陷可以从一个平衡位置跳到另一个平衡位置，其效果就相当于电矩的转向．一些具有强离子键的晶体，其静态介电常数总比折射率的平方大得多；除离子位移极化的贡献外，差值就是带电缺陷在外电场作用下从一个平衡位置跳到另一个平衡位置所引起的．只有共价键的原子晶体，例如金刚石、锗、硅等，它们的静态介电常数才接近于折射率的平方．对于Ⅲ-Ⅴ族化合物，例如 GaAs, InP 等，虽然主要是共价键结构，但因附加了离子键，其静态介电常数也显著地比折射率平方要大．

在外电场作用下，分子电矩在转向过程中因与周围分子发生碰撞而受阻，从而运动滞后于电场，出现强烈的极化弛豫．极化弛豫、介质损耗或介质吸收这三者是从不同角度出发来描述同一个问题．实验表明，复介电常数的实部 ε'和虚部 ε''不是互相独立而是互相联系的，Kramers 和 Kronig 从十分普遍的数学原理得出了两者互相联系的 K-K 关系式．实际上也就是光学上常用到的关于折射率和吸收系数之间的 K-K 关系式．用分子电矩的转向模型来解释时，K-K 关系式的物理图像是十分清楚的．复介电常数实部的增长是由于电矩转到与外场平行的方向；但在转向过程中就要与周围粒子发生碰撞而损失能量，从而出现弛豫，这是由复介电常数的虚部来表述的．

德拜(P.Debye)对弛豫过程作了深刻的研究．他认为极化弛豫可分解为一些 $\exp(-t/\tau)$类型的单元过程，由弛豫时间 τ 来表

征. 弛豫时间有一定的分布函数 $F(\tau)$，符合归一化条件

$$\int F(\tau)\mathrm{d}\tau = 1\ , \tag{1.5}$$

复介电常数的实部和虚部可表为

$$\varepsilon'(\omega) = (\varepsilon_s - \varepsilon_\infty)\int_0^\infty \frac{F(\tau)}{1+\omega^2\tau^2}\mathrm{d}\tau + \varepsilon_\infty, \tag{1.6}$$

$$\varepsilon''(\omega) = (\varepsilon_s - \varepsilon_\infty)\int_0^\infty \frac{F(\tau)\omega\tau}{1+\omega^2\tau^2}\mathrm{d}\tau, \tag{1.7}$$

其中 ε_s 为静态介电常数.

对于单一的特征弛豫时间 τ，$F(\tau)$成为 δ 函数. 实际电介质的弛豫时间具有一定的分布，Cole-Cole 用经验公式把复介电常数表示为

$$\varepsilon(\omega) = \varepsilon_\infty + \frac{\varepsilon_s - \varepsilon_\infty}{1+(\mathrm{i}\omega\tau)^\alpha},\quad 0 < \alpha \leqslant 1. \tag{1.8}$$

在晶态电介质中，当缺陷存在着多个平衡位置时，每个平衡位置对应着一个特征弛豫时间，就会使晶体出现多个特征时间的弛豫过程. 此外还有

$$\varepsilon(\omega) = \varepsilon_\infty + \frac{\varepsilon_s - \varepsilon_\infty}{(1+\mathrm{i}\omega\tau)^\beta},\quad 0 < \beta \leqslant 1, \tag{1.9}$$

$$\varepsilon(\omega) = \varepsilon_\infty + \frac{\varepsilon_s - \varepsilon_\infty}{(1+(\mathrm{i}\omega\tau)^\alpha)^\beta} \tag{1.10}$$

等以描述更复杂的过程.

电极化与电导有密不可分的关系，电导也是电介质物理学的重要研究内容. 许多电介质在频率为 ω 的电场中都可等效为电容与电阻的并联. 由交流电路原理可知，在此频率下，其复电导率 $\sigma(\omega)=\sigma'(\omega)+\mathrm{i}\sigma''(\omega)$与介电常数的关系是

$$\sigma'(\omega) = \varepsilon_0\omega\varepsilon''(\omega), \tag{1.11}$$

$$\sigma''(\omega) = \varepsilon_0\omega\varepsilon'(\omega). \tag{1.12}$$

从这个意义上说，复电导的研究与极化的研究同样重要.

§1.2　固态电介质

固态电介质分布很广，而且往往具有许多可供利用的性质，例如电致伸缩、压电性、热释电性、铁电性等，从而引起了广泛的研究.但过去大多限于讨论它们的宏观性质以及可提供的技术应用.实际上，这些性质是与晶体的内在结构、其中的束缚原子(或离子)以及束缚电子的运动等都有密切的关系.现在，固态电介质物理与固体物理、晶体光学有着许多交叠的领域.特别是在激光出现以后，研究晶态电介质与激光的相互作用又构成为固态激光光谱学、固态非线性光学.

离子晶体中点阵振动的光频支导致点阵的电极化.这类光频波和离子的位移极化所引起的介电性质和对光的红外吸收、Raman 散射、布里渊散射以及一些特殊的光学性质，长期以来就是固体物理的重要研究对象，但同时也是属于电介质物理和光学的研究范畴.碱卤晶体中的 F 心以及与之相关的各种色心，从 20 世纪 30 年代起，人们就不断地进行研究，推动了固体物理的发展，对于固体发光和固体激光的发展也起着促进作用.近年来，研究色心激光并发展可调谐的红外色心激光器是很受重视的课题.为了研究 F 心，当初所提出的关于离子晶体中电子自陷的极化子模型，即运动电子和它周围畸变势的总体，现在已成为探讨离子性介电晶体和带有离子键的半导体包括Ⅲ—Ⅴ族、Ⅱ—Ⅵ族半导体中电子过程的研究对象.这些也是属于介质物理研究的范畴.

由于各晶胞的电矩之间相互作用的长程性，晶体中的电极化过程实际上是点阵的集体运动.研究电极化的集体运动是固体元激发理论的一部分.极化子就是一种元激发，声子和激子都是介电晶体中典型的元激发.声子、激子与光子杂交耦合成为声子-光子耦合场量子(phonon-polariton)、激子-光子耦合场量子(exciton-polariton)，这些是介电晶体中典型的复式(元激发)准粒子.光纤中的导波光就是由声子-光子耦合场量子或激子-光子耦合场量子组成的，成为导波光场量子(guided-wave polariton).按固体元激发理论，固体的介电常数不仅是频率的函数，而且也是极化波波矢量 $\boldsymbol{k}$ 的函数，后者称为空间色散.研究介电常数 $\varepsilon(\omega, \boldsymbol{k})$的规律与电极化元激发性质的关系，使固态电介质物理发展到了一个新阶段.

当前，固态电介质物理的研究重点还在于研究无机电介质晶体的机电、电光和铁电等性质；因为这些方面有着重要的技术应用.电介质的电极化会引起内应力从而发生形变，内应力与外电场的平方成正比的二阶效应称为电致伸缩.任何电介质都存在电致伸缩效应，但除钛酸钡、锆钛酸铅及一些弛豫铁电体之类的晶态材料外，一般的电致伸缩效应都是很小的.但在大功率脉冲的强激光作用下，激光的强电场通过电致伸缩效应在固体介质中构成甚强的超声行波场，从而引起受激布里渊散射，有可能制成连续可调的激光器.

没有中心反演对称的一些带有离子键的晶体，在外电场作用下会出现内应力与外电场强度成正比的一阶效应，这是压电效应的逆效应.这种一阶效应所能引起的晶体的应变要比电致伸缩大得多.非中心对称的晶体都是压电晶体，它们在外界压力的作用下通过内部的极化过程，使晶体表面出现面电荷，这种效应称为压电效应.压电晶体种类很多，最常见、而且用得广的有水晶、罗息盐、KDP、ADP 等.一些具闪锌矿结构的晶体(如 GaAs, CuCl, InP, ZnS 等)，它们是压电半导体.压电水晶广泛地用来制造无线电频率的谐振器.因为水晶的化学和机械性能都很好，水晶振子的谐振频率非常稳定，在电信和电子技术上的效用很大.罗息盐因其压电性能强而制作又较为简易，故是用来制造耳塞听筒或电唱头的材料.ADP 则是水声(声呐)听音器的重要材料.近年来应用最广泛的压电材料要算钛酸钡和 PZT 系列的压电陶瓷，它们可用于电声换能、压电点火和引爆等方面.研究压电晶片的切型及其振荡模式是 20 世纪三四十年代以来固体电介质物理的重要课题.压电效应的研究.

向微观发展推动了晶格动力学和声子物理的发展.在可见区

或红外区呈透明的压电晶体是具有一阶电光效应的电光晶体，其折射率可以通过外加电场而灵敏地改变，在激光调制上具有重要的用途．KDP，CuCl，GaAs 等是重要的电光晶体．新型的电光晶体如铌酸锶钡（BSN）、铌酸钡钠（BNN）等是具有钨青铜结构的铁电体，常被称为铁电电光晶体，其半波电压很低，效应很灵敏，有很好的发展前途．透明的铁电陶瓷（电光陶瓷）PLZT 也是很有发展前途的电光材料．

例如水晶等普通的压电晶体，在自由状态下如果没有外电场，晶体的极化强度等于零．但是有一类压电晶体由于本身结构的原因而处于自发极化状态．通常，自发极化电矩在晶体表面的正、负端面总吸附着异性电荷．所吸附的异性电荷完全屏蔽了自发极化电矩的电场，使之不会显露出来．但是由于自发极化电矩的大小与温度有关，当温度变化时所吸附的多余的屏蔽电荷就被释放出来，这称为热释电效应或热电效应．热释电晶体已成为红外探测的重要材料．最早被发现的热释电晶体是电气石．近代技术上应用的热释电材料都是经过人工极化的铁电体，例如 TGS，$LiNbO_3$，$LiTaO_3$ 晶体，PZT 陶瓷等．

铁电晶体是电介质晶体中很重要的一类，例如 $BaTiO_3$，$PbTiO_3$，$LiNbO_3$ 等．在各自的铁电居里温度以下，铁电晶体将出现自发极化，并且自发极化可随外场反向作用而转向．在交变电场作用下，铁电体的极化强度与场强关系显示出电滞回线．对于钛酸钡，它在 120℃ 以上没有自发极化，晶体属立方结构．当温度降至 120℃ 以下时，晶体出现自发极化，同时结构的对称性降低．自发极化的出现伴随着晶体对称性的下降，这是一种相变过程．钛酸钡在 120℃ 以上呈顺电相，由于此时的立方结构具有对称中心，故也不是压电晶体．通过冷却自发转变形成的铁电晶体，由于其中出现电畴结构，不同的畴的自发极化方向可能不同，因而互相抵消，使得铁电相晶体大块体积的宏观极化强度可以等于零；这时铁电体的压电性和热释电性都不能显露出来．只有经过人工极化单畴化或至少使各个电畴沿某个取向占优势，铁电体才同时具有压电性和热释电性.有的铁电体只有一个相变,例如 $PbTiO_3$ 在约 490℃以下一直保持为四方;而有的则有两个或多个相变,例如 $BaTiO_3$ 在 120℃以下还有四方-正交,正交-三方相变. 近年的量子力学计算表明,这是由于 $PbTiO_3$ 中 Ti 的势阱比 $BaTiO_3$ 中的要深的缘故. 有些晶体,例如 −125℃以下的 ADP,还会出现反铁电性.

研究铁电体和反铁电体的相变关系到自发极化发生的机理,这是电介质物理、同时也是固体物理的主要课题之一.现在知道,晶体中自发极化的出现是与晶格振动的横光学支模的频率随着温度接近相变点而趋向于零有关.这种频率随温度或其他条件变化而降低的振动模称为软模.软模的概念是从铁电性的理论研究中提出来的,已经被推广应用到例如合金相变等其他领域.今天,软模理论已成为研究固态相变极重要的理论.本书将在第四章中讨论晶格振动和软模问题.

通常,研究电极化问题时外加电场比较弱,此时极化强度与外场强度成正比,称为线性极化.若外场增强,就会出现非线性极化,但只在非中心对称的压电晶体和铁电晶体中才能观察到二阶的非线性极化,所以在电学上早就把压电、铁电材料称为非线性电介质,激光的电场很强,首先在石英晶体中观察到非线性极化引起的激光倍频现象,其后用 KDP 和 ADP 可以很容易实现光倍频和光混频(包括差频与和频)以及参量振荡,利用 $LiNbO_3$ 可以使激光的频率连续可调,以上这些以及其他一些非线性光学效应的出现,引起了人们广泛的研究,从而发展成为非线性光学这一新的学科分支.电介质物理学与非线性光学有着广阔的交叠领域,但两者研究角度不同.电介质物理学研究激光作用下电光介质中非线性电极化过程与介质结构的关系,把宏观的电光性能与物质的微观组态联系起来,进一步揭示物质的微观运动规律,从而有可能有的放矢地发展和制备出性能优异的非线性光学材料.现在看来,铁电电光材料会比压电电光材料优越,只是目前对于一些领域的规律尚掌握得不够,同时由于技术条件的限制,实际和要求之间还存在很大差距,例如 BSN,BNN 在性能上远没有达到理想的要求.

用激光作为工具，使得固态电介质 Raman 光谱的研究得到很大的发展．在某种意义上来说，这种做法也就是研究晶格振动光学支格波与激光的相互作用和研究固态电介质中极化元激发(包括极化子)与激光的相互作用．铁电体的电光性能之所以比较优越，就是因为晶体中存在自发极化．因而研究铁电相变前后由软模引起的激光 Raman 散射，不仅可以揭示铁电相变过程的规律，而且可以对铁电电光性能进行分析．研究 Rayleigh 峰附近晶体的准弹性散射或中心峰随温度等条件的变化，可获得相变动态过程的信息，例如新相微区的形成及扩大等，有助于推动临界现象的研究．此外，由于实验技术的不断改进，通过对电介质材料的布里渊散射光谱的分析研究，使得晶格振动声学支格波与激光的相互作用规律有可能被揭示出来．所以，电介质物理学与固态激光光谱学也有着宽广的交叠领域．

有些固态电介质材料，具有长期保存电荷并在其周围建立电场的能力，这类材料总称为驻极体．驻极体虽然已发现很久，但在早期的发展中似乎只有理论上的意义．直到聚合物驻极体研制成功以后，驻极体的研究才受到人们的重视．聚合物具有优良的贮存电荷的能力，聚合物驻极体可制成薄膜，从而出现能够任意弯曲的特异性质，这是一种新的功能材料，并得到了广泛的应用．驻极体能产生约 30kV/cm 的强外电场，使之能应用于许多目的．用薄膜驻极体制成的话筒，已有商品出售．驻极体的电荷贮存性能还被应用于静电摄像术．这方面的技术由于光电导成像技术的研究而有了重要突破，导致了静电复印技术的发展．近年来，还利用驻极体制成气体过滤器、光显示系统和辐射计量仪等．商品气体过滤器采用负电晕驻极纤维材料，由静电吸引力的作用捕捉灰尘和微小粒子．

许多生物物质都是具有某种介电性质和功能的电介质，例如骨骼具有压电性，神经的信号传输与其中的电矩扰动有关．驻极体已用于外科接骨手术，它可以帮助断骨的愈合和生长．关于生物电介质的研究，正在促进生命科学的发展．

传统上物质的导电现象不属于电介质物理的研究范畴.但由于电介质物理的发展及与其他学科的渗透,也研究与介电性质有关的导电现象.由于电导率很小的电介质被用来作为绝缘材料,电导问题关系到绝缘体的漏电和损耗,所以工程技术上把电导列为绝缘体的四大参数(介电、损耗、电导、击穿)之一.绝缘材料科学与电介质物理学之间是有一定区别的.后者只研究与介电行为直接有关的问题.例如某些以 $BaTiO_3$ 为基的陶瓷铁电半导体陶瓷,在室温时的铁电相是一种导电的半导体,当温度升高到铁电居里点转变为顺电相时,其电阻突然升高五六个数量级而成为绝缘体.这种具有正温度系数(PTC)的材料用来制成加热器可同时兼具恒温作用,成为复合功能器件而得到广泛的应用.PTC 的机理与铁电自发极化在相变时消失而在晶界上形成双肖特基势垒有直接关系.电介质物理的重要课题之一就是获得宏观介电常数足够大的材料.近代技术已能够将陶瓷的晶粒内部做成导电的,而晶粒边界为绝缘的,因为晶粒边界层很薄,因此宏观样品的等效相对介电常数可以达到 10^5.如何降低其介质损耗,提高耐压强度仍是一个值得研究的课题.这实际是电介质物理与半导体科学的交叉学科.导电现象与电介质直接有关的方面还有电击穿,经击穿的电介质将部分或全部失去其介电性能.介电击穿是电介质电极化所能容忍的强场极限.绝缘电介质的击穿场强一般约为 10^7 至 10^8V/m.当外加场强超过此值时,绝缘体的电导率突然增大,在外电场不变情况下,介质中的电流迅速增大,接着在介质中形成破坏性的导电沟道.介电击穿的过程很复杂,除与介质的结构、缺陷、杂质等有关外,还与样品厚度、电极形状、环境温度、湿度和气压,所加电场波形等有关.击穿通常可以分为本征击穿、热击穿、化学击穿等几种类型.实际击穿时可以是某种类型占主要,也可以是几种原因的叠加.在击穿过程中还会出现不同类型的变化.有关介电击穿的实验数据很不完整,目前的各种理论模型只能分别在一定范围内说明问题.介电击穿的研究涉及材料的能带结构、强场下载流子的输运过程、弛豫机制以及电子与声子、电子与电子间的相互作用等等.

在应用上,介电击穿关系到高电压的传输与变换、高能粒子加速器、光损伤、电介质的大容量贮能以及器件与设备的可靠性等.

§1.3 近年来电介质物理学的部分进展

电介质物理学是个较老的学科,同时也是一个不断发展的领域,要全面地概述其进展十分困难,这里仅概括其中的几个受到较多关注的课题.

1. *材料性质的第一性原理计算是个有巨大潜力的领域* 第一性原理方法是指从构成材料的原子核、电子或其他结构单元自身的性质及它们之间的相互作用出发,事先不需实验参数,而得到材料性质的计算方法.原子间的相互作用是各种宏观物质形成和变化的根源.对这种作用认识的程度标志着人类对宏观物质理解和把握的水平,第一性原理计算是取得这种认识的重要手段之一.

对凝聚态物质,多中心多体问题的极端复杂性使第一性原理计算非常困难.但由于能带理论,量子化学计算方法特别是密度泛函理论的发展,近 10 年来,第一性原理的计算进展迅速[27,28].不仅用于材料性质的计算,而且结合 Monte-Calo 或分子动力学理论等还被用于有限温度处理诸如铁电相变这种包含原子位移的问题以及机电耦合的复杂情况.现在已能相当好地对 0K 温度时纯的有序化合物单晶的晶胞参数、力学性能、与机电耦合有关的参数(包括压电常数)、相图以及声子频率进行计算,对这些性质随温度变化的计算结果也是不错的.对 $BaTiO_3$, $PbTiO_3$, $KNbO_3$ 的铁电相变,$PbZrO_3$ 的反铁电相变以及 $SrTiO_3$ 的复杂相变行为也得到了与观察相符的结果.对有实用价值的固溶体系统也有部分初步的工作,对不完整晶体例如氧缺位,畴界,表面电子态等的工作也都给出了新结果,但对于弛豫铁电体,由于体系的复杂性,单纯的量子力学计算是困难的,还须结合其他方法,这方面的工作对进一步理解弛豫铁电体的起因及优异的压电性能的来源将会很有帮助.

第一性原理计算有利于揭示组分-结构-性能之间的内在联

系，揭示一些性质产生的根源，可以帮助理解不同成分带来性能差异的原因，如 $BaTiO_3$ 与 $PbTiO_3$ 性质与相变行为差异的原因.此种计算的最终结果可导致性能和结构的预测以及材料设计.

2. *弛豫铁电体在20世纪90年代发展迅速* 弛豫铁电体是指顺电-铁电转变属弥散相变的铁电材料，一般为复合型化合物或固溶体.典型的例子是铌镁酸铅(PMN)和铌锌酸铅(PZN).除 $\varepsilon(T)$ 峰较宽外，主要特点是 ε' 峰的位置随频率而变化，ε'' 峰往往与 ε' 峰温度不一致，在典型的情况下(如PMN)降温时体系并不自发地形成长程序，在 ε' 峰的温度以上 ε'-T 不服从居里-外斯定律.继发现它们具有高的介电常数、大的电致伸缩系数以及良好的电光性能[锆钛酸镧铅(PLZT)陶瓷]以后，20世纪80年代初又发现了铌锌酸铅-钛酸铅固溶体单晶具有异常高的压电常数和机电耦合系数[29].20世纪90年代又发现铌镁酸铅-钛酸铅单晶也具有同样好的压电性能[30]，并且可以用融熔法长成大单晶[31]，其压电常数 d_{33} 和耦合系数 k_{33} 可分别达3000pC/N和0.94[32]，从而使单晶具有规模应用的价值.经辐照处理的聚合物聚偏氟乙烯-三氟乙烯的固溶体[P(VDF-TrFE)]成为弛豫铁电体[33]，在电场作用下具有异常大的形变量(达4%).这些都是压电领域中自PZT陶瓷发现以来的新突破，在驱动器、换能器、机器人等领域中有广阔的应用前景.

在对弛豫铁电体物理本质的认识方面[34,35]，早期的组分波动理论和马氏体相变理论不能解释铌镁酸铅不能依靠单纯的降温而变为铁电态的现象，只在部分体系中使用.超顺电态观点，微畴—宏畴转变观点，自旋玻璃观点以及铌钪酸铅等(两种B位离子数目相等的体系)的B位离子无规分布模型等在解释弛豫铁电体的宏观行为方面均获得了一定的成功，反映了弛豫铁电体的不同侧面.20世纪80年代末有人提出了空间电荷模型：对铌镁酸铅，其内部存在着组成为Nb:Mg=1:1沿[111]方向相间分布的有序微区，由于电荷不平衡，这种微区带有电荷，阻止微区长大.这曾一度被看成是弛豫铁电体的起因.但这一观点受到了小角X射线散射结果[36]及高分辨原子序数衬度像(Z-contrast imaging)[37]的质疑. Egami 等[36]根据小角 X 射线散射实验及对脉冲中子衍射结果的分析,把弛豫铁电体的根源看成是由于 Pb 离子在 PbO_{12}集团中对中心位置的无规偏离. Pb 离子偏离 PbO_{12}中心的方向受到 B 位离子的调控. 当 B 位离子是二种不同价数的离子且无规则分布时, Pb 的极化方向趋于无规. 此外, 1∶1 有序畴的观点在解释弛豫铁电体的现象方面还存在如下困难:难以解释铌镁酸铅在电场诱导下的铁电长程有序,以及 76PMN-24PT 等体系无 1∶1 有序化的超晶格而仍为弛豫铁电体[32]的事实.

近年来得到较为广泛接受的观点是无规场的观点[38]:弛豫铁电体内部存在的价态差异、缺陷、杂质等都会引起局域的无规场,其作用导致无规取向的纳米畴或微畴的产生. 这种无规场防碍铁电有序相的形成. 于是体系相变的行为取决于铁电偶极相互作用与局域场作用的比较. 前述的 Pb 的无规偏移是无规场起支配作用的一种表现. 基于无规场的观点,已有工作描述 PMN 等系统的介电温度关系,但与实验符合的程度还有距离.

尽管无规场的观点易于被接受,但其具体来源仍不够明确. 例如是 B 位离子价态的差异还是铅的无规偏移导致无规场,在无铅及 A 位无序的弛豫铁电体中 A 位离子的作用又是什么等都须进一步澄清.

最近弛豫铁电体结构研究方面发现,在准同型相界附近除三方相和四方相外, PMN-PT[39~41]和 PZN-PT[42,43]还有单斜相,在一定的电场作用下还可出现正交相. 在电场作用下的三方-单斜-四方转变以及单斜相极化矢量的偏转被用来解释弛豫铁电单晶在准同型相界附近具有异常大的电致应变的原因。

随着进一步实验和理论研究的深入,纳米畴、微畴的演化与运动规律将会更清楚. 第一性原理计算可望在微区形成与结构方面提供有益的信息.

3. 非均匀介质是个有重要实际意义的领域　通常的电介质研究都是针对均匀介质体系进行的. 然而在自然界中的部分材料

(例如岩石)以及部分人工制备的材料(例如复合材料),则是由二种或数种性质不同的组元构成的混合物.这种混合物的宏观性质既与构成它的各组元本身的性质有关,也与各组元的形状及混合方式有关.这种体系的研究既具重要的理论意义又很有实际价值.因而在一百多年前就曾受到过多位世界著名科学家的关注,并得到过重要的成果[44].但由于这一问题的极端复杂性,所以结果是有限的.人们仍在进行着不懈的努力.近些年来复合材料、光电子材料等的应用有力地促进了这一领域的发展.

对由各向同性组元构成的混合物,静态介电常数或直流电导率的研究①,早期的 Clausius-Mossotti 理论[44], Maxwell-Wagner 理论,Rayleigh 与 Rayleigh-Lam 理论[45]以及 Bruggeman 的非对称混合理论适用于一相被另一相明显包围的情形,通常只适用于被包围相的含量较低时,当该相含量过高,例如发生接触时则结果不正确.而 Bruggeman 对称混合理论适用于二相无明显包围的情形.后二者常称有效介质近似(effective media approximation ,EMA).

20 世纪 80 年代以后进展之一是 McLachlan 将有效介质近似作了推广[46], 使之既适用于对称混合又适用于非对称混合.在处理电导问题时该理论允许二种组元的电导率之比为任何值,且允许二种组元的体积比为任何值.这一推广的有效介质(GEM)方程写为

$$\frac{(1-f)(\Sigma_1-\Sigma_m)}{\Sigma_1+A\Sigma_m}+\frac{f(\Sigma_2-\Sigma_m)}{\Sigma_2+A\Sigma_m}=0, \qquad (1.13)$$

其中 $\Sigma=\sigma^{1/t}$,σ 为电导率,t 为与体系维数及混合方式有关的参数,脚标 1,2 和 m 分别代表组元 1,2 和整个混合物;f 为组元 2 的体积分数.$A=\dfrac{1-f_c}{f_c}$, f_c 为临界渗流体积分数.在 $t=1$ 时式(1.13)简化为 Bruggeman 对称混合的情形.这一结果比渗流理论

① 根据静电学理论,电流密度 $\boldsymbol{I}=\sigma\boldsymbol{E}$,与电势移 $\boldsymbol{D}=\varepsilon\boldsymbol{E}$ 在边界上均具相同的边界条件,随电场的变化规律完全可以类比,故在混合物体系中静态介电常数 ε 和直流电导率 σ 与组分的关系具有形式相同的表达式.

应用范围要广,不必要求混合物二种组元之一的电导率为无穷大或电阻率为无穷大,而允许二者均为有限值.后来 McLachlan 又把这一结果用于复介电常数[47],即取 $\Sigma = \varepsilon^{*1/t}$,得到了与实验符合较好的结果.但这一作法在理论上还须证明,在实用上由于可调参数较多,难以用来预测混合结果.

非均匀介质介电描述的进展之二是当第二相在混合物中的排列具有周期性时,利用电场强度、电势移矢量及介电常数的傅里叶变换,Tao 等[48]及 Shen 等[49]分别得到了用级数表示的介电常数的联立方程组.这一方法的优点是允许被包围相互相接触与交叠,对被包裹体的形状没有限制只要相同.但结果形式复杂,而且级数往往收敛很慢,难于得到精确结果. Wu 等[50]在此基础上对被包裹体为立方对称分布的二组元情形得到了一个较简单的结果,这时混合物的有效介电常数为

$$\varepsilon_m = \langle\varepsilon\rangle\left(1 + \sum_{n=1}^{\infty}(-1)^n\left(\frac{\Delta\varepsilon}{\langle\varepsilon\rangle}\right)^{n+1}C(n)\right), \qquad (1.14)$$

其中 $\langle\varepsilon\rangle = \varepsilon_1 f_1 + \varepsilon_2 f_2$, f_1, f_2 分别为组元 1,2 所占体积分数, $\Delta\varepsilon = \varepsilon_2 - \varepsilon_1$,而

$$C(n) = \sum\nolimits'_{\boldsymbol{k}_1}\cdots\sum\nolimits'_{\boldsymbol{k}_n}(\hat{\boldsymbol{k}}_1\cdot\hat{\boldsymbol{e}})T(\boldsymbol{k}_1)(\hat{\boldsymbol{k}}_2\cdot\hat{\boldsymbol{k}}_1)T(\boldsymbol{k}_1-\boldsymbol{k}_2)$$
$$\times\cdots(\hat{\boldsymbol{k}}_{n-1}\cdot\hat{\boldsymbol{k}}_n)T(\boldsymbol{k}_{n-1}-\boldsymbol{k}_n)(\hat{\boldsymbol{k}}_n\cdot\hat{\boldsymbol{e}})T(\boldsymbol{k}_n),$$

其中 $\hat{\boldsymbol{e}}$ 为沿平均电场方向的单位矢量, $\boldsymbol{k}$ 为倒格矢, $\hat{\boldsymbol{k}}$ 为沿 $\boldsymbol{k}$ 方向的单位矢量, $\sum\limits'_{\boldsymbol{k}_i}$ 表示求和时, $\boldsymbol{k}_i \neq 0$ 及 $\boldsymbol{k}_i \neq \boldsymbol{k}_{i-1}$,而

$$T(\boldsymbol{k}) = \frac{1}{V}\int_{V_2}\exp(\mathrm{i}\boldsymbol{k}\cdot\boldsymbol{r})\mathrm{d}\boldsymbol{r},$$

V 为总体积, V_2 为被包裹物的体积.由于是立方对称 ε_m 实为标量, $\hat{\boldsymbol{e}}$ 为任何方向对 0-3 型复合材料效果都是一样的.根据这一模型,Rayleigh 理论的球形和柱形包裹体只是此处的特例.

此外,近年来发现把直径为 1～100nm 的金属或半导体颗粒分散在玻璃、塑料或液体中所构成的复合材料,可以具有很大的介电非线性.这一性质可用于光学信号处理元件[51].这一现象可以

是由于微颗粒的量子效应，也可以是由于光频范围内非均质系统颗粒内的电场大大增强的结果．三阶非线性极化率 χ_m 的计算[50]可利用式(1.14)及

$$\chi_m = \sum_i \frac{1}{f_i}\left|\frac{\partial \varepsilon_m}{\partial \varepsilon_i}\right|\frac{\partial \varepsilon_m}{\partial \varepsilon_i}, \tag{1.15}$$

χ_m 更严格的计算可见参考文献[52]．

最近 20 年来出现的压电陶瓷与聚合物复合而成的复合压电材料具有接收灵敏度高、带宽宽、形状可变等优点，其介电，压电性能已有系统研究，详见参考文献[21]．

梯度功能材料是近年来出现的一种新型非均质材料．由于不同性质的材料间的过渡是逐渐完成的易于实现阻抗匹配、应力匹配等，有可能使某些器件性能大为提高．

4．*有限尺寸材料是一个活跃的领域*　介质薄膜、纳米微粉、纤维以及超晶格膜材(统称有限尺寸材料)，具有某些不同于体材料的独特性质．例如 ZnO 纳米微晶薄膜可产生稳定的紫外激光，而 ZnO 体材料产生的激光则不稳定．有限尺寸材料在非挥发性随机存储器、传感器、集成铁电元件如微机电系统(microelectromechanical system，MEMS)、复合材料、波导、发光、非线性光学等领域中有良好的应用前景．其中，铁电随机存储器(FRAM)由于制膜技术的进步及新材料的发现，例如 $SrBi_2Ta_2O_9$(SBT)和加 La 的 $Bi_4Ti_3O_{12}$(BTO)如 $Bi_{3.25}La_{0.75}Ti_3O_{12}$(BLT)[53]，已使其工作电压达到 5V 以下，有足够的剩余极化量以避免误读或误写，疲劳寿命可分别达 10^{12}和 10^7 次以上，堪称无疲劳，成为近年来的研究热点之一，其最终结果取决于与其他存储技术的比较．

这些系统不同于块材的原因是表面效应的存在．表面附近的原子所处的环境因而所受到的作用力与无限大材料中的原子不同，因而其电子态及性能也与体内不同．尺寸越小则表面效应越显著．对于铁电材料这种表面效应还会产生自发极化不均匀，并在表面处不连续．由静电学知道，这样的极化不连续分布会产生相应的退极化场．对自发极化方向垂直于薄膜表面方向这种具有较大实

用价值的情形，退极化场的作用更显重要，将引起体系自由能的增加，不利于极化的稳定.

在有限尺寸铁电系统的理论描述方面[54]，目前已有以 Landau 理论为基础的唯象理论和以赝自旋理论为基础的横场 Ising 模型. 其中尤以前者所得结果为多. 后者原则上只适用于有序-无序系统.

对于有限尺寸铁电体，由于表面效应的重要性，在 Landau-Devenshire-Ginzburg (LDG)热力学理论的自由能展开式中除通常的体部分 g_b 外还要加入退极化场 E_d 的作用及表面自由能 g_s. 在表面自由能的描述方面引入了超导及磁学中的外推长度的概念，把表面自由能写为

$$g_s = \int \frac{K}{2\delta} P^2 \mathrm{d}S, \tag{1.16}$$

δ 为外推长度，它表示按表面处极化强度的变化率外推，体系尺寸还要增加(或减小)多少，极化强度才变为零. 它的大小取决于表面处极化强度的大小及变化的速度. 当表面处极化强度相同时极化强度在表面附近变化越快则 δ 越小，反之亦然. $K = \xi^2 \alpha_o (T - T_{C_\infty})$，$\xi$ 为关联长度. T_{C_∞} 为体材料的居里温度. 于是体系的自由能写为

$$g = \int [g_b - \frac{1}{2} \boldsymbol{E}_d \cdot \boldsymbol{P}] \mathrm{d}V + g_s. \tag{1.17}$$

用上述推广的 LDG 理论得到了自发极化、相变温度及介电常数与薄膜厚度和颗粒直径的关系，很好解释了在 $\delta > 0$ 时薄膜和颗粒中发生尺寸驱动的铁电—顺电相变的现象，并计算了典型铁电体发生这一相变的铁电临界尺寸，对 $BaTiO_3$ 和 $PbTiO_3$ 微粉，LDG 理论得到的临界尺寸分别为 44nm 和 4.2nm，与实测结果相符.

5. 弛豫是电介质物理中极重要的一个问题，近二十余年有了进一步的研究　除德拜型响应函数

$$q(t) = \exp(-t/\tau) \tag{1.18}$$

外，Wiliams 和 Watts[55]把 19 世纪研究粘弹性时所提出的响应函数

$$q(t)=\exp[-(t/\tau)^{\beta}],\quad 0<\beta<1 \tag{1.19}$$

用于介电弛豫，得到比式(1.9)略好的结果．式(1.18)具有明确的物理意义，但对实际固态电介质介电行为的描写却并不理想，需要引入 τ 的分布函数来加以补充．式(1.19)可相当好地描写几乎所有实际电介质的弛豫行为，但它却只是个经验公式，物理意义并不很清楚．20 世纪 80 年代有人针对无序系统提出[56]式(1.19)是多个过程参与的结果，与式(1.6)不同的是这些过程不是相互独立的，而是存在着强的相互作用，使各过程按顺序发生：前一种较快的过程限制着后一种较慢的过程，只有前一种过程满足某种条件时，后一种过程才能发生．于是便自然地产生了宽范围的弛豫时间．针对一个自旋系统的模型他们得到了式(1.19)，其中 β 与基态自由度数有关．但实际系统中微观各过程是如何相互作用的则仍不清楚．

还有一种观点认为，弛豫过程分为能跟得上热平衡的快弛豫和比这慢得多的慢弛豫．快弛豫的 $\beta=1$．慢弛豫又分为有外场时的随机弛豫和无外场时的自由弛豫，它们分别对应 $\beta=1$ 和 $1/2$[57]．

另一种与上述不同的介电弛豫描述方法是，用类似于一百年前的经验关系 t^{-n}表示外电场移除后偶极子转向产生的电流衰减过程

$$j(t)\propto t^{-n},\quad t\ll\tau, \tag{1.20}$$

$$j(t)\propto t^{-m-1},\quad t\gg\tau, \tag{1.21}$$

其中 $0<m$、$n<1$．应该说上两式适用于一定的时间范围，因为当 $t\to 0$ 时，它们将发散．对式(1.20)和式(1.21)进行傅里叶变换可得介电极化率

$$\chi(0)-\chi'(\omega)\sim\chi''(\omega)\propto\omega^{m},\quad \omega<\omega_p, \tag{1.22}$$

$$\chi''(\omega)\sim\omega^{n-1},\quad \omega<\omega_p, \tag{1.23}$$

其中，ω_p 为损耗峰处的频率，$0<m$，$n<1$．对载流子跳跃所产生

的介电响应有的符合式(1.22)和式(1.23),有的则符合

$$\chi'(\omega) \sim \chi''(\omega) \propto \omega^{-p}, \quad \omega < \omega_c, \tag{1.24}$$

$$\chi'(\omega) \sim \chi''(\omega) \propto \omega^{n-1}, \quad \omega > \omega_c, \tag{1.25}$$

ω_c 为某一特征频率,在该频率二边 $\lg\chi'(\omega)$, $\lg\chi''(\omega)$对 $\lg\omega$ 作图时均为平行直线. $0<p<1$. Jonscher[58]等发现介电极化率与频率的指数关系(1.23) 或(1.25)对几乎各种结构和成分的电介质材料都适用,频率覆盖从次声频至 10^9Hz 的范围,因而称为普适介电响应. 其特点是比值 $\chi''(\omega)/\chi'(\omega)$ 与频率无关. 有的体系可看成两个式(1.23)的叠加. Ngai 等[59]认为这一普适规律的原因是由于固态电介质中存在着相关态,当处于平衡态的偶极子(或带电粒子)受到某一扰动而转向(或跳跃)时将引起这些相关态的低能激发,经历一个较慢的调节过程后体系重新达到平衡. 根据跃迁概率分布函数得到了与式(1.22)和式(1.23)相符的介电响应[59,60].

带电粒子引起的极化还被解释为[61],陷阱的深度有一定分布,因而两次跳跃的时间间隔也有一定分布. 当该间隔按时间的指数函数分布时根据分形理论便可得到上述指数形式的介电响应. 若带电粒子在无限大范围内移动可得式(1.24)和式(1.25),如只局部移动,则得式(1.22)和式(1.23). 但这只是一种学说,微观过程仍有待研究.

数字计算证明[62],在损耗峰的高频一侧,式(1.19)产生与式(1.23)相同的结果.

6. *微波介质和低介电常数材料有了一定的发展* 由于雷达、移动通信等的迅猛发展,促进了微波器件和微波介质材料的发展,特别是高稳定性的高介低损耗介质,在微波段 ε 已达约 300,形成了从小于 10 到近 300,损耗 $\tan\delta<1‰$的系列材料,有力地促进了器件小型化、多样化的进程,相应的微波测量技术和设备也有了迅速的发展[24]. 例如频谱测量的频率已达 3×10^{11}Hz.

在微波、亚毫米波的介质损耗理论研究方面,人们对电场与声子过程的相互作用产生的损耗有了进一步的认识. 除光声子的阻

尼产生损耗以外，人们发现[63]在电场频率远低于声子频率时，电场使晶格产生离子位移极化，这种离子位移又使离子自身受到非谐作用，从而改变晶格振动的频率.这种过程会使电场能转化为晶格振动能而引起损耗.这可描述为3个主要过程:(1)电场与两个声子的互作用;(2)电场与3个声子互作用;(3)电场使声子密度分布产生涨落.这类损耗随电场频率及温度变化的规律与晶体对称性有确定的对应关系，与缺陷无关，属内因性的.但这种损耗一般很小，要用高质量的晶体进行观察.随着材料完整性的改善以及使用频率的提高，这种损耗的作用可能会变得重要起来.

计算机的高速度化发展要求相关的基片、封装等介质材料除具有高热导、高强度外还要有低的介电常数和低的损耗.虽新出现的实用化材料并不多见，但氮化铝等性能优异的材料的制备技术已有了显著进步.

§1.4 电介质物理学的展望

电介质物理学从来就是与物质结构研究密不可分的基础学科.研究的中心问题是电极化与弛豫，故涉及物质结构中束缚电荷的分布、带电粒子间的相互作用以及这些粒子在外电场作用下的运动和弛豫等.这些是物质结构中带有根本性的问题.所以，由电介质物理学研究中所产生的新概念、新理论往往为其他学科所利用，也促进了其他一些学科的发展.历史上，电介质物理的发展对于促进分子物理、固体物理的发展曾起过深刻的作用.现在，对于促进非线性光学的发展、促进固态光谱学的发展，也有着不可磨灭的重大贡献;在一定意义上形成了这些新分支学科的奠基石，同时也是这些学科登堂入室的必由之路.近年来，由于激光技术和非晶态理论的发展，电介质物理又将成为凝聚态物理最基础的组成部分;下面举例加以某些说明.

非晶态材料由于是无序结构，没有平移对称性;因此波矢量不是个好的量子数，描述波传播的布洛赫定理按理是不适用的.但实际上，光纤中光波的传输非常之好，甚至没有什么损耗.光纤是无序材料，看来对于光的传播，布洛赫定理依然适用.我们经过探讨认为，这可能是由于激光电场所引起的电极化，使光纤中的分子或原子成为微电矩，又由于电矩之间的相互作用是长程的，所以微电矩瞬时地趋于有序排列.故此，在无序材料光纤和在晶态的有序材料中，波的传播基本相同.因此，我们原来采用的晶态模型所建立的关于导波光的元激发杂交耦合理论就可推广到光纤的情形，从而促进了关于光纤光学性质研究的发展.

在凝聚态物理学中，由于粒子间的相互作用比较强，关联性比较紧密，每个粒子的运动总受到周围粒子的干扰，所以各种过程总伴随着弛豫.在电介质物理学中，电极化弛豫函数 $\exp(-t/\tau)$ 和 $\exp[-(t/\tau)^{\beta}]$，提供了后来研究一般弛豫过程的基础.固体物理学中有个关于电子态理论的基本假设，称为绝热近似，这就是不考虑电子运动过程中与周围原子的热交换.换句话说，不考虑电子运动中的弛豫.由于实验手段的精进，看来必须放弃绝热近似的假设，而应该考虑电子运动过程的弛豫.这样，过去研究极化弛豫问题的方法、概念都显得很有参考价值.电介质物理在非晶态物理、凝聚态物理发展的进程中会起着向导的作用.

光纤芯径约十几个微米，而所用的光波波长为 1.3μm 或者 1.55μm.在这种情形下，导波光仍很好地遵守几何光学规律，这是颇费理解的问题.我们经过探索认识到导波光的形成过程是一个类相变过程.在这个过程中，入射光的 TEM 波变成了导波光的非 TEM 波(即 TE 波或 TM 波)，出现了电场与磁场间的对称破缺.与此同时，光场量子的准动量变为长程有序，这类似于铁电相变的情况.导波光由于光场量子准动量长程有序，其线性传播性能非常好，因而很好地遵守线性光学规律.

在§1.1 中一开始时就已指出，在介电行为中束缚电荷扮演着最主要的角色.在物质结构中，有一类束缚电荷的运动状态起着决定性作用，这就是价电子.除了具有金属键结构的物质以外，在其他所有的分子和宏观物质中，价电子都是束缚电子.在分子结构理论中，事实上主要是确定价电子运动状态的问题；作为理论的主要结果之一是由价电子运动状态得出稳定的结构所具有的固有电偶极矩．这个电矩可由实验测出，并作为检验理论结果是否正确的主要依据之一．这方面的理论工作已经取得了很大的成功．另一方面，在晶态半导体理论的研究中已认识到，束缚的价电子运动状态决定着晶体的能带结构，从而说明其中的载流子的激发过程，这方面已取得了很大成功．然而，在如何从价电子的运动状态的研究中去确定晶体的固有电矩，从而说明顺电、铁电和反铁电性等问题上，尽管20世纪90年代以来第一性原理计算的发展，已有了初步结果，但仍然有待人们进一步去探讨．在电介质晶体中由于价电子的屏蔽作用，原子实所束缚的内电子对介电极化的贡献显然比相应的自由离子的内电子要小，怎样去确定价电子对介电极化的贡献，仍然是有待人们探索的问题．这些都是对结构十分灵敏的问题，对于推动电介质物理学继续向前发展起着十分重要的作用．随着计算技术的发展、计算机的普及与高速度化、大容量化，这些问题可望在不久的将来有所突破．

在技术上研究电的作用时，习惯于将直流电引起的过程称为静态过程，而把交变或高频电流引起的过程称为动态过程．工程技术上的这种认识在物理学上多少有点显得过时了．自从软模概念的出现，以及与观察软模有关的各种散射实验手段的发展，人们认识到不仅与频率有关，而且与波矢量也有关的过程才是真正的动态过程．为了不与习惯上的所谓动态过程相混淆，在电介质物理学中把与频率和波矢量都有关的过程称为动力学过程．关于动力学过程的理论和实验研究，使得人们对物质结构有关的运动和相互作用的认识大大地向前跨进了一步，而关于这方面的工作正是方兴未艾．

从历史上来看，空间群和点群理论是从研究晶体对称性而发展起来的，这是关于物质结构的物理问题与抽象数学方法的研究相结合所获得的光辉成果之一．近年来，由于实验技术的发展，在部分电介质的相变过程中发现了公度和无公度(commensurate and incommensurate)的超晶格结构.这种调制波波长与晶格常数之比为无理数现象近40年来已引起了不少物理学家和数学家的关注.

由于电介质物质品种繁多,分布广泛,而介电现象又丰富多彩,因此电介质物理学已成为当代材料科学的重要基础学科.关于铁电半导体、铁电铁弹体、铁电铁磁体等方面的研究,正在为发展多功能材料和复合功能器件窥测方向.

在生命系统中水有着重大意义.水分子是具有固有电矩的,生物大分子以蛋白质为主,它通常也具有很大的电偶极矩以及极性高分子的多重转变的典型性能.因此可以预期,生物物质和生命现象同介电行为具有一定的联系.水的研究及水在生命过程中的深层作用目前仍是科学工作者研究的热点之一.

高新技术的发展为电介质物理提供了广阔的用武之地,也为学科的发展创造了机遇.场致发光可用于显示,显示技术不属电介质物理范畴,但近年来用高介材料与场致发光材料复合时,内场的观点可为降低发光场强提供理论依据.在纳米技术、机器人等可能影响人类生活方式的领域中电介质的机、电、光、热、声之间的耦合效应将会得到充分的利用,电介质物理将成为这些领域发展的理论基础之一.光信息处理领域中介电非线性、机电耦合等原理可望得到广泛的应用,与此同时,如何更深入地理解高新技术领域中所应用的电介质的性能和参数,从而对其改进和提高提供方向,这为电介质物理的研究提供了有价值的空间.在交叉学科研究中电介质物理也将不断丰富自己的研究内容.

参 考 文 献

[1] 谢希德,方俊鑫.固体物理学(上、下册).上海:上海科学技术出版社,1961;方俊鑫,陆栋.固体物理学(上、下册).上海:上海科学技术出版社,1981

[2] 山东大学压电铁电物理教研室编.压电陶瓷及其应用.济南:山东人民出版社,1974

[3] 许煜寰等编.铁电与压电材料.北京:科学出版社,1978

[4] 贾菲等著,林声和译.压电陶瓷.北京:科学出版社,1979

[5] 秦自楷等编.压电石英晶体.北京:国防工业出版社,1980

[6] 布林斯,契克兹著,刘长乐等译,殷之文校.铁电体和反铁电体中的软模.北京:科学

出版社，1981
[7] 倪尔瑚著．电介质测量．北京：科学出版社，1981
[8] 陈季丹，刘子玉主编．电介质物理学．北京：机械工业出版社，1982
[9] 张沛霖，张仲渊编．压电测量．北京：国防工业出版社，1983
[10] 三井利夫等著，倪冠军等译，殷之文校．铁电物理学导论．北京：科学出版社，1983
[11] 孙慷，张福学主编．压电学(上、下册)．北京：国防工业出版社，1984
[12] 李远，秦自楷，周志刚编著．压电与铁电材料的测量．北京：科学出版社，1984
[13] 科埃略著，吕景楼，李守义译，杨顺华校．电介质物理学．北京：科学出版社，1984
[14] 陈重华等主编．压电陶瓷应用．济南：山东大学出版社，1985
[15] 弗里德金著，陈志雄等译．铁电半导体．武汉：华中工学院出版社，1985
[16] 伯福特，泰勒著，黄丹妮等译，王鸿校．极性介质及其应用．北京：科学出版社，1988
[17] 莱因斯，格拉斯著，钟维烈译，王华馥校．铁电体及有关材料的原理和应用．北京：科学出版社，1989
[18] 王矜奉，姜祖桐，石瑞大编著．压电振动．北京：科学出版社，1989
[19] 张良莹，姚熹编著．电介质物理．西安：西安交通大学出版社，1991
[20] 李景德，雷德铭主编．电介质材料物理和应用．广州：中山大学出版社，1992
[21] 钟维烈著．铁电体物理学．北京：科学出版社，1996
[22] 张沛霖，钟维烈等编著．压电材料与器件物理．济南：山东科学技术出版社，1997
[23] 雷清泉编著．工程电介质的最新进展．北京：科学出版社，1999
[24] 倪尔瑚著．材料科学中的介电谱技术．北京：科学出版社，1999
[25] 科埃略，阿拉德尼兹著，张冶文等译．电介质材料及其介电性质．北京：科学出版社，2000
[26] 孙目珍编著．电介质物理基础．广州：华南理工大学出版社，2000
[27] Cohen R E. J. Phys. Chem. Sol. 2000, 61: 139～146
[28] Vanderbilt D. J. Korean Phys. Soc. 1998, 32: S103-S106
[29] Kuwata J, et al. Jp. J. Appl. Phys. 1982, 21(9): 1298～1302
[30] Service R F. Science. 1997, 275(5308): 1878
[31] Yin Zhi-wen, et al. Ferroelectrics. 1999, 229: 207～216
[32] 王评初等．无机材料学报．2001，16(1)：56～62
[33] Zhang Q M, et al. Science. 1998, 280: 2101～2104
[34] Cross L E. Ferroelectrics. 1994, 151: 305～320
[35] Ye Z-G. Key Engineering Materials. 1998, 155～156: 81～122
[36] Egami T, et al. J. Korean Phys. Soc. 1998, 32: S935～938
[37] Xu Zhengkui, et al. J. Am. Cer. Soc. 2000, 83(1): 181～188
[38] Westphal V, et al. Phys. Rev. Lett. 1992, 68(6): 847～850
[39] Xu G-S, et al. Phys. Rev. 2001, B64: 020102

[40] Kiat J-M, et al. Phys. Rev, 2002, B65:064106
[41] Lu Y, et al. Appl. Phys. lett. 2001, 78(20):3109~3111
[42] Cox D E, et al. Appl. Phys. Lett. 2001, 79(3):400~402
[43] Noheda B, et al. Phys. Rev. Lett. 2001, 86(17):3891~3991
[44] Landauer R. in American Institute of Physics Conference Proceedings, Vol. 40, Electrical Transport and Optical Properties of Inhomogeneous Media. Ed. by Garland J C, Tanner D B. New York: American Institute of Physics. 1978:2
[45] Scaife B K P. Principles of Dielectrics, Chapter 4. Oxford: Science Publications. 1998
[46] McLachlan D S. J. Phys. 1987, C20 :865
[47] McLachlan D S. Sol. State Comm. 1989, 72(8) :831~834
[48] Tao Ribao , et al. Phys. Rev. 1990, B41(4):2417~2420
[49] Shen L C, et al. J. Appl. Phys. 1990, 67(11):7071~7081
[50] Wu Xuhong , et al., Sol. State Comm. 1996, 97(11):997~1001
[51] Stroud D , Wood Van E. J. Opt. Soc. Am. 1989, B6(4):778~786
[52] Yang Baifeng , et al. Phys. Rev. 1998, B58(21):14127~14130
[53] Park H, et al. Nature. 1999, 401:682
[54] Zhong W L, et al. Ferroelec. Rev. 1998, 1: 131~193
[55] Wiliams G, Watts D C. Trans. Faraday Soc. 1970, 66: 80
[56] Palmer R G, et al. Phys. Rev. Lett. 1984, 53(10):958
[57] 李景德. 物理学报. 1984, 33(11): 1563
[58] Jonscher A K. Nature. 1977, 267: 673
[59] Ngai K L, White C T. Phys. Rev. 1979, 20(6): 2475
[60] 范希明, 刘福绥. 物理学报. 1984, 33(11): 1589
[61] Niklosson G A. J. Appl. Phys. 1987, 62(7):1
[62] Ngai K L. Comments Sol. State Phys. 1979, 9:127
[63] Gurevich V L, Tagantsev A V. Adv. Phys. 1991, 40(6):719~767

第二章　介质的电极化响应

陆夏莲　李景德

§2.1　基本概念

2.1.1　电势移和电极化

物理学是研究物质基本运动规律的科学，这是自牛顿以来得到公认的定义. 电介质物理作为物理学的分支，其定义必须从物理学的定义延伸过来. 故可叙述为：电介质物理学是研究宏观物质中电势移运动基本规律的科学. Maxwell 在仿照力学原理建立电磁运动基本原理时引入了电势移的概念. 一对平行导体板，若其间有电势差 V，实验表明两电极就会荷有反号等量的电荷 Q 而成为电容器；并且 Q 比例于 V 而可写为 $Q = CV$，称 C 为电容量. 实验表明，C 反比于两平行电极的距离 l 而正比于电极面积 S. 当极间为真空时，可将电容量写为

$$C_0 = \varepsilon_0 S/l, \tag{2.1}$$

比例常数 ε_0 是一个自然常数，其值和所用单位制有关.

当以电压 V 使上述平板电容器的电极中的电荷增加 dQ 时，外界就要作功 $dw = VdQ$. Maxwell 认为，体系因而增加的等于 dw 的能量存在于极间的电场 $E = V/l$ 中. 电场既具有能量，它就可脱离电荷在自由空间传播而成为电磁波，这是 Maxwell 成功的关键之处. 因为上述平行电极之间的电场是均匀的，故容易计算出单位体积内电场能量的增加值

$$dW = dw/lS = Vd(C_0 V)/lS,$$

$$dW = E\mathrm{d}(\varepsilon_0 E). \tag{2.2}$$

仿照力学的概念，若视 E 为广义力，则$(\varepsilon_0 E)$就是相应的广义位移，记为 D；称 D 为电势移.这时式(2.2)无非描述了能量守恒定律，即外界所作的功等于电场内能增量.

为了说明宏观物质中电势移的概念，先要讨论电偶极矩.宏观物质可视为由原子和分子组成.一般地，这些结构粒子是电中性的，但其中含有核贡献的正电荷和电子贡献的等量的负电荷.总的正负电荷值记为 $\pm q(q>0)$.若从负电荷中心到正电荷作矢量 $\boldsymbol{l}$，则当 $\boldsymbol{l}\neq 0$ 时，结构粒子就具有电偶极矩

$$\boldsymbol{p} = q\boldsymbol{l}, \tag{2.3}$$

电偶极矩的单位为 C·m.在分子物理中，常用 deb(非法定单位)为电偶极矩的单位，1 德拜等于 10^{-18}CGS 静电单位，相当于 3.33×10^{-28}C·cm. HCl 的电偶极矩等于 1.08deb；H_2O 分子的电偶极矩为 1.85deb.

在外电场 $\boldsymbol{E}$ 的作用下，一个点电偶极子 $\boldsymbol{p}$ 的势能为

$$U = -\boldsymbol{p}\cdot\boldsymbol{E}. \tag{2.4}$$

上式表明，当电偶极矩的取向与外场同向时能量为最低，而反向时能量为最高.点电偶极子所受到的外电场的作用力 $\boldsymbol{f}$ 和作用力矩 $\boldsymbol{M}$ 分别为

$$\boldsymbol{f} = \boldsymbol{p}\cdot\nabla\boldsymbol{E}, \tag{2.5}$$

和

$$\boldsymbol{M} = \boldsymbol{p}\times\boldsymbol{E}. \tag{2.6}$$

力 $\boldsymbol{f}$ 使电偶极矩向电场线密集处平移，而力矩 $\boldsymbol{M}$ 则使电偶极矩朝外电场方向旋转.

在这里，我们是把电偶极矩作为一个坚固的近独立子系来处理的.由具有电偶极矩的粒子组成的宏观物质称为极性物质.在极性物质中取一个宏观无限小的体积 ΔV，在这个宏观的小体积中仍有数目庞大的粒子，将其中所有粒子的电偶极矩作矢量和 $\sum\boldsymbol{p}$，则称单位体积的电偶极矩

$$P = \frac{1}{\Delta V}\sum p \tag{2.7}$$

为这个小体积中物质的极化强度.极化强度是一个具有平均意义的宏观物理量,其单位为 C/m^2.

“矩”在数学上是表示空间分布的量.电矩所描述的就是电荷在空间的分布状态.电矩有电零次矩、电一次矩、电二次矩等之分.电零次矩就是系统的总电荷;电一次矩是电偶极矩;电二次矩是电四极矩.通常,电四极矩与更多极矩只出现于与原子核有关的问题上,用来描述核内正电荷分布同球对称之间的偏离状况.在电介质物理学中,只有很少的机会碰到电高次矩;因此,为叙述简便起见往往就将电一次矩简称为电矩.

注意到电矩的空间分布意义,如果把电偶极矩定义中近独立子系这一限制条件除去,就可以把前面的论述推广应用到晶体.在晶体的一个晶胞中,如果正、负电荷中心不重合,可以用一个电偶极矩来进行定量描述.在凝聚态物质中,电偶极矩通常都不是近独立子系.

2.1.2 宏观物质中的电磁运动

电磁运动的普遍规律可用 Maxwell 方程组描述为

$$\nabla\cdot \boldsymbol{D} = \rho, \quad \nabla\cdot \boldsymbol{B} = 0,$$
$$\nabla\times \boldsymbol{E} = -\frac{\partial \boldsymbol{B}}{\partial t}, \quad \nabla\times \boldsymbol{H} = \boldsymbol{j} + \frac{\partial \boldsymbol{D}}{\partial t}, \tag{2.8}$$

其中 ρ 为自由电荷密度, $\boldsymbol{j}$ 为传导电流密度矢量, $\boldsymbol{E}$ 为电场强度, $\boldsymbol{H}$ 为磁场强度, $\boldsymbol{D}$ 为电势移矢量, $\boldsymbol{B}$ 为磁感应强度, t 为时间.因为电势移是由电场所引起的响应,故可不加限制地写出两者之间的关系为

$$\boldsymbol{D} = \varepsilon\varepsilon_0 \boldsymbol{E}, \tag{2.9}$$

类似地可写出 $\boldsymbol{B}$ 与 $\boldsymbol{H}$ 间的关系为

$$\boldsymbol{B} = \mu\mu_0 \boldsymbol{H}, \tag{2.10}$$

其中 ε_0 为真空介电常数, μ_0 为真空磁导率.在各向同性线性介质

中，ε 和 μ 都是标量常数，分别称为相对介电常数和相对磁导率．在国际单位制中

$$\mu_0 = 4\pi \times 10^{-7}(\mathrm{H/m}), \tag{2.11}$$

而在真空中的光速

$$c = (\varepsilon_0\mu_0)^{-\frac{1}{2}} = 2.99792458 \times 10^8(\mathrm{m/s}). \tag{2.12}$$

根据定义，在真空中无量纲的量 ε 和 μ 都等于 1．广义地说，称 $\varepsilon \neq 1$ 的物质为电介质．事实上除真空外所有物质均具有 $\varepsilon > 1$，因此都可以把它们看成是电介质．其理由是在 Maxwell 方程中已经把自由电荷的作用通过 ρ 来描述，非自由电荷的作用则用相对介电常数 ε 来描述；而宏观物质中的电荷总是不能完全自由的；只是在非常态物质（例如非常稀疏的完全电离气体的情况）中除外．类似地，可将 $\mu \neq 1$ 的物质称为磁介质．

宏观物质对外电场作用的响应主要有两种：电极化和电传导．束缚电荷引起的电极化起主要作用时，这个宏观物质就称为电介质（dielectric）．若是自由电荷扮演的传导作用为主时，物质中的电流密度

$$\boldsymbol{j} = \sigma \boldsymbol{E}. \tag{2.13}$$

在各向同性物质中，σ 是个标量，称为电导率（conductivity）．ε，μ 和 σ，都是表征物质宏观性质的参数，可以按其中的任一个将物质分类．若按电导率分类，通常称 $\sigma > 10^5\Omega^{-1}\mathrm{cm}^{-1}$ 的物质为导体，$\sigma < 10^{-10}\Omega^{-1}\mathrm{cm}^{-1}$ 的物质为绝缘体，电导率在两者之间（即 $10^{-10} < \sigma < 10^5\Omega^{-1}\mathrm{cm}^{-1}$）的物质为半导体．电介质与绝缘体是按照物质的性质、用途及研究方法将它们进行分类而命名的专业名词．尽管绝缘体都是电介质，但电介质却不一定是绝缘体．

按照电学中关于电势移的定义，它与电极化强度（electric polarization）存在如下的关系：

$$\boldsymbol{D} = \varepsilon_0 \boldsymbol{E} + \boldsymbol{P}. \tag{2.14}$$

电势移通常也称为电感应强度．如果像在多数电介质的情况那样，在无外加电场时，极化强度 $\boldsymbol{P} = 0$，则在式(2.14)中，$\boldsymbol{P}$ 可以认

为是电场强度 $\boldsymbol{E}$ 所引起的一种响应，它们的关系为

$$\boldsymbol{P} = \chi\varepsilon_0\boldsymbol{E}. \tag{2.15}$$

在各向同性线性电介质中，χ 为标量常数，称之为极化率. 于是由式(2.9)，式(2.14)和式(2.15)可得到

$$\varepsilon = 1 + \chi. \tag{2.16}$$

因此，在物理意义上，用相对介电常数 ε 或用宏观极化率 χ 来描述物质的介电性质都是等价的，两者只相差常数 1.

可以用图 2.1 来简单说明前面所提到的各种电学量的物理意义和彼此间的关系. 设有片状电介质[图 2.1(a)]，其厚度为 l，面积为 S；沿厚度方向均匀极化强度为 $\boldsymbol{P}$. 按式(2.7)的定义，这块电介质的总电矩等于

$$\sum \boldsymbol{p} = Sl\boldsymbol{P}.$$

若沿厚度取一矢量使其长度等于 l，方向与 $\boldsymbol{P}$ 的相同，记此矢量为 $\boldsymbol{l}$，则上式可写为

$$\sum \boldsymbol{p} = Q'\boldsymbol{l},$$

其中

$$Q' = SP.$$

与式(2.3)相比则可知，Q' 就是分布于片状电介质的两个表面的正、负电荷数值，而 P 恰好就等于面电荷密度. 从图 2.1(a)中可以看出，在电介质的内部，电矩的正端总和另一个电矩的负端相接，因此电矩正负端的束缚电荷恰好抵消，使内部的束缚电荷显露不出来. 但在介质的表面，这种抵消破坏了；因而电矩的正端显露出

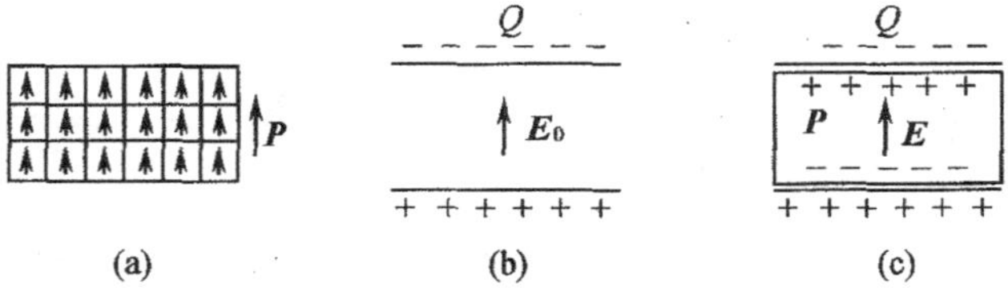

图 2.1 电介质的极化和表面电荷.

面束缚正电荷，而负端则显露出面束缚负电荷．这些面束缚电荷将在电介质内部产生一个电场，称为退极化场(depolarization field)；因为其方向与 $\boldsymbol{P}$ 相反，有使电介质退极化的趋势．

图 2.1 (b)示出了一个平板电容器，设电极面积为 S，两极距离为 l；对电容器进行充电，使极板上荷电量分别为 $\pm Q$．当两极间为真空时，记其中的电场为 $\boldsymbol{E}_0$．经计算得到，平板电容之间的电势移矢量长度

$$D = \varepsilon_0 E_0 = Q/S. \tag{2.17}$$

若以均匀电介质充满此电容器两极板之间的空间而得到如图 2.1 (c)所示的情况，则由于电介质极化的影响，两极板间电场 $\boldsymbol{E}$ 不再等于 $\boldsymbol{E}_0$，根据 Maxwell 方程组(2.8)，电势移 $\boldsymbol{D}$ 则只决定于自由电荷 $\pm Q$ 而与电介质中束缚电荷无关，故图 2.1(c)与(b)中的电势移应相等．于是

$$E = \frac{D}{\varepsilon\varepsilon_0} = \frac{\varepsilon_0 E_0}{\varepsilon\varepsilon_0}.$$

结果，在两极板间引进相对介电常数为 ε 的介质后，电场 E 和电容量 C 分别改变为

$$E = E_0/\varepsilon, \tag{2.18}$$

$$C = \varepsilon\varepsilon_0 S/l = \varepsilon C_0. \tag{2.19}$$

就是说，电介质因极化使得电场比真空时减少至 $1/\varepsilon$ 倍而电容量增大至 ε 倍，但必须注意，对于所有电介质均有 $\varepsilon > 1$.

比较图 2.1(c)和(a)容易看出，极化了的电介质的表面束缚电荷密度为 P，它抵消了电极上的一部分自由电荷的电场，故电极间引入电介质后电场减小．E_0 与 E 之差就等于极化了的电介质表面束缚电荷所产生的退极化场．在一般情况下，电介质中的退极化场与电介质的几何外形有关．

下面来计算电场使电介质极化所作的功．电场使正、负电荷 q 相对位移 $\mathrm{d}\boldsymbol{l}$ 所作的功为

$$q\boldsymbol{E} \cdot \mathrm{d}\boldsymbol{l} = \boldsymbol{E} \cdot \mathrm{d}\boldsymbol{p},$$

这是对单个粒子所作的功．按照式(2.7)，将上式对单位体积中所

有的粒子求和，得到电场对单位体积电介质所作的功为

$$\mathrm{d}W_P = \boldsymbol{E} \cdot \mathrm{d}\boldsymbol{P}. \tag{2.20}$$

如果计入建立电场所需要对单位体积自由空间所作的功

$$\mathrm{d}W_E = \varepsilon_0 \boldsymbol{E} \cdot \mathrm{d}\boldsymbol{E}, \tag{2.21}$$

则电场对充满电介质的空间的单位体积所作的功为

$$\mathrm{d}W = \mathrm{d}W_P + \mathrm{d}W_E = \boldsymbol{E} \cdot (\varepsilon_0 \mathrm{d}\boldsymbol{E} + \mathrm{d}\boldsymbol{P}).$$

根据电势移的定义(2.14)，上式可写为

$$\mathrm{d}W = \boldsymbol{E} \cdot \mathrm{d}\boldsymbol{D}. \tag{2.22}$$

式(2.20)和式(2.22)在电介质的热力学理论中很重要. 式(2.22)很清楚地描述了 $\boldsymbol{D}$ 的物理意义，而关于这一点，一般可在电动力学教科书中找到；如果把 $\boldsymbol{E}$ 理解为一种广义力，而把 $\mathrm{d}\boldsymbol{D}$ 理解为微小的广义位移，则其标积就是外界对系统所作的功，故 $\boldsymbol{D}$ 被称为电势移.

2.1.3 介质在交变电场中的损耗

填充有电介质的电容器通常都有损耗，下面介绍描述介质损耗的数学方法. 图 2.2 示出了一个理想的没有损耗的电容器，两极板间为真空，电容量为 C_0. 当其两极板上加有角频率为 ω 的正弦波交变电压 V，流过电容器的电流为

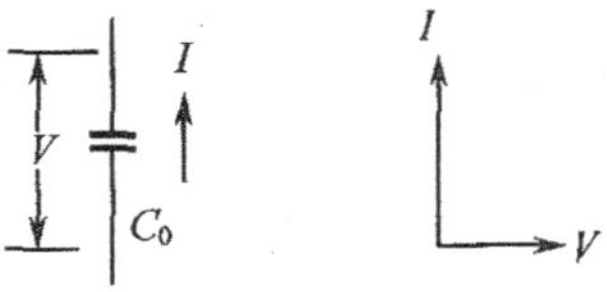

图 2.2 真空电容器.

$$I = \mathrm{j}\omega C_0 V, \tag{2.23}$$

其中虚因子 $\mathrm{j} = \sqrt{-1}$，表示 I 与 V 有 90°相位差，如图中的矢量图所示. 若在此电容器的两极板间充满介电常数为 ε 的电介质，便成为图 2.3 左边的电容器，则根据式(2.19)，电容量将增大为

$$C = \varepsilon C_0. \tag{2.24}$$

而通过填充有介质的电容器的电流为

$$I = \mathrm{j}\omega C V. \tag{2.25}$$

这时，观察到的电流 I 与电压 V 的相位差总是略小于 90°，参见图

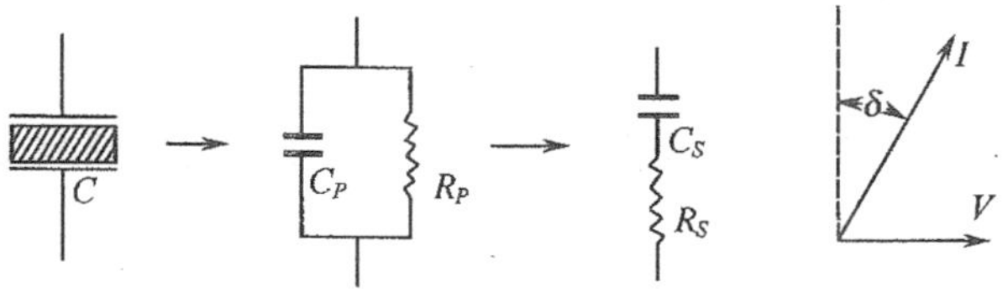

图 2.3　充满电介质的电容器.

2.3 右边的矢量图.暂且不问其微观机理和原因而先建立描述这种现象的方法.此处,我们取电压 V 沿实轴方向,将实验观察到的电流 I 的实轴分量写为 $\omega\varepsilon'' C_0 V$;而把 I 的虚轴分量(与 V 相位差 90°)写为 $\mathrm{j}\omega\varepsilon' C_0 V$;其中 ε' 和 ε'' 为两个实参数.于是

$$I = \omega\varepsilon'' C_0 V + \mathrm{j}\omega\varepsilon' C_0 V = \mathrm{j}\omega(\varepsilon' - \mathrm{j}\varepsilon'') C_0 V.$$

将此式与式(2.24),式(2.25)比较,则可以得到

$$\varepsilon = \varepsilon' - \mathrm{j}\varepsilon''. \tag{2.26}$$

就是说,只要将相对介电常数 ε 定义为复数,就可以用它来描述在实验中所观察到的现象.称 ε' 为复相对介电常数的实部,而 ε'' 为其虚部.注意式(2.26)与通常的一个复数表达式的区别,虚部采用负号而不采用正号,这是为了使实际观察到的 ε'' 一般均为正值.

在电路技术上,充满介质的电容器的上述性质可以用图 2.3 中画出的 C_p, R_p 并联等效电路或 C_s、R_s 等效电路来描述[1],其中的并联等效电路参数为

$$C_p = \varepsilon' C_0, \quad R_p = 1/\omega\varepsilon'' C_0. \tag{2.27}$$

并联等效电路参数的表示式(2.27)清楚地说明了复介电常数的物理意义.它的实部与实介电常数意义相同,它的虚部相当于在电容器上并联一个等效电阻 R_p, ε'' 越大,则 R_p 越小,在同样的交流电压下旁路引起的损耗越大;就是说,虚部标志了电介质损耗的大小.

通常把相对介电常数简称为介电常数;因为在 CGS 单位制中,$\varepsilon_0 = 1$, ε 确实就是介电常数.只是在国际单位制中才出现相对

介电常数(无量纲)这个名词，以与介电常数(有量纲，F/m)相区分.

在图 2.3 中，串联等效电路参数与并联等效电路参数之间存在如下的关系：

$$(\omega C_s R_s)^{-1} = \omega C_p R_p, \tag{2.28}$$

$$\omega C_s R_s + \omega C_p R_p = \omega C_s R_p. \tag{2.29}$$

损耗引起的相移角 δ 的正切为

$$\tan\delta = \frac{\varepsilon''}{\varepsilon'} = (\omega C_p R_p)^{-1} = \omega C_s R_s. \tag{2.30}$$

称 δ 为损耗角，当损耗不太大时，δ 就等于 ε'' 和 ε' 之比，电子技术中应用的介质电容器的 δ 值一般不超过 10^{-2}.

图 2.3 示出的两种等效电路描述了两种不同的损耗机制. 并联等效电路描述了由介质的漏电电流引起的损耗，电介质的微小电导作用就好像电容器并联了一个纯电阻. 串联等效电路描述了电介质在交流电压作用下反复极化所产生的损耗；好像极化过程存在某种摩擦力. 这也可以从两种等效电路的频率关系看出来，利用式(2.27)，式(2.28)和式(2.29)可以得出，在两种等效电路中 ε'，ε'' 与频率 ω 的关系，如图 2.4 所示. 通常，当频率不太高时，介质的微弱电导产生的漏电电流在损耗中占主要地位. 在串联电路中所涉及的是与电导无关的纯粹介电响应问题，ε' 和 ε'' 的频率关系是典型的弛豫型关系；这是本书后面所要详细讨论的问题之一.

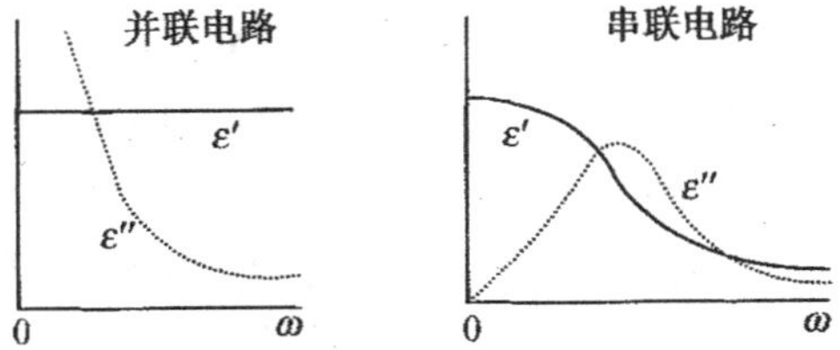

图 2.4 ε' 和 ε'' 的频率关系.

在一般情况下，两种损耗机制都起作用；这时可用较复杂的串、并联等效电路来描述.从实验中所测出的复介电常数的频率关系,可以大致看出哪一种损耗机制是起主要作用的.

§2.2 电介质的微观极化机构

2.2.1 电子云分布的畸变

组成宏观物质的结构粒子都是复合粒子,例如原子、离子、离子团、分子等.一般地说,一个宏观物体含有数目巨大的粒子;由于热运动的原因,这些粒子的取向处于混乱状态;因此无论粒子本身是否具有电矩,由于热运动平均的结果,使得粒子对宏观电极化的贡献总是等于零.只有在外加电场作用下,粒子才会沿电场方向贡献一个可以累加起来以给出宏观极化强度的电矩.一般地,宏观外加电场的作用比起结构粒子内部的相互作用要小得多,结构粒子受电场 $\boldsymbol{E}$ 极化而产生的电矩 $\boldsymbol{p}$ 存在如下的线性关系:

$$\boldsymbol{p} = \alpha \boldsymbol{E}, \tag{2.31}$$

称 α 为微观极化率(polarizability).一个粒子对极化率 α 的贡献可以来自不同的原因.电子云畸变引起的负电荷中心位移贡献的部分记为 α_e,离子位移贡献的部分记为 α_i,固有电偶极矩取向作用贡献的部分记为 α_d,总的微观极化率为各种贡献部分的总和,即

$$\alpha = \alpha_e + \alpha_i + \alpha_d. \tag{2.32}$$

在高聚物和凝聚态物质中,还会有更复杂的极化机理.

现在先来介绍一个原子或离子在电场作用下因电子云畸变而产生的电子极化率 α_e.处于基态的一个自由原子或自由离子,其电子云的负电荷中心是与原子核的正电荷中心完全重合的,因此没有固有电偶极矩.

目前,由于电子计算机技术的发展,一个自由原子或自由离子的电子结构问题已完全解决;因此可以在量子力学基础上将电子云位移极化率 α_e 精确计算出来.只是这种计算结果目前还看不出有多少理论意义或实用价值,因此这方面的工作做得不多.因为除

了氦、氖、氩、氪、氙、氡这 6 个稀有惰性元素外，其他原子或离子通常都不是以单独的方式出现，而是束缚于离子团、分子或液体中．这时的原子或离子中的电子运动状态起了一定变化，使得 α_e 的精确计算失去意义．因此这里只介绍一个定性的简化模型；对于精确计算方法仅着重于原理上的讨论．

图 2.5　电子云位移极化．

设原子的核有 Z 个正电荷，在核的周围束缚着 Z 个电子．因自由原子是球对称的，故可近似地认为 Z 个电子运动所形成的电子云均匀地分布在以 a 为半径的球内(参见图 2.5)．当外电场 $E=0$ 时，荷正电的核恰在球心上，与电子云的负电荷中心重合；此时原子的电矩为零．加上外场 $\boldsymbol{E}$ 之后，正电荷受电场作用力($Ze\boldsymbol{E}$)而偏离球心，沿 $\boldsymbol{E}$ 方向位移；同时还受到负电荷的吸引，当两种力达到平衡时核偏离球心的位移设为 l．此时，若以负电荷所均匀分布的球的中心为球心，以 l 为半径作一球面；则球面以外的负电子云对核的库仑引力为零；而球面以内的负电子云就好像集中于球心对核施加一个方向与 $\boldsymbol{E}$ 相反的引力．因此，力平衡条件给出

$$ZeE = \frac{Ze}{4\pi\varepsilon_0 l^2}\cdot\left(Ze\cdot\frac{l^3}{a^3}\right).$$

解出

$$l = \frac{4\pi\varepsilon_0 a^3}{Ze}E.$$

原子在电场 $\boldsymbol{E}$ 作用下的诱导电偶极矩

$$\boldsymbol{p} = 4\pi\varepsilon_0 a^3 \boldsymbol{E},$$

故

$$\alpha_e = 4\pi\varepsilon_0 a^3. \tag{2.33}$$

对于各种原子,合理的球半径 a 的数量级为 10^{-10}m;如果用具有宏观现象常见数量级的电场,令 $E = 10^5$V/m,则得到的 l 的数量级为 10^{-17}m;即一般地 $l \ll a$.

上述模型给出两点有用的定性结果:第一,一般大小的宏观电场所能引起的电子云畸变是很小的;第二,由式(2.33)表明,半径越大的原子,其电子云位移极化率一般较大.第二个结论的意义是很明显的,远离核的外层电子受核的束缚较弱,容易受外电场作用而对极化率作出较大贡献.然而,由于这个模型过于简单,当用它来进行定量讨论时就变得毫无意义.

利用量子力学方法来精确计算原子或离子的极化时要分两种情况进行讨论.当外加电场频率较低,不足以激发电子的能级跃迁时,可用定态微扰法.记自由原子或离子的 Z 个电子的总哈密顿算符为 $\hat{H}_0$;如果是中性原子,则 Z 就是原子序数.$\hat{H}_0$ 的本征函数 Ψ_n 和相应的本征值 u_n 可用标准的办法求解.其结果为

$$\hat{H}_0 \Psi_n = u_n \Psi_n, \quad n = 0, 1, 2, \cdots, \tag{2.34}$$

其中 $n = 0$ 表示基态,其他 n 值表示激发态.除了氢原子的 Ψ_n 和 u_n 已解出分析表示式外,其余原子和离子是用计算机求数字解的;许多数字计算结果已编成专门的手册,请读者自行查阅即可.

当附加外电场 $\boldsymbol{E}$ 时,沿 $\boldsymbol{E}$ 方向取为 z 坐标轴.Z 个电子在电场中的微扰哈密顿算符为

$$\hat{H}' = \sum_{j=1}^{Z} e z_j E. \tag{2.35}$$

其中 z_i 为第 j 个电子坐标的 z 分量.于是带微扰的薛定谔方程为

$$\hat{H}\Phi = U\Phi, \quad \hat{H} \equiv \hat{H}_0 + \hat{H}'. \tag{2.36}$$

记

$$\left\langle 0 \left| \hat{H}' \right| n \right\rangle = \int \Psi_0^* \hat{H}' \Psi_n \mathrm{d}V. \tag{2.37}$$

设外电场不太强，原子受微扰后处于新的基态，则精确到一级近似的基态波函数为

$$\Phi = \Psi_0 + \sum_{n \neq 0} \frac{\left\langle 0 \left| \hat{H}' \right| n \right\rangle}{u_0 - u_n} \Psi_n. \tag{2.38}$$

二级近似基态能量为

$$U = u_n + \langle 0 \mid \hat{H}' \mid 0 \rangle + \sum_{n \neq 0} \frac{\left| \left\langle 0 \left| \hat{H}' \right| n \right\rangle \right|^2}{u_0 - u_n}. \tag{2.39}$$

由于自由原子或离子基态无电矩，则

$$\left\langle 0 \left| \hat{H}' \right| 0 \right\rangle = eE \left\langle 0 \left| \sum_{j=1}^{Z} z_j \right| 0 \right\rangle = 0,$$

故式(2.39)右边第二项消失．这里，我们假设了电场 $\boldsymbol{E}$ 在原子范围内是均匀的．注意，式(2.39)右边第二项比例于 E^2，电场引起的原子能量的变化为

$$U - u_0 = - E^2 \sum_{n \neq 0} \frac{1}{u_0 - u_n} \cdot \left| \left\langle 0 \left| \sum_{j=1}^{Z} e z_j \right| n \right\rangle \right|^2. \tag{2.40}$$

另一方面，在外电场下原子或离子的电矩增加 $\mathrm{d}\boldsymbol{p}$ 时其能量增加

$$- \boldsymbol{E} \cdot \mathrm{d}\boldsymbol{p} = - \alpha_e \boldsymbol{E} \cdot \mathrm{d}\boldsymbol{E},$$

其中 α_e 为电子云位移极化率．当电场由零增大到 E，将上式积分得到

$$\Delta U = U - u_0 = - \frac{1}{2} \alpha_e E^2. \tag{2.41}$$

将式(2.41)与式(2.40)比较就可得到

$$\alpha_e = 2 \sum_{n \neq 0} \frac{1}{u_0 - u_n} \left| \left\langle 0 \left| \sum_{j=1}^{Z} e z_j \right| n \right\rangle \right|^2.$$

另一种情况是，当外电场频率接近原子或离子中电子的能级跃迁频率时，要用含时间的微扰法．这种方法已作为受激跃迁(吸收或发射)的典型例子写到每一本量子力学教科书中去，这里不再重复．

惰性气体原子的电子位移极化率为

He	Ne	Ar	Kr	Xe
0.18	0.35	1.43	2.18	3.54

单位是 $10^{-40}\mathrm{F\cdot m^2}$. 如果没有说明某种离子是在什么条件下用什么方法测量出来的，则数据只有数量级上的参考价值. 因为例如 Cl^- 离子，它在 NaCl 中和在 KCl 中价电子的运动状态多少有点区别；因此相应的 α_e 也会有所不同.

2.2.2 离子的位移

离子，这是来自化学上的概念. Goldschmidt[2]把离子看成是荷电的刚球，因而在离子晶体中的最近邻距便等于两离子的接触距离，即最近邻两个离子的半径之和. 他根据经验假定了两个最常见的负离子的半径为

$$F^-: 1.33\text{Å};\quad O^{2-}: 1.32\text{Å},$$

其中，$1\text{Å} = 10^{-10}\mathrm{m}$. 于是就可从一系列的离子晶体和离子化合物分子的最近邻距计算出一些离子的半径. 通常，称 Goldschmidt 所给出的离子半径为经验半径.

稍为不同的一种看法是将离子刚球看成多少有点弹性，刚球在接触之后斥力随距离的进一步减小而迅速增加，在与离子之间的库仑引力达到平衡时给出稳定的最近邻距. 可以假设各种离子的一组半径，使得由此计算出来的各种离子晶体中的最近邻距与实验值相比较，其均方偏差为最小. 表 2.1 是 Pauling[3]给出的较全面的各种离子半径，通常称之为离子的理论半径；其实也只是一些化学经验数据. 根据近代量子力学概念，所谓离子半径并无明显的物理意义. 但是在材料工艺设计和某些定性讨论的场合，应用经验数据很方便.

一对 $\pm Z$ 价的离子，当其中心相距为 r 时，则其库仑相互作用能为$(-Z^2e^4/4\pi\varepsilon_0 r)$；若设斥力能为$(b/r^n)$形式，则总能量为

$$u = \frac{b}{r^n} - \frac{Z^2e^2}{4\pi\varepsilon_0 r}, \tag{2.42}$$

其中 b 和 n 为待定理论参数. 当把式(2.42)用于离子晶体时, 在计算库仑能时必须考虑长程作用, 而计算斥力能时只取最近邻贡

表 2.1　晶体中的离子半径(单位 Å)

			H^-	Li^+	Be^{2+}	B^{3+}	C^{4+}	N^{5+}	O^{6+}	F^{7+}
			2.08	0.60	0.31	0.20	0.15	0.11	0.09	0.07
C^{4-}	N^{3-}	O^{2-}	F^-	Na^+	Mg^{2+}	Al^{3+}	Si^{4+}	P^{5+}	S^{6+}	Cl^{7+}
2.60	1.71	1.40	1.36	0.95	0.65	0.50	0.41	0.34	0.29	0.26
Si^{4-}	P^{3-}	S^{2-}	Cl^-	K^+	Ca^{2+}	Sc^{3+}	Ti^{4+}	V^{5+}	Cr^{6+}	Mn^{7+}
2.71	2.12	1.84	1.81	1.33	0.99	0.81	0.68	0.59	0.52	0.46
				Cu^+	Zn^{2+}	Ga^{3+}	Ge^{4+}	As^{5+}	Se^{6+}	Br^{7+}
				0.96	0.74	0.62	0.53	0.47	0.42	0.39
Ge^{4-}	As^{3-}	Se^{2-}	Br^-	Rb^+	Sr^{2+}	Y^{3+}	Zr^{4+}	Nb^{5+}	Mo^{6+}	
2.72	2.22	1.98	1.95	1.48	1.13	0.93	0.80	0.70	0.62	
				Ag^+	Cd^{2+}	In^{3+}	Sn^{4+}	Sb^{5+}	Te^{6+}	I^{7+}
				1.26	0.97	0.81	0.71	0.62	0.56	0.50
Sn^{4-}	Sb^{3-}	Te^{2-}	I^-	Cs^+	Ba^{2+}	La^{3+}	Ce^{4+}			
2.94	2.45	2.21	2.16	1.69	1.35	1.15	1.01			
				Au^+	Hg^{2+}	Tl^{3+}	Pb^{4+}	Bi^{5+}		
				1.37	1.10	0.95	0.84	0.74		
	NH_4^+	1.48		Mn^{2+}	0.80		Ti^{3+}	0.69		
	Tl^+	1.44		Fe^{2+}	0.75		V^{3+}	0.66		
				Co^{2+}	0.72		Cr^{3+}	0.64		
				Ni^{2+}	0.70		Mn^{3+}	0.62		
							Fe^{3+}	0.60		

三价稀土离子半径为 0.90±0.05Å

献; 所以根据力平衡时给出的最近邻距的实验数据以及晶体压缩率的测量结果, 则可半经验地确定 b 和 n 值. 对于一些典型的离子晶体, 这样得到的 n 值为[4]

LiF:5.9, LiCl:8.0, LiBr:8.7, NaCl:9.1, NaBr:9.5.

用这样的力模型计算出来的一些离子晶体的结合能与实验结果相比时大致相近.

利用式(2.42),由力平衡条件 $\mathrm{d}u/\mathrm{d}r=0$ 很容易求出 $A^{z+}B^{z-}$ 型双原子分子的平衡中心距离

$$R = (4\pi\varepsilon_0 nb/Z^2e^2)^{\frac{1}{n-1}}. \tag{2.43}$$

令

$$r = R + x, \tag{2.44}$$

将 u 在 $r=R$ 点附近展开,取近似到二次项则有

$$u = u_0 + \left(\frac{\mathrm{d}u}{\mathrm{d}r}\right)_{r=R} \cdot x + \frac{1}{2}\left(\frac{\mathrm{d}^2u}{\mathrm{d}r^2}\right)_{r=R} \cdot x^2.$$

根据力平衡条件,上式右边第二项为零. u_0 是分子在平衡位置上的能量.若将二次微商在平衡点的值记为 f,则上式可写为

$$u - u_0 = \frac{1}{2}fx^2, \tag{2.45}$$

其中,f 为恢复力系数;分子一般地将在平衡距离附近振动.这个分子是有固有电矩的.如果沿键轴方向有外电场 E,当电场作用力与恢复力平衡时,则有

$$ZeE = fx.$$

电场 E 诱导的电矩增加量

$$\Delta p = Zex = (Z^2e^2/f)\cdot E.$$

因此离子位移极化率

$$\alpha_i = Z^2e^2/f. \tag{2.46}$$

通常外电场所能诱导的电矩 Δp 与分子的固有电矩相比是很小的.事实上,由于分子的热运动,其键轴在空间的取向不断变化,很难实现沿键轴方向施加电场.

但是在像 NaCl 之类的离子晶体中,情况就不同了;这时,沿晶轴方向施加一个外电场是很容易的事.图 2.6 示出了离子位移极化的情况.当无外电场时,由于正、负离子空间排列的对称性,晶胞的固有电偶极矩等于零.当出现电场 $\boldsymbol{E}$ 时,所有正离子受电场作用沿 E 方向作相同的位移,而负离子却朝反方向位移.按照

上述方法不难计算出每对离子的平均位移极化率 α_i，对于 NaCl 型结构的离子晶体，得到的结果为

$$\alpha_i = \frac{12\pi\varepsilon_0 a^3}{A(n-1)}, \tag{2.47}$$

其中 a 为最近邻平衡距离；A 为 Madelung 常数．离子位移极化率与电子云位移极化率有大致接近的数量级；即 $10^{-40}\mathrm{F\cdot m^2}$．分子和晶体中离子在平衡位置附近振动的频率在红外范围，可以引起强烈的共振吸收和色散．对于金刚石型结构晶体，离子位移极化率等于零．

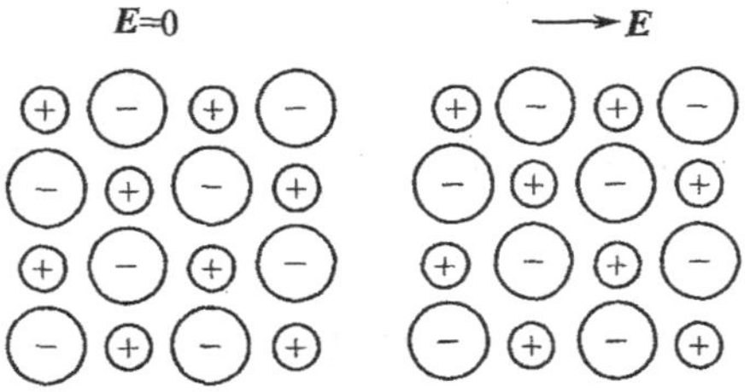

图 2.6　离子位移极化．

2.2.3　固有电偶极矩的取向

有些分子，其内部结构决定了整个分子具有非零的电偶极矩 $\boldsymbol{p}_0$；$\boldsymbol{p}_0$ 值不随时间而变，也很难受外界宏观条件的影响；因此可视为固定值，称 $\boldsymbol{p}_0$ 为分子的固有电偶极矩(permanent dipole)．现在，我们来观察一个由这样的分子所组成的气体．在热平衡状态下，热运动产生的平均效果具有两种意义．对于特定的某个分子来说，由于整体的旋转运动以及同其他分子的碰撞的结果，使它的电矩 $\boldsymbol{p}_0$ 在空间取向无规则地变化着；于是电矩矢量按时间的平均值为零．另一方面，对于气体中数目巨大的分子的集体来说，热运动的结果使得在同一瞬时在一定空间范围内的不同分子的电矩取向是杂乱无章的．因此，在任一瞬时各分子的电矩彼此互相抵消，使

大量分子平均瞬时电矩矢量等于零.关于热平衡的这两种解释在统计物理中是作为公理被人们所承认的,两者是等效的,并且可以用统一的公式表示为

$$\langle \boldsymbol{p}_0 \rangle = 0, \tag{2.48}$$

式中的尖括号表示热平衡平均值.

如果在这个极性气体中沿 z 方向有均匀电场 $\boldsymbol{E}$,设某个分子某瞬时其电矩与 z 轴成 θ 角,则电矩沿 z 方向有分量

$$p = p_0 \cos\theta. \tag{2.49}$$

根据式(2.4)给出这时的能量为

$$u = - p_0 E \cos\theta. \tag{2.50}$$

在热平衡下,分子按能量的分布遵从 Boltzmann 分布,统计物理给出的计算热平均值的公式为

$$\langle p \rangle = \frac{\sum p e^{-u/kT}}{\sum e^{-u/kT}}, \tag{2.51}$$

其中的求和遍及气体中所有分子. 取立体角

$$\mathrm{d}\Omega = 2\pi \sin\theta \mathrm{d}\theta.$$

分子电矩取向在此立体角内的数目比例于

$$\exp(-u/kT) \cdot 2\pi \sin\theta \mathrm{d}\theta.$$

对常压下的气体,式(2.51)中的求和可用积分代替,得到

$$\langle p \rangle = p_0 \langle \cos\theta \rangle, \tag{2.52}$$

其中

$$\langle \cos\theta \rangle = \frac{\int_0^\pi \cos\theta \sin\theta \exp\left(\frac{p_0 E}{kT} \cos\theta \right) \mathrm{d}\theta}{\int_0^\pi \sin\theta \exp\left(\frac{p_0 E}{kT} \cos\theta \right) \mathrm{d}\theta}. \tag{2.53}$$

在式(2.53)中,分母的积分等于

$$\left[2\mathrm{sh}\left(\frac{p_0 E}{kT} \right) \right] \cdot \left(\frac{kT}{p_0 E} \right);$$

而分子为分母对($p_0 E/kT$)的微商,因此

$$
\begin{aligned}
\langle\cos\theta\rangle &= \operatorname{cth}\left(\frac{p_0E}{kT}\right) - \left(\frac{p_0E}{kT}\right)^{-1} \\
&\equiv L\left(\frac{p_0E}{kT}\right).
\end{aligned}
\tag{2.54}
$$

按式(2.54)定义的 $L(x)$称为 Langevin 函数，其级数展开式为

$$
L(x) = \frac{x}{3} - \frac{x^3}{45} + \cdots. \tag{2.55}
$$

在一般情况下只取展开式的头一项就够了，于是得到

$$
\langle p\rangle = \left(\frac{p_0^2}{3kT}\right)E.
$$

由此得到极化率

$$
\alpha_d = p_0^2/3kT, \tag{2.56}
$$

其中 k 为 Boltzmann 常数，T 为绝对温度.

从上面的数学推导过程中可以清楚地看出微观极化率 α_d 的物理意义.当出现电场时，分子的电矩沿电场取向有较低能量，但热运动扰乱了这样的取向，使得在平均意义上电矩朝电场方向取向占优势，故称 α_d 为偶极子取向极化率.在上面的推导中，我们假设了分子是一个刚性电偶极子，其实分子还有其他的极化机构，总的微观极化率如式(2.32)所示.如果单位体积含有 N 个分子，则按式(2.15)定义的宏观极化率 χ 为

$$
\chi = \frac{N\alpha}{\varepsilon_0} = \frac{N}{\varepsilon_0}\left(\alpha_e + \alpha_i + \frac{p_0^2}{3kT}\right). \tag{2.57}
$$

因为电子云位移极化率和离子位移极化率完全由微观结构所决定而与温度无关，故测量物质的宏观极化率随温度变化规律可由式(2.57)计算出分子固有电矩 p_0.

上面的数学方法最早是 Langevin[5]于 1905 年在讨论固有磁矩对磁化率的取向贡献时所提出来的.后来 Debye 将这个方法应用到解决电矩取向极化问题上[6]，故式(2.57)称为 Langevin-Debye 公式.在有些文献中亦称为 Debye 公式.

2.2.4 空间电荷

在气体、液体和理想的完整晶体中，经常出现的极化微观机构为电子云位移极化、离子位移极化和偶极子取向极化. 在非晶固体、聚合物高分子和不完整的晶体中，还出现其他更为复杂的微观极化机构. 通常在处理这些复杂的极化机构时，在一定程度上等效地化为偶极子取向型，并采用十分麻烦的统计方法[7]. 在这里，我们将只限于作一些物理图像的描述而避免复杂的数学分析.

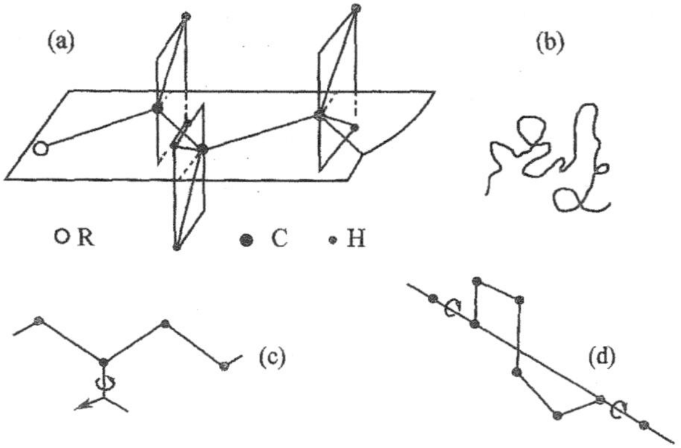

图 2.7 聚合物高分子链的构型、形态与极化.

图 2.7(a)示出了理想的聚乙烯型高分子链的一段空间构型，其中 R 为高分子链的端基. 一个聚合物高分子，其结构单元数目可以达到 10^6；故无论聚合物处于溶液中、液态或固态，链式高分子的形态通常有如图 2.7(b)所示的形态. 这是分子中链段不停地热运动的结果. 与碳原子组成的主链相连结的各个侧键或支链，通常都具有一定的电矩；例如 C—H 键的电矩约为 0.2deb，而 C—F 键的电矩则高达 1.83deb. 分子的内部热运动往往表现为电矩的旋转. 图 2.7(c)示出了一个具有电矩的侧基绕键轴的旋转；其中的箭头代表一个极性侧基，例如以—CH_2Cl 代替了图 2.7(a)中的

—H,便成为一个具有电矩的侧基.图2.7(d)示出了主链局部链段的运动情况;其中的几个分结构单元以两个共线的C—C链为轴作曲轴旋转.高分子中的各种运动方式是很复杂的;通常这些运动受到来自分子本身或分子以外的阻力,因而不能像自由空间的小分子那样可以自由运动.来自分子本身的阻力包括键角力和远程力.当许多链式分子交缠凝聚在一起成为固态聚合物时,一个分子的局部运动所受到相邻分子的阻力就有如受到摩擦力一样.因此,大分子的局部电矩的取向有多个能量较小的位置,除了能量最低的稳态位置外,还具有一定的能量较低的亚稳态位置.局部电矩借助热运动克服一定的势垒和摩擦力而在各位置间随机取向.当受外电场作用时,它们将沿某一位置择优取向,从而产生局部电矩的取向极化,因为局部电矩由原子团组成,其质量较大,故聚合物的介电弛豫过程明显出现在射频或低频的频段内.

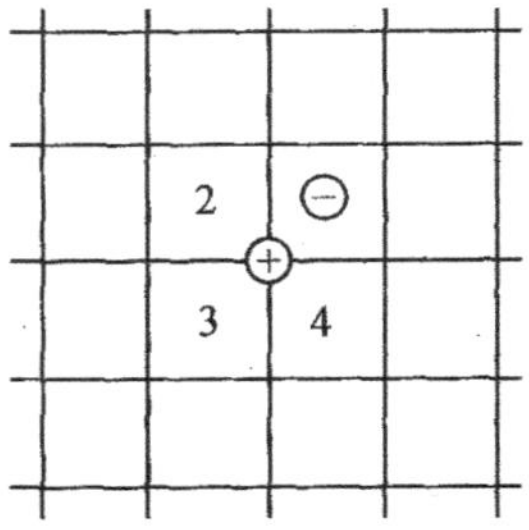

图2.8 缺陷极化.

图2.8所示的是一个具有缺陷的晶格示意图.其中一个杂质离子取代了晶格结点上的一个离子,由于价数不同而在该点上形成一个正电荷的空间电荷.空间电荷是束缚在晶体缺陷上的,因而不是自由电荷.由于这个正电荷的库仑作用,容易吸引另一个负离子作为填隙离子,并束缚在其附近.显然,填隙负离子处于图中所示的位置或改变到图中的位置2,3或4,其能量是相同的.与正电荷相束缚的填隙负离子的各种可能位置使得正负空间电荷形成一个有几个可能取向的电偶极子.电矩在外电场中的方向改变实际上是杂质离子的跳跃(hopping)运动,即由一个填隙位置跳到另一个填隙位置,在跳跃过程中要克服一定的势垒.跳跃运动也可以是取代杂质离子由一个晶格结点跳到邻近结点.而正、负离子既可以是由取代方式也可以是由填隙方式产生.在完整性较差的晶体中,跳跃极化的贡献是显著的.

在陶瓷等多晶体中，晶粒边界层缺陷很多，容易束缚大量的空间电荷，对电极化现象会作出响应. 这类问题的微观机构更为复杂，目前还只处于总结工艺经验阶段.

§2.3 有 效 场

2.3.1 弥散态物质

在弥散物质中，分子与分子之间的平均距离很大. 例如在标准状况下，一个空气分子平均占据的空间约为分子本身体积的 3×10^4 倍. 分子内部各部分之间的相互作用比之分子之间的相互作用要强得多，将每个分子看成是一个近独立子系是一种很好的近似. 分子之间碰撞的效果归结为按一定的热平衡分布. 当出现外加电场 $\boldsymbol{E}$ 时，每个分子都被极化，并产生一个电矩，从而在其周围建立自己的电场. 由于库仑作用是长程的，每个分子除受外加电场 $\boldsymbol{E}$ 的作用之外，还要受到其他分子的感应电矩的电场的作用；这两部分电场合起来记作 $\boldsymbol{E}_l$，称为局域场(local field). $\boldsymbol{E}$ 是宏观外加的电场；对于单个分子来说，$\boldsymbol{E}_l$ 才是真正的外电场，因为这里没有计及来自这个分子本身内部电荷的电场，而这个分子以外的所有因素却都考虑到了. 对于弥散态系统，式(2.57)所联系的是极化强度 $\boldsymbol{P}$ 与 $\boldsymbol{E}_l$ 的线性关系($\boldsymbol{P}=\chi\varepsilon_0\boldsymbol{E}_l$)而不是与 $\boldsymbol{E}$ 的关系.

一般来说，一个分子内部含有的原子是不只一个的. 当讨论分子中某个原子或离子所受到的电场的作用时，除 $\boldsymbol{E}_l$ 以外还要计入这个分子内其他原子或离子所产生的总电场 $\boldsymbol{E}_{in}$，称 $\boldsymbol{E}_{in}$ 为内场(internal field). 就是说，一个分子中的某个原子或离子所受到的总电场为

$$\boldsymbol{E}_e=\boldsymbol{E}_l+\boldsymbol{E}_{in}, \tag{2.58}$$

称 $\boldsymbol{E}_e$ 为有效场(effective field).

在气体中，由于分子的整体旋转热运动的结果，使内场 $\boldsymbol{E}_{in}$ 的取向随着分子一起旋转；因此其效应在作热平均值时抵消了，在宏

观上就表现不出来. 这时, 可以简单地认为 $\boldsymbol{E}_e=\boldsymbol{E}_l$. 在另一方面, 如果讨论的是晶体, 可以认为单晶体就是一个大分子. 这时因为没有其他分子, 故 $\boldsymbol{E}_l=0$; 于是可以简单地认为 $\boldsymbol{E}_e=\boldsymbol{E}_{in}$.

在 2.3.2 节中, 我们将证明在气体中有

$$\boldsymbol{E}_e=\boldsymbol{E}_l=\boldsymbol{E}+\frac{1}{3\varepsilon_0}\boldsymbol{P}, \tag{2.59}$$

这是在国际单位制下局域场的表示式; 在 cgs 单位制下, 上式可表示为

$$\boldsymbol{E}_e=\boldsymbol{E}_l=\boldsymbol{E}+\frac{4\pi}{3}\boldsymbol{P}. \tag{2.60}$$

称式(2.59)为 Clausius-Mossotti 公式, 其中 $\boldsymbol{P}$ 为弥散物质系统受到宏观外电场 $\boldsymbol{E}$ 的作用所引起的均匀极化强度; 这时假设了 $\boldsymbol{E}$ 也是均匀的. 若分子总的微观极化率为 α, 则每个分子受 $\boldsymbol{E}_l$ 的作用而产生的电矩为

$$\boldsymbol{p}=\alpha\boldsymbol{E}_l=\alpha\left(\boldsymbol{E}+\frac{1}{3\varepsilon_0}\boldsymbol{P}\right).$$

设气体单位体积中平均有 N 个分子, 则

$$\boldsymbol{P}=N\boldsymbol{p}=N\alpha\left(\boldsymbol{E}+\frac{1}{3\varepsilon_0}\boldsymbol{P}\right),$$

故

$$\boldsymbol{P}=\frac{3N\alpha\varepsilon_0}{3\varepsilon_0-N\alpha}\boldsymbol{E}. \tag{2.61}$$

另一方面, 由式(2.15)和式(2.16)可得到

$$\boldsymbol{P}=(\varepsilon-1)\varepsilon_0\boldsymbol{E}. \tag{2.62}$$

比较式(2.62)和式(2.61), 可以得到

$$\frac{\varepsilon-1}{\varepsilon+2}=\frac{N\alpha}{3\varepsilon_0}. \tag{2.63}$$

上式是 1880 年由 H.A.Lorentz 和 L.Lorenz 同时各自独立得到的, 称为 Lorentz-Lorenz 公式[8].

式(2.59)和式(2.60)的右边第二项通常称为 Lorentz 修正项. 如果略去这个修正项, 则式(2.63)变为

$$\varepsilon - 1 = N\alpha/\varepsilon_0; \qquad (2.64)$$

这时忽略了系统中各分子的电矩所产生的电场的极化贡献，即认为 $\boldsymbol{E}_l = \boldsymbol{E}$. 注意到在许多弥散物质中，$\varepsilon \approx 1$，例如空气的相对介电常数 $\varepsilon = 1.000585$，式(2.63)与式(2.64)在此情况下的差别很小.

曾经用空气[9]和其他气体[10]为例来比较过式(2.63)与式(2.64)的差别. 对于空气，其导磁系数 $\mu = 1$，故光的折射率 n 与相对介电常数 ε 存在着 $n^2 = \varepsilon\mu = \varepsilon$ 的关系. 由于分子极化率 α 是个微观参数，它与气体压强无关，而 N 与气体的密度 ρ 均比例于压强，故由式(2.63)和式(2.64)可分别得出如下的结论：

$$\frac{n^2 - 1}{(n^2 + 2)\rho} \quad 和 \quad \frac{n^2 - 1}{3\rho}$$

为不随密度而变的常数. 表 2.2 所列举的是一些关于空气的实验结果，其中密度 ρ 是以标准状态下的值为单位来计算的. 在实验中，保持温度不变而在不同压强下测量空气的折射率 n 的结果表明，式(2.63)比式(2.64)有所改进；特别是在密度较大时改进更为明显. 应该指出，在表 2.2 的实验数据中：最大的 ρ 值相应的空气分子平均占据的空间仍比其本身体积大 170 倍. 这时，分子作为近独立子系的假设仍是相当精确的.

表 2.2 空气的 Lorentz 修正

ρ	$\frac{n^2-1}{(n^2+2)\rho}\times 10^7$	$\frac{n^2-1}{3\rho}\times 10^7$
1	1953	1953
14.84	1947	1953
42.13	1959	1976
69.24	1961	1988
96.16	1961	1998
123.04	1956	2005
149.53	1956	2015
176.27	1953	2023

式(2.60)和式(2.63)可用于非极性液体以及极性物质的稀释溶液，所得到的结果也比较正确. 然而对于极性液体，例如水、酒精、酯类等，其结果就与实验不符了，在室温下，每两个水分子之间的平均距离约为水分子中两个氢原子间距离的两倍. 这时，水分子之间由固有电矩产生的强烈相互作用使得不能再将水分子视为近独立子系；所讨论的系统不再处于弥散态.

2.3.2 Lorentz 修正场

下面给出式(2.59)的证明. 图 2.9 中示出了充满均匀电介质的平板电容器. 电极上的自由电荷在介质中产生的电场强度设为 E；E 与介质的介电常数有关，故其中已包括了电介质的宏观效应的贡献，参见图 2.1 及有关讨论. 假设组成电介质的结构粒子可以看成是独立子系，我们来计算作用于每个粒子使之极化的微观有效场 E_e.

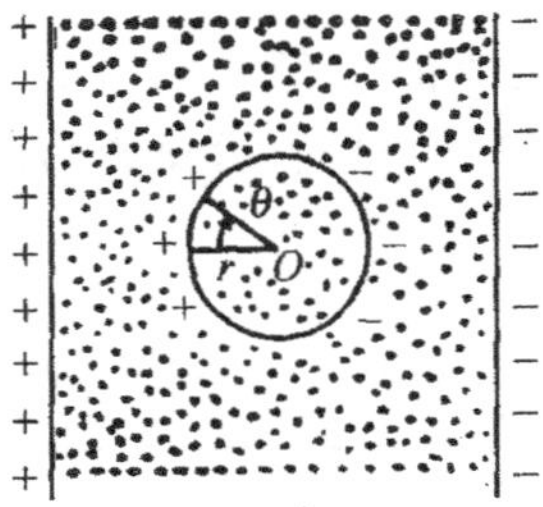

图 2.9 Lorentz 内电场.

以所观察的粒子为圆心 O，取适当半径 r 作一球面. 在球面以外的介质作为连续介质处理，其在球心上产生的电场记为 E_1. 球内的介质在球心上产生的电场记为 E_2. 在计算 E_2 时，对球内各粒子所产生的电场求和，在求和中不包括被观察的位于球心的那个粒子自身的电场. 于是有效场为

$$E_e = E + E_1 + E_2. \qquad (2.65)$$

Mossotti 假设，$E_2 = 0$；在弥散系中，由于各粒子的无规则混乱分布，$E_2 = 0$；在具有立方对称的晶体中，也可证明 $E_2 = 0$. 因此，Mossotti 假设是正确的.

Lorentz 在略去 E_2 的基础上计算出了有效场 E_e. 这时，E_1 归结为电介质被挖去一个球体后，球腔内壁电荷在球心所产生的电场. 参阅图 2.9，极化强度为 P 的均匀介质在球腔产生的面电荷密度为 $P\cos\theta$，这些电荷在球心所产生的电场为

$$E_1 = \oint_S \frac{P\cos\theta \mathrm{d}s}{4\pi\varepsilon_0 r^2} \cdot \cos\theta, \tag{2.66}$$

其中，与 E 垂直方向的分量互相抵消了．将上式积分得到

$$E_1 = \frac{1}{3\varepsilon_0}P, \tag{2.67}$$

于是

$$E_e = E + \frac{1}{3\varepsilon_0}P,$$

这就是式(2.59)．由于在 CGS 单位制中，式(2.67)变为

$$E_l = \frac{4\pi}{3}P, \tag{2.68}$$

故这种修正值称为 4π/3 修正，或称为 Lorentz 修正．

式(2.65)中的这个修正项 E_1，常被推广应用到晶体中，这时 E_e 就是内场 E_{in}，故亦常将式(2.67)和式(2.68)中的修正值称为有效场修正．在§2.3.1 中已经指出，这种修正用于气态时是取得成功的．下面将这种修正的应用范围推广一下，看看会得到怎样的结果．

将式(2.61)改写为

$$\boldsymbol{P} = \frac{N\alpha}{1 - \dfrac{N\alpha}{3\varepsilon_0}}\boldsymbol{E}.$$

对于标准状态下的空气，$N = 2.69\times10^{19}\mathrm{cm}^{-3}$．由相对介电常数的实验值求出 α 后代入上式，得到式中的分母为

$$(1 - 1.95\times10^{-4}),$$

若在 α 不变情况下使 N 增大到接近 10^4 倍，则分母从减小达到零而变为负值．此时的空气压强为 10^4 大气压强的数量级．比表 2.2 列出的数据的实验范围还大 10^2 倍；空气中分子间平均中心距离已减小到与分子线度相同的数量级．显然，上述理论计算中把分子看成独立子系的假设已不正确；这样的推广就显得毫无意义．

但是历史上确实曾一再这样推广 4π/3 修正的应用范围，特别是推广应用于水．水分子具有电矩，其极化率主要来自偶极子取向

极化的贡献.应用式(2.56)得到

$$\alpha \approx \alpha_d = p_0^2/3kT. \tag{2.69}$$

以之代入式(2.68),则当温度 T 下降到[11]

$$T_c = Np_0^2/9\varepsilon_0 k \tag{2.70}$$

时,式(2.68)的分母等于零.此时,即使外电场 $\boldsymbol{E}=0$,水也会由于温度下降而出现自发极化,具有不等于零的极化强度 $\boldsymbol{P}$.以水的数据 $N=3.3\times10^{22}\mathrm{cm}^{-3}$, $p_0=1.87\mathrm{deb}$ 代入式(2.70)得到, $T_c\approx$ 1200K.这就是说,水在未冷却到室温以前早就出现自发极化.果真如此,则有规则取向的水分子的固有电矩所产生的强烈电场,对于依赖水以生存的生命物质来说,其效果是可怕的.历史上称这种推广所得到的效果为 $4\pi/3$ 灾难.或称为 Mossotti 灾难;因为这种修正是在 Mossotti 假设 $E_2=0$ 的前提下得到的.事实上这种灾难从未发生过;为了找到在更广泛条件下合理的有效场修正方法,不少著名物理学家曾作了很大努力.

2.3.3 昂萨格修正场

昂萨格提出了极性液体中使分子极化的有效场的计算方法,用来解释 Mossotti 灾难不会发生的原因[12].他把具有电矩的液体分子看成点电偶极子.将所观察的分子用一个具有合适半径 a 的球面包围,使这个分子位于球心而球内不再有其他分子.这个分子的总电偶极矩可写为

$$\boldsymbol{p} = \boldsymbol{p}_0 + \alpha\boldsymbol{E}_e. \tag{2.71}$$

其中 $\boldsymbol{p}_0$ 为分子的固有电矩,$\boldsymbol{E}_e$ 就是我们要计算的使分子极化的有效电场.

把球外的介质看成为具有介电常数 ε 的连续介质.当存在外电场 $\boldsymbol{E}$ 时,球心的分子受到一个与 $\boldsymbol{E}$ 同方向的空球电场 $\boldsymbol{G}$ 的作用,参阅图 2.10(a).此外,球心的点电矩将使周围介质极化,球腔内壁因而出现极化表面电荷,参阅图 2.10(b);这些面电荷所建立的电场 $\boldsymbol{R}$ 将反过来作用于球心的分子,故称 $\boldsymbol{R}$ 为反作用场.因此

$$\boldsymbol{E}_e = \boldsymbol{G} + \boldsymbol{R}. \tag{2.72}$$

从图 2.10(b)中容易看出, $\boldsymbol{R}$ 与 $\boldsymbol{p}$ 同向. 因此, 反作用场只可能改变 $\boldsymbol{p}$ 的长度而不能改变其方向.

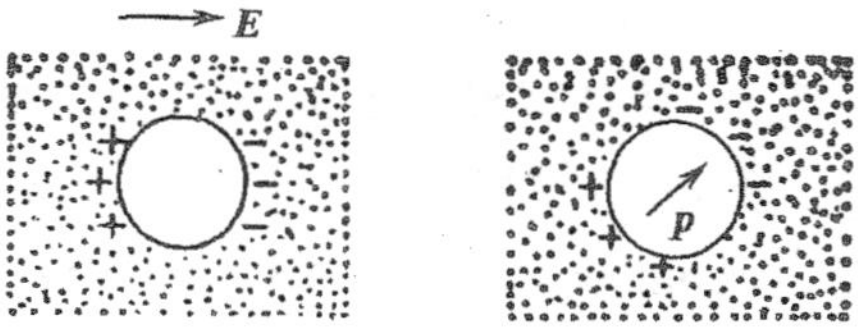

图 2.10　Onsager 有效场.

在式(2.72)中, $\boldsymbol{G}$ 是真正的空球电场, 它包括了挖去位于球心的那个分子后连续介质的极化所受到的影响. 空球电场 $\boldsymbol{G}$ 不同于 2.3.2 节中的 E_1, 因为按照图 2.9 计算 E_1 时没有计及挖空球内物质后所引起的球外电场的畸变. 空球电场 $\boldsymbol{G}$ 必须从拉普拉斯方程解出, 按照上面提到的条件, 它的解为

$$\boldsymbol{G} = \frac{3\varepsilon}{2\varepsilon + 1}\boldsymbol{E}. \tag{2.73}$$

反作用场 $\boldsymbol{R}$ 也可以由拉普拉斯方程按照合适的边界条件解出, 其结果为

$$\boldsymbol{R} = \frac{2(\varepsilon - 1)}{4\pi\varepsilon_0 a^3(2\varepsilon + 1)}\boldsymbol{p}, \tag{2.74}$$

式中 a 为空球半径. 为了使结果能够确定下来, Onsager 选择空球体积恰好等于系统中每个分子所平均占据的空间. 这样的选择满足了球内不再有其他分子的要求. 因此, 若单位体积内有 N 个分子, 则

$$\frac{4\pi}{3}a^3 = 1/N. \tag{2.75}$$

于是, 用式(2.72)至式(2.75)代入式(2.71), 得到

$$\boldsymbol{p} = \boldsymbol{p}_0 + \frac{3\varepsilon\alpha}{2\varepsilon + 1}\boldsymbol{E} + \frac{2N(\varepsilon - 1)\alpha}{3\varepsilon_0(2\varepsilon + 1)}\boldsymbol{p}, \tag{2.76}$$

式中的 ε 为低频相对介电常数;而从式(2.71)中可以看出,分子的微观极化率 α 是不包含电偶极子转向贡献的.

昂萨格的理论研究主要目的在于说明 Mossotti 灾难不会在极性电介质中出现[13],因此他近似地认为分子的微观极化率 α 与高频介电常数相联系,并且假设在不涉及固有电矩取向极化时仍可以采用 Lorentz 修正.高频相对介电常数等于光折射率 n 的平方.因此,在根据 Lorentz 修正得到的式(2.63)中将 ε 换成 n^2 就得到

$$\frac{n^2-1}{n^2+2}=\frac{N\alpha}{3\varepsilon_0}. \tag{2.77}$$

将式(2.77)代入式(2.76),并令

$$g=\left[1-\frac{2N(\varepsilon-1)\alpha}{3\varepsilon_0(2\varepsilon+1)}\right]^{-1}=\frac{(2\varepsilon+1)(n^2+2)}{3(n^2+2\varepsilon)}, \tag{2.78}$$

于是可以解出

$$\boldsymbol{p}=g\boldsymbol{p}_0+\frac{3\varepsilon\varepsilon_0(n^2-1)}{N(n^2+2\varepsilon)}\boldsymbol{E}. \tag{2.79}$$

将 $\boldsymbol{p}$ 按照 2.2.3 节的方法求热平均值,就可得到宏观极化强度

$$\boldsymbol{P}=N\langle\boldsymbol{p}\rangle.$$

利用式(2.62),上式可写为

$$(\varepsilon-1)\varepsilon_0\boldsymbol{E}=N\langle g\boldsymbol{p}_0\rangle+\frac{3\varepsilon\varepsilon_0(n^2-1)}{(n^2+2\varepsilon)}\boldsymbol{E}, \tag{2.80}$$

其中用了式(2.79);因为式中右边第二项与热运动无关,故取热平均后其值不变.式(2.80)表明,由矢量热平均得出的矢量 $\langle g\boldsymbol{p}_0\rangle$ 与电场 $\boldsymbol{E}$ 平行.

关于矢量 $\langle g\boldsymbol{p}_0\rangle$ 的物理意义可说明如下:极性分子在真空中的固有电矩为 $\boldsymbol{p}_0$,在介质中因受反作用场 $\boldsymbol{R}$ 的作用使电矩增大为 $g\boldsymbol{p}_0$.从图 2.10(b)中容易看出,因为 $\boldsymbol{R}$ 的方向与 $\boldsymbol{p}_0$ 平行,增大的结果为 $\boldsymbol{p}_0$ 乘以标量 g.矢量 $g\boldsymbol{p}_0$ 在空球电场 $\boldsymbol{G}$ 的作用下取向有倾向性,故热平均后的 $\langle g\boldsymbol{p}_0\rangle$ 与 $\boldsymbol{G}$ 同向;因此,根据式(2.73),$\langle g\boldsymbol{p}_0\rangle$ 也与电场 $\boldsymbol{E}$ 同向.在式(2.80)中,既然两边各项的矢量均为

同向,故可用标量表示.设矢量 gp_0 与空球电场 G 之间的角度为 θ,则

$$(\varepsilon-1)\varepsilon_0 E = Ngp_0\langle\cos\theta\rangle + \frac{3\varepsilon\varepsilon_0(n^2-1)}{(n^2+2\varepsilon)}E.$$

类似于式(2.54),取 Langevin 函数级数展开式的第一项,得到

$$\langle\cos\theta\rangle = L\left(\frac{gp_0G}{kT}\right) = \frac{gp_0G}{3kT},$$

其中的 G 可由式(2.73)给出.于是式(2.80)可写为

$$(\varepsilon-1)\varepsilon_0 = \frac{Ng^2p_0^2}{3kT}\cdot\frac{3\varepsilon}{(2\varepsilon+1)} + \frac{3\varepsilon\varepsilon_0(n^2-1)}{(n^2+2\varepsilon)}.$$

以 g 的表示式(2.78)代入上式,经化简后得到

$$\frac{\varepsilon_0(\varepsilon-n^2)(n^2+2\varepsilon)}{\varepsilon(n^2+2)^2} = \frac{Np_0^2}{9kT}. \tag{2.81}$$

在极端情况下,若分子电矩取向极化的贡献很大,以致 $\varepsilon \gg n^2$,则式(2.81)可进一步简化为

$$\frac{2\varepsilon_0\varepsilon}{(n^2+2)^2} = \frac{Np_0^2}{9kT}. \tag{2.82}$$

从式(2.81)或式(2.82)中可以看到,无论 N, T 和 p_0 为任何物理上容许的值,所解出的低频介电常数 ε 都为有限大小的正值.

Onsager 成功地解释了 Mossotti 灾难($\varepsilon\to\infty$)不可能出现的原因.但是他的模型过于简单,忽略了极性分子与近邻的强烈作用而引起的各种复杂的排列规律.因此,将理论结果用于定量计算时将会引起较大误差.关于凝聚物质的介电极化理论, Kirkwood 和 Fröhlich 等人作了进一步的讨论,但问题并未得到令人满意的解决[12,14].

§2.4 介电弛豫

2.4.1 弛豫过程的物理意义

弛豫这个概念是从宏观的热力学唯象理论抽象出来的.它的

定义是：一个宏观系统由于周围环境的变化或它经受了一个外界的作用而变成非热平衡状态，这个系统经过一定时间由非热平衡态过渡到新的热平衡状态的整个过程就称为弛豫．宏观系统的热平衡从统计意义上来说，是以其中的粒子按某种能量分布规律来表征的；这种规律通常就是 Boltzmann 分布．因此，弛豫过程实质上就是系统中微观粒子由于相互作用而交换能量，最后达到稳定分布的过程．弛豫过程的宏观规律决定于系统中微观粒子相互作用的性质．因此，研究弛豫现象是获得关于这些相互作用的信息最有效途径之一，由于电偶极矩之间的相互作用很强，而凝聚态电介质特别是非晶固态电介质中又经常存在各种亚稳态，这就使得介电弛豫现象比磁性弛豫要复杂得多．

在顺磁性物质中，磁偶极矩之间的相互作用较弱．因此研究顺磁弛豫时主要是针对顺磁共振的线宽和线型[15]．除了我们在第六章将要讨论的铁电体及其有关物质外，其余所有电介质都是处于顺电相的．在顺电性物质中，电偶极矩之间的相互作用如此之强，以至其吸收曲线的宽度可大到难以认为是出现了一个明显的峰值；参见图 2.4．因此在介电弛豫现象中特别地出现了所谓弛豫型响应这个概念；这是指微观相互作用特别强、响应曲线特别宽的极限现象．但是不能因此就认为共振型响应不反映弛豫过程．事实上，关于共振型响应的顺磁弛豫理论正在发展应用到介电现象中[16]．我们将遵照电介质物理学发展历史上形成的习惯，在讨论介电弛豫时只限于弛豫型介电响应，而把共振型介电响应中的弛豫现象放在§2.5 中进行讨论．

电场与物质之间的相互作用中最重要的大概是弛豫过程．至少在电介质物理学中在处理载流子的电输运及某些极化的过程时经常用到它．因为弛豫过程有的是通过粒子间的各种复杂的、完全混乱的作用或碰撞来实现的，故在弱电场情形下，可用弛豫时间近似方法来处理，即认为碰撞引起的分布函数 f 的变化速率正比于分布函数相对其平衡值 f_0 的偏差 $(f-f_0)$．下面就用弛豫时间近似来处理介电弛豫．

例如,在时间 $t<0$ 时,介质受外电场极化产生极化强度 P_0;在 $t=0$ 时突然除去外电场,则在 t 很大以后系统的极化强度逐渐下降而趋向于热平衡态的零值.在此过程中极化强度 P 减少的速率与 P 成正比,即

$$dP = -APdt. \tag{2.83}$$

将其中的比例常数 A 的倒数写为

$$\tau = 1/A. \tag{2.84}$$

根据前面提到的初始条件容易写出微分方程(2.83)的解为

$$P = P_0 e^{-At} = P_0 e^{-t/\tau}. \tag{2.85}$$

图 2.11(a)的曲线描述了式(2.85)的弛豫规律.称 τ 为弛豫时间,它是 P 减小至 e^{-1} 倍时所需的时间.类似地,若 $t=0$ 时 $P=0$;在此瞬时突然加上一个恒定电场,则电介质建立热平衡极化强度 P_0 的弛豫过程规律为

$$d(P_0 - P) = -A(P_0 - P)dt. \tag{2.86}$$

方程(2.86)的解为

$$P = P_0(1 - e^{-t/\tau}), \tau = 1/A. \tag{2.87}$$

图 2.11(b)中示出的曲线描绘了式(2.87)的弛豫规律.

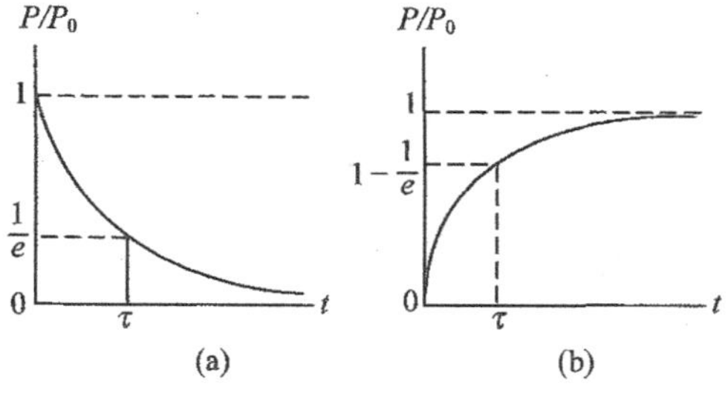

图 2.11　弛豫规律.

简单地用一个时间常数 τ 来表征的弛豫规律式(2.85)和式(2.87),描述了自然界的许多弛豫现象.但是在介电弛豫现象中,这样的简单描述方法显得还远为不足.下面将从这种基本的规律

开始进行论述.

2.4.2 德拜弛豫方程

总的介电响应宏观效果可用相对介电常数 ε 来描述. 在频率为 ω 的正弦波交变电场作用下, 电介质的极化弛豫现象一般地可用如下的 ε 与 ω 普遍关系的形式来描述:

$$\varepsilon(\omega) = \varepsilon_\infty + \int_0^\infty \alpha(t) e^{j\omega t} dt, \tag{2.88}$$

其中, $\alpha(t)$ 被称为衰减因子. 它描述了突然除去外电场后, 介质极化衰减的规律以及迅速加上恒定外电场时介质极化趋向于平衡态的规律. 由于介质中电矩的运动需要时间, 因此极化响应显得落后于迅速变化的外电场而似乎具有一点惯性; 同时, 弛豫过程中微观粒子之间的能量交换在宏观方面将表现为一种损耗. 在 2.1.3 节中指出, 可以用复介电常数的虚部 ε'' 来从宏观方面描述介电损耗. 因此, 衰减因子将使式(2.88)中的 $\varepsilon(\omega)$ 分成为实部 ε' 和虚部 ε''. 在假设的理论关系式(2.88)中; 当 $\omega \to \infty$ 时必有 $\varepsilon(\infty) = \varepsilon_\infty$, 因此, 这样的弛豫理论只研究频率较低的现象, 光频弛豫效应被略去了.

在特殊情况下, 可以令[17]

$$\alpha(t) = \alpha_0 e^{-t/\tau}, \tag{2.89}$$

这样就可得出 2.4.1 节中所提到的弛豫规律. 其中, 弛豫时间与介质的温度有关而与时间无关. 以式(2.89)代入式(2.88), 积分后得到

$$\varepsilon(\omega) = \varepsilon_\infty + \frac{\alpha_0}{\frac{1}{\tau} - j\omega}.$$

记

$$\varepsilon(0) = \varepsilon_s, \tag{2.90}$$

则

$$\varepsilon_s = \varepsilon_\infty + \tau\alpha_0, \tag{2.91}$$

ε_s 为静态相对介电常数. 于是式(2.89)可写为

$$\alpha(t) = \frac{\varepsilon_s - \varepsilon_\infty}{\tau} e^{-t/\tau}; \tag{2.92}$$

而

$$\varepsilon(\omega) = \varepsilon' - j\varepsilon'' = \varepsilon_\infty + \frac{\varepsilon_s - \varepsilon_\infty}{1 - j\omega\tau}. \tag{2.93}$$

由式(2.93)可以得到复介电常数 ε 的实部 ε'、虚部 ε'' 和损耗角正切 $\tan\delta$ 的表示式为

$$\varepsilon' = \varepsilon_\infty + \frac{\varepsilon_s - \varepsilon_\infty}{1 + \omega^2\tau^2}, \qquad \varepsilon'' = \frac{(\varepsilon_s - \varepsilon_\infty)\omega\tau}{1 + \omega^2\tau^2}; \tag{2.94}$$

$$\tan\delta = \frac{\varepsilon''}{\varepsilon'} = \frac{(\varepsilon_s - \varepsilon_\infty)\omega\tau}{\varepsilon_s + \varepsilon_\infty\omega^2\tau^2}. \tag{2.95}$$

式(2.94)常被称为 Debye 方程.

当交流电场频率很高时, 由德拜方程可得到

$$\varepsilon' \to \varepsilon_\infty, \varepsilon'' \to 0, (\omega \to \infty).$$

事实上, 光频电场使介质极化时也有损耗, 表现为介质对光的吸收. 此时, 光频介电常数也可表示为复数. 光频损耗在 Debye 弛豫理论中被略去了. 在较低频率下电介质的弛豫现象比光频的要复杂得多, Debye 弛豫理论在实验和技术工作中有十分重要的应用.

在 Debye 方程(2.94)中消去 $\omega\tau$, 得到

$$\left[\varepsilon' - \frac{1}{2}(\varepsilon_s + \varepsilon_\infty)\right]^2 + (\varepsilon'')^2 = \frac{1}{4}(\varepsilon_s - \varepsilon_\infty)^2. \tag{2.96}$$

如果以 ε' 为横坐标, 以 ε'' 为纵坐标作图, 则方程(2.96)给出一条半圆周曲线如图 2.12 所示, 称这样的图为 Cole-Cole 图[18]. Debye 方程(2.94)在数学意义上就是图中半圆周曲线的参数方程, 参数就是 ω. $\omega = 0$ 和 ∞ 给出的两点在横坐标轴上, $\omega = \dfrac{1}{\tau}$ 给出的点恰好是半圆的最高点. 当 ω 由零连续增大至 ∞ 时, 曲线上的点按图中箭头方向扫过半圆周. 遵从式(2.93)～(2.95)规律的弛豫现象被称为属于 Debye 型. Cole-Cole 图在处理实验数据时很有用. 在不同频率下, 测出复介电常数的实部和虚部, 将测量点标在复平面

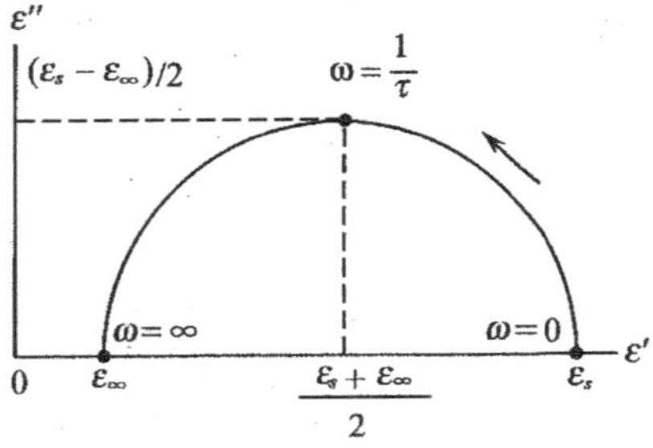

图 2.12　Cole-Cole 图.

上,若实验点组成一个半圆弧,则属于 Debye 型弛豫;同时,个别实验点对圆弧的偏离程度表明了这些实验点的精确程度.

如果是 Debye 型介电弛豫,则由 Debye 方程可以得到

$$\varepsilon' = \frac{\varepsilon''}{\omega\tau} + \varepsilon_\infty, \tag{2.97}$$

或

$$\varepsilon' = -\omega\tau\varepsilon'' + \varepsilon_s. \tag{2.98}$$

此式表明,若将测量结果分别按(ε', ε''/ω)和(ε', $\omega\varepsilon''$)作图,则可得出两条直线.由直线的斜率和截距可以得到 Debye 方程中出现的各个参数 τ, ε_∞和 ε_s.

有许多电介质的介电弛豫并不属于 Debye 型. K.S.Cole 和 R.H.Cole 提出了一个很有用的经验公式,把复介电常数写为

$$\varepsilon = \varepsilon' - j\varepsilon'' = \varepsilon_\infty + \frac{\varepsilon_s - \varepsilon_\infty}{1 - (j\omega\tau_\alpha)^{(1-\alpha)}}, \tag{2.99}$$

其中 τ_α 为平均弛豫时间, α 为小于 1 的正数或零.他们证明,在式(2.99)所适用的场合中,将实验数据按 Cole-Cole 图的作图方法处理仍可得到 ε'轴上方的一段圆弧.不过此时圆弧所张的圆心角不再一定等于 π,而是等于$(1-\alpha)\pi$.参数 α 可作为 Debye 方程适用程度的衡量.

从式(2.89)中可以看到,Debye 型介电弛豫是弛豫在交变信号下的具体表现形式.

2.4.3 双势阱弛豫模型

弛豫型介电响应往往与凝聚态电介质中微观粒子的越障运动有关，越障运动是越过一个势垒的运动，这在 2.2.4 节中已经简单地说明过，图 2.13 示出的双势阱模型可用来描述这种运动. 图中画出的粒子的势能曲线有两个极小位置 A 和 B，两个极小位置之间隔着高度为 w 的势垒. 当无外电场时，两个势阱的深度相等. 在外电场 $\boldsymbol{E}$ 的作用下，一个电荷量为 q 的粒子在位置 A 的势能将比位置 B 的要高 qlE，其中 l 为两势阱的空间距离；这里还假设了电场 $\boldsymbol{E}$ 的方向是由 A 指向 B 的. 模型中粒子自位置 A 过渡到 B 代表了一个电偶极矩 ql 的产生.

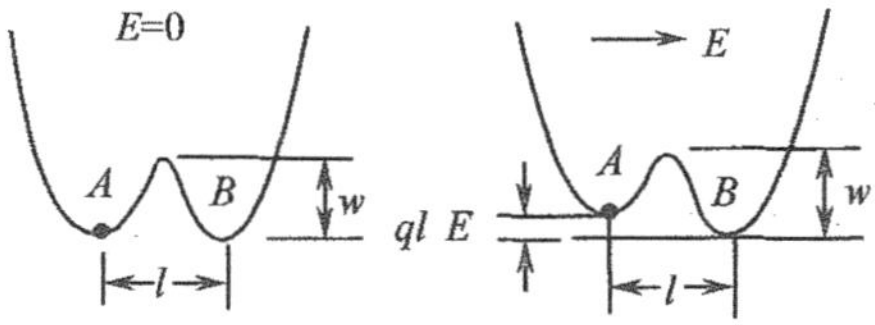

图 2.13 双势阱弛豫模型.

一个宏观系统中具有许多如图 2.13 所示类型的对介电极化有贡献的粒子. 为了突出地说明越障运动对极化弛豫的影响，我们把这些粒子之间的相互作用略去. 同时，假设势垒高度 $w \gg kT$；这样，粒子只有借助于热运动能量的起伏才能由一个能量极小位置跳到另一个位置. 在无外电场时，粒子在位置 A 或 B 的概率相等. 当加上外电场时，按照 Boltzmann 分布规律可将不同方向粒子跳越势垒的概率写为

$$B \rightarrow A : P_{BA} = \frac{\omega_0}{2\pi} \mathrm{e}^{-w/kT}, \tag{2.100}$$

$$A \rightarrow B : P_{AB} = \frac{\omega_0}{2\pi} \mathrm{e}^{-(w-qlE)/kT}. \tag{2.101}$$

式中的系数 $\omega_0/2\pi$ 的意义是很明显的，ω_0 是粒子在势阱中的振动

角频率；当 $w=0$，并且无外场时，粒子单位时间振动的次数 $\omega_0/2\pi$，即由一个位置跳到另一个位置的次数.

假设外电场不太大，并能满足 $qlE \ll kT$，则可近似地有关系

$$P_{AB}=P_{BA}\left(1+\frac{qlE}{kT}\right). \tag{2.102}$$

设粒子的总数为 N，每个粒子均只有两个可能位置 A 或 B. 设处在位置 A 的粒子数为 N_1，处在位置 B 的粒子数为 N_2，则

$$N=N_1+N_2. \tag{2.103}$$

单位时间内不同位置上粒子数的变化为

$$\frac{\mathrm{d}N_1}{\mathrm{d}t}=-N_1P_{AB}+N_2P_{BA}, \tag{2.104}$$

$$\frac{\mathrm{d}N_2}{\mathrm{d}t}=N_1P_{AB}-N_2P_{BA}. \tag{2.105}$$

将上面两个方程相减，得到

$$\frac{\mathrm{d}}{\mathrm{d}t}(N_2-N_1)=-(P_{AB}+P_{BA})(N_2-N_1)+(P_{AB}-P_{BA})N. \tag{2.106}$$

根据假设，$qlE \ll kT$，由式(2.102)可知，近似地有

$$P_{AB}+P_{BA}\approx 2P_{BA},\quad P_{AB}-P_{BA}\approx\frac{qlE}{kT}P_{BA}.$$

将这两个近似式代入式(2.106)，得到

$$\frac{\mathrm{d}}{\mathrm{d}t}(N_2-N_1)=-2P_{BA}(N_2-N_1)+2P_{BA}N\frac{qlE}{kT}. \tag{2.107}$$

设 $t=0$ 时，$N_1=N_2=N/2$，$E=0$；此时，迅速加上恒定电场 E，则经时间 t 后，由微分方程(2.107)可解出

$$N_2-N_1=\frac{NqlE}{2kT}(1-\mathrm{e}^{-2P_{BA}t}). \tag{2.108}$$

注意，粒子数差值(N_2-N_1)比例于系统的宏观极化强度 P，式(2.108)与式(2.87)完全一致.

将双势阱模型的衰减因子与德拜理论的假设(2.89)相比，得

到

$$\tau = \frac{1}{2P_{BA}} = \frac{\pi}{\omega_0} e^{w/kT}. \tag{2.109}$$

式(2.109)给出了弛豫时间与温度的关系.注意,$w>0$,当温度增高时弛豫时间变小;通常,实验所观察到的正是这样.如果通过实验测出在不同温度下的 τ,作出 $\ln\tau$ 与 $1/T$ 的关系图,则由实验点组成的直线的斜率就可得到位垒高度 w.双势阱模型给出的结果还可作如下推论:如果宏观系统中存在着不只一种类型的双势阱,而在不同的势阱中势垒高度 w 或粒子振动角频率 ω_0 有所差别,则由每一种势阱通过式(2.109)都可得到一个相应的弛豫时间 τ.因此,在电介质中可能出现多个不同的弛豫时间,甚至在某个区间内出现弛豫时间的连续分布.实验中经常会碰到这种情况.

在模型理论中,我们假设了 $w \gg kT$,因此,由式(2.109)可知,$\tau \gg \pi/\omega_0$.从 Debye 方程(2.94)中可看到,理论描述的是交变场频率 ω 与 $1/\tau$ 的数量级相差不太远时的现象.因此理论适用的范围为 $\omega \ll \omega_0$,由于 ω_0 是系统中粒子在红外范围内的振动角频率,故由双势阱模型导出的弛豫型介电响应只出现于频率比红外频率低的交变场当中.

§2.5 谐振吸收和色散

2.5.1 复折射率

谐振型介电响应通常出现于红外或更高频率的范围内;这时,使用折射率的方法来描述更为方便.当介电常数为复数时,折射率也变为复数.下面引进复折射率的概念.

红外光和可见光等都是电磁波,它们在介质中的运动规律和射频电磁波一样,都是统一地用 Maxwell 方程组(2.8)来描述.为简单起见,假设介质是宏观均匀的,而且各向同性;同时设电磁波的电场沿 x 方向而磁场沿 y 方向,就是说,我们观察的是沿 z 方

向传播的单色平面波.这时,矢量方程组(2.8)中的后面两个方程可用标量形式写出,即

$$\frac{\partial E}{\partial z} = -\frac{\partial B}{\partial t}, \tag{2.110}$$

$$-\frac{\partial H}{\partial z} = j + \frac{\partial D}{\partial t}. \tag{2.111}$$

根据式(2.13),$j=\sigma E$,其中 σ 为介质的电导率.如果我们不排斥介质中出现某种形式的电流,则式(2.111)可写为

$$-\frac{\partial H}{\partial z} = j + \varepsilon\varepsilon_0 \frac{\partial E}{\partial t},$$

其中

$$E = E_0 \mathrm{e}^{\mathrm{j}\omega t},$$

故

$$-\frac{\partial H}{\partial z} = \left(\varepsilon - \frac{\sigma \mathrm{j}}{\omega\varepsilon_0}\right)\varepsilon_0 \frac{\partial E}{\partial t}. \tag{2.112}$$

方程(2.112)表明,当电介质不是理想的绝缘体时,电导率 σ 的作用等效于在相对介电常数 ε 中增加了一个虚部.这与2.1.3节中关于低频电场的讨论情况完全一致.如果我们认为式(2.26)定义的复介电常数 ε 中的虚部 ε'' 已经包括了介质被反复极化损耗和电导引起的焦耳热损耗两方面的贡献,则式(2.112)括号中第二项已被吸收到第一项中去.这时,式(2.112)可简单地写为

$$\frac{\partial H}{\partial z} = -\varepsilon\varepsilon_0 \frac{\partial E}{\partial t}. \tag{2.113}$$

将式(2.113)对时间 t 求偏微商,并利用式(2.110)便得到

$$-\varepsilon\varepsilon_0 \frac{\partial^2 E}{\partial t^2} = \frac{\partial}{\partial z}\left(\frac{\partial H}{\partial t}\right) = \frac{\partial}{\partial z}\left(-\frac{1}{\mu\mu_0}\frac{\partial E}{\partial z}\right),$$

$$\frac{\partial^2 E}{\partial t^2} = \frac{1}{\varepsilon\mu\varepsilon_0\mu_0}\frac{\partial^2 E}{\partial z^2}. \tag{2.114}$$

类似地将式(2.110)对 t 求偏微商,并利用式(2.113),得到

$$\frac{\partial^2 H}{\partial t^2} = \frac{1}{\varepsilon\mu\varepsilon_0\mu_0}\frac{\partial^2 H}{\partial z^2}. \tag{2.115}$$

若电磁波沿 z 方向传播速度为 v，则上述电磁运动可写为

$$E = E_0 e^{j\omega(t-z/v)}, \quad H = H_0 e^{j\omega(t-z/v)}. \tag{2.116}$$

将上式和方程(2.114)，(2.115)比较得到

$$v^2 = 1/\varepsilon\mu\varepsilon_0\mu_0, \tag{2.117}$$

其中因 ε 为复数，故电磁波传播速度 v 也是复数.

在真空中，$\varepsilon=1$，$\mu=1$；此时光速

$$c = 1/\sqrt{\varepsilon_0\mu_0}. \tag{2.118}$$

在非铁磁性电介质中，$\mu=1$；定义复折射率

$$n^* = n - jk, \tag{2.119}$$

使

$$n^* = \frac{c}{v}. \tag{2.120}$$

将式(2.117)和式(2.118)代入式(2.120)，得到

$$(n^*)^2 = \varepsilon = \varepsilon' - j\varepsilon'',$$

即

$$(n^2 - k^2) - 2jnk = \varepsilon' - j\varepsilon'',$$

故

$$n^2 - k^2 = \varepsilon', \tag{2.121}$$

$$2nk = \varepsilon''. \tag{2.122}$$

当介质无损耗时，$\varepsilon''=0$；此时，$k=0$，$n^2=\varepsilon'$，故 n 便是通常的折射率，在式(2.119)中我们定义它为复折射率的实部. 复折射率的虚部 k 被称为消光系数，它描述电磁波在电介质中传播时的损耗.

现在，我们来说明消光系数 k 的物理意义. 在式(2.116)(关于电场的表示式)中，利用定义式(2.119)和式(2.120)可得到

$$E = E_0 e^{j\omega\left(t-\frac{n^*}{c}z\right)} = E_0 e^{-\frac{\omega k}{c}z} e^{j\omega\left(t-\frac{n}{c}z\right)},$$

式中有一个随传播距离 z 而指数变化的衰减因子

$$\exp\left(\frac{-\omega k}{c}z\right).$$

由于光强正比于 E 的平方，故在传播过程中，光强按

$$\exp\left(-\frac{2\omega k}{c}z\right)$$

规律衰减.因此，介质的吸收系数

$$K = 2\omega k/c. \tag{2.123}$$

2.5.2 线性振子的强迫振动

在电场

$$E = E_0 e^{j\omega t} \tag{2.124}$$

作用下物质系统中粒子的运动可看成是束缚电荷 q 被迫偏离某个平衡位置作位移 x 的运动，这时产生的感应电矩为 qx.运动方程可写为

$$m\ddot{x} = qE_0 e^{j\omega t} - fx - 2\eta'\dot{x}. \tag{2.125}$$

其中 m 为粒子的质量，f 为恢复力系数，$2\eta'$为阻尼系数.记

$$\omega_0^2 = f/m, \eta = \eta'/m. \tag{2.126}$$

令

$$x = x_0 e^{j\omega t}, \tag{2.127}$$

代入方程(2.125)可以解出交变电场诱导产生的电矩，其结果为

$$p = qx = \alpha E, \tag{2.128}$$

其中

$$\alpha = \frac{q^2/m}{\omega_0^2 - \omega^2 + 2j\eta\omega} \tag{2.129}$$

为复极化率，ω_0 就是振子的固有频率.

假设单位体积电介质中有 N 个结构粒子，每个结构粒子可以看成是一个近独立子系；则由 Lorentz 修正得到的式(2.63)可以采用，但这时的介电常数为复值.故有

$$\frac{(\varepsilon' - j\varepsilon'') - 1}{(\varepsilon' - j\varepsilon'') + 2} = \frac{N\alpha}{3\varepsilon_0}.$$

将式(2.121)，(2.122)，(2.129)代入上式，得到

$$\frac{n^2 + k^2 - 1 - 2jnk}{n^2 + k^2 + 2 - 2jnk} = \frac{Nq^2}{3\varepsilon_0 m} \cdot \frac{1}{\omega_0^2 - \omega^2 + 2j\eta\omega}. \tag{2.130}$$

将上式两边的实部和虚部分开，就可以得到折射率 n 和消光系数 k 的表示式. 但是这种做法太麻烦了；我们宁可用气体中的式(2.64)来作近似的定性讨论. 将式(2.129)代入式(2.64)式得到

$$\varepsilon' - \mathrm{j}\varepsilon'' = 1 + \frac{Nq^2}{\varepsilon_0 m} \cdot \frac{1}{(\omega_0^2 - \omega^2) + 2\mathrm{j}\eta\omega}, \tag{2.131}$$

于是有

$$\varepsilon' = 1 + \frac{Nq^2}{\varepsilon_0 m} \cdot \frac{(\omega_0^2 - \omega^2)}{(\omega_0^2 - \omega^2)^2 + 4\eta^2\omega^2}, \tag{2.132}$$

$$\varepsilon'' = \frac{Nq^2}{\varepsilon_0 m} \cdot \frac{2\eta\omega}{(\omega_0^2 - \omega^2)^2 + 4\eta^2\omega^2}. \tag{2.133}$$

式(2.132)或式(2.133)给出的谐振型色散和吸收曲线示于图2.14. 通常，相对介电常数的实部 ε' 随频率增高而略为增大，这种现象称为正常色散现象. 但是在谐振频率 ω_0 附近，ε' 随 ω 增大而迅速下降，这种现象称为反常色散现象.

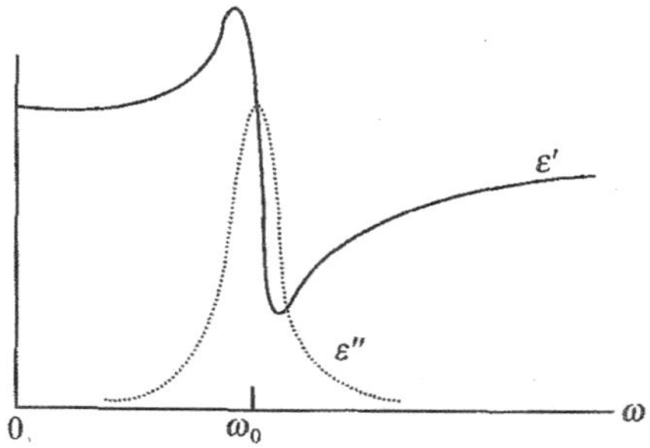

图 2.14　谐振型吸收和色散.

当分子中有许多种振动方式都能在交变电场中产生感应电矩时，因每种振动方式都有自己的等效电荷及等效质量，对于第 j 种振动方式，将它们分别记为 q_j 及 m_j. 则分子的总极化率 α 可写成

$$\alpha = \sum_j \alpha_j = \sum_j \frac{a_j}{\omega_j^2 - \omega^2 + 2\mathrm{j}\eta_j\omega}, \tag{2.134}$$

其中，ω_j 为第 j 种振动方式的固有频率，η_j 为第 j 种振动方式的单位质量的阻尼系数(具有角频率的量纲)，$a_j = q_j^2/m_j$，以式(2.134)代入式(2.64)，用类似于上面的方法进行讨论，则在介电响应曲线上将得到多个谐振峰.

2.5.3 离子晶体中的极化波

观察在高频电场 $\boldsymbol{E}$ 作用下离子晶体中的极化运动(例如图2.6所示的类型). 将晶体的微观极化机构分为电子云位移极化和离子位移极化. 设正、负离子的电子云位移极化率为 α_+ 和 α_-，每对离子的电子云畸变总极化率为

$$\alpha = \alpha_+ + \alpha_-. \tag{2.135}$$

假设正、负离子的电荷为 $\pm q$，在外电场作用下，正、负离子的相对位移为 $\boldsymbol{x}$，由此产生的电矩为 $q\boldsymbol{x}$. 若单位体积晶体有 N 对离子，则晶体的宏观极化强度为

$$\boldsymbol{P} = N(q\boldsymbol{x} + \alpha\boldsymbol{E}). \tag{2.136}$$

而离子的运动方程则可写为

$$m\ddot{\boldsymbol{x}} = -f\boldsymbol{x} + q\boldsymbol{E}, \tag{2.137}$$

其中 m 为所描述的运动的等效惯性质量，f 为相应的恢复力系数. 方程(2.136)和(2.137)描述了离子晶体中的极化运动.

我们先来将这两个方程中出现的各个微观参数与实验上可以测量出来的物理量建立联系. 令

$$\boldsymbol{w} = \sqrt{Nm}\boldsymbol{x}, \tag{2.138}$$

则上面两个方程可分别改写为

$$\ddot{\boldsymbol{w}} = -\omega_T^2\boldsymbol{w} + \sqrt{\frac{N}{m}}q\boldsymbol{E}, \tag{2.139}$$

$$\boldsymbol{P} = \sqrt{\frac{N}{m}}q\boldsymbol{w} + N\alpha\boldsymbol{E}, \tag{2.140}$$

其中

$$\omega_T^2 = f/m, \tag{2.141}$$

ω_T 为 $\boldsymbol{E}=0$ 时离子自由振动的固有频率. 对于恒定电场，力平衡

条件使式(2.139)中的加速度为零,故可解出

$$w = \frac{q}{\omega_T^2}\sqrt{\frac{N}{m}}\boldsymbol{E}.$$

以之代入式(2.140)得到

$$\boldsymbol{P} = \left(\frac{Nq^2}{m\omega_T^2} + N\alpha\right)\boldsymbol{E}.$$

另一方面,若记晶体的静态介电常数为 ε_s,则此时由式(2.16)可得到

$$\boldsymbol{P} = (\varepsilon_s - 1)\varepsilon_0\boldsymbol{E},$$

故

$$(\varepsilon_s - 1)\varepsilon_0 = \frac{Nq^2}{m\omega_T^2} + N\alpha. \tag{2.142}$$

对于光频电场,离子位移来不及作出响应,故 $w = 0$;此时,若记晶体的光频介电常数为 ε_∞,则有

$$\boldsymbol{P} = N\alpha\boldsymbol{E} = (\varepsilon_\infty - 1)\varepsilon_0\boldsymbol{E},$$

故

$$N\alpha = (\varepsilon_\infty - 1)\varepsilon_0. \tag{2.143}$$

由式(2.142)和式(2.143)可以解出

$$q\sqrt{\frac{N}{m}} = \sqrt{(\varepsilon_s - \varepsilon_\infty)\varepsilon_0}\cdot\omega_T. \tag{2.144}$$

利用式(2.144)和式(2.143),可将式(2.139)和式(2.140)改写为

$$\ddot{\boldsymbol{w}} = -\omega_T^2\boldsymbol{w} + \omega_T\sqrt{(\varepsilon_s - \varepsilon_\infty)\varepsilon_0}\boldsymbol{E} \tag{2.145}$$

和

$$\boldsymbol{P} = \omega_T\sqrt{(\varepsilon_s - \varepsilon_\infty)\varepsilon_0}\boldsymbol{w} + (\varepsilon_\infty - 1)\varepsilon_0\boldsymbol{E}. \tag{2.146}$$

注意在上面的计算中略去了有效场修正.

在红外光波电场作用下,方程(2.145)和(2.146)的解具有波的形式.我们的兴趣正是在于研究与离子位移 $\boldsymbol{w}$ 相联系的极化波的运动.这种波的运动形式可写为

$$\boldsymbol{w} = \boldsymbol{w}_0\exp[\mathrm{j}(\boldsymbol{k}\cdot\boldsymbol{r} - \omega t)]. \tag{2.147}$$

极化波的运动是在红外光频电场作用下产生的,故式中的 ω 即为电场频率;$\boldsymbol{r}$ 为位移坐标,$\boldsymbol{k}$ 为位移极化波的波矢量;$\boldsymbol{w}_0$ 描述了离子位移极化波的偏振状态,我们知道,电磁波只有横波,但由式(2.138)定义的 $\boldsymbol{w}$ 描述的是离子的位移,故式(2.147)描述的极化波既可以出现横波,也可以出现纵波.将 $\boldsymbol{w}_0$ 分解为平行于波矢量 $\boldsymbol{k}$ 的纵波偏振部分 $\boldsymbol{w}_{/\!/}$ 和垂直于 $\boldsymbol{k}$ 的横波偏振部分 $\boldsymbol{w}_{\perp}$,使

$$\boldsymbol{w}_0 = \boldsymbol{w}_{/\!/} + \boldsymbol{w}_{\perp}.$$

于是 $\boldsymbol{w}$ 就分解为纵波 $\boldsymbol{w}_L$ 和横波 $\boldsymbol{w}_T$,其中

$$\boldsymbol{w}_L = \boldsymbol{w}_{/\!/} \exp[\mathrm{j}(\boldsymbol{k}\cdot\boldsymbol{r} - \omega t)],$$

$$\boldsymbol{w}_T = \boldsymbol{w}_{\perp} \exp[\mathrm{j}(\boldsymbol{k}\cdot\boldsymbol{r} - \omega t)].$$

通过直接计算,容易证明

$$\nabla\times \boldsymbol{w}_L = 0, \tag{2.148}$$

而

$$\nabla\cdot \boldsymbol{w}_T = 0. \tag{2.149}$$

在理想的离子晶体中不存在自由电荷,故由 Maxwell 方程组(2.8)和式(2.14)可得

$$\nabla\cdot\boldsymbol{D} = \nabla\cdot(\varepsilon_0\boldsymbol{E} + \boldsymbol{P}) = 0.$$

以式(2.146)代入上式,并用关系式(2.149),得到

$$\nabla\cdot[\varepsilon_\infty\varepsilon_0\boldsymbol{E} + \omega_T\sqrt{(\varepsilon_s - \varepsilon_\infty)\varepsilon_0}\,\boldsymbol{w}_L] = 0.$$

此式对所有各种电场 $\boldsymbol{E}$ 及各种纵波 $\boldsymbol{w}_L$ 均应成立,故可由此解出

$$\varepsilon_\infty\varepsilon_0\boldsymbol{E} = -\omega_T\sqrt{(\varepsilon_s - \varepsilon_\infty)\varepsilon_0}\,\boldsymbol{w}_L. \tag{2.150}$$

将方程(2.145)中的 $\boldsymbol{w}$ 分解为纵波和横波后得到

$$\ddot{\boldsymbol{w}}_L + \ddot{\boldsymbol{w}}_T = -\omega_T^2(\boldsymbol{w}_L + \boldsymbol{w}_T) - \frac{\omega_T^2(\varepsilon_s - \varepsilon_\infty)}{\varepsilon_\infty}\boldsymbol{w}_L,$$

其中用了式(2.150).将上式两边按互相垂直的不同方向的矢量分开写成两个等式,便得到

$$\ddot{\boldsymbol{w}}_T = -\omega_T^2\boldsymbol{w}_T \tag{2.151}$$

和

$$\ddot{w}_L = -\left[\frac{\varepsilon_s}{\varepsilon_\infty}\omega_T^2\right]w_L. \tag{2.152}$$

振动方程(2.151)表明，ω_T 便是横波的固有频率. 令

$$\omega_L^2 = \frac{\varepsilon_s}{\varepsilon_\infty}\omega_T^2, \tag{2.153}$$

则方程(2.152)表明 ω_L 便是纵波的固有频率.

式(2.153)被称为 LST(Lyddane-Sachs-Teller)关系. 由于 $\varepsilon_s > \varepsilon_\infty$. 故总有 $\omega_L > \omega_T$, LST 关系在电介质理论中有着重要的应用；下面我们还要作进一步的讨论.

下面回到方程(2.145)和(2.146)，从而解出晶体介电常数 $\varepsilon(\omega)$ 的频率响应关系. 在频率为 ω 的外电场作用下，以式(2.147)形式的强迫振动解代入方程(2.145)，得到

$$-\omega^2 w = -\omega_T^2 w + \omega_T\sqrt{(\varepsilon_s - \varepsilon_\infty)\varepsilon_0}\boldsymbol{E}.$$

由此得出在一般情况下的结果，即

$$w = \frac{\omega_T}{\omega_T^2 - \omega^2}\cdot\sqrt{(\varepsilon_s - \varepsilon_\infty)\varepsilon_0}\boldsymbol{E}. \tag{2.154}$$

用上式代入式(2.146)，并注意到

$$\boldsymbol{P} = [\varepsilon(\omega) - 1]\varepsilon_0\boldsymbol{E},$$

于是，便可以解出

$$\varepsilon(\omega) = \varepsilon_\infty + \frac{\omega_T^2(\varepsilon_s - \varepsilon_\infty)}{\omega_T^2 - \omega^2}. \tag{2.155}$$

图 2.15 定性地示出了式(2.155)所给出的离子晶体中红外范围介电常数的频率响应关系式(2.155)和 LST 关系式(2.153)表明：$\omega = \omega_T$ 为 $\varepsilon(\omega)$ 的极点，$\omega = \omega_L$ 则为 $\varepsilon(\omega)$ 的零点. 在区间 $\omega_T < \omega < \omega_L$，则 $\varepsilon(\omega) < 0$. 这是没有考虑到损耗时的情况. 计入损耗时，介电常数 ε 成为复数，图 2.15 过渡到图 2.14

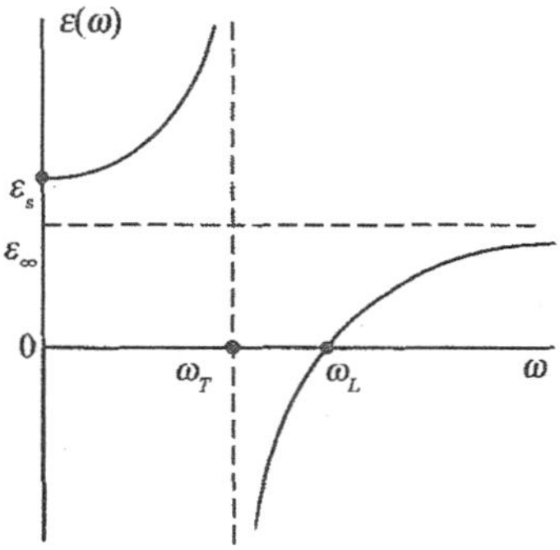

图 2.15　红外介电响应.

的情况．损耗足够大时，ε 的实部为负值的可能性消失．

2.5.4 介电色散关系

复介电常数 $\varepsilon(\omega)=\varepsilon'(\omega)-\mathrm{j}\varepsilon''(\omega)$ 的实部和虚部是由电介质中某种弛豫机构所同时确定的，因此可以预期它们之间有一定的联系．下面来讨论 $\varepsilon'(\omega)$ 和 $\varepsilon''(\omega)$ 之间的这种联系而不讨论其具体的弛豫机构．我们从普遍关系式(2.88)出发，引入复频率

$$z=\omega+\mathrm{j}\eta, \tag{2.156}$$

则式(2.88)可写为

$$\varepsilon(z)=\varepsilon_\infty+\int_0^\infty \alpha(t)\mathrm{e}^{\mathrm{j}zt}\mathrm{d}t=\varepsilon_\infty+\int_0^\infty \alpha(t)\mathrm{e}^{-\eta t}\mathrm{e}^{\mathrm{j}\omega t}\mathrm{d}t. \tag{2.157}$$

上式表明，复频率的引入是为了使积分中出现一个随时间指数衰减的因子．从物理意义上来说应有 $\eta>0$，故只须研究 z 复平面的上半平面即可；同时，从积分上、下限中已说明必定有 $t>0$．此外，还应认为 $\alpha(t)$ 是一个实函数．用星号表示一个变量的复共轭量，则将(2.157)等式两边取复共轭有

$$\varepsilon^*(z)=\varepsilon_\infty+\int_0^\infty \alpha(t)\mathrm{e}^{-\eta t}\mathrm{e}^{-\mathrm{j}\omega t}\mathrm{d}t=\varepsilon(-z^*).$$

若令 $\eta=0$，$z=\omega$ 代入上式得到

$$\varepsilon'(\omega)+\mathrm{j}\varepsilon''(\omega)=\varepsilon'(-\omega)-\mathrm{j}\varepsilon''(-\omega),$$

即

$$\varepsilon'(\omega)=\varepsilon'(-\omega)$$

和

$$\varepsilon''(\omega)=-\varepsilon''(-\omega). \tag{2.158}$$

可见 ε' 为 ω 的偶函数，而 ε'' 为 ω 的奇函数；这个结论和式(2.132)，式(2.133)的结果是一致的．

假设复变函数 $\varepsilon(z)$ 在上半平面(包括在实轴上)都是解析的，这样才能用它来描述实际物理现象．于是在上半平面上的任一个点 z，都可用一闭合曲线 c 来包围它，使得在 c 的每一个点上，

$\varepsilon(z)$均为解析的. 根据复变函数中的 Cauchy 定理有

$$\varepsilon(z)-\varepsilon_{\infty}=\frac{1}{2\pi j}\oint_{c}\frac{\varepsilon(z')-\varepsilon_{\infty}}{z'-z}dz'. \tag{2.159}$$

曲线 c 取为由实轴和上半平面上半径为无限大的半圆弧组成. 在这个无限大圆弧上的积分因被积函数解析而无贡献, 故上式右边只余下实轴上的积分, 即

$$\varepsilon(z)-\varepsilon_{\infty}=\frac{1}{2\pi j}\int_{-\infty}^{+\infty}\frac{\varepsilon(\omega')-\varepsilon_{\infty}}{\omega'-z}d\omega'. \tag{2.160}$$

在上式中令 z 趋向于实轴, 将等号两边的实部和虚部分别进行比较, 并利用式(2.157)和式(2.158), 经计算后得到[19]

$$\begin{cases}\varepsilon'(\omega)-\varepsilon_{\infty}=\dfrac{2}{\pi}P\displaystyle\int_{0}^{\infty}\frac{\omega'\varepsilon''(\omega')}{(\omega')^{2}-\omega^{2}}d\omega',\\ \varepsilon''(\omega)=-\dfrac{2}{\pi}P\displaystyle\int_{0}^{\infty}\frac{\omega\varepsilon'(\omega')}{(\omega')^{2}-\omega^{2}}d\omega'.\end{cases} \tag{2.161}$$

此式称为 Kramers-Kronig 关系, P 代表 Cauchy 主值积分. 在实验数据处理中有着十分重要的应用[20].

§2.6 各向异性电介质

2.6.1 张量的概念

电介质在外电场 $\boldsymbol{E}$ 的作用下, 其宏观的介电响应性能可用常量 ε 描述为

$$\boldsymbol{D}=\varepsilon\varepsilon_{0}\boldsymbol{E}, \tag{2.162}$$

或

$$\boldsymbol{P}=\chi\varepsilon_{0}\boldsymbol{E}. \tag{2.163}$$

在各向同性电介质中, 因为 $\boldsymbol{D}$, $\boldsymbol{P}$ 和 $\boldsymbol{E}$ 的方向相同, 上面两个式中的 ε 和 χ 都是标量, 它们是表征物质性质的物性参数. 然而, 在许多电介质中, 实验所观察到的 $\boldsymbol{D}$, $\boldsymbol{P}$ 的方向一般均和 $\boldsymbol{E}$ 的方向不同, 这些电介质是各向异性的. 当物性参数随电介质的方向不同而

变化时,用前面的简单的矢量公式描述的数学方法显得不够了.因此,下面要介绍描述各向异性物性参数的新的数学概念和方法.

取右旋正交的坐标轴 x_1, x_2, x_3,用记号 x 表示 3 个数(x_1, x_2, x_3)的集合.实际上,x 是个矢量,我们略去了把它印成黑体或在字母符号上面加箭头的特殊标注.于是电势移矢量在 $x_\alpha(\alpha=1,2,3)$轴上的分量可记为 D_α,极化强度的分量可记为 P_α.在各向异性介质中,每一个分量 D_α 或P_α 和 3 个分量 E_1、E_2、E_3 都有关;这里,$E_\beta(\beta=1,2,3)$是电场在 3 个坐标轴上的分量.函数 $D_\alpha(E_1, E_2, E_3)$, $P_\alpha(E_1, E_2, E_3)$的具体形式我们是不知道的,但是可以用泰勒级数展开式的近似方法来描述.例如对于 $D_\alpha(E_1, E_2, E_3)$,可以在零电场、零电势移附近展开,取近似到一次项而有

$$\begin{cases}D_1 = \varepsilon_{11}\varepsilon_0 E_1 + \varepsilon_{12}\varepsilon_0 E_2 + \varepsilon_{13}\varepsilon_0 E_3,\\ D_2 = \varepsilon_{21}\varepsilon_0 E_1 + \varepsilon_{22}\varepsilon_0 E_2 + \varepsilon_{23}\varepsilon_0 E_3,\\ D_3 = \varepsilon_{31}\varepsilon_0 E_1 + \varepsilon_{32}\varepsilon_0 E_2 + \varepsilon_{33}\varepsilon_0 E_3,\end{cases} \tag{2.164}$$

其中,$\varepsilon_{\alpha\beta}\varepsilon_0(\alpha,\ \beta=1,2,3)$是 D_α 对 E_β 的偏微商在零电场、零电势移的展开点上的值,因此都是一些常数;它们表征了各向异性电介质的物理性质.式(2.164)可简写为

$$D_\alpha = \sum_{\beta=1}^{3}\varepsilon_{\alpha\beta}\varepsilon_0 E_\beta,\quad \alpha = 1,2,3. \tag{2.165}$$

为了书写的简洁,下面将进一步采用爱因斯坦建议的求和惯例简记法,把式(2.165)简记为

$$D_\alpha = \varepsilon_{\alpha\beta}\varepsilon_0 E_\beta,\quad \alpha,\beta = 1,2,3. \tag{2.166}$$

在求和惯例中约定,凡是乘积的各因子中有相同下标者,则对相同的下标求和而略去求和记号.在另一方面,也可用矩阵记法将式(2.164)进行简化.将电场的 3 个分量依次排成三行一列的矩阵,记此矩阵为 E;将电势移分量组成的列矩阵记为 D;将方程组(2.164)等号右边各项系数组成的三行三列的矩阵记为 $\varepsilon\varepsilon_0$,则按矩阵乘法规则可将式(2.164)写为

$$D = \varepsilon\varepsilon_0 E, \tag{2.167}$$

其中 ε_0 为真空介电常数，式中，其余 3 个记号都代表矩阵. 下面将要用到像式(2.164)至式(2.167)中所用的各种形式的记法，这些不同形式的记法都是完全等效的.

显然，$D_\alpha, E_\beta, \varepsilon_{\alpha\beta}$诸量的取值与坐标系的选择有关. 前面的坐标系称为 ox 系，o 表示坐标系的原点. 如果选取有共同原点的另一个右旋直角坐标系 oy，使坐标变换关系为

$$y_\alpha = a_{\alpha\beta} x_\beta, \quad \alpha, \beta = 1, 2, 3, \tag{2.168}$$

则变换系数 $a_{\alpha\beta}$为一些方向余弦. 在上式中，按求和惯例略去了对 β 求和的求和记号. 上述直角坐标变换的逆变换可记为

$$x_\beta = b_{\beta\gamma} y_\gamma, \quad \beta, \gamma = 1,2,3. \tag{2.169}$$

因为式(2.168)与式(2.169)互为逆变换，故用式(2.169)代入式(2.168)应得到

$$a_{\alpha\beta} b_{\beta\gamma} = \delta_{\alpha\gamma}, \quad \alpha, \beta, \gamma = 1, 2, 3, \tag{2.170}$$

其中

$$\delta_{\alpha\beta} = \begin{cases} 1, & 若\ \alpha = \gamma, \\ 0, & 若\ \alpha \neq \gamma. \end{cases}$$

因为我们所用到的都是正交变换，在数学上定义的正交变换具有如下性质：

$$a_{\alpha\beta} = b_{\beta\alpha}. \tag{2.171}$$

如果以列矩阵 x 和 y 分别表示由 x_α 和 y_β 组成的矩阵，用 a 和 b 表示由 $a_{\alpha\beta}$和 $b_{\beta\gamma}$组成的矩阵，则式(2.168)至式(2.171)可依次分别用矩阵记法表示为

$$y = ax, \quad x = by, \quad ab = e, \quad (\delta_{\alpha\gamma}) = e \tag{2.172}$$

和

$$a = b' \quad 或 \quad a' = b, \tag{2.173}$$

其中 e 为 3×3 单位矩阵，其对角元素都是 1，非对角元素都是零. 我们用 a'表示将 a 中行和列元素互换得到的转置矩阵，b'为 b 的转置矩阵. 若用 a^{-1}和 b^{-1}分别表示 a 和 b 的逆矩阵，则正交变换矩阵有性质

$$a' = a^{-1}, \quad b' = b^{-1}. \tag{2.174}$$

一个客观存在的量,若在 ox 系观察可用 3^n 个数 $U_{\alpha_1\alpha_2\cdots\alpha_n}$ 组成的数组描述.而在 oy 系用数组 $V_{\beta_1\beta_2\cdots\beta_n}$ 描述,则在上述坐标变换中存在着如下关系:

$$V_{\beta_1\beta_2\cdots\beta_n} = a_{\beta_1\alpha_1}a_{\beta_2\alpha_2}\cdots a_{\beta_n\alpha_n}U_{\alpha_1\alpha_2\cdots\alpha_n}, \tag{2.175}$$

则称此量为三维空间的一个 n 阶张量(nth rank tensor).三维空间的一个 n 阶张量共有 3^n 个分量;它的分量要用有 n 个附标的符号来表示;每个附标有 3 个取值;相应于所选定的右旋直角坐标系的 3 个坐标轴的方向.

定义式(2.175)表明,标量是一个零阶张量;例如物质的密度、比热、温度等;它们均与直角坐标的旋转变换无关.在这里,我们也把真空介电常数 ε_0 当作零阶张量看待,因为它只取决于物理学上单位制的选择,在 cgs 制中,ε_0 不出现.容易看出,矢量 $\boldsymbol{E}$ 和 $\boldsymbol{D}$ 是三维空间的一阶张量.如果用 E_α^x 和 D_δ^x 表示其在 ox 系的分量,而用 E_γ^y 和 D_δ^y 表示在 oy 系的分量;则在转轴变换式(2.168)中有关系

$$E_\gamma^y = a_{\gamma\alpha}E_\alpha^x, \quad D_\delta^y = a_{\delta\beta}D_\beta^x \tag{2.176}$$

和

$$E_\alpha^x = b_{\alpha\gamma}E_\gamma^y = a_{\gamma\alpha}E_\gamma^y, \quad D_\beta^x = b_{\beta\delta}D_\delta^y = a_{\delta\beta}D_\delta^y. \tag{2.177}$$

我们已经熟知,矢量是客观存在的量,其存在和属性并不依赖于我们对坐标系的主观选择;尽管它在不同坐标系中可能表现出有不同的分量.这种认识同样地可以推广用于张量.

一阶张量都是矢量,但并非所有我们熟知的矢量都一定是一阶张量.例如角速度 $\boldsymbol{\Omega}$ 是矢量,但不是张量.

三维空间的二阶张量有 9 个分量,但并非所有用 9 个参数描述的物理量都是二阶张量.现在我们来证明前面用于描述各向异性介质性质的 9 个参数 $\varepsilon_{\alpha\beta}$ 是三维空间的一个二阶张量的分量.设所用坐标系为 ox 系,则式(2.166)可标记为

$$D_\alpha^x = \varepsilon_{\alpha\beta}^x\varepsilon_0 E_\beta^x,$$

将变换式(2.177)代入,则得到

$$a_{\gamma\alpha}D_\gamma^y = \varepsilon_{\alpha\beta}^x\varepsilon_0 a_{\delta\beta}E_\delta^y.$$

以 $a_{\lambda\alpha}$乘上式两边,并对 a 求和,利用式(2.170)和(2.171)得到

$$D_\lambda^y = a_{\lambda\alpha}a_{\delta\beta}\varepsilon_{\alpha\beta}^x\varepsilon_0 E_\delta^y.$$

因为式(2.166)在 oy 系可标记为

$$D_\lambda^y = \varepsilon_{\lambda\delta}^y\varepsilon_0 E_\delta^y.$$

和上面得到的结果相比较,则得出

$$\varepsilon_{\lambda\delta}^y = a_{\lambda\alpha}a_{\delta\beta}\varepsilon_{\alpha\beta}^x, \tag{2.178}$$

这个变换关系与式(2.175)中 $n=2$ 时的情况是一致的.因此,$\varepsilon_{\alpha\beta}$ 是三维空间二阶张量 ε 的分量;称 ε 为相对介电张量,$\varepsilon\varepsilon_0$ 为介电张量.习惯地也常简称 ε 为介电张量,因为在 cgs 单位制中,ε_0 并不出现.

一个物体的物理性质通常要用各阶张量来描述.在各向异性电介质中,高达 4 阶的物性张量是经常会碰到的.在广义的坐标变换中,张量还有逆变(contravariant)与协变(covariant)之分.因为我们所描述的宏观物质处于欧几里得空间,而通常均选用笛卡儿坐标系进行描述.在电介质物理学中出现的张量都是笛卡儿张量,这种张量的逆变与协变性质的区别消失.

2.6.2 方向对称性和点群

各向异性现象常见于电介质单晶体中.描述晶体的结构时以一个抽象的几何点代表相当于化学分子式的一组原子,这组原子的相对位置是固定的.按一定规律在空间排列的这些点的集合称为点阵或晶格.晶格按晶系、点群、空间群由粗到细地进行关于上述排列规律的分类.共分成 7 个晶系、32 个点群、230 个空间群.晶系按结晶学晶胞的 3 个边长 a, b, c 和 3 个边之间的夹角 α, β, γ 的相互关系来区分.点群描述了晶体的方向对称性,空间群还同时描述了平移对称性.结晶学晶胞给出了保留晶格对称性的最小空间堆积单元,不同单元按所属晶系及其中代表点的分布方式而区

分为 14 种空间格子. 简单格子(记为 P)每晶胞只含一个点;底心格子(C)、体心格子(I)、面心格子(F)等晶胞内含的代表点多于一个. 上述各种分类方法之间的关系列于表 2.3. 每个点所代表的原子数目及排列方式;通常在具有相同结构的化合物晶体中选取较常见的作为代表,称为结构型;例如 NaCl 结构、闪锌矿(ZnS)结构、钙钛矿($CaTiO_3$)结构等.

点群有两种记号;技术上一般采用 Mauguin 符号,科学上则多用 Schoeoflies 符号. 两种符号均已给出于表 2.3. 因为 Schoeoflies 符号可以用作为群的符号来进行抽象数学理论运算,在电介质理论中常会碰到,故特列举其规则如下:

C_n:n 次对称轴,晶体中只容许 $n=1,2,3,4,6$. 其他场合还会出现 $n=5,\infty$等.

D_n:在 C_n 上加入 n 个垂直于主轴的 C_2,特别记 D_2 为 V.

C_{nh}:D_{nh}:在主轴上加入一个垂直于主轴的对称面,用下标 h 标记.

C_{nv}:在主轴上加入 n 个过主轴的对称面,用下标 v 标记.

S_n:n 次反映轴,$S_2=C_{2h}$.

D_{nd}:过主轴加入一组垂直平分诸 C_2 夹角的对称面,用下标 d 标记.

T:包括正六面体的所有二和三次轴.

O:包括正六面体的所有二、三和四次轴.

表 2.3 晶格的描述和分类

晶系及参数	点群		空间格子	空间群的个数	结构型举例	各阶张量独立分量个数			
	Schoeoflies	Mauguin				一	二	三	四
三斜	C_1	1	P	1	$Al_2Si_2O_5(OH)$(高岭土)	3	6	18	21
a,b,c	C_i	$\bar{1}$	P	1	$K_2S_2O_8$, $CuSO_4\cdot 5H_2O$	0	6	0	21
α,β,γ									
单斜	C_2	2	P,C	3	$Li_2SO_4\cdot H_2O$, 蔗糖	1	4	8	13
a,b,c	C_s	m	P,C	4	KNO_2	2	4	10	13
β	C_{2h}	$2m$	P,C	6	Li_2SO_4	0	4	0	13

续表

晶系及参数	点群		空间格子	空间群的个数	结构型举例	各阶张量独立分量个数			
	Schoeoflies	Mauguin				一	二	三	四
	D_2	222	P,C,F,I	9	$MgSO_4 \cdot 7H_2O$	0	3	3	9
正交	C_{2v}	$mm2$	P,C,A,F,I	22	$AuTe_2$	1	3	5	9
a,b,c	D_{2h}	mmm	P,C,F,I	28	KNO_3, Mg_2SiO_4	0	3	0	9
	C_3	3	C,R	4	AsI_3, Ni_3TeO_6	1	2	6	7
三方	C_{3i}	3	C,R	2	$MgTiO_3$	0	2	0	7
a	D_3	32	H,C,R	7	$KAl(SO_4)_2$, α-SiO_4	0	2	2	6
α	C_{3v}	$3m$	H,C,R	6	$RbNO_3$, 电气石	1	2	4	6
	D_{3d}	$\bar{3}m$	H,C,R	6	Fe_2O_3, CdI_2, $NaNO_3$	0	2	0	6
	C_4	4	P,I	6	$C_4H_4INO_2$	1	2	4	7
	C_{4h}	$4m$	P,I	6	$CaWO_3$	0	2	0	7
四方	D_4	422	P,I	10	$NiSO_4 \cdot 6H_2O$	0	2	1	6
a,c	C_{4v}	$4mm$	P,I	12	$BaTiO_3$	1	2	3	6
	D_{4h}	$4mmm$	P,I	20	SnO_2, TiO_2	0	2	0	6
	S_4	$\bar{4}$	P,I	2	BPO_4	0	2	4	7
	D_{2d}	$\bar{4}2m$	P,C,F,I	12	KH_2PO_4	0	2	2	6
六方	C_6	6	C	6	α-$LiIO_3$	1	2	4	5
a,c	C_{6h}	$6m$	C	2	$Ca_5(PO_4)_3F$	0	2	0	5
	D_6	622	C	6	CeF_3	0	2	1	5
	C_{6v}	$6mm$	C	4	ZnO	1	2	3	5
	D_{6h}	$6mmm$	C	4	As, NiAs, 石墨	0	2	0	5
	C_{3h}	$\bar{6}$	C	1	$Pb_5Ge_3O_{11}$	0	2	2	5
	D_{3h}	$\bar{6}m2$	C,H	4	$BaTiSi_3O_9$(蓝锥矿)	0	2	1	5
立方	T	23	P,F,I	5	α-N_2, $NaClO_3$	0	1	1	3
a	T_h	$m3$	P,F,I	7	SnI_4, FeS_2	0	1	0	3
	O	432	P,F,I	8	β-Mn	0	1	0	3
	T_d	$\bar{4}3m$	P,F,I	6	ZnS	0	1	1	3
	O_h	$m3m$	P,F,I	10	$CaTiO_3$, NaCl, CaF_2	0	1	0	3
(7)	(32)	(14)	(230)						

表 2.3 中只列出了晶体点群的 32 个符号；在分子中还会出现点群 I，它含有 C_5；在宏观电介质中还经常会出现 C_∞，即轴对称点群.

从微观结构来说，晶体对称性是指晶体经对称操作后，其中所有的原子核和电子云分布均同操作前重合. 晶体中某个特定的方向经点群对称操作后得到的方向，同原来的方向互为对称方向. 由于微观结构上的方向对称，使得晶体在对称方向上具有相同宏观物理性质. 点群既描述了晶体微观结构的方向对称性，同时也描述了晶体宏观物理性质的方向对称. 就整个宏观物体来说，气体、液体、非晶固体和多晶固体虽然没有微观结构的对称性，但仍可用点群描述其宏观性质的方向对称性；一般说来，不是单晶体的这些物质，因为热运动和结构上的杂乱无章，其物理性质表现为各向同性. 但在特殊情况下，非单晶物体也会出现各向异性；例如被拉伸的薄膜和经人工极化的电介质(铁电陶瓷和驻极体等).

2.6.3 晶体中方向的描述和坐标系

在结晶学中按晶系选取坐标系，用方向指数来描述方向，用面指数来描述晶面. 但这样选取的坐标系不一定是直角坐标系(参见表 2.3)，在描述晶体宏观性质时这样做是不方便的. 因此必须介绍描述直角坐标系与晶体中对称轴之间关系的一种简单而直观的方法.

图 2.16 示出了极射赤平投影的方法，这种方法是用来描述某个特定的方向. 参见图 2.16(a)，设有某个方向其方向系数为 (lmn). 由原点 o 朝此方向作矢量，穿过以原点为心的单位球面上的一点 P，由南极 S 点到 P 点连线，穿过赤道平面上的点记为 Q 点；取 Q 点到方向 (lmn) 的投影，用一个黑点表示. 若某方向穿过南半球，则投影射线由北极点 N 射出，相应的投影点用小圆圈表示. 图 2.16(b) 示出了一些点的投影例子；其中还给出了平面 [001] 和 [110] 的赤平投影，平面的投影为曲线或直线. 图 2.17 是点群 D_{2d} 的所有对称元素的赤平投影. 点群 D_{2d} 有 3 个互相垂直的二次轴. 两个互相垂直的对称面，以及四次反映轴；共有 8 种对

称操作.图中还示出了由这些对称操作得到的 8 个互相等效的方向的投影点.利用赤平投影图可以很直观地标明我们选用的直角坐标系与晶轴之间的关系,如图 2.17 中的 x, y, z 所示.

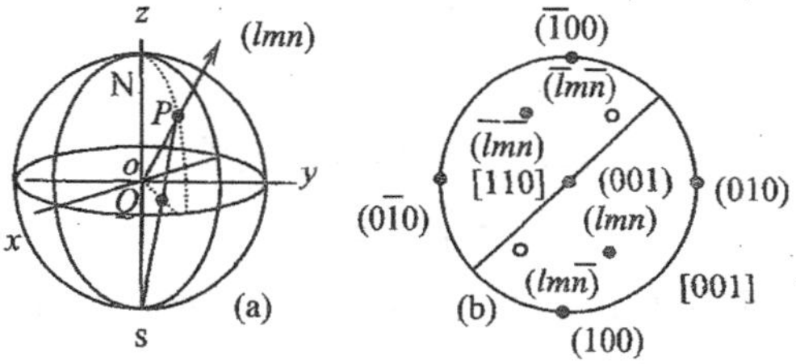

图 2.16 赤平投影.

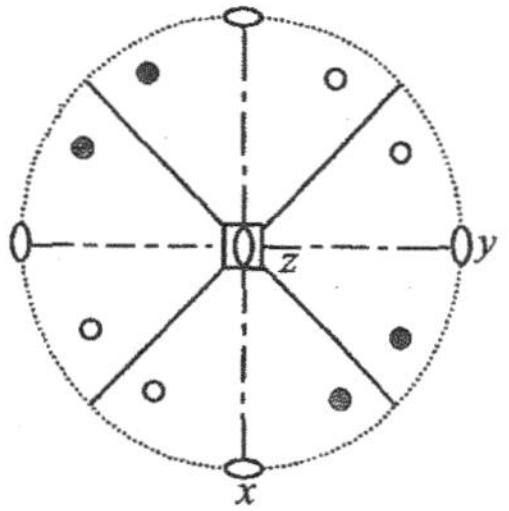

图 2.17 D_{2d}的赤平投影.

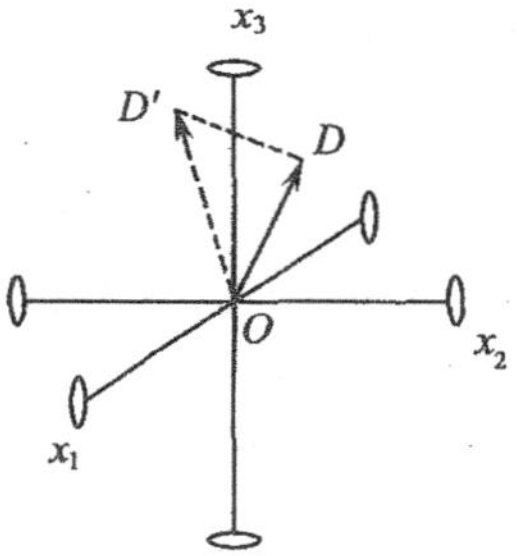

图 2.18 张量的零分量.

物性张量的分量个数很多;二阶张量的分量个数为 9,三阶为 27,四阶为 81.方向对称性使这些分量的独立个数大为减少,适当选取坐标系还可使许多分量为零.例如对于有 D_{2d}对称的晶体,可以沿 3 个互相垂直的 C_2 取坐标系 $O_{x_1x_2x_3}$;参见图 2.18.在 Ox_3 方向加上电场,使 $\boldsymbol{E}_1=\boldsymbol{E}_2=0$,设电势移 $\boldsymbol{D}$ 如图中所示.由于 Ox_3 方向有一个二次对称轴,故在矢量 $\boldsymbol{D}$ 的对称方向必有一电势移 $\boldsymbol{D}'$,而且有

$$\boldsymbol{D}=\boldsymbol{D}'.$$

因此，E_3 所感生的电势移只能朝 Ox_3 方向，即在其余两坐标轴的电势移分量 $D_1=D_2=0$. 于是在式(2.164)中

$$\varepsilon_{13} = \varepsilon_{23} = 0.$$

类似地，利用 Ox_1 和 Ox_2 方向的二次对称轴可以证明

$$\varepsilon_{12} = \varepsilon_{32} = 0, \varepsilon_{21} = \varepsilon_{31} = 0.$$

此外，利用点群 D_{2d} 在 Ox_3 方向的四次反映轴还可证明

$$\varepsilon_{11} = \varepsilon_{22},$$

所以，如果选定图 2.17 所标明的 x, y, z 轴作为 x_1, x_2, x_3 轴，则具有 D_{2d} 对称的晶体的介电张量只有两个非零独立分量 ε_{33} 和

$$\varepsilon_{11} = \varepsilon_{22}.$$

然而，如果不是将 Ox_3，而是将 Ox_1 轴选在四次反映轴方向上，则上述同一个晶体的介电张量非零独立分量将变为 ε_{11} 和 $\varepsilon_{22}=\varepsilon_{33}$. 早期发表的关于晶体物理性质的数据，不同的作者各用自己习惯的坐标系，很容易引起混乱. 自从 1949 年以后，国际上已逐渐统一使用 IRE 标准规定的坐标系来公布数据；这些规定是用赤平投影图来标明的. 同时，在所规定的坐标系中，具有不同点群对称的晶体的不高于四阶的各种物性张量的非零独立分量也都已被表列出来[21]；这些分量的个数列出于表 2.3 的右边.

最后，我们以二阶的介电张量 ε 为例，证明物性张量对于附标为对称张量. 式(2.22)给出了电场对单位体积电介质所作的功，这些功引起电介质的内能增加. 故单位体积电介质的内能 u 的增加量可写为

$$du = du_0 + \boldsymbol{E} \cdot d\boldsymbol{D}, \tag{2.179}$$

其中 du_0 为与电极化无关的其他原因引起的内能增加量. 热力学函数 $H_2 = u - \boldsymbol{E} \cdot \boldsymbol{D}$ 通常被称为电焓，它是描述宏观系统状态的函数之一. 由式(2.179)可以得到电焓的全微分表示式，即

$$dH_2 = du_0 - \boldsymbol{D} \cdot d\boldsymbol{E}.$$

由式(2.179)直接按微分规律运算就可以得到上式，用分量表示则有

$$dH_2 = du_0 - D_\alpha dE_\alpha, \tag{2.180}$$

故

$$D_\alpha = -\frac{\partial H_2}{\partial E_\alpha}. \tag{2.181}$$

另一方面，由式(2.164)可知

$$\varepsilon_{\alpha\beta}\varepsilon_0 = \left(\frac{\partial D_\alpha}{\partial E_\beta}\right)_0,$$

其中，括号外边的下标表示微商取零电场时的值. 以式(2.181)代入，得到

$$\varepsilon_{\alpha\beta}\varepsilon_0 = -\left(\frac{\partial^2 H_2}{\partial E_\beta \partial E_\alpha}\right)_0. \tag{2.182}$$

因为二次偏微商的微商先后次序可以调换，故

$$\varepsilon_{\alpha\beta} = \varepsilon_{\beta\alpha}. \tag{2.183}$$

因此，即使是在对称性最低的晶体中，二阶物性张量也只有六个非零独立分量.

关于电介质中的各种热力学函数，以及应用唯象的热力学理论研究电介质的方法，下面还要进行详细的讨论.

§2.7 电极化的非线性效应

2.7.1 非线性介电张量

在展开式(2.164)中只近似取到一次项；如果还保留更高次项，则展开式可写为

$$D_\alpha = \varepsilon_{\alpha\beta}\varepsilon_0 E_\beta + \varepsilon_{\alpha\beta\gamma}E_\beta E_\gamma + \varepsilon_{\alpha\beta\gamma\varepsilon}E_\beta E_\gamma E_\delta + \cdots. \tag{2.184}$$

上节中已讨论了线性项系数 $\varepsilon_{\alpha\beta}$，现在我们来讨论非线性的其余各项的系数 $\varepsilon_{\alpha\beta\gamma}$ 和 $\varepsilon_{\alpha\beta\gamma\delta}$，以及它们所引起的物理效应. 在低频情况下，如果用具有非线性效应的电介质填充电容器两极之间的空间，则电容器的电容量将随极间电压而变. 对于多数绝缘电介质来说，这种效应是很小的；而当电场强度增至足够高时，往往出现介质的

电击穿，使非线性效应难以进行观测．只是在利用电介质的空间电荷效应制成的电容器中，非线性电容效应才比较显著；例如阻挡层的等效电容量．近年来，研究得较多的是光频范围的电极化非线性效应；这种研究大大促进了非线性光学技术的发展．

用类似于推导式(2.178)的方法，可以证明(2.184)展开式中的系数 $\varepsilon_{\alpha\beta\gamma}$ 是一个三阶张量的分量；而系数 $\varepsilon_{\alpha\beta\gamma\delta}$ 则是一个四阶张量的分量．在变换

$$x'_{\alpha'} = a_{\alpha'\alpha}x_{\alpha} \qquad (\alpha', \alpha = 1,2,3)$$

中，这些三阶和四阶张量的分量遵从如下规律：

$$\varepsilon'_{\alpha'\beta'\gamma'} = a_{\alpha'\alpha}a_{\beta'\beta}a_{\gamma'\gamma}\varepsilon_{\alpha\beta\gamma}, \tag{2.185}$$

$$\varepsilon'_{\alpha'\beta'\gamma'\delta'} = a_{\alpha'\alpha}a_{\beta'\beta}a_{\gamma'\gamma}a_{\delta'\delta}\varepsilon_{\alpha\beta\gamma\delta}. \tag{2.186}$$

在展开式(2.184)中，$\varepsilon_{\alpha\beta\gamma}$ 是 D_{α} 对 E_{β} 和 E_{γ} 的二次偏微商在零电场时的取值乘上一个常数因子；因为求偏微商的次序可以更换，故

$$\varepsilon_{\alpha\beta\gamma} = \varepsilon_{\alpha\gamma\beta}. \tag{2.187}$$

因此，在三阶的二次非线性极化张量的 27 个分量中，由于有关系式(2.187)，至多只有 18 个非零独立分量，类似地，四阶的三次非线性极化张量的各分量之间有关系

$$\varepsilon_{\alpha\beta\gamma\delta} = \varepsilon_{\alpha\beta\delta\gamma} = \varepsilon_{\alpha\delta\gamma\beta} = \varepsilon_{\alpha\gamma\beta\delta}. \tag{2.188}$$

晶体的对称性使这些分量的非零独立个数大为减少．在具有中心对称的晶体中，奇数阶的所有非线性极化张量的分量全都等于零．

当展开式(2.184)的二次项系数不等于零时，在外电场 $E_0\cos\omega t$ 的作用下，含有因子 E_{β}^2 的项就会使电势移出现随时间变化为

$$(E_0\cos\omega t)^2 = \frac{1}{2}E_0^2(1+\cos 2\omega t) \tag{2.189}$$

的部分．电势移的这种变化就会使电介质成为辐射频率为 2ω 的电磁波的源；从而产生光频倍频效应．类似地，在两个外电场

$$E_{\beta} = E_0\cos\omega_1 t, \qquad E_{\gamma} = E_0\cos\omega_2 t$$

的共同作用下，非线性电介质将会发射出辐射频率为 $(\omega_1 \pm \omega_2)$ 的电磁波；出现光频的差频、和频效应．展开式(2.184)的更高次项导致三倍频等更丰富的物理效应．只是在激光技术出现之后，电介质

的这些非线性效应才得以被充分研究和利用.

式(2.184)中的二次项给出的效应称为线性电光效应,或称 Pockels 效应;三次项给出二次电光效应,或称 Kerr 效应.

2.7.2 折射率椭球

因为目前研究电极化的非线性效应主要集中于光频范围,下面首先介绍一个描述各向异性介质的光学性质的常用方法.这个方法在讨论非线性光学效应时十分重要.由于所讨论的是光频问题,相对介电常数和折射率的平方被认为相等.

由于介电常数 $\varepsilon_{\alpha\beta}$是一个对称张量的分量,其中只有 6 个分量独立,我们可以引入一个直角坐标转轴变换.决定一个新坐标系须要 3 个参数,例如 3 个欧拉角.令 $\varepsilon_{\alpha\beta}$的 6 个独立参数中的 3 个交叉参数等于零作为条件,以此来决定新坐标的 3 个参数,使得在新坐标系中介电张量只有 3 个对角分量不等于零.记这 3 个分量为 $\varepsilon_{11}=\varepsilon_1,\varepsilon_{22}=\varepsilon_2,\varepsilon_{33}=\varepsilon_3$.于是式(2.164)在新坐标系中简化为

$$D_1 = \varepsilon_1\varepsilon_0 E_1, \quad D_2 = \varepsilon_2\varepsilon_0 E_2, \quad D_3 = \varepsilon_3\varepsilon_0 E_3. \tag{2.190}$$

根据 2.6.3 节的讨论,如果晶体的对称性高于单斜晶体,则这里得到的新坐标系将和晶体对称主轴重合.然而,在单斜和三斜

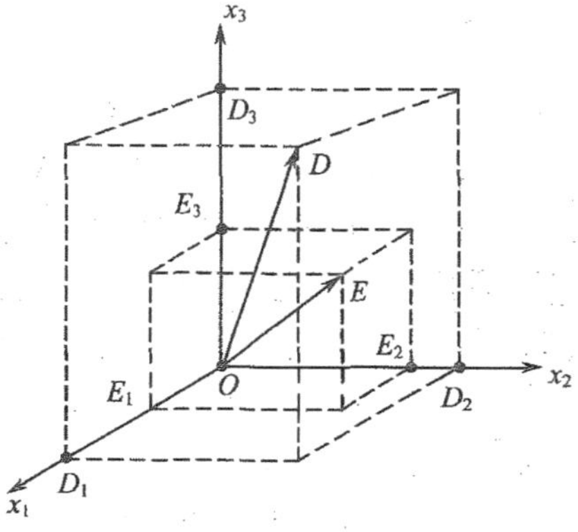

图 2.19 各向异性介质的电极化.

晶系中,这样的新坐标系和晶体的对称轴并无固定关系.

式(2.190)给出了各向异性电介质中由电场 $\boldsymbol{E}$ 得到电势移 $\boldsymbol{D}$ 的十分方便的方法.参见图 2.19,将矢量 $\boldsymbol{E}$ 分解成各坐标轴上的分量 E_1, E_2 和 E_3;根据式(2.190)由 $\boldsymbol{E}$ 的分量得到 $\boldsymbol{D}$ 的分量 D_1、D_2 和 D_3,由 3 个电势移分量得到矢量 $\boldsymbol{D}$.由于各向异性,一般说来,矢量 $\boldsymbol{D}$ 与 $\boldsymbol{E}$ 的方向是不同的;除非电场与上述特别选定的坐标系中的一个坐标轴平行.在各向同性电介质中,由于 $\varepsilon_1=\varepsilon_2=\varepsilon_3$,式(2.190)才能简单地写成矢量公式

$$\boldsymbol{D}=\varepsilon\varepsilon_0\boldsymbol{E},$$

这时矢量 $\boldsymbol{D}$ 与 $\boldsymbol{E}$ 同向.

利用上面找到的坐标系,可作出介电常数椭球,用来形象化地描述各向异性介电行为.称式(2.190)中的 ε_1, ε_2, ε_3 为介电常数的主值.在所用坐标系中,有

$$\left(\frac{D_1}{\varepsilon_1}\right)^2+\left(\frac{D_2}{\varepsilon_2}\right)^2+\left(\frac{D_3}{\varepsilon_3}\right)^2=\varepsilon_0^2E^2,$$

其中 E 表示矢量 $\boldsymbol{E}$ 的长度.令

$$\frac{D_1}{\varepsilon_0E}=x_1,\quad\frac{D_2}{\varepsilon_0E}=x_2,\quad\frac{D_3}{\varepsilon_0E}=x_3,\tag{2.191}$$

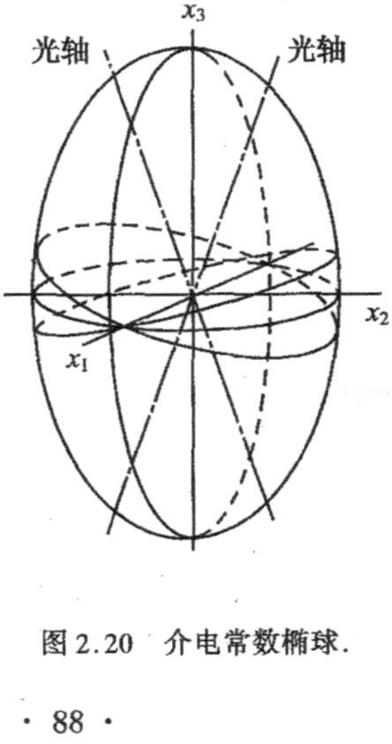

图 2.20 介电常数椭球.

则上式可写为

$$\frac{x_1^2}{\varepsilon_1^2}+\frac{x_2^2}{\varepsilon_2^2}+\frac{x_3^2}{\varepsilon_3^2}=1,\tag{2.192}$$

这是一个标准的椭球曲面方程.由此方程作出的椭球被称为介电常数椭球,参见图 2.20.由坐标原点到椭球面上任一点作矢径,则矢径长

$$(x_1^2+x_2^2+x_3^2)^{1/2}=D/E,\tag{2.193}$$

其中 D 为电势移矢量长;这个矢径与矢量 $\boldsymbol{D}$ 平行.因此椭球面的矢径代表了当 $\boldsymbol{D}$ 沿矢径方向时的介电常数值.

介电常数的 3 个主值恰好等于椭球 3 个主轴长度的一半.

假设 $\varepsilon_1 < \varepsilon_2 < \varepsilon_3$,则过图 2.20 的 Ox_1 轴的平面一般地与椭球面相交给出一个椭圆.总能找到,而且只能找到两个这样的平面,它们与椭球面相交时恰好给出长短轴相等的椭圆,即恰好给出两个圆.这两个平面的法线就是晶体的光轴;三斜、单斜和正交晶系的晶体有两个光轴.对于具有更高对称性的晶体来说,因为 $\varepsilon_1 = \varepsilon_2$,故介电常数椭球变成一个旋转椭球;这时两个光轴重合而只有一个与椭球旋转轴(x_3 轴)重合的光轴.

可以用另一种方法定义椭球[22],将方程(2.165)反解得到

$$\varepsilon_0 E_\beta = \eta_{\beta\gamma} D_\gamma, \tag{2.194}$$

其中 $\eta_{\beta\gamma}$为逆介电张量的分量;有关系

$$\varepsilon_{\alpha\beta}\eta_{\beta\gamma} = \delta_{\alpha\gamma}. \tag{2.195}$$

因为

$$\boldsymbol{D} \cdot \boldsymbol{E} = D_\beta E_\beta = \varepsilon_0^{-1} \eta_{\beta\gamma} D_\beta D_\gamma,$$

令

$$x_1 = \frac{D_1}{\sqrt{\varepsilon_0 D_\beta E_\beta}}, \quad x_2 = \frac{D_2}{\sqrt{\varepsilon_0 D_\beta E_\beta}}, \quad x_3 = \frac{D_3}{\sqrt{\varepsilon_0 D_\beta E_\beta}}, \tag{2.196}$$

则有

$$\eta_{\beta\gamma} x_\gamma x_\beta = 1. \tag{2.197}$$

上式是一个二次曲面的方程;将坐标轴旋转到曲面的主轴上.则方程可化成标准形式,即

$$\eta_1 x_1^2 + \eta_2 x_2^2 + \eta_3 x_3^2 = 1. \tag{2.198}$$

如果沿介电常数椭球的主轴取坐标系来推导方程(2.198),则可得到

$$\frac{1}{\eta_1} = \varepsilon_1 = n_1^2, \quad \frac{1}{\eta_2} = \varepsilon_2 = n_2^2, \quad \frac{1}{\eta_3} = \varepsilon_3 = n_3^2, \tag{2.199}$$

其中 n_1, n_2, n_3 称为主折射率.于是方程(2.198)可写为

$$\frac{x_1^2}{n_1^2} + \frac{x_2^2}{n_2^2} + \frac{x_3^2}{n_3^2} = 1. \tag{2.200}$$

根据方程(2.198)或(2.200)作出的椭球被称为折射率椭球.折射率椭球的矢径长的平方等于

$$x_1^2 + x_2^2 + x_3^2 = \frac{D^2}{\varepsilon_0 D_\beta E_\beta}. \tag{2.201}$$

在描述光频效应时,应用折射率椭球比应用介电常数椭球更为方便.在下面介绍的电光效应中,我们将把现象描述为外电场所引起的折射率椭球的畸变[23].

2.7.3 电光效应

表2.3列出其有压电效应的20种晶体都有可能出现线性电光效应.具有其他点群对称的晶体,由于对称性使式(2.184)中三阶张量的分量 $\varepsilon_{\alpha\beta\gamma}$全部为零,故不可能出现线性电光效应.技术上常把线性电光效应用公式描述为

$$\Delta\eta_{\alpha\beta} = \Delta\left(\frac{1}{n^2}\right)_{\alpha\beta} = r_{\alpha\beta,\gamma}E_\gamma, \tag{2.202}$$

式中所描述的是折射率椭球在电场 E_γ 的作用下出现的畸变量.三阶张量的分量 $r_{\alpha\beta,\gamma}$对于下标 α 和 β 是对称的;这些分量系数的单位为 m/V.称 $r_{\alpha\beta,\gamma}$为线性电光系数.通常,还用线性极化光系数 $f_{\alpha\beta,\gamma}$把效应描述为

$$\Delta\left(\frac{1}{n^2}\right)_{\alpha\beta} = f_{\alpha\beta,\gamma}P_\gamma, \tag{2.203}$$

其中 P_γ 为极化强度的分量.两种系数常分别简称为 EO 系数和 PO 系数,它们之间有关系

$$r_{\alpha\beta,\gamma} = \varepsilon_0[\varepsilon(\gamma) - 1]f_{\alpha\beta,\gamma}, \tag{2.204}$$

其中 $\varepsilon(\gamma)$为沿 γ 轴方向上的相对介电常数.一般说来,对于不同的材料,PO 系数 $f_{\alpha\beta,\gamma}$的变化不大.EO 系数对温度的任何反常依赖关系与 $\varepsilon(\gamma)$相关,而与 PO 系数无关.

二次电光效应早在1875年就被Kerr发现[24].所有晶体都显示出二次电光效应;在具有中心对称的晶体以及点群为 $O=432$ 的晶体中,这是最低阶的电光效应.二次EO系数和二次PO系数可分别通过下面的公式定义:

$$\Delta\left(\frac{1}{n^2}\right)_{\alpha\beta} = R_{\alpha\beta,\gamma\delta}E_\gamma E_\delta, \tag{2.205}$$

$$\Delta\left(\frac{1}{n^2}\right)_{\alpha\beta} = g_{\alpha\beta,\gamma\delta}P_\gamma P_\delta, \tag{2.206}$$

两种二次效应的系数存在如下的关系:

$$R_{\alpha\beta,\gamma\delta} = \varepsilon_0^2[\varepsilon(\gamma)-1]\cdot[\varepsilon(\delta)-1]g_{\alpha\beta,\gamma\delta}. \tag{2.207}$$

各向同性液体在强外电场作用下会变成光学各向异性液体;这时,电矢量平行于外电场的偏振光在液体中的折射率 $n_{/\!/}$,与电矢量垂直于外电场的相同波长的偏振光在液体中的折射率 $n_\perp$ 不同;这种由强电场在介质中诱导的光双折射现象称为Kerr效应.外加电场可以是恒定的,也可以是交变的.频率不太高的电场引起的Kerr效应为电致双折射.当外加电场频率高至光频时,效应便成为光致双折射(optically induced birefringence)效应.光致双折射效应曾为Buckingham所预言[25],并第一次被Mayer和Gires利用强激光束照射各种液体时观察到[26],强的光频电场可以导致物质的折射率增加,Kerr效应可引起激光束的自聚焦作用[27].

液体中的Kerr效应的描述方法比较简单.实验表明,对于波长为 λ 的单色光,电场 E 使折射率产生的差值为

$$n_{/\!/}-n_\perp = kE^2, \tag{2.208}$$

其中 k 为比例常数.当光线走过距离 l 之后,不同偏振方向的光获得程差

$$\delta = l(n_{/\!/}-n_\perp) = klE^2, \tag{2.209}$$

这里,我们假设了电场是均匀的,并且光线进行的方向和电场垂直;因此任一方向偏振的光的电矢量均可分解为平行于外电场和垂直于电场的两个分量.用波长来计算程差 δ,得到相移

$$\frac{\varphi}{2\pi} = \frac{\delta}{\lambda} = BlE^2. \tag{2.210}$$

此式表明，相移和电场的正负无关；其中常数 $B = k/\lambda$ 称为 Kerr 常数. 对于大多数液体，$n_{/\!/} > n_{\perp}$，即 $B > 0$. 但也有些液体，例如乙醚、许多油类和醇类，它们的 B 值小于零. 各种物质的 Kerr 常数的数值彼此相差十分悬殊. 硝基苯($C_6H_5 \cdot NO_2$)的 B 值较大，接近于 2×10^{-5}cgs 绝对静电单位；在这种液体中用长 $l = 5$cm，间距 $d = 0.1$cm的平板电极，加上 1500V 的电压，所得到的相差接近于 $\pi/2$；这时的电场强度等于 50cgs 绝对静电单位.

气体和液体出现 Kerr 效应的原因是由于其中的分子在光学上各向异性. 这种各向异性表现为分子在光频电场中呈现出不同的极化率，这个微观极化率的大小与分子对光频电场的取向有关. 在无外加电场时，组成介质的这些分子处于混乱的无规则状态；当光在其中传播时，由于热平均的结果，使介质宏观上表现为各向同性. 但是如果加上一个足够强的外电场，造成某种取向占优势的现象，介质在宏观上就表现为各向异性，这时，气体和液体的宏观性质出现轴对称，对称轴 c_∞ 与外加电场平行. 于是，折射率椭球在强外电场作用下由原来的球变为旋转椭球. 实验表明，在大多数情况下存在如下关系：

$$n_{/\!/} - n = 2(n - n_{\perp}), \tag{2.211}$$

其中 n 为无外电场时介质的折射率.

无固有电矩的分子，如果不是球对称(单原子分子)，则必有一个较容易极化的方向. 当电场与此方向平行时分子的极化率达到极大值. 强外加电场的作用使得分子的容易极化方向沿电场取向，于是介质宏观地表现出沿此方向具有最大介电常数，即 $n_{/\!/} > n_{\perp}$. 这样的介质的 Kerr 常数 $B > 0$.

具有固有电矩的分子情况稍为复杂一点. 如果分子的固有电矩的方向与容易极化方向重合，则仍有 $B > 0$. 如果这两个方向恰好垂直，则由于按照 2.2.3 节讨论的结果，分子的固有电矩倾向于朝外电场取向；于是容易极化方向沿垂直于外加电场取向，这时应

有 $n_{/\!/}<n_{\perp}$和 $B<0$.当分子的电矩与容易极化方向成某一合适的角度时,可以预期会出现 $B=0$ 的情况,符合此条件的介质不存在 Kerr 效应.按照上述定性分析,我们容易了解,为什么有些物质,其固有电矩大小相近,而且介电常数相差也不大,但是在 Kerr 效应方面有着显著的区别;例如溴甲烷(CH_3Br)的 Kerr 常数比甲醇(CH_3OH)的要大数百倍之多,而两者的固有电矩和介电常数并无显著的差别.

§2.8 其他的电极化响应

2.8.1 金属中的色散

金属表面对光的反射,以及光线透过极薄的金属箔的行为,都表现了金属在光频电场作用下的响应.由电磁波运动的普遍规律可知,光由真空垂直入射至金属表面时的反射比

$$R=\left|\frac{1-n^*}{1+n^*}\right|^2, \tag{2.212}$$

其中 n^* 为式(2.119)定义的复折射率.它与复介电常数的关系如下:

$$(n^*)^2=\varepsilon'-\mathrm{j}\varepsilon'', \tag{2.213}$$

复介电常数的实部 ε'反映了金属对光的色散.

将式(2.132)用于金属中的自由电子;这时,$q=-e$,相应的阻尼系数记为 η_0.自由电子位移的恢复力系数等于零,故可认为固有频率 $\omega_0=0$.于是式(2.132)变为

$$\varepsilon'=1-\frac{Ne^2}{\varepsilon_0 m}\cdot\frac{1}{\omega^2+4\eta_0^2}. \tag{2.214}$$

而式(2.133)给出的复介电常数的虚部变为

$$\varepsilon''=\frac{Ne^2}{\varepsilon_0 m\omega}\cdot\frac{2\eta_0}{\omega^3+4\eta_0^2}. \tag{2.215}$$

实验证明,只有在红外范围内,这些公式给出的复介电常数的频率

关系才是正确的.在可见光和紫外光频率范围内,除了汞以外,所有金属都显著地违反了这些公式.

其实,在金属中除自由电子以外,还有很多电子被原子核束缚得很紧;束缚电子虽然不能参与电的传导效应,但对介电响应的贡献是不能忽视的.特别是在靠近束缚电子的跃迁频率附近,其作用特别显著.假设单位体积中有 N_α 个束缚电子的跃迁频率为 ω_α,相应的单位质量的阻尼系数为 η_α,则式(2.214)变为

$$\varepsilon' = 1 - \frac{Ne^2}{\varepsilon_0 m} \cdot \frac{1}{\omega^2 + 4\eta_0^2} + \sum_\alpha \frac{N_\alpha e^2}{m\varepsilon_0} \cdot \frac{(\omega_\alpha^2 - \omega^2)}{(\omega_\alpha^2 - \omega^2)^2 + 4\omega^2\eta_\alpha^2}. \tag{2.216}$$

而

$$\varepsilon'' = \frac{Ne^2}{\varepsilon_0 m} \cdot \frac{2\eta_0}{\omega^3 + 4\omega\eta_0^2} + \sum_\alpha \frac{N_\alpha e}{\varepsilon_0 m} \cdot \frac{2\omega\eta_\alpha}{(\omega_\alpha^2 - \omega^2)^2 + 4\omega^2\eta_\alpha^2}. \tag{2.217}$$

在很宽的频率范围内,式(2.216)和(2.217)与实验符合较好.

2.8.2 伦琴射线的色散

伦琴射线的频率很高,当 $\omega \gg \omega_0$,式(2.132)中的 ω_0 就可以忽略不计.同时,由于伦琴射线的穿透力很强,可以不考虑损耗.若物质对伦琴射线的折射率为 n,则由式(2.132)可以得到

$$n^2 = 1 - \frac{Ne^2}{\varepsilon_0 m\omega^2}. \tag{2.218}$$

由此可见,伦琴射线的折射率 n 小于 1;但因 ω 很大,所以 n 和 1 的差别很小.观测伦琴射线在各种材料做成的棱镜中发生的偏转,可以测出其折射率.例如在波长约为 1Å 时,得出玻璃的折射率为 $n = 1.1\times10^{-6}$.

$n<1$ 的这种情况曾用来使伦琴射线在空气到玻璃的分界面上发生全反射.测量各种物质对伦琴射线的折射率,利用这种全反射也是比较可靠的方法.当伦琴射线的频率接近物质中原子的内层电子跃迁频率时,也可观察到反常色散现象.

参 考 文 献

[1] Anderson J C. Dielectrics, Chapman and Hall LTD, 1964

[2] Goldschmidt V M. Skrifter det Norske Videnskaps, 1927

[3] Pauling L. Nature of the chemical bond, Cornell University Press, Ithaca, 1945: 346

[4] Slater J C. Phys, Rev., 1924(23):488

[5] Langevin P. J. De Phsique, 1905(4):678; Annales de Chimie et, physique, 1905(5): 70

[6] Debye P. Phys. Zeits., 1912(13):97

[7] Jonscher A K. Dielectric Relaxation in Solids, Chelsea Dielectrics Press, 1983

[8] Lorentz H A. Ann. Phys. Chem., 1880(9): 641; Lorenz L. ibid, 1880(11):70

[9] Magri L. Phys. Zeits., 1905(6): 629

[10] Wolf K. Phys. Zeits., 1926(27):588, 830

[11] Kittel C. Introduction to Solid State Physics, New York: John Wiley and Sons, 1953:103

[12] Fröhlich H. Theory of Dielectrics, 2nd Edition, Oxford University Press, 1985

[13] Onsager L. J. Amer. Chem. Soc., 1936(58):1486

[14] Fröhlich H. Trans. Faraday Soc., 1948(44):238

[15] Abragam A. The Principles of Nuclear Magnetism, Oxford University, 1961

[16] Silverman B D. Phys. Rev. Letters, 1968(20):433; 1970(25):107

[17] Debye P. Polar Molecules, New York, 1929

[18] Cole K S, Cole R H. J. Chem., phys., 1941(9): 341

[19] Kramers H A. Atti congr. Fis., Como, 1927:545; R. Kronig, J. Opt, Soc. Amer, 1926(12):547

[20] Spitzer W G et al.. Phys. Rev., 1962(126):7110

[21] Smith C S. Solid State Physics, 1958(6):175~250

[22] Nye J F. Physical Properties of Crystals, Oxford University Press, London, 1957

[23] Arecchi F T, Schulz-DuBois E O. Laser Handbook, North-Holland, 1972

[24] Kerr J. Phil. Mag., 1875(4):337

[25] Buckingham A D. Proc. Phys. Soc., 1956(B69):344

[26] Mayer G, Gires F, C. R., 1964(B258):2039

[27] Wang C C. Phys. Rev., 1966(152):149

第三章　电介质中的电荷转移[1,2]

雷清泉　范　勇

§3.1　电传导和电荷转移*

从能带论的观点，可将绝缘体看成是能隙（禁带宽度）高于5eV的半导体．对于理想的完整晶体，在温度为25℃时由0.6eV的能隙计算得到的载流子浓度为$10^{12}cm^{-3}$，这是典型半导体的情况．若能隙为5eV，则此时的载流子浓度为$10^{-20}cm^{-3}$，比晶体中单位体积的原子数目（$10^{22}cm^{-3}$）小得几乎可以忽略不计．这时，极微量的杂质和缺陷也会对晶体的导电性带来极严重的影响．

纯金属在低温下的电导率可高达$10^{10}\Omega^{-1}cm^{-1}$，这里还没考虑超导体的情况．良绝缘体的电导率可小至$10^{-22}\Omega^{-1}cm^{-1}$．在正常状态的不同物质中，电导率的值可相差$10^{32}$个数量级．这是物性参数中数值变化范围最大的量之一．图3.1示出一些典型材料的电导率．

电介质不是理想的绝缘体，其中总存在少量载流子，例如本征激发或杂质激发的传导电子或传导空穴．此外，不同形态电介质中的离子、荷电胶粒、离子团、空间电荷等，都可以成为载流子而提供电导效应．设第i种载流子的电荷绝对值、浓度、迁移率分别记为e_i，n_i，μ_i，则每种载流子提供的电导率可写为

$$\sigma_i = e_i n_i \mu_i . \tag{3.1}$$

总电导率

* 该项目得到了国家自然科学基金的资助，项目号：59977003；50137010.

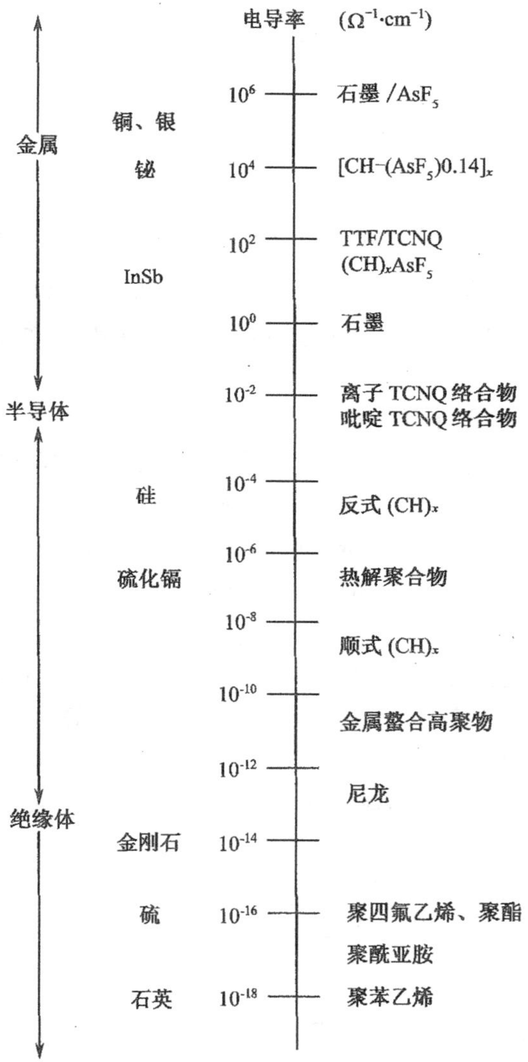

图 3.1　一些材料的电导率.

$$\sigma = \sum_i \sigma_i = \sum_i e_i n_i \mu_i. \tag{3.2}$$

通常,载流子浓度和迁移率随环境温度 T、电场强度 E 的变化而变化

$$n_i = n_i(T,E), \quad \mu_i = \mu_i(T,E), \tag{3.3}$$

故

$$\sigma = \sum_i e_i n_i(T,E)\mu_i(T,E) \tag{3.4}$$

一般地,在低电场($E < 10^5 \mathrm{V\cdot cm^{-1}}$)时,可认为 n_i 和 μ_i 只受 T 的影响,而在高电场时,n_i 和 μ_i 受 E 的影响变得显著. 故在低电场下欧姆定律成立;而在高电场时 σ 与 E 有关,偏离欧姆定律.

图 3.2 示出金属、半导体和绝缘体电导率 σ 随温度 T 变化的典型关系. 金属的 σ 随 T 上升而下降;其中的载流子的产生及迁移均不需热激活,但 T 上升时载流子受到声子的散射加强而使电导率下降. 半导体和绝缘体的 $\lg\sigma$ 随 $1/T$ 变化的曲线相类似,温度 T 上升,σ 增加. 但是还应指出,有些材料的载流子浓度和迁移率还会受周围环境例如空气湿度、得失电子的难易程度等的影响. 在一些高聚物电介质中,这种影响特别重要. 在各向异性材料中,电导率是一个二阶张量,其不同方向的分量可以不相等.

在绝缘体中,识别载流子是电子、空穴、离子或是荷电胶粒等,是十分重要的问题. 这个问题在金属和半导体物理中通常并不

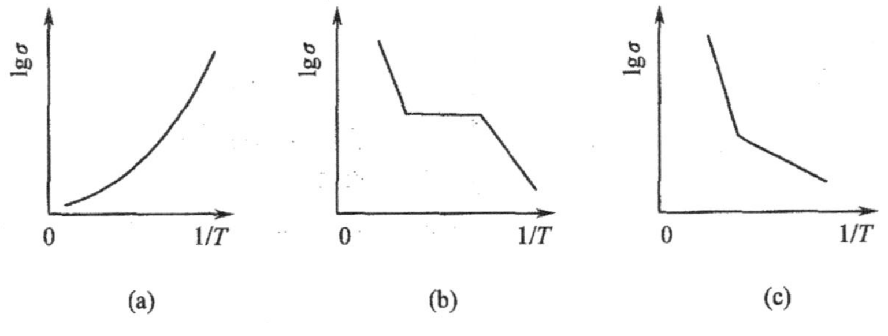

图 3.2 电导率随温度的变化的示意关系.
(a)金属;(b)半导体;(c)绝缘体.

出现.

应当指出，固体中载流子(电子、空穴)的运动存在两种极限情况.一种是载流子像高度离域的平面波在宽能带中运动，因此平均自由程相当长，例如在半导体锗中空穴的运动，锗的价带宽约为3eV，散射时间 $\tau = m\mu/e \sim 10^{-3}$s，在 $T = 300$K 时，空穴的平均自由程约 1000Å，远超于最邻近锗原子间距离 2.54Å.另一种是载流子是高度定域的，且从一个位置跳跃到另一个位置时，实际上每步都要受到散射.用迁移率的数值及相应的温度关系可表征每一种运动.对于宽带材料，$\mu \gg 1\text{cm}^2/\text{Vs}$，其温度关系为 $\mu \sim T^{-n}$，$n > 1$，即温度增加，由于材料中声子数增加，散射加剧，故迁移率 μ 下降.对于强定域的载流子，$\mu \ll 1\text{cm}^2/\text{Vs}$，$\mu \sim \exp(-E_d/kT)$，这里，$E_d$ 为迁移活化能.电导的跳跃模型强调导电状态的分子特征.而能带电导强调导电状态的集体特征.常态下的气体介质中的离子的运动是自由的，类似于散射机理，而凝聚态中的离子的运动受束缚，需激活，故类似于跳跃机理.因此，强调这两种载流子运动的极限情况，是十分有价值的.

§3.2 晶体的能带结构

3.2.1 Bloch 定理

Bloch 定理是群论方法在晶体理论中的具体应用[3]，最先是用来研究晶体的电子结构.为了简单起见，我们来观察一维问题[4].假设晶体具有一维无限周期结构，观察某一个电子在其中的运动；其他电子与原子核的总的作用为产生一个势场 $V(x)$.由于晶体结构的周期性，若记晶格常数为 a，则应有

$$V(x) = V(x + na), \tag{3.5}$$

式中 n 可为任何整数，就是说，势场是具有格子周期的周期函数.这时，一维的 Schröedinger 方程可写为

$$\left(-\frac{\hbar^2}{2m}\frac{\mathrm{d}^2}{\mathrm{d}x^2} + V\right)\psi = E\psi. \tag{3.6}$$

Bloch 定理指出,在周期场中运动的粒子的波函数可写为

$$\psi(x) = e^{2\pi jkx}u_k(x), \tag{3.7}$$

其中

$$u_k(x) = u_k(x + na), \quad n = 0, \pm 1, \pm 2, \cdots, \tag{3.8}$$

$2\pi|k| = 2\pi/\lambda$, λ 为波长.现在我们来证明这样的波函数相应的能量值组成一些连续的能带,相邻两能带之间隔着不允许出现能级的间隙.

设 $f(x)$和 $g(x)$是方程(3.6)的两个线性独立解,并且为实函数.则方程的一般解可写为

$$\psi(x) = Af(x) + Bg(x). \tag{3.9}$$

因为势场 V 的周期性,$f(x + a)$和 $g(x + a)$也是方程的解.但二阶的微分方程(3.6)只能有两个线性独立解,故它们必可写为以下的线性组合

$$f(x + a) = \alpha_1 f(x) + \alpha_2 g(x),$$

$$g(x + a) = \beta_1 f(x) + \beta_2 g(x).$$

由式(3.9)得到

$$\begin{aligned}\psi(x + a) &= Af(x + a) + Bg(x + a)\\ &= (A\alpha_1 + B\beta_1)f(x) + (A\alpha_2 + B\beta_2)g(x),\end{aligned} \tag{3.10}$$

其中 A 和 B 可以为任意值,可以适当选择使其满足

$$A\alpha_1 + B\beta_1 = \lambda A,$$

$$A\alpha_2 + B\beta_2 = \lambda B.$$

于是式(3.10)可写为

$$\psi(x + a) = \lambda\psi(x), \tag{3.11}$$

其中的 λ 可由 A 和 B 有非零解的条件给出,这个条件为

$$\begin{vmatrix} \alpha_1 - \lambda & \beta_1 \\ \alpha_2 & \beta_2 - \lambda \end{vmatrix} = 0,$$

即

$$\lambda^2 - (\alpha_1 + \beta_2)\lambda + (\alpha_1\beta_2 - \beta_1\alpha_2) = 0. \tag{3.12}$$

上式有两个根,记为 λ_1 和 λ_2.由 λ_1 可求出 A_1 和 B_1,因而通过式

(3.9)决定一个 $\psi_1(x)$;类似地由 λ_2 可决定一个 $\psi_2(x)$. $\psi_1(x)$和 $\psi_2(x)$是仅有的满足式(3.11)的两个独立解,可以写为

$$\psi_1(x+a)=\lambda_1\psi_1(x), \tag{3.13}$$

$$\psi_2(x+a)=\lambda_2\psi_2(x). \tag{3.14}$$

下面讨论 λ_1 和 λ_2 的性质.设势函数具有中心对称

$$V(x)=V(-x), \tag{3.15}$$

则 $\psi(-x)$也是方程(3.6)的解.由式(3.13)可知

$$\psi_1(x)=\lambda_1\psi_1(x-a),$$

故

$$\psi_1(-x)=\lambda_1\psi_1(-x-a),$$

即

$$\psi_1[-(x+a)]=\frac{1}{\lambda_1}\psi_1(-x). \tag{3.16}$$

将式(3.16)和式(3.13)相比较,可以看出 $\psi_1(x)$和 $\psi_1(-x)$有相同的性质,而且 $\psi_1(-x)$也是一个独立的解.但只能有两个满足式(3.11)的独立解,因此 $\psi_1(-x)$必与 $\psi_2(x)$线性相关,即

$$\psi_2(x)=\lambda_1\psi_1(-x).$$

以此代入式(3.14),得到

$$\lambda_1\lambda_2=1.$$

应用这一关系式于方程(3.12),可以得到

$$\alpha_1\beta_2-\beta_1\alpha_2=1. \tag{3.17}$$

于是方程(3.12)可改写为

$$\lambda^2-(\alpha_1+\beta_2)\lambda+1=0. \tag{3.18}$$

因为我们假设了 $f(x)$和 $g(x)$是 Schröedinger 方程的实数解.故上式中的$(\alpha_1+\beta_2)$应为实数.下面分两种情况讨论上式的根.

当$(\alpha_1+\beta_2)^2>4$时,λ 的两个根都是实数,记为

$$\lambda_1=\mathrm{e}^{sa},\quad \lambda_2=\mathrm{e}^{-sa},$$

其中 s 为实数,于是根据式(3.13)有

$$\psi_1(x+a)=\mathrm{e}^{sa}\psi_1(x),$$

$$\psi_1(x+na)=e^{nsa}\psi_2(x).$$

当 $n\to\infty$ 时，$\psi_1(x+na)$趋向无穷大，这样的解不能用来描述晶体中电子的运动．同理，以 λ_2 代入式(3.14)，当 $n\to-\infty$ 时得到，$\psi_2(x+na)$也是发散的．因此，实数 λ 不能描述晶体中电子的定态运动．

当$(\alpha_1+\beta_2)^2\leqslant 4$ 时，方程(3.18)的两个根为 ± 1 或共轭复数，记为

$$\lambda_1=e^{2\pi jka},\lambda_2=e^{-2\pi jka},$$

这时

$$\psi_1(x+a)=e^{2\pi jka}\psi_1(x), \tag{3.19}$$

$$\psi_2(x+a)=e^{-2\pi jka}\psi_2(x). \tag{3.20}$$

只要 ψ_1 和 ψ_2 在一个晶胞中有限，则这两个波函数在整个晶体中均有限．对于这样的两个波函数，因为有

$$|\psi(x+a)|^2=|\psi(x)|^2,$$

所以在它们所描述的运动中，在晶体的每个周期相应的平移对称点上找到电子的概率相同．这显然符合晶体周期结构的实际情况．这时，晶体中的电子不再被看作是属于某个原子，而是为晶体所共有．

现在，我们用式(3.19)来证明 Bloch 定理的式(3.8)．写

$$\psi_1(x)=e^{2\pi jkx}u_k(x),$$

则

$$\psi_1(x+a)=e^{2\pi jk(x+a)}u_k(x+a).$$

但由式(3.19)有

$$\begin{aligned}\psi_1(x+a)&=e^{2\pi jka}\psi_1(x)\\&=e^{2\pi jk(x+a)}u_k(x).\end{aligned}$$

故

$$u_k(x+a)=u_k(x).$$

类似地，只要令 $k\to(-k)$，则由式(3.20)也可证明式(3.8)．Bloch 定理说明，晶体中电子的波函数是被 $u_k(x)$调制的波 $e^{2\pi jkx}$，其中

k 便是波矢量.在式(3.7)中 $u_k(x)$描述波的细致结构,它与晶体中出现怎样的原子以及所讨论的是哪些原子壳层中的电子有关;而波因子 $e^{2\pi jkx}$描述波的空间传播性质,它只与晶体所属空间群有关.前面解出的 λ_1 和 λ_2 相应于波的传播方向相反的一对波矢量 $\pm k$;由晶体的对称性知两个波函数

$$e^{\pm 2\pi jkx}u_{\pm k}(x)$$

所描述的电子状态的能量相等.

Kramers[5]进一步将式(3.18)中的$(\alpha_1+\beta_2)$表示为能量 E 的函数,其中包含有关于 $\psi_1(x)$和 $\psi_2(x)$的积分.得到的结果为图3.3 中所示的无限振荡形式的曲线.因为只在$(\alpha_1+\beta_2)^2\leqslant 4$ 时得到的结果才有意义,因此能量被分割为许可取值和不许可取值的一系列区间.图中用粗线标明了容许的能量取值区间,每个区间成为随波矢 k 连续变化的一个能带;相邻能带之间隔着不容许取值的能量禁带,随着 E 的增大,禁带宽度越来越小.

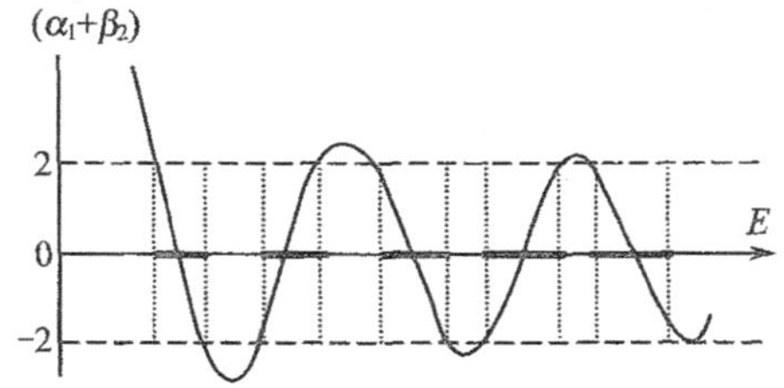

图 3.3　能量 E 的许可值.

如果把一个链式聚合物高分子拉直成为直线型分子,则以上数学分析恰好给出了关于能带图 3.4 的普遍证明.这个普遍证明进一步指出,不仅是 π 电子,而且 σ 键上的电子以及碳原子的内层 1S 电子的运动状态相应的能量,都分别组成不同的能带.从另一个角度来看,如果容许这里讨论的一维晶体作某种折曲的拓扑形变,而把 x 看成沿键轴量度的距离,则 $e^{2\pi jkx}$描述的是沿键轴传播的波.

3.2.2 能带的概念

将上面在一维情况讨论的 Bloch 定理推广到三维，就可得到晶体的能带. 在晶体格子中取三个平移基矢 $\boldsymbol{\alpha}_1, \boldsymbol{\alpha}_2, \boldsymbol{\alpha}_3$，则任一格点的位置矢可表为

$$\boldsymbol{R} = l_1\boldsymbol{\alpha}_1 + l_2\boldsymbol{\alpha}_2 + l_3\boldsymbol{\alpha}_3, \tag{3.21}$$

以记号 l 代表 3 个整数 l_1, l_2, l_3 的集合. 若晶体中核的位置不动，将所有电子的位置都平移一个矢量 $\boldsymbol{R}$，则系统的能量不变. 这时，我们假设了晶体格子是三维空间的无限周期结构. 用算符 $\hat{T}_l$ 代表平移一个晶格矢量 $\boldsymbol{R}$ 的操作，则晶体中电子运动的上述平移对称性质可用数学表示为 $\hat{T}_l$ 与描述电子运动的 Hamilton 算符 $\hat{H}$ 有可对易关系

$$\hat{T}_l\hat{H} = \hat{H}\hat{T}_l. \tag{3.22}$$

因为两个算符可对易则必有共同本征函数，物理上求解 $\hat{H}$ 本征函数的问题变成了求平移算符 $\hat{T}_l$ 的本征函数. 由群论知平移群的不可约表示为 $e^{2\pi j\boldsymbol{k}\cdot\boldsymbol{R}}$，若任意函数 $u(\boldsymbol{k},\boldsymbol{r})$ 有关系

$$\hat{T}_l u(\boldsymbol{k},\boldsymbol{r}) \equiv u(\boldsymbol{k},\boldsymbol{r}+\boldsymbol{R}) = u(\boldsymbol{k},\boldsymbol{r}), \tag{3.23}$$

则

$$\psi(\boldsymbol{k},\boldsymbol{r}) = e^{2\pi j\boldsymbol{k}\cdot\boldsymbol{R}}u(\boldsymbol{k},\boldsymbol{r}) \tag{3.24}$$

给出了平移群的不可约表示的一组正交基，因为

$$\hat{T}_l\psi(\boldsymbol{k},\boldsymbol{r}) = e^{2\pi i\boldsymbol{k}\cdot\boldsymbol{R}}\psi(\boldsymbol{k},\boldsymbol{r}),$$

这样，群论方法就给出了 $\psi(\boldsymbol{k},\boldsymbol{r})$ 是 $\hat{H}$ 的本征函数这一结论. 通常把这个结论称为 Bloch 定理，3.2.1 节中讨论了一维的简单情况.

在无限晶格中，波矢量 $\boldsymbol{k}$ 是可以连续变化的. 给定一个 $\boldsymbol{k}$ 就有一个电子的本征态 $\psi(\boldsymbol{k},\boldsymbol{r})$. 因此 $\boldsymbol{k}$ 是电子的量子态中惟一连续的量子数. $\boldsymbol{k}$ 的连续变化给出了连续的能谱，就是能带. 具体晶体所属的空间群将使波矢量 $\boldsymbol{k}$ 受到限制而出现许多重要的数学性质. 关于具体的能带结构，已经有了许多有效的理论计算方

法[6,7,8].这里只作定性的讨论以给出下面将要用到的能带物理图像和概念.

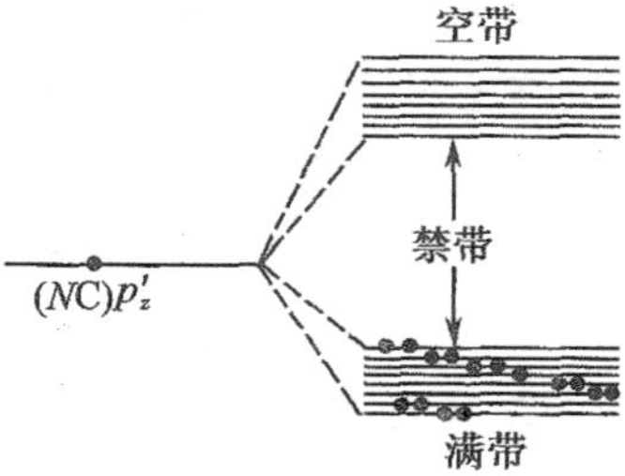

图 3.4 聚乙炔的 π 电子能带.

在所有能态均为电子所占据满了的能带中,因为有一个波矢量 $\boldsymbol{k}$ 就必有另一个波矢量 $-\boldsymbol{k}$,波矢量为 $\pm\boldsymbol{k}$ 的电子波的电流恰好相抵消;所以满带中的电子即使在外场作用下也对电流没有贡献.通常最高的满带为价电子所占据,所以这个满带也被称为价带,参见图 3.4.在金属中,通常最高的能带都没有被电子所占满.这时,电子将占据能带底部的一些能态;图 3.5 示出了能量 E 与波矢量 $\boldsymbol{k}$ 的关系.当无外电场时,$\pm\boldsymbol{k}$ 成对地出现,电子波的总电流为零.加上外电场后,电场的附加能量使在波矢量 $\boldsymbol{k}$ 的方向,即沿电场相反方向的能态被占据数目较多.由波矢量所标注的未被抵消的电子波提供了电流.因此未被占满的能带中的电子对电传导有贡献.通常把价带上面的能带称为导带,参阅图 3.6.在非金属晶体中,虽然在绝对温度 0K 附近导带上没有电子,但当温度升高时,热运动可以将价带顶部的部分电子激发跃迁到导带而参加导电.这时价带顶部留空了的态可以描述为一个空穴.空穴因缺少了电子而荷正电,在外电场作用下空穴也可参与导电.一个理想的、没有杂质的离子晶体或共价晶体,因为每激发一个电子必然留下一个空穴,故在一定温度下,参加导电的电子数目和空穴数目应相等.通常称参加导电

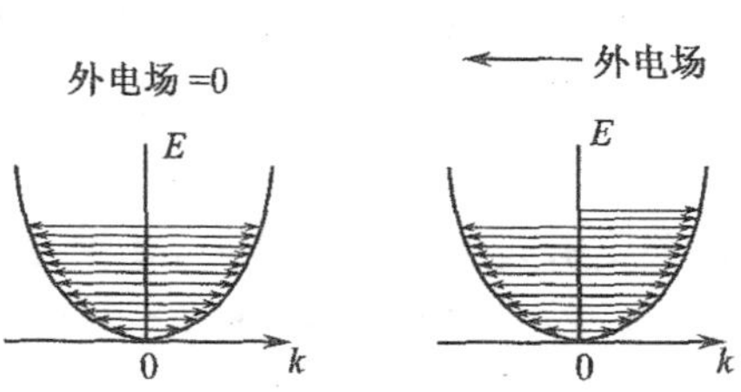

图 3.5 未填满的能带.

的电子和空穴为传导电子和传导空穴，以示区别于可能处于局部束缚态的电子和空穴，并把“自由电子”这个名称严格地保留给真空中的电子．传导电子和传导空穴数相等的导电方式被称为本征导电．价带顶部至导带底部的距离被称为禁带宽度，常以 E_g 表示．半导电晶体锗的 E_g 为 0.65eV，硅为 1.1eV；以氧八面体为骨架的绝缘晶体，例如 $BaTiO_3$，其禁带宽度约 5.5eV．

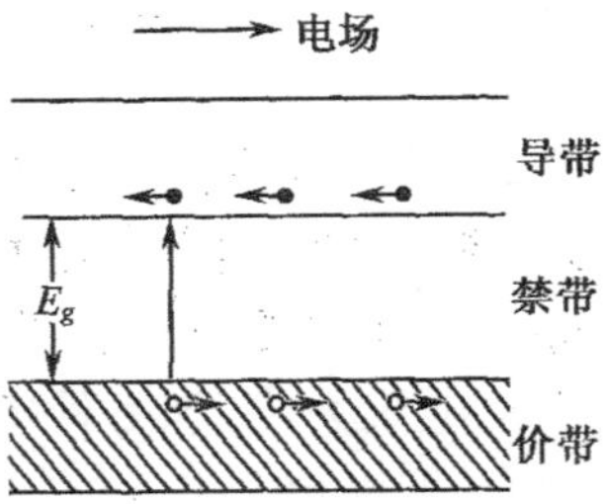

图 3.6　电子和空穴的导电．

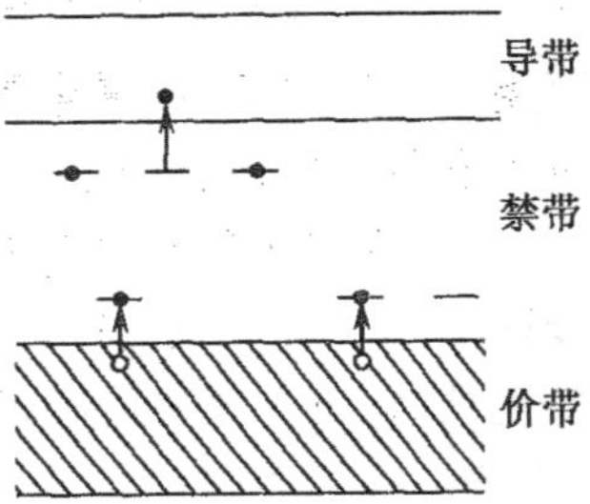

图 3.7　杂质能级的激发．

当晶体中存在缺陷或杂质原子时，如果因而形成的是一个负的空间电荷，则相应局部位置所束缚的多余的电子较容易被激发而参加导电．这相当于在导带底部以下附近形成了一些束缚电子的能级，称之为施主能级，相应的杂质被称为施主(参见图 3.7)．若缺陷或杂质原子形成的是一个正的空间电荷，则它容易从价带顶部俘获一个电子而在价带留下一个传导空穴．这相当于在价带顶部以上附近形成了一些局部空能级，称之为受主能级；相应的杂质被称为受主．施主激发一个传导电子，或受主激发一个传导空穴所需的能量一般均比将电子由价带激发至导带所需的少很多．故当温度不太高时，杂质引起的导电占优势；在半导体中，若导电的载流子主要为传导电子，则称为 n 型导电；若主要是传导空穴参加导电，则称为 p 型导电．一般说来，当温度足够高时，价带电子将大量激发至导带，故在晶体中出现的主要是本征导电．

§3.3 非晶体的能带结构

3.3.1 无序效应及定域态[9]

无序存在自身以不同方式影响着电子状态，如果不存在长程序，则态密度的锐度特征——Van-Hove 奇点将抹平. 此外，短程序涨落，例如键角畸变，将使带边缘隙内出现态尾，如图 3.8(a)所示. 分子内互作用能使带展宽，从而在隙内出现态尾，如果存在化学无序，例如错键，态尾将更加占优势，如图 3.8(b)所示.

无序的其他重要结果是，电子可能变成定域化，即空间上局限于一个单原子的附近. 如果电子承受的势无序程度越大，则出现在带尾的可能性就更大. 下面讨论对电子的定域及非定域(扩展)态的判据.

开始应该强调的是，定域态实际上对非晶相并不是惟一的，而且也可在含无序的晶体材料中出现. 例如，将一个单一缺陷引入，在其余部分均是完整的周期性晶格内时的 Schröedinger 方程变成

$$[H_0 + U(r)]\psi = E\psi, \tag{3.25}$$

式中，完整晶格的 Hamilton 解 H_0 是 Bloch 函数，$U(r)$为缺陷的附加势，既可为正，亦可为负，依赖于电子受到缺陷的排斥或者束缚，缺陷的存在使一个电子状态由被考察的能带分离出去. 假如 $U(r)$为正，最高能态分离，如 $U(r)$为负，最低能态分离，反映带内态能量的波函数仍近似为 Bloch 函数. 但是，联系分离态的波函数将在空间上定域在缺陷附近.

与此相比，对于高度无序的高聚物或非晶半导体，如果无序度特高，带内所有态都会定域化. 但是，大多数情况是针对三维体系，并不满足整个带中态均定域化的判据，因此临界能(在图 3.8 中表为 E_c 及E_v)将定域态与扩展态分开.

Anderson 对随机晶格内电子定域态的判据是：温度 $T=0$ 不存在扩散. 如果将一个电子在时刻 $t=0$ 时放置在一个原子位置上

(或等价在体积 V 内,其能量 E 位于带中央),可以认为这个能量 E 的状态是定域的,如果 $t\rightarrow\infty$,电子并未扩散离开,并在该体积的 r 距离内仍保持有限概率 $\propto e^{-2\alpha r}$;反之,如果在 $T=0$ 时扩散机会有限,则该态是离域的或扩散的.

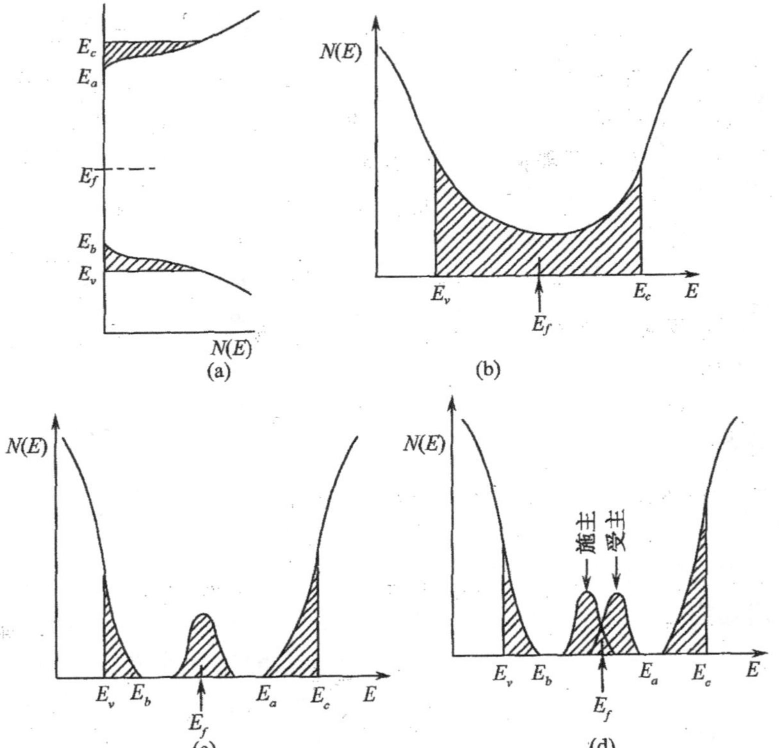

图 3.8　非晶半导体的态密度模型.

(a)无序尾态;(b)CFO;(c)DM;(d)改进的 DM.

α^{-1}称为定域长度,定域波函数的指数衰减性质 $\psi\sim e^{-\alpha r}$可作为另一判据,即定域态的能级对边界条件是不灵敏的.试样的尺寸是一个关键参数,如果定域长度远大于试样尺寸 L,$\alpha^{-1}\gg L$,则确定状态是否定域或离域变得十分困难.最后一个定域的判据是温

度 $T \to 0$ 的直流电导率，它主要与电子扩散有关．如果 $T=0$，系统的直流电导率平均值 $\langle \sigma_E \rangle$ 为零，则能量 E 的态是定域的，反之是扩散的(类金属)，$T=0$ 时具有有限电导率(换句话说，仅借热(声子)助跳跃才产生定域态间的电导)．现将上述判据列于下表：

区分定域态与扩散态的判据

参　　数		定域态	扩散态
定域长度倒数(波函数衰减指数)	α	有限	0
指数前指数	β	有限	0
电导率	$\langle \sigma_E \rangle$	0	有限

只有建立了电子结构模型，才能对电输运性质的实验数据给予合理解释．晶态固体电子态密度能量分布 $N(E)$ 的主要特征是价带与导带的尖锐结构，并且在价带的最大值与导带的最小值处突然中断，态密度的尖锐边缘构成一个确定的禁带能隙．带内态是扩展的，意味着波函数占据整个体积．态结构的特点是晶体完整短程序及长程序的结果．在非晶固体中，长程序受到破坏，而短程序如原子间距离及价键角略有变化，态密度的概念也可用于非晶体．

3.3.2　典型的能带模型

Anderson 及 Mott 提出，非晶材料内因位形无序造成的空间涨落势将使定域态形成，定域态不占据带内能级，而是分别在正常带的上下形成带尾．Mott 提出在扩展态与定域态的能区间存在一个尖锐边缘，将这些态称为定域态．放置在一个区域内的电子在温度 $T=0$ 时不会扩散至另一区域．

其他一些非晶半导体的带结构模型在一定程度上与 Mott 所提出的相同，他们全部采用在带尾中存在定域态的概念．但是，他们间的差异在于拖尾的程度．图 3.8 示出一些模型的主要特点．

1．Cohen-Fritzsche-Ovshinsky(CFO)模型[10]　图 3.8(b)所示的是代表 CFO 模型．假设尾态穿过带隙呈无结构分布，定域态密度逐渐下降会破坏导带与价带边的尖锐度.因为当材料的无序度足够大时,导带与价带尾相应叠加致使隙中部有显著的态密度.带叠加的结果是原来在价带中填充的一些态具有比原来未填充的导带的一些态的能量高.电子必然产生再分布,在导带尾形成填充态,它们带负电,而在价带尾是空态,它们带正电.因此,这个模型保证了自补偿,并使 Fermi 能级钉扎在靠近带隙的中央.

2.Davis-Mott(DM)模型[11] 按照 DM 模型,定域态尾应相当狭窄,在定域态的扩展程度仅十分之几电子伏时,他们认为在靠近带隙的中央存在一个补偿能级带,由于随机网络中的缺陷,例如,悬挂键,空穴等.图 3.8(c)所示的是代表 DM 模型.这里 E_c 及 E_v 代表分隔定域态及扩散态的能量.中央带可分裂成为一个受主及一个施主带,也使 Fermi 针扎在隙中央,如图 3.8(d)所示.Mott 认为,在从扩展态至定域态转变时,迁移率将下降几个数量级,形成一个迁移率边.的确,定域态的概率意味着 $T=0\mathrm{K}$ 时迁移率为零.能量 E_c 及 E_v 间的间隔作为一个伪隙,定义为迁移率隙.但是,从扩展态到刚好在迁移率边内时迁移率下降不是尖锐的,而是连续的.在带隙中央区载流子的平均自由程变得约等于原子间距,以致原始的 Boltzmann 输运理论不能采用.

利用态密度的能量分布可以解释电输运的实验数据.依据 DM 模型,非晶半导体的导电有三种过程.在不同温度区它们对总电导的贡献不同.极低温区,电导源于 Fermi 能级附近态间的热助隧道.较高温区,载流子激发到带尾的定域态内,载流子通过定域态间的跳跃构成导电.高温区,载流子可从迁移率边激发至扩展态.

3.小极化子模型 现讨论非晶固体中一个过剩载流子存在引起的晶格畸变的作用.Emin 假设,某些非晶半导体中的电荷载流子因周围原子晶格的畸变可进入自陷(小极化子)态.Emin 认为,非晶固体中无序存在会使载流子减速,从而使载流子定域化,如果载流子停在一个原子位置的时间足够长以致原子能够产生重排,这一定诱导一些原子在其邻近,从而位移,使小极化子形成.因为小极化子性质上的局域性,可以预示非晶固体不存在长程序不会明显影响它的运动.

3.3.3 定域态的能量分布函数[12]

一个陷阱俘获一个电子的概率服从 Fermi-Dirac 统计

$$f_n(E) = \frac{1}{\{1 + \exp[(E - E_{fn})/kT]\}}. \tag{3.26}$$

一个陷阱俘获一个空穴的概率为

$$f_p(E) = \frac{1}{\{1 + \exp[(E_{fp} - E)/kT]\}}. \tag{3.27}$$

依据陷阱能级的位置,可将陷阱分为浅陷阱和深陷阱,所谓浅陷阱是指能级 $E = E_{tn}$ 位于电子陷阱的准 Fermi 能级 E_{fn} 以上,或其能级 $E = E_{tp}$ 位于空穴陷阱的准 Fermi 能级 E_{fp} 以下的陷阱.从方程(3.26)、方程(3.27)可以看出,如果 $(E_{tn} - E_{fn})$ 或 $(E_{fp} - E_{tp})$ 远大于 kT,则 $f_n(E) \ll 1$ 或 $f_p(E) \ll 1$,这意味着大多数陷阱可能是空着的.反之,若 E_{tn} 在 E_{fn} 之下,或 E_{tp} 在 E_{fp} 之上,则将这种陷阱称为"深陷阱".在这种陷阱中,若 $(E_{fn} - E_{tn})$ 或 $(E_{tp} - E_{fp})$ 远大于 kT,则 $f_n(E) \to 1$ 或 $f_p(E) \to 1$.这意味着大多数陷阱是由俘获的载流子(电子或空穴)填充的,图 3.9 示意的表示出这两种情况.

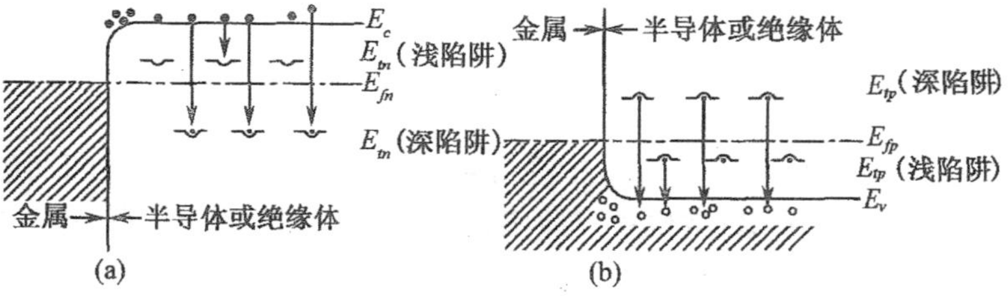

图 3.9 划分深与浅陷阱的能级示意图.

一般禁带中的陷阱能量分布十分复杂,下面介绍几种常用的分布函数.

1. 离散分布

(1)单一电子陷阱

$$N_t(E) = H_\alpha \delta(E - E_t), \tag{3.28}$$

式中,$N_t(E)$为能级分布,H_α 为陷阱密度,E_t 是在导带底下方的电子陷阱能级,$\delta(E-E_t)$为 Dirac δ 函数.

(2)多重电子陷阱

$$N_t(E) = \sum_i H_{\alpha i} \delta(E - E_{ti}),$$

式中各符号的下标 i 是指第 i 个单一分立能级.

2. 指数分布陷阱

$$N_t(E) = \frac{H_b}{kT_c} \exp\left(-\frac{E}{kT_c}\right), \tag{3.29}$$

式中,H_b 是陷阱密度,T_c 为分布的特征常数.

3. 高斯分布陷阱

$$N_t(E) = \frac{H_d}{(2\pi)^{1/2}\sigma_t} \exp\left[-\frac{(E - E_{tm})^2}{2\sigma_t^2}\right], \tag{3.30}$$

式中,$(2\pi)^{1/2}$为归一化参数,E_{tm}为具有最高陷阱密度的电子俘获能级,σ_t 为高斯函数的标准偏差.

§3.4 弱电场中的电流

3.4.1 直流离子体电导

1. 导电的离子 晶体中经常存在各种点缺陷,线缺陷和面缺陷.先讨论点缺陷;空位式点缺陷称为 Schottky 缺陷[13],填隙式点缺陷称为 Frenkel 缺陷[14],参见图 3.10.

设晶体中含有 N 个相同离子,晶体体积与温度关系可以忽略.产生一个空位所需能量 E_s 定义为将晶体内部格点上的一个离子移至晶体表面所作的外功,设 E_s 与温度无关.体系的自由能 $F = U - TS$ 与空位浓度 n_s 有关.在热平衡态下 F 应为极小,即有关系式

$$(\partial F/\partial n_s)_T = 0 \tag{3.31}$$

形成 n_s 个空位，使内能增加

$$\Delta U = n_s E_s. \tag{3.32}$$

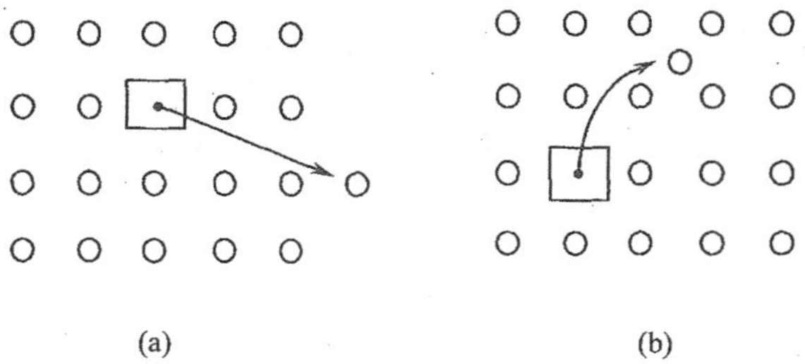

图 3.10 晶体的点缺陷.

(a)空位式缺陷(*Schottky* 缺陷)；(b)填隙式缺陷(*Frenkel* 缺陷).

在 N 个格点中出现 n_s 个空位的可能排列数为

$$P_s = \frac{N!}{(N-n_s)!\,n_s!}. \tag{3.33}$$

体系的熵因而增加

$$\Delta S = k\ln P_s. \tag{3.34}$$

因此出现 n_s 个空位时自由能的增加为

$$\Delta F = \Delta U - T\Delta S = n_s E_s - kT\ln P_s. \tag{3.35}$$

以式(3.33)和(3.35)代入(3.31)式，得到

$$E_s - kT\frac{\partial}{\partial n_s}(\ln P_s) = 0. \tag{3.36}$$

利用 Stirling 近似公式，当 x 很大时有

$$\ln(x!) = x\ln x - x, \tag{3.37}$$

于是(3.36)可近似为

$$E_s - kT\ln\left(\frac{N-n_s}{n_s}\right) = 0. \tag{3.38}$$

由于 $n_s \ll N$，故近似地由上式可得

$$n_s = N\exp(-E_s/kT), \tag{3.39}$$

可见当温度 T 增加时空位浓度 n_s 指数上升.

类似地可求出填隙缺陷浓度.形成填隙缺陷的能量 W_f 定义为将晶体中格点上一个离子移至填隙位置所需能量.这时由于同时产生一个填隙离子和一个空位,熵的变化 ΔS 将由两个部分组成:n_f 个空位出现于 N 个格点上的排列方式数目 P_f,以及 n_f 个离子出现于 N_i 个空隙位置的排列数 P_i.故 $\Delta S = k\ln P_f + k\ln P_i$,即

$$\Delta S = k\ln\frac{N!}{(N-n_f)!\,n_f!} + k\ln\frac{N_i}{(N_i-n_f)!\,n_f!}. \tag{3.40}$$

若设 $n_f \ll N$, $n_f \ll N_i$,则由自由能极小条件可得到

$$n_f = (NN_i)^{1/2}\exp(-W_f/2kT). \tag{3.41}$$

上式和下面的本征载流子浓度 n_i 的表示式(3.61)相似;因为在本征载流子中空穴和电子成对出现,而在 Frenkel 缺陷中空位和填隙离子也成对出现.空穴是电子的空位,它荷正电.类似地,负离子的空位荷正电;而正离子的空位则荷负电.注意单种缺陷的式(3.39)和成对缺陷的式(3.41)的主要区别在指数项的分母上,后者比前者多了因子 2.

液体或非晶固体中基质的分子或杂质的分子也会发生离解.可用类似方法讨论,其中的离子浓度也符合指数规律.但是,晶体中缺陷的激活能是常数;而液体和非晶固体因结构不具远程有序,激活能只以某种平均值的方式出现.下面讨论其中的离解度.

设分子由原子团或原子 A 和 B 组成.由于热运动可以出现离解过程的平衡

$$AB \leftrightarrow A^+ + B^-. \tag{3.42}$$

在离解中分子体系的能量 $E(r)$ 与原子间距离 r 有关,设如图 3.11 所示.当 $r = r_a$ 时分子的能量最低.分子离解必须越过势垒 E_a,在 $r = r_1$ 时 $E(r)$ 再次达到某个极小值,使离解得以稳定.

设中性分子浓度为 N_0,分子按(3.42)离解时单位体积离子数 n_i 增加速度按化学反应速度理论为

$$\frac{\mathrm{d}n_i}{\mathrm{d}t} = N_0 \frac{kT}{\hbar}\exp(-E_a/kT) \equiv K_0 N_0, \qquad (3.43)$$

其中 K_0 为反应速度常数. 另一方面, 离子 A^+ 和 B^- 按式(3.42)复合时使离子浓度减少速度可写为

$$\frac{\mathrm{d}n_i}{\mathrm{d}t} = -\alpha n_i^2.$$

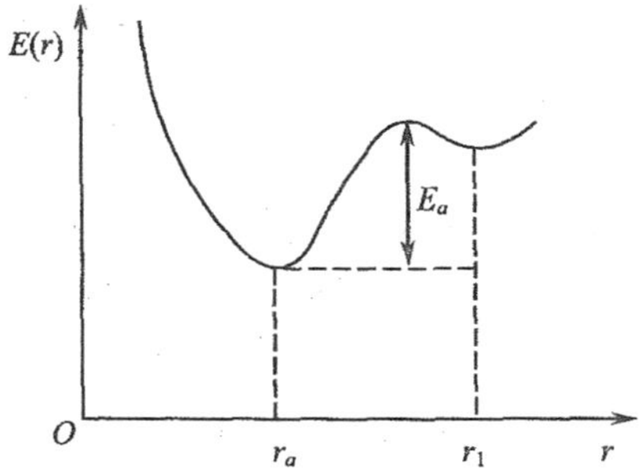

图 3.11 双原子分子体系的能量与原子间距离 r 的关系.

因为复合速度比例于 A^+ 和 B^- 的浓度, 故上式右边出现 n_i 的平方. 在反应式(3.42)达到平衡时有

$$n_i = (N_0 K_0/\alpha)^{1/2} = (N_0 kT/\alpha\hbar)^{1/2}\exp(-E_a/2kT). \qquad (3.44)$$

由此得分子的离解度

$$K = n/N_0 = (kT/N_0\alpha\hbar)^{\frac{1}{2}}\exp(-E_a/2kT), \qquad (3.45)$$

离解度 K 随温度指数的上升而上升.

2. 离子迁移率 在气态物质中情况较简单. 设离子的热运动平均速度为 $\bar{v}$, 平均自由程为 $\bar{\lambda}$, 平均自由时间为 $\bar{\tau}$, 则

$$\bar{\lambda} = \bar{v}\,\bar{\tau}. \qquad (3.46)$$

在外电场中, 离子沿电场 E 方向的加速度为

$$a = qE/m \qquad (3.47)$$

其中 q 为离子的电荷, m 为其质量. 当离子沿 E 方向平均迁移速

度 $\bar{v}_d \ll \bar{v}$ 时,有

$$\bar{v}_d = \frac{1}{2}a\bar{\tau} = qE\bar{\tau}/2m, \tag{3.48}$$

故迁移率

$$\mu = \bar{v}_d/E = q\bar{\tau}/2m. \tag{3.49}$$

由此可见,μ 与 m 成反比,与 $\bar{\tau}$ 成正比.

在凝聚态物质中,离子的迁移通常要跳跃势垒[15].单位时间跳跃次数可写为

$$\nu = \nu_0 \exp(-E_d/kT), \tag{3.50}$$

其中 E_d 为离子迁移活化能量,ν_0 可理解为离子在平衡位置的振动频率.无外电场时,物质中的离子借热激活作无规则的布朗运动,从而无宏观的定向迁移.图 3.12 示出一个正离子的情况,外电场 E 使位置 A 和 B 的势能变化了 $\pm qE\delta/2$,δ 为 AB 之间的距离.

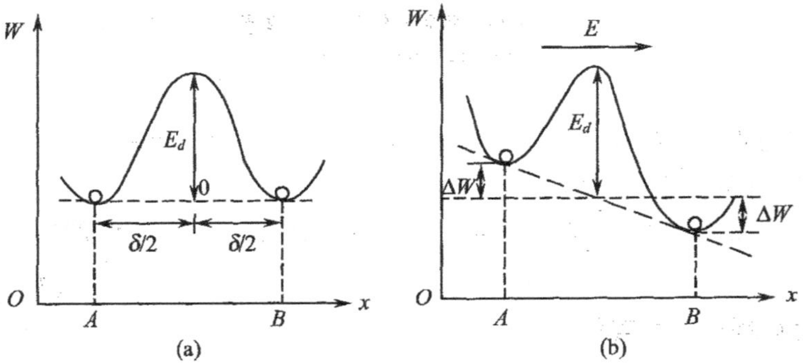

图 3.12　附加电场前后离子的势能曲线.
(a) $E=0$, δ 为离子跳跃距离;(b) $E \neq 0$.

于是有电场时,式(3.50)变为

$$\nu(A \leftrightarrow B) = \nu_0 \exp[-(E_d \mp qE\delta/2)kT]. \tag{3.51}$$

沿 E 方向的迁移速度

$$\bar{v}_d = \nu(A \to B)\delta - \nu(A \leftarrow B)\delta,$$

$$\bar{v}_d = 2\nu_0\delta\exp(-E_d/kT)\sinh(Eq\delta/2kT). \qquad (3.52)$$

弱电场中 $Eq\delta \ll 2kT$,上式可近似为

$$\bar{v}_d = \mu E, \qquad (3.53)$$

其中的迁移率

$$\mu = \frac{q}{kT}\nu_0\delta^2\exp(-E_d/kT) \qquad (3.54)$$

与 E 无关,但随 T 近似指数地增大.

3.4.2 直流电子体电导

1. 导电的电子　绝缘体内的载流子的产生,可以是由于本征或杂质的热激发,从而出现传导电子和传导空穴.但外电场、辐照、碰撞电离等,也会产生体内载流子;下面分别进行讨论.

在热平衡态下,非金属材料中本征载流子浓度可由 Fermi 分布函数

$$f(E) = \frac{1}{\exp[(E - E_f)kT] + 1} \qquad (3.55)$$

得到.其中 $f(E)$为电子占据能级 E 的概率,E_f 为 Fermi 能级,k 为 Boltzmann 常量.当$(E - E_f) \gg kT$ 时,Fermi 分布公式(3.55)变为 Boltzmann 分布公式

$$\begin{aligned} f(E) &= \exp(E_f/kT)\exp(-E/kT) \\ &= A\exp(-E/kT), \end{aligned} \qquad (3.56)$$

常称这种分布为 Fermi 分布的尾区,参阅图 3.13(b);它对电介质十分重要.

在导带的能量区间 dE 中,若单位体积内的状态数目为 $D(E)\mathrm{d}E$,则在 dE 间的电子浓度为 $\mathrm{d}n = f(E)D(E)\mathrm{d}E$.导带中的传导电子浓度为

$$n = \int_{E_0}^{E_m} f(E)D(E)\mathrm{d}E, \qquad (3.57)$$

其中 E_0 为导带底部边缘的能量,E_m 为电子可能占据的最高能级.导带底部的态密度可近似表示为

$$D(E)=\frac{1}{2\pi^2}(2m_e^*/\hbar^2)^{3/2}(E-E_c)^{1/2}, \tag{3.58}$$

因此,(3.57)式的积分给出

$$n=N_c\exp\left(\frac{E_f-E_c}{kT}\right),\quad N_c=2(m_e^*kT/2\pi\hbar^2)^{3/2}, \tag{3.59}$$

其中,N_c 可理解为导带底部的等效态密度,m_e^* 为传导电子的有效质量.用类似方法可得价带顶部的传导空穴浓度

$$p=N_v\exp\left(\frac{E_v-E_f}{kT}\right),\quad N_v=2(m_h^*kT/2\pi\hbar^2)^{3/2}, \tag{3.60}$$

其中,N_v 为价带顶部态密度,E_v 为价带顶部能量,m_h^* 为传导空穴的有效质量.

对于理想的完整的和无杂质的晶体,电中性条件要求 $n=p$.故本征载流子浓度

$$n_i=n=p=(N_cN_v)^{1/2}\exp(-E_g/2kT), \tag{3.61}$$

其中 $E_g=E_c-E_v$ 就是禁带宽度.此时 Fermi 能级近似在禁带中部,即 $E_f=(E_c+E_v)/2$.高聚物的 E_g 一般大于 8eV,当 N_c 和 N_v 为 10^{19}cm^{-3}数量级时,由式(3.61)给出的 n_i 很小.

对于掺杂和有缺陷的材料,电子可以由施主能级提供,而空穴也可由受主能级提供;此时 $n\neq p$.但由热平衡条件可以求出关系式

$$np=n_i^2=N_cN_v\exp(-E_g/kT). \tag{3.62}$$

对于 n 型材料,E_f 靠近E_c;这时 n 增大而 p 减小.对于 p 型材料,E_f 靠近E_v;这时 $p>n$.但任何情况下 $np=n_i^2$ 的关系不变.

当禁带出现电子或空穴的陷阱能级时,情况更为复杂.陷阱能级通常是由缺陷产生的局域态,被束缚的电子或空穴不能参与导电.设单位体积单势能量间隔的电子陷阱数为 N_t,空穴陷阱数为 P_t;则被束缚的电子数 n_t 和空穴数 p_t 分别为

$$n_t=\int_{E_v}^{E_c}f(E)N_t\mathrm{d}E, \tag{3.63}$$

$$p_t = \int_{E_v}^{E_c} [1 - f(E)] P_t \mathrm{d}E, \tag{3.64}$$

其中 N_t 和 P_t 均与 E 有关(见 3.3.3 节), 这时材料为电中性的条件变为

$$n + n_t = p + p_t. \tag{3.65}$$

聚合物的禁带存在大量的陷阱能级, 因此 Fermi 能级始终位于禁带之内.

图 3.13 定性地给出绝缘体或本征半导体的能带, 分布函数 $f(E)$, 电子态密度 D_e, 和空穴态密度 D_h.

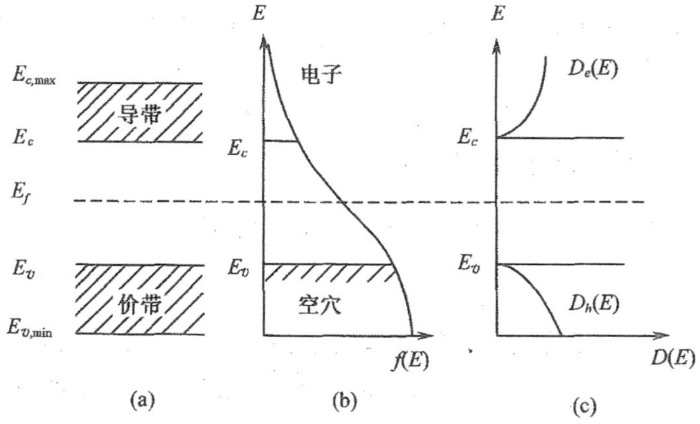

图 3.13 (a)绝缘体(或本征半导体)的能带图;
(b)分布函数;(c)和电子或空穴的态密度 D_e 或 D_h.

2. 电子电导率 依据上述非晶半导体或绝缘体的电子能带结构, 按照 Davis 及 Mott 模型可将电导划分为下面几种类型:

(1)扩展态电导[16]. 任何绝缘体或半导体的电导率可写成

$$\sigma = - e \int N(E) \mu(E) kT \frac{\partial f(E)}{\partial E} \mathrm{d}E, \tag{3.66}$$

式中 $f(E)$为 Fermi-Dirac 分布函数

$$f(E) = \frac{1}{1 + \exp[(E - E_f) kT]}. \tag{3.67}$$

利用

$$\frac{\partial f(E)}{\partial E}=-f(E)[1-f(E)]/kT \tag{3.68}$$

的关系，σ 可记为

$$\sigma = e\int N(E)\mu(E)[1-f(E)]\mathrm{d}E. \tag{3.69}$$

按照 Davis-Mott 模型，Fermi 能级 E_f 位于能隙的中央附近，且离 E_c 足够远，因此，可近似用 Boltzmann 统计描述态的占有率

$$f(E)=\exp[-(E-E_f)/kT].$$

按照 Mott 的观点，在临界能 E_c(或 E_v)迁移率尖锐下降. 对于非简并情况，在恒定态密度及恒定迁移率的条件下，在迁移率边以上电子的电导率为

$$\sigma = eN(E_c)kT\mu_c\exp[-(E_c-E_f)/kT]. \tag{3.70}$$

式中 μ_c 为平均迁移率. 电子密度为

$$\begin{aligned} n &= \int_{E_c}^{\infty}N(E_c)\exp[-(E-E_f)/kT]\mathrm{d}E \\ &= N(E_c)kT\exp[-(E_c-E_f)kT]. \end{aligned} \tag{3.71}$$

为了获得 μ_c 的数量级，我们定义 $\sigma(E_c)=eN(E_c)\mu_c kT$，如果 $N(E_c)\approx\langle N(E)\rangle/3$，这里 $\langle N(E)\rangle$ 为整个带的平均态密度，则

$$\sigma(E_c)=e\langle N(E)\rangle\mu_c kT/3. \tag{3.72}$$

Mott 计算出刚出现活化能过程以前正好在 E_c 处的最小电导率，称为金属最小电导率，表达式为

$$\sigma_{\min}=Ce^2/\hbar a, \tag{3.73}$$

式中，常数 C 在 0.026 至 0.1 之间，$\sigma_{\min}$ 一般为 200 ~ 300 $\Omega^{-1}\cdot\mathrm{cm}^{-1}$. 在 $C=0.026$ 时，则

$$\mu_c = 0.078(e/\hbar a)/\langle N(E)\rangle kT.$$

对近自由电子模型，$N(E)$ 为

$$N(E)=km/2\pi^2\hbar^2.$$

另一方面，带的最高能量(即带宽 B)

$$E_{\max} = \frac{\pi^2 \hbar^2}{2ma^2} \quad 和 \quad k_{\max} = \pi / a .$$

于是 $N(E) \approx \frac{1}{a^3 B}$，因此

$$\mu_c = 0.078 e a^2 B / \hbar k T . \tag{3.74}$$

取 $a = 2 \times 10^{-10}\text{m}$, $B = 5\text{eV}$, $T = 25℃$，则 $\mu_c \approx 10\text{cm}^2/\text{Vs}$.

(2)带尾态电导[16]. 如果波函数定域，则 $\sigma(E)=0$，导电仅由热激跳跃产生，每次电子从一个定域态转移到另一个时将交换一个声子的能量. 具有热激性质的迁移率可示为

$$\mu_{\text{hop}} = \mu_0 \exp[-W(E)/kT]. \tag{3.75}$$

指数前因子 μ_0 为

$$\mu_0 = \frac{1}{6} \nu_{\text{ph}} e R^2 / kT, \tag{3.76}$$

式中 ν_{ph} 为声子频率，R 为一次跳跃的距离. 在 $\nu_{\text{ph}} = 10^{13}\text{s}^{-1}$，$W(E) = kT$ 时室温下载流子的迁移率 $\mu_{\text{hop}} \approx 10^{-2}\text{cm}^2/\text{Vs}$，比扩展态的迁移率至少降低 100 倍.

电导率依赖于定域态密度的能量分布，并应对全部现有能量进行积分. 假设态密度

$$N(E) = \frac{N(E_c)}{(\Delta E)^s}(E - E_A)^s, \tag{3.77}$$

式中 $\Delta E = E_c - E_A$，依据式(3.69)可计算电子跳跃电导率

$$\sigma_{\text{hop}} = \sigma_{0\text{hop}} \left(\frac{kT}{\Delta E} \right)^s C \exp[-(E_A - E_f + W)/kT], \tag{3.78}$$

式中

$$\sigma_{0\text{hop}} = \frac{1}{6} \nu_{\text{ph}} e^2 R^2 N(E_c).$$

当 $s=1$ 时

$$C = C_1 = 1 - \exp\left(-\frac{\Delta E}{kT}\right)\left(1 + \frac{\Delta E}{kT}\right), \tag{3.79}$$

$$\sigma_{\text{hop}} = \sigma_{0\text{hop}} \frac{kT}{\Delta E} C_1 \exp[-(E_A - E_f + W)/kT]. \tag{3.80}$$

(3)Fermi 能级处定域态的电导[16]. 术语跳跃, 一般是指载流子按 Boltzmann 概率从一个能态跳到另一能态的过程, 这里是指一个电子从一个定域态到另一个定域态借助声子进行量子力学隧道过程的简称. 图 3.14 用 A 和 B 形象地指出了两个跃迁, 这是两个可能的隧道过程. 这种过程使费米能级 E_f 以下满态中的一个电子跃迁到 E_f 之上两个附近的空态之一. 用 R 标记电子跳跃的距离, 用 W 标记终态与初态间的能量差. 由于能量守恒, 在跳跃过程中必须有声子的吸收(对于 $W>0$)或者发射($W<0$). 由于跳跃需要周围存在的声子提供能量, 所以跳跃电导率在有限的温度下是有限的, 但在绝对零度时则消失.

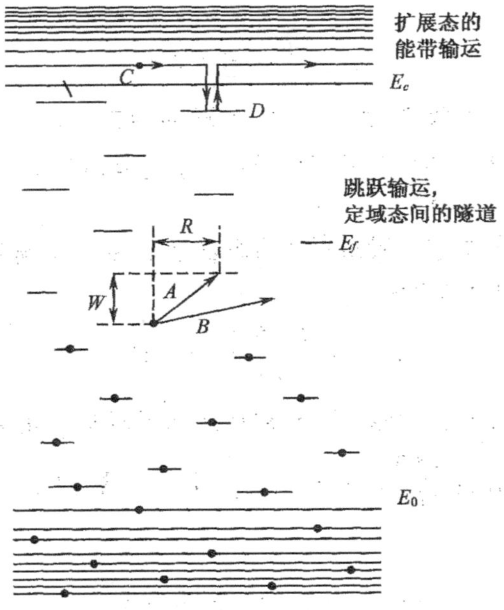

图 3.14　非晶态半导体中电子电导机制的能级示意图.
竖直方向表示能量, 水平方向表示距离.

对于掺杂晶态半导体, 实验观测到隧道输运发生在一个狭窄的温度区间内. 此温度低得足以消除能带电导而又允许隧道机理在电导率中显示出来.可是,对于非晶硅半导体,跳跃在很宽的温度区间上起支配作用,直到室温时它仍可以与扩展态的输运相比,如图 3.14 所示.

对于 Mott-$T^{-1/4}$定律,直观的论证是从下述近似表达式出发的,它给出在温度为 T,距离为 R,能量升高为 W 时(吸收声子),跳跃所发生的概率 p 与 R, W, T 的依赖关系

$$p \propto \exp[-2\alpha R-(W/kT)], \tag{3.81}$$

这一表达式为两个指数因子的乘积,第一个因子 $\exp(-2\alpha R)$实质上是在离开电子原来位置的距离为 R 处找到电子的概率.这里 α 是描述电子波函数在大距离上指数衰减 $\psi(r)\sim\exp(-\alpha r)$的定域长度(或半径)的倒数.第二个因子 $\exp(-W/kT)$是因为电子在克服能量失配时需要借助声子来满足的能量守恒.在低温极限下,能量为 W 的声子数目由 Boltzmann 因子 $\exp(-W/kT)$给出.讨论中假设了电子定域态在能量上以及空间上都是无规分布的,它具有由 $n(E_f)$给出的均匀分布,$n(E_f)$是能量接近 Fermi 能级处每单势能量中单位体积的态密度.因为若要发生跳跃,初态必须被占据,而终态应该是空的,Fermi-Dirac 统计便将这些隧道跃迁限制在一个包括 E_f,大约 kT 宽的能量范围内.在这个狭窄的(因为 kT 很小)的能量范围内 $n(E)$可以取成常数,定域长度 α^{-1}也是这样.

Mott 对于方程(3.81)所强调的基本点是在跳跃距离 R 和失配能量 W 之间存在着此涨彼消的关系.它暗示支配着跳跃的特征必然随温度变化.设想在给定温度下,图 3.14 所示 A 的组合(R, W)的跳跃比具有较大 R 但 W 较小的 B 跳跃对电导率的贡献要大.如果降低温度,跳跃概率 p 对 A 和 B 两者都下降[由于方程(3.81)中的第二个因子],但是 $p(A)$比 $p(B)$的下降快得多,因为 A 有较大的能量失配.在某个较低的温度,$p(B)$将超过 $p(A)$.不顾其较小的电子波函数重叠因子 $\exp(-2\alpha R)$,使较长程的跳跃电导变得更有利了.因为在低温下,它由较大的声子因子 $\exp(-W/kT)$得到更多的补偿.温度越低,克服给定能量 W 的势

垒愈困难，越是要求电子跳到更远处以寻找较低的 W.

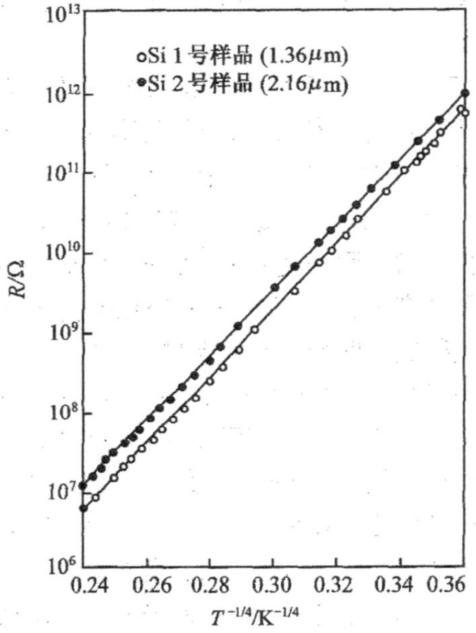

图 3.15 非晶硅电阻与温度的关系，证明了 Mott 指出的函数形式，它对应于在 Fermi 能级处定域态之间的变程声子协助隧道过程.

在找到较小的 W 时，由于允许电子可在终态位置的更大选择对象中挑选而使跳跃概率增加，此时终态位置包含在一个更大的领域中，即围绕初态位置半径为 R 的球内. 因此

$$\frac{4}{3}\pi R^3 W(R) n(E_f) = 1. \tag{3.82}$$

上式符合单势能量单位体积中能态密度 $n(E_f)$的定义. 利用方程(3.82)的 $W(R)$ 代替方程(3.81)中的 W，可得到形式为 $-\alpha R-(b/R^3)$的指数. 令 $\alpha R+(b/R^3)$极小而使概率 p 为极大，便得到最概然的跳跃距离

$$R \approx [\alpha k T n(E_f)]^{-1/4}, \tag{3.83}$$

此式表明跳跃路程随温度如何变化，因而称为“变程跳跃”(variable-range-hopping). 它是温度依赖关系在跳跃距离与能量失配之间的竞争中达成妥协的结果而非晶硅电阻与温度的关系见图3.15. 将方程(3.83)代入方程(3.81)，再依据电导率与跳跃概率成正比，便得到

$$\sigma \approx \exp\left[-\left(\frac{T_0}{T}\right)^{1/4}\right], \tag{3.84}$$

式中

$$T_0 \approx [\alpha^3/kn(E_f)]. \tag{3.85}$$

在方程(3.84)中，T_0 的表达式省略了数量级为 1 的无量纲因子.

最近，我们测量了聚省醌自由基(polyacene quinone radical, PAQR)本征半导电高聚物在高压力($0\sim1\times10^3$MPa)下直流电导率 σ 与温度(300～400K)的关系，如图 3.16 所示[17]. 显然，通过增加压力，使材料的电导率的 Mott-$T^{-1/4}$定律的适用性扩展至高温. 由于在高压力下，$n(E_f)$增加，定域长度倒数 α 下降，同时 R

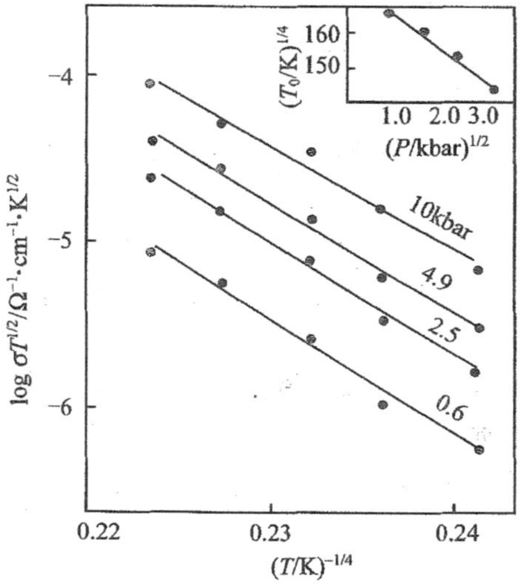

图 3.16 PAQR 样品直流电导率在不同压力下与温度的关系，插图示出的是 T_0 与压力平方根的关系.

也下降.因此,容易满足在变程跳跃模型中弱定域条件($\alpha R \leqslant 1$),以使幂指数($2\alpha R + W/kT$)甚至在更高温的情况下,取极小值.

Ambegaoker, Halperin 与 Langer 提出了逾渗模型.他们将逾渗结构以无规电阻网络的形式包含在模型中.网络中的每一结点表示非晶固体的一个定域电子态,而每一对结点用一条导线相连.其电导表示对应位置之间隧道跃迁速率.不同导线的电导在几个数量级的大小上变化.假如将所有导线从网络中取出,然后从最高电导开始每一次放一个将它们放回到网络中,电导值依次减小.最初在这儿或那儿存在着互相隔离的导线,以后与某些导线连在一起形成较大的集团,而最后在某个临界电导值下出现了逾渗通路.这就是控制宏观电导率的微观电导值(隧穿速率).较大的电导不起作用,因为它们仅仅形成彼此隔离的集团,而不可能跨越宏观样品.如果电导会使电流穿过样品,电流通路必定仍然是通过具有临界电导值的导线.较小的电导也会形成宏观通路,但其贡献较小,因为它们被较大电导的通路短接了.对于这种同样导致 $T^{-1/4}$定律的有控制性的临界电导图像,很重要的一点是存在着跨越几个数量级的大范围电导值.网络中的电导值的绝大多数那时比临界电导或者大得多,或者小很多,这一点将增强逾渗的论证.

(4)定域态(陷阱)调制迁移率-漂移迁移率[18].缺陷晶体或非晶体常常包含着大量的定域态,它们会对自由载流子迁移率 μ_c 与 μ_{hop}起调制作用.如果高聚物中存在浅陷阱(一般陷阱深度 $H_t = E_c - E_t < 0.5\text{eV}$),载流子在电极间的渡越时间 t_t 将变成 $t_t = t_s + t_p$,这里 t_p 为载流子在陷阱中的停留时间,t_s 为它们在扩展态中自由运动的时间.按照测量载流子漂移迁移率的方法,即在外电场作用下,通过测量介质内光激发薄层中的电子-空穴对向对面电极渡越时间 t_t,从而确定漂移迁移率的方法,得出漂移迁移率

$$\mu_t = \frac{d}{Et_t}. \tag{3.86}$$

类似地,扩展态的迁移率

$$\mu = \frac{d}{Et_s},$$

这里 d 为电极距离；E 为电场强度．若将上面分析的 μ_c，μ_{hop}赋予扩展态迁移率 μ 的意义，则可分别得出相应的陷阱调制的迁移率-漂移迁移率

$$\mu_{c,t}=\frac{t_s}{t_s+t_p}\mu_c,\quad \mu_{\mathrm{hop},t}=\frac{t_s}{t_s+t_p}\mu_{\mathrm{hop}}. \tag{3.87}$$

为了简单，假设浅陷阱具有单一能级 E_t，在浅陷阱与导带之间处于热平衡时，则得到

$$\begin{aligned}\frac{t_s}{t_p}&=\frac{N_c}{N_t}\exp[-(E_c-E_t)/kT]\\&=\frac{N_c}{N_t}\exp(-H_t/kT),\end{aligned} \tag{3.88}$$

式中，N_t 为浅陷阱密度；N_c 为导带有效态密度；$H_t=E_c-E_t$ 为陷阱深度．将式(3.88)代入方程(3.87)，并考虑到 $t_s\ll t_p$，容易得到

$$\mu_{c,t}\approx\mu_c\frac{N_c}{N_t}\exp(-H_t/kT),$$

$$\mu_{\mathrm{hop},t}\approx\mu_{\mathrm{hop}}\frac{N_c}{N_t}\exp(-H_t/kT). \tag{3.89}$$

显然，陷阱的存在，使 $\mu_{c,t}\ll\mu_c$，$\mu_{\mathrm{hop},t}\ll\mu_{\mathrm{hop}}$有时将它们称为陷阱控制能带迁移率，又称有效迁移率．将式(3.87)简写成

$$\mu_t=\frac{t_s}{t_s+t_p}\mu\approx\mu\theta, \tag{3.90}$$

式中，$\theta\equiv\frac{N_c}{N_t}\exp(-H_t/kT)$，为陷阱控制参数，$\mu$ 为自由载流子迁移率，μ_t 的数值很小，且受热活化的影响．一些材料在 20℃时的电子与空穴的迁移率，如表 3.1 所示．

表 3.1　一些电介质的电子(e)与空穴(h)迁移率

材　料	迁移率/$cm^2(Vs)^{-1}$	材　料	迁移率/$cm^2(Vs)^{-1}$
KCl 单晶	10(e)	PET	3×10^{-5}(e)　1×10^{-4}(h)
硫单晶	7.5×10^{-4}(e) 0.1　(h)	PS	1×10^{-4}(e) 7×10^{-5}(h)
蒽单晶	0.23，0.40(e) 0.65，1.0(h)	PVK	10^{-5}(e) 10^{-3}(h)

(5)小极化子的迁移率.前面讨论了由杂质或缺陷在能隙中产生的陷阱中心(在介质中它的位置是固定的)通过俘获过程对载流子输运特征的显著作用.然而这种载流子俘获过程(相当于其能量降低的过程),原则上也可由载流子自身造成的周围环境(邻近原子)的局部畸变形成,它甚至会发生在根本没有杂质及缺陷的晶体中.因此,载流子输运不仅依赖于缺陷能级的存在,而且也依赖于它与周围原子的相互作用,如在离子晶体中电子与晶格振动的能量子(声子)的相互作用.

为了便于理解极化子形成的物理概念,以离子晶体为例来说明.电子诱导的晶格极化(畸变)将反作用于电子自身,而使它的能量降低,这就是电子的自陷过程(self-trapping)(图 3.17).当电子通过极性(离子)晶体运动时,它就将与它诱导的极化场(晶格畸

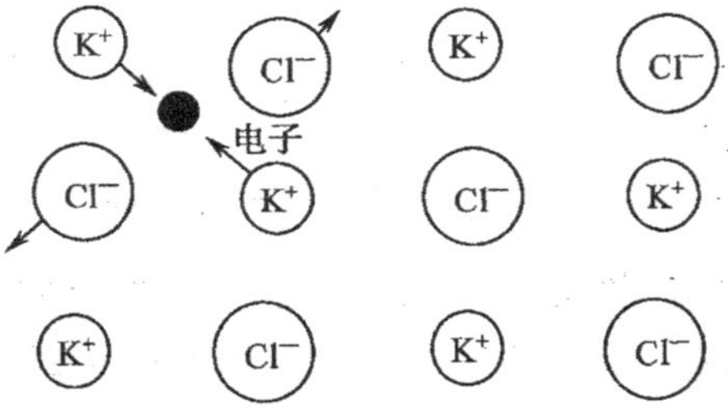

(a)

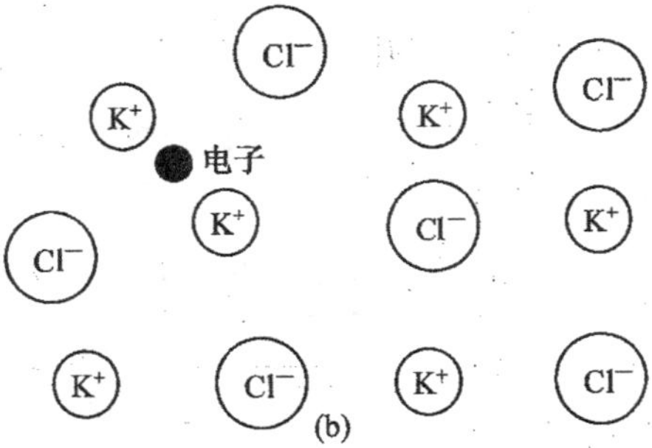

(b)

图 3.17 一个极化子在离子晶体 KCl 点阵中的形成过程.

变)一起运动.因此,将电子与伴随它的极化场视为一个准粒子,称为极化子(polaron).

极化子不仅会产生在离子晶体内,而且也可出现在共价晶体中.在离子晶体中,因为离子与电子之间强的库仑相互作用,所以电子畸变晶格的效应大,形变尺度大(数个晶格周期),称在离子晶体中形成的极化子为大极化子,因这里涉及晶体的介电极化,故又称介电极化子.与此对应,在共价晶体中,因为中性原子与电子仅发生微弱的相互作用,电子畸变晶格的效应较弱,形变尺度小(约一个晶格周期),称在共价晶体中形成的极化子为小极化子.又因涉及邻近原子形成某种类型的键,故又称分子极化子.小极化子又称 Holstein 极化子,大极化子又称 Froehlich 极化子.

下面讨论极化子是如何通过晶格运动的.与一个大极化子相联系的电子在一个能带中运动,极化子的有效质量相对于无畸变晶格中电子的有效质量仅增加少许.与一个小极化子相联系的电子,大部分时间停留在被一单个分子所捕获的组态内(即处于定域态).高温下,电子借助于热激活而跳跃,从一个点阵位置运动到另一个位置,称此为热跳跃;在低温下,电子借助于隧道而缓慢地通过晶格,称为隧道跳跃.因此,小极化子的有效质量是很大的.小极化子为了完成一次跳跃必须要有原子的畸变,借此瞬时地使得占据位置的电子能级与邻近地未占据位置的电子能级相一致(即两个极化子的势阱出现瞬时一致),这种原子的热畸变能就是极化子跳跃活化能 W_h.因此,小极化子跳跃迁移概率 P_h 应是一致性事件的概率

$$P_1 = \nu_{ph}\exp(-W_h/kT), \tag{3.91}$$

与电荷转移概率 P_2 之积,式中,ν_{ph}为声子频率;k 为 Boltzmann 常数;T 为绝对温度.在绝热近似条件下,电荷转移概率最大,$P_2 = 1$;而在非绝热近似下,电荷转移概率

$$P_2 = \frac{1}{\hbar\,\nu_{ph}}\left(\frac{\pi}{W_h kT}\right)^{1/2} J^2, \tag{3.92}$$

式中，J 为电子重叠积分.因此，依据爱因斯坦关系 $\mu=\frac{De}{kT}$以及扩散系数$D=R^2P$，很容易得出小极化子在非绝热近似下的跳跃迁移率

$$\mu_{\mathrm{pol}}=\frac{ea^2}{kT}P_h=\frac{ea^2}{\hbar kT}\left(\frac{\pi}{W_hkT}\right)^{1/2}J^2\exp(-W_h/kT). \tag{3.93}$$

式(3.93)说明，μ_{pol}具有热激活的特性.通常，它的数值范围是：$10^{-4}\mathrm{m}^2/\mathrm{Vs}>\mu_{\mathrm{pol}}>10^{-7}\mathrm{m}^2/\mathrm{Vs}$.

3.4.3 交流电导[19]

关于材料导电的机理也可从交流电导率得到，测量电导率的频率关系，一般频率范围是 $10^2\sim10^8$Hz.通过 $\sigma(\omega)$特性的不同可以预示载流子在扩展态内运动，亦或在定域态内跳跃.现考察这两种类型电导过程.

如果被激发的载流子穿过迁移率边进入扩展态，电导率至少在频率范围至 10^8Hz 时与频率无关.另一方面，电导产生于声子促进定域态间跳跃时，电导率随频率增加.对于靠近 E_f 的跳跃电导

$$\sigma(\omega)=\frac{\pi}{3}e^2kT[N(E_f)]^2\alpha^{-5}[\ln(\nu_{\mathrm{ph}}/\omega)]^4\omega, \tag{3.94}$$

式中，ν_{ph}为声子频率，约 $10^{13}\ \mathrm{s}^{-1}$，α^{-1}为定域态半径.

上式的两个重要特点：(i)$\sigma(\omega)$随温度 T 线性变化；(ii)因为存在$[\ln(\nu_{\mathrm{ph}}/\omega)]^4$ 项，$\ln\sigma(\omega)\sim\ln(\omega)$的斜率并非常数，但随 ω 增加而稍微下降.经常可将式(3.94)简写为

$$\sigma(\omega)=C\omega^{0.8}, \tag{3.95}$$

这意味着$[\ln(\nu_{\mathrm{ph}}/\omega)]^4$ 按 $\omega^{-0.2}$改变，原则仅适用于 $\omega\sim10^4$Hz 附近.

3.4.4 导电逾渗模型

现介绍作为无规分形的逾渗现象，它是由 Broadbent 及 Hammersley在1957年提出的一个数学模型.其目的是为了描述液体在无序介质中作随机的扩展和流动.其流动行为类似于咖啡通过渗滤壶(percolater),故Hammersley称这种过程为逾渗过程.

逾渗模型引人入胜,一则由于其数学上像玩游戏般的迷人,二则是它为描述空间随机过程提供了一个明确、清晰、直观而又令人满意的模型.逾渗理论处理的是无序系统中由于相互联结程度的变化所引起的效应.从理论角度看,逾渗实质是一种几何相变,因为突然出现的长程联结性,这是随着联结程度,或某种密度、占据数、浓度的增加而突然发生的.逾渗阈值起了相变中如临界温度所起的类似作用.

1. *渗流与扩散的区分*　图3.18示出一个简单的一维介质.用一系列点代表它,气体(或液体)粒子可沿这些点运动,移动每一步为点阵间的距离.图3.18(a)示出扩散过程.流体中的粒子到达一点后,其下一步的方向完全是随机的,与介质的性质无关,在一维时,粒子以等概率向左右两个方向运动.图中画出头十步运动的可能情况,可见,在扩散过程中,介质完全是被动的.图中3.18(b)示出逾渗过程.此时,粒子到达一点后,它下一步的运动方向与介质的性质有关.总之,扩散的无规性来自于运动的随机性,就像在液体中的分子作无规热运动一样,渗流的无规性是来自介质本身所具有的无序结构.对于图3.18(b)所示的这样的一维介质结构,粒子将被定域在一个陷阱中.但在高维情况下,也会出现渗流无限延展的情况.

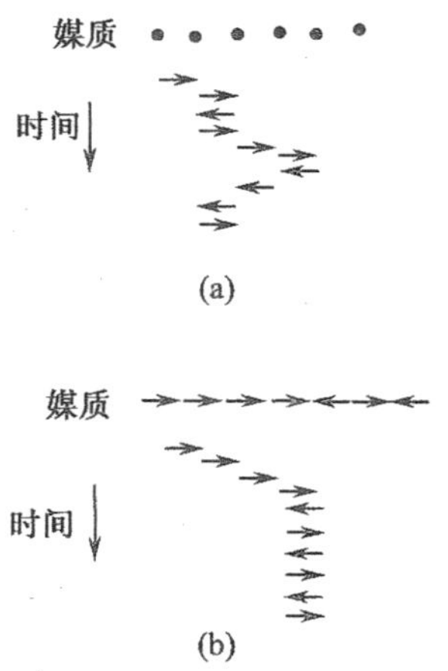

图3.18　一维逾渗(b)与扩散(a)的示意图.

2. *逾渗的基本概念*[20]　为了介绍逾渗过程并说明逾渗阈值,考虑图3.19所示的假想实验,图中相互联结的正方形点阵网络代表通信网络,一个疯汉手持剪刀,边走边无规地剪断某些联线.他的目的是为了破坏两个分开的通信中心或指挥台站(图中以竖直的两条粗黑线代表)之间的电信联络.现在要问:必须剪断多大百分数的联线或联键,才能终断两个指挥台站之间的通信?

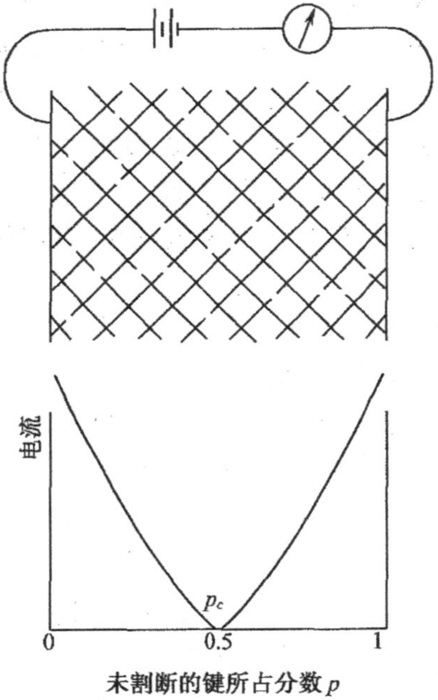

图 3.19　用剪刀无规切割金属网络验证逾渗现象.

逾渗理论可以给上述问题以明确的回答,实际上,这个问题说明了逾渗模型的中心内容,即存在一个尖锐的转变,在转变点系统的长程联结性突然消失(或者从其反面来看是突然出现).这一基本转变是当系统的成分或某种广义的密度变化达到一定值(称为逾渗阈值)时突然出现的.在逾渗阈值处,许多重要的性质将以"行或者不行"的方式发生性质上的突变.对于上述例子,究竟两通信台站之间的电信联结将能否进行,其答案只能为是或否.

如果图 3.19 所示的是代表电路网络,完好的键代表导体单元,两竖直线为电极,这时,逾渗阈值代表电流开始导通或消失.若

令 p 表示剩余的未被剪断键的百分数，则电流 $I(p)$ 随 p 减小而连续降低，直到达到一临界的键的浓度 p_c 时，电流变为零．对于 $p < p_c$ 的值，I 是零（不只是很小，而是为零）．当我们说图 3.19 中所示的网络应理解为“很大”时，定量是指所感兴趣的尺度，或对逾渗模型应用的限制．例如当两电台之间的距离 L 远大于正方形点阵的单位键长 a，即 $(L/a) \gg 1$．仅当 L 上有无限多个键，即 $(L/a) \to \infty$，联结性阈值数学上才可能是确定的．对于有限大的系统，若重复类似于图 3.19 的实验，所观测的阈值将是一个展宽了的，包围 p_c 的数值区间（显然，对于很小的体系，假想的那位无规剪断电线的疯汉运气好坏差别就很大，他取得成功所相应的 p 值，既可能远比 p_c 高，也可能远比 p_c 低）．以后，总假设所讨论的体系极大，以致对于所感兴趣的情形，极限 $(L/a) \to \infty$（“热力学极限”）将提供一个很好的近似．顺便说一下，a 的典型值为原子尺度，而 L 为宏观尺度．

在研究逾渗过程时，常采用由点阵构成的系统．一个点阵由点（顶点，键之间的交点）和键（边，联线，两点之间的成对联结）组成．点阵上的逾渗过程有两种基本类型：键逾渗和座逾渗，如图 3.20 的(a)与(b)所示．两种情况都是从规则的、周期性点阵出发，然后对每一个键或每一个座，无规地指定反映问题统计特征的非几何性的两态性质，从而把规则几何结构转变成随机几何结构的问题．对于键逾渗过程．如图 3.20(a)所示，每条键或者是联结的，或者是不联结的；联结的概率为 p，剪断或不联结的概率为 $1-p$．应当指出，如果系统是完全无序的，则每条键的联结概率 p 与其相邻的键的状态无关．对于座逾渗，每条键都是联结的，但座具有结构的无规联结性特征．每一个座或是联结的（畅通的），或者是不联结的（堵塞的），相应的概率分别为 p 和 $1-p$，我们仍假定，对于每一个座的联结概率 p 不受其邻点状态的影响．对于大多数可以用座逾渗过程模拟的现象，一个重要的方面是需要表示与浓度或密度的依赖关系．为此，常把“畅通座”和“堵塞座”分别称为“已占座”和“空座”．

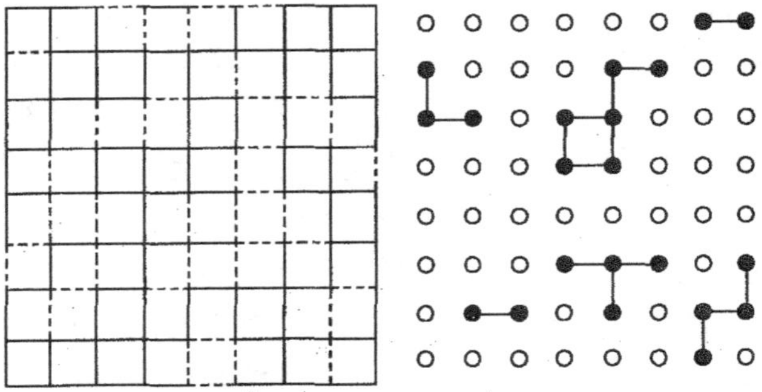

(a)　　　　　　　　(b)

图 3.20　逾渗点阵的示意图.
(a)键逾渗;(b)座逾渗.

对于键逾渗,相邻的联键是彼此联结的;同样,对于座逾渗,相邻的已占座也是彼此联结的.这里"相邻"有直观的含义,即邻近(若需要更"严格"的定义,则可表达为两个键是相邻的,若它们共有一个座;两个座是相邻的,若它们共有一条键).一组联结的键或座称为一个集团(cluster).由此,对于座逾渗,若两个已占座可以通过由一系列最邻近的已占座连成的路径联结起来,则称这两个已占座属同一集团.同样,对于键逾渗,若两条键可以通过至少一条由联结连成的路径联结起来,则称这两个联键属于同一集团.

图 3.21 示出在正方形点阵的一部分区域内的座逾渗过程.(a~c) 3 个图代表三种不同浓度下点阵同一区域内的情况.(a),(b)及(c)分别对应的已占座的百分率 p 为 0.25,0.5 和 0.75.图中已占座用黑点表示.邻近的已占座之间联以粗线,表示彼此联结,亦即属于同一联结集团.图 3.21 示出的 3 个图可以看成是以 $\Delta p=0.25$ 为间隔,从 $p=0$ 到 $p=1$ 相继五张图的中间三幅(头、尾两幅未列出),$p=0$ 代表低密度极限,$p=1$ 代表高密度极限.当然,我们可以从 $p=1$ 开始,逐渐降低 p,或者,从 $p=0$,逐渐增加 p,两方面考察.

从图 3.21(c)中,我们观察到存在一个很大的集团,它扩展到

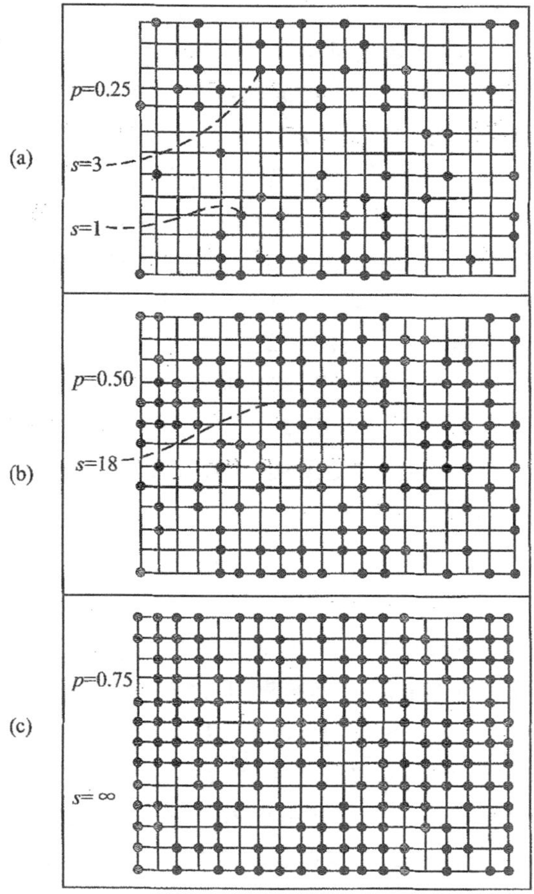

图 3.21　在正方点阵上的座逾渗. 图中示出 3 个不同 p 值(已占座百分率)下的不同大小(s)的集团. 对 $p=0.75$, 出现无界集团.

整个样品, 从顶端到底部, 从左到右. 对于有限大小的样品, 这个扩张集团称为跨越集团. 当 $p=0.75$ 时, 跨越集团随点阵样品的增长而增加, 直到无穷大. 这个无限扩张的或无界的集团称为逾渗集团或逾渗通路. 注意, 虽然逾渗集团是无限大的, 但它并非占据全部点阵.相反,它与一些有限大小的集团以及空座所形成的岛同时并存.一般一个无限大集团是指一个连通着的集团,可以从点阵的底部扩展到顶部,或者从左边扩展到右边.从物理上相变理论的角度看,当逾渗集团出现时就认为发生了一个逾渗相变,同时称 p_c 为逾渗阈值.对于二维方形点阵,已计算出座逾渗时的 $p_c=0.592$,而对于键逾渗时 $p_c=0.5$.这种座逾渗的 p_c 值要比键逾渗的 p_c 值大,也适用于在相同条件下的其他类型点阵.相对于二维点阵,三维点阵的 p_c 值下降,一维点阵的 p_c 值增加,无疑 $p_c=1$.因此,实际上,一维不存在逾渗现象.

逾渗相变是一个二级相变,相变时很重要的物理量是序参量.逾渗模型的序参量称为逾渗概率,其定义是当占据概率为 p 时,点阵上任一座属于无限大集团的概率称为逾渗概率,记为 $P_\infty(p)$.其数学表达式为

$$P_\infty(p) = \lim_{N\to\infty} P_N(p), \tag{3.96}$$

其中 $P_N(p)$表示点阵中任一座属于 N 座集团的概率.当 $p=p_c$ 时在点阵上的占据座中只有一部分的座是属于无限大集团,还有一部分座构成了许多有限大小的集团.由此可看出从 $p=0$ 到 p_c,逾渗概率恒为零,当 $p>p_c$ 时,逾渗概率 $P_\infty(p)$会随着 p 的增加而很快地上升.最后当 p 趋近于1时,$P_\infty(p)$也趋近于1;这表明无限大集团吞并了其他有限大小集团.整个点阵被一个无限大集团所占据.所以逾渗概率起着逾渗相变时序参量的作用.它标志着在逾渗阈值 p_c 处,点阵从无到有地出现了长程联结性.

逾渗集团一方面具有统计自相似结构是一个典型的分形,另一方面它又是无序材料(如掺杂半导体、高分子凝胶等)的一种近似理论模型.

大量的实验及理论研究证明,在邻近 p_c 时逾渗概率服从幂律

$$P_\infty(p) \sim |p-p_c|^\beta \sim \varepsilon^\beta, \left(\varepsilon \equiv \frac{p-p_c}{p_c}\right), \tag{3.97}$$

式中 β 为表征在临界值 p_c 附近序参量行为的临界指数,二维逾渗过程时 $\beta=5/36\approx0.14$,三维逾渗过程时 $\beta=0.4$.将此几何相变

与铁磁相变类比，可得磁化强度的温度关系为 $M(T) \sim |T-T_c|^{\beta} \sim \varepsilon^{\beta}, \varepsilon \equiv \left|\frac{T-T_c}{T_c}\right|$，但 $d=2$ 时，$\beta=0.125$，$d=3$ 时，$\beta=0.32$.

3. 导电逾渗现象　由于无序(或复相)电介质的极化与电导过程都与逾渗过程密切相关，因此作单独介绍.

(1) 破坏金属网络. Waston 与 Leath 用实验证实了无规剪断金属网络的逾渗现象，如图 3.19 所示. 他们测量得出电导率 σ 与未去的网点数(或未切断的键的百分数) p 的关系为

$$\sigma \sim (p-p_c)^t, \tag{3.98}$$

式中，t 为电导率的临界指数，p_c 为实验测出的电流为零时的逾渗阈值. 对于键逾渗，$p_c=0.5$，对于座逾渗，$p_c=0.59$. 当 $p \leqslant p_c$，$\sigma=0$；在 $p \gg p_c$ 时，电导率 $\sigma(p)$ 与 p 成线性关系；在 p_c 的附近($p \approx p_c$)的临界区域，$\sigma(p)$ 偏离线性关系，且与式(3.97)所代表的 $P_\infty(p) \sim (p-p_c)^{\beta}$，$p>p_c$ 相对比，由于 $t \gg \beta$，所以 $\sigma(p)$ 随 p 的增加，开始的增加很慢，且 $\left.\frac{\mathrm{d}\sigma(p)}{\mathrm{d}p}\right|_{p_c} \to 0$. 可是 $P_\infty(p)$ 随 p 的增加在 p_c 处急陡，这反映了当 $p>p_c$ 时，有限大小的集团极迅速地连到无穷大集团上去，因而对 $P_\infty(p)$ 有贡献. 但是，以宏观电流的观点来看，新的这些联键并未增加使电流流过样品的平行通路，相当于对导电无贡献的悬挂键. 他们从实验测出 $t=1.38$，$d=2$. 从理论上计算，$t=1.1$，$d=2$；$t=1.65$，$d=3$；$t=3$，$d \geqslant 6$. 这表明，电导率临界指数随欧氏维数 d 而增加. 因为载流子逾渗(或联结导电通路)的概率增加. 应指出，d 增加，逾渗阈值 p_c 却下降.

(2) 定域化逾渗模型. 无序系统中势场起伏的大小可以用高低不等的势垒高度表示，如图 3.22 所示. 如果电子的动能较大，如图 3.22(a)中所示的 E_1，它高于所有的势垒高度. 按照经典理论，该电子能够自由地在整个空间中运动. 另一方面，如果电子处于动能比较低的状态. 如图 3.22(a)中的 E_2. 按经典理论该电子只能存在于势垒高度低于 E_2 的空间区域[这些区域在图 3.22(b, c, d)中

以 A 表示]内，而不能存在于势垒比 E_2 更高的区域(图中以符号 P 表示)内．也就是说，对于具有能量 E_2 的那些电子而言，整个空间被分成允许存在的能量区间 A 和禁止的区间 P．显然，E_2 愈高，允许的空间 A 所占的范围愈大，而禁止的空间 P 就越小，反之亦然．因此，可以出现如下的三种典型情况：

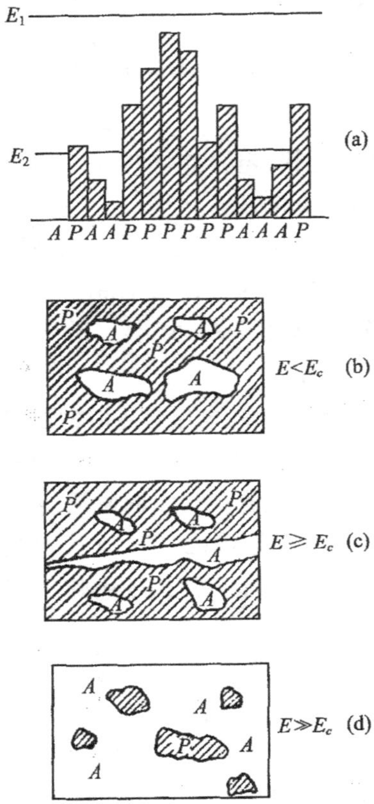

图 3.22　定域化逾渗理论的示意图．

(i)当 $E<E_c$(E_c 为某一临界能量值)时，允许的区域 A 所占的范围比较小，彼此之间是相互分割开的[图 3.22(b)所示]．这时电子被四周的势垒所包围，只能局限在某一 A 区域中，这相当于电子在定域态中运动．

(ii)当 $E\geqslant E_c$ 时，允许区域 A 之间开始连通形成了沟道，如图 3.22(c)所示．这时电子开始有可能在空间中运动，相当于进入了扩展态．

(iii)当 $E\gg E_c$ 时，允许区域 A 已占了很大的比例，相反，禁止区域 P 所占的比例很小，如图 3.22(d)所示．这时电子在空间的运动可以看成是自由的，因此，临界能量 E_c 就是定域态与扩展态的分界能量，此处电子迁移率有陡峭变化，故称为迁移率边缘．

3.4.5　载流子的弥散输运——Scher-Montroll 理论[21]

禁带内的定域态在很大程度上控制着载流子的输运过程．因为大多数高聚物具有明显的强无序性，当载流子通过这种材料时，它们将经受到局部密度起伏、侧基和偶极子的取向以及能量在空间上与时间上的涨落等作用．因此，在用渡越时间法测量载流子的漂移迁移率时发现，跳跃时间与停留时间的分布使载流子构成的波包发生弥散，即一些载流子比正常的到达早，另一些则到达晚，因此，在电流的时间关系曲线上存在着一个长尾．应指出，在 i-t 曲线上，时间虽然变化 4 个数量级左右，但最长时间是短于 1s 的，这比等温电流衰减测量的时间短得多．

1975 年，Scher 与 Montroll 提出了分析弥散瞬态电流的一个普遍性的理论公式．他们的基本论据是：载流子跳跃距离与跳跃位置能量的相当小的涨落，就可能导致输运特性的巨大变化，因为它们引起方程(3.81)右端指数项的变化．

为了讨论 Scher-Montroll 理论，简单介绍一下无规(随机)行走问题．可以设想一个做 Brown 运动的载流子的跳跃，是因为它受到四周无规则跳动的粒子的碰撞(亦可认为电子-声子碰撞)．如果碰撞次数每秒约 10^{14}次，则 10^{-2}s 就是十分长的一段时间，并在 10^{-2}s中就发生 10^{12}次碰撞，这是一个巨大的数字．因此，在经过 10^{-2}s后，粒子就不再记得先前发生过什么，换句话说，碰撞全部是无规的；“下一步”与“前一步”之间无任何联系，这很像著名的一个醉汉“三维空间无规行走”的问题，经过数学分析得到其统计分布函数是高斯函数．如果所用变量为时间 t，则成为时间随机行走问题．

他们利用连续时间随机行走(CTRW)模型导出跳跃时间分布函数 $\psi(t)$，并用 $\psi(t)$ 确定 i-t 曲线的结果．例如，若 $\psi(t) \sim \exp(-t/\tau)$，当 $t > \tau$ 时，它具有普通高斯型的特性．可是，若 $\psi(t) \sim t^{-n}$，它代表非高斯型输运的结果．他们利用的分布函数公式是$\psi(t) \sim t^{-(1+\alpha_d)}$，此处无序参数 α_d($0<\alpha_d<1$)与某些微观参数，例如陷阱深度，定域态半径等有着复杂的相关性，且随着体系的无序度增加而下降．分布函数 $\psi(t) \sim t^{-(1+\alpha_d)}$代表一个载流子在时刻 $t=0$ 到达一个原始位置，在经过时间 t 后能够跳跃到它的

邻近位置的概率，它不像高斯概率 $\exp(-t/\tau)$ 随时间增加作急剧变化. 注意，由 CTRW 模型导出的 $\psi(t) \sim t^{-(1+\alpha_d)}$ 与高斯型输运 $\psi(t) \sim \exp(-t/\tau)$ 的差别在于，后者与单一偶然事件时间 τ 有关.

由连续时间随机行走模型导出的电流-时间关系的一般结果为

$$\begin{aligned} i(t) &\sim t^{-(1+\alpha_d)}, t > t_t, \\ i(t) &\sim t^{-(1-\alpha_d)}, t < t_t, \end{aligned} \tag{3.99}$$

式中，t_t 为载流子分布前沿的渡越时间. 由上式可知，在 t_t 两侧，$\ln i(t) - \ln t$ 的两条直线斜率之和应等于 -2. 由于载流子片的平均位移与时间有关，且按照 t^{α_d} 的关系，因此，当样品厚度为 L 时，可以求出渡越时间 t_t 应正比于 L^{1/α_d}. 再假定，载流子正向与逆向跳跃之间是非对称的，且这种非对称性随电场 E 而线性增加，因此 t_t 正比于 E^{-1/α_d}. 依据上面讨论的渡越时间 t_t 与样品厚度和场强的关系，在一级近似下，便可得出

$$t_t \sim (L/E)^{1/\alpha_d}. \tag{3.100}$$

由于 $\alpha_d < 1$，以及漂移迁移率

$$\mu_d = L/Et_t. \tag{3.101}$$

可知，μ_d 是电场与样品厚度两者的超线性函数. 体系愈无序，α_d 就愈小，输运过程的弥散性就愈强，与厚度和电场的关系就愈密切.

非晶硒的瞬态电流和时间关系的对数图形如图 3.23 所示. 在 $t = t_t$ 处图形具有明显的转折点，且在 t_t 两侧两条直线斜率之和为 -1.93，十分接近 Scher-Montroll 的理论预示值 -2. 该图代表在不同电压下测量非晶硒的 i-t 曲线经相对于 t_t 归一化后得到的"普遍"的 $\ln i$-$\ln(t/t_t)$ 曲线，作图时已将在不同电压下得到的数据 (i-t) 沿坐标轴作了移动，以使这些曲线构成最好叠合.

实验表明，聚苯乙烯在低于玻璃化转变温度时具有由单一深陷阱表征的输运；而当超过玻璃化转变温度时它处于橡胶态，弥散模式似乎很好地描述了载流子的输运. 此外，弥散输运还可以解释分子掺杂的聚碳酸酯的输运特性. 应该指出，载流子这种弥散输运

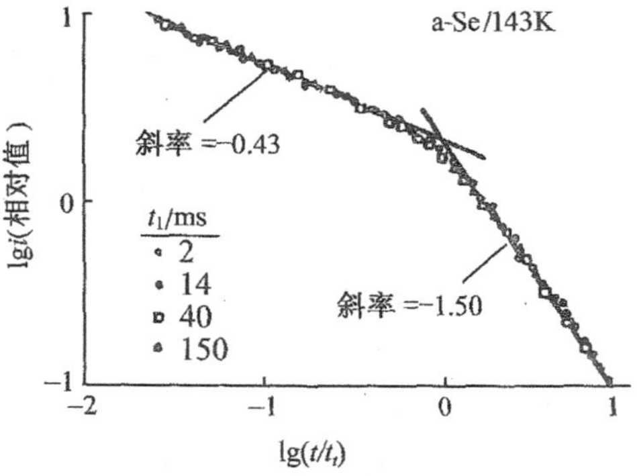

图 3.23 非晶硒的"普遍"的 $\lg i$-$\lg(t/t_t)$曲线.

通常发生在高聚物被光脉冲激发后的短暂时间内,故这对理解高聚物的光电子性质是十分重要的.

3.4.6 表面电导

一个高绝缘固体样品,由样品材料所决定的体内电导都是很小的,但是如果加上电极在大气环境下测量它的导电性能,往往会得出大得多的电导数值;甚至比用体积电导率计算出来的结果大几个数量级.超出体积电导值的这一部分来自样品的表面;表面电导 G_s 与样品所处的周围环境、电极间表面的光洁程度有关.一个宽度为 l,电极间距为 d 的表面,其表面电导率可写为

$$\sigma_s = \frac{d}{l} G_s,$$

表面电导率的单位为 Ω^{-1}.

表面电导率受样品周围大气湿度和温度的影响很大.通常认为潮湿的空气可以使样品表面上形成由水分子组成的一个吸附膜,其电阻并联在体积电阻上,使样品的电导显著增加.绝缘固体电介质的表面可分为亲水性和疏水性两种.一个粗糙的表面,在不同程度上都能吸附一些水分子.但当表面很光洁时,其亲水性和疏水性就明显地表现出来.当固体材料与水分子之间的吸引力大于

水分子与水之间的吸引力时，其表面为亲水性．一个水滴在水平的亲水性固体平面上，水滴边缘表面的切面与固体平面成一锐角，水滴在锐角一侧．疏水性固体表面与水滴的表面成一钝角，水滴将形成水珠状．疏水性材料与水分子之间的吸引力小于水分子自身之间的吸引力．

离子晶体、含碱金属的玻璃以及极性分子组成的介质都具有亲水性．由于其表面上的水滴与介质表面的接触角小于90°，邻近水滴容易连结起来形成覆盖试样表面的水分子膜．相对说来，水的电导率是不算太小的．此外，固体介质中的一些离子，特别是可能出现的碱金属离子，还会进入水膜，从而进一步大大提高水膜贡献的表面电导；甚至使样品完全丧失其绝缘性能．例如非晶石英的上述接触角约为27°，当空气相对湿度为0%时，$\sigma_s = 1\times 10^{-17}\Omega^{-1}$；而在相对湿度为98%时．$\sigma_s$ 增大到 $1.6\times 10^{-11}\Omega^{-1}$．

聚四氟乙烯、聚苯乙烯等非极性固体为疏水介质，其与水的接触角分别为113°，98°．吸附在这类固体表面的水倾向于形成分散的孤立水滴．聚四氟乙烯具有优越的表面绝缘性，当大气环境相对湿度由0%增加到98%时，其表面电导率 σ_s 大致保持为 $2\times 10^{-18}\Omega^{-1}$左右．

不清洁的固体表面会使表面电导增加．

§3.5 强电场中的电流

3.5.1 电极效应[2]

1．*热电子发射*　金属的自由电子模型，能满意地描述电子从金属至真空中的热电子发射．首先假定，金属中的自由电子必须克服金属表面的势垒才能进入真空中，如图3.24所示．其必要条件是电子沿 x 方向的速度分量 v_x 必须超过按下式定义的临界速度 v_{x_0}，即

$$\frac{m}{2}v_x^2 \geqslant \frac{m}{2}v_{x_0}^2 = \phi + E_F = E_0, \tag{3.102}$$

式中，ϕ 与 E_F 分别为金属的功函数及 Fermi 能级.

金属中在能量 $E \sim E + \mathrm{d}E$ 之间的电子密度为

$$\begin{aligned} \mathrm{d}n &= n(E)\mathrm{d}E = D(E)f(E)\mathrm{d}E \\ &= \frac{1}{2\pi^2}\left(\frac{2m}{\hbar^2}\right)^{3/2} \frac{E^{1/2}\mathrm{d}E}{\exp[(E-E_F)/kT]+1} \\ &= \frac{8\pi m^3}{h^3}\frac{v^2\mathrm{d}v}{\exp[(E-E_F)/kT]+1}, \end{aligned} \tag{3.103}$$

式中，h 为普朗克常数；$\hbar = h/2\pi$；$f(E)$为 Fermi 分布函数；$D(E)$为态密度函数. 依据金属中自由电子近似，电子总能量等于其动能，因此，$\mathrm{d}E = mv\mathrm{d}v$.

为了计算电流密度 j，应将电子密度 $\mathrm{d}n$ 乘 ev_x 后进行积分，即 $j = \int ev_x \mathrm{d}n$.为了对电子速度进行积分，用对 $\mathrm{d}v_x\mathrm{d}v_y\mathrm{d}v_z$ 的积分代替对 $4\pi v^2\mathrm{d}v$ 的积分. 因为只有那些能量超过 $E_F + \phi$ 的电子才能离开金属表面，所以积分下限应满足$\frac{1}{2}mv_x^2 \geqslant E_F + \phi$. 因此，电流密度

$$j = \frac{2m^3 e}{h^3}\iint_{-\infty}^{+\infty}\mathrm{d}v_y\mathrm{d}v_x\int_0^{\infty}\frac{v_x\mathrm{d}x}{\exp[(E-E_F)/kT]+1}, \tag{3.104}$$

式中 $b = [2(\phi + E_F)/m]^{1/2}$，由于$(E - E_F)/kT \gg 1$，对上式积分后得到金属热电子发射电流密度

$$j = \frac{4\pi em}{h^3}(kT)^2\exp(-\phi/kT) = AT^2\exp(-\phi/kT). \tag{3.105}$$

它就是著名的 Richardson 方程，式中 $A = \frac{4\pi em}{h^3}k^2 = 1.2 \times 10^6 \mathrm{Am^{-2}K^{-2}}$，是 Richardson 系数. 当然，电流密度主要由指数项的温度关系决定. 按理 A 应为普适常数，但大多数情况 A 的实测值只有理论值的一半，且随金属而异. 原因在于未考虑材料的表面

特性、功函数的温度关系以及那些能量超过表面势垒的电子也可能被反射回金属内等影响.

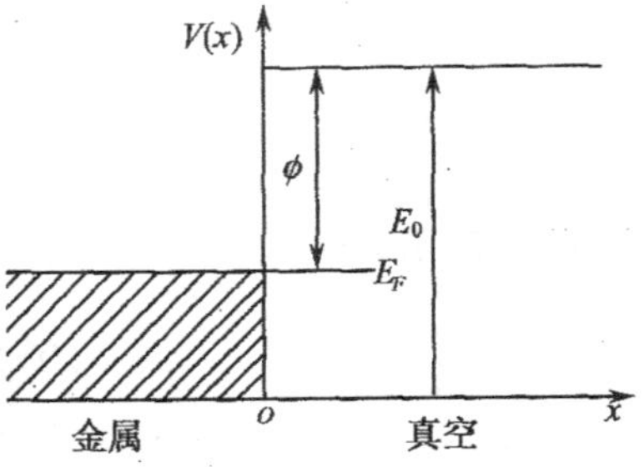

图 3.24 金属表面电子的势能.

2. 场助电子热发射 强电场下绝缘体中的载流子可以来自金属电极. 在高温下金属中的自由电子可以离开电极形成热电子发射, Richardson 方程描述了这种过程. 极强的电场也可以将电子从金属中拉出来形成场致发射, Fowler-Nordheim 方程描述了这种过程. 在中等温度和中等强度电场下, 可以出现场助发射, 由 Schottky 方程描述.

当电子离开金属表面至距离为 x 时, 若 $0<x<x_0\approx10^{-7}$cm, 则电子主要受短程力 F_A 的作用. F_A 与表面相对于晶轴的取向, 表面状态、功函数、金属表面以外的环境有关. 当 $x>x_0$ 时, 电子受到起主要作用的长程力 F_i 的作用. 这是一种静电力. 一个电子位于真空中的 x 处, 电导率很大的金属表面上将感应产生一个正电荷. 它对电子的作用力与在电子的镜像点, 即 $(-x)$ 处的真正的正电荷的作用相同. 因此镜像静电力

$$F_i = -e^2/4\pi\varepsilon_0(2x)^2, \quad x > x_0. \tag{3.106}$$

电子在镜像电荷场中的势能

$$\int_x^{\infty} F_i \mathrm{d}x = -e^2/4\pi\varepsilon_0(4x), \quad x > x_0, \tag{3.107}$$

故电子的势能函数可写为

$$V(x) = E_0 - \frac{e^2}{16\pi\varepsilon_0 x}, \quad x > x_0, \tag{3.108}$$

其中 $E_0=V(\infty)$. 若设金属内部势能为零, 则

$$V(\infty) = E_0 = E_F + \phi \tag{3.109}$$

E_0 应等于两个积分之和

$$E_0 = \int_0^{x_0} F_A \mathrm{d}x + \int_{x_0}^{\infty} F_i \mathrm{d}x .$$

镜像力对 E_0 和对功函数均有贡献.

若存在$(-x)$方向的电场 E,则(3.108)变为

$$V(x) = E_0 - eEx - e^2/16\pi\varepsilon_0 x . \tag{3.110}$$

由此得到 $V(x)$取极大值的位置

$$x_m = (e/16\pi\varepsilon_0 E)^{1/2}, \tag{3.111}$$

其值一般约为纳米数量级.相应的 $V(x_m)$值为

$$V_m = E_0 - (e^3 E/4\pi\varepsilon_0)^{1/2}. \tag{3.112}$$

从图 3.25 看出,外场等效地将功函数降低了

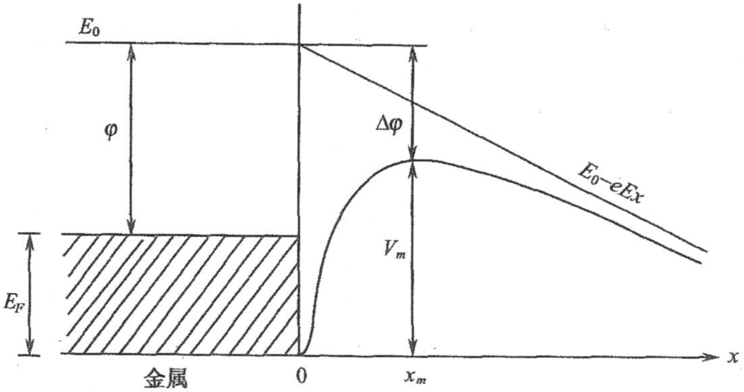

图 3.25 有外电场时电子的势能函数.

$$\Delta\phi = (e^3 E/4\pi\varepsilon_0)^{1/2}. \tag{3.113}$$

定义有外电场时的功函数为

$$\phi(E) = \phi - \Delta\phi, \tag{3.114}$$

这时只要金属中电子沿 x 方向运动的动能

$$\frac{1}{2} m v_x^2 \geqslant E_F + \phi(E). \tag{3.115}$$

它就可穿越图 3.25 的位垒离开金属形成场助热发射电流.以 $\phi(E)$代替 ϕ,方程(3.105)可改写为

$$J(T,E) = J(T,0)\exp(\Delta\phi/kT). \tag{3.116}$$

以(3.113)代入上式,将 $\Delta\phi$ 中的常数因子记为

$$\beta = (e^3/4\pi\varepsilon_0)^{1/2}, \tag{3.117}$$

则

$$J(T,E) = J(T,0)\exp(\beta\sqrt{E}/kT), \tag{3.118}$$

这就是 Schottky 方程,称 β 为 Schottky 系数.当 $\sqrt{E}$ 值增大时,金属电极发射的电流指数上升.

上面的计算假设了图 3.25 中 $x>0$ 的半空间为真空.若金属表面以外存在电介质,则还要考虑电子由介质向金属的回流;在弱电场下这种回流是明显的.此外,介质中的空间电荷,以及介质和金属接触的界面状态,都会严重地影响金属电极的场助热发射电流.这时,公式(3.118)必须进行修正.

在式(3.114)中若 E 足够大,则当电场达到某个临界值 E_c 时就会出现

$$\phi(E_c) = 0, \tag{3.119}$$

$$E_c = \frac{4\pi\varepsilon_0}{e^3}\phi^2, \tag{3.120}$$

E_c 的值约为 $10^8\mathrm{V\cdot cm^{-1}}$.按经典物理的概念,当 E 增大通过 E_c 时必伴随突发的发射电流;即使 $T\to 0\mathrm{K}$ 时也会如此.就是说当 $E\to E_c$ 时,电子要从金属里"漏"出来.

3. *电子隧道发射* 实验表明,即使场强只达到 E_c 的 1%,并且温度很低,电子发射也相当强.Schottky 发射不能解释这种现象.就是说,当 $E>10^6\mathrm{V\cdot cm^{-1}}$ 时,金属发射电子的另一种机构起主要作用,这就是场致发射.按照量子力学原理,即使公式(3.115)中电子的动能比位垒低,它也能以一定概率穿透位垒而离开金属.令

$$\varepsilon = E_\perp - E_F = \frac{1}{2}mv_x^2 - E_F \tag{3.121}$$

场致发射电流可写为

$$J(T,E) = \frac{emkT}{2\pi^2\hbar^3}\int_{-E_F}^{\infty}\delta(\varepsilon)\ln[1+\exp(-\varepsilon/kT)]\mathrm{d}\varepsilon, \tag{3.122}$$

其中 $\delta(\varepsilon)$为透射系数.

利用量子力学的 WKB(Wentzel-Kramers-Brillouin)近似方法, Nordheim 计算出

$$\delta(E_\perp) = \exp\left[-\frac{4}{3}\frac{(2m)^{1/2}}{e\hbar E}(E_0 - E_\perp)^{3/2}\psi\right], \tag{3.123}$$

其中

$$\psi = \psi\left(\frac{e^3\sqrt{E}}{E_0 - E_\perp}\right) \tag{3.124}$$

为 Nordheim 函数,其值在 0 与 1 之间.

在 $T\approx 0$K 的低温下,按照 Fermi 统计 $\varepsilon > 0(E_\perp > E_F)$的态都未被占据,故式(3.122)的积分上限为 $\varepsilon = 0$,而下限可用 $\varepsilon = -\infty$ 代替.注意这时总有 $\varepsilon < 0$,在 $T\to 0$ 时有近似式

$$\ln[1+\exp(-\varepsilon/kT)] \approx -\varepsilon/kT, \tag{3.125}$$

于是

$$J(0,E) = \frac{em}{2\pi^2\hbar^3}\int_{-\infty}^{0}\delta(\varepsilon)\varepsilon\mathrm{d}\varepsilon. \tag{3.126}$$

在场致发射中, $\varepsilon\approx 0$ 附近的电子贡献最大.故可在 $\varepsilon = 0$ 将式(3.123)作级数展开.积分结果得到

$$J(0,E) = \frac{\alpha E^2}{\phi}\exp(-\beta\psi_0\phi^{3/2}/E), \tag{3.127}$$

这就是 Fowler-Nordheim 方程,其中

$$\alpha = e^3/16\pi^2\hbar, \quad \beta = \frac{4}{3}\frac{\sqrt{2m}}{e\hbar}, \tag{3.128}$$

而

$$\psi_0 = \psi(e^3\sqrt{E}/\phi). \tag{3.129}$$

公式(3.127)和 Richardson 公式(3.105)相似,电场 E 取代了温度 T 的作用.

当金属电极发射电流时主要受 T 的影响时,就称之为热电子发射;若主要受 E 的影响,则称之为场致发射.当同时受这两个参数影响时,称为场助热电子发射.

当出现图 3.25 中的电场时,金属以外 $x>0$ 的空间若有正离子存在,它就会受电场加速而轰击金属表面.金属表面的带电和不带电的粒子将会被轰击出来;后者可以是金属吸附的周围气体的分子,或是金属本身的原子.前者是金属发射的慢的二次电子,其能量约为几个电子伏特;少数情况下也可以是某种负离子.轰击金属的正离子有时也会被金属表面发射回来.

金属表面的二次电子发射,只有在正离子的动能 E_k 与势能 W_i 之和大于金属功函数 ϕ 的两倍时才可能出现.因为每发射一个自由的二次电子,还要有另一个电子被拉出来和正离子中和.

慢的气体离子入射时,当它接近金属表面约几个原子半径的距离时,就会从金属拉出一个电子.这个电子与正离子结合暂时处于高能态.当它更接近表面时,就将高能态的部分能量转移给金属从而使后者发射一个二次电子.对于快的正离子,例如能量大于 10^6eV 的 α 粒子,每个入射粒子可轰击出 10 至 30 个二次电子,后者的能量可达 10^3eV.通常,二次电子的数目和金属的功函数有关;ϕ 越小,一个正离子能轰击出的二次电子数目越多,此外,金属表面的清洁度,它所吸附的气体等也对二次电子发射有影响.

3.5.2 体效应

在非晶固体中因物理或化学缺陷破坏了理想完整晶体的长程有序,故在禁带内出现按某种方式分布的陷阱能级.这些能级不仅明显地影响载流子的产生或消失过程,而且还会极严重地影响载流子的输运过程;从而强烈地影响其导电性能.

在电介质的内部若存在强电场时,可以使俘获了载流子的可电离的陷阱的库仑势垒的高度降低,从而更易释放出更多的载流子参与导电,故称为 Poole-Frenkel 效应,或 Schottky 效应.另一方面,当电子-空穴对或电子与类施主陷阱靠近至某一距离时,外电场的增加可以减小其复合的概率，称为昂萨格效应．此外，强电场作用下因电子的碰撞电离还会产生雪崩效应．

下面分别介绍这些效应．

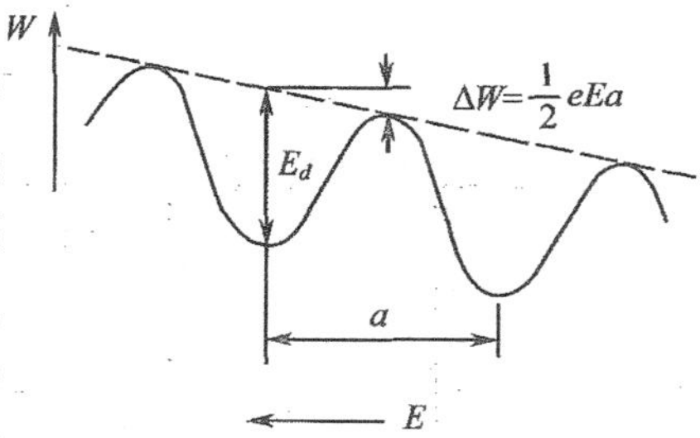

图 3.26 载流子(电子)在外电场中的势能曲线．

图 3.26 描述了电子陷阱的有效势垒高度随外电场线性地变化．这时载流子逃逸概率与外电场呈指数关系．当电场很强时，载流子向前跳出陷阱的概率剧增；而向后跳出陷阱的概率减小到可以忽略．因此有效迁移率 μ 与电场呈简单的指数关系

$$\mu \propto \exp(eEa/2kT), \tag{3.130}$$

其中 a 为最近邻陷阱的距离．因此电导率 σ 服从 Poole 方程

$$\sigma \propto \exp(eEa/2kT). \tag{3.131}$$

显然，这个模型太简单了．因为考虑到势能曲线的具体形状时，势垒高度随电场的变化将不是线性的．

1．Poole-Frenkel(PF)效应　设电介质内固定位置的单个正电荷的库仑场形成了束缚电子的陷阱．附加外电场 E 后，其势垒曲线如图 3.27 所示．电子在前进方向(势垒降低方向)的势能为

$$V(x) = -\frac{e^2}{4\pi\varepsilon\varepsilon_0 x} - exE \tag{3.132}$$

其中假设了单个正电荷位于 $x=0$ 固定位置上．容易由上式求出极值位置

$$x_{pf} = (e/4\pi\varepsilon\varepsilon_0 E)^{1/2}, \tag{3.133}$$

以此代入(3.132)式，得到

$$|V(x_{pf})| = \left(\frac{e^3 E}{\pi\varepsilon\varepsilon_0}\right)^{1/2} = \beta_{pf}E^{1/2} = \Delta\phi_{pf}. \tag{3.134}$$

上式表明阻止电子逃逸的势垒降低了 $\Delta\phi_{pf}$；其中 β_{pf} 称为 PF 系数

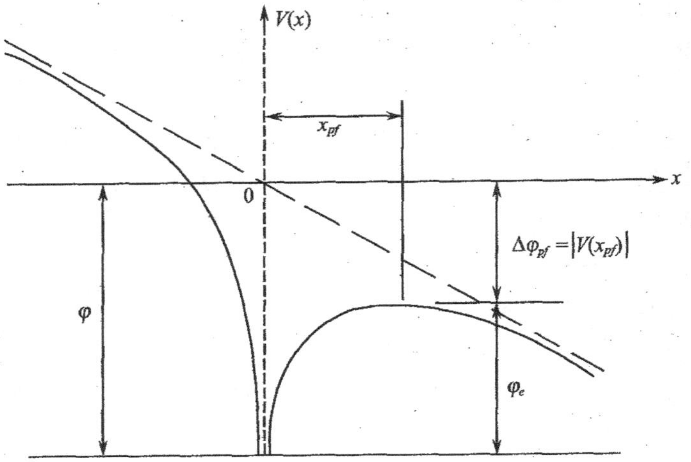

图 3.27　一维 Poole-Frenkel 模型.

ε_∞ 为材料的高频介电常数.比较式(3.117)中肖特基系数 β,可见 $\beta = \frac{1}{2}\beta_{pf}$.

Frenkel 假设外电场很强,使向后方向电子势垒增高到接近无限大,故向后释放电子成为不可能.实际上电介质的厚度有限,势垒不会无限增高.图 3.27 示出释放电子的有效势垒高为

$$\phi_e = \phi - \Delta\phi_{pf} = \phi - \beta_{pf}\sqrt{E}. \tag{3.135}$$

热平衡时释放的自由电子浓度为

$$n = N\exp(-\phi_e/2kT) = n_0\exp(\beta_{pf}\sqrt{E}/2kT), \tag{3.136}$$

式中 N 为可电离中心的浓度,n_0 为零电场时的自由电子浓度.上式适用于本征或掺杂的非补偿半导体和绝缘体,因为在其中载流子复合速率与 n^2 成正比.但是对于掺杂的补偿半导体,因为复合速率与 n 成比例,此时(3.136)式变为

$$n = N\exp(-\phi_e/kT). \tag{3.137}$$

当温度足够高,可电离中心几乎全部电离时,PF 效应当然不会出现.

考虑到电离中心的三维性质、载流子可向后逃逸和隧道穿透等效应时，上述理论还可以加以改进．同时，理论中出现的 ε 应选用高频或静态介电常数的问题，目前还存在争议．

2．昂萨格效应[22] 下面转到介绍昂萨格效应，即强电场阻止载流子复合的现象．昂萨格将载流子复合问题化为在库仑力与外电场 E 的共同作用下一个粒子的 Brown 运动问题．考虑 Brown 运动的概率函数 f 的方程

$$\frac{\partial f}{\partial t}=\frac{kT}{e}\mu\operatorname{div}\left[\exp\left(-\frac{V}{kT}\right)\operatorname{grad} f\exp\left(\frac{V}{kT}\right)\right]. \tag{3.138}$$

在外电场作用下，库仑势垒为

$$V(r)=(-e^2/4\pi\varepsilon\varepsilon_0 r)-eEr\cos\theta. \tag{3.139}$$

复合中心取为原点，θ 为位置矢 $\boldsymbol{r}$ 与电场间的夹角．利用 $r=0$ 为起始条件，稳态($\partial f/\partial t=0$)下的电离概率 $P(E)$ 可表示为

$$\frac{P(E)}{P(0)}=\frac{J_1(i\alpha)}{i\alpha/2}=1+\frac{1}{2!}\left(\frac{\alpha^2}{4}\right)+\frac{1}{2!3!}\left(\frac{\alpha^2}{4}\right)^2+\frac{1}{3!4!}\left(\frac{\alpha^2}{4}\right)^3+\cdots, \tag{3.140}$$

式中 J_1 为虚宗量一阶贝塞尔(Bessel)函数，宗量为

$$\alpha=\left(\frac{e^3}{\pi\varepsilon\varepsilon_0}\right)^{1/2}\frac{\sqrt{E}}{kT}=\frac{\Delta\phi_{pf}}{kT}. \tag{3.141}$$

若改变为以 $r=r_0$ 为起始条件，则(3.140)式变为

$$\frac{P(E)}{P(0)}=1+\frac{1}{2!}\left(\frac{\alpha^2}{4}\right)+\frac{1}{2!3!}\left(\frac{\alpha^2}{4}\right)^2\left(1-\frac{2r_0}{r_c}\right)+\frac{1}{3!4!}\left(\frac{\alpha^2}{4}\right)^3\left(1+3!\frac{r_0^2}{r_c^2}-3!\frac{r_0}{r_c}\right)+\cdots, \tag{3.142}$$

其中

$$r_c=e^2/4\pi\varepsilon\varepsilon_0 kT. \tag{3.143}$$

若 $0\leqslant r\leqslant r_c/2$，则可视载流子为被束缚．

将 Poole-Frenkel 方程(3.137)写成类似于(3.140)形式，则有

$$\frac{P(E)}{P(0)}=\frac{\exp(-\phi_e/kT)}{\exp(-\phi/kT)}$$

$$= \exp(\beta_{pf}\sqrt{E}/kT) \doteq \exp(\alpha). \tag{3.144}$$

上式是 α 的指数函数,而昂萨格方程(3.140)则为 α 的幂函数.在强电场下两者有类似的场强关系;但在相同电场下后者给出的值要比前者的低1至2个数量级.此外,昂萨格方程适用的场强变化范围大,已被广泛用于解释一些液态化合物、有机及无机固体的光生载流子的场强关系;此方程还适用于高电场作用下分子的离解.

3. *电子雪崩效应* 最后,讨论电子雪崩效应.当外电场足够强时,载流子与介质中的分子碰撞从而产生电离并放出电子.载流子的增加以进一步加剧碰撞电离,形成雪崩效应.它对介质的预击穿电流和击穿过程十分重要.电子使气体分子产生碰撞电离的条件为

$$\frac{1}{2}mv^2 = exE \geqslant W_i, \tag{3.145}$$

其中 v 为电子速度,x 为自由程,W_i 为分子的电离能.

将一个电子在外电场中经过单位距离时产生的碰撞电离次数 α 称为碰撞电离系数.若气体中电子自由程服从 Boltzmann 分布,则可求出

$$\alpha = AP\exp(-BP/E), \tag{3.146}$$

其中 A 和 B 是常数,不随压力 P 和电场 E 变化.上式表明 α 随 E 指数增加;而当 P 增大时 α 却存在极大值.故在一定气隙距离下,气体放电电压和压力 P 的关系曲线存在极小值.

当介质中的电场为均匀而且恒定,则最简单的电子雪崩图像为电子数目按几何级数增加.故一个电子经过单位距离后将出现 2^α 个电子.

设单位时间从阴极单位面积上发射 n_0 个电子,在离阴极距离为 x 处单位面积上穿过的电子数变为 $n(x)$.在 x 和 $x+\mathrm{d}x$ 之间碰撞电离产生的电子数

$$\mathrm{d}n = \alpha n\mathrm{d}x. \tag{3.147}$$

若 α 与 x 无关,则

$$n = n_0e^{\alpha x}, \tag{3.148}$$

或一般地写为

$$n = n_0 \exp\left[\int_0^x \alpha \, dx\right]. \tag{3.149}$$

上式表明电子流密度随距离指数上升. 通常 α 与 E 有关, 雪崩现象出现于强电场条件下.

§3.6 电介质中的空间电荷

3.6.1 空间电荷来源及类型

空间电荷是指绝缘体或半导体中局部区域, 异质相间和电极-介质界面处存在的净的正电荷或负电荷. 通常将空间电荷来源分为四类:(1)偶极分子取向;(2)宏观尺度上电荷分离;(3)微观尺度上的电荷分离;(4)电极注入的载流子. 前面三种称为异极电荷, 因其表面电荷极性与极化电极的相反. 反之, 后一种称为同极电荷.

空间电荷既可靠近电极表面呈面分布, 例如, 偶极极化及电极注入;亦可在电介质内呈体分布, 例如, 电极注入, 电荷分离;也可在体内呈丝状分布, 例如, 电极注入或绝缘中的放电通道.

应指出, 材料的不均匀性或异质性, 除来自本身的形态缺陷外, 还可来自外力, 例如不均匀电场、温差、压差. 现依据静电学原理, 分析空间电荷形成.

非均匀欧姆材料的稳态电荷密度, 可借稳态时电荷守恒 $\frac{\partial \rho}{\partial t} = \nabla \cdot \boldsymbol{j} = 0$, j 为局部电流密度; Poisson 方程 $\nabla \cdot \boldsymbol{D} = \rho$ 及电势移 $\boldsymbol{D} = \varepsilon_0 \varepsilon \boldsymbol{E}$ 等关系求出.

假设介电系数 ε 及电导率 σ 是各向同性的, 电流密度的散度方程为

$$\nabla \cdot j = \sigma \nabla \cdot E + E \cdot \nabla \sigma = 0. \tag{3.150}$$

同理, Poisson 方程为

$$\nabla \cdot D = \varepsilon_0 \varepsilon \nabla \cdot E + \varepsilon_0 E \cdot \nabla \varepsilon = \rho. \tag{3.151}$$

联合方程(3.150)及(3.151),可得局部电荷密度

$$\rho = \left[\nabla \varepsilon - \frac{\varepsilon}{\sigma} \nabla \sigma \right] \cdot E. \tag{3.152}$$

若 ε 及 σ 的梯度仅依赖于外界温度梯度,则

$$\rho = \left[\frac{\mathrm{d}\varepsilon}{\mathrm{d}T} - \frac{\varepsilon}{\sigma} \frac{\mathrm{d}\sigma}{\mathrm{d}T} \right] \nabla T \cdot E. \tag{3.153}$$

通过计算 $\mathrm{d}\varepsilon/\mathrm{d}T$ 及 $\mathrm{d}\sigma/\mathrm{d}T$,就可估计电荷密度 ρ.

3.6.2 空间电荷的表征技术

空间电荷表征测量的目的在于:(i)知道受空间电荷引起的电场 $E(x)$ 静态分布就可以确定电场在位置 x_m 上的最大值 $E_m(x_m)$,并与介质的击穿场强对比,判断电介质是否发生局部击穿及老化.因此,对理解电介质击穿机理,$E(x)$ 分布从理论上及实际上都有显著价值.(ii)从静态电场分布 $E(x)$ 及其演化过程得到的动态电场 $E(x,t)$ 分布,更直接反映载流子的有效陷阱调制迁移率,陷阱的能量分布,以及注入过程等,或者说,在绝缘介质中的载流子动力学过程.

可以用不同方法表征空间电荷

1. *光学方法* 利用 Kerr 效应及 Pockels 效应,这些方法依据绝缘介质的折射率受外电场的影响.它们度量透明介质的透射率,或非透明介质的反射率,由于篇幅有限,以下仅以固体介质空间电荷测量为主.

2. *电容法或静电法* 例如,静电探针,压力波法,热脉冲法,温度阶梯法,热激电流法等,一个力学或热扰动使电介质中的电荷相对于电极位移,或偶极子相对于极化强度方向旋转,在闭合电路中测量的响应是电荷从一个电极流向另一个电极.

(1)热脉冲法[23].测出的沿介质厚度方向上电荷与极化强度分布的分辨率约 1μm.如图 3.28 所示,利用一个短(小于 100μs)光脉冲或一个调制的光束,照射在试样的吸光电极上.被吸收的光

能将向试样内扩散,引起热膨胀从而改变介电系数,在开路(一侧金属化)试样上产生表面电势变化,反之在短路试样上产生电极电流的变化.

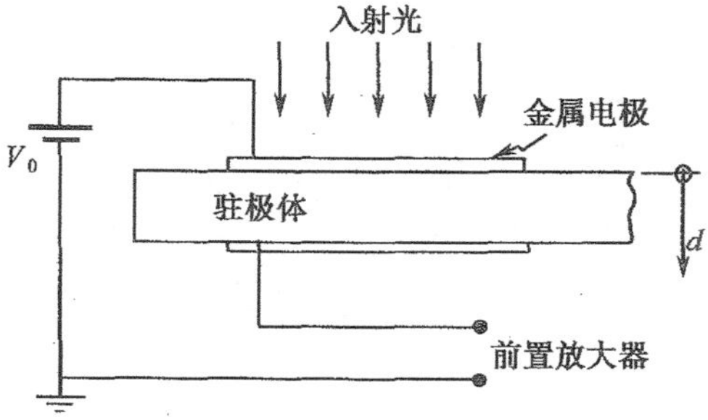

图 3.28　热脉冲法测量两侧金属化电极的驻极体的示意图.

在试样短路的情况下,电流

$$I(t) = \frac{A}{S}\int_0^S G(z)\frac{\partial T(z,t)}{\partial t}\mathrm{d}z, \tag{3.154}$$

式中分布函数

$$G(z) = (\alpha_\varepsilon - \alpha_z)\int_0^z \rho(\xi)\mathrm{d}\xi + \lambda(z), \tag{3.155}$$

式中 A 和 S 分别为试样的面积与厚度, α_ε 为介电系数的温度系数, α_z 是热膨胀系数, λ 为热电系数, T 为温度, 总电荷密度 ρ 为

$$\rho(z) = \rho_r(z) - \frac{\mathrm{d}P(z)}{\mathrm{d}z}, \tag{3.156}$$

式中 ρ_r 为真空电荷密度, P 为固有极化强度. 方程(3.155)的分布函数 $G(z)$可写成

$$G(z) = (\alpha_\varepsilon - \alpha_z)\left[\int_0^z \rho_r(\xi)\mathrm{d}\xi - P(z)\right] + \lambda(z). \tag{3.157}$$

若已知 $I(t)$及$\partial T(z,t)/\partial t$,则可利用方程(3.154)解卷积求分布函数 $G(z)$. $I(t)$可直接测量, $T(z,t)$一般由热扩散方程计算,或通过已知试样中的电荷分布由实验确定.

(2)压力脉冲法[24].测出的沿介质厚度方向上电荷与极化强度分布的分辨率约 10μm.如图 3.29 所示.

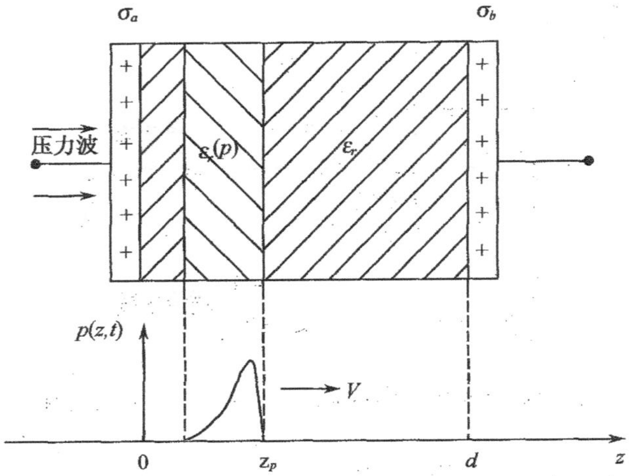

图 3.29 压力脉冲传播法示意图.

一束脉冲激光冲击在与试样紧密接触的靶上,产生一个前沿十分陡峭的压力波.激光的能量使靶部分气化,因而产生向后喷射的蒸气,按照能量守恒定律,就会有一个压缩脉冲以超声速穿过靶与试样.由于试样的弹性,压缩区比起未受压力作用的非压缩区来说要窄小得多,这样,就实现了非均匀变形.

压力波使极化介质受到压缩,则会引起如下效应:电子跟随原子晶格受到压缩而发生位移;空间电荷及偶极子浓度发生改变,造成介电系数改变;在压缩区因压电效应产生电荷,上述作用将使两个电极上的感应电荷发生改变,其程度依赖于 $\rho(z,t)$、试样的压电活性以及压力波的时间关系.

由于电极上感应电荷的改变,而会产生电势差(开路试样)或电流(短路试样).它们的时间变化就含有空间电荷分布及压力活性的信息.因此,压力波的波前可作为对以声速穿过试样传播的电荷或电势的真实探针.

开路时电极间的电势差为

$$V(t) = \chi G(\varepsilon)\int_0^{z_f} E(z,0)p(z,t)\mathrm{d}z, \qquad (3.158)$$

式中，z_f 为波前的横坐标，$z_f = vt$，$p(z,t)$为压力分布，χ 为材料的压缩率，$G(\varepsilon)$与压力有关的材料介电系数的函数.

短路时流经外电路的电流为

$$I(t) = \chi c_0 G(\varepsilon)\int_0^{z_f} E(z,0)\frac{\partial}{\partial t}p(z,t)\mathrm{d}z, \qquad (3.159)$$

式中，c_0 为无压力时试样的电容，$c_0 = \varepsilon_0\varepsilon\dfrac{s}{d}$.

$V(t)$与 $I(t)$的关系式表明，若 $p(z,t)$已知，则可以测量 $V(t)$或 $I(t)$，通过求解积分方程(3.158)或(3.159)，就可求出电场分布.利用 Poisson 方程通过对电场分布微分，则可求出总电荷分布 $\rho(z)$.

图 3.30 示出利用压力波测量，经过式(3.159)的解卷积得出 $E(z)$后，求得的电荷分布.

图 3.30(a)所示的是不含空间电荷的试样所产生的信号，所测得的两个电流峰分别对应于压力波在试样的入口处与出口处"看到"的电场.入口处的峰形与出口处的峰形变化是由于压力波在材料中传播过程中的衰减，在传播过程中所产生的电流几乎为零，这表明电场是均匀的，不存在空间电荷.

图 3.30(b)所示的是在负电极附近有异号电荷的另一个试样所产生的信号，对应此区域的电流波形表明在负电极附近有正电荷(异极电荷)存在.

3. 脉冲电声法[25]　依据空间电荷与附加在试样上的极短脉冲电场的库仑耦合会产生一个携带空间电荷信息的声波，利用压电传感器与试样中产生的声波耦合，并读出它.

当一个脉冲电场加到有空间电荷分布 $\rho(z)$的电介质上时，如图 3.31 所示，此时产生的脉冲力将发出一个脉冲声波 $p(t)$，它与空间电荷分布 $\rho(z)$成正比，即

$$p(t) = k\int_0^t \rho(z = vt) e_p(t - \tau) \mathrm{d}\tau. \tag{3.160}$$

此声波由压电传感器指示，以致在传感器表面感应的电荷 $q(t)$ 与

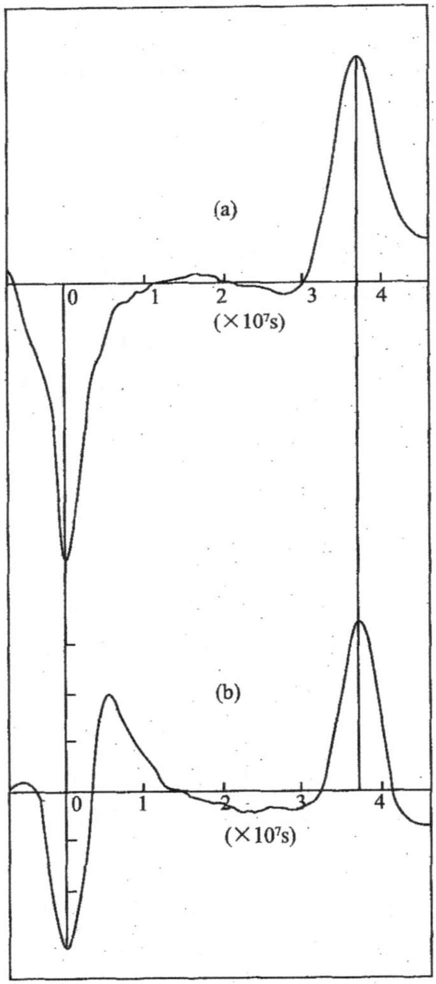

图 3.30 压力波法的试样响应.(a)无空间电荷时的试样;(b)在阴极附近有异号空间电荷的试样.

空间电荷分布 $\rho(z)$成正比，其条件是，脉冲电场的宽度要与压力波传播时的相同．脉冲声波经压电传感器在负载 z 上产生的电信号为

$$V_s(t) = k\int_0^t h(z = vt)p(t - \tau)\mathrm{d}\tau, \tag{3.161}$$

式中 V_s 为负载电阻上的电压波形，$h(z)$为材料的压电常数．系数 k 可以在没有空间电荷的情况下用标定的方法求出．

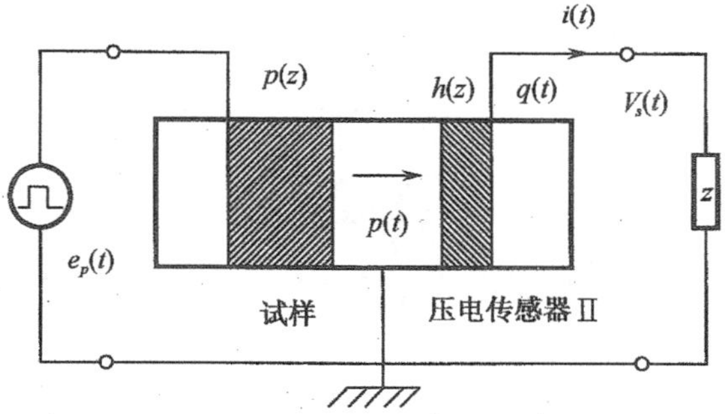

图 3.31　脉冲电声法示意图．

3.6.3　受陷电荷的释放机理

1．热效应

(1)受俘获载流子的等温衰减．为了简单，假定高聚物含有单一能级的电子陷阱(对空穴陷阱也一样)，其陷阱深度 $H_t = E_c - E_t$．在温度 T 时，预先注入的受俘获电子从陷阱中逃逸到导带的概率

$$P = \frac{1}{\tau_p} = \nu_0\exp(- H_t/kT), \tag{3.162}$$

式中，ν_0 为电子企图逃逸频率；τ_p 为载流子在陷阱中的停留时间或陷阱中载流子的寿命．显然，温度愈高，陷阱中载流子消失愈快．按照一级反应动力学理论，单位时间内受俘获载流子浓度 n_t 的变

化为

$$-\mathrm{d}n_t/\mathrm{d}t = Pn_t = n_t/\tau_p, \tag{3.163}$$

这里忽略了自由载流子的再俘获过程.如果忽略自由电子的复合过程,则单位时间内自由载流子浓度 n 的变化为

$$\mathrm{d}n/\mathrm{d}t = -\mathrm{d}n_t/\mathrm{d}t = n_t/\tau_p. \tag{3.164}$$

从样品内 $x \sim x+\mathrm{d}x$ 区域中的陷阱逃逸的电子,在外电路中形成的电流密度为

$$\mathrm{d}j(t) = e\frac{\mathrm{d}n}{\mathrm{d}t}\frac{x}{d}\mathrm{d}x = \frac{en_t}{\tau_p}\frac{x}{d}\mathrm{d}x, \tag{3.165}$$

解方程(3.165),得出衰减电流的时间关系,即

$$j(t) = \frac{en_{t_0}d}{2\tau_p}\exp(-t/\tau_p), \tag{3.166}$$

式中,n_{t_0}为 $t=0$ 时陷阱中载流子浓度;d 为样品厚度.显然,依据方程(3.166)只要在不同温度下测量衰减电流的时间图形,作出 $\ln P(T)\text{-}1/T$(或 $\ln\tau_p(T)\text{-}1/T$)的图形,由其直线的斜率就可以算出陷阱深度 H_t,将直线外推至 $1/T=0$,就可得出 ν_0.例如,实验求得熔融生长的蒽晶体的 $H_t=0.7\mathrm{eV}$, $\nu_0=6.5\times10^{-14}\mathrm{s}^{-1}$.

(2)热激电流[26].这里讨论电介质中受俘获的载流子在线性升温条件下的热释放过程.显然,等温电流衰减相当于线性升温速率 $\beta=\mathrm{d}T/\mathrm{d}t=0$ 时热激电流的极限情况.反之,依据等温弛豫过程也容易建立热激弛豫过程.

单一能级陷阱中载流子的热释放概率

$$P = \nu_0\exp(-H_t/kT),$$

假定电子陷阱态的简并因子 $g_n=1$,则

$$\nu_0 = N_c\langle v\sigma_n\rangle, \tag{3.167}$$

式中,N_c 为导带的有效态密度;v 为载流子的热速度;σ_n为载流子的俘获截面.为了测量热激电流,首先将试样冷却至低温 T_0,然后利用外界因素使其极化(带电),在样品内建立起 n_{t_0}的起始受俘获载流子浓度.假定注入水平低,且满足 $n_{t_0} \ll N_t$(陷阱浓度 N_t).最

后使试样以恒定的速率 $\beta = \mathrm{d}T/\mathrm{d}t$ 升温. 在加热开始后的某一时刻 t, 自由载流子浓度的变化速率为

$$\mathrm{d}n/\mathrm{d}t = -n/\tau - \mathrm{d}n_t/\mathrm{d}t, \tag{3.168}$$

式中, τ 为自由载流子的寿命, 由复合过程决定. 式(3.168)右端第一项为自由载流子的复合速率, 第二项为受俘获载流子的变化速率

$$\mathrm{d}n_t/\mathrm{d}t = -n_t\nu_0\exp(-H_t/kT) + n(N_t - n_t)\langle\sigma_n v\rangle. \tag{3.169}$$

上式(3.169)右端第一项为受俘获载流子的热释放速率, 第二项为自由载流子的再俘获速率. 由此构成的外电路中的电流密度

$$j(T) = en\mu E, \tag{3.170}$$

式中, E 为电介质中的电场, 它可能为偏压电场, 空间电荷电场, 或者由两者共同决定的电场.

应指出, 只有在下面的一些极限情况下, 才能由方程(3.170)得出热激电流密度 $j(T)$ 的解析解.

(i) 快再俘获情况　此时满足 $(N_t - n_t)\langle v\sigma_n\rangle \gg 1/\tau$ (相当于再俘获概率远大于复合概率), 将方程(3.162)及(3.169)代入方程(3.168), 经过某种近似处理, 积分后得

$$j(T) = \frac{en_{t_0}N_c\mu E}{N_t}\exp\left[-\frac{H_t}{kT} - \frac{N_c}{\beta\tau N_t}\times\int_{T_0}^{T}\exp(-H_t/kT)\mathrm{d}T\right]. \tag{3.171}$$

(ii) 慢再俘获情况　此时满足 $(N_t - n_t)\langle v\sigma_n\rangle \ll 1/\tau$ (相当于再俘获概率远小于复合概率), 类似得出

$$j(T) = en_{t_0}\nu_0\tau\mu E\exp\left[-\frac{H_t}{kT} - \frac{\nu_0}{\beta}\times\int_{T_0}^{T}\exp(-H_t/kT)\mathrm{d}T\right]. \tag{3.172}$$

(iii) 高电场情况　陷阱中载流子在退俘获后, 在高电场作用下迅速到达电极, 而不会存在再俘获及复合过程, 故热激电流仅由退俘获过程决定. 如果忽略电极注入过程, 则得出

$$
\begin{aligned}
j(T) &= \int_0^d e\left(-\frac{\mathrm{d}n_t}{\mathrm{d}t}\right)\frac{x}{d}\mathrm{d}x \\
&= \frac{edn_{t_0}\nu_0}{2}\exp\left[-\frac{H_t}{kT}-\frac{\nu_0}{\beta}\times\int_{T_0}^{T}\exp\left(-\frac{H_t}{kT}\right)\mathrm{d}T\right].
\end{aligned}
\tag{3.173}
$$

式(3.173)与方程(3.166)是十分类似的,只是由于升温过程中,τ_p 不断变化,故需将后者中的指数项 $\exp(-t/\tau_p)$ 改用积分 $\exp\left(-\int\frac{\mathrm{d}t}{\tau_p}\right)$ 表示.此外,它还表明 $j(T)$ 与电场 E 无关.积分式(3.173)可求得总的释放电荷 Q_t(也就是注入的全部电荷)

$$
Q_t = \int_0^{\infty} j(T)\mathrm{d}T = edn_{t_0}/2 \tag{3.174}
$$

将上述三种情况下的结果表示为统一的形式:

$$
j(T) = A\exp\left[-\frac{H_t}{kT}-\frac{B}{\beta}\int_{T_0}^{T}\exp\left(-\frac{H_t}{kT}\right)\mathrm{d}T\right], \tag{3.175}
$$

式中,A,B 为常数,其意义如表 3.2 所示.微分式(3.175)可得电流密度 j 达到极大值的峰温 T_m,它由下式确定:

$$
\beta/B = kT_m^2/H_t\exp(H_t/kT_m). \tag{3.176}
$$

将式(3.176)代入方程(3.175),经过近似计算后得到峰值电流密度

$$
j_m = \frac{A}{2.72}\exp\left(-\frac{H_t}{kT_m}\right) = \frac{A}{2.72}\frac{\beta H_t}{BkT_m^2} \tag{3.177}
$$

表 3.2 方程(3.175)中的常数 A,B

	快再俘获	慢再俘获	高电场
A	$en_{t_0}N_c\mu E/N_t$	$en_{t_0}\nu_0\tau\mu E$	$edn_{t_0}\nu_0/2$
B	$N_c/\tau N_t$	ν_0	ν_0
A/B	$en_{t_0}\tau\mu E$	$en_{t_0}\tau\mu E$	$edn_{t_0}/2$

图 3.32 示出,低度聚乙烯通过高电场注入电子后得到的 TSC

(thermally stimulated current)谱. 在相同数值及相同极性的极化电压作用样品测得 TSC 曲线，与用同一样品在相同数值但相反极性的偏压(比极化电压低得多)作用下测得的 TSC 曲线几乎互为镜像(曲线 1 与 1′)，这种 j_{TSC}极性反转的机理是十分复杂的，但它至少反映了载流子从陷阱中释放产生的 TSC 的一个特点，其另一个特点是，在偏压为零(即短路测量)时，j_{TSC}几乎为零(曲线 2)，说明流向两个电极的载流子几乎相等，在样品内电流相互抵消，故由外电路测得的 j_{TSC}几乎为零.

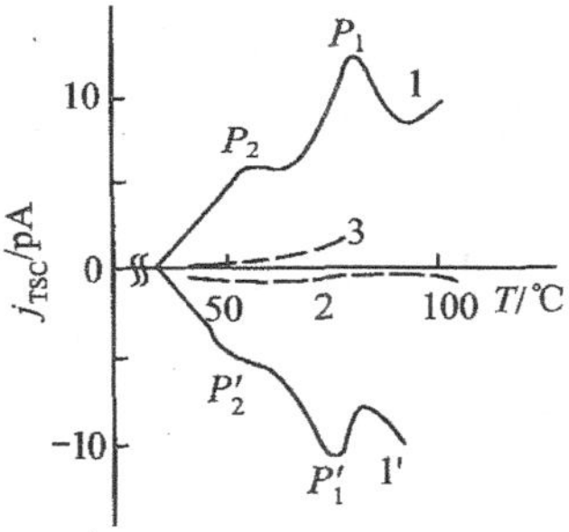

图 3.32　低密度聚乙烯的热激电流谱.

由方程(3.175)可知，热激电流的低温尾可以表示成

$$j(T) = A\exp(-H_t/kT). \tag{3.178}$$

将实验值按 $\ln j(T)$-$1/T$ 作图，由其直线的斜率可以求出陷阱深度 H_t，从直线与 $\ln j(T)$轴的交点，就可得到 A 值，这就是所谓的起始上升法.

2. 电场效应　前面介绍了高电场电导中的 Poole-Frenkel 效应，说明在等温条件下载流子从陷阱中的场助热释放. 此效应也可从非等温条件(热激过程中)下热激电流峰温随内电场变化的位移的例子得到证实. 对热激电流极大值条件

$$H_t/kT_m = \ln(BkT_m^2/\beta H_t) \tag{3.179}$$

的两端求微分，可以得出峰温的变化 ΔT_m 与陷阱深度的变化 ΔH_t 的关系

$$\Delta H_t/H_t = (\Delta T_m/T_m)[1 + 1/(1 + H_t/kT_m)]. \tag{3.180}$$

通常 $\Delta H_t/kT_m \gg 1$，一般在 20～60 之间，因此上式可简化成

$$\Delta H_t/H_t = \Delta T_m/T_m. \tag{3.181}$$

利用库仑型陷阱深度与内电场 E_p 的 Poole-Frenkel 关系

$$H_t = H_{t_0} - \beta_{pf} E_p^{1/2}, \tag{3.182}$$

式中 H_{t_0} 为零电场时的陷阱深度,若内电场 E_p 上升,H_t 下降.按(3.181)式热激电流峰温将移向低温.

3. *光效应*[27] 不吸收热能只吸收光能也可使载流子激发,但是所需的光电离能 E_0 通常比相应的热电离能 E_T 要大.这从 Frank-Condon 原理所代表的电子位形坐标图 3.33 可以清楚地看出.光跃迁是垂直的,而热跃迁需要多声子相互作用,且经过几个振动态后才能实现.此外,对高聚物在升温过程中测量电流,也应考虑分子运动对陷阱的热蚀作用,例如,高密度聚乙烯,由高温 TSC 峰确定的 E_T 为 1.4～1.7eV,而由光激退极化电流峰确定的 E_0 大于 4.0eV.若在光的一定波长范围内扫描,就可以由光子密度的减少来确定最佳激发波长,如果受陷的载流子被光激发到非定域带上,就可以观察到光激电流.通过扫描一定频率范围内的光,就可以确定光电离能 E_0.光子密度衰减谱的正确解释及陷阱深度的确定是十分复杂的,因为这是由多种因素决定的,其中包括扫描速度、光带宽度及材料的导带宽度,尽管如此,这个方法已经成功的应用于非晶体和晶体、有机的及无机的、绝缘体与半导体.

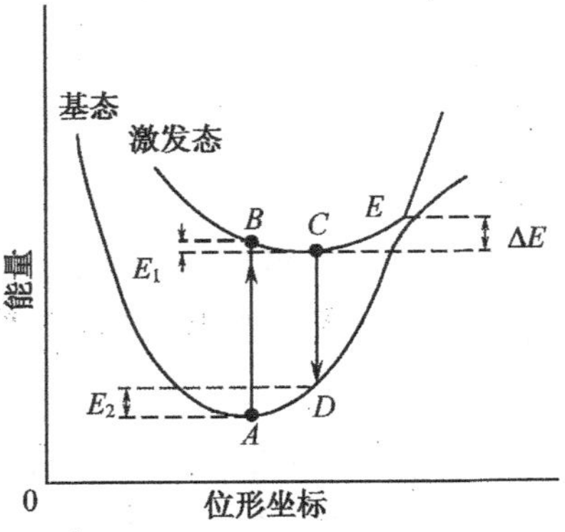

图 3.33 Frank-Condon 电子能量位形坐标图.

3.6.4 空间电荷效应

从静态看，相当于电荷停留在它受陷的位置，稳定的或至少是稳定的空间电荷分布，将构成电介质极化，形成驻极体；影响电介质电导，形成空间电荷限制电流；影响击穿的极性效应，甚至造成高压直流绝缘电缆的短路击穿和短路树枝化现象；从动态看，相当于电荷的俘获及退陷动力学过程，这里涉及能量储存与释放，从而产生介质的宏观损伤、演化与破坏.

1. *空间电荷极化*　一个世纪前观察到的吸收电流就是绝缘介质的空间电荷效应.早期研究认为介质材料的介电系数及电导率连续，后来考虑到电荷在不同介质层的界面，或者不均匀介质的界面，以及电介质-金属(半导体)边界上的积累，电荷在上述边界上堆积或受陷必然导致宏观电场畸变，通常称为界面极化或空间电荷极化.当然可以观察到 Maxwell-Wagner 指数型界面极化电流，或更复杂的如幂函数型及拉伸指数函数型的极化电流.在交流下也观察到复合介质(油-纸、油-高分子膜)的界面空间电荷损失峰.

极性高聚物可以是半晶的或非晶的，非晶高分子可以是铁电体，在每个晶区中存在稳定的铁电极化.如果通过外电场改变晶区内的这类极化温度，则不需要晶区大幅度旋转且在常温下就能产生宏观极化，而不管非晶区的玻璃化转变温度 T_g 的高低(例如铁电 PVDF, $T_g=-40℃$).当然，铁电高聚物亦可在超过居里温度下极化.

在极化过程中，几乎不可能避免场活化离子电导、载流子注入及可能产生电荷的电化学反应.实验发现铁电体的偶极极化与空间电荷是相互稳定的.正是由于空间电荷的稳定作用，使破坏偶极子取向的温度高于产生偶极子取向的温度.

2. *击穿场强*[28]　若简单的将空间电荷对电介质中局部电场 $E_l(x)$ 的影响写成

$$E_l(x)=\overline{E}\pm E_{sp}(x), \tag{3.183}$$

式中$\overline{E}$为平均宏观电场，$E_{sp}(x)$为空间电荷电场，它由 Poisson 方程确定

$$\operatorname{div} E_{sp}(x) = \frac{\rho(x)}{\varepsilon_0 \varepsilon}. \tag{3.184}$$

E_{sp}前的正负号分别代表空间电荷的增强或削弱电场$\overline{E}$的作用，图 3.34 示出的不同极性直流预应力对脉冲击穿场强的影响.

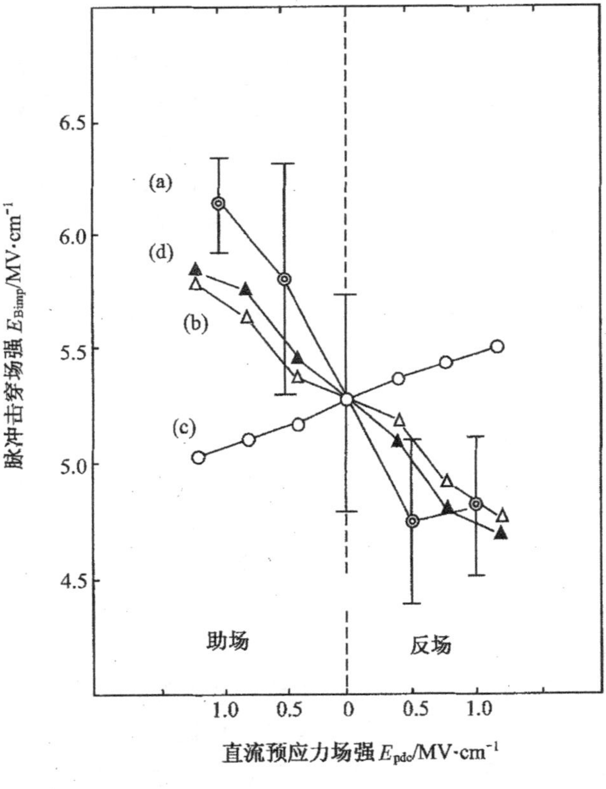

图 3.34 直流预应力对脉冲击穿场强的作用.

当然若电介质中存在单极性或双极性空间电荷，将电极短路，相邻电极所感应的异极电荷将增强介质—电极界面电场，使之形

成短路电树枝或击穿.

3. 空间电荷限制电流　宏观物质通常可划分为一些相同的结构单元,每个结构单元应该是电中性的.若在相当于一个结构单元所占的体积内,或若干倍这样的体积内正负电荷不能互相中和,则多余的电荷称为相应位置上的空间电荷.对于宽能隙、低迁移率的介质,当外加电压超过某特定值时,容易形成空间电荷限制电流(space chargelimited current, SCLC).这时,电流受材料本身出现的空间电荷所限制,而不受注入载流子的电极的控制.

为简单起见,讨论一个平板电介质的稳态直流电导.略去载流子的扩散,设迁移率 μ 与位置无关.尽管载流子浓度 n 与局部电场E_l 是样品内位置的函数,但是根据连续性原理,稳态电流密度 j 应与位置 x 无关,即

$$j = e\mu n(x)E_l(x). \tag{3.185}$$

由 Poisson 方程有

$$\frac{\mathrm{d}}{\mathrm{d}x}E_l(x) = en(x)/\varepsilon\varepsilon_0. \tag{3.186}$$

将 $E_l(x)$对样品的厚度 L 积分得到外加电压

$$V = \int_0^L E_l(x)\mathrm{d}x. \tag{3.187}$$

上面 3 个方程再加上其他的边界条件就决定了样品中的电流电压特性.

若样品的一个电极与之构成欧姆接触,即可认为此电极是无限载流子源.这意味着欧姆电极附近的电场为零,而边界条件可写为

$$n(0) \to \infty, E_l(0) \to 0. \tag{3.188}$$

由(3.185)和(3.186)式可得

$$j = \varepsilon\varepsilon_0\mu E_l(x)\mathrm{d}E_l(x)/\mathrm{d}x. \tag{3.189}$$

将上式积分,并将得到的 $E_l(x)$代入(3.187)式得到

$$V = \left(\frac{8jL^3}{9\varepsilon\varepsilon_0\mu}\right)^{1/2}. \tag{3.190}$$

即

$$j = \frac{9}{8}\varepsilon\varepsilon_0\mu\frac{V^2}{L^3}. \tag{3.191}$$

上式就是无陷阱的电介质的 Child 定律的表示式,有时称之为无陷阱空间电荷限制电流的平方律.这是样品的低迁移率使电极注入的电荷来不及被全部输运,在欧姆电极附近形成空间电荷,导致偏离了欧姆定律,因此相应的电流称为空间电荷限制电流.这时

$$E_l(x) \doteq 3V\sqrt{x}/2L^{3/2}, \tag{3.192}$$

$$n(x) = 3\varepsilon\varepsilon_0 V/4eL^{3/2}x^{1/2}. \tag{3.193}$$

样品中总的空间电荷

$$Q = A\int_0^L en(x)\mathrm{d}x = \frac{3}{2}\varepsilon\varepsilon_0\frac{A}{L}V = \frac{3}{2}CV, \tag{3.194}$$

其中 A 为样品的面积,C 为无空间电荷时两电极间的电容.上式表明,按 SCLC 分布的空间电荷等效地使电容量增大.

若外加电压很低时电导为欧姆型,当电压增大到 V_Ω 时伏安特性变为平方律,则在 $V = V_\Omega$ 时应有

$$j_\Omega = e\mu n\frac{V_\Omega}{L} = \frac{9}{8}\varepsilon\varepsilon_0\mu\frac{V_\Omega^2}{L^3}, \tag{3.195}$$

其中 n 为热平衡时自由载流子浓度.只要测出 V_Ω 和 j_Ω,则可按下式求出 n 与 μ

$$n = \frac{9V_\Omega\varepsilon\varepsilon_0}{8eL^2}, \quad \mu = \frac{8j_\Omega L^3}{9\varepsilon\varepsilon_0 V_\Omega^2}, \tag{3.196}$$

如果样品中还有俘获载流子的陷阱,被俘获的载流子数目为 n_t,参与导电的数目为 n,单位体积载流子总数为$(n + n_t)$.令

$$\theta = n/(n + n_t), \tag{3.197}$$

这时(3.191)式给出的电流密度 j 应改变为

$$j' = \theta j = \frac{9\varepsilon\varepsilon_0\mu V^2\theta}{8L^3}. \tag{3.198}$$

通常 $n_t \gg n$,故 $\theta \ll 1$;θ 值一般不超过 10^{-7}.当样品中仅含有一种陷阱时

$$\theta \propto \exp(-E_t/kT), \tag{3.199}$$

其中 E_t 为激活能.这时 Poisson 方程变为

$$\frac{\mathrm{d}E_l(x)}{\mathrm{d}x} = \frac{e[n(x)+n_t(x)]}{\varepsilon\varepsilon_0}, \tag{3.200}$$

而过渡电压变为

$$V'_\Omega = V_\Omega/\theta = \frac{8enL^2}{9\varepsilon\varepsilon_0\theta}. \tag{3.201}$$

式(3.198)给出的 j' 比 j 小很多.当外加电压增高至陷阱填充极限(trap-filled limit, TFL)时,陷阱被填满,电流将急剧增加而过渡到相当于无陷阱的情况.记这个过渡电压为 V_t,则陷阱的浓度

$$N_t = 3\varepsilon\varepsilon_0 V_t/2eL^2. \tag{3.202}$$

通常,当电压增大至 V_t 附近时击穿现象就会发生.

空间电荷限定器件可作开关,产生微波振荡.有的可作二极管,制作成具有内在记忆特性的光学显示器.

4. 无机氧化物膜的击穿电荷[29] 近来认为金属-氧化物-半导体(MOS)电容器的介电击穿由注入电荷的积聚所致,这种机理不同于绝缘介质传统的电子碰撞电离或雪崩击穿机理,倒类似于高场引起的静电电离击穿理论.如果电荷从电极的局部斑区注入,产生击穿的积累电荷可变化几个量级.若电荷从电极均匀注入,特定的击穿电荷 Q_{bd} 值的分布范围将十分窄,Q_{bd} 值既不完全依赖于注入的电流,又不完全依赖于所需的注入电压或注入电场强度.

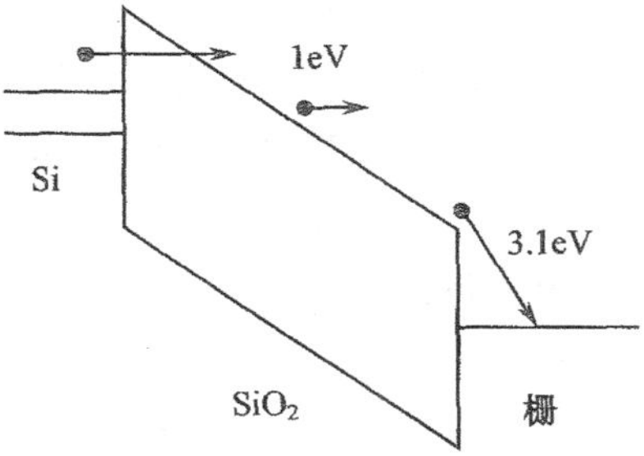

图 3.35 电子隧穿导带并发射到正电极的能带示意图.

恒定的击穿电荷 Q_{bd} 可借分析向绝缘体导带内注入电子电荷的能量来解释.图 3.35 为能带图形.从电极隧穿能垒到绝缘体中的电子在导带有高的势能,在低的外界电场作用下,导带中电子因与介质多

次相互作用，其能量将均化，因为相互作用长度不会超过 2～4nm，在 5MV/cm 电场作用下电子能量增益也不会超过 1～2eV，因此高能电子极少，显然在导带电子的能级不足以导致明显的损伤，因为需要打断 Si—O 键的最低能量为 4.0eV.

电子的能量耗散是主要的，但是，当电子从导带发射到金属(或硅)电极内时，或当电子受陷在氧化硅的中心时，电子将在相当短的距离内耗散掉由导带能量加所获得动能构成的高的总能量，因此能量耗散密度十分高. 在导带中动能的耗散并不是这种情况，因为这发生在整个电介质体内.

另一重要事实是电子具有高势能，积累能量的耗散更应与电子数 Q 有关，而不是与注入电子的动能 E_k 有关. 我们可以理解需要击穿的累积破坏是总电荷，而不是外加电场. 击穿电荷 Q_{bd} 恒定是因为 SiO_2 具有宽带隙(高势能)以及提供注入电子的相互作用长度短(低动能)这一事实.

现解释这种情况，假设在介质中存在陷阱，当 Al 栅电极加负偏压时，产生负空间电荷，从而阻止从栅电极注入. 当 Al 加正偏压时，陷阱带正电荷，从而增强从 Si 注入.

最后，在恒定的注入电流密度下，受陷与退陷过程将达到平衡. 因为退陷下降，更多的陷阱填充，电荷发射将增加. 利用一级动力学分析电荷受陷与退陷过程，受陷速率

$$\mathrm{d}n_t/\mathrm{d}t = (N_0 - N_t)J\sigma v_{th}/ev_d, \tag{3.203}$$

式中，n_t 为受陷电荷密度，N_0 为陷阱总密度，J 为注入电流密度，σ 为陷阱的俘获截面，v_{th} 与 v_d 分别为介质中电子的热速度与漂移速率，e 为电子电荷.

电子退陷速率

$$\frac{\mathrm{d}n_t}{\mathrm{d}t} = -\frac{n_t}{\tau}, \tag{3.204}$$

式中，τ 为电子发射时间常数.

退陷与受陷速率相等时，则

$$\frac{1}{\tau}\frac{n_t}{N_0-n_t}=J\sigma v_{\text{th}}/ev_d.$$

取上式中 $\sigma=10^{-12}\text{cm}^2$, $\tau=10^{-5}\text{s}$, $v_{\text{th}}=v_d$, $J_{cr}=10^{-2}\text{A/cm}^2$, 则陷阱的相对占据率 $\frac{n_t}{N_0-n_t}\approx 1$. 这意味着, 对于 $J\gg J_{cr}$, 陷阱的占据率 $\frac{n_t}{N_0-n_t}$ 约 100% $\left(\text{或 } n_t\approx\frac{1}{2}N_0\right)$. 但是若 $J\ll J_{cr}$, 其占据率趋于 0, 此时空间电荷效应可以忽略, 在整个电极区注入是均匀的. 当陷阱占据率约为 100% 时, 注入将限制在不阻止空间电荷的位置, 空间电荷屏蔽了栅的一些部分, 注入变得更加不均匀, 注入电压上升. 这种限制性也解释为什么 Q_{bd} 值下降. 高的局部电流密度使注入比较少量的电荷就可以达到局部 Q_{bd} 值. 对于正栅压, 空间电荷会使注入高临界注入电流密度 J_{cr}, 这时使注入限制于正空间电荷位置, 从而使 Q_{bd} 下降. 因此, 在阻止与提高空间电荷两种情况下, 电流均限制局部注入区, 并且在相对少量注入电荷后就达到该位置的 Q_{bd} 值.

电击穿与机械击穿理论有许多共同之处, 通过 E-Q 图形和比较应力-应变图形, 可以解释此点. 从图 3.36 可知, 两者均有一个"弹性"(线性)区, 此时能量贮存是守恒的; 和一个"塑性"(饱和)

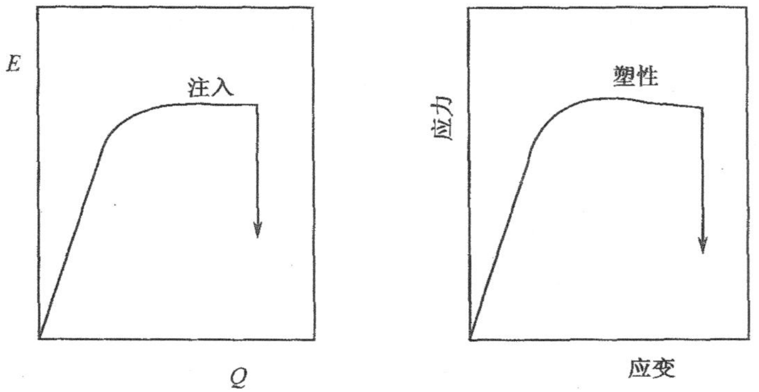

图 3.36 E-Q_{bd}与应力-应变图形的比较.

区，此时电容量漏泄及力学体变形均以不可逆方式进行．线性区，俘获速率低，退陷速率高，不会形成空间电荷，损伤均匀进行，且与通过氧化物的电荷成正比．力学情况下，位错钉扎和释放分别依赖于应变率及温度．在低应变率及高温情况下，内应力不会产生，这使材料有韧性．反之在高应变率及低温情况下，材料变脆，小形变下会断裂，脆性破坏的损伤比韧性破坏的大．

§3.7 绝缘介质的电击穿

3.7.1 气体放电

在常温、常压下，气体是优良的绝缘电介质．由于热运动碰撞、光照和辐射等作用，使气体中产生少量的离子．这些离子在外电场作用下的定向迁移使气体产生一定程度的电导，图 3.37 示出了气体中的电流密度 j 与电场强度 E 的关系形式．当电场很小时，j 与 E 成正比；气体的导电遵从欧姆定律．当 E 增大至超过某个值 E_1 之后，电流出现饱和．这时气体中所有新产生的离子因被电场作用而都迅速跑到电极附近进行复合，两电极间缺乏更多的离子参加导电，因此电流不能再上升．饱和电流密度 j_s 的数值决定于气体中因各种原因产生的离子速度．对于正常情况下的空气来说，j_s 约为$6\times10^{-15}\mathrm{Am}^{-2}$；这相当于 10^{16}个空气分子中有一个离子．当电

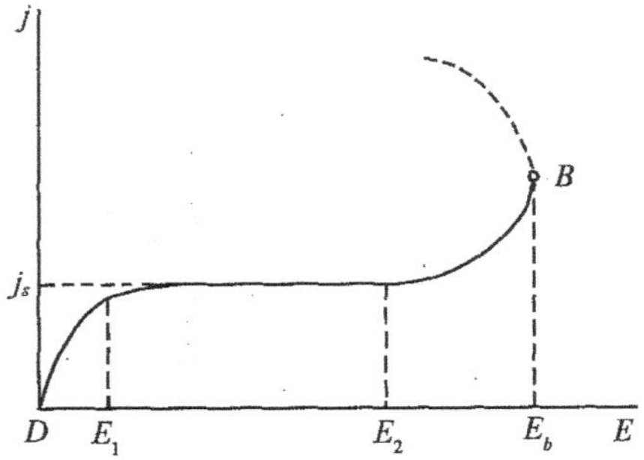

图 3.37 气体的导电特性．

场继续增加至超过另一个值 E_2 时，电流又急剧上升；这是因为气体中导电质点，主要是电子受电场作用而加速，得到了足够的能量，在与气体中其他分子碰撞时使后者电离；从而出现更多的电子参加导电．这种连锁反应使电流急剧增加至某点 B，最后导致气体的电击穿．B 点对应的场强 E_b 被称为击穿场强．气体被击穿后随着电流的增加，两电极之间的电压下降，即场强减小；这是因为此时的强烈电离的气体电导率很大，强电场难以再建立起来．正常情况下，空气的 E_2 值约为 10kV/cm，而击穿场强 E_b 约为 30kV/cm．

气体在被击穿情况下的导电现象称为气体放电．雷电就是大气中的一种气体放电．由于具体条件的不同，气体放电具有多种不同形式：(i) 火花放电，两极间电压增高至一定值时，气隙中突然发生明亮的火花，火花沿电力线伸展成细光束．若电源功率不大，则火花很快熄灭；接着又会突然发生下一次放电；(ii) 辉光放电，电极间出现明暗相间的持续的放电区，在较低气压下容易出现；(iii) 电晕放电，在尖端电极附近出现暗蓝色微光，放电局限在较小的范围；(iv) 弧光放电，出现于电源功率足够大而电路限流电阻较小的情况．气隙发生火花放电后立即发展至对面电极，形成非常明亮的连续弧光，电弧温度极高．

在气体放电中扮演主要角色的是游离电子．因为它质量轻，易受电场加速而产生足够的能量去碰撞别的气体分子．使之电离，并放出电子，从而形成电子的倍增效应．由于剧烈碰撞，使气体放电区出现不少处于激发态的分子、原子或离子．它们自发辐射回到基态时放出光子；因此气体放电总伴随着发光．

由外界因素引起的出现于气体中的游离电子，只能引起非自持放电；一旦外界电离因素消失，放电即停止．气体的持续放电条件依赖于阴极的二次电子发射．一个从阴极出发的初始电子在到达阳极的途中，由于多次碰撞电离的倍增效应，假设总共产生了 $\exp(\alpha d)$ 个电子，其中 d 为电极距离，α 为电子在单位距离内的碰撞电离系数．净增加的 $(e^{\alpha d}-1)$ 个正离子受电场的作用移向阴极．

这些受加速的正离子撞击阴极表面，可以引起二次电子发射.将二次发射电子数目记为 $\gamma(e^{\alpha d}-1)$，其中 γ 为比例常数.则当

$$\gamma(e^{\alpha d}-1)=1 \tag{3.205}$$

时，二次电子可以补充复合了的一个初始电子而继续维持放电.可见自持放电与阴极材料的功函数有关，功函数小的材料 γ 值大.若气体的压强为 p，则放电电压[30]

$$V_b=\frac{AV_i pd}{\ln\left[\dfrac{Apd}{\ln\left(1+\dfrac{1}{\gamma}\right)}\right]}, \tag{3.206}$$

其中

$$A=\frac{\pi r^2}{kT}=\frac{1}{p\lambda}, \tag{3.207}$$

r 为气体分子半径，λ 为电子的平均自由程，V_i 为分子的电离电势.气体放电电压 V_b 与乘积(pd)的理论关系式(3.206)接近于巴申的实验放电曲线.图 3.38 示出了一些实验结果.由图中曲线可以看出，在合适的(pd)数值时，引起气体放电的两个电极之间的电压 V_b 可以达到最小.

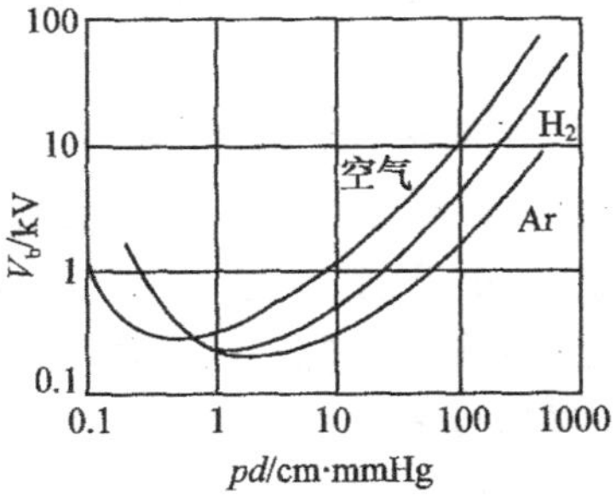

图 3.38 气体的放电电压与乘积 pd 关系的实验曲线.

如果气体中和电子的亲合力较大的分子，例如含有卤族原子的分子，则这些分子将吸附电子，使气体的击穿电压增高.此外，气体的击穿电压还与电极形状有关.若电极具有尖端形状，则尖端附近电场显著增强，容易引起击穿.负尖端电极附近因聚集的正离子形成空间电荷，妨碍了由负极发射出来的电子飞向阳极产生电子倍增效应.于是，正尖端电极的击穿电压比负尖端的更低.因此，局限于尖端附近的电晕放电电压比气体击穿电压为低.

3.7.2 液体介质击穿

液体电击穿机理的理论观点可以概括为两大类：电子碰撞电离和气泡击穿．下面分别作简单介绍．

液体的电子碰撞电离理论是直接从气体击穿理论中发展过来的．液体中由于各种原因而出现的初始电子，在外电场 E 的作用下，经历沿 E 方向平均自由程分量 λ 所获得的能量 $eE\lambda$ 将有一部分在碰撞中交给分子．把液体分子的振动能量按量子化观点处理，则每次碰撞中电子损失的能量可写为 $ch\nu$；其中 ν 为分子振动频率．c 为某个大于 1 的整数．为了使电子的能量可以有剩余、并积累起来以达到在碰撞中使分子电离，必须有 $eE\lambda > ch\nu$；这样才能发生类似于气体中的电子数目在碰撞中倍增的效应．因此液体的击穿场强可写为

$$E_b = ch\nu/e\lambda. \tag{3.208}$$

通常碰到的高绝缘液体多为有机液体．下面将式(3.208)用于直链型碳氢化合物液体来作具体的进一步讨论．

设链式分子有效半径为 a，主链由 m 个原子组成，相邻原子间沿主链方向有效距离为 h_0，则分子的碰撞截面为

$$s = 2a(m-1)h_0 = s_0(m-1), \tag{3.209}$$

其中 $s_0=2ah_0$ 为分子常数．若单位体积中有 N 个分子，则

$$\lambda = 1/sN. \tag{3.210}$$

以 M，ρ 和 N_0 分别表示液体的分子量、密度和阿伏伽德罗常数，则 $N=\rho N_0/M$，故

$$\lambda = \frac{M}{\rho N_0 s_0(m-1)}. \tag{3.211}$$

将此式代入式(3.208)，得到

$$E_b = A(m-1)\frac{\rho}{M}, \tag{3.212}$$

其中

$$A = ch\nu N_0 s_0/e. \tag{3.213}$$

分子振动频率呈分布,这里的 ν 应理解为平均频率. 实验观察到式(3.212)给出的 E_b 比例于 $(m-1)\rho/M$ 的变化规律. 脂肪族碳氢化合物液体的击穿场强约为 1 至 2MV/cm, 比气体大两个数量级.

液态绝缘介质含气时,无论是混入的其他气体,或是液体本身产生出来的气体,总是气泡内先发生电离;这是因为气体的击穿场强要小得多,而气泡内的场强又总比周围液体中的更高. 气泡电离产生的高能量电子可以使液体分子分解生成更多的气体. 当气泡因此扩大至连通两极时,即导致发生击穿.

当液体中的平均场强足够高时,若阴极面上出现不平滑的微小金属凸起,则微尖端处的场致发射会形成集中的电流;据估计电流密度可达 $10^5 A/m^2$ 以上. 这个电流所形成的发热量约为 $10^{13} J/s \cdot m^3$;如果液体的导热性能较差,这个加热功率足以使局部液体发热气化形成小气泡. 按照这种分析,当加上强电场之后,液体并不是立即被击穿;而是要等待一定时间来积累热量引起气化. 显然,等待时间与液体的温度有关. 温度比液体的沸点低得越多,等待时间越长,实验中已观察到这种观象. 强电场中的高速电子,还会使高分子液体中分子的键被折断;从而产生氢气、甲烷等低分子气体形成气泡.

当工程绝缘液体中存在水分和固体悬浮杂质时,会使击穿场强显著下降.

3.7.3 固体介质击穿[31,32,33]

在弱电场中,介质内的电流与外电压呈线性关系. 电场增强时,电流偏离欧姆定律,随电压按幂函数或指数上升. 当外加电压 U 达到某个临界值时,电流 I 陡峭地增加,介质从绝缘状态变为导电状态出现

$$\mathrm{d}I/\mathrm{d}U \to \infty \text{ 或 } \mathrm{d}I/\mathrm{d}U \to 0 \tag{3.214}$$

的现象,称为击穿. 对于平板电介质,若认为击穿前瞬间其体内电场均匀,介质厚度为 d,击穿临界电压为 U_b,则称

$$E_b = U_b/d \tag{3.215}$$

为介质的击穿场强或绝缘强度;其值一般约为 $10^4 \sim 10^6 \mathrm{Vcm}^{-1}$数量级.

固态物质中的载流子例如电子,在强电场中获得的能量可以通过和声子的碰撞而转变为热能,使材料的温度急剧增高而被破坏.因此介质的击穿可分为纯电击穿和纯热击穿,此外还有电机械击穿和次级效应击穿等.

纯电击穿的一般实验规律为:(i)在室温或低温出现;(ii)材料的 E_b 值与样品的外形尺寸无关,它是材料的本征性质参数;(iii)介质内部击穿放电路径常按一定方向择优发展;(iv) E_b 值与外电压波形无关,完成击穿所需时间为微秒级或更短;(v)按照电子雪崩击穿理论,E_b 是样品厚度 d 的缓变函数,但当 d 很小时 E_b 的变化较快,$d<10^{-6}$m 时 E_b 随 d 下降而增大,称为薄层强化效应.

热击穿的一般实验规律为:(i)高温下易于热击穿,击穿是温度升高所引起;(ii)热击穿场强和样品形状尺寸、耐热性能和散热条件等有关,击穿过程约需毫秒级时间;(iii)脉冲击穿场强和样品的形状尺寸关系不大,但脉冲宽度变小时它增大;(iv)通常交流的 E_b 比直流的要小,因为介质反复极化的介电损耗增加了发热的原因.

固体电介质击穿的各种有关现象和理论可概略地列于表 3.3.

1. 本征电击穿理论　首先用单电子近似讨论介质的击穿.设外电场沿 z 方向,它使电子加速.电子动量的 z 分量 p_z 发生变化:

$$\left(\frac{\mathrm{d}p_z}{\mathrm{d}t}\right)_E = -eE. \tag{3.216}$$

另一方面电子与声子碰撞而损失动量

$$\left(\frac{\mathrm{d}p_z}{\mathrm{d}t}\right)_L = -p_z/\tau(\xi), \tag{3.217}$$

其中 $\tau(\xi)$为弛豫时间,它与电子的能量 ξ 有关.在稳定状态应有

$$\left(\frac{\mathrm{d}p_z}{\mathrm{d}t}\right)_E + \left(\frac{\mathrm{d}p_z}{\mathrm{d}t}\right)_L = 0. \tag{3.218}$$

表 3.3 固体电介质的击穿

<table>
<tr><td rowspan="8">短时击穿</td><td rowspan="5">电子击穿过程</td><td rowspan="2"></td><td>单电子近似</td><td>低能判据$\partial E_b/\partial T \geqslant 0$
高能判据$\partial E_b/\partial T \geqslant 0$</td></tr>
<tr><td>集体电子近似</td><td>单晶$\partial E_b/\partial T > 0$
非晶$\partial E_b/\partial T < 0$</td></tr>
<tr><td colspan="2">电子雪崩击穿
$\partial E_b/\partial d < 0, \partial E_b/\partial T \geqslant 0$</td><td>单电子模型
雪崩倍增模型</td></tr>
<tr><td colspan="3">场致发射击穿，Zener 理论
$\partial E_b/\partial d = 0, \partial E_b/\partial T = 0$</td></tr>
<tr><td colspan="3">自由体积击穿，高于玻璃化温度时$\partial E_b/\partial T < 0$</td></tr>
<tr><td>热击穿过程</td><td colspan="3">稳态热击穿，$\partial E_b/\partial T < 0, \partial E_b/\partial t = 0$，$t$ 为时间
脉冲热击穿，$\partial E_b/\partial T < 0, \partial E_b/\partial t < 0$</td></tr>
<tr><td>机械击穿过程</td><td colspan="3">电机械击穿，高于熔融温度时$\partial E_b/\partial T < 0$</td></tr>
<tr><td>次级效应</td><td colspan="3">局部过热效应，空间电荷效应等</td></tr>
<tr><td rowspan="2">长时击穿</td><td>放电老化</td><td colspan="3">电离老化，$\partial E_b/\partial d < 0$
树枝老化</td></tr>
<tr><td colspan="4">电化学老化，$\partial E_b/\partial T < 0, \partial E_b/\partial d < 0$</td></tr>
</table>

电子在电场方向的迁移速度为

$$\frac{p_z}{m^*} = -Ee\tau(\xi)/m^* = -\mu(\xi)E, \tag{3.219}$$

其中 m^* 为电子有效质量，$\mu(\xi)$为迁移率. 无外电场时电子能量 $\xi \approx kT_0$，T_0 为晶格温度. 有外电场时电子从电场得到的功率记为 A，交给晶格的功率记为 B

$$A(E, \xi, T_0) = e\mu(\xi)E^2 = e^2\tau(\xi)E^2/m^*, \tag{3.220}$$

$$B(\xi, T_0) = \Delta\xi/\tau(\xi), \tag{3.221}$$

$\Delta\xi$ 为一次碰撞损失的能量. 当能量平衡时应有

$$A = B. \tag{3.222}$$

当电场上升时将出现 $A > B$，这意味着碰撞电离可能发生. 故可用式(3.222)确定电介质破坏的最低临界电场，称为击穿场强.由于公式中含有 $\tau(\xi)$，而它在极性和非极性晶体中是不同的，须分别讨论.

在极性晶体中，电子受纵光学支声子散射影响最大.而声子数目与晶格温度 T_0 有关，故 τ 亦与 T_0 有关.量子力学计算给出

$$\frac{1}{\tau(\xi)} = \frac{1}{\tau_0(\xi)}\left[1 + \frac{2}{\exp(\hbar\omega/kT_0) - 1}\right], \qquad (3.223)$$

其中 ω 为声子频率. τ_0 的形式可以采用不同的理论模型进行具体计算.

在非极性晶体中，电子主要受声学支声子的散射.计算给出

$$1/\tau(\xi) = C\sqrt{\xi}T_0 \qquad (3.224)$$

其中 C 为与晶体结构有关的常数.

利用式(3.222)来估计击穿场强 E_b 的具体计算十分复杂.对于离子晶体，Hipple 指出当电子能量接近纵光学支声子能量 $\hbar\omega$ 时出现击穿；由此(常称为低能判据)得到

$$E_b = \frac{em^*}{2\sqrt{\xi}}\left(\frac{1}{\varepsilon_\infty} - \frac{1}{\varepsilon_s}\right)\left(\frac{\omega^3}{\hbar}\right)^{1/2}\left[\ln\left(\frac{4\xi}{\hbar\omega}\right)\right]^{1/2} \cdot \left[1 + \frac{2}{\exp(\hbar\omega/kT_0) - 1}\right]^{1/2}, \qquad (3.225)$$

其中 ε_∞ 为光频介电常数，ε_s 为静态介电常数. Froehlich 则认为，当电子能量接近于晶格电离能时出现击穿，常称之为高能判据；由此得出 E_b 的类似于式(3.225)的另一表示式.从式(3.225)可以看出，E_b 和温度 T_0 的关系主要由声子数目决定.

当导电电子浓度较大时，电子之间的互相碰撞不能忽略而必须考虑载流子的集体效应.由此得到的理论 E_b 值比较接近于实验值，它比式(3.225)给出的 E_b 值小，但比 Froehlich 给出的 E_b 值大.对于 NaCl 晶体，室温时的 E_b 值大约在 $0.9\times10^6\text{V}\cdot\text{cm}^{-1}$ 附近，它随温度的升高而缓慢地增大.

2. *其他的电子击穿理论*　固体中电子碰撞电离产生的雪崩击穿理论与气体击穿放电的理论类似.一个从阴极出发的电子从

电场获得足够能量后可以使另一束缚电子电离，结果得到的共两个电子继续获得电场的能量后又可产生新的传导电子．若一个电子由阴极到阳极过程中经历了 i 次碰撞电离，则最后产生的电子总数为 2^i．若 i 足够大，将导致雪崩击穿．设场强为 10^8Vm^{-1}，电子迁移率 $\mu=10^{-4}\text{m}^2\text{V}^{-1}\cdot\text{s}^{-1}$，则在 10^{-6}s 内电子的迁移距离为 10^{-2}m．从阴极出发的电子一面向阳极迁移并产生电离碰撞，另一方面还要向垂直方向扩散．粒子的均方根扩散长度

$$\bar{r} = \sqrt{2Dt}. \tag{3.226}$$

若扩散系数 $D=10^{-4}\text{m}^2\cdot\text{s}^{-1}$，时间 $t=10^{-6}$s，则 $\bar{r}=10^{-5}$m．以 $\bar{r}$ 为底面半径，以迁移距离 10^{-2}m 为长度的圆柱体内产生的电子都需电场供给能量．此圆柱体内的原子数目约为

$$\pi\bar{r}^2\times10^{-2}\times10^{29}\approx10^{17}(\text{个}).$$

若要使材料破坏，平均每个原子需能量为 10eV；则使上述圆柱体内所有原子都受破坏所需总能量为 10^{18}eV．每个电子经 10^{-2}m 迁移距离从电场得到的能量为 10^6eV，提供上述能量须有 10^{12} 个电子．故导致介质雪崩击穿的粗略判据为

$$2^i = 10^{12}, \text{或}\ i = 40. \tag{3.227}$$

上述理论称为 Seitz 40 代理论；引起雪崩击穿的原始电子要经 40 次电离碰撞才能发生雪崩击穿．若薄层绝缘体的厚度减小，为保证 40 次碰撞，必须提高电场强度．这个理论简单地解释了薄层介质被击穿的强化效应．

Zener 根据电极的场致发射理论，计算出电子由价带跃迁至导带的概率

$$P_{VC} = \frac{eaE}{h}\exp\left(-\frac{\pi^2m^*aI^2}{h^2eE}\right), \tag{3.228}$$

其中 a 为晶格常数；I 为电子电离能．电介质的 I 比金属的功函数 ϕ 大得多，故 P_{VC}很小．上式只能作为估计临界场强数量级的基础．后来，Franz 利用脉冲热击穿理论得出了可定量计算临界场强 E_c 的公式

$$C_V(T_m - T_0) = \frac{1}{2}\gamma N_c e\mu E_c^{16/3} t_c^2 \exp(-\beta/E_c), \tag{3.229}$$

其中 T_m 为击穿时介质的温度，T_0 为环境温度，C_V 为介质单位体积热容量，t_c 为产生脉冲热击穿的临界时间，N_c 导电电子数，γ 和 β 为某两个常数. 由此得出，Zener 击穿场强约为 $10^9 \mathrm{V \cdot m^{-1}}$. 常数 β 与 I 有关. 在电离能 I 小或 p-n 结厚度小（小于 1000Å）的情况下容易出现 Zener 场致发射击穿，反之容易产生碰撞电离的雪崩击穿.

高聚物在玻璃化温度 T_g 以上因分子不断重排列，故在分子间存在一些自由空间，其总体积代表着聚合物的自由体积. 发生在聚合物中的许多过程都和自由体积的存在有关. 这些自由空间以一定概率偶然性地聚集，形成了最宜于击穿的条件，因此，受自由空间控制的某些特性决定了聚合物的击穿场强. 当传导电子穿越自由空间时因碰撞次数明显减少，容易积累更多的能量以引起碰撞电离击穿. 当温度 $T > T_g$ 时，T 的增高使自由体积增大，从而击穿电压下降.

3. 电机械击穿[34]　在熔融或软化温度区附近，聚合物的击穿特性类似于其力学特性的改变. 击穿是由外电场作用下麦克斯韦应力产生的机械形变所致.

例如，在击穿试验过程中附在聚合物样品表面上的电极将通过外加电压产生的库仑引力而对样品施加一个压缩力. 这个压缩力足以引起聚合物产生明显的形变. 设贮存于体系的能量为 W，样品厚度为 d，则吸引力

$$F = \frac{\partial W}{\partial d} = \frac{\partial}{\partial d}\left(\frac{1}{2}CV^2\right), \tag{3.230}$$

其中 C 为电容量，V 为电极上的电压. 若样品的面积为 A，介电常数为 ε，则上式给出单位面积上的压缩力为

$$\frac{F}{A} = \frac{1}{2}\varepsilon\varepsilon_0\left(\frac{V}{d}\right)^2. \tag{3.231}$$

若样品的杨氏模量为 Y，零外场时厚度为 d_0，则静电力与弹性力平衡时有

$$\frac{1}{2}\varepsilon\varepsilon_0\left(\frac{V}{d}\right)^2 = Y\ln\left(\frac{d_0}{d}\right). \tag{3.232}$$

在给定电压 V 下，$d^2\ln(d_0/d)$在$(d/d_0)\approx0.6$ 时达到极大值.因此当$(d/d_0)<0.6$ 时弹性力就不足以和电引力相平衡.超过此值相应的电场 E_c，电压 V 进一步增加将引起聚合物机械崩溃.临界电场为

$$E_c = (Y/\varepsilon\varepsilon_0)^{1/2}. \tag{3.233}$$

可以观察到的最高视在电场强度

$$E_a = \frac{d}{d_0}E_c \approx 0.6(Y/\varepsilon\varepsilon_0)^{1/2}. \tag{3.234}$$

电机械击穿常发生于类橡胶聚合物，使这类介质具有较低的介电强度.

4. 热击穿　在恒定电压作用下，因为介质的电导率与温度有关，故电场产生的焦耳热也和介质的温度有关.这个焦耳热将使介质的温度升高.若环境的温度 T_0 不变，则介质温度升高时散热功率也增大.如果存在一个温度 $T>T_0$，使加热功率 $W(T)$与散热功率 $H(T)$相等，则介质将稳定地处于这个温度 T 上.当外加电压增加时，一般地说，仍可由下式：

$$W(T) = H(T) \tag{3.235}$$

来确定某个稳定的 T 值，以及直至达到介质结构破坏的临界温度 T_m.与 T_m 相应的场强便是热击穿电场强度.

上面只是简单地定性说明热击穿的过程，实际上，在外电场将介质加热时由于散热条件的不同，介质各个部分的温度可以不相等.只要其中的某个局部的温度超过结构破坏极限，在这个局部区域就会出现热击穿.因此，在绝热条件下因为 $H(T)=0$，若$W(T)$随温度上升而增大，则在很小的场强下也可造成热击穿.

定量地分析热击穿场强，一方面要从材料电导率与温度关系来计算 $W(T)$；另一方面还要从样品的形状尺寸以及散热条件来解热传导方程.

在脉冲电场作用下的热击穿问题较为简单一点，因为电场作

用时间很短，散热可以忽略. 若材料的体积热容量为 C_V，电导率为 γ，则热平衡方程为

$$C_V = \frac{\mathrm{d}T}{\mathrm{d}t}\gamma E^2. \tag{3.236}$$

若材料起始温度为 T_0，结构破坏温度为 T_m，则击穿场强为 E_b 时相应的脉冲持续时间

$$t_b = \int_0^{t_b}\mathrm{d}t = \int_{T_0}^{T_m}\frac{C_V\mathrm{d}T}{\gamma E_b^2}. \tag{3.237}$$

可见 t_b 减小时 E_b 可以增大. 但 E_b 不能超过其他击穿机理决定的击穿场强.

5. 击穿的随机性[35]

(1)概述. 固体介质击穿是指在足够高的电场作用下，电流甚至在电场不再增加的情况下开始从稳态过渡到非稳态，在其中产生破坏性导电路径，继而使绝缘体不可逆变成导电状态的物理现象.

传统的击穿模型属于纯确定论，它是建立在超过某一临界电场时，因一连串因果效应使系统不再能维持能量平衡从而发生击穿的基础之上的. 由于高聚物的能带理论、电荷注入、电子激发及输运过程的深入研究与发展，以及非线性科学中分形及混沌的广泛应用，促使电击穿从确定论迈向破坏过程的随机论的根本性变革. 击穿也包括最终导致击穿的老化过程. 通过特定的破坏的统计描述证实，老化本身是一种空间分布的、随时间不断发展且累积的损伤过程.

高电场下绝缘介质中电流剧增主要来自正反馈机理，例如电子碰撞电离以及局部加热，或者电流改变材料的性质，而后者又反过来使电流增加，这些过程引起的电流增强效应又将通过"耗散"机理，例如热导或在雪崩过程中离子的反电场等所谓负反馈的补偿. 这类似于在混沌中讨论的虫口模型的特性，在低于击穿场强时电流-时间关系曲线将达到一稳态平衡值. 针对某一模型击穿场强定义为某一稳态平衡可能存在的最高电场. 图 3.39(a)示出稳态

及非稳态两种情况的电流-时间特征曲线.一般水树枝相应于稳态变化,而大多数电树枝生长为不稳定过程.

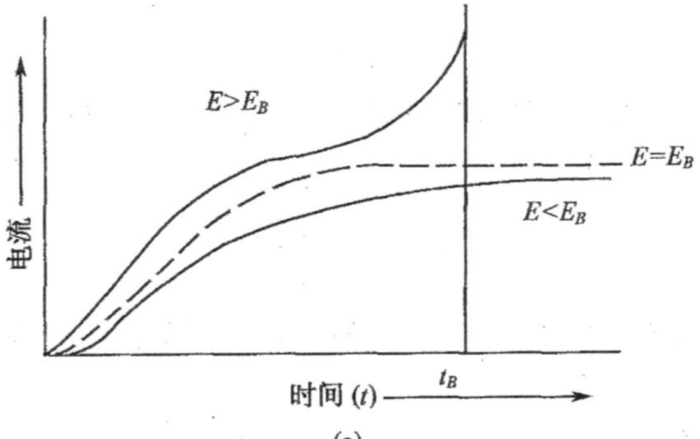

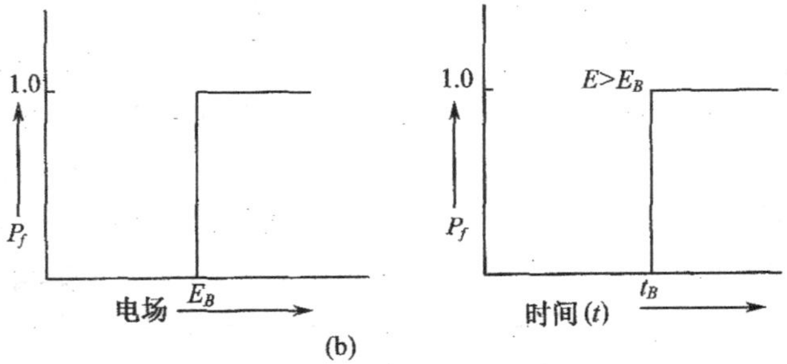

图3.39　(a)一个确定性击穿模型的电流-时间特征曲线示意图. t 为外加电场的时间;(b)一个确定性击穿模型的累计破坏概率 P_f 与外加电场的关系,以及在电场 $E>E_b$ 时 P_f 与击穿时间的关系.

击穿模型属于确定性类,因为它企图利用相互联系的因果机理建立电流(或能量)的平衡方程.在这类模型中电流对外电场的每步响应完全由从前的条件确定,并且每一步本身又完全确定了下一步发生的事件.与模型有关的击穿场强 E_b 可由系统对外电场响应刚好成为不稳定来确定.电场低于 E_b 时体系是稳定的,击穿不会发生.超过 E_b 时,响应外电场的动力学过程成为不稳定,借此从自限制变成自增加,从而导致击穿.这一过程可以是单一的因果事件,或一个因果序列,最后引导十分类似于电树枝那样的不稳定性.但是在每一种情况下,事件的因果序列惟一决定了在给定外电场下的击穿时间,如图 3.39(b)所示.实际击穿是一个统计分布过程,在应用于实际系统时必须修改这类确定性模型,以计及不稳定发展过程中的随机特征(随机性是指在过程发展中的每一步都存在着二者取一的选择的可能性).由于这种限制只能在理论预示值与实验值间作对比,对观测到的分布测量结果还精确定义为"平均","最小"或其他特征值.因此除了整个分布服从某一预示的关系外,一个给定的确定性模型只能被认为是代表观察击穿中的一小部分的基本击穿机理.尽管有这些限制以及评价上的问题,但是确定性击穿模型在检验可以导致击穿的过程的类型上仍是一个有用的基本框架.

确定性击穿模型通常假定绝缘介质是均匀的.因此有单一的击穿场强 E_b 或者在 $E > E_b$ 时有单一的击穿时间 t_b[见图 3.39(b)],且击穿时材料整体性发生破坏,一般处理短时击穿现象.但是,由于不存在完全均匀介质,特别高聚物的聚集形态十分复杂且不均匀;击穿呈分形结构;击穿时间呈统计分布;以及各类老化产生的树枝现象等,均说明了击穿的随机性.因此,深入研究固体介质损伤过程及其随机性,不仅有重大的科学价值,也有在设计与维护绝缘系统中的显著实用价值.

(2)随机性的物理原因.如图 3.39 所示确定论模型的特征是存在着一个临界电场以及在超过此电场时的一个特定的击穿时间.但是实际上在某一给定电场及电场的一定范围内击穿时间呈现分布.在详细介绍击穿的统计模型之前,我们首先考察造成随机特性的击穿过程的一般特点.

通常可将加高压后击穿过程的进展分为 3 个阶段:即初始、发展及击穿等阶段.对确定性机理在由一些条件(例如电压、温度及材料)所决定的某一固定时间内,每一阶段将为下一阶段的出现提供条件,可是如果机理是随机性的,不同阶段所要求的时间呈统计分布.在相同条件下导致一定范围分布的破坏时间 t_b.造成这类统计特性的两个可能理由是:(i)击穿是一个局部过程,可以发生在材料的不同区域内,因为每个区域有它们自己的不同的局部条件;(ii)击穿的每一步都涉及事件组成序列的选择(或更迭),而且序列并不会在完成前一步后而自动地产生.情况(i)来自材料的不均匀性,这是高聚物绝缘的基本特征,不均匀性造成的统计(以后称为Ⅰ类)将由控制击穿时间 t_b 的一些参数的空间分布确定.在情况(ii)时 t_b 的分布依赖于击穿发展与事件序列变化的相互作用.它的统计(以后称为Ⅱ类)因此很可能由机理本身的性质而不是由材料体系来确定.击穿过程中的所有阶段都会独立地对 t_b 的分布有贡献,因此击穿统计的一般化描述可能涉及十分复杂的数学.但是经常出现的情况是某一阶段决定了统计,从而使问题简化.各阶段出现的条件如下:

(i)开始阶段:如果发展及击穿所需的时间比最短的起始时间短得多,则击穿统计由起始阶段的时间确定.如果此阶段依赖于诸如高聚物中某些位置上局部电场提高等因素,它就是(Ⅰ)类统计,而当起始阶段来自于在一些类似(或相同)位置上的概率事件,例如气泡放电,则属于(Ⅱ)类统计.

(ii)发展阶段:在高电压作用下发展(演化),例如在电树枝情况下常是速率确定的阶段.通常发展通过局部丝状路径向前,其空间尺度由随机生长过程确定(Ⅱ类),虽然有时它也受材料不均性制约(例如弱路径).

(iii)破坏阶段:如果前一阶段没有通过辅助过程而建立产生击穿的充要条件,且在少有的情况,本阶段才决定击穿的统计行为.这样一个过程将其自身的统计贡献于击穿,并且在发生预击穿实物的环境内部,或者就在该实物内部的动力学涨落也将最有可能造成击穿的统计行为.例如液体中丛状树枝表面的密度涨落,或者固体中电树枝顶端周围的电荷密度涨落就属破坏阶段的统计类型.

目前,这一领域的研究还不足以通过任何有效的方法联合此三类过程的统计,故以后必须分别讨论其中之一构成的随机机理.应当指出的是,它们的结果只限于某一给定的阶段,实际上甚至在基本击穿机理不变的情况下可能发生不同阶段的过渡，从而导致不同的统计.例如在测量薄试样时，低场寿命试验及快速线性升压试验主要是检验起始阶段，而高场寿命试验更有利于检验发展(演化)阶段.另一方面，厚绝缘运行系统的击穿除在快速线性升压时外，则往往由发展阶段控制.

6. 电介质的放电结构

(1) 分形的基本概念[36,37]. 近年来，分形已引起了各个研究领域的兴趣，范围十分广泛.到了今天，分形物理已经成了一门描述自然界中许多不规则事物的规律性的科学，其文献已达到难以跟踪的程度.但要回答分形是什么？到目前为止，科学家还无法对分形下一个确切的严格的定义.在讨论分形问题时，我们只能谈它有什么特征，需要满足什么条件.分形最重要的一个特征是它必需具有自相似性.分形作为一个数学集，其内部应具有精细结构，即在所有比例尺度上，其组成部分应包含整体，而且彼此是相似的.对于一些数学模型，例如 Cantor 集合、Koch 曲线等，这种自相似性是严格的，我们称它们为有规分形.在物理学或其他自然界中存在的分形，其自相似性是近似的或者是统计意义上的，则称之为无规分形.一个具有自相似特性的物体一定会满足标度不变性，或者说这类物体无特征长度.所谓标度不变性是指在分形上任选一局部区域对它放大(也就是把测量尺变小)，这时原来看上去是光滑的部分又会呈现出原图的复杂性质.因此，对于分形，不论将其放大或缩小，它的形态、复杂程度、不规则性等各种特性均不会发生变化.不论从局部或整体上来看，分形都是极其不规则的.一般不能用传统的几何语言来描述，而要用一种简单的递归算法来描述.对分形的描述最主要的参量是它的分形维数.所以本文仅对有关的理论进行探讨分析及研究.

分形基源于对“病态几何”的研究，可追溯到上世纪末.但分形和物理现象的关系则是不久以前为 Mandelbrot 所提出.分形“fractal”一词也是由 Mandelbrot 命名，取自拉丁词“fractus”，原义是“粉碎”的意思，如英语 fragmentation.又因为分形的维数常常是分数，所以有时又和 fraction 相关.维数常常是分数，这是分形的第二个特征.自 Mandelbrot 提出之后，就吸引了许多科学领域的研究者进行工作，大都是企图利用分形这一工具来探索无规现象的某种规律和物理机制，这也是材料研究中应用分形的主题.

分形结构通常有两类：(i)确定性分形(有规分形)，如 Koch 曲线、Sierpinski 海绵等；(ii)统计性分形(无规分形)，如扩散置限凝聚，逾渗集团，无规行走，自回避无规行走等，这也与物理中按确定论和概率论划分描述方法相类似.因此，分形也成为描述自然现象及其规律性的一个强有力的工具.

(2)分形维数.一般说来，任何结构最基本的描述之一是该结构的维数概念，它是联系一个几何对象线度与体积(或面积、长度)的测量关系的无量纲量.分形结构通常可用两个维数来描述，即(i)空间欧几里得维数 d 和(ii)分形维数(Hausdorff 维数)D，它是度量分形结构的几何参数.

空间欧几里得维数 d，大家都比较熟悉不必细述.

Hausdorff 于 1919 年提出一种维数的一般化表述，他的思想依赖于"标度"概念，即测量同一对象用测量的不同单位.设有一条长度为 L 的线，若用一长为 r 的"尺"作为单位去量它，量度的结果是 N，我们就说这条线有 N 尺.显然，N 的数值是与所用尺的大小有关，它们之间具有下列关系：

$$N(r) = L/r \sim r^{-1}.$$

同理，若测量的是一块面积为 A 的平面，这时就应用 r^2 的单位小方块去测定它才能给出确定的 N 值.其 N 值为

$$N(r) = A/r^2 \sim r^{-2}.$$

如果不是用单位小方块去测量，而是用 r 的尺去直接测量，那是测不出这块面积的大小的.从数学角度来看，这无疑是提出了"一块面积有多长?"这样的问题.由此可见，测量任何一个物体时都必须要用一种适合于它的"尺"去量度，才能给出正确的数值，否则就会给出牛头不对马嘴的答案.数学家们把这个事实归纳为下述结论：对于任何一个有确定维数的几何体，若用与它相同维数的"尺"

去量度，则可得到一确定的数值 N，若用低于它维数的“尺”去量它，其结果为无穷大，若用高于它维数的“尺”去量它，其结果为零．其数学表达式为

$$N(r) \sim r^{-D},$$
$$D = \lim_{r \to 0} \ln N(r)/\ln(r), \tag{3.238}$$

式中 D 就称为 Hausdorff 维数，它可以是整数，也可以是分数．我们通常把 Hausdorff 维数是分数的物体称为分形，有时也称 D 为分数维数．所以维数不是整数就成了分形的第二个特征．式(3.238)是在假定物体的宏观尺度 L 保持不变，而不断改变测量尺的大小 r 的条件下给出的．对于一些物理中的生长问题，这时构成物体的小单元(如胶体凝聚时的分子等)的尺度不变，即 r 不变，但物体的宏观尺度 L(如回旋半径等)在不断地增大．因此，可将式(3.238)改写为

$$N(L) \sim L^{D},$$
$$D = \lim_{L \to \infty} \ln N(L)/\ln(L), \tag{3.239}$$

式(3.238)和式(3.239)是两个常用的确定分数维数 D 的公式．在应用上述两个公式时，我们要注意它们的适应范围．显然，除了严格的数学模型外，对于实际的物体，L 不可能趋向于无穷，r 也不可能趋近于零．换句话说，也就是分形的自相似性或标度不变性只在一定的范围内适用．通常取它的下边界到原子尺度，上边界到宏观实物．对一般物体来说，标度变换的范围可以达到好几个数量级．我们把标度不变性适用的空间称为无标度空间．对于正常的几何体，其 Hausdorff 维数 D 与欧几里得维数 d 是一致的．但对于分形体两者就会有差别，它们之间的关系是 $D \leqslant d$．

(3)NPW 模型[38]．气体、液体、固体电介质击穿经常产生狭窄的放电通道，通道强烈的分枝趋势构成复杂的随机图形，如：闪电、表面放电及聚合物中的树枝．分枝放电的整体结构在放电类型的大体划分上表现出准确的结构相似性．但是，从瞬间来看，即使对这些结构作定性分类也未获成功．一方面，由于放电往往始于电场

最高点处，且因静电，这些点应是分枝的顶端(即顶端效应)．另一方面，若顶端效应占优势击穿将沿直线向另一电极进行．而实际观察到的都是有强烈分枝趋势的图形，这表明此过程有随机性，而没有决定性．因此顶端确定效应和随机效应两者的竞争决定了此现象．故而，可以用计算机模拟此现象．

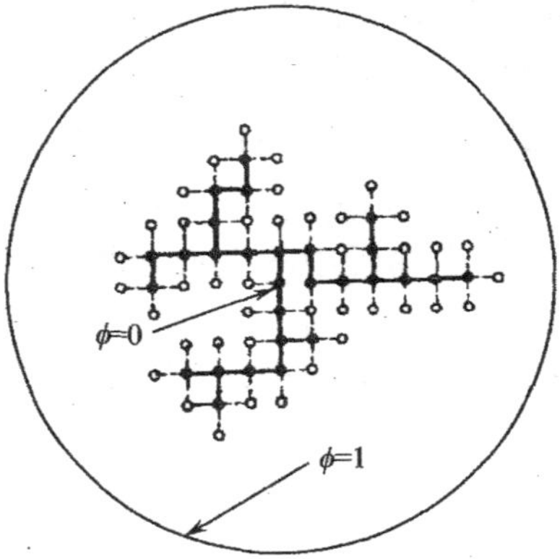

图 3.40　二维方形晶格上 DBM 模型的示意图．黑键形成导电相图形，虚键是下一步能生长的键．

利用分形几何能够定量描述电介质放电结构的生长规律．为了模拟放电结构生长提出了不同的分形生长的随机模型．1984 年 Niemeyer, Pietronero 及 Wiesmann 首先提出了分形介质击穿模型(DBM)，又称 NPW 模型．后来的一些模型大多以此为基础．

DBM 模型的物理图像是这样的．一个绝缘介质放在两个相距足够大的电极之间，在保持电势 ϕ_0 及 ϕ_∞ 与常数的电场作用下，且当电场超过一定数值时，介质局部击穿，导电成分开始在其中的一个电极(依赖于产生载流子的类型)形成，并以分形的生长形成发展．假设导电成分是等电势的，绝缘部分(电荷密度为零)的电势满足 Laplace 方程，即

$$\nabla^2 \phi = 0. \tag{3.240}$$

若考虑 DBM 在点阵上形成，即导电通路以分立步长联结，如图 3.40 所示．于是得到分立的拉氏方程．又称差分方程．现考察一个二维方形晶格，设晶格常数为 1，中心点为一个电极(例如针尖)，设想离中心足够远处的另一电极为圆周．此时方程(3.240)变成

$$\begin{aligned}\nabla^2\phi = &[(\phi_{i+\hat{x}} - \phi_i) - (\phi_i - \phi_{i-\hat{x}})] \\ &+ [(\phi_{i+\hat{y}} - \phi_i) - (\phi_i - \phi_{i-\hat{y}})] = 0,\end{aligned} \tag{3.241}$$

整理后得：

$$\sum_{\delta}\phi_{i+\delta}-4\phi_{i}=0. \tag{3.242}$$

边界条件是这样定的：在无穷远处(源)的 ϕ_i 取成常数并可归一，而在集团上粒子不可逆地粘连在上面，故 $\phi_i=0$(或导体电势为0)，亦即

$$\phi_{\infty}=1,\phi_{0}=0 \quad (\text{集团上}). \tag{3.243}$$

一般说来，对于 DBM 系统，集团通过在其最邻近格点 i 附加上一个粒子而得到的下一步生长概率 P_i 应是 ϕ 在该点的电势梯度 E_i 的函数. 由于 ϕ 将线性地依赖于 ϕ_∞ 与 ϕ_0，故梯度将与这些值无关. 生长概率的最自然选择是很简单的

$$P_{i}\sim\frac{1}{N}(\nabla\phi)_{i}, \tag{3.244}$$

式中 N 是归一化因子，以使 $\sum\limits_{i}P_{i}=1$. 在以后所有的处理中将取 $\phi=0$. 此时 $E_i=\phi_i$. 正好对应 DLA(扩散置限凝聚)的情形. 更一般地的考虑，我们可取 DBM 的生长概率为

$$P_{i}\sim\frac{1}{N}(\nabla\phi)_{i}^{\eta}. \tag{3.245}$$

事实上，这也就是生长概率标度不变形式(很依赖于集团的几何结构)的最一般选择. 现在，DBM 问题已完全由 Laplace 方程(3.242)，边界条件(3.243)和生长概率(3.245)所描述. 显而易见，集团自相似性质的出现是 Laplace 方程和生长概率函数形式标度不变性的直接结果. 同样也可知，Laplace 场将长程相关引入系统的同时也导致前面所提过的所谓屏蔽效应.

人们对于 DBM 的 $\eta=1$ 情形进行了大量的计算机模拟，将结果与 DLA 的相比较表明，两者的确等同，$D_{\mathrm{DBM}}(\eta=1)=1.70$，$D_{\mathrm{DLA}}=1.71$.

此外，生长概率中参数 η 的变化将会导致分形维数 D 的较复杂变化. 在 $\eta\to\infty$ 的极限情形下，只有电场梯度最大的格点，即分支顶点满足 $P_i\neq0$，其余均为零，这将导致线性生长($D=1$). 在

$\eta \to 0$的极限情形下，在界面上，$(\nabla\phi)^{\eta}=1$，生长概率 P 是界面格点总数的倒数，且在界面上处处相等，此时根本没有屏蔽效应.于是，$D=2$，正好与所谓的 Eden 癌模型对应.而对于 η 不太大的情形，由于其场的依赖关系比 η 大时减弱，故可预计屏蔽效应也将被削弱.这样小 η 值的集团比大 η 值的紧密，故对应的分形维数 D 大(表 3.4).

表 3.4　在利用 $P_j \sim E^{\eta}$ 时 Hausdorff 维数 D 与幂指数 η 的关系

η	D
0	2
0.5	1.89 ± 0.01
1	1.75 ± 0.02
2	~ 1.6

这一随机模型的本质是:生长概率依赖于局部电场，而该局部电场由等势的放电图形所决定.也就是放电图形周围的局部电场并不直接控制，而是通过随机过程控制生长.这意味着图形并不恰好在最大局部场处生长，而是在生长概率最高点生长.这就将决定性过程变为随机过程.给出统计意义上的分枝可能性.这从当 η 改变时，分形维数 D 随之变化得到证实.同时也说明了同一模型当所取格点数目不同，边界条件不同得到的分形维数不同.这反映出:放电生长的微观机理是由它的整体结构调制的事实.

此方法最艰难部分是每步都需求解 Laplace 方程

$$\nabla^2\phi = 0. \tag{3.246}$$

二维晶格离散的 Laplace 方程为

$$4\phi_{i,k} = (\phi_{i+1,k} + \phi_{i-1,k} + \phi_{i,k+1} + \phi_{i,k-1}), \tag{3.247}$$

给定适当的边界条件，通过对离散的 Laplace 方程迭代求解，可得 ϕ.经过 5～50 次之间迭代就得到好的收敛结果.在 $\eta=1$ 时，通过对 5000 个点的 5 个大样本的平均后得到 Hausdorff 维数 $D=1.75$，它与实验放电图形分析所得数值 $D\approx 1.7$ 是符合的.由 NPW 得到的放电图形如图 3.41 所示，不同 η 值时的 Hausdorff

维数如表 3.4 所示. 表与图中 D 的 ± 误差是斜率统计涨落造成的，但并不能排除当系统因有限尺寸而带来更大的系统误差.

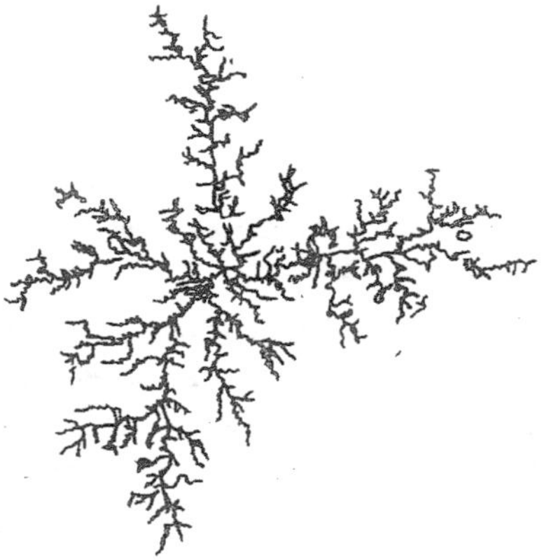

图 3.41　在大约 5000 步时计算机产生的放电图形. $\eta=1$ 时得到的 Hausdorff 维数 $D=1.75\pm0.02$.

η 值的讨论较有意义，因为在其他系统中[不是气体，而是固体、液体及聚合物(可能存在不均匀性)]，生长概率与局部电场间的微观关系可能更宜于用一个非线性函数近似表示.

当 $\eta=0$ 时，对应于 P_j 与局部电场无关的情形. 属 Eden (癌)模型，即生长是均匀的 $D=2$ 与欧几里德维数相等. 当 $\eta=0.5$ 及 $\eta=2$ 时，$D_{(\eta=0.5)}>D_{(\eta=2)}$，这说明 D 与 η 有关. η 大，结构趋向于更“线性”，但不普适，原因是采用现在的方法细致研究 $\eta\to\infty$ 极限情况是不可能的. 因为 $\eta\to\infty$ 的情况很可能是非解析的. 交换 $\eta\to\infty$ 和热力学 $N\to\infty$ 两种极限可能产生不同的特性.

参　考　文　献

[1] 方俊鑫，殷子文. 电介质物理学. 北京：科学出版社，2000:84

[2] 雷清泉. 高聚物的结构与导电性能. 武汉：华中理工大学出版社，1990:36

[3] Morse P M, Feshbach H. Methods of Theoretical Physics. McGraw Hill Book Co:1953:557

[4] Bloch F. Physik Z., 1923(52):555

[5] Kramers H A. Physica, 1935(2):483

[6] Wigner E, Seitz F. Phys. Rev., 1933(43):804;1934(46):509

[7] Herring C. Phys. Rev., 1940(57):1169

[8] Woodruff T O. Solid State Physics. New York:Academic Press, 1957(4):367

[9] Elliott S R. Physics of Amorphous Matericals, Longman, 1983:173

[10] Cohen M H, Fritzsche H, Ovshinsky S R. Phys. Rev. Lett., 1969(22):1065

[11] Davis E A, Mott N F. Philos. Mag., 1970(22):903

[12] 高观志. 雷清泉译. 黄维著固体中的电输运. 北京:科学出版社, 1991:172

[13] Wagner C, Schottky W. Z. Physik. Chem., 1931(B 11):163

[14] Френкель Я И. Z. Physik, 1926(35):652

[15] Liddiard A B. Ionic Conductivity. Handb. Phys., 1957:20

[16] Brodsky M H. Amorphous Semiconductors, 120, Topics in Applied Physics, Berlin: 1985(36):124

[17] Lei Q Q, Fan Y, Shan S F. Solid State Commu, 1991(79):995

[18] Many A, Rakavy G. Phys. Rev., 1962(126):1980

[19] Austin I G, Mott N F. Philos. Mag., 1969(35):41

[20] Zellen R. 黄昀等译. 非晶态固体物理学. 北京:北京大学出版社, 1988:154

[21] Scher H, Montroll E H. Phys. Rev., 1975(B 12):2455

[22] Pai D M. Phys. Rev., 1975(B 11):5163

[23] Collins R E. Appl. Phys. Lett., 1975(26):675

[24] Alguie C, Dreyfus G, Lewiner J. Phys. Rev. Lett., 1981(47):1483

[25] Takada T, Sakai T. IEEE Trans. on Electr. Insul., 1983(18):619

[26] Sessler G M. Electrets. Berlin: Springer-Verlag, 1980:81

[27] Mckeever S W S. Thermoluminescence of Solids. Cambridge University Press, 1985: 148

[28] Li Y, Takada T. IEEE Electr. Insul. Mag., 1994(10):16

[29] Verwey J F, Wolters D R. Insulating Films on Seniconductors. ed. by J. J. Simonne, J. Buxo, North-Holland, 1985:145

[30] 杨津基. 气体放电. 北京:科学出版社, 1983:359

[31] 陈季丹、刘子玉. 电介质物理学. 北京:机械工业出版社, 1982:269

[32] O'dwyer J J. The Theory of Electrical Conduction and Breakdown in Solid Dielectrics. Oxford, Clarendon Press, 1973:206

[33] 犬石嘉雄他. 诱电体现象论. 电气学会, 1974:256

[34] Stark K H, Garton C G. Nature, 1955(176):1225

[35] Dissado L A, Forhergill J C. Electrical Degradation and Breakdown in Polymers. Peter Peregrinus Ltd, 1992:1999

[36] Mandelbrot B B. The Fractal Geometry of Nature, W. H. Freeman, San Francisco, 1977:25

[37] Feder J. Fractal. NY: Plenum Press, 1988:117

[38] Niemeyer L, Pietronero L, Wiesmann H J. Phys. Rev. Lett., 1984, 52(12):1033

第四章　电介质的唯象理论

陆夏莲　周志刚　李景德

§4.1　热力学方法基本概念

4.1.1　宏观均匀体系

宏观物质中的结构粒子存在复杂的热运动，这种微观运动决定了物质的许多宏观性质．热力学方法的特点是找寻合适的宏观参数来描述宏观物质中热运动的平均效应．热力学早期是从研究理想气体开始的，故理想气体模型的基本特点一直保持了下来．电介质物理中广泛应用的是平衡态热力学．至于非平衡态热力学理论，在 20 世纪 70 年代才初步完整地建立起来，因其理论方法的复杂性，在电介质物理中还未得到成功的应用．

平衡态热力学研究的是宏观均匀体系．实验表明，在许多情况下，特别在理想气体的情况下，宏观物质中的热运动总是倾向于使之成为均匀体系．在一个均匀系中取一个宏观足够小的体元，使其中仍含有足够多的结构粒子，称为宏观无限小微观无限大体元，原则上可以计算出此体元中微观运动给出的各种物理量的平均值，称之为热力学量．若每种热力学量的值均与体元的具体划分方法无关，并且不因体元在体系中位置的不同而变化，则称此体系为均匀系．在热力学中称物质的宏观物理性质均匀的部分为一个相．因此，热力学量描述了宏观均匀系的整体性质．

当体系不是宏观均匀时，物质中的热力学量将和坐标有关而成为场量；其描述方法变得很复杂．此时，平衡态热力学方法不能应用．本章只介绍平衡态热力学方法．

热力学方法的特点是根据大量实验结果，归纳成3个基本定律.再由这3个定律出发用严格的数学方法推导出不同热力学量之间的关系.因此，热力学是一种唯象理论，不能采用它来根据自然常数计算出具体物质的热力学量的数值.但是，能严格地用来定义热力学量的实验值，并预言不同实验结果之间的关系.

热力学第一定律实质上就是能量守恒定律.定律指出，在一切过程中，由外界流入系统的热量 ΔQ 等于系统内能增量 ΔU 加上系统对外界所作的功 ΔW，即

$$\Delta U = \Delta Q - \Delta W. \tag{4.1}$$

$\Delta Q = 0$ 的过程称为绝热过程.系统温度 T 保持不变的过程称为等温过程.热力学第一定律的重要意义在于把热学量(温度、热量)同力学量建立起联系，将复杂的微观运动用简单的热学量来描述.根据过程中系统的力学条件的不同，式(4.1)定义系统的定容热容量 c_V 和定压热容量 c_P 为

$$c_V = \left.\frac{\partial U}{\partial T}\right|_V, \quad \text{下标 } V \text{ 表示体积不变;} \tag{4.2}$$

$$c_P = \left.\frac{\partial H}{\partial T}\right|_P, \quad \text{下标 } P \text{ 表示压强不变.} \tag{4.3}$$

如果定义 ΔW 为外界对系统所作的功，则式(4.1)右边第二项相差一个负号；例如，式(2.22)给出的是外电场对单位体积电介质所作的功.

热力学也是仿照力学原理建立起来的.在第二定律中定义了一个热力学广义力，称为绝对温度 T；相应广义位移称为熵，记为 σ.故由力学原理按定义就可写出微观公式

$$\mathrm{d}Q = T\mathrm{d}\sigma \text{ 或 } \mathrm{d}\sigma = \frac{\mathrm{d}Q}{T}. \tag{4.4}$$

因讨论的是均匀系，故要用热力学第三定律作补充说明：绝对零度是不可能达到的.

应该强调指出，无论是平衡态热力学还是随后发展起来的非平衡态热力学，所研究的热力学量只是热运动的平均值.热力学理

论仅适用于宏观范围，如果将热力学理论用到它的适用范围以外，就会得到荒唐的结果.例如如果认为宇观范围也遵守热力学理论，就会得出宇宙正在趋向于平衡态，这是十分错误的，已为现代宇宙观所否定.同样地，将热力学理论推广到微观的领域，也须谨慎处理.

4.1.2 热力学量

热力学是从研究微观结构最简单的理想气体的过程中建立起来的.一个理想气体在压强 P 时体积增加 ΔV，则系统对外界所作的功为

$$\Delta W = P\Delta V. \tag{4.5}$$

将式(4.5)和式(4.4)代入式(4.1)，得到

$$\Delta U = T\Delta\sigma - P\Delta V, \tag{4.6}$$

式中采用了增量的表示形式.当外界不再有其他作用方式与系统交换能量时，可将上式改写成如下的微分形式：

$$\mathrm{d}U = T\mathrm{d}\sigma - P\mathrm{d}V. \tag{4.7}$$

式(4.7)的数学意义表示，$\mathrm{d}U$ 是函数 U 的全微分，而函数 U 的自变量为 σ 和 V.而式(4.6)只是从物理分析角度作出的数学标记.我们将内能 U 称为系统的热力学函数，它描述了宏观系统的状态，是一个状态函数.

在理想气体的热力学研究中，式(4.7)中的 P 被看成是外界对系统施加的广义力，而($-\mathrm{d}V$)被看成是广义的微分位移.从式(4.7)的全微分性质出发，可知广义力与广义微分位移的乘积就是外界对系统所作的微功，公式右边第一项 T 为广义力，$\mathrm{d}\sigma$ 为广义微分位移.于是可将平衡态的概念推广为：当以广义位移为独立变量时，内能达到极小为物质系统热力学平衡的条件.独立变量从物理意义来说就是判断平衡的判据，当系统达到平衡后独立变量即不再变化.

然而，人们研究的系统所处的情况往往是复杂的，以广义位移来作为热平衡的判断依据未必切合实际.例如两个系统相接触时，

达到平衡的标准为两者的温度相等,并且不再变化.物理学上选择不同的观测对象,在数学上相当于选择不同的独立变量.在式(4.7)中,共出现两组变量,(T,σ)以及(P,V);在选择独立变量时可以有四种不同的选择,其中任一种选择方法都可用微分规则由式(4.7)推导出全微分关系.除式(4.7)以外,可得

$$dA = -\sigma dT - PdV, \tag{4.8}$$

$$dG = -\sigma dT + VdP, \tag{4.9}$$

$$dH = Td\sigma + VdP, \tag{4.10}$$

其中

$$A = U - \sigma T, \tag{4.11}$$

$$G = U - \sigma T + PV, \tag{4.12}$$

$$H = U + PV. \tag{4.13}$$

选择不同的自变量可得相应的热力学函数.式(4.7)至式(4.10)表示各个函数同自变量的关系.通常称$U(\sigma,V)$为内能,$A(T,V)$为亥姆霍兹自由能,$G(T,P)$为吉布斯自由能,$H(\sigma,P)$为热焓.这4个热力学函数都具有能量的意义,只是选用的独立变量不同而已.它们的物理意义为:对于所选用独立变量,物质系统热力学平衡的条件为相应的热力学函数达极小.四个函数都是物质系统的状态函数;在不同条件下的物质系统的状态,要用不同的热力学函数来描述.

只要知道了系统的状态函数的表示式,系统的各种宏观参数便可通过求偏微商的方法得到.例如,实验条件下确定了(T,V)为独立变量,则亥姆霍兹自由能A为描述该条件下的状态的函数.由式(4.8)可知

$$-\sigma = \frac{\partial A}{\partial T},$$

$$-P = \frac{\partial A}{\partial V}.$$

此外,借助二次偏微商先后次序,由式(4.7)至式(4.10)可以得到

$$
\begin{cases}
\dfrac{\partial^2 U}{\partial\sigma\partial V} = \left[\dfrac{\partial T}{\partial V}\right]_\sigma = -\left[\dfrac{\partial P}{\partial\sigma}\right]_V, \\
\dfrac{\partial^2 A}{\partial T\partial V} = -\left[\dfrac{\partial\sigma}{\partial V}\right]_T = -\left[\dfrac{\partial P}{\partial T}\right]_V, \\
\dfrac{\partial^2 G}{\partial T\partial P} = -\left[\dfrac{\partial\sigma}{\partial P}\right]_T = \left[\dfrac{\partial V}{\partial T}\right]_P, \\
\dfrac{\partial^2 H}{\partial\sigma\partial P} = \left[\dfrac{\partial T}{\partial P}\right]_\sigma = \left[\dfrac{\partial V}{\partial\sigma}\right]_P.
\end{cases}
\tag{4.14}
$$

式(4.14)称为 Maxwell 关系.它为描述宏观系统性质的各种参数提供了彼此之间的联系.

显然,在应用热力学方法时必须注意,清楚地记住状态函数同独立变量之间的关系是十分重要的.

热力学状态函数常被称为特征函数.前面,我们从理想气体的功的表示式(4.5)出发,推导出了这种系统的4个特征函数.通常,除了机械功以外,还可能是电场和磁场所作的功.对于理想电介质,将不考虑磁场的作用,对于传导现象也可以忽略不计,因而功的形式只有机械功和由式(2.22)给出的电极化的功.对于气态和液态电介质的热力学性质的讨论,问题比较简单.在固体中,式(2.22)所示的机械功表示方法已不再适用.因此,将对固态电介质的特征函数作进一步讨论.

§4.2 固态电介质的热力学描述方法

4.2.1 均匀形变

下面将分别讨论固体的应变和应力,并由应变和应力表征固态电介质的功,进而依此描述固态电介质物理性质的特征函数,并从热力学唯象理论出发,综述电介质中出现的各种物理效应.

对物质进行分类,在历史上最早的分类就是按物质存在的形态来划分的.无定形、无定积者称为气体,无定形有定积者称为液体,有定形有定积者称为固体.气态、液态、固态合称为物质的三态.后来从微观结构知道,固体中还有晶态和非晶态之分,而在固体和液体之间还有液晶状态等等.固体的形态与其中的价电子运动状态密切相关.价电子的运动在很大程度上直接和间接地决定了固体的几何性质和电极化性质.因此,固体的形变和极化有一定的内在联系.

右旋直角坐标系可以用来描述固体的形变.固体中原来位于 R_α 上的点,形变后的位置记为 $r_\beta = r_\beta(R_\alpha)$;其中 $\alpha, \beta = 1, 2, 3$ 表示坐标的不同分量.定义

$$u_\alpha = r_\alpha - R_\alpha, \quad \alpha = 1,2,3, \tag{4.15}$$

称 u_α 为形变位移在 α 方向的分量.在形变后,固体中两个邻近的点的相对坐标可写为

$$\mathrm{d}r_\alpha = \mathrm{d}R_\alpha + \frac{\partial u_\alpha}{\partial R_\beta}\mathrm{d}R_\beta, \tag{4.16}$$

其中 $\mathrm{d}R_\alpha$ 为这两个点在形变前的相对坐标,式右边采用 2.6.1 节中提出的求和惯例简记法.视 u_α 为 R_β 的函数,将式(4.15)微分就可以得到式(4.16).若固体在形变中不发生断裂等机械损坏,则作为 R_β 的函数的微商 $\partial u_\alpha/\partial R_\beta$,应该是连续的.如果这九个微商在整个物体中都是常数,则相应的形变称为均匀形变.今后若无特别注明,均将假设形变是均匀的.

图 4.1 所示的是均匀形变时所发生的位移.当 $\alpha \neq \beta$ 时,$\dfrac{\partial u_\alpha}{\partial R_\beta}$

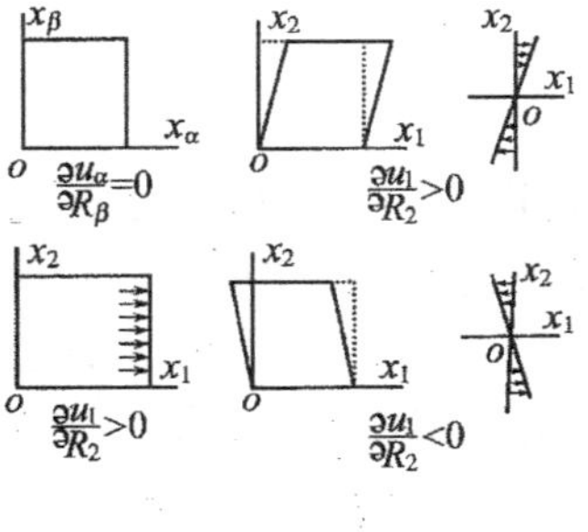

图 4.1 均匀形变和位移.

给出$\alpha\beta$平面上的应变角，角度的方向顺时针为正；而$\frac{\partial u_\alpha}{\partial R_\alpha}$则为$\alpha$方向上的相对伸长，负值表示缩短. 9个微商$\frac{\partial u_\alpha}{\partial R_\beta}$中，以$\alpha$标行，以$\beta$标列，组成一个$3\times3$矩阵. 若令

$$\begin{cases} S_{\alpha\beta} = \frac{1}{2}\left(\frac{\partial u_\alpha}{\partial R_\beta} + \frac{\partial u_\beta}{\partial R_\alpha}\right), \\ \Omega_{\alpha\beta} = \frac{1}{2}\left(\frac{\partial u_\alpha}{\partial R_\beta} - \frac{\partial u_\beta}{\partial R_\alpha}\right), \end{cases} \tag{4.17}$$

则该矩阵可分解成两个矩阵之和

$$\left(\frac{\partial u_\alpha}{\partial R_\beta}\right) = (S_{\alpha\beta}) + (\Omega_{\alpha\beta}). \tag{4.18}$$

由式(4.17)容易看出，$S_{\alpha\beta} = S_{\beta\alpha}$，构成对称矩阵；而$\Omega_{\alpha\beta} = -\Omega_{\beta\alpha}$，则构成反对称矩阵. 根据2.6.1节所述，在坐标轴的旋转变换(2.168)中，9个量$S_{\alpha\beta}$满足三维空间二阶张量分量的变换规律；因此构成二阶对称张量S，它描述固体的均匀形变，称之为应变张量. 以$\Omega_{\alpha\beta}$为分量组成的物理量Ω在坐标旋转中不满足张量的变换规律，它不是张量. 根据Ω在坐标旋转变换中的规律，数学上称之为旋量；它描述物体的整体旋转，通常在物质的磁性理论中得到应用.

图4.2示出了$S_{12} = S_{21} > 0$的形变；比较图4.1用$\partial u_1/\partial R_1$和$\partial u_2/\partial R_1$所描述的形变可以看出，后者所描述的切变中含有旋转的成分. 经过式(4.17)和式(4.18)的分解，旋转部分可被除去. 当$\alpha \neq \beta$时，$S_{\alpha\beta}$表征$\alpha\beta$平面上无旋转的纯切应变，而$S_{\alpha\alpha}$表示α方向的长应变. 应变分量$S_{\alpha\beta}$按定义是个相对值，无量纲. 在不出现磁场的情况下，电介质问题可视为与固体的整体旋转无关. 因而我们假设$\Omega = 0$.

一般来说，$S_{\alpha\beta}$都是一些10^{-3}数量级或更小的量；这时，切应变就等于以弧度为单位的切变角. 如果$S_{\alpha\beta}$为微小量，将式(4.16)两边平方就可以得到固体中的线元与应变时发生的伸长量有关.

$$|\mathrm{d}r|^2 - |\mathrm{d}R|^2 = 2S_{\alpha\beta}\mathrm{d}R_\alpha \mathrm{d}R_\beta. \tag{4.19}$$

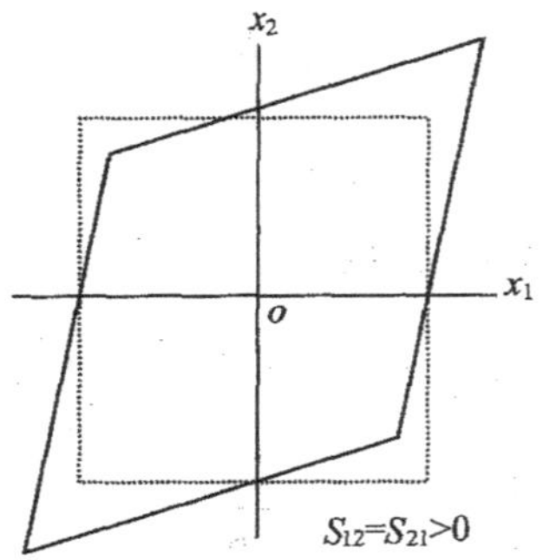

图 4.2　无旋转纯切应变.

4.2.2　应变和应力

固态电介质所受的外力分为两种:一种是通过固体的界面施加,称为面积力,它将引起固体发生形变;另一种称为体积力,它与固体的表面无关,例如重力.在一般情况下,我们所观察的固体的体积 V 不会太大,因此体积力可认为是均匀的.当固体的结构为均匀时,体积力的效果为引起物体的整体平移运动.这种运动通常与固体的介电性质无关;我们将不予考虑这种运动.这就是说,设体积力为零.物体通过其表面 A 受到的总力可写为

$$\boldsymbol{F} = \oint_A \boldsymbol{f} \mathrm{d}A. \tag{4.20}$$

无限小力 $\boldsymbol{f}\mathrm{d}A$ 可能随 $\mathrm{d}A$ 的位置 $\boldsymbol{R}$ 以及面元 $\mathrm{d}A$ 的取向而变.记面元 $\mathrm{d}A$ 的外法向为 $\boldsymbol{n}$.力 $\boldsymbol{f}\mathrm{d}A$ 的垂直于 $\boldsymbol{n}$ 的分量称为切力,平行于 $\boldsymbol{n}$ 的分量称为正交力.如前所述,我们不考虑引起物体整体平移或旋转的力.这时,可以将力 $\boldsymbol{f}$ 分解为

$$f_\alpha = X_{\alpha\beta}(\boldsymbol{R}) n_\beta, \quad \alpha, \beta = 1,2,3. \tag{4.21}$$

应用动量守恒和动量矩守恒定律可以证明,以 $X_{\alpha\beta}$ 为分量的 X 是三维空间的一个二阶对称张量,称之为应力张量.

根据上面的定义,$X_{\alpha\alpha}$ 是作用于垂直 α 方向的单位面积的面元上的正交力；习惯规定使物体拉伸的正交应力为正，而使物体压缩的力为负．在有的著作中称物体反作用于外界的力为应力，这两种定义之间恰好相差一个负号．我们将规定应力指的是外界施加于物体的力．单位面积切向力 $X_{\alpha\beta}$的角标表明应力沿 α 方向而垂直于 β 方向．应用高斯定理可将面积力 $\boldsymbol{f}$ 化为体积力．这时式(4.20)变为

$$F_\alpha = \int_V \sum_\beta \frac{\partial X_{\alpha\beta}}{\partial R_\beta} \mathrm{d}V. \tag{4.22}$$

式(4.22)积分内所示的是体积力．一般来说，这种体积力是通过物体的表面传到物体内部的，它将使物体内部各部分之间产生相对运动，从而引起物体的形变．

分析应力张量 X 所作的功，便可清楚地看出各分量的物理意义．记 $\boldsymbol{R}$ 点上体元 $\mathrm{d}V$ 的位移为 $\mathrm{d}\boldsymbol{u}$，则应力所作的机械功为

$$\mathrm{d}W_M = \oint_A \boldsymbol{f} \cdot \mathrm{d}\boldsymbol{u} \mathrm{d}A = \oint_A X_{\alpha\beta} n_\beta \mathrm{d}u_\alpha \mathrm{d}A.$$

用高斯定理将上式的面积分变为体积分，得到

$$\mathrm{d}W_M = \int_V \left(\frac{\partial X_{\alpha\beta}}{\partial R_\beta} \mathrm{d}u_\alpha + X_{\alpha\beta} \frac{\partial}{\partial R_\beta} \mathrm{d}u_\alpha \right) \mathrm{d}V. \tag{4.23}$$

注意，前面已指出 $X_{\alpha\beta} = X_{\beta\alpha}$；当应力为均匀，即 X 与 $\boldsymbol{R}$ 无关时，用式(4.17)定义的应变分量可将式(4.23)改写为

$$\mathrm{d}W_M = \int_V (X_{\alpha\beta} \mathrm{d}S_{\beta\alpha}) \mathrm{d}V. \tag{4.24}$$

上式表明，均匀的应力 $X_{\alpha\beta}$使应变出现增量 $\mathrm{d}S_{\beta\alpha}$时，外界对单位体积固体所作的功为

$$\frac{\Delta W_M}{\Delta V} = X_{\alpha\beta}\, \mathrm{d}S_{\beta\alpha}. \tag{4.25}$$

可见，$X_{\alpha\beta}$便是引起应变$S_{\beta\alpha}$的应力．参阅图 4.1 和图 4.2 可以明白应力张量各分量的物理意义，$X_{\alpha\beta}$为作用于固体的广义力．$S_{\beta\alpha}$为它所引起的广义位移．应力的计算单位为 $\mathrm{N/m^2}$，或称为 Pa.

4.2.3 外界对电介质作功的形式

根据式(4.25)和式(2.22)，当我们不考虑磁场的作用时，外界通过电场和应力两种方式对单位体积电介质所作的总功可写为

$$dW = E_\alpha dD_\alpha + X_{\alpha\beta} dS_{\beta\alpha}, \tag{4.26}$$

这个功形成了固体电介质内能增量的一部分.系统内能增量的另一部分以热量方式传入，若在式(4.4)中 $d\sigma$ 代表单位体积固态电介质的熵的增量，而用 dU 代表系统单位体积内能的增量，则根据热力学第一定律

$$dU = dQ + dW,$$

$$dU = Td\sigma + E_\alpha dD_\alpha + X_{\alpha\beta} dS_{\beta\alpha}. \tag{4.27}$$

式(4.27)为全微分，内能函数 U 中所含自变量为(σ, D_α, $S_{\beta\alpha}$).这里共有 13 个自变量，但是根据式(4.17)所定义的应变张量的对称性质

$$S_{\alpha\beta} = S_{\beta\alpha}, \tag{4.28}$$

在这 13 个自变量中只有 10 个为独立自变量.

在函数表示式中出现非独立的自变量会给数学推导带来麻烦，因而在作进一步讨论之前必须先设法把它消去.注意到 X 和 S 都是对称张量，各自均只有 6 个独立分量，因此 Voigt[1]提出了一种简化方法：只用一个下标来区分不同的独立分量，令

$$\begin{cases} S_1 = S_{11}, \quad S_2 = S_{22}, \quad S_3 = S_{33}, \\ S_4 = S_{23} + S_{32}, \quad S_5 = S_{31} + S_{13}, \quad S_6 = S_{12} + S_{21}; \end{cases} \tag{4.29}$$

$$\begin{cases} X_1 = X_{11}, \quad X_2 = X_{22}, \quad X_3 = X_{33}, \\ X_4 = X_{23} = X_{32}, X_5 = X_{31} = X_{13}, \quad X_6 = X_{12} = X_{21}. \end{cases} \tag{4.30}$$

式(4.27)所示单位体积固态电介质的内能全微分可改写为

$$dU = X_i dS_i + E_\alpha dD_\alpha + Td\sigma, \tag{4.31}$$

式中所有自变量均为独立的，并使用了求和惯例简记法，其中 $i =$

$1,2,\cdots,6$；$\alpha=1,2,3$. 在下面公式中经常会出现两种下标；为了不致混淆，本章规定用希腊字母 $\alpha,\beta,\gamma,\cdots$ 表示取值为 1,2,3 的三分量附标；用拉丁字母 $i,j,k,\cdots$ 表示取值为 $1,2,\cdots,6$ 的六分量附标. 按 Voigt 记法的六分量附标中，附标取值的前 3 个依次表示 X_1,X_2,X_3 轴方向上的正应变或正应力；后 3 个依次表示同 X_1,X_2,X_3 轴垂直的面上的切应变或切应力.

Voigt 记法解决了数学分析表示式的困难. 但是应该指出，式(4.31)所示的 Voigt 记法不是张量记法. 严格说来，一个三维二阶张量的分量也不能只用一个下标记为 X_j 或 S_j. 我们只是根据式(4.29)和式(4.30)定义了一些参数，使这些参数等于某个张量的某些分量或其组合. 张量的本质决定了它的分量只能按一定规则标记，这些规则是从坐标系的转轴变换中归纳出来的. 当出现坐标转轴变换问题时，非张量记法的式(4.31)将出现很大困难，而用标准的张量记法的式(4.27)却十分简单，只要根据 2.6.1 节指出的规律进行代换就可以了. 在不同的运算要求中，我们可以采用不同的记法. 但是必须记住，S_i 或 X_i 都不是张量的分量. 例如由定义式(4.29)可以看出，S_i 有时可以等于张量的两个分量之和. 一个张量的两个分量之和在物理上和数学上的意义显然不再等于这个张量的分量. 在习惯口语上，或者有时纯粹为了文字叙述上的方便，仍可以称 S_i 或 X_i 为张量的分量. 但不能因此就误解了它们的数学和物理本质.

4.2.4 平衡态固相电介质

物质系统的各种宏观性质可用热力学状态函数来统一描述. 只要知道了系统的特征函数，有关的各种宏观参数就可以从特征函数出发，借助适当的数学运算方法得到. 式(4.31)给出了单位体积电介质内能的全微分表示式，内能 $U(S_i,D_\alpha,\sigma)$ 就是固态电介质的特征函数之一. 下面将对固态电介质的各种热力学特征函数的全微分表示式作进一步讨论.

在式(4.31)中，按热力学意义可以称 X_i,E_α,T 为广义力；而

称 S_i, D_α, σ 为广义位移. 通常, 把广义力看成是外加于系统的作用, 而把广义位移看成是系统在外加作用下的响应. 然而热力学理论在利用数学方法时, 完全可以在力学量(X_i, S_i)、电学量(E_α, D_α)、热学量(T, σ)这三对变量中各任选一个为自变量. 于是共有 8 种不同的选择, 从而得到 8 种不同的特征函数; 表 4.1 列出了 Mueller 所得的结果[2]. 在许多场合下, 把这些热力学态函数写成类似于式(4.7)至式(4.10)的全微分形式会更方便于应用. 8 个状态函数的微分形式为

$$\mathrm{d}U = X_i\mathrm{d}S_i + E_\alpha\mathrm{d}D_\alpha + T\mathrm{d}\sigma, \tag{4.31}$$

$$\mathrm{d}A = X_i\mathrm{d}S_i + E_\alpha\mathrm{d}D_\alpha - \sigma\mathrm{d}T, \tag{4.32}$$

$$\mathrm{d}H = - S_i\mathrm{d}X_i - D_\alpha\mathrm{d}E_\alpha + T\mathrm{d}\sigma, \tag{4.33}$$

$$\mathrm{d}H_1 = - S_i\mathrm{d}X_i + E_\alpha\mathrm{d}D_\alpha + T\mathrm{d}\sigma, \tag{4.34}$$

$$\mathrm{d}H_2 = X_i\mathrm{d}S_i - D_\alpha\mathrm{d}E_\alpha + T\mathrm{d}\sigma, \tag{4.35}$$

$$\mathrm{d}G = - S_i\mathrm{d}X_i - D_\alpha\mathrm{d}E_\alpha - \sigma\mathrm{d}T, \tag{4.36}$$

$$\mathrm{d}G_1 = - S_i\mathrm{d}X_i + E_\alpha\mathrm{d}D_\alpha - \sigma\mathrm{d}T, \tag{4.37}$$

$$\mathrm{d}G_2 = X_i\mathrm{d}S_i - D_\alpha\mathrm{d}E_\alpha - \sigma\mathrm{d}T, \tag{4.38}$$

表 4.1 固态电介质的特征函数

名　称	定义和表示式	独立变量
内能	U	S_i, D_α, σ
亥姆霍兹自由能	$A = U - \sigma T$	S_i, D_α, T
热焓	$H = U - S_iX_i - E_\alpha D_\alpha$	X_i, E_α, σ
弹性焓	$H_1 = U - S_iX_i$	X_i, D_α, σ
电焓	$H_2 = U - E_\alpha D_\alpha$	S_i, E_α, σ
Gibbs 自由能	$G = U - \sigma T - S_iX_i - E_\alpha D_\alpha$	X_i, E_α, T
弹性 Gibbs 函数	$G_1 = U - \sigma T - S_iX_i$	X_i, D_α, T
电 Gibbs 函数	$G_2 = U - \sigma T - E_\alpha D_\alpha$	S_i, E_α, T

这些公式的推导很简单, 由热力学定律得到的式(4.31), 利用表 4.1 定义的各种函数作全微分, 就可得到式(4.32)至式(4.38)的各个公式, 在固态电介质中, 所有热力学函数都按单位体积计算,

这与普通热力学理论中常以气体为例的情况不同，气体只能按质量或摩尔数计算其热力学函数，因为其体积是不定的.

从实验工作的角度来看，式(4.31)至式(4.38)的物理意义是很明显的.在进行固态电介质有关参数测量时，必须注意力学、电学和热学这3个方面的条件.每方面的条件相应于各式右边的项.当选定不同参数作为实验变量时，描述系统状态的特征函数是不同的.当以应变、电势移和熵作实验变量时，系统的状态用内能描述；而当以应变、电势移和温度作实验变量时，就要用亥姆霍兹自由能来描述系统的状态，因为此时即使实验过程中温度不变($dT=0$)，系统也会与外界有热交换从而使内能无法确定.

电介质在热平衡态下的相，按其电极化性质可分为顺电相、铁电相和反铁电相等几种.不同相的出现与系统的力学、电学、热学参数有关.在选定了自变量之后，系统的热平衡态稳定的相必须使相应的特征函数为极小值.因此，分析各种特征函数的极小值可以说明电介质相变的宏观规律.

处于某个确定的相的电介质，不同热力学变量之间有固定的联系.表征这种联系的参数被称为物性参数.例如前面用介电常数表征了电势移同电场之间的联系.介电常数是在第二章和第三章讨论得最多的物性参数.但是电介质的物性参数还有很多.描述电介质的变量共有6个：应力、应变、电场、电势移、温度和熵，其中的任两个之间都可能有某种联系.下面，我们将从电介质的特征函数出发，分别给出常见的一些物性参数的定义；并利用特征函数的全微分性质，找到各种物性参数之间的可能出现的联系.

我们已经建立起了固态电介质唯象理论的基础：找到了由式(4.31)至式(4.38)的热力学特征函数.本章的以下各节，就是从这个统一的理论出发，分别论述出现于固态电介质的各种物理效应.我们将首先讨论电介质的极性相变，然后分述电介质在热平衡态下的各种物理性质；最后再简单讨论热力学唯象理论在电介质问题中的应用限度.

§4.3 极性固态相变

4.3.1 自发极化和电畴

1655年,法国罗息(La Rochelle)地方的药剂师 Seignette 最早制造出了酒石酸钾钠(sodium potassium tartrate tetrahydrate, $NaKC_4H_4O_6 \cdot 4H_2O$).这种晶体后来被称为罗息盐(rochelle salt,简称为RS).1920年 Valasek[3]发现 RS 晶体在外电场 E 作用下,其极化强度 P 有如图4.3所示的滞后回线关系,表现出特殊的非线性介电行为;RS的这种特性被称为 Seignette 电性.由于当时人们已熟知铁磁体的磁滞回线,图4.3的 $P(E)$ 关系曲线和铁磁体的 $B(H)$ 关系曲线很相似,故被称为电滞回线(electric hysteresis loop).于是,由磁现象的类比,把 Seignette 电性称为铁电性(ferroelectricity).而把具有铁电性的物质称为 Seignette 电体或称为铁电体(ferroelectrics).

在图4.3所示的电滞回线中,强场饱和部分成一直线.该直线的延长线与 P 轴所交 P_{SA} 点,称为饱和极化强度(saturation polarization).电滞回线对于坐标原点通常是对称的,回线与 P 轴相交于 $\pm P_r$ 点,称 P_r 为剩余极化强度(residual polarization).回线与 E 轴交于 $\pm E_C$ 点,称 E_C 为矫顽场(coercive field).由于 RS 结构比较复杂,每个晶胞含有112个原子,其具体结构当时还未能弄明白.在 RS 为惟一的已知的铁电体的将近20年期间,关于铁电性的微观机理仍然无从分析.直到1935至1938年,Busch 和 Scherrer[4,5] 发现磷酸二氢钾(potassium dihydrogen phosphate, KH_2PO_4,简称为 KDP)及其许多同构晶体也具有类似于 RS 的特殊介电行为.这系列晶体还具有压电性,室温下机电耦合系数很高,二次大战期间在水声方面得到了广泛应用.更有意义的是 KDP 型晶体的结构比 RS 简单得多了,每个晶胞只有16个原子.因此 Slater[6]在1941年得以类比于铁磁体中电子自旋有序化理论提出了 KDP 的铁电性的质子位置有序化微观模型.

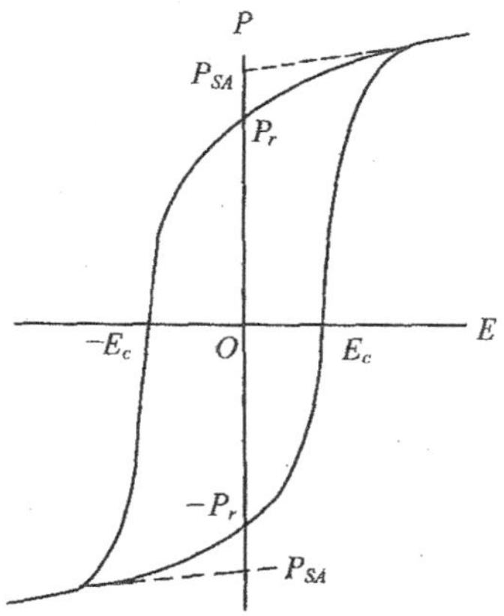

图 4.3 电滞回线.

另一方面,1925 年左右就发现了钛酸盐陶瓷具有很高的介电常数.为了找寻高介电常数陶瓷作为电容器的介质,1945 年找到了室温下相对介电常数高达 1000 至 3000 的钛酸钡(barium titanate, $BaTiO_3$,简称为 BT)陶瓷.而后在 1945 和 1946 年 Wul 和 Goldman 报道了钛酸钡陶瓷的铁电性[7].1950 年,Slater[8]提出了钛离子位移模型,用来解释钛酸钡的铁电性.1954 年以后,钛酸钡单晶被人工制备成功.$BaTiO_3$ 晶体具有钙钛矿结构,每个晶胞只有 5 个原子.在今天已知的一千多种铁电晶体中,这种结构的铁电体已经成为数目最多的一类.

早期人们曾把出现电滞回线作为判断铁电性的依据,但是作为铁电体,这一判据并不是惟一的.众所周知,电容器中的电介质具有非线性电阻,或者在强场下介电常数与场强有关时,用通常观察电滞回线的方法也可以出现回线.因为测量方法本身并不能判断回线是由电介质的铁电性所引起的还是由其他原因所引起.但从另一方面来看,有些铁电体因为电阻率太低或其他原因,根本无法加上足够强的电场来观察回线.因此只能认为出现电滞回线是铁电体的重要特征之一,回线的观察往往是发现铁电体的第一步.从微观结构上来考虑,铁电体可定义为,铁电体的晶胞都具有大小相等的非零电偶极矩;晶胞具有两个或两个以上的结晶学等效方向,电矩可以沿其中任一个方向取向.在热平衡状态下,相邻晶胞的电矩取向相同形成亚微观尺度范围的取向有序化;在外加电场等作用下,铁电体中的电矩可以由原来取向转变到其他能量较低的方向.

铁电体微观结构的上述特点决定了它有许多特殊的宏观性质,从而区别于普通电介质.所谓铁电性通常是指铁电体的微观结构性质,以及因此而可能显示出来的宏观性质.下面概括地介绍电介质的各种宏观铁电性质.

铁电晶体晶胞中的电偶极矩是电介质在转变为铁电体时自发出现的,虽有若干种可能取向,但其数值为一定.这个电矩的数值除以晶胞的体积所得到的商称为自发极化强度 P_s,通常,一个自然形成的铁电单晶或铁电陶瓷晶粒中出现许多微小的区域;每个区域中所有晶胞的电矩取向相同;而相邻区域电矩的取向不同.这样的区域称为电畴.图 4.4 示出室温时 $BaTiO_3$ 中的电畴结构;小方格表示晶胞,箭头标出电矩方向,两个电畴的分界称为畴壁.图中 AA 分界线两侧电矩取向反平行,称为 180°畴壁;BB 分界线为 90°畴壁.钛酸钡晶体在高温态未成为铁电体之前具有立方对

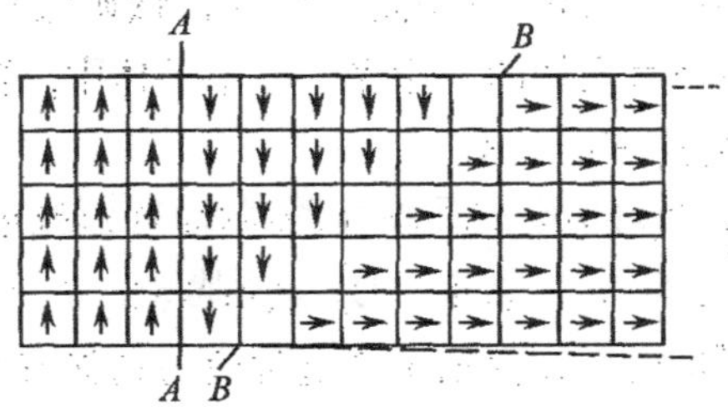

图 4.4 电畴结构

称，当冷却下来转变为铁电体时，晶胞沿极化方向稍为伸长而垂直方向略有收缩．所以 90°畴壁两侧电矩取向的夹角实际上并不精确等于 90°．图中虚线表示左半边格子的延长线．一般宏观大小的铁电晶体，由于各种电畴的电矩取向不同而互相抵消．显然，尽可能地把电矩完全抵消更有利于降低晶体的总能量而成为更稳定的状态．因此，自然冷却形成的铁电晶体的宏观极化强度通常都等于零．

当电介质晶体的晶胞出现自发极化而具有电矩时，相邻晶胞的电矩可以同向排列而具有铁电性；也可以相间反向排列而具有反铁电性(anti-ferroelectricity)．在自发极化出现之前的非极性晶体，称为具有顺电性(paraelectricity)的晶体．显然，这是形式上类比于铁磁性、反铁磁性、顺磁性而命名的．当铁电晶体的温度逐渐升高时将经历不同的结构相变，直到铁电性完全消失．铁电性完全消失的最后转变温度 T_c 称为铁电居里点．通常，当温度升高或降低使晶体发生相变时，高温相的对称性一般比低温相的为高．铁电晶体被加热至晶体熔融前所能达到的对称性最高的相称为原型相(prototype phase)．例如 $BaTiO_3$(BT)的原型相为 ABO_3 型钙钛矿结构，具有点群 O_h 对称，这时的晶体为顺电相；当温度冷却至 $T_c = 120℃$ 时，BT 转变为铁电相，属点群 C_{4v}；自发极化电矩有 6 个可能的取向：平行或反平行于原型相的 3 个立方轴之一．这时，晶胞沿极化方向伸长约 1%，$P_s = 26 \times 10^{-2} C/m^2$．再下降到 5℃ 时，晶体再次发生相变，转变为 C_{2v} 正交对称；转变后仍为铁电相，但电矩转变到相应于原型相的〈011〉方向或与此等效的共 12 个等效方向之一的取向．如果温度再降到 −80℃ 附近，又出现相变，成为 C_{3v} 三方对称；自发电矩沿相应于原型相的〈111〉等 8 个等效方向之一取向．铁电体中的自发极化电矩的可能取向方式是有限的，这有别于铁磁体中的自发磁矩．铁磁单晶中虽然也有几个比较容易磁化的方向，但在外场作用(例如外磁场作用)下，自发磁矩可以转到其他任何方向．

在铁电相中，铁电体的宏观极化强度 P 与外电场 E 之间有如

图4.3所示的回线关系，只有在铁电单晶中，才呈现 $P_r < P_{SA} < P_s$，并且 E 平行于晶体结构容许的电矩取向之一时，才有可能近似地做到 $P_r = P_{SA} = P_s$. 当温度 $T > T_c$，铁电体转变为顺电相时，电滞回线消失，这时 P 与 E 一般有线性关系，并且介电常数 ε 服从居里-外斯定律

$$\varepsilon = C/(T - T_0), \quad T > T_c, \tag{4.39}$$

其中 C 为居里-外斯(Curie-Weiss)常数，T_0 为居里-外斯温度. 对于连续相变，在 T_c 附近，P_s 连续地下降到零，而有 $T_0 = T_c$. 对于一级相变，P_s 在 T_c 上有间断，由 $T < T_c$ 的非零值跃变到 $T > T_c$ 的零值；这时 $T_0 < T_c$. 在一级相变的 $T_0 < T < T_c$ 温度区间，晶体的铁电相和顺电相可以共存.

存在居里点、自发极化以及相应的晶胞形变(自发应变)、居里-外斯定律、电畴结构、电滞回线等等，是一般公认的铁电性可能表露出来的最重要的几种宏观现象.

4.3.2 二级铁电相变

下面利用§4.2建立起来的热力学唯象理论来解释铁电相变. 为了突出所研究的问题而不困扰于烦琐的数学表达式，首先要设法尽量减少热力学变量. 由式(4.37)，特征函数全微分表示式为

$$dG_1 = - S_i dX_i + E_\alpha dD_\alpha - \sigma dT,$$

在实际观察时，容易做到使物质系统处于自由状态. 这时，$dX_i = 0$，式右边第一项消失. 当我们在恒温条件下通过找寻 G_1 的极小值以确定热力学平衡下的稳定相时，由于 $dT = 0$ 又使公式右边第三项消失. 由于我们要研究的相要以极化强度 $\boldsymbol{P}$ 来表征，根据2.1.2节，有

$$\boldsymbol{D} = \varepsilon_0 \boldsymbol{E} + \boldsymbol{P}, \tag{4.40}$$

故式右边第二项以 D_α 为自变量也是必须的. 现在的问题变为当 D_α 取怎样的值时 G_1 达到极小. 此外，进一步假设 $\boldsymbol{E}$ 和 $\boldsymbol{D}$ 沿某个容许自发极化取向的方向，则矢量变量可简化为用标量代替. 通常

认为 G_1 函数可用来描述铁电相变前后的同一个系统. 取顺电相的 G_1 值为这个特征函数的计算起点, 将 G_1 对 D 展开取到六次项, 近似得到

$$G_1 = \frac{1}{2}aD^2 + \frac{1}{4}\gamma D^4 + \frac{1}{6}\delta D^6, \tag{4.41}$$

其中 α, γ, δ 是展开式的系数. 因为无论是顺电相还是铁电相, 当外场为零时, 反号不改变系统的宏观性质, 特征函数 G_1 不会因此而有变化, 故展开式(4.41)的奇次项必须消失. 为了使 D 很大时, G_1 随 D 增加, 这样才能出现自由能极小的热力学稳定状态, 故必须有 $\delta>0$. 系数 γ 的正、负关系到相变的类型, 首先假设 $\gamma>0$, 这时的相变为二级相变. 后面再来讨论 $\gamma<0$ 给出的一级相变的情况.

当 $\gamma>0$ 时, 函数 $G_1(D)$的关系曲线示于图 4.5; 图中的实线为 $a>0$ 的情况, G_1 只有一极小值, 给出稳定的 $D=0$ 的非极化态, 这就是顺电相. 图中的虚线为 $a<0$ 的情况; 这时候, $D=0$ 给出 G_1 的极大值, 相应的顺电相成不稳定; 曲线有两个对称于 G_1 轴的极小点, 给出的稳定态的电势移不等于零, 因此, Devonshire[9] 假设, 在居里点附近系数 γ, δ 不随温度而变, 但系数

$$a = a_0(T - T_c), \tag{4.42}$$

其中 a_0 为常数. 式(4.42)可看成是将 a 对自变量 T 的展开近似式. 全微分式(4.37)表明

$$E = \frac{\partial G_1}{\partial D}$$

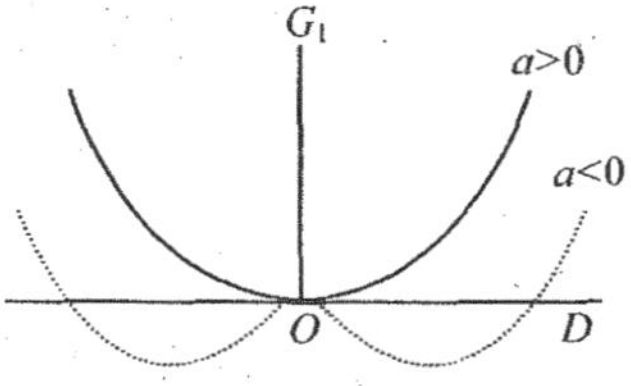

图 4.5　二级相变的自由能.

以展开式(4.41)代入上式,得到

$$E = aD + \gamma D^3 + \delta D^5 \tag{4.43}$$

式(4.43)表征了电介质的介电行为. 记等温自由介电常数为 $\varepsilon_0 \varepsilon^{XT}$,则有

$$\frac{1}{\varepsilon^{XT}} = \beta^{XT} = \varepsilon_0 \left(\frac{\partial E}{\partial D} \right)_{E=0}, \tag{4.44}$$

其中 β 为相对介电常数的倒数(或称介质隔离率). 下面分别讨论顺电相和铁电相的情况.

当 $T > T_c$ 时,由自由能 G_1 达极小的热力学稳定条件($\partial G_1/\partial D=0$)及式(4.41)解出惟一的实根 $D=0$. 根据式(4.40),当外场 $E=0$ 时系统的自发极化强度为

$$P_s = D = 0, \quad T > T_c. \tag{4.45}$$

由式(4.43)及(4.44),有

$$\beta^{XT} = a, \quad T > T_c.$$

利用式(4.42),最后得到

$$\frac{1}{\varepsilon^{XT}} = \beta^{XT} = a_0(T - T_c), \quad T > T_c, \tag{4.46}$$

这就是由实验已经得到了的居里-外斯定律(4.39), a_0 就是居里-外斯常数的倒数. 由此可见,热力学唯象理论正确地解释了实验定律.

当 $T < T_c$ 时,函数 G_1 为极小的条件给出 D 的实根为

$$2\delta D^2 = -\gamma + \gamma\left[1 + \frac{4a_0\delta}{\gamma^2}(T_c - T)\right]^{1/2}, T < T_c.$$

若限制于只讨论 T_c 的低温侧附近的情况,当($T_c - T$)不太大时,近似可得

$$D^2 = \frac{a_0}{\gamma}(T_c - T), \quad T < T_c. \tag{4.47}$$

根据式(4.40),当外场 $E=0$ 时,上式可改写为

$$P_s^2 = \frac{a_0}{\gamma}(T_c - T), \quad T < T_c; \quad E = 0. \tag{4.48}$$

若出现外电场($E\neq0$),则由式(4.43)及式(4.44)可得到

$$\beta^{XT}=a+3\gamma D^2+5\delta D^4.$$

将式(4.42)及式(4.47)代入,略去(T_c-T)的高次项,得到

$$\beta^{XT}=a_0(T-T_c)+3a_0(T_c-T),$$

故

$$\frac{1}{\varepsilon^{XT}}=\beta^{XT}=2a_0(T_c-T),\quad T<T_c. \tag{4.49}$$

根据式(4.45)及式(4.48)得到的 $P_s(T)$关系,以及根据式(4.46)和式(4.49)得到的 $\beta^{XT}(T)$关系曲线示于图 4.6.图中 T_c 点低温侧直线斜率的绝对值为高温侧直线斜率的两倍,理论表明,在居里点 T_c 两侧,居里-外斯定律可表为

$$\begin{cases}\varepsilon=\dfrac{C/2}{T_c-T}, & T<T_c,\\ \varepsilon=\dfrac{C}{T-T_c}, & T>T_c.\end{cases} \tag{4.50}$$

式(4.50)适用于电介质在铁电-顺电二级相变点 T_c 附近的情况.

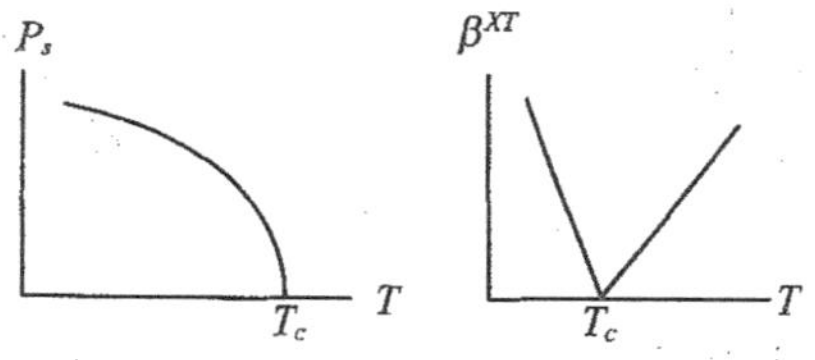

图 4.6　二级铁电相变.

上面讨论了顺电相及弱场下的铁电相行为.如果电场很强,用式(4.44)来定义铁电相的介电常数 ε 及其倒数 β 的方法已不再合适;这时必须用 $E(D)$关系式(4.43)来直接确定电场与电势移之间的关系.由式(4.42)和式(4.43)可以作出 $T>T_c$, $T=T_c$, $T<T_c$ 三种情况下的 $E(D)$曲线,并示于图 4.7 之中.从图中可以看出,当 $T>T_c$ 时,在电场强度不太大情况下,$D(E)$有很好的线性关系,因而上面用介电常数来描述的方法十分合适.曲线还描述了

强电场下 D 趋向饱和的非线性情况. 当 $T=T_c$ 时, 用 ε 来描述介电行为就变得不合适, 因为此时 $D(E)$ 曲线在 $E=0$ 点的斜率等于无限大, 这也可以由式(4.50)作为 $T\to T_c$ 的极限情况看到. 图中 $T<T_c$ 时的铁电相 $D(E)$ 关系出现多值, 曲线可划分为几段. 其中, ABC 和 $A'B'C'$ 相应于铁电相的稳定状态; CF 和 $C'F'$ 为亚稳态; FOF' 为不稳定状态. 系统的稳定态和亚稳态是可以出现的, 但不稳定状态不能实现, 故当电场强度由正最大值变至负最大值时, $D(E)$ 曲线经历 $ABCF$ 点, 由 F 点跳到 B' 点再到达 A' 点; 电场反方向再变化时, 经历的途径为 $A'B'C'F'BA$, 完成一周循环而给出电滞回线. 比较图 4.7 和图 4.3 可以看到, 热力学唯象理论能够定性地解释电滞回线的现象.

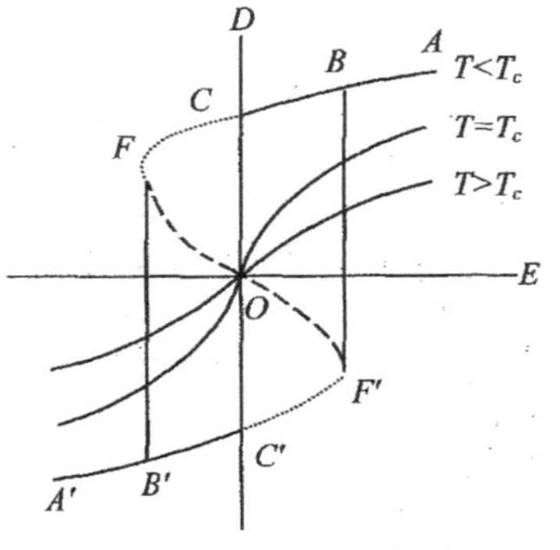

图 4.7　$D(E)$ 回线.

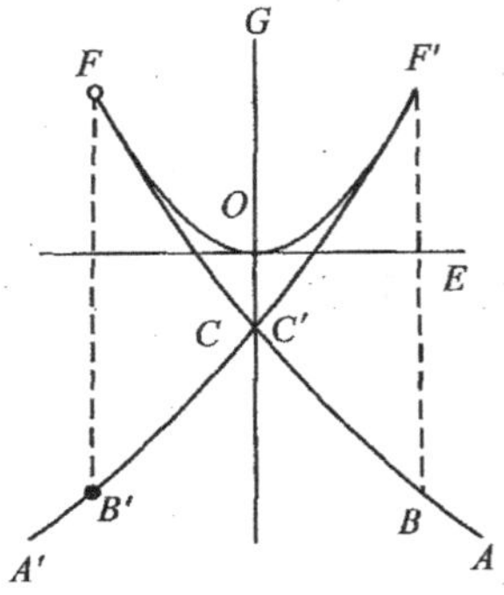

图 4.8　铁电相自由能.

下面将进一步讨论关于图 4.7 中所示各段曲线所对应的状态的热力学稳定性问题. 当我们讨论相变时, 热力学自变量为应力、电势移和温度; 相应的热力学势为吉布斯自由能 G_1. 现在讨论电滞回线时, 实验方法决定了自变量是 E 而不再是 D. 以应力、电场、温度为自变量的热力学势是吉布斯自由能 G 而不再是 G_1, 参见表 4.1. 按定义

$$G = G_1 - ED, \tag{4.51}$$

这时系统的稳定性只能根据特征函数 G 而不能由其余态函数来

判断. G 越小的态越稳定. 将式(4.41)和由式(4.43)解出的 $D(E)$ 关系式代入式(4.51), 可以得到 $G(E)$ 的函数关系; 其变化曲线示于图 4.8 之中. 相应于图 4.7 的 $D(E)$ 曲线上的 $ABC\cdots$ 各点已用相同符号标明于图 4.8 中. 可以看出, ABC 和 $A'B'C'$ 两段相应的热力学势 G 最小, 系统最稳定; CF 和 $C'F'$ 段的 G 值较前者为大, 但较 FOF' 段为小, 系统为亚稳态. FOF' 段的热力学势 G 最大, 为不稳定状态.

在热力学理论中, 可按状态函数在相变点的连续性来对相变进行分类. 态函数在相变点上必须连续, 这是能量守恒定律所要求的; 若态函数的一次微商发生间断, 则称相变为一级相变; 若在相变点上态函数的一次微商连续而二次微商间断, 则称相变为二级相变. 依此规则可以定义三级及更高级相变. 在前面的讨论中, 以式(4.42)代入式(4.41)可知, 态函数 G_1 在相变点 $T = T_c$ 上是连续的. 电势移 D 是态函数 G 的一次微商, 由式(4.47)及式(4.45)可知, 此时 D 也是连续的; ε 是 D 的一次微商. 因而是 G 的二次微商, 由式(4.50)可知, ε 在 $T = T_c$ 点上为不连续. 态函数 G_1 的二次微商的间断情况, 也可以从比热上清楚地表现出来. 在 G_1 中温度为自变量; 由式(4.37)可知, 熵

$$\sigma = -\left(\frac{\partial G_1}{\partial T}\right)_{XD}. \tag{4.52}$$

在式(4.41)中, 我们已设定 γ, δ 与温度无关, 只有 a 通过式(4.42)同温度联系. 于是直接求偏微商得到

$$\sigma = -\frac{1}{2}a_0 D^2.$$

在 $T = T_c$ 附近, 由零电场时的式(4.47)和式(4.45), 可得

$$\begin{cases}\sigma = 0, \quad T > T_c, \quad E = 0, \\ \sigma = \dfrac{a_0}{2\gamma}(T - T_c), \quad T < T_c, \quad E = 0.\end{cases} \tag{4.53}$$

可见, $T = T_c$ 时, 作为 G_1 的一次微商的 σ 为连续. 由熵的定义式(4.4)可知, 零应力比热为

$$c^X = T\frac{\mathrm{d}\sigma}{\mathrm{d}T}.$$

以式(4.53)代入上式可知

$$\begin{cases} c^X = 0, & T > T_c \quad, E = 0, \\ c^X = \dfrac{a_0^2}{2\gamma}T, & T < T_c, \quad E = 0. \end{cases} \tag{4.54}$$

注意,这里只计及介电极化对比热的贡献,故顺电相零场下有 $c^X=0$. 当电介质由顺电相通过 T_c 转变为铁电相后,式(4.54)给出比热间断为

$$\Delta c^X = \frac{a_0^2}{2\gamma}T_c. \tag{4.55}$$

比热 c^X 是 G_1 的二次微商,它在 $T=T_c$ 上间断. 但式(4.53)已指出,G_1 的一次微商此时连续,故当假设展开式(4.41)中的系数 $\gamma>0$时,得到的铁电相变为二级相变.

4.3.3 一级铁电相变

对于一级铁电相变,展开式(4.41)的右边第二项系数为负,改写此项系数为$(-\gamma/4)$,以保持 γ 值为正. 类似于(4.42),令

$$a = a_0(T - T_0) \tag{4.56}$$

于是式(4.41)可改写为

$$G_1 = \frac{1}{2}a_0(T - T_0)D^2 - \frac{1}{4}\gamma D^4 + \frac{1}{6}\delta D^6, \tag{4.57}$$

其中 a_0, γ 和 δ 都是同温度无关的常数. 类似于式(4.43),现在系统的介电方程为

$$E = a_0(T - T_0)D - \gamma D^3 + \delta D^5. \tag{4.58}$$

图 4.9 示意地给出了式(4.57)中的 $G_1(D)$关系在不同温度范围的三种曲线. 注意当温度由高到低连续变化时曲线形状的过渡,这可由讨论 $G_1(D)$的极值的变化情况清楚地表现出来. 极值位置可由方程

$$\frac{\partial G_1}{\partial D} = [a_0(T - T_0) - \gamma D^2 + \delta D^4]D = 0 \tag{4.59}$$

的根决定,可能出现的根为

$$D = 0, \tag{4.60}$$

$$D_m^2 = \frac{1}{2\delta}\left[\gamma - \sqrt{\gamma^2 - 4\delta a_0(T - T_0)}\right], \tag{4.61}$$

和

$$D_s^2 = \frac{1}{2\delta}\left[\gamma + \sqrt{\gamma^2 - 4\delta a_0(T - T_0)}\right], \tag{4.62}$$

其中,$G_1(\pm D_s)$为极小,其出现条件为

$$\gamma^2 - 4\delta a_0(T - T_0) > 0,$$

即

$$T < T_1, \quad T_1 = T_0 + \frac{\gamma^2}{4\delta a_0}. \tag{4.63}$$

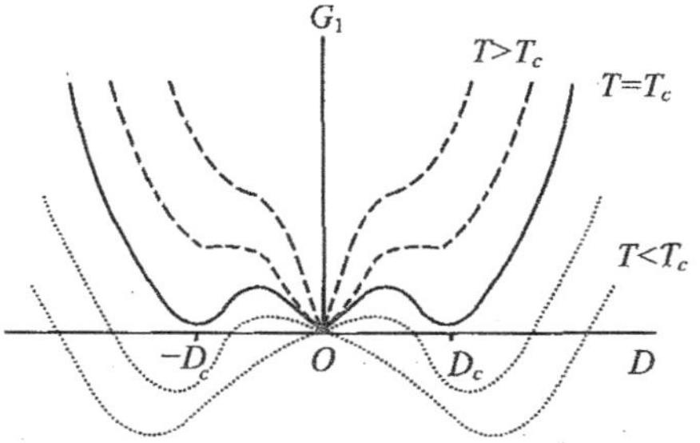

图 4.9 一级相变的态函数 G_1.

图 4.9 所示的最高一条曲线为 $T = T_1$ 的情况.此时 $D_s = D_m$,曲线只给出一对拐点.当 $T > T_1$ 时,函数 $G_1(D)$只有式(4.60)给出的一个极小点,相应于顺电相为惟一稳定相.极大点 D_m 出现的条件为式(4.61)右边大于零.当

$$T < T_0 \tag{4.64}$$

时,这个极大点消失,相应于图 4.9 中最低一条曲线的情况.此时,$D=0$ 给出 G_1 的极大,而 $D = D_s$ 给出的极小值表明铁电相是惟一稳定的相.在温度区间

$$T_0 < T < T_1, \tag{4.65}$$

$G_1(D)$有5个极值，其中 $D=0$、$\pm D_s$ 都是极小；表明此时顺电相和铁电相可以共存；其中使 G_1 为最小者是稳定相，另一相为亚稳态.

顺电相或铁电相由稳定转变为亚稳态的温度就是居里点 T_c. 当 $T=T_c$ 时，极小值 $G_1(0)=G_1(\pm D_c)=0$；其出现条件为

$$a_0(T_c-T_0)-\gamma D_c^2+\delta D_c^4=0$$

和

$$G_1(\pm D_c)=\frac{1}{2}a_0(T_c-T_0)D_c^2-\frac{1}{4}\gamma D_c^4+\frac{1}{6}\delta D_c^6=0.$$

由这两个条件可以解出

$$T_c=T_0+\frac{3\gamma^2}{16\delta a_0} \tag{4.66}$$

和

$$D_c^2=\frac{3\gamma}{4\delta}. \tag{4.67}$$

同式(4.63)比较可知，$T_0<T_c<T_1$，当 $T=T_c$ 时出现一级铁电相变. 一级相变特点之一是在相变温度附近两相可以共存，因而发生热滞现象：当由铁电相缓慢升温时，可以滞后到 $T=T_1>T_c$ 时才发生转变成为顺电相，而由顺电相缓慢降温时，则会滞后到 $T=T_0<T_c$ 才转变为铁电相. 实验中经常会碰到这种热滞现象，$BaTiO_3$ 的铁电相变就是典型例子.

在零电场下，根据式(4.40)，自发极化强度

$$P_s=D_s, \quad 及 \quad P_c=D_c. \tag{4.68}$$

图4.10示出了根据上面讨论所得的 $P_s(T)$ 关系曲线. 在所示的一级铁电相变中，自发极化强度在转变点 T_c 上发生间断. 在弱电场下可以按式(4.44)定义介电常数 ε^{XT} 及其倒数 β^{XT} 来描述系统的介电性能. 在顺电相，以式(4.58)和式(4.60)代入式(4.44)，并用式(4.66)得到

$$\beta^{XT}=a_0(T-T_0)=a_0(T-T_c)+\frac{3\gamma^2}{16\delta}. \tag{4.69}$$

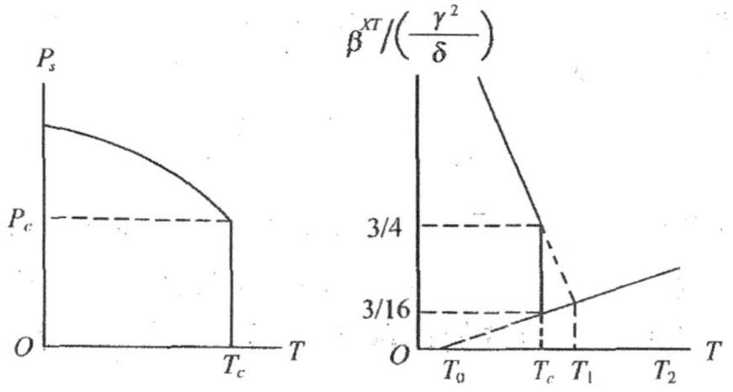

图 4.10　一级铁电相变.

在铁电相，$E=0$ 时，$D=\pm D_s$，由式(4.62)和式(4.66)可得到

$$D_s^2 = \frac{1}{2\delta}\left\{\gamma + \left[\frac{1}{4}\gamma^2 - 4\delta a_0(T - T_c)\right]^{1/2}\right\}.$$

在 $T = T_c$ 附近作二项式展开，略去$(T - T_c)$的高次项得到

$$D_s^2 = \frac{3\gamma}{4\delta} - \frac{2a_0}{\gamma}(T - T_c). \tag{4.70}$$

以式(4.70)和式(4.58)代入式(4.44)得到铁电相在弱场下

$$\beta^{XT} = a_0(T - T_0) - 3\gamma D_s^2 + 5\delta D_s^4,$$

$$\beta^{XT} = 8a_0\left[\left(T_c + \frac{3\gamma^2}{32\delta a_0}\right) - T\right]. \tag{4.71}$$

在图 4.10 中还示出了 β^{XT}与 T 的关系. 由式(4.69)和式(4.71)可知，在居里点上系统的 β^{XT}发生间断；而在居里点两侧，$\beta^{XT}(T)$曲线斜率之比为(-8).

根据式(4.52)和式(4.57)，在零场下系统的熵

$$\sigma = -\left(\frac{\partial G_1}{\partial T}\right)_{XD} = \frac{1}{2}a_0 D^2.$$

由式(4.67)可知，在居里点 T_c 上，D 有间断值 D_c，故铁电一级相变时出现熵的间断为

$$\Delta\sigma = \frac{1}{2}a_0 D_c^2 = \frac{3\gamma a_0}{8\delta}. \tag{4.72}$$

熵的间断使得相变时出现潜热，在居里点 T_c 上，由铁电相转变为顺电相须吸收热量

$$T_c \Delta\sigma = \frac{3\gamma a_0 T_c}{8\delta}. \tag{4.73}$$

出现潜热是一级相变的重要特征. 采用类似于前面讨论二级相变的方法，不难求出一级相变点两侧系统的比热. 由于熵在 $T = T_c$ 上不连续. 在此点上系统的比热不仅间断，而且向无限大发散.

4.3.4 诱导铁电相变

下面讨论在一级铁电相变点附近，电介质受外电场 E 作用下的电极化性质. 方程(4.58)描述了有关的介电行为，类似于图 4.7 所示的二级相变；方程(4.58)给出的一级相变点附近的一些 $D(E)$关系曲线示于图 4.11，其中用了无量纲的坐标分度，标度常数为

$$D_0 = \left(\frac{2\delta}{\gamma}\right)^{-1/2}, E_0 = \left(\frac{2}{\gamma}\right)^{-5/2} \delta^{-3/2}. \tag{4.74}$$

对应于某个固定的 E，可出现多个 D 值，其中有的是稳定态，有的是不稳态，也有的是亚稳态，具体判断要用特征函数 $G(E)$来作为依据. 参考图 4.7 和图 4.8 不难得到定性的结果，对此这里就不再讨论. 图 4.11 中已标明了各曲线相应的温度. 如果类似于图 4.7 容许亚稳态出现，则由图 4.11 各曲线形状可以预期在不同温度下将出现图 4.12 所示的不同形状的铁电回线. 当 $T < T_c$ 时，回线具有正常形状，此时系统的热平衡状态为铁电相. 在温度区间 $T_c < T < T_1$，出现破折回线(broken loop)，此时在零场下铁电相为亚稳态. 只有在一定强度的外电场作用下，铁电相才能成为稳定态. 而在温度区间 $T_1 < T < T_2$，出现双回线(double loop)，此时零场下铁电相不稳定，但是在足够强的外电场作用下，晶体可以由顺电相转变为铁电相. 以上三种形式的回线都可以在实验中观察到.

当 $T > T_2$ 时，$D(E)$曲线为单值，在任何强电场作用下都不会出现 D 的间断跃变，因而不可能在外电场作用下引起铁电相

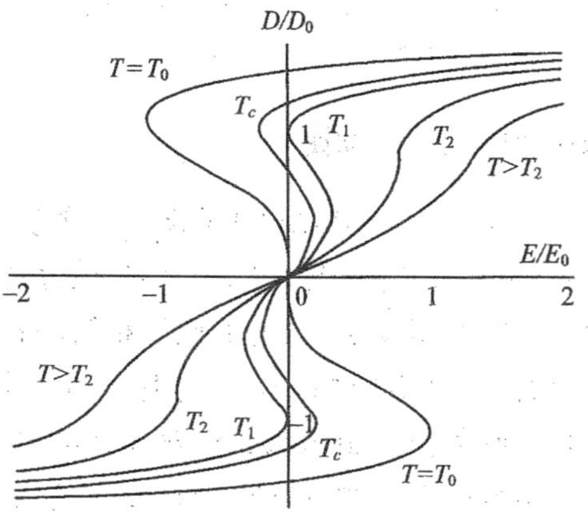

图 4.11 一级铁电相变点附近的 $D(E)$关系.

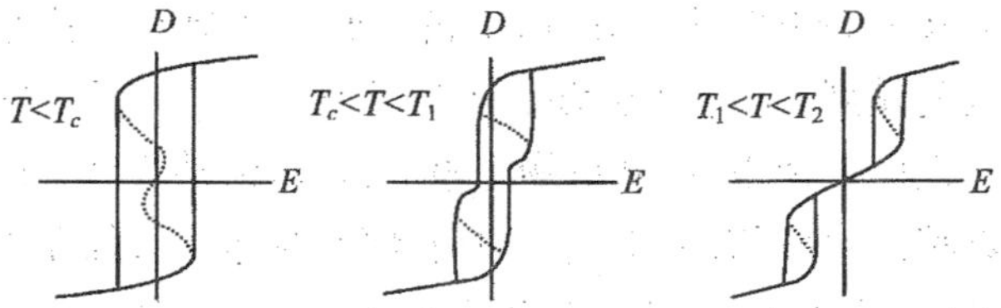

图 4.12 一级铁电相变点附近的电滞回线.

变.从图 4.11 中可以看出,与临界温度 T_2 相应的曲线上出现拐点,在拐点上

$$\frac{\partial E}{\partial D} = 0, \quad \frac{\partial^2 E}{\partial D^2} = 0; \quad T = T_2, \quad D \neq 0.$$

利用这个条件,可由式(4.58)解出

$$T_2 = T_0 + \frac{9\gamma^2}{20\delta a_0}. \tag{4.75}$$

与式(4.63)的 T_1,式(4.66)的 T_c 等相比较,可得

$$T_0 < T_c < T_1 < T_2. \tag{4.76}$$

利用图 4.10 中 β^{XT}同 T 的关系直线,可以看出上面出现的几个特殊温度值的简单意义.

由 4.3.2 节到 4.3.4 节所介绍的铁电相变热力学唯象理论通常被称为 Devonshire 理论.

4.3.5 极性相变的热力学理论

锆酸铅(lead zirconate, $PbZrO_3$)是熟知的典型反铁电体, 它的居里点 $T_c = 230℃$. 在居里点以上, $PbZrO_3$ 的原型相为顺电性. 晶体具有钙钛矿结构. 图 4.13 示出了原型相锆酸铅的 16 个晶胞在[001]平面上的投影(实线格子). 当晶体温度下降至 T_c 时, 出现极性一级相变. 原型相晶胞出现的自发极化电偶极矩取向如图中箭头所示. 新相具有正交对称, 图中的虚线示出了新相的晶胞. 新相晶胞体积比原型增大了$\sqrt{2} \times 2\sqrt{2} \times 2$ 倍. 对于原型晶胞来说, 每个晶胞在相变时都出现了大小相等的自发极化电矩, 因而相变后晶体微观上处于极性状态. 但是相邻原型晶胞的自发电矩按一定方式反向排列, 使新相晶胞的总电矩为零, 因而相变后晶体的宏观极化强度等于零. 在外电场作用下, 可以使其中反向排列的电矩取向反转, 于是所有电矩成为同向排列, 晶体的这种性质称为反铁电性[10], 反铁电体在强交变电场作用下会出现双回线.

在实验中发现反铁电体之前, Kittel 于 1951 年就从热力学理论出发预言了反铁电体的存在, 并指出了其中应有的一些介电性

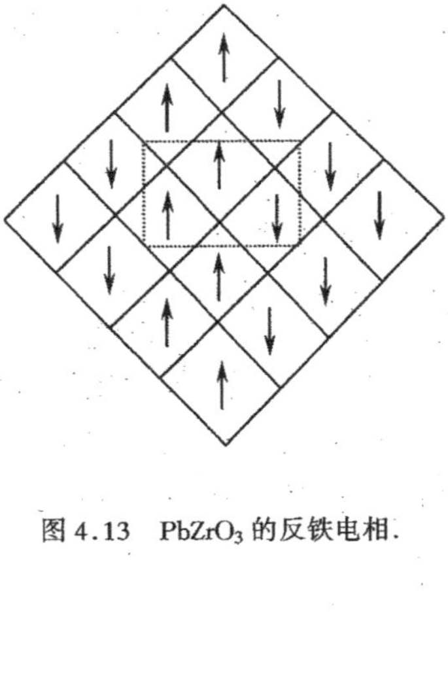

图 4.13 $PbZrO_3$ 的反铁电相.

质[11]. 后来, 许多作者对反铁电体的唯象理论作了改进和发展[12]. 极性晶体除铁电相和反铁电相之外, 还可能出现亚铁电(ferrielectric)相.

关于铁电体和反铁电体, 一向都认为可以采用平衡态热力学理论方法来处理. 早期能够用如此简单的热力学方法得出图 4.7 有点像实验结果的 $D(E)$ 电滞回线, 无疑是一个进步. 但是, $B(H)$磁滞回线的发现比电滞回线早得多, 却从来没有学者愿意采用类似热力学方法去解释磁滞回线. 这就足以提醒电介质物理学家的注意. 其实, 即使从定性的角度看来, 图 4.7 得出的电滞回线也是十分错误的. 在图中回线的 FB' 和 $F'B$ 两段上, 介电常数 $\varepsilon = \mathrm{d}D/\mathrm{d}E$ 等于正负无穷大. 实验从来不可能观察到发散的介电常数. 事实上, 回线是铁电体中电畴运动的反映. 不同电畴中极化强度矢量 $\boldsymbol{P}$ 并不相等, 其存在使铁电体不再是宏观均匀系; 这时平衡态热力学方法已不再适用, 这是问题的本质. 不能认为式(4.40)和(4.41)中的 $\boldsymbol{D}$ 和 $\boldsymbol{P}$ 是铁电体中不同电畴的平均值. 因为电畴的尺寸可以大于微米级乃至肉眼可见, 而不属于宏观无限小微观无限大范围; 不同电畴中热力学的平均值问题已超出平衡态热力学的适用范围. 因此, 本节中关于铁电性和反铁电性的热力学描述, 只能认为是过分简单化的数学模拟.

§4.4 电介质的线性效应

4.4.1 物性参数的定义

在这一节中, 我们从电介质的特征函数出发, 利用热力学变量对自变量作线性近似展开的方法, 全面综述处于热平衡态的固态电介质的性质. 这些性质可用适当的参数来描述, 称这些参数为物性参数. 我们将根据热力学唯象理论来严格定义各种物性参数. 至于这些参数所描述的具体物理效应, 将在本章下面各节中再加以讨论.

首先以单位体积固态电介质的内能为例，由全微分表示式(4.31)

$$\mathrm{d}U = X_i \mathrm{d}S_i + E_\alpha \mathrm{d}D_\alpha + T\mathrm{d}\sigma.$$

根据二次微商先后次序可以更换的规律，可得到类似于式(4.14)的关系式

$$\frac{\partial X_i}{\partial D_\alpha} = \frac{\partial E_\alpha}{\partial S_i}, \quad \frac{\partial X_i}{\partial \sigma} = \frac{\partial T}{\partial S_i}, \quad \frac{\partial E_\alpha}{\partial \sigma} = \frac{\partial T}{\partial D_\alpha}. \tag{4.77}$$

纯粹从数学上考虑，既然在内能 U 中独立变量只有 S_i，D_α 和 σ，则系统的其他热力学量也应该是这些自变量的函数.因此，系统所处的应力 X_i，电场 E_α 和温度 T 与这些自变量有关；这些关系决定于物质系统本身的性质，而每一种关系则表现为一种物理效应.热力学理论虽然不能完全确定这些关系的具体数学形式，但是能够把独立自变量区分出来，这就提供了将其进行数学上近似展开的可能性.

将 X_i，E_α，T 看成是自变量 S_i，D_α，σ 的函数，而在 $S_j=0$，$D_\beta=0$ 附近作泰勒级数展开；对于不太大的 S_j 和 D_β 可取近似到一次项；若在展开点上，$X_i=0$、$E_\alpha=0$，则有

$$\begin{cases} X_i = \left.\dfrac{\partial X_i}{\partial S_j}\right|_{D\sigma} S_j + \left.\dfrac{\partial X_i}{\partial D_\alpha}\right|_{S\sigma} D_\alpha + \left.\dfrac{\partial X_i}{\partial \sigma}\right|_{SD} \Delta\sigma, \\ E_\alpha = \left.\dfrac{\partial E_\alpha}{\partial S_j}\right|_{D\sigma} S_j + \left.\dfrac{\partial E_\alpha}{\partial D_\beta}\right|_{S\sigma} D_\beta + \left.\dfrac{\partial E_\alpha}{\partial \sigma}\right|_{SD} \Delta\sigma, \\ \Delta T = \left.\dfrac{\partial T}{\partial S_j}\right|_{D\sigma} S_j + \left.\dfrac{\partial T}{\partial D_\beta}\right|_{S\sigma} D_\beta + \left.\dfrac{\partial T}{\partial \sigma}\right|_{SD} \Delta\sigma, \end{cases} \tag{4.78}$$

其中的下标 D，σ，S 表示求偏微商时不变的量.根据展开的数学规则，上式中所有偏微商均应取展开点上的值，因而都是一些常数.此外，根据式(4.77)，有许多偏微商相等.将独立的偏微商分别用常数符号记为

$$\left.\frac{\partial X_i}{\partial S_j}\right|_{D\sigma} = c_{ij}^{D\sigma}, \quad \left.\frac{\partial E_\alpha}{\partial D_\beta}\right|_{S\sigma} = \beta_{\alpha\beta}^{S\sigma}, \tag{4.79}$$

$$\left.\frac{\partial T}{\partial \sigma}\right|_{SD}\Delta\sigma = \frac{1}{T}\left.\frac{\partial T}{\partial \sigma}\right|_{SD}\Delta Q = \frac{1}{\rho c_v^D}\Delta Q, \tag{4.80}$$

$$\begin{aligned}\left.\frac{\partial X_i}{\partial \sigma}\right|_{SD} &= \frac{1}{T}\left.\frac{\partial X_i}{\partial \sigma}\right|_{SD}\frac{T\Delta\sigma}{\Delta\sigma} = \frac{1}{T}\left.\frac{\partial X_i}{\partial \sigma}\right|_{SD}\frac{\Delta Q}{\Delta\sigma} \\ &= -\gamma_i^{SD}\frac{\Delta Q}{\Delta\sigma},\end{aligned} \tag{4.81}$$

$$\left.\frac{\partial E_\alpha}{\partial \sigma}\right|_{SD} = \frac{1}{T}\left.\frac{\partial E_\alpha}{\partial \sigma}\right|_{SD}\frac{\Delta Q}{\Delta\sigma} = -q_\alpha^{SD}\frac{\Delta Q}{\Delta\sigma}, \tag{4.82}$$

$$\left.\frac{\partial X_i}{\partial D_\alpha}\right|_{S\sigma} = -h_{\alpha i}^{\sigma}, \tag{4.83}$$

其中 ρ 为固体的密度；在引入的六个独立记号 $c_{ij}^{D\sigma}$，$\beta_{\alpha\beta}^{S\alpha}$，…中，将原来出现于偏微商的下标 D，S，σ 已改为上附标，以免和表示坐标分量的下标相混淆．于是方程组(4.78)可改写为

$$X_i = c_{ij}^{D\sigma}S_j - h_{\alpha i}^{\sigma}D_\alpha - \gamma_i^{SD}\Delta Q, \tag{4.84}$$

$$E_\alpha = -h_{\alpha j}^{\sigma}S_j + \beta_{\alpha\beta}^{S\sigma}D_\beta - q_\alpha^{SD}\Delta Q, \tag{4.85}$$

$$\Delta T = -T\gamma_j^{SD}S_j - Tq_\alpha^{SD}D_\alpha + \frac{1}{\rho c_v^D}\Delta Q. \tag{4.86}$$

由于在实验测量时系统的熵无法简单地确定，因此在式(4.80)至式(4.82)中定义有关常数时用流入系统的热量 ΔQ 来代替熵的增量 $\Delta\sigma$，两者之间由式(4.4)所示的热力学第二定律联系；在定义的 6 个常数记号中，有一个记号 $h_{\alpha j}^{\sigma}$同时出现三分量的下标 α 和六分量的下标 j．习惯上规定，当两种附标同时出现于一个记号中的时候，必须先写三分量附标，然后再写六分量附标，以免混淆；因此，$h_{\alpha j}^{\sigma}$不要记作$h_{j\alpha}^{\sigma}$，这是国际上公认了的习惯[2]．此外，再次强调：理论公式(4.84)至(4.86)只适用于应变、电势移、流入热量均不太大的情况；否则，展开式中的高次项是不能略去的．同时，必须记住这些公式是在零应变、零电势移、零应力、零电场附近展开得来的．在不同的点上展开一个变量，得到的系数一般是不同的．

理论公式(4.84)至(4.86)中的六种线性响应常数描述了固态电介质中可能出现的六种物理效应．在第二章中，我们只讨论了

$\boldsymbol{E}$ 引起的 $\boldsymbol{D}$ 用线性响应常数 ϵ, ϵ_0 来描述;当时对 ϵ 的定义是不够严格的.热力学理论给出的定义才是严格的.线性响应常数 $\beta_{\alpha\beta}^{S\sigma}$ 描述 D_β 所引起的 E_α 的响应,这种响应是在恒应变和系统的熵不变的条件下衡量的.热力学理论表明:除了弹性应变、电极化、温升三种效应外,还存在着交叉效应.例如用 h 参数描述的 D 所引起的 $\boldsymbol{X}$ 的效应,用 γ 参数所描述的 ΔQ 所引起的 $\boldsymbol{X}$ 的效应等等.

类似于上面的数学讨论,由式(4.36)的全微分

$$\mathrm{d}G = - S_i \mathrm{d}X_i - D_\alpha \mathrm{d}E_\alpha - \sigma \mathrm{d}T$$

出发,可以得到如下的线性响应表示式:

$$S_i = s_{ij}^{ET} X_j + d_{\alpha i}^{T} E_\alpha + \alpha_i^E \mathrm{d}T, \tag{4.87}$$

$$D_\alpha = d_{\alpha j}^{T} X_j + \epsilon_{\alpha\beta}^{XT} E_\beta + p_\alpha^X \mathrm{d}T, \tag{4.88}$$

$$\mathrm{d}Q = T\alpha_j^E X_j + T p_\alpha^X E_\alpha + \rho c_p^E \mathrm{d}T, \tag{4.89}$$

其中的上附标 E, T, X 分别表示恒场、恒温、恒应力,所引入的线性响应常数 α_i^E, $d_{\alpha i}^T$, … 为相应的偏微商在展开点 $S_i = 0$, $D_\alpha = 0$, $X_j = 0$, $E_\beta = 0$ 及某个选定温度上的值.利用式(4.87)至(4.89)来描述等温过程固态电介质的热力学平衡态物理效应最为方便.这时,$\mathrm{d}T = 0$,各公式右边第三项消失.如果要用这些公式描述绝热过程,则要经过进一步的数学处理.令 $\mathrm{d}Q = 0$,利用式(4.89)消去 $\mathrm{d}T$,由式(4.87)和式(4.88)得到

$$S_i = s_{ij}^{E\sigma} X_j + d_{\alpha i}^{\sigma} E_\alpha, \tag{4.90}$$

$$D_\alpha = d_{\alpha i}^{\sigma} X_i + \epsilon_{\alpha\beta}^{X\sigma} E_\beta, \tag{4.91}$$

其中

$$s_{ij}^{E\sigma} = s_{ij}^{ET} - \frac{\alpha_i^E \alpha_j^E T}{\rho c_p^E}, \tag{4.92}$$

$$d_{\alpha j}^{\sigma} = d_{\alpha j}^{T} - \frac{\alpha_j^E p_\alpha^X T}{\rho c_p^E}, \tag{4.93}$$

$$\epsilon_{\alpha\beta}^{X\sigma} = \epsilon_{\alpha\beta}^{XT} - \frac{p_\alpha^X p_\beta^X T}{\rho c_P^E}. \tag{4.94}$$

式(4.92)至式(4.94)给出了绝热常数同等温常数之间的关系.附

标 σ 表示绝热，附标 T 表示等温.

从内能的全微分表示式出发所得到的式(4.84)至式(4.86)中，右边前两项的常数都是绝热常数.当用这些公式描述等温过程时，可令 $\Delta T=0$，由式(4.86)消去 ΔQ，代入其余两个公式就可得到类似于(4.90)至(4.94)的关系式.

固态电介质共有 8 个特征函数，从每个特征函数的全微分式出发，通过类似于上面关于 $\mathrm{d}U$ 和 $\mathrm{d}G$ 的数学方法，都可以得出一组公式和一组线性响应常数.所有这些公式和常数全面地描述了固态电介质中可能出现的线性物理效应.下面从全微分 $\mathrm{d}H_1$ 和 $\mathrm{d}H_2$ 出发，还可得出绝热条件下其他两组公式：

$$X_j = c_{ji}^{E} S_i - e_{\alpha j} E_\alpha, \tag{4.95}$$

$$D_\alpha = e_{\alpha i} S_i + \varepsilon_{\alpha\beta}^{S} E_\beta; \tag{4.96}$$

$$S_i = s_{ij}^{D} X_j + g_{\alpha i} D_\alpha, \tag{4.97}$$

$$E_\alpha = - g_{\alpha j} X_j + \beta_{\alpha\beta}^{X} D_\beta. \tag{4.98}$$

上面已经给出了许多线性响应常数.注意到 8 个特征函数都是由系统的内能通过严格的数学方法得到的.可以预期，从不同特征函数出发得到的不同线性响应常数之间必然有某种联系.由热力学函数的定义出发，通过严格的数学方法可以找到所有可能的各种联系；式(4.92)至式(4.94)就是这些联系的例子.虽然所用到的数学方法不难，但具体推导却是十分繁琐的.下面只给出部分常用到的一些结果：

$$d_{\alpha j} = \varepsilon_{\alpha\beta}^{X} g_{\beta j} = e_{\alpha i} s_{ij}^{E}, \tag{4.99}$$

$$e_{\alpha j} = \varepsilon_{\alpha\beta}^{S} h_{\beta j} = d_{\alpha i} c_{ij}^{E}, \tag{4.100}$$

$$g_{\alpha j} = \beta_{\alpha\beta}^{X} d_{\beta j} = h_{\alpha i} s_{ij}^{D}, \tag{4.101}$$

$$h_{\alpha j} = \beta_{\alpha\beta}^{S} e_{\beta j} = g_{\alpha i} c_{ij}^{D}, \tag{4.102}$$

其中，各常数出现的上附标 T 或 σ 都略去了，公式对固定的这两个附标的任一个均适用.

综上所述，我们用了 4 个全微分，得到 4 个方程组，定义了四种线性响应常数，即

全微分	自变量	引进的参量
dU	S, D, Q	$c, h, \gamma, \beta, q, c_v$
dG	X, E, T	$s, d, \alpha, \varepsilon, p, c_p$
dH_1	$X, D, (\Delta Q=0)$	s, g, β
dH_2	$S, E, (\Delta Q=0)$	c, e, ε

由于各线性响应常数之间不全是互相独立的，为了在学术交流中大家都有共同的习惯，提倡采用尽量少的参数来描述固态电介质的性质.

4.4.2 线性物性参数

表 4.2 归纳了 4.4.1 节的讨论结果. 下面介绍热力学理论各个常数术语，这些术语是在严格的数学基础上引进的，同时介绍这些术语所描述的宏观物理效应. 表 4.2 列出的各个常数均略去了等温附上标 T 或绝热附上标 σ，各种附上标表征了不同的实验条件.

表 4.2 固态电介质的线性物理效应

响应函数	自变量						关系式
	S_{ij}	X_{ij}	D_β	E_β	ΔQ	ΔT	
S_i		s_{ij}^E		$d_{\beta i}$		a_i	(4.87)
X_i	c_{ij}^D		$-h_{\beta i}$		$-\nu_i$		(4.84)
D_α		$d_{\alpha j}$		$\varepsilon_{\alpha\beta}^X$		p_α	(4.88)
E_α	$-h_{\alpha j}$		$\beta_{\alpha\beta}^S$		$-q_\alpha$		(4.85)
ΔQ		$T\alpha_j^E$		$T_{p\beta}$		ρc_p	(4.89)
ΔT	$-Tr_j$		$-Tq_\beta$		$1/\rho c_v$		(4.86)
S_i		s_{ij}^D	$g_{\beta i}$		(绝热过程)		(4.97)
X_i	c_{ij}^E			$-e_{\beta i}$			(4.95)
D_α	$e_{\alpha j}^E$			$\varepsilon_{\alpha\beta}^S$	(绝热过程)		(4.96)
E_α		$-g_{\alpha j}$	$\beta_{\alpha\beta}^X$				(4.98)

常数 s_{ij} 和 c_{ij} 给出了应力同应变之间的弹性线性响应关系. 由

s_{ij}和c_{ij}分别组成的 6×6 矩阵互为逆矩阵. 称 s_{ij} 为弹性顺度常数(elastic compliance constant). 称 c_{ij} 为弹性刚度常数(elastic stiffness constant). 在零场、零电势移下,Hooke 定律可写为

$$S_i = s_{ij}X_j. \tag{4.103}$$

由上式可反解出

$$X_j = c_{ji}S_i. \tag{4.104}$$

矩阵(s_{ij})和(c_{ij})之间的互逆关系是很明显的,但两者必须同为绝热量,或同为等温量. 在论及金属的弹性时,效应与外电场无关. 但在研究电介质的弹性时,必须将表 4.2 中加有上标的 s^E, c^E 与 s^D, c^D 区别开.

常数 $\varepsilon_{\alpha\beta}$和 $\beta_{\alpha\beta}$给出了电场与电势移之间的关系. 只要将前面的所有公式中凡出现 $\varepsilon_{\alpha\beta}$就换成$\varepsilon_0\varepsilon_{\alpha\beta}$, 凡出现 $\beta_{\alpha\beta}$就换成$\beta_{\alpha\beta}/\varepsilon_0$, 就得到第二章中讨论的相对介电常数及其无量纲的互逆参数. 现在可以看到,第二章关于 ε 的讨论是十分初步的;必须区分恒应变量和恒应力量,区分等温量和绝热量.

当不出现弹性和介电效应时,常数 ρc_v给出关系式

$$\Delta Q = \rho c_v \Delta T, \tag{4.105}$$

而常数 ρc_p 出现于公式

$$\Delta Q = \rho c_p \Delta T. \tag{4.106}$$

式(4.105)用于恒应变过程, c_v 为等容比热. 式(4.106)用于恒应力过程, c_p 为等压比热, ρ 为物质的密度. 在电介质中,该两种比热的恒电场值和恒电势移值之间是有区别的.

以上提到的是表 4.2 主对角线所列的线性物性参数. 这些参数的物理意义已很清楚,热力学理论只是更严密地给出其正确定义,并在应用上作进一步阐述. 表 4.2 非对角线上的物性参数描述了固态电介质所独有的各种交叉效应.

在无外电场条件下,线性响应常数 $e_{\alpha i}$描述的效应为

$$D_\alpha = e_{\alpha i}S_i, \tag{4.107}$$

这里,把式(4.96)中 $e_{\alpha i}^E$的附上标略去了. 通常,可由所附上标 σ 或

T 来区分绝热或等温效应. 式(4.107)所描述的是固态电介质在零外电场下因应变而引起的电势移(极化)效应, 称为压电效应. 称 $e_{\alpha i}$ 为压电应力系数(piezoelectric stress coefficient). 根据式(4.40), 在无外电场时, $\boldsymbol{D}=\boldsymbol{P}$, 故

$$P_\alpha = e_{\alpha i} S_i. \tag{4.108}$$

压电效应的逆效应可用式(4.87)来描述, 在恒温无应力(自由)时, 有

$$S_i = d_{\alpha i} E_\alpha. \tag{4.109}$$

上式可用于等温或绝热过程. 它描述了外电场引起的应变线性效应. 称 $d_{\alpha i}$ 为压电应变系数(piezoelectric strain coefficient). 当无外电场并用 $d_{\alpha i}$ 描述正压电效应时, 在等温或绝热条件下式(4.88)变为

$$D_\alpha = P_\alpha = d_{\alpha i} X_i \tag{4.110}$$

系数 $e_{\alpha i}$ 和 $d_{\beta j}$ 通过式(4.99)和式(4.100)联系起来. 在测量时通过式(4.110)可由施加的应力及所引起的极化强度变化得到 $d_{\alpha i}$, 而 $e_{\alpha i}$ 则通过 $d_{\alpha i}$ 的已知值计算出来. 但在微观理论机构研究方面, 则 $e_{\alpha i}$ 比 $d_{\alpha i}$ 具有更直接的意义.

常数 p_α, q_α 描述了热释电线性响应. 在无外场无外力时, 由式(4.88)有

$$D_\alpha = P_\alpha = p_\alpha \Delta T. \tag{4.111}$$

式(4.111)描述的是无外场无外力时, 温度变化所引起的固态电介质的极化效应, 称之为热电效应. 称 p_α 为热电系数(pyroelectric coefficient), 技术上亦常译为热释电系数. 热电效应的逆效应称为电热效应.

此外, α_i 被称为温度膨胀常数(temperature expansion constant). 前面提到的其他常数不再赘述. 众所周知, 各种效应互有内在联系, 从上面所讨论的常数还可进一步用来描述固态电介质中可能出现的各种线性效应.

4.4.3 物性常数和模量

早在 1910 年, Voigt 在他的专著《晶体物理教程》中称 c_{ij} 为弹性常数(elastic constant), 而称 s_{ij} 为弹性模量(elastic moduli); 称 $e_{\alpha j}$ 为压电常数, 而称 $d_{\alpha j}$ 为压电模量. 由于 Voigt 的这部专著[1]是在有关压电性方面第一本经典的著作, 常数和模量的这种定义流行甚广. 第二次世界大战期间, 石英和其他晶体的压电效应在军事和通信技术上得到了广泛的应用, 使得关于压电方面的术语越来越多地出现于技术领域. 这就引起了许多混乱. 因为按照 Voigt 的定义, 弹性模量为单位应力所引起的应变, 但在英国却习惯地称引起单位应变所需的应力为模量; 例如杨氏模量(Young's modulus) Y 被定义为引起单位应变所需的应力, 对于各向同性固体

$$Y = c_{11} = 1/s_{11}. \tag{4.112}$$

杨氏模量这个名词在技术领域的流行是十分广泛的. 按照英国的习惯称 c_{ij} 为弹性模量, 而称 s_{ij} 为弹性常数.

后来, Cady[14]从应用技术角度出发总结与压电效应有关的晶体性质时, 除保留杨氏模量这个名词之外, 改称 c_{ij} 为弹性刚度常数, 称 s_{ij} 为弹性顺度常数, 称 $e_{\alpha j}$ 为压电应力常数, 称 $d_{\alpha j}$ 为压电应变常数. 常数和系数这两个术语只反映了数学意义上的区别, 作为物性参数来说两者通用. Mason[2]在总结有关压电效应的唯象理论和技术应用时也采用了 Cady 提出的这些名词. 后来, 国际上通用的名词基本上以此为准.

4.4.4 各向异性的张量描述方法

在等温无外应力时, 式(4.88)变为

$$D_\alpha = \varepsilon_{\alpha\beta}^X E_\beta. \tag{4.113}$$

上式可用矩阵乘法表示为

$$\begin{bmatrix} D_1 \\ D_2 \\ D_3 \end{bmatrix} = \begin{bmatrix} \varepsilon_{11}^X & \varepsilon_{12}^X & \varepsilon_{13}^X \\ \varepsilon_{21}^X & \varepsilon_{22}^X & \varepsilon_{23}^X \\ \varepsilon_{31}^X & \varepsilon_{32}^X & \varepsilon_{33}^X \end{bmatrix} \begin{bmatrix} E_1 \\ E_2 \\ E_3 \end{bmatrix}. \tag{4.114}$$

用矩阵记法可以清晰地将每一个物性参数表列出来；特别当列出的是某个晶体的具体位向时，不致出现困难．此时行和列的位置已代替了附标的作用．类似地，式(4.108)和式(4.110)可分别用矩阵记法写为

$$\begin{bmatrix} P_1 \\ P_2 \\ P_3 \end{bmatrix} = \begin{bmatrix} e_{11} & e_{12} & e_{13} & e_{14} & e_{15} & e_{16} \\ e_{21} & e_{22} & e_{23} & e_{24} & e_{25} & e_{26} \\ e_{31} & e_{32} & e_{33} & e_{34} & e_{35} & e_{36} \end{bmatrix} \begin{bmatrix} S_1 \\ S_2 \\ S_3 \\ S_4 \\ S_5 \\ S_6 \end{bmatrix}, \tag{4.115}$$

$$\begin{bmatrix} P_1 \\ P_2 \\ P_3 \end{bmatrix} = \begin{bmatrix} d_{11} & d_{12} & d_{13} & d_{14} & d_{15} & d_{16} \\ d_{21} & d_{22} & d_{23} & d_{24} & d_{25} & d_{26} \\ d_{31} & d_{32} & d_{33} & d_{34} & d_{35} & d_{36} \end{bmatrix} \begin{bmatrix} X_1 \\ X_2 \\ X_3 \\ X_4 \\ X_5 \\ X_6 \end{bmatrix}; \tag{4.116}$$

式(4.103)也可用矩阵记法写为

$$\begin{bmatrix} S_1 \\ S_2 \\ S_3 \\ S_4 \\ S_5 \\ S_6 \end{bmatrix} = \begin{bmatrix} s_{11} & s_{12} & s_{13} & s_{14} & s_{15} & s_{16} \\ s_{21} & s_{22} & s_{23} & s_{24} & s_{25} & s_{26} \\ s_{31} & s_{32} & s_{33} & s_{34} & s_{35} & s_{36} \\ s_{41} & s_{42} & s_{43} & s_{44} & s_{45} & s_{46} \\ s_{51} & s_{52} & s_{53} & s_{54} & s_{55} & s_{56} \\ s_{61} & s_{62} & s_{63} & s_{64} & s_{65} & s_{66} \end{bmatrix} \begin{bmatrix} X_1 \\ X_2 \\ X_3 \\ X_4 \\ X_5 \\ X_6 \end{bmatrix}. \tag{4.117}$$

式(4.104)同样可写成类似于(4.117)的形式．通常，习惯地把 $e_{\alpha i}$ 和 $d_{\alpha i}$ 排成 3×6 矩阵，而把 s_{ij} 和 c_{ij} 排列成 6×6 方阵．然而，如果要将式(4.109)写成矩阵形式，则 $d_{\alpha i}$ 必须排成 6×3 矩阵；或者将 S_i 和 E_α 排成 1×6 和 1×3 矩阵；此外，描述线性响应的方程还可用张量记法．应该指出，由式(4.78)至式(4.104)以及式(4.31)至式(4.38)等等，都不是张量记法；式(4.115)至式(4.117)也不是张量

记法.

描述各向异性固体的性质必须选定坐标系.在不同的直角坐标系中,物性参数的值是不同的.但作为物体性质来说是客观存在的量,并不因我们如何观测而变化.变化的只是物体性质这个不变量在不同坐标系的投影.根据前面2.6.1节介绍的坐标变换规律,可由张量描述物体的各种物理性质[15].

两个零阶张量(标量)之间的线性关系可用一个零阶张量来联系,例如式(4.105)和式(4.106).一个零阶张量和另一个一阶张量(矢量)之间的线性关系可用一个一阶张量来联系,例如式(4.111).表4.2中列出的矢量系数 p_β 和 q_β 都属于这一情况.

两个一阶张量之间的线性关系要用一个二阶张量来联系.例如式(4.113).在零场自由情况下,式(4.87)变为

$$S_i = \alpha_i \Delta T.$$

如将其写成张量记法应是

$$S_{\alpha\beta} = \alpha_{\alpha\beta} \Delta T. \tag{4.118}$$

$\alpha_{\alpha\beta}$是一个二阶张量,它联系了二阶张量和标量之间的线性关系.表4.2中的 γ_i 也属这种情况,把它按Voigt记法的规则写成 $\gamma_{\alpha\beta}$,后者便是二阶张量的分量.

一般说来,一个 m 阶张量和一个 n 阶张量之间的线性关系要用一个 $(m+n)$ 阶张量来联系.将式(4.108),式(4.109),式(4.103)和式(4.104)分别写成张量记法的形式,便得到

$$P_\alpha = e_{\alpha,\beta\gamma} S_{\beta\gamma}, \tag{4.119}$$

$$S_{\alpha\beta} = d_{\gamma,\alpha\beta} E_\gamma, \tag{4.120}$$

$$S_{\alpha\beta} = s_{\alpha\beta,\gamma\delta} X_{\gamma\delta}, \tag{4.121}$$

$$X_{\alpha\beta} = c_{\alpha\beta,\gamma\delta} S_{\gamma\delta}, \tag{4.122}$$

其中,$e_{\alpha,\beta\gamma}$和$d_{\gamma,\alpha\beta}$是三阶张量的分量,$s_{\alpha\beta,\gamma\delta}$和$c_{\alpha\beta,\gamma\delta}$是四阶张量的分量.在坐标变换中,它们遵从2.6.1节指出的变换规律.$e_{\alpha,j}$和$d_{\alpha j}$,s_{ij}和c_{ij}都不是张量的分量,对此进行坐标变换是很困难的,必须改写成式(4.119)至式(4.122)中的形式,才能应用张量变换

规律.

根据式(4.29)和式(4.30)的规则,可以找到三和四阶张量的分量同 Voigt 记法各参数之间的关系.例如

$$\begin{cases} e_{\alpha 1} = e_{\alpha,11}, & e_{\alpha,23} = e_{\alpha,32} = e_{\alpha 4}, \\ e_{\alpha 2} = e_{\alpha,22}, & e_{\alpha,31} = e_{\alpha,13} = e_{\alpha 5}, \\ e_{\alpha 3} = e_{\alpha,33}, & e_{\alpha,12} = e_{\alpha,21} = e_{\alpha 6}; \end{cases} \tag{4.123}$$

$$\begin{cases} d_{\alpha 1} = d_{\alpha,11}, & d_{\alpha,23} = d_{\alpha,32} = \dfrac{1}{2} d_{\alpha 4}, \\ d_{\alpha 2} = d_{\alpha,22}, & d_{\alpha,31} = d_{\alpha,13} = \dfrac{1}{2} d_{\alpha 5}, \\ d_{\alpha 3} = d_{\alpha,33}, & d_{\alpha,12} = d_{\alpha,21} = \dfrac{1}{2} d_{\alpha 6}. \end{cases} \tag{4.124}$$

由于固体宏观性质方向对称性,各阶物性张量的非零独立分量数目受到限制,这在§2.6 和§2.7 中已经讨论过.一阶物性张量可以用热电系数 p_α 为代表.在按点群区分的 32 类晶体中,只有 10 类晶体可以出现非零热电系数,可以出现热电效应的晶体点群,已注明于表 2.3 中.铁电晶体的自发极化强度也是一个一阶张量,因此,铁电性也只能出现于允许有非零热电系数的 10 类晶体中.这些晶体结构上的特征是没有对称中心,并且还有一个惟一的极轴.二阶物性张量可以以介电常数为代表;晶体对称性对二阶物性张量各分量的限制已详述于 2.6.3 节和 2.7.2 节.三阶物性张量可以以压电常数 $e_{\alpha i}$和压电模量$d_{\alpha j}$为代表;在 32 类晶体中有 21 类没有对称中心,其中点群为 $O=432$ 的晶体因对称性较高而不容许有非零的三阶物性张量,余下 20 类晶体均容许出现压电效应,这些晶体已注明于表 2.3 中.2.7.3 节中提到的线性电光系数和线性极化光系数也是三阶物性张量的分量,它们所受到晶体对称性的限制和压电常数相同.在 2.7.3 节中,我们保持了线性电光系数 $\gamma_{\alpha\beta,\gamma}$,和线性极化光系数 $f_{\alpha\beta,\gamma}$的张量记法;对于记号中用逗号隔开的可以互换的一对下标 $\alpha\beta$,也可以用 4.2.3 节中 Voigt 提出的简约记法,用一个六分量附标来代替.但是,这时用到的代换规则

是式(4.30)而不是式(4.29).此外,在光学领域工作的学者和电介质物理学的习惯有点不同,他们常把六分量的附下标写在三分量下标前面.例如 $\gamma_{i\gamma}$和 $f_{i\gamma}$等.四阶物性张量可以用弹性常数 e_{ij}和弹性模量s_{ij}为代表. 式(2.205)和式(2.206)中出现的二次 EO 系数 $R_{\alpha\beta,\gamma\delta}$和二次 PO 系数 $g_{\alpha\beta,\gamma\delta}$也都是四阶张量的分量.对于用逗号隔开的两对下附标,也可按照式(4.30)的代换规则写成六分量简约记法,例如 R_{ij}和 g_{ij}.张量记法在数学上是严格的,不会出现混淆;简约记法主要凭大家认可的习惯.在不同领域有所不同,使用时必须小心.

在 2.6.3 节中我们曾经由热力学特征函数出发,证明了二阶物性张量是对称张量.类似地,按照式(4.79),系数 c_{ij}和式(4.87)中出现的 s_{ij},也都是特征函数的二次偏微商,而求偏微商的次序是可以更换的,因此

$$c_{ij} = c_{ji}, \quad s_{ij} = s_{ji}, \tag{4.125}$$

此式可以适用于具有任何上附标的情况.

对于具有不同方向对称性的固体,包括晶态固体和非晶态固体,其各阶张量的非零独立分量可以在各种著作和手册中找到[2,14,15,16].Smith[16]对各种物性张量作了一个比较全面的综述.在表 2.3 中,张量独立分量个数为零表示该阶张量恒等于零,用零张量描述的效应不会出现.

§4.5 热释电性

4.5.1 热释电体

热电体和压电体这两个名词,是从英文 pyroelectrics 和 piezoelectrics 翻译过来的.原文的字首“pyro-”和“piezo-”均来自希腊文,相应于英文中的“fire” 和“press”,意即“火”和“压”.热电效应和压电效应常被用来帮助鉴别矿物.大约在 20 世纪 60 年代以后,由于国内开始了热电效应方面的技术应用,在技术领域中又常将热电

效应改称为热释电效应，而将热电体改称为热释电体，本书将采用“热释电”这个习惯的译名.

Webster 在 1939 年编的 New International Dictionary 中定义：在某些物质中，由于温度变化可以引起电极化状态的性质称为热释电性(pyroelectricity).具有热释电性的物体称为热释电体.将近三百年来，电气石(tourmaline)一直作为典型的热释电体来举例.电气石是一种天然矿物晶体，点群为 C_{3v}.它具有各种不同化学成分的变种，具有代表性的分子式为 (Na, Ca) (Mg, Al)$_6$ [$B_3Al_3Si_6(O,OH)_{30}$].有些电气石因色美透明而用作妆饰用品.1703 年左右，在荷兰商人从锡兰购回欧洲的电气石中，发现它受热时能吸引或推开炭灰，因而又称为锡兰磁铁(Ceylon magnet).对这种效应的研究导致 1824 年出现热释电性这一概念.表 2.3 给出了具有热释电性的晶体所能具有的点群对称.

热释电体是一种极性固体，即使在没有外加电场及其他作用情况下，它的宏观极化强度也不等于零.热释电体能够长期保持的宏观的极化强度 $\boldsymbol{P}_0$，称之为持久极化强度或固有极化强度(permanent polarization).通常，热释电体宏观电矩正端的表面会吸引一些负电荷；而负端表面吸引正电荷；直到它的电矩的电场完全被屏蔽为止.如果热释电体的两个表面恰好垂直于 $\boldsymbol{P}_0$(参见图 4.14)，则屏蔽电荷面密度 Q 恰好等于 P_0，即

$$Q = |\boldsymbol{P}_0| \tag{4.126}$$

因此，一般说来，热释电体的宏观极化状态并不直接显露出来.但是 $\boldsymbol{P}_0$ 值与温度有关，当温度变化时，$\boldsymbol{P}_0$ 的改变使屏蔽电荷失去平衡，多余的屏蔽电荷便被释放出来.因此，我们从形式上把这种效应称为热释电效应.

但是热释电效应的本质为温度变化 ΔT 所引起的系统的电势移变化 $\Delta\boldsymbol{D}$.在§4.4 的热力学唯象理论中，对 D_α 作近似展开时认为从展开点开始计算电势移，或者把展开点上的电势移值也考虑进去，在所有公式中用 ΔD_α 来代替 D_α，则热释电体已包括在理论的适用范围内.如果仅从现象形式上考虑屏蔽电荷的释放，则在

建立唯象理论时就必须处理固态电介质以及屏蔽电荷这两个不同的物质系统的问题.这是我们仍把上述效应称为热释电效应的原因.众所周知,驻极体就是一种热释电体,这是因为驻极体具有在其周围建立持久电场的能力.如果在与持久极化电矩相垂直的表面上装上电极,则不论金属电极是否与驻极体的表面有良好的电接触,屏蔽电荷都可以存在于电极,也不一定要被吸附到驻极体的表面.这时,电介质和电极是两个不同的系统,热释电效应研究的是电介质系统本身的现象.驻极体是需要经过人工驻极才能制造成功的热释电体.

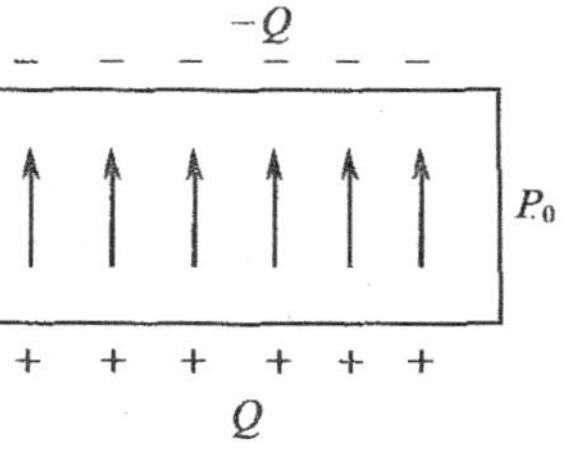

图 4.14　热释电体.

电气石的热释电性是它本身所固有的,不需要经过人工处理.这类晶体由于微观结构对称性太低,因而每个晶胞会出现非零的自发极化强度 $\boldsymbol{P}_s$,并且所有晶胞的自发电矩同向排列,使得宏观持久极化强度 $\boldsymbol{P}_0=\boldsymbol{P}_s$.这类晶体的电矩只有惟一的一个可能取向,并且一直到晶体温度升高到熔化或在晶体结构完全破坏之前,电矩都不会消失.因此,这类晶体不是铁电体.这种热释电晶体在它本身形成的过程中,在其表面上就吸附了屏蔽电荷.这些屏蔽电荷可以由构成晶体的离子和电子的转移来提供.

在 4.4.2 节中,我们从热力学唯象理论讨论热释电效应的宏观定义.按照定义,严格说来铁电体不是热释电体;尽管微观量 $\mathrm{d}P_s/\mathrm{d}T$ 不等于零,但是铁电体在热平衡态下的宏观极化强度恒等于零.而铁电体经过人工极化以后,使微观电矩沿极化方向分量占优势，才能产生非零的持久极化强度 $\boldsymbol{P}_0$. $\boldsymbol{P}_0$ 是一个宏观物理量. 一般说来，$P_0 \leqslant P_s$，并且 $\boldsymbol{P}_0$ 可以不一定和晶胞中的微观量 $\boldsymbol{P}_s$ 同向.

由于驻极体是处于亚稳状态，它的热释电效应只在不太高的温度范围以内才是可以重现的. 当温度较高时，驻极体内的局部电矩和空间电荷将获得足够的热激发能量，越过位垒回到热平衡态，使宏观固有极化强度和热释电效应消失. 这种消失是破坏性的，即使再降低温度，它的驻极体性能也不能恢复，而是回到人工驻极前的普通电介质状态；只有再施加人工驻极处理，才能恢复驻极体性质. 经人工极化的铁电晶体也有类似情况. 当温度升高到达居里点附近时，其持久极化强度 $\boldsymbol{P}_0$ 随温度的升高而减小，并开始变为不可恢复. 当升温到超过居里点以后，$\boldsymbol{P}_0$ 和热释电效应完全消失；即使再冷却至原来温度，也都不再恢复. 目前在红外辐射探测中应用较多的热释电晶体为硫酸三甘肽（triglycine sulphate，简称 TGS），其化学分子式为$(NH_2CH_2COOH)_3H_2SO_4$，居里点在 49℃ 附近. 如果在这种水溶性晶体生长过程中适当掺杂，可以在晶体内部产生内偏置场. 这种掺杂 TGS 从高于居里点温度冷却至铁电相时，由于内偏置场的作用，晶体可以自发成为单畴状态而保持 $\boldsymbol{P}_0 = \boldsymbol{P}_s$. 其内偏置场使电滞回线沿 E 轴的位移可以由图 4.15 中清楚地表现出来[17].

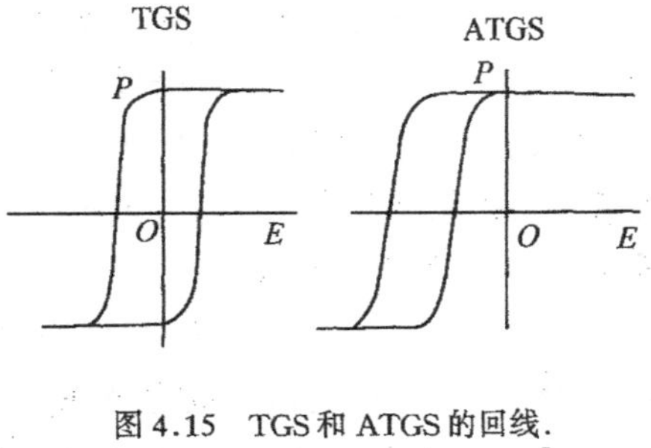

图 4.15　TGS 和 ATGS 的回线.

聚合物驻极体是一种非晶态热释电体，电气石和经过人工极化的铁电单晶则是晶态热释电体.自从1946年发现钛酸钡系陶瓷的铁电性以后,经过人工极化处理的铁电陶瓷成为多晶热释电体.图4.16(a)示出了铁电陶瓷的显微结构示意图.铁电陶瓷由许多线度为$10^{-1}\sim10^{+1}\mu m$数量级的晶粒紧密聚集而成,图中用点线画出了晶粒的边界.通常每个晶粒内部还可划分为若干个电畴,如图中实线所示.图中的箭头标明了每个电畴的自发极化电矩取向.由于陶瓷中各晶粒的晶轴取向是混乱的,而自发电矩的可能取向受到每个晶粒的晶轴的限制.因此,不同晶粒之间的电畴结构相互关系甚少;而每个晶粒内部的电畴结构则倾向于使晶粒的自由能尽量地降低.陶瓷的晶粒边界附近出现大量杂质和缺陷,并经常形成玻璃态结构.从图4.16(a)中可以看出,铁电陶瓷的宏观极化强度,甚至每个晶粒的平均极化强度,将因各电畴的电矩取向不同而互相抵消;从而在无外电场时使得铁电陶瓷宏观地表现为极化强度恒等于零.在很强的人工极化电场$\boldsymbol{E}_0$的作用下,每个晶粒趋于单畴化,并且电矩沿尽可能平行于$\boldsymbol{E}_0$的被容许的方向,如图4.16(b)所示.通常为了帮助电矩克服各种阻力来完成这种单畴化取向,在人工极化时可以适当加热.当人工极化完毕,温度降至室温,并除去外电场后,铁电陶瓷由此得到的剩余极化强度形成了一个非零的持久极化强度$\boldsymbol{P}_0$,它平行于极化时的$\boldsymbol{E}_0$.经过人工极化处理之后,铁电陶瓷成了具有热释电效应的热释电陶瓷.

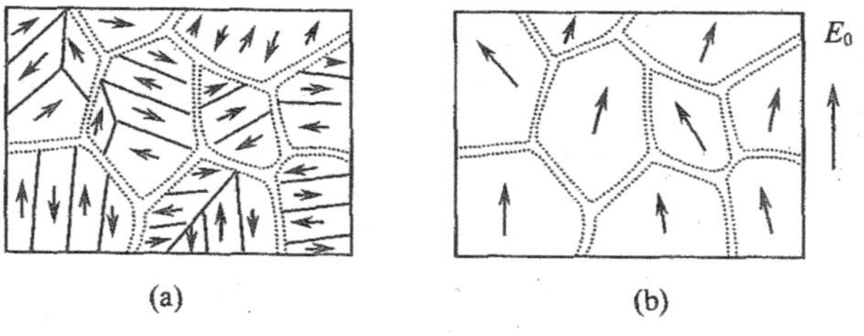

图4.16 铁电陶瓷(a)和热释电陶瓷(b)示意图.

在图4.16(b)中,各单畴化晶粒的电矩取向受限于各晶粒的晶轴取向，而不能完全平行于 $\boldsymbol{E}_0$. 若设每个晶粒中最靠近 $\boldsymbol{E}_0$ 方向的电矩容许取向与 $\boldsymbol{E}_0$ 方向成 θ 角，则根据前面的分析，有关系

$$P_0 \leqslant P_s \overline{\cos\theta}. \tag{4.127}$$

如果各晶粒的晶轴取向是随机的，则 $\overline{\cos\theta}$ 对于六方相铁电体的值为 0.5，对于四方相为 0.831，三方相为 0.866[18]. 铁电陶瓷的人工极化以形成热释电陶瓷的工艺过程，同聚合物的人工驻极以形成热释电驻极体的过程大致相同. 因为陶瓷中晶粒生长时受到固相反应的许多限制，它的晶格结构很难完整；其中杂质和缺陷很多，造成了束缚态空间电荷存在的良好环境. 而陶瓷中的晶粒边界层更是处于非晶状态，更有利于出现束缚态空间电荷，甚至还有可能出现局部可以转向的键电矩. 因此，铁电陶瓷的人工极化过程也是驻极过程，热释电陶瓷中不可避免地必然存在驻极体. 通常，热释电陶瓷中的驻极体效应是很显著的[19]. 在未经特殊人工处理前，聚合物固体和铁电陶瓷的宏观性质是各向同性的. 在经人工驻极或极化形成了其中出现持久极化强度 $\boldsymbol{P}_0$ 之后，样品具有 C_∞ 轴对称，其无穷次对称轴与 $\boldsymbol{P}_0$ 方向平行. C_∞ 对称轴对样品的各阶物性张量非零独立分量的限制与 C_6 对称轴近似. 这种样品宏观方向对称性点群为 $C_{\infty v}$，由于不是通常的晶体点群，故在表 2.3 中没有列出.

4.5.2 热释电系数

下面从热力学唯象理论出发，对热释电效应作进一步描述. 由吉布斯函数的全微分式得到的方程(4.88)为

$$D_\alpha = d_{\alpha j}^T X_j + \epsilon_{\alpha\beta}^{XT} E_\beta + p_\alpha^X \mathrm{d}T,$$

这是在 $X_j = 0, E_\beta = 0$ 和某个温度上对 D_α 作线性展开得到的. 对于存在热释电效应的固态电介质，在展开点上电势移不等于零，因此方程中的 D_α 应改写为 ΔD_α. 在零电场和零应力(自由)条件下，方程变为

$$\Delta D_\alpha = p_\alpha^X \Delta T. \tag{4.128}$$

由于外电场等于零,根据式(4.40),可得到

$$\Delta P_\alpha = p_\alpha^X \Delta T, \tag{4.129}$$

称 p_α^X 为自由热释电系数.式(4.129)描述了由于温度变化 ΔT 而引起热释电体极化强度变化 ΔP_α 的线性响应关系.实际上,几乎所有的热释电材料的热释电效应都是非线性的.严格说来,在式(4.129)中还应包含 ΔT 的高次项.但为数学上的简洁,可等效地把系数 p_α^X 看成是温度 T 的函数.因为

$$\begin{aligned}\Delta P_\alpha &= p_\alpha^{(1)}\Delta T + p_\alpha^{(2)}\Delta T^2 + p_\alpha^{(3)}\Delta T^3 + \cdots \\ &= [p_\alpha^{(1)} + p_\alpha^{(2)}\Delta T + p_\alpha^{(3)}\Delta T^2 + \cdots]\Delta T,\end{aligned}$$

所以

$$p_\alpha^X = p_\alpha^{(1)} + p_\alpha^{(2)}\Delta T + p_\alpha^{(3)}\Delta T^2 + \cdots, \tag{4.130}$$

则非线性效应就可以包含在方程(4.129)中.对于常用的热释电材料,当温度变化若干度时,热释电系数的改变值就可超过 1%.当然,绝大多数材料 $p_\alpha^X<0$;并且在热释电性遭到热破坏前,热释电系数绝对值有随温度升高而增大的趋势.这是因为温度升高时热运动倾向于扰乱材料中电矩的有序取向,使固有极化强度减小.但亦会出现热释电系数大于零的特殊情况[20].特别要指出的是,在大多数著作中均沿用了 Mason[2]提出的式(4.129)中的热释电系数定义,但是几乎所有资料报道的 p_α^X 值均略去了它的负号,这相当于在展开式(4.129)右边多定义一个负号,即定义

$$p_\alpha^X = -\frac{\Delta P_\alpha}{\Delta T}. \tag{4.131}$$

因此,在具体讨论热释电系数的正负值时,必须注意到事实上已经广泛存在的这种混淆.我们将按照式(4.129)的定义来介绍热释电系数.热释电系数是一个矢量系数,在实际测量时常按图 4.14 方式切割样品,测量温度变化 ΔT 时样品释放的屏蔽电荷为 ΔQ,因而有

$$p^X = \frac{\Delta P_0}{\Delta T} = \frac{\Delta Q}{\Delta T}, \tag{4.132}$$

其中,P_0 为样品的持久极化强度.显然,简单地将热释电系数 p^X

定义为 $\Delta P_s/\Delta T$ 是不正确的.

在技术应用上往往将很薄的热释电晶片贴在较厚的基片上,使样品不是处于自由的零应力状态,而是处于夹持的零应变状态或部分夹持状态.下面由特征函数的全微分式 $\mathrm{d}G_2$ 出发来讨论零应变热释电系数.由式(4.38)可得到

$$\mathrm{d}G_2 = X_j\mathrm{d}S_j - D_\alpha\mathrm{d}E_\alpha - \sigma\mathrm{d}T.$$

在零应变、零电场及某个温度上对 D_α 作线性展开

$$\Delta D_\alpha = \left(\frac{\partial D_\alpha}{\partial S_j}\right)_{TE} S_j + \left(\frac{\partial D_\alpha}{\partial E_\beta}\right)_{TS} E_\beta + \left(\frac{\partial D_\alpha}{\partial T}\right)_{SE} \Delta T. \tag{4.133}$$

当 $S_j=0, E_\beta=0$ 时就可以定义夹持热释电系数 p_α^S,有

$$\Delta P_\alpha = \Delta D_\alpha = \left(\frac{\partial D_\alpha}{\partial T}\right)_{SE} \Delta T = p_\alpha^S \Delta T. \tag{4.134}$$

热力学唯象理论可以给出两种不同条件下的热释电系数 p_α^S 和 p_α^X 之间的关系[15].根据式(4.88)中的定义

$$p_\alpha^X = \left(\frac{\partial D_\alpha}{\partial T}\right)_{XE}.$$

将上式右边的偏微商分两步来计算:先将固体无应变地因温度变化给出 $\left(\frac{\partial D_\alpha}{\partial T}\right)_{SE}$,再加固体因温度引起应变的附加贡献.故上式可改写为

$$p_\alpha^X = \left(\frac{\partial D_\alpha}{\partial T}\right)_{SE} + \left(\frac{\partial D_\alpha}{\partial S_i}\right)_{TE}\left(\frac{\partial S_i}{\partial T}\right)_{XE}. \tag{4.135}$$

根据偏微商规则,有

$$\left(\frac{\partial D_\alpha}{\partial S_i}\right)_{TE}\left(\frac{\partial S_i}{\partial T}\right)_{XE} = \left(\frac{\partial D_\alpha}{\partial X_j}\right)_{TE}\left(\frac{\partial X_j}{\partial S_i}\right)_{TE}\left(\frac{\partial S_i}{\partial T}\right)_{XE}.$$

将上式代入式(4.135),则 p_α^X 中所含各偏微商的意义可由式(4.134)及表 4.2 中找到,结果为

$$p_\alpha^X = p_\alpha^S + d_{\alpha j}^T c_{ji}^T \alpha_i^X, \tag{4.136}$$

通常把等式左边的 p_α^X 称为总热释电系数;右边第一项称为第一

热释电系数(即零应变热释电系数),第二项称为第二热释电系数.第二热释电系数是由晶体的热膨胀和弹性通过压电效应贡献的.实验中能够直接精确测量的是 p_α^X.第一和第二热释电系数往往要用 d,c,α 的实验值,是由式(4.136)计算出来的;计算给出的这两部分常有相同数量级.

当热释电晶体垂直于极化轴(取为 x_3 轴)切成薄片贴在基片上时,样品的 x_1 和 x_2 方向受夹持不能形变,但 x_3 方向为自由而无应力,这样测出的热释电系数 p^P 为部分夹持系数.当 x_3 方向有三次或更高次对称轴时,由热力学理论可以得到[21, 22]

$$p^P = p_3^X - \left(2d_{31}^T\alpha_1^X\right)/\left(s_{11}^T + s_{12}^T\right). \tag{4.137}$$

表 4.3 列出了一些晶体的热释电系数[21],单位为 $\mu C \cdot m^{-2} \cdot K^{-1}$,测量时电极垂直于极化轴方向.

表 4.3　一些晶体的热释电系数

材料	对称性	p^X	p^S	p^P
CdS	C_{6v}	−4.0	−2.97	−0.13
CdSe	C_{6v}	−3.5	−2.94	−0.67
ZnO	C_{6v}	−9.4	−6.9	−0.35
$Li_2SO_4 \cdot H_2O$	C_2	+86.3	+6.0	—
$LiTaO_3$	C_{3v}	−176	−175	−161
$Pb_5Ge_3O_{16}$	C_3	−100	−116	−92
电气石	C_{3v}	+4.0	+0.48	—
$Sr_{0.5}Ba_{0.5}Nb_2O_5$	C_{4v}	−600	−500	−470

许多学者对热释电系数作过各种理论计算[23~27],但所得出的计算结果通常只能对个别晶体在一定温度范围内与实验大致相符.关于热释电效应的研究目前大多侧重于技术应用,所积累的实验资料还不够多,甚至有些现象定性地都还未曾完全弄明白.关于热释电性微观机理问题还有待人们作深入的探讨和研究.

§4.6 压 电 性

4.6.1 压电体

在§4.4中已经提到了压电效应，并由热力学理论给出了各种形式的描述压电效应的线性方程组．1880年，居里兄弟(J. Curie和P. Curie)在研究热释电现象和晶体对称性的时候，在α石英晶体上最先发现了压电效应．图4.17示出了一个α石英单晶的切片，它的棱分别平行于电轴(a)、机械轴(b)和光轴(c)．当沿晶片电轴方向施加机械应力时，可以观察到垂直于电轴的两个表面上出现大小相等、符号相反的电荷．这种现象称为正压电效应．1881年，Lippman根据热力学原理、能量守恒和电荷守恒定律预言了逆压电效应的存在．同年，居里兄弟用实验证实：压电晶体在外加电场作用下会出现应变或应力[14]．通常把正压电效应和逆压电效应都简称为压电效应，这是固态电介质的力学参数和电学参数之间的线性效应．具有压电效应的物体称为压电体．目前已知的压电体超过千种．压电体可以是单晶体，多晶体(例如陶瓷)、或非晶固体(例如聚合物)．在金属、半导体、铁磁体、生物体(例如骨骼)中也可以找到压电效应．§4.4已经从热力学唯象理论出发详细给出了描述压电现象的各种数学方法和压电常数．

描述压电效应的物性张量为三阶．在表2.3中，按点群分类的

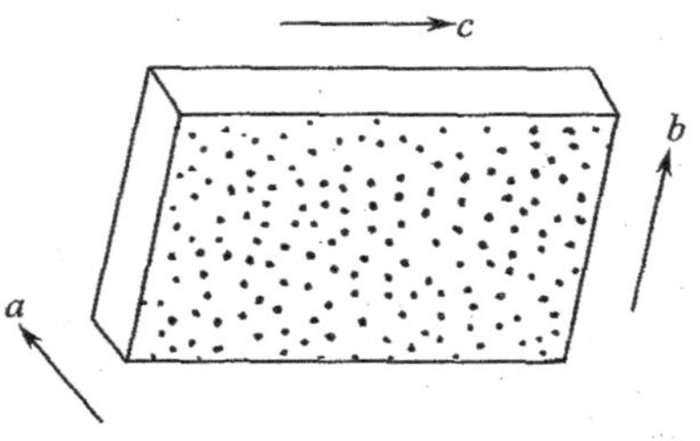

图4.17　压电石英单晶片．

32类晶体中,有20类晶体的三阶张量独立分量数不等于零;这些晶体可以产生压电效应.压电体的必要条件为没有对称中心.一个晶体的压电张量的各个分量中,有些分量可以为零;而另一些分量之间可能存在某种关系,这些限制取决于晶体所属的点群对称性.热释电体都没有对称中心,因此,一般来说,热释电体同时也是压电体.

1916年,Langevin用压电石英晶体制成水下发射和接收超声波的换能器,1918年Cady研究了RS压电晶体在机械谐振频率附近的电性能,导致RS电声器件问世.1921年相继研制成功石英谐振器和滤波器,开创了压电效应在稳频、计时和电子技术方面的应用.1947年出现了钛酸钡压电陶瓷拾音器.各种生物组织和有机材料的压电性是在20世纪40年代中期开始引起注意的,1969年发现聚偏氟乙烯薄膜制成的驻极体具有优良的压电性以后,聚合物驻极体的研究和应用便迅速发展起来.有生命物质的压电效应的研究在医学和生命科学方面有着重要意义.利用骨头的压电性控制其生长机理的观点在外科整形技术中已得到公认.生物本身是个复杂的压电体.生物运动时,动物的蛋白质和植物的纤维素取向结构都产生压电效应.

4.6.2 压电振子

压电效应虽已发现百余年,压电体在技术上的广泛应用,也开展了将近半个世纪,但在压电性的微观理论研究方面还存在许多困难.早在1920年,Born[28]就试图计算立方ZnS的压电常数,后来也有不少学者相继作过努力.虽然ZnS是结构最简单的一种压电晶体,只有一个非零独立压电常数,但理论得到的结果往往连正负号也难以和实验一致[29].对于压电效应的研究,较多地还局限于材料的研制、参数测量和技术应用.

通常,压电参数测量用的样品,或是技术上应用的压电器件,都把压电体切割成具有特定机械振动方式的谐振子,称为压电振子.下面以最基本的纵向振动模式(longitudinal mode)为例进行讨论.这些讨论将避开具体材料和技术工艺细节而侧重于物理方面,特别是侧重于所得到的各种公式的成立条件.

将压电晶体切割成厚度为 a,宽度为 b,长度为 l 的长条形薄片.使 $a \ll b \ll l$.在薄片的两个面上蒸发或烧制成金属电极,便成为压电振子.按图 4.18 所示的方式选取 x_1, x_2, x_3 坐标系;这个实验用坐标系可能与材料的 IRE 坐标系不一致.在实验坐标系中,材料的压电张量各分量的取值必须根据 §2.6 提到的张量分量变换规律来计算.

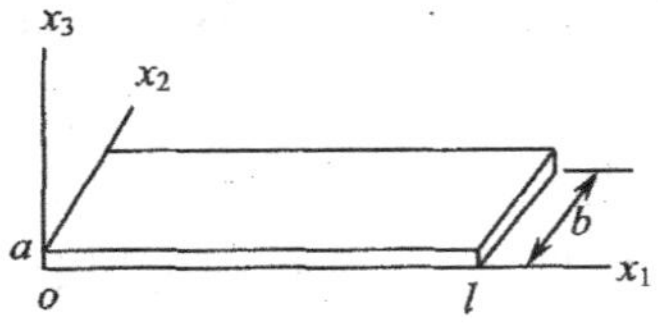

图 4.18 纵向压电振子.

在图 4.18 中,样品的电极垂直于 ox_3 轴.因为 a 很小,若在两电极上加电压,则可近似地将样品内的电场写为

$$E = E_3, \quad \frac{\partial E}{\partial x_1} = \frac{\partial E}{\partial x_2} = \frac{\partial E}{\partial x_3} = 0. \tag{4.138}$$

适当地选择晶片的导电和机械支持装置,使样品自由地处于空气或真空中.把支持装置选择在适当的位置上,使样品发生压电应变,此时则有

$$X_2 = X_3 = X_4 = X_5 = X_6 = 0, \tag{4.139}$$

并只容许样品内部出现 x_1 方向的正应力 X_1.当给样品加上直流电压时,式(4.139)的要求不难满足.但在交流电压作用下,式(4.139)却不能成立.只有在 x_1 方向的纵波振动发生机械谐振时,应变分量 S_1 显著地大于其他分量,因而可近似地认为

$$S_2 = S_3 = S_4 = S_5 = S_6 = 0,$$

这时式(4.139)才能近似成立.这就是说,下面的所有讨论都只限于样品处于纵向谐振点附近.离开了谐振区,所得到的公式将失去

意义.我们称这种具体局限条件下的样品为纵向压电振子.

根据式(4.22),样品在振动过程中,其内部体元 $dx_1dx_2dx_3$ 所受到的力的 3 个分量为

$$F_\alpha = \sum_\beta \frac{\partial X_{\alpha\beta}}{\partial R_\beta} dx_1 dx_2 dx_3, \quad \alpha, \beta = 1, 2, 3.$$

式(4.22)中的 R_β 就是现在的 x_β. 如将应力张量分量 $X_{\alpha\beta}$ 改用 Voigt 的六参量表示方法,则上式可写为

$$\begin{cases} F_1 = \left(\dfrac{\partial X_1}{\partial x_1} + \dfrac{\partial X_6}{\partial x_2} + \dfrac{\partial X_5}{\partial x_3}\right) dx_1 dx_2 dx_3, \\ F_2 = \left(\dfrac{\partial X_6}{\partial x_1} + \dfrac{\partial X_2}{\partial x_2} + \dfrac{\partial X_4}{\partial x_3}\right) dx_1 dx_2 dx_3, \\ F_3 = \left(\dfrac{\partial X_5}{\partial x_1} + \dfrac{\partial X_4}{\partial x_2} + \dfrac{\partial X_3}{\partial x_3}\right) dx_1 dx_2 dx_3. \end{cases} \tag{4.140}$$

若样品的密度为 ρ,体元 $dx_1dx_2dx_3$ 的位移为 $\xi_\alpha(\alpha=1,2,3)$,则牛顿方程为

$$\rho \ddot{\xi}_\alpha dx_1 dx_2 dx_3 = F_\alpha, \quad \alpha = 1,2,3 . \tag{4.141}$$

以式(4.140)中的 F_α 代入式(4.141),便得到连续弹性介质的波动方程,其张量记法形式为

$$\rho \ddot{\xi}_\alpha = \sum_\beta \frac{\partial X_{\alpha\beta}}{\partial x_\beta}; \quad \alpha, \beta = 1, 2, 3 . \tag{4.142}$$

波动方程(4.142)可以适用于连续弹性介质中的各种机械振动,它是各种模式压电振子的动力学基础.

对于以式(4.139)为条件的纵向模式压电振子,式(4.140)只余下一个非零项

$$F_1 = \frac{\partial X_1}{\partial x_1} dx_1 dx_2 dx_3.$$

于是,波动方程简化为

$$\rho \ddot{\xi}_1 = \frac{\partial X_{11}}{\partial x_1} = \frac{\partial X_1}{\partial x_1}, \quad \ddot{\xi}_2 = \ddot{\xi}_3 = 0. \tag{4.143}$$

方程(4.143)是在机械共振区附近从弹性动力学方面考虑所得到

的结果.在共振区附近,虽然其他的应力和应变参量也存在,但比之 X_1 和 S_1 要小得多,故都被忽略了.

下面再考虑压电效应的参数.假设机械谐振频率不太低,晶片在振动过程中内部各体元之间来不及进行热交换.因此,可以利用绝热过程的压电方程组(4.90)和(4.91)

$$S_i = s_{ij}^{E\sigma}X_j + d_{\alpha i}^{\sigma}E_\alpha,$$

$$D_\alpha = d_{\alpha i}^{\sigma}X_i + \varepsilon_{\alpha\beta}^{X\sigma}E_\beta.$$

在共振区附近,利用假设式(4.138)和式(4.139),方程组简化为

$$S_1 = s_{11}^{E\sigma}X_1 + d_{31}^{\sigma}E_3, \tag{4.144}$$

$$D_\alpha = d_{\alpha 1}^{\sigma}X_1 + \varepsilon_{\alpha 3}^{X\sigma}E_3. \tag{4.145}$$

由式(4.144)解出

$$X_1 = \frac{1}{s_{11}^{E\sigma}}S_1 - \frac{d_{31}^{\sigma}}{s_{11}^{E\sigma}}E_3. \tag{4.146}$$

以之代入式(4.145),得到

$$D_\alpha = \left(\varepsilon_{\alpha 3}^{X\sigma} - \frac{d_{\alpha 1}^{\sigma}d_{31}^{\sigma}}{S_{11}^{E\sigma}}\right)E_3 + \frac{d_{\alpha 1}^{\sigma}}{s_{11}^{E\sigma}}S_1. \tag{4.147}$$

式(4.146)和式(4.147)将波动方程(4.143)中的力学量 X_1 和电学量联系了起来.

因为振子的电极垂直于 x_3,故电势移分量 D_1 和 D_2 都较小,下面将不予讨论.我们只考虑式(4.147)中 $\alpha = 3$ 的情况.引入记号

$$\varepsilon_{33}^{LC} \equiv \left(\varepsilon_{33}^{X\sigma} - \frac{d_{31}^{\sigma}d_{31}^{\sigma}}{s_{11}^{E\sigma}}\right). \tag{4.148}$$

由(4.147)容易看出,ε_{33}^{LC}就是 $s_1=0$ 时的介电常数,故称之为纵向夹持介电常数(longitudinally clamped dielectric constant).注意式(4.17)关于应变的定义,有

$$S_1 = \frac{\partial \xi_1}{\partial x_1}, \tag{4.149}$$

故由式(4.147)可以得到

$$D_3 = \varepsilon_{33}^{LC} E_3 + \frac{d_{31}^{\sigma}}{s_{11}^{E\sigma}} \frac{\partial \xi_1}{\partial x_1}. \tag{4.150}$$

以式(4.146)代入式(4.143),得到

$$\rho \ddot{\xi}_1 = \frac{1}{s_{11}^{E\sigma}} \frac{\partial S_1}{\partial x_1} - \frac{d_{31}^{\sigma}}{s_{11}^{E\sigma}} \frac{\partial E_3}{\partial x_1}.$$

应用条件式(4.138)和式(4.149),上式简化为

$$\rho \ddot{\xi}_1 = \frac{1}{s_{11}^{E\sigma}} \frac{\partial^2 \xi_1}{\partial x_1^2}. \tag{4.151}$$

方程(4.150)和(4.151)共同决定了纵向模式压电振子在机械谐振区附近的力学和电学性质.

在共振区附近,存在简谐解

$$\xi_1 = \xi \exp(\mathrm{j}\omega t), \tag{4.152}$$

以此代入波动方程(4.151),得到

$$\frac{\mathrm{d}^2 \xi}{\mathrm{d} x_1^2} - \frac{\omega^2}{v^2} \xi = 0, \tag{4.153}$$

其中

$$v^2 = 1/(\rho s_{11}^{E\sigma}). \tag{4.154}$$

由此解出振幅

$$\xi = A \cos\left(\frac{\omega}{v} x_1\right) + B \sin\left(\frac{\omega}{v} x_1\right), \tag{4.155}$$

应变

$$\begin{aligned} S_1 &= \frac{\partial \xi_1}{\partial x_1} \\ &= \frac{\omega}{v}\left(-A \sin \frac{\omega x_1}{v} + B \cos \frac{\omega x_1}{v}\right) \exp(\mathrm{j}\omega t), \end{aligned} \tag{4.156}$$

其中,A 和 B 为积分常数可由边界条件决定.从式(4.155)中可看出,v 是晶片中纵向弹性波的传播速度.纵向压电振子中的谐振运动为样品内体元沿 x_1 方向振动所形成的弹性波.

当晶片处于自由状态时,因为振动能量不易传至系统以外,其机械谐振效应较显著.这时,在共振区附近因损耗较小而出现幅值

特别大的应变 S_1，使式(4.139)具有较好的近似程度.图 4.18 示出的纵向压电振子机械自由共振边界条件为

$$x_1 = 0, l \text{ 时 } X_1 = 0. \tag{4.157}$$

以之代入式(4.156)，并用式(4.144)，得到

$$\begin{cases} \dfrac{\omega}{v} B \mathrm{e}^{\mathrm{j}\omega t} = d_{31}^{\sigma} E_3, \\ \dfrac{\omega}{v}\left(-A\sin\dfrac{\omega l}{v} + B\cos\dfrac{\omega l}{v}\right)\mathrm{e}^{\mathrm{j}\omega t} = d_{31}^{\sigma} E_3. \end{cases}$$

由此解出

$$\begin{cases} B = \dfrac{v d_{31}^{\sigma}}{\omega} \cdot E_3 \mathrm{e}^{-\mathrm{j}\omega t}, \\ A = \dfrac{v d_{31}^{\sigma}}{\omega} \cdot \dfrac{\cos\dfrac{\omega l}{v} - 1}{\sin\dfrac{\omega l}{v}} \cdot E_3 \mathrm{e}^{-\mathrm{j}\omega t}. \end{cases} \tag{4.158}$$

以 A 和 B 代入式(4.156)，得到应变与 E_3, x_1 的关系为

$$S_1 = \frac{d_{31}^{\sigma}}{\sin\dfrac{\omega l}{v}}\left[\sin\frac{\omega(l - x_1)}{v} + \sin\frac{\omega x_1}{v}\right] \cdot E_3. \tag{4.159}$$

以 A 和 B 代入式(4.155)和式(4.150)，得到电势移

$$D_3 = \left[\varepsilon_{33}^{LC} + \frac{(d_{31}^{\sigma})^2}{s_{11}^{E\sigma}} \cdot \frac{\sin\dfrac{\omega(l - x_1)}{v} + \sin\dfrac{\omega x_1}{v}}{\sin\dfrac{\omega l}{v}}\right] \cdot E_3. \tag{4.160}$$

式(4.159)和(4.160)是纵向模式压电振子自由共振的解.根据前面一再指出的条件，在 $\omega = 0$ 或共振区附近，这个解只适用的样品尺寸为 $a \ll b \ll l$.在发生机械自由共振时，样品的两个端面 $x_1 = 0$ 和 l 是纵波波幅.在基波共振时，样品的中线面 $x = l/2$ 为波节.样品的电极引出线以及机械支持点选在波节上最为合适.

对于其他振动模式，可选用类似的数学方法进行推导.下面仍以纵向谐振为例来讨论压电振子的电路性质.

4.6.3 压电谐振等效电路

图 4.19 示出了图 4.18 的纵向模式压电振子的等效电路.下面详细分析等效电路参数 L_1, C_1, R_1 和 C_0. 式(4.160)中的 D_3 使样品电极上出现自由电荷 Q,而 D_3 和 Q 随时间的变化使电路中产生电流 I.如作一封闭曲面 A 包围振子的一个电极(如图中点线所示),则有

$$Q = \oint\!\!\oint_A \boldsymbol{D} \cdot \mathrm{d}\boldsymbol{A}. \tag{4.161}$$

对于图 4.18 示出的振子,上式可简化为

$$Q = b\int_0^l D_3 \mathrm{d}x_1.$$

将式(4.160)的 D_3 代入,计算积分,并利用三角公式

$$1 - \cos\alpha = \sin\alpha\tan\alpha(当\ \alpha\ 很小时), \tag{4.162}$$

可得到

$$Q = \left[bl\varepsilon_{33}^{LC} + \frac{2bv}{\omega} \cdot \frac{(d_{31}^{\sigma})^2}{s_{11}^{E\sigma}} \cdot \tan\frac{\omega l}{2v}\right]E_3. \tag{4.163}$$

根据前面的假设,式(4.163)可用于共振区及 $\omega \to 0$ 的低频端.

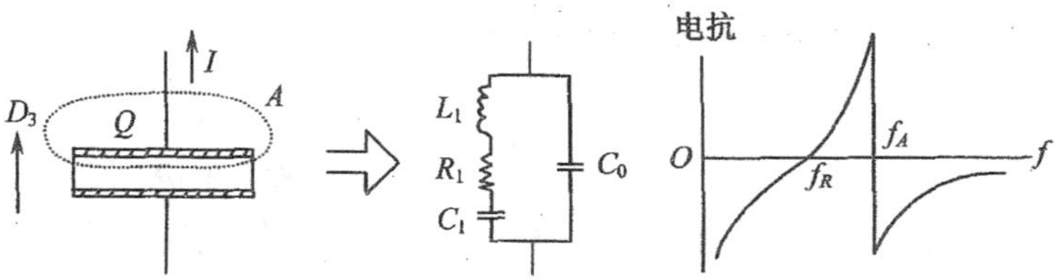

图 4.19 压电振子的等效电路

首先讨论远离共振区的低频端,当 ω 足够小时

$$\tan(\omega l/2v) \to (\omega l/2v).$$

于是式(4.163)变为

$$Q = \left[bl\varepsilon_{33}^{LC} + bl(d_{31}^{\sigma})^2/s_{11}^{E\sigma}\right]E_3.$$

利用式(4.148),得到

$$Q = bl\varepsilon_{33}^{X\sigma} E_3. \tag{4.164}$$

若在振子的电极上加上低频电压

$$aE_3 = aE_0 \mathrm{e}^{\mathrm{j}\omega},$$

则由式(4.164)可以计算出电路的电流

$$I = \frac{\mathrm{d}Q}{\mathrm{d}t} = \omega \cdot \frac{bl}{a} \varepsilon_{33}^{X\sigma} \cdot \mathrm{j}aE_3.$$

比较交流电路公式 $I = \omega C\mathrm{j}(aE_3)$,得到

$$C = \frac{bl}{a} \varepsilon_{33}^{X\sigma}, \ \omega \to 0, \tag{4.165}$$

其中,C 就是自由压电振子的低频电容.测出 C 值就可由式(4.165)计算出介电常数 $\varepsilon_{33}^{X\sigma}$.注意,这里的 $\varepsilon_{33}^{X\sigma}$ 为绝热状态的介电常数,必须用交流而不能用直流方法测量,但测量频率必须低到远离共振区.一般情况下可用 1kHz 的交流电桥测量.

其次,再来讨论共振区的情况.通常,一个压电振子有许多振动模式,每个振动模都有一个共振频率.就是说,波动方程(4.142)有许多解.不同的解的共振区可能相距很近,甚至重叠.在设计振子时,虽然可以采取措施保证边界条件(4.157)尽可能地成立.但是同一个装置在满足了自由边界条件(4.157)的同时,仍可以有其他的边界条件.例如,并不排除边界条件

$$x_2 = 0, b \text{ 时}, \ X_2 = 0$$

也同时成立.前面提到的假设条件 $a \ll b \ll l$ 保证了纵向谐振模式是频率最低的机械共振,其他频率较高的各种模式都远离纵向模式的谐振区.当解(4.163)是纯粹简谐的单一频率共振时,有

$$\frac{\mathrm{d}E_3}{\mathrm{d}t} = \mathrm{j}\omega E_3.$$

因而由式(4.163)可以得到共振区的电流

$$I = \frac{\mathrm{d}Q}{\mathrm{d}t} = \mathrm{j}\omega \cdot \frac{bl}{a}\left[\varepsilon_{33}^{LC} + \frac{(d_{31}^{\sigma})^2}{s_{11}^{E\sigma}} \cdot \frac{2v}{\omega l} \cdot \tan\frac{\omega l}{2v}\right] \cdot aE_3. \tag{4.166}$$

上式给出振子作为一个电路元件的导纳

$$\frac{1}{Z}=\frac{1}{aE_3}=\mathrm{j}\omega\cdot\frac{bl}{a}\varepsilon_{33}^{LC}\left[1+\frac{(d_{31}^{\sigma})^2}{\varepsilon_{33}^{LC}s_{11}^{E\sigma}}\cdot\frac{2v}{\omega l}\tan\frac{\omega l}{2v}\right],$$

(4.167)

称与 $Z=0$ 相应的频率 f_R 为谐振频率. 此时,由上式得到

$$\tan\frac{\omega_R l}{2v}=\infty,\ \omega_R=2\pi f_R, \tag{4.168}$$

故可以得到一系列的谐振频率

$$\frac{2\pi f_R l}{2v}=\frac{\pi}{2},\frac{3\pi}{2},\frac{5\pi}{2},\cdots, \tag{4.169}$$

其中基波频率为

$$f_R=\frac{v}{2l}=\frac{1}{2l\sqrt{\rho s_{11}^{E\sigma}}}. \tag{4.170}$$

上面用了波速 v 的表示式(4.154). 式(4.169)表明只出现奇次谐波的谐振频率. 下面只讨论基波,因为高次谐波的共振区容易和其他振动模式混杂.

利用振子的电路阻抗 $Z=0$ 的条件,容易测出谐振频率 f_R,再由(4.170)就可以计算出恒场绝热弹性顺度常数 $s_{11}^{E\alpha}$. 注意这时用了图 4.18 的直角坐标系,一般说来可能和国际习惯采用的 IRE 固定坐标系不一致.

类似地,称与振子电路阻抗 $Z=\infty$ 相应的频率为反谐振频率,记为 f_A. 当 $\omega=\omega_A=2\pi f_A$ 时,由式(4.167)得到

$$\left[\varepsilon_{33}^{LC}+\frac{(d_{31}^{\sigma})^2}{s_{11}^{E\sigma}}\cdot\frac{2v}{\omega_A l}\tan\frac{\omega_A l}{2v}\right]=0,$$

$$\frac{2v}{\omega_A l}\tan\frac{\omega_A l}{2v}=-\frac{s_{11}^{E\sigma}\varepsilon_{33}^{LC}}{(d_{31}^{\sigma})^2}. \tag{4.171}$$

为了化简式(4.171),定义记号

$$k\equiv\frac{d_{31}^{\sigma}}{(s_{11}^{E\sigma}\varepsilon_{33}^{X\sigma})^{1/2}}, \tag{4.172}$$

称 k 为纵向振动模式的机电耦合系数(electromechanical coupling factor),其物理意义将在下面再进行讨论. 利用式(4.148),得到

$$k^2 = \frac{(d_{31}^{\sigma})^2}{s_{11}^{E\sigma}(\varepsilon_{33}^{LC} + d_{31}^{\sigma} d_{31}^{\sigma} / s_{11}^{E\sigma})},$$

$$\frac{1}{k^2} = 1 + \frac{\varepsilon_{33}^{LC} s_{11}^{E\sigma}}{(d_{31}^{\sigma})^2},$$

$$\frac{1-k^2}{k^2} = \frac{\varepsilon_{33}^{LC} s_{11}^{E\sigma}}{(d_{31}^{\sigma})^2}. \tag{4.173}$$

于是式(4.171)可写为

$$\frac{2v}{\omega_A l} \tan \frac{\omega_A l}{2v} = \frac{k^2 - 1}{k^2}. \tag{4.174}$$

在实际测量中,总有 $f_A > f_R$,并且 f_A 和 f_R 很接近;故可令

$$f_A = f_R + \Delta f, \tag{4.175}$$

其中,Δf 为甚小于 f_R 的正数.由此得到

$$\frac{\omega_A}{\omega_R} = \frac{f_A}{f_R} = 1 + \frac{\Delta f}{f_R},$$

$$\tan \frac{\omega_A l}{2v} = \tan\left(\frac{\omega_R l}{2v} \cdot \frac{\omega_A}{\omega_R}\right).$$

对于式(4.169)给出的基波

$$\tan \frac{\omega_A l}{2v} = \tan\left(\frac{\pi}{2} \cdot \frac{\omega_A}{\omega_R}\right) = \tan\left(\frac{\pi}{2} + \frac{\pi}{2} \cdot \frac{\Delta f}{f_R}\right) = -\cot\left(\frac{\pi \Delta f}{2 f_R}\right).$$

因此,式(4.174)可简化为

$$\frac{-\cot\left(\dfrac{\pi \Delta f}{2 f_R}\right)}{\dfrac{\pi}{2} + \dfrac{\pi \Delta f}{2 f_R}} = -\frac{1-k^2}{k^2},$$

$$\frac{k^2}{1-k^2} = \left(\frac{\pi}{2} + \frac{\pi \Delta f}{2 f_R}\right) \tan\left(\frac{\pi \Delta f}{2 f_R}\right). \tag{4.176}$$

式(4.176)便是最后得到的精确解.在实用中可以将其中的三角函数作级数展开,经过整理后得到下式:

$$k^2 = \frac{\pi^2 \Delta f}{4 f_R}\left[1 + \frac{4-\pi^2}{4}\left(\frac{\Delta f}{f_R}\right) + \frac{3\pi^2 - 20}{12} \cdot \left(\frac{\pi^2}{4}\right)\left(\frac{\Delta f}{f_R}\right)^2 + \cdots\right]. \tag{4.177}$$

在具体计算时,因为$(\Delta f/f_R)$很小,往往只取级数中的一次项就够了.

利用条件 $Z=\infty$,测出 f_A,和前面得到的 f_R 一起代入式(4.175)和式(4.177),就可近似计算出 k 值.再由前面提到的方法得到 $\varepsilon_{33}^{X\sigma}$和 $s_{11}^{E\sigma}$,一起代入式(4.172),就可以计算出绝热压电参数 d_{31}^{σ}.压电常数的这种测量方法常称为动态法,这是目前公认的较好的方法.

图4.19示出了前面得到的压电振子的电抗随频率 f 的变化关系.这种频率响应特性可用 L_1,R_1,C_1 串联,再和 C_0 并联的电路等效.由于前面没有计及振子的损耗,这相当于认为 $R_1=0$.此时,$f=f_A$ 上的电抗等于无限大,而 $f=f_R$ 上的电抗为零.1925年,Van Dyke 首先推导出了下述的压电振子的等效电路参数[30]:

$$f_R=1/2\pi\sqrt{L_1C_1},$$

$$\Delta f/f_R=C_1/2C_0, \tag{4.178}$$

$$C_0=\frac{bl}{a}\varepsilon_{33}^{LC}. \tag{4.179}$$

$$C_1=\frac{8}{\pi^2}\cdot\frac{k^2}{1-k^2}\cdot C_0, \tag{4.180}$$

$$L_1=1/\omega_R^2C_1. \tag{4.181}$$

当弹性、压电、介电物理量采用 cgs 单位制时,有

$$C_0=\frac{bl}{4\pi a}\varepsilon_{33}^{LC}\times1.11\times10^{-12}(\mathrm{F}), \tag{4.182}$$

$$C_1=\frac{8}{\pi^2}\cdot\frac{(d_{31}^{\sigma})^2}{s_{11}^{E\sigma}}\cdot\frac{bl}{a}\times1.11\times10^{-12}(\mathrm{F}), \tag{4.183}$$

$$L_1=\frac{\rho al}{8b}\cdot\left(\frac{s_{11}^{E\sigma}}{d_{31}^{\sigma}}\right)^2\times9\times10^{11}(\mathrm{H}). \tag{4.184}$$

对于 n 次谐波,C_0 和 L_1 的值不变,但 C_1 的表示式右边多一个因子$(1/n^2)$.

4.6.4 导纳圆图

在图 4.19 的等效电路中,若略去损耗,则 $R_1=0$. 无耗等效电路的阻抗

$$|Z| = \left(\omega L_1 - \frac{1}{\omega C_1}\right)\Big/\left(\omega^2 L_1 C_0 - 1 - \frac{C_0}{C_1}\right). \quad (4.185)$$

当 $|Z|=0$ 时,由上式可解出谐振频率 ω_R

$$\omega_R^2 = 1/L_1C_1, \quad (4.186)$$

由此式可得到式(4.177).类似地令 $|Z|=\infty$,得到

$$\omega_A^2 = (C_1 + C_0)/L_1C_1C_0. \quad (4.187)$$

在实际问题中通常都有 $C_1 \ll C_0$,故

$$\omega_A = \omega_R\left(1 + \frac{C_1}{C_0}\right)^{1/2} = \omega_R\left(1 + \frac{C_1}{2C_0} + \cdots\right). \quad (4.188)$$

在上式右边方括号中近似地只取前两项. 便得到式(4.178).另一方面, 由式(4.171)有

$$\frac{s_{11}^{E\sigma}\varepsilon_{33}^{LC}}{(d_{31}^{\sigma})^2} = -\frac{2v}{\omega_A l}\tan\left(\frac{\pi}{2} + \frac{\pi\Delta\omega}{2\omega_R}\right) = \frac{2v}{\omega_A l}\cdot\left(\tan\frac{\pi\Delta\omega}{2\omega_R}\right)^{-1}.$$

当 $\Delta\omega \ll \omega_R$, $\omega_A \approx \omega_R$, $\tan\theta \approx \theta$,故

$$\frac{s_{11}^{E\sigma}\varepsilon_{33}^{LC}}{(d_{31}^{\sigma})^2} = \frac{4v}{\pi l\Delta\omega},$$

$$\frac{\Delta\omega}{\omega_R} = \frac{4v}{\pi l}\cdot\frac{(d_{31}^{\sigma})^2}{s_{11}^{E\sigma}\varepsilon_{33}^{LC}}\cdot\frac{1}{\omega_R}.$$

对于基波,由式(4.169)知上式右边的 ω_R 等于 $\pi v/l$,故

$$\frac{\Delta\omega}{\omega_R} = \frac{4}{\pi^2}\cdot\frac{(d_{31}^{\sigma})^2}{s_{11}^{E\sigma}\varepsilon_{33}^{LC}}. \quad (4.189)$$

在式(4.188)的近似中,我们已得出了

$$\frac{\Delta\omega}{\omega_R} = \frac{C_1}{2C_0}.$$

将上式与式(4.189)进行比较,并用 C_0 的表示式(4.179),得到

$$C_1 = \frac{8}{\pi^2} \cdot \frac{(d_{31}^\sigma)^2}{s_{11}^{E\sigma}\varepsilon_{33}^{LC}} \cdot \frac{bl}{a}\varepsilon_{33}^{LC}.$$

以式(4.173)代入,便得到式(4.180).将上式改为 cgs 单位制,便得到式(4.183).

在式(4.148)中,定义 ε_{33}^{LC}为夹持介电常数;因此,式(4.179)定义的 C_0 可理解为晶体两电极之间的"静止电容",即不出现压电应变时的电容.C_0 区别于式(4.165)中定义的自由压电振子的低频电容 C.后者计入了压电应变的影响.L_1 和 C_1 则是机械共振通过压电效应转换成等效的电路参数,故可称之为"动态参数".根据式(4.148),有

$$\varepsilon_{33}^{X\sigma} - \varepsilon_{33}^{LC} = (d_{31}^\sigma)^2 / s_{11}^{E\sigma};$$

以之和式(4.172)相比较,得到

$$k^2 = \frac{\varepsilon_{33}^{X\sigma} - \varepsilon_{33}^{LC}}{\varepsilon_{33}^{X\sigma}}. \tag{4.190}$$

样品中的场能密度

$$\boldsymbol{E} \cdot \boldsymbol{D} = (E_3)^2 \cdot \varepsilon_{33}$$

与介电常数成比例.故式(4.190)中 $\varepsilon_{33}^{X\sigma}$比例于自由压电振子中的总场能.$\varepsilon_{33}^{LC}$比例于受夹持晶体(即振子没有压电应变时)的场能;差值$(\varepsilon_{33}^{X\sigma} - \varepsilon_{33}^{LC})$比例于自由压电振子因机械共振出现显著的应变时所增加的能量.如果压电振子是由交变电场激发的,则式(4.190)右边分母比例于电路传给振子的总能量.而分子则比例于振子通过压电效应将其转换成机械振动能的部分能量.因此,式(4.190)表明这两部分能量的比值等于 k^2.它表征了压电振子的能量转换效率.故称 k 为机电耦合系数.注意,k^2 的这种意义,只在谐振区才能成立.

实际压电振子不可避免地存在各种形式的损耗.例如通过周围介质发出机械波(声波)辐射、振子支架的阻尼作用、材料在电场作用下反复极化和反复形变产生的内部损耗等等.所有损耗的总效果在图 4.19 中用电阻 R_1 表示,对于有耗等效电路,$R_1 > 0$,电

路总阻抗为

$$Z = R + \mathrm{j}X, \tag{4.191}$$

其中 R 为电阻分量, X 为电抗分量.对电路作具体分析容易得出

$$R = R_1\left\{\left[1 - \omega C_0\left(\omega L_1 - \frac{1}{\omega C_1}\right)\right]^2 + \omega^2 C_0^2 R_1^2\right\}^{-1}, \tag{4.192}$$

$$X = \frac{\left(\omega L_1 - \frac{1}{\omega C_1}\right) - \omega C_0\left[R_1^2 - \left(\omega L_1 - \frac{1}{\omega C_1}\right)^2\right]}{\left[1 - \omega C_0\left(\omega L_1 - \frac{1}{\omega C_1}\right)^2\right] + \omega^2 C_0^2 R_1^2}. \tag{4.193}$$

在图 4.19 示出的等效电路中, $L_1R_1C_1$ 支路的电抗为

$$X_1 = \omega L_1 - \frac{1}{\omega C_1}. \tag{4.194}$$

将电路的总导纳 Y 按支路划分为静态导纳 Y_0 和动态导纳 Y_1, 其中

$$Y = Y_1 + Y_0, \quad Y_0 = \mathrm{j}\omega C_0, \quad Y_1 = g_1 + \mathrm{j}b_1. \tag{4.195}$$

$L_1R_1C_1$ 串联支路的动态电导 g_1 和动态电纳 b_1, 分别为

$$g_1 = R_1\left[R_1^2 + \left(\omega L_1 - \frac{1}{\omega C_1}\right)^2\right]^{-1}, \tag{4.196}$$

$$b_1 = \left(\frac{1}{\omega C_1} - \omega L_1\right)\left[R_1^2 + \left(\omega L_1 - \frac{1}{\omega C_1}\right)^2\right]^{-1}. \tag{4.197}$$

式(4.191)至式(4.197)都是直接从等效电路的电路分析得到的,其中的一些主要电路参数 $|Z|$, R, X, X_1 等随频率变化的关系示于图 4.20.从图中各曲线可以找到六个有特殊物理意义的频率,其记号、名称和特征分别为

ω_R:谐振频率, $X=0$, $|Z|=R$, 电路为纯电阻性;

ω_A:反谐振频率, $X=0$, $|Z|=R$, 电路为纯电阻性;

ω_S:串联谐振频率, $X_1=0$;

ω_P:并联谐振频率, R 达到极大;

ω_m：最小阻抗频率，$|Z|$达到极小；

ω_n：最大阻抗频率，$|Z|$达到极大.

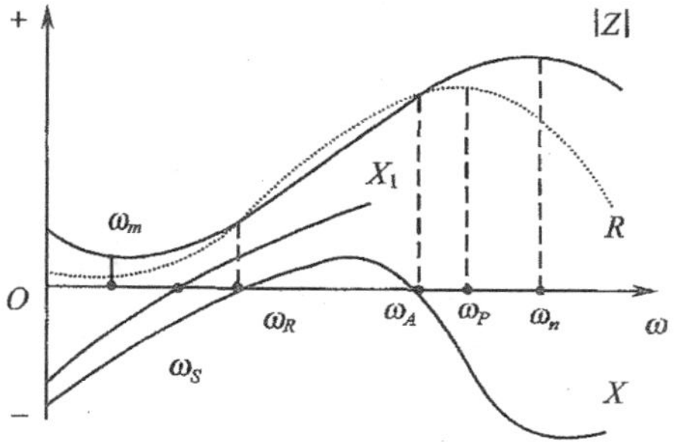

图 4.20 等效电路参数.

对于无耗等效电路，$R_1=0$，这时

$$\omega_m = \omega_S = \omega_R, \quad \omega_A = \omega_P = \omega_n. \tag{4.198}$$

在 6 个特征频率中，以 ω_m 和 ω_n 最容易测量.专为测量弹性、压电、介电常数而设计的压电振子，其损耗总可以做到很小.这时，式(4.198)可近似成立.

但是在精确测量中，必须用导纳电桥分别把 6 个特征频率测量出来.图 4.21 示出了有耗等效电路总导纳 Y 的复平面图.在远离共振区的低频或高频部分.等效电路中的 $L_1R_1C_1$ 支路无贡献，电路导纳 Y 表现为纯电容性，电纳等于 ωC_0.当 ω 由零单调上升扫过共振区时，可以证明 Y 的矢端在复平面描出一个圆周；参见图 4.21.称这个圆周为压电振子的导纳圆.图中标出的 6 个点 m, S, R, A, P, n 相应的频率分别为 $\omega_m, \omega_s, \omega_R, \omega_A, \omega_p, \omega_n$，导纳圆图清楚地描述了各个特征频率的意义和相互关系.6 个特征频率的导纳矢端点共圆是测量精确程度的判据.

由 4.6.2 节至 4.6.4 节详细介绍了解决纵向振动模式压电振子问题的数学方法和等效电路.对于其他模式，例如厚度切变模式、面切变模式[2]、圆片的径向振动模式等，讨论的步骤和数学方法是类似的.而图 4.19 中示出的等效电路以及纯粹电路分析的各

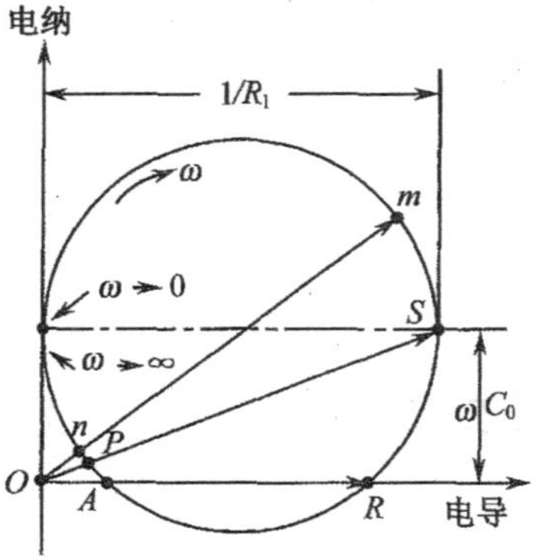

图 4.21　导纳圆图.

种结果,对于任何振动模式的压电振子均可适用.关于连续弹性介质中的波[31]及各种形式的板和壳体的机械共振问题[32],已经得到了很好的解决.按照不同的要求找到合适的形状结构,用压电材料制成样品,适当地加上电极,便可作成各种复杂模式的压电振子[13].

§4.7　电致伸缩效应

4.7.1　外电场作用于介质的力

为简单起见,首先考虑各向同性宏观均匀的电介质,它可为固体、液体或气体;在外电场 $\boldsymbol{E}$ 作用下,电介质中的每一微观结构单元将出现电偶极矩 $\boldsymbol{p}$. 这个微观电矩受到微观电场 $\boldsymbol{E}'$ 的作用力为

$$\boldsymbol{F} = \boldsymbol{p}\nabla\cdot\boldsymbol{E}'. \tag{4.199}$$

将上式对单位体积电介质求和,得到宏观的体积力密度为

$$\boldsymbol{f} = \sum\boldsymbol{F} = \sum\boldsymbol{p}\nabla\cdot\boldsymbol{E}',$$

$$\boldsymbol{f} = N_{\boldsymbol{p}}\,\overline{\nabla\cdot\boldsymbol{E}'} \tag{4.200}$$

其中 N 为单位体积电介质中结构单元的数目.因为要将微观电场

梯度$\nabla \cdot \boldsymbol{E}'$置于求和号之外，从数学意义上应取平均值. 按其物理意义，微观电场梯度的平均值可以认为就等于宏观量$\nabla \cdot \boldsymbol{E}$. 而 N_p 等于电介质的宏观极化强度$\boldsymbol{P}$. 故式(4.200)可用宏观量表示为

$$\boldsymbol{f} = \boldsymbol{P}\nabla \cdot \boldsymbol{E}. \tag{4.201}$$

利用式(2.15)和式(2.16)，上式可写为

$$\boldsymbol{f} = (\varepsilon - 1)\varepsilon_0 \boldsymbol{E}\nabla \cdot \boldsymbol{E}. \tag{4.202}$$

因为静电场的旋度等于零，故有矢量公式

$$\boldsymbol{E}\nabla \cdot \boldsymbol{E} = \frac{1}{2}\nabla E^2 - \boldsymbol{E} \times \nabla \times \boldsymbol{E} = \frac{1}{2}\nabla E^2,$$

所以

$$\boldsymbol{f} = \frac{1}{2}(\varepsilon - 1)\varepsilon_0 \nabla E^2. \tag{4.203}$$

上面假设了电介质系统是不可压缩的，故介电常数 ε 是一个常数. 实际上，在体积力 $\boldsymbol{f}$ 的作用下，电介质的密度 ρ 将发生变化. 考虑到这些因素后，得到的更普遍的结果为

$$\boldsymbol{f} = \frac{1}{2}\varepsilon_0 \nabla\left(E^2 \frac{\partial \varepsilon}{\partial \rho}\rho\right) - \frac{1}{2}\varepsilon_0 E^2 \nabla \varepsilon. \tag{4.204}$$

对于式(2.63)所示符合 Lorentz-Lorenz 关系的电介质，例如气体，$\varepsilon \approx 1$；同时，$(\varepsilon - 1)$和 ρ 有比例关系

$$\rho \frac{\partial \varepsilon}{\partial \rho} = \varepsilon - 1. \tag{4.205}$$

以式(4.205)代入式(4.204)，仍然得到式(4.203). 因此，式(4.203)的成立是比较广泛的.

根据式(4.22)，可以将体积力密度化为应力. 上面的讨论表明，任何电介质在外电场 $\boldsymbol{E}$ 的作用下都会出现应力，这种应力的大小与 $\boldsymbol{E}$ 的二次项成线性关系，称这种效应为电致伸缩(electrostriction)，"striction"是"紧缩"的意思. 比例于电场二次项的应力将使电介质产生相应的应变. 电致伸缩效应与压电效应的区别在于：前者是二次效应，在任何电介质中均存在；而后者是一次效应，只可能出现于没有中心对称的电介质中. 对于压电体，在外电场作用下一次的压电效应和二次的电致伸缩效应同时出现. 一般

说来，一次效应比二次效应显著，但两者有时可以具有相同的数量级.

注意，当 $\varepsilon>1$ 时，式(4.203)表明电致伸缩效应使电介质被吸引向电力线密度大的地方而与电场方向无关.这是因为现在考虑的极化电矩 $\boldsymbol{p}$ 是外场 $\boldsymbol{E}$ 引起的，当 $\boldsymbol{E}$ 反向时 $\boldsymbol{p}$ 也反向.而电致伸缩效应与 $\boldsymbol{p}$ 和 $\boldsymbol{E}$ 具有线性关系，故应力与 $\boldsymbol{E}$ 的二次项成线性关系.液体的电致伸缩效应很容易观察.在图 4.22 中，浸入液体的金属平板电极有一个小孔与压强计相连.当两电极上加电压时，电力线集中于两极之间.由于电极外面液体被吸引入电极之间，使其中的气泡压强增大.压强计测得的压强决定于电极间电场的平方以及液体的介电常数，而与电场方向无关.

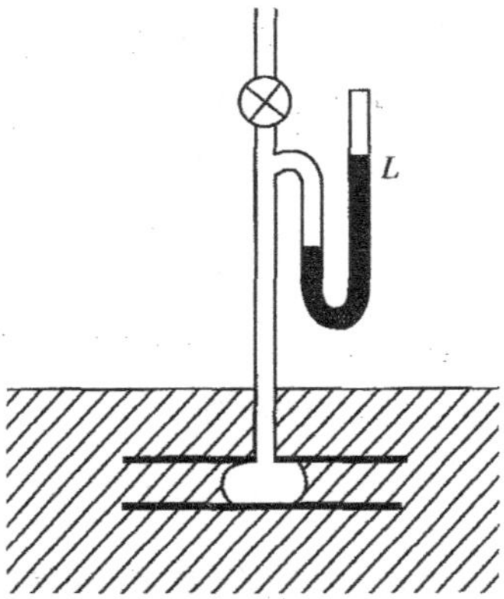

图 4.22　液体的电致伸缩.

4.7.2　电致伸缩系数

由于电致伸缩效应一般比较微弱，长期以来未能在应用上引起注意.1979 年后，在高介电常数材料以及略高于居里点的铁电材料中发现特别大的电致伸缩应变.而后找到了一些可供技术应用的固体电致伸缩材料[33,34].由于其重复性好、响应时间快以及温度稳定性和经时稳定性好等优点，特别适用于精密的微小位移调制器.

在固体电介质中,前面关于电致伸缩的简单讨论只具有定性意义.由于固体物性参数的张量性质以及固体中各结构单元之间的强烈相互作用,使问题变得十分复杂.目前还只能由热力学唯象理论给出在实验上描述电致伸缩效应的定量方法.对于没有压电效应的固体,将应力 X_i 或应变 S_i 看成是外加电场 E_α 的函数时,则在零场附近作级数展开,只保留非零的最低次项,得到

$$\begin{cases} X_i = c_{ij}^E S_j + m_{i\alpha\beta} E_\alpha E_\beta, \\ S_i = s_{ij}^E X_j + M_{i\alpha\beta} E_\alpha E_\beta. \end{cases} \tag{4.206}$$

如果取极化强度 P_α 为自变量,类似地有

$$\begin{cases} X_i = c_{ij}^P S_j + q_{i\alpha\beta} P_\alpha P_\beta, \\ S_i = s_{ij}^P X_j + Q_{i\alpha\beta} P_\alpha P_\beta. \end{cases} \tag{4.207}$$

在式(4.206)和式(4.207)中,m, M, q, Q 都称为电致伸缩系数,这些系数是四阶张量,各有 81 个分量.在实验研究中,用系数 $Q_{i\alpha\beta}$描述电致伸缩效应较为方便.因为在一般测量中样品处于自由状态.这时,$X_j=0$,而

$$S_i = Q_{i\alpha\beta} P_\alpha P_\beta. \tag{4.208}$$

根据 4.2.3 节的 Voigt 简记法,令

$$\begin{aligned} Q_{ij} &= Q_{i\alpha\beta}, \text{若 } \alpha = \beta; \\ Q_{ij} &= Q_{i\alpha\beta} + Q_{i\beta\alpha}, \text{若 } \alpha \neq \beta, \end{aligned} \tag{4.209}$$

则电极化 P_α 所引起的电致伸缩应变 S_i 可用 36 个参数 Q_{ij} 来描述.由于非压电体的对称性较高,当晶体有对称中心时,Q_{ij}的非零独立分量只有 Q_{11}, Q_{12}, Q_{44} 等 3 个.于是,在自由条件下,具有对称中心的固体的电致伸缩效应可描述为

$$\begin{cases} S_1 = Q_{11} P_1^2 + Q_{12}(P_2^2 + P_3^2), \\ S_2 = Q_{11} P_2^2 + Q_{12}(P_3^2 + P_1^2), \\ S_3 = Q_{11} P_3^2 + Q_{12}(P_1^2 + P_2^2), \\ S_4 = Q_{44} P_2 P_3, S_5 = Q_{44} P_3 P_1, S_6 = Q_{44} P_1 P_2. \end{cases} \tag{4.210}$$

类似地,也可以由式(4.206)中的系数 $M_{i\alpha\beta}$描述自由电致伸缩应变.得到的结果和式(4.210)完全相似.

当固体为未经人工极化的铁电晶体或铁电陶瓷时,压电效应不会出现.这时,若在 x_1 方向加外电场 E_1,则有

$$S_1 = M_{11}E_1^2, S_2 = S_3 = M_{12}E_1^2, \tag{4.211}$$

或

$$S_1 = Q_{11}P_1^2, S_2 = S_3 = Q_{12}P_1^2, \tag{4.212}$$

而切应变等于零.若外加电场为交流,则可得到应变 $S(S_1, S_2$ 或 $S_3)$与极化强度 P 关系呈二次曲线,若以 P^2 为横坐标作图,实验结果将给出一条很好的直线,其斜率即为系数 Q.因为铁电体的 P 和 E 之间存在电滞回线关系,所以电致伸缩应变 S 与外电场 E 之间也出现回线;参见图 4.23.当外电场为 10kV/cm 时,电致伸缩应变可以达到 10^{-5}数量级.

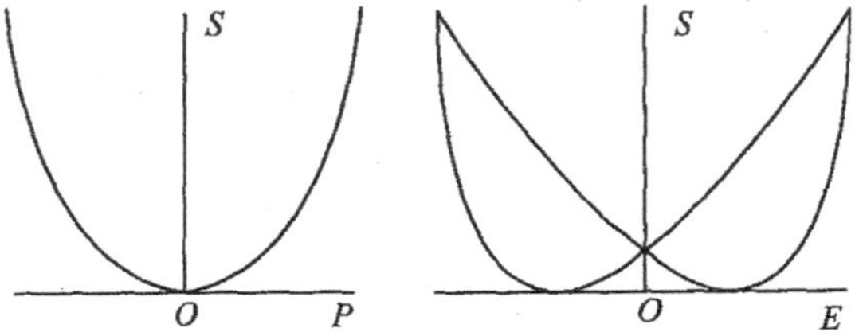

图 4.23 铁电体的电致伸缩回线.

在§2.7 中曾经提到了电极化的非线性效应.电致伸缩也是一种非线性效应,在严格的热力学唯象理论中,处理非线性效应时必须在§4.4 的展开式中适当保留高次项.这时,对于二次效应来说,在式(4.206)中还会出现 S_jE_α 或者 X_jE_α 的项,而在式(4.207)中将出现 S_jP_α 或 X_jP_α 的项.此外,还应该包含与热学量有关的二次项.例如$(\Delta T)^2$, $S_j\Delta T$, $E_\alpha\Delta T$, $P_\alpha\Delta T$, $X_j\Delta T$ 等等.各种二次项乃至更高次项的效应在许多电介质中经常会碰到.但是要像线性效应那样建立一个严格而完整的唯象理论却是十分烦琐

的事.因此，一般地只按照具体问题的要求作各种简化处理;前面对电致伸缩效应的描述就是一个例子.只要注意热力学特征函数以及热力学自变量的物理意义和数学关系,对于各种具体问题,不难找到适当的处理办法.

参 考 文 献

[1] Voigt W. Lehrbuch der Kristallphysik, Leipzig, 1910

[2] Mason W P. Piezoelectric Crystals and Their Application to Ultrasonics, D. Van Nostrand, 1949

[3] Valasek J. Phys. Rev., 1920(15):537; 1921(17):475

[4] Busch G, Scherrer P. Naturwissenschaft, 1935(23):737

[5] Busch G. Helv. Phys. Acta, 1938(11):269

[6] Slater J C, J. Chem. Phys., 1941(9):16

[7] Wul B, Goldman, I M. C. R. Acad. Sci . URSS, 1945(46):139;1945(49):177; 1946(51):21

[8] Slater J C. Phys. Rev., 1950(78):748

[9] Devonshire A F. Phil. Mag., 1949(40):1040; 1951(42):1065; Adv. Phys., 1954(3):85

[10] Sawaguchi E, et al. Phys. Rev., 1951(83):1078

[11] Kittel C. Phys. Rev., 1951(82):729

[12] Okada K. J. Phys. Soc. Japan, 1969(27):420; 1970(28S):58; 1974(37):1226

[13] 张沛霖,张冲渊编.压电测量.北京:国防科学出版社,1983

[14] Cady W G. Piezoelectricity, McGraw-Hill, 1946

[15] Nye J F. Physical Properties of Crystals. Oxford: Charendon Press, 1957

[16] Smith C S. Solid State Physics, 1958(6):175～250

[17] Lock P J. Appl. Phys. Lett., 1971(19):390

[18] Baerwald H G. Phys. Rev., 1957(105):408

[19] Berlincourt D, et al. Proc. IRE, 1960(48):220

[20] Lang S B. Phys. Rev., 1971(B4):3603

[21] Liu S T, Donald Long. PIEEE, 1978(66):14

[22] Liu S T. Ferroelectrics, 1978(22):709

[23] Lines M E, Glass A M. Phys. Rev. Lett., 1977(39):1362

[24] Born M. Rev. Mod. Phys., 1945(17):245

[25] Szigeti B. Phys. Rev. Lett., 1975(35):1532

[26] Mangin J, Hadni A. Ferroelectrics, 1978(22):705

[27] Johnston W D, Kaminow I P. Phys. Rev., 1968(168):1045

[28] Born M, Bormann E. Ann. Phys., 1920(62):218

[29] Berlincourt D, Jaffe H, Shiozawa L R. Phys. Rev., 1963(129):1009

[30] Van Dyke K S. Phys. Rev., 1925(25):895; Proc. IRE, 1928(16):742

[31] Love A E H. The Mathematical Theory of Elasticity, 1952

[32] Timoshenko S. Krieger S W. Theory of Plates and shells, 1959

[33] Jang S J, et al. Ferroelectrics, 1980(27):31; J. Amer. Ceram. Soc., 1981, 64(4): 209

[34] Cross L E, et al. Ferroelectrics, 1980(23):187

第五章　晶格振动和声子统计

陆夏莲　李景德

§5.1　晶体中的热运动

5.1.1　宏观物质中的热运动

第四章介绍了描述电介质的各种热力学量,从热力学原理定义了描述这些热力学量之间关系的物性参数.但是热力学方法本身不能直接计算出彼此独立的物性参数,因为热力学量是宏观物质中微观热运动的平均值.在讨论求热平均值的统计方法之前,先要介绍描述宏观物质中微观热运动的方法.

弥散态物质中的热运动十分简单,可以用理想气体模型作很好的描述.其中的结构粒子在三维空间按力学原理互相独立地运动.由于不同粒子之间的互相碰撞而交换能量.从粒子的平均动能和平均动量可以确定温度 T 和压强 P.因碰撞而达到热平衡时,T 和 P 的值在连通的体系中处处不变.如果结构粒子由不少于两个原子所组成,在求平均值时还要考虑分子的旋转和内部各原子之间的相对振动.

凝聚态物质中的热运动比较复杂;只有对于晶体,才能找到可以为多数学者所接受的描述方法,这就是晶格动力学方法.本章的讨论也只限于晶体中的热运动.晶体可以看成一个大分子,一般地可称为束缚原子体系,其中的原子核和它的内层电子可合并称为原子实.热运动表现为各原子实在其平衡位置附近作微小振动,而价电子的运动则等效为对振动位移提供恢复力.计算原子实的平衡位置和恢复力,是量子化学的任务.

对于导电的固体，其中的载流子也存在热运动.因为本书不讨论电传导问题，故只在必要时才略为提及这种热运动.对于非晶固体，因其中的原子排列没有严格规则，还未找到描述热运动的有效方法.有关的介电问题目前只限于观察实验效应，理论上还存在许多困难.

5.1.2 束缚原子体系的振动

考虑 N 个相互束缚的原子系统中，原子实偏离其平衡位置作微小位移的运动.第一个原子实的位移矢量在直角坐标系的分量记为 u_1，u_2，u_3，第二个原子实的位移分量为 u_4，u_5，u_6，…；第 N 个原子实的位移分量为 u_{3N-2}，u_{3N-1}，u_{3N}.因为系统的总能量作为原子实坐标的函数 Φ 可由量子化学考虑价电子的运动时得到，因此就可以将 Φ 对 $u_j(j=1,2,3,\cdots,3N)$ 展开.取各原子实处于平衡位置时系统的总能量作为能量的计算起点，于是有

$$\Phi(u_1\cdots u_{3N}) = \frac{1}{2}\sum_{jj'} f_{jj'}u_j u_{j'} + \frac{1}{6}\sum_{jj'j''} f_{jj'j''}u_j u_{j'} u_{j''} + \cdots. \tag{5.1}$$

其中

$$f_{jj'} = \left.\frac{\partial^2 \Phi}{\partial u_j \partial u_{j'}}\right|_0, \tag{5.2}$$

$$f_{jj'j''} = \left.\frac{\partial^3 \Phi}{\partial u_j \partial u_{j'} \partial u_{j''}}\right|_0 \tag{5.3}$$

为 Φ 的微商在 $u_1=u_2=\cdots=u_{3N}=0$ 上的值；因为在展开点上 Φ 为极小值，故展开式一次项消失.称式(5.1)右边第一项为简谐项，其余项为非简谐项.如果原子实的平衡位置为对称中心，则展开式(5.1)中所有的奇次项均应等于零；许多情况下会碰到这种简化，使展开式中只保留偶次项.但一般说来，奇次项是可能出现的.

如果因为各原子实的位移 u_j 足够地小，使得展开式(5.1)中的高次项可以略去，则有

$$\Phi(u_1,\cdots,u_{3N}) = \frac{1}{2}\sum_{jj'} f_{jj'}u_j u_{j'}, \tag{5.4}$$

称这样的近似为简谐近似.这时 Φ 为 $3N$ 个变量 u_j 的二次型.称 $f_{jj'}$ 为力系数. $3N\times 3N$ 个力系数不是完全互相独立的,例如由式(5.2)的微商规则可知

$$f_{jj'} = f_{j'j}.$$

$3N\times 3N$ 个力系数排列成的矩阵

$$F = \begin{bmatrix} f_{11} & \cdots\cdots & f_{1,3N} \\ \vdots & & \vdots \\ f_{3N,1} & \cdots\cdots & f_{3N,3N} \end{bmatrix} \tag{5.5}$$

称为力系数矩阵,它是个对称方阵.在线性代数中可以证明,若矩阵 F 的所有主子行列式均大于零,则可找到一个线性坐标变换

$$u_j = \sum_{j'} a_{jj'}Q_{j'}, \quad j, j' = 1,2,\cdots,3N, \tag{5.6}$$

使式(5.4)化为恒正的齐二次标准型

$$\Phi = \frac{1}{2}(g_1Q_1^2 + g_2Q_2^2 + \cdots + g_{3N}Q_{3N}^2), \tag{5.7}$$

其中的新系数 $g_1, g_2, \cdots, g_{3N}$ 为正实数.这个变换过程相当于将矩阵 F 对角化.反解式(5.6)可得逆变换

$$Q_{j'} = \sum_j b_{j'j}u_j, \quad j, j' = 1,2,\cdots,3N. \tag{5.8}$$

使能量展开式化为二次标准型(5.7)的新变数 $Q_{j'}$ 称为简正坐标.简正坐标也是描述原子实小位移的坐标. u_j 所描述的是单一原子实的某位移分量;而 $Q_{j'}$ 所描述的是 N 个原子实一起作位移的集体运动,在这种运动中,根据式(5.6),每个原子实的位移分量均同 $Q_{j'}$ 成比例,比例常数为 $a_{jj'}$.一种比例方式的集体位移称为一个模,共有 $3N$ 个不同的模.若记第 j' 个模运动的等效惯性为 $m_{j'}$,则系统的运动方程为

$$m_{j'}\ddot{Q}_{j'} = -\frac{\partial \Phi}{\partial Q_{j'}} = -g_{j'}Q_{j'}; \quad j' = 1,2,\cdots,3N. \tag{5.9}$$

方程组(5.9)给出了 $3N$ 个互相独立简谐振动,每种简谐振动的频

率由方程(5.9)解出为

$$\omega_j = \sqrt{g_j/m_j}, \quad j = 1,2,\cdots,3N. \tag{5.10}$$

用简正坐标 Q_j 描述的第 j 个简正模的动能为$\frac{1}{2}m_j\dot{Q}_j^2$, 势能为$\frac{1}{2}g_jQ_j^2$, 故总能量为

$$U_j = \frac{1}{2}m_j\dot{Q}_j^2 + \frac{1}{2}m_j\omega_j^2Q_j^2. \tag{5.11}$$

系统的总能量为 $3N$ 个独立的简正模的能量之和,即

$$U = \sum_j U_j. \tag{5.12}$$

可以称 g_j 为第 j 个简正模的恢复力系数.

5.1.3 简谐振动模

图 5.1 示出了 $N=3$ 时的小分子的一些振动模;这时系统的自由度等于 9. H_2O 分子中 3 个原子实的平衡位置在一个等腰三角形的顶点上,键角为 104.45°,两个 H—O 键长都等于 0.960Å. 取水分子质量中心的平移坐标分量为 Q_1, Q_2, Q_3;分子以质量中心为定点的转动欧拉角取为 Q_4, Q_5, Q_6. 余下的 3 个简正坐标 Q_7, Q_8, Q_9 所描述的集体位移方式已示出于图中. 分子质心的平移和分子整体旋转都不影响它的内能 Φ, 相应的共 6 个模的恢复力系数等于零;根据式(5.10),这六个模的频率都等于零. 在图

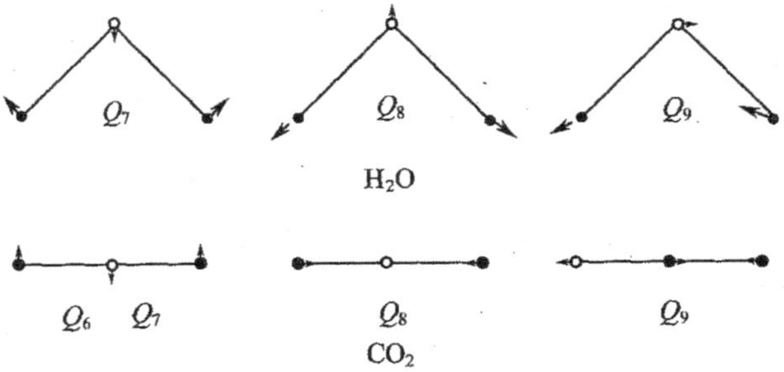

图 5.1 小分子的振动模.

5.1 示出的 H_2O 分子的余下 3 个模中，用箭头表示每个模的集体位移花样．对于某个模 $Q_j(j=7,8,9)$，3 个原子一起沿各自连结的箭头的方向与 Q_j 成比例地作位移，箭头长度等于比例系数．由图中可以看出，Q_7 描述键角的振动，Q_8 描述键长的振动，模 Q_9 的振动将引起分子对称性的变化．这 3 个模的频率的测量值依次为 4782.9×10^{10} Hz，10792×10^{10} Hz，11267.25×10^{10} Hz，落在红外范围内．

CO_2 是一个直线型分子，描述其转动只需确定分子轴的方向角的两个简正坐标 Q_4 和 Q_5．因此，CO_2 分子有 4 个频率不等于零的振动模，参见图 5.1，其中 Q_6 和 Q_7 描述互相垂直的两个方向上的键角振动．因为 CO_2 分子具有轴对称，故模 Q_6 和 Q_7 的振动频率应相等．不同的振动模的频率相等的现象称为简并．

在 5.1.2 节中，关于 N 值的大小是没有原则性限制的．即使理论上不能给出关于 Φ 的明显的表示式，也可以根据系统的一些已知条件(例如对称性等)使式(5.4)中所含的非零独立力系数的数目大大减少；然后凭实验测量半经验地确定这些力系数．事实上直到今天为止，关于晶体中原子实的振动问题，一般地也还只能凭这种半经验办法来确定力系数的值．当 N 很大时，要像图 5.1 那样具体示出模的振动花样会十分困难．然而根据上面的简单讨论所给出的物理图像是十分清楚的，可以归纳如下：只要是有限大小的 N 值，N 个原子组成的束缚原子系统中，原子实在平衡位置附近的微小运动在简谐近似下表现为 $3N$ 个独立振子的简谐振动．在 $3N$ 个简谐模中，有 3 个平移模，表现为系统整体地在三维空间的平移；还有 3 个旋转模，描述系统以质心为定点的刚体旋转；如果系统是线性的，即当所有原子实的平衡位置均落在一直线上时，则旋转模只有两个；所有这些平移模和旋转模的频率都等于零．除此之外，如果还出现某个模 Q，它的频率等于零，则方程(5.9)对于这个模变为

$$\ddot{Q}=0.$$

这时，模 Q 的运动将使系统不能回复到原来的平衡位置，导致系

统的结构发生变化,当系统的宏观条件变化使系统的某个模 Q 的恢复力系数 g 减小时,可以形象化地称为这个模软化;若系统宏观条件变化能导致 $g \to 0$,则称这个模为软模(soft mode).在固态相变中常会出现软模,下面还会对软模作详细讨论.类似地,若有某个模的力系数为负值,即频率为虚数时,这个模也将导致系统的结构不稳定.

振动模是用简正坐标描述的.从前面的讨论中可以看出,简正坐标最多能确定到相差一个复数因子.在晶体中由于对称性,将使许多模发生简并;参阅图 5.1 中示出的 CO_2 的模 Q_6 和 Q_7.由于互相简并的模的简正坐标的任意线性组合仍是一个简正模,因此简并模在其简正坐标构成的子空间中是完全不确定的.

5.1.4 振动能量的量子化

在简正振动的能量表示式(5.11)中,为公式的简洁起见,可将 $\sqrt{m_j}$ 吸收到 Q_j 中去,即作变换 $\sqrt{m_j}Q_j \to Q_j$.则式(5.11)可改写为

$$U_j = \frac{1}{2}\dot{Q}_j^2 + \frac{1}{2}\omega_j^2 Q_j^2, \quad j = 1,2,\cdots,3N. \tag{5.13}$$

按照量子力学规则,这个独立振子的 Hamilton 算符为

$$\hat{H}_j = -\frac{\hbar^2}{2}\frac{\partial^2}{\partial Q_j^2} + \frac{1}{2}\omega_j^2 Q_j^2. \tag{5.14}$$

由此解本征方程

$$\hat{H}_j \Psi = E_j \Psi,$$

可得到振子的能量本征值

$$E_j = \left(\eta_j + \frac{1}{2}\right)\hbar\omega_j, \ \eta_j = 0,1,2,\cdots, \tag{5.15}$$

这个振子的能级是等距的.量子力学给出的振动量子数 η_j 的跃迁选择定则为

$$\Delta\eta_j = 0, \ \pm 1. \tag{5.16}$$

在束缚原子系统中,简谐振动能量的变化是量子化的.系统的总振动能量可写为

$$E = \sum_j E_j \equiv \sum_j \left(\eta_j + \frac{1}{2} \right) \hbar\omega_j,\ j = 1,2,\cdots,3N. \quad (5.17)$$

在式(5.14)中,右边第二项为势能;这里的势能只出现简正坐标的二次项;这样的振子称为线性振子.当势能出现三次或更高次项时,振子成为非线性的.量子力学计算表明.对于非线性振子,当振动量子数 η_j 不太大时,能级仍近似等距,但能级间的距离随 η_j 的增大而减小.当 η_j 很大时,相邻能级距离趋向于零.非线性振子的量子跃迁不受选择定则(5.16)的限制.

如果在势能展开式(5.1)中计入非简谐项,振子就会出现上述非线性情况.此外,如果这时将 Φ 对简正坐标展开,还将出现诸如

$$Q_j^2 Q_{j'},\ Q_j^2 Q_{j'}^2,\ \cdots;\ j \neq j'$$

等高次交叉项.这些项将导致不同的模的振动不再完全互相独立,而是可以互相交换能量.不同振动模之间的能量交换是使系统能够趋向热平衡的根本原因.

从图5.1示出的一些振动模中容易看出,除了 CO_2 分子的模 Q_8 以外,其他的模在振动过程中均伴随着有电偶极矩的振动;这些模都是极性的.极化模的振动可以发射同频率的电磁波,也可以受同频率的电场的激发而出现共振吸收.在凝聚态物质中,这种振动模与光子之间的相互作用和能量交换是近年来电介质物理学基础研究的重要方向之一,这种研究使物质的介电响应问题深入发展到了一个全新的领域.

前面介绍了利用波动方程来讨论简谐振动的量子力学方法. $\hat{H}_j$ 的本征函数 ψ 的共轭平方描述了振动过程中原子实在空间各位置上出现的概率密度.这种描述方法对于小分子来说,物理图像是十分清楚而有用的.但是当系统中原子的数目 N 很大时,要画出类似于图5.1的模矢量图就十分困难;更无法用概率密度的方法来描述.因此,下面将介绍量子力学中处理多体问题的另一种更为简单而有效的方法.在介绍之前需要指出的是:区别于一般晶格动力学中的讨论方法,我们只从原理和物理图像出发来讨论束缚原子系统,而不对系统中原子数目 N(只认为 N 为有限值)以及束

缚方式作任何限制;因此,所建立的物理图像适用于小分子、大分子、晶体和非晶体,只要 $2 \leqslant N < \infty$.至于在不同条件下解决问题的具体技巧,我们只介绍必要的参考资料而不作讨论.

5.1.5 二次量子化和声子

量子力学中解决问题的方法有两种:一种是波动力学求解波函数和本征值的方法,5.1.4 节用波动力学讨论了束缚原子系统的简谐振动问题,得到了系统能量量子化的重要物理图像;另一种是矩阵力学方法,下面将从矩阵力学出发,将束缚原子系统的振动问题进行第二次量子化.

在式(5.14)中,Q_j 是第 j 个独立振子的简正坐标,相应的动量算符为

$$\hat{P}_j = -\mathrm{j}\hbar \frac{\partial}{\partial Q_j}. \tag{5.18}$$

因此,系统的总 Hamilton 算符可写为

$$\hat{H} = \sum_j \frac{1}{2}(\hat{P}_j^2 + \omega_j^2 \hat{Q}_j^2) \tag{5.19}$$

在式(5.19)中,我们进一步把坐标 Q_j 也看成算符,所以在它的头顶上也作了算符的标记,根据量子力学,坐标算符和动量算符之间存在对易关系,即

$$[\hat{Q}_j, \hat{P}_{j'}] \equiv \hat{Q}_j \hat{P}_{j'} - \hat{P}_{j'} \hat{Q}_j = \mathrm{j}\hbar \delta_{jj'}, \tag{5.20}$$

$$[\hat{Q}_j, \hat{Q}_{j'}] = 0, \ [\hat{P}_j, \hat{P}_{j'}] = 0. \tag{5.21}$$

定义算符的线性变换

$$\begin{cases} \hat{Q}_j = \sqrt{\dfrac{\hbar}{2\omega_j}}(b_j + b_j^+), \\ \hat{P}_j = \dfrac{1}{\mathrm{j}} \sqrt{\dfrac{\hbar \omega_j}{2}}(b_j - b_j^+), \end{cases} \tag{5.22}$$

其中,b_j 和 b_j^+ 是两个新的算符;由式(5.22)可以反解出它们的表示式为

$$
\begin{cases}
b_j = \sqrt{\dfrac{\omega_j}{2\hbar}}\hat{Q}_j + \dfrac{j}{\sqrt{2\hbar\omega_j}}\hat{P}_j, \\
b_j^+ = \sqrt{\dfrac{\omega_j}{2\hbar}}\hat{Q}_j - \dfrac{j}{\sqrt{2\hbar\omega_j}}\hat{P}_j.
\end{cases}
\tag{5.23}
$$

根据定义,并利用式(5.20)和式(5.21),经过很简单的代数运算后可以得到新定义的算符具有如下对易关系:

$$
\begin{cases}
[b_j, b_{j'}^+] = \delta_{jj'}, \\
[b_j, b_{j'}] = [b_j^+, b_{j'}^+] = 0.
\end{cases}
\tag{5.24}
$$

以式(5.22)代入式(5.19),化简后得到

$$
\hat{H} = \sum_j \left(b_j^+ b_j + \frac{1}{2} \right) \hbar\omega_j \tag{5.25}
$$

比较式(5.25)和式(5.17)可以看到,如果记量子数 η_j 的状态为 $|\eta_j\rangle$,只要适当选取表象,使

$$
b_j^+ b_j |\eta_j\rangle = \eta_j |\eta_j\rangle, \tag{5.26}
$$

则在 $b_j^+ b_j$ 表象中,式(5.25)就变为

$$
\hat{H} = \sum_j \left(\eta_j + \frac{1}{2} \right) \hbar\omega_j; \tag{5.27}
$$

结果和式(5.17)一致,而省去求解 $\hat{H}$ 的本征方程和寻找波函数 ψ 的麻烦,称这个表象为粒子数表象,称$(b_j^+ b_j)$为粒子数算符,称具有能量 $\hbar\omega_j$ 的粒子为声子.

在算符$(b_j^+ b_j)$为对角化的表象(5.26)中,因为

$$
\begin{aligned}
\eta_j &= \langle \eta_j | b_j^+ b_j | \eta_j \rangle \\
&= \sum_{\eta_j'} \langle \eta_j | b_j^+ | \eta_j' \rangle \langle \eta_j' | b_j | \eta_j \rangle \\
&= \sum_{\eta_j'} | \langle \eta_j' | b_j | \eta_j \rangle^2 | \geqslant 0,
\end{aligned}
$$

故本征值 $\eta_j \geqslant 0$,利用对易关系式(5.24),容易证明

$$
[b_j^+ b_j, b_j^+] = b_j^+, \qquad [b_j^+ b_j, b_j] = -b_j. \tag{5.28}
$$

由式(5.28)可以得到

$$\begin{cases} b_j^+ b_j (b_j | \eta_j\rangle) = (\eta_j - 1)(b_j | \eta_j\rangle), \\ b_j^+ b_j (b_j^+ | \eta_j\rangle) = (\eta_j + 1)(b_j^+ | \eta_j\rangle). \end{cases} \tag{5.29}$$

可见 b_j 作用于态 $|\eta_j\rangle$ 为使声子数目减少一个，而 b_j^+ 作用于态 $|\eta_j\rangle$ 为使声子数目增加一个，故称 b_j 为湮没(annihilation)算符，而称 b_j^+ 为产生算符.

在粒子数表象中，整个系统的 Hamilton 算符 $\hat{H}$ 的本征态可写为

$$|\eta_1, \eta_2, \cdots, \eta_{3N}\rangle = |\eta_1\rangle |\eta_2\rangle \cdots |\eta_{3N}\rangle. \tag{5.30}$$

前面，我们假设了各本征矢是归一化了的，归一化常数可以在量子力学教科书中找到. 此外，还必须认为

$$b_j |0\rangle = 0, \tag{5.31}$$

因为声子数不能取负值.

在上面所介绍的二次量子化方法中，把束缚原子系统中原子实运动的问题简化为声子的产生和湮没问题而不问声子内部的结构细节. 这在系统的原子数目 N 很大时是十分方便的. 因为此时只要知道了各种声子的数目，就可以利用统计方法得出系统热力学状态的特征函数，从而根据第四章介绍的热力学理论就可得出系统的各种宏观性质参数. 至于声子内部的结构细节，则要利用 5.1.4 节中所提到的波函数来描述；这只在系统的原子数目 N 很小时才有实际意义. 值得指出的是，在量子力学的各种描述方法中，始终保留着参数 ω_j，这个频率 ω_j 和由 5.1.2 节介绍的古典力学方法所得到的结果并无区别. 因此，在计算声子频谱时，仍可以用比较方便的古典力学方法.

§5.2 晶格动力学

5.2.1 晶体的理想化近似

实际晶体都是有限尺寸的. 对于一个孤立晶体中的原子振动，不可能存在来自界面以外的作用力；也可以说这时的边界条件是

自由的.若晶体含有 N 个晶胞,每个晶胞可看成是一个结构单元,其中含有 n 个原子,则振动总自由度 $3nN$ 很大.要处理这么大自由度的振动问题十分困难.因此,通常都采用人为假设的其他的边界条件,将有限尺寸的实际晶体改变为充满三维空间的无限尺寸的理想晶体.这时,因为理想晶体具有平移对称,就可以用平移群方法将理论简化.

在理想晶体中,每个晶胞的 n 个原子有 $3n$ 种简谐振动模花样,每个花样以波矢量 $\boldsymbol{q}$ 在理想晶体中传播形成波,称为格波.格波能量量子化后的一份能量称为声子.这样,只要找到 $3n$ 种模花样以及可能出现的 q,声子模的花样就全部可以决定;从而自由度降低为 $3n$, 通常 n 是一个不大的数目.这种理想化的处理方法带来了一些不合理之处[1];但已经习惯地被广泛采用了.下面讨论在理想晶体中可能出现的波矢 q,它常用来作为描述声子的一个量子数.

为简单起见,设晶体具有正交对称的简单格子.沿晶体的正交轴取 3 个平移基矢 $\boldsymbol{a}_1, \boldsymbol{a}_2, \boldsymbol{a}_3$,以之为棱的晶胞中只含有一个格点.假设一个格点代表的化学结构单元中原子的数目为 n,我们把格点的位置选在这 n 个原子平衡位置的质量中心上.记一个真实的有限大小的晶体沿 3 个正交轴方向的晶胞数目为 N_1, N_2, N_3;这个有限晶格中格点的数目 $N = N_1N_2N_3$,而晶体中原子的总数为 nN.在 $\boldsymbol{a}_1$ 方向晶体的长度 $L_1 = N_1a_1$;其他两个方向的长度类似地为 $L_2 = N_2a_2, L_3 = N_3a_3$.

晶体中 nN 个原子实,$3nN$ 个自由度的振动可以按上一节中描绘的物理图像作如下分析:把每一个格点所代表的 n 个原子实的运动分成 $3n$ 支;其中 3 支代表晶胞中 n 个原子实的质量中心,即格点的平移运动;其余$(3n-3)$支描述各原子相对于质心的各种运动.此时,因为这 n 个原子实处于晶体之中,其质心位移的恢复力系数一般说来不一定像在§5.1 所述那样等于零;而其他$(3n-3)$种相对位移的恢复力系数当然应该全不等于零;否则晶体结构不能稳定.显然,晶胞质心平移运动在晶体中的传播过程形成了普通的声波；故称这三支为声学支.其余$(3n-3)$种方式的运动，按照上节的关于小分子的振动模的讨论可以看出，这些振动往往因伴随有电矩的振动而与光子发生耦合，故称为光学支.每一支可以用一个简正坐标描述.设某支的简正坐标沿 L_1 方向的大小分布有如图 5.2 中实线所示的任意方式.在数学方法上可以将这种分布按图中虚线所示拓展到无限空间，于是出现以 L_1 为周期的 $\boldsymbol{a}_1$ 方向无限空间的波.根据傅里叶分析，经过拓展的曲线(实线加上虚线)波形可以分解为一系列简谐波的叠加.这系列谐波的波长依次为

$$\infty, L_1, \frac{L_1}{2}, \frac{L_1}{3}, \cdots.$$

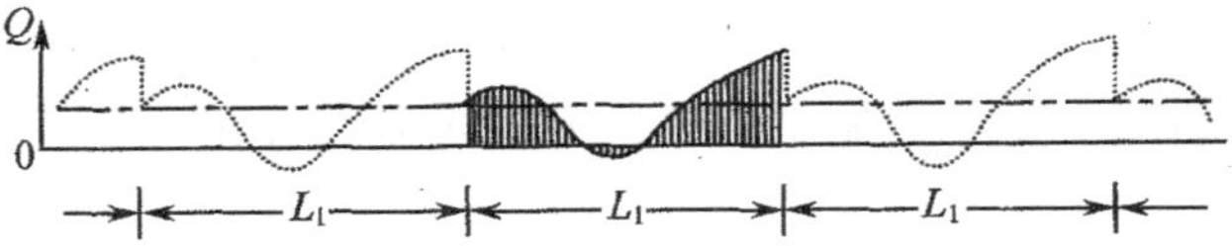

图 5.2　有限晶格的无限拓展.

这些谐波的波矢量的 $\boldsymbol{a}_1$ 方向分量 q_1 相应地等于

$$q_1 = 0, \pm\frac{1}{L_1}, \pm\frac{2}{L_1}, \pm\frac{3}{L_1}, \cdots, \tag{5.32}$$

就是说，波矢分量 q_1 不可能取分立值(5.32)以外的任何值.我们把有限长 L_1 上的波拓展成了 $\boldsymbol{a}_1$ 方向无限空间的周期波；这种拓展纯粹是数学形式上的.必须记住，在这种无限数学拓展中具有物理意义的只是其中的一段.若沿 $\boldsymbol{a}_1$ 方向格点的平衡位置记为

$$\boldsymbol{R}_1 = l_1\boldsymbol{a}_1; \quad l_1 = 1, 2, \cdots, N_1, \tag{5.33}$$

则上述拓展在数学上等效于引入了一个循环边界条件

$$Q(\boldsymbol{R}_1) = Q(\boldsymbol{R}_1 + N_1\boldsymbol{a}_1), \tag{5.34}$$

其中的简正坐标 Q 可适用于 $3n$ 支中的任一支振动.循环边界条件常称为 Born-Karman[2]条件.

通过上面的讨论可以看出，波矢分量之所以取分立值(5.32)，

这是因为 N_1 和 L_1 为有限大. 如果 $N_1 \to \infty$, $L_1 \to \infty$, 则由式(5.32)可以看到. 这时的 q_1 是可以连续取值的. 在 L_1 为有限大的情况下, 式(5.32)表明, 仍可以有无限多个分立的 q_1 值. 下面将指出, 由于晶格是由分立的点构成的, 这无限多个 q_1 值只对应于有限个具有物理意义的参量.

波矢分量 $\boldsymbol{q}_1$ 是用来描述沿 $\boldsymbol{a}_1$ 方向排列的分立的格点上简正坐标的相对大小. 图 5.3 示出了 $\boldsymbol{a}_1$ 方向上所有格点的 Q 值相等的情况; 在物理上, 这只是一种实际情况. 但数学上却可以用无限多种方法来描述这同一种情况; 图中只画出了 $q_1 = 0$(点划线)和 $q_1 = 1/a_1$, (点线)的两种方法. 这两种方法并无实质性的差别, 因为它们都是描述简正坐标 Q 在空间格点上为常值的同一种情况;

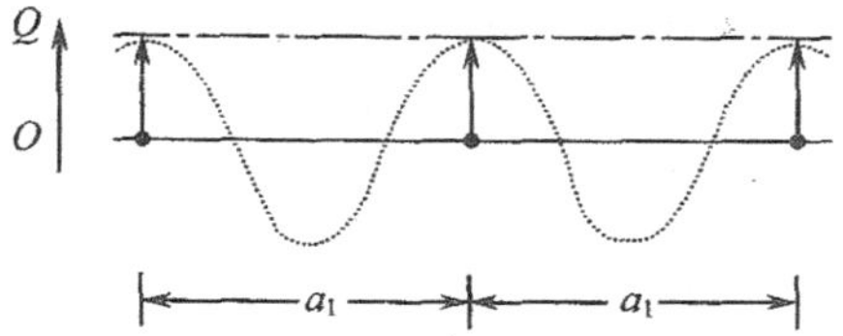

图 5.3 波矢 $q_1 = 0$ 和 $1/a_1$.

图中相邻两格点之间不存在其他的格点, 用点线代替点划线描述 Q 值的分布, 既不增加也不减少什么物理内容. 事实上, 用

$$q_1 = 0, \frac{1}{a_1}, \frac{2}{a_1}, \frac{3}{a_1}, \cdots$$

所描述的物理内容都是相同的; 就是说, 这一系列波矢物理上是等效的. 类似地, 从图 5.4 中可以看出, 波矢

$$q_1 = \frac{1}{2a_1}, \frac{3}{2a_1}, \frac{5}{2a_1}, \cdots$$

在物理上也是互相等效的. 出现这种等效性, 是由于采用连续的数学方法描述分立的物理对象而引起的.

综合上面的讨论, 可以归结为 q_1 出现周期性; 周期等于$1/a_1$. 注意, 晶体中的波要形成驻波才能够稳定, 因此 $\pm q_1$ 值总是成对

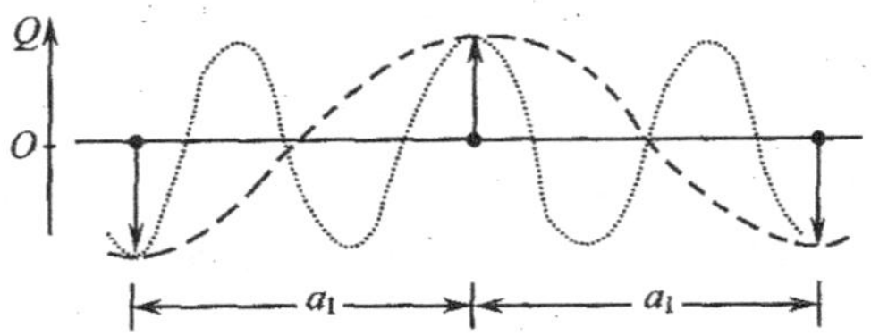

图 5.4 波矢 $q_1=1/2a_1$ 和 $3/2a_1$.

出现的.根据这个条件,选定波矢长为最小的那个周期的区间

$$-\frac{1}{2a_1}\leqslant q_1\leqslant\frac{1}{2a_1}, \tag{5.35}$$

称为第一布里渊区. $q_1=0$ 为布里渊区的中心, $q_1=\pm 1/2a_1$ 为布里渊区的边界.依照波矢长 $|q_1|$ 由小到大的顺序,还可定义第二,第三,……布里渊区.各不同布里渊区在物理上是等效的,因此可限制 q_1 在第一布里渊区中取值.根据式(5.32),在第一布里渊区内相邻两个容许的 q_1 的间隔为

$$\frac{1}{L_1}=\frac{1}{N_1a_1},$$

故周期长为 $1/a_1$ 的布里渊区中容许出现的 q_1 值共有 N_1 个,恰好等于这个方向上的格点数目.

类似地,对于 $\boldsymbol{a}_2$ 和 $\boldsymbol{a}_3$ 方向,第一布里渊区的范围为

$$-\frac{1}{2a_2}\leqslant q_2\leqslant\frac{1}{2a_2},\quad -\frac{1}{2a_3}\leqslant q_3\leqslant\frac{1}{2a_3}, \tag{5.36}$$

其中 q_2 和 q_3 容许出现的个数分别为 N_2 和 N_3.故不等效的波矢量共有

$$N_1N_2N_3 = N \tag{5.37}$$

个;恰好等于有限晶格中格点的总数.因为每一个波矢量都可以用来标志 $3n$ 支振动模中的任一支,故由 nN 个原子组成的晶体中,原子实的振动共可分解为 $3nN$ 个独立的模;恰好等于系统的自由度.

在§5.1中,我们用一个附标 j 来区分不同的声子模的简正

坐标或产生、湮没算符;在晶体中,根据上面的讨论引入波矢量 $\boldsymbol{q}$ 以后.就可以将可能的不同取值数目等于系统自由度的附标 j 分解为两个附标.其中一个仍用 j 标记,但规定 $j=1,2,3,\cdots,3n$;用来区分不同的声子支.另一个附标就是矢量量子数 $\boldsymbol{q}$,它共有 N 个不等效的取值.这样,简正坐标,产生和湮没算符就用新的标记改写为

$$Q(j,\boldsymbol{q}),\ b^{+}(j,\boldsymbol{q})\ 和\ b(j,\boldsymbol{q}).$$

除此之外,§5.1 中的所有讨论结果均仍适用.这种新的标记的物理意义为:波矢量 $\boldsymbol{q}$ 描述了声子在晶体所局限的空间中的传播性质,即整体运动性质;而 j 标记声子的内部细致结构.在经过二次量子化之后,实质上已把晶体中大量原子实的集体振动在简谐近似下看成为互相独立的 $3nN$ 种不同的粒子.电子、光子、声子都是粒子或准粒子;都具有用波矢量描述的空间传播性质,也都有内部的细致结构.晶体中声子的内部细致结构有时会复杂一点,要分成 $3n$ 支.

5.2.2 布里渊区

一个正交晶系简单格子的晶体,其平移基矢为 $\boldsymbol{a}_1,\boldsymbol{a}_2,\boldsymbol{a}_3$;定义晶格的倒易基矢为

$$\boldsymbol{b}_1=\frac{\boldsymbol{a}_2\times\boldsymbol{a}_3}{(\boldsymbol{a}_1\boldsymbol{a}_2\boldsymbol{a}_3)},\ \boldsymbol{b}_2=\frac{\boldsymbol{a}_3\times\boldsymbol{a}_1}{\boldsymbol{a}_1\boldsymbol{a}_2\boldsymbol{a}_3},\ \boldsymbol{b}_3=\frac{\boldsymbol{a}_1\times\boldsymbol{a}_2}{(\boldsymbol{a}_1\boldsymbol{a}_2\boldsymbol{a}_3)}.\tag{5.38}$$

以 $\boldsymbol{b}_1,\boldsymbol{b}_2,\boldsymbol{b}_3$ 为基矢构成的格子称为晶格的倒格子;倒格子的格点可表示为

$$\boldsymbol{K}=k_1\boldsymbol{b}_1+k_2\boldsymbol{b}_2+k_3\boldsymbol{b}_3,\tag{5.39}$$

其中,k_1,k_2,k_3 为零或正负整数.以式(5.39)定义的倒格子和以公式

$$\boldsymbol{R}=l_1\boldsymbol{a}_1+l_2\boldsymbol{a}_2+l_3\boldsymbol{a}_3\tag{5.40}$$

定义的格子互为倒格子.这样定义的倒格子给出了前面提到的波矢量的周期性.就是说,波矢量 $\boldsymbol{q}$ 和$(\boldsymbol{q}+\boldsymbol{K})$在物理意义上是等效的.称晶格所存在的空间为正空间,倒格子所存在的空间为倒易空

间.波矢量是倒易空间的矢量,布里渊区是倒易空间的区间.按空间距离的度量单位来说,正空间矢长单位为 cm,倒空间矢长单位为 cm^{-1}.

定义式(5.39)和式(5.40)可以推广到 $\boldsymbol{a}_1, \boldsymbol{a}_2, \boldsymbol{a}_3$ 不互相垂直的任何简单或复合的晶格.任意晶体的布里渊区的划分方法可以叙述为:选定一个倒格点为原点,由原点到其他倒格点作倒格子矢量;每一倒格矢有一个垂直平分平面,所有这些平面构成了布里渊区划分的边界;倒易空间被这些平面划分成许多部分,其中包含原点在内的那一部分倒易空间就是第一布里渊区;其余布里渊区被分割成小块对称地分布在第一布里渊区周围.图 5.5 示出了一个简单立方晶体的倒格子的一个坐标平面,中央的格点(黑点)取为波矢的原点;图中共示出了 25 个倒格点,以及按上述方法作出的 20 个布里渊区边界平面与坐标平面的截线.图中用不同的花纹标出了原点附近共六个布里渊区,其中含原点的部分属于第一布里渊区,其余布里渊区分成许多小块对称地分布在周围,相同花纹的部分属于同一布里渊区.简单立方晶体的第一布里渊区是一个正立方体;每一个布里渊区的体积都等于$(b_1b_2b_3)$.按照上述方法,可以作出各种对称性的晶体的第一布里渊区;对于体心立方晶体

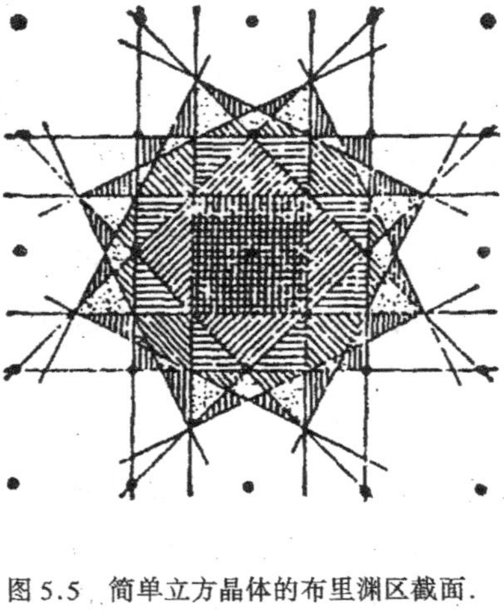

图 5.5 简单立方晶体的布里渊区截面.

为一个正 12 面体，对于面心立方晶体为 14 面体.

按空间群区分的晶格共 230 种，因此也有 230 种倒格子. 简单立方晶格的倒格子仍为简单立方；体心立方和面心立方互为倒格子. 一个晶格和它的倒格子属于相同的点群.

声子在晶体中的运动，与真空中基本粒子的运动有许多相似之处，因此常称声子为一种准粒子. 按照微观运动的概念，一个声子的能量等于 $\hbar\omega$；动量为 $2\pi\hbar q$，$2\pi\hbar$ 就是普朗克常数. 在统计物理中，坐标空间和动量空间构成了六维的相空间. 注意到波矢量同动量之间只相差一个乘法常数，因此也可以用波矢空间(即倒易空间)代替动量空间来构成相空间.

微观粒子之间的相互作用遵从能量守恒和动量守恒定律. 声子和声子之间以及声子和其他粒子之间的相互作用也遵从这两个定律；但动量守恒表现为波矢守恒. 若两粒子的波矢量作用前为 $\boldsymbol{q}_1, \boldsymbol{q}_2$，而作用后变为 $\boldsymbol{q}'_1, \boldsymbol{q}'_2$，则波矢守恒定律为

$$\boldsymbol{q}_1 + \boldsymbol{q}_2 = \boldsymbol{q}'_1 + \boldsymbol{q}'_2 + \boldsymbol{K}, \tag{5.41}$$

式中附加了一个任意倒格矢 $\boldsymbol{K}$，是因为波矢空间具有式(5.39)定义的倒格子周期性.

在 §5.1 曾指出，大量原子组成宏观固体后，一般说来声子模的矢量图是很复杂的；例如对于非晶固体，类似于图 5.1 的模矢量图不可能作出来. 然而对于晶体，由于其中原子的规则排列，经过上述近似处理之后，声子的模矢量图就有可能作出来了. 因为在 $3nN$ 个自由度中，因子 N 的数量级可以大到 10^{23}；我们用波矢量 $\boldsymbol{q}$ 的方法把这些自由度分离出来. 只要作出 $3n$ 支模的花样，声子模在整个晶体中的图像就很清楚. 而 n 往往是一个不太大的整数，问题简化为相当于作出一个小分子的模花样.

5.2.3 声学支和光学支振动模

为了把物理图像说得更具体一些，下面介绍一维情况的两个简单例子；有关的详细数学推导，在普通的固体物理课本中都可找到，这里只给出一些结果. 在一维单原子链的情况下，各原子实只

能沿链轴方向势移，$n=1$. 势能展开式为

$$\Phi = \frac{1}{2}\sum_{\delta} f\delta^2, \tag{5.42}$$

其中，δ 为振动位移引起的最近邻距离的改变值，上式对所有的最近邻对求和；假设各原子实的平衡位置为等距配置的，故力常数 f 为固定值；一维格子常数记为 a，原子实质量记为 m. 振动频谱只有一个声学支，即

$$\omega^2 = \frac{4f}{m}\sin^2(\pi qa), \quad -\frac{1}{2a} \leqslant q \leqslant \frac{1}{2a}. \tag{5.43}$$

图 5.6 示出了第一布里渊区的振动频谱 $\omega=\omega(q)$ 和各原子实沿链轴方向位移波形. 函数 $\omega(q)$ 称为声子的色散关系. 声子沿链轴方向传播速度

$$v = \frac{\omega}{2\pi}\cdot\lambda = \frac{\omega}{2\pi q}. \tag{5.44}$$

从图 5.6 中可以看到，当 q 很小时，ω 与 q 成线性关系；此时 v 为常数，这就是通常的弹性振动声速.

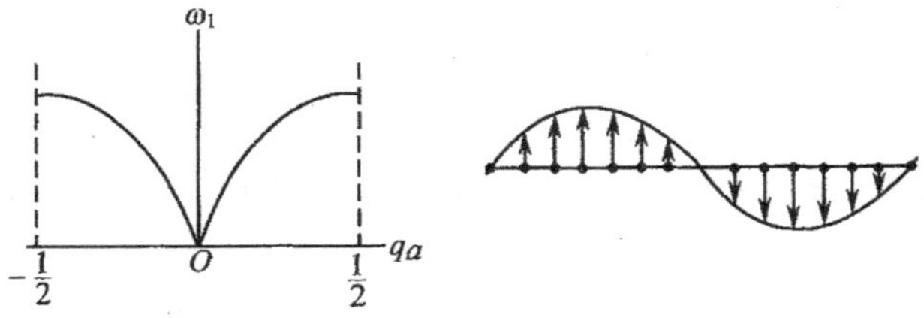

图 5.6　单原子链纵向振动频谱和位移.

对于 AB 型一维双原子链，设 A 原子和 B 原子以等距离 $a/2$ 交错配置于一直线上，格子周期为 a，$n=2$. 此时的势能展开式仍有(5.42)形式，而频谱可分为二支

$$\begin{cases} \omega_1^2 = \dfrac{f}{Mm}\left[(m+M) - (m^2+M^2+2mM\cos 2\pi qa)^{\frac{1}{2}}\right], \\ \omega_2^2 = \dfrac{f}{Mm}\left[(m+M) + (m^2+M^2+2mM\cos 2\pi qa)^{\frac{1}{2}}\right], \end{cases} \tag{5.45}$$

其中 m 为 A 原子质量, M 为 B 原子质量. 对于这两支振动模中的每一支, 两种原子实沿链轴位移振幅之比为

$$\begin{cases} \left(\dfrac{A}{B}\right)_1 = \dfrac{2f\cos\pi qa}{2f - m\omega_1^2} > 0, \\ \left(\dfrac{A}{B}\right)_2 = \dfrac{2f - M\omega_2^2}{2f\cos\pi qa} < 0. \end{cases} \tag{5.46}$$

当 q 为不太大时, 式(5.46)可近似写为

$$\begin{cases} \left(\dfrac{A}{B}\right)_1 = 1, \\ \left(\dfrac{A}{B}\right)_2 = -\dfrac{M}{m}. \end{cases} \tag{5.47}$$

图 5.7 示出了两支模的频谱 $\omega_1(q)$, $\omega_2(q)$和相应的模振幅 Q_1, Q_2; 其中, 小圆圈代表 A 原子, 黑点代表 B 原子; 并假设了 $m < M$. 式(5.47)表明, 模 Q_1 相当于一对原子的质心的振动; 而模 Q_2 为两原子的相对振动, 并保持质心位置不变. Q_1 为声学支, Q_2 为光学支.

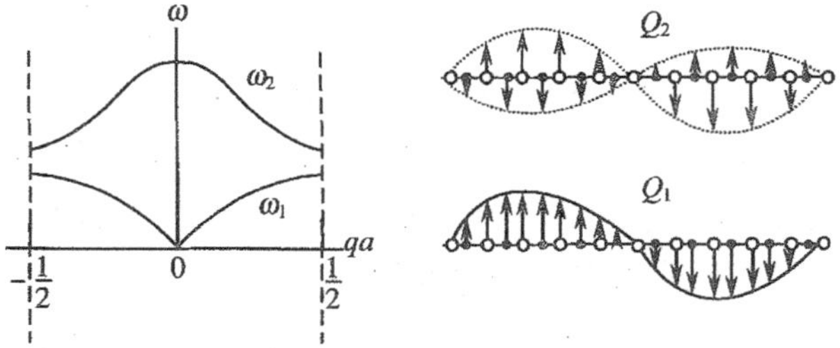

图 5.7 双原子链纵向振动频谱和位移.

当 $q = 0$ 时, 式(5.43)和式(5.45)两种情况都给出了一个声学支的零频率; 对应于一维原子链沿链轴方向的平移. 除此之外, 不再有其他的零频率.

在双原子链中, 若一维格子的格点(一个格点代表一对原子 AB)数目 $N \to \infty$, 则 $\omega_1(q)$和 $\omega_2(q)$成为两个连续的频谱, 其间出现一个间隙.

图 5.7 用双原子链为例说明了声子模分为声学支和光学支.应该指出,声子的这种物理图像纯粹是人为地引入了循环边界条件所造成的.如果除去这种附加条件,即认为双原子链是有限长的,其两端的原子没有受到来自链以外的任何作用力.这相当于如实地采用自由边界条件,同样的双原子振动方程给出的解将完全不同.具体计算表明,这时的解完全没有图 5.7 给出的声学支或光学支模花样的特征;而且,在频谱间隙中也出现了新的简谐振动频率.

5.2.4 三维理想晶体

对于任意晶格,在附加循环边界条件下均可找到三个平移基矢 $\boldsymbol{a}_1, \boldsymbol{a}_2, \boldsymbol{a}_3$,而将格点位置记为

$$\boldsymbol{R} = l_1\boldsymbol{a}_1 + l_2\boldsymbol{a}_2 + l_3\boldsymbol{a}_3. \tag{5.48}$$

以 l 代表数组(l_1, l_2, l_3),在 $\boldsymbol{R}$ 点上出发以 $\boldsymbol{a}_1, \boldsymbol{a}_2, \boldsymbol{a}_3$ 为棱组成的平行六面体可称为第 l 个单位晶胞,其中所含原子按统一规律编号为 $k=1,2,\cdots,n$.第 l 个单胞中的第 k 个原子的位置矢量可写为

$$\boldsymbol{r}(k,l) = \boldsymbol{R}(l) + \boldsymbol{x}_k, \tag{5.49}$$

其质量设为 m_k,各原子实在平衡位置 $\boldsymbol{r}(k,l)$附近作小振动势移 $\boldsymbol{u}(k,l)$的直角坐标分量记为 $u_\alpha(k,l)$;$\alpha=1,2,3$.晶体的总势能 Φ 对 u_α 作展开,取简谐近似后得到

$$\Phi = \frac{1}{2}\sum_{lk\alpha}\sum_{l'k'\beta}\Phi_{\alpha\beta}(kk',ll')u_\alpha(k,l)u_\beta(k',l'), \tag{5.50}$$

其中

$$\phi_{\alpha\beta}(kk',ll') = \left.\frac{\partial^2\Phi}{\partial u_\alpha(k,l)\partial u_\beta(k',l')}\right|_{u=0}. \tag{5.51}$$

若晶体有 N 个单胞,则共有 $3nN\times 3nN$ 个力系数 ϕ.这些力系数并非完全互相独立,Squires[3]给出了具有不同对称性的各种晶体的独立力常数的个数.

利用展开式(5.51)即可写出 $3nN$ 个运动方程

$$m_k \frac{\partial^2 u_\alpha(k,l)}{\partial t^2} = -\sum_{l'k'\beta} \phi_{\alpha\beta}(kk',ll') u_\beta(k',l'). \quad (5.52)$$

将位移对波矢 $\boldsymbol{q}$ 作傅里叶展开，令

$$u_\alpha(k,l) = (Nm_k)^{-\frac{1}{2}} \sum_{\boldsymbol{q}} B(\boldsymbol{q}) Q(\alpha,k;\boldsymbol{q}) \cdot \exp \mathrm{j}[2\pi \boldsymbol{q} \cdot \boldsymbol{r}(k,l) - \omega(\boldsymbol{q})t], \quad (5.53)$$

其中，$B(\boldsymbol{q})$为与 $\boldsymbol{q}$ 有关的复常数；它反映了各谐波在叠加时可能出现的相位差. 以式(5.53)代入式(5.52)得到

$$\omega^2(\boldsymbol{q}) Q(\alpha,k;\boldsymbol{q}) = \sum_{k'\beta} D(kk',\alpha\beta;\boldsymbol{q}) Q(\beta,k';\boldsymbol{q}), \quad (5.54)$$

其中

$$D(kk',\alpha\beta;\boldsymbol{q}) = (m_k m_{k'})^{-\frac{1}{2}} \sum_{l'} \phi_{\alpha\beta}(kk',ll') \cdot \exp 2\pi \mathrm{j}[\boldsymbol{r}(k',l') - \boldsymbol{r}(k,l)] \cdot \boldsymbol{q}. \quad (5.55)$$

任给一个 $\boldsymbol{q}$，由式(5.55)可计算出 $3n \times 3n$ 个参数 D；以这些参数代入式(5.54)得到 $3n$ 个方程，这个含 $3n$ 个 Q 的线性方程组可用矩阵形式写为

$$\omega^2(\boldsymbol{q}) Q(\boldsymbol{q}) = D(\boldsymbol{q}) Q(\boldsymbol{q}). \quad (5.56)$$

上式的方程有非零解的条件为它的久期行列式等于零：

$$|D(\boldsymbol{q}) - \omega^2(\boldsymbol{q}) \Lambda| = 0, \quad (5.57)$$

其中 Λ 为 $3n \times 3n$ 单位矩阵. 久期方程(5.57)给出 ω 的 $3n$ 个正根；记为 $\omega_j(\boldsymbol{q}), j = 1, 2, \cdots, 3n$. 以每一个 ω_j 代入方程(5.56)可解出一组 Q；记为 $Q_j(\alpha,k;\boldsymbol{q}); j = 1, 2, \cdots, 3n$.

因为方程(5.52)含有 $3nN$ 个变元 $u_\alpha(k,l)$，而用变换式(5.53)后得到的方程(5.54)只含有 $3n$ 个变元 $Q(\alpha,k;\boldsymbol{q})$，故求解的工作化简了. 根据前述方法，每给定一个波矢 $\boldsymbol{q}$，都可得到 $3n$ 支解 $\omega_j(\boldsymbol{q})$和 $Q_j(\alpha,k;\boldsymbol{q})$. 若将第一布里渊区用格网等分成许多小体元，每体元中取一个 $\boldsymbol{q}$ 为代表来计算 ω_j 和 Q_j，就可以大致上看出 $3nN$ 个解的全貌. 1940 年，Kellermann[4]第一次对晶格振动频谱作了具体的数字计算；他用上述方法得到了 NaCl 晶体的单位频率间隔的频谱分布函数 $\rho(\omega)$. Kellermann 是用半经验方法确

定氯化钠晶体中的力系数的，下面简单介绍他所用的方法.

NaCl 晶体可以看成是理想的离子晶体，各离子之间除库仑作用之外，只考虑最近邻离子之间电子云重叠而产生的斥力. 设每对最近邻离子之间的斥力能为 $v(\boldsymbol{r})$，它是最近邻离子中心距离 $\boldsymbol{r}$ 的函数，为简化求和计算，近似地认为晶体中每对 Na^+ 和 Cl^- 离子的势能均等于 ϕ；N 对离子的总能量简单地写为 $\Phi = N\phi$. 处于边界的离子势能显然有别于晶体内部；但若晶体的三维尺寸均不太小时，靠近边界的离子对的数目相对于 N 总是非常之小，因而这种差别可以被略去. 此外，当晶体足够大时，处于晶体内部的最近邻离子对的能量 ϕ，将趋向一个固定值；因此，计算 ϕ 时可以认为晶体是无限大的.

在一个无限大晶体中，一个 Na^+ 离子的势能为

$$\phi(\mathrm{Na}) = -e^2\sum \frac{Z}{R} + 6v(\boldsymbol{r}), \tag{5.58}$$

其中，求和遍及除观察的那个 Na^+ 以外的所有离子，R 为由这个 Na^+ 到计及的那个离子的距离；对于异类离子，$Z = 1$，同类离子 $Z = -1$；式中右边第二项表明每个离子都有 6 个最近邻. 对于一个 Cl^- 离子的 $\phi(\mathrm{Cl})$，与式(5.58)完全相同. 因为势能是各离子间的互作用能，当求和遍及所有离子时，每个离子被计算了两次，故

$$\phi = \frac{1}{2}[\phi(\mathrm{Na}) + \phi(\mathrm{Cl})] = \phi(\mathrm{Na}).$$

直接计算得到

$$\sum \frac{Z}{R} = \frac{\alpha}{r}, \tag{5.59}$$

其中 α 为马德隆常数，只与晶体的结构型有关；对于氯化钠结构，$\alpha = 1.747558$. 因此，

$$\Phi = -\alpha N\frac{e^2}{r} + 6Nv(r). \tag{5.60}$$

在简谐近似中，并不须知道 $v(r)$ 的表示式；只要求出它的一次和二次微商在平衡最近邻距 r_0 上的值就可以了. 令

$$\left.\frac{\mathrm{d}v(r)}{\mathrm{d}r}\right|_{r=r_0}=\frac{e^2}{4r_0^2}B,\quad \left.\frac{\mathrm{d}^2v(r)}{\mathrm{d}r^2}\right|_{r=r_0}=\frac{e^2}{4r_0^3}A,\quad (5.61)$$

其中,r_0 由 X 射线结构分析给出.理论参数 A 和 B 可由平衡条件

$$\left.\frac{\mathrm{d}\Phi}{\mathrm{d}r}\right|_{r=r_0}=0,\quad (5.62)$$

以及晶体处于流体压力下均匀压缩时的压力系数实验值完全确定.Ven Katataraman 和 Sahni 对各种力系数模型作了综述[5].

类似于一维情况,若对于三维晶体不附加循环边界条件而是如实地采用自由边界条件,所得到的解也是完全不同的.

§5.3 极性相变和软模

5.3.1 铁电软模

早在 1940 年 Raman 和 Nedungadi 用联合散射实验研究石英的 α 结构到 β 结构的转变时,就观察到了软模[6],但当时并未形成关于软模的概念.1949 年,Frohlich 曾从理论上推测了软模的存在[7].后来,Anderson 和 Cochran 采用晶格动力学说明了软模的性质[8],软模的出现,在晶体的铁电和反铁电相变中起着重要作用[9];软模概念已被广泛应用于其他固态相变现象中[10],使固态相变的理论和实验研究出现一个新的转折.

在 5.1.3 节中已经提到了软模,一个晶体的力系数与晶体所处的条件有关.温度、应力、外电场等都会影响力系数的值.若晶体的宏观参数变化时能使某个模的恢复力系数减小乃至趋向于零,则这个振动模就是软模.对于一个弹簧振子来说,这相当于弹簧的软化.随着振动模软化到出现零频率时,晶体中各原子的位移因失去恢复力而不能回到原来平衡位置;因而原子将移到新的平衡位置而出现新的晶体结构.如果新结构相应的新力系数中不再出现额外的零值,则新结构就能稳定下来.

对于晶体的新结构,当宏观参数朝相反方向变化时,通常都会

转变成为原来的结构.因此,在新结构中通常也存在一个相应的软模;当宏观参数朝相反方向变化时它软化.新相的这个软模和原来的软模分属于新旧两种结构的晶体,但它们所描述的原子位移方式有一定关系;在转变点上两个模的频率都等于零.当宏观参数朝一个方向变化,例如当温度 T 下降时,晶体的一个模逐渐软化.在转变温度 T_c 上这个模的频率减小到零;晶体结构的变化使这个模消失.新结构中出现的相应的软模的频率在 T_c 上也等于零;当 T 由 T_c 继续下降时,新的软模硬化使频率升高.这是二级相变中出现的情况.由于非简谐效应,还会出现另一种情况:当 T 下降到 T_c 时,软模频率还未软化到零,晶体结构就已经发生转变,在转变温度上新旧两个软模的频率都还略大于零.当 $T<T_c$ 时,原来的软模消失,新的软模随温度继续下降而硬化.一级相变中就会出现这种情况.总之,软模经常是成对地出现的.

软模是伴随着固态相变而可能出现的现象.但是软模和相变之间并不存在因果关系,它们的共同原因决定于具体宏观条件下束缚原子系统中原子的外层电子运动状态.正是这些外层电子的运动状态同时决定了系统的平衡结构和力系数.

软模的概念最初是从解释铁电相变机理而提出来的;早期,把软模的起因归结为库仑长程作用中的有效场修正.这种有效场修正在晶格动力学基础上产生了类似于2.3.2节中提到的Mossotti灾难.软模的这种理论基础太狭窄了;因为在非极性相变和金属相变中也观察到了软模,而金属中显然不存在有效场修正问题.至于声学软模,那就更难和库仑作用相联系了.因此,近年来的软模理论是直接建立在广泛的实验事实基础上,并成为从模型Hamilton出发的微观唯象理论.软模的模型Hamiltonian理论即可用于光学支软模,也可用于声学支软模,这种发展了的微观唯象理论已反过来影响铁电软模理论;使得可以不必把铁电相变归结为Mossotti灾难.下面,对铁电软模理论作较详细的介绍.

5.3.2 非简谐作用

Cochran 为了解释铁电相变而在晶格动力学基础上提出软模概念[8]之后，Barker 把他的物理思想突出而简化了数学方法；下面按照 Barker 的方法来介绍铁电软模概念[10].

观察 AB 型晶体光学中波矢量 $\boldsymbol{q}\to 0$ 的一个模的振动. 取 A 原子的位移称为简正坐标 Q；这时晶体中所有同类原子位移方向相同，大小相等. 当 A 和 B 原子不荷电时的力系数记为 g，折合质量记为 m；则运动方程为

$$m\ddot{Q} = -gQ.$$

若 A 原子荷电 Z，B 原子带电荷 $-Z$；则离子的长程库仑作用产生局部电场 E，它的方向与 Q 平行. 计入长程库仑作用后运动方程变为

$$m\ddot{Q} = -gQ + ZE. \tag{5.63}$$

振动位移引起晶体产生极化强度

$$P = \frac{1}{v}(ZQ + \alpha E), \tag{5.64}$$

其中 v 为单胞体积，α 为正负离子极化率之和. 当晶体为立方结构时，对于 Q 与 $\boldsymbol{q}$ 垂直的横光学支振动[8]，电场为

$$E_t = \frac{4\pi}{3}P, \tag{5.65}$$

而对于纵波声子，还要计入退极化场 $-4\pi P$，即

$$E_l = \frac{4\pi}{3}P - 4\pi P = -\frac{8\pi}{3}P. \tag{5.66}$$

应用式(5.65)或式(5.66)和式(5.64)消去 P 后，解出 E 代入式(5.63)，分别得到

$$m\ddot{Q}_t = -\left[g - \frac{4\pi Z/3v}{1 - 4\pi\alpha/3v}\right]Q_t, \tag{5.67}$$

$$m\ddot{Q}_l = -\left[g + \frac{8\pi Z/3v}{1 + 8\pi\alpha/3v}\right]Q_l, \tag{5.68}$$

其中，用下标 t 和 l 来区分横光支和纵光支模. 于是，立即得到两

支模的振动频率为

$$\omega_t^2 = \frac{g}{m} - \frac{4\pi Z}{3vm} \cdot \frac{1}{1-(4\pi\alpha/3v)}, \tag{5.69}$$

$$\omega_l^2 = \frac{g}{m} + \frac{8\pi Z}{3vm} \cdot \frac{1}{1+(8\pi\alpha/3v)}. \tag{5.70}$$

在式(5.70)中,右边所有物理量均为正值,故纵光支模恒有 $\omega_l^2 > 0$,不会软化.在式(5.69)中由于出现了两个负号,情况就不同了.只要$(1-4\pi\alpha/3v)$的值合适,式(5.69)右边两项可以互相抵消而使 $\omega_t = 0$.

一个顺电性晶体,若热膨胀系数为正,则当温度下降时晶体单胞体积 v 减小;于是式(5.69)右边第二项增大而使 $\boldsymbol{q}\to 0$ 的横光支模软化;同时,根据式(5.70),温度下降将使纵光支模硬化.

在式(5.63)中,把恢复力系数中的库仑作用和其他作用的贡献分开,达到了在式(5.67)中出现类似于式(2.61)的灾难项的目的.其实,可以把理论的基础放得更广泛一点:将式(5.67)写为

$$m\ddot{Q}_t = -g_e Q_t,$$

只要唯象地假设总的恢复力系数 g_e 与温度有关,并且在某个温度下可以出现 $g_e = 0$;而不必限制 g_e 与温度的关系应归因于内场的 Lorentz 修正.因为凝聚物质中的内场修正是个仍有争议的问题,而在微观理论中严格地按多体问题的方法处理时,是不存在内场修正这个概念的.

作为一个唯象理论,还可以考虑得更广泛一点:将恢复力系数中非简谐效应的高次项也考虑进去.于是 $\boldsymbol{q}\to 0$ 的长波横光支模的振动方程可写为

$$m\ddot{Q}_t = -(g_e Q_t + \beta Q_t^3 + \gamma Q_t^5), \tag{5.71}$$

其中,g_e,β 和 γ 是一些待定的理论参数,可以通过同实验相比较来决定.于是,晶体势能可由上式右边的括号内积分得到

$$\Phi = \frac{1}{2} g_e Q_t^2 + \frac{1}{4}\beta Q_t^4 + \frac{\gamma}{6} Q_t^6, \tag{5.72}$$

其中,略去了积分常数.

图 5.8 示出了 $BaTiO_3$ 晶体的一个单位晶胞. 在高温原型相, 晶体的空间群为 O_h^1; Ba 位于单胞顶角, O 位于面心, Ti 位于体心. 当温度低于 $T_c=120$℃ 时, 空间群转变为 C_{4v}^1; 根据 X 射线及中子衍射测出的四方相钛离子和氧离子相对于单胞体心和面心的位移, 可定性地画出软模矢量图, 如图 5.8 中箭头所示. 在温度 T_c 两侧的两个相的不同的软模均可用图 5.8 的模矢量描述; 其不同处在于高温相离子的平衡位置在体心或面心上, 而低温相的平衡位置则偏离了体心或面心.

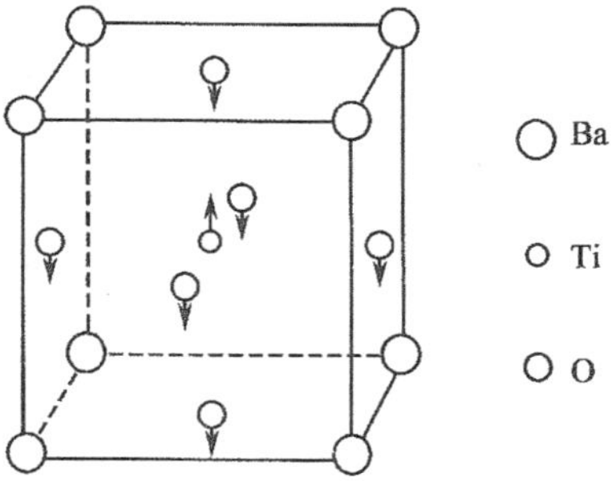

图 5.8　立方 $BaTiO_3$ 的软模矢量图.

假设在某个温度 T_0 附近式(5.72)中的理论参数 β 和 γ 对温度变化受到的影响不大, 而将 g_e 作线性近似展开为

$$g_e = \alpha(T - T_0). \tag{5.73}$$

只要在 T_0 附近若干个温度点上测出相应于这对软模的频率 ω_t 和 ω'_t, 就可以用拟合法定出 3 个理论参数 α, β 和 γ, 从而代入式(5.72)得到晶体的势能函数 Φ. 得到的结果示于图 5.9[10]; 其中, $\beta<0$, $\gamma>0$; 相变为一级. 图中还给出了 ω_t^2 随温度变化的关系. 为了互相比较, 图中还示出了 $\beta>0$, $\gamma=0$ 的情况; 这时, 相变属于二级相变.

上面讨论的横光支简正模的波矢量 $\boldsymbol{q}\rightarrow 0$. 矢端落在布里渊区的中心. 在高温顺电相晶体有较高对称性, 当温度下降时, 这个

模软化而导致晶体结构不稳定;最后转变为对称性较低的低温铁电相.这种模常被称为 Cochran 模或铁电模(指一对模);其中,高温顺电相的模只能是 Raman 激发的,但低温铁电相的模同时是 Raman 激发和红外激发的.

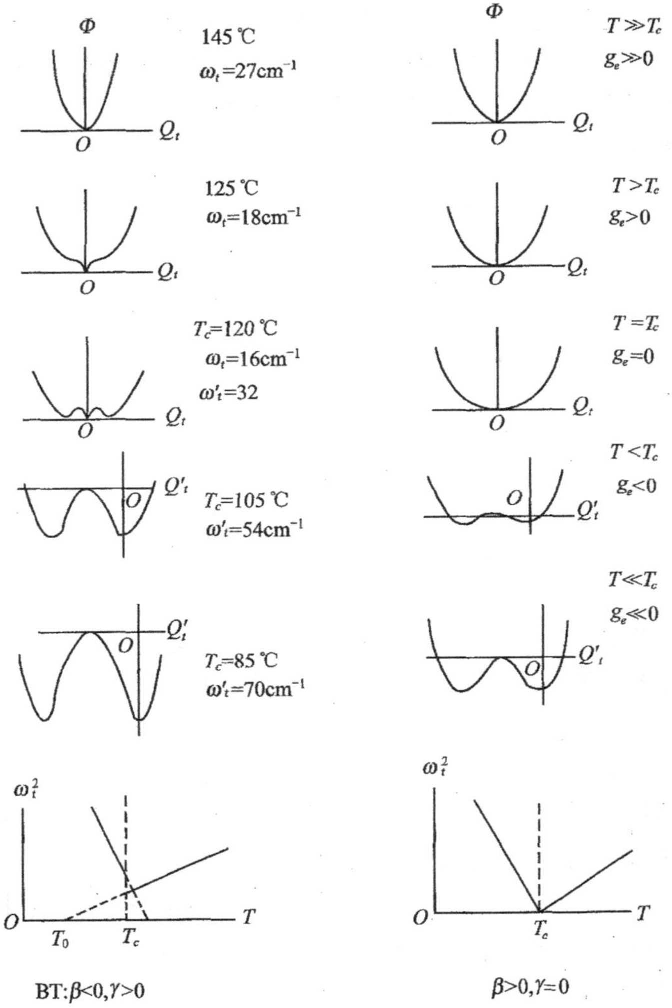

图 5.9 铁电软模的势能曲线和软模频率.

离子晶体中还可能出现波矢量矢端在布里渊区边界上的软模,这时相邻晶胞同类离子的位移方向相反,大小相等,参见图5.4;与这种横光支软模相联系的相变为反铁电相变.由于软模概念的出现,晶格振动频谱的理论计算工作变得更为重要.其中,Rao 和 Chaplot[11]对 KNO_3, $LiNbO_3$,和 $KNbO_3$ 等一系列晶体作了详细的晶格动力学计算.Scott[12]和 Blinc[9]等对软模作了详细的讨论和更严格的数学处理,Shirane[13]讨论了各种典型的软模.

5.3.3 相变和序参数

一个孤立的系统的相稳定条件为它的吉布斯自由能 G 在所处的热力学条件下达到极小.根据热力学定义的式(4.9),有

$$dG = -\sigma dT + VdP, \tag{5.74}$$

其中 σ 为系统的熵,P 为压强,V 为体积.自由能的一次微商

$$\left.\frac{\partial G}{\partial P}\right|_T = V, \quad \left.\frac{\partial G}{\partial T}\right|_P = -\sigma, \tag{5.75}$$

自由能的二次微商

$$\left.\frac{\partial^2 G}{\partial T^2}\right|_P = -\frac{c_P}{T}, \tag{5.76}$$

$$\left.\frac{\partial^2 G}{\partial P^2}\right|_T = -\beta V, \tag{5.77}$$

$$\frac{\partial^2 G}{\partial P \partial T} = \alpha V, \tag{5.78}$$

其中,c_P 为等压热容量,α 为体积热膨胀率,β 为压缩率,Ehrenfest[14]按 G 的微商的连续性对相变进行分类.在相变过程中,一次微商不连续的称为一级相变,一次微商连续而二次微商不连续的称为二级相变.二级相变几乎总是伴随着某种有序—无序过程.在二级相变中,系统的熵和体积连续变化,但热容量和膨胀率等出现异常.Landau 引入有序参数 ξ 来描述相变;$\xi = 0$ 表示完全无序,$\xi^2 = 1$ 表示完全有序;ξ 是在 $+1$ 和 -1 之间变化的参数.在晶态电介质中,若记极化强度为 P,自发极化强度为 P_s,则可定义序

参数为

$$\xi = P/P_s. \tag{5.79}$$

在相变过程中，序参数若随外界热力学条件连续变化，则称为连续相变．二级相变为连续相变，但一级相变就不是连续相变．

在连续相变点附近，因为 ξ 很小，因而可以将 G 对 ξ 展开．现在，吉布斯自由能是压强 P、温度 T 和序参数 ξ 的函数，而且是 ξ 的偶函数

$$G(P, T, -\xi) = G(P, T, \xi), \tag{5.80}$$

因此，在 G 对 ξ 的展开式中奇次项消失．若取近似到四次项，则有

$$G(P, T, \xi) = G_0(P, T) + b\xi^2 + d\xi^4. \tag{5.81}$$

系统稳定条件要求 G 为极小

$$\frac{\partial G}{\partial \xi} = 2b\xi + 4d\xi^3 = 0, \tag{5.82}$$

$$\frac{\partial^2 G}{\partial \xi^2} = 2b + 12d\xi^2 > 0. \tag{5.83}$$

条件(5.82)有两个解，其中之一为 $\xi=0$；这是无序相，根据式(5.83)，这时必有 $b>0$．对于式(5.82)的另一个解

$$\xi^2 = -\frac{b}{2d}, \tag{5.84}$$

此时为有序相，将此式代入式(5.83)可知，此时必有 $b<0$．因此，在相变过程中，b 必须变号．一般说来，在展式(5.81)中，系数 b 应为另两个变量 P 及 T 的函数．如果相变是温度变化所引起的，则可记相变点为 T_c 而写成

$$b = B(T - T_c), B > 0. \tag{5.85}$$

这样，就可以保证在 $T>T_c$ 时，$b>0$，而 $T<T_c$ 时，$b<0$．以式(5.85)代入式(5.84)，得到在有序相时，有

$$\xi^2 = \frac{B}{2d}(T_c - T), T \leqslant T_c. \tag{5.86}$$

式(5.86)所描述的的确是连续相变，因为当 $T\to T_c$ 时，$\xi\to 0$，而在 T_c 的高温侧，恒有 $\xi=0$．

另一方面.如果在 T 略高于 T_c 附近将自由能对与有序化有关的简正坐标 Q 展开

$$G = \frac{1}{2}\omega^2 Q^2 + \text{非临界项}. \tag{5.87}$$

将式(5.87)与式(5.81)进行比较,得到

$$Q = \xi, \text{ 及} \frac{1}{2}\omega^2 = b. \tag{5.88}$$

以式(5.85)代入上面第二个公式,得到[10]

$$\omega^2 = 2B(T - T_c);\ B > 0,\ T \geqslant T_c. \tag{5.89}$$

因此,当温度下降到 T_c 附近时,这个简正模软化.当 $T < T_c$ 时,ω 变为虚数;相应于原来 G 的极小位置变成了极大位置.对于低温相的简正坐标 Q',可以作类似讨论.

§5.4 热平均值

5.4.1 系综平均值

固态电介质中的声子是一种微观运动,描述声子运动中用到的简正坐标等物理量是一些微观量.为了把微观量同宏观量联系起来以便于用微观理论解释宏观现象,必须使用统计方法.下面介绍量子统计和古典统计中常用到的一些方法;应用这些方法,可以将这一章介绍的一些基础的微观理论和第四章的宏观唯象理论直接联系起来.就是说,我们已经从电介质的各种宏观现象的论述进一步深入到了这些宏观现象的微观基础.下面的两章,将在这个基础上继续作微观的理论和实验讨论;这些讨论构成了电介质物理学具有特色的研究方法.

一个多粒子系统的微观运动可用 Hamiltonian 量 $\hat{H}$ 来描述.描述系统的某个力学量的算符 $\hat{L}$ 通常同 $\hat{H}$ 是可对易的,这表明这个力学量和系统的能量是可以同时确定的.设算符 $\hat{L}$ 的本征方程

$$\hat{L}\,|\,n\rangle = L_n\,|\,n\rangle \tag{5.90}$$

已经解出;其中$|n\rangle$代表力学量$\hat{L}$取本征值L_n的定态.如果是在绝对零度下,系统应处于能量最小的态,即基态.在其他温度上,由于热运动的激发,使许多比基态能量高的激发态的占据也成为可能,同时,热运动引起的量子跃迁使系统不再是固定在某个定态.假设系统以概率w_m占据态$|\quad\rangle_m$,这个态可以看成是式(5.90)中各个定态的叠加,即可写为

$$|\quad\rangle_m = \sum_n c_{mn}|n\rangle. \tag{5.91}$$

一般说来,系数c_{mn}可能含时间t.对于另一个力学量$\hat{F}$,其测量值为

$$F_m = \langle|\hat{F}|\rangle_m = \sum_{nn'} c^*_{mn}c_{mn'}\langle|\hat{F}|n'\rangle, \tag{5.92}$$

F_m只是量子力学的平均值.按照假设,系统只以概率w_m使力学量$\hat{F}$取值F_m.因此宏观的测量,即考虑到热运动引起的效应后,所得到的宏观的力学量为

$$\overline{F} = \sum_m w_m F_m = \sum_{nn'}\sum_m w_m c^*_{mn}c_{mn'}\langle n|\hat{F}|n'\rangle.$$

令

$$\rho_{n'n} \equiv \sum_m w_m c^*_{mn}c_{mn'}, \tag{5.93}$$

则

$$\overline{F} = \sum_{nn'}\langle n|\hat{F}|n'\rangle\rho_{n'n} = \sum_{n'n}\rho_{n'n}\langle n|\hat{F}|n'\rangle. \tag{5.94}$$

注意$\langle n|\hat{F}|n'\rangle$是$\hat{F}$的矩阵元;若把$\rho_{n'n}$看成是某个算符$\hat{\rho}$的矩阵元,其值由(5.93)定义,则

$$\sum_{n'}\langle n|\hat{F}|n'\rangle\rho_{n'n}$$

是算符$(\hat{F}\hat{\rho})$的矩阵的对角元.式(5.94)表示的是$\hat{F}\hat{\rho}$或$\hat{\rho}\hat{F}$的对角元之和.记为

$$\overline{F} = Sp\hat{\rho}\hat{F} = Sp\hat{F}\hat{\rho}. \tag{5.95}$$

符号Sp表示矩阵的迹.

从数学上知道,一个矩阵在经历任意正交变换后其迹不变.而在量子力学中,不同表象的基之间的关系就是正交变换;故可以

用任意最方便的表象来计算式(5.95).

称 $\hat{\rho}$ 为密度算符, $\rho_{n'n}$ 为密度矩阵元,用式(5.95)得到的 $\overline{F}$ 被称为系综(assemblage,即 ensemble)平均值,后者经过了两次平均,第一次是式(5.92)给出的量子力学平均;第二次是考虑到热运动可以使系统处于不同的态 $|\quad\rangle_m$ 因而又进行了热平均.宏观测量值等于系综平均值.

5.4.2 量子统计

下面简单说明密度算符 $\hat{\rho}$ 的一些基本性质.首先要找出 $\hat{\rho}$ 应满足的运动方程.前面提到,态 $|\quad\rangle_m$ 一般与时间有关.因此,它是含时间 Schrodinger 方程

$$\mathrm{j}\hbar\,\frac{\partial}{\partial t}|\quad\rangle_m = \hat{H}|\quad\rangle_m \tag{5.96}$$

的解,在态 $|\quad\rangle_m$ 的表示式(5.91)中,定态 $|n\rangle$ 是与时间无关的;态 $|\quad\rangle_m$ 与时间的关系来自系数 c_{mn} 含有 t.以式(5.91)代入方程(5.96),得到

$$\mathrm{j}\hbar\sum_n \dot{c}_{mn}|n\rangle = \sum_n c_{mn}\hat{H}|n\rangle.$$

设定态 $|n\rangle$ 已正交归一化,以 $\langle l|$ 左乘上式得到

$$\mathrm{j}\hbar\,\dot{c}_{ml} = \sum_n c_{mn}\langle l|\hat{H}|n\rangle. \tag{5.97}$$

在热平衡态下,态 $|\quad\rangle_m$ 的出现概率 w_m 应与时间无关.将式(5.93)对时间求微商,得到

$$\dot{\rho}_{kn} = \sum_m w_m(\dot{c}^*_{mn}c_{mk} + c^*_{mn}\dot{c}_{mk}). \tag{5.98}$$

注意,一般地有关系

$$\langle l|\hat{H}|n\rangle^* = \langle n|\hat{H}|l\rangle;$$

以式(5.97)代入式(5.98),得到

$$\dot{\rho}_{kn} = \sum_m w_m\Big(c_{mk}\cdot\frac{-1}{\mathrm{j}\hbar}\sum_l c^*_{ml}\langle l|\hat{H}|n\rangle + c^*_{mn}\cdot\frac{1}{\mathrm{j}\hbar}\sum_l c_{ml}\langle k|\hat{H}|l\rangle\Big).$$

上式可简化写为

$$\dot{\rho}_{kn}=\frac{1}{\mathrm{j}\hbar}\sum_{l}\left(H_{kl}\rho_{ln}-\rho_{kl}H_{ln}\right),\tag{5.99}$$

其中

$$H_{kl}=\langle k\,|\,\hat{H}\,|\,l\rangle\tag{5.100}$$

为算符 $\hat{H}$ 在 $\hat{L}$ 表象的矩阵元.式(5.99)便是密度矩阵元应满足的运动方程.

方程(5.99)可用算符形式写为

$$\mathrm{j}\hbar\frac{\partial}{\partial t}\hat{\rho}=[\hat{H},\hat{\rho}]\equiv\hat{H}\hat{\rho}-\hat{\rho}\hat{H}.\tag{5.101}$$

在量子力学中,任意力学量 $\hat{F}$ 均必须满足海森堡方程

$$\mathrm{j}\hbar\frac{\partial}{\partial t}\hat{F}=[\hat{F},\hat{H}].\tag{5.102}$$

但是,式(5.101)表明,$\hat{\rho}$ 不满足海森堡方程;因此,它不是一个力学量的算符,$\hat{\rho}$ 是一个统计物理量的算符,它满足方程(5.101).由运动方程可找到算符 $\hat{\rho}$ 的解为

$$\hat{\rho}(t)=\mathrm{e}^{\frac{1}{\mathrm{j}\hbar}\hat{H}t}\hat{\rho}(0)\mathrm{e}^{\frac{-1}{\mathrm{j}\hbar}\hat{H}t}.\tag{5.103}$$

直接代入可以证明式(5.103)中的 $\hat{\rho}(t)$满足方程(5.101).

在热平衡态下,宏观系统达到稳定的统计分布.此时应有

$$\frac{\partial}{\partial t}\hat{\rho}=0.\tag{5.104}$$

因此,根据式(5.104)和式(5.101),对于热平衡系统,$\hat{H}$ 与 $\hat{\rho}$ 为可对易.称这时的平均值为热平衡平均值,用记号〈 〉表示;例如能量的热平均值可记为$\langle E\rangle$.对于这个平均值,若取 $\hat{H}$ 表象来计算,则 $\hat{H}$ 与 $\hat{\rho}$ 同时对角化.于是

$$\begin{aligned}\langle E\rangle&\equiv\overline{E}=Sp\hat{\rho}\hat{H}=\langle\hat{H}\rangle,\\ \langle E\rangle&=\sum_{n}\rho_{nn}\langle n\,|\,\hat{H}\,|\,n\rangle=\sum_{n}\rho_{nn}E_{n},\end{aligned}\tag{5.105}$$

其中

$$\hat{H}\,|\,n\rangle=E_{n}\,|\,n\rangle.$$

我们知道,在热平衡下,系统的能量按 Boltzmann 分布,故

$$\rho_{nn} = \frac{e^{-E_n/kT}}{\sum_n e^{-E_n/kT}}. \tag{5.106}$$

上式可以写成算符形式

$$\hat{\rho} = \frac{e^{-\frac{1}{kT}\hat{H}}}{Sp\, e^{-\frac{1}{kT}\hat{H}}}. \tag{5.107}$$

容易证明，$Sp\hat{\rho} = 1$. 式(5.106)是量子统计基本公式，在求和中要考虑占据同一状态的粒子数目的容许数. 所以在量子统计中区分为 Bose 统计和 Fermi 统计.

5.4.3 声子的统计方法

根据 5.2.1 节的讨论，声子的状态用两个附标来区分：一个是分支的附标，另一个是波矢量. 若晶格有 N 个单胞，每个单胞含 n 个原子，则有 $3n$ 支声子，每支以附标 j 来区分；而波矢量 $\boldsymbol{q}$ 在布里渊区有 N 个不等效的取值. 若以 $\hat{\eta}_{jq}$ 代表声子数算符，则式(5.27)中的声子的总 Hamiltonian 算符可改写为

$$\hat{H} = \sum_{jq}\left(\hat{\eta}_{jq} + \frac{1}{2}\right)\hbar\,\omega_{jq}, \tag{5.108}$$

在这里，我们用 q 代表波矢量 $\boldsymbol{q}$ 的 3 个分量的集合. 声子是玻色子，同一状态的声子的个数是没有限制的.

作为最简单的例子，先求晶格振动总能量热平衡态的平均值 $\langle\hat{H}\rangle$. 根据式(5.95)和式(5.108)

$$\langle\hat{H}\rangle = Sp\hat{H}\hat{\rho} = Sp\hat{\rho}\hat{H},$$

$$\langle\hat{H}\rangle = \sum_{jq}\hbar\,\omega_{jq}\left(\frac{1}{2} + Sp\hat{\rho}\hat{\eta}_{jq}\right), \tag{5.109}$$

其中

$$Sp\hat{\rho}\hat{\eta}_{jq} = \langle\hat{\eta}_{jq}\rangle. \tag{5.110}$$

在声子数表象，$\langle\hat{\eta}_{jq}\rangle = \langle\eta_{jq}\rangle$；这就是第 j 支波矢量为 $\boldsymbol{q}$ 的声子在热平衡态下的平均数目. 根据 Bose 统计，有

$$\langle\eta_{jq}\rangle = 1\Big/\left(e^{\frac{1}{kT}\hbar\,\omega_{jq}} - 1\right). \tag{5.111}$$

以式(5.111)代入式(5.109)就得到了$\langle \hat{H} \rangle$.在第四章的宏观热力学理论中,提到了系统的内能 U;宏观的能量 U 相当于热平均值$\langle \hat{H} \rangle$,而不是相当于 $\hat{H}$ 的本征值E;参见式(5.17).本征值 E 是个微观量,微观理论只告诉我们这是一个可能的取值;例如从式(5.17)和式(5.15)中可以看到,E 还有无限多种可能的取值.而当系统的温度 T(宏观参数)确定之后,热平均值$\langle \hat{H} \rangle$就完全决定下来了.$\langle \hat{H} \rangle$是个宏观量,这是将各种可能的微观量取平均以后的结果.

在二次量子化中,简正坐标也被看成为算符.我们将简正坐标中随时间而变的振荡因子分出来,这时式(5.22)的第一个变换可改写为

$$\hat{Q}_{jq} = \sqrt{\frac{\hbar}{2\omega_{jq}}}\left(b_{jq} \mathrm{e}^{-\mathrm{j}\omega_{jq}t} + b_{j,-q}^{+} \mathrm{e}^{\mathrm{j}\omega_{jq}t} \right), \tag{5.112}$$

其中,$\omega_{jq} = \omega_{j,-q}$.让我们来计算热平均值$\langle \hat{Q}_{j,-q} \hat{Q}_{jq} \rangle$.由式(5.112)可得

$$\hat{Q}_{jq}^{*} = \sqrt{\frac{\hbar}{2\omega_{jq}}}\left(b_{jq}^{+} \mathrm{e}^{\mathrm{j}\omega_{jq}t} + b_{j,-q} \mathrm{e}^{-\mathrm{j}\omega_{jq}t} \right) = \hat{Q}_{j,-q},$$

故

$$\langle \hat{Q}_{j,-q} \hat{Q}_{jq} \rangle = \langle \hat{Q}_{jq}^{*} \hat{Q}_{jq} \rangle. \tag{5.113}$$

下面来计算简正坐标共轭平方的热平均值.与坐标 $\hat{Q}_{jq}$相应的动量记为$\hat{P}_{jq}$.系统的总 Hamiltonian 量可写为

$$\hat{H} = \sum_{jq} \hat{H}_{jq} \equiv \sum_{jq} \left(\frac{1}{2} \hat{p}_{jq}^{*} \hat{p}_{jq} + \frac{1}{2} \omega_{jq}^{2} \hat{Q}_{jq}^{*} \hat{Q}_{jq} \right), \tag{5.114}$$

$$\langle \hat{H}_{jq} \rangle = \left\langle \frac{1}{2} \hat{p}_{jq}^{*} \hat{p}_{jq} \right\rangle + \left\langle \frac{1}{2} \omega_{jq}^{2} \hat{Q}_{jq}^{*} \hat{Q}_{jq} \right\rangle.$$

上式左边为以$(j, \boldsymbol{q})$为标志的声子的热平均能量,等号右边为这种声子的热平均动能与热平均势能之和.因为用了热平均,所以等号两边出现的全是宏观量,从而可以用宏观定律来加以处理.根据宏观力学定律,一个独立振子的平均动能等于平均势能;这时用的是时间平均值,但在统计原理中,系统的时间平均值等于系综平

均值.因此

$$\left\langle\frac{1}{2}\omega_{jq}^2\hat{Q}_{jq}^*\hat{Q}_{jq}\right\rangle = \frac{1}{2}\langle\hat{H}_{jq}\rangle.$$

在量子数表象就立刻得到

$$\langle\hat{Q}_{j,-q}\hat{Q}_{jq}\rangle = \frac{1}{\omega_{jq}^2}\langle\hat{H}_{jq}\rangle,$$

$$\langle\hat{Q}_{j,-q}\hat{Q}_{jq}\rangle = \frac{\hbar}{\omega_{jq}}\left(\langle\eta_{jq}\rangle + \frac{1}{2}\right), \tag{5.115}$$

其中,平均量子数的公式已给出于式(5.111).

5.4.4 热力学函数的统计公式

下面不加证明地给出第四章提到的一些热力学函数的统计公式.这些公式的推导可在任一本统计物理教科书中找到.

前面已经指出,宏观系统的内能为

$$U = \langle\hat{H}\rangle Sp\hat{\rho}\hat{H}. \tag{5.116}$$

系统的熵可用量子统计方法求得为

$$\sigma = -k\langle\ln\hat{\rho}\rangle = -kSp(\hat{\rho}\ln\hat{\rho}), \tag{5.117}$$

其中,k 为 Boltzmann 常数.由式(5.116)和式(5.117),利用第四章提到的各种特征函数的定义,就可以得到它们的表示式.

量子统计方法在应用时可能会碰到较多的数学困难.有时,应用古典方法统计会较方便一点.在古典统计中,用相空间描述系统的状态分布.相空间由广义坐标 Q 和广义动量 P 组成.系统状态在(Q,P)与$(Q+\mathrm{d}Q,P+\mathrm{d}P)$之间的概率写为 $\rho(P,Q)\mathrm{d}P\mathrm{d}Q$.称 $\rho(P,Q)$为相空间的概率密度.由古典统计方法得到

$$\rho(P,Q) = (2\pi kTm)^{-\frac{1}{2}}\mathrm{e}^{-P^2/2mkT}\rho(Q), \tag{5.118}$$

其中 m 为广义坐标 Q 相应的惯性.$\rho(Q)$与势能函数 $V(Q)$有关系

$$\rho(Q) = \frac{1}{Z}\mathrm{e}^{-V(Q)/kT}, \tag{5.119}$$

其中 Z 为配分函数,它等于

$$Z = \int e^{-V(Q)/kT} dQ. \tag{5.120}$$

于是,内能 U 和熵 σ 可写为

$$U = \langle H \rangle = \iint H\rho(P, Q) dPdQ, \tag{5.121}$$

$$\sigma = -k\langle \ln\rho \rangle = -k\iint \rho\ln\rho dPdQ, \tag{5.122}$$

其中,H 为系统的 Hamiltonian 函数.这里只给出了一个自由度的统计公式.在晶格振动中只要用简正坐标组成相空间,则$(j, \boldsymbol{q})$不同的简正坐标是彼此独立的.每个简正振动都可使用这些公式.将式(5.121),(5.122)同式(5.116)、(5.117)相比较便可以看出统计算符的物理意义.$\hat{\rho}$ 就是相空间概率密度 ρ 在量子统计中的算符形式.

参 考 文 献

[1] 李景德, Chinese Physics Letters, 1985, 10(2):465

[2] Born M, Von Karman T. Physik Z., 1912(13):297

[3] Squires. Inelastic Scattering of Neutrons in Solids and Liquids, 1963 (11):71~85

[4] Kellermann E W. Phil. Trans. Roy. Soc. A, 1940(238):513

[5] Ven Katataraman, Sahni. Rev. Mod. Phys., 1970(42):409

[6] Raman C V, Nedungadi T M K. Nature, 1940(145):147

[7] Frohlich H. Theory of Dielectrics, Clarendon Press, Oxford. 1949

[8] Cochran W. Phys. Rev. Lett., 1957(3):412; Adv. Phys., 1960(9):387

[9] Blinc R, Zeks B. soft modes in ferroelectrics and Antiferroelectrics, Oxford, N. Y., 1974

[10] Rao C N R, Rao K J. Phase Transitions in Solids, India. 1978

[11] Rao K R, Chaplot S L. Ferroelectrics, 1980(29):7

[12] Scott J F. Rev. Mod. Phys., 1974(46):437

[13] Shirane G. Rev. Mod. Phys., 1974(46):437

[14] Ehrenfest P. Proc. Amsterdam Acad., 1933(3):153

第六章　铁电原理

周志刚　李从周

§ 6.1　铁电体的结构

6.1.1　铁电体

1655 年，法国 La Rochelle 地方的药剂师 Pierre de la Seignette 最早制造出了酒石酸钾钠(sodium potassium tartrate tetrahydrate, NaK $C_4H_4O_6 \cdot 4H_3O$)，这种晶体后来被称为 RS(罗息)盐. 1920 年 Valasek[1]发现 RS 晶体在外电场 E 作用下，其极化强度 P 有如图 6.1 所示的滞后回线关系，表现出特殊的非线性介电行为；RS 的这种特性被称为 Seignette 电性. 由于当时人们已熟知铁磁体的磁滞回线，图 6.1 的 $P(E)$关系曲线和铁磁体的 $B(H)$关系曲线很相似，故被称为电滞回线. 于是，由磁性现象的类比，把 Seignette 电性称为铁电性，而具有铁电性的物体被称为 Seignette 电体或称为铁电体.

在图 6.1 所示的电滞回线中，强场饱和部分成一直线，该直线的延长线与 P 轴所交 P_{SA}点，称为饱和极化强度. 电滞回线对于坐标原点通常是对称的，回线与 P 轴相交于 $\pm P_r$ 点，称 P_r 为剩余极化强度(residual polarization). 回线与 E 轴所交 $\pm E_c$ 点，称 E_c 为矫顽场(coercive field). 由于 RS 盐的结构比较复杂，每个晶胞含有 112 个原子，其具体结构当时还未能弄明白. 在 RS 为惟一的已知的铁电体的将近 20 年期间，关于铁电性的微观机理仍然无从分析. 直到 1935 年至 1938 年，Busch 和 Scherrer[2~4]发现磷酸二氢钾(KDP)及其许多同构晶体也具有类似于 RS 的特殊介电行为. 这系列晶体还具有压电性，室温下机电耦合系数很高，二次大战期间在水声方面得到了广泛应用.更有意义的是 KDP 型晶体的结构比 RS 简单得多了,每个晶胞只有 16 个原子.因此,Slater[4] 在 1941 年得以类比于铁磁体中电子自旋有序化理论提出了 KDP 的铁电性的质子位置有序化微观模型.

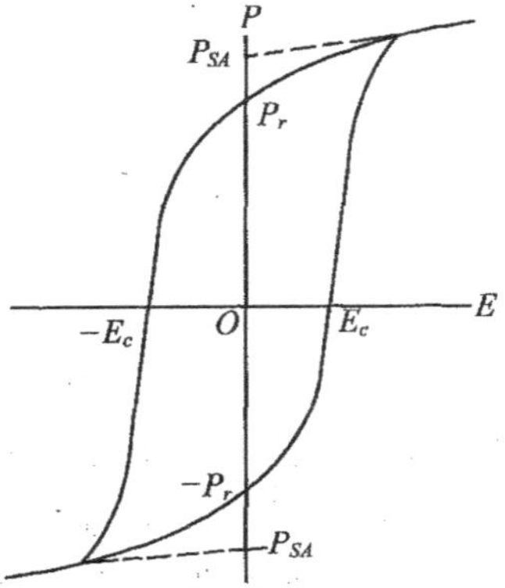

图 6.1　电滞回线.

另一方面,1925 年左右就发现了钛酸盐陶瓷具有很高的介电常数.为了找寻高介电常数陶瓷作为电容器的介质,1945 年找到了室温相对介电常数高达 1000 至 3000 的钛酸钡(barium titanate, $BaTiO_3$,简称为 BT)陶瓷,而后在 1945 和 1946 年 Wul 和 Goldman 报道了钛酸钡陶瓷的铁电性[5].1950 年,Slater[6] 提出了钛离子位移模型,用来解释钛酸钡的铁电性.1954 年以后,钛酸钡单晶被人工制备成功.$BaTiO_3$ 晶体具有钙钛矿结构,每个晶胞只有 5 个原子.在今天已知的一千多种铁电晶体中,这种结构的铁电体已经成为数目最多的一类.

早期人们曾把出现电滞回线作为判断铁电性的依据,但是作为铁电体,这一判据并不是惟一的.众所周知,电容器中的电介质具有非线性电阻,或者在强场下介电常数与场强有关时,用通常观察电滞回线的方法(参见第八章)也可以出现回线.因为测量方法本身并不能判断回线是由电介质的铁电性所引起的还是由其他原因所引起的.但从另一方面来看,有些铁电体因为电阻率太低或其他原因,根本无法加上足够强的电场来观察回线.因此只能认为出现电滞回线是铁电体的重要特征之一,回线的观察往往是发现铁电体的第一步.从微观结构上来考虑,铁电体可定义为,铁电体的晶胞都具有大小相等的非零电偶极矩;晶胞具有两个或两个以上的结晶学等效方向,电矩可以沿其中任一个方向取向.在热平衡状态下,相邻晶胞的电矩相同取向形成亚微观尺度范围的取向有序化;在外加电场等作用下,铁电体中的电矩可以由原来取向转变到其他能量较低的方向.

铁电体微观结构上的特点决定了它具有许多独特的性能,从而区别于普通电介质.下面就各种铁电体及相关材料作进一步论述.

6.1.2 铁电体的分类

铁电体的分布很广,目前已知具有铁电性的晶体多达上千种,适当地进行分类有助于了解铁电体的性质和查明铁电性的机理.下面是常见的铁电体分类的几种方法[7].

第一种是结晶化学分类法.根据铁电晶体的化学成分和结构特征,可分为含氢键的晶体和双氧化物晶体两大类.前者如 KDP, TGS 和 RS.这类晶体大多以氧四面体为基本结构单元,例如 KDP 中的 PO_4 四面体,具有可溶于水、力学性质较软、居里温度低、熔解温度低等特点;常称之为“软铁电体”.后者如 BT, PT 和 LN 等.这类晶体大多以氧八面体为基本结构单元,例如 $BaTiO_3$ 中的 TiO_6 八面体,具有不溶于水、力学性质较硬、居里温度较高、熔解温度高等特点;常称之为“硬铁电体”.

第二种是按极化轴数目分类,可分为单轴铁电体和多轴铁电体两大类,RS, KDP 和 LN 等只有一个极化轴,自发极化方向只能平行或反平行于这个极化轴.而 $BaTiO_3$ 和 $Cd_2Nb_2O_7$ 等铁电体的自发极化方向则可沿几个晶轴,这些晶轴在晶体的原型相是互相等效的方向.这种分类方法对于说明铁电体的电畴结构最为方便.

第三种按原型相有无对称中心而分为压电性铁电体的和非压电性铁电体. KDP, RS 和 KNT 等铁电体在高温顺电相没有对称中心而具有压电性. BT, KN 和 SbSI 等铁电体的非极性相的晶体结构具有对称中心,因而没有压电性.

第四种方法是按铁电相变时原子运动特点分类. RS 和 TGS 等大部分含氢键的铁电体发生有序-无序相变;而 BT, LN 和 PT 等大部分双氧化物铁电体发生位移相变. 这种分类法有助于研究铁电相变的微观机制.

第五种方法按居里-外斯常数 C 的大小分类. C 值大约在 10^5k 数量级的称为第一类铁电体. 它们的相变大多属于位移型,以双氧化物居多;具有促进晶格畸变的"激活"离子,例如周期表中 IVB, VB 和 VIB 族的 Ti^{4+}, Nb^{5+} 和 W^{6+} 离子,以及 IVA 和 VA 族的"孤对"离子 Pb^{2+}, Bi^{3+} 和 Sb^{3+} 等;只有 SbSI 是明显的例外. C 值接近 10^3 k 数量级的为第二类铁电体. 它们的相变大多属于有序-无序型;具有氢键或亚硝酸钠(NO_2^-)离子有关的分子基团,例如 KDP, TGS, RS 和 $NaNO_2$ 等. C 接近 10k 的称为第三类铁电体,或称为非本征铁电体;其铁电性起因于压电性与弹性不稳定性的耦合[1],如 $Gd_3(MoO_4)_2$ 等. 一些铁电晶体的居里-外斯常数 C 的数值分布示于图 6.2[8].

第六种方法是按极化反转时原子位移的维数来分类的. 在一维铁电体中,原子位移平行于极轴,具有氧八面体结构,如 BT, PT, LN, SbSI 以及钨青铜结构型铁电体等;其自发极化强度 P_s 的值很大(约 25 $\mu C/cm^2$),对称性较高. 二维铁电体的原子位移处在含有极轴的平面内,这些位移可以近似地描述为原子团围绕垂直于该平面的轴的旋转;例如 $BaCoF_4$, HCl, $NaNO_2$ 和硫脲等,它们都属于 $mm2$ 对称, P_s 值约为 5 $\mu C/cm^3$. 三维铁电体的原子位移在 3 个互相垂直的方向具有相近的大小,其晶体结构通常比较复杂;如硫酸铝胍六水合物 $C(NH_2)_3Al(SO_4)_2 \cdot 6H_2O$,它具有氢键. 三维铁电体的 P_s 较小,常小于 3 $\mu C/cm^2$. 一些铁电体的自发极化

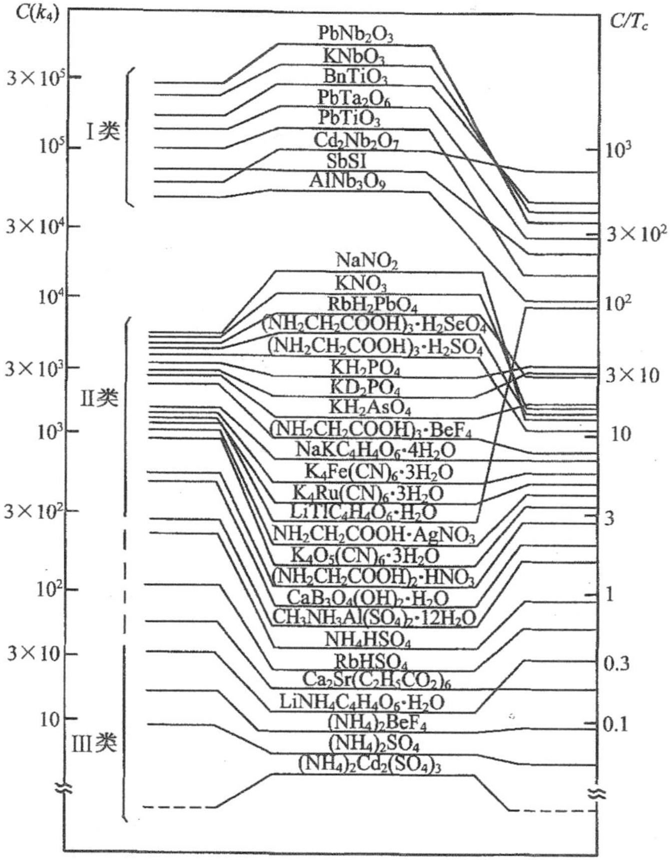

图 6.2 居里-外斯常数 C 和 C/T_c 的分布.

强度 P_s 的数值,以及一、二和三维铁电体的范围示于图 6.3[9].这种分类方法着重铁电相变前后结晶学构型的差异,虽不能用以区别位移型和有序-无序型相变,但却能揭示出铁电体的一些重要特征;例如一维铁电体自发极化强,三维铁电体自发极化弱;一维铁电体主要是离子晶体,三维铁电体主要是分子晶体;二维铁电体则介于一维和三维之间.图 6.3 示出横坐标为铁电体的编号.

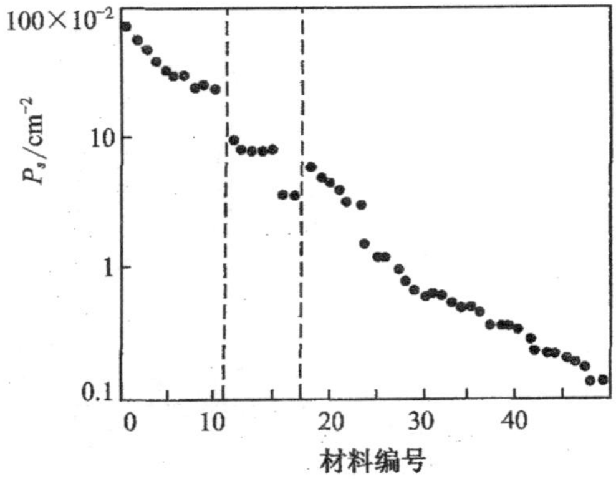

图 6.3　一些铁电体的自发极化强度 P_s
(虚线为维度分界).

1. $LiNbO_3$
2. $PbTiO_3$
3. $LiTaO_3$
4. $Ba_4Na_2Nb_{10}O_{30}$
5. $Ba_{1.3}Sr_{3.7}Nb_{10}O_{30}$
6. $KNbO_2$
7. $Pb(Fe_{\frac{1}{2}}Ta_{\frac{1}{2}})O_3$
8. $BaTiO_3$
9. SbSI
10. $Pb(Mg_{1/3}Nb_{2/3})O_3$
11. $BaZnF_4$
12. $BaCoF_4$
13. $BaMgF_4$
14. $BaNiF_4$
15. $NaNO_2$
16. HCl
17. $SC(NH_2)$
18. RbH_2PO_4
19. KH_2AsO_4
20. KH_2PO_4
21. $(NH_2CH_2COOH)_3 \cdot H_2BeF_4$
22. $(NH_2CH_2COOH)_3 \cdot H_2SO_4$
23. $P(CH_3)_4HgBr$
24. $(NH_2CH_2COOH)_2 \cdot HNO_3$
25. $N(CH_3)_4HgI_3$
26. $N(CH_3)_4HgCl_3$
27. $N(CH_3)_4HgBr_3$
28. NH_4HSO_4
29. $RbHSO_4$
30. $NH_2CH_2COOH \cdot AgNO_3$
31. $CaB_3C_4(OH)_3 \cdot H_2O$
32. $C(NH_2)_3Ga(SeC_4)_2 \cdot 6H_2O$
33. $C(NH_2)_3Al(SeO_4)_2 \cdot 6H_2O$
34. $C(NH_2)_3Ga(SO_4)_2 \cdot 6H_2O$
35. $(NH_4)_2SO_4$
36. $C(NH_2)_3Cr(SeO_4)_2 \cdot 6H_2O$
37. $C(NH_2)_3V(SO_4)_2 \cdot 6H_2O$
38. $C(NH_2)_3Cr(SO_4)_2 \cdot 6H_2O$
39. $NaKC_4H_4O_6 \cdot 4H_2O$
40. $C(NH_2)_3Al(SO_4)_2 \cdot 6H_2O$
41. $Ca_2Sr(CH_3CH_2COO)_6$
42. $Sm_2(MoO_4)_3$
43. $LiNH_4C_4H_4O_6 \cdot H_2O$
44. $(NH_4)_2BeF_4$
45. $NaNH_4C_4H_4O_6 \cdot 4H_2O$
46. $Tb_2(MoO_4)_3$
47. $Gd_2(MoO_4)_3$
48. $Eu_2(MoO_4)_3$
49. $LiTlC_4H_4O_6 \cdot H_2O$

近年来有人根据非平衡电子对自发极化的影响，先后在$BaTiO_3$单晶中观察到光激相变，在SbSI晶体中观察到光致形变效应和光滞效应，在PLZT中观察到光致双折射效应，在掺杂的$BaTiO_3$中观察到电阻在相变区具有正温度系数(PTC)效应，以及在SbSI，$BaTiO_3$和$SrTiO_3$的居里点附近观察到稳态光电导的不寻常现象；从而认为相当一部分铁电体为铁电半导体[10,11].

液晶是一种各向异性液体，或者说是介乎固相和各向同性液相之间的中间相或介相(mesomorphic phase)，它是一类重要的显示材料.1922年，法国Georges Friedel按液晶的光学性能和相结构将其分成三类，并分别命名为向列相或称丝状相(nematics)、层列相或称近晶相(smectics)和胆甾相或称螺旋相(cholesterics)[12].1963年后，已先后在这三类液晶中发现铁电性而称为一维取向的铁电向列型液晶(ferronematics)[13~15]、二维取向的铁电近晶型液晶(ferrosmectics)[16,17]和三维取向的铁电螺旋型液晶(ferrocholesterics)[18,19].由于铁电液晶(ferroelectric liquid crystal)具有快速的电光响应和特殊的光电效应而在显示领域有广泛的应用.

聚偏氟乙烯PVDF的压电性和热电性在20世纪70年代初已为人所熟知[11].20世纪70年代后期，藉助于X射线衍射、红外光谱以及电滞回线的测定，才确认PVDF中存在自发极化，而且自发极化可随外电场而反向，最终确立了它作为铁电体的地位[20].此外，在20世纪80年代末或90年代初，还发现了一些新的铁电聚合物(ferropolymer)如奇数尼龙(odd numbered nylons)又称奇数聚酰胺(odd numbered polyamides)[21].

总之，晶体、液晶和聚合物以至非晶态的组成繁多，结构多样，可望发现更多新型铁电体，扩展铁电物理学、铁电化学和物理学以及铁电生物物理学等领域的研究，开拓新的应用.

6.1.3 铁电晶体

1. 含氧八面体铁电晶体

(1) 钙钛矿型铁电体又称铁电钙钛矿(ferroelectric per-

ovskites)，它是一种源于钙钛矿矿物 $CaTiO_3$ 的畸变的钙钛矿结构. 通常，完美的钙钛矿结构比较简单，是为数最多、应用最广的一类铁电体[22~24]，至今已多达 500 种以上. 它的通式为 ABO_3 或 $A(B'_xB''_y)O_3$，其中 B′和 B″为由两种不同价态氧化物复合而成，$x+y=1$. A，B 价态可为 A^+B^{5+}，$A^{2+}B^{4+}$ 和 $A^{3+}B^{3+}$；而 $(B'_xB''_y)$ 则分别为 $(B^{1+}_{0.25}B^{5+}_{0.75})$，$(B^{1+}_{0.5}B^{7+}_{0.5})$，$(B^{2+}_{0.33}B^{5+}_{0.67})$，$(B^{2+}_{0.5}B^{6+}_{0.5})$，$(B^{3+}_{0.5}B^{5+}_{0.5})$

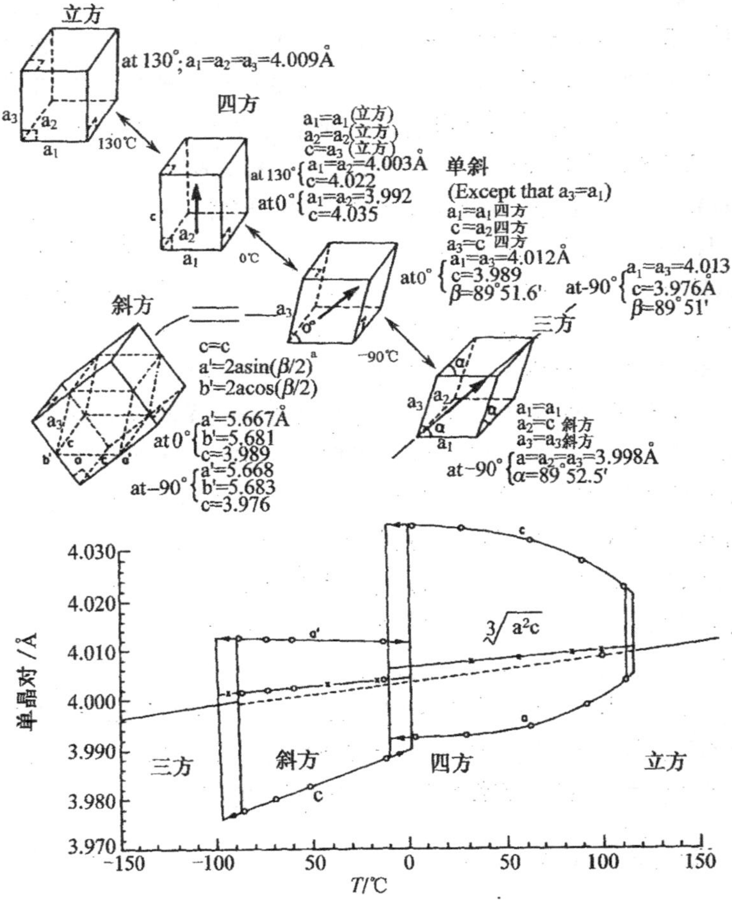

图 6.4　不同温区 $BaTiO_3$ 的晶体结构、自发极化及晶胞尺寸示意图.

和($B^{3+}_{0.67}B^{6+}_{0.33}$)等. 除双氧化物外, 一些双氟化物 ABF_3 也能形成钙钛矿结构.

$BaTiO_3$ 是最早发现的一种钙钛矿型铁电体[25~28]. 它在 130℃ 以上为顺电相(也称原型相)空间群 $Pm3m$; 在 130℃ 发生顺电-铁电相变成为铁电相, 空间群为 $P4mm$, 自发极化沿 4 重轴; 在 0℃ 发生铁电-铁电相变, 空间群变为 $Amm2$, 自发极化沿二重轴; 在 −90℃ 发生另一铁电-铁电相变, 空间群变为 $R3m$, 自发极化沿 3 重轴. $BaTiO_3$ 的 3 个铁电相的晶胞和自发极化方向见图 6.4[29]. 固溶体 $PbZr_xTi_{1-x}O_3$($0<x<1$)为复合的钙钛矿结构, 是一类弛豫性铁电体(relaxed ferroelectrics). 顺电相点群为 $m3m$, 铁电相点群随 x 值而异. $x<0.53$ 时为 $4mm$, $x>0.53$ 时为 $3m$[30]. 复合钙钛矿结构的晶体结构见图 6.5 所示[31].

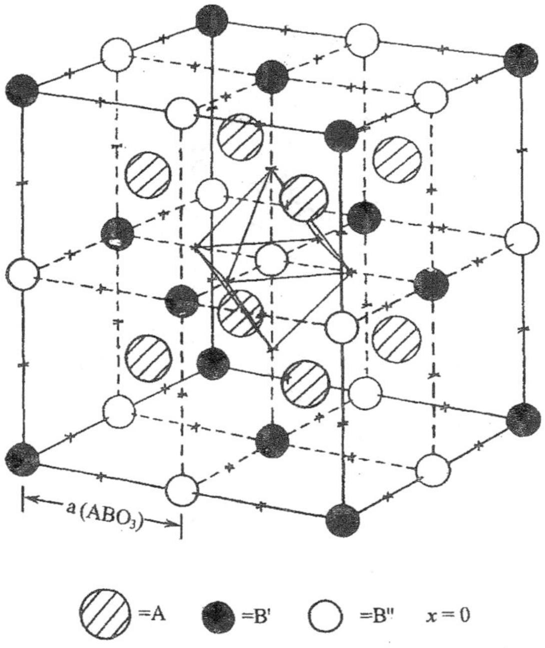

图 6.5　复合钙钛矿 $A(B'_{0.5}B''_{0.5})O_3$ 的晶体结构.

(2)含铋层状结构是一种类钙钛矿层复合氧化物.它是由铋层与类钙钛矿层交替排列而成,通式为 $A_{x-1}Bi_2B_xO_{3x+3}$.其中 A 为 Bi^{3+}, Re^{3+}, Ba^{2+}, Sr^{2+}, Ca^{2+}, Pb^{2+}, K^+ 或 Na^+ 等, B 为 Co^{3+}, Cr^{3+}, Fe^{3+}, Ti^{4+}, Nb^{5+}, Ta^{5+}, Mo^{5+} 和 W^{6+} 等. x 为两 $(Bi_2O_2)^{2+}$ 间氧八面体数目, $(x-1)$ 为赝钙钛矿层数.顺电的铋层 $(Bi_2O_2)^{2+}$ 与铁电的钙钛矿层 $(A_{x-1}B_xO_{3x+1})^{2-}$ 交替排列.含铋层状结构

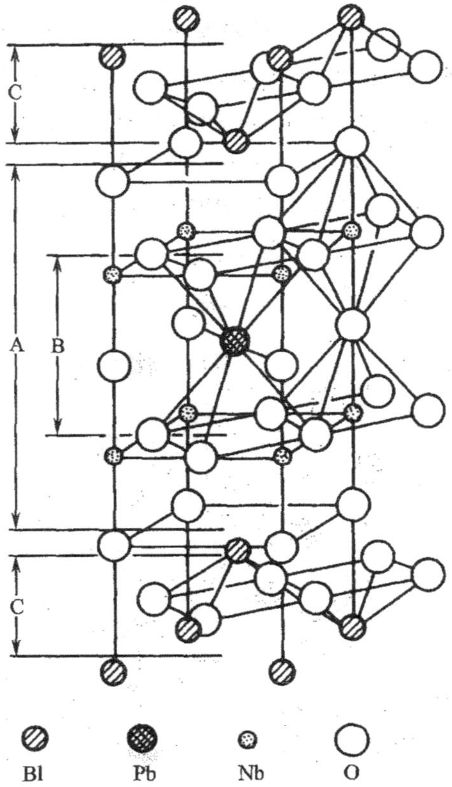

图 6.6 含铋层状结构 $PbBi_2Nb_2O_9$ 的晶体结构示意图. A 为钙钛矿双层 $(PbNb_2O_7)^{2-}$, B 为赝 $PbNbO_3$ 层, C 为铋层 $(Bi_2O_2)^{2+}$.

$PbBi_2Nb_2O_9$ 的晶体结构如图 6.6 所示. 铋层面与氧八面体的四重轴垂直, 每隔 $x(x=1-8)$个赝钙钛矿层出现一个铋层. 顺电相对称性为 $4mm$, 铁电相对称性为 m.

(3)铌酸锂 $LiNbO_3$ 是迄今已知的居里点为 1210℃, 且自发极化最高(室温时约为 0.70 C/m^2)的铁电体[33]. 它虽然也有 ABO_3 分子式, 但其自发极化方向与氧八面体的三重轴平行, 各氧八面体以共面的形式密堆, 公共面与氧八面体的三重轴(即极轴)垂直, 共面的堆垛又以氧八面体共棱的形式联结, 如图 6.7 所示. 顺电相时, Li 和 Nb 分别位于氧平面内和氧八面体中心, 而无自发极化. 铁电相, Li 和 Nb 都发生沿 c 轴的位移, 离开了顺电相时的平衡位置. 前者离开了氧八面体的共面[如图 6.7(a)], 后者离开了氧八面体中心[如图 6.7(b)]. 由于 Li 和 Nb 的位移, 在 c 轴方向产生偶极矩. 其顺电相和铁电相点群分别为 $m3m$ 和 $3m$, 空间群则分别为 $R\bar{3}c$ 和 $R3c$.

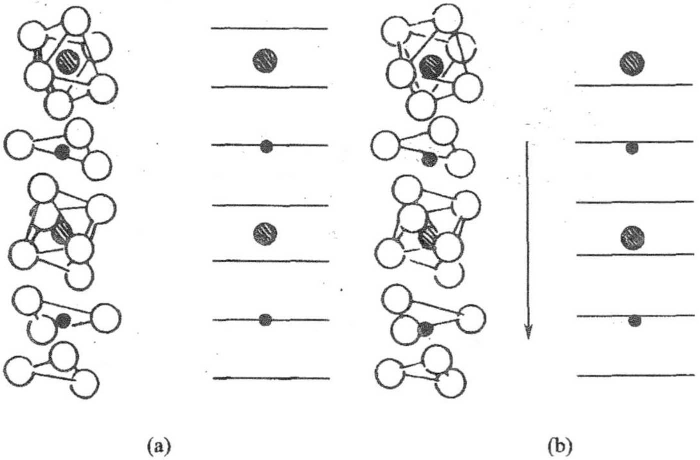

图 6.7 铌酸锂 $LiNbO_3$ 晶体结构示意图.

(a)为顺电相结构. Li 在氧平面内, Nb 在两个氧平面中央;

(b)为铁电相. Li 和 Nb 沿 c 轴发生位移. 水平线为氧平面.

(4)钨青铜型结构铁电体是仅次于钙钛矿型的第二大类铁电体,迄今已发现的达 150 种以上[24,34].钨青铜型铁电体也由共点氧八面体沿四重轴堆垛并以共点密堆而成.其通式为 $A_xB_2O_6$ $(0.57\geqslant x\geqslant 0.43)$或$(A_1)_4(A_2)_2B_{10}O_{30}$以及$(A_1)_4(A_2)_2C_4B_{10}O_{30}$.其中 A_1 和 A_2 为 Ba^{2+}, Sr^{2+}, Pb^{2+}, Eu^{2+}, Na^+, K^+, Ag^+, La^{3+}, Ce^{3+}, Sm^{3+}, Nd^{3+}, Gd^{3+}, Bi^{3+}; B 为 Fe^{3+}, Ga^{3+}, Mn^{3+}, Cr^{3+}, Zr^{4+}, Ti^{4+}, Sn^{4+}, Ni^{2+}, Mg^{2+}, Cu^{2+}, Zn^{2+}, Mo^{6+} 和 Hf^{4+} 以及

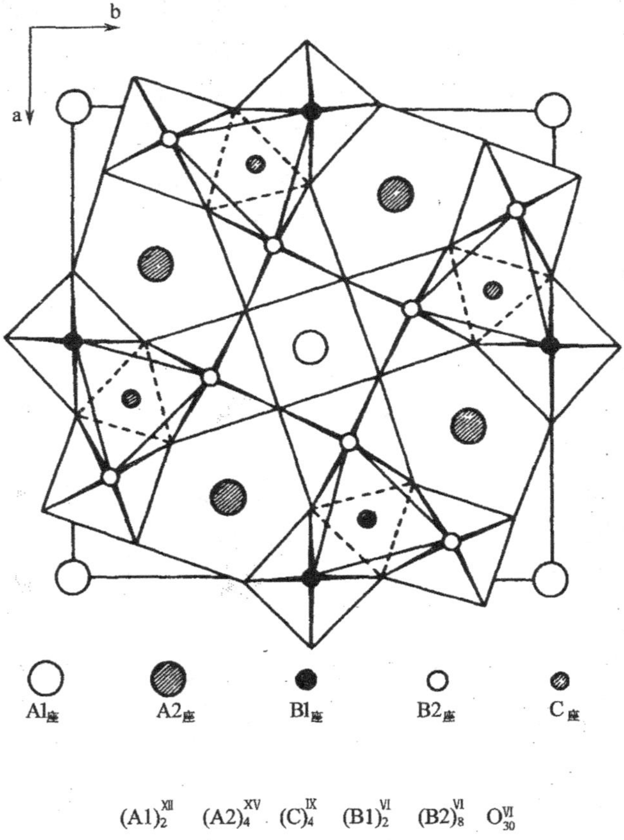

图 6.8 钨青铜型晶体结构示意图.
晶胞在(001)面投影,罗马体表示相关离子的配位数.

Nb^{5+},Ta^{5+}和W^{6+};C为Li^+等[35,36].一个四方晶胞含10个BO_6八面体,由于其在垂直于四重轴平面内密堆方向的不同,使各氧八面体之间形成三种不同的空隙$(A_1)^{XII}$,$(A_2)^{XV}$和$(C)_4^{IX}$,B_{10}位也可以$(B_1)_2^{VI}$和$(B_2)_8^{VI}$置换,如图6.8所示.典型钨青铜型结构为铌酸钡锶SBN($Ba_xSr_{5-x}Nb_{10}O_{30}$,$1.25<x<3.75$),其顺电相点群$4/mmm$,铁电相点群$4mm$,自发极化方向沿$c$轴.Nb位于氧八面体内部,Sr和Ba分别处于间隙位置A_1和A_2,间隙C很小,只有很小的离子(如Li^+)才能进入[14].由于晶胞中有6个A_1和A_2位置,而Sr和Ba原子只有5个,所以SBN的结构是未填满的.但在铌酸钠钡$Ba_2NaNb_5O_{15}$(简称BNN)和铌酸钡锶钠钾$(K_xNa_{1-x})_2(Sr_yBa_{1-y})_4Nb_{10}O_{30}$($x=0.5\sim0.75$, $y=0.6\sim0.90$)(简称KNS-BN)中6个A位置全部填满[37].有些钨青铜型铁电体呈正交对称性$mm2$,如$Pb_{5-x}BaNb_{10}O_{30}$($x<1.9$)[38]和$Ba_{4+x}Na_{2-2x}Nb_{10}O_{30}$($x=0.13$)[39].

(5)其他氧化物铁电晶体尚有烧(焦)录石结构$A_2B_2O_7$,钛铁矿型结构$A^+B^{5+}O_3$,稀土锰酸盐$ReMnO_3$和方硼石结构$A_3B_7O_{13}X$,以及氧化铍BeO,钛酸镧$La_2Ti_2O_7$,钛酸钕$Nb_2Ti_2O_7$和钼酸钆$Gd_2(MoO_4)_3$(GMO)等,详见有关专著[40].

2.含氢键的铁电体

(1)磷酸二氢钾KH_2PO_4(KDP)是一种水溶性铁电晶体.它是由两个互相穿插的磷酸根[$(PO_4)^{3-}$]四面体和氢、钾离子所组成.任一PO_4的上部氧与相邻PO_4的下部氧之间有一个氢键.而质子H^+几乎都处于两个氧原子的联接线上,如图6.9.质子H^+与一个氧呈共价键而与另一个氧呈静电连接,其平衡位置并非处于两个氧联接线的正中,而偏于某个氧的一方.这就是说,某一瞬间H与一个O形成共价键,而在另一瞬间又与另一个氧交替形成共价键.顺电相时,H在两个平衡位置间无序运动,呈无序结构.在铁电相时,H只有序占平衡位置中的一个,而呈有序结构.相变时按有序-无序转变,因而称为有序-无序型铁电体.属于KDP类型的晶

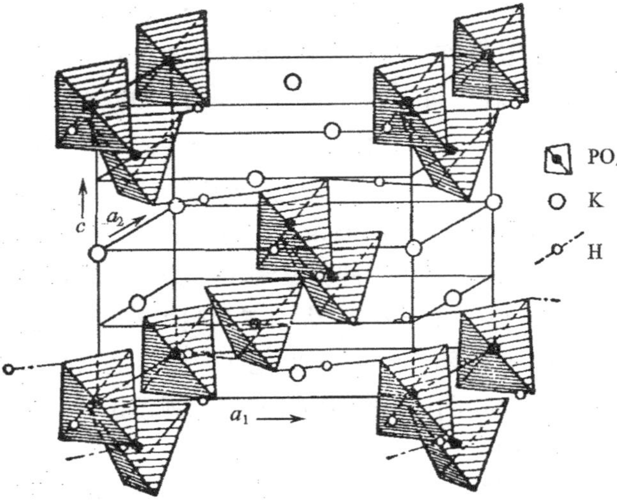

图 6.9　KH_2PO_4 的晶体结构示意图.
虚线表示氢键.

体的通式为 XH_2YO_4，其中 X 为 K，Rb，Cs 等，而 Y 为 P 或 As[44]. KDP 在 123 K 以上为四方晶系，非中心对称的 $\bar{4}2m$ 点群，空间群 $I\bar{4}2d$；铁电相为正交结构，点群 $mm2$，空间群 $Fdd2$，自发极化沿四方晶相 c 轴[41~43]. 需要说明的是磷酸二氢氨 $NH_4H_2PO_4$（ADP）虽然也属于 KDP 系列，但却是反铁电体.

（2）磷酸氢铅 $PbHPO_4$（LHP）和磷酸氘铅 $PbDPO_4$（LDP）也是两种在 20 世纪 70 年代后期发现的氢键型铁电体. 前者相变温度为 310 K，后者为 452 K，其顺电相和铁电相空间群分别为 $P2/c$ 和 Pc，每个晶胞含 2 个化学式单元，如图 6.10 所示[45]. LHP 也是一种有序-无序型铁电体. 与 KDP 类似，各氧四面体 PO_4 也是由氢键互相联系. 顺电相时，质子 H^+ 占据两个可能位置的概率相等；铁电相时，质子择优占据两个可能位置之一. 由于 P—O 键长不等，沿 b 轴的二次轴消失，在 ac 平面内靠近氢键方向出现了偶极矩. 自发极化方向与氢键近似平行，表明自发极化是质子有序化的结果[46]，不同于 KDP 中自发极化与氢键相互垂直，质子有序化只是触发了自发极化，使自发极化沿 c 轴位移.

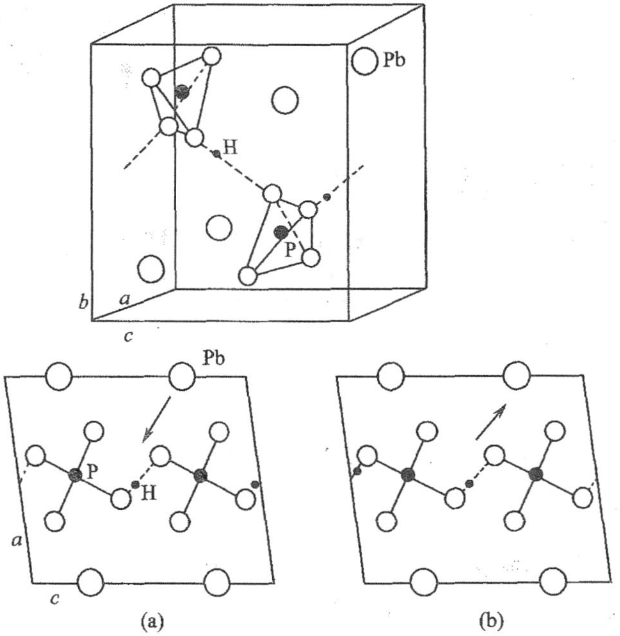

图 6.10 LHP 的晶体结构.(a)一个晶胞；
(b)LHP 晶胞在 ac 平面的投影.箭头表示偶矩方向.

(3)硫酸三甘肽或称三甘氨硫酸盐$(NH_2CH_2COOH)_3H_2SO_4$ (TGS).居里点为 49℃，居里点以上，有对称中心，点群 $2/m$，居里点以下，镜面消失，只剩下二重螺旋轴，点群为 2，空间群为 PZ_1，自发极化方向沿单斜(二次)b 轴[47~49].TGS 有两种结构，一种是两个碳和两个氧近似在同一平面(如基团Ⅰ)，而氮原子偏离该平面；另一种是所有碳、氧和氮都近似共面(如基团Ⅱ与Ⅲ).在准平面的甘氨酸基团Ⅱ和Ⅲ中近似与 b 轴垂直，而互为镜像，基团Ⅰ的 O，c 平面与 b 轴成夹角(12.5°).氧原子之间由氢键联系，如图 6.11 中基团Ⅱ和Ⅲ所示.该氢键中的质子是驱动铁电相变的机制[50].

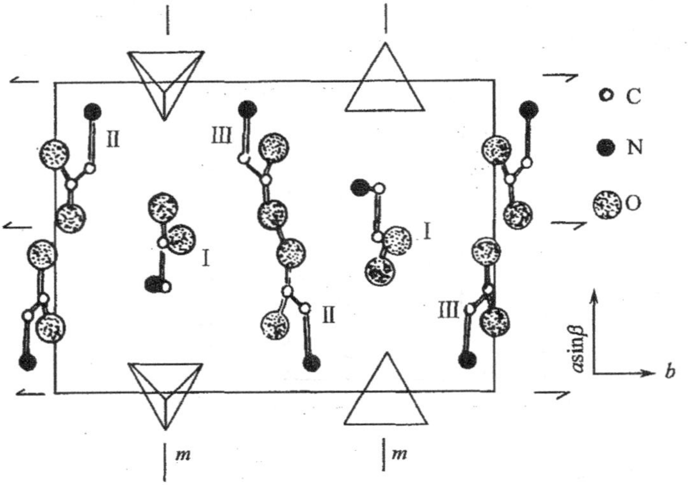

图 6.11 TGS 晶胞沿 c 轴投影.
每个化学式含 3 个甘氨酸基团 Ⅰ, Ⅱ 和 Ⅲ.

如将甘氨酸中三个质子 H^+ 由 3 个甲基 CH_3 取代即成为内胺(befaine)$(CH_3)_3NCH_2COO$. 它是一种两性分子(zwitter), 在分子结构的不同部位分别呈现正、负电荷, 即 $[(CH_3)_3N]^+$ 和 $[CH_2COO]^-$. 已经发现内胺与一些无机物结合所形成的内胺化合物(betaine compounds)具有铁电性如 $(CH_3)_3NCH_2COO\cdot H_3AsO_4$, $(CH_3)_3NCH_2COO\cdot H_3PO_4$ 和 $(CH_3)_3NCH_2COO\cdot CaCl_2\cdot 2H_2O$ 等[51,52].

(4)RS 盐或称酒石酸钾钠 $NaKC_4H_4O_6\cdot 4H_2O$ 是最早发现的铁电体[53]. 它的特点是有两个居里点, 铁电性存在于 −18～24℃ 之间, 在 −18℃ 以下和 24℃ 以上顺电相空间群为 $P2_1,2_1,2_1$, 铁电相空间群为 $P2_1$, 自发极化位于 a 方向. 其晶体结构如图 6.12 所示. 每个晶胞具有 4 个化学式单元, 每个化学式单元中的两个氧 O_1 联系的氢键沿极轴 a 轴. 早期曾认为氢键是自发极化的起因, 但中子衍射表明, 该氢键对自发极化贡献不大, 氢氧根(O_5H_5)以

及 H_5 在 O_5 周围沿 a 轴的择优分布，才形成了沿 a 轴的电偶极矩[54]. 研究还表明，铁电相时几乎所有原子都相对于顺电相位置沿 a 方向发生了位移，靠近 Na 的氧原子位移最大，可能对铁电性作了主要贡献[55].

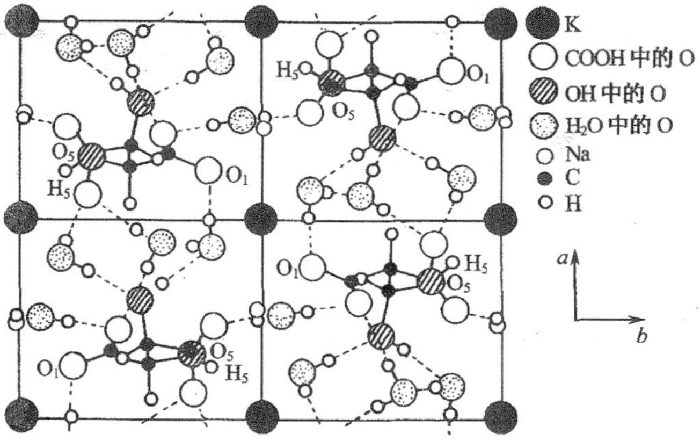

图 6.12　RS 盐晶胞在 ab 平面的投影.

3. 其他铁电晶体

(1) 亚硝酸钠 $NaNO_2$ 是一种结构最简单的有序-无序型铁电体[56]. 居里点为 163℃，顺电相空间群为 I mmm，点群 mmm；铁电相空间群 I $m2m$，点群 $m2m$. 图 6.13 为铁电相时 $NaNO_2$ 的晶体结构. 每个晶胞含 2 个化学式单元，离子团 $(NO_2)^-$ 位于 bc 平面内，O—N—O 夹角 115°，b 轴为其平分线. $(NO_2)^-$ 和 Na^+ 的有序分布是亚硝酸钠具有沿 b 轴自发极化的主因[57]. 所以 $NaNO_2$ 也是一种有序-无序型铁电体. 这种晶体的特点是在铁电相温度范围内（163℃ $>T>$ 166℃），出现原子有序在 a 方向可被正弦调制的无公度相具有电光调制器件的应用前景而引人注目[59,60]. 此外，一些复合亚硝酸盐 $MCa(NO_2)_3$，其中 M = NH_4, K, Rb, Cs 或 Tl 等，也是铁电体，其结构与钙钛矿相近，相变过程可能是由

$(NO_2)^-$有序化引起的[58].

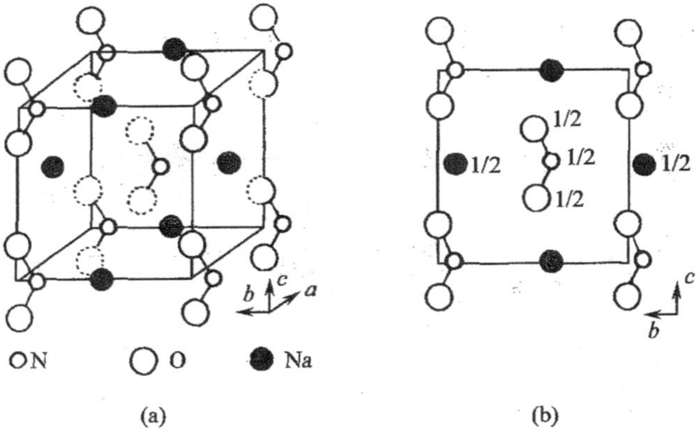

图 6.13 $NaNO_2$ 晶体结构(a)及其在 bc 平面的投影(b).图中 1/2 表明该原子的坐标为 $a/2$,其他原子则仍为 a.

(2)碘硫化锑 SbSI 和三硫化锑 Sb_2S_3 是两种典型的 $A^{V}B^{VI}C^{VII}$ 和 $A_2^{IV}B_3^{VI}$ 族化合物型的窄带(约 2eV)、高阻铁电半导体和光铁电体[61].SbSI 的居里点为 22℃,顺电相为空间群 D_{2h}^{16},点群 mmm;铁电相为空间群 C_{2v}^{9},点群 $mm2$,自发极化方向沿 c 轴.顺电相时的晶体结构见图 6.14[62].SbSBr, BiSI 和 BiSBr 也是铁电体.三硫

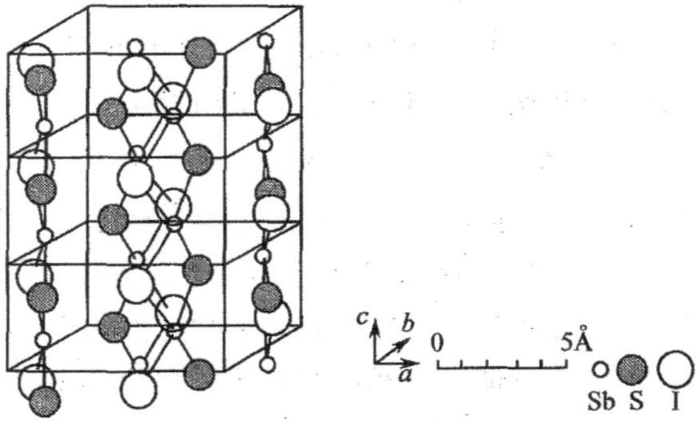

图 6.14 顺电相时 SbSI 的晶体结构.

化二锑 Sb_2S_3 有两个居里点，低温端为 17～31℃，高温端为 147～217℃[63].顺电相时空间群 D_{2h}^6，点群 mmm，铁电相为空间群 C_{2v}^9，点群 mmm，自发极化方向沿 c 轴[64].

(3)含氟八面体的铁电体由于在高温时易水解，化学稳定性不如氧化物，其自发极化强度较低，已发现的氟化物铁电体也不多. 1969 年发现的第一组氟化物铁电体为 $BaM^{2+}F_4$，其中 M = Mg，Mn，Fe，Co，Ni 或 Zn. $BaMnF_4$ 是 $BaM^{2+}F_4$ 的代表. 它是由 MnF_6 八面体共点连接形成八面体层，层面与八面体的四重轴垂直，Ba 位于八面体之间较大的空隙中，自发极化沿八面体的二重轴，铁电点群为 $mm2$. Ba 沿二重轴的位移和氟八面体绕四重轴(与二重轴垂直)的转动是对自发极化的主要贡献，自发极化强度为 0.05～0.10c/m²[65]. 这类铁电体的居里温度高于熔点，而无法测出居里点.

$SrAlF_5$ 是 ABF_5 的代表，其中 A 为 Sr 时，B 可为 Al，Cr 或 Ga；A 为 Ba 时，B 可为 Ti，V 或 Fe. 它是由 AlF_6 八面体共点连接形成氟八面体链，链轴与八面体的四重轴平行. Al 偏离八面体中心沿四重轴的位移是对自发极化的主要贡献. 居里温度为 695 K，顺电相点群 $4/m$，铁电相点群 4. $Sr_3Fe_2F_{12}$ 具有类似于 $SrAlF_5$ 的结构特征和对称群，居里温度为 700 K.

$K_3Fe_5F_{15}$ 是一种畸变的钨青铜型结构. 顺电相为四方晶系，点群 $4/mmm$；铁电相为正交晶系，点群 $mm2$. Fe 偏离八面体中心沿二重轴的位移是对自发极化的主要贡献[66].

6.1.4 铁电液晶

1. 铁电液晶的结构　铁电液晶(ferroelectric liquid crystals，FLCs)是一种介晶型(mesoform)的铁电体，并不存在晶体中的空间晶格.

液晶可以由有机化合物加热熔融后生成，也可将某些有机化合物置于一定熔剂中生成. 据已有记载，已合成的液晶物质已多达数万种以上,铁电液晶也有几百种[67~72].通常认为,液晶能在 T_1 和 T_2 间显示光学各向异性.即将液晶加热到温度 T_1 时成黏稠的又有流动性的混浊液体,呈光学各向异性,当继续加热到 T_2 时,即变成透明液体具光学各向同性.如

$$\underset{\left(\begin{array}{c}\text{各向异性}\\ \text{不流动}\end{array}\right)}{\text{晶体}} \xrightleftharpoons{T_1} \underset{\left(\begin{array}{c}\text{各向异性}\\ \text{流动}\end{array}\right)}{\text{液晶}} \xrightleftharpoons{T_2} \underset{\left(\begin{array}{c}\text{各向同性}\\ \text{流动}\end{array}\right)}{\text{液体}}.$$

铁电液晶也具有液晶的一般通性,但具有偶极矩,其自发极化方向可随外电场而转向.铁电液晶的结构按分子排列方式也可分向列相、近晶相和胆甾相等三种,见图 6.15 所示.在向列相(丝状)液晶中,液晶分子长轴方向倾向于平行排列,其他方向均无序.向列相具有旋转对称轴 C_∞ 及过 C_∞ 轴的对称面 σ_v,因而其局域对称性为 $D_{\infty h}$.在近晶相(层状)液晶中,分子沿指向矢量长轴平行排列

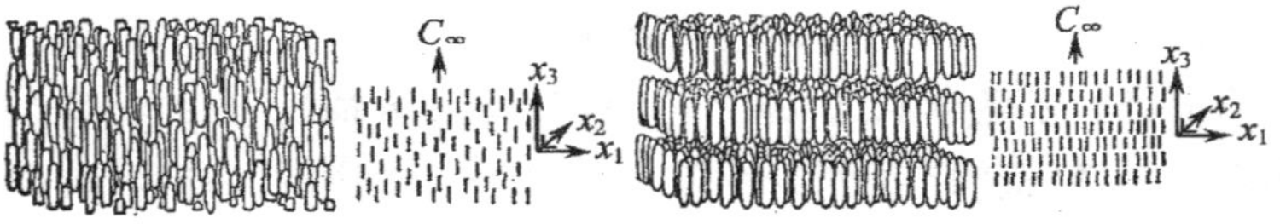

(a) (b)

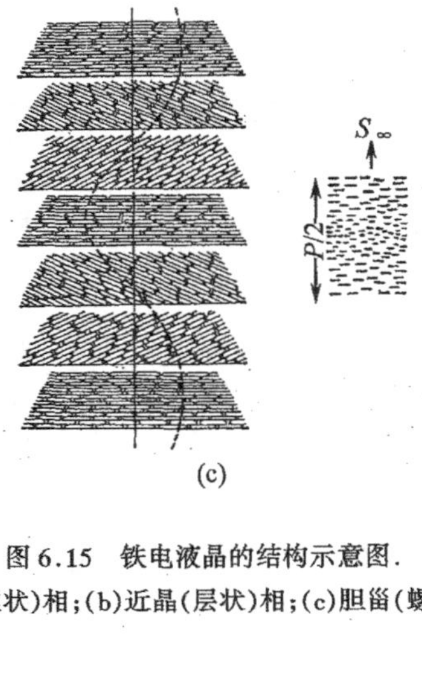

(c)

图 6.15 铁电液晶的结构示意图.

(a)向列(丝状)相;(b)近晶(层状)相;(c)胆甾(螺旋状)相.

外，还沿某一方向平移有序而形成层状结构.每层厚度与液晶分子长度的数量级相当，约为1～2个分子，按层内液晶分子长轴与层法线之间夹角和液晶分子重心分布的不同，又分 S_A，S_B，S_C，S_D，S_E，S_F，S_G，S_H，S_I 和 S_M 等相.近晶 S_A 相的局域对称性为 $D_{\infty h}$，而 S_C 相的局域对称性为 C_{2h}.在胆甾(螺旋状)相液晶中，分子长轴在各层内分子排列呈非对称性，相邻层分子排列方向发生一定的偏转，而致分子排列方向与面的法线形成螺旋状结构.各等效面的间隔称为螺距 P.螺距的大小为可见光波长数量级，通常在0.1～1000μm之间或更大[73,74].按螺旋的旋转方向可分左旋和右旋两种.胆甾相液晶一般都具有不对称碳原子，分子本身不具有对称面 σ_v，具有 S_∞ 对称性.因此，胆甾相液晶具有极强的旋光性和特有的彩色效应[75～77].

胆甾相液晶又分甾体液晶(steroid liquid crystal)和手性液晶(chiral liquid crystal)两大类.前者是由胆甾醇经酯化或卤素取代而得，液晶分子呈扁平状；后者是在棒状分子的未端烷基中引入不对称的手性基团(或称旋光性基团)而得.如在近晶 S_A，S_C，S_I，S_F，S_G，S_H，S_J，S_K 相中引入手性基团而成.常以"*"符号表示，如 S_A^*，S_C^*，S_I^*，S_F^* 和 S_G^* 等.它们均属铁电液晶.S_C^* 相具有螺旋电性不呈现宏观铁电性，即每层具有垂直于该层法线和分子长轴的自发极化 P_s，P_s 随螺旋结构而连续改变方向.在消除 S_C^* 相的螺旋结构，采用表面致稳(SSFLS)或外加电场后才能呈现宏观铁电性.

铁电液晶的相变过程中对称性的变化，可由居里群表示.即当 $T < T_2$ 时，由各向同性液体群 G_0 转变为各向异性群 G_1，而群 G_1 是群 G_0 的子群，即

$$G_1 \subset G_0.$$

各向异性群 G_1 的构型取决于液晶分子的手性(chirality)特征，其对称元素包含在各向同性的起始相 G_0 中.

设液晶分子的极化矢量为 $\boldsymbol{p}$，则向列相在相变前为各向同性，呈圆柱对称性为 ∞/mm，相变后极性相的对称性为 $\infty/2$.近晶 A

相和 C 相在相变前为∞/mm 和 $2/m$，相变后为$\infty/2$ 和 2，极化方向位于近晶相的液晶平面内．而胆甾相则可以认为是由若干重叠排列，而矢量 n 逐渐变化的近晶相分子所组成的螺旋结构，而垂直于分子长轴的自发极化 P_s 沿圆锥体的底面圆转动．相变前对称性为$\infty\infty m$，相变后呈左旋或右旋结构，对称性为∞m．铁电液晶中分子取向度的几种主要类型如表 6.1 所列，几种主要液晶分子的分子结构排列如图 6.16 所示．

表 6.1　铁电液晶中分子取向度

	取向度类型	对称性	
		非手性分子	手性分子
Ⅰ	 各向同型相	 $\infty\infty m$	 ∞m 左旋或右旋
Ⅱ	 向列相	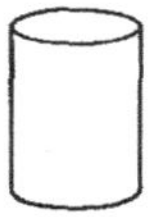 ∞/mm	 $\infty/2$
Ⅲ	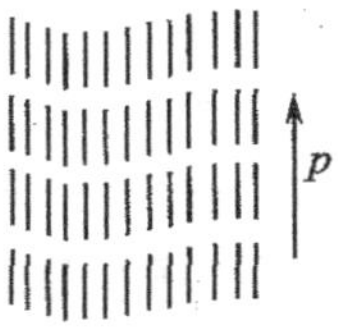 近晶 A 相 S_A	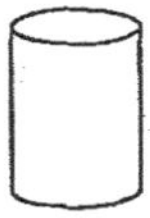 ∞/mm	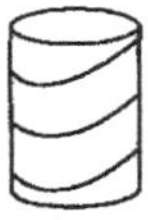 $\infty/2$
Ⅳ	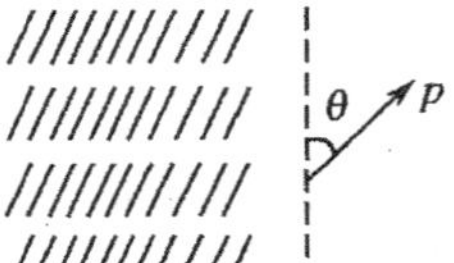 近晶 C 相 S_C	 $2/m$	 2

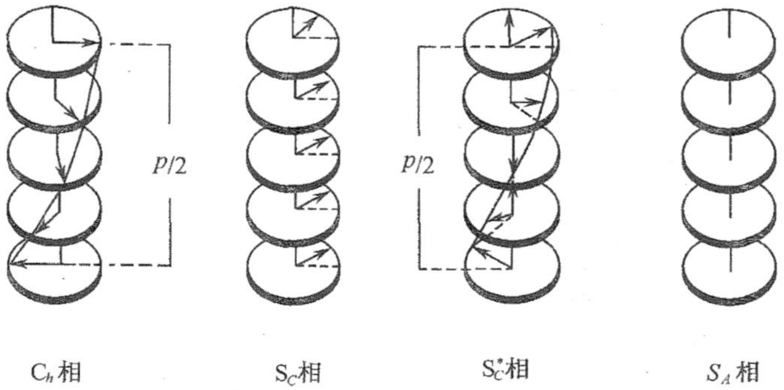

图 6.16 胆甾 C_h 相、近晶 S_A 和 S_C 和手征性（含不对称碳原子）S_C^* 液晶分子排列示意图.

2. 铁电液晶的自发极化　1975 年前后，Meyer 等人[78~81]注意到具有异常快速电光响应的手性近晶 S_C^* 相的局部对称性可以使电偶极矩在一个层的内部大致平行．极化矢量 $\boldsymbol{p}$ 具有 C_2 对称性，而呈现铁电性[82]，如图 6.17 所示．自发极化的大小和方向随液晶的分子结构、手征性、中心位置以及温度等因素而异．20 世纪 70 年代已经研究比较充分的铁电液晶为 4－癸氧基苄叉－4－(3″－甲基肉桂酸丁酯)苯胺(P-decyloxy benzylidene-P′-amino-2 methyl-butyl cinnamate，简称 DOBAMBC[78])，其分子式为 $C_{10}H_{21}O(C_6H_4)CHN(C_6H_4)CHCHCOOCH_2CHCH_3CH_2CH_3$，结构式为

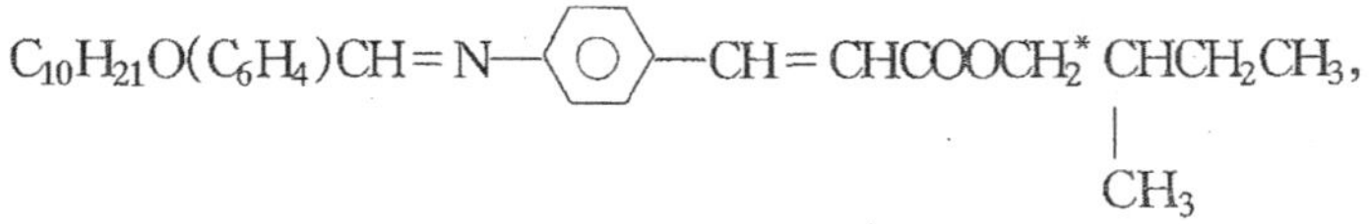

相变温度为 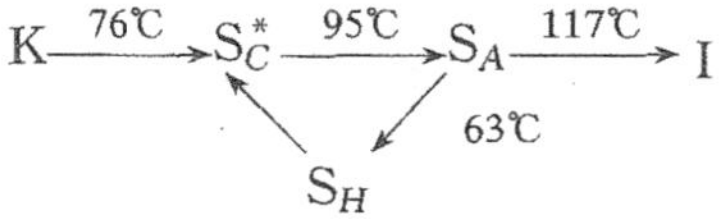

（式中，K 为晶体，I 为各向同性液体）

其通式（C^* 表示非对称碳）为

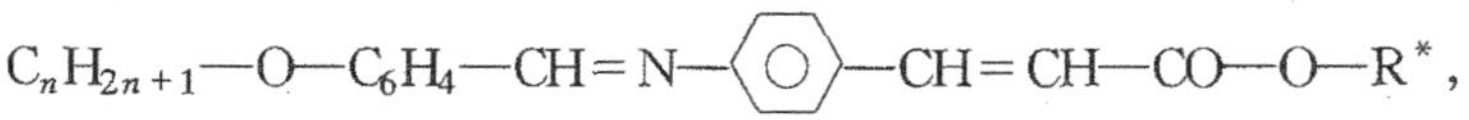

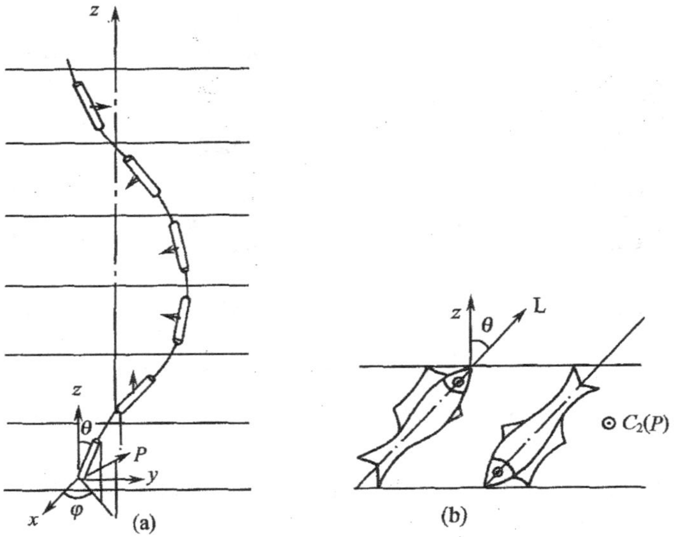

图 6.17　铁电近晶 S_C^* 相宏观结构(a)与微观相互作用(铁电鱼)(b)示意图. y 是二次轴.

其中 $n=5-10$,手性基团

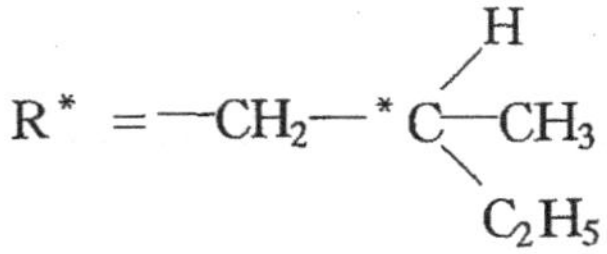

4－乙氧基苯苄叉 4′－(3″－氯肉桂酸丁酯)苯胺,简称 HOBACPC[75].其结构式为

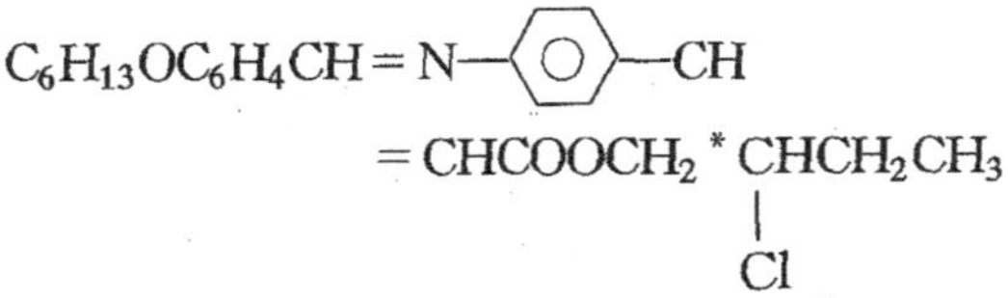

相变温度为 $K \xrightarrow{60℃} S_H^* \xrightarrow{64℃} S_C^* \xrightarrow{78℃} S_A \xrightarrow{135℃} I$.

从图 6.17 和表 6.1 不难看出,y 轴为 2 次轴,zx 面为镜面,由非手性分子组成的近晶 S_A(或 S_A^*)相的对称性为$\infty/2$,而无自发极化.但当温度降至95℃至75℃温度范围内手性分子 S_mA^* 相变为近晶 S_mC^* 时,镜面消失,其对称性降为2,具自发极化.铁电液晶DOBAMBC的自发极化 $P_s \approx 10^{-5} \sim 10^{-4}\,C \cdot m^{-2}$[74],而HOBACPC的自发极化可达 $P_s \approx 10^{-3}\,C \cdot m^{-2}$.这是因为自发极化方向和大小取决于手征性中心原子的相对负电性.而HOBACPC的取代基(Cl^-)的电负性大于DOBAMBC的甲基(CH_3^-),因而诱导效应较大所致.

3. 铁电液晶的空间构象[83,84] 含不对称碳原子的手征性的联苯型铁电液晶分子的空间构象将强烈影响自发极化方向和螺旋结构的旋向(即左旋性 levorotatory,以L或LH表示;右旋性 dextrorotatory,以D或RH表示).手征性中心空间构象分绝对构形S和R两种.当平面偏振光穿过左旋结构 S_C^* 相液晶时,偏振面按顺时针方向旋转,发生右旋;反之,发生左旋[85,86].这是因为,通常的手征性液晶都是从绝对构型S型的如(S)-2-甲基丁醇-1出发进行合成的铁电液晶,若从中心苯环数起,手征性中心碳原子是奇数,则可得对偏振光左旋的液晶化学物;若是偶数,则生成对偏振光右旋的液晶化合物.即所谓的SOL和SED规律.反之,如从R构型的(R)-2-甲基丁醇出发合成液晶,则符合ROD和REL规律.这就是说,从R构型的醇合成液晶,手征中心距苯环为奇数,可得右旋D的液晶,若为偶数则可得左旋L的液晶化合物,例如左旋液晶化合物手性中心碳原子数距苯环为奇数.即

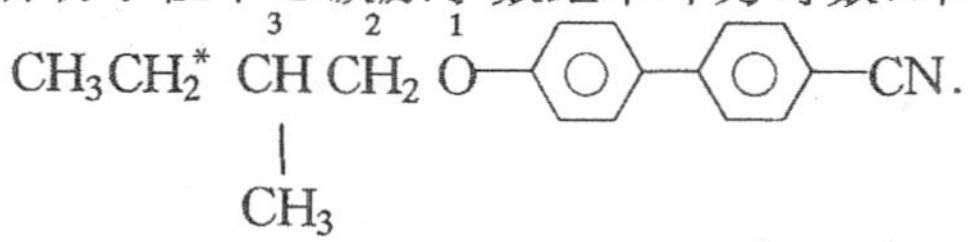

而在右旋液晶化合物中,手性中心碳原子距苯环为偶数.即

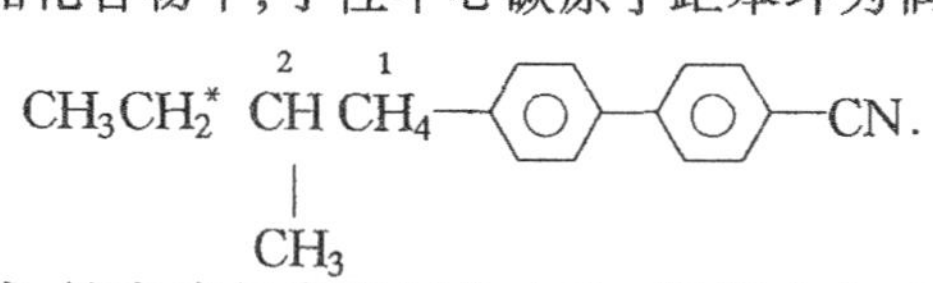

综上所述,铁电液晶自发极化方向、螺旋方向、手征中心距芳核位置和手征中心键极化方向间相互关系如表6.2所示[75].

20 世纪 80 年代末，发现了反铁电性液晶 S_{CA}^*，其分子式为

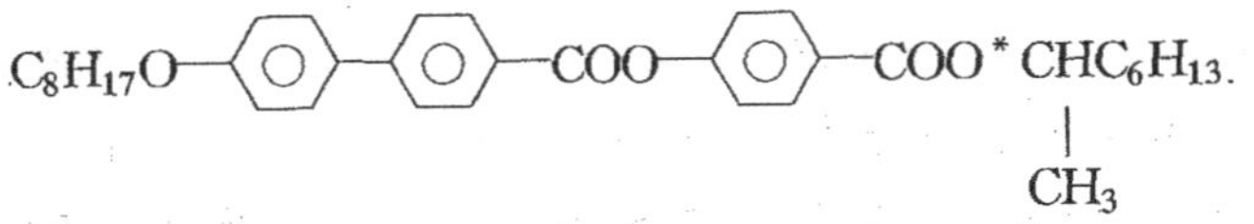

表 6.2　铁电液晶物理化学特性的相互关系

绝对构型	位　置	诱导效应	旋转方向	平面偏振光旋转方向	自发极化方　向
S	*e*	+I	L　H	D	$P_s(-)$
S	*o*	+I	R　H	L	$P_s(+)$
R	*e*	+I	R　H	L	$P_s(+)$
R	*o*	+I	L　H	D	$P_s(-)$
S	*e*	−I	R　H	L	$P_s(+)$
S	*o*	−I	L　H	D	$P_s(-)$
R	*e*	−I	L　H	D	$P_s(-)$
R	*o*	−I	R　H	L	$P_s(+)$

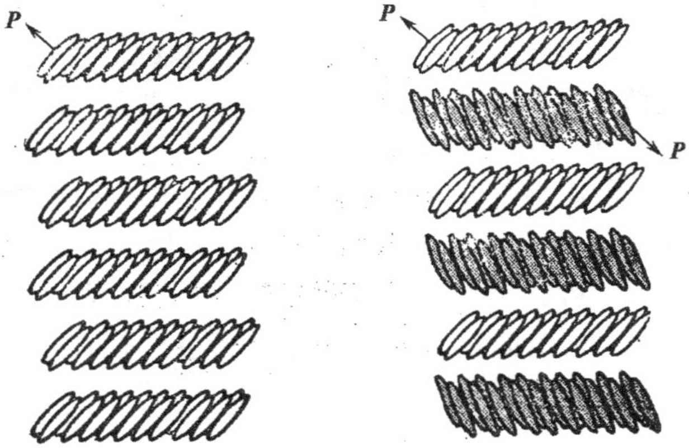

铁电 C 相　　　　反铁电 C 相

(a)　　　　(b)

图 6.18　铁电 S_C^* 相与反铁电相 S_{CA}^* 示意图.

P 表示自发极化方向.图中没有表示螺旋结构.

它的分子虽然仍按层状排列，但与 S_C^* 相不同的是，相邻两层分子沿相反方位倾斜，其倾斜角相差 90°，见图 6.18. 沿每层法线方向，液晶分子的倾斜方位逐渐改变，类似于两套相相位差 180°的双螺旋结构. 由于反铁电性液晶具有相反倾角的分子层数相等，所以在无外电场时不具有宏观自发极化. 利用铁电-反铁电 $S_C^* - S_{CA}^*$ 相变原理为开发多路寻址的矩阵液晶显示以及显示灰度的研究开拓了新的途径.

据报道，除 S_mC^* 相外，在 S_mI^* 相和 S_mF^* 相中也发现了铁电性[74]. 有关铁电液晶相变、电场响应、电光效应、热色效应及其应用以及生物液晶等方面的论述可见相关专著[87~92].

上面讨论的铁电液晶都是低分子量的，高分子的铁电液晶将在铁电聚合物液晶中作进一步论述.

4. 铁电聚合物液晶　聚合物液晶或称液晶聚合物是由高分子单体形成的液晶，或者说它是一种由"刚性"聚合物链形成的液晶，又具有自序性的高分子聚合物溶液或熔体，它与低分子量液晶有不同的性质. 但它仍是一种中介相，既具有液态的流动性又具有晶态的各向异性. 按液晶形成方式可将聚合物液晶分为溶致(lyotropic)和热致(thermotropic)两种. 按分子结构可分为向列相、近晶相和胆甾相等三种[93,94]. 其中具有向列相和近晶相的聚合物液晶较多，胆甾相和碟状聚合物液晶也有不少发展. 按聚合物结构和性能关系还可分成主链型聚合物液晶(main chain liquid crystalline polymers)和侧链型聚合物液晶(side chain liquid crystalline polymers)两大类. 两者的差别在于介晶基元在聚合物中的位置. 前者，介晶基元处于聚合物主链中；而后者的介晶基元则处于聚合物的侧链中，或直接作为侧基接到聚合物主链上. 聚合物液晶彼此交联可以形成液晶网络，在应力作用下会发生形变，像橡胶一样具有弹性.

为了探索新的铁电液晶，自 20 世纪 80 年代后期，铁电聚合物液晶的研究甚为活跃. 以聚甲基丙烯酸酯为主链，苯基苯甲酸苯酯介晶单元作主链的挠性间隔区的梳状均聚物液晶

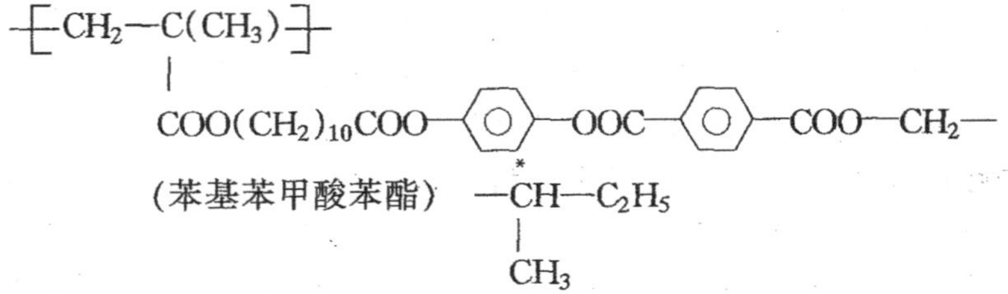

是第一个铁电聚合物液晶.偶极子源于—COO—基团与手性终端碎片的弱耦合.它的自发极化强度不高,仅为 0.3 μC/m²[95,96].

在主链和侧向替代基两端含介质基元的铁电聚合物受到了很大的关注.聚四甲基酒石酸盐在主链和手征性侧向介晶基团具有两个手征中心.即

$$\left[\mathrm{CO{-}C^{*}H(OR){-}C^{*}H(OR){-}COO{-}(CH_2)_4{-}O{-}}\right]_n,$$

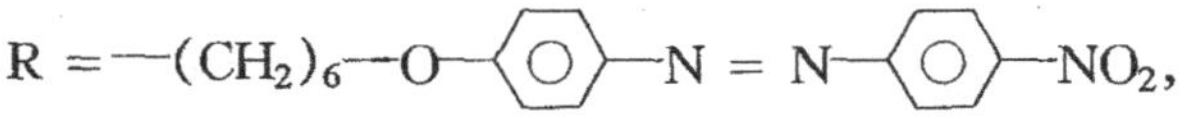

这种特殊的化学结构使手征性碎片提供横向偶极矩,导致很高的自发极化,$P_s \approx 50$ μC/m²[97,98].

如以氯取代甲基的聚甲丙稀酸-苯基苯甲酸苯酯梳状均聚合物液晶也具有铁电性.经 Sayer-Tower 电桥测定的自发极化最高可达 $P_s \approx 15$mc/m²[99],比一般低分子铁电液晶高 1～2 个数量级.值得注意的是,由于高分子铁电液晶的黏滞系数较大,因而开关时间约为 10～100 ms,比小分子铁电液晶(约为 10～100 μs)慢得多.

6.1.5 铁电聚合物

聚合物是由许多重复单元组成的大分子所构成的有机固体.铁电聚合物是指具有铁电性的高分子有机固体.聚偏氟乙烯和奇数尼龙是最常见的两种铁电聚合物.

1. 聚偏氟乙烯　聚偏氟乙烯或称聚偏氟二乙烯[poly(vinylidene difluoride),简称 PVDF 或 PVF_2].它是由—CH_2—CF_2—形成

的链状聚合物$(CH_2CF_2)_n$，分子数 $n>10,000$. 结构分析表明，其中晶相和非晶相的体积各占 50%左右.

按加工过程的不同，常见的 PVDF 四种晶型为 α, β, γ 和 δ 相[100,101]. 其中 α 相是由溶体急冷而得，无极性. γ 和 δ 相有微弱的极性. β 相是由 α 相拉伸而得，其链轴与拉伸方向平行，极化方向与拉伸方向垂直. β 相 PVDF 是一种重要的铁电聚合物. 在理想条件下，β 相的 PVDF 分子呈全反式构象，全部 F 和 H 分别位于链的一侧如图 6.19 所示[102,103]. β 相的晶体对称性为点群 $m2m$，每个晶胞含两个—CH_2—CF_2—. 研究表明，分子呈全反式构象时，晶胞中两个(CH_2CF_2)的电偶极矩取向相同，电偶极矩最大. 经估算每个(CH_2CF_2)的电偶极矩约为 7.0×10^{-30} C/m^2，则最大可能极化强度为 0.13 C/m^2，如总体积中只有一半为 β 相，而最大极化为 0.065 C/m^2. 由电滞回线测得最大剩余极化强度 $P_r=0.05\sim0.06$ C/m^2，矫顽场 $E_c\approx48$ kV/m[104,105].

值得指出的是，偏二氟乙烯(vinylidene fluoride) VDF 与三氟乙烯(trifluoroethylene, TrFE)及四氟乙烯(tetrafluoroethylene,

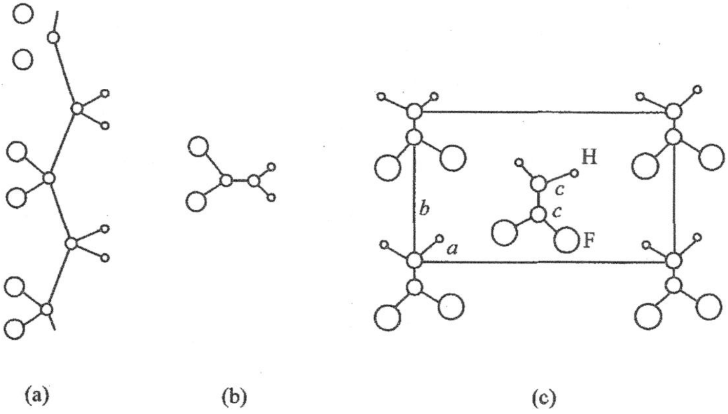

图 6.19 β 相 PVDF 的全反式构象示意图.
(a)垂直于链轴；(b)沿链轴；(c)晶胞在 ab 面投影
图中大、中、小圆分别表示 F、C 和 H. 链与 c 轴平行.

TeFE)等的共聚混合物也可以组成新的铁电体 P(VDF/TrFE)(77/23 mol%),P(VDF/TeFE)(80/20 mol%)和 P(VDF/TrFE/TeFE)[57/23/20 mol%]以及 P(VDF-TrFE)/PMMA 等.它的居里点和自发极化强度取决于共聚物的组成和结构[106~109].

至于铁电聚合物的光导、光吸附、光化学、光致变色、光记忆和非线性光学以及超声等方面的论述,可见相关专著[110~115].

2. *奇数尼龙* 奇数尼龙是一种性能优异足、且可与聚偏氟乙烯匹敌的铁电聚合物.奇数尼龙(odd numbesed nylons, PVDF)又称奇数聚酰胺(odd numbered polyamides).聚酰胺单体的化学结构为 $H_2N—R—NH_2—HOOC—R—COOH$.它是在 20 世纪 80 年代,由 Newman 等人研究成功的一种由 ω 氨基酸与偶数 CH_2 基团形成的铁电聚酰胺(ferroelectric polyamid)[116~118].它与最初研究的奇数尼龙具有类质同晶关系.

通常认为,其铁电性起源于晶体中酰胺基团(amide groups)的电偶极矩.这是因为聚酰胺分子藉助于氢键,以最大程度排列,偶合于酰胺基团之间相邻链上.在全反式构象中,酰胺基团形成的电偶极矩与链极垂直.研究表明,在奇数尼龙系列的铁电聚合物中,低价奇数尼龙具有较大的剩余极化强度 P_r.这是因为链上 CH_2 基团的数目越少,酰胺基团就越多,而极化强度也就越大.此外,剩余极化与偶极矩密度也与酰胺基团的溶点及数量密切相关.目前已经确认,尼龙 11(聚十一酰胺),尼龙 9(聚壬酰胺),尼龙 7(聚庚酰胺)和尼龙 5(聚戊酰胺)为铁电体[119,120],其主要物理性能详见表 6.3 所示[119].

表 6.3 几种铁电奇数尼龙的主要特性

奇数尼龙	尼龙 11	尼龙 9	尼龙 7	尼龙 5
偶极子密度 $D/100\text{Å}^3$*	1.34	1.54	2.06	2.94
$P_r/\text{mc}\cdot\text{m}^{-2}$	56	68	86	125
$E_c/\text{mV}\cdot\text{m}^{-1}$	64	75	80	100
P_r/P_s	1.24	1.32	1.25	1.27

* D 为德拜数.

尼龙 11 是一种典型的奇数尼龙，点群为 $mm2$. 已对其介电、压电、热电和铁电以及非线性光学、超声和电机械性能及在传感器领域的应用进行了广泛的研究，可参见相关专著[120~122].

§6.2　铁电体的对称性

6.2.1　对称性和对称群

1. *对称性、对称元素和对称操作*　对称性是物质的一个基本属性. 分子的几何构型和晶体都有一定的对称性. 它既是物质内部结构性质的反映，也是人们认识物质结构，掌握它的物理、化学性能的有效途径.

物体等同部分的规则重复称为对称，它是物体中等同部分在空间排列的特殊规律性. 分子和晶体的对称性是由对称元素和对称操作来描述的. 一般来说，分子和晶体都有对称图像，对称图像的对称操作群具备群的基本性质，反映了群论的原理[123].

对称图像中所包含的等同部分的数目称为对称性的阶. 阶次大小表示对称程度高低. 物体的对称性是藉助于某种变换或操作实现的，这种变换或操作称为对称变换或对称操作. 在对称操作中，所依据的几何元素(点、线、面)称为对称元素，它可以分宏观和微观两大类. 宏观对称元素也称有限图形的对称元素，微观对称元素则称为无限图形的对称元素. 晶体的外形是有限图形，只能有宏观对称元素. 同样晶体的宏观物理性质也只与宏观对称元素有关.

宏观对称元素有对称中心 i(又称反演中心)、对称面 σ(或称反映)、旋转轴 c_n(或称对称轴)和反轴 S(或称旋转倒反轴)等四类十种. 这些对称元素可以单独存在，也可以组合成各种不同的对称类型. 由于有限图形的所有宏观对称元素是共点的，不允许产生与点阵结构不相容的对称元素，所以宏观对称元素只可能组合成 32 种对称类型，统称为 32 个点群.

微观对称元素有与空间动作相对应的复合对称元素，如由旋转和平移组成的螺旋轴(或螺旋旋转)以及由镜面与平移组成的滑移面(或滑移反映).螺旋轴和滑移面的对称性阶次都是∞.需要注意的是,螺旋旋转操作只能使相同图形重合,而不能使等同而不相等(例如左右手)图形重合;滑移面操作却只能使等同而不相等(左右手)的图形重合,进行一次滑移面不能使相等的图形重合.这是在平面图上,区别二次螺旋轴与滑移面的关键.

2. *群、子群和陪集*　群是描述各种对称性的有力工具,也是铁电化学和物理学研究的数学基础之一.

设任意的对称图形 F,其对称操作群为

$$G = \{g, h, k, \cdots\}, \tag{6.1}$$

该对称操作群 G 的阶为 N,这 N 个对称操作都非等效.而且群 G 中存在的任意两个操作 g 和 h 的乘积操作,也一定属于群 G(即封闭性);群 G 中任意对称操作的二元运算满足结合律(或称交换律);群 G 必存在一个单位操作(又称同等操作或恒等操作)E,它和群的任何元素组合,都使该操作保持不变;群 G 中任意操作 g,必存在相应的逆操作 g^{-1},它也属于群.凡符合上述 4 个基本性质的对称操作组成的集合称为群[124].若 G 只有有限个元素,则称为有限(阶)群.反之,则称为无限(阶)群.

如在式(6.1)所示的群 G 中,有一部分对称操作 $h, g, k, \cdots$ 亦形成一个群 H,即

$$\begin{aligned} G &= \{g, h, k, l, m, \cdots\}, \\ H &= \{g, h, k, \cdots\}, \\ H &\in G, \end{aligned} \tag{6.2}$$

则称群 H 为群 G 的子群,而群 G 为群 H 的母群.群 G 的阶 N_G 必为子群 H 的阶 N_H 的整倍数,或 N_H 必为 N_G 的一个因数,即

$$n = N_G / N_H. \tag{6.3}$$

群和子群的关系是描述物质体系相互连系的普遍原理.有关群和子群的实例很多,应用很普遍.如点群 C_4 中必有子群 C_2;又如在螺旋轴或滑移面的空间群中,平移群就是一个子群.

若子群 H 与群 G 中,以不属于子群 H 的某一操作 g 的乘积操作,则形成 G 中子群 H 的陪集(coset)

$$gH = \{gh : H \in H\}. \tag{6.4}$$

上式是从左乘中得出的称为 H 的一个左陪集(left coset),而从右乘中得出的称为 H 的一个右陪集(right coset)

$$Hg = \{hg : h \in H\}. \tag{6.5}$$

式(6.4)和式(6.5)表明,群 G 中的每个操作 g 都包含在子群 H 的某一左陪集和右陪集中.这就是说,任何群 G 按子群 H 展开时,必定具有整数个陪集,而群 G 的阶 N_G 必为子群 H 的阶 N_H 的整倍数.这也称为陪集展开定理.式(6.3)也称为拉格朗日定理[125].

3. *同构群和同态群*[126,127] 同构群和同态群是对称群中两种特殊群.设两个同阶群 G 和 G' 各有对称操作 $g_1, g_2, \cdots$,和 $g'_1, g'_2, \cdots$.如在乘法表中诸元素之间一一对应(映射或映象 reflection),不会出现两个操作具有同一映象,即

$$g_1 \leftrightarrow g'_1, g_2 \leftrightarrow g'_2, \cdots \tag{6.6}$$

成立,且当 $g_1g_2 = g_3$ 时,$g'_1g'_2 = g'_3$,反之亦然.又 $(g_1g_2)' = g'_1g'_2$ 则称该两群为同构.同构群具有结构或形式相同的乘法表,因而也称为同表群.如点群 $C_{2h}(2/m)$,$C_{2v}(mm2)$ 和 $D_2(222)$ 为同构群,使用同一乘法表.因此,可将具有一定生成元和一定运算关系(同样乘法表)的同构群归属于同一抽象群,而32点群实际上可归纳为18个互不同构的抽象群.

若不同阶群 G 和 G' 并非一一对应,对群 G 中有两(多)个不同操作与另一个群 G' 中具有同一映象($g > g'$),即群 G 中某个元素和 G 中几个元素对应,则称群 G 和 G' 为同态.亦即从群 G 到群 G' 的映射 μ,能使任意两对称操作的乘积的象为该两对称操作的象的乘积时,称 μ 为同态.对于每个 g 而言,$\mu(g) \in G'$;对所有的 $g_1, g_2 \in G$ 来说,则有 $\mu(g_1g_2) = \mu(g_1)\mu(g_2)$.从群 G 到群 G' 的同态 μ,可以下式表示

$$\mu : G \to G', \tag{6.7}$$

其中,G 是 μ 的定义域,而 μ 的值域为 $\mu(G) = \{\mu(g) \in G' : g \in G\}$,而群 $\mu(G)$ 是群 G' 的一个子群.可见,同态是保持群结构的一种映射,类似于向量空间的线性变换.如点群 C_{4v}(8阶)与 C_{2v}(4

阶)为同态,在该两点群之间可以确立"二对一"映射的同态关系,即

$$
\begin{array}{ccc}
C_{4v} & & C_{2v} \\
A_1(E, C_4^2) & \longrightarrow & A_1(E) \\
A_2(C_4, C_4^8) & \longrightarrow & A_2(\sigma_{v_x}) \\
B_1(\sigma_{v_x}, \sigma_{v_y}) & \longrightarrow & B_1(C_4^2) \\
B_2(\sigma_{d_1}, \sigma_{d_2}) & \longrightarrow & B_2(\sigma_{v_y})
\end{array}
$$

综上所述,同阶群具有相同的乘法表,因而任何同阶的循环群都是同构群,如同阶的 C_n 群和 S_n 群同构.但是两个同构群只是"抽象地相等",并不意味着各个具体细节都等同.例如,第二类点群 C_{nv} 和第一类点群中二面体群 D_n,具有相同的乘法表,可以同构.但6阶的二面体群 D_6 与6阶循环群 C_6 虽然都是第一类点群,但不同构.当然,两个不同阶的群不能成为同构群,但却可能成为同态群.如循环群 C_4 和 C_2 的乘法表不同,却有"相似的"群结构而属同态群.同构群和同态群在研究铁电相变、波谱分析和探索新型铁电体的研究中有重要意义[128~130].

6.2.2 对称群和晶体群

对称群和晶体群是群论在晶体学和固体物理和化学中的重要运用,是当代结构化学和晶体物理研究的一个有力工具.

1. *对称群* 对称群是指在图形中能同时存在的对称操作的集合.若群 G 符合群的4个基本性质.群 G 及生成群的对称操作可表示为

$$K = \{g \in G : g(Y) \doteq Y\}, \tag{6.8}$$

式中,交换群 K 是群 G 的子群 $K \in G$,对称操作 g 包含在群 G 中 $g \in G$,而亚子群 Y 为子群 K 的子集,则可由 $g(Y)$ 表示集合 $\{gy : y \in Y\}$.上式表明,子群 K 是亚子群 Y 的群 G 的对称性群.例如群 $Y(D_3)$ 是群 $G(O_h)$ 的子群,群 $K(D_{3d})$ 也是群 $G(O_h)$ 的子群,而群 $Y(D_3)$ 又是子群 $K(D_{3d})$ 的亚子群,即

$$g(C_3) \subset Y(D_3) \subset K(D_{3d}) \subset G(O_h).$$

式(6.8)可表示为

$$D_{3d} = \{C_3 \in O_h : C_3(D_3) = D_3\},$$

则称群 $G(O_h)$为亚子群 $Y(D_3)$的完全对称群.子群 $K(D_{3d})$是 $g(C_3)$的对称群.

2. 晶体群　晶体群是晶体中对称元素在三维空间中经过一定对称操作所生成的有限群.

若 $R(3)$是由旋转和反映等对称操作组成的三维空间(又称实三维欧几里得空间),按笛卡儿坐标系建立的坐标原点为 θ, $R(3)$中任一点 P 在坐标轴上投影为 x_1, x_2 和 x_3,沿坐标轴的单位向量为 e_1, e_2 和 e_3,则 $R(3)$是由对称元素

$$X = (x_1、x_2、x_3) = \sum_{i=1}^{3} x_i e_i$$

所组成的三维向量空间,具有双线性形式.则该空间的内积为

$$\langle X, Y\rangle = \sum_{i=1}^{3} x_i y_i, X, Y \in R(3), \tag{6.9a}$$

式中,模 $\| X \| = \langle X, X\rangle^{1/2}$是向量的长度,$X$ 与 Y 的夹角 φ 的余弦为

$$\cos\varphi = \langle X\, Y\rangle / \| X \| . \| Y \|, \tag{6.9b}$$

则所有可能保持任意两点间长度不变的线性变换 $O: R(3) \to R(3)$,由于 $X \in R(3)$可得

$$\langle OX, OY\rangle = \langle X, Y\rangle.$$

由于 X 和 Y 与 OX 和 OY 之间夹角相等,所以这种变换也是保角变换.

由此可以认为,由旋转和旋转-反映操作构成的 $O(3)$群,以及过原点旋转操作构成的 $SO(3)$群具有下列关系

$$SO(3) = \{O \in O(3) : \det O = +1\}, \tag{6.10}$$

即,$SO(3)$群是 $O(3)$群的子群,称为三维空间正常正交群或旋转群.根据同构原理,在群 $O(3)$中,必定存在群 $SO(3)$的两个陪集:$SO(3)$和 $I_3 \cdot SO(3)$.前者的对称操作是正常正交矩阵(旋转),而后者为非正常的,其行列式为负值(即 $\det I_3 = -1$),可以表示为旋

转-反映的乘积.

若 $R(3)$ 至 $R(3)$ 所有保持任意两点之间距离保持不变的等距变换(平移) T,即

$$\| TX - TY \| = \| X - Y \|, X, Y \in R(3). \quad (6.11)$$

又设 $E(3)$ 是所有等距离变换的集合. 若 $E(3)$ 成为群时,则平移操作的集合 $T_a, a \in R(3)$,则

$$T_a X = X + a, X \in R(3), \quad (6.12)$$

即在 T_a 的作用下,$R(3)$ 中各点平移 a. 三维空间的所有平移集合 $T(3)$ 形成 $E(3)$ 的一个子群. 而 $T \in E(3)$ 可表示为

$$T = T_a O = \{a, O\}, O \in O(3), \quad (6.13)$$

式中,平移 $T_a = \{a, E\}$,保长变换 $O = \{\theta, O\}$,$O \in O(3)$ 为 $E(3)$ 中使原点 $\theta = (O, O, O)$ 不变的操作,而 $O(3)$ 是 $E(3)$ 的一个子群.

3. 晶体点群　晶体群按其生成元的组成而言,分点群和空间群两大类. 在对称图形中,由旋转、反映、旋转-反演等不包含平移的对称操作所构成的对称群. 由于施加对称操作时,对称图形中至少有一个不动点,或者说标志各对称操作的对称元素至少要相交于一点(点群中心). 因此,称晶体结构中由旋转、反映和旋转-反演(又称象转)所组成的对称群为晶体点群

$$G = \{X_1(=E), X_2 \cdots, X_N\}. \quad (6.14)$$

点群所包含的对称操作数 N_G 称为点群 G 的阶. 就三维空间的对称图形而言,不难证明,点群共有 32 个,称为 32 种点群. 但从二维的平面对称图形只有 10 种点群(如 C_1, C_2, C_3, C_4, C_6 和 C_S, C_{2v}, C_{3v}, C_{4v}, C_{6v}),在一维的线性上却只有两种点群($C_1(1)$ 和 $C_i(\bar{1})$)[125, 132].

晶体结构的点对称操作,遵循对称对律,只有 1,2,3,4 和 6 次旋转对称轴*.

---

* 1984 年前后已发现具有 5 次对称性的材料. 它是一种介稳状态,不具有完全的平移对称性而称为准晶. 在自然界中,各种快速的冷凝过程,在合适的条件下,有可能形成准晶体[133~135].

根据点群的操作特征,可以分成两类:只含旋转轴系的第一类点群 G^{I} 以及含有旋转和反演的第二类点群 G^{II}.

第一类点群也称旋转轴系对称群.在有限图形中的旋转轴系分三种情况:(i)只含单旋转轴 C_n 的点群,n 为惟一的旋转轴的轴次,也是这种点群的阶.(ii)含多个旋转轴,其中 $n>2$ 的高次旋转轴最多只有一个.这种旋转轴系实际上是由一个旋转轴 C_n 和 n 个与主轴垂直的 2 次旋转轴 $C_{2(n)}$ 组成的二面体群 D_n,其阶为 $2n$.(iii)多个高次旋转轴系组成的正多面体群 T(正四面体群)和 O(正八面体或立方体群),其阶分别为 12 和 24.这样,第一类点群共有 C_n(C_1, C_2, C_3, C_4 和 C_6 等 5 种)、D_n(D_2, D_4, D_3 和 D_6 等 4 种)和 O(O 和 T)等 4 组 11 种也称为旋转群(rotation group)或正常点群(proper point groups).这些晶类可以是右旋晶体或左旋晶体,但不包括从右旋变换到左旋的对称操作.

第二类点群 G^{II} 是由第一类点群 G^{I} 与反演[对称中心 $i(\bar{1})$]或反映[镜面 $C_S(m)$]等对称操作组合而成.各种轴次的反轴系,也可分三种情况:(i)单旋转轴 C_n 与反演 $i_{2(n)}$ 组成的循环群 S_n(如 S_4 和 S_6),其阶为 $2n$.(ii)单旋转轴 C_n 与垂直反映 $\sigma_{v(n)}$ 组成的点群 C_{nv}(如 C_{2v}, C_{4v}, C_{3v} 和 C_{6v});群 D_n, T 和 O 分别与水平反映 $\sigma_{h(n)}$ 组成的点群 D_{nh}(如 D_{2h}, D_{4h}, D_{3h} 和 D_{6h}), T_h 和 O_h;群 D_n 和 T 又分别与对角反映 $\sigma_{d(n)}$ 组成点群 D_{nd}(如 D_{2d} 和 D_{3d})和 T_d.(iii)单旋转轴 C_n 与水平反映 $\sigma_{h(n)}$ 组成点群 C_{nh}(如 C_{2h}, C_{4h}, C_{3h} 和 C_{6h},以及 σ_h 和 i).这样,第二类点群共有 S_n, C_{nv}, C_{nh}, D_{nh}, D_{nd}, T_d 和 O_h 等 8 组 21 种.所有包含对称中心(或反演)i 的 7 个第二类点群称为全面(或完全)对称群.

一些晶体点群的符号、主要对称元素、对称操作、生成元和阶数见表 6.4.正常群和非正常群关系见表 6.6.32 个晶体点群的完全对称群与子群关系以及空间投影(或极射赤道面)见图 6.20 和图 6.21.

以球体表示的极限点群 $\mathscr{K}_h(\infty\infty m)$,具有无限多个 C_∞,无限

表 6.4　一些点群的符号、对称要素和对称操作

晶系	点群符号			对称要素	对称操作	对称操作数目(群的阶)	生成元	同构抽象群的编号
	Schoenflies* 符号	国际符号	Shubnikov* 符号					
三斜晶系	$\mathscr{C}_1$	1	1	c_1	$C_1(E), [1]$	1	C_1	(1)
三斜晶系	$\mathscr{C}_i$	$\bar{1}$	$\tilde{2}$	$i(s_2)$	$C_1(E), C_{i1}[1, \bar{1}]$	2	C_{i1}	
单斜晶系	$\mathscr{C}_2$	2	2	c_2	$C_1(E), C_{2y}(C_{2z}), [1、2_y(2_z)]$	2	$C_{2y}(c_{2z})$	(2)
单斜晶系	$\mathscr{C}_s$	m	m	$c_{i2}(\sigma)$	$C_1(E), C_{i2}, [1, \bar{2}_y(\bar{2}_z)]$	2	C_{i2}	
单斜晶系	$\mathscr{C}_{2h}$	$2/m$	$2:m$	c_2, σ_h, i	$C_1(E), C_{i1}, C_{2z}, C_{i2z}$, $[1, \bar{1}, 2_z, \bar{2}_z]$	4	C_{i1}, c_{2z}	
正交晶系	$\mathscr{D}_2(V)$	222	$2:2$	c_{2z}, c_{2x}, c_{2y}	$C_1(E), C_{2z}, C_{2x}, C_{2y}$, $[1, 2_z, 2_x, 2_y]$	4	C_{2y}, C_{2z}	(3)
正交晶系	$\mathscr{C}_{2v}$	$mm2$	$2 \cdot m$	c_{2z}, σ_{vx}, σ_{vy}	$C_1(E), C_{2z}, C_{i2x}, C_{i2y}$, $[1, 2_z, \bar{2}_x, \bar{2}_y]$	4	C_{2z}, C_{i2y}	
正交晶系	$\mathscr{D}_{2h}(V_h)$	$\frac{2}{m}\frac{2}{m}\frac{2}{m}$ (mmm)	$m \cdot 2:m$	$c_{2z}, c_{2x}, c_{2y}, \sigma_{vx}, \sigma_{vy}, \sigma_{hi}$	$C_1(E), C_{2z}, C_{2x}, C_{2y}$ $C_{i1}, C_{i2z}, C_{i2x}, C_{i2y}$, $\begin{bmatrix} 1, 2_z, 2_x, 2_y \\ 1, \bar{2}_z, \bar{2}_x, \bar{2}_y \end{bmatrix}$	8	C_{i1}, C_{2y}, C_{2z}	(4)

续表

晶系	点群符号			对称要素	对称操作	对称操作数目(群的阶)	生成元	同构抽象群的编号
	Schoenflies* 符号	国际符号	Shubnikov* 符号					
四方晶系	$\mathscr{S}_4$	$\bar{4}$	$\tilde{4}$	c_{i4}	$C_1(E), C_{2z} \pm C_{i4z}$ $[1、2_z, \pm\bar{4}_z]$	$\bar{4}$	C_{i4z}	(5)
	$\mathscr{C}_4$	4	4	c_4	$C_1(E)_1 C_{2z} \pm C_{4z}$ $[1, 2_z \pm \bar{4}_z]$	4	C_{4z}	
	$\mathscr{C}_{4h}$	$4/m$	$4:m$	c_4, σ_h, i	$C_1(E), C_{2z}, \pm C_{4z}$ $C_{i1}, C_{i2z}, \pm C_{i4z}$ $\begin{bmatrix} 1, 2_z, \pm 4_z \\ \bar{1}, \bar{2}_z, \pm\bar{4}_z \end{bmatrix}$	8	C_{i1} C_{4z}	(6)
	$\mathscr{D}_{2d}(V_d)$	$\bar{4}2m$	$\tilde{4}:2$	$c_{i4}, 2\sigma_v, 2\sigma_d$	$C_1(E), C_{2x}, C'_{2y}C_{2z}$ $C_{i2xy}, C_{i2(-xy)} \pm C_{i4z}$ $\begin{bmatrix} 1, 2_x, 2_y, 2_z \\ \bar{2}_{xy}, \bar{2}_{-xy}, \pm\bar{4}_z \end{bmatrix}$	8	C_{2y} C_{i4z}	(7)
	$\mathscr{C}_{4v}$	$4mm$	$4\cdot m$	$c_4, 2\sigma_v, 2\sigma_d$	$C_1(E), C_{2z} \pm C_{4z}$ $C_{i2x}, C_{i2y}, C_{i2d}', C_{i2d}''$ $\begin{bmatrix} 1, 2_z, \pm 4_z \\ \bar{2}_x, \bar{2}_y, \bar{2}_{xy}, \bar{2}_{-xy} \end{bmatrix}$	8	C_{i2y}, C_{4z}	

续表

晶系	点群符号			对称要素	对称操作	对称操作数目(群的阶)	生成元	同构抽象群的编号
	Schoenflies* 符号	国际符号	Shubnikov* 符号					
四方晶系	$\mathscr{D}_4$	422	4:2	$c_4, 4c'_{2\perp}$	$C_1(E), C_{2x}, C_{2y}, C_{2z}$, $C_{2d}', C_{2d}'', \pm C_{4z}$ $[1, 2_x, 2_y, 2_z, 2_{xy}, 2_{-xy}, \pm 4_z]$	8	C_{2y} C_{4z}	(7)
	$\mathscr{D}_{4h}$	$\frac{4}{m}\frac{2}{m}\frac{2}{m}$ $(4/mmm)$	$m\cdot4:m$	$c_4, 4c_2$, $2\sigma_v, 2\sigma_d$, σ_h, i	$C_1(E), C_{2x}, C_{2y}, C_{2z}, C_{2d}', C_{,d}''$ $\pm C_{4z}, C_{i1}, C_{i2x}, C_{i2y}, C_{i2z}$ $C_{i2d}', C_{i2d}'', \pm C_{i4z}$ $\begin{bmatrix} 1, 2_x, 2_y, 2_z, 2_{xy}, 2_{-xy}, \pm 4_z \\ \bar{1}, \bar{2}_x, \bar{2}_y, \bar{2}_z, \bar{2}_{xy}, \bar{2}_{-xy}, \pm \bar{4}_z \end{bmatrix}$	16	C_{i1} C_{2y} C_{4z}	(8)
三方晶系	$\mathscr{C}_3$	3	3	c_3	$C_1(E), \pm C_{3z}[1, \pm 3_z]$	3	C_{3z}	(9)
	$\mathscr{C}_{3i}(\mathscr{S}_6)$	$\bar{3}$	$\tilde{6}$	c_{i3}	$C_1(E), \pm C_{3z}, C_{i1} \pm C_{i3z}$ $[1, \pm 3_z, \bar{1} \pm \bar{3}_z]$	6	C_{i1} C_{3z}	(10)
	$\mathscr{C}_{3v}$	$3m$	$3\cdot m$	$c_3, 3\sigma_v$	$C_1(E), 3C_{i2(\perp)}, \pm C_{3z}$ $[1, 3(\bar{2}\perp), \pm \bar{3}_z]$	6	$C_{i2(\perp)}$ C_{3z}	(11)
	$\mathscr{D}_3$	32	3:2	$c_3, 3c'_2$	$C_1(E), 3C'2, \pm C_{3z}$ $[1, 3(2\perp), \pm 3_z]$	6	$C_{2\perp}$ C_{3z}	
	$\mathscr{D}_{3d}$	$\bar{3}\frac{2}{m}$ $(\bar{3}m)$	$\tilde{6}\cdot m$	$c_3, 3c'_2, 3\sigma_d, i$	$C_1(E), 3C_{2\perp}, \pm C_{3z}$ $C_{i1}, 3C_{i2\perp}, \pm C_{i3z}$ $\begin{bmatrix} 1, 3(2\perp), \pm 3_z \\ \bar{1}, 3(\bar{2}\perp), \pm \bar{3}_z \end{bmatrix}$	12	C_{i1} $C_{2\perp}$ C_{3z}	(12)

续表

晶系	点群符号			对称要素	对称操作	对称操作数目(群的阶)	生成元	同构抽象群的编号
	Schoenflies* 符号	国际符号	Shubnikov* 符号					
六方晶系	$\mathscr{C}_{3h}$	$\bar{6}$	$3:m$	$c_{i6}(c_3\sigma_h)$	$C_1(E), \pm C_{3z}, C_{i2z}, \pm C_{i6z}$ $[1, \pm 3_z, \bar{2}_z, \pm\bar{6}_z]$	6	C_{i2z} C_{3z}	(10)
	$\mathscr{C}_6$	6	6	c_6	$C_1(E), C_{2z}, \pm C_{3z}, \pm C_{6z}$ $[1, 2_z, \pm 3_z, \pm 6_z]$	6	$C_{2z}C_{3z}$	
	$\mathscr{C}_{6h}$	$6/m$	$6:m$	$c_6, \sigma_h i$	$C_1(E), C_{2z}, \pm C_{3z}, \pm C_{6z}$ $C_{i1}, C_{i2z}, \pm C_{i3z}, \pm C_{i6z}$ $[1, 2_z, \pm 3_z, \pm 3_z, \bar{1}, \bar{2}_z, \pm\bar{3}_z \pm\bar{6}_z]$	12	C_{i1} C_{2z} C_{3z}	(13)
	$\mathscr{D}_{3h}$	$\bar{6}2m$ $(\bar{6}m2)$	$m\cdot 3:m$	$c_{i6}, 3c_2, 3\sigma_v$	$C_1(E), 3C_{2\perp}, \pm C_{3z}$, $3C_{i2\perp}, C_{i2z}, \pm C_{i6z}$ $[1, 3(2\perp), \pm 3_z, 3(\bar{2}\perp)\bar{2}_z \pm\bar{6}_z]$	12	$C_{2\perp}$ C_{i2z} C_{3z}	(12)
	$\mathscr{C}_{6v}$	$6mm$	$6\cdot m$	$c_6, 6\sigma_v$	$C_1(E), C_{2z}, \pm C_{3z}, \pm C_{6z}, 6C_{i2\perp}$ $[1, 2_z, \pm 3_z, \pm 6_z, 6(\bar{2}\perp)]$	12	C_{2z} $C_{i2\perp}$ C_{3z}	
	$\mathscr{D}_6$	622	$6:2$	$c_6, 6c_2'$	$C_1(E), 6C2\perp, C_{2z}, \pm C_{3z}, \pm C_{6z}$ $[1, 6(2\perp), 2_z, \pm 3_z, \pm 6_z]$	12	$C_{2\perp}$ C_{2z} C_{3z}	

Schoenflies 符号也可以用大写字母表示，如 D_4 和 C_{3V} 等．国际符号又称 Hermann-Mauguin(简称 HM)符号．Shubnikov 符号则在前苏联和俄罗斯的文献中常用，国际上使用不广，可参阅参考文献[137]A 卷第 12 节．

多个 σ 和一个对称中心，它表征各向同性且作连续均匀分布的物质体系的对称. C_∞是基转角 $\alpha=2\pi/n$ 为无穷小量 δ 时的 ∞ 次旋转轴. 也就是说，施以 C_∞为转轴的旋转，可以得到连续的规律重复；而施以 C_n 为转轴的旋转，则可以得到离散的规律重复. 这样，C_∞破缺了以 δ 为基转角的旋转，以 $\delta\to\alpha$ 后，无穷多个 C_∞就完全破缺而成 $C_\infty(\delta)\to C_n(\alpha)$.

当 $\mathscr{K}_h(\infty mm)$的无穷多个 C_∞只保留一个 C_∞时，极限群 $\mathscr{K}_h$ 就转变以 C_∞为主轴的极限群. 同理，由于对称要素的破缺，其他 6 个居里极限群 $\mathscr{K}(\infty\infty)$、$\mathscr{D}_{\infty h}(\infty/mm)$、$\mathscr{D}_\infty(\infty 2)$、$\mathscr{C}_{\infty h}(\infty/m)$、$\mathscr{C}_{\infty v}(\infty mm)$和 $\mathscr{C}_\infty(\infty)$的对称要素如表 6.10 所示.

若 $\mathscr{K}_h(\infty mm)$的无穷小平移矢量 δ_x、δ_y 和 δ_z 出现破缺，则由于平移格子 Γ_t，也必使 $\mathscr{K}_h(\infty mm)$的 C_∞破缺基转角为 δ 的旋转而成为 C_n ($n=1, 2, 3, 4, 6$). 图 6.20 中两个顶端点群 $O_h\left(\frac{4}{m}3\frac{2}{m}\right)$和 $D_{6h}(6/m\ 2/m\ 2/m)$分别由极限群 $\mathscr{K}_h(\infty\infty m)$和 $\mathscr{D}_{\infty h}(\infty/m\ m)$缺失 C_∞而构成. 因此就总体而言，在图 6.20 所示的 32 点群的完全对称群 $D_{6h}(6/m\ 2/m\ 2/m)$也通过其超群 $D_{2h}(\infty/m\ m)$而与极限居里群 $\mathscr{K}_h(\infty\infty m)$相连系. 这样，32 种点群与 7 种极限居里群之间的关系可综合列于表 6.5 之中.

表 6.5　32 种点群与 7 种居里极限群的群和子群关系

(1) $\mathscr{K}_h(\infty\infty m)\to O_h(4/m\bar{3}m)\to S_d(4\bar{3}m)$
　　$O_h(4/m\bar{3}m)\to S_h(2/m\bar{3})$

(2) $\mathscr{K}(\infty\infty)\to O(432)\to S_{23}$

(3) $\mathscr{D}_{\infty h}(\infty/m\ m)\to D_{6h}(6/m\ 2/m\ 2/m)\to D_{3h}(\bar{6}2m)$
　　$\mathscr{D}_{\infty h}(\infty/m\ m)\to D_{4h}(4/m\ 2/m\ 2/m)\to D_{2h}(2/m\ 2/m2/m)\to C_{2v}(mm2)$
　　$\mathscr{D}_{\infty h}(\infty/m\ m)\to D_{3d}(\bar{3}2/m)$
　　$D_{4h}(4/m\ 2/m\ 2/m)\to D_{2d}(\bar{4}2m)$
　　$D_{2h}(2/m\ 2/m2/m)\to C_{2h}(2/m)$

(4) $\mathscr{C}_{\infty v}(\infty mm)\to C_{6v}(6mm)\to C_{3v}(3m)$
　　$\mathscr{C}_{\infty v}(\infty mm)\to C_{4v}(4mm)\to C_{2v}(mm2)\to C_s(m)$

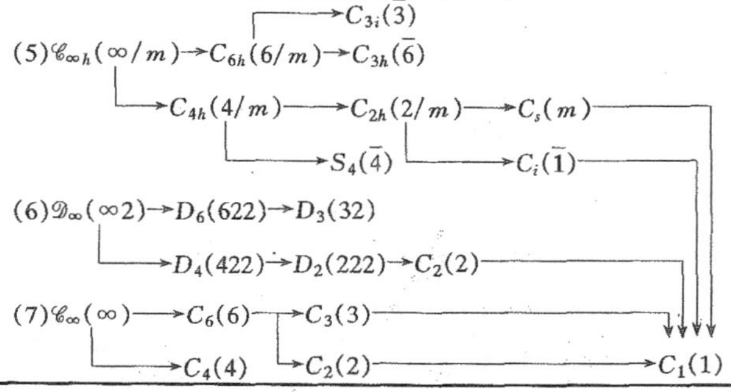

表 6.6　32 种点群中非正常群和正常群关系

正常群 G	无反映同构的非正常群 G	含反演中心 $G\times C_i$	同构正常群 $G\times C_i$
C_1		$C_1\times C_i=C_i$	C_2
C_2	$S_1\equiv C_s$	$C_2\times C_i=C_{2h}$	D_2
C_3		$C_3\times C_i=S_6$	C_6
C_4	S_4	$C_4\times C_i=C_{4h}$	
C_6	$C_{3h}\equiv C_3\times C_s$	$C_6\times C_i=C_{6h}$	
D_2	C_{2v}	$D_2\times C_i=D_{2h}$	
D_3	C_{3v}	$D_3\times C_i=D_{3d}$	D_6
D_4	C_{4v}, D_{2d}	$D_4\times C_i=D_{4h}$	
D_6	$C_{6v}, D_{3h}\equiv D_3\times C_s$	$D_6\times C_i=D_{6h}$	
T		$T\times C_i=T_h$	
O	T_d	$O\times C_i=O_h$	
C_n		$C_n\times C_h=C_{nh}$	
D_n	C_{nv}	$D_n\times C_h=D_{nh}$	
C_{2n}		$C_{2n}\times C_i=C_{2nh}$	
D_{2n}	D_{nd}, C_{2nv}	$D_{2n}\times C_i=D_{2nh}$	
C_{2n+1}		$C_{2n+1}\times C_i=S_{4n+2}$	
D_{2n+2}	$C_{2n+1,v}$	$D_{2n+1}\times C_i=D_{2n+1,d}$	
C_{4n}	S_{4n}		

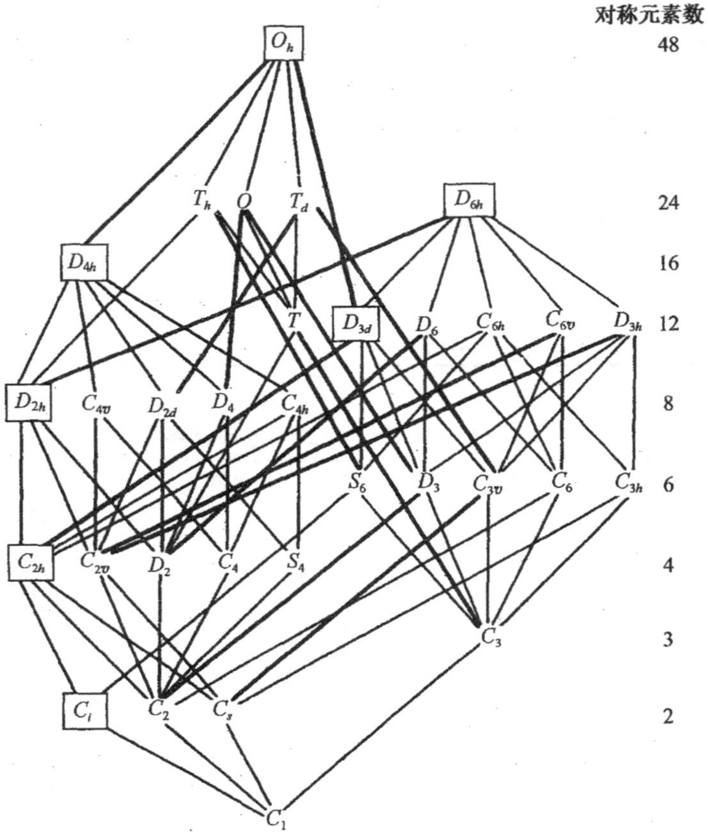

图 6.20　32 种晶体点群的完全对称群及其子群关系.
7 个完全对称群(也称极限群)外加方框,各点群与其
子群以细线相连,其不变子群则以粗线相连.

4. *晶体空间群*　晶体结构具有空间点阵所表征的周期性,所以晶体结构可视为无限扩展的三维图形.在晶体结构中,既包含旋转 $C_n(n)$、反映 $\sigma(m)$ 和反演 $i(\bar{1})$、反演旋转(或象转)$C_{in}(\bar{n})$ 和反映旋转(或镜转)$S_n(\tilde{n})$ 等宏观对称要素,又包括平移 t、旋转平移(或螺转)$n_p(p=1\cdots n-1)$ 和反映平移 τ 等微观对称要素及相应对称操作的对称群.微观对称要素的符号见表 6.7 和表 6.8.

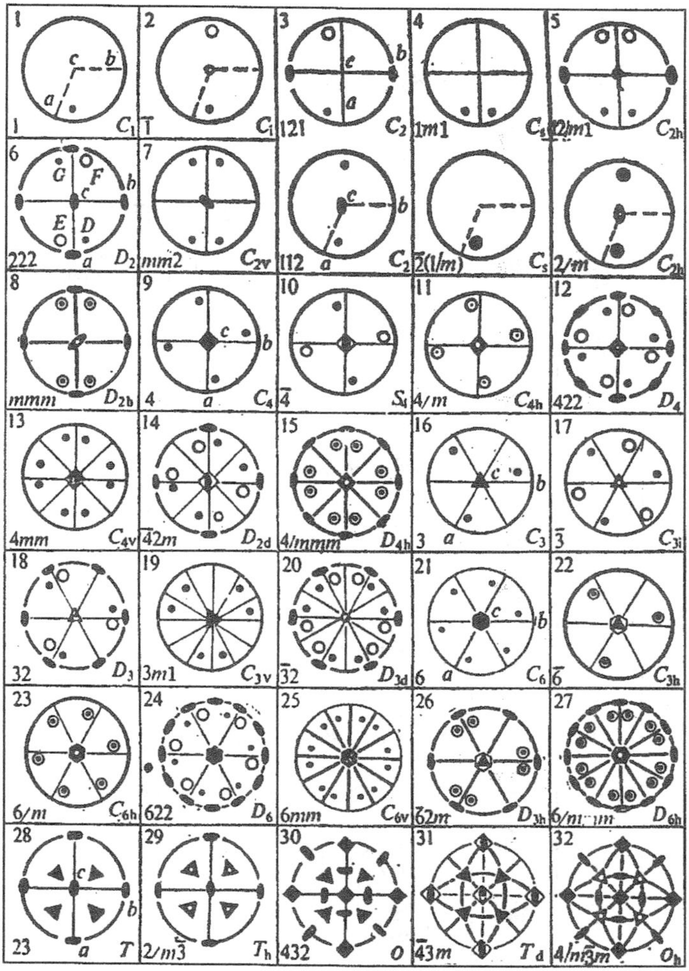

图 6.21　32 种晶体点群的极射赤平投影图.

各方框中左上角为点群序号，左下角为国际符号，右下角为 Schoenflies 符号.

第 3,4,5 号三种点群上面以 b 轴为单轴，下面以 c 轴为单轴.

表 6.7　微观对称要素之一——轴对称元素的符号和国际记号

轴次 n	轴的记号	符号	对称动作	阶次	附　注
1	$\underline{1}$	—	$L(2\pi)$	1	
1	$\bar{1}$		$L(2\pi)I$	2	对称中心
2	$\underline{2}$		$L(\pi)$	2	
2	$\bar{2}$		$L(\pi)I$	2	镜面
2	2_1		$L(\pi)T(\underline{t})$	∞	$2\,\underline{t}=\underline{\tau}$(周期)
3	$\underline{3}$		$L\left(\frac{2\pi}{3}\right)$	3	
3	$\bar{3}$		$L\left(\frac{2\pi}{3}\right)I$	6	$\underline{3}+\bar{1}$
3	3_1		$L\left(\frac{2\pi}{3}\right)T(\underline{t})$	∞	$3\,\underline{t}=\underline{\tau}$
3	3_2		$L\left(\frac{2\pi}{3}\right)T(2\,\underline{t})$	∞	
4	$\underline{4}$		$L\left(\frac{\pi}{2}\right)$	4	
4	$\bar{4}$		$L\left(\frac{\pi}{2}\right)I$	4	
4	4_1		$L\left(\frac{\pi}{2}\right)T(\underline{t})$	∞	
4	4_2		$L\left(\frac{\pi}{2}\right)T(2\,\underline{t})$	∞	$4t=\underline{\tau}$
4	4_3		$L\left(\frac{\pi}{2}\right)T(3\,\underline{t})$	∞	
6	$\underline{6}$		$L\left(\frac{2\pi}{6}\right)$	6	
6	$\bar{6}$		$L\left(\frac{2\pi}{6}\right)I$	6	$\underline{3}+\bar{2}$
6	6_1		$L\left(\frac{2\pi}{6}\right)T(\underline{t})$	∞	
6	6_2		$L\left(\frac{2\pi}{6}\right)T(2\,\underline{t})$	∞	

续表

轴次 n	轴的记号	符号	对称动作	阶次	附　注
6	6_3		$L\left(\frac{2\pi}{6}\right)T(3\underline{t})$	∞	$6t=\underline{\tau}$
6	6_4		$L\left(\frac{2\pi}{6}\right)T(4\underline{t})$	∞	
6	6_5		$L\left(\frac{2\pi}{6}\right)T(5\underline{t})$	∞	

表 6.8　微观对称要素之二——镜面与滑移面的符号与记号

对称面名称	记号	符　　号	对称动作	备　　注
反映面	m	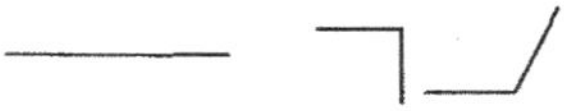	$\underline{M}$	$\bar{2}$
	a b c		$MT(\underline{t})$ $MT(\underline{t})$ $MT(\underline{t})$	$\underline{t}=\frac{1}{2}\underline{a}$ $\underline{t}=\frac{1}{2}\underline{b}$ $\underline{t}=\frac{1}{2}\underline{c}$
滑移面	n		$MT(\underline{t})$	$\underline{t}=\frac{1}{2}(\underline{a}+\underline{b})$, $\frac{1}{2}(\underline{b}+\underline{c})$, $\frac{1}{2}(\underline{c}+\underline{a})$
	d		$MT(\underline{t})$	$\underline{t}=\frac{1}{4}(\underline{a}\pm\underline{b})$, $\frac{1}{4}(\underline{b}\pm\underline{c})$, $\frac{1}{4}(\underline{c}\pm\underline{a})$

表 6.9　230 种空间群的符号

C_1^1	$P1$	
C_i^1	$P\bar{1}$	
C_s^1	Pm	
C_s^2	Pc	
C_s^3	Cm	
C_s^4	Cc	
C_2^1	$P2$	
C_2^2	$P2_1$	
C_2^3	$C2$	
C_{2h}^1	$P\frac{2}{m}$	
C_{2h}^2	$P\frac{2_1}{m}$	
C_{2h}^3	$C\frac{2}{m}$	
C_{2h}^4	$P\frac{2}{c}$	
C_{2h}^5	$P\frac{2_1}{c}$	
C_{2h}^6	$C\frac{2}{c}$	
C_{2v}^1	$Pmm2$	Pmm
C_{2v}^2	$Pmc2_1$	Pmc
C_{2v}^3	$Pcc2$	Pcc
C_{2v}^4	$Pma2$	Pma
C_{2v}^5	$Pca2_1$	Pca
C_{2v}^6	$Pnc2$	Pnc
C_{2v}^7	$Pmn2_1$	Pmn
C_{2v}^8	$Pba2$	Pba
C_{2v}^9	$Pna2_1$	Pna
C_{2v}^{10}	$Pnn2$	Pnn
C_{2v}^{11}	$Cmm2$	Cmm
C_{2v}^{12}	$Cmc2_1$	Cmc
C_{2v}^{13}	$Ccc2$	Ccc
C_{2v}^{14}	$Amm2$	Amm
C_{2v}^{15}	$Abm2$	Abm
C_{2v}^{16}	$Ama2$	Ama
C_{2v}^{17}	$Aba2$	Aba
C_{2v}^{18}	$Fmm2$	Fmm
C_{2v}^{19}	$Fdd2$	Fdd
C_{2v}^{20}	$Imm2$	Imm
C_{2v}^{21}	$Iba2$	Iba
C_{2v}^{22}	$Ima2$	Ima
D_2^1	$P222$	
D_2^2	$P\,222_1$	
D_2^3	$P\,2_12_12$	
D_2^4	$P\,2_12_12_1$	
D_2^5	$C\,222_1$	
D_2^6	$C\,222$	
D_2^7	$F\,222$	
D_2^8	$I\,222$	
D_2^9	$I\,2_12_12_1$	
D_{2h}^1	$P\frac{2}{m}\frac{2}{m}\frac{2}{m}$	$Pmmm$
D_{2h}^2	$P\frac{2}{n}\frac{2}{n}\frac{2}{n}$	$Pnnn$
D_{2h}^3	$P\frac{2}{c}\frac{2}{c}\frac{2}{m}$	$Pccm$
D_{2h}^4	$P\frac{2}{b}\frac{2}{a}\frac{2}{n}$	$Pban$
D_{2h}^5	$P\frac{2_1}{m}\frac{2}{m}\frac{2}{a}$	$Pmma$
D_{2h}^6	$P\frac{2}{n}\frac{2_1}{n}\frac{2}{a}$	$Pnna$
D_{2h}^7	$P\frac{2}{m}\frac{2}{n}\frac{2_1}{a}$	$Pmna$
D_{2h}^8	$P\frac{2_1}{c}\frac{2}{c}\frac{2}{a}$	$Pcca$
D_{2h}^9	$P\frac{2_1}{b}\frac{2_1}{a}\frac{2}{m}$	$Pbam$
D_{2h}^{10}	$P\frac{2_1}{c}\frac{2_1}{c}\frac{2}{n}$	$Pccn$
D_{2h}^{11}	$P\frac{2}{b}\frac{2_1}{c}\frac{2_1}{m}$	$Pbcm$
D_{2h}^{12}	$P\frac{2_1}{n}\frac{2_1}{n}\frac{2}{m}$	$Pnnm$
D_{2h}^{13}	$P\frac{2_1}{m}\frac{2_1}{m}\frac{2}{n}$	$Pmmn$
D_{2h}^{14}	$P\frac{2_1}{b}\frac{2}{c}\frac{2_1}{n}$	$Pbcn$
D_{2h}^{15}	$P\frac{2_1}{b}\frac{2_1}{c}\frac{2_1}{a}$	$Pbca$
D_{2h}^{16}	$P\frac{2_1}{n}\frac{2_1}{m}\frac{2_1}{a}$	$Pnma$
D_{2h}^{17}	$C\frac{2}{m}\frac{2}{c}\frac{2_1}{m}$	$Cmcm$
D_{2h}^{18}	$C\frac{2}{m}\frac{2}{c}\frac{2_1}{a}$	$Cmca$
D_{2h}^{19}	$C\frac{2}{m}\frac{2}{m}\frac{2}{m}$	$Cmmm$
D_{2h}^{20}	$C\frac{2}{c}\frac{2}{c}\frac{2}{m}$	$Cccm$
D_{2h}^{21}	$C\frac{2}{m}\frac{2}{m}\frac{2}{a}$	$Cmma$
D_{2h}^{22}	$C\frac{2}{c}\frac{2}{c}\frac{2}{a}$	$Ccca$
D_{2h}^{23}	$F\frac{2}{m}\frac{2}{m}\frac{2}{m}$	$Fmmm$
D_{2h}^{24}	$F\frac{2}{d}\frac{2}{d}\frac{2}{d}$	$Fddd$
D_{2h}^{25}	$I\frac{2}{m}\frac{2}{m}\frac{2}{m}$	$Immm$
D_{2h}^{26}	$I\frac{2}{b}\frac{2}{a}\frac{2}{m}$	$Ibam$
D_{2h}^{27}	$I\frac{2_1}{b}\frac{2_1}{c}\frac{2_1}{a}$	$Tbca$
D_{2h}^{28}	$I\frac{2_1}{m}\frac{2_1}{m}\frac{2_1}{a}$	$Imma$
S_4^1	$P\bar{4}$	
S_4^2	$I\bar{4}$	
C_4^1	$P4$	
C_4^2	$P4_1$	
C_4^3	$P4_2$	
C_4^4	$P4_3$	

续表

C_4^5	$I4$	
C_4^6	$I4_1$	
C_{4h}^1	$P\frac{4}{m}$	
C_{4h}^2	$P\frac{4_2}{m}$	
C_{4h}^3	$P\frac{4}{n}$	
C_{4h}^4	$P\frac{4_2}{n}$	
C_{4h}^5	$I\frac{4}{m}$	
C_{4h}^6	$I\frac{4_1}{a}$	
D_{2d}^1	$P\bar{4}2m$	
D_{2d}^2	$P\bar{4}2c$	
D_{2d}^3	$P\bar{4}2_1m$	
D_{2d}^4	$P\bar{4}2_1c$	
D_{2d}^5	$P\bar{4}m2$	
D_{2d}^6	$P\bar{4}c2$	
D_{2d}^7	$P\bar{4}b2$	
D_{2d}^8	$P\bar{4}n2$	
D_{2d}^9	$I\bar{4}m2$	
D_{2d}^{10}	$I\bar{4}c2$	
D_{2d}^{11}	$I\bar{4}2m$	
D_{2d}^{12}	$I\bar{4}2d$	
C_{4v}^1	$P4mm$	$P4mm$
C_{4v}^2	$P4bm$	$P4bm$
C_{4v}^3	$P4_2cm$	$P4cm$
C_{4v}^4	$P4_2nm$	$P4nm$
C_{4v}^5	$P4cc$	$P4cc$
C_{4v}^6	$P4nc$	$P4nc$
C_{4v}^7	$P4_2mc$	$P4mc$
C_{4v}^8	$P4_2bc$	$P4bc$
C_{4v}^9	$I4mm$	$I4mm$
C_{4v}^{10}	$I4cm$	$I4cm$

C_{4v}^{11}	$I4_1md$	$I4md$
C_{4v}^{12}	$I4_1cd$	$I4cd$
D_4^1	$P422$	$P42$
D_4^2	$P42_12$	$P42_1$
D_4^3	$P4_122$	$P4_12$
D_4^4	$P4_12_12$	$P4_12_1$
D_4^5	$P4_222$	$P4_22$
D_4^6	$P4_22_12$	$P4_22_1$
D_4^7	$P4_322$	$P4_32$
D_4^8	$P4_32_12$	$P4_32_1$
D_4^9	$I422$	$I42$
D_4^{10}	$I4_122$	$I4_12$
D_{4h}^1	$P\frac{4}{m}\frac{2}{m}\frac{2}{m}$	$P\frac{4}{m}mm$
D_{4h}^2	$P\frac{4}{m}\frac{2}{c}\frac{2}{c}$	$P\frac{4}{m}cc$
D_{4h}^3	$P\frac{4}{n}\frac{2}{b}\frac{2}{m}$	$P\frac{4}{n}bm$
D_{4h}^4	$P\frac{4}{n}\frac{2}{n}\frac{2}{c}$	$P\frac{4}{n}nc$
D_{4h}^5	$P\frac{4}{m}\frac{2_1}{b}\frac{2}{m}$	$P\frac{4}{m}bm$
D_{4h}^6	$P\frac{4}{m}\frac{2_1}{n}\frac{2}{c}$	$P\frac{4}{m}nc$
D_{4h}^7	$P\frac{4}{n}\frac{2_1}{m}\frac{2}{m}$	$P\frac{4}{n}mm$
D_{4h}^8	$P\frac{4}{n}\frac{2_1}{c}\frac{2}{c}$	$P\frac{4}{n}cc$
D_{4h}^9	$P\frac{4_2}{m}\frac{2}{m}\frac{2}{c}$	$P\frac{4}{m}mc$
D_{4h}^{10}	$P\frac{4_2}{m}\frac{2}{c}\frac{2}{m}$	$P\frac{4}{m}cm$
D_{4h}^{11}	$P\frac{4_2}{n}\frac{2}{b}\frac{2}{c}$	$P\frac{4}{n}bc$
D_{4h}^{12}	$P\frac{4_2}{n}\frac{2}{n}\frac{2}{m}$	$P\frac{4}{n}nm$
D_{4h}^{13}	$P\frac{4_2}{m}\frac{2_1}{b}\frac{2}{c}$	$P\frac{4}{m}bc$

D_{4h}^{14}	$P\frac{4_2}{m}\frac{2_1}{n}\frac{2}{m}$	$P\frac{4}{m}nm$
D_{4h}^{15}	$P\frac{4_2}{n}\frac{2_1}{m}\frac{2}{c}$	$P\frac{4}{n}mc$
D_{4h}^{16}	$P\frac{4_2}{n}\frac{2_1}{c}\frac{2}{m}$	$P\frac{4}{n}cm$
D_{4h}^{17}	$I\frac{4}{m}\frac{2}{m}\frac{2}{m}$	$I\frac{4}{m}mm$
D_{4h}^{18}	$I\frac{4}{m}\frac{2}{c}\frac{2}{m}$	$I\frac{4}{m}cm$
D_{4h}^{19}	$I\frac{4_1}{a}\frac{2}{m}\frac{2}{d}$	$I\frac{4}{a}md$
D_{4h}^{20}	$I\frac{4_1}{a}\frac{2}{c}\frac{2}{d}$	$I\frac{4}{a}cd$
C_3^1	$P3$	
C_3^2	$P3_1$	
C_3^3	$P3_2$	
C_3^4	$R3$	
C_{3i}^1	$P\bar{3}$	
C_{3i}^2	$R\bar{3}$	
C_{3v}^1	$P3m1$	$P3m$
C_{3v}^2	$P31m$	
C_{3v}^3	$P3c1$	$P3c$
C_{3v}^4	$P31c$	
C_{3v}^5	$R3m$	
C_{3v}^6	$R3c$	
D_3^1	$P312$	$P32$
D_3^2	$P321$	
D_3^3	$P3_112$	$P3_12$
D_3^4	$P3_121$	
D_3^5	$P3_212$	$P3_22$
D_3^6	$P3_221$	
D_3^7	$R32$	

D_{3d}^1	$P\bar{3}1\frac{2}{m}$	$P\bar{3}1m$
D_{3d}^2	$P\bar{3}1\frac{2}{c}$	$P\bar{3}1c$
D_{3d}^3	$P\bar{3}\frac{2}{m}1$	$P\bar{3}m$
D_{3d}^4	$P\bar{3}\frac{2}{c}1$	$R\bar{3}c$
D_{3d}^5	$R\bar{3}\frac{2}{m}$	$R\bar{3}m$
D_{3d}^6	$R\bar{3}\frac{2}{c}$	$P\bar{3}c$
C_{3h}^1	$P\bar{6}$	
C_6^1	$P6$	
C_6^2	$P6_1$	
C_6^3	$P6_5$	
C_6^4	$P6_2$	
C_6^5	$P6_4$	
C_6^6	$P6_3$	
C_{6h}^1	$P\frac{6}{m}$	
C_{6h}^2	$P\frac{6_3}{m}$	
D_{3h}^1	$P\bar{6}m2$	
D_{3h}^2	$P\bar{6}c2$	
D_{3h}^3	$P\bar{6}2m$	
D_{3h}^4	$P\bar{6}2c$	
C_{6v}^1	$P6mm$	$P6mm$
C_{6v}^2	$P6cc$	$P6cc$
C_{6v}^3	$P6_3cm$	$P6cm$
C_{6v}^4	$P6_3mc$	$P6mc$
D_6^1	$P622$	$P62$
D_6^2	$P6_122$	$P6_12$

D_6^3	$P6_522$	$P6_52$
D_6^4	$P6_222$	$P6_22$
D_6^5	$P6_422$	$P6_42$
D_6^6	$P6_322$	$P6_32$
D_{6h}^1	$P\frac{6}{m}\frac{2}{m}\frac{2}{m}$	$P\frac{6}{m}mm$
D_{6h}^2	$P\frac{6}{m}\frac{2}{c}\frac{2}{c}$	$P\frac{6}{m}cc$
D_{6h}^3	$P\frac{6_3}{m}\frac{2}{c}\frac{2}{m}$	$P\frac{6}{m}cm$
D_{6h}^4	$P\frac{6_3}{m}\frac{2}{m}\frac{2}{c}$	$P\frac{6}{m}mc$
T^1	$P23$	
T^2	$F23$	
T^3	$I23$	
T^4	$P2_13$	
T^5	$I2_13$	
T_h^1	$P\frac{2}{m}\bar{3}$	$Pm3$
T_h^2	$P\frac{2}{n}\bar{3}$	$Pn3$
T_h^3	$F\frac{2}{m}\bar{3}$	$Fm3$
T_h^4	$F\frac{2}{d}\bar{3}$	$Fd3$
T_h^5	$I\frac{2}{m}\bar{3}$	$Im3$
T_h^6	$P\frac{2_1}{a}\bar{3}$	$Pa3$
T_h^7	$I\frac{2_1}{a}\bar{3}$	$Ia3$
T_d^1	$P\bar{4}3m$	
T_d^2	$F\bar{4}3m$	
T_d^3	$I\bar{4}3m$	

T_d^4	$P\bar{4}3n$	
T_d^5	$F\bar{4}3c$	
T_d^6	$I\bar{4}3d$	
O^1	$P432$	$P43$
O^2	$P4_232$	$P4_23$
O^3	$F432$	$F43$
O^4	$F4_132$	$F4_13$
O^5	$I432$	$I43$
O^6	$P4_332$	$P4_33$
O^7	$P4_132$	$P4_13$
O^8	$I4_132$	$I4_13$
O_h^1	$P\frac{4}{m}\bar{3}\frac{2}{m}$	$Pm3m$
O_h^2	$P\frac{4}{n}\bar{3}\frac{2}{n}$	$Pn3n$
O_h^3	$P\frac{4_2}{m}\bar{3}\frac{2}{n}$	$Pm3n$
O_h^4	$P\frac{4_2}{n}\bar{3}\frac{2}{m}$	$Pn3m$
O_h^5	$F\frac{4}{m}\bar{3}\frac{2}{m}$	$Fm3m$
O_h^6	$F\frac{4}{m}\bar{3}\frac{2}{c}$	$Fm3c$
O_h^7	$F\frac{4_1}{d}\bar{3}\frac{2}{m}$	$Fd3m$
O_h^8	$F\frac{4_1}{d}\bar{3}\frac{2}{c}$	$Fd3c$
O_h^9	$I\frac{4}{m}\bar{3}\frac{2}{m}$	$Im3m$
O_h^{10}	$I\frac{4_1}{a}\bar{3}\frac{2}{d}$	$Ia3d$

注：在 Schoenflies 符号中，大写字母 T, O, C, D 和 S 分别代表四面体群、八面体群、旋转群、双面群和反轴群；小写字母 i, s, v, h 和 d 各代表对称中心、镜面、通过主轴的镜面、与主轴垂直的镜面和等分两个副轴的交角的镜面. 国际符号中 1, 2, 3, 4 和 6 分别表示相应轴次的旋转轴；若数字上方有一横线，则表示反轴；m 表示镜面；大写字母 P, I, S, F, R 分别表示空间点阵型式为简单立方(初基)、体心(A, B, C)面心及菱面体，其后 3 个符号分别表示晶体中三个方向(a, b, c)的对称性与点群中的规定相同.

三维空间的空间群共有230种，通常称为230种空间群，这可以用数学方式推导出来[136,137]．每一种晶体结构中原子（或离子）排列的对称规律，都能用230种空间群之一予以表明，这已由X射线结构分析的实验所证实．因此，可以说任何晶体结构都隶属于230空间群[138]．230种空间群列于表6.9所示[137,139]．

空间群的Schoenflies符号也是以点群符号为基础，它与某一点群同态的不同空间群的区别，以该符号的右上角的不同序号表示．所以序号为1的空间群都是点式空间群，而且都是简单点群．表6.9中第一行为空间群的Schoenflies符号，第二行是国际符号．所有的空间群符号都用一个大写字母开头，其后的代码符号给出点阵类型和对称方向或对称元素．空间群符号中虽然没有明显指出晶系，但从对称元素组合中不难推断．如若有第三或第四字母则分别表示二级轴和三级轴向的对称元素．

如 $BaTiO_3$ 高温相的空间群为 221-O_h^1-$Pm3m$ 结构，如图6.4所示．其中221是空间群的序号，O_h 是点群Schoenflies符号，O_h^1 是空间群的Schoenflies符号表明是点式空间群，属于立方结构，在 a,b,c3个方向上的对称性分别为 m，3和 m．当温度下降发生结构相变，由顺电立方相变为铁电四方相空间群 99-C_{4v}^1-$P4mm$，进一步降温后，空间群又变为铁电正交晶系 38-C_{2v}^{14}-$Amm2$，铁电三方（菱形）相 160-C_{3v}^5-$R3m$．这些对称性的变化是不连续的．不难看这四者之间的子群关系

$$\begin{array}{c} R3m \\ \cap \\ Amm2 \subset Pm3m \supset P4mm. \end{array}$$

据统计，已知晶体结构大都属于230种空间群中100种．从统计而言，重要的空间群只有60个，其中特别重要的只有30个．对于无机材料主要的空间群分布是 $Fm3m$，$Pnma$，$Fd3m$，$P2_1/c$，$P6_3/mmc$，$Pm3m$，$Amm2$，$R3m$ 和 $P4mm$ 等．有机化合物最常见的含螺旋旋转的空间群是 $P2_1/c$，$P2_12_12_1$，$P2_1$ 和 $C2/c$ 和 $P2_12_12$ 等[138]

6.2.3 居里群

居里群是一种不受晶体对称定律限制的点群,也称非晶体点群或具有无穷阶对称轴的极限群.广义居里群包括极限居里群、反对称极限正交群和色群.居里群由于最早是由皮埃尔·居里提出而得名.

1. *极限居里群* 以 $\mathscr{C}_\infty$ 作为起始点按通常推导 32 种点群方法,导出居里群分三类和 7 种.即球对称 $\mathscr{K}_h(\infty\infty m)$、圆柱对称群 $\mathscr{D}_{\infty h}$ (∞/mm)和圆锥对称群 $\mathscr{C}_{\infty v}(\infty mm)$等三类以及左旋和右旋球对称群 $\mathscr{K}(\infty\infty)$、左旋和右旋圆柱对称群 $\mathscr{C}_{\infty h}(\infty/m)$和扭转圆柱对称群 $\mathscr{D}_\infty(\infty 2)$以及左旋和右旋圆锥对称群 $\mathscr{C}_\infty(\infty)$等.见图 6.22 所示[129].

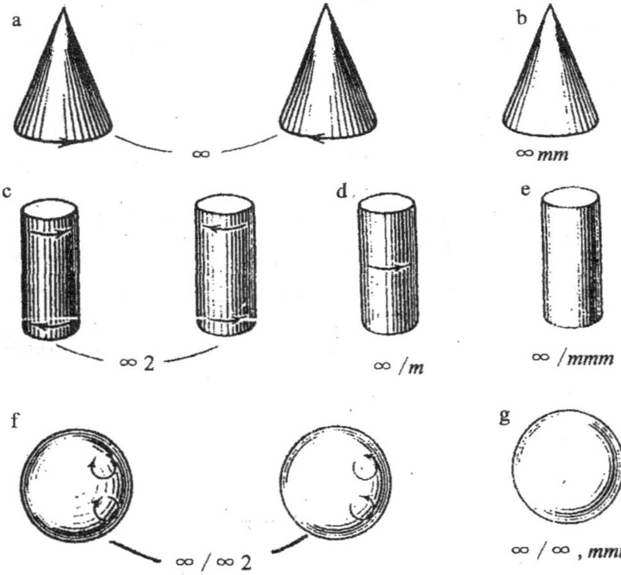

图 6.22 7 种居里极限群的对称性的图像表示.a. 旋转圆锥体对称群 $\mathscr{C}_\infty(\infty)$;b. 圆锥对称群 $\mathscr{C}_{\infty v}(\infty mm)$;c. 扭转圆柱对称群 $\mathscr{D}_\infty(\infty 2)$;d. 旋转圆柱对称群 $\mathscr{C}_{\infty h}(\infty/m)$;e. 圆柱对称群 $\mathscr{D}_{\infty h}(\infty/mm)$或$(\infty/mmm)$;f. 旋转球对称群 $\mathscr{K}(\infty\infty)$或$(\infty/\infty 2)$;g. 球对称群 $\mathscr{K}_h(\infty\infty m)$或$(\infty/\infty/mm)$.

球对称系 Schoenflies 符号 $\mathscr{K}$ 来自德文 Kugelgruppe(球系),适用于不具有空间点阵的多晶体的织构、液晶和聚合物的结构以及结构和性能关系等也可用居里极限群来描述[140].

从上图可以看出,圆柱系和球系的点群的阶都是无穷大.在圆柱系中,点群∞描述旋转着的无铅直镜面的圆锥体的对称性,相当于旋转方向相反的两个对映的旋转圆锥;点群∞mm 用来描绘静止圆锥的对称性,它有无穷多个铅直镜面;点群$\infty/m=\overline{\infty}$表示由两个按相同方向旋转的双圆锥组成的圆柱体群;点群$\infty 2$ 则描述由两个反向旋转的双圆锥所组成的圆柱体群.因此,圆柱系点群$\infty 2$与圆锥系点群∞一样具有对映性;而圆柱系点群$\infty/m=\overline{\infty}$则不显示对映性.圆柱系中另一点群$\infty/mm=\overline{\infty}m$ 描述静止的双圆锥的对称性.球系中的旋转球点群$\infty 2$(或$\infty\infty$, $\infty/\infty 2$)没有对称面,至少绕两个方向的轴旋转,因此具有对映性.球系中的静止的球对称,则是各向同性体,它包含有无穷多个过中心的镜面,而以$\infty\infty m$(或$\overline{\infty\infty}$、$m\overline{\infty}$、$2/m\overline{\infty}$或$\infty/\infty/mmm$)表示.

2. 极限居里群的对称破缺及其子群　前已述及,在 32 种点群中 7 种极限群与极限居里群相当.最高的对称群(即极限群)O_h 和 $\mathscr{K}_h$ 与其子群的关系归因于相变后对称性的降低,即平移矢量和点对称要素的破缺或缺失[141].7 种极限居里群的群与子群关系见图 6.23[142].

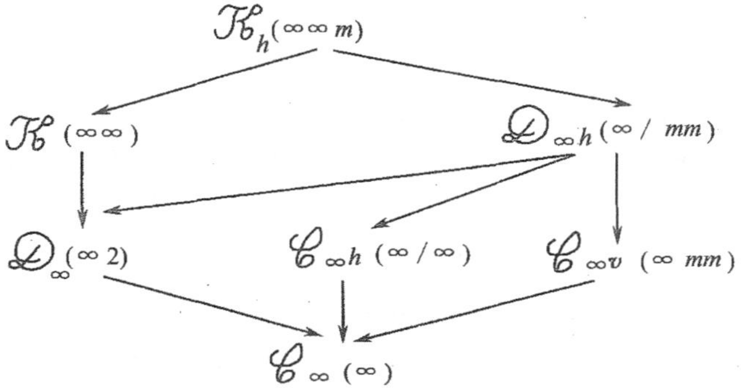

图 6.23　7 种居里极限群及其子群关系.

表 6.10　7 种居里极限群的对称要素

系统	Schoenflies 符号	国际符号	对称要素			点群的阶
球系	$\mathscr{K}_h$	$\infty\infty m$ $\infty/\infty/mm$ $\overline{\infty}\ \overline{\infty}\equiv 2/m\overline{\infty}$ $m\overline{\infty}$	$\vert C_\infty$, ∞C_∞	σ_h, $\infty\sigma$	i	∞
	$\mathscr{K}$	$\infty\infty$ $\infty 2$ $\infty/\infty 2$	$\vert C_\infty$, ∞C_∞			∞
圆柱系	$\mathscr{D}_{\infty h}$	$\infty/mm\equiv\infty/mmm$ $\overline{\infty}m\equiv(\infty/m2/m)$ $\equiv\overline{\infty}2/m$	主轴$\vert C_\infty$, $\infty C_{2(\perp)}$	σ_h, $\infty\sigma_v$	i	∞
	$\mathscr{D}_\infty$	$\infty 2$	主轴$\vert C_\infty$, $\infty C_{2(\perp)}$		i	∞
	$\mathscr{C}_{\infty h}$	∞/m ∞/∞	主轴$\vert C_\infty$	σ_h		∞
圆锥系	$\mathscr{C}_{\infty v}$	∞mm ∞m	主轴$\vert C_\infty$			∞
	$\mathscr{C}_\infty$	∞	主轴$\vert C_\infty$			∞

3. *磁居里群及其子群*　物理量的对称性在确定物体的对称效应中具有重要意义[143].就磁对称而言,非空间操作的时间反转(或称时间反演)是用来描述磁结构的重要参量[144].磁居里群是表征多晶、液晶和聚合物等材料磁结构的有效方法.

众所周知,在研究磁结构时,除了位置空间外,还需要用第二张量-自旋空间来描述.设时间反演操作 θ,而 θ^2 为单元操作(即 $\theta^2=E$).则群 M 的结构可以写成

$$M = G_1 \oplus \theta G_2, \tag{6.15}$$

式中,G_1 和 G_2 都是空间位置的变换操作.$\oplus$为直和集,而 θ 为可与群 G_1 和 G_2 中一切对称元素对易的时间反演操作.不难看出,存在如下三种形式的磁状态:

(1)无 θ 操作时,正常点群 $M=G$.具体来说有两种情况.即

忽略磁特性时的 32 种点群 G 和处于磁性态的 230 磁空间群 M（又称 fedorov）空间群.

(2)有 θ 操作时,θ 作为一个独立的对称操作存在于 M 中,而 $G_2 \in M$.可以证明 $G = G_1 \oplus G_2$ 是一个群.当 $\theta \in M$ 时,$G_1 = G_2$,因此灰色磁点群 M 可表示为

$$M = G \oplus \theta G, \tag{6.16}$$

这种情况对应于无外场时,空间任一点处磁矩都呈无序随机排列.相当于经时间反演对称操作后的反磁(或称逆磁)和顺磁体系.如将磁矩方向的差异以不同的颜色表示,则磁矩向上为“白色”,磁矩向下(反向)为“黑色”.则经过“着色元素”θ 表征的反演操作后,式(6.16)所表示的群 M 可作为由“黑白”两种颜色晶格所组成的体系.当每个晶格的磁矩为零,即磁矩方向既非向上,也非向下;即既非“白色”又非“黑色”,而呈“灰色”,群 M 称为灰色磁点群.晶体的灰色磁点群也有 32 种.

(3)有 θ 操作时,G_2 中任何元素都不具对称操作.即 $\theta \notin M$,$G_2 \not\subset M$;而 $\theta G_2 \subset M$.这就是说,若时间反演操作不属于磁群 M,群 G_2 中任何元素又都不是 M 的子群时,设 $G_1 = H$,$G_2 = G' = G - H$.则

$$\begin{aligned} M &= H \oplus \theta(G - H) \\ &= H \oplus \theta gH, g_i \in G \quad g_i \in H. \end{aligned} \tag{6.17}$$

可以证明,群 M 存在的充要条件是群 H 为群 G 的指数为 2 的子群.因为 $\theta \notin M$,$\theta g \in M$,所以 g 元素一定不能是奇数阶,否则导致 $\theta \in M$.任选一点群 G,找出所有指数为 2 的子群 H,即可由式(6.17)得出与之对应的新磁点群 M.依次从 32 个晶体点群,可得 58 个磁类点群,也称为 Shubnikov 磁类点群或黑白磁点群和二色群,见表 6.11 所示.这种磁类点群又称黑白磁点群或二色群[125,131].

由此可以认为,上述三类 Shubnikov 晶体磁点群共有 122 种.在引入时间反演操作后,增加了 90 个附加的磁点群.其中 58 种黑白磁点群与晶体的磁性能密切相关.

表 6.11 Shubnikov 磁类点群

序号	M	H	G	序号	M	H	G
1	$\bar{1}'$	1	$\bar{1}$	30	$32'$	3	32
2	$2'$	1	2	31	$3m'$	3	$3m$
3	m'	1	m	32	$\bar{6}'$	3	$\bar{6}$
4	$2/m'$	2	$2/m$	33	$\bar{6}m'2'$	$\bar{6}$	$\bar{6}m2$
5	$2'/m$	m	$2/m$	34	$\bar{6}'m2'$	$3m$	$\bar{6}m2$
6	$2'/m'$	$\bar{1}$	$2/m$	35	$\bar{6}'m'2$	32	$\bar{6}m2$
7	$2'2'2$	2	222	36	$6'$	3	6
8	$2m'm'$	2	$2mm$	37	$\bar{3}'$	3	$\bar{3}$
9	$m'm2'$	m	$2mm$	38	$\bar{3}m'$	$\bar{3}$	$\bar{3}m$
10	$m'm'm'$	222	mmm	39	$\bar{3}'m$	$3m$	$\bar{3}m$
11	mmm'	$2mm$	mmm	40	$\bar{3}'m'$	32	$\bar{3}m$
12	$m'm'm$	$2/m$	mmm	41	$62'2'$	6	622
13	$4'$	2	4	42	$6'2'2$	32	622
14	$\bar{4}'$	2	$\bar{4}$	43	$6/m'$	6	$6/m$
15	$42'2'$	4	422	44	$6'/m'$	$\bar{3}$	$6/m$
16	$4'22'$	222	422	45	$6'/m$	$\bar{6}$	$6/m$
17	$4/m'$	4	$4/m$	46	$6m'm'$	6	$6mm$
18	$4'/m'$	$\bar{4}$	$4/m$	47	$6'm'm$	$3m$	$6mm$
19	$4'/m$	$2/m$	$4/m$	48	$6'/mmm'$	$\bar{6}2m$	$6/mmm$
20	$4m'm'$	4	$4mm$	49	$6'/m'm'm$	$\bar{3}m$	$6/mmm$
21	$4'mm'$	$2mm$	$4mm$	50	$6/m'm'm'$	622	$6/mmm$
22	$\bar{4}2'm'$	$\bar{4}$	$\bar{4}2m$	51	$6/m'mm$	$6mm$	$6/mmm$
23	$\bar{4}'2m'$	222	$\bar{4}2m$	52	$6/mm'm'$	$6/m$	$6/mmm$
24	$\bar{4}'2'm$	$2mm$	$\bar{4}2m$	53	$m'3$	23	$m3$
25	$4/m'm'm'$	422	$4/mmm$	54	$\bar{4}'3m'$	23	$\bar{4}3m$
26	$4/m'mm$	$4mm$	$4/mmm$	55	$4'32'$	23	432
27	$4'/mmm'$	mmm	$4/mmm$	56	$m'3m'$	432	$m3m$
28	$4'/m'm'm$	$\bar{4}2m$	$4/mmm$	57	$m'3m$	$\bar{4}3m$	$m3m$
29	$4/mm'm'$	$4/m$	$4/mmm$	58	$m3m'$	$m3$	$m3m$

注：表中所列为国际符号，符号上的“一撇”代表该对称操作已包含时间反演操作 θ. 在近期文献中表示时间反演的“一撇”已改为在符号下“加一划”. 如镜面加时间反演 m' 改写为 $\underline{m}$；伴有时间反演的二重轴由 $2'$ 改写为 $\underline{2}$，以此类推. 在本章中两种符号通用.

当 G 和 H 是空间群时，则式(6.15)所示的 Shubnikov 群就成为磁空间群. 磁空间群分正常空间群(230 种 fedorov 空间群)、灰色空间群(230 种)、具有正常空间群晶格型式的黑白空间群(674 种)和具有黑白晶格型式的黑白磁空间群(517 种)等四类共 1651 种. 可详见有关专著[146~148,152].

前已述及,外场环境影响居里群的分类[142]. 磁居里群或称黑-白居里群可用来表征物体的磁结构.

磁场可用轴向矢量(圆柱对称性)∞/mm'(或$\infty/m\underline{m}$)表示. 符号 m'(或$\underline{m}$)表明镜面平行于磁场且伴随时间反演. 符号 $1'$(或 $\underline{1}$),表明所有对称元素在正常居里群中出现两次(即有和无时间反演). 7 种磁居里群及其派生的 7 种子群关系如图 6.24 所示.

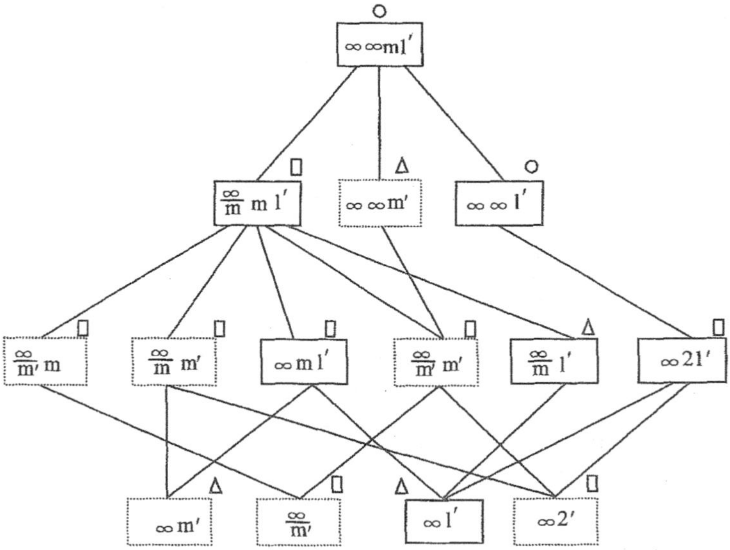

图 6.24　7 种磁居里群及其派生的 7 种子群关系.

在 6 种磁居里群中 $\infty\infty m1'$ 和 $\infty\infty 1'$ 为球系对称(以○表示),

$\frac{\infty}{m}m1'$、$\infty 21'$ 和 $\infty m1'$ 为圆柱系对称(以□表示),$\frac{\infty}{m}1'$ 为圆锥系对称(以 Δ 表示).

在 7 种派生的磁居里群子群中,$\frac{\infty}{m'}m$,$\frac{\infty}{m}m'$,$\frac{\infty}{m'}$,m' 和 $\frac{\infty}{m'}$ 为圆柱系对称,

$\infty\infty m'$,$\infty m'$ 和 $\infty 1'$ 为圆锥系对称. 实线框为磁居里群,虚线框为派生子群.

§6.3 对称性和物理性能关系

6.3.1 居里原理与诺埃曼原理

晶体宏观物理性质与晶体对称性的关系，最早由法国物理学家皮埃尔·居里以及诺埃曼（F. Neumann 1798～1895）所提出.前者称为居里原理，后者称为诺埃曼原理.

1. *居里原理* 居里原理的主要内容为："如果一定原因导出一定效果，则隶属于原因的对称要素应当出现在由原因引起的效果之中；此外，如果任何效应显示出缺失对称，则同一缺失对称应当出现在导致该效果的原因之中"."两个或多个等同的对称图形可以组成一个简单的组合体，实际上是对称要素的组合.这些对称要素对各图形是公共的"[149～151].

居里原理阐述了物体和现象，原因和效果双方在对称和缺失对称这两方面的联系.缺失对称与对称是物体和现象相互联系的两个状态.它的状态和性质是与某些对称要素对应的，而某些对称要素的缺少或丢失是与其缺失对称要素后的性质相关.例如 1856 年由 Gaugain 发现的电气石[$(Na,Ca)(Mg,Fe)_3B_3Al_6Si_6(O,OH,F)_{31}$]具有 $C_{3v}(3m)$ 点群的对称要素，以及与这些对称要素相应的对称外形和对称性质.但在温度变化，缺少与主轴 $C_3(3)$ 垂直的水平对称面 σ_h 和对称中心 i 后，即在惟一主轴 $C_3(3)$ 两端呈现数量相等而符号相反的电荷.晶体冷却后，电荷的变化与加热时相反.即所谓的热（释）电效应.

居里原理可由群论作进一步论述.设高温群 G_0 包含有序的低温群 G_1，在 $\theta<\theta_c$ 时，在一定方向上出现序参数，G_0 和 G_1 共有一切对称要素.若 G_1 和 G_{inf}（interior 次等）是 G_0 的两个子群，则 G_0 是由 G_1 与 G_{inf}的交集（或并集，以 ∩ 表示）所构成，即

$$G_1 \subset G_0 \supset G_{\text{inf}},$$

$$G_0 \cap G_{\text{inf}} \underline{\in} G_1, \tag{6.18}$$

其中 G_1 和 G_{inf}都属于 G_0，即 $G_1 \subseteq G_0$，$G_{\text{inf}} \subseteq G_0$，由于对称要素

$x\in G_1$、$x\in G_{\inf}$,所以 $x\in G_0$.例如图 6.4 所示的 $BaTiO_3$ 晶体的最高(完全)对称群 $G_0=G_0(O_h)$, $G_1=G_1(C_{4v})$, $G_{\inf}=G_{\inf}(C_{2v})$,则公共要素为 C_2,式(6.18)所示群论关系可示为 $O_h\cap C_{4v}\underline{\underline{\in}} C_{2v}$.$BaTiO_3$ 晶体从高温相 O_h 到低温相 C_{4v} 和 C_{2v} 的相变所导致的物理性能变化是与对称要素的缺失相关联的.

2. *诺埃曼原理* 诺埃曼原理认为:晶体的任何宏观物理性质所具有的对称要素集合,应当包括晶体本身所固有的对称要素(或对称型).若描述晶体宏观物理性质的对称群为 G_p,晶体固有对称群为 G_c,则以群论原理表示诺埃曼原理为 G_c 是 G_p 的子群,即

$$G_c\subset G_p,\ G_c\cap G_{pi}(i=1,2,\cdots,n). \qquad (6.19)$$

若某种晶体呈现出 n 种宏观物理性质,设其各自的点群为 G_{pi} $(i=1,2,\cdots,n)$,则各群皆以 G_c 为其公共子群,即 G_c 为 G_{pi} 的交集.

必须指出的是,诺埃曼原理只表明 G_p 必须以 G_c 为子群,但并未确定以 G_c 为子群的点群就是 G_p.当然如 G_p 没有对称要素也就决不会在 G_c 中出现.

几种物理性质与晶体本身固有对称性关系,见表 6.12 所列."+"表示这种性质有可能在该点群中观察到,"−"表示这种性质不能在该点群中观察到.

表 6.12 32 个点群及其性质*

晶系	点群			对称元素的方向和数目				对映体	旋光性	压电效应	热电效应	倍频效应	劳埃群
	序号	Schoenflies记号	国际记号										
三斜				a	b	c							
	1	C_1	1					+	+	+	+	+	$\bar{1}$
	2	C_i	$\bar{1}$				$\bar{1}$	−	−	−	−	−	
单斜	3	C_2	2		2			+	+	+	+	+	
	4	C_s	m		m			−	(+)	+	+	+	$2/m$
	5	C_{2h}	$2/m$		$2/m$		$\bar{1}$	−	−	−	−	−	

晶系	点群			对称元素的方向和数目				对映体	旋光性	压电效应	热电效应	倍频效应	劳埃群
	序号	Schoenflies 记号	国际记号										
正	6	D_2	222	2	2	2		+	+	+	−	+	
	7	C_{2v}	$mm2$	m	m	2		−	(+)	+	+	+	mmm
交	8	D_{2h}	mmm	$2/m$	$2/m$	$2/m$	$\bar{1}$	−	−	−	−	−	
				c	a	[110]							
	9	C_4	4	4				+	+	+	+	+	
	10	S_4	$\bar{4}$	$\bar{4}$				−	(+)	+	−	+	$4/m$
四	11	C_{4h}	$4/m$	$4/m$			$\bar{1}$	−	−	−	−	−	
方	12	D_4	422	4	2(2)	2(2)		+	+	+	−	+	
	13	C_{4v}	$4mm$	4	$m(2)$	$m(2)$		−	−	+	+	+	$4/mmm$
	14	D_{2d}	$\bar{4}2m$	$\bar{4}$	2(2)	$m(2)$		−	(+)	+	−	+	
	15	D_{4h}	$4/mmm$	$4/m$	$2/m(2)$	$2/m(2)$	$\bar{1}$	−	−	−	−	−	
				c	a	—							
三	16	C_3	3	3				+	+	+	+	+	$\bar{3}$
	17	C_{3i}	$\bar{3}$	$\bar{3}$			$\bar{1}$	−	−	−	−	−	
	18	D_3	32	3	2(3)			+	+	+	−	+	
方	19	C_{3v}	$3m$	3	$m(3)$			−	−	+	+	+	$\bar{3}m$
	20	D_{3d}	$\bar{3}m$	$\bar{3}$	$2/m(3)$		$\bar{1}$	−	−	−	−	−	
				c	a	[210]							
	21	C_6	6	6	—	—		+	+	+	+	+	
	22	C_{3h}	$\bar{6}$	$\bar{6}$	—	—		−	−	+	−	+	$6/m$
六	23	C_{6h}	$6/m$	$6/m$	—	—	$\bar{1}$	−	−	−	−	−	
方	24	D_6	622	6	2(3)	2(3)		+	+	+	−	+	
	25	C_{6v}	$6mm$	6	$m(3)$	$m(3)$		−	−	+	+	+	$6/mmm$
	26	D_{3h}	$\bar{6}m2$	$\bar{6}$	$m(3)$	2(3)		−	−	+	−	+	
	27	D_{6h}	$6/mmm$	$6/m$	$2/m(3)$	$2/m(3)$	$\bar{1}$	−	−	−	−	−	

续表

晶系	点群			对称元素的方向和数目				对映体	旋光性	压电效应	热电效应	倍频效应	劳埃群
	序号	Schoenflies记号	国际记号										
				a	[111]	[110]							
立方	28	T	23	2(3)	3(4)	—		+	+	+	−	+	$m\bar{3}$
	29	T_h	$m\bar{3}$	$2/m(3)$	$\bar{3}(4)$	—	$\bar{1}$	−	−	−	−	−	
	30	O	432	4(3)	3(4)	2(6)		+	+	−	−	−	
	31	T_d	$\bar{4}3m$	$\bar{4}(3)$	3(4)	$m(6)$		−	−	+	−	+	$m\bar{3}m$
	32	O_h	$m\bar{3}m$	$4/m(3)$	$\bar{3}(4)$	$2/m(6)$	$\bar{1}$	−	−	−	−	−	

* 对称元素的方向和数目栏中,圆括号内的数字代表数目;倍频效应指用二次谐波分析器(SHA)测定晶体对激光产生的倍频效应.

6.3.2 铁电群和反铁电群

居里原理和诺埃曼原理可以应用于空间群和点群的研究,也是铁电体对称性研究的基础.群论原理是判析铁电体对称结构的有效方法.

1. *铁电群* 铁电体是一种极性晶体,有极轴而无对称中心,其自发极化矢量 $\boldsymbol{p}$ 的对称性为 $C_{\infty v}(\infty mm)$.它具有连续群的特点,属圆锥非旋转群[如图 6.22(b)].根据居里原理和诺埃曼原理,有序的、低温铁电相的对称群 G_1 包含于无序的、高温顺电相对称群 G_0 之中,并在居里温度 T_c 以下,在某一方向上出现有序参数的 G_{inf}所共有的一切对称要素.因此,按式(6.18),铁电群 G_1 是由顺电群 G_0 与电偶极子群 G_{inf}的交集所构成的 G_0 的一个子群.

前面提到,铁电体是极性晶体,有极轴而无对称中心,则构成铁电性的极性点群,在 32 种点群中共有 10 种.它们都是圆锥非旋转群的子群,即:

$$C_1(1),\ C_2(2),\ C_3(3),\ C_4(4),$$
$$C_6(6),\ C_s(m),\ C_{2v}(mm2),\ C_{3v}(3m),$$
$$C_{4v}(4mm)\text{ 和 }C_{6v}(6mm).$$

通过改变 G_{inf}的对称要素以及相对于高温顺电群 G_0 的对称要素的方向，可以得出所有可能的铁电子群 G_1. Aizu 等人认为，可以从 32 种点群中，理论上得出的铁电相变类型共 88 种，见表 6.13 所列[153,154]. 表 6.13 所列铁电体类型中，字母 F 代表铁电，

表 6.13　88 种铁电体类型

铁电体种类	状态数	铁电体种类	状态数
$\bar{1}F1$	1	$4mmF1$	8/2
$2F1$	2/2	$4mmFm$	4/2
$mF1$	2/2	$\bar{4}2mF1$	8/2
$2/mF1$	2	$\bar{4}2mF2(s)$	2
$2/mFm$	1	$\bar{4}2mFm$	4/2
$2/mF2$	1	$\bar{4}2mFmm2$	1
$222F1$	4/2	$4/mmmF1$	8
$222F2$	1	$4/mmmFm(s)$	4
$mm2F1$	4/2	$4/mmmFm(p)$	4
$mm2Fm$	2/2	$4/mmmFmm2(s)$	2
$mmmF1$	4	$4/mmmF4mm$	1
$mmmFm$	2	$3F1$	3/2
$mmmFmm2$	1	$\bar{3}F1$	3
$4F1$	4/2	$\bar{3}F3$	1
$\bar{4}F1$	4/2	$32F1$	6/2
$\bar{4}F2$	1	$32F2$	3/2
$4/mF1$	4	$32F3$	1
$4/mFm$	2	$3mF1$	6/2
$4/mF4$	1	$3mFm$	3/2
$422F1$	8/2	$\bar{3}mF1$	6
$422F2$	2	$\bar{3}mF2$	3
$422F4$	1	$\bar{3}mFm$	3
$\bar{3}mF3m$	1	$6/m\ mmF6mm$	1
$6F1$	6/2	$23F1$	12/2
$\bar{6}F1$	6/2	$23F2$	3
$\bar{6}Fm$	3/2	$23F3$	4/2
$\bar{6}F3$	1	$m3F1$	12
$6/m\ F1$	6	$m3Fm$	6
$6/m\ Fm$	3	$m3Fmm2$	3

续表

铁电体种类	状态数	铁电体种类	状态数
$6/m\ F6$	1	$m3F3$	4
$622F1$	12/2	$432F1$	24/2
$622F2(s)$	3	$432F2(s)$	6
$622F6$	1	$432F4$	3
$6mmF1$	12/2	$432F3$	4
$6mmFm$	6/2	$\bar{4}3mF1$	24/2
$\bar{6}m2F1$	12/2	$\bar{4}3mFm$	12/2
$\bar{6}m2Fm(s)$	6/2	$\bar{4}3mFmm2$	3
$\bar{6}m2Fm(p)$	6/2	$\bar{4}3mF3m$	4/2
$\bar{6}m2Fmm2$	3/2	$m3mF1$	24
$\bar{6}m2F3m$	1	$m3mFm(s)$	12
$6/m\ mmF1$	12	$m3mFm(p)$	12
$6m\ mmFm(s)$	6	$m3mFmm2(ps)$	6
$6/m\ mmFm(p)$	6	$m3mF4mm$	3
$6/m\ mmFmm2(s)$	3	$m3mF3m$	4

其左方为相变前的顺电相(原型相)的点群,右方为相变后铁电相的点群. s 和 p 分别指对称轴是极轴或不是极轴,状态数是指自发极化矢量的可能等效取向状态数,或等同的铁电轴数目 K. 它是顺电群的对称操作数 N_{G_0} 与铁电群对称操作数 N_{G_1} 之比 $(K=N_{G_0}/N_{G_1})$. 如就 CMO 晶体而言,具有 $\bar{4}2mFmm2$ 相变特征,顺电相的对称操作数为 8,铁电相的对称操作数为 4,每个轴有 2 个方向. 所以其中铁电轴(二次轴)是惟一的,取向态数为 $K=1$. 在 KDP 晶体中,具有 $\bar{4}2mF2(s)$ 相变特征,铁电轴与 $\bar{4}2m$ 中的 2 次轴对应,有两个等同方向(如[100]和[010],或[001]和[00$\bar{1}$]等)故状态数为 2.

2. *反铁电群* 基特尔型反铁电体具有共线序参量 $\overrightarrow{P}$. 它的对称性为 $D_{\infty h}(\infty/mmm)$. 包含一切旋转轴和反轴以及过圆柱体轴的镜面,轴方向与圆柱轴平行. 它也具有连续群的特点,它虽有极轴,但自发极化矢量 $\overrightarrow{p}$ 大小相等方向相反.因而也属圆柱非旋转群[如图 6.22(e)].在 32 种点群中共有 27 种.它们都是含共线序参量 $D_{\infty h}(\infty/mmm)$的群的子群,即

$$C_1(1),\ C_i(\bar{1}),\ C_s(m),\ C_2(2),\ C_{2h}(2/m),$$
$$C_{2v}(mm2),\ D_2(222),\ D_{2h}(mmm),\ D_{2d}(\bar{4}2m),$$
$$C_3(3),\ C_{3i}(S_6),\ C_{3v}(3m),\ D_3(32),\ D_{3d}(\bar{3}m),$$
$$D_{3h}(\bar{6}m2),\ C_4(4),\ C_{4i}(S_4),\ C_{4v}(4mm),\ C_{4h}(4/m),$$
$$D_4(422),\ D_{4h}(4/mmm),\ C_6(6),\ C_{6i}(C_{3h}),\ C_{6v}(6mm),$$
$$D_6(622),\ D_{6h}(6/mmm),\ C_{6h}(6/m).$$

同理,可以由 32 种顺电点群得出所有可能的反铁电体,见表 6.14[151,155].必须指出的是,从顺电相所得的反铁电体并不以此顺电相有反演中心为必要条件.相反,如果存在反演中心,则由其产生的反铁电体必保留该反演中心.此外,在大多数反铁电相变中,相变后新的晶胞尺寸必定是相变前原有的晶胞尺寸的整数倍,即相变与处在布里渊区表面的一个波矢 $\boldsymbol{k}$ 相对应,即有些反铁电相中同时存在着几种可能的取向态.这就使从居里群和子群关系所得的反铁电体信息很是有限.今后,还需继续作深入的研究.

表 6.14 所有可能反铁电相(共线型)和 $\overrightarrow{P}$ 的取向.括号内为自发反极化方向的数目

	$\overrightarrow{P}$	$23(T)$	$m3(T_h)$	$\bar{4}3m(T_d)$	$432(O)$	$m3m(O_h)$
从立方点群相变得出	[100]	222(3)	mmm(3)	$42m$(3)	422(3)	422(6)
	[111]	3(4)	3(4)	$3m$(8)	32(4)	$3m$(4)
	[110]	2(6)	$2/m$(8)	$mm2$(6)	222(6)	mmm(6)
	[$hk0$]	2(6)	$2/m$(8)	2(12)	2(12)	$2/m$(12)
	[hkk]	1(12)	$\bar{1}$(12)	1(24)	2(12)	$2/m$(12)
	[hkl]	1(12)	$\bar{1}$(12)	1(24)	2(12)	$2/m$(12)
	[hkl]	1(12)	$\bar{1}$(12)	1(24)	1(24)	$\bar{1}$(24)

续表

	$\vec{P}$ (四轴指数)	$6/mmm$ (D_{6h})	$6mm$ (C_{6v})	$6/m$ (C_{6h})	622 (D_6)	6 (C_6)	$\bar{6}2m$ (D_{3h})	$\bar{6}$ (C_{3h})
从六方点群相变得出	[0001]	$6/mmm(1)$	$6mm(1)$	$6/m(1)$	$622(1)$	$6(1)$	$\bar{6}2m(1)$	$6(1)$
	[11$\bar{2}$0]	$mmm(3)$	$mm2(3)$	$2/m(3)$	$222(3)$	$2(3)$	$2(2)$	$m(2)$
	[10$\bar{1}$0]	$mmm(3)$	$mm2(3)$	$2/m(3)$	$222(3)$	$2(3)$	$2(2)$	$m(2)$
	[$hki0$]	$2/m(6)$	$2(6)$	$2/m(3)$	$2(6)$	$2(3)$	$m(2)$	$m(2)$
	[$hh\bar{2}hl$]	$\bar{1}(12)$	$m(6)$	$\bar{1}(6)$	$2(6)$	$1(6)$	$m(2)$	$1(6)$
	[$h0\bar{h}l$]	$\bar{1}(12)$	$m(6)$	$\bar{1}(6)$	$2(6)$	$1(6)$	$m(2)$	$1(6)$
	[$hkil$]	$\bar{1}(12)$	$1(12)$	$\bar{1}(6)$	$1(12)$	$1(6)$	$1(12)$	$1(6)$

	$\vec{P}$ (四轴指数)	$\bar{3}m$ (D_{3d})	$\bar{3}(S_6)$	$3m$ (C_{3v})	$32(D_3)$	$3(C_3)$
从三方点群相变得出	[0001]	$\bar{3}m(1)$	$\bar{3}(1)$	$3m(1)$	$32(1)$	$3(1)$
	[11$\bar{2}$0]	$2/m(3)$	$\bar{1}(3)$	$m(3)$	$2(3)$	$1(3)$
	[10$\bar{1}$0]	$2/m(3)$	$\bar{1}(3)$	$m(3)$	$2(3)$	$1(3)$
	[$hki0$]	$2(6)$	$\bar{1}(3)$	$1(6)$	$1(6)$	$1(3)$
	[$hh\bar{2}hl$]	$\bar{1}(6)$	$\bar{1}(3)$	$m(3)$	$1(6)$	$1(3)$
	[$h\bar{0}hl$]	$\bar{1}(6)$	$\bar{1}(3)$	$m(3)$	$1(6)$	$1(3)$
	[$hkil$]	$\bar{1}(6)$	$\bar{1}(3)$	$1(6)$	$1(6)$	$1(3)$

	$\vec{P}$	$4/mmm$ (D_{4h})	$4mm$ (C_{4v})	$4/m$ (C_{4h})	422 (D_4)	$4(C_4)$	$\bar{4}2m$ (D_{2d})	$\bar{4}$ (S_4)
从四方点群相变得出	[001]	$4/mmm(1)$	$4mm(1)$	$4/m(1)$	$422(1)$	$4(1)$	$\bar{4}2m(1)$	$4(1)$
	[100]	$mmm(2)$	$mm2(2)$	$2/m(2)$	$222(2)$	$2(2)$	$222(2)$	$2(2)$
	[110]	$mmm(2)$	$mm2(2)$	$2/m(2)$	$222(2)$	$2(2)$	$mm2(2)$	$2(2)$
	[$hk0$]	$2/m(4)$	$2(4)$	$2/m(2)$	$2(4)$	$2(2)$	$2(4)$	$2(2)$
	[$h0l$]	$2/m(4)$	$m(4)$	$\bar{1}(4)$	$2(4)$	$1(4)$	$2(4)$	$1(4)$
	[hhl]	$2/m(4)$	$m(4)$	$\bar{1}(4)$	$2(4)$	$1(4)$	$m(4)$	$1(4)$
	[hkl]	$\bar{1}(8)$	$1(8)$	$\bar{1}(4)$	$1(8)$	$1(4)$	$1(8)$	$1(4)$

续表

	$\vec{P}$	mmm (D_{2h})	$mm2$ (C_{2v})	222 (D_2)	$2/m$ (C_{2h})
从正交点群相变得出	[001]	$mmm(1)$	$mm2(1)$	222(1)	$2/m(1)$
	[010]	$mmm(1)$	$mm2(1)$	222(1)	$2/m(1)$
	[100]	$mmm(1)$	$mm2(1)$	222(1)	$2/m(1)$
	[$hk0$]	$2/m(2)$	2(2)	2(2)	$2/m(1)$
	[$h0l$]	$\bar{1}(4)$	$m(2)$	2(2)	$\bar{1}(2)$
	[$0kl$]	$\bar{1}(4)$	$m(2)$	2(2)	$\bar{1}(2)$
	[hkl]	$\bar{1}(4)$	1(4)	1(4)	$\bar{1}(2)$
从单斜和三斜点群相变得出	$\vec{P}$	$m(C_s)$	$2(C_2)$	$\bar{1}(C_i)$	$1(C_1)$
	[001]	$m(1)$	2(1)	$\bar{1}(1)$	1(1)
	[010]	$m(1)$	2(1)	$\bar{1}(1)$	1(1)
	[100]	$m(1)$	2(1)	$\bar{1}(1)$	1(1)
	[$hk0$]	$m(1)$	2(1)	$\bar{1}(1)$	1(1)
	[$h0l$]	1(2)	1(2)	$\bar{1}(1)$	1(1)
	[$0kl$]	1(2)	1(2)	$\bar{1}(1)$	1(1)
	[hkl]	1(2)	1(2)	$\bar{1}(1)$	1(1)

6.3.3 铁弹群和铁电-铁磁群

1. 铁弹群　在某些晶体中,应力 T 和应变 S 关系也有类似于铁电晶体的电极化和电场的滞后回线,其自发应变 S 方向可随外力场 T 而反向.这种具有铁弹性(ferroelastricity)的晶体称为铁弹体(ferroelastrics).铁弹体的滞后回线如图 6.25.

一般认为,铁弹体的自发形变起因于各等同部分原子对的互换位移(1/10 Å 数量级).因而在无应力时铁弹体的任何两个取向态应呈镜面对称.在 32 种点群中共有 16 种,即

$$C_1(1), C_i(\bar{1}), C_2(2), C_s(m), C_{2h}(2/m),$$

$$D_2(222), C_{2v}(mm2), D_{2h}(mmm),$$

$$D_{2d}(\bar{4}2m), C_3(3), C_{3i}(S_6), C_{3v}(3m), D_3(32),$$

$$D_{3d}(\bar{3}m), D_4(422), D_{4h}(4/mmm).$$

同理,可由 32 种顺弹体群得出所有可能的铁弹体.据报道这

样的铁弹体共有 94 种[156]. 其中兼有铁电性的铁弹-铁电体共有 42 种. 部分铁弹体 61 种. 可详见图 6.26 及有关专著[156~159].

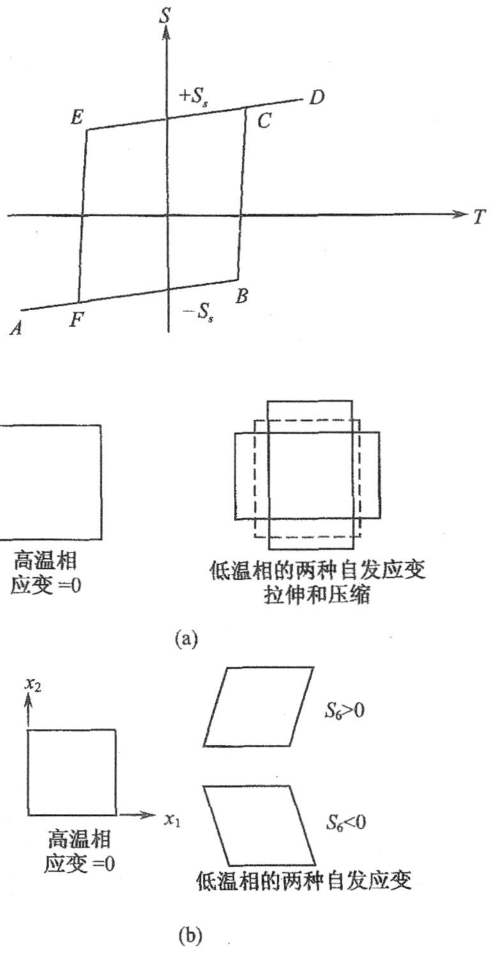

图 6.25 铁弹体的滞后回线及两种铁弹相变特征示意图.
(a)在无外力(即 $T=0$)时自发应变为 $+S_s$ 和 $-S_s$ 两种情况;
(b)多种自发应变 $S_s(s=1,2,3,4,5,6)$组合.

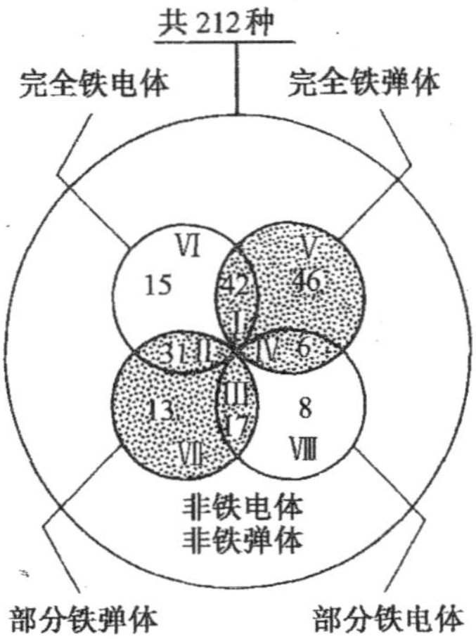

(a)

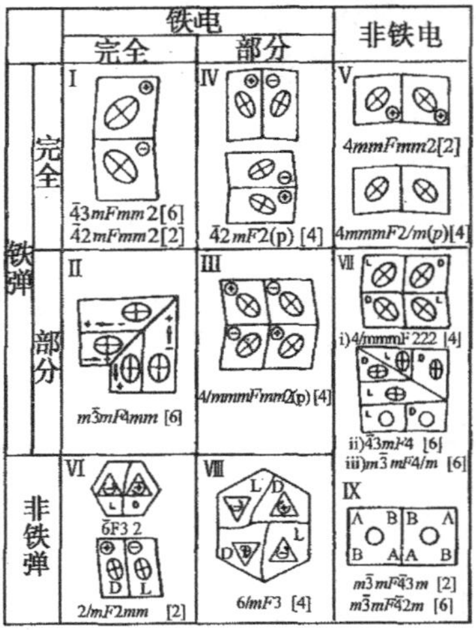

(b)

Ⅱ	31 种完全铁电/部分铁弹类				
电-两性(12 种)					
种类	取向态数	种类	取向态数	种类	取向态数
2/mF1	4	$\bar{3}mF2$	6		
mmmF1	8	6/mF1	12		
4/mF1	8	6/mmmF1	24		
4/mmmF1	16	m3F1	24		
$\bar{3}F1$	6	m3F3	8		
$\bar{3}mF1$	12	m3mF1	48		
电-赝-两性(15 种)					
mmmFm	4	$\bar{3}mFm$	6	m3Fm	12
4/mFm	4	6/mFm	6	m3Fmm2	6
4/mmmFm(p)	8	6/mmmFm(p)	12	$m\bar{3}mFm(p)$	24
4/mmmFm(s)	8	6/mmmFm(s)	12	$m\bar{3}mFm(s)$	24
4/mmmFmm2(s)	4	6/mmmFmm2(s)	6	$m\bar{3}mFmm2(ps)$	12
非电-两性(4 种)					
432F1	24	$m\bar{3}mF3m$	8		
432F4	8	$m\bar{3}mF4mm$	6		

(c)

Ⅵ	15 种完全铁电/非铁弹类					
电-两性(6 种)						
种类	取向态数	实例：化合物	Tc (℃)	ρ(deg mm^{-1})	T (℃)	λ (mm)
$\bar{1}F1$	2					
2/mF2	2	TGS	49	0.05 //O.A.	26	632.8
4/mF4	2					
$\bar{3}F3$	2					
$\bar{6}F3$	2	$Pb_5Ge_3O_{11}$	177	5.6	25	550
6/mF6	2					
电赝两性(2 种)						
2/mFm	2	$LiH_3(SeO_3)_2$	70	1.7//O.A.	23	589
mmmFmm2	2	$NaNO_2$	163	15.7//O.A.	R.T.	632.8

非电两性(7 种)			
种类	取向态数	种类	取向态数
422F1	8	622F6	2
4/mmmF4mm	2	$\bar{6}m2F3m$	2
32F3	2	6/mmmF6mm	2
$\bar{3}mF3m$	2		

(d)

图 6.26 铁弹群和铁电群的分布示意图.

(a)各种状态的交集和非交集;(b)Ⅰ～Ⅸ组取向态实例(c)Ⅱ组(d)Ⅵ组.其中Ⅰ为全铁电-全铁弹体共 42 种,Ⅱ为完全铁电-部分铁弹体共 31 种,Ⅲ为部分铁电体-部分铁弹体共 17 种,Ⅳ为部分铁电体-完全铁弹体共 6 种,Ⅴ非铁电-完全铁弹体共 46 种,Ⅵ为完全铁电-非铁弹体共 15 种,Ⅶ为非铁电-部分铁弹体共 13 种,Ⅷ为部分铁电-非铁弹体共 8 种,Ⅸ为非铁电-非铁弹体共 34 种.方括号内为取向态数.

2. *铁电-铁磁群*　在某些晶体中兼有铁电和铁磁的结构特性，则其对称群可以用铁电-铁磁居里群来表征. 铁电-铁磁居里群的对称性取决于铁电体的自发极化矢量 $\boldsymbol{P}_s$ 和铁磁体的自发磁化矢量 $\boldsymbol{M}_s$ 及其相互作用. 从完全对称群 $m3m$ 出发，与铁电-铁磁相对应的可能居里群如表 6.15 所示. 表中所列 $\boldsymbol{M}_s=0$ 和 $\boldsymbol{P}_s=0$ 相对于铁电相和铁磁相，在其他情况，则取决于铁电和铁磁的相互作用，对于研究材料的磁电效应具有重要意义. 可详见有关专著[160~162].

表 6.15　铁电-铁磁相的对称性

<table>
<tr><th>$\boldsymbol{P}_s$</th><th>$\boldsymbol{M}_s\equiv0$</th><th>$[100],[\bar{1}00]$</th><th>$[110],[\bar{1}\bar{1}0]$</th><th>$[111],[\bar{1}\bar{1}\bar{1}]$</th></tr>
<tr><td>0</td><td>$m3m\times1'$</td><td>$4/mm'm'$</td><td>$mm'm'$</td><td>$\bar{3}m'$</td></tr>
<tr><td>$[100][\bar{1}00]$</td><td rowspan="3">$4mm\times1'$</td><td>$4m'm'$</td><td rowspan="2">m'</td><td rowspan="4">m'</td></tr>
<tr><td>$[010][0\bar{1}0]$</td><td rowspan="2">$m'm2'$</td></tr>
<tr><td>$[001][00\bar{1}]$</td><td>$m'm2'$</td></tr>
<tr><td>$[110][\bar{1}\bar{1}0]$</td><td rowspan="6">$mm2\times1'$</td><td rowspan="4">m'</td><td>$m'm2'$</td></tr>
<tr><td>$[\bar{1}10][1\bar{1}0]$</td><td>$m'm2'$</td><td>$2'$</td></tr>
<tr><td>$[101][\bar{1}0\bar{1}]$</td><td rowspan="4">1</td><td>m'</td></tr>
<tr><td>$[\bar{1}01][10\bar{1}]$</td><td>$2'$</td></tr>
<tr><td>$[011][0\bar{1}\bar{1}]$</td><td rowspan="2">$m'm2'$</td><td>m'</td></tr>
<tr><td>$[0\bar{1}1][01\bar{1}]$</td><td>$2'$</td></tr>
<tr><td>$[111][\bar{1}\bar{1}\bar{1}]$</td><td rowspan="4">$3m\times1'$</td><td rowspan="4">$m'$</td><td>$m'$</td><td>$3m'$</td></tr>
<tr><td>$[\bar{1}11][1\bar{1}\bar{1}]$</td><td rowspan="2">$m$</td><td rowspan="3">$m'$</td></tr>
<tr><td>$[1\bar{1}1][\bar{1}1\bar{1}]$</td></tr>
<tr><td>$[11\bar{1}][\bar{1}\bar{1}1]$</td><td>$m'$</td></tr>
</table>

外场对晶体对称性有重要影响. 由诺埃曼原理可知受外力作用的晶体所呈现的对称要素，即对没有这样外力的晶体和没有晶体的外力是公共的对称要素[143]. 则磁电材料也可由非铁磁的钙钛矿型铁电材料 $BaTiO_3$ 和非铁电的尖晶石型铁磁材料 $CoFe_2O_4$ 复合而成. 这两种单晶材料经过单晶单畴至单晶多畴转变后，使其极化场 E 和磁化场 H 互相平行，即可将对称性为 ∞/mm' 的磁性陶瓷 $CoFe_2O_4$ 与对称性为 $\infty m1'$ 的铁电陶瓷复合成对称性为由两

个对称元素的两元群$\infty m'$的磁电陶瓷 $CoFe_2O_4$ - $BaTiO_3$ 复合材料[142].多晶 $BaTiO_3$ - $CoFe_2O_4$ 磁电陶瓷的磁化场和极化场平行时,其对称性变化过程如图 6.27 所示.这种由复合的方法所产生的两种起始材料所没有的磁电效应也称为乘积性能.

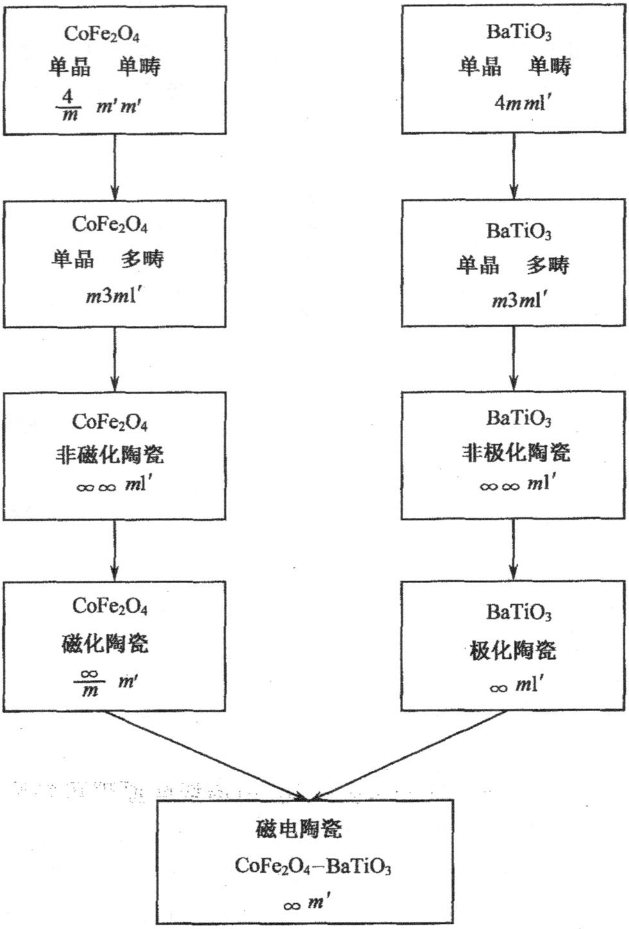

图 6.27　磁电复合陶瓷材料的 $BaTiO_3$ - $CoFe_2O_4$
制备过程中对称性的变化(在极化和磁化时,电场和磁场彼此平行).

由此，由居里群可得各种物理性能及热磁、磁电和压磁交叉效应等方面各种独立的性能协同因数，如表6.16和表6.17所示[142]. 它与表6.12所示的晶体的对称性与物理性能的关系是密切相关. 可用来进行各种复合材料的设计，并预测复合材料所具有的物理特性.

表6.16　7种磁居里群的各种独立性能协同因数数目

磁居里群类型	热电性 p	介电性 ε	压电性 d	弹柔顺性 s	光活性* g
$\infty\infty m1'$	0	1	0	2	0
$\infty\infty 1'$	0	1	0	2	1
$\infty/m\ mm1'$	0	2	0	5	0
$\infty/m\ 1'$	0	2	0	5	0
$\infty m1'$	1	2	3	5	0
$\infty 21'$	0	2	1	5	2
$\infty 1'$	1	2	4	5	2

* 光活性协同因数系由轴向二阶张量项所构成.

表6.17　14种居里群的各种独立性能协同因数数目

居里群类型	热磁性 i	磁导率 χ	磁电性 $\propto$	压磁性 Q
$\infty\infty m$	0	1	0	0
$\infty\infty m'$	0	1	0	0
$\infty\infty$	0	1	0	0
$\infty/m\ m'$	0	2	1	1
$\infty/m\ m$	1	2	0	3
$\infty/m'\ m$	0	2	1	0
$\infty/m'\ m'$	0	2	2	0
∞/m	1	2	1	4
∞/m'	0	2	3	0
∞m	0	2	1	1
$\infty m'$	1	2	2	3
$\infty 2$	0	2	2	1
$\infty 2'$	1	2	1	3
∞	1	2	3	4

§6.4 畴结构与缺陷

6.4.1 畴结构

畴是原子或离子有序排列的区域.通常,每个畴内原子或离子作周期性重复排列,畴与畴之间的边界称为畴壁.根据原子或离子有序排列所形成的偶极矩和功能效应不同,分铁电畴、铁弹畴和铁磁畴等几种,分别表征铁电体、铁弹性和铁磁体的不同特征.因而这些材料有时统称为有畴体或铁性体.畴的大小、形貌、取向和对称性取决于材料的内禀性质(如交换能、各向异性能、形变能和缺陷等)及外场和温度的变化.研究畴结构对于认识畴的本质,开展畴工程研究,进而控制畴结构、提高材料性能、扩大应用具有重要意义.本节以铁电畴为主,进而论及铁弹畴和铁磁畴.

1. 畴结构的形貌

(1)铁电畴.它是指铁电体中偶极子有序排列,自发极化方向一致的区域.通常,畴壁两侧的铁电畴的极化方向不同,晶格略有微小畸变,但并不导致晶体结构凝聚力的破坏[164].铁电畴和畴壁的结构如图 6.28(a)所示[165].相邻两畴的自发极化方向呈反平行

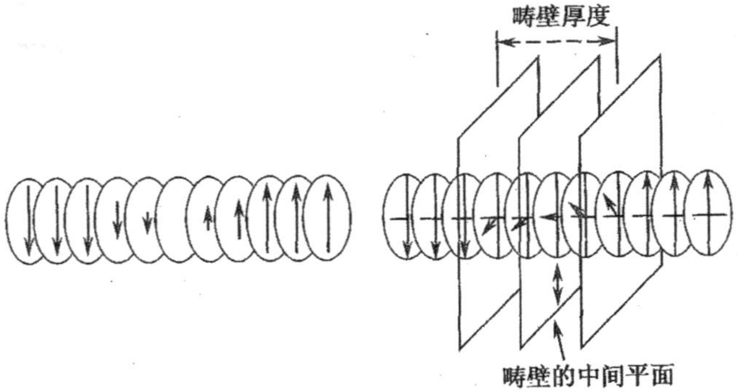

图 6.28 铁电畴和铁磁畴及其畴壁.
(a)铁电畴和(Ising)畴壁;(b)铁磁畴和(Bloch)畴壁.

排列的称 180°畴，相邻两畴的自发极化方向呈 90°称为 90°畴，其间的畴壁分别称为 180°畴壁和 90°畴壁.

通常，单轴性铁电体的铁电畴的形态比较简单. 例如硫酸三甘氨酸(TGS)铁电相的自发极化方向平行于 b 轴. 因而只存在平行于 b 轴的 180°畴和 180°畴壁，见图 6.29[166]. 多轴性铁电体的畴结构形态比较复杂. 例如 $BaTiO_3$ 晶体有三种铁电相，存在六种不同的铁电畴和畴壁. 四方相 $T(4mm)$时，自发极化 P_s 沿〈100〉方向，具有 90°畴和 180°畴；斜方相 $O(mm2)$时，P_s 沿〈110〉方向，除 180°畴和 90°畴外，还有 60°和 120°畴；三方相 $R(3m)$时，P_s 沿

图 6.29　TGS 晶体的畴结构(平行于自发极化方向).

〈111〉方向，除 180°畴外，还有 71°和 109°畴，见图 6.30. 此外，按极化轴与晶片位向可将铁电畴分成 a 畴和 c 畴两大类. 极化轴垂直

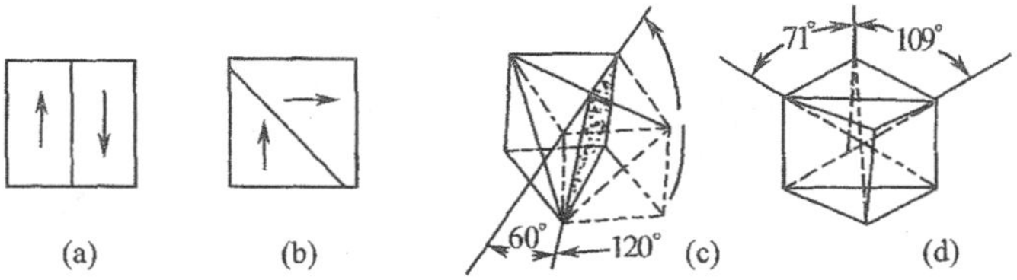

图 6.30　$BaTiO_3$ 晶体在不同相态时的畴结构形态.

于晶片平面的畴称 c 畴，极化轴平行于晶片平面的畴称 a 畴．a 畴和 c 畴可以组合成多种 90° 和 180° 畴壁(图 6.31)．在稳定的畴结构中，为保持能量为最低状态，相邻畴的自发极化方向相衔接，而呈"首—尾"相接[167]状态(图 6.32)．

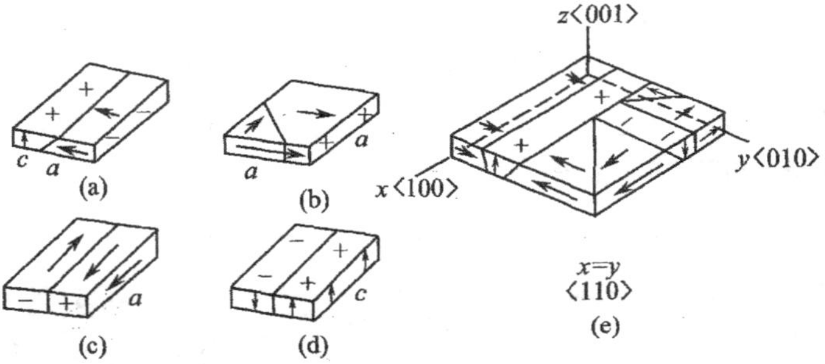

图 6.31　四方相 $BaTiO_3$ 晶体铁电畴的形态示意图．

(a) a 畴和 c 畴之间为 a—c 90° 畴壁；(b)两个 a 畴之间为 a—a 90° 畴壁；(c)两个 a 畴之间为 a—a 180° 畴壁；(d)两个 c 畴之间为 c—c 180° 畴壁；(e)晶体中畴结构的分布，其中 a—a 畴壁平行于(110)，c—a 畴壁平行于(011)．

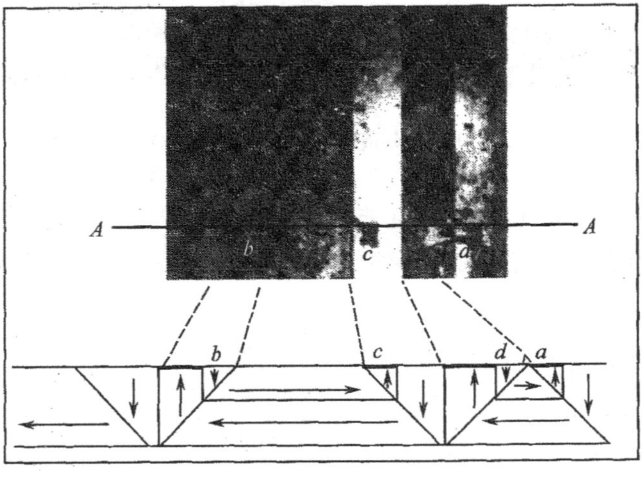

图 6.32　实际 $BaTiO_3$ 晶体在四方相时 A—A 面上的畴结构．

综上所述，实际观察到的铁电畴形貌的空间分布很是复杂.不仅单晶内多畴，即使在多晶的一个晶粒内也是多畴交错. $BaTiO_3$ 陶瓷内铁电畴的形貌—畴"图样"常呈鱼骨状和正交网络状.图 6.33 示出了一个晶粒内的畴的图样是由 24 个不同的铁电畴取向所构成[168]. PZT(20/80)陶瓷薄膜内，相变时机械应力所导致的 90°畴的分布，如图 6.34[169]所示.

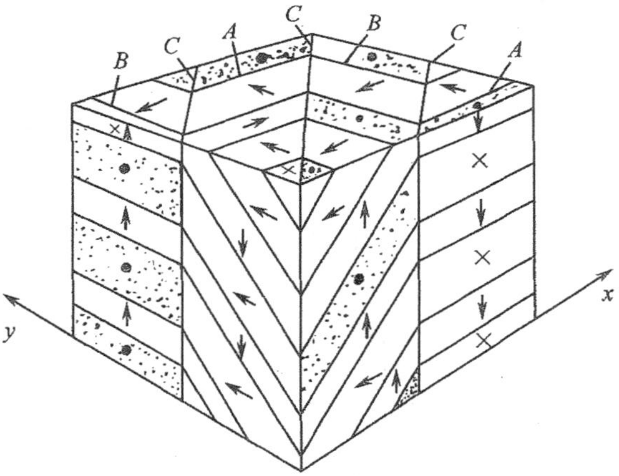

图 6.33 $BaTiO_3$ 陶瓷晶粒内铁电畴的空间分布(图中箭头表示自发极化方向，•或×分别表示自发极化方向垂直于截面向内或向外，A，B 为 90°畴壁，C 为 180°畴壁，A—[$01\bar{1}$]、B—[$10\bar{1}$]、C—[$1\bar{1}0$].

(2)铁弹畴.它是指铁弹体中自发形变方向一致的区域.通常都处于夹持状态而呈多畴态.铁弹畴是表征材料的铁弹性能的重要标志.在铁弹相变(如同铁电和铁磁相变)时，自发应变的产生伴随着晶体点群对称性的降低.

铁弹畴壁可认为是由镜面对称的两个铁弹畴"缝合"而成的.相变时，畴壁经受了相邻两畴的等效形变.为了满足力学相容性的要求，铁弹畴壁的表面能具有较高的各向异性.如图 6.35 所示.

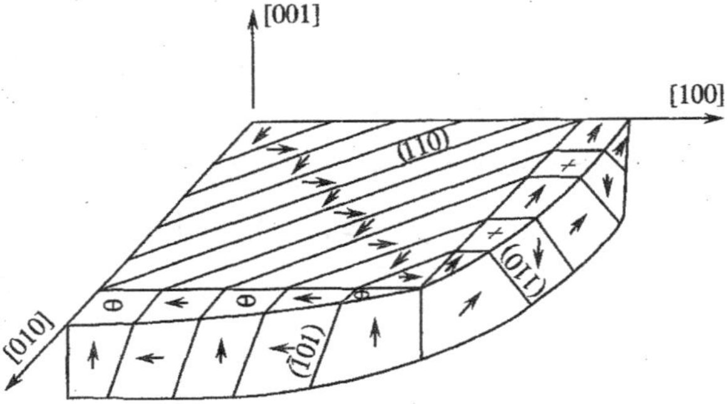

图 6.34　PZT 陶瓷薄膜内 90°畴分布. 箭头表示自发极化方向.

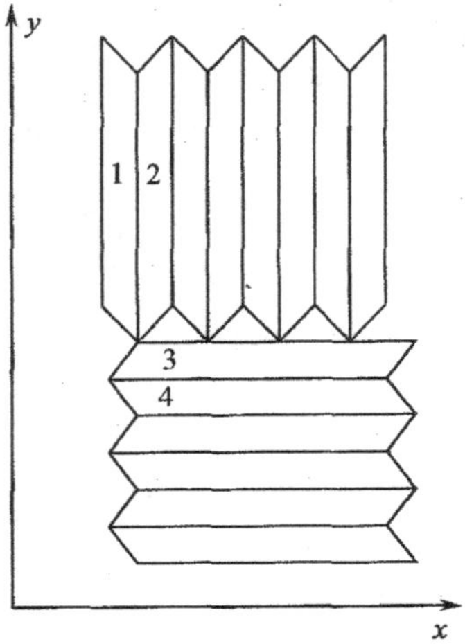

图 6.35　KDP 晶体中铁弹畴的四种不同形态. 图中 1,2 和 3,4 分别表示呈镜对称的铁弹畴. 截面垂直于 P_s 方向.

KH_2PO_4(KDP)晶体也是一种典型的铁电-铁弹体，畴壁呈平面型与 x 轴或 y 轴垂直(如图 6.36). 但是，实际材料中的铁弹畴的形貌也很复杂. NdP_5O_{14}铁弹畴的形貌如图 6.36 所示[163].

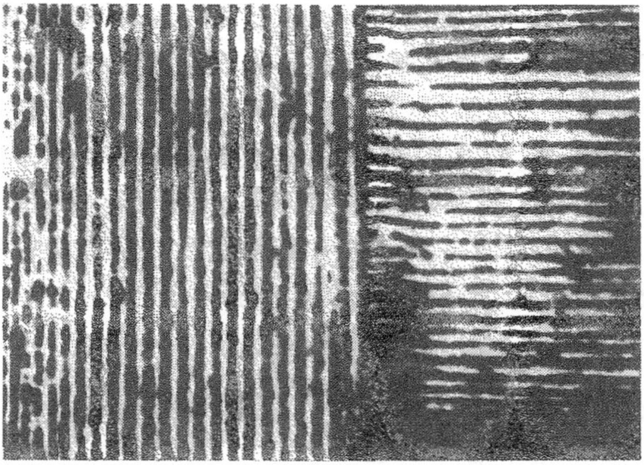

图 6.36　KDP 晶体中的畴结构,截面垂直于 P_s 方向.

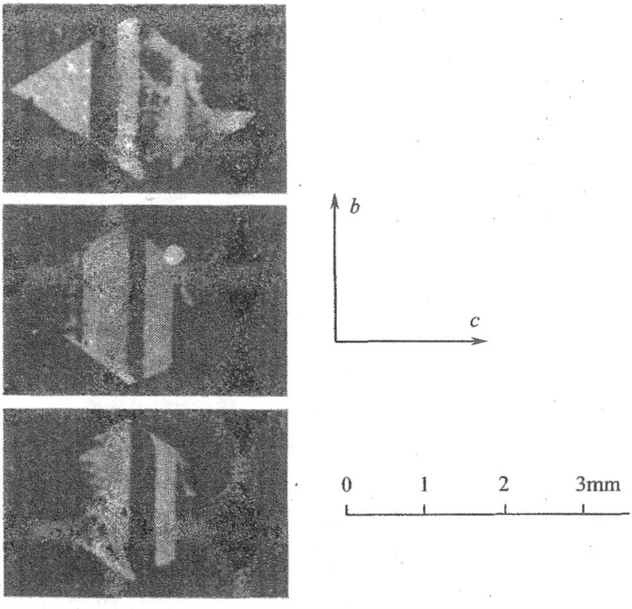

图 6.37　NdP_5O_{14}铁弹畴结构示意图.在(100)面上具有 a 畴.

(3)螺旋畴.铁电液晶 DOBAMBC 手性近晶(层列)相,各层分子与外场垂直,而具有螺旋畴特征.在直流或低频($f<50$ Hz)电场下,螺旋线并没有卷曲.在直流电场作用下,所有近晶相中分子平面都与电场垂直[如图 6.38(b)].螺旋畴中与外场方向一致的部分逐渐长大[图 6.38(c)].在高场下,偶极矩取向渐趋一致[图 6.38(d)].最后,待反冲类缺陷完全消除后,才成为均匀一致的取向[图 6.38(e,f)].上述过程已为实验所证实[203].

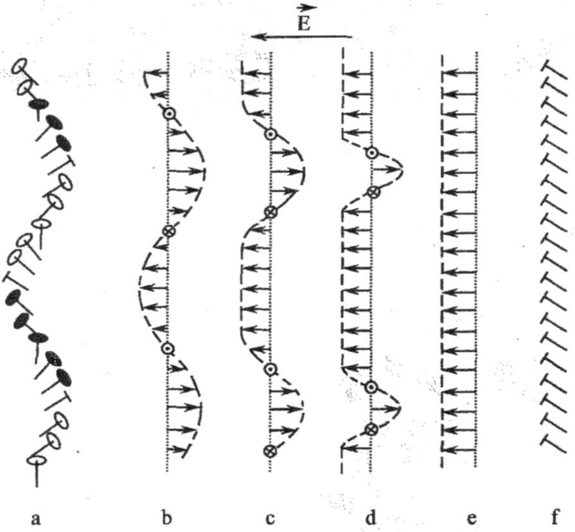

图 6.38 直流电场对手性近晶 c 相畴结构的影响.
场强从 b 至 e 增大.钉子表示液晶分子,箭头表示手性近晶 c 的取向.图中未考虑螺距的变化.

目前,交流场对螺旋畴结构的影响虽然还不很清楚.但大致可以认为:在正介电各向异性($\Delta\varepsilon>0$)时,近晶 c 相中各倾斜平面内各按半个螺距随外场而取向[图 6.39(c)].高场时,畴系统继续随外场交替取向,而出现了多畴壁结构.畴壁的间距约为半个螺距.相邻两畴的自发极化方向相反,宏观上相互抵消,而降低了自由能[203].

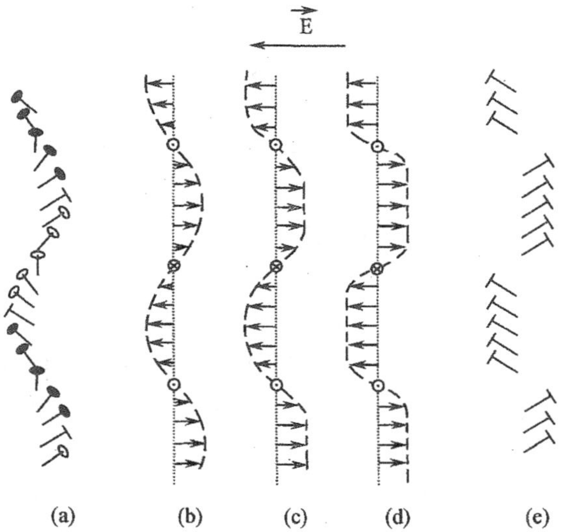

图 6.39 交流场对具有正介电各向异性的手性近晶 c 相畴结构的影响. 符号如图 6.38 所示.

2. 畴结构的对称性　应用群论原理探索畴结构的对称操作规律和对称元素的几何意义,研究畴结构的结晶学特征具有重要意义[170~175].

(1)铁电畴的对称群. 根据群论原理,铁电相是由起始相(顺电相)经过一定对称操作而成的. 铁电畴的对称群 D 具有 $C_{\infty v}$ (∞mm)对称性,为连续群,属圆锥非旋转群(见图 6.22). 设铁电畴的对称群 D 是顺电相起始群 G_0 的子群,而极化群 H 是顺电群 G_0 的最高阶子群,即

$$D \subset G_0, \quad H \subset G_0, \tag{6.20a}$$

$$D \subset H \subset G_0. \tag{6.20b}$$

单轴型铁电体的自发极化强度 P_s 沿极化轴相对取向. 如 RS 晶体在顺电斜方相时为 4 阶群 $G_0(222)$,有 4 个对称操作$[E]$, $[C_{2y}]$, $[C_{2x}]$和$[C_{2z}]$. 群 G_0 是上述 4 个对称元素的集合,即

$$G_0 = [(222)D_2] = \{E, C_{2y}, C_{2x}, C_{2z}\}.$$

相变后，有的对称元素消失，其铁电相为单斜晶系、2 阶群 $H(2)$，有 2 个对称操作$[E]$、$[C_{2y}]$，即

$$H = [(2)C_2] = \{E, C_{2y}\}.$$

铁电相时，只能沿 2 次轴 C_2 产生自发极化，铁电畴的对称性为 $D(2)$. 所以畴壁只能沿(010)和(001)取向，即

$$D = [(2)C_2] = \{C_{2y}\}.$$

由此可得

$$\{C_{2y}\} \subset \{E, C_{2y}\} \subset \{E, C_{2y}, C_{2x}, C_{2z}\}.$$

符合式(6.20b)所示的集合论规律. 多轴性铁电体的自发极化 P_s 在不同相态时沿不同方向相对取向，也必须进一步应用群论原理.

(2)铁电畴的取向态数. 拉格朗日定律表明，有限群 G 的子群 H 的阶 n 必是群 G 阶 N 的因子. 这就是说，有限群 G 的阶 N 必为任一子群 H 的阶 n 的倍数[176~179]，即

$$[G:1] = [G:H][H:1], \tag{6.21a}$$

$$N = Kn, \tag{6.21b}$$

式中，K 为子群 H 在群 G 中的指数，即子群 H 在群 G 内的左陪集数.

如对拉格朗日定理作进一步推论，有限群 G 可分解为 n 个左陪集的并集，每个左陪集各含子群 H 的一个对称元素 g，即

$$G = g_1H + g_2H + \cdots + g_kH, \tag{6.22}$$

式中 g_i 为子群 H 类的对称元素，K 为左陪集数，则群 G 的阶 N 可由子群 H 的阶 $n_i(i = 1 - K_i)$ 与对称元素数 K_i 的乘积表示

$$N = \sum_{i=1}^{k} n_i K_i. \tag{6.23}$$

如以 N_G 和 n_H 分别表示顺电群 G 和极性子群 H 的阶(对称操作数). 则极性群 H 的对称元素数 K(即铁电畴的可能取向态数或自发极化等效方向数)可表示为

$$K = \frac{N_G}{n_H}. \tag{6.24}$$

通常，单轴型铁电体的对称元素数 K 为 2，亦即只有两种取

向态(或等效方向).如前述的 RS 晶体的 $P_s // C_{2y}$,具有 180°旋转畴;KDP 晶体的 $P_s // C_{4z}$,也具有 180°旋转畴.多轴型铁电体的情况比较复杂,需要作进一步分析.

多轴型铁电体 $BaTiO_3$ 的顺电群 $G(m3m)$是由 48 个对称操作组成的完全集合,铁电群 $H(2mm)$为 4 阶群,即

$$G[O_h(m3m)] = \{E, 8C_3, 6C_4, 9C_2, I, 8S_6, 6S_4, 3\sigma_h, 6\sigma_d\},$$

$$H[C_{2v}(mm2)] = \{E, C_{2x}, \sigma_{xy}, \sigma_{x\bar{y}}\}.$$

已知 $N_G = 48$, $n_H = 4$.则由式(6.24)得知,$K = 12$.即铁电斜方($mm2$)相时,铁电畴可能出现的取向态数为 12.为了进一步判明斜方相时畴壁取向,可以将 48 阶顺电群 $G(m3m)$按式(6.22)分解为 12 种 $H(2mm)$的左陪集.由表 6.18 即可得出斜方相时具有 0°、180°、90°、120°和 60°等 5 种畴壁,与实际观察结果完全一致.

表 6.18　$m3m$ 分解为 $2mm$ 左陪集[173]

j	左陪集				$\frac{p(j)}{\lvert p(j)\rvert}$	自发形变	$\measuredangle p_ip_j$
1	1	$2xy$	$m_{\bar{x}y}$	m_z	[110]	$U^{(\mathrm{I})}$	0
2	$\bar{1}$	m_{xy}	$2_{\bar{x}y}$	2_z	$[\bar{1}\bar{1}0]$	$U^{(\mathrm{I})}$	180°
3	$2x$	4_z^3	$\bar{4}_z$	m_y	$[1\bar{1}0]$	$U^{(\mathrm{II})}$	90°
6	2_y	4_z	$\bar{4}_z^3$	m_x	$[\bar{1}10]$	$U^{(\mathrm{II})}$	
4	2_{xz}	$3_{x\bar{y}\bar{z}}$	$3_{z\bar{x}\bar{y}}$	$\bar{4}_y$	$[0\bar{1}1]$	$U^{(\mathrm{III})}$	120°
7	$2_{\bar{x}z}$	$3_{y\bar{x}\bar{z}}$	$\bar{3}_{xyz}$	$\bar{4}_y^3$	$[0\bar{1}\bar{1}]$	$U^{(\mathrm{IV})}$	
8	2_{yz}	$3^2_{y\bar{x}\bar{z}}$	$\bar{3}^2_{z\bar{x}\bar{y}}$	$\bar{4}_x^3$	$[\bar{1}01]$	$U^{(\mathrm{V})}$	
9	$2_{\bar{y}z}$	$3^2_{\bar{x}yz}$	$\bar{3}^2_{xyz}$	$\bar{4}_x$	$[\bar{1}0\bar{1}]$	$U^{(\mathrm{VI})}$	
5	m_{xz}	$\bar{3}_{x\bar{y}\bar{z}}$	$3_{z\bar{x}\bar{y}}$	$\bar{4}_y$	$[01\bar{1}]$	$U^{(\mathrm{III})}$	60°
10	$m_{\bar{x}z}$	$\bar{3}_{y\bar{x}\bar{z}}$	3_{xyz}	4_y^3	[01 1]	$U^{(\mathrm{IV})}$	
11	m_{yz}	$\bar{3}^2_{y\bar{x}\bar{z}}$	$3^2_{z\bar{x}\bar{y}}$	4_x^3	$[10\bar{1}]$	$U^{(\mathrm{V})}$	
12	$m_{\bar{y}z}$	$\bar{3}^2_{x\bar{y}\bar{z}}$	3^2_{xyz}	4_x	[101]	$U^{(\mathrm{VI})}$	

注:1.下脚标表示直角坐标轴的取向,二次轴为零的对称元素略而不计.

2. $\frac{p(j)}{\lvert p(j)\rvert}$表示第 j 个铁电畴的自发极化方向.

3.上脚标拉丁字母表示不同的自发形变张量.

3. 畴的能量和平衡态畴结构　铁电畴的结构很是复杂.相邻畴的极化矢量和自发形变的差异导致畴壁内原子或离子位置的偏移,使问题更是复杂.

(1)铁电畴的能量.为了便于计算,假定无缺陷、无杂质的理想铁电体的平衡态畴结构(EDS)是连续的、交叉分布的片状结构,满足了力学相容性和电学相容性要求[11,180,181].如图6.40所示.

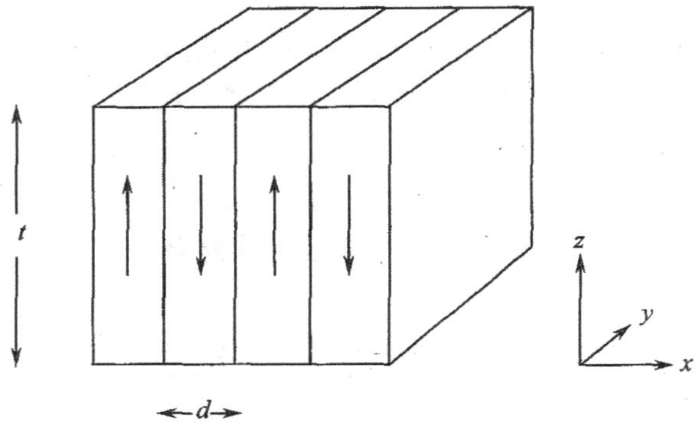

图6.40　周期性180°片状畴结构示意图.

平衡畴结构的形成取决于自由能最低原理.通常,畴结构的弹性吉布斯自由能可表示为[182~185]

$$G_1 = G_{10} + E_s + E_W + E_d, \tag{6.25a}$$

$$G_1 = G_{10} + \int\left(\frac{\alpha}{2}D_0^2 + \frac{\gamma}{4}D_0^4\right)\mathrm{d}V + \left(\frac{\sigma}{d}\right)V + \frac{\varepsilon^* dP_0^2 V}{t}, \tag{6.25b}$$

式中 G_{10} 为极化强度为零时的自由能,E_s 为静电能,E_W 为畴壁能,E_d 为退极化能,D_0 和 P_0 分别为片状畴中心的电势移和极化强度,α 和 γ 为与温度有关的重整化系数,σ 为单位面积畴壁能,d 为片状畴宽,t 为片状畴高,ε^* 为与介电常数有关的常数.

(2)铁电畴壁能与畴壁厚度.在上述片状畴中,电势移沿 z 轴分布($D\equiv D_z$),但却随 x 方向而变

$$D = D_0 \tanh\left(\frac{x}{\delta}\right), \tag{6.26}$$

式中 $\delta = (-f/\alpha)^{\frac{1}{2}}$ 为畴壁厚度，电畴中心处的电势移 $D_0 = (-\alpha/\gamma)^{\frac{1}{2}}$. 对式(6.25b)求解，并对 x 进行积分，即得单位面积畴壁能[184].

$$\sigma = -k\delta\alpha D_0^2, \tag{6.27}$$

式中 k 为取决于铁电畴形态的常数，通常 $k=1.5\sim2.0$，平衡态畴结构，可由最低弹性吉布斯自由能得出. 由式(6.25)~(6.27)，且设 $D_0 \to P_0$，可得[185]

$$D_0^2 = \frac{-1}{\gamma}\left(\alpha - 2k\frac{\delta}{d}\alpha + 2\varepsilon^*\frac{d}{t}\right). \tag{6.28}$$

将上式代入式(6.25b)，并使 $\frac{\partial G_1}{\partial d}=0$，即可得平衡畴结构的畴宽和畴壁厚度

$$d = \left(\frac{-k\delta\alpha t}{\varepsilon^*}\right)^{1/2}, \tag{6.29a}$$

$$\delta = \frac{-\varepsilon^* d^2}{k\alpha t}. \tag{6.29b}$$

表 6.19 几种铁电体的畴壁厚度和畴壁能的计算值

晶 体	畴壁类型	畴壁厚度 /nm	畴壁能 /J·m^{-2}	相对能量系数 $\mathscr{H}$	备 注
$BaTiO_3$	180°	0.5~2.0	1.0×10^{-2}	$(2\sim0.5)\times10^{-8}$	[168]
	90°	5~10	$2\sim4\times10^{-3}$	$(4\sim0.25)\times10^{-8}$	[184]
RS	180° 0℃	1.2	6×10^{-5}	5.0×10^{-11}	[184]
	180° 20℃	22	1.2×10^{-5}	5.5×10^{-11}	
GMO	180°	8~30	—	—	[188]
GASH	180°	1~2	3×10^{-4}	$(3\sim1.5)\times10^{-12}$	[186]
(PbLa)TiO_3	180°	<50	1.0×10^{-3}	$<5\times10^{-8}$	[187]

$BaTiO_3$ 晶体中 180°畴壁的 $\varepsilon^* = \frac{4\sqrt{2}}{3} = 1.88$ 时，畴壁厚度 $\delta \approx 10^{-7}$cm，畴壁能 $\sigma \approx 1.0 \times 10^{-2}$ J/m^2[184]，与实验观察结果相近.

理论分析和实验表明，畴壁结构具有显著的各向异性，畴壁能 σ 和畴壁厚度 δ 随畴壁不同取向而异，不同铁电体畴壁的相对能量系数 $\mathscr{H}$(即 σ/δ)相差很大，见表 6.19 所列.

6.4.2 畴壁的运动

铁电畴在外场作用下的极化反转(开关)过程，是铁电存贮和显示的物理基础，也是铁电体区别于热(释)电体的重要特征之一. 由于铁电畴的极化反转特性的影响因素众多，所以铁电畴的开关行为和动力学机制很是复杂.

1. *极化反转过程* 若在 $BaTiO_3$ 晶体的 c 畴上，作用一个正、负交替的矩形脉冲，每个脉冲都足以使晶体的剩余极化反向，脉冲的上升时间(10 ns 数量级)短于样品的极化反转时间，而脉冲的持续时间和幅值足够大，以使极化反转过程充分进行. 此外，为使晶体达到平衡，设定两个脉冲之间的间隙时间较长，如将晶体与电阻串连，电阻两端跨接于示波器，则在其上施加脉冲电压后，即可由示波器显示开关电流的瞬态变化[188,189].

图 6.41 和图 6.42 分别示出了 $BaTiO_3$ 晶体中开关瞬态和开关时间 t_s 的倒数随电场的变化，最大开关电流 I_m 与电场 E 也存在类似关系[188].

一般认为，新畴在低场下即能成核. 设在低场(1～25 kV/cm)下，开关时间 t_s 随电场 E 按指数规律变化，即

$$t_s \propto \exp(\alpha/E). \qquad (6.30a)$$

而新畴成核率符合指数关系[188]

$$m \propto (-\alpha/E). \qquad (6.30b)$$

在高场(～450 kV/cm)，按幂定律变化

$$t_s \propto E^{-n}, \qquad (6.30c)$$

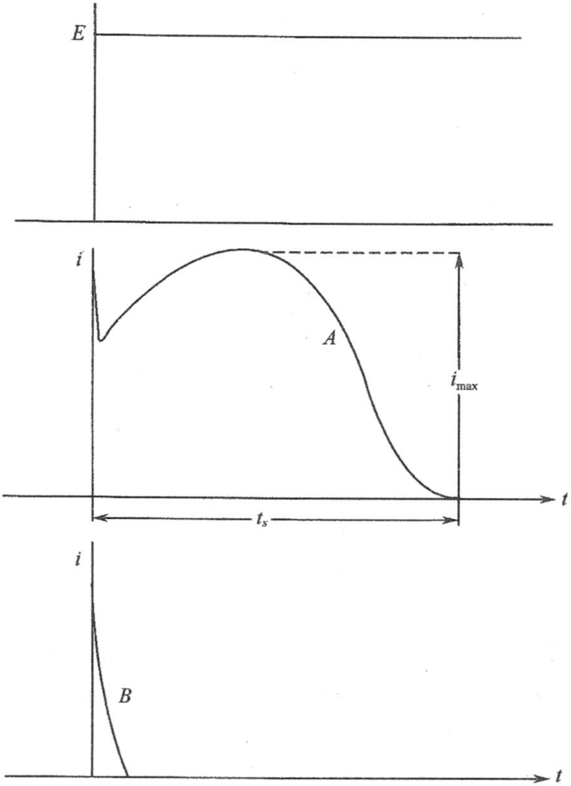

图 6.41 $BaTiO_3$ 晶体中极化反转过程.

经实验测定, 在电场为 100 kV/cm 时, $BaTiO_3$ 晶体的 n 约为 1.5[191]. 而畴壁运动速度

$$V \propto V_{\infty}\exp(-\delta/E), \tag{6.30d}$$

式中, α 为激活场强, δ 为畴壁运动激活场强, m 为单位时间内单位面积的成核数, 按幂定律变化[191,192]. 它们都是温度和样品厚度的函数, 后者还与缺陷的类型和浓度有关. $BaTiO_3$ 晶体的 $\alpha \approx 10^4$ V/cm数量级, $\delta \approx 300$ V/cm[196], n 为随材料和温度而异的常数 $n = 1 \sim 7$[193~195].

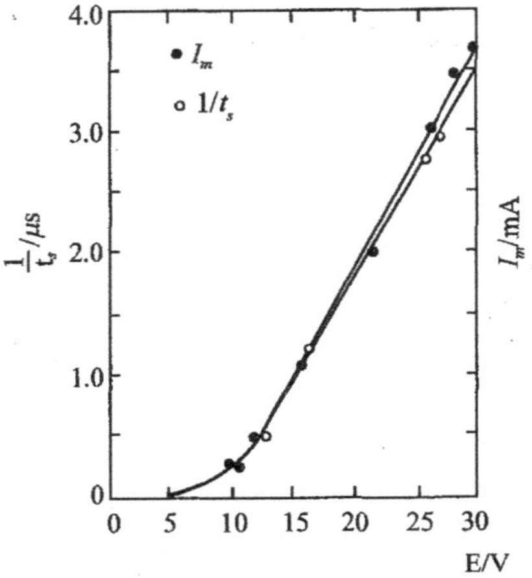

图 6.42　$BaTiO_3$ 晶体的开关电流 I_m 与开关时间倒数 $1/t_s$ 及外加电场 E 关系（四方相，样品厚度 0.25～3.5 μm）[188].

2. 畴壁的运动　实验表明，极化反转过程是新畴成核、长大、扩张和合并的过程，也是畴壁运动的结果．若片状畴中反平行畴核中的局部场 E 和极化强度是均匀的，晶体表面畴壁上的能量变化 ΔG 小，成核概率大．设畴核呈三角形时具有较低能量，则反平行畴成核时能量变化为

$$\Delta G = E_E + E_W + E_d, \tag{6.31a}$$

$$\Delta G = -2EP_sV + \sigma A + \left(\frac{2ca^2}{l}\right)\sigma_p, \tag{6.31b}$$

$$A = 2C(a^2 + l^2)^{1/2}, \tag{6.31c}$$

式中 E_E 为静电能，E_W 为畴壁能，E_d 为退极化能，P_s 为自发极化，E 为外加电场，V 为新生畴体积，σ 为单位面积畴壁能，A 为新生三角形的面积 $A = la$，$l \gg a$，c 为畴宽，σ_p 为退极化场导致的畴壁能 $\sigma_p = \frac{4P_s{}^2c}{\varepsilon_a}In\frac{2a}{qc}$，$q$ 为表面电荷．如图 6.43[182].

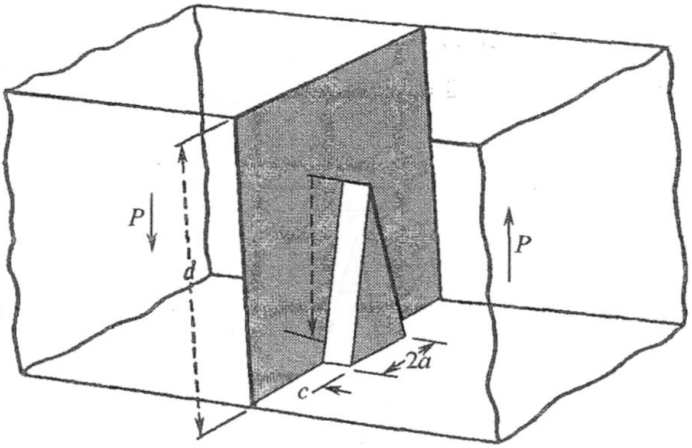

图 6.43　180°畴壁上的三角形畴核示意图.

新生的反平行三角形畴核的临界尺寸可分别由 $\frac{\partial \Delta G}{\partial l} \leqslant 0$ 和 $\frac{\partial \Delta G}{\partial a} \leqslant 0$,得出

$$a^* \approx \frac{\sigma(\sigma + 2\sigma_p)}{P_s E(\sigma + 3\sigma_p)}, \tag{6.32a}$$

$$l^* \approx \frac{\sigma^{1/2}(\sigma + 2\sigma_p)}{P_s E(\sigma + 3\sigma_p)^{1/2}}. \tag{6.32b}$$

三角形反平行畴的运动速度与畴核生成的概率成正比.就是说,畴壁运动速度是材料特性、温度和外场的函数

$$V = V_\infty \exp\left(\frac{-\Delta G^*}{kT}\right), \tag{6.33a}$$

$$V = V_\infty \exp\left(-\frac{\alpha}{E}\right). \tag{6.33b}$$

激活场强

$$\alpha = \frac{\Delta G^* \cdot E}{kT} = \frac{8c\sigma_p^{1/2}\sigma^{3/2}}{3\sqrt{3}kTP_s}, \tag{6.33c}$$

式中临界能量变化

$$\Delta G^* = \frac{1}{E}\left[\frac{4c}{P_s}\sigma_p(\sigma + 2\sigma_p)\left(\frac{\sigma}{\sigma + 3\sigma_p}\right)^{3/2}\right]. \tag{6.34}$$

在 $BaTiO_3$ 晶体中，当外场 $E \sim 10^4$ V/cm 时，铁电畴壁的运动速度 $V \sim 10^5$ cm/s，这与实验观测到的高场下畴壁移动速率较接近. 新畴成核和长出分叉及畴壁随外场而移动情况，可见图 6.44 和图 6.45.

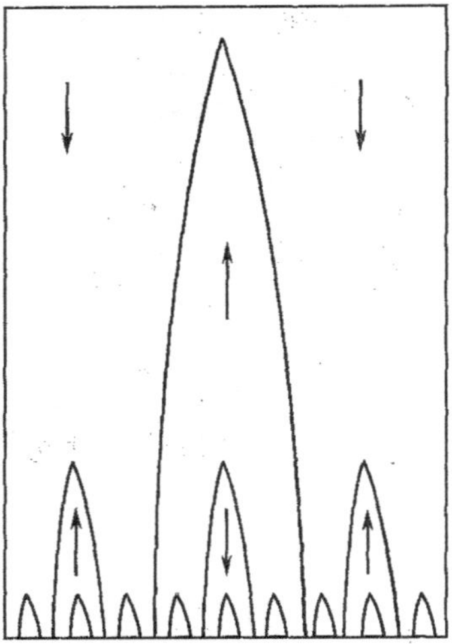

图 6.44　畴的成核和长大示意图.
箭头表示畴中自发极化方向.

上面唯象地讨论了畴核的生长和运动(也称 Miller - Weinreich 模型[182]). 但是由于忽略了位错和缺陷的相互作用对电畴表面能的影响，畴壁的畸变和外场的对称作用以及晶粒尺寸的影响，计算结果与实测值虽有一定差距，但仍不失为定性估算的依据.

铁电体在外场作用下的畴壁运动，特别是 90° 畴壁在高频交变电场作用下的谐振弛豫是介质损耗和疲劳的一个主要原因，此处从略.

6.4.3　畴结构与缺陷

众所周知，实际晶体都是有缺陷的. 晶体中一切偏离理想结构

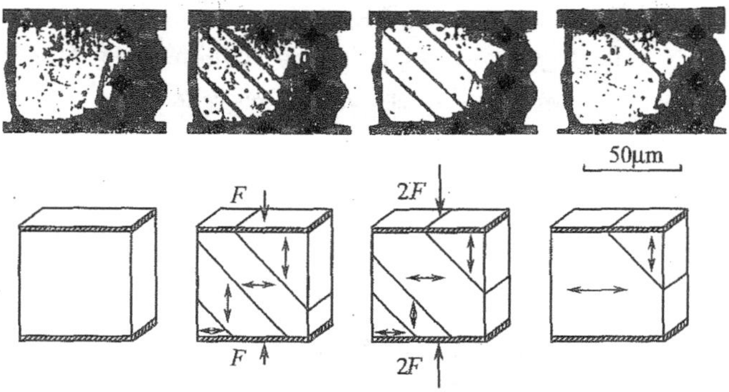

图 6.45 $BaTiO_3$ 晶体在一维形变下畴壁运动.
箭头表示自发极化方向，F 为一维压力平行于显微镜光轴.

和对称性的局域组态都称为晶体缺陷.晶体的缺陷按几何形式分为点缺陷、线缺陷、面缺陷和体缺陷，按功能和形成原因则分结构缺陷、化学缺陷、电子缺陷、工艺缺陷和环境缺陷等多种.

点缺陷包括空位和杂质所形成的缺陷，常用弗仑克尔缺陷和肖特基缺陷表示.晶体中点缺陷的存在，破坏了点阵结构，引起周围体积的形变和局域场的变化[197].缺陷周围的电子能级的不同，赋予晶体以特定的物理性质.面缺陷反应在晶面、堆积层错和畴结构的界面.而体缺陷则反映在晶体中出现空洞、气泡、包裹物和沉积物.所有这些缺陷对晶体生长、晶体的物理性能都有很大的影响.下面着重讨论对畴结构生成以及畴结构运动的影响.

1. 缺陷对矫顽场影响　前已述及，畴结构的生成必须满足电学相容性和力学相容性要求[11,180,181].但是就缺陷而言，不存在“力学相容性”条件.晶体形变的范围取决于缺陷的性质，缺陷在晶体中的位置以及晶体与缺陷的相互作用[87].

设偏离中心位置的缺陷是一种随机场的结构灵敏性缺陷.它具有相应电偶极矩，即

$$\Delta\bar{\mu} = \Delta\mu_d + \sum_i q_i \Delta x_i, \tag{6.35}$$

式中 $\Delta\mu_d$ 为缺陷处偶极矩变化，Δx_i 为缺陷使晶格中电荷 q_i 产生

的位移,则在铁电体中,$\Delta\bar{\mu}$ 是晶体极性本质的反映.在单畴中,任何相似缺陷的电偶极矩 $\Delta\bar{\mu}$ 的取向一致.如缺陷浓度 N 不高,缺陷间相互作用可以略而不计.则宏观极化的改变为

$$\Delta P = N\Delta\bar{\mu}, \tag{6.36}$$

这就是说,在式(6.25)所示的畴结构自由能中应包含这一贡献.此时,晶体的内能可以写成

$$U = f(D) = f(D_p + \Delta P). \tag{6.37}$$

将上式展开,并取一级近似,求微商后,可得

$$\frac{\partial f(D_p)}{\partial D_p} = E - \frac{\Delta P}{\varepsilon\varepsilon_0}, \tag{6.38}$$

式中 E 为电场,ΔP 为有缺陷时宏观极化的改变,ε 为无缺陷的完美晶体的介电常数,ε_0 为真空介电常数.上式唯象地表明,缺陷导致的等效场 $\Delta P/\varepsilon\varepsilon_0$,类如在理想晶体中外加一个缺陷所产生的偏置场.

缺陷所引起的宏观极化变化的平均值 ΔP,可用来解释实验中观察到的一些物理现象.其中,对矫顽场的影响最为明显.缺陷的存在倾向于使矫顽场升高,当缺陷偶极矩的取向与晶体的偶极矩取向一致时,矫顽场即增大,电滞回线受缺陷所加偏置场而偏离[如图 6.46(a)].如缺陷对晶体偶极矩的影响与电畴类似,则其电滞回线将呈现双电滞回线如图 6.46(b)所示.

类似的情况也出现在胍类化合物 GASH 及硬硼钙石($Ca_2B_6O_{11}\cdot 5H_2O$)等新长成的晶体.还有,一些晶体在经受 X 射线、γ 射线或中子辐照或掺杂后,也因产生内偏置场而呈现上图所示或由(a)和(b)两者组合的畸变电滞回线.

2. *缺陷的运动及对疲劳的影响* 疲劳是指铁电体和铁弹体在多次极化反转、承受交变负荷后,可反转的极化和应变逐渐减小的现象,又称疲劳软化.电畴的非 180°转动在铁电体内形成的局部应力,极化反转时由电极注入载流子所形成的空间电荷钉扎屏蔽以及电化学反应都可能是疲劳的起因,且与缺陷的形成或迁移密切相关[198~202].

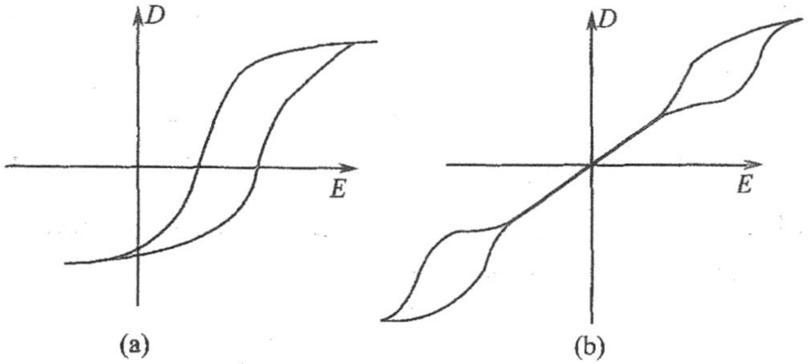

图 6.46　铁电晶体中由缺陷而呈现的偏置电滞回线示意图.

$BaTiO_3$ 晶体在反复进行极化后,畴结构被缺陷中心夹持,而使矫顽场增大.极化反转后,P_s 衰减的快慢与外加电场形式、电极材料类型以及环境气氛密切相关.

若疲劳主要起因于缺陷在外电场作用下的运动.则可以认为,空位或杂质离子所经受的电场 E_l 是外电场 E_e 和铁电体与电极界面处束缚电荷所产生的内电场 E_i 之和,即

$$E_l = E_e + E_i. \tag{6.39}$$

在正向直流电场作用下,缺陷流密度为[199]

$$j = v_d \rho \exp(\Delta S/k)\exp(-Q/kT)\exp[Zqb(E_e - E_i)/2kT], \tag{6.40}$$

式中 v_d 为缺陷迁移率,ρ 为缺陷浓度,ΔS 为缺陷运动的熵,Q 为缺陷运动的激活能,Z 为化学价,q 为电子电荷,b 是跳跃的原子间距.

在交流电场作用下,缺陷将作双向运动.在 n 个极化反转时,正、反向缺陷流密度 j_+ 和 j_-[199]分别可表示为

$$j_+ = \lambda\exp(-Q/kT)\exp(aE_e)\exp(-aE_+), \tag{6.41}$$

$$j_- = \lambda\exp(-Q/kT)\exp(aE_e)\exp(-aE_-). \tag{6.42}$$

上两式中,$\lambda = v_d\rho\exp(\Delta S/k)$, $a = Zqb/(2kT)$.当缺陷迁移到达晶粒间界、电畴壁或铁电体与电极的界面时,由于势能降低,缺陷将被捕获.缺陷捕获后,导致界面结构损伤而使极化强度降低.

从上两式所示缺陷流密度是不同的，净缺陷流密度取决于内电场 E_i 之差. 如 $\exp(-aE_i)\approx 1-aE_i$，而 $\Delta E_i = E_- - E_+$，则

$$\Delta j = \lambda a \exp(-Q/kT)\exp(aE_e)\Delta E_i. \tag{6.43}$$

由式(6.39)可知，由于极化减小，E_i 降低，E_l 增大，而使缺陷运动的振幅越来越大. 而且随反转次数增多，缺陷离界面越近，就越容易为界面所捕获(如图 6.47 所示).

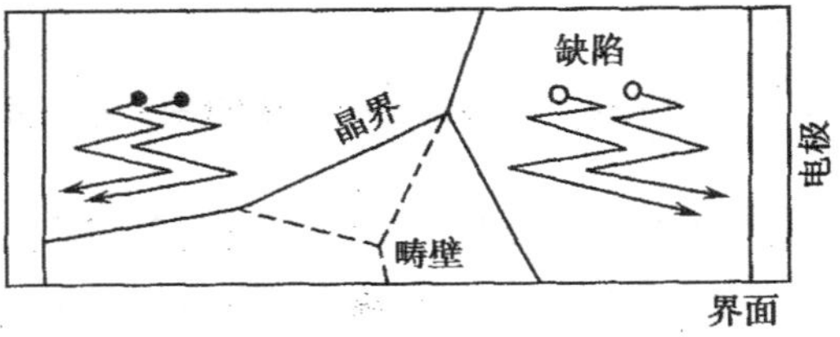

图 6.47　缺陷在电场作用下运动示意图.

若外加宽度为 Δt 的脉冲电场，在第 n 次反转后，到达单位面积界面的缺陷数为 $\Delta j\Delta t$，被界面捕获的缺陷总数为 N，则由式(6.43)可得

$$\begin{aligned}\frac{\mathrm{d}N}{\mathrm{d}n} &= \Delta j\Delta t \\ &= \lambda\Delta t\ a\ \exp(-Q/kT)\exp(aE_e)\Delta E_i.\end{aligned} \tag{6.44}$$

前已述及，极化反转是藉助于畴壁运动而实现的，所以畴壁运动速率的改变 Δv 可由畴壁迁移率 μ 表示. 即 $\Delta v = \mu\Delta E_i$. 随极化反转次数增多，缺陷被界面捕获越多，内场差 ΔE_i 和畴壁运动速率 Δv 逐渐变小，则在第 n 次反转中到达界面的净缺陷数 $\Delta j\Delta t$ 可写成

$$\frac{\mathrm{d}v}{\mathrm{d}N} = -\nu\Delta j\Delta t, \tag{6.45}$$

而内场差 ΔE_i 的减小为

$$\frac{\mathrm{d}\Delta E_i}{\mathrm{d}N} = -\frac{\nu}{\mu}\Delta j\Delta t = -\xi\Delta E_i, \tag{6.46}$$

式中 ν 为常量，ξ 为与畴壁和缺陷运动状态有关的参量. $\xi = \frac{\nu}{\mu_0} \lambda \Delta t\ a\ \exp[(Q_W - Q)/kT]\exp(aE_e)$，其中 Q_W 和 Q 分别为畴壁和缺陷运动的激活能，μ_0 和 ν 为常量. 在该模型中可知极化的减小起因于缺陷被界面捕获，极化越大越易捕获. 而极化的减小率正比于极化本身$\left(\frac{\mathrm{d}P}{\mathrm{d}N} = -\delta P\right)$. 则由式(6.44)和式(6.46)可得，极化反转后，衰减的极化强度

$$P = P_0\left(\frac{\xi^2\mu}{\nu}\Delta E_{i0}n + 1\right)^{-\delta/\xi}$$
$$= P_0(An + 1)^{-m}, \tag{6.47}$$

式中 P_0 为起始时的极化强度，ΔE_{i0}为起始时的内场差，m 为衰减常数. 采取上述模型计算了 PZT(50/50)薄膜的疲劳特性，并与实验结果一致[202].

3. 缺陷的形核与钉扎　上面提到，在结构灵敏性铁电体中的缺陷，钉扎了畴壁中心而使矫顽场升高. 但从另一方面看，缺陷所在之处也容易形成反极化核，使畴的生成能和畴壁移动的能量降低，使矫顽场有所降低. 因此，缺陷与畴的相互作用具有双重性，既可作为钉扎点提高矫顽场，又可作为形核点而降低矫顽力. 一般来说，尺寸较大的低浓度缺陷对形核有利，而尺寸较小的高浓度缺陷则对钉扎有利[204~210].

具体材料的反极化机理，究竟以形核为主，还是以扎为主，可由极化曲线和电滞回线的情况来判断. 通常以形核为主的极化曲线上升较快，介电常数较高，极化饱和场强不大；而以钉扎为主的则极化曲线上升缓慢，介电常数不高，极化饱和场强较大.

在缺位式固溶体和非化学计量固溶体中缺位化学和物理学的研究也引起了人们很大的兴趣. 在 PZT 中掺加 0.8～8at% 的 K^+ 生成 PKZT 后发现，低浓度 K^+所生成的 $K^+ - V_0^{x}$ 偶极子可以降低畴壁能和矫顽场强；而高浓度 K^+(掺量大于 8at% 后)会使畴的密度增加，由缺陷链形成的畴壁钉扎中心的增加，使矫顽场剧增，

如图 6.48 所示[205]. 在 $YBa_2Cu_3O_{7-\delta}$和 $YBa_2(Cu_{1-x}Fe_x)_3O_{7-\delta}$ $(0.5<\delta<0.8)$中也能观察到类似情况[212].

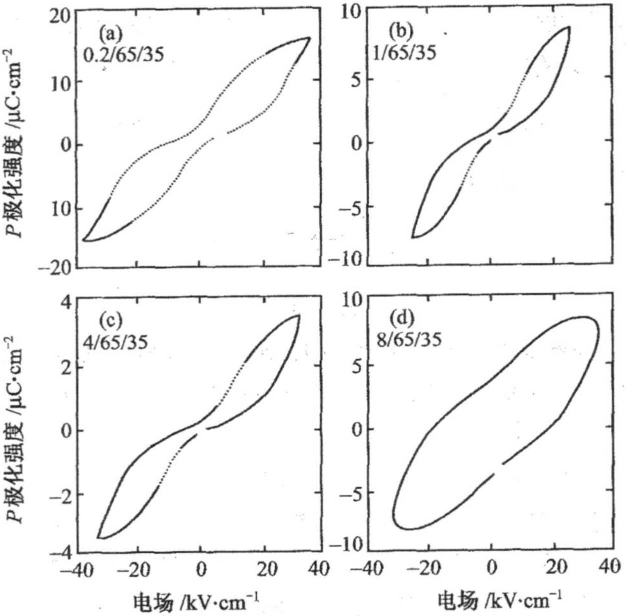

图 6.48 室温时不同组分 PKZT(y/65/35, $0.2<y<8$)对 P-E 曲线的影响. (a)0.2/65/35; (b)1/65/35; (c)4/65/35; (d)8/65/35.

6.4.4 畴结构研究进展

20 世纪 90 年代后,随着微电子和计算技术的进步,畴结构理论及其应用研究取得了很大进展. 现择要分述于下.

1. 铁电畴工程 铁电畴工程(ferroelectric domain engineering, 简称 FDE)是近年来颇为引人注意的一个研究热点[175,213~217]. 它对畴结构的微观尺度调制,畴结构的周期极化以及利用非线性光学转换原理发展新一代电光和非线性光学器件具有良好的前景[213,214]. 研究表明,采用铁电畴工程原理制作具有周期极化畴结构(PPDS)材料,可以为研制准相位匹配(QPM)非线性光学效应二次谐波振荡器(SHG)和光学参量振荡器(OPO)提供新的铁电材料,并为开发新一代激光器件提供新的铁电工具.目前经过铁电畴工程特殊处理的铁电体已可用于紫外光和蓝色激光器件.其原理图如图 6.49[213]所示.

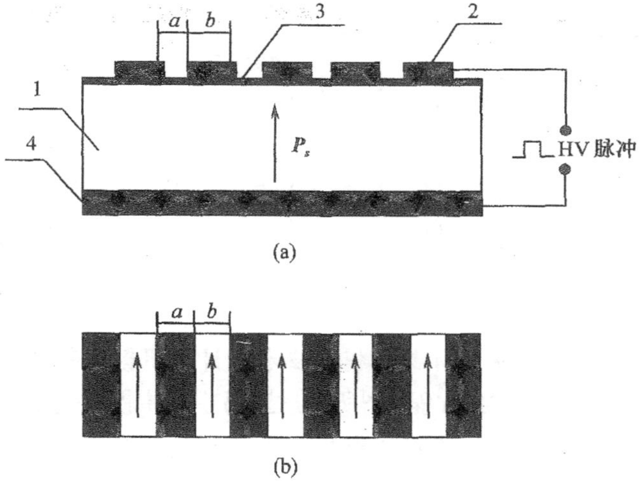

图 6.49 用人工方法制作具有周期极化畴结构原理图.

P_s 为自发极化方向, b 为畴宽, a 为电极间距.

(a)铁电体的畴栅的试验装置(1 为铁电晶体,2 为条状电极,3 为介电层,4 为均匀电极);(b)周期极化的 180°畴分布.

2. 畴结构的第一原理研究 畴结构的第一原理研究颇为引人注目.应用量子力学理论,藉助基本常量和某些合理的近似所进行的计算称为第一原理计算[218].这种计算如实地把固体作为电子和原子核组成的多粒子系统,求出系统的总能量后,再根据总能量与电子结构和原子核构型的关系,确定系统的状态.从而使人们有可能从电子和原子水平认识铁电性[214].

应用第一原理研究四方相 $BaTiO_3$(100)中 180°畴壁是基于对有效的 Hamiltonian 算符由第一原理的超软赝势计算,并藉助于 Monte Carlo(简称 MC)模拟,计算了畴壁能、自由能和畴壁厚度,分析了畴壁内铁电序参数及其空间的涨落.计算所得的畴壁能E_W和自由能F_W是晶胞尺寸L和温度T的函数,如表6.20所示[220].计算结果与Merz及Fousek等人的实验结果接近[221,222].

表6.20 四方相$BaTiO_3$(100)180°畴壁能E_W和自由能F_W的计算值

T/K	L	E_W/erg·cm^{-2}	F_W/erg·cm^{-2}
250	8	15.8	4.6
260	8	17.1	4.0
250	10	15.6	5.0
260	10	17.0	4.4

注:统计误差:E_W为4%,F_W为10%.

3. *铁电畴结构的计算机模拟技术* 计算机模拟技术是基于由时间相关的TDGL方程[223]所表达互易空间中铁电畴形成和畴壁运动的模型.计算中考虑了极化强度和畴状态对自由表面能实际边界条件的影响.对互易空间中长程电偶极矩相互作用能以及任意分布的铁电畴壁能进行了计算.在此基础上用计算机模拟了在电场作用下畴的核化和180°畴壁运动动力学取得了很好的结果[224].

1997年后,同时考虑了长程弹性形变能、长程电偶极矩相互作用能、短程化学相互作用能、退极化能的作用.由矢量极化场所表征畴结构的瞬态空间方程,可将TDGL方程的傅里叶空间求其数值解得出.

目前,已能对90°畴壁进行两维计算机模拟(computer simulation,简称CS),90°和180°畴壁的三维计算机模拟.研究表明,$BaTiO_3$晶体的畴壁的弹性相互作用能使畴壁沿[110]方向,而偶极子相互作用能使90°畴壁沿[011]方向,且具有首尾衔接特征.至于由非一致均匀极化场所得的退极化能则是稳定的180°畴壁沿[100]方向的主因[225].这些工作为铁电畴工程(FDE)进一步研究奠定了基础.

4. *无公度相类畴结构* 无公度相是一种由相变形成的调制结构. 它是由高温原型公度相(C)转变成的低温畸变相(简称 IC 相). T_C 时, 由平移周期为原型相周期整倍数的公度相转变为无理数的无公度相. 这种相变也称为相变锁定[157,227].

一般认为, 无公度相是亚稳的局部公度结构—类畴结构. 研究无公度相类畴结构特征及公度错的分布具有重要意义.

无公度相铁电体在接近锁定相变时, 无公度相的一部分所出现的规则的织构是由"畴壁"分开的极化方向交替排列的铁电层. 这种"畴壁"是一种类畴壁, 是序参量空间的相孤子, 其能量为负[228]. 在 A_2BX_4 类化合物中观察到类似于电畴的无公度织构中, 极化强度与普通非正常铁电体相近, 在靠近锁定相变温度时, 周期仅为 10 nm[229~230]. 无公度相中类畴的畴壁分布如图 6.50 所示[157]. 图 6.50(a) 中示出各水平台阶为局部公度区, 两个局部公度区之间垂直台阶为相位差(图中为 $\pi/3$). 相位差急剧变化的部位为公度错. 在无公度相中, 类畴对介电性能的贡献可见有关专著.

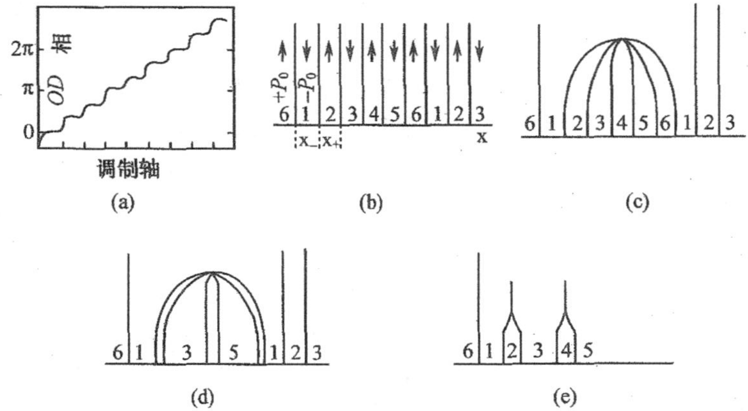

图 6.50 有机络合物$[N(CH_3)_4]_2CuCl_4$ 中的畴和类畴结构示意图.

(a, b)为无公度(IC)相, (c)为条状织构, (d)和(e)公度相中畴结构.

数字为极化一致的公度错的编号, P_0 为自发极化方向,

OD 为相位差, 横坐标为调制轴.

5. *畴结构观察方法研究*　畴结构的观察方法研究是畴结构研究的重要组成部分，应予以充分重视. 观察方法的进展往往导致畴结构理论和应用研究的新突破.

畴结构观察方法分间接观察和直接观察两大类. 间接观察法(如化学腐蚀法[231]、带电粉末沉淀法[232]、露点法[233]和液晶法[234]等)必须先将试样表面进行物理、化学处理，使其显现畴结构，然后再用光学或电子显微镜进行观察. 直接观察法则是试样不经破坏，用光[235]、电子束[236]、X射线[237]和二次谐波[248]等直接观察.

20世纪70年代后，用电子显微术观察畴结构得到了广泛的应用. 它的优点是分辨率高，可直接在电场和温度变化下观察畴结构的变化. 扫描电镜(SEM)和扫描透射电镜(STEM)可直接观察晶体、陶瓷和聚合物等各种样品表面或超薄试样表面的畴结构[238,239].

20世纪90年代后，新的电子显微术有了很大发展. 目前采用高分辨透射电镜(HRTEM)已能对 $BaTiO_3$ 晶体 90°畴壁进行定量测定(畴壁宽约 4～6 nm)，而且观察到畴壁附近由于不规则原子位移所导致的畸变和结晶学不连续调制现象[240]. 畴结构与晶粒大小及膜厚薄关系也更为清晰. $BaTiO_3$ 陶瓷中 C-T 相变的临界尺寸约为 30 nm，晶粒中单畴转变为多畴的临界尺寸约为 100 nm[251]. 变温的扫描电子显微镜(VTSEM)可以观察到核-壳结构中畴结构在相变前后的变化[241]. 变温扫描表面势显微镜(VTSSPM)可以对相变时 $BaTiO_3$ 晶体(100)表面势的变化进行观察[242].

随着纳米技术的进展，扫描探针显微镜(SPM)和扫描力显微镜(SFM)已能对纳米尺度畴的写入和读出进行描述[243]. 扫描力显微镜(SFM)的分辨率可至30nm是研究畴结构的有力手段[244]. 在外加电压下可以观察极化矢量在 $BaTiO_3$ 陶瓷表面的三维取向分布. SFM 的尖端还可用于纳米晶畴结构的重取向[245]. 反射电子显微镜(REM)已经观察到四方相 $BaTiO_3$ 的 $a-a$180°畴壁和 $a-c$90°畴壁[246]. 此外，利用光折射效应的全息照相术(HT)和电子全息术(EH)[249]已用于畴结构的三维扫描[247]. 非接触式原子力显微镜(AFM)也可以清晰地观察到多种铁电畴的精细结构[250].

总之,各种观察方法的适用范围和效果与被测材料的特征(如材料种类、晶型、晶粒度、透明度及畴的类型等)和试验条件,可根据具体情况和不同要求而选用.

§6.5 结构相变和软模

6.5.1 晶格稳定条件与软模概念

玻恩和黄昆[252]由晶格动力学观点讨论了晶格稳定条件. 为了结构稳定,对于以下三种不同形式的形变,晶格都必须是稳定的:长波均匀形变(布里渊区中心声学模)、长波不均匀形变(布里渊区中心光学模)和短波形变(布里渊区边界模). 因此,按照晶格动力学原理,对于特定结构的晶体,其稳定的一般条件是,所有简正振动模的频率为有限大(非零)的实数. 当任一个模的频率减小和接近零时,晶格就接近稳定的极限. 如果一旦某个振动模的频率为零,则原子在这个模的特定振动方式中只要发生不等于零的位移,就没有恢复力使它们回到原来的平衡位置. 于是,原子处于由模的对称性所决定的新平衡位置上;晶体的结构就改变了. 这三种形变所伴随着的结构相变都已在实验中观察到.

关于晶格稳定性和简正振动模的行为间的联系,直到 1960 年 Cochran[253]的重要工作发表以后,才引起人们的很大注意. Cochran 的工作特别涉及位移型铁电体的相变,并引入软模(soft mode)这一概念,已在几种铁电体中得到实验证实[254~255]. 典型的软模行为如图 6.51 所示. 当温度下降时,$PbTiO_3$ 的一个晶格振动模的频率 ω 的平方线性地减小至零,表现出明显的变化;事实上 $PbTiO_3$ 冷却至 490℃时就出现了由立方至四方的结构相变,低温相为铁电相. 目前,研究结构相变中软模行为的实验手段为能谱方法;其中,主要是光散射、红外谱和中子非弹性散射. 这些研究已导致能够对位移型相变作静态和动态性质的细致描述. 所谓位移型相变,是指相变时伴随着晶胞内某些离子由高对称相的平衡位置作微小的、可认为是连续的自发位移,从而给出低对称性的结构.当温度继续变化使晶体离开相变点后,与铁电体中自发极化有关的位移逐渐增大,并最后达到饱和.

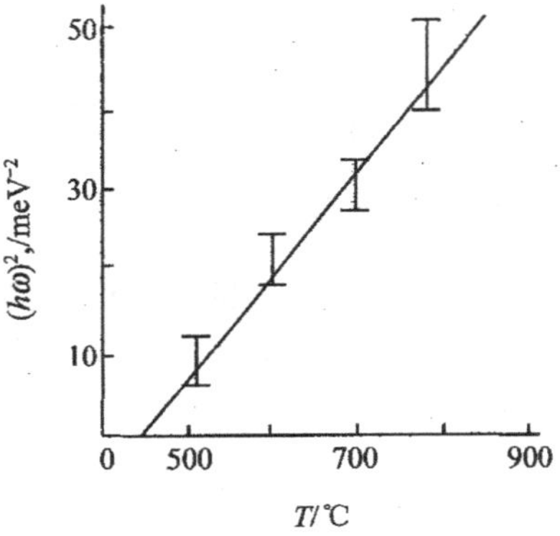

图 6.51 $PbTiO_3$ 的软模.

关于软模的许多早期理论和实验工作,目的在于理解铁电体中温度诱导的位移相变.这些相变涉及长波(波矢量 $q\to0$)横光支声子.然而软模的概念并不限于在这方面的应用.软模可以是长波的或短波的,可以属光学支或声学支声子;它甚至可以是晶体的耦合响应(模).当接近相变时,软模频率减小、并终于趋向零这件事,从晶格动力学的观点看来,这是两种竞争力之间的相互抵消所引起.这种竞争力相抵消的现象,能由材料成分、温度或其他外场的改变所感生,也能借助于压力影响竞争力之间的平衡,因而强烈地影响或感生软模行为.下面介绍一些基本理论,主要是 Landau 相变理论和简谐及非谐晶格动力学理论.

6.5.2 简谐模型

尽管事实上铁电体的许多物理性质为非谐相互作用所引起,但我们仍可先讨论简谐模型,然后把非谐效应看作对简谐结果的微扰来处理.简谐近似对晶体中的原子位移提供了简单的描述.当考虑更复杂的势能时,要由此得到切合实际的结果当然是不可能的.

在简谐近似中,假定边界条件是周期的,在绝热近似条件下,可以将晶体的总能量 Φ 看成是原子位移的函数.第 l 个单胞中的第 k 个原子相对于平衡位置的位移在直角坐标系的第 $\alpha(=1,2,3)$ 个分量记为 $u_\alpha(lk)$.可将 Φ 写为

$$\Phi = \frac{1}{2}\sum_{l_1k_1\alpha}\sum_{l_2k_2\beta}\phi_{\alpha\beta}(l_1k_1, l_2k_2)u_\alpha(l_1k_1)u_\beta(l_2k_2), \quad (6.48)$$

其中 $\phi_{\alpha\beta}(l_1k_1, l_2k_2)$ 是 Φ 对位移的二次偏微商在零位移时的取值,称为力常数.晶格振动的运动方程为

$$mk_1\ddot{u}_\alpha(l_1k_1) = -\sum_{l_2k_2\beta}\phi_{\alpha\beta}(l_1k_1, l_2k_2)u_\beta(l_2k_2), \quad (6.49)$$

其中, m_k 为第 k 个原子的质量.引入简正变换

$$u_\alpha(lk) = \sum_{qj}\left[\frac{\hbar}{2\omega_0(qj)m_kN}\right]^{1/2}e_\alpha(k, qj)Q(qj)e^{jq\cdot r(lk)}, \quad (6.50)$$

其中, $\boldsymbol{q}$ 为波矢量, j 标注色散曲线的特殊分支, $\omega_0(qj)$ 为模 (qj) 的简谐频率, N 为晶体中单胞的数目, $e_\alpha(kj)$ 为简正模的极化矢量, $Q(qj)$ 为简正坐标, $\boldsymbol{r}(lk)$ 为第 l 个单胞中第 k 个原子的平衡位置矢量.根据第五章的讨论,在作简正变换(6.13)时,假设了循环边界条件成立.这时,每个位移 $u_\alpha(lk)$ 被看成了各种简谐波的叠加

$$u_\alpha(k, qj)\exp i[\boldsymbol{q}\cdot\boldsymbol{r}(lk) - \omega_0(qj)t].$$

对于离子晶体,普遍采用修正的刚性离子模型或壳层模型.在这些模型中,短程相互作用通常仅考虑最近邻离子的作用.壳层模型常用来处理离子的电子极化对晶格振动的影响.后者把每个离子看成负的电子壳层和同心的正离子核,以壳层极化来表示电子云极化,既修正了短程的,也修正了长程的相互作用.

在这种模型近似下,就可以将运动方程对简正模求解.在解出

的各种简正模中，重要的是长波（$q \to 0$）光学模，特别是横光学模．在极性晶体中，长波横光学模具有线性电偶极矩，并对红外极化和静态介电常数作出主要贡献．由于这些模与铁电相变有关，沿极轴的正、负离子发生相反的位移．在相邻单胞内，一切同类的离子产生等同的位移，导致宏观的净极化；因此，铁电软模必定是 $q \to 0$ 的横光学（TO）模．下面介绍非谐作用以及软模的表达式．

6.5.3 非谐相互作用

晶格振动简正模之间的非谐相互作用起着重要的作用，热膨胀与简正模频率的温度依赖关系就是非谐作用的例子．频率的温度依赖关系来自两方面的贡献．第一，纯体积的热膨胀部分，第二，来自高次非谐相互作用而与体积无关的纯温度的贡献．在不同压力和不同温度下测量频率的变化，考虑压缩率和膨胀率的不同，原则上即能把纯体积和纯温度的贡献分开．在适当的条件下，还可由此决定非谐相互作用的起因．

在离子晶体中，纯体积效应的原因易于直观地理解．因为随着温度的降低，离子间距离减小，离子间的恢复力以及离子振动频率可望增加．另一方面，纯温度效应则起源于离子围绕其平衡位置作非谐振动．为了查明这一效应，必须采用非谐晶格动力学理论．但非谐晶格动力学的精细处理将包含多体效应，而且非常复杂，只能采用近似处理方法．例如，围绕简谐或准简谐基的微扰展开，这样的处理已证明适用于弱非谐晶体．这些理论已用于处理软模问题．

如果把非谐晶体的势能按离子位移作幂级数展开，则利用式（6.50）中引入的简正坐标可写为

$$\Phi = \frac{1}{2!}\sum_{\lambda}[\omega_0(\lambda)]^2 Q(\lambda)Q(-\lambda) + \frac{1}{3!}\sum_{\lambda_1\lambda_2\lambda_3} V_{\lambda_1\lambda_2\lambda_3} Q(\lambda_1)Q(\lambda_2)Q(\lambda_3) + \frac{1}{4!}\sum_{\lambda_1\lambda_2\lambda_3\lambda_4} V_{\lambda_1\lambda_2\lambda_3\lambda_4} Q(\lambda_1)Q(\lambda_2)Q(\lambda_3)Q(\lambda_4) + \cdots,$$

$$(6.51)$$

其中，$\pm\lambda_i=(\pm q_ij_i)$；非谐系数 $V_{\lambda_1\cdots\lambda_n}$ 是非谐力常数 $\phi_{\alpha\beta\gamma}$、极化矢量和位置矢量的函数. 这样，就可以用多体技术求解简正模[256~259].

按 Cowley[258]的弱非谐晶格理论，可将重整化频率 $\omega_T(qj)$ 表示为

$$[\omega_T(qj)]^2=[\omega_0(qj)]^2+2\omega_0(qj)D(qjj',\omega),\tag{6.52}$$

式中 ω_0 为模的严格简谐频率；$D(qjj',\omega)$ 是模势能的非谐贡献，并且是施加频率 ω 的函数. 势能为复数，可以写为

$$D(qjj',\omega)=\delta(qjj',\omega)-i\Gamma(qjj',\omega),\tag{6.53}$$

式中实部 δ 表非谐频移，虚部 Γ 是声子弛豫时间的倒数. 实部包含了热应变和由此引起的频移，以及高阶非谐项的贡献. 在足够高的温度下，可以预期热应变及声子随温度线性变化，故

$$2\omega_0(qj)D(qjj',\omega)=\alpha T,\tag{6.54}$$

其中，α 为正常数. 于是得到

$$[\omega_T(qj)]^2=[\omega_0(qj)]^2+\alpha T.\tag{6.55}$$

研究表明，对于弱非谐晶体，ω_0 总是远大于 δ. 对于与相变有关的软模，则 δ 占优势，这时的情况就复杂得多. 对于具有有限转变温度的晶体，软模的 ω_0 可能为虚数，高温相的稳定则由 δ 提供. 或者说，软模频率 ω_s 通过非谐作用成为实数[260].

在高温时，将方程(6.55)重写为

$$\omega_s^2=\omega_0^2+\alpha T,\tag{6.56}$$

已略以附标(qj). 对于许多存在位移相变的晶体，ω_s 与温度的关系遵从

$$\omega_s^2=A(T-T_c),\tag{6.57}$$

其中 A 为正常数，T_c 为二级相变的相变温度. 将实验观察到的式(6.57)与理论公式(6.56)相比较，得到

$$\omega_0^2=-AT_c,\tag{6.58}$$

所以对于有限的 T_c，ω_0 为虚数.

以上讨论的是最简单的软模.在某些晶体中,当软模频率改变时,它可能与其他声子模直接耦合.这时软模本身也可能就是包含两个或更多元激发的耦合模.许多铁电体的相变都不是简单软模的结果.例如,当 $BaTiO_3$ 晶体的温度 T 接近 T_c 时,软光学模通过压电相互作用同声学模强烈耦合,在 KH_2PO_4 及其异质同构晶体中,软模是质子运动和晶格光学模间的耦合激发,这一激发进而对接近 T_c 的声学模耦合.中心峰更是各种低位模强烈耦合的结果.这些问题在理论上和实验上都未真正得到解决.

用非弹性光散射研究过的各种耦合模体系中,能看作耦合体系统-处理的特殊情形,Stokes 频移的散射光强 $I(\omega)$通常为

$$I(\omega) \propto \chi''(\omega)[\langle n(\omega)\rangle + 1], \tag{6.59}$$

式中 $\chi''(\omega)$为复极化率的虚部,$n(\omega)$为 Bose-Einstein 占据因子.强度为 P_i 和 P_j 的两个模 i 和 j 的 $\chi''(\omega)$表示:

$$\chi''(\omega) = \sum_{ij} P_i P_j G_{ij}(\omega) \tag{6.60}$$

其中,$G_{ij}(\omega)$是下列方程的解:

$$\begin{bmatrix} \chi_1^{-1}(\omega) & \delta^2 - i\omega\Gamma_{12} \\ \delta^2 - i\omega\Gamma_{12} & \chi_2^{-1}(\omega) \end{bmatrix} \begin{bmatrix} G_{11} & G_{12} \\ G_{12} & G_{22} \end{bmatrix} = \begin{bmatrix} 1 & 0 \\ 0 & 1 \end{bmatrix}. \tag{6.61}$$

在上式中,χ_i 是模 i 的耦合极化率,模 1 和模 2 通过普遍相互作用($\delta^2 - i\omega\Gamma_{12}$)彼此耦合起来.这些表示式易于推广到包括多于两个相互作用的模,只要把式(6.60)的求和扩展到遍及所有感兴趣的模.Lagakos 和 Cumms[261]曾用这种方法研究 KH_2PO_4 中耦合质子隧道光学模体系的低频支与同一声学模的相互作用.

6.5.4 主序参量和次级序参量

在结构相变时,晶体的对称性发生改变.高对称相(通常是高温相,但有例外)的某些对称元素在低对称相时不再存在.例如,高于相变点 120℃ 的温度上,$BaTiO_3$ 的对称点群为 O_h,而低于这个温度直至室温,对称点群为 C_{4v}.在 $BaTiO_3$ 由高温顺电相到室温

铁电相的铁电相变中,点群 O_h 为 48 阶,而点群 C_{4v} 为 8 阶,故共减少了 40 个对称操作数目.这种对称破缺现象是绝大多数相变的基本特征.

与对称破缺有关的原子位移决定了畸变相的本质.而在连续相变中,当接近高对称相时,这个畸变位移连续地减小到零.在畸变相的一个畴中,任何一个单胞内原子的位移与任何其他单胞内同种原子的位移是相同的.然而,在 $SrTiO_3$ 的相变中,相邻单胞的原子位移大小相等,但方向相反,参阅图 6.52.因此,有序周期为晶

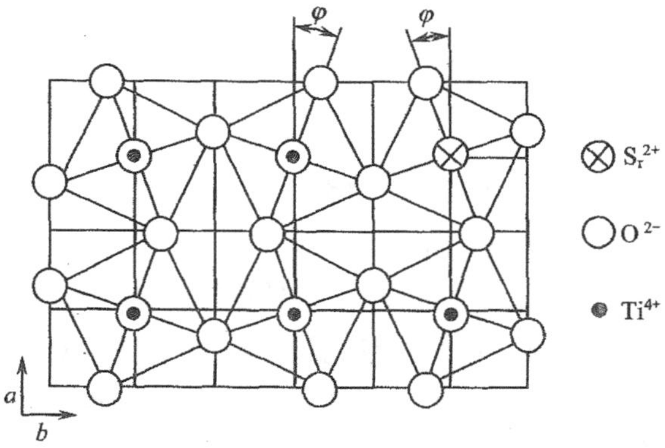

图 6.52 $SrTiO_3$ 相变时氧八面体的旋转.

格常数的两倍.这种长程有序是 $SrTiO_3$ 畸变相的特征.假定其中的畸变位移属于简正模,可以用 TiO_6 氧八面体绕 c 轴的旋转角 φ 来描述.当畸变相简单地可用单一简正模描述时,畸变相的振幅由序参量

$$Q_0 = N^{-1/2}\langle Q(q_s, j)\rangle \tag{6.62}$$

表示,其中,$Q(q_s, j)$为描述畸变相的原子位移的某个简正坐标,因子 $\sqrt{N}$的引入是为了使 Q_0 与晶体的尺寸大小无关.

如果相变是连续的,则当 $T \to T_c$ 时序参量将趋向零;其变化规律假设遵从幂定律

$$Q_0 \propto (T_c - T)^{\beta}, \tag{6.63}$$

其中，β 被称为序参量的临界指数．在相变的经典理论中，指数 $\beta=0.5$．然而，实际上 β 值在 0.25 到 0.5 之间变化．

通常，畸变相的原子位移不能孤立地用单一简正模来描述，而必须用 n 个简正模坐标的线性组合来描述．n 是序参量的分量数，即维数．在对称相中，这些简正模都具有相同的频率，并可把简正模的振幅写为

$$Q_i = N^{-1/2}\langle Q(q_{si}, j_i)\rangle. \tag{6.64}$$

令

$$Q_i = Q_0\xi_i, \tag{6.65}$$

其中

$$\sum_i \xi_i^2 = 1. \tag{6.66}$$

参数 ξ_i 就是相变中的序参量，它决定了畸变相的结构，而 Q_0 则随温度而变化，如式(6.63)所示．

$BaTiO_3$ 和 $SrTiO_3$ 都是 $n=3$ 的体系．在 $BaTiO_3$ 中，有序相可以表征为沿 x，y 或 z 轴的位移；其中，每一个位移对应于不同的简正模．而在 $SrTiO_3$ 中，氧八面体可沿 3 个立方轴的任何一个转动．在这种情况下，它们的波矢量 q_{si} 对于所有 3 个 i 值都是相同的．对于 $BaTiO_3$，$q_{si}=q_s=0$；对于 $SrTiO_3$，$q_{si}=q_s=\left(\frac{1}{2},\frac{1}{2},\frac{1}{2}\right)2\pi/a$．在这种类型的相变中，$n$ 不能大于 3．然而对于无公度相变则是另一种情况．例如立方结构的无公度相变材料中，n 值原则上可以大到 48．

上面通过位移型相变引入了序参量的概念．同样的办法也可用来确定无序-有序情况下的序参量．这时，离子的位置有两种可能配置，用自旋算符 $S(q_s, j)$ 描述．令

$$Q_0 = N^{-1/2}\langle s(q_s, j)\rangle, \tag{6.67}$$

$NaNO_2$ 就属于这种情况，这样定义的序参量给出 NO_2 根沿正 b 轴和负 b 轴位移的数目是不同的．

除了上面引入的序参量(或称主序参量)以外，有时还引入次

级序参量的概念.它用于描述低对称相中由相变引起的畸变,但高对称相的许多对称元素并不像主序参量那样引起破缺.以 $BaTiO_3$ 和 $SrTiO_3$ 为例,它们除主畸变外,在畸变相还存在宏观应变.在 $BaTiO_3$ 的相变中,晶体由立方对称发生宏观应变 $S_3>0$ 而 $S_1=S_2<0$,即晶体沿 c 轴略有伸长,而垂直 c 轴方向略为收缩.如果只有这种宏观的均匀应变,则晶体点群由 O_h 变为 D_{4h}.在 $BaTiO_3$ 的畸变相点群 C_{4v} 中加入一个垂直于 C_4 的对称面便得到点群 D_{4h}.这个对称面被主序参量引起破缺,但不为上述四方应变引起破缺.这种应变可视为次级序参量.

在 $SrTiO_3$ 的情形中,低温相对称点群为 D_{4h},但每个单胞所含原子数目相当于两个分子式.如果惟一的畸变是四方应变,则点群仍为 D_{4h},但每个单胞只相当于一个分子式.主序参量是使畸变相出现单胞相当于两个分子式的对称破缺,这是一种平移对称的破缺.视四方应变为次级序参量时,它并不引起这种对称破缺.

上面举出的两个例子表明,次级序参量也可使高对称相发生某些对称破缺.但当 $T\to T_c$ 时次级序参量必定减小到零.因此,可把次级序参量 $\overline{Q}$ 写为

$$\overline{Q}\propto(T_c-T)^{\widetilde{\beta}},\tag{6.68}$$

而不问它是应变或是其他的简正模.由于次序参量并不影响在 T_c 上全部对称性的破缺,所以和主序参量相比,它必定有一个小到可以接近零的振幅;故可以预期 $\widetilde{\beta}>\beta$.

其次,次级序参量这一术语用于当主序参量的简正模不止一个时,例如 $BaTiO_3$ 中有 3 个相同频率的长波光学模.我们可以选择模的特征矢量,使接近 T_c 时的位移只用这些模中的一个来表示.当畸变大于原子位移的模式时,可表示为对其他模的耦合.

§6.6 Landau 唯象理论和涨落

6.6.1 单元序参量

1937 年 Landau[262]建立了相变理论,并把这一理论用于结构

相变.这个理论可广泛用于各种不同的体系.他假定晶体单胞自由能可展开为序参量的幂级数

$$G = G_0 + \frac{1}{2}\gamma Q^2 + dQ^3 + uQ^4 + \cdots, \tag{6.69}$$

其中各系数都是温度的函数.只有

$$\left.\frac{\partial G}{\partial Q}\right|_{Q_0} = 0, \left.\frac{\partial^2 G}{\partial Q^2}\right|_{Q_0} > 0 \tag{6.70}$$

才是稳定的.只有式(6.69)中 Q 的线性项为零,而且 γ 为正时,高对称相 $\langle Q\rangle = Q_0 = 0$ 才是稳定的.如果 γ 为负,则体系是畸变的,而且在连续相变时,G 必随 Q 增加.在 T_c 上,$\gamma=0$;所在 $d=0$ 和 $u>0$.我们可以进一步假设在 T_c 上 γ 改变符号,于是在 T_c 附近就可以将 γ 写为

$$\gamma = a(T - T_c). \tag{6.71}$$

然而,在 T 足够接近 T_c 时,必须假定系数 u 与温度无关.这种最简单的模型的自由能为

$$G = G_0 + \frac{1}{2}a(T - T_c)Q^2 + uQ^4 + \cdots. \tag{6.72}$$

当 $T<T_c$ 时,由稳定条件得到序参量的值为

$$Q_0^2 = \frac{a}{4u}(T_c - T). \tag{6.73}$$

静态平衡位移自由能为

$$\bar{G} = \langle G\rangle = G_0 - \frac{a^2}{16u}(T_c - T)^2, T < T_c. \tag{6.74}$$

比热

$$c = -T\frac{\partial^2 G}{\partial T^2},$$

故

$$c = \begin{cases} \dfrac{a^2 T}{8u}, & T<T_c; \\ 0, & T>T_c. \end{cases} \tag{6.75}$$

极化率

$$\chi(q=0)=\left(\frac{\partial^2 G}{\partial Q^2}\right)^{-1},$$

故

$$\chi(0)=\begin{cases}1/a(T-T_c),\ T>T_c,\\ 1/2a(T_c-T),\ T<T_c,\end{cases} \tag{6.76}$$

这是由假定描述临界行为的指数 $\beta=1/2$ 所得到的结果.

具体的详细讨论可以参阅§4.3 和§5.3. 铁电相变中的Devonshire理论. 实际上就是朗道关于相变的普遍理论的一个具体应用.

前面假设了展式(6.69)中的系数 $d=0$, 得到二级相变, 相变是连续的. 但对于多元系就不一定如此, 例如在某些弹性不稳定的情况中[263,264], $d\neq 0$ 时为一级相变, 所以展开式(6.69)的合理程度是值得怀疑的. 如果 $d\neq 0$, 相变的性质将与 u 的符号有关, 若 u 为负则这样的自由能 G 不能给出稳定的态, 这时必须保留更高次项, 取

$$G=G_0+\frac{1}{2}a(T-T_c)Q^2+uQ^4+hQ^6, \tag{6.77}$$

其中 $u<0$; 一级相变温度为

$$T_1=T_c+\frac{u^2}{2ah},\ u<0, \tag{6.78}$$

在 T_1 上的序参量将等于 $\pm(|u|/2h)^{1/2}$ 而不是零. KDP 就是这种类型的第一类相变.

6.6.2 序参量与应变的耦合

如果在自由能的展开式中把单胞的应变参量 η 也包括进去, 则可写出

$$G=G_0+\frac{1}{2}a(T-T_c)Q^2+uQ^4+eQ^2\eta+\frac{1}{2}c\eta^2+\cdots, \tag{6.79}$$

其中, e 为耦合系数, c 为弹性常数, 通常与温度关系不大. 材料无

应力的条件为$(\partial G/\partial \eta)=0$，由此得到

$$\eta = -\frac{e}{c}Q^2. \tag{6.80}$$

将上式代入式(6.79)，消去 η 后得到

$$G = G_0 + \frac{1}{2}a(T - T_c)Q^2 + \tilde{u}Q^4, \tag{6.81}$$

其中

$$\widetilde{u} = u - e^2/2c. \tag{6.82}$$

在式(6.81)中，除了以 $\widetilde{u}$ 代替 u 以外，和式(6.72)并无不同之处.

在式(6.80)中，应变比例于序参量的平方. 因此，按照式(6.73)，应变也会比例于$(T - T_c)$. 极化率可分两种情况进行讨论. 在低频下应变能跟随序参量 Q 变化，把极化率记为 χ^0. 高频时应变跟不上 Q 的变化，极化率记为 χ^∞. 对于 $T > T_c$，两个极化率都等于 $a(T - T_c)^{-1}$. 但 $T < T_c$ 时，则

$$\chi^0(0) = 1/2a(T_c - T), \tag{6.83}$$

而 $\chi^\infty(0)$则由$(\partial^2 G/\partial Q^2)_\eta$ 得出为

$$\chi^\infty(0) = \widetilde{u}/2ua(T_c - T). \tag{6.84}$$

由于 $\tilde{u}$ 比 u 小，故 $\chi^\infty < \chi^0$. 不过，在 T_c 上，χ^0 和 χ^∞ 都发散.

在序参量恒定时，弹性常数为

$$\left(\frac{\partial^2 G}{\partial \eta^2}\right)_Q = c.$$

而在 Q 随 η 改变的条件下，弹性常数为

$$\frac{\partial^2 G}{\partial \eta^2} = c - \frac{e^2}{4u}.$$

因此，在低频情况下，当序参量能随弹性涨落时，在相变中预期弹性常数将按 $e^2/4u$ 减小.

在低温相时，耦合系数也不为零，它描述应变对耦合于序参量 Q 的电场的响应. 它可表示为

$$\left(\frac{\partial^2 G}{\partial \eta \partial Q}\right)^{-1} = \frac{1}{2eQ_0},$$

因而在 T_c 时也发散.

6.6.3 短程力体系中的涨落

在自由能对序参量的展开式中,要找到极化率与波矢量的依赖关系,条件是不够充分的.下面结合涨落效应作进一步讨论.形式上可将自由能的展开式推广为

$$G = G_0 + \frac{1}{2N}\sum_{q} R(\boldsymbol{q})Q(\boldsymbol{q})Q(-\boldsymbol{q}) + \frac{1}{N^2}\sum_{q_1 q_2 q_3} u(\boldsymbol{q}_1, \boldsymbol{q}_2, \boldsymbol{q}_3) \times Q(\boldsymbol{q}_1)Q(\boldsymbol{q}_2)Q(\boldsymbol{q}_3)Q(-\boldsymbol{q}_1, -\boldsymbol{q}_2, -\boldsymbol{q}_3) + \cdots, \tag{6.85}$$

展式中的系数与波矢有关,并利用了波矢守恒条件.将不同波矢量的两个元激发间的相互作用包括在内的自由能(有效 Hamiltonian 量)的表达式是难于求解的.一般来说,除起主要作用的项外,涨落效应可略去不计.

在最简单的情况下,因为在 T_c 时 $u(0,0,0)=0$,故可略去非谐系数对 $\boldsymbol{q}$ 的依赖关系.这时,将 $R(\boldsymbol{q})$对 q 展开,对于短程力各向同性体系,自由能变为

$$G = \bar{G} + \frac{1}{2N}\sum_{q}\left[a(T - T_c) + fq^2 + 12Q_0^2 u\right]Q(\boldsymbol{q})Q(-\boldsymbol{q}), \tag{6.86}$$

其中 $\bar{G}$ 为自由能的静态部分.含波矢 q 的极化率可表示为

$$\chi^{-1}(\boldsymbol{q}) = \begin{cases} a(T - T_c) + fq^2, & T > T_c, \\ 2a(T_c - T) + fq^2, & T < T_c, \end{cases} \tag{6.87}$$

结果,与简谐晶体的情况相类似.极化率的倒数可定义为频率的平方

$$\chi^{-1}(\boldsymbol{q}) = \omega^2(\boldsymbol{q}), \tag{6.88}$$

这些频率可以属于,也可以不属于共振简谐模或软模.应用这些频

率,可把自由能重写为

$$G = \bar{G} + \frac{1}{2N}\sum_{q}\omega^2(\boldsymbol{q})Q(\boldsymbol{q})Q(-\boldsymbol{q}), \qquad (6.89)$$

其中

$$\omega^2(\boldsymbol{q}) = a(T - T_c) + fq^2 + 12Q_0^2 u. \qquad (6.90)$$

若要使畸变相的波矢 q_s 为稳定,T_c 时展式中的系数 f 必须为正. 所以在一级近似的情况下,f 与温度无关. 在固定温度下,这些假定给出散射谱线与波矢 $\boldsymbol{q}$ 的关系为 Lorentz 线型.

对于位移型体系,Deby-Waller 因子的温度关系为

$$\sum_{q}\chi(\boldsymbol{q}) = \lambda_1 - \lambda_2 \mid T - T_c \mid^{1/2}, \qquad (6,91)$$

式中 λ_1 和 λ_2 为与 a 和 f 有关的常数. 上式表明,Deby-Waller 因子在 T_c 时并不发散,而存在一个类似杯形的特性. 如把 q 很小时色散关系不能展开为 q 的幂级数的情况除外,则在其他结构相变中也将有类似的特性.

只有在立方对称的晶体中,式(6.90)中 q 的系数才与 q 的方向无关. 在更一般的情况下,式(6.90)变为

$$\omega^2(\boldsymbol{q}) = a(T - T_c) + 12Q_0^2 u + \sum_{\alpha\beta} f_{\alpha\beta} q_\alpha q_\beta. \qquad (6.92)$$

于是临界散射与波矢 $\boldsymbol{q}$ 的关系为 Lorentz 型,但谱线宽度与波矢的方向有关,正如接近石英 α-β 相变时所看到的那样. 然而,临界指数与 $\boldsymbol{q}$ 的方向无关.

6.6.4 单轴铁电体

上面把 $R(q)$展开为 q^2 的幂级数的做法,只有当晶体中不存在长程力时才是有效的. 最普遍的长程力是铁电材料中的库仑力. 在铁电体中,基于铁电涨落产生的宏观电场所引起响应特性对波矢的影响;在纵向和横向的偏振模间有劈裂. 考虑到这一静电相互作用,并把 z 轴取作惟一的铁电轴,自由能虽仍由式(6.89)表示,但频率变为

$$\omega^2(\boldsymbol{q}) = a(T - T_c) + \sum_{\alpha\beta} f_{\alpha\beta} q_\alpha q_\beta + g\frac{q_z^2}{q^2} + 12uQ_0^2, \quad (6.93)$$

其中,系数 g 可由电偶极矩算符表示为

$$g = \frac{1}{v\varepsilon_0} \mid M_z(\boldsymbol{q}) \mid^2. \quad (6.94)$$

如果 $M_z(\boldsymbol{q})$的波矢依赖关系可以忽略,则 g 与 q 无关.

对于 x 和 y 方向的波矢 $\boldsymbol{q}$,极化率或散射截面类似于上面讨论过的各向同性体系.对于其他方向的 $\boldsymbol{q}$,在 T_c 时 $q \to 0$ 的极限值并不发散,并导致一特有的环形临界散射,有个缝通过这一环.如图 6.53 所示.KD_2PO_4 的临界散射就是这种情况;准弹性中子散射测量在(303)布喇格点区域出现强度极大,在倒格子空间过此点平行于 a^*c^* 面的平面上,不同波矢量的等强度分布曲线清楚地表现出了上面讨论的情况[265].

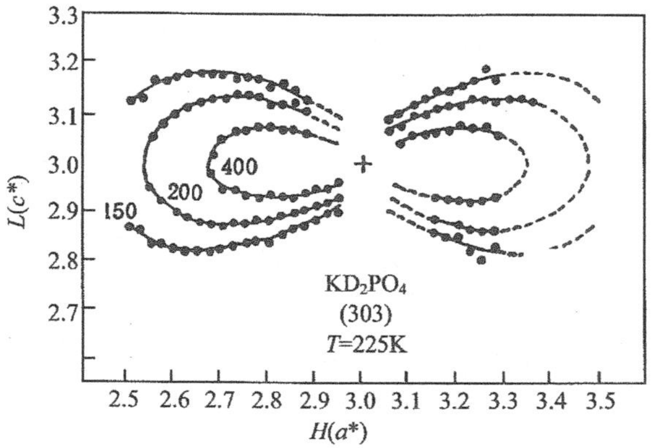

图 6.53 KD_2PO_4 的临界散射等强度线.

在实际体系中,当 $\boldsymbol{q} \to 0$ 时并不出现 $\chi(\boldsymbol{q})$的奇异性.这是由于静电相互作用导致的推迟效应或极化声子效应或晶体表面效应,阻止了 $\boldsymbol{q} \to 0$ 时的 $\chi(\boldsymbol{q})$发散.

在 T_c 时,单轴铁电体的 Deby-Waller 因子具有比只有短程力时更弱的奇异点[266].

6.6.5 声学模和铁电涨落的相互作用

铁电体中存在着各种耦合效应,其中包括应变与电极化的耦合[267]、各种元激发间的耦合、振动模和铁电涨落间的耦合等等.这里要讨论的是后者. KH_2PO_4 在顺电相时是压电体,应变和电极化间存在线性耦合,因而序参量是应变和电极化的组合.通常对应变坐标和极化采用推广了的朗道理论来进行分析.在 KH_2PO_4 的情形下,把沿 z 轴的极化标为 Q_1,这是对应变 η_{xy} 的耦合.为了简单起见,如果把 $\boldsymbol{q}$ 限制在 x 方向上,则介电涨落只对沿[010]方向偏振的横声学模耦合,将其标为 Q_2.自由能展开式中包括这些模的简正坐标的二次项,可写为

$$G_2 = \frac{1}{2N}\sum_{i,j=1,2} R_{ij}(q_x)Q_i(q_x)Q_j(q_x), \tag{6.95}$$

其中

$$\begin{cases} R_{11}(q) = a(T - T_c^x) + fq^2, \\ R_{22}(q) = c_{66}q^2/\rho, \\ R_{12}(q) = R_{21}(q) = qD, \end{cases} \tag{6.96}$$

而

$$D = h_{36}M_z(0)(\rho v)^{-1/2}, \tag{6.97}$$

其中, h_{36} 为压电常数, $M_z(0)$ 为铁电模的偶极矩算符.

在简谐近似下,通过动态极化率的计算最容易看出这一耦合效应.只对模 1 耦合的电场的响应为

$$\chi_1(q,\omega) = \frac{R_{22}(q) - \omega^2}{[R_{11}(q) - \omega^2][R_{22}(q) - \omega^2] - [R_{12}(q)]^2}. \tag{6.98}$$

对于小的 q,这一公式具有如下形式:

$$\chi_1(q,0) = [a(T - T_c) + fq^2]^{-1}, \tag{6.99}$$

其中,自由居里温度为

$$T_c = T_c^x + \frac{D^2\rho}{ac_{66}}. \tag{6.100}$$

在自由居里温度时，静态 $q=0$ 的介电极化率发散．自由晶体居里温度比夹持晶体的居里温度 T_c^x 高．在高温时，$\omega^2 \gg R_{22}(q)$，如果忽略对声学模的耦合，则方程(6.98)简化为夹持晶体的极化率．

对于声学模的响应可得到类似的结果．在低频时，声学模响应为

$$\chi_2(q,\omega) = \frac{\rho}{c_{66}^E - \rho\omega^2}, \tag{6.101}$$

其中

$$c_{66}^E = c_{66} - \frac{\rho D^2}{a(T-T_c)}. \tag{6.102}$$

由于此时介电涨落能跟上声学模涨落，从而引起速度的改变和晶体中电场保持为常数．在高频时，铁电涨落跟不上声学响应，后者约化成 c_{66}，而晶体中的电矩保持为常数．这一特点可以 KD_2PO_4 为例来说明．超声测量得到速度和 c_{66}^E，T_c 时 c_{66}^E 为零，参见图 6.53．可是，在频率高于介电响应的中子散射测量中，得出 c_{66} 与温度无关．

在这里，我们假定了介电涨落是依赖于温度变化的．如果假定 c_{66} 与温度有依赖关系，可作同样的分析；不过，$R_{11}(q)$ 是相对地与温度无关的．这一特点相应于弹性驱动的铁电相变，酒石酸锂氨就是这种相变的例子．

在中子或 X 射线散射实验中，可以既耦合于铁电模又耦合于声学模，所以散射截面为

$$\begin{aligned}\sigma(\boldsymbol{q},\omega) = NK_BT\mathrm{Im}[\{|F_1(\boldsymbol{q})|^2(R_{22}(\boldsymbol{q}')-\omega^2) \\ -(F_1(\boldsymbol{q})F_2(-\boldsymbol{q})+F_2(\boldsymbol{q})F_1(-\boldsymbol{q}))R_{12}(\boldsymbol{q}') \\ +|F_2(\boldsymbol{q})|^2(R_{11}(\boldsymbol{q}')-\omega^2)\}\{(R_{11}(\boldsymbol{q}') \\ -\omega^2)(R_{22}(\boldsymbol{q}')-\omega^2)-R_{12}^2(\boldsymbol{q}')\}^{-1}],\end{aligned} \tag{6.103}$$

式中 $\boldsymbol{q}=\boldsymbol{q}'+\boldsymbol{K}$，$\boldsymbol{K}$ 为倒格矢．$F_1(\boldsymbol{q})$ 和 $F_2(\boldsymbol{q})$ 为振动模的结构因子．由于 $R_{12}(\boldsymbol{q}')$ 正比于 $\boldsymbol{q}'$，假如 $F_1(\boldsymbol{q})$ 和 $F_2(\boldsymbol{q})$ 并不改变符号，在模 1 和模 2 共同散射的干涉项将随 q' 改变符号．这一散射表现

得显著地对 q' 不对称[265]. 由 KD_2PO_4 的中子非弹性散射测量得出铁电涨落的散射，以及围绕倒格点(5,1,0)的临界散射示于图 6.54，表现出了高度的不对称. 在非压电材料中，声学模和铁电涨落之间的主导耦合正比于 $(q')^2$，于是在 T_c 以上，自由和阻尼介电行为之间没有区别.

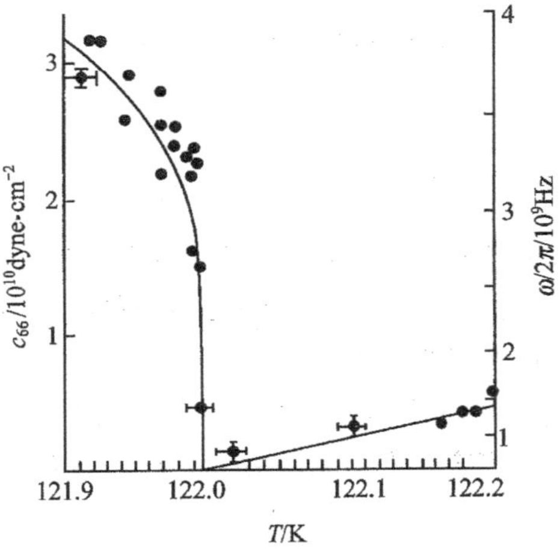

图 6.54　KDP 的弹性常数在 T_c 附近的温度关系

(由布里渊散射).

上面所说的不对称效应以及光学模和声学模之间的干涉效应，对于所有的非谐材料都是共同的. 在单轴铁电体锗酸铅中表现得非常明显，参阅图 6.56. 接近倒格子点(0,0,6)附近，铁电涨落强度很低，只看到一个轮廓分明的横声学模. 接近倒格点(005)和(004)时，两个模都有很强的散射. 在接近声学模频率时，干涉项导致特征的不对称行为. 在(005)附近，干涉使散射的高频部分增强. 在(004)附近它具有相反的符号，并使低频部分增强. 正如图 6.56 所示的散射谱一样，散射谱形的细节与比值 $F_1(\boldsymbol{q})/F_2(\boldsymbol{q})$ 有关，也是围绕不同格点 $\boldsymbol{K}$ 的定性区别.

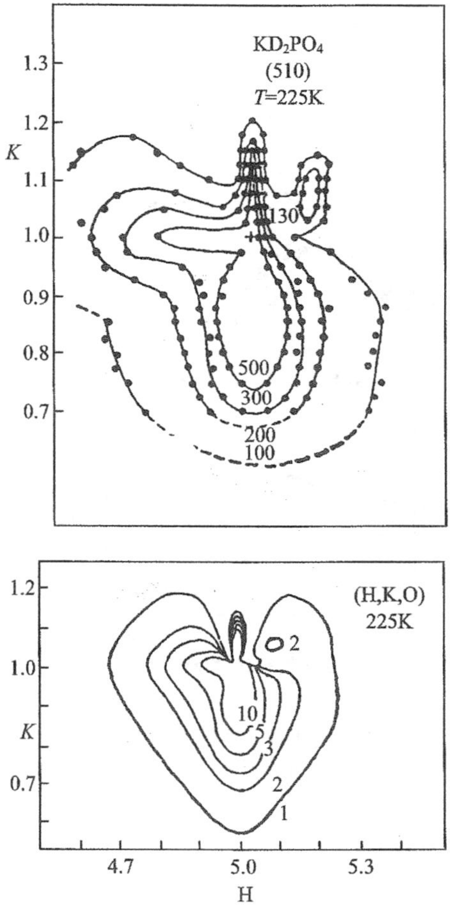

图 6.55　KD_2PO_4 在(HKO)倒格点附近中子临界散射的等值线图.

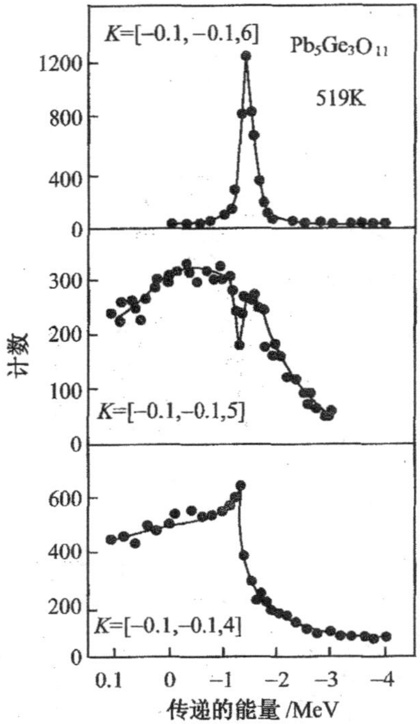

图 6.56 $Pb_5Ge_3O_{11}$中声学模和重阻尼光学模间的干涉.

6.6.6 多元序参量

在结构相变中出现的可能不只一个序参量.例如在 $BaTiO_3$ 和 $SrTiO_3$ 中序参量有 $n=3$ 个分量,在此只考虑了 Q_i 为实数时的情况;其必要条件为软模波矢 $\boldsymbol{q}_s$ 必须满足 $\boldsymbol{q}_s=\frac{1}{2}\boldsymbol{K}$ 或 0.借助群论可得到充分条件为序参量的反对称平方为零.下面以 $n=2$ 的体系为例,类似于式(6.72)的自由能展开式可写为

$$G=G_0+\frac{1}{2}a(T-T_c)(Q_1^2+Q_2^2)$$
$$+u(Q_1^2+Q_2^2)^2+v(Q_1^4+Q_2^4)+\cdots. \quad (6.104)$$

由于序参量的对称性，只采用二次方项的形式．若相变是连续的，Q 坐标的三次方项一定不存在．式(6.104)与单态模型不同之处在于有两个系数 u 和 v．如果把 Q_i 写成

$$Q_i = \xi_i Q,$$

其中的特征矢 ξ_i 为规格化．若令 $\widetilde{u} = u + v(\xi_1^4 + \xi_2^4)$，并以 $\widetilde{u}$ 代替式(6.72)中的 u，则方程(6.104)就还原成式(6.72)．

如果常数 $\widetilde{u}$ 很小，则从自由能的极小值即可决定有序相的性质．可概括为下述三种类型的连续相变：

(1) $v<0$，但 $u+v>0$；此时，$\widetilde{u}=u+v>0$，有序相分为四个畴域：$\xi_1=\pm 1$，$\xi_2=0$，或 $\xi_2=\pm 1$，$\xi_1=0$．

(2) $v=0$，$u>0$；此时，$\widetilde{u}=u$，有序相可以占据 Q_1 和 Q_2 空间中任何一种取向．

(3) $v>0$，$\widetilde{u}=u+\frac{1}{2}v>0$；此时，有四个有序畴：$\xi_1=\pm 1/\sqrt{2}$，$\xi_2=\pm 1/\sqrt{2}$．

畴的多重性和依赖某种相互作用特定值的结构是所有 $n>1$ 的体系的特征．

对于 $T>T_c$ 时模型的分析，实际上和讨论 $n=1$ 的体系的比热、极化率一样．然而为了得到 $T<T_c$ 时的极化率性质，就必须增加某些附加的讨论．静态极化率是自由能对 Q_1 和 Q_2 的二次导数的倒数，计算是对平衡态进行的．

对于 $\xi_1=1$，$\xi_2=0$ 的第一种情形的畸变相，由自由能的二次导数得到极化率

$$\chi_1(0) = \left(\frac{\partial^2 G}{\partial Q_1^2}\right)^{-1}, \quad \chi_2(0) = \left(\frac{\partial^2 G}{\partial Q_2^2}\right)^{-1}.$$

在 $T<T_c$ 时，“纵向”极化率

$$\chi_1(0) = [2a(T_c - T)]^{-1}, \tag{6.105}$$

这与 $n=1$ 的体系的式(6.76)相同．但“横向”极化率

$$\chi_2(0) = -\frac{u+v}{av(T_c - T)}. \tag{6.106}$$

由于 $v<0$ 时这个相才能稳定,故上式给出的 $\chi_2(0)$总是正的.纵项和横项采用同磁学中的海森伯模型类似的办法,χ_1 描述平行于序参量的涨落,χ_2 描述垂直于序参量的涨落.

对于第二种情形,此时的 $\chi_2(0)$对于一切 $T\ll T_c$ 的情况为 ∞.从物理上说,这是由于 Hamiltonian 量就 Q_1 和 Q_2 而论有连续旋转对称,所以对于转动序参量不会消耗能量.无限大极化率是 Goldstone 理论的一个特例.

对于情况三,可按第一种情形时相类似的方法进行讨论.

6.6.7 非本征铁电体

在相变中可以出现这样的情况,体系的次级序参量才是铁电畸变.非本征铁电体就是这种类型,Dvorak 曾讨论过这种体系的性质.由于在铁电体中有不同的畴,对应于不同的方向.这里没有 $\overline{Q}Q^2$ 形式的自由能的项;其中 Q 为 $n=1$ 的体系的主序参量.至少要有两个主序参量才能出现非本征铁电体性质.非本征铁电体的简单模型[269]具有耦合于 $Q_1Q_2\overline{Q}$ 形式铁电极化的 $n=2$ 的体系.这时的自由能为

$$G=G_0+\frac{1}{2}a(T-T_c)(Q_1^2+Q_2^2)+u(Q_1^2+Q_2^2)^2$$

$$+v(Q_1^4+Q_2^4)+eQ_1Q_2\overline{Q}+\frac{1}{2}b\overline{Q}^2, \tag{6.107}$$

其中 b 为介电极化率的倒数,而

$$\overline{Q}=-\frac{e}{b}Q_1Q_2. \tag{6.108}$$

把式(6.108)代入式(6.107),得到与式(6.104)等效的方程,不过要将 u 和 v 代之以

$$\widetilde{u}=u-\frac{e^2}{4b} \text{和} \widetilde{v}=v-\frac{e^2}{4b}. \tag{6.109}$$

如果 $\widetilde{v}<0$,有序结构是多元序参量中的情况 1.于是结合式(6.104),得到$\langle\overline{Q}\rangle=0$,这个相不是铁电相.反之,如果 $\widetilde{v}>0$,有序结构为第三种情况;而

$$\overline{Q} = \pm \frac{e}{2b}Q_0^2.$$

若 $\xi_1 = -\xi_2$,上式取正号.若 $\xi_1 = \xi_2$,上式取负号.

Dvorak 认为,非本征铁电体的相变为一级相变[269].

描述单元序参量与应变耦合的朗道理论能用来说明非本征铁电体极化率在 T_c 时有阶跃,这一简单理论能够用来描述 $(NH_4)_2Cd_2(SO_4)_3$ 中的结果.但用来描述钴-碘方硼石和 $Cd_2(MoO_4)_3$时,其结果不太满意.这是因为上述理论用来描述真实非本征铁电体时显得过于简单,特别在当应变与主序参量之间、应变与自发极化之间有耦合时更是如此.

6.6.8 涨落和短程相互作用

在序参量多于1的体系中,能够通过采用和 $n=1$ 的体系完全一样的方法,获得涨落与波矢的依赖关系

$$G_2 = \frac{1}{2N}\sum_{ijq} R_{ij}(\boldsymbol{q})Q_i(\boldsymbol{q})Q_j(-\boldsymbol{q}), \tag{6.110}$$

其中

$$R_{ij}(\boldsymbol{q}) = a(T - T_c)\delta_{ij} + f_{\alpha\beta}(ij)q_\alpha q_\beta. \tag{6.111}$$

参数 R 和 f 的非零独立个数可以因对称性而减少. $SrTiO_3$ 中有3个序参量,分别对应于氧八面体沿 x, y 和 z 方向的转动和3个独立的 $f_{\alpha\beta}(ij)$系数.此时,可将 R_{ij}重写为

$$R_{ij}(\boldsymbol{q}) = [a(T - T_c) + \lambda(q^2 + fq_i^2)]\delta_{ij} + \lambda h q_i q_j(1 - \delta_{ij}). \tag{6.112}$$

Stirling 由布里渊区 R 点附近 $SrTiO_3$ 声子色散关系的各向异性求出上式中的系数为

$$\lambda = 216 \pm 20, \quad f = -0.97 \pm 0.01, \quad h = 0.19 \pm 0.04.$$

体系显示出很大的各向异性.这些体系中的各向异性和模之间的耦合,意味着式(6.110)中的矩阵特征矢与 $\boldsymbol{q}$ 的方向有很强的依赖.因而仔细分析极化率的形式是困难的,只能由散射截面的性质对极化率及散射强度作粗略的分析.

6.6.9 涨落和长程相互作用

长程相互作用修正了离子材料中小 q 涨落的形式，正如对单轴铁电体所曾讨论过的那样. 在立方铁电体的情况下，例如 $BaTiO_3$，我们选择序参量的第 i 个分量，得出沿第 i 个方向的电极化. 在自由能展式的二次项中，要增加一个静电项

$$R_{ij}(\boldsymbol{q}) = [a(T - T_c) + \lambda(q^2 + fq_i^2)]\delta_{ij} + \lambda hq_iq_j(1 - \delta_{ij}) + g\frac{q_iq_j}{q^2}. \tag{6.113}$$

对于 $q \to 0$，可把矩阵 $R_{ij}(\boldsymbol{q})$ 对角化，得出高于 T_c 的纵向涨落模 $\omega_1^2 = a(T - T_c) + g$ 和两个横向涨落模 $\omega_t^2 = a(T - T_c)$. 3 个模的结构因子都正比于 q_i 的散射强度，Cochran 曾对此作过讨论[270].

§6.7 氢键铁电体的六角顶点模型

6.7.1 冰规则

冰规则又叫冰条件. 按照统计物理，当 $T = 0$ K 时，熵等于零. 在温度很低时，大多数晶体基本上没有大量剩余的熵. 但当第一次测量冰晶体的熵时，却发现有很多剩余熵. Pauling[271]解释这个问题时提出了冰模型：水分子中的氢原子在两个氧之间形成氢键，但氢不是处于键的中间位置，而是形成 O—H···O 的结构. 每个氧原子只能有两个氢原子作为最近邻，这样的排列办法只能有六种，称为六角顶点模型，又称冰条件，参见图 6.57. 如果把限制条件放宽为只允许有偶数的点，包括允许点的数目为零，就得到八顶点模型. 若更进一步取消冰限制，把所有奇数点的配置也包括在内，就成为 16 顶点模型. 图 6.57 示出了三种模型的各种配置方式.

冰熵的计算相当复杂，不仅是难解的物理问题，也是难解的数学问题. 因为在晶体的一个具体格点上选定满足冰条件的六种方式之一时，它立即影响到近邻格点满足冰条件的途径，形成“长程关联”. 二维的六顶点问题已在 1967 年由 Lieb[272]得出精确解. 但

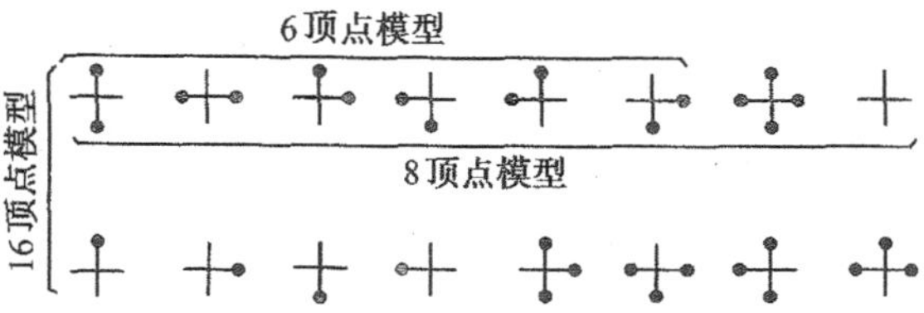

图 6.57　六、八和十六顶点模型.

至今还没有三维的精确解.如果对每个顶点赋予特定的势能,记为 $\varepsilon_1, \varepsilon_2, \cdots, \varepsilon_{16}$,就得到一种统计模型,称 16 顶点模型.类似地可以得到各种统计模型:与氢键铁电相变问题相应的称为二维 KDP 模型,与反铁电相变问题相应的称为 F 模型.

在顶点上的点子也可改画成箭头,表示每个氧原子周围有两个氢靠近,有两个氢远离,正如 Pauling 最初所设想的那样.

6.7.2　二维 KDP 铁电模型

按照 Slater 模型,每个磷酸根周围有 4 个氢键.质子在氢键双势阱中运动,但每个 PO_4 根周围只能有两个质子为最近邻.这就与冰熵问题完全类似.所不同的是,在冰规则问题中 6 个顶点有相同的能量,而在铁电和反铁电模型中有不同的能量,如图 6.58 所示.

冰	0	0	0	0	0	0
KDP	0	0	ε	ε	ε	ε
F模型	ε	ε	ε	ε	0	0

图 6.58　二维 KDP 模型的 6 个许可的顶点构型.

于是,构成了对以下配分函数求值的数学问题:

$$Z = \sum_{j=1}^{6} \exp(-\sum n_j \varepsilon_j / kT), \qquad (6.114)$$

其中,能量 $\varepsilon_1 = \varepsilon_2 = 0, \varepsilon_3 = \varepsilon_4 = \varepsilon_5 = \varepsilon_6 = \varepsilon > 0$, n_j 是形式为 j 的顶点数, k 为 Boltzmann 常数. Lieb 用变换矩阵法求解上述配分函数的复杂的特征值问题[272]. 对于 KDP 得到以下结果:

(1) $T_c = \varepsilon / k\ln 2$, 这时发生一级相变;

(2) $T < T_c$ 时, 比热 $c \equiv 0$;

(3)在 $T \neq T_c$ 时, 极化率 $\chi \propto (T - T_c)^{-1}$;

(4)每个顶点的潜热 $\bar{u} = \frac{1}{2}\varepsilon$;

(5)在 T_c 的高温侧的比热 $C \propto (T - T_c)^{-1/2}$.

以上计算非常复杂. 但如果定义一个约化自由能函数[273], 则较易导出以上除(5)以外的所有结果. 当存在电场 E 时, 配分函数为 $Z(T, y, U)$,

$$\ln Z(T, y, U) = \ln Z(T, y, 0) + UyN^2, \qquad (6.115)$$

其中, $U = Ed/kT$ 为偶极子能量, d 为偶极矩; $y = 1 - (2n/N)$, n 为顶点行列中箭头向下的数目, 标志顶点的极化. N 则为顶点的数目. 如果把约化自由能定义为

$$a(T, y) = \beta f(T, y), \quad \beta = 1/kT, \qquad (6.116)$$

其中

$$f(T, y) = \frac{-1}{\beta N^2} \ln Z(T, y, U) + \frac{1}{\beta} uy = \frac{-1}{\beta N^2} \ln Z(T, y, 0), \qquad (6.117)$$

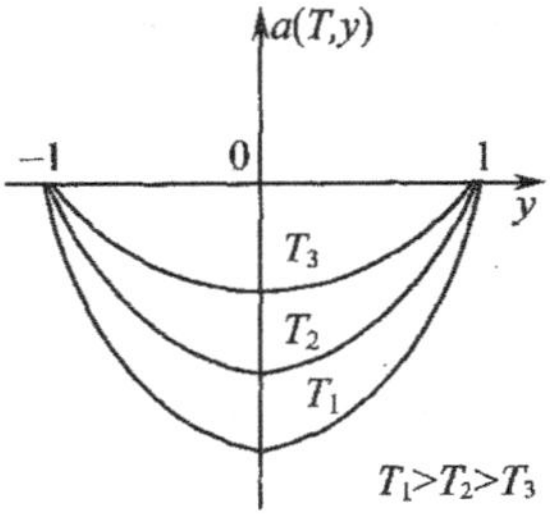

图 6.59 二维 KH_2PO_4 的能量分布.

则函数 $a(T, y)$ 的变化曲线如图 6.59 所示. 这样, 经过不太复杂的计算, 就能得到上面(1)至(4)的结果.

§6.8 结构相变与有序-无序

6.8.1 Slater-Takagi 模型[274~276]

KDP 晶体的温度高于 123K 时为四方结构，属无对称中心的点群 $\bar{4}2m$；低于这个温度时为正交结构，是点群为 $mm2$ 的铁电体，其自发极化主要由于原子在极轴(c 轴)方向发生位移. 用 X 射线和中子衍射确定它在上述顺电相和铁电相的结构，发现它是由两个互相渗透的体心 PO_4 四面体晶格和两个互相渗透的体心 K 晶格所组成. 每个 PO_4 通过氢键与另外 4 个 PO_4 连接起来. 氢键几乎位于和铁电轴(c 轴)垂直的位置上. 氢键连接的方式是把 PO_4 中一个较高的氧和相邻 PO_4 中一个较低的氧连接起来. 中子研究证明了只有两个氢处于离子构型为 $K^+(H_2PO_4)^-$ 的任一个 PO_4 根的最近邻处.

相变时，质子的密度分布由 T_c 以上的键中心移到 T_c 以下的局域非对称位置. 当自发极化的方向反转时，质子移动的方向也反转. 图 6.60 示出了 KH_2PO_4 的晶体结构. 图 6.61 的(a)和(b)示出了极化方向相反的两种情况，而图 6.61(c)示出了 $T > T_c$ 时分子单元的结构，这时的晶胞无净极化. 如果有序-无序是刚性的，则图 6.61(c)可简单地解释为由(a)和(b)的平均组合，每个原子在两个有序构型之间随机地转移. 另一方面，在位移型模型中，每个原子将在其平衡位置附近振动，这种振动可以是高次非谐性质. 至于观测到的拉长了的概率密度，可解释为振动的各向异性.

历史上最早的 KDP 模型理论[274~275]认为，其介电性能主要由质子构型所决定. 每个质子沿着连结两个 PO_4 根的键上有两个平衡位置，分别把它们标为 + 和 − . 在 c 平面上把氢键网络的投影示于图 6.62. 对于围绕任一个 PO_4 根的 4 个氢原子存在 $2^4 = 16$ 个可能的排列；但其中只有 6 个对应于 H_2PO_4 根具有两个氢原子的情况，代表低能态. 而这 6 个中只有 2 个代表最低能态，参阅图 6.61(a)和(b). 设此时能量为零，在图 6.62 中表现为(+ + + +)

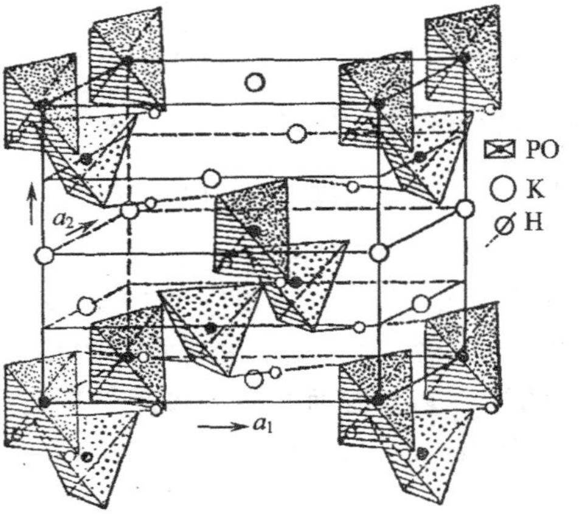

图 6.60　KH_2PO_4 的结构.

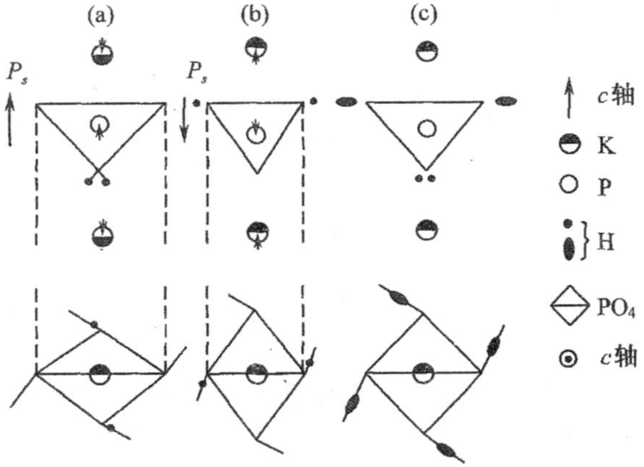

图 6.61　KDP 晶体中偶极单元示意图.

和(− − − −). 另外的 4 个为(+ − − +), (+ − + −), (− + − +), (− + + −), 它们代表具有能量为 E_1 的较高能态. 当略去质子的其他构型时, 就构成冰规则. 这是原始的 Slater 模型的近似. 把这一模型加以扩展, 包括全部 16 种排列所导致的能量列于表 6.21. 这里要指出的是, 表 6.21 能级的 Ising 描述需用四粒子相

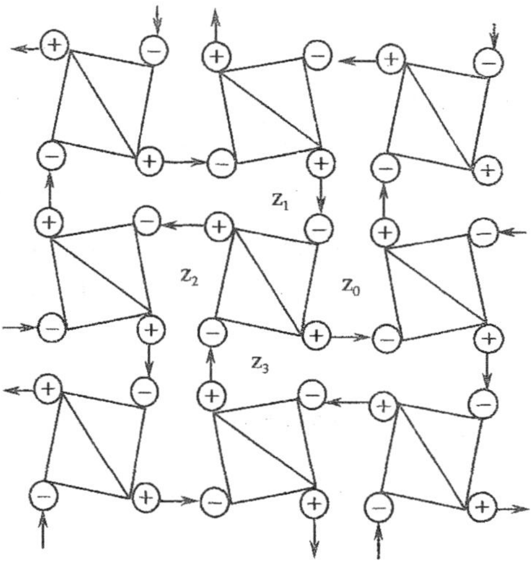

图 6.62　KDP 中的氢键在垂直于极性 c 轴的平面上的投影.

互作用的自旋 Hamiltonian 量

$$H = -\sum_{ijkl} J_{ijkl} S_i^z S_j^z S_k^z S_l^z, \tag{6.118}$$

其中 S^z 是本征值为 $\pm\frac{1}{2}$ 的 Ising 变数. 如果某些条件被满足的话[278,279], 上式能用成对粒子相互作用之和来近似地代替为

$$H = -\frac{1}{2}\sum_{ij} J_{ij} S_i^z S_j^z. \tag{6.119}$$

如果令

$$J_{12} = J_{34} = U, J_{13} = J_{24} = J_{23} = J_{14} = V, \tag{6.120}$$

则一个 PO_4 根周围四个质子团的 Ising-Hamiltonian 量成为

$$H_4 = -U(S_1^z S_2^z + S_3^z S_4^z) - V(S_1^z S_3^z + S_2^z S_4^z + S_2^z S_3^z + S_1^z S_4^z). \tag{6.121}$$

这样的能级结构也已列于表 6.21. 显然, Slater-Takagi 能级和赝 Ising 能级是等效的, 只要

$$U = -2E_2 + 2E_1, V = 2E_2 - E_1, \tag{6.122}$$

而

$$E_3 = 4E_2 - 2E_1. \tag{6.123}$$

方程(6.123)在完整的 Slater-Takagi 理论[274~275]中是不必要的限制;但如果四体相互作用分成两体项是可能的话,这个方程必须满足.如果 $E_3 \gg E_2 \gg E_1$,对大多数情形来说,容易看到式(6.123)是个很好的近似.像式(6.119)那样的 Hamiltonian 量是可取的.然而由于 i 和 j 并不确定一个 Bravais 格,故式(6.119)描述的不是通常的 Ising 问题.

表 6.21　KDP 中质子的 16 种排列的能量

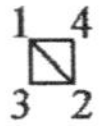

组态		$S_1^z S_2^z S_3^z S_4^z$	Slater-Takagi	赝 Ising
1		+ + + +	0	$-(2U+4V)/4$
2		− − − −	0	$-(2U+4V)/4$
3		+ − − +	E_1	$U/2$
4		+ − + −	E_1	$U/2$
5		− + − +	E_1	$U/2$
6		− + + −	E_1	$U/2$
7		+ + + −	E_2	0
8		+ + − +	E_2	0
9		+ − + +	E_2	0
10		− + + +	E_2	0
11		− − − +	E_2	0
12		− − + −	E_2	0
13		− + − −	E_2	0
14		+ − − −	E_2	0
15		− − + +	E_3	$-(2U-4V)/4$
16		+ + − −	E_3	$-(2U-4V)/4$

Slater 的 KDP 模型在三维情况下没有精确解. 当外场存在时, 甚至对于二维阵列也未真正解决. 不但精确解、而且近似的三维解也与原来的 Ising 模型具有很不相似和极不平常的性质.

6.8.2 同位素效应[279]

所谓同位素效应是指在含氢铁电体中, 当用氘置换氢时, 铁电体的居里点提高的现象. 以 KDP 为例, 当以氘置换氢后, 居里温度几乎提高了一倍. 类似的同位素效应还表现在极化曲线的形状和饱和自发极化强度 P_s 的量值上的增大, 氘化后的 P_s 比未氘化前增大 20% [280]. KDP 铁电体隧道模型的产生, 是由于在有序-无序铁电体的研究历史中的各种模型(如质子、质子-晶格、长波局域模等)都不能使人信服地解释出现显著同位素效应的原因. 隧道效应的基本观点是 Blinc[281]首先引入与质子有关的双势阱模型中. 在氢键所形成的势垒的两边各有一个平衡位置, 质子在两个平衡位置间穿过势垒作隧道运动. 当氘化时, 由于氘的质量较质子重, 大大地减小了隧道运动的频率, 因而对相变的静态和动态性质带来重大影响.

§6.9 赝自旋模型 Hamiltonian[279,282]

从前面的位移型相变和 Slater 模型中, 可以看到结构相变只与单胞中少数原子的重新排列有关. 这种重新排列可以使晶体对称的降低 . 例如 $BaTiO_3$ 中的 Ti 原子在 O_6 八面体中的移动, 或 $SrTiO_3$ 中 O_6 八面体的转动; 也可以是在氢键铁电体中, 质子在 O—H⋯O 键的双势阱中的重新排列等, 而其他原子则可看作留在原位置上. 于是描述结构相变的 Hamiltonian 模型将只与这一局域简正坐标 Q_l 以及相应的动量 p_l 有关, 这里, l 表示不同的单胞, 当晶体有 n 个单胞时, Hamiltonian 量

$$H = H(Q_1, P_1; Q_2, P_2; \cdots; Q_l, P_l; \cdots; Q_n, P_n). \qquad (6.124)$$

这一 Hamiltonian 量由单粒子贡献的部分 $H_1(l)$和相互作用的部

分 H_{int}所组成，其中

$$H_1(l) = \frac{1}{2m}P_1^2 + V(Q_l), \tag{6.125}$$

$$H_{int} = -\frac{1}{2}\sum_{ij} v_{ij}Q_iQ_j, \tag{6.126}$$

m 为有效质量，$V(Q_l)$为刚性晶体坐标 Q_l 的总势能，其他坐标 $Q_{j\neq l}=0$. 但在一般情况下，H 也包括多体和非线性相互作用. 由上述 Hamiltonian 模型描述的体系的性质与单粒子势 $V(Q)$的形状有关. 在位移型铁电体中，$V(Q)$在 $Q=0$ 处只有一个极小值，它由简谐和非谐两部分所组成. 如果相互作用足够强，能导致 $Q=0$处的位移失去稳定性. 这里只讨论双势阱的情况，质子能在氢键的两个平衡位置间运动. 如果势垒不太高，就可略去质子只在一个势阱中的概率，成为典型的有序-无序模型. 在这种情况下，每一势阱的基态是双重简并的. 粒子通过两个势阱间的位垒的隧道效应可以消除这一简并，极大地影响了体系的动力学性质. 此外，基态也有较高的激发态，当基态与激发态之间的能量差比双重简并基态之间的劈裂大得多时，也可略去激发态而只考虑双重简并体系.

对于每个双能级体系，所有粒子算符能用自旋为$\frac{1}{2}$的算符表示，3 个自旋为$\frac{1}{2}$的 Pauli 矩阵为

$$S^x = \begin{bmatrix} 0 & \frac{1}{2} \\ \frac{1}{2} & 0 \end{bmatrix}, S^y = \begin{bmatrix} 0 & \frac{-i}{2} \\ \frac{i}{2} & 0 \end{bmatrix}, S^z = \begin{bmatrix} \frac{1}{2} & 0 \\ 0 & \frac{-1}{2} \end{bmatrix}. \tag{6.127}$$

它们和单位矩阵形成 Hamiltonian2×2 矩阵空间的一个完全集. 至于每个双能级体系的所有算符，都是 2×2 矩阵，可以用上述空间的矢量表示. 这样的赝自旋表象很有用，因为它已把大量的非谐性变换掉了. 此外，它还和磁体系的 Ising 模型或海森伯模型类似. 赝自旋公式不仅适用于有序-无序体系，而且也适用于位移体系，不

过此时要把 $V(Q)$为简谐模型的 Hamiltonian 用自旋算符表示.

质子体系的多体量子化波函数 $\psi(r)$表 fi 为函数 ϕ_R^i 和 ϕ_L^i 的正交集,其中,i 为质子的标号,L 表示左边的局域态,R 表示右边的局域态.这时

$$\psi(r)=\sum_{i=1}^{N}[a_L^i\phi_L^i(r)+a_R^i\phi_R^i(r)]. \tag{6.128}$$

在质子的情况下,展开系数 a_L^i 和 a_R^i 为 Fermi 算符,它们满足对易关系

$$[\overset{+}{a}{}_L^i,a_L^j]_+=[\overset{+}{a}{}_R^i,a_R^j]_+=\delta_{ij}, \tag{6.129}$$

其中 $\overset{+}{a}$ 和 a 分别表示 Fermi 产生和湮没算符.将以上各式代入 Hamiltonian 量 H 的表示式中,略去常数项就得到质子在双势阱中运动的赝自旋表示式

$$H=-\Omega\Sigma S_i^x-\frac{1}{2}\sum_{ij}J_{ij}S_i^zS_j^z, \tag{6.130}$$

其中

$$\begin{cases}\Omega=-2h_{LR},\\ J_{ij}=2v_{ij}(LL,RR)-v_{ij}(LL,LL)-v_{ij}(RR,RR);\end{cases} \tag{6.131}$$

而

$$\begin{cases}S_i^x=\dfrac{1}{2}(\overset{+}{a}{}_L^ia_R^i+\overset{+}{a}{}_R^ia_L^i),\\ S_i^y=\dfrac{1}{2}(\overset{+}{a}{}_L^ia_R^i-\overset{+}{a}{}_R^ia_L^i),\\ S_i^z=\dfrac{1}{2}(\overset{+}{a}{}_L^ia_L^i-\overset{+}{a}{}_R^ia_R^i).\end{cases} \tag{6.132}$$

隧道积分近似等于

$$\Omega\simeq Sv_{\mathrm{OH}}. \tag{6.133}$$

v_{OH}为 O—H…O 键中质子的伸展频率,重积分 S 的数量级为 10^{-1}到 10^{-2}.因而 S 和 Ω 都与隧道粒子的质量、势阱间势垒宽度有很大的关系.

§6.10 位移型与有序-无序型统一模型[283,284]

在铁电体相变的研究历史上，一直认为有两种截然不同的相变机制，或者说是两大类铁电体：位移型与有序-无序型．前者把从顺电相转变到铁电相的起因归结为晶格对某些振动模的不稳定（软模），后者在于单胞内活性原子（赝自旋）在几个（最简单的情况为两个）平衡位置之间的统计无序到有序．但是近20多年来的研究表明，许多现象不能用单纯的位移或有序-无序机制来说明．例如一直认为是位移型相变的 $BaTiO_3$，$KNbO_3$，$SrTiO_3$ 和一直认为是有序-无序型的 TSCC，都不是表现得原来所认为的那种情况．$BaTiO_3$ 是位移型可由软模的非弹性中子散射和红外反射试验表明它，在 1350K 到 520K 的软模频率有 $\omega_s^2 \propto (T - T_c)$ 关系．但从 520K 到 T_c 之间，ω_s 与 T 的关系趋近饱和．在顺电-铁电相变时没有任何振动模发生突变．Vogt 等根据超 Ramam 低频散射（频率一直低到 $4cm^{-1}$）数据及静介电常数的值，推导出 T_c 附近特征频率为 $7.5cm^{-1}$ 的弛豫模．

$BaTiO_3$ 的扩散 X 射线散射和在临界区内由极化涨落引起的强准弹性中子散射试验表明它是无序-有序相变．在 T_c 至 270℃ 之间，由于极化涨落是弛豫型的，因此提出可用赝自旋描述涨落的可能性．

$KNbO_3$ 是有3个相变点的连续相变铁电体，而且在3个相变点的特征振动模 F_{1u}，E 和 B_2 模都分别有软化行为．但立方顺电相到四方铁电相的软模并未引起对称破缺，只有最后一个由正交到斜方的 B_2 模在相变点附近才是不稳定的，这个软模才触发结构相变．而 T_c 上由顺电到铁电的相变则主要由涨落所触发．

在 $SrTiO_3$，KDP，TSCC 以及其他一些铁电体中都已发现它们具有有序-无序和位移行为共存或交叉的现象．因此近20年来许多作者都试图把这二者统一起来，事实上是在不同温度下占支配地位的形式不同而已．以下简单介绍几种统一模型．

(1)声子与赝自旋间的线性耦合模型认为,在相变中这一耦合起重要作用,并用二元耦合模型来处理.但这里的无序(赝自旋)不像磁那样的无序,而是涨落关联的.临界维数越大,无序度也越大.

(2)耦合双势阱模型.认为有序-无序和位移是两个极限状况.在两个极限之间有各种中间状态存在.此外,耦合常数的各向异性,也导致混合状态.双势阱能量

$$H(u_{ij}) = \sum_i \left[\frac{1}{2} m\dot{u}_i^2 + V(u_i)\right] + \frac{1}{2}\sum_{ij} c_{ij}(u_i - u_j)^2. \tag{6.134}$$

在一个亚晶格中,质量为 m 的原子 i 运动在其他亚晶格所产生的局域双势阱 $V(u_i)$中,双势阱的势垒高度为 E_0,势阱的两个极小点间的距离为 $2a$, c_{ij}为简谐耦合的耦合常数.在一维模型中, $c_{ij} \equiv c$.体系可用单参量 ca^2/E_0 来表征,即

$(ca^2/E_0) \ll 1$ 时,为有序-无序模型,

$(ca^2/E_0) \gg 1$ 时,为位移模型,

$(ca^2/E_0) \approx 1$ 时,为中间态模型.

(3)无序→有序型相变为混合型相变模型.认为在混合型中既有固有偶极子的有序化又有激活离子的位移.它可由声子-赝自旋耦合体系模型的软模理论加以描述.位移型是单纯的离子位移,只是混合型的特例.可以为前一种模型和理论所概括.因此,声子-赝自旋耦合体系模型及其软模理论是铁电相变的统一模型和理论.

(4)认为有序-无序和位移型在本质上没有差别.能量用单粒子能量和以及单胞中活性原子的简谐耦合表示.形式上类似于Villain 等人的赝自旋-声子耦合模型.但物理概念与处理上都有本质上的不同.相变特性取决于简谐耦合强度之比及单粒子势垒高度.弱晶格耦合时,相变特征接近于有序-无序相变的特征.对于强晶格耦合,相变特征接近位移型时的特征.

在普遍模型中引入了两个序参量 $\sigma_\alpha(T)$和 $\eta_\alpha(T)$.前者表示对两个平衡位置 α 为正或负时的平均占据数,与赝自旋的相类

似;后者为单胞活性原子的平均位移,与自洽声子模型时的相类似.然后把序参量方程的闭合体系作为晶格耦合常数和温度 T 的函数求数值解.当 $\sigma_+(T)=\sigma_-(T)$时,铁电相为无序→有序型.当 $\eta_+(T)=\eta_-(T)=0$ 时,铁电相为位移型,但也可能为混合型,取决于晶格耦合与单粒子势能之比而定.

统一模型把铁电相变研究向前推进了一步,它以实验事实为根据,说明了从前划分相变类型方法上的局限性.但到目前为止,这方面的工作也只是一个初步,因为统一模型还只能定性地说明相变问题.

参 考 文 献

[1]Valasek J. Phys. Rev., 1920(15):537; 1921(17):475

[2] Busch G, Scherrer P. Naturwissenschaft, 1935(23):737

[3] Busch G. Helv. Phys. Acta, 1938(11):269

[4] Slater J C. J. Chem. Phys., 1941(9):16

[5] Wul B, Goldman I M, Acad C R. Sci. USSR, 1945(46):139;1945(49):177;1945(49):177

[6] Slater J C. Phys. Rev., 1950(78):748

[7] 周志刚. 铁电性, 材料科学技术百科全书. 北京:中国大百科全书出版社, 1995:1043~1047; 周志刚,李景德. 铁电性,中国大百科全书物理学卷. 北京:中国大百科全书出版社,1987:1015~1019

[8] Nakamura E, Mitsui T, Furuchi J. J. Phys. Soc. Japan, 1963(18):1477

[9] Abrahams S C, Keve E T. Ferroelectrics, 1971(2):129

[10]Fridkin V M. 陈志雄等译, Ferroelectric Semiconductors, Nauka Moscow, 1976. 中译本,铁电半导体, 武汉:华中工学院出版社,1985

[11] Lines M E, Glass. Principles and Applications of Ferroelectrics and Related Materials, Oxford Univ. Press, 1977. 中译本: 钟维烈译,铁电体及有关材料的原理和应用,北京:科学出版社, 1989

[12] Friedel G, Annln. Phys., 1922(18):273

[13] Williams R, Hellmeier G J. Chem. Phys., 1966(44):638

[14] Kapustin A P, Vistin L K. Kristallografiya, 1965(10):118; Sov. Phys. Crystallography, 1965(10):95

[15] Williams R J. Chem. Phys., 1963(39):384

[16] Meyer R B, Keller P J. Phys. Letter., 1975(36):L69
[17] Blinc R, Phys. Stus. Solidi, 1975(706):K29
[18] Gway G W. Smectic Liquid Crystal Textures and Structures, Leonard Hill, Glasgow, 1984
[19] 王良御. 物理,1989(18):453
[20] Kepler R G, Anderson R A, Adv. Phys.,1992(41):1
[21] Newman R A, Scheinbeim J I, Lee J W, Takase Y, Ferroelectrics, 1992(127):229
[22] Francis S. Galasso, Structure, Properties and Preparation of Perovskite-Type Compounds, Pergamon Press, 1969
[23] Tejuca L G, Fierro L G. Properties and Applications of Perovskite-Type Oxide, N. Y., M. Dekker, 1993
[24] Landolt-Bornstein, Ferrelectrics Oxides, New Series, Ⅲ. Berlin: Sprringer-Verlag, 1984(16a)
[25] Wainer E. Trans. Electrochem. Soc., 1946(89):331
[26] Wul B, Goldman I M. C. R. Acad. Sci. USSR, 1946(51):21
[27] Meyer S, Ueda R. J. Phys. Soc. Japan, 1946(1):32
[28] Magaw H D, Proc. Roy. Soc.,(London),1947(189):261
[29] Cross L E, Ferroelectric Ceramics: Tailoring Properties for Specific Applications, in Ferroelectric Ceramics (N. Setter E. L. Colla ed.), Birkausex Verlag, 1993
[30] Sawaguchi E. J. Phys. Soc. Japan, 1953(8):615
[31] Pauling L. J. Am. Chem. Soc., 1924(46):2738
[32] Smolenskii G A. Ferroelectrics and Related Materials. N. Y.: Gordon and Breach, 1984
[33] Abrahams S C, Hamilton W C, Reddy J M. J. Phys. Chem. Solids, 1966(37): 1019
[34] Oliver J R, Neurgaonkar R R, Cross L E. J. Am. Ceram. Soc., 1989(72):201
[35] Neurgaonkar R R, Hall H W, Oliver J R. In Chemistry of Advanced Materials, (C. N.R. Rao ed), Blackwell Scientific Publications, 1993:81~105
[36] Jamieson P B, Abrahams S C, Bernstein J L. J. Phys. Chem. Solids, 1968(48): 5048
[37] Xu Yuhuan, Chen Huanchu, Cross L E. Ferroelectrics, 1984(54):123
[38] Sabbarao E C, Shirane G, Jona F. Acta. Cryst., 1960(13):226
[39] Jamieson P B, Abrahams S C, Bernstein J L. J. Chem. Phys., 1969(50):4352
[40] 许煜寰. 铁电与压电材料. 北京:科学出版社, 1978
[41] Bacon G E, Pease R S. Proc. Roy. Soc., London, 1953(A220):397;1955(A230): 359

[42] Nelmes R J, Eiriksson V R, Rouse K D. Commun. Solid. State Phys., 1972(11): 1261
[43] Cochran W. Advance Physics, 1961(10):401
[44] Samara G A. Ferroelectrics, 1973(5):25
[45] Regran T T, Glass A M, Rosenstein C S, et al. Ferroelectrics, 1974(6):178
[46] Lockwood D J, Ohno N, Nelmes R J, et al. J. Phys. C: Solid State Phys., 1985 (18):L559
[47] Matthias B T, Miller C E, Remeika J P. Phys. Rev., 1956(104):849
[48] Hoshino S, Okaya Y, Pepinsky R. Phys. Rev., 1959(115):323
[49] Blinc R, Stepisnik J, Jamsek-Vilfan M, et al. J. Chem. Phys. 1971(54):187;1971 (55):4843
[50] Kay M I, Kleinberg R. Ferroelectrics, 1973(5):54
[51] Dvorak V. Ferroelectrics, 1990(104):135
[52] Schack G. Ferroelectrics, 1990(104):147
[53] Ubbelohole A R, Woodward I. Proc. Roy. Soc., (London), 1946(A185):448
[54] Frazer B C, Mckeown M, Pepinsky R. Phys. Rev., 1954(94):1435
[55] Susuki E, Amano A, Nozaki R, et al. Ferroelectrics, 1994(152):385
[56] Sawada S, Nomura S, Fujii S, et al. Phys. Rev. Lett., 1958(1):320
[57] Kay M I. Ferroelectrics, 1972(4):235
[58] Pknta K, Unrub H-G. Z. Phys., 1993(B92):457
[59] Yamada Y, Fujii Y, Hata I. J. Phys. Soc. Jpn., 1963(18):594
[60] Yoshino S, Motegi H. Jpn. J. Appl. Phys., 1967(6):708
[61] Fatuzzo E, Habeke G, Merz W J, et al. Phys. Rev., 1962(127):2036
[62] Doeges E. Z. Anor. Chem., 1950(263):112
[63] Verkhovskaya K A, Grigas I P, Fridkin V M. Fiz. Tverol. Tela., 1968(10):2015
[64] Grigas I P, Karpus A S. Fiz. Tverol. Tela., 1967(9):2882
[65] Eibschuetz M, Guggenheim H J, et al. Solid State Comm. 1968(6):737; Phys. Lett., 1969(A29):409
[66] Abrahams S C, Revez J. Ferroelectrics, 1992(135):21
[67] Paul S. Drzaic, Liquid Crystal Dispersions, Singapore, World Scientific. 1995
[68] Liquid Crystal Materials, Devices, and Applications, 1997(12～13), San Jose, California , USA, SPIE-the International Society for Optical Engineering, 1997
[69] 谢毓章,液晶物理学. 北京:科学出版社, 1988; 液晶物理概貌. 北京: 科学技术文献出版社, 1996
[70] 王良御, 廖松生. 液晶化学. 北京:科学出版社, 1988
[71] 松本正一, 角田市良. 王殿福, 孙红军译. 液晶的最新技术: 物理, 材料, 应用.

北京:北京化工出版社，1991
[72] 金子英二. 液晶电视：液晶显示的原理和应用 . 北京：电子工业出版社，1991
[73] Blinov L M, Chigrinov V G. Electrooptic Effects in Liquid Crystal Materials. Springer-Verlag, 1994
[74] Strukov B A, Levanyuk A P. Ferroelectric Phenomena in Crystals, Springer, 1998
[75] Pershan P S, Structure of Liquid Crystal Phases, Singapore World Scientific. Pub. Co., 1988
[76] Hoffman J, et al. Mol. Cryst. & Liquid Cryst., 1978(44):187
[77] Samulski E T. In Thermotropic Liquid Crystals, ed. G. W. Gray, John Wiley and Sons, 1987
[78] Meyer R B , Liebert L, Strzelecki L, et al. J. Phys. (Paris), 1975(36):L69
[79] Pikin S A , Indenbom V L, Uspekhi Fiz. Nayk, 1978(125):251
[80] Zeks B, Carlsson T, Filipc C. et al. Ferroelectrics, 1988(88):3
[81] Blinc R. Condensed Matter News, 1991(1):17
[82] Meyer R B. Molecular Cryst. & Liquid Cryst., 1977(40):747
[83] Gray G W. Molecular Cryst. & Liquid Cryst. Lett., 1977(34):211
[84] Blinov L M, Chigrinov V G, Electrooptic Effects in Liquid Crystal Materials. N.Y.: Springer-Verlag, 1994
[85] Cahn R S. Angew Chemie (Int. Edit.), 1966(5):385
[86] Martinot Lagarde P B, et al. Molecular Cryst. & Liquid Cryst., 1981(75):249
[87] Coles H J, Glesson H F, Scherowsky G, et al. Crsyt. & Liquid Cryst. Lett., 1990(7):117
[88] Glesson H F, Ferroelectrics, 1992(133):15
[89] Matsui H, Miyata T, Hasebe H. Jpn. J. Appl. Phys. Lett., 1999(38, P2A): L139
[90] Erkoc S, Katiroioglu S. Physica A, 1999(264):189
[91] Gregorio R Jr., Ueno F M. J. of Mat. Science, 1999(34):4489
[92] De Geimes P G. Liquid Crystal Materials, Devices, and Applications, 1998(Ⅵ)
[93] Ciferri A, Meyer W B. Polymer Liquid Crystals, Acallinic Press, 1982
[94] 张其锦. 聚合物液晶导论 . 合肥:中国科技大学出版社, 1994
[95] Kozlovsky M V, Beresnev L A. Phase Transitions, 1992(40):129
[96] Blinov L M, Haase W. Mol. Mater., 1993(2):145
[97] Ujiie S, Iimura K. Chem. Lett., 1990:1031
[98] Osipov M A. Mol. Mater., 1991(1):217
[99] Cole H J, Glesson H F. Macromolecules, 1990(23):355
[100] Kepler R G, Arderson R A. Adv. Phys., 1992(41):1
[101] Furukawa T. Ferroelectrics, 1990(104):229

[102] MCFee J H, Bergman J G, Crane G R. J. Am. Ceram. Soc., 1965(48):81
[103] Hasagawa R, Takahashi Y, Chatani Y, et al. J. Polym., 1972(3):6000
[104] Gahard-Multhaupt R. Ferroelectrics, 1987(75):385
[105] Sergeeva A E, Zhongfu Xia, Fedosov S N, et al. Proc. of 9th International Symposium on Electrets (ISE-9), ed. Xia Zhongfu, Zhang Hongyan, 1996:914
[106] Wen J, Wang X H, Hu Y H, et al. ibid., 1996, 842
[107] Zhongfu Xia, S. Fedosov, A. E. Sergeeva et al. ibid., 1996, 902
[108] Sergeeva A E, Zhongfu Xia, S. Fedosov, et al. ibid., 1996, 914
[109] Faria L D, Moreira R L. Polymer, 1999(40):4465
[110] Duchurmes S, Bane A V, Blinov L M. Phys. Rev. B Condensed Matter, 1998(57):25
[111] Tujitsu Y, Ohigashi H, Date M, May L. Sci. Lett., 1997(16):1378
[112] Hasegawa K, Tomioka A, Miyano K, et al. Jpn. J. Appl. Phys., part 1, 1995(34):5647
[113] Osterfeld M, Franke H. Appl. Phys. A-Solid & Surface, 1994(A58):589
[114] Verkhovskaya K A, Fridkin V M, Bune A V, et al. Ferroelectrics, 1992(134):7
[115] Ikeda T, Zushi O, Sasaki T, et al. J of Luminescence, 1993(56):71
[116] Nerwman B A, Chen P, Pae K D, et al. J. Appl. Phys., 1980(51):5161
[117] Scheim J I, Mathur S C, Newman B A. J. Polymer. Sci. Part B, Poly. Phys., 1986(24):1791
[118] Mathur S C, Sen A, Newman B A, et al. J. Mat. Sci., 1988(23):977
[119] Mei R B, Scheinbein J I, Newman B A. Ferroelectrics, 1993(144):54
[120] Lee J M, et al. J. Polymer. Sci. Part B, Poly. Phys., 1991(29):279
[121] Tsutsumi N, Mizutani T, Sakai W, et al. J. of Chem. Phys., 1998(108):9839
[122] Brown L F, Mason J L, Klinkenborg M L, et al. IEEE Transactions on UFFC, 1997(44):1049
[123] 唐有棋, 对称性原理(一), (二). 北京:科学出版社, 1997; Rosen J. Symmetry in Science, An Introduction to the General Theory, N. Y: Plenum Press, 1995
[124] David M. Group Theory and Chemistry, Clarendon Press, Oxford, 1973
[125] 肖序刚. 晶体结构几何理论. 北京:高等教育出版社, 1993
[126] Burn R P. A Path to Geometry, Cambrige University Press, 1985
[127] Green J A. Sets and Group, Routledge and Kegan Paul, 1965
[128] Abrahams S C. Acta Cryst. B, Structural Science, 1999(55):494
[129] Zheludev I S. Electric Crystals, Nauk (in Russian), 1979
[130] Shubnikob A V. Symmetry in Science and Art, Plenum Press, 1974
[131] 陶瑞宝. 物理学中的群论. 上海:上海科技出版社, 1986～1989

[132] 俞文海. 晶体结构的对称性. 合肥:中国科技大学出版社,1991
[133] Shechtman D, Bleech I, Gratias D, et al. Phys. Rev. Lett., 1984(53):1951
[134] 张泽, 叶恒强, 郭可信. Phil. Mag., 1984(A52):L49
[135] Levine D, Steinnardt P J. Phys. Rev. Lett., 1984(53):2477
[136] Melvin Lax, Symmetry Principle in solid State and Molecular Physics, John Wiley & Sons, 1974
[137] International Tables for Crystallography, Space Group Symmetry, ed. T. Hahn, Dordrecht, 1983
[138] Newnham R E, Structure-Property Relations, Springer, 1975
[139] 王仁卉, 郭可信. 晶体学中的对称群. 北京:科学出版社,1990
[140] Subnikov A V, et al. Study on Pizoelectric Texture, Hauk in Russian, 1955
[141] Vainshtein B K, Modern Crystallography Ⅰ, Springer-Verlag, 1981
[142] Newnham R E. Electronic Ceramics (in Japanese), 1986(41):49;1987(37)
[143] Danail Bonchev, Chemical Group Theory, Gordon and Breach Pub., 1995
[144] Birass R R. Symmetry and Magnetism, Amsterdam, North Holland Pub., 1962
[145] Opechowski W, R. Guccione, Magnetic Symmetry, in A Treatise on Modern Theory and Materials, ed. George T. Rado and Harry Shut, Academic Press, 1965(ⅡV)
[146] Joshua S J. Symmetry Principles and Magnetic Symmetry in Solid State Physics, ADAM Bristal , England Philadelphia A, Hilger, 1991
[147] Roland Schmidt, Subgroup Lattices of Groups, Berling: W. de Gruyter, 1994
[148] 杨继廉, 物理, 1983(12):432
[149] Zheludev I S, Shuvalov L. Kristallographiya (in Russian), 1956(1):681
[150] Sonin A S, Zheludev I S. Kristallographiya (in Russian), 1959(4):487
[151] Blinc R, Zeks, Soft Modes in Ferroelectrics and Antiferroelectrics, North-Holland 1974. 中译本; 刘长乐译, 铁电体和反铁电体中的软模. 北京:科学出版社, 1982
[152] Shubnikov A V, Belov N V, et al. Coloured Symmetry, Academy of Science of USSR, Translated from Russian by T. Itzkov and Gollob, Pergamon Press, 1964
[153] Aizu K. J. Phys. Soc. of Japan, 1969(27):381
[154] Bulger M J. Elementary Crystallography. N. Y.: J. Wiley, 1963
[155] Zheludev I S. Kristallographiya (in Russian), 1971(16):273
[156] Aizu K. J. Phys. Soc. of Japan, 1969(27):387
[157] Hans Schmid, in Ferroelectric Ceramics (ed. N. Setten, E. L. Colla), Birkhauser Verlag, 1993
[158] Aizu K. Phys. Rev., 1970(B2):757
[159] Sapriel J. Phys. Rev., 1975(B12):5128
[160] Behebyev U H, Gagulin B B, Lubumov B H. Ferroelectrics-Magnetics, in Russian,

Hauk, 1982
[161] Lubumov B H. Kristallographiya (in Russian), 1965(10):50
[162] Janovec V, Schuvalov L A. in Magnetoelectric Interaction in Crystals, Gordon and Breach Sci. Pub., 1975(215)
[163] 周志刚. 铁弹性. 北京:中国大百科全书物理学卷. 1987(1019)
[164] Kittel C. Communication Solid State Physics, 1972(10):119
[165] Lajzerowicz J, Houxhmandzadeh B. Ferroelectrics, 1995(140):81
[166] Dontzova L I, Tikhomirova N A, Shuvalov L A. Ferroelectrics, 1989(97):87
[167] Hooton J A, Merz W J. Phys. Rev., 1955(98):409; Feng Tsai, J. M. Cowley, Ferroelectrics, 1993(140):203
[168] Arlt G, Sasko P. J. Appl. Phys., 1980(51):4956
[169] Tuttle B, Headley T, Drewien C, et al. Ferroelectrics, 1999(221):209
[170] L. A. Shuvalov, J. Phys. Soc., Japan, 1970(28 Suppl):38
[171] Zheludev I S. Ferroelectricity and Symmetry in Solid State Physics, in Adavances in Research and Application, 1971(26):429; Ferroelectrics, 1984(53):143
[172] Janovac V. Ferroelectrics, 1976(12):43; 1981(35):105
[173] Zielinski P. Surface Science Reports, 1990(11):179
[174] Dudnik E F, Shuvalov L A. Ferroelectrics, 1989(98):207
[175] Fousek J. Ferroelectric Domains: Some Recent Advances, in Ferroelectric Ceramics, ed. N. Setter, E. L. Colla, Monte Verita, Birkausek Verlag, Basel, 1993
[176] Miller W. Symmetry Groups and their Applications, Academic Press, 1972
[177] Bradly C J. The Mathematical theory of Symmetry in Solid, Oxford: Clarendon, 1972
[178] Evarestov R A, Smirnov U P. Site Symmetry in Crystals, Theory and Applications, Springer ,1999
[179] Kettle S F A. Symmetry and Structure, Chichester, N. Y. Wiley, 1985
[180] 周志刚. 铁电畴研究的几个问题. 电子陶瓷. 1979(9):11
[181] Grindlay J. An Introduction to the Phenomelogical Theory of Ferroelectricity, Pergamon Press, 1970
[182] Miller R C, Weinreich G. Phys. Rev., 1960(117):1460
[183] Fesenko E G, Gavrilyatchenko V G, Semenchev A F. Ferroelectrics, 1989(100):195
[184] Zhirnov V A. Zh. Eksp. Teor. Fiz. (in Russian), 1958(35):1175
[185] Chenskii E V. Fiz. Tverd. Tela (in Russian), 1972(14):2241
[186] Suda F, Hatano J, Futama H. J. of the Physical Society of Japan, 1978(45):916
[187] Demczyk B G , Rai R S, Tomas G. J. Amer. Ceram. Soc., 1990(73):615

[188] Merz W J. Phys. Rev., 1954(95):690; J. Appl. Phys., 1956(27):938
[189] Fatuzzo E, Merz W J. Ferroelectricity, North-Holland, Amsterdam, 1967
[190] Bochynski Z. Ferroelectrics, 1993(140):259
[191] Stadler H J. J. Appl. Phys., 1958(29):1485
[192] Stadler H J, Zachmanids P L. J. Appl. Phys., 1963(34):3255
[193] Hatta I, Sawada S. Japn. J. Appl. Phys., 1965(4):389
[194] Fatuzzo E. Proc. Phys. Soc., 1960(76):797
[195] Hayashi M. J. Phys. Soc. Jan., 1972(33):616
[196] Miller R C, Boyd G D, Savage A. Appl. Phys. Lett., 1965(6):77
[197] 杨顺华. 晶体位错理论基础(第一卷). 北京: 科学出版社, 1988
[198] Dederichs H, Arlt G. Ferroelectrics, 1986(68):281
[199] Yoo I K, Desu S B. Phys. Stat. Sol., 1992(A133):565
[200] Scott J F, Araujo C A, Meinich B M, et al. J. Appl. Phys., 1991(70):382
[201] Amanuma K, Hase T, Miyasaka Y, et al. J. Appl. Phys., 1994(33):5211
[202] Wouters D J, Maes H E. Microelectrics & Reliability, 1996(36):1763
[203] Rozanski S A, Kuczynski W. Ferroelectrics, 1995(172):383
[204] Dajanovic D. Phys. Rev. Bcond. Matter, 1997(55):649
[205] Tan Qi, Xu Z. Jie-Fang Li et al. J. Appl. Phys., 1996(80):5866
[206] Snoeck E, Normand L, Thorel A, et al. Phase Transitions, 1994(46):77
[207] Lambeck P V, Jonker G H. Ferroelectrics, 1978(22):729
[208] Nattermann T, Shapir Y, Vilfan I. Phys. Rev. B Cond. Matter, 1990(42):8577
[209] Kronmuller H, Z. Angew Phys., 1970(30):9
[210] Vonsovskii S V. Magnetism, John Willey & Sons, 1974
[211] Damjanovic D, Demartin M. J. Phys. D, 1996(29):2057
[212] Semenovskaya S, Khachatuyan A G. Phys. Rev., 1993(B47):12182; Physica D, 1993(66):205
[213] Roseman G. A. Skilar, Ferroelectrics, 1999(221):129; Kristallografiya (in Russian), 1999(44):118
[214] Kawaguchi T, Mizuuchi K, Yamamoto K, et al. J. of Crystal Growth, 1998(191):125
[215] Oglwa T, Ferroelectrics, 1995(169):55
[216] Ju Cheol Shin, Jae Wan Hong, Jong Myeonglee et al. Japn. J. Appl. Phys., 1998(37): 5123
[217] Cheng B L, Cabbay M, Magline M, et al. J. de Physique Ⅳ, 1996(6):647
[218] Boyer L L, Cohen R E, Krahauer H. Ferroelectrics, 1990(111):1; K. M, Rabe U V. Waghmate Ferroelectrics, 1994(151):59

[219] 钟维烈. 铁电体物理学. 北京:科学出版社,1996
[220] Padilla J, Zhong W, David Vanderbilt, Phys. Rev., 1996(B53):R5969
[221] Fousek J, Janovac V. J Appl. Phys., 1965(40):135
[222] Zhong W, Vanderbilt D, Rabe K M. Phys. Rev. Lett., 1994(73):1861; Phys. Rev., 1995(B52):630
[223] Gunton J D, Miguel M S, Sabni P S, The Dynamics of First-order Phase Transitions. in Phase Transitions and Critical Phenomena, V. 8 (ed. Domb C, Lebowitz J L). N. Y: Academic Press, 1983
[224] Wei Yang, Long-Qing Chen, J Am. Ceram. Soc., 1995(78):2554
[225] Hong-Liang Hu, Long-Qing Chen, Mat. Sci. & Eng., 1997(A238):182
[226] Hong-Liang Hu, Long-Qing Chen, J Am. Ceram. Soc., 1998(81):492
[227] Muller K A, Structural Phase Transitions I, ed. K. A. Muller and H. Thomas Berlin Springer-Verlag, 1981
[228] Blinc R, Prelovsek P, Rutar V, et al. Incommensurate Phase in dielectrics. I Fundamentals, ed. R. Blinc and Levanyuk. Amsterdam: North-Holland, 1986
[229] Restgen H. Solid State Communications, 1986(58):197
[230] Ishibashi Y. J. of the Phys. Soc. Japan, 1985(54):2017
[231] Hooton J A, Merz W J. Phys. Rev., 1955(98):409
[232] Pearson C L, Feldman W L. J Phys. Chem. Solids, 1959(9):28
[233] Fousek J, Safrankova M, Kaczer J. Appl. Phys. Lett., 1966(8):192
[234] Tikhomirova N A, Pikin S A, Shuvalov L A, et al. Ferroelectrics, 1980(29):145
[235] Kulkani S S. Ferroelectrics, 1975(9):245
[236] Bradt R C, Ansell G S, J. Am. Ceram. Soc., 1969(52):192
[237] Petroff J F. Phys. Stat. Solid., 1969(31):285
[238] Le R. Bihan, et al. Ferroelectrics, 1974(7):307
[239] Tanaka M, Honjo, J. Phys. Soc. Japan, 1964(19):550,954
[240] Floquet N, Valot C M, Mesnier M T, et al. J. de Physique Ⅲ, 1997(7):1105
[241] Zhou Zhi-Gang, Zhang Wei-Iong in Proc. of 39th Electronic Components Conference, Houston, USA, 1989
[242] Kalini S V, Bonnell D A. J. Appl. Phys., 2000(87):3950
[243] Eng L M, Bammerlin M, Loppacher C H, et al. Ferroelectrics, 1999(222):153
[244] Haefke H, Luthi R, Meyer K P, et al. Ferroelectrics, 1994(151):143
[245] Eng L M, Guntherodt H J, Schneider G A, et al. Appl. Phys. Lett., 1999(74):233
[246] Yamamoto N, Kitajima A. J. of Electron Microscopy, 1998(47):201
[247] Grabar A A, Bercha A I, Simchera V L. Ferroelectrics, 1997(202):211

[248] Uesu Y, Kurimura S, Yamamoto Y. Ferroelectrics, 1997(191):135
[249] Zhang X, Hashimoto T, Joy D C. Appl. Phys. Lett., 1992(60):784
[250] Kim D Y, Hong J W, Kwun S I. J. of Vacuum Science & Technology, 1992, (B60):784
[251] Hsing-1 Hsing, Fu-Su Yen, J. Am. Ceram. Soc., 1996(79):1053
[252] Born M, Huang K. The Dynamical Theory of Crystal Lattices, Clarendon Press, Oxford, 1954
[253] Cochran W, Advan. Phys., 1960(9):387
[254] Shirane G, Axe J D, Halada J, Remeika J. Phys. Rev., 1970(B2):155
[255] Cowley R A. Phys. Rev. Lett., 1962(9):159
[256] Gillis N S. in Dynamical Properties of Solids., ed. G. K. Hotton, 1975(2)
[257] Samara G A, et al. in Solid Stlate Phys. Adv. in Res. and Appl., 1981(36)
[258] Cowley R A. Philos. Mag., 1965(11):673; Adv. Phys., 1963(12):421
[259] Maradudin A A, Fein A E. Phys. Rev., 1962(128):2589
[260] Gillis N S, Koehler T R. Phys. Rev. B, Solid State, 1971(4):3971
[261] Lagakos N, Cummins H Z. Phys. Rev. B, Solid State, 1974(10):1063
[262] Landau L D. Phys. Z., 1937(11):26
[263] Cowley R A. Phys. Rev., 1976(B13):4877
[264] Cowley R A. Adv. Phys., 1980(29):1
[265] Skalyo J, Franzer B C, Shirane G, Phys. Rev., 1970(B1):278
[266] Meyer G M , Cowley R A. Ferroelectrics, 1976(11):479
[267] Jona F, Shirane G, Ferroelectric Crystal, New York, Pergamon, 1962
[268] Cochran W. in Structural Phase Transitions and Soft Modes, ed. Samuelson EJ, et al, 1971
[269] Dvorak V. Ferroelectrics, 1974(7):1
[270] Cochran W. Adv. Phys., 1969(18):157
[271] Lieb E H, Wu F Y. in Two Dimensional Ferroelectric Model in Phase Transitions and Critical Phenomena (ed. C. Domb and M. S. Green), N. Y: Academic Press, 1972
[272] Rauh A. J. of Phys. and Chem. of Solids, 1974(35):1015
[273] Slater J C. J. Chem. Phys., 1941(9):16; Phys. Rev., 1950(78):748
[274] Takagi Y J, J. Phys. Soc. Japan, 1948(3):271
[275] Kobayashi K K. J. Phys. Soc. Japan, 1968(24):497
[276] Blinc R, Zeks B. Adv. Phys., 1972(21): 693
[277] Cowley R A, Buyers W J, Dolling G. Solid State Commun., 1970(B2):155
[278] Ymry Y, Pelah J, Wiener-Avnear E, et al. Commun. Solid. St. Phys., 1967(5):41

[279] Blinc R. J. Phys. Chem. Solids, 1960(13):204
[280] Blinc R. Phys. Stus. Solidi, 1975(70b):K29
[281] Aubry S. Ferroelectrics, 1977(16):313
[282] Stamenkovic S, Plakida N M, Aksienov V L, et al. Phys. Rev., 1976(B14):5080

第七章　铁电体的第一性原理研究

钟维烈　王渊旭

§7.1　基本概念

应用量子力学，只借助基本常量（如普朗克常量和电子电荷等）和某些合理的近似而不依赖所研究材料的实验数据所进行的计算称为第一性原理计算(first principles calculation).第一性原理计算在铁电体中的应用是20世纪90年代初才开始的.这种计算如实地把铁电体作为电子和原子核组成的多粒子系统，求出系统的总能量，根据总能量与电子结构和原子核构型的关系，确定系统的基态结构，并进一步计算在有限温度下的各种性质和相变行为.

第一性原理利用电子密度泛函理论(density functional theory)[1]描写电子的基态.电子系统的能量泛函可写为

$$E[n(\boldsymbol{r})] = Ts[n(\boldsymbol{r})] + \frac{e^2}{2}\iint \frac{n(\boldsymbol{r})n(\boldsymbol{r}')}{|\boldsymbol{r}-\boldsymbol{r}'|}\mathrm{d}\boldsymbol{r}\mathrm{d}\boldsymbol{r}' + E_{xc}[n(\boldsymbol{r})] + \int V(\boldsymbol{r})n(\boldsymbol{r})\mathrm{d}\boldsymbol{r}, \qquad (7.1)$$

式中右边第一项为动能，第二项为电子间库仑作用能，第三项为交换关联能，第四项为电子在原子核或原子核和内层电子产生的势场 $V(\boldsymbol{r})$中的势能.密度泛函理论认为，系统的基态是使能量泛函取极小值的状态.

系统的电子密度为

$$n(\boldsymbol{r}) = \sum_{i=1}^{N} |\psi_i(\boldsymbol{r})|^2, \qquad (7.2)$$

其中 $\psi_i(\boldsymbol{r})$为单电子波函数.将此式代入式(7.1)，用变分法求泛

函数极小值,可得出基态单电子波函数必须满足下面的方程:

$$\left[-\frac{h^2}{8\pi^2 m}\nabla^2+V_{\text{eff}}(\boldsymbol{r})\right]\psi_i=\varepsilon_i\psi_i, \tag{7.3}$$

其中有效势为

$$V_{\text{eff}}(\boldsymbol{r})=e^2\int\frac{n(\boldsymbol{r}')}{|\boldsymbol{r}-\boldsymbol{r}'|}\mathrm{d}\boldsymbol{r}'+V_{xc}(\boldsymbol{r})+V(\boldsymbol{r}), \tag{7.4}$$

而交换关联势为

$$V_{xc}(\boldsymbol{r})=\frac{\delta E_{xc}[n(\boldsymbol{r})]}{\delta n(\boldsymbol{r})}. \tag{7.5}$$

式(7.3)称为 Kohn-Sham 方程,式(7.4)称为 Kohn-Sham 势,常记为 V_{KS}.

式(7.2)~(7.5)可用自洽方法求解.先根据某些物理考虑,产生一个试验的有效势 V_{eff},代入式(7.3),解得各 ψ_i,再代入式(7.2),得出 $n(\boldsymbol{r})$.再代入式(7.4)和式(7.5),得一新的 V_{eff}.将新的 V_{eff}代入式(7.3),按上述步骤重复进行.每循环一次得一新的 $n(\boldsymbol{r})$,一直到收敛.

满足式(7.3)的系统基态能量为

$$\begin{aligned}E[n(\boldsymbol{r})]=&\sum_i\int\psi_i^*(\boldsymbol{r})\left(-\frac{h^2}{8\pi^2 m}\nabla^2\right)\psi_i^*(\boldsymbol{r})\mathrm{d}\boldsymbol{r}\\&+\frac{e^2}{2}\int\frac{n(\boldsymbol{r})n(\boldsymbol{r}')}{|\boldsymbol{r}-\boldsymbol{r}'|}\mathrm{d}\boldsymbol{r}'+E_{xc}[n(\boldsymbol{r})]\\&+\sum_i\int\psi_i^*(\boldsymbol{r})V(\boldsymbol{r})\psi_i(\boldsymbol{r})\mathrm{d}\boldsymbol{r},\end{aligned}$$

此式右边各项与式(7.1)中右边各项一一对应.一旦解得了 ψ_i 和 n,则动能(第一项)和库仑能(第二项)均可计算,但交换关联能 E_{xc}和外场 $V(\boldsymbol{r})$尚未说明.

在处理电子间的交换关联能量时,通常采用局域密度近似(local density approximation)[1].该近似假设电子密度 $n(\boldsymbol{r})$变化较慢,在每一局部 $\mathrm{d}\boldsymbol{r}$ 内可看作是均匀的,而它的交换关联能量可看作为均匀电子气的交换关联能量 $\varepsilon_{xc}[n(\boldsymbol{r})]n(\boldsymbol{r})\mathrm{d}\boldsymbol{r}$,整个系统的交换关联能量为

$$E_{xc}[n(r)] = \int \varepsilon_{xc}[n(r)]n(r)\mathrm{d}r.$$

在 LDA 下,式(7.4)中的 V_{xc} 只是 $n(r)$ 的函数. 人们对 V_{xc} 得出了各种不同的近似式,详见参考文献[1]。与 LDA 稍有不同的另外两种方法是广义梯度近似(GGA)[2]和计权密度近似(WDA)[3]. 前者认为电子的空间分布有一定的梯度,后者对不同点的电子密度赋予不同的权重.

关于 $V(r)$ 的形式有两种处理方法. 一种是取其为原子核产生的势,出现于式(7.3)和式(7.2)的 ψ_i 包括高能态电子以及内层电子的波函数,这称为全电子(all electron calculation)法. 另一种是取 $V(r)$ 为原子核和内层电子联合产生的势,即离子赝势,出现于式(7.3)和式(7.2)的 ψ_i 只是高能态电子的波函数. 这称为赝势(pseudo-potential)法.

因为内层电子对价电子的排斥作用部分地抵消了原子核对价电子的强吸引作用,所以赝势是一种比较弱和比较平坦的势. 引入赝势的要点在于,赝势对应的 Schrodinger 方程与真实势对应的 Schrodinger 方程有相同的能量本征值. 在这一前提下,引入赝势的方法不是惟一的. 在第一性原理计算中,用的是所谓模守恒(norm-conserving)赝势法[4]. 这种赝势所对应的波函数有一个特点,在离开原子核一定距离的空间,它与真实势对应的波函数不但形式相同,而且幅度相等,故称模守恒. 这种方法从原子势算起,不引入任何实验参数,所以又称为从头算起(ab initio)赝势方法.

一般来说,赝势法计算量较小,但其中消去了内层电子态,相对于全电子法引入了多一个近似. 该方法的优点是较便于计算离子受到的作用力,后者等于总能量对原胞内离子位矢导数的负数,称为 Hellmann-Feynman 力. 赝势法用平面波展开来表示价电子态,如果晶体中的原子有 $2p$ 未满壳层(如氧)或 $3d$ 未满壳层(如钛),则赝势将很“硬”,为满足模守恒,需要为数很多的平面波基函数,计算量太大. 为此发展了超软赝势(ultro-soft psedo-potential)法[5]. 对波函数引入一个重叠算符,使赝势变软,减少了平面波基函数.在铁电体研究中用的赝势法通常是这种方法.

全电子法表示电子态时将空间分为两部分:一是原子核附近的球形区,称为丸盒(muffin-tin)区,二是原子核间的其他区域.在球形区,基函数、电荷密度和势均用径向函数展开,在其他区域,这些量用平面波或球面波展开.若用平面波展开,则称为线性缀加平面波(LAPW)法;若用球面波展开,则称为线性丸盒轨道(LMTO)法.全电子法计算得的总能量较赝势法的要高,因为它包含了赝势法中未计入的内层电子的能量,但它能得出精确的能量差,后者是十分重要的.这种方法的缺点是较难计算离子受到的作用力.

通常,密度泛函数理论是在晶体中原子核的空间排列固定的前提下来讨论电子的性质.但铁电性不仅仅决定于电子结构,而且与原子核的位置有关,因此在铁电体的研究中,通常要计及原子核的运动,即在能量泛函中加入原子核的贡献.而且由于核的相对位移导致应变和偶极相互作用,这些能量也必须予以考虑.

§7.2 基态结构

Cohen 和 Krakauer[6,7]用全电子线性缀加平面波方法计算了典型钙钛矿晶体 $BaTiO_3$ 和 $PbTiO_3$ 的电子结构.这两种晶体的能带结构有相似的特征,即最高能量的价带主要来自 O 的 $2p$ 轨道,紧邻其上的最低能量的导带主要来自 Ti 的 $3d$ 轨道.图 7.1 示出了 $BaTiO_3$ 和 $PbTiO_3$ 的电子态密度,其中价带顶的能量为零.左边自上至下 3 个图分别为立方和四方相 $PbTiO_3$ 的总态密度、Ti 的 d 电子态密度和 Pb 的 s 电子态密度.因为处于较高能量价带(即能量略低于零)的主要是 O 的 $2p$ 电子,而图中表明在此能量范围内有相当大的 Ti $3d$ 态密度,这表示 O $2p$ 与 Ti $3d$ 有显著的杂化,而且铁电畸变加强了这种杂化.该图表明,四方相态密度相对于立方相态密度向低能方向移动,即铁电相较顺电相稳定.右边 3 个图比较了四方 $PbTiO_3$ 和 $BaTiO_3$ 的电子态密度.计算时所用的晶格常数均为 $PbTiO_3$ 的数值,因而电子结构的差别只是来源于A位离子(Pb或Ba)的不同而不是晶体结构的差别.由该图看到,$PbTiO_3$的态密度相对于$BaTiO_3$的向低能方向移动,这表明四方结构的$PbTiO_3$较$BaTiO_3$稳定.这种差别的原因之一是,如右边最下图所示,Pb 6*s*态在价带上部有显著的态密度因而与O 2*p*态有显著的杂化,这种杂化又加强了O 2*p*与Ti 3*d*的杂化并增加了铁电相的稳定性.与此不同,Ba 5*p*态与O 2*p*态基本上没有杂化.

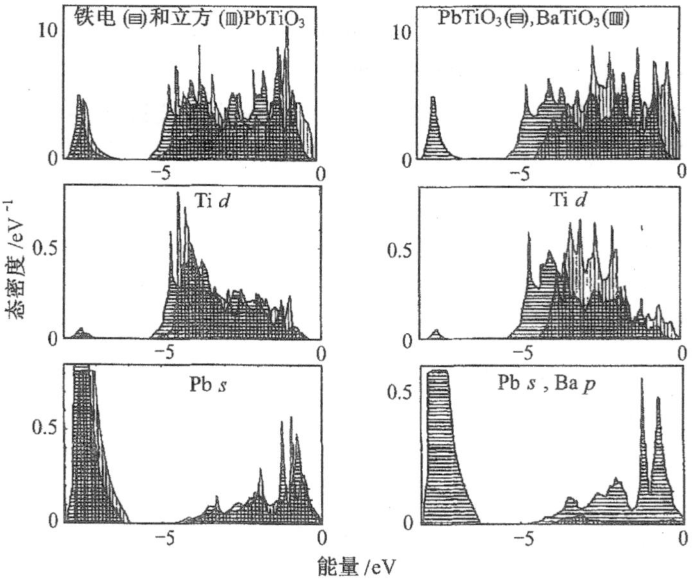

图7.1 左边3个图示出了四方相和立方相$PbTiO_3$的电子态密度,自上而下分别为总态密度、Ti *d*态密度和Pb *s*态密度.右边3个图示出了四方相$PbTiO_3$和$BaTiO_3$的电子态密度,自上而下分别为总态密度、Ti *d*态密度以及Pb *s*和Ba *p*态密度.

参考文献[6]中还介绍了四方$PbTiO_3$和$BaTiO_3$的电荷密度分布.它们有两个特点:第一、Pb的电荷分布沿*c*方向伸长,而Ba的电荷分布基本上是球状.这种差别也表明Pb 6*s*与O 2*p*有杂化,而Ba 5*p*与O 2*p*无此杂化;第二、Ti周围有相当多的价电荷,

而且其分布集中于 c 方向的 Ti—O 连线.这表明 Ti 不是完全离子化的 Ti^{4+},而与邻近 O 的结合有显著的共价特征.

由 $PbTiO_3$ 和 $BaTiO_3$ 的电子结构看来,在这些 ABO_3 钙钛矿结构铁电体中,B 离子与 O 离子的电子轨道杂化对铁电性有重要的作用.这种作用还从另外的角度得到证实.第一、Boyer 等利用所谓"势致呼吸"模型对 $BaTiO_3$ 的计算[8].按照该模型,离子所在处的势随着晶格振动发生变化,因而离子的电荷分布将随之扩展或收缩,即进行"呼吸"式的运动,但该分布始终是球对称的,没有共价性.结果表明,$BaTiO_3$ 的稳定结构为立方相,没有铁电性.Gong 等[9]对 $PbTiO_3$ 也得出了同样的结论.第二、在 LAPW 计算中,如果人为地把 Ti d 态能量参数调高以降低该态的变化自由度,使其不能与 O $2p$ 发生杂化,则铁电结构不再是能量上有利的结构[6,7].根据上述事实可以得出结论,在 ABO_3 钙钛矿结构铁电体中,B 离子与 O 离子的电子轨道杂化是铁电性的必要条件.杂化减小了离子间由泡利不相容原理决定的短程排斥力,使铁电畸变得以建立.

根据这个结论,我们不难理解为什么绝大多数钙钛矿铁电体的 B 离子是 Ti, Zr 或 Nb.这些离子都有未满的 d 壳层,倾向于与 O 离子实现 d-p 杂化.

A 离子对基态结构也有重要的作用.一方面,通过晶格应变影响铁电畸变;另一方面,可与价态电子杂化(如 Pb $6s$ 与 O $2p$)从而间接地改变 B—O 相互作用.

Cohen 和 Krakauer[6,10]计算了 $BaTiO_3$ 和 $PbTiO_3$ 每个晶胞的总能量,得出了 Ti 离子位移、晶格应变和晶胞大小对总能量的影响.结果表明,第一、离子位移降低总能量.在立方晶格(不考虑应变)中,无论 $BaTiO_3$ 或 $PbTiO_3$, Ti 离子位于晶胞中心都对应高能状态,离子沿立方边[001]或沿体对角线[111]位移均使能量降低,而且沿[111]位移使能量极小值更低.这意味着,两种晶体在立方相时,Ti 将无序地分布于沿⟨111⟩的 8 个可能位置,这与八阱势模型一致.第二、晶格四方应变(c/a-1)使总能量降低.晶胞发生三角应变($\alpha \neq 90°$),势能曲面基本不改变,但若发生四方应变($c/a > 1$)则此曲面明显降低.在 $PbTiO_3$ 中,虽然 $c/a = 1$ 时沿[111]位移对应的能量低于沿[001]位移对应的能量,但在 $c/a = 1.06$($PbTiO_3$ 的实验值)时,后者却低于前者.这表明 $PbTiO_3$ 的稳定相是四方相而不是三角相.$BaTiO_3$ 的 $c/a \approx 1.01$,计入四方应变后,Ti 沿[001]位移对应的总能量仍然高于沿[111]位移对应的总能量,故稳定相是三角相.第三、晶胞体积减小使势阱变浅.例如,$BaTiO_3$在晶胞体积为 64.00 $Å^3$ 时,三角相势阱深为 12 meV,而在晶胞体积为 62.57 $Å^3$ 时,势阱仅为 3 meV.据此可以说明高压下铁电性消失的实验事实,也可以理解晶胞体积较小的 $CaTiO_3$ 和 $SrTiO_3$无铁电性的原因.

LMTO 法也被用来研究铁电体的基态结构.Postnikov 等[11]对 $KNbO_3$ 和 $KTaO_3$ 进行了对比研究.设晶体呈立方结构,计算得出总能量极小值、晶格常量和体积模量,结果如表 7.1 所列.表中并列出了实验值以作比较,可见计算的晶格常量偏低.

表 7.1 两种晶体的晶格常量 a/Å,体积模量 B/Mbar 和总能量 E/(eV/晶胞)

	a(理)	a(实)	B(理)	B(实)	E(理)	E(实)
$KNbO_3$	3.93	~4.0	2.08	~1.38	−42.38	−34.84
$KTaO_3$	3.93	3.99	2.25	2.30	−44.72	−44.50

在 $KNbO_3$ 中,总能量作为离子沿[111]位移的函数呈现极小值,表明 $KNbO_3$ 的基态结构为三角结构.该极小值出现于位移约 $0.03a$(a 为晶胞边长)处,该位移与实测的低温相 Nb 离子位置基本一致.在 $KTaO_3$ 中,设晶格常量为实验值或小于实验值,计算的总能量都是随 Ta 离子位移的增大而升高,表明基态为立方相.但若令晶格常量为实验值的 1.05,则 Ta 离子沿[111]或[001]位移均使总能量呈现极小值,表明基态结构为三角或四方相.换言之,

先兆性铁电体(或称量子顺电体)$KTaO_3$ 可由负压诱发铁电性.

分析 $KNbO_3$ 和 $KTaO_3$ 在电子态密度方面的差别有助于理解它们的不同性能.图 7.2 示出了在 $KNbO_3$ 三角晶胞中 Nb 位置和 O 位置的局域态密度,其中实线表示 Nb 离子无位移,虚线表示 Nb 离子沿[111]位移 0.073a.图 7.3 示出了 $KTaO_3$ 的相应的局域态密度.由图 7.2 可见,由于 Nb 离子的位移,在价带低部出现了由 O $2p$ 和 Nb $4d$ 态形成的键合峰.而在图 7.3 中则没有这个峰.可能因为 Ta 离子较 Nb 离子大,Ta—O 键的共价部分比较饱和,Ta 相对于氧八面体的位移在能量上并不有利.已知在 $BaTiO_3$ 和 $PbTiO_3$ 等钛酸盐铁电体中,O $2p$ 与 Ti $3d$ 态的杂化是铁电性的必要条件,看来这里的O $2p$ 与Nb $4d$ 杂化处于同样的地位.

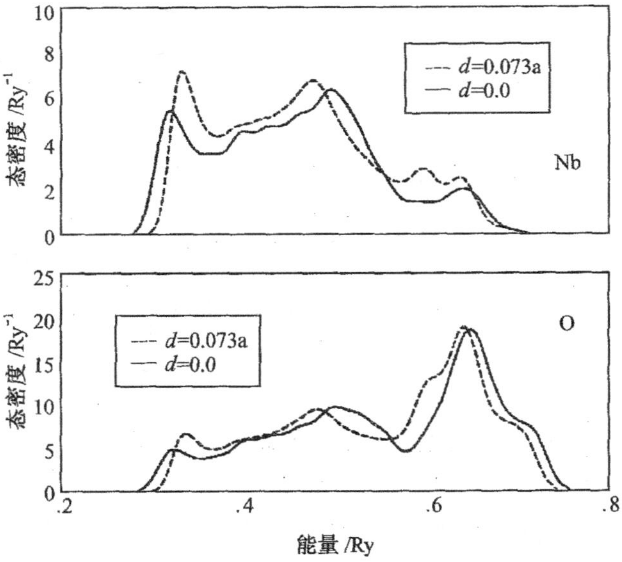

图 7.2　三角晶胞中 Nb 位置(上)和 O 位置(下)的局域电子态密度.
实线表示 Nb 无位移,虚线表示 Nb 沿[111]位移了 0.072a.

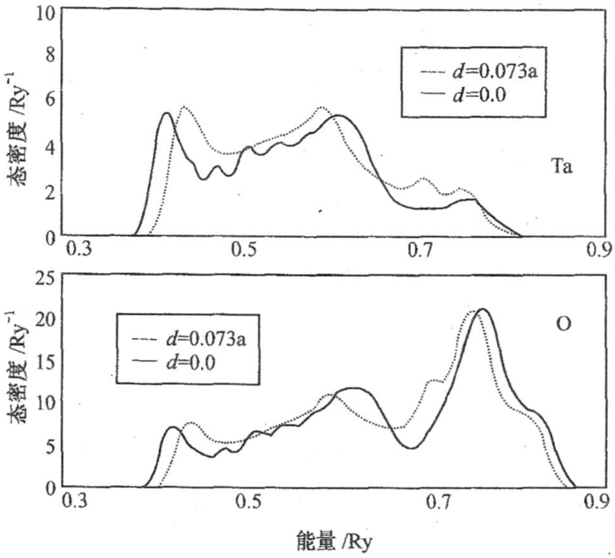

图 7.3　三角晶胞中 Ta 位置(上)和 O 位置(下)的局域电子态密度.
实线表示 Ta 无位移,虚线表示 Ta 位移了 0.073a.

King-Smith 和 Vanderbilt 用 USPP 法研究了一系列钙钛矿晶体的基态结构[12].他们针对立方钙钛矿结构,只考虑布里渊区中心软模,构造一个能量函数,再利用 USPP 法计算能量函数中的展开系数,由能量极小值确定基态结构.

各种钙钛矿晶体有共同的原型立方相,每个晶胞含 5 个原子.取直角坐标使各原子位置为:A 位于(0, 0, 0),B 位于(1/2, 1/2, 1/2),O_1 位于(0, 1/2, 1/2),O_2 位于(1/2, 0, 1/2),O_3 位于(1/2, 1/2, 0).因有 5 个原子,故能量应为 15 个位移分量 u_α^k(k 是原子编号,α 为直角坐标分量)和 6 个应变分量 x_i($i = 1 - 6$)的函数,而且可分为三部分

$$E = E^0 + E^{\text{disp}}(\{u_\alpha^k\}) + E^{\text{elas}}(\{x_i\}) + E^{\text{int}}(\{x_i\}, \{u_\alpha^k\}), \tag{7.6}$$

式中 E^0 是理想钙钛矿结构的能量，E^{disp}，E^{elas}和 E^{int}分别为来自位移、应变和它们相互作用的能量.

在立方结构中，应变取到二次方项时，应变能可表示为

$$E^{\text{elas}}(\{x_i\}) = \frac{1}{2}B_{11}(x_1^2 + x_2^2 + x_3^2) + B_{12}(x_1x_2 + x_2x_3 + x_3x_1) + \frac{1}{2}B_{44}(x_4^2 + x_5^2 + x_6^2), \tag{7.7}$$

其中 B_{11}，B_{12}和 B_{44}为与弹性刚度成正比的系数.

位移能的最低次项是位移的二次方项.该项的系数是简谐力系数矩阵，该矩阵的对称性已有详细的讨论[10].经对角化后，对于铁电软模，即布里渊区中心 Γ 点的最低频的 Γ_{15}模，令该矩阵的本征值为 k，位移振幅的 α 分量为 u_α，则在保持其他模的振幅恒定为零的条件下，位移能的最低次项为 ku^2，而 $u^2 = \sum_\alpha u_\alpha^2$.

因为在理想钙钛矿结构中，任意均匀应变作用下任一原子位置均有中心对称，所以位移能中无三次方项.四次方项中有同一分量的四次方项和不同分量的交叉项，相应地有两个独立的系数.于是位移能为

$$E^{\text{disp}}(\{u_\alpha\}) = ku^2 + \frac{1}{24}B_{xxxx}\sum_\alpha u_\alpha^4 + \frac{1}{4}B_{xxyy}(u_x^2u_y^2 + u_y^2u_z^2 + u_z^2u_x^2), \tag{7.8}$$

式中

$$B_{xxxx} = \left.\frac{\partial^4 E}{\partial u_x^4}\right|_0$$

$$B_{xxyy} = \left.\frac{\partial^4 E}{\partial u_x^2 \partial u_y^2}\right|_0$$

令

$$a = \frac{1}{24}B_{xxxx}, \qquad b = \frac{1}{12}(3B_{xxyy} - B_{xxxx}),$$

则

$$E^{\mathrm{disp}}(\{u_\alpha\}) = ku^2 + au^4 + b(u_x^2u_y^2 + u_y^2u_z^2 + u_z^2u_x^2). \tag{7.9}$$

软模位移与应变的耦合将改变系统的能量，最重要的耦合项为

$$\frac{1}{2}\sum_{i\alpha\beta}B_{i\alpha\beta}x_iu_\alpha u_\beta$$

其中非零耦合系数有 B_{1xx}，B_{1yy}和B_{4yz}. 计入耦合以后总能量重正化为

$$\widetilde{E}(\{u_\alpha\}) = E^0 + ku^2 + a'u^4 + b'(u_x^2u_y^2 + u_y^2u_z^2 + u_z^2u_x^2), \tag{7.10}$$

其中

$$a' = a - \frac{1}{24}\left(\frac{C^2}{B^2} + \frac{4v_t^2}{\mu_t}\right),$$

$$b' = b + \frac{1}{2}\left(\frac{v_t^2}{\mu_t} - \frac{v_t^2}{\mu_r}\right),$$

$$B = B_{11} + 2B_{12},$$

$$\mu_t = \frac{1}{2}(B_{11} - B_{12}), \mu_r = B_{44},$$

$$C = B_{1xx} + 2B_{1yy},$$

$$v_t = \frac{1}{2}(B_{1xx} - 2B_{1yy}), v_r = B_{4yz},$$

下标 t 和 r 分别代表四方和三角相.

上式表明，总能量可表示为软模位移(取到位移四次方项)的函数，并可由 9 个独立的相互作用参量来确定，它们是 k，B_{11}，B_{12}，B_{44}，B_{1xx}，B_{1yy}，B_{4yz}，B_{xxxx}和 B_{xxyy}.

k 作为能量表达式中位移平方项的系数，正比于软模频率的平方. $k<0$ 表示晶体对软模不稳定，即立方结构不是稳定的结构，晶体要发生相变进入稳定的基态. 两种可能的基态结构分别为三角相和四方相. 系数 $b'>0$ 表示四方相具有最低的能量，$b'<0$ 表示三角相具有最低的能量.

King-Smith 和 Vanderbilt 表明，利用 USPP 法，对每种晶体进行约 40 次自洽计算即可得出上述 9 个参量. 他们对 8 种钙钛矿结构晶体计算了这些数值.

在晶体呈理想的立方钙钛矿结构且各离子位置固定的条件下，由能量极小值得出晶格常量，结果列于表 7.2. 单位为 bohr，1bohr = 0.529 Å.

表 7.2　立方钙钛矿结构晶体的晶格常量(单位：bohr)

晶体	USPP	LAPW	实验值	相对偏差
$BaTiO_3$	7.456	7.45	7.58	−0.017
$SrTiO_3$	7.303		7.38	−0.011
$CaTiO_3$	7.192		7.25	−0.008
$KNbO_3$	7.472	7.488	7.58	−0.014
$NaNbO_3$	7.396		7.44	−0.006
$PbTiO_3$	7.350	7.35	7.50	−0.020
$PbZrO_3$	7.770		7.81	−0.005
$BaZrO_3$	7.853		7.924	−0.009

表中还列出了 LAPW 的计算结果和实验结果. 由表可见，两种方法的计算结果相互符合，但它们均较实验值低约 1% . 表中第 5 列是 USPP 计算值与实验值的相对偏差. 不少作者的工作表明，各种基于局域密度近似(LDA)的方法，如 LAPW 和 USPP 等都有一个共同的缺点，即理论计算的晶格常量小于实验值，且偏低均在 1% 左右. 虽然 1% 左右的差值似乎不大，但铁电性有强烈的晶胞体积效应，例如 $BaTiO_3$ 的晶胞减小约 2% 时铁电性将完全被抑制[6,10]. 作者们发现，如果在第一性原理计算中采用实验的晶格常量数值，则计算的结果(如晶胞畸变和相变温度)与实验结果明显地符合的更好. 但这样又与第一性原理的要求不一致. Ghosez 等[13]将 $BaTiO_3$ 的总能量分解为动能、静电能和交换关联能三部

分,发现前二部分近似抵消,而交换关联能在决定基态结构(晶胞尺寸)方面有重要作用.因此对交换关联能的不同近似将使得出的基态晶胞尺寸有显著的差别. Singh 提出[14],用计权密度近似(WDA)计算的晶格常量与实验符合得很好,建议用 WDA 方法取代 LDA 方法.

表 7.3 钙钛矿结构晶体的相互作用参量和基态结构

晶体	k	b'	基态(理)	基态(实,单)	基态(实,复)
$BaTiO_3$	-0.0175	-0.124	铁电三角	铁电三角	
$SrTiO_3$	-0.0009	-0.010	铁电三角		反铁畸变四方
$CaTiO_3$	-0.0115	0.061	铁电四方		正交
$KNbO_3$	-0.0154	-0.111	铁电三角	铁电三角	
$NaNbO_3$	-0.0124	-0.041	铁电三角		铁电单斜
$PbTiO_3$	-0.0129	0.025	铁电四方	铁电四方	
$PbZrO_3$	-0.0156	-0.003	铁电三角		反铁电正交
$BaZrO_3$	0.0078	0.054	立方	立方	

利用式(7.10)中各个常量, King-Smith 和 Vanderbilt 得出了 8 种钙钛矿型化合物的基态晶体结构,结果列于表 7.3.表中并列出了参量 k 和 b' 的数值, k 和 b' 以原子单位给出.表中第四列是理论预言的基态结构,第五和第六列是实验观测到的基态结构,其中"单"表示该基态结构来自不改变晶胞中原子个数的相变,即基态结构中也是每个晶胞中含 5 个原子,与立方原型相的相同."复"表示该基态结构来自晶胞体积倍增(原子个数也倍增)的相变.由表可见,8 种晶体中只有 $BaZrO_3$ 的 $k>0$.实验上的确观测到该晶体直至最低温仍为立方结构. $BaTiO_3$, $KNbO_3$ 和 $PbTiO_3$ 的 k 为负,前两者的 b' 也为负.在这些铁电体中,前两种的基态结构为三角相,后者为四方相,与实验相符.其他 4 种晶体的 k 也为负,但它

们的软模不在布里渊区中心，发生的相变是晶胞体积倍增的相变．当然不排除这样的可能性，即晶体的确对布里渊区中心点 Γ 的振模不稳定，但实验观测到的相变发生于 Γ 点振模凝结之前．例如 $SrTiO_3$ 是一种先兆性铁电体，将其高温电容率温度关系外推，预言 40K 以下应为铁电相，但它在 105K 已发生了反铁畸变性相变进入四方相．总之，若限于考虑布里渊区中心软模凝结导致的基态结构，理论的预言全是正确的．

Ghosez 等[13]用赝势法计算了 $BaTiO_3$4 个相（立方、四方、正交和三角）的原子位置和电子结构．计算表明，所得结果灵敏地依赖于晶胞体积．若用 LDA 计算得的晶格常量，则三角相中原子偏离中心位置的位移小到可以忽略，以致该相不显示铁电性．所以他们采用了实验测得的四个相的晶格常量．虽然这一点不符合第一性原理的要求，但他们统一地给出了 4 个相而不是 1 个相的原子位置，揭示了能量极小原理决定的原子位置的变迁．

虽然迄今绝大多数研究的是钙钛矿型铁电体，但对其他铁电体的研究也已开始，例如对 $LiNbO_3$ 和 $LiTaO_3$[15] 以及 $NaNO_2$[16] 的研究等．这两个工作都是用 LAPW 法进行的．Inbar 等[15]指出，在 $LiNbO_3$ 和 $LiTaO_3$ 中，单纯 Li 离子的位移使势能面出现一很浅的非谐单阱，单纯的 O 离子位移形成较浅的双阱，而 O 与 Li 的共同位移则造成深得多的双阱．因此这类晶体铁电相变的驱动力看来是氧原子的有序无序运动，而不是锂原子在三势阱间的跳跃运动．$LiNbO_3$ 和 $LiTaO_3$ 中，O $2p$ 与 Nb $4d$ 或 Ta $5d$ 电子有强烈的杂化，它使 O 离子向 Nb（或 Ta）位移，这是出现深双阱、从而也是出现铁电性的条件．两种晶体的电子结构相似并且在相变前后无显著变化，它们的惟一差别是导带有所不同，后者可能与两种晶体居里点不同有关．

王渊旭等[16]计算了有序-无序型铁电体 $NaNO_2$ 的电子态密度、能带和电荷密度分布．在价带顶部（能量零点）附近，N $2p$ 和 O $2p$的态密度均出现一个尖峰，在 $-6\sim-7$ eV 附近，这两个态密度几乎相同．这表明 N $2p$ 与 O $2p$ 间有轨道杂化，N 与 O 的相互作用是高度共价性的. 另一方面, 从 Na s 的态密度可以看出, Na $3s$电子转移到 NO_2 参与 N—O 键合, 使 NO_2 成为离子基团 NO_2^-. 所以该晶体中电子相互作用有两种类型, 一是 N 与 O 间的共价作用, 二是 Na 与 NO_2 间的离子作用. 从能带结构和晶胞中电荷分布也得出同样的结论. 铁电相与顺电相电子结构的主要差别在于, 铁电相中 O $2p$ 与 N $2p$ 间的杂化更显著[17].

相对于化合物来说, 固溶体的第一性原理研究更富挑战性. Saghi-Szabo 和 Cohen 对常用的铁电固溶体 $Pb(Zr_{0.5}Ti_{0.5})O_3$ 计算了原子坐标和晶体结构[18]. 他们所用的是局域轨道(Local Orbital)推广的 LAPW 法(LAPW + LO), 该方法的特点是除开通常的 LAPW 基函数外, 还采用了有关原子的局域轨道函数, 从而可更精确地处理扩展的内层电子态[19].

PZT 中 B 位离子沿[001]有序化将使晶体呈 $P4/mmm$ 对称, 在此基础上沿[001]发生铁电畸变(在该方向出现极性)将使对称性降为 $P4mm$. B 位离子沿[111]有序化将使晶体呈 $Fm3m$ 对称, 在此基础上沿[111]发生铁电畸变将使对称性降为 $R3m$, 沿[001]发生铁电畸变则使对称性降为 $I4mm$. 所以 PZT 的 B 位有序化结构有 $P4mm$, $R3m$ 和 $I4mm$ 三种. $Pb(Zr_{0.5}Ti_{0.5})O_3$ 最小有序化晶胞含 10 个原子, 即 Pb_2ZrTiO_6.

Saghi-Szabo 等计算了三种结构的总能量, 结果表明, 能量最低的是 $I4mm$, 能量稍高的是 $R3m$, 最高的是 $P4mm$. 他们认为实际晶体是由能量最低的有序结构 $I4mm$ 以及 B 位无序但沿[001]铁电畸变的结构所组成, 因而总体呈 $P4mm$ 结构. 根据势能对原子位移的导数(Hellmann-Feynman 力)为零的条件确定各原子坐标. 在有序结构 $P4mm$ 中, TiO_6 八面体略有畸变, ZrO_6 八面体畸变较大. TiO_6 中 Ti 沿[001]移动了 0.20 Å. Ti—O 距离为 1.77 Å, 2.17 Å 和 2.02 Å, O—O 距离为 2.80 Å 至 2.85 Å. 这些数据与 $PbTiO_3$ 的相近. ZrO_6 中 Zr 沿[001]移动了 0.23 Å, Zr—O 距离为 1.97 Å, 2.06 Å 和 2.42 Å, O—O 距离为 2.82 Å, 2.85 Å 和 3.14 Å. 这些数据与 $PbZrO_3$ 的相近.

$KTa_{1-x}Nb_xO_3$ 在 $x \geqslant 0.05$ 时为铁电体,其居里点随 x 增大而线性升高,$x=0.37$ 时铁电相变发生于室温附近.彭毅萍等[20]用全电子 LAPW 法并用计权求和计算了 $KTa_{0.56}Nb_{0.44}O_3$ 的总能量与 B 位离子(Nb 和 Ta)的平衡位置.计算表明,Ta 沿[00$\bar{1}$]位移为 0.005 Å,而 Nb 沿[001]位移为 0.16 Å,Nb 的位移的对铁电性负责的主要因素.

§7.3 自发极化

自发极化是无外场时各点极化强度的平均值

$$\boldsymbol{P}_s = \frac{1}{V}\int_V \boldsymbol{P}(\boldsymbol{r})\mathrm{d}\boldsymbol{r}, \tag{7.11}$$

其中 V 是样品体积.极化的散度等于该点束缚电荷密度的负值

$$\mathrm{div}\boldsymbol{P}(\boldsymbol{r}) = -\rho(\boldsymbol{r}). \tag{7.12}$$

另一方面,自发极化等于无外场时单位体积的电偶极矩.由电偶极矩的定义,通常认为只要知道电荷密度分布,就可由下式计算自发极化:

$$\boldsymbol{P}_s = \frac{1}{V}\int \rho(\boldsymbol{r})\boldsymbol{r}\mathrm{d}\boldsymbol{r}. \tag{7.13}$$

仔细分析发现,只有对理想的离子晶体,这种想法才是正确的.这些晶体中全部电荷都是局域在离子上,形成点电荷.实际铁电体中电荷分布是非局域化的,式(7.13)的计算结果依赖于样品形状和体积,故不能给出自发极化[21,22].

用分部积分法对式(7.11)积分,并应用式(7.12)可得

$$\boldsymbol{P}_s = \frac{1}{V}\int_V \boldsymbol{r}\rho(\boldsymbol{r})\mathrm{d}\boldsymbol{r} + \frac{1}{V}\int_S \boldsymbol{r}\cdot\{\boldsymbol{n}\cdot\boldsymbol{P}(\boldsymbol{r})\}\mathrm{d}S, \tag{7.14}$$

式中 $\boldsymbol{n}$ 是沿表面外法线的单位矢量,S 是表面面积.一般情况下,面积分项并不为零,所以式(7.13)与式(7.11)并不等效.

实际测量的自发极化是两种状态下极化的变化,例如在电滞回线测量法中,自发极化是正向饱和极化与反向饱和极化之差的

一半.为具体起见,考虑一个 ABO_3 四方相铁电体.正向与反向饱和极化分别对应于B离子沿 c 轴正向和反向的最大位移.引入一个无量纲参数 λ,令其正比于B离子的位移,且在正向和反向饱和极化状态时分别取 $\lambda=+1$ 和 -1.于是自发极化可定义为

$$\boldsymbol{P}_s=\int_0^1\boldsymbol{P}'(\lambda)\mathrm{d}\lambda, \tag{7.15}$$

式中 $\boldsymbol{P}'(\lambda)$是极化对 λ 的偏微商

$$\boldsymbol{P}'(\lambda)=\frac{1}{V}\int\frac{\partial\rho(\boldsymbol{r})}{\partial\lambda}\boldsymbol{r}\mathrm{d}\boldsymbol{r}. \tag{7.16}$$

引入式(7.15)的原因在于,由式(7.16)定义的偏微商是一个不依赖于表面条件的材料本身的性质.由式(7.13)不能计算自发极化,但由式(7.15)和(7.16)可计算自发极化.

将电荷分为离子和电子两部分.这里离子部分包括原子核和内层电子,电子部分指高能态电子,即各种能带计算方法中的价电子

$$\rho(\boldsymbol{r})=\rho_{\mathrm{ion}}(\boldsymbol{r})+\rho_{\mathrm{el}}(\boldsymbol{r}), \tag{7.17}$$

其中电子部分

$$\rho_{\mathrm{el}}(\boldsymbol{r})=ef\sum_k\sum_n|\psi_{kn}|^2, \tag{7.18}$$

式中 e 为电子电荷,f 是价带中状态占有数(自旋简并系统 $f=2$),k 和 n 分别为波矢和能带的编号,波函数 ψ_{kn}与 λ 有关,是满足Kohn-Sham 方程[式(7.3)]的单电子波函数.

极化对 λ 的偏微商也分为离子和电子两部分

$$\boldsymbol{P}'(\lambda)=\boldsymbol{P}'_{\mathrm{ion}}(\lambda)+\boldsymbol{P}'_{\mathrm{el}}(\lambda). \tag{7.19}$$

由式(7.18)和(7.16)可得电子部分为

$$\boldsymbol{P}'_{\mathrm{el}}(\lambda)=\frac{ef}{V}\sum_k\sum_n\left(\langle\psi_{kn}^{(\lambda)}|\boldsymbol{r}|\frac{\partial}{\partial\lambda}\psi_{kn}^{(\lambda)}\rangle+\langle\frac{\partial}{\partial\lambda}\psi_{kn}^{(\lambda)}|\boldsymbol{r}|\psi_{kn}^{(\lambda)}\rangle\right). \tag{7.20}$$

利用一级微扰理论,上式转化为

$$\boldsymbol{P}'_{\text{el}}(\lambda) = \frac{ef}{V}$$
$$\sum_{k}\sum_{n=1}^{M}\sum_{m=M+1}^{\infty}\left(\frac{\langle \psi_{kn}^{(\lambda)} \mid \boldsymbol{r} \mid \psi_{km}^{(\lambda)}\rangle\langle \psi_{km}^{(\lambda)} \mid \partial V_{\text{KS}}^{(\lambda)}/\partial\lambda \mid \psi_{kn}^{(\lambda)}\rangle}{\varepsilon_{kn}^{(\lambda)} - \varepsilon_{km}^{(\lambda)}} + \text{C.C.}\right), \tag{7.21}$$

式中 V_{KS}是式(7.4)所示的 Kohn-Sham 势, C. C. 代表复数共轭, M 是占据的能带数, ε 是能量本征值.

对第一个矩阵元作变换

$$\langle \psi_{kn}^{(\lambda)} \mid \boldsymbol{r} \mid \psi_{km}^{(\lambda)}\rangle = -\frac{ih}{m_e}\frac{\langle \psi_{kn}^{(\lambda)} \mid \boldsymbol{p} \mid \psi_{km}^{(\lambda)}\rangle}{\varepsilon_{kn}^{(\lambda)} - \varepsilon_{km}^{(\lambda)}}, \tag{7.22}$$

式中 $\boldsymbol{p}$ 是动量算符, m_e 是电子质量. 于是式(7.21)成为[23]

$$\frac{\partial \boldsymbol{P}_\alpha}{\partial\lambda} = -\frac{ifeh}{2\pi N\Omega m_e}$$
$$\sum_{k}\sum_{n=1}^{M}\sum_{m=M+1}^{\infty}\left(\frac{\langle \psi_{kn}^{(\lambda)} \mid p_\alpha \mid \psi_{km}^{(\lambda)}\rangle\langle \psi_{km}^{(\lambda)} \mid \partial V_{\text{KS}}^{(\lambda)}/\partial\lambda \mid \psi_{kn}^{(\lambda)}\rangle}{(\varepsilon_{kn}^{(\lambda)} - \varepsilon_{km}^{(\lambda)})^2} + \text{C.C.}\right). \tag{7.23}$$

该式只给出了 $\boldsymbol{P}'_{\text{el}}(\lambda)$的分量形式, α 是直角坐标分量的符号, 而且为简单起见, 去掉了下标 el, 式中 N 是晶胞总数, Ω 是晶胞体积.

式(7.23)可加以改写, 使之仅对价带求和. 引入一组晶胞周期性函数[23] $u_{kn}^{(\lambda)}$, 将式(7.23)中的矩阵元写为

$$\langle \psi_{kn}^{(\lambda)} \mid p_\alpha \mid \psi_{km}^{(\lambda)}\rangle = \frac{2\pi m_e}{h}\langle u_{kn}^{(\lambda)} \mid [\partial/\partial k_\alpha, H_k^{(\lambda)}] \mid u_{km}^{(\lambda)}\rangle, \tag{7.24a}$$
$$\langle \psi_{km}^{(\lambda)} \mid \partial V_{\text{KS}}^{(\lambda)}/\partial\lambda \mid \psi_{kn}^{(\lambda)}\rangle = \langle u_{kn}^{(\lambda)} \mid [\partial/\partial\lambda, H_k^{(\lambda)}] \mid u_{km}^{(\lambda)}\rangle, \tag{7.24b}$$

其中 $H_k^{(\lambda)}$ 为晶胞周期性 Hamiltonian 量.

$$H_k^{(\lambda)} = \frac{1}{4\pi m_e}(-ih\nabla + hk)^2 + V_{\text{KS}}^{(\lambda)}(r). \tag{7.24c}$$

将式(7.24a)和(7.24b)代入式(7.23), 可得

$$\Delta P_\alpha = \frac{-ife}{8\pi^3}\sum_{n=1}^{M}\int_{\text{BZ}}\mathrm{d}\boldsymbol{k}\int_0^1\mathrm{d}\lambda\,[\langle \partial u_{kn}^{(\lambda)}/\partial k_\alpha \mid \partial u_{kn}^{(\lambda)}/\partial\lambda\rangle$$

$$- \langle \partial u_{kn}^{(\lambda)} / \partial \lambda \mid \partial u_{kn}^{(\lambda)} / \partial k_{\alpha} \rangle], \tag{7.25}$$

式中积分遍及第一布里渊区.

波函数在倒易空间的周期性表现为

$$\psi_{K,n}^{(\lambda)}(\boldsymbol{r}) = \psi_{K+G,n}^{(\lambda)}(\boldsymbol{r}),$$

这里 $\boldsymbol{G}$ 为任一倒格矢.用晶胞周期性函数表示则为

$$u_{K,n}^{(\lambda)}(\boldsymbol{r}) = u_{K+G,n}^{(\lambda)}(\boldsymbol{r}) \exp \mathrm{i} \boldsymbol{G} \cdot \boldsymbol{r},$$

这里的波函数 ψ 即为 Bloch 波函数,它与晶胞周期性函数由一个相位因子联系

$$\psi_{k,n} = u_{k,n}(\boldsymbol{r}) \exp \mathrm{i} \boldsymbol{k} \cdot \boldsymbol{r}. \tag{7.26}$$

对式(7.25)分部积分可得

$$\Delta P_{\alpha} = \frac{ife}{8\pi^3} \sum_{n=1}^{M} \int_{BZ} \mathrm{d}\boldsymbol{k} \{ [\langle u_{kn}^{(\lambda)} \mid \partial / \partial k_{\alpha} \mid u_{kn}^{(\lambda)} \rangle]_0^1$$

$$- \int_0^1 \mathrm{d}\lambda \frac{\partial}{\partial k_{\alpha}} \langle u_{kn}^{(\lambda)} \mid \partial / \partial \lambda \mid u_{kn}^{(\lambda)} \rangle \}, \tag{7.27}$$

这里$\langle u_{kn}^{(\lambda)} | \partial / \partial \lambda | u_{kn}^{(\lambda)} \rangle$对波矢 $\boldsymbol{k}$ 是周期性的,其梯度对整个布里渊区(BZ)积分为零,所以上式中第二项对极化无贡献.于是可知

$$\Delta P_{\alpha} = P_{\alpha}^{(1)} - P_{\alpha}^{(0)}, \tag{7.28}$$

而

$$P_{\alpha}^{(\lambda)} = \frac{ife}{8\pi^3} \sum_{n=1}^{M} \int_{BZ} \mathrm{d}\boldsymbol{k} \langle u_{kn}^{(\lambda)} \mid \partial / \partial k_{\alpha} \mid u_{kn}^{(\lambda)} \rangle, \tag{7.29}$$

这里的积分对整个布里渊区进行,求和则遍及全部占据的能带.

应该指出,由于布洛赫波函数 ψ 的相位因子不是惟一的,由晶胞周期性函数 u 算得的极化[式(7.29)]也将是多值的.由式(7.26)知

$$u_{kn}(\boldsymbol{r}) = \exp(-\mathrm{i}\boldsymbol{k} \cdot \boldsymbol{r}) \psi_{kn}(\boldsymbol{r}).$$

如果改变 ψ 的相位因子

$$\tilde{\psi}_{kn}(\boldsymbol{r}) = \exp \mathrm{i} \beta(\boldsymbol{k}) \psi_{kn}(\boldsymbol{r}).$$

显然,只要

$$\beta(\boldsymbol{k}) = \beta_{\mathrm{per}}(\boldsymbol{k}) + \boldsymbol{k} \cdot \boldsymbol{R},$$

其中 β_{per}是 $\boldsymbol{k}$ 空间的一个周期性函数，$\boldsymbol{R}$ 是任一正格矢，则 $\tilde{\psi}$ 与 ψ 实质上没有差别.相应于 $\tilde{\psi}$ 的晶胞周期性函数为

$$\tilde{u}_{kn}(\boldsymbol{r}) = \exp(-\mathrm{i}\boldsymbol{k}\cdot\boldsymbol{r})\tilde{\psi}_{kn}(\boldsymbol{r}).$$

若将 u_{kn}代入式(7.29)算得极化为 $\boldsymbol{P}$，则将 $\tilde{u}_{kn}$代入该式将得极化为$\tilde{\boldsymbol{P}}$，而且

$$\tilde{\boldsymbol{P}} = \boldsymbol{P} - \frac{ef}{\Omega}\boldsymbol{R},$$

即极化可有 $ef\boldsymbol{R}/\Omega$ 的差值，其中 $\boldsymbol{R}$ 为相位因子中所含的正格矢.这个差值的来源是晶体的平移.晶体平移任一格矢不会改变晶体的性质，因此这个差值不应影响极化的取值.实际上，考查计算结果即可消去这个差值，因为即使 $\boldsymbol{R}$ 是最短的格矢，实际的极化也远小于 $ef\boldsymbol{R}/\Omega$.

由式(7.29)直接计算自发极化是很麻烦的，因为实际上总只能计算布里渊区中有限个点的波函数，而由对角化得出的各本征矢之间一般并没有特定的相位关系.为此借助下述办法进行计算.

首先选定一平行于短倒格矢 $G_{/\!/}$的方向.以此为棱柱轴作出 $\boldsymbol{k}$ 空间积分用的原胞.不失普遍性，考虑 $c>a$ 的四方晶体，自发极化沿 $G_{/\!/}$的方向.自发极化为 $\lambda=1$ 与 $\lambda=0$ 两状态的极化之差

$$P_{/\!/} = P_{/\!/}^{(1)} - P_{/\!/}^{(0)}, \tag{7.30a}$$

其中

$$P_{/\!/}^{(\lambda)} = \frac{ife}{8\pi^3}\int_A \mathrm{d}k_\perp \sum_{n=1}^{M}\int_0^{|G_{/\!/}|}\mathrm{d}k_{/\!/}\left\langle u_{kn}^{(\lambda)}\left|\frac{\partial}{\partial k_{/\!/}}\right|u_{kn}^{(\lambda)}\right\rangle. \tag{7.30b}$$

在与 $G_{/\!/}$垂直的平面上的积分对一个二维的网格进行，形成该网格的 k 点可用例如 Monkhorst-Pack 法产生[24].再分别固定该网格上任一点对平行方向 $G_{/\!/}$积分.为此，将 $G_{/\!/}$分成 J 段，即在 $G_{/\!/}$方向产生 J 个点，$\boldsymbol{k}_j = \boldsymbol{k}_\perp + j\boldsymbol{G}_{/\!/}/J$，其中 j 从 0 到 $J-1$.要计算的量由下式表示，是一个复数的对数的虚部

$$\phi_J^{(\lambda)}(k_\perp) = I_m\left\{\ln\prod_{j=0}^{J-1}\det(\langle u_{k_j,m}^{(\lambda)}|u_{k_{j+1},n}^{(\lambda)}\rangle)\right\}, \tag{7.31}$$

其中

$$u_{kJ,n}^{(\lambda)} = u_{k_0,n}^{(\lambda)}\exp(-\mathrm{i}\boldsymbol{G}_{/\!/}\cdot\boldsymbol{r}).$$

式(7.31)中的行列式是 $M\times M$ 矩阵的行列式，由 n 和 m 分别取全部价带数 M 所形成.由所选测晶胞周期性函数的性质可以证明

$$\phi^{(\lambda)}(\boldsymbol{k}_{\perp}) = \lim_{J\to\infty}\phi_J^{(\lambda)}(\boldsymbol{k}_{\perp})$$

$$= -i\sum_{n=1}^{M}\int_0^{G_{/\!/}}\mathrm{d}k_{/\!/}\langle u_{kn}^{(\lambda)}|\partial/\partial k_{/\!/}|u_{kn}^{(\lambda)}\rangle, \quad (7.32\mathrm{a})$$

于是 $P_{/\!/}^{(\lambda)}$ 的表示式成为

$$P_{/\!/}^{(\lambda)} = \frac{-fe}{8\pi^3}\int_A \mathrm{d}\boldsymbol{k}_{\perp}\,\phi^{(\lambda)}(\boldsymbol{k}_{\perp}). \quad (7.32\mathrm{b})$$

利用式(7.30)～(7.32)，即可由价带波函数计算自发极化的电子部分.

这种计算晶体中电子极化的方法称为 Berry 相方法.波矢和能带不同的晶胞周期性函数发生交叠时，交叠矩阵 $\boldsymbol{S}$ 的矩阵元为 $\langle u_{k,m}|u_{k',n}\rangle$.该矩阵的行列式的几何相位称为 Berry 相[25]

$$\phi(\boldsymbol{k},\boldsymbol{k}') = I_m[\ln \det\boldsymbol{S}].$$

对比式(7.31)可知，极化直接联系于 Berry 相.

Resta 等[26]用此方法计算了 $KNbO_3$ 的自发极化. $KNbO_3$ 是一种钙钛矿型铁电体，其相变顺序与钛酸钡的相同，顺电相为 $m3m$ 点群，3 个铁电相按温度由高到低分别属 $4mm$，$mm2$ 和 $3m$ 点群.铁电-顺电相变发生于 418℃，270℃时 $a=0.3997$ nm，$c=0.4063$ nm.如果仅仅出现此宏观应变(即 $c/a-1\neq0$)，则晶体将属于 $4/mmm$ 点群，Resta 等称其为“理想”结构.实际上相变中 Nb 和 K 相对于氧八面体发生了静态位移，造成了沿 4 重轴方向的“内应变”，该轴的正反方向不再对称等效，点群成为 $4mm$，这就是实际的极性结构.氧八面体四重轴方向的两个 O 记为 O_1，其他四个记为 O_2.选定 Nb 的位移为零，则 K 的位移为 $-0.023c$，O_1 和 O_2 的分别为 $-0.040c$ 和 $-0.042c$.参数 λ 在“理想”结构中为 $\lambda=0$，在极性结构中为 $\lambda=1$.

两种结构中极化的改变为

$$P = P_{\mathrm{el}} - \frac{e}{\Omega}\sum_i Z_i u_i, \tag{7.33}$$

式中右边第一项为电子部分,第二项为离子部分. $-ez_i$ 为离子实的裸电荷,u_i 为离子实的静态位移.

在计算 P_{el}时,$k_{/\!/}$具体化为 k_z(因 $c>a$,短倒格矢方向相应于 c 方向),$k_{\perp}$具体化为 $k_x k_y$. 计算中采用局域密度近似(LDA),波函数由全电子线性缀加平面波方法(FLAPW)得出.

计算的总自发极化为 $P=0.35\ \mathrm{C/m^2}$,与实验值[27] $P=0.37\ \mathrm{C/m^2}$ 符合得很好.

计算还表明,极化与内应变呈线性关系. 对 $\lambda=0$ 和 $\lambda=1/4$ 两种状态的极化差别进行了计算,结果为 $0.095\ \mathrm{C/m^2}$,此值很接近于自发极化(即 $\lambda=0$ 与 $\lambda=1$ 与两种状态的极化之差)的 1/4.

极化通常表示为离子位移与其有效电荷乘积之和,这种唯象表示为什么是合理的? 因为它反映的是极化与内应变(离子位移)呈线性关系的事实

$$P = \frac{e}{\Omega}\sum_i Z_i^* u_i \tag{7.34}$$

这里 eZ_i^* 是 Born(或横向)有效电荷,定义为其他离子固定且外场恒定(为零)时第 i 个离子发生单位位移引起的电偶极矩改变. Resta 等[26]按此定义计算了 $KNbO_3$ 中各离子的有效电荷数,结果为 0.82(K),9.13(Nb),−6.58(O_1),−1.68(O_2). 两个显著的特点是:Nb 和 O_1 的电荷数很大,O_1 与 O_2 的电荷数不等. 第一个特点是由于 O_1 和 Nb 的相对位移在它们之间形成了大量的非局域化电荷,这些电荷主要是易极化的 O $2p$ 电子所携带. 第二个特点与 O_1 和 O_2 的位置对称性以及电子结构有关. 计算表明,O_1 的 $2p$ 态密度分布于较低能量范围,O 的 $2p$ 态密度分布于较高能量范围,Nb 的 d 态密度主要位于低能区域,因此与 Nb 相互作用的主要是 O_1 而不是 O_2,这使得 O_1 的有效电荷增多.

进一步的研究表明[28],与自发极化有关的离子,其有效电荷

大于表观值，这是各种钙钛矿结构铁电体的共同特征.其原因是这些原子间的结合有显著的共价性，特别是 O 2p 与 B 原子的 3d 或 4d 杂化.

Resta 等[26]还用另一种简化模型计算了 $KNbO_3$ 的自发极化.假设晶体为立方相，晶胞体积等于实测的四方相晶胞体积，造成内应变的惟一离子位移为 Nb 偏离氧八面体中心 0.041a(a 为晶胞边长)，其他离子形成刚性框架.计算的自发极化为 0.33 C/m^2.这表明极化主要是由于 Nb 偏离中心的位移.其他的结构特点(特别是四方畸变)对铁电有序虽然重要甚至是必须的，但它们对自发极化的数值没有大的影响.

§7.4 铁电相变

以上的计算都是针对基态(绝对零度)进行的.为了研究铁电相变，必须计算有限温度下标志相变的物理性质.这些性质发生反常变化的温度即为相变温度.用统计方法计算系统的平衡性质必须知道配分函数

$$Z(\beta) = \int \mathrm{d}R_i \int \mathrm{d}R_e \exp[-\beta H(R_i, R_e)], \tag{7.35}$$

这里 $\beta = (kT)^{-1}$，H 是 Hamiltonian 量，R_i 和 R_e 分别是离子实和电子的自由度，借助于绝热近似，使 Hamiltonian 量变成形式上只是 R_i 的函数.再针对系统的特点作出合理的近似使 Hamiltonian 量简化.这样就得到一个有效 Hamiltonian 量 H_{eff}，而配分函数成为

$$Z(\beta) = \int \mathrm{d}R_i \exp[-\beta H_{\mathrm{eff}}(R_i)]. \tag{7.36}$$

针对钙钛矿结构的特征，人们提出了有效 Hamiltonian 量方法[29,30]，在构造有效 Hamiltonian 量的基础上，采用蒙特卡罗模拟，计算了相变温度、自发极化和相变潜热等性质.下面主要介绍 $BaTiO_3$ 的研究[30].

钙钛矿铁电体 ABO_3 的顺电(原型)相呈立方结构,铁电相变中原子发生了小的静态位移,同时也出现了应变.已知铁电相变伴随着一个低频光学横模的软化而其他模与铁电相变基本无关,因此可将能量曲面表示为软模振幅和应变的函数.软模的运动可用"局域模"描写,而且因为 B 离子的运动在铁电相变中起主要作用,故以 B 离子的运动来代表"局域模".局域模之间的相互作用有长程偶极-偶极作用和短程排斥两部分.此外,局域模与应变之间也有相互作用.于是有效 Hamiltonian 量应由下列五部分组成.

1. 局域模自能

$$E^{\mathrm{self}}(\{\boldsymbol{u}\}) = \sum_i E_i(\boldsymbol{u}_i), \tag{7.37}$$

其中是 $\boldsymbol{u}_i$ 第 i 个晶胞的软模振幅矢量, $E_i(\boldsymbol{u}_i)$是无相互作用的局域模振动相对于理想立方结构的能量.为描写铁电相变, $E_i(\boldsymbol{u}_i)$中必须至少有最低阶非谐性.因为原型相为立方结构,所以, $E_i(\boldsymbol{u}_i)$无奇次项,最低阶非谐项为四次方项.于是

$$E(\boldsymbol{u}_i) = k_2 u_i^2 + \alpha u_i^4 + \gamma(u_{ix}^2 u_{iy}^2 + u_{iy}^2 u_{iz}^2 + u_{iz}^2 u_{ix}^2), \tag{7.38}$$

式中 $u_i = |\boldsymbol{u}_i|$,系数 k_2, α 和 γ 应由第一性原理计算确定.

2. 偶极-偶极相互作用能　晶胞 i 中局域模振动产生一电偶极矩

$$d_i = z^* u_i,$$

其中 z^* 为与软模联系的有效电荷

$$z^* = \xi_A z_A^* + \xi_B z_B^* + \xi_{O_{/\!/}} z_{O_{/\!/}}^* + 2\xi_{O_\perp} z_{O_\perp}^* \tag{7.39}$$

ξ_A, ξ_B 分别为 A, B 离子沿所考虑方向的位移, $O_{/\!/}$ 为沿该方向形成 B—O 键的 O 离子, $O_\perp$ 为另外的 O 离子, $\xi_{O_{/\!/}}$ 和 $\xi_{O_\perp}$ 分别为它们沿该方向的位移, z_A^*, z_B^*, $z_{O_{/\!/}}^*$ 和 $z_{O_\perp}^*$ 分别为它们的有效电荷.偶极-偶极作用能(以 hartree 为单位(非法定),1 hartree = 110.5×10^{-21} J)为

$$E^{\mathrm{dpl}}(\{\boldsymbol{u}\}) = \frac{z^{*2}}{\varepsilon_\infty} \sum_{i<j} \frac{\boldsymbol{u}_i \cdot \boldsymbol{u}_j - 3(\boldsymbol{r}_{ij} \cdot \boldsymbol{u}_i)(\boldsymbol{r}_{ij} \cdot \boldsymbol{u}_j)}{R_{ij}^3}, \tag{7.40}$$

式中 ε_∞ 为光频电容率，$R_{ij}=|\boldsymbol{R}_{ij}|$，$\boldsymbol{R}_{ij}=\boldsymbol{R}_i-\boldsymbol{R}_j$，$\boldsymbol{r}_{ij}=\boldsymbol{R}_{ij}/R_{ij}$. 该能量可用 Ewald 方法计算[31]. 对布里渊区中心光学横模，退极化场为零. 在假定电荷呈高斯分布且很集中，即其标准偏差 λ 很小. 在这些条件下，上式简化为

$$E^{\mathrm{dpl}}=\sum_{ij,\alpha\beta}Q_{ij,\alpha\beta}u_{i,\alpha}u_{j,\beta}, \tag{7.41}$$

其中

$$Q_{ij,\alpha\beta}=\frac{2z^{*2}}{\varepsilon_\infty}\left[\frac{\pi}{\Omega}\sum_{G\neq0}\frac{1}{G^2}\exp\left(-\frac{G^2}{4\lambda^2}\right)\cos(\boldsymbol{G}\cdot\boldsymbol{R}_{ij})G_\alpha G_\beta-\frac{\lambda^3}{3\sqrt{\pi}}\delta_{\alpha\beta}\delta_{ij}\right], \tag{7.42}$$

Ω 为晶胞体积，$\boldsymbol{G}$ 为倒格失，α 和 β 表示直角坐标分量.

3. 短程作用能　相邻局域振动的短程作用来自它们间的短程排斥和电子杂化. 该能量可表示为双线性的两体相互作用形式

$$E^{\mathrm{short}}(\{\boldsymbol{u}\})=\frac{1}{2}\sum_{i\neq j}\sum_{\alpha\beta}J_{ij,\alpha\beta}u_{i\alpha}u_{j\beta}, \tag{7.43}$$

其中耦合系数 $J_{ij,\alpha\beta}$ 随 $\boldsymbol{R}_{ij}$ 的增大而迅速减小. 只计入最近邻、次近邻和第三近邻的相互作用，并考虑到原型相的立方对称，可写出耦合系数矩阵元如下.

最近邻

$$J_{ij,\alpha\beta}=[j_1+(j_2-j_1)r_{ij,\alpha}]\delta_{\alpha\beta};$$

次近邻

$$J_{ij,\alpha\beta}=[j_4+\sqrt{2}(j_3-j_4)r_{ij,\alpha}]\delta_{\alpha\beta}+2j_5r_{ij,\alpha}r_{ij,\beta}(1-\delta_{\alpha\beta});$$

第三近邻

$$J_{ij,\alpha\beta}=j_6\delta_{\alpha\beta}+3j_7r_{ij,\alpha}r_{ij,\beta}(1-\delta_{\alpha\beta}), \tag{7.44}$$

式中 $r_{ij,\alpha}$ 是 $\boldsymbol{r}_{ij}$ 的 α 分量. 实际上只有 7 个独立的作用参数，j_1 和 j_2 描述最近邻作用，j_3，j_4 和 j_5 描述次近邻作用，j_6 和 j_7 描述第三近邻作用. 这些参数的物理意义可见图 7.4.

4. 弹性能　应变 $x_l(l=1-6)$ 包括两部分：均匀应变 $x_{H,l}$ 描写晶胞形变，非均匀应变 $x_{I,l}$ 反映了晶胞内原子的不同位移. 相应

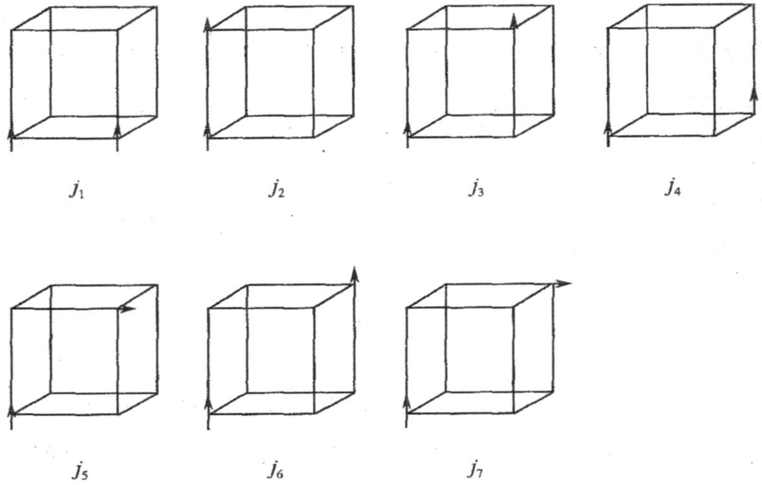

图 7.4　最近邻(j_1, j_2),次近邻(j_3, j_4, j_5)和第三近邻(j_6, j_7)作用参数的物理意义图示.

地,弹性能可表示为两部分之和

$$E^{\text{elas}}(\{x_l\}) = E_I^{\text{elas}}(\{x_{I,l}\}) + E_H^{\text{elas}}(\{x_{H,l}\}). \qquad (7.45)$$

取到二次方项,均匀部分成为

$$\begin{aligned} E^{\text{elas}}(\{x_{H,l}\}) = & \frac{N}{2}B_{11}(x_{H,1}^2 + x_{H,2}^2 + x_{H,3}^2) \\ & + NB_{12}(x_{H,1}x_{H,2} + x_{H,2}x_{H,3} + x_{H,3}x_{H,1}) \\ & + \frac{N}{2}B_{44}(x_{H,4}^2 + x_{H,5}^2 + x_{H,6}^2), \end{aligned} \qquad (7.46)$$

其中 N 是晶胞个数, B_{11}, B_{12}和 B_{44}正比于相应的弹性常量(如 $B_{11} = a^3 c_{11}$). 非均匀部分 E_I^{elas} 是微分位移的函数,其中的系数也决定于 B_{11}, B_{12}和 B_{44}.

5. 局域模与弹性应变相互作用能　该作用能可写为

$$E^{\text{int}}(\{\boldsymbol{u}\}, \{x_l\}) = \frac{1}{2}\sum_i \sum_{l\alpha\beta} B_{l\alpha\beta}\, x_l(\boldsymbol{R}_i)\, u_\alpha(\boldsymbol{R}_i)\, u_\beta(\boldsymbol{R}_i). \qquad (7.47)$$

考虑到立方对称，只有下面 3 个耦合系数是独立的

$$B_{1xx}=B_{2yy}=B_{3zz},$$

$$B_{1yy}=B_{1zz}=B_{2xx}=B_{2zz}=B_{3xx}=B_{3yy},$$

$$B_{4yz}=B_{4zy}=B_{5yz}=B_{5zx}=B_{6xy}=B_{6yx}.$$

通过以上处理，只要为数不多的参数即可确定各种能量. 参考文献[30]的作者们用 LDA 和超软赝势法计算了各参数值. 在计算中用到了文献中报道的一些数值，它们包括本征矢[12] $\xi_{Ba}=0.20$，$\xi_{Ti}=0.76$，$\xi_{O_{/\!/}}=0.53$，$\xi_{O_\perp}=-0.21$，与软模联系的有效电荷[28] $z_A^*=2.75$，$z_B^*=7.16$，$z_{O_{/\!/}}^*=-5.69$ 和 $z_{O_\perp}^*=-2.11$ 以及光频电容率 $\varepsilon_\infty=5.24$ 等. 最终得出的各个参数值如表 7.4 所示.

表 7.4　$BaTiO_3$ 有效 Hamiltonian 量中的展开系数

自能系数	k_2	0.0568	α	0.320	γ	−0.473
短程作用	j_1	−0.02734	j_2	0.04020		
	j_3	0.00927	j_4	−0.00815	j_5	0.00580
	j_6	0.00370	j_7	0.00185		
弹性	B_{11}	4.64	B_{12}	1.65	B_{44}	1.85
耦合	B_{1xx}	−2.18	B_{1yy}	−0.20	B_{4yz}	−0.08
偶极	z^*	9.956	ε_∞	5.24		

自能系数 $k_2>0$ 似乎表明立方结构示稳定的，但这只是表示立方结构对孤立的无相互作用的局域模稳定. 实际上局域模有相互作用，这导致立方结构不稳定. 具体来说，导致不稳定性的相互作用是长程库仑(偶极-偶极)作用. 如果在计算中令 $z^*=0$ 从而消除这种作用，则铁电性不会出现，晶体保持为立方结构.

近邻作用系数随距离增大而迅速减小，最强的最近邻、次近邻和第三近邻作用系数之比 $j_1:j_3:j_6=1:0.23:0.09$. 这较偶极-偶极相互作用衰减得快，后者的相应比值为 1:0.35:0.19. 对短程作用取到第三近邻已是很好的近似.

有了表 7.4 所列的参数值以后，有效 Hamiltonian 量[式(7.37)，(7.41)，(7.43)，(7.45)和(7.47)]可用蒙特卡罗模拟求解．模拟是在 $L\times L\times L$ 立方格子上用 Metropolis 算法完成的[30]．模拟中着重注意标志相变的序参量，它就是局域模矢量的平均

$$\boldsymbol{u} = \sum_i \boldsymbol{u}_i / N,$$

它正比于自发极化，式中 $\boldsymbol{u}_i$ 是位置 i 的局域模矢量，N 是位置总数．作为参照，也计算了局域模振幅的平均值

$$u = \sum_i |\boldsymbol{u}_i| / N.$$

$BaTiO_3$有 3 个铁电相，为了明确区分它们，记录了每一步中平均局域模矢量的最大、中等和最小分量的绝对值，它们分别为 u_1，u_2 和 u_3，$u_1>u_2>u_3$．取绝对值的原因是考虑到序参量的对称等效转动，任一铁电相中序参量的对称等效转动不会改变上述绝对值，立方(C)、四方(T)、正交(O)和三角(R)相的特征分别是序参量有 0 个、1 个、2 个和 3 个非零分量．均匀应变可反映相变中晶胞的形变，对其分量也进行同样处理，记最大、中等和最小的张应变分量为 x_1，x_2 和 x_3，切应变分量为 x_4，x_5 和 x_6．

铁电相变对晶格常量，或者换言之对等静压很敏感．LDA 计算的晶格常量通常较实验值偏小 1% 左右，这个差别足以使常压下相变温度发生相当大的变化．为消除这个系统误差，在模拟中对系统施加负压，使晶格常量扩大到实验值．计算表明，负压 $P=-4.8$ GPa可使理论结果与实验结果达到最好的符合．蒙特卡罗模拟是在这一压强下进行的．

对 $L=12$ 的立方格子，在温度下降过程中进行模拟．在高温，平均局域模矢量的分量 u_1，u_2 和 u_3 均接近于零．当系统冷却到 295 K，u_1 急剧增大，这表示进入了四方相．温度进一步降低，相继在 230 K 发生四方-正交相变(u_2 急剧增大)和在 190 K 发生正交-三角相变(u_3 急剧增大)．这一相变顺序与实验观测的一致．3 个分量以及局域模振幅平均值随温度的变化如图 7.5 所示．

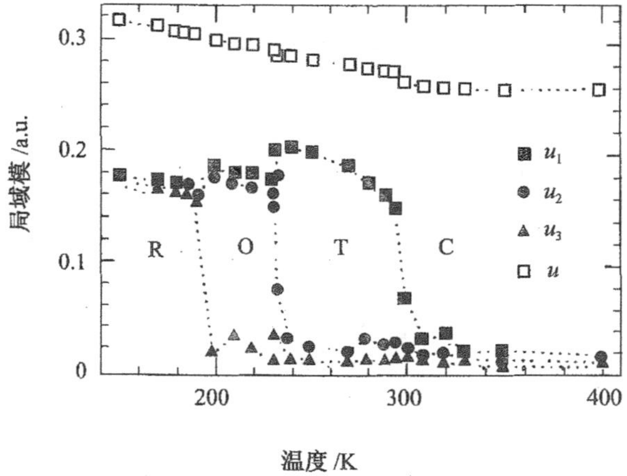

图 7.5　局域模平均振幅及其最大、中等和最小分量 u_1, u_2 和 u_3 随温度的变化.

均匀应变随温度的变化也给出了相同的相变信息.均匀应变是相对于 LDA 给出的立方晶胞计算的.在高温,张应变 $x_1=x_2=x_3$,切应变 $x_4=x_5=x_6=0$.因为施加了负的等静压,故张应变不为零而且具有小的正值.在序参量发生突变的温度,晶胞形状也发生突变.在立方-四方相变、四方-正交相变和正交-三角相变的温度,x_1, x_2 和 x_3 分别急剧增大.虽然四方相相对于立方相无切应变,但在正交和三角相,切应变分量不再为零,这与实测的晶胞形状变化一致.

在不同压强下进行模拟,观察序参量分量和均匀应变的变化,即可得出相变温度与压强的关系,结果如图 7.6 所示.3 个相变温度都近似地随压强增大而线性降低.压强升至 8.4 GPa 时,相变不再发生,即立方结构在 $T=0$ K 时仍稳定.考虑到在模拟中施加了 4.8 GPa 的负压,故临界压强(使相变不再发生是压强)应为 13.2 GPa.这个数值目前尚无实验结果可资比较.

在压强 $P=-4.8$ GPa 下,对 $L=10$, 12 和 14 的立方格子,得

出的相变温度列于表 7.5,表中还列出了计算的自发极化和相变潜热.作为比较的实验数据取自参考文献[32].

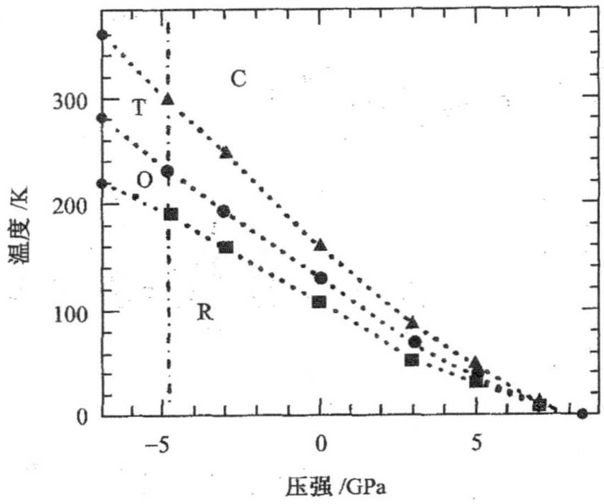

图 7.6 计算的温度-压强相图.位于 $P=-4.8$ GPa 的垂直线相应于实验中的零压强线.

表 7.5 计算的相变温度、自发极化和相变潜热及其与实验值的比较

	相	$L=10$	$L=12$	$L=14$	实验
温度/K	O-R	197 ± 3	200 ± 10	200 ± 5	183
	T-O	230 ± 10	232 ± 2	230 ± 10	278
	C-T	~290	296 ± 1	297 ± 1	403
$P_s/C\cdot m^{-2}$	R	0.43	0.43	0.43	0.33
	O	0.38	0.35	0.35	0.36
	T	0.25	0.28	0.28	0.27
$\Delta Q/J\cdot mol^{-1}$	O-R	50	60	60	23~60
	T-O	90	90	100	65~92
	C-T			150	196~209

相变温度是降温和升温过程中模拟计算的相变温度平均值，加减号后的数值是热滞大小的一半.可见这3个相变均为一级相变，而且相变温度与实验值大体符合.

自发极化是根据平均局域模矢量 $\boldsymbol{u}$ 和有效电荷 z^* 计算的.在四方和正交相，计算结果与实验符合的很好.在三角相，实验值偏小，这可能是实验样品中孪晶未消除造成的.

为了估计相变潜热，模拟时从高温侧和低温侧分别趋近相变温度，直到高温相和低温相同等稳定，即系统从高温相进入低温相的时间与从低温相进入高温相的时间基本相等.该两相平均总能量之差即为估计的相变潜热.3个相变均有潜热，表现了一级相变的特征.实验数值与理论估算的大体符合.

根据局域模矢量的概率分布，还可得出相变中原子运动特征的信息.如果该相变是位移型的，在高于但接近相变温度时，局域模分布应呈现中心在位移零点的单峰；如果是有序-无序型的，该分布应是分别位于零点的两侧的双峰.模拟得出的局域模分量的概率分布如图7.7所示.在远高于 T_c 时(500 K)为单峰，而在较低温度时(350 K和320 K)为双峰，表明了 $BaTiO_3$ 铁电-顺电相变

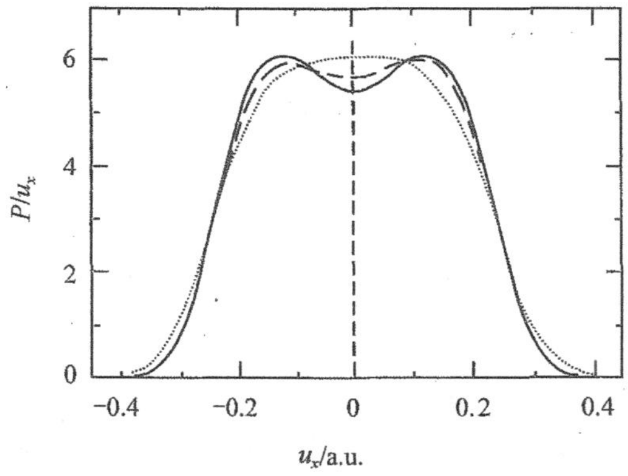

图7.7 立方相320 K(实线)，350 K(短划线)和500 K(点线)时局域模变量 u_x 的概率分布.

的有序-无序特征.

模拟计算中还揭示了长程和短程作用的相对重要性.应变被分为均匀的和非均匀的两部分,分别代表波长无限和有限的声学模.在模拟中不计非均匀应变,得出的3个相变温度基本不变.但如果将均匀应变冻结,则立方相将直接进入三角相而不会出现实际观测到的相变序列.这表明均匀应变在决定相变方面有重要的作用.为考查长程库仑作用的重要性,令有效电荷 z^* 取不同的值(即改变偶极-偶极作用),但改变其他参数使布里渊区中心和边界声子模频率与 LDA 计算的一致,结果表明,相变温度变化不大.但若不计偶极-偶极作用,则基态结构将成为一种复杂的反铁电结构,与 $PbZrO_3$ 的室温结构相似.这表明长程库仑作用对铁电相变是必须的,尽管有效电荷的稍许改变并没有大的影响.

在建立有效 Hamiltonian 量的基础上,人们用蒙特卡罗模拟研究了 $PbTiO_3$ 的顺电-铁电相变[33],用分子动力学模拟研究了 $KNbO_3$[34]的3个相变.对这两种晶体,计算的相变温度如表7.6所示.

表7.6 $PbTiO_3$ 和 $KNbO_3$ 的相变温度

晶体	文献	相变	$T_{计}$/K	$T_{实}$/K
$PbTiO_3$	33	C-T	660	763
$KNbO_3$	34	C-T	370	710
		T-O	260	488
		O-R	210	210

对于彻底的微观 Hamiltonian 量,不用说用解析方法求解几乎不可能,即使用数值模拟的方法处理也极端困难,必须采取合理近似以减少系统的自由度,因此目前由第一性原理研究铁电相变的只有有效 Hamiltonian 量方法.有效 Hamiltonian 量本质上是微观的但因减少了自由度而形式上较简单,可以用计算机模拟(蒙特卡

罗方法或分子动力学方法)甚至可用解析方法进行统计计算.对一些钙钛矿结构铁电体的研究表明,这种方法能揭示铁电相变的基本特征.构造有效 Hamiltonian 量的关键是局域模的选取,局域模必须至少要体现对铁电相变负责的软模的主要特征.目前的有效 Hamiltonian 量中忽略了高频声子模,也没有计及这些模的平均自洽效应(如热膨胀)对铁电行为的影响[35].铁电性灵敏地依赖于体积,忽略热膨胀可能导致计算的相变温度较实验值偏低的原因之一.

§7.5 压电性

对铁电体进行第一性原理研究的最终目的是要实现材料设计,即根据所需要的性能设计材料的组成和结构.为此,首先至少必须能对已知的材料计算其性质.压电性是铁电材料最重要的实用性能之一,从第一性原理出发计算铁电体的压电性是走向铁电材料设计的重要一步.

压电常量有 $\boldsymbol{d}$(压电应变常量)、$\boldsymbol{h}$(压电刚度常量)、$\boldsymbol{g}$(压电电压常量)和 $\boldsymbol{e}$(压电应力常量)四类.它们是联系力学量(应力或应变,二阶张量)与电学量(电场或极化,一阶张量)的三阶张量[37].为了用矩阵表示,对应力和应变采用单下标(Voigt 记法),于是它们的矩阵元分别为 d_{mi}, h_{mi}, g_{mi}和 e_{mi},其中下标 $m=1\sim3$ 表示电学量(电场或极化)的方向,$i=1\sim6$ 表示力学量(应力或应变)的方向.压电应力常量 e_{mi}表示电场恒定为零时极化分量 P_m 对应变分量 x_i 的变化率

$$e_{mi} = \left.\frac{\partial P_m}{\partial x_i}\right|_E. \tag{7.48}$$

许多重要的铁电晶体(例如 $PbTiO_3$ 等)属 $4mm$ 点群,其压电常量只有 3 个独立的非零分量:e_{33}, $e_{31}(=e_{32})$, $e_{15}(=e_{24})$.

压电常量来源于两部分的贡献.一是离子位置固定(均匀应变,即内应变为零)时的压电性;二是来源于内应变,即正负离子相

对运动的贡献.

$$e_{mi} = \left.\frac{\partial P_m}{\partial x_i}\right|_u + \sum_k \left.\frac{\partial P_m}{\partial u_{k,m}}\right|_x \frac{\partial u_{k,m}}{\partial x_i}, \tag{7.49}$$

式中右边第一项和第二项分别代表离子位置固定和内应变的贡献. u 代表全部离子的位置坐标, $u_{k,m}$是第k 种离子位置坐标的 m 分量.

常把第一部分写为 $e_{mi,固}$, 第二部分写为 $e_{mi,内}$, 于是

$$e_{mi} = e_{mi,固} + e_{mi,内}. \tag{7.50}$$

式(7.49)中$\partial P_m/\partial u_{k,m}$表示离子位置改变引起的极化变化, 可用有效电荷(或称 Born 有效电荷)表示[36]. 前面(§7.4)已用到有效电荷, 一般情况下有效电荷 ez^* 的含义可由下式看出:

$$\Delta P_m \Omega = \sum_n eZ^*_{mn} \Delta u_n a_n, (m = 1 \sim 3), \tag{7.51}$$

式中 Ω 是晶胞体积, $\Delta u_n a_n$ 是离子沿晶胞 a_n 方向的位移. 处于四方对称性位置的离子, 有效电荷只有两个独立的非零分量: z^*_{33}和 $z^*_{11} = z^*_{22}$. 当 z^* 为一对角矩阵时

$$\frac{\partial P_m}{\partial u_m} = \frac{ez^*_{mm} a_m}{\Omega}. \tag{7.52}$$

于是式(7.49)成为

$$e_{mi} = \left.\frac{\partial P_m}{\partial x_i}\right|_u + \sum_k \frac{e a_m z^*_{k,mm}}{\Omega} \frac{\partial u_{k,m}}{\partial x_i}. \tag{7.53}$$

参考文献[38]的作者们首先计算了 $PbTiO_3$ 的压电性. 总能量计算是在广义梯度近似(GGA)下用局域轨道推广的全电子(LAPW)方法(LAPW + LO)进行的[39]. 交换关联能量的参数化则采用了 Perdew-Buke-Ernzerhof 方法[2]. 作为价电子态处理的是 Pb 的 $5d, 6s, 6p$, Ti 的 $3s, 3p, 3d, 4s$ 和 O 的 $2s, 2p$. 对内层电子态, 在忽略自旋-轨道耦合的条件下用相对论方法处理, 对价电子态用半相对论方法处理. 用特殊点方法[40]在布里渊区中取样, 将其分为 $4\times4\times4k$ 点网格. 为得到自发极化的电子部分(Berry 相)所需要的波函数是在分立的网格上计算的, 该网格由均匀分布的

$4\times4\times20k$ 点组成.经检验,计算结果对 k 空间网点数和平面波截止能量有良好的收敛性.

四方 $PbTiO_3$ 晶体的结构由晶格常量 a、晶轴比 c/a 以及四种原子沿 c 轴的位置坐标完全确定.表 7.7 列出了根据总能量极小原理由 GGA 计算的结构参数,以及其他的理论和实验结果.表中 O_3 是位于极化轴上的 O 原子,O_1 和 O_2 是与极化轴垂直方向上的 O 原子.GGA 计算时取晶胞体积为参考文献[41]中报道的实验值.将晶胞体积固定于此值,根据总能量极小的原理确定 c/a 和位置坐标的最佳值.这套结构参数确定的构型就是计算极化时的参考结构.表中第三和第四列都是在 LDA 下计算的.第三列的计算在固定体积下进行,用全电子基函数,第四列的计算在固定体积和 c/a 时进行,用超软赝势和平面波基函数.实验值为室温结果,见参考文献[32].

表 7.7　$PbTiO_3$ 的结构参数.u_k 是原子 k 在 c 方向的分数坐标(a 以玻尔半径为单位)

	GGA	LDA	LDA	实验值
a	7.356	7.247	7.380	7.373
c/a	1.073	1.122	1.063	1.065
u_{Pb}	0.000	0.000	0.000	0.000
u_{Ti}	0.530	0.542	0.549	0.538
u_{O_1,O_2}	0.610	0.634	0.630	0.612
u_{O_3}	0.105	0.134	0.125	0.117

压电常量用两种方法计算.一是由定义式(7.48)直接计算,二是由式(7.50)分两部分计算.在直接计算法中,首先计算在参考结构中的极化 P^{ref}以及几个有应变结构的极化 P^x.各个有应变结构中的平衡原子位置分别对应于不同的应变值,由总能量极小确定.应变值在约 ±1% 范围.小应变时极化差值 P^x-P^{ref}对应变的斜率直接给出压电常量.

在间接计算法中，先计算内应变对压电常量的贡献[式(7.50)的第二项]. 为此需要原子位置对应变的变化率以及有效电荷. 在各种应变下，由总能量极小求出原子位置，即得原子位置对应变的变化率，见表 7.8. 有效电荷是通过计算离子亚晶格相对位移引起的极化变化来确定的. 见表 7.9. 表中⊥表示与沿 c 轴的 Ti—O 键垂直，//表示与该键平行.

表 7.8 原子位移与应变的关系

m	i	$\frac{\partial u_{Pb,m}}{\partial x_i}$	$\frac{\partial u_{Ti,m}}{\partial x_i}$	$\frac{\partial u_{O_1,m}}{\partial x_i}$	$\frac{\partial u_{O_2,m}}{\partial x_i}$	$\frac{\partial u_{O_3,m}}{\partial x_i}$
3	3	0.360	0.216	−0.133	−0.133	−0.310
3,(3)	1,(2)	0.165	−0.073	−0.122	0.160	−0.130
3,(3)	4,(5)	−0.082	−0.024	0.052	0.045	0.009
2,(1)	4,(5)	0.150	0.021	−0.107	−0.020	−0.044

表 7.9 $PbTiO_3$ 的 Born 有效电荷

原子	Z_{11}^*	Z_{22}^*	Z_{33}^*
Pb	3.74	3.74	3.52
Ti	6.20	6.20	5.18
O_1	−2.61⊥	−5.18//	−2.16
O_3	−2.15	−2.15	−4.38

为计算离子位置固定时的压电常量[式(7.50)的第一项]，令离子位置取表 7.7 中第二列所示的数值，在保持该数值不变的条件下计算不同应变下的极化，从而得到极化对应变的斜率. 两项之和即为所求的压电常量.

两种方法所得压电常量之差小于 5%，表明在所考虑的应变范围内，用线性近似描写 $PbTiO_3$ 的压电响应是合理的.

表 7.10 列出了压电应力常量 e_{mi} 的计算结果和实验结果，其

中 $e_{mi,固}$和 $e_{mi,内}$分别代表离子位置固定时和内应变的贡献，e_{mi}代表总值. 在 e_{31}和 e_{33}中，离子位置固定时的贡献均为与内应变的贡献反号，而且在 e_{33}中，内应变的贡献为 4.11 C/m^2，远大于离子位置固定时的贡献（$-0.88\ C/m^2$），说明正负离子相对位移对压电常量作了主要贡献.

表 7.10　$PbTiO_3$ 的压电应力常量 e_{mi}（单位：C/m^2）

	e_{15}	e_{31}	e_{33}
$e_{mi,固}$	2.87	−2.60	−0.88
$e_{mi,内}$	1.16	0.79	4.11
e_{mi}	4.03	−1.81	3.23
实验值[42]	3.92	−0.98	3.35
实验值[43]	2.96	0.48	6.50

计算的压电常量与参考文献[42]的实验结果符合得相当好，但较参考文献[43]的实验结果则有显著的差别. 参考文献[42]中用的是单晶样品，而参考文献[43]中用的是含有少量掺杂的陶瓷样品. 研究表明，实际测得的压电性包含两部分的贡献. 一是本征的，它是无限大的完美的单畴晶体的压电性；二是非本征的，它是来自畴壁运动、准同型相界附近的两相共存以及样品中的缺陷和特定的微结构等. 在有些情况下，非本征的贡献相当大，甚至与本征部分相近[44]. 另一方面，迄今为止的第一性原理计算都还不能计入样品缺陷等因素，只能计算本征压电性. 由此可知，计算结果与参考文献[43]的实测值不符是合理的，而且它说明非本征压电性占相当大的份额.

Saghi-Szabo 等[45]用相似的方法计算了 $PbZr_{0.5}Ti_{0.5}O_3$ 的压电常量 e_{33}. $PbZr_{0.5}Ti_{0.5}O_3$ 位于连续固溶体 $PbZr_xTi_{1-x}O_3$（$0<x<1$）中准同型相界附近，呈四方结构，是性能优良的压电陶瓷. 显然 $PbZr_{0.5}Ti_{0.5}O_3$ 的最小有序化晶胞含两个化学式单元，10 个

原子(Pb_2ZrTiO_6).Saghi-Szabo 等考虑了两种有序化结构:B 位离子(Zr 和 Ti)沿[001]方向有序化的 $P4mm$ 对称结构和 B 位离子沿[111]方向有序化的 $I4mm$ 对称结构.利用 LAPW 方法计算两种结构的总能量,得出各原子坐标.计算原子亚晶格相对位移时极化的变化,得出有效电荷 Z_{33}^*.结果列于表 7.11.可以看到两个特点.第一、ZrO_6 和 TiO_6 都形成高度畸变的氧八面体.第二、各个离子的有效电荷都大于其静态(或表观)值.

表 7.11　$PbZr_{0.5}Ti_{0.5}O_3$ 的原子位置和有效电荷 Z_{33}^*.原子位置以 $P4mm$ 晶胞的晶格常量为单位

	$P4mm$				$I4mm$			
原子	x	y	z	Z_{33}^*	x	y	z	Z_{33}^*
Pb	0	0	0	3.46	0	0	0	3.23
Pb	0	0	0.5300	2.83				
Zr	0.5000	0.5000	0.2435	6.06	0.5000	0.5000	0.2268	5.96
Ti	0.5000	0.5000	0.7410	5.35	0.5000	0.5000	0.2255	5.69
O	0.5000	0.5000	0.9555	−4.44	0.5000	0.5000	0.9452	−4.55
O	0.5000	0.5000	0.4813	−4.79	0.5000	0.5000	0.4613	−4.95
O	0.5000	0	0.1938	−2.33	0.5000	0.0142	0.1922	−2.16
O	0.5000	0	0.7152	−1.91				

计算的压电常量 e_{33} 列于表 7.12.可见 $P4mm$ 结构的 e_{33} 较 $I4mm$ 的大,其来源是内应变的贡献较大,表明沿极化方向[001]的有序化有利于压电响应.但两种结构的计算值都明显小于实验值.Berlincourt 等[46]测量了一系列四方相 $PbZr_xTi_{1-x}O_3$ 陶瓷的压电应变常量 d_{mi} 以及弹性顺度 s_{ij},根据这些数据可得出准同型相界附近四方相 $PbZr_xTi_{1-x}O_3$ 的 $e_{33}=27.0\ C/m^2$.该结果远大于理论计算值 3.60 C/m^2($I4mm$ 结构)和 4.81 C/m^2($P4mm$ 结构).当然,Berlincourt 测量的是室温值,包含了畴壁和热缺陷运动

等的贡献.在低温下的测量[47]有可能消除这些影响,低温测量数据给出 $e_{33}=11.9\ C/m^2$,仍然大于理论值的两倍.理论值是针对B位离子有序化的结构进行的,也许实际上B位离子呈无序分布或者不同于所考虑的两种有序分布,这种差别可能就是压电性提高的原因.对同一组分的晶体,选用不同的超晶胞,的确发现超晶胞对称性的降低导致压电性增强[48].

表 7.12　$PbZr_{0.5}Ti_{0.5}O_3$ 的压电应力常量 e_{33}(单位为 C/m^2)

	P4mm	*I4mm*
$e_{33,固}$	−0.65	−0.65
$e_{33,内}$	5.46	4.25
e_{33}	4.81	3.60

近年来压电材料的研究取得了突破性进展:在弛豫型铁电固溶体单晶中发现了特别强的压电效应.这类单晶的代表是 $Pb(Mg_{1/3}Nb_{2/3})O_3\text{-}PbTiO_3$(简记为 PMN-PT)和 $Pb(Zn_{1/3}Nb_{2/3})O_3\text{-}PbTiO_3$(简记为 PZN-PT),其压电应变常量 d_{33} 大于 $2000\times10^{-12}C/N$,为此前压电性最强的材料的三倍以上.人们认为,它们的出现可能使压电换能和传感技术发生革命性的变化[49,50].能否从第一性原理计算作出解释,显然是很有趣和很有挑战性的事情. Bellaiche 和 Vanderbilt[51]用第一性原理对 PMN-PT 和 PZT 的压电响应进行了平行研究,结果表明,PMN-PT 的本征压电性的确比 PZT 的强得多.

选择这两种固溶体的组分均在准同型相界附近的四方相一侧:PMN-PT 为 $0.60Pb(Mg_{1/3}Nb_{2/3})O_3+0.40PbTiO_3$, PZT 为 $Pb(Zr_{0.5}Ti_{0.5})O_3$.为便于比较,对 PZT 和 PMN-PT,均选择反映B原子沿[001]方向有序化的超晶胞.在 PZT 中,有两种不同的(001)B平面,即B原子为纯 Zr 的平面和B原子为纯 Ti 的平面,它们交替出现.每个晶胞有10个原子.在 PMN-PT 中,有五种不同的B平面,相应于PT占40%的组分,每个晶胞含25个原子.假定B平面沿[001]方向的排列顺序为Ti/Nb/Mg/Nb/Ti.对PZT和PMN-PT,均选择自发极化沿[001]方向,即与原子有序化的方向垂直.因此,各个(001)B平面相互等效而且总的原子组成相同.

这样的构型表明,两种晶体的铁电基态似乎应呈现正交晶系的 $P2mm$ 对称,但通过如下的基矢选择,可使之形成"准四方"的 $P4mm$ 对称.超晶胞基矢被选为:$R_1 = na_0[1,0,0]$,$R_2 = a_0[0,1,0]$,$R_3 = c[0,0,1]$,其中 a_0 为晶格常量,c/a_0 为"四方"轴比,n 为不同的B平面数目,在PZT和PMN-PT中,n 分别为2和5.这样的基矢配置表明,垂直于铁电轴的平面内的两个轴保持相等,换言之,在成分调制方向(即[100]方向)与未调制方向超晶胞矢量之比为 $1:n$.

对这样的超晶胞,用超软赝势法[5]进行LDA计算.作为价电子处理的电子在PZT超晶胞中为88个,在PMN-PT中为220个.对PZT和PMN-PT超晶胞,分别采用(6,6,3)和(6,6,1)的Monkhorst-Pack网格.使结果有良好的收敛性.

根据总能量极小和作用于离子实的力(Hellmann-Feynman力)接近于零的要求,确定了晶格常量 a_0,轴比 c/a_0 以及原子位置.PZT和PMN-PT的 a_0 很接近,分别为0.399和0.396 nm,但轴比 c/a_0 分别为1.0345和1.004,即PMN-PT很接近于"准立方".

自发极化 $\boldsymbol{P}$ 用Berry相法[23]求得,压电常量

$$e_{33} = \frac{\partial P_3}{\partial x_3},$$

该式由两种应变下的有限差计算.首先计算铁电基态的极化,其次对基态施以1%的应变再计算极化.第二次计算时,原子位置要在计及应变的条件下重新由第一性原理计算加以调整.

两种晶体的 e_{33} 列于表7.13.可以看到PMN-PT的 $e_{33}=9.1$ C/m^2,为PZT的2.7倍.虽然PZT和PMN-PT的室温值均较理论值大,但这一计算的意义在于,它表明PMN-PT的确有特别强

的压电性.至于计算值较实验值小的原因可能有3个.第一、理论计算的只限于本征压电性;第二、测量的是室温值,而计算的是绝对零度的值,压电常量倾向于随温度升高(接近居里点)而增大;第三、计算用的原子排列模型可能与实际不相一致.

表 7.13　PZT 和 PMN-PT 的压电常量 e_{33}(单位:C/m^2)

	PZT	PMN-PT
e_{33}	3.4	9.1
$e_{33,\text{固}}$	−0.8	−0.6
$e_{33,\text{内}}$	4.2	9.7

为进一步分析 PZT 与 PMN-PT 压电性的差别,将 e_{33}的两个组成部分:$e_{33,\text{固}}$和 $e_{33,\text{内}}$分别进行比较.为计算 $e_{33,\text{固}}$,先计算铁电基态的极化,其次对基态施以1%的应变再计算极化.但与计算总压电常量 e_{33}时不同,在计算有应变时的极化时,将离子位置坐标固定在基态的值.内应变的贡献由下式得出:

$$e_{33,\text{内}} = e_{33} - e_{33,\text{固}}.$$

由表7.13看出两点:第一、对 e_{33}起主要作用的是内应变的贡献.离子位置固定时的贡献数值较小且符号相反,它减小了总的 e_{33};第二、PMN-PT 压电性的增强主要是由于内应变贡献的大幅度提高.PMN-PT 和 PZT 的压电常量中,离子固定时的贡献很接近,但 PMN-PT 中内应变的贡献是 PZT 中的2.3倍.

内应变的贡献决定于有效电荷及离子位置对应变的变化率,由式(7.53)可知

$$e_{33,\text{内}} = \sum_k \frac{ecZ^*_{k,33}}{\Omega} \frac{\partial u_{k,3}}{\partial x_3}, \tag{7.54}$$

式中求和对晶胞中各种原子 k 进行,c 是沿极化方向的晶格常量.

表7.14列出了两种晶体中各种离子有效电荷的 Z^*_{33}值,它们是由极化对离子位移的变化率得出的,而极化用 Berry 相方法计

算.表中 O_3 是沿极化方向 B—O—B 的 O 原子,O_1 是垂直于极化方向 B—O—B 的 O 原子,PMN-PT 中 Pb,O_1 和 O_3 的有效电荷分别与 PZT 中的相近.PZT 中 Ti 和 Zr 的有效电荷数分别为 5.3 和 6.0,平均为 5.7.PMN-PT 中,Ti,Mg 和 Nb 的有效电荷数分别为 5.8,7.4 和 1.9,虽然 Nb 有大得多的有效电荷数,但 B 位离子的平均有效电荷数也为 5.7.由此可知,PMN-PT 的强压电性不是由于大的有效电荷所造成的.

表 7.14 PZT 和 PMN-PT 中各离子的有效电荷数 Z_{33}^*

离子	Pb	Ti	Zr	Nb	Mg	O_1	O_3
PZT	3.0	5.3	6.0			−2.1	−4.6
PMN-PT	3.6	5.8		7.4	1.9	−2.1	−5.1

于是由式(7.54)可知,PMN-PT 压电性的增强主要是来源于离子位置对应变的变化率.研究表明[51],PMN-PT 中,Pb,Ti 和 O 位置 u_3 对应变 x_3 的变化率较在 PZT 中大 2~3 倍,Nb 位置 u_3 对应变 x_3 的变化率约为 PZT 中 Zr 或 Ti 的 2 倍.另外,Mg 对 PMN-PT 的压电性质贡献很小,因为其有效电荷数小,而且其位置对应变的变化率几乎为零.

最近对于准同型相界附近压电性增强的原因有了新的解释.实验表明,四方-三角相界附近存在一个单斜相[52],四方相或三角相晶胞的压电伸长都不是出现于极性方向,而是出现于与单斜畸变相联系的方向[53].这种介于四方相和三角相之间的单斜相是压电响应增强的关键因素.Bellaiche 等[54]用有效 Hamiltonian 量和蒙特卡罗模拟,从理论上说明了单斜相的存在以及压电性增强的原因.

对于实用的压电材料来说,压电性随温度和电场的变化是很重要的.Garcia 和 Vanderbilt[55]利用有效 Hamiltonian 量和蒙特卡罗模拟,研究了 $BaTiO_3$ 压电响应与温度和电场的关系.计算的压电常量与温度的关系跟实验结果相符，而且发现在强电场下有一个场致的三角-四方相变. 对于 $PbTiO_3$, Rabe 和 Cockayne[56]利用有效 Hamiltonian 量和蒙特卡罗模拟计算了 d_{33}作为温度的函数，结果与实验符合得较好. 当温度接近相变温度时，d_{33}呈现峰值.

总起来说，铁电体的第一性原理研究已能计算典型铁电体的基态结构、相变行为和一些有关性质，提供了关于铁电有序的重要的微观信息，加深了人们对铁电性的了解. 但进展尚不能令人满意，离开实现铁电体材料设计的目标还很远. 当前特别需要在有序-无序相变、弛豫铁电体以及表面、界面和缺陷等方面开展深入的工作.

参 考 文 献

[1] Perdew JP, Zunger A. Phys. Rev., 1981(B23):5048

[2] Perdew J P. Burke K, Ernzerhof M. Phys. Rev. Lett., 1996 (77):3865

[3] Mazin I I, Singh D J. in First-Principles Calculations for Ferroelectrics, R. E. Cohen (ed.), American Institute of Physics, 1998:251

[4] Kerker G P. J. Phys. C, 1980 (13):L189

[5] Vanderbilt D. Phys. Rev., 1990 (B41):7892

[6] Cohen R E, Krakauer H. Ferroelectrics, 1992(136):65

[7] Cohen R E. Nature, 1992(358):136

[8] Boyer L L, Mehl M J, Flocken J W, Hardy J R. Jpn. J. Appl. Phys., 24 Suppl. 1985(24-2): 204

[9] Gong Z, Cohen R E. Ferroelectrics, 1992(136): 113

[10] Cohen R E. Krakauer H. Phys. Rev., 1990 (B42): 6416; Ferroelectrics, 1990 (111):57

[11] Postnikov A V, Neumann T, Borstel G, Methfessel. Phys. Rev., 1993(B48):5910

[12] King-Smith R D, Vanderbilt D. Phys. Rev., 1994 (B49): 5828

[13] Ghosez P, Gonze X, Michenaud J P. Ferroelectrics, 1999(220):1

[14] Singh D J. Ferroelectrics, 1997(194): 299

[15] Inbar I, Cohen R E. Phys. Rev., 1996(B53):1193

[16] Wang Y X, Zhong W L, Wang C L, Zhang P L, Peng Y P. Solid State Commun., 1999(112): 495

[17] Wang Y X, Zhong W L, Wang C L. Phys. Lett., 2000(A269):252

[18] Saghi-Szabo G, Cohen R E. Ferroelectrics, 1997(194): 287
[19] Smith D. Phys. Rev., 1991(B43):6388
[20] Peng Y P, Wang Y X, Zhang L, Wang C L, Zhang P L, Zhong W L. Phys. Lett., 2000(A269):170
[21] Martin R M. Phys. Rev., 1974(B9):1998
[22] Rest R. Ferroelectrics, 1992(136):51; Ferroelectrics, 1994(151): 49; Rev. Mod. Phys., 1994(66):899
[23] King-Smith R D, Vanderbilt D. Phys. Rev., 1993 (B47): 1651
[24] Monkhorst H J, Pack J D. Phys. Rev., 1976 (B13): 5188
[25] Zak J. Phys. Rev. Lett., 1989(62): 2747; L. Michel and J. Zak, Europhys. Lett., 1992(18):239
[26] Resta R, Posternak M, Balderschi A. Phys. Rev. Lett., 1993(70):1010
[27] Kleemann W, Schafer F J, Fontana M D. Phys. Rev., 1984 (B30): 1148
[28] Zhong W, King-Smith R D, Vanderbilt D. Phys. Rev. Lett., 1994(72):3618
[29] Rabe K M, Waghmare U V. Ferroelectrics, 1992(136): 147; ibid, 1994 (151): 59; Phys. Rev., 1995 (B52):13236
[30] Zhong W, Vanderbilt D, Rabe K M. Phys. Rev. Lett., 1994(73):1861; Phys. Rev., 1995 (B52):6301
[31] Kellermann E W. Phil. Trans. Roy. Soc.(London), 1940 (A238):513
[32] Londolt-Bornstein Numerical Data and Functional Relationships in Science and Technology, Group III, Berlin: Springer-Verlag, 1981(16);1990 (28)
[33] Rabe K M, Waghmare U V. J. Phys. Chem. Solids, 1996(57):1397
[34] Wang C Z, Yu R, Krakauer H. Ferroelectrics, 1997 (194): 97
[35] Cohen R E. J. Phys. Chem. Solids, 2000(61):139
[36] Resta R. J. Phys. Chem. Solids, 2000(61):153
[37] 钟维烈.铁电体物理学.北京:科学出版社,1996
[38] Saghi-Szabo G, Cohen R E, Krakauer H. Phy. Rev. Lett., 1998(80):4321
[39] Singh D J. Planwaves, Pseudopotentials and LAPW Method, Boston: Kluwer Academic Publishers, 1994
[40] Monkhorst H J, Pack J D. Phys. Rev., 1977(B16): 1748
[41] Shirane G, Pepinsky R. Acta Crystallogr., 1956 (9): 131
[42] Li Z, Grimsditch M, Xu X, Chan S K. Ferroelectrics, 1993(141):313
[43] Ikegami S, Ueda T, Nagata T. J. Acoust. Soc. Am., 1971(50): 1060
[44] Zhang Q M, Wang H, Kim N, Cross L E. J. Appl. Phys., 1993(75):454
[45] Saghi-Szabo G, Cohen R E, Krakauer H. Phys. Rev., 1999(B59): 12771
[46] Berlincourt D A, Cmolik C, Jaffe H. Proc. IRE, 1960(48): 220

[47] Zhuang Z Q, Haun M J, Jang S J, Cross L E. in Proceedings of the 6th IEEE Interational Symposium on Applications of Ferroelectrics, Lehigh, USA, Institute of Electrical and Electronics Engineers, New York, 1986:394
[48] Cockayne E, Rabe K M. Phys. Rev., 1998 (B57):R13973
[49] Park S E, Shrout T E. J. Appl. Phys., 1997(82):1804
[50] Service R F. Science, 1997(275):1878
[51] Bellaiche L, Vanderbilt D. Phys. Rev. Lett., 1999(83): 1347
[52] Noheda B, Cox D E, Shirane G, Gonzalo J A, Cross L E, Park S E. Appl. Phys. Lett., 1999(74): 2059
[53] Guo R, Cross L E, Park S E, Noheda B, Cox D E, Shirane G. Phys. Rev. Lett., 2000(84): 5423
[54] Bellaiche L, Garcia A, Vanderbilt D. Phys. Rev. Lett., 2000(84): 5427
[55] Garcia A, Vanderbilt D. Appl. Phy. Lett., 1998(72): 2981
[56] Rabe K M, Cockayne E. Proceediings of the 5th Williamsburg Workshop, American Institute of Physics, 1998:61

第八章　晶体中的缺陷

李　齐

理想的完整晶体应该具有完全相同的性质.然而,实际晶体材料的性质或多或少都是随样品而变的.例如晶体的导电性质,半导体对微量杂质呈现强烈的结构敏感性,而金属在室温以上非结构敏感,但低温时的剩余电阻却有明显的结构敏感性,绝缘体中带电杂质和缺陷的存在则造成了离子导电性的结构敏感性.

实际晶体之所以具有结构敏感性能,在于它不具备理想晶体的完整性,而是存在大量种类繁多的缺陷.晶体中缺陷类型、数量和分布状态的差异,缺陷运动学及动力学性质的不同,各种缺陷间交互作用的多样性等,造成了晶体宏观性质的千差万别,这就是结构敏感性的物理根源.

电介质的许多重要性质都是结构敏感的,电介质复杂的结构、多组元性和相变的多样性,使电介质晶体缺陷特别丰富,吸引了大量科技工作者的注意.然而,本章只能给出有关缺陷的基本知识,而不能涉及太多的实例.

§8.1　点缺陷[1,2]

8.1.1　热平衡态的点缺陷,空位与填隙原子

晶体中任一原子的热振动与其周围原子的热振动状态相关,使热振动能量存在起伏.当某一原子一旦具有足够大的动能,就可以脱离正常的格点位置,跳到邻近的原子间隙中去,形成点缺陷.易知,这一过程在单原子晶体中将形成两种基本类型的点缺陷:如

图 8.1 所示,空缺了一个原子的点阵位置,称空位;占据了点阵间隙位置的原子,称填隙原子.

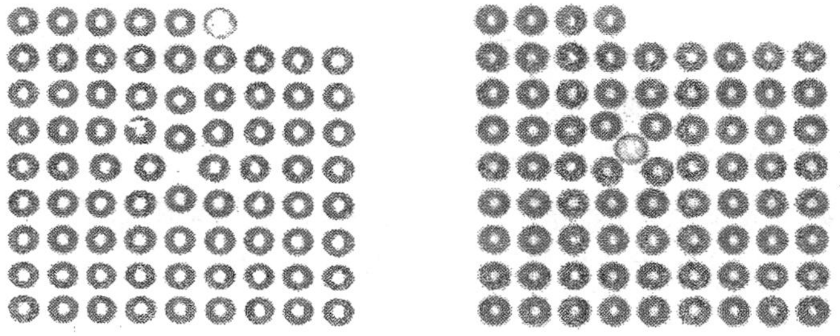

图 8.1 两维点阵中的空位(a)和填隙原子(b)注意点缺陷近旁原子位置的弛豫.

在晶体中引入点缺陷时,一方面晶体内能增加,另一方面,无序度增加,使熵也增加了.由自由能表式 $F = U - TS$ 可以看出,一定量的点缺陷有可能使晶体的自由能反而下降.设想这是一个由 N 个原子和 n 个空位组成的单原子晶体,如果忽略空位之间的交互作用,则其自由能可表为

$$F = F_p + nU_v - T(NS_f + k\ln\Omega), \tag{8.1}$$

其中,F_p 为N 个原子完整晶体的自由能,U_v 为空位的形成能,U_v 是指将晶内原子从格点位置取走,放到晶体表面台阶处(这时不改变晶体的表面性能)所需要的能量.熵变化项包括振动熵及组态熵两部分,S_f 为引入一个空位后周围原子位置调整导致振动状态改变所引起的振动熵,Ω 为n 个空位在$N+n$ 个点阵位置上排列的所有可能排列方式数,即

$$\Omega = \frac{(N+n)!}{N!\,n!}. \tag{8.2}$$

通过令$\left(\dfrac{\partial F}{\partial n}\right)_T=0$,并利用展开大数的对数的斯特林近似 $\ln a! = a\ln a - a$,可得

$$\left(\frac{\partial F}{\partial n}\right)_T = U_v - S_f T - kT\ln\frac{n}{N+n} = 0. \tag{8.3}$$

当 $n \gg N$ 时,空位的平衡态浓度为

$$C_v = \frac{n}{N} = \exp\left(\frac{S_f}{k}\right)\exp\left(-\frac{U_v}{kT}\right) = A_v\exp\left(-\frac{U_v}{kT}\right). \quad (8.4)$$

由此可知,任一温度下晶体中存在一定量的空位可以使自由能降低,这种热平衡态的空位,也称热缺陷.

填隙原子的情况可以用类似方法处理,只是由于可能的间隙位置数可大于正常格点数使无序数增加,而使熵增大,因而式中需增加一个与此相关的数值因子 Z_i,其平衡浓度为

$$C_i = Z_i A_i \exp\left(-\frac{U_i}{kT}\right). \quad (8.5)$$

在平衡浓度表式中,温度和形成能是两个关键参数.首先,点缺陷的平衡浓度是随温度升高而指数式地增加的,这就意味着高温下的点缺陷浓度可比室温时高许多.其次,点缺陷的形成能大小对晶体中存在何种点缺陷起着决定性作用,例如在密堆积结构的材料,如面心立方金属中,空位的形成能大致在 1 eV 左右,而填隙原子的形成能约为空位形成能的三倍,因而空位是主要点缺陷,而填隙原子则极少[3].但在较为开放,即堆积密度较小的材料,如许多离子晶体中,填隙原子形成能较低,因而在较高温度下填隙原子应为主要点缺陷.

8.1.2 非平衡点缺陷的产生

在实际晶体中,可以存在比热缺陷浓度高许多的非平衡态点缺陷,特别是在较低温度下平衡态点缺陷甚少时,以各种方式引入的额外点缺陷对许多物性起着决定性作用.它们可以由以下的几种过程产生:

1. 淬火　如前所述,热缺陷浓度随温度而指数式变化,高温下形成点缺陷以后,如果以甚高的速率降温,即“淬火”时,已形成的点缺陷没有条件迁移至自由表面或可容纳点缺陷的其他位置,这一过程将使高温下极高浓度的点缺陷冻结于较低温度的材料中.通常 $A_v \sim 1$, $U_v \sim 1$ eV,因而高温(如 2000 K)时热缺陷平衡浓

度可达 3×10^{-3}，而室温(300 K)时仅为 1.6×10^{-17}，快速淬火使高温热缺陷基本上转变为非平衡态点缺陷．必须说明的是，金属可能耐受 $10^4\sim15^5$℃/s 的高淬火速率，但是非金属晶体(如离子晶体)通常并不能耐受这种热冲击．

2．辐照　足够大能量的粒子可使原子被打离其平衡位置，形成点缺陷．取决于辐照粒子的类型及辐照能量，晶态材料中可产生多种类型的缺陷组态．离位辐照的基本效应是使原子脱离原占格点，跑到格点间的间隙位置，形成称作弗兰克尔缺陷的点缺陷对．如图 8.2 所示，电子辐照只能产生一对弗兰克尔缺陷；α 粒子辐照在产生弗兰克尔对以后，剩余动能已不足以产生新的点缺陷，这时其能量将分配给附近的一群原子，使晶格振动加强，温度升高，形成局部热点而被称作热峰；如果辐照能量甚大，如快中子辐照，离位原子能量也足够大，它和晶内其他原子相撞可产生次生离位原

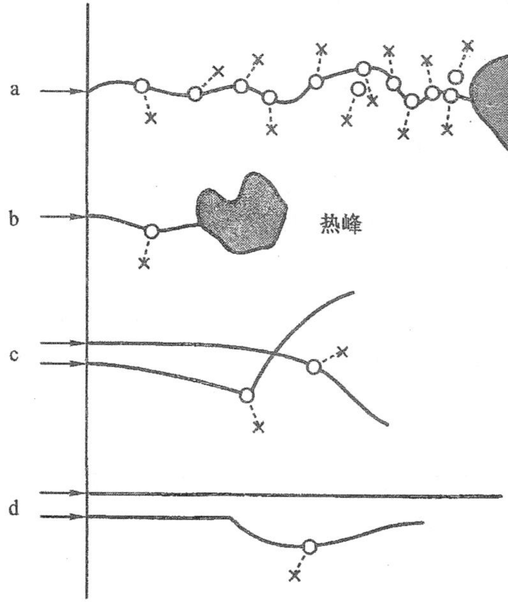

图 8.2　辐照引起的点缺陷．(a)快中子辐照；(b)α 粒子辐照；(c)电子辐照；(d)光子辐照．

子，发生所谓的级联过程(cascade process)，随着能量损耗，其自由程逐渐变小，最终次生离位原子间距到达原子间距量级时，将在较大范围内产生一大群无序状态的原子，称作离位峰(displacement spike)，同时在原路径上留下大量弗兰克尔缺陷.

3. 离子注入　这是用高能离子轰击材料将其嵌入近表面区域的一种工艺.离子注入晶体中可以产生大量点缺陷.注入组分离子，产生空位和填隙原子；注入杂质原子，则产生代位或填隙杂质.在半导体器件工艺中离子注入是引入掺杂层的有效途径，而制备某些合金材料时，不溶的合金元素只有借助离子注入技术才能实现合金化.此外，高能离子辐照还能产生位错环和多种面缺陷，甚至非晶层.

4. 非化学配比　许多氧化物晶体，特别是过渡金属氧化物和变价金属氧化物晶体，常允许其组分对化学配比的较大偏离.晶体缺陷的出现是容纳对化学配比偏离的主要途径，但不同的材料中可以有非常不同的容纳方式，甚至同一种材料，不同处理条件，也将有不同的容纳方式.例如，将 TiO_2 在真空炉内还原而得的缺氧晶体，高氧分压下以氧空位为主，低氧分压下则以钛填隙为主[4].这种现象已在半导体工艺中成功地用于控制化合物半导体的导电类型，例如 PbS 晶体在低硫分压下处理具有强的电子导电性，而高硫分压下处理则是强的空穴型导电.

较低的非化学配比度时，简单点缺陷是重要的.随着非化学配比度的增高，它们聚集成复合点缺陷和点缺陷群，甚至形成位错、晶体学切变面和第二相等多种形式的广延缺陷.

5. 范性形变　范性形变的物理本质是晶体中位错的大量滑移，范性形变过程中包含了位错运动和增殖过程，位错的非保守运动以及位错运动中的交截过程都可能产生大量空位和自填隙原子，如果温度足够低，不能发生明显的固态扩散过程的话，这些点缺陷则处于非热平衡态.

8.1.3 点缺陷的运动和原子输运过程

晶体内原子的输运过程只能凭借原子在格点间的相继跳动来进行.由于理想晶体所有格点均被占满,这种跳动要求近邻格点原子互换,必然引起强烈的晶格畸变而不可能.然而,空位与近邻原子的互换、填隙原子在相邻间隙位置间的跳动、格点原子被近邻填隙原子取代而移至新的间隙位置……都将造成原子在晶内的移动.因而,点缺陷是晶内原子输运过程的有效媒介,可以将点缺陷看成一实体,以其运动来讨论原子的输运过程.

以空位的运动为例.如果 g_v 为空位的迁移激活能.(通常约 1 eV),则单位时间内可能越过势垒而与一近邻原子交换的次数为

$$p = A\nu\exp(-g_v/kT), \tag{8.6}$$

考虑到空位周围存在 Z 个等价的原子位置,则有

$$P = AZ\nu\exp(-g_v/kT), \tag{8.7}$$

P 称作空位的跳跃概率.式中 A 为与原子迁移激活熵相关的因子,通常为 1 的量级,ν 为空位近邻原子的热振动频率.显然,空位的跳跃概率十分敏感于温度,室温下几乎不能运动.

填隙原子的跳跃概率也有类似的关系.由于填隙原子周围的原子往往处于高畸变组态,只需作小的调整就可允许填隙原子移动,因而填隙原子的迁移激活能要比空位小得多(约 1/3),因而迁移快,甚至室温下也有足够的迁移速率.

下面简单讨论几种典型的宏观现象与点缺陷运动之间的关系.

1. *扩散现象* 晶体中若存在组元或杂质的浓度梯度,温度允许时,即发生扩散现象.晶体组元的自扩散和代位杂质的扩散都必须借助于点缺陷的运动,而填隙杂质则可通过自身的填隙扩散来进行.

如果用爱因斯坦公式将扩散系数表示为单位时间内粒子的均方位移,且令其每次跳跃距离相同,为 r,则在各向同性扩散(如立方晶体)过程中,扩散系数可写作

$$D = \overline{R}^2/6t = \frac{1}{6}pr^2 f, \tag{8.8}$$

这是任何一种点缺陷扩散机制下宏观扩散系数与扩散粒子微观迁移过程之间的普适关系.式中 f 称为相关因子,表征扩散粒子相继两次跳跃间的相关性,是一个决定于晶体结构类型及扩散机制的数值因子,其值在 0.5 与 1 之间,P 为扩散粒子的跳跃概率.

以空位型组元自扩散为例.原子在扩散方向的跳动必须在该方向存在空位,而这种跳动又相当于空位逆方向的跳动,因而原子跳跃概率应为其扩散方向近邻出现空位的概率与空位逆方向跳跃的概率之积,即

$$P_v^a = C_v P_v = \nu_v \exp\left(-\frac{U_v + g_v}{kT}\right). \tag{8.9}$$

填隙型自扩散时,原子必须先跳进间隙位置方能扩散,因而

$$P_i^a = Z_i \nu_i \exp\left(-\frac{U_i + g_i}{kT}\right). \tag{8.10}$$

在杂质扩散中,代位杂质扩散与空位型自扩散类同;填隙杂质扩散不需借助晶内其他点缺陷,因而

$$P_i^I = \nu_i \exp\left(-\frac{g_i^I}{kT}\right), \tag{8.11}$$

较前者要容易得多.

2. *点缺陷引起的弛豫现象* 晶体中的点缺陷,往往存在几种等价的晶体学取向状态.如体心立方点阵的面心位置是具有四方对称性的八面体间隙,其四次轴为⟨001⟩,这种填隙原子有三种等价的晶体学取向态,能量相同,存在机会相同.如果存在外应力场,其能量不再相同,高能量组态将倾向于转变为低能量组态,以降低系统自由能.这种转变是在不等同间隙位置之间的跳动,是一个热激活过程,因而是一种滞弹性弛豫现象.

同样,离子晶体中的带电点缺陷所具有的电偶极矩也存在不同的取向状态,在外电场的作用下也将重新取向,从而产生介电弛豫现象,这是电介质中介电弛豫的一种重要机制,其所服从的弛豫规律已在§2.4 中详细讨论过,这里不再赘述.

3. 离子导电性　离子晶体通常是很好的绝缘体，大带隙使电子和空穴导电几乎不可能．但是，离子晶体中的点缺陷都是一个电荷中心，离子空位有一个与离子等量而反号的有效电荷，填隙离子本身就带有电荷．无外电场时，点缺陷作布朗运动而无宏观电流；施予外电场时，点缺陷则择优于朝电场下的有利方向跳动．由于它等价于晶内离子带着本身的电荷运动，因而称离子导电现象．与点缺陷相关的离子导电率为

$$\sigma = \frac{Nvq^2\alpha^2}{kT}\exp\left(-\frac{g+U}{kT}\right). \tag{8.12}$$

对照扩散系数的表式，可知

$$\sigma T = (Nq^2/k)D. \tag{8.13}$$

这就是描述离子导电率与扩散系数间关系的能斯特-爱因斯坦(Nernst-Einstein)公式，它表明单一机制下 σ/D 是随 $1/T$ 而线性变化的．

必须指出的是，还存在着一类离子导电材料，如 AgI，$RbAg_4I_5$，CuI，萤石结构的 CaF_2，SrF_2，$SrCl_2$ 和具有框架型结构的 $M^+Al_{11}^{3+}O_{17}$、$Na_3Zr_2PSiO_{12}$ 等．它们或是某一组元离子亚点阵有大量未占位置，该类离子高度无序而易于运动；或是晶体结构本身存在着一系列较松散的层或管道，成为较小离子易于运动的通道．这种导电性不必借助于经典意义上的点缺陷，且因扩散激活能较点缺陷低一到两个数量级，即使在室温也有甚高的导电率，因而被称作超离子导电材料，常用作固态化学传感器和固态电解质．

8.1.4　离子晶体中的点缺陷与色心

离子晶体中的点缺陷与金属和共价半导体等单原子晶体不同，其差异主要来源于它的多原子性，缺陷带电及晶体保持电中性的要求．

离子晶体至少有两种带反号电荷的离子，各自构成亚点阵而有其特征的点缺陷，如正离子空位、负离子空位、填隙正离子、填隙负离子．这些点缺陷都是带电的，填隙离子所带是离子本身的电

荷;而离子空位的出现由于使正常电荷分布中在该位置缺少了相应的电荷,因而相当于空位带有相反符号的有效电荷,如正离子空位带有负的有效电荷,负离子空位带有正的有效电荷.

一个完整的离子晶体其净电荷为零,我们说这是电中性的.如果引入点缺陷造成过量的某种电荷,则在热力学上不利,必须同时引入含等量反号电荷的点缺陷以获得完全的电荷补偿.从另一个角度看,晶体中开始总是优先产生形成能最低的点缺陷,但同时它将在晶体中建立起一个阻遏其继续产生的库仑场,而却有利于带异号电荷点缺陷的产生,最终保持电中性.于是,在离子晶体中,具有反号有效电荷的点缺陷常常是成对(或组)出现,且形成相互分开但又处于某种束缚状态下的点缺陷对[5].如图8.3所示,由一对正、负离子空位构成的点缺陷对称肖特基(Schottky)缺陷,由一个离子空位与一个同类填隙离子构成的点缺陷对称弗兰克尔缺陷.

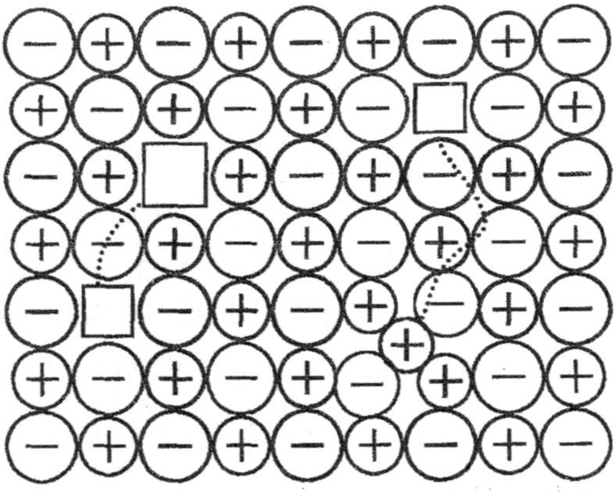

图8.3　离子晶体中的点缺陷时.左部为肖特基缺陷,右部为弗兰克尔缺陷.

如果晶体中只存在低浓度的缺陷,且忽略缺陷对间的库仑互作用时,它们的平衡浓度分别为

$$C_S = \exp(-U_s/2kT), \tag{8.14}$$

$$C_F = \exp(-U_F/2kT), \tag{8.15}$$

其中 U 指缺陷对的形成能，近似为缺陷对内两简单点缺陷形成能之和[6]，而指数式中的 1/2 因子是考虑晶内同时引进两类同等浓度点缺陷而引入的因子.实践表明，除纯银卤化物(AgCl，AlBr)由于 Ag^+ 足够小，易于形成填隙离子，因而以弗兰克尔缺陷为主外，其他碱卤化合物和许多简单氧化物(BaO, BeO, CaO, FeO, MgO, MnO)通常以肖特基缺陷为主[7].高价金属氧化物和多组元氧化物则有更为复杂的点缺陷组态.

理想完整的离子晶体在价带与导带之间存在着一个较宽的禁带(如 NaCl 的带隙达 7 eV)，因而既是很好的绝缘体，又是在可见光范围无吸收的无色透明体.点缺陷的存在，使其附近的电子能级改变，在禁带中出现相应的特征缺陷能级.然而，这种缺陷能级所对应的本征吸收仍在紫外区，只存在纯粹点缺陷的离子晶体仍然是无色的.

如果晶体中引入电子或空穴，它们将被带有反号有效电荷的点缺陷所俘获.其中俘获电子者称电子中心，俘获空穴者称空穴中心.部分中心的吸收带位于可见光范围，使晶体呈现不同颜色，而被称作色心.部分吸收带位于近紫外区，虽不使晶体着色，但仍是吸收光的基因，也统称色心.

点缺陷在实际晶体中的存在是不可避免的，它们破坏了晶体的完整性，影响其性能.例如反应堆中的强辐照引入的大量点缺陷使铀棒明显伸长，使钢板脆性转变温度升高，会影响反应堆工作状态，甚至造成事故；又如激光晶体中的色心可吸收热能，改变其均匀性而降低激光效率，甚至炸裂.

然而，缺陷对性能的影响又可以看成是含缺陷晶体的一种特有性能，控制它就可能利用它.例如利用色心光导电性的光导电材料，利用掺杂或引入缺陷控制半导体的 Fermi 能级和载流子迁移率制成的可控性能半导体材料，利用色心的光吸收性能制成高容量信息存储材料和利用色心能级结构制成红外可调谐激光器等，都是非常成功的例子.

8.1.5 杂质原子

晶体中的另一类点缺陷是杂质原子，它们是存在于晶体中而与晶体组元不同的外来原子.在非常稀的合金或固溶体中，少数组元也可看成杂质元子，但习惯称作溶质原子，以区别于多数组元的基质原子.

杂质原子取决于它在晶体中所占位置而分为代位杂质和填隙杂质两类，前者占据组元原子应占位置，而后者占据晶内的间隙位置.

杂质原子在晶体中的作用主要取决于它的大小、价态与基质原子间的差异.

在元素半导体中，绝对零度时导带是空的，是绝缘体，只当温度足够高时，因热扰动破坏了其价健，产生等量电子和空穴才出现导电性，此为本征导电性.要使低温有足够的导电性，掺杂是必要的.掺入高价的施主杂质(如 P)成 n 型半导体，掺入低价的受主杂质(如 B)成 p 型半导体，成为广泛应用的半导体材料.

对于代位杂质而言，杂质原子与基质原子尺寸差异在晶格中引入了一个弹性畸变中心.如果弹性畸变很小，则内能增量很小，但组态熵增加较大，因而这类代位杂质的存在在热力学上是有利的.否则形成代位杂质的可能性就很小，溶解度很小.例如在 Nd^{3+}·YAG激光晶体中，由于 Nd^{3+} 半径(1.04 Å)较 Y^{3+}(0.92 Å)大得多，不易取代 Y^{3+}，否则将引起较大弹性畸变而降低晶体完整性.人们采取双掺的方法，在掺入激活离子 Nd^{3+} 的同时掺入半径较 Y^{3+} 为小的 Lu^{3+}，虽未增加 Nd^{3+} 的溶解度，但是由于“尺寸补偿”效应而提高了晶体完整性，最终使激光性能大为提高.

在离子晶体的低温电导现象中，和基质离子同量电荷的杂质离子对离子晶体电导率的贡献是很小的，但是异价杂质离子的引入，例如在碱卤化合物和银卤化合物中掺入的二价金属离子，或在简单氧化物中掺入三价金属离子，则由于电中性的要求亦将同时引入基质离子空位，从而使电解电导率明显增强.

化合物半导体中的杂质效应与元素半导体中的情况大为不同，特别是在曾作为换能器的Ⅱ-Ⅵ族化合物半导体中，施主杂质和受主杂质可以在两种亚晶格中分别引入.早期的 CdS 是通过扩散 Cu 形成高阻区而实现换能器，但 Cu 在电场下扩散迁移很容易失效.后期则采用外延单晶层或薄膜换能器，但缺 S 而引入的 S 空位形成施主能级，增加了材料电导率，甚至伤失压电能力.除去加热衬底使 Cd 淀积速率降低或附加 S 源以获得正确配比外，也常用掺入受主杂质 Ag 或 Cu 的方法达到同一目的.

§8.2 位　　错[8~13]

8.2.1 位错及其运动的几何特征

人们曾经通过简单的理论计算证明，理想完整的晶体要发生范性形变最少需要 0.1μ 到 0.01μ 的切应力(μ 为切变模量)，称理论屈服强度.实测结果表明实际晶体的强度远小于此，通常只需 $10^{-5}\mu$ 以下的应力就能使范性形变发生.理论之所以不符合实际，在于理论要求原子面之间作整体的刚性位移，面内所有原子要同时翻越位垒，因而十分困难.如果这种相对位移是从晶内局部区域开始，向原子面其余部分传播，并最终完成则要容易得多.晶体中已滑移部分和未滑移部分之间的边界就是位错线，它是晶体实验强度远低于理论强度的物理根源.

1. 位错的几何描述　一个完整晶体可以看成是一层层的原子规则堆砌而成.如果堆砌的原子层中有一原子面中断在晶体内部(图 8.4)，则在此原子面的中断处就出现了一个线缺陷，它出现于中断原子面的刃边处，故称刃型位错.大量空位聚集成片然后崩塌，或是自填隙聚集成片将晶面推开的情况就属于此，在片的边缘形成的刃型位错称棱柱位错环，是刃型位错的一类特例.

如果存在一根轴线，原子面绕此轴线堆砌时，每完成一周即上升一个晶面间距，形成的晶体中绕此轴线的是一个连续的原子螺

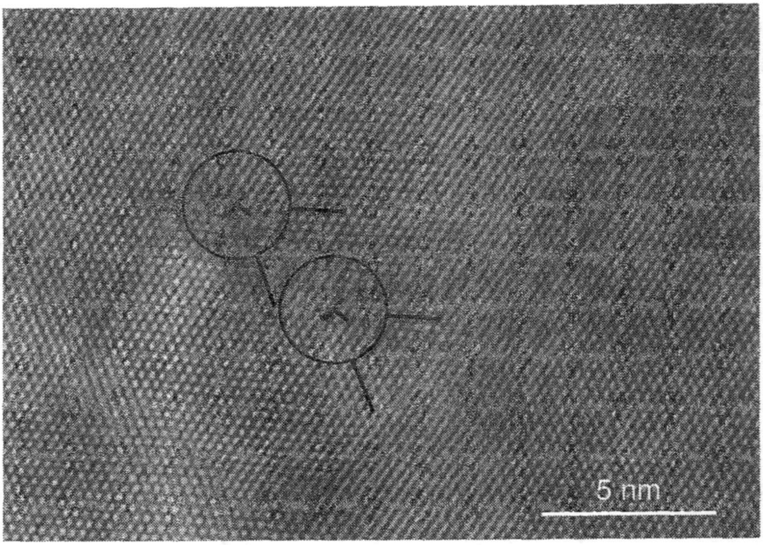

图 8.4　GaN 晶体中刃型位错的高分辨电子显微像.

蜷面，此轴线被称作螺型位错. 汽相生长的 SiC 晶体，水中生长的冰晶表面上的生长蜷线、以及 NaCl 晶体蒸发表面上的蜷线[14](图 8.5)等，表明了这种与螺型位错相关的原子螺蜷面的存在，蜷线的中心即螺型位错在晶体表面的露头点.

为了对位错的几何特征进行更一般的描述，通常将晶体中沿边界线为 L 的任意曲面 S 剖开，将剖面两岸作一相对位移 $\boldsymbol{b}$，一般说来这将引起 S 面处物质的间隙或重叠. 如果 $\boldsymbol{b}$ 是晶体的任一点阵平移矢量，则取去重叠部分或添加相同物质后，S 面将不会留下任何痕迹. 但是，L 线上出现了严重的原子错排，这就是一般形式的位错环，造成这一位错线的相对平移矢量 $\boldsymbol{b}$ 称作该位错的伯格斯矢量. 于是，位错可以用位错线 L 和伯格斯矢量 $\boldsymbol{b}$ 来描述其几何特征. 位错线垂直于伯格斯矢量者是刃型位错，与伯格斯矢量平行者称螺型位错. 其余情形的位错线则是混合型位错.

作为位错重要几何特征的伯格斯矢量是用伯格斯回路作图法来确定的. 为了惟一地确定位错的伯格斯矢量，首先选取位错线 L

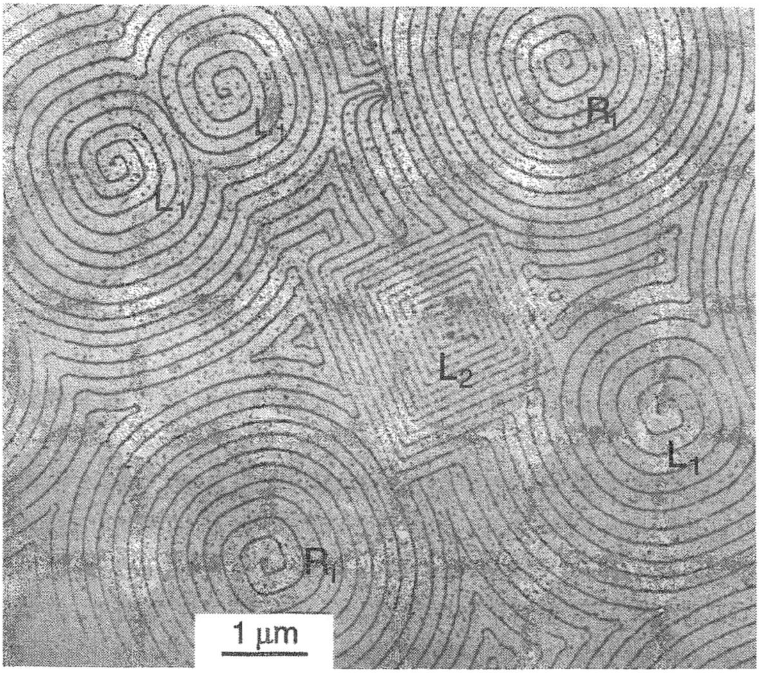

图 8.5　以 Au 粒子缀饰显示的 NaCl 晶体表面的生长蜷线. L 和 R 分别相应于左旋和右旋的两类反号螺型位错.

的正方向,然后在远离位错中心原子错排区的部分,以右手螺旋法则绕位错线连结格点作一闭合回路.如果以同样的方法在对应的完整晶体中作回路,回路将不再能闭合,其差值矢量,即由回路终点至起点的矢量就是该位错线的伯格斯矢量.

由以上定义可知位错具有以下一些性质:

(1) 一根位错线尽管其走向有变化,但它的伯格斯矢量只有一个;

(2) 位错线不能终止在晶体内部,它或是终止于晶内界面上,或是终止于自由表面,或是与其他位错线相交,当然可在晶内形成位错环;

(3) 纯刃型位错的伯格斯矢量与位错线垂直,这时,仅有包含

位错线和伯格斯矢量的晶面是完整的.其余晶面都将有终止于位错线的原子面,这样的原子面都可看成半原子面;

(4) 纯螺型位错的伯格斯矢量与位错线平行或反平行,分别称正负螺型位错.

(5) 相交于一点的多根位错线,如令其线方向全部指向(或背向)交点,则其伯格斯矢量之和为零.

2. 位错运动的几何特征　在外加应力作用下位错易于发生运动,即位错的易动性是其在晶体范性形变中起决定性作用的物理基础.

位错的运动有两种基本类型,一种是滑移运动,一种是攀移运动.

伯格斯矢量与位错所决定的晶面称作滑移面,位错在此面内的运动将使该面两侧的晶体之间作相对滑动,因而称滑移运动.对刃型位错而言,其滑移面是惟一的.对螺型位错而言,理论上的滑移面是包含位错线的所有晶面,但是,通常原子密排面上,位错滑移的点阵阻力较小,因而螺型位错的滑移面实际上也是很有限的,常为原子密排面和次原子密排面.但是正是由于这种性质,螺型位错可以从一个滑移面转移至另一个滑移面上滑移,即发生交滑移现象.

位错滑移运动中,它所扫过的面积两侧晶体中原子只是沿滑移面作逐次的相对位移,不需原子作长程的位移,也不会引起晶体的体积变化,因而滑移运动亦称保守运动.值得注意的是,如图 8.6 所示,同一滑移面内伯格斯矢量相同的刃型位错和螺型位错,尽管其走向是相互垂直的,在相同的外应力作用和保持其走向的条件下,其滑移运动的方向也是相互垂直的,但所引起的滑移面两侧的相对滑移,只决定于位错的伯格斯矢量,因而是相同的,滑移运动所造成的晶体形变也是完全相同的.

在扩散难于进行的低温状态,以及不存在过饱和点缺陷的情况下,位错的运动几乎只限于滑移运动.但是如果存在过饱和点缺陷,或温度足够高足以使其跑到位错线上,或是从位错线上发出.

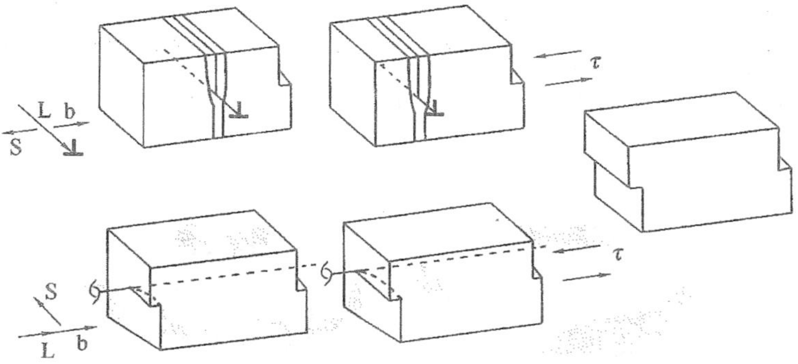

图 8.6 刃型位错和螺型位错滑移运动造成晶体形变.

那么容易想像,这时刃型位错的多余半原子面将局部地或整体地收缩或伸展,位错线也发生了局部或整体的运动.这种运动有原子的长程扩散,需要热激活,因此比滑移运动困难得多,是一种较为缓慢的过程,被称作攀移运动.同时,由于大量原子扩散将引起晶体体积变化,因而攀移运动是一种非保守运动.

如前所述,刃型位错除其滑移面以外,所有包含位错线的晶面都存在终止于位错线上的半原子面,因而攀移运动原则上可以在所有这些半原子面上发生,实际过程中,攀移则常常发生于密排面内.纯螺型位错不存在半原子面,因而只能作滑移运动而无攀移.混合型位错具有刃型分量,因而可作攀移运动.

8.2.2 位错的弹性性质

上节中我们将晶内一剖面的两岸作一相对位移以形成位错,这种相对位移,不是刚性位移,而是通过弛豫造成了整个晶体中原子位置的相对变化.在位错线直接近邻,这种相对位移是突变式的,超出了弹性形变的范围,我们称之为核心错排区,其核心结构我们将在下节中讨论.在远离位错处,近邻原子间的相对位移较小,应属弹性形变,通常采用连续介质模型以弹性理论来近似处理,而且为处理方便假定是各向同性的.在此模型中,如图 8.7 所示，晶体被处理为一圆柱体连续介质，并将其轴线处挖去一个管道，以避开错排区，通过图示剖面两岸平行和垂直于轴线的相对位移 b，分别形成沿圆柱轴线的螺型位错和刃型位错.

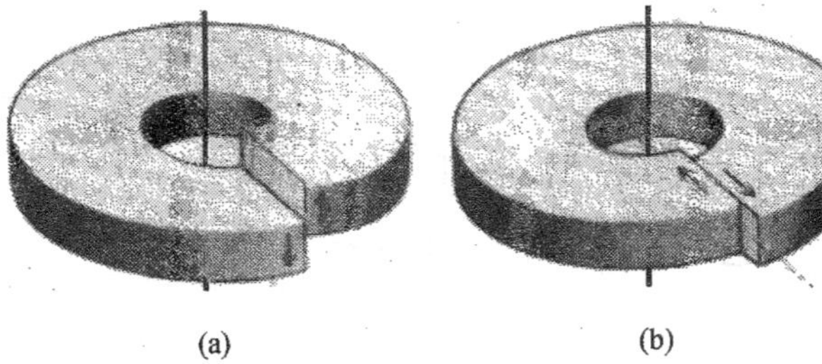

图 8.7 位错的连续弹性介质模型.(a)螺型位错；(b)刃型位错.

直线螺型位错的应力场是特别简单的.由于只存在纯切位移 U_z，且均匀分布于圆柱四周而有

$$U_z = \frac{b}{2\pi}\theta = \frac{b}{2\pi}\tan^{-1}\frac{y}{x}, \tag{8.16}$$

因而惟一的切应力分量

$$\sigma_{\theta z} = \frac{\mu}{r}\frac{\mathrm{d}U_z}{\mathrm{d}\theta} = \frac{\mu b}{2\pi r}. \tag{8.17}$$

它以位错线为轴具对称性，其值随 r 增大而减小.

直线刃型位错的情况下，有

$$U_z = 0, \quad \frac{\partial U_x}{\partial z} = \frac{\partial U_z}{\partial y} = 0, \tag{8.18}$$

因而是一个平面应变问题，也容易求得其不为零的应力分量为

$$\sigma_{rr} = \sigma_{\theta\theta} = \frac{D}{r}\sin\theta,$$

$$\sigma_{r\theta} = -\frac{D}{r}\cos\theta, \tag{8.19}$$

其中 $D = -\mu b/2\pi(1-\nu)$，μ 为切变模量，ν 为 Poisson 比.其应力分量值与 r 成反比，随 θ 有较复杂的变化(见图 8.8).图 8.9 中 YAG 晶体中刃型位错的应力双折射像很好地反映了这种变化.

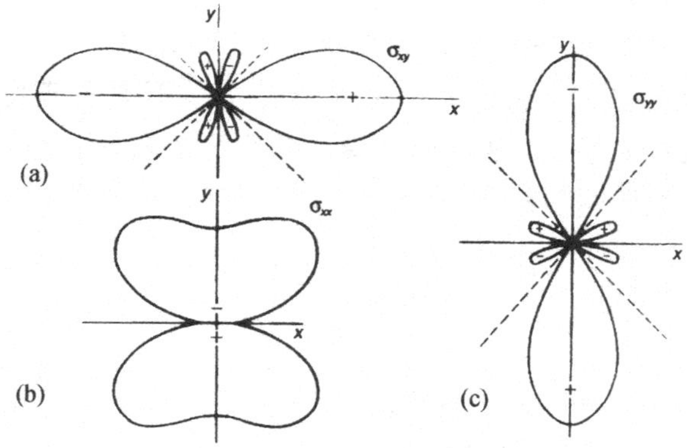

图 8.8　伯格斯矢量 b 沿 $+x$ 轴向，位错沿 $+z$ 轴向的直线刃型位错的等值应力场曲线.

(a)σ_{xy};(b) σ_{xx};(c) σ_{yy}

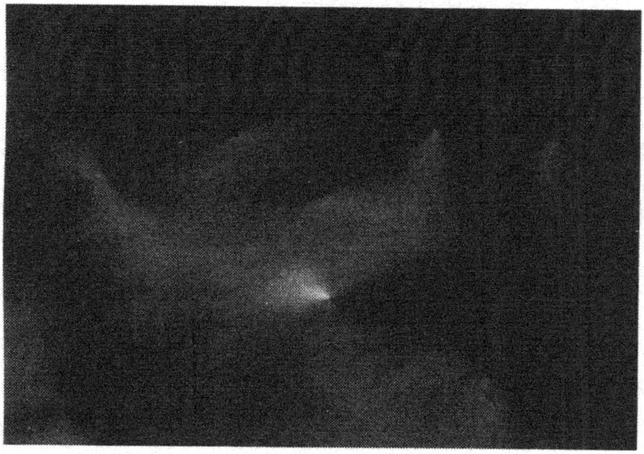

图 8.9　YAG 晶体中刃型位错的应力双折射像.注意至少有四种不同的伯格斯矢量.

可以看出,刃型与螺型位错没有共同的应力分量,因而对于直线的混合型位错而言,当其伯格斯矢量与位错线成 α 角时,可以看成伯格斯矢量大小分别为 $b\cos\alpha$ 和 $b\sin\alpha$ 的一根螺型位错与一根刃型位错的叠合，其应力场亦为两者应力场之和.

在已知位错应力场的情况下，根据应力场下弹性畸变能密度对整个晶体的积分，即可求得位错的弹性畸变能量. 由弹性理论知，在螺型位错的情况下厚度为 $\mathrm{d}r$ 的圆筒内的应变能密度为

$$\mathrm{d}W_s = \frac{1}{2}\varepsilon\sigma\mathrm{d}V = \frac{\mu b^2}{4\pi r}\mathrm{d}r, \tag{8.20}$$

所以

$$W_s = \int_{r_0}^{r}\frac{\mu b^2}{4\pi r}\mathrm{d}r = \frac{\mu b^2}{4\pi}\ln\left(\frac{r}{r_0}\right), \tag{8.21}$$

这是单位长度直线螺型位错的弹性能. 类似的也可求得直线刃型位错的能量为

$$W_e = \frac{\mu b^2}{4\pi(1-\nu)}\ln\frac{r}{r_0}. \tag{8.22}$$

于是，一般情况下，直线位错的弹性能可写作

$$W = W_s\cos^2\alpha + W_e\sin^2\alpha = \frac{\mu b^2}{4\pi K}\ln\frac{r}{r_0}, \tag{8.23}$$

式中 $K^{-1}=\cos^2\alpha+\dfrac{1}{1-\nu}\sin^2\alpha$. 考虑到 r_0 为 b 的量级，r 为实际晶体中"嵌镶块"或位错网的尺度 $\sim 10^{-4}$ cm，故单位长度位错线的弹性能可简写为

$$W \cong \mu b^2. \tag{8.24}$$

由以上讨论可以导出以下结果：

(1) 位错线的能量与 b^2 成正比，因而位错线的伯格斯矢量愈小则愈稳定，实际晶体中常为最短或次短点阵平移矢量. 如果可能，较大伯格斯矢量的位错可以通过

$$\boldsymbol{b}_1 \rightarrow \boldsymbol{b}_2 + \boldsymbol{b}_3,\ (\text{当 } b_1^2 > b_2^2 + b_3^2 \text{ 时}) \tag{8.25}$$

等反应分解成两个以上独立的位错而降低能量；

(2) 伯格斯矢量相同大小时，螺型位错的弹性能要比刃型位错低约 1/3(因 $\nu \cong 1/3$)，因而许多情况下晶体中螺型位错较刃型位错为多；

(3) 位错线的总能量正比于位错线的长度，因而位错线将尽

可能缩短其长度，这就造成了位错的线张力，通常以 $T_d=\frac{1}{2}\mu b^2$ 作为位错线张力的粗略估计值.

对于弹性各向异性的晶体，应力场要比上述结果复杂得多，螺型位错也可能存在正应力分量.

8.2.3 位错核心结构

在讨论位错弹性性质时，必须挖去其核心部分，这是由于连续弹性介质在此区内的应变是发散的.晶体的情况则不同，它由分立的原子所组成，在位错核心区内，只有个别原子的位移及个别原子间的力才有物理意义，而这些总是有限的，不会出现弹性场发散的困难而无需空心管道.

要计算位错核心区域中原子的确切位置相当困难. Peierls-Nabarro 模型进行了卓有成效的尝试，[15,16]模型将位错滑移面两侧的原子面外的晶体看成连续弹性介质，且作一相对位移 $b/2$，然后界面两侧原子面上的原子作适当位移 U_x 以造成一个位于 $x=0$ 处的刃型位错.在距位错无穷远处晶格恢复完整，故 $U_x=\pm\frac{b}{4}$.通过一整套简化模型的计算获得了满足该边界条件的解为

$$U_x=-\frac{b}{2\pi}\tan^{-1}\frac{x}{\zeta}, \tag{8.26}$$

式中 $\zeta=\frac{a}{2(1-\nu)}$称位错的半宽度.当 $x=\pm\zeta$ 时，$U_x=\mp\frac{b}{8}$，等于无穷远处 U_x 值($\mp b/4$)的一半，可以大体上定为位错的核心区.对于金属而言，一般 $\nu\approx0.3$，因而 $\zeta=0.75a$，表明位错宽度是相当窄的.

由于 P-N 模型除滑移面两岸两个原子面外仍是连续弹性介质，因而位错的总弹性能仍不会发生变化，也不随位错在晶格中的确切位置而变.而在获知滑移面两岸原子确切位置和位错附近存在的严重错排后，我们就可以计算其错排能.可以预期，如图 8.10 所示，当位错的半原子面处于晶格中的对称位置时，应具有较小的

图 8.10　在晶体中滑移的位错核心组态的变化.
(a) $\alpha=0$;(b) $\alpha=1/4$;(c) $\alpha=1/2$.

错排能,但当位错由一个对称位置移至相邻的对称位置时,位错附近错排的原子将经历非对称组态,并不断改变其错排能.借助 P-N 模型可得位错错排能随位错位置变化(αb)的表式

$$W_m = \frac{\mu b^2}{4\pi(1-\nu)}\left[1 + 2\exp\left(-\frac{4\pi\zeta}{b}\right)\cos 4\pi\alpha\right], \quad (8.27)$$

式中,第一项$\frac{\mu b^2}{4\pi(1-\nu)}$为错排能的近似值,其值约为位错弹性能的 1/10 左右.第二项是 α 的周期函数,其极大与极小值的差值

$$\Delta W_m = \frac{\mu b^2}{\pi(1-\nu)}\exp\left(-\frac{4\pi\zeta}{b}\right), \quad (8.28)$$

相当于位错移动时所必须翻越的位垒,也称 Peierls 能.位错翻越该势垒而发生滑移运动所需克服的点阵阻力,即Peierls力至少是

$$F_m = \frac{2\mu b}{(1-\nu)}\exp\left(-\frac{4\pi\zeta}{b}\right). \quad (8.29)$$

由上式可知,Peierls 力的大小主要与位错半宽度 ζ 及伯格斯矢量大小 b 相关.但上式中半宽度是在简化模型下算出的,没有考虑到键合类型的影响.定性地说,金属键无方向性,较大的位移值即使展布在较大范围也不会使错排能增加很多;共价键的强方向性则不允许错排展布较宽,以免急剧增加错排能.因此,一般金属的位错宽度较宽,共价晶体和含较强共价成分的晶体,其位错宽度较窄.这就是金属范性好,共价半导体、化合物半导体及许多离子

晶体只在高温时才有较好范性的物理根源.许多复杂氧化物晶体,如石榴石,$LiNbO_3$ 等甚至在高温也很难滑移,还由于它们点阵参数大,位错具有大伯格斯矢量的缘故,这类晶体中位错的主要运动方式不是滑移,而是攀移.

位错错排能随位错位置的周期性变化,使位错倾向于躺在错排能最低的位置,通常这是晶内的原子密排方向.沿这些密排方向走向的直线位错应具有最低的能量.然而,在实际晶体中,由于种种原因,位错线并不一定是沿密排方向的直线形,这时,为了降低其总能量,位错线上将在其滑移面内出现一系列弯结,只在弯结处处于能峰位置,以保持位错线的大部分处于能量低谷.如前所述,处于能谷的位错线发生滑移运动必须整体翻越位垒,所需切应力不小于 Peierls 力;如果位错存在弯结,弯结沿位错线的运动将引致位错线整体的法向滑移运动,但弯结在能峰上移动并不明显改变位错的总能量,这种滑移所需切应力显然又大大小于 Peierls 力,更接近实际晶体的临界切应力.

与此类似的现象是当位错线偏离滑移面时,位错线上将在其攀移面内出现一系列割阶,位错的攀移运动也可借助于割阶沿位错线的运动来实现,从而大大降低攀移运动所需的驱动力.

在讨论位错核心结构的最后,我们必须特别关注的是非金属晶体中的位错带电问题.金刚石结构的共价半导体中最常见的沿〈110〉走向的 60°混合型位错,由于位错处原子的配位数减小而出现悬键,闪锌矿结构的Ⅲ-Ⅴ族化合物半导体(如 InSb, GaAs)晶体中的 60°位错,也会出现类似情况,所不同的是终止于三价原子处时无悬键,而终止于五价原子处时将出现一对悬键.每一个悬键相当于一个受主位置,位错核心处的一整列悬键显然将极大地影响半导体的电学性质.而在离子晶体中,刃型位错的半原子面若终止于同类离子列,则位错将带有高密度的同种电荷,即使终止于异类离子上,总体而言不带电荷,但位错的表面露头点以及位错线上的弯结和割阶处也将是带电的,带电势错对晶体的电学和光学等性质必然产生重要影响.

8.2.4 位错的产生和增殖

在完整晶体中产生位错，需要位错相关的割面两岸发生相对位移 $\boldsymbol{b}$，这要求接近理论屈服强度的临界切应力. 对于大多数面心立方金属而言，这大概是 $\mu/30$，而对于体心立方金属和许多简单化合物(如 NaCl, Al_2O_3 等)则是 $\mu/10$ 左右，因而在完整晶体中哪怕是成核小的滑移位错环(即均匀成核)也几乎是不可能的.

位错的产生通常是在晶体生长过程中或是在非均匀形变过程中产生的. 在构筑一个宏观尺寸的晶体时，要求大量的结构单元——原子或分子完全无误地排列成一个完整晶体是不太容易的. 当原子或分子堆砌偶而出现错误时，位错(或其他缺陷)就产生了. 曾经困扰人们较长时间的单晶硅中的大量微缺陷，则是在生长过程中产生的大量过饱和点缺陷聚集成片，然后通过弛豫过程而形成的棱柱位错环. 非均匀范性形变，可能是在晶体中引入位错的最有效途径 了. 一种是棱柱挤压. 晶体表面加工时硬质磨料颗粒对表面的强烈挤压，可以通过表面以下产生一系列棱柱位错环(也可能在合宜的滑移面上产生一系列滑移位错半环)来松弛过大的弹性畸变. 晶体内部的第二相粒子，以及熔体法生长时经常出现在晶内的包裹体，由于热膨胀系数与基体的差异，生长初期相互协调的情况被冷却引起的比容差异所破坏，从而产生大量位错环以消弛其应力场. 其二是范性弯曲. 晶体生长过程中，由于不均匀温度梯度造成的热应变，以及不均匀溶质浓度梯度造成的组分应变等都是晶体中局部区域范性弯曲的根源，这种弹性应变梯度在适当的条件下将诱发一定分布的位错，取决于弯曲的曲率半径 r 和滑移面的取向角 α，由此而产生的位错密度为

$$\rho = 1/rb\cos\alpha . \tag{8.30}$$

如此产生的位错，数量是有限的. 如果位错在外应力场作用下发生简单的滑移或攀移运动，位错便扫过滑移面或攀移面而跑出晶体，那么所引起的范性形变也是很有限的. 晶体的宏观范性形变，必须有很大数量的位错扫过晶体. 同时，观测表明范性形变后晶体内部

的位错密度不是减少了，而是大幅度(n 个数量级)增加了，这表明位错具有可观的增殖功能.

在范性较好的晶体中，常通过滑移方式增殖.最常见的滑移增殖机制有 Frank-Read 源(简写为 F-R 源)机制和双交叉滑移机制. F-R 源是一段两端点被林位错、微小第二相粒子等钉扎住的可滑移位错，(如图 8.11 所示)在切应力的作用下位错段发生弯曲，如果切应力足以使其弯曲成半圆形，即

$$\tau_c = T/b \cdot L/2 = \frac{\mu b}{L}, \tag{8.31}$$

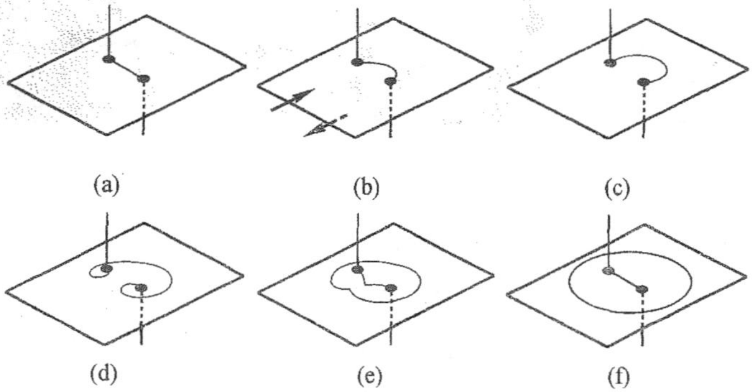

图 8.11 位错的 F-R 滑移增殖源增殖过程示意图.

则此后无需增加切应力即能继续扩大.由于钉扎点的作用，扩大的位错只能绕钉扎点转向后方并相遇.相遇的两部分位错具有相同的伯格斯矢量，但其位错走向相反，因而是反号位错，它们接触后发生反应而相消.于是位错段的一部分构成了继续扩张的位错环，另一部分则回到原始位置而完成一次增殖.只要切应力保持足够大，这一增殖过程就能不断重复进行.图 8.12 是在硅单晶中观测到的 F-R 源[17].

单点 F-R 源和双交叉滑移源是另外的两类常见滑移增殖源.单点 F-R 源中位错仅一个固定点，增殖形成滑移面内绕固定点的平面蜷线.双交叉滑移源则是通过螺型位错的两次交叉滑移形成

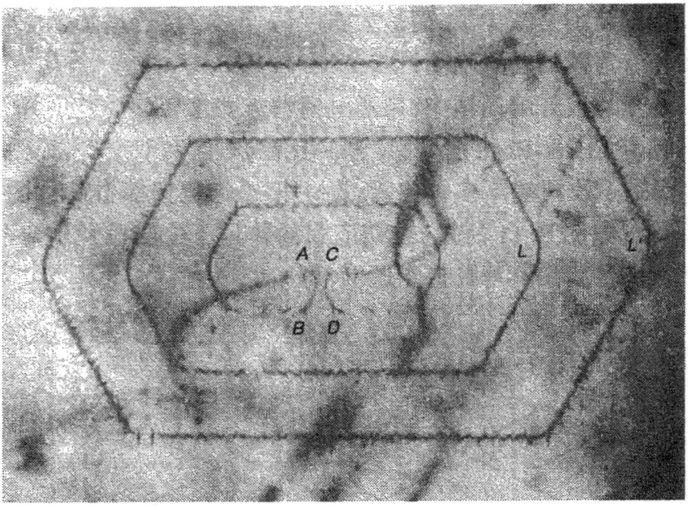

图 8.12　Si 单晶体中的 F-R 源,位错以 Cu 沉淀缀饰后,以红外显微镜拍摄.

一段两端固定的位错段后,类似 F-R 源进行滑移增殖.

存在高浓度点缺陷时,借助于攀移运动而增殖位错也是常见的.一种典型的攀移位错源称作 Bardeen-Herring 源(简写为 B-H 源),这种源与 F-R 源极为相似,所不同者它是通过攀移运动而在攀移面内发生的.另一种攀移增殖机制是蜷线位错的形成与发展.如图 8.13 所示,一根接近螺型走向而两端固定的位错线段,在过饱和点缺陷渗透力的作用下,弯曲而形成螺蜷线,继而增加螺蜷线密度,直至螺距与半径比达到一定大小后,相邻螺节之间的位错斥力使螺距不可能再缩小时,螺蜷线将向固定点外发展,通过棱柱滑移而不断发出棱柱位错环.这一过程能使位错线的总长度增加几个数量级,是一种很有效的位错增殖方式.这类攀移增殖机制在许多氧化物晶体(如 $Ba_2NaNb_5O_{15}$, $Y_3Al_5O_{12}$, Gd_3, Ga_5O_{12})和其他化合物晶体中普遍地存在(图 8.14).由于滑移阻力甚大,这类晶体很难通过滑移来增殖位错,同时原始的位错密度低,足量的过饱和点缺陷足以满足位错的攀移增殖而不致很快被耗竭.因而攀移增殖成为这类晶体中位错的主要来源.

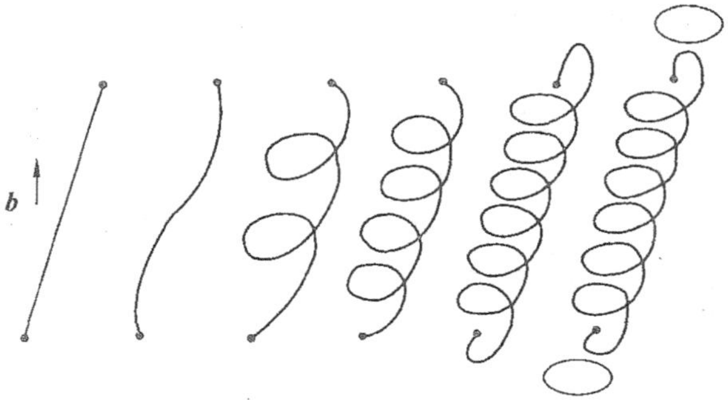

图 8.13　螺线位错增殖源的增殖过程示意图.

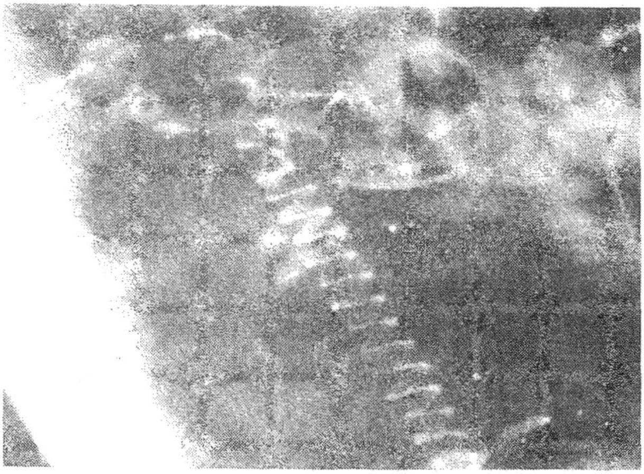

图 8.14　CaF_2 晶体中的螺线位错和位错环[18].

8.2.5　位错与其他缺陷间的交互作用

1. *作用于位错线上的力*　位错与位错间,位错与溶质原子、自由表面等其他缺陷间通过弹性场或静电场发生的交互作用,使其对晶体物理性能的影响变得更加复杂,因而是我们诠释许多物理现象所必须了解的.

位错与缺陷交互作用的问题可以看成是缺陷应力场中的位错

受力问题.当含位错晶体受到足够大外应力作用时,位错将可能发生滑移运动或攀移运动,使晶体发生范性形变,我们说外应力对晶体做了功,而位错则相当于受到了一个力的作用.如果将所作之功除以位错运动的距离,即可求得该力的大小.

设想伯格斯矢量为 $\boldsymbol{b}$ 的位错线元 dl 受到滑移面内沿 $\boldsymbol{b}$ 方向的切应力 τ 的作用而向前运动了 ds 的距离,则晶体的切位移为

$$\left(\frac{\mathrm{d}s\mathrm{d}l}{A}\right)b, \tag{8.32}$$

其中 A 为滑移总面积,该面受力为 $A\tau$,故所作之功应为

$$\mathrm{d}W = A\tau\left(\frac{\mathrm{d}s\mathrm{d}l}{A}\right)b. \tag{8.33}$$

如前所述,这等于位错所受力使位错滑移所作之功,因此

$$F_s = \frac{\mathrm{d}W}{\mathrm{d}s\mathrm{d}l} = \tau b, \tag{8.34}$$

这里 F_s 是作用在单位长度位错线上的滑移力.它不是位错附近原子实际所受的力,而是一种组态力.这个力沿整个位错线都与线方向垂直,且指向位错滑移面的未滑移方向.还须指出的是,只要存在滑移面上沿滑移方向的分切应力,位错就受力,但只当该力大于位错滑移阻力时,位错方能作滑移运动.

同样,应力场作用于单位长度位错线上的攀移力

$$F_c = \sigma b, \tag{8.35}$$

这里 σ 是作用于位错攀移面上的正应力分量.

2. 位错间的交互作用　从以上的分析,我们能够很容易地处理平行位错线之间的交互作用.设两位错均平行于 z 轴,一位错通过原点,另一位错通过(r,θ),其伯格斯矢量分别为 $\boldsymbol{b}_1$ 和 $\boldsymbol{b}_2$.则两平行直线螺型位错时,作用力为

$$F_r = \pm\frac{\mu b_1 b_2}{2\pi r},$$

这是一个中心力型的作用力,作用力沿矢径 r 方向.同号位错取正值为斥力,反号位错取负值为引力.当位错可自由滑移时,两者相互排斥至无穷远或者合并($b_1 = b_2$ 时互毁),不存在平衡位置.

两平行直线刃型位错时，如果伯格斯矢量同平行于 x 轴，则所受作用力的滑移力和攀移力分量分别为

$$F_x = \frac{\mu b_1 b_2}{2\pi(1-\nu)r}\cos\theta\cos 2\theta = \frac{\mu b_1 b_2}{2\pi(1-\nu)} \frac{x(x^2-y^2)}{(x^2+y^2)^2},$$

$$F_y = -\frac{\mu b_1 b_2}{2\pi(1-\nu)r}\sin\theta(1+\cos 2\theta) = \frac{-\mu b_1 b_2}{2\pi(1-\nu)} \frac{y(3x^2+y^2)}{(x^2+y^2)^2}. \tag{8.36}$$

若位错反号，则力的符号相反.

由上式可知，两分量均随 θ 有较复杂的变化. 对于同号刃型位错，滑移力 $F_x=0$ 的角共有六个，但仅在 $\pi/2$ 和 $3\pi/2$ 为稳定平衡位置；攀移力 $F_y=0$ 的角位置是 0 和 π，但均为不稳平衡位置. 因而如果允许位错自由运动，那么它们将通过滑移和攀移运动，最终变成沿 x 面上下平行排列. 而反号刃型位错将相互吸引而合并（$b_1=b_2$ 时互毁）. 如果两位错的伯格斯矢量相互垂直且相等，其平衡位置将在与其滑移面成 45°的晶面内.

两根非平行位错间的交互作用要复杂得多. 由于位错线各部分受力不同，允许运动时，空间交截而并不相交的两位错将在相互接近处发生扭曲，直至位错线张力与所受作用力达到平衡为止；相交的两位错在交点处扭曲后将趋于平行走向而发生位错反应，形成新的位错线段，一个交点变成两个三岔结点.

3. 位错与溶质原子间的交互作用　位错与溶质原子之间的交互作用主要来源于溶质原子与基质原子间体积差引发的弹性畸变与位错间的弹性交互作用，在离子晶体中还存在电性交互作用，但较前者小. 处理弹性交互作用的简单模型是，溶质原子的体积变化 $4\pi\varepsilon R^3$，是位错产生的流体静压力 $\frac{1}{3}(\sigma_{xx}+\sigma_{yy}+\sigma_{zz})$ 作用在溶质原子上的结果. 因而原点处的刃型位错与 (r,θ) 点处的溶质原子间的交互作用能为

$$U = -\frac{3}{4}\pi\varepsilon R^3(\sigma_{xx}+\sigma_{yy}+\sigma_{zz}) = \frac{4}{3}\frac{1+\nu}{1-\nu}\frac{\mu b\varepsilon R^3\sin\theta}{r}. \tag{8.37}$$

易知，溶质原子大于基质原子，即 $\varepsilon>0$ 时，在位错滑移面以上交互作用能为正值，以下为负值，因而溶质原子将被上部压缩区排斥至下部膨胀区.反之亦然.填隙溶质原子则总是被吸引到膨胀区.同时，由于交互作用能绝对值与 r 成反比，溶质原子在负值区总是被吸引至位错核心区附近而降低能量.溶质原子向刃型位错聚集形成的 Cottrell 气团甚至沉淀物，可以对晶体的力学性质，特别是强化效应产生显著影响.而在实践中，人为地将某些杂质向晶内扩散以缀饰位错，则是对透明晶体中位错进行观测的一种有效方法(见图 8.15)[19].

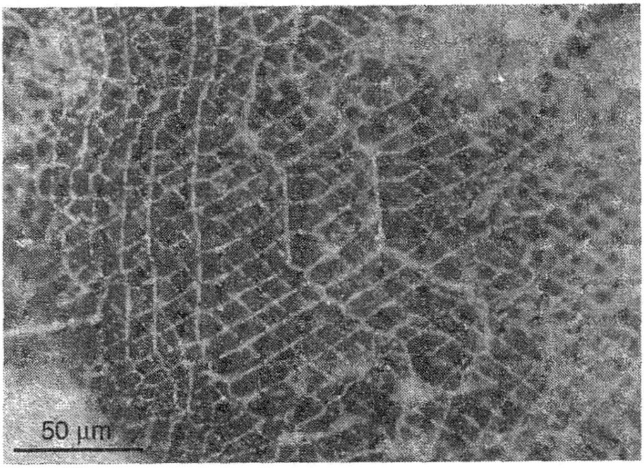

图 8.15　KCl 晶体中被缀饰的位错网络.

必须指出的是各向同性介质中的螺型位错不存在正应力分量，因而一般不会与溶质原子有明显的弹性交互作用.但是电介质晶体常有较低的结构对称性，溶质原子的应力场也常是非球形对称的，因而即使是螺型位错也可能存在与溶质原子间的交互作用，甚至形成气团.

4. *位错与自由表面的交互作用*　位错与晶体自由表面的交互作用问题类似于电介质中点电荷与表面的交互作用，因而可仿照静电学中的镜像法来处理.即假定在自由表面另侧存在晶体表面附近位错的像位错，其位置以表面为镜像对称，位错伯格斯矢量反号. 这样，对于平行于表面的螺型位错而言可以完全满足自由表面应力为零的边界条件，而对于其他情况(平行于表面或与表面斜交的刃型位错或混合型位错)也可以近似满足边界条件. 于是，位错与自由表面间的交互作用就转化为这一对像位错之间的交互作用了. 对于一根与自由表面平行的位错而言，表面作用于单位长度位错线上的像力应为

$$F_i = -\frac{\mu b^2}{4\pi Kl}, \tag{8.38}$$

式中 l 为位错与表面间距离，K 如前是决定于位错类型的常数(见 8.2.2 节). 易知，这是一个大小与 l 成反比的吸引力.

像力的存在导致了以下一些可能的结果. 其一，接近表面的位错线倾向于和表面垂直，因而不管是汽相、水溶液或熔体生长的晶体，位错延伸方向总是大体上保持与生长界面垂直. 人们利用这一性质，采用缩颈法阻断籽晶位错的延伸，采用锥形界面法将已有位错向四周发散而消失于侧表面，从而大大降低晶体中的位错密度，这在 YAG, GGG 等晶体生长中成效显著. 其二，接近表面的位错，其平行于表面的分量与表面间总是存在力的吸引，条件许可时常常使其吸向表面而消失，因而在制备用于电子显微术或 X 射线形貌术观测的薄膜样品，研究其微结构时，对于那些范性好的样品一定要谨慎制样，以免位错组态发生变化.

位错与表面的交互作用还表现在晶体生长的位错机制上. 垂直露头于晶体表面的螺型位错线将提供表面一个高度为 b 的蜷线形台阶. 原子沉积于表面台阶导致晶体生长的过程中，这一台阶永不消失. 晶体生长不需在完整表面上形成二维核，因而可以在甚低的过饱和度(汽相和水溶液生长)或过冷度(熔体生长)下有足够的生长速率. 必须指出的是，刃型或混合型位错露头于表面时，只要其伯格斯矢量有垂直于表面的分量，也将在表面形成台阶，因而也可能对晶体生长有贡献.

§8.3 晶体的表面

8.3.1 晶体外形与表面微观形貌

所有实际材料总是有限大小，通常将材料的外边界，即与真空或气体相之间的界面称作表面. 由于晶体的三维平移对称性在此被破坏，因而表面也是一种缺陷.

处于晶体自由表面上的原子键合状况与晶内原子不同，由于键能为负值，近邻键数的减少将使系统能量增高，这就是表面能的物理来源. 通常定义增加单位面积的表面所引起的自由能增量 γ 为表面能系数. 由于降低系统自由能的要求，系统将倾向于缩小其表面积，这相当于表面上任一面元的周界上都会受到一个力的作用，每单位长度上所受的力 f 被称作表面张力. 在各向同性情况下，γ 与 f 在量纲和数值上都是相同的.

在平衡状态下生长晶体时，在体自由能保持恒定的情况下，自由能极小条件可以归结为表面能极小. 若 γ 是各向同性的，自由能极小可以约化为表面积的极小，如液滴在忽略重力等其他外力的情况下其平衡形状就是球形.

然而，由于晶体结构的各向异性，不同晶面上原子的密度，配位数及键合角等的不同，将使其作为晶体表面时的表面能系数也有所不同. 表面自由能极小的条件将导致只有部分晶面能以显露在表面上，这些晶面对应于表面能系数为极小值的奇异取向，称为奇异面. 我们可以根据表面能系数极图，容易地推出晶体的平衡外形. 这时，如图 8.16 所示，只需在极图上的每一点作出垂直于矢径的平面，取出这些平面所包围的最小体积的多面体，即为平衡外形，也就是说，晶体的平衡外形为体积最小的极图内接多面体[20].

事实上，在不受约束的条件下生长出来的许多晶体的确呈现出多面体的外形，显露的晶面一般也确为表面能较低的密排低指数面. 不过，实际的晶体生长过程并不是在平衡态下进行，而杂质

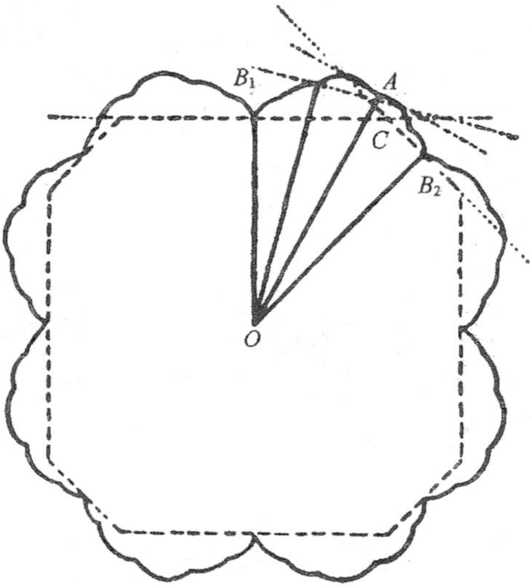

图 8.16　表面能系数极图与平衡晶体外形的二维剖面图.点线为垂直于矢径的晶面,实线为表面能系数极图,虚线为晶体平衡外形.

的参与改变了表面能极图,位错生长机制的操作增大了某些晶面的生长速率,重力作用造成的对流给晶体生长附加了不等同的环境,如此等等,都将使实际晶体的外形与理论推出的外形间发生偏差,甚至改变晶体的惯态面.

如前所述,只有在严格控制生长条件使其在近乎平衡态下生长时,晶体表面才能出现完好的密排低指数面.一般非平衡态下生长的晶体,其表面稍许偏离低指数面的部分称邻位面,远离低指数面则称粗糙面.通常晶体总是存在为数不少的低指数面或较低指数面,因而只要是生长条件合适,邻位面总是占表面的大部分,格外受人们重视.

邻位面可以用平台-台阶-扭折模型来描述[21].如图 8.17 所示,其主要部分的平台是密排低指数面,表面对低指数面的偏离则可以用平行于密排方向的台阶,以及沿台阶出现扭折来实现.偏离

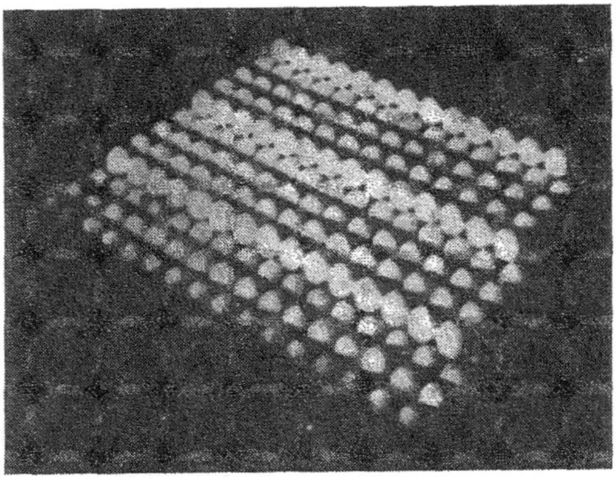

(a)

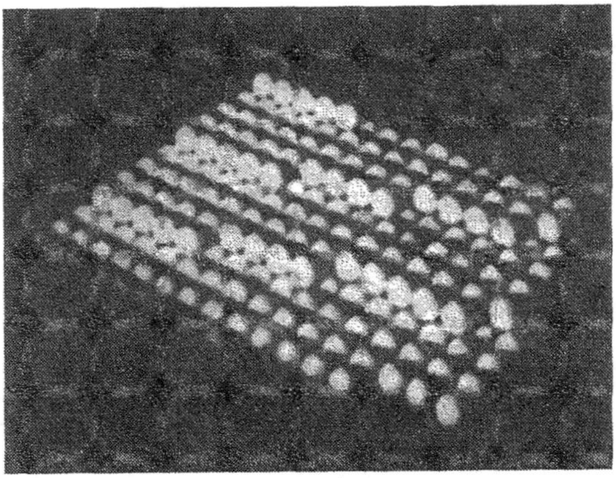

(b)

图 8.17　面心立方晶体接近(100)面的邻位面的平台-台阶-扭折模型图.

(a)(100)面平台上的台阶;(b)台阶上的扭折.

的大小和偏离的方向可以通过改变台阶或扭折密度来调节.邻位面的台阶和扭折是晶体生长时原子优先沉积的位置,原子沉积导致扭折沿台阶的运动,从而使台阶向前推进,相继的台阶不断扫过晶体表面,最终导致了晶体表面的法向生长.在对 Pt 表面催化效应的研究也发现平台上和台阶处的 Pt 原子催化效应迥然不同，后者的平均催化活性要较前者大得多．其他还有诸如表面吸附和偏析，电介质材料的表面电导和介电击穿等物理化学性质也都与晶体表面的微观形貌有密切关系，虽然已有大量研究工作，但仍需深入．

8.3.2 表面弛豫与重构

上节讨论表面形貌时，我们忽略了表面缺陷的存在．事实上，由于热力学平衡点缺陷的存在，奇异面和邻位面的平台部分可能存在附加原子和表面空位，台阶也可出现单原子大小的附加正、负扭折．此外晶体中的各种广延缺陷如位错和各种面缺陷都可能露头于晶体表面，造成表面形貌的变化．

在讨论中，还隐含着一个简化了的因而并不确切的基本假定，即体内的晶体结构无改变地延续到表面层，直至为表面所截断为止．随着低能电子衍射术、高分辨电子显微术、扫描隧道显微术及原子力显微术在表面晶体学研究上的应用，这一假定已受到愈来愈多的冲击．观测表明，表面结构与体内结构的主要差异表现在两方面，一是表面弛豫，一是表面重构．

表面弛豫现象表现为晶体结构基本相同，但点阵参数略有差异，特别是表现在表面层与其下少数几层原子层间距的变化上，即法向弛豫．如果考虑到表面层原子受力情况的明显不对称，产生法向弛豫，尤其是压缩弛豫是不难预料的．对金属晶体的表面弛豫已进行了较多的研究．近年来的理论模型认为，金属表面电子改变空间分布以降低能量，结果造成表面电偶极子层，并通过它与表面层原子的互作用而产生压缩弛豫．这样的模型也解释了常见的下述振荡式弛豫现象，即表面第一、二层间原子受压缩，第二、三原子层间膨胀，第三、四原子层间又受压缩[如金的(110)面表面分别为 -1.25%，0.7% 和 -0.25%]．个别金属表现出法向的膨胀，其原因尚不清楚．

晶体表面结构变化的另一类方法是表面重构，通常表现为表面超结构的出现.由于表面弛豫仅是表面层晶格不大的畸变(通常为1%左右),而表面重构能使表面结构发生质的变化,因而在许多情况下,表面重构在降低表面能方面比表面弛豫要有效得多.所谓超结构是指晶体平移对称周期,即晶胞基矢成倍扩大的结构状态,合金的无序-有序转变和复合氧化物固溶体的失稳分解都是造成超结构的物理过程.作为表面超结构则是二维晶胞基矢的整数倍扩大.最常见的有两种类型,一种是缺列型重构,另一种是重排型重构(图8.18).

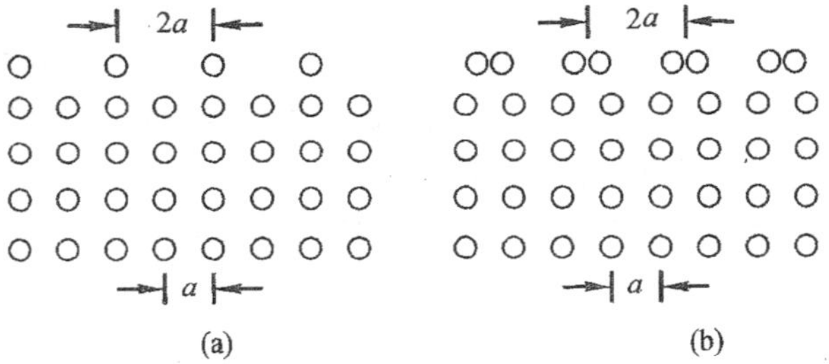

图8.18 简单立方晶体中两种表面重构引起的原子分布示意图.
(a)缺列型重构;(b)重排型重构.

缺列型重构(missing row reconstruction)是表面周期性地缺失原子列造成的超结构.面心立方金属铱、铂、金、钯等{110}表面上的(1×2)型超结构是最典型的缺列型重构的例子,这时晶体{110}表面上沿⟨110⟩方向的原子列,每间隔一列即缺失一列.理论上的计算表明以上面心立方金属{110}(1×2)缺列型重构的表面能确实较无重构者要低,尤以金和钯降低更大.而如果考虑其原子排列,及最近邻间排斥与次近邻间吸引之间的竞争因素,随着金属在元素周期表愈下方的位置,则(1×2)重构后的表面能较之无重构表面能的下降就愈显著,这是与观测结果相一致的,周期表底部的铱、金、铂等不多的金属晶体方能观测到这类重构.

重排型重构(rearrangement reconstruction)并不减少表面的原子数,但却明显地改变表面原子排列方式.这与金属中常见的缺列型重构有所不同，讨论这种差异对了解表面重构的本质会是很重要的.通常重排型重构发生在共价键，或有较强共价成分的混合键晶体中.共价键具有很强的方向性，表面原子断开的键，即悬键处于非常不稳定的状态，因而它们将遭到强烈的弹性畸变，最终重排成具有较少悬键的新结构.以硅的{100}表面为例，其表面原子有两个悬键，未重排时，每个悬键均有一个不成对电子因而极不稳定，重排后，表面硅原子一对对相互靠近配对，靠近原子间基本转变为电子成对而无悬键的组态，从而大大降低了表面能.这类配对现象在其他低指数表面，如{111}和{110}也会发生，同时产生重构.表面台阶处的额外悬键也会造成类似的重构结构.在硅中{111}表面上还观测到更为复杂的(7×7)重排型重构.硅{100}表面的(1×2)及(2×2)重构其降低的表面能达到 10^3 mJ/m^2，较之金{110}(1×2)重构后降低 40 mJ/m^2 要大得很多，说明共价键的强方向性使存在大量悬键的表面通过重排型重构可以极大地降低表面能，而金属键不具有明显的方向性，因而表面重构也比较少见.近年来，在一些具有相当共价键成分的复杂氧化物晶体中也观测到了这类重构现象，典型的例子是 $SrTiO_3${100}表面上的重构.

必须指出的是，重排型重构的同时常会伴有表面弛豫，只是它相对于前者而言对表面的结构变化影响要小得多.

8.3.3 技术材料的表面

前面讨论的表面均属洁净表面.实际应用的技术材料的表面则并非如此，差别主要来源于以下几种情况.

首先是表面吸附.固体表面以外汽相中的原子或分子沾集于表面的现象称吸附.汽相中的原子或分子可被吸附于表面，而被吸附的原子或分子也可能重新蒸发，当吸附与脱附间达到动态平衡时，表面吸附座位被吸附分子占据的分数(即吸附覆盖率)θ 满足

$$\frac{\theta}{1-\theta} = P\kappa, \tag{8.39}$$

式中 P 为汽相压强，$\kappa = \dfrac{\alpha \exp(U_0/kT)}{\nu(2\pi mkT)^{1/2}}$ 是与吸附分子质量、动态

过程振动频率及温度等相关的物理量.可以明确看出的是,当压强甚小时,θ 与 P 成正比;当压强甚大时,$\theta \to 1$,吸附趋于饱和.近年来的低能电子衍射结果发现不同气体在同一种金属表面上的吸附层往往具有相同的两维周期性结构,而最近对镍(110)表面的氢吸附结构的 STM 三维形貌观测表明这种周期会随着 θ 值的变化而改变,这些都说明吸附层内存在着明显的横向交互作用.这种表面吸附层的结构组态不仅在金属表面出现,而且在复杂氧化物表面也同样存在,高分辨电子显微象表明,LTL 型沸石表面上溅射 Pt 时,Pt 原子团以沸石晶体周期大致相同的距离规则排列.

其次是固溶体中溶质原子在表面层的富集,称表面偏析.可以想见,这种偏析使自由表面以下几个原子层内溶质原子的浓度增大,并向下迅速减少至与体内相同,而表面溶质原子的占据率与吸附现象有类似的表式

$$\frac{\theta}{1-\theta} = x\exp(-\Delta G/kT), \tag{8.40}$$

式中 x 为溶质原子的摩尔浓度,ΔG 为溶质原子在表面和体内吉布斯自由能之差.

还有就是表面化学反应.当表面含有化学活性甚强的组分时,可以产生化学吸附(吸附能接近化学键能时)以致导致化学反应.许多晶体材料表面形成氧化物或氢氧化物是极为常见的.

前面的讨论尽管论及表面弛豫与表面重构,但前者仅是弹性畸变而后者表面结构保持了自身相对的完整性.但是并没有将晶内广延缺陷在表面的露头以及其他原因引入表面的晶体缺陷考虑进去,而这些对表面结构及其完整性有着重要的影响,并从而影响材料的微结构和使用性质.

固体电介质材料通常是需要经过表面加工和磨制的.硬质磨料在表面的刮削和压印,可以在非晶态材料表面造成划痕和微裂纹,在范性较好的晶态材料表面形成足够厚($>0.1\ \mu m$)的具有高位错密度和强晶格畸变的表面损伤层,在脆性晶体材料表面引起解理性的或非解理性的微裂纹,而在许多铁电、铁弹晶体表面还能

引入大量的微畴.

以上所说的所有表面问题,对技术材料的使用性质都有或多或少的,有时甚至是很严重的影响,前面章节中所论述的表面电导及电击穿现象中,表面结构缺陷的影响是不容忽视的.近年来迅速发展的铁电薄膜和多层膜,以及其他以电介质材料为衬底的薄膜材料,其制作过程中对衬底材料表面的处理是要求极严的,器件质量问题很多由此而来.

§8.4 面缺陷

8.4.1 平移界面

晶内一部分相对于另一部分作一点阵平移矢量的相对平移,将形成位错,此时距位错较远处恢复完整(含弹性形变).如果这样的相对平移只是点阵平移矢量的一部分,那么界面将不再完整,晶体能量将大幅增加而不能存在,只有一些特定结构的晶体在特定晶面上的某些特定非点阵平移,才能造成低能量的界面.这种界面是平移界面,最常见的有层错、反相畴界和晶体学切变面.界面边界的位错称不全位错.

1. *层错* 层错是简单面心立方点阵和简单六方点阵的晶体中最常见的一种平移界面.这两类晶体可以看作是六方密堆积原子面在第三维以两种不同顺序堆垛而成.如图 8.19 所示,如果将第一层原子位置标为 A,则它上面可供堆垛的位置有两种,分别标为 B 和 C,则按 $ABABABA\cdots$方式堆垛则成密积六方结构,按 $ABCABCA\cdots$方式堆垛则成面心立方结构.通过几种过程,例如晶体生长中的偶然错误、晶体的形变及过量点缺陷的聚集可以破坏上述正常堆垛顺序,从而形成层错.例如,面心立方点阵中堆垛顺序 $ABCACABCABCA\cdots$和 $ABCACBCABCA\cdots$分别是在 A, C 两原子层中缺失B 层,和 C 层插入A, B 两原子层间,分别形成了抽出型(或内禀)层错和插入型(或外禀)层错而如图 8.20 所示.这两类层错尽管都改变了正常的堆垛顺序,但如果只考虑最近邻层间的关系,则这种错排并不改变键长、键角和配位关系,因而层错能量主要决定于次近邻关系的变化,属于低能量的面缺陷.

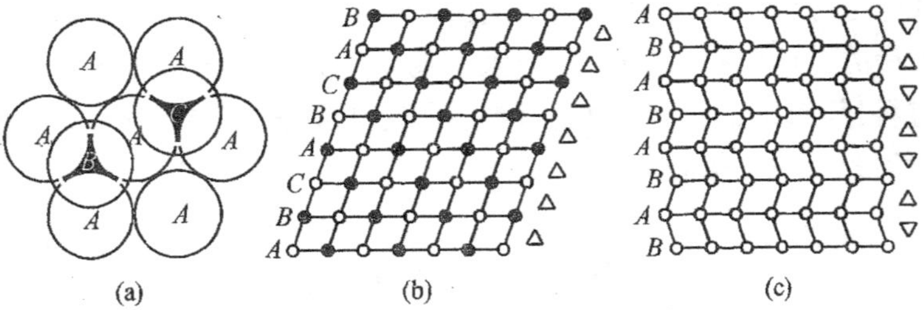

图 8.19 (a)六方密排面 A 上的两种等价的堆垛位置 B 和 C;(b)面心立方结构的堆垛方式;(c)密集六方结构的堆垛方式.

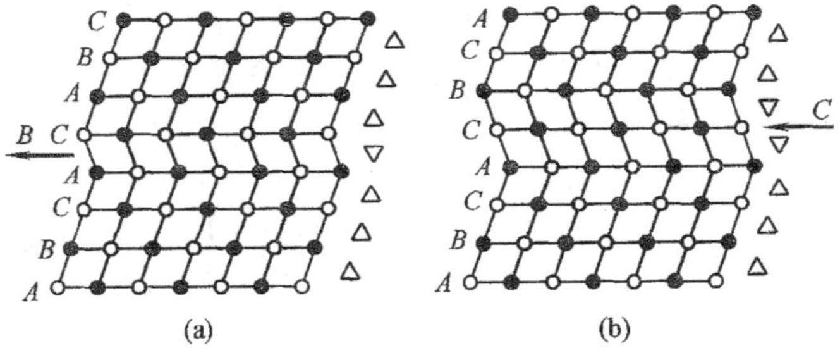

图 8.20 面心立方晶体中的抽出型层错(a)和插入型层错(b).

层错可以通过多种方式形成.过饱和的点缺陷聚集是一种方式.如果过饱和空位在某一{111}原子层聚集成片,通过崩塌式的弛豫所形成的是抽出型层错;如果过饱和自填隙聚集成片,弛豫后所形成的则是插入型层错.这两种层错周界的位错环,其伯格斯矢量 1/3⟨111⟩与位错环垂直而为刃型位错,但它不能沿其滑移柱面滑移,否则将使其扫过的面成为严重的原子错排面,这种位错环称 Frank 不全位错环.

抽出型层错也可以通过{111}面两侧晶体相互作一 1/6⟨112⟩型的滑移而产生,这时如果滑移仅限于一部分晶体,则其周界是伯格斯矢量为 1/6⟨112⟩ 的不全位错，它的滑移仅是增大或缩小层错面积，因而是可能的．这种位错称 Shockley 不全位错，通常在晶体的形变过程中产生．层错还可以在面心立方晶体中通过位错分解的方式形成．最典型的分解反应具有以下形式：

$$\frac{1}{2}[\bar{1}10] \rightarrow \frac{1}{6}[\bar{2}11] + \frac{1}{6}[\bar{1}2\bar{1}]. \tag{8.41}$$

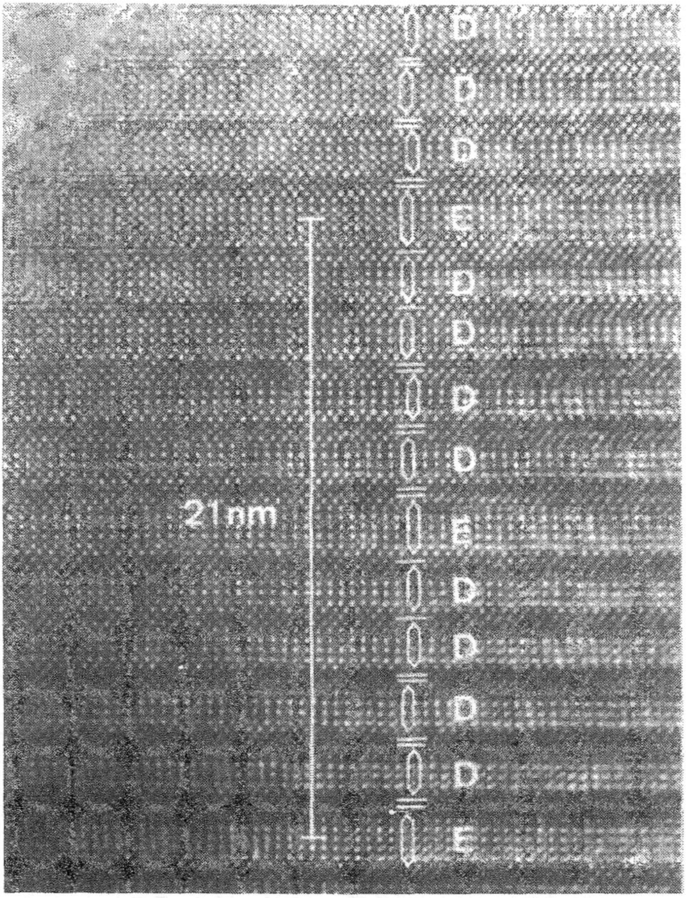

图 8.21　$TlBaCaCu_2O_6$ 超导体中高密度堆垛层错有序排列形成的长周期结构．图中 D 和 E 分别代表有三和四层钙钛矿结构，水平短线中的单线和双线分别代表有一或二层 Tl—O 层．

由于位错的弹性能正比于$|\boldsymbol{b}|^2$，而本反应中$b^2 > b_1^2 + b_2^2$，能量降低而使分解成为可能．但是，分解后的两根不全位错线将发生排斥，而在其之间留下一片抽出型层错．这种两根不全位错夹一片层错的组态称作扩展位错．扩展位错的平衡宽度d决定于两位错间的排斥力与层错表面张力间的竞争，而有

$$d = \frac{\mu}{2\pi\gamma}\left(\frac{b_{1e}b_{2e}}{1-\nu} + b_{1s}b_{2s}\right). \tag{8.42}$$

类似的层错和不全位错在密积六方晶体中也是最常见的缺陷之一．近年来，在许多具有层状结构的复杂氧化物晶体，如各种高T_c氧化物超导体中发现了多种形式的堆垛层错(见图8.21)[22]．这些超导氧化物可存在多种配比的稳定相，而当配比发生偏离时，将增加或减少某些相应的原子层，通过堆垛错来容纳对配比的偏离．由于这种堆垛错可能局部地变成了另一配比的稳定相，并不明显增加晶体的错排能，因而在这类氧化物材料，尤其是烧制质量不好的材料中极为常见．

2．*反相畴界*　合金系统通常是无序固溶体．但当合金原子比接近某些特定值，例如AB，A_3B，A_2BC等，并在相应的温度下热处理时，将转变成具有长程序的有序合金，即发生无序-有序相变．其间将可能出现一种称作反相畴界的共格界面，(见图8.22)它们将晶体分成许多区域，区域内保持完整，称有序畴．相邻区域间有

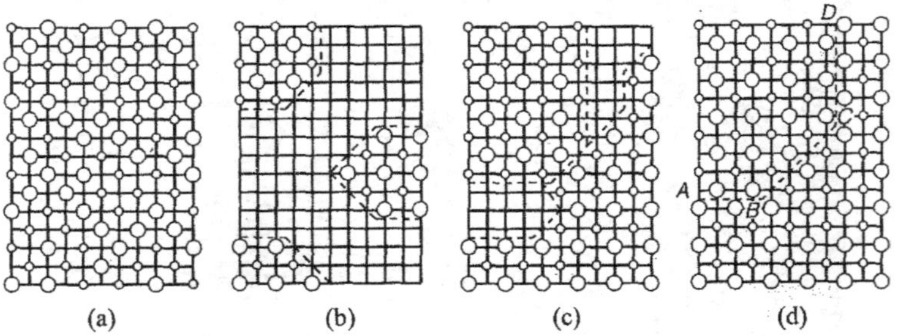

图8.22　无序-有序相变时有序畴的形成过程示意图．(a)无序态；(b)局部有序核形成；(c)核长大接触，同相位处合并，反相位处形成反相畴界；(d)全部有序化．其中BC部分为保守畴界，AB和CD部分为非保守畴界．

一非点阵平移但仍保持共格，只在界面处由正常的配对状态变成了非正常配对状态，因而反相畴界也是一种低能量面缺陷.

许多复合氧化物晶体中也存在反相畴界. Pb_2ScNbO_6 和 Pb_2ScTaO_6 晶体是一种类型. 其中，Sc 和 Nb 或 Ta 处于钙钛矿结构中的 B 位置，高温时它们无序分布，但低温时有序化. 高分辨电子显微象研究发现，发生无序-有序相变时，首先产生仅几纳米大小的有序区，然后有序区迅速长大并相互交汇，同相位者合并为大有序畴，反相位者形成反相畴界[23].

$Ba_2NaNb_5O_{15}$等晶体则是另一种情况[24]. 300℃时，铁弹相变后由四方相转变为正交相，$a_0=\sqrt{2}a_t$，$b_0=\sqrt{2}b_t$，因而单胞体积增大一倍. 与此同时，由于 Ba^{2+} 在晶内的微小位移，使上下两相邻单胞中共顶点氧八面体作相反方向的微小旋转，使 $C_0=2C_t$，单胞内两分离的氧八面体同样也作反向旋转，这样将可能出现反相畴界.

有序化使晶体点阵对称性降低，同时使某些晶体学方向的平移周期变大而出现超点阵. 如果位错的伯格斯矢量平行于这些方向，那么无序点阵中的全位错在晶体有序化后就变成了超点阵中的不全位错，当然同时产生了与此不全位错相连的一片反相畴界. 与前述扩展位错类似，也会存在两个超点阵位错夹一片反相畴界的特殊扩展位错.

反相畴界虽与层错同属平移界面，但却有甚大的差异. 反相畴界相应于近邻原子对组成与正常态的不同，但不改变晶体的几何学关系，即配位数，配位方向及原子间距都不变，因而这导致反相畴界取何晶面并无强烈的倾向性，这就是反相畴界通常是折面状，甚至呈曲面状的原因所在. 也正因为这一原因，即使是同一反相畴界面，某些部分可以保持其化学配比而为保守界面，某些部分则偏离其化学配比而为非保守界面[参见图 8.22(d)]. 因此，当固溶体的组分偏离化学剂量比时，可以通过形成一定量的非保守反相畴界来容纳这种偏离. 一般说来，随组分偏离增大，反相畴界的密度加大，间距减小，当密度增至足够大时，它们可因交互作用而有序地排列起来.

3. 晶体学切变面　人们较早就发现，过渡金属氧化物 MoO_3，ReO_3，WO_3，TiO_2 等氧与金属的原子比可在很大的范围内变化而容纳相当大的缺氧量.这些氧化物结构的基本单元为 RO_6 八面体，它们是共顶点连接.形成缺氧的非化学剂量晶体时，最简单的途径是使晶体的两部分沿某一晶面相互切移，使界面处共顶点氧八面体转变为共边氧八面体.这将使某些原为两个氧八面体共有的氧原子变为为三个氧八面体所共有，从而省下氧原子.这一过程产生了一个平移界面，称晶体学切变面(如图 8.23).与此相关的相对平移矢量称晶体学切变矢量，它是非点阵平移矢量.

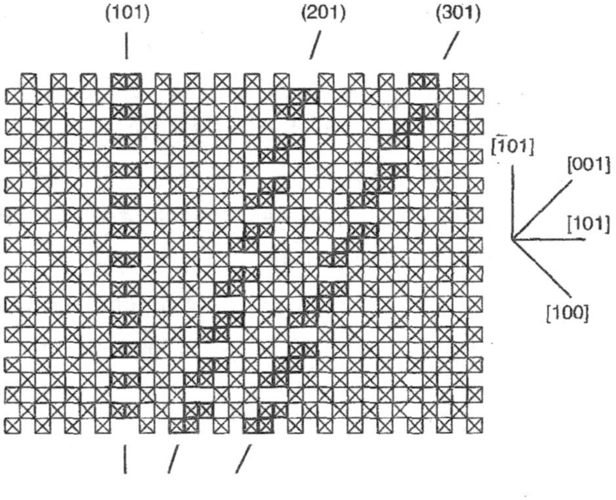

图 8.23　ReO_3 型结构的氧化物晶体中沿不同($PO1$)晶面作 1/2[101]切移所产生的晶体学切变结构，此为[010]视图.

高分辨电镜的点阵像技术的研究不仅证实了晶体学切变面的存在，而发现它们倾向于周期性的有序分布，而且有层状结构和块状结构两大类型.这些有序化结构也可以形成类似于位错、孪晶、层错、小角度晶界的缺陷.它们不同于通常意义上的缺陷，而是与组分的变化相关联，因而对容纳化学剂量比的偏离有所贡献.

大量高 T_c 氧化物超导晶体和其他许多复杂氧化物晶体中，

氧八面体也是其主要的结构单元,因而在这类晶体中也可能存在晶体学切变面.

8.4.2 孪晶界面[25]

1. *反映孪晶与旋转孪晶* 设想单原子面心立方晶体从某一原子层开始由顺顺序堆垛转换为全部逆顺序堆垛,那么这一原子面显然就是一个反映面,两侧晶体以此晶面成镜面对称.我们说这两部分晶体成孪晶关系,属反映孪晶,该晶面称孪晶界面.考察一下图 8.17 中的层错图像,容易看出,不管是抽出型或插入型层错,都相当于有两个紧密相邻的反映孪晶界面.这两个孪晶界面所引起的电子扰动和弹性畸变通常都不大,因而可以不考虑它们之间的交互作用,孪晶界面的能量约为层错能之半.

反映孪晶可以通过一个均匀的正比平移,即切变来得到,这时称作机械孪晶.由于机械孪晶与切变相联系,由弹性相容性条件决定,孪晶界面必须是在切变时晶体的不变面,切变产生的孪晶其点阵与原晶体相同,孪晶界面应包含连接两个孪晶体的对称元素,因而孪晶界面(即通常所说的组合面)不能是任意的.面心立方晶体中为{111}晶面,体心立方晶体为{112}晶面,密积六方晶体则为{1012}晶面.

以上这些孪晶界面并非相应晶体中固有的反映面,但通过机械切变使该面两侧的晶体构成了反映对称关系,遂成孪晶.这种原晶体中并不存在而晶体学上又允许的对称操作,在某些物理过程中在晶内两部分晶块间出现,被称作孪晶化.于是就有生长孪晶、形变孪晶、相变孪晶等多种成因的孪晶组态.在电介质材料中,由于它们常常经历较多的相变,每一次相变都相应有对称性的变化,那么对称性降低的相变中所损失的对称操作如果能在相变后的晶体中的两部分之间重新建立起来,这就形成了孪晶,因此,在许多电介质晶体中都存在着孪晶.$Ba_2NaNb_5O_{15}$晶体和 YBa_2CuO_{7-x}超导体中的反映孪晶就是这样的相变孪晶.晶体由四方相转变为正交相时,原四方相单胞的 c 面由正方形变为菱形,转化为正交相单胞面积扩大近一倍的长方形,原垂直于正方边的反映面不复存在.显然,这样的相变对应于一次切变,由于整体的均匀切变会造成晶体形状的较大变化而于能量不利,晶体或其局部保持其外形的倾向使其发生交替反向切变,其界面是正交相的{110}晶面,正是四方相时的反映面,从而构成常见的聚片状孪晶组态.如果晶内存在两个以上的孪晶面,则可能构成复杂得多的孪晶组态.图 8.24 中 $KNbW_2O_4$ 晶体的孪晶结构正是这种情况.

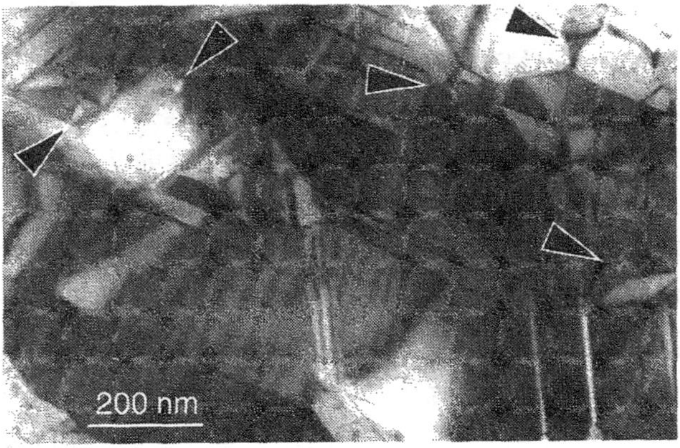

图 8.24　$KNbW_2O_9$ 晶体中由{110}和{310}孪晶面所构成的复杂孪晶结构.注意箭头所指由大小三角星形孪晶多次套叠形成的特殊孪晶组态.

晶体中大量存在的另一类孪晶称旋转孪晶,这时孪晶两部分可以通过晶体学上允许的旋转对称操作而相互重合.值得一提的是,旋转孪晶中 180°旋转孪晶是很常见的.这时孪晶两部分的结构间以 180°旋转对称相联系,但其点阵是完全连续的,我们将在下面介绍.

2. 铁电畴界　一个铁电晶体,顺电相时结构具有中心对称性,而铁电相时则失去中心对称性.在降温通过居里点时,位移型铁电晶体通过正负离子的相对位移产生电偶极矩,无序-有序型铁电晶体则通过 O—H—O 键或 N—H—O 键从无序取向到有序取向的过渡产生电偶极矩，使晶体发生自发极化现象而产生铁电畴.

察看铁电畴的晶体学特征可知，相变所产生的铁电畴之间可以通过晶体学允许的对称操作而完全重合.因而从晶体学上讲，它们首先是孪晶关系.例如，钙钛矿结构的晶体中自发极化方向相反的180°畴是以垂直于极化方向的晶面为孪晶面的反映孪晶；而90°畴则是以⟨110⟩晶轴为孪晶轴的180°旋转孪晶.

铁电畴界既然是一种孪晶界面，它必须具有孪晶界面的特性.例如当孪晶的两部分间以切变相关联时，它必须满足弹性相容性条件，畴界面只能是一些特定的晶面，上述90°畴即属于此，畴界面只能是{110}型晶面；而当孪晶的两部分具有共同的平行点阵时，任意界面都不破坏点阵连续性.

但是，铁电畴界与一般的孪晶界面之间存在一个重要的不同.铁电畴界取决于它同极化方向间的关系可能带有不同密度的电荷，其静电能也是不同的.易知，当铁电畴界两侧极化矢量的界面法向分量连续时，界面两侧电荷密度相同而电荷反号，使界面净电荷密度为零，这时界面静电能量为零，界面最为稳定.因此，180°畴界不能取任意界面，通常呈平行于极化方向的柱体状；非180°畴界，通常必须使极化矢量成头尾相接组态，而不能成头对头或尾对尾组态(见图8.25).上述钙钛矿结构铁电晶体四方相的90°畴可有满足弹性相容性条件的两个近乎正交的{110}孪晶面，从而构成较为复杂的铁电畴结构.图8.26是$KNbO_3$晶体中典型的铁电畴组态，相互垂直的两组透镜片状铁电畴，其相应的极化方向反平行，它们构成图示的形态，互不穿透，避免了带电界面的出现，是一种低能量组态.

必须指出的是，虽然铁电畴间的关系毫无例外地是孪晶关系，但是铁电晶体中并非孪晶都构成铁电畴，只有那些孪晶化引起自发极化方向改变的孪晶才同时是铁电畴.例如$LiNbO_3$晶体中以$(10\bar{1}2)$晶面为孪晶面的孪晶，引起了作为极化方向的c轴取向的变化，因而构成了135°铁电畴.$Ba_2NaNb_5O_{15}$晶体发生于585℃的铁电相变，由四方顺电相转变为四方铁电相，极化矢量沿惟一的四

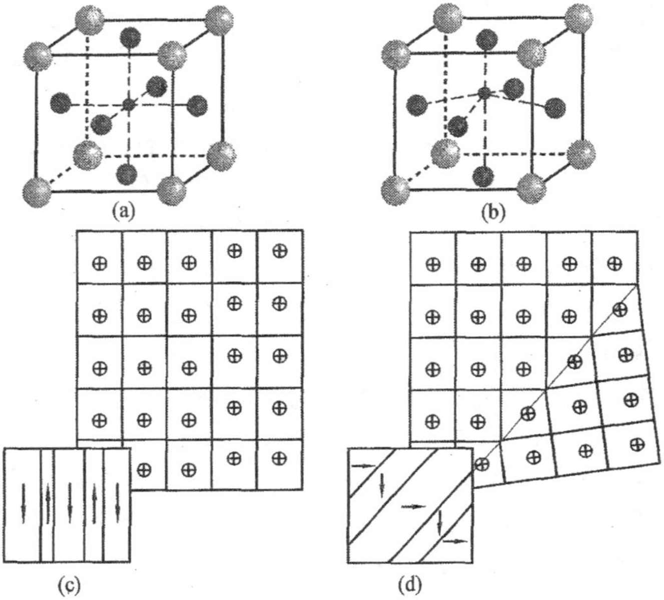

图 8.25　钙钛矿型结构 ABO_3 型晶体的(a)立方顺电相及(b)四方铁电相的单胞原子分布,(c)和(d)分别为 180°及 90°铁电畴示意图.

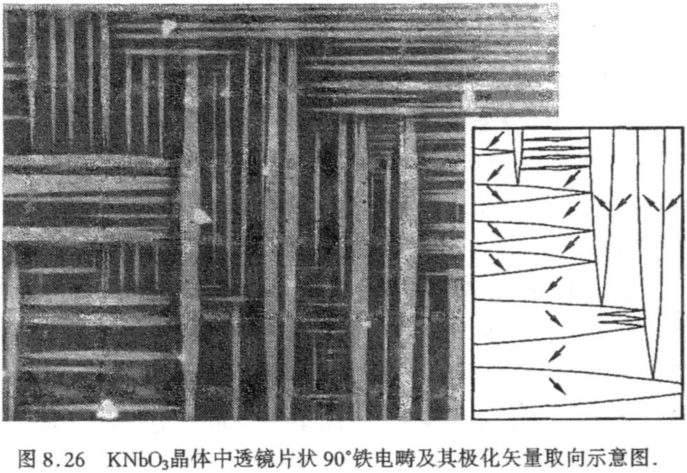

图 8.26　$KNbO_3$晶体中透镜片状 90°铁电畴及其极化矢量取向示意图.

次轴，形成 180°畴；发生于 300°时的孪晶相变，由四方铁电相转变为正交铁电相，但 c 保持不变，以正交相的(110)和$(1\bar{1}0)$晶面为孪晶面的反映孪晶不构成铁电畴关系，即使孪晶界面穿过 180°畴界也不改变铁电畴组态.

自发极化铁电畴的形态往往与铁电畴界界面能的各向异性的大小有关.平衡的畴尺寸则大体上由界面能与空间电荷产生的静电能量这两个反向的竞争因素所决定.不同类型晶体中的平衡畴尺寸有甚大的差异.TGS 在毫米以上，$LiNbO_3$ 为毫米和亚毫米量级，$LiTaO_3$ 及 $Ba_2NaNb_5O_{15}$约微米大小，而$(BaSr)Nb_2O_6$ 则远小于微米.

观测表明，晶体的不均匀性和晶内的多种缺陷可以产生相应的特征形态的铁电畴，甚至极大地改变其平衡态畴结构.例如，局部表面压印和晶内压印在 $LiNbO_3$ 晶体中产生针状微电畴，包裹体的挤压在 $Ba_2NaNb_5O_{15}$晶体中引起了极性相反的两个块状铁电畴，位错可以诱发平行于位错线的管状(LN 和 BNN)或薄透镜片状(KN)铁电畴[26].而通过旋转性生长层在掺杂的 LN 和 LT 等晶体中诱发的聚片铁电畴，成为典型的人工畴结构，已成功地发现了多种可兹应用的非线性光学效应.

8.4.3 晶界

晶态材料通常是以多晶状态存在的，我们称不同取向晶粒之间以晶态相连的界面为晶界.即使是单晶体，也常常存在不同部分间有小的取向差的情形，其界面称小角度晶界或亚晶界.要确定晶界的几何学，通常有 5 个旋转自由度：两晶粒间的相对旋转轴及旋转角共 3 个自由度，晶界面的法向矢量两个自由度(这里没有计及两晶粒间相对平移的 3 个自由度).倾侧晶界和扭转晶界是具有简单结构的特殊晶界.而其中取向差较小的这类晶界，即亚晶界，其结构更为简单，它们由周期排列的位错所构成.

1. 亚晶界　倾侧型晶界所相应的相对旋转轴在晶界面内.如果晶界面平分相对旋转角 θ，即两晶粒相对于完整点阵向相反方向各旋转相同的角度 $\theta/2$，则此晶界被称作对称倾侧型晶界(见图 8.27)[19]．在转角较小时，对称倾侧型晶界由界面内一组同号的平行刃型位错列阵所构成．可以这样来设想，当晶界两侧的晶粒以完整的晶格刚性地拼接在一起，界面近旁的原子基本上都处于严重错排状态，使界面能量特别高．如果通过原子位置的调整，以刃型位错来容纳因相对旋转而在某一方向多馀出的原子面，那么除位错处存在错排外，界面的其余部分基本恢复完整，这样的界面则是一个低能量界面．易知这种刃型位错半原子面在界面内，因而位错伯格斯矢量垂直于界面，同时应是等距平行排列的，其间距

$$D = b/\theta. \tag{8.43}$$

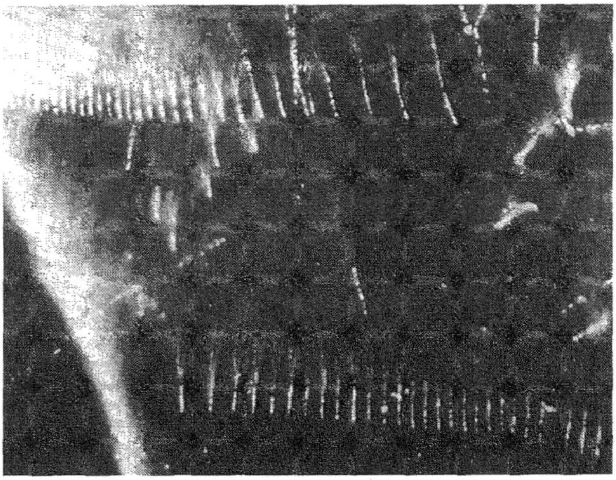

图 8.27　形变退火 KCl 晶体中的对称倾侧型亚晶界．

如果两晶粒相对转角不等，则构成不对称倾侧型晶界，完全弛豫的晶界由两组平行的刃型错所构成．当晶界面相对于对称界面倾转了 φ 角，则两组位错的间距分别为

$$D_1 = \frac{b_1}{\theta\cos\varphi}, D_2 = \frac{b_2}{\theta\sin\varphi}. \tag{8.44}$$

如前所述，在允许位错滑移和攀移运动时，同号平行刃型位错间的交互作用可使其排成一个在另一个之上的组态．这正是对称

倾侧型晶界的位错结构.事实上,熔体生长的晶体及形变退火的晶体中对称倾侧型晶界是极为常见的.不对称倾侧晶界也可以同样的方式形成,不过必须有两组以上的平行刃型位错.

扭转型晶界所相应的相对旋转轴垂直于晶界面.转角较小时,亚晶界由两组(或多组)平行的纯螺型位错网络组成(见图8.28)[27].

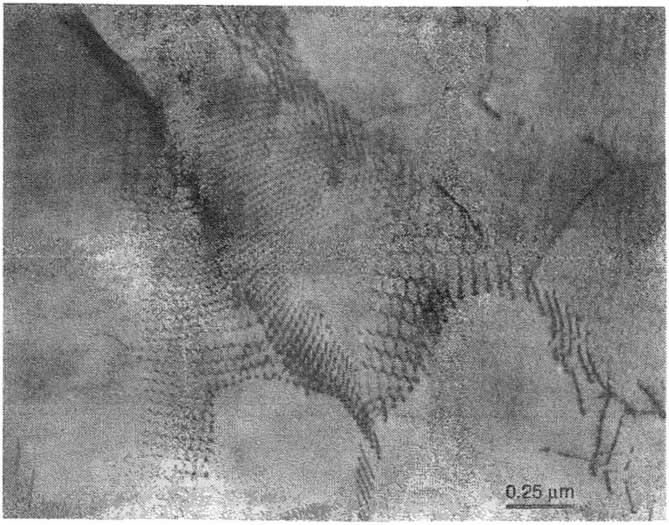

图 8.28 Nb 晶体中小角度晶界的六边形网络位错组态.网络形状的变化源于亚晶界面取向的变化.

一般型的亚晶界,其相对旋转轴既不平行于也不垂直于晶界面,通常也是由两组(或多组)位错构成的网络,但位错既不是纯刃型也不是纯螺型的.

扭转型和一般型亚晶界都由位错网络构成,由于相交位错的交互作用,原先直线交叉于一点的组态可以通过位错反应变为具有两个三叉结点的组态,因而通常都是六方网络状.

2. 大角度晶界　亚晶界位错列阵的位错间距随着旋转角 θ 的增大而变小,当小到一定程度时,位错间距可与位错核心区的大小相当了，界面处原子基本处于错排状态，单个位错已失去传统含义，这时已不能看成是亚晶界了．这一旋转角的限度大约是10°左右．旋转较大以致不能用位错模型来描述的晶界称大角度晶界．

早年提出的大角度晶界的结构模型，如过冷液体模型、小岛模型、无序群模型等，其基本构想都是认为晶界整体说来或局部说来是无序区．这些模型虽一再改进总不能完满地说明有关晶界性质的实验现象．后期发展的重合位置点阵模型[28]和结构单元模型[29]从根本上改变了上述构想．

观测发现，晶界能量的多个极低值往往对应于某些特定取向差，这时相邻晶粒的点阵如果相互延续过去，则会有高密度的重合位置，它们周期地排列构成了重合位置点阵．而低能量的晶界往往对应于重合位置点阵中阵点面密度较高的面，因而晶界上有高的原子匹配度．宏观上曲面状的晶界在微观上通常由一些较小的低能量界面所组成．晶界面取向对特殊界面的偏离，可以通过界面台阶来调节；取向差对特殊取向差的偏离则可以通过界面上的"结构位错"网络来容纳，使其总体来讲仍处于较低能量组态．易知重合位置点阵模型中只有原子间距量级的厚度有局部错排，而不存在较大的无序区．

晶界的结构单元模型与位错模型有点类似．由于位错靠近使得核心区将要重叠时，位错已失去传统含义，这时晶界是由一些特征的多边形的原子组合，即结构单元规则地排列而成．它们经过位置调整而有最低的交互作用能，晶界附近的其他原子排列则基本保持完整，因而这类结构的晶界也具有相对较低的能量．这两种晶界模型已经为大量的实验观测，包括高分辨电子显微术、电子衍射、X射线衍射以及计算机模型实验所确证．

由于晶界区域包容了偏离正常点阵位置的大量原子，因而位错、杂质、第二相甚或非晶材料等都能优先聚集到晶界上．陶瓷的晶界通常不是点阵失配区，而是由很薄的非晶层构成．该层的化学成分也与晶内有所不同．总之材料的力学性质和输运性质等都将因晶界的存在以及晶界与其他缺陷的交互作用而受到明显影响．

8.4.4 相界[10,11]

具有不同结构的两固相之间的界面称为相界.不同结构包括同质异构以及不同质材料,或结构对称性不同、或点阵参数不同、或键合类型不同,都使相界具有较复杂的结构组态.相界中界面完全有序,两相完全匹配者称共格相界;失配通过弛豫使错配局限于错配位错处,其余大部分区域共格者称半共格相界;完全无序的界面则为非共格相界.

随着微电子等现代技术的飞速发展,大量人工微结构材料被制备和应用.其中外延生长的薄膜材料和多层膜材料是极为重要的一类.材料中的相界结构对其性能有着重要影响,为材料科学工作者所密切关注.

如果外延生长的基质和外延层的晶格参数 a_s 和 a_0 略有差异,则其失配度为

$$f = (a_s - a_0)/a_0. \tag{8.45}$$

在外延生长初期,这种失配可以用弹性形变来容纳而保持其共格,这时是共格相界.但当外延层愈长愈厚时,保持共格将使外延层中积聚的弹性能愈来愈大.膜厚为 h 的薄膜内弹性应变为 ε 时的弹性能为

$$E_\varepsilon = \frac{2\mu_0(1+\nu)}{(1-\nu)} h\varepsilon^2, \tag{8.46}$$

式中 μ_0 为外延材料的切变模量.当膜厚过大,以致弹性能过大而不能为外延材料所容忍时,外延层将倾向于恢复无畸变状态,使弹性能尽量减小.但它与基质在界面处的失配重新出现,错排能又增大了,幸好这种失配可以通过界面上产生错配位错网络,成为半共格相界,将错配局限于位错处从而降低界面能(见图 8.29)[30].

由于错配位错的间距在残留应变为 ε' 时则

$$l = b/(f - \varepsilon'), \tag{8.47}$$

因而单位面积界面中错配位错网络的能量应为

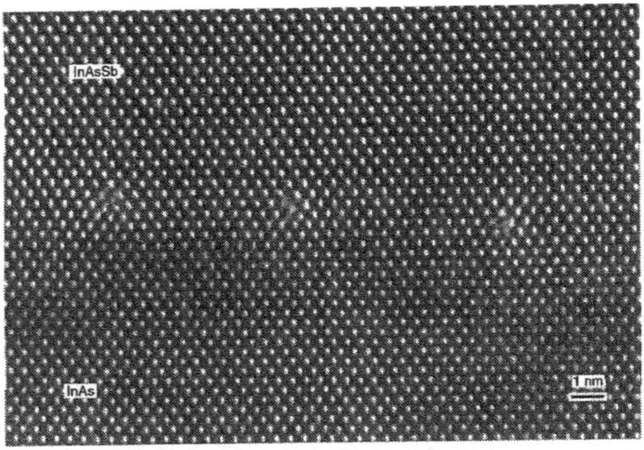

图 8.29　InAsSb/(001)InAs 界面上错配位错的⟨110⟩高分辨点阵像.

$$E_d = \frac{\mu_0\mu_s(f-\varepsilon')}{\pi(\mu_0+\mu_s)(1-\nu)}\left(\ln\frac{R}{b}+1\right), \qquad (8.48)$$

式中 μ_s 为基质的切变模量，R 为位错应力场范围，如果 $h<1/2$，可视为 $R=h$. 则系统总能量为

$$\begin{aligned} E &= E_d + E_{\varepsilon'} \\ &= \frac{\mu_0\mu_s(f-\varepsilon')}{\pi(\mu_0+\mu_s)(1-\nu)}\left(\ln\frac{h}{b}+1\right) \\ &\quad + \frac{2\mu_0(1+\nu)}{(1-\nu)}h\varepsilon'^2. \end{aligned} \qquad (8.49)$$

对此求极小，对应的 ε' 值为

$$\varepsilon^* = \frac{\mu_s b}{4\pi(\mu_0+\mu_s)(1+\nu)h}\left(\ln\frac{h}{b}+1\right). \qquad (8.50)$$

易知，ε^* 若超过可能最大的值 f 时，无错配位错，失配完全由共格弹性应变来容纳. 一旦 $\varepsilon^*<f$，错配位错即可能出现，因而错配位错出现的条件即为 $\varepsilon^*=f$，对应的临界膜厚为

$$h_c = \frac{\mu_s b}{4\pi(\mu_0+\mu_s)(1+\nu)f}\left(\ln\frac{h_c}{b}+1\right). \qquad (8.51)$$

实践表明,金属膜的 h_c 值与理论估计相符,半导体和氧化物薄膜中的 h_c 值通常比理论值大,主要是由于后者位错成核不易的缘故.

参 考 文 献

[1] Crawford J H, Jr, Slifkin L M, Point Defects in Solids. Vols. 1, 2. New York: Plenum Press, 1972

[2] Leibfried G, Breuer N. Point Defects in Metals. Berlin: Springer, 1978 (1,2);1980

[3] Fumi F G. Phil. Mag. 1955(46):1007

[4] Yahia J. Phys. Rev. 1963(130):1711

[5] Chiang Y M, Birnie D P III, Kingery W D. Physical Ceramics. New York: Wiley, 1997. 146

[6] Catlow C R A, Corich J, Diller K M, Jacobs P W M, Norgett M J. J. Physigue Collog. 1976(37):C7-253

[7] 同[5],109

[8] Friedel J. Dislocations. Oxford: Pergamon Press, 1964. 弗里德埃尔 J. 王煜译. 位错. 北京:科学出版社, 1984

[9] Horth J P, Lothe J. Theory of Dislocations. 2nd ed. New York: McGraw-Hill, 1982

[10] Nabarro F R N. Dislocations in Solids. Amsterdam: North-Holland, 1979 ~ 1984 (1~6)

[11] 冯端等. 金属物理学, 第一卷, 结构与缺陷. 北京:科学出版社, 1987

[12] 杨顺华. 晶体位错理论基础, 第一卷. 北京:科学出版社, 1988;杨顺华, 丁棣华. 晶体位错理论基础, 第二卷, 北京:科学出版社, 1998

[13] Hull D, Bacon D J. Introduction to Dislocations, 3rd ed. New York: Pergamon press, 1984. 赫尔 D, 培根 D J. 丁树深, 李齐译. 位错导论. 北京:科学出版社, 1990

[14] Bethge H. in: Reidel D. Interfacial Aspects of Phase Trans formations. Dordreeht, 1982:669

[15] Peierls R. Proc. Phys. Soc. 1940(A52):34

[16] Nabarro F R N. Proc. Phys. Soc. 1947(A59):256

[17] Dash W C. Dislocations and Mechanical Properties of Crystals. New York: Wiley, 1957:57

[18] Bontinck W, Amelinckx S. Phil. Mag. 1957(2):94, 561

[19] Amelinckx S. Acta Metall. 1958(6):34

[20] Porter D A, Easterling K E. Phase Transformations in Metals and Alloys, 2nd ed. London: Chapman & Hall, 1992: 115

[21] Blakly J M. Introduction to the Properties of Crystal Surfaces. Oxford: Pergamon Press, 1973, 1
[22] Verwerft P C. J. Metall. Trans. 1970(1):2429
[23] Zheng J G, Li Q, Feng D, Boulesteix C. Chinese Phys. Lett. 1992(9):355
[24] Tendeloo G V, Amelinckx S, Wen S L. Phys. Stat. Sol. (a). 1985(91):483
[25] Cahn R W. Adv. Phys. 1954(3):363
[26] 李齐. 物理学进展. 1993(1~2):141
[27] Berghezan A, Fourdeux A. 4eme Collogue Metallurgie-C. E. N. Saclay. 1961, 127
[28] Bollmann W. Crystal Defects and Crystalline Interfaces. Berlin: Springer-Verlag, 1970
[29] Sutton A P, Vitek V. Philos. Trans. Roy. Soc. Lond. 1983(A309):1, 37, 55
[30] Seong T Y, Norman A G, Booker G R, et al. proc. MRS Meeting, 1989

第九章　电介质能谱

倪尔瑚　李从周

§9.1 引　　论

从上述各章的讨论中可知，任何电介质内部都存在着各种类型的电荷和电荷组合，通称为带电粒子．它们都处在不停的热振动状态，例如，形成各种各样的偶极子和声子．带电粒子的热振动表征介质内同时存在着热能、机械能和电磁能．如果施加外激励电场，当其频率与介质中的某一偶极子或声子的振动频率相同时，会产生弛豫或共振，形成能量吸收，在很宽的频率范围内出现一些色散区．在短厘米波（$\sim 1.5\times 10^{10}$ Hz）到微米波（$\sim 3\times 10^{14}$ Hz）频段，还伴随出现声子和入射光子的相互作用，形成光散射．在其低频区可认为传播着的声学模振动能对光学模起调制作用；而在高频区则源于声子和光子的耦合，产生极化激元．当将外激励电场改为超声波时，能直接研究弹性波与声子的相互作用，复弹性系数出现类似于复介电常数的弛豫现象．这样，从带电粒子的热振动观点出发，我们可以把无源的电介质想像成一个蕴藏着热能、电磁能和机械能的有源体，这些内能都是外激励频率、温度以及介质内部波矢的函数，所以称为电介质能谱．

为了获得电介质能谱，惟一的办法是施加外激励，测量其响应．常用的有广义的电磁波激励，声波（包括压力）激励，热激励以及它们的组合．这里所说的广义电磁波是指除通常概念的电磁波外，主要还包括光波、X 射线、γ 射线、电子、离子、中子和其他带电粒子等．激励的组合是众多的，常见的是电磁场和光波，电磁波和各种射线，电磁波和磁场，电磁波和直流偏压，电磁波和温度，电磁波和压力等.激励能使蕴藏在电介质内部某一能谱的响应得到极大地加强，使之易于探测.

我们知道，能量不外于储藏和损耗两个方面，因而描写能谱的参数总是与储藏和损耗有关的参数分不开的.在交变电磁场作用下，储藏在介质中的能量是与时间无关的，对于非磁性介质，可以表示为

$$W_s = \iiint_V \frac{1}{2}\varepsilon_0\varepsilon' \mid \boldsymbol{E} \mid^2 \mathrm{d}v, \tag{9.1}$$

被介质损耗的功率为

$$W_d = \iiint_V \frac{1}{2}\omega\varepsilon_0\varepsilon'' \mid \boldsymbol{E} \mid^2 \mathrm{d}v, \tag{9.2}$$

式中 $\boldsymbol{E}$ 是介质中的电场矢量；V 是介质体积；ε_0 是真空介电常数；ε'和 ε''分别是介质的相对复介电常数的实部和虚部；ω 是电场的角频率.这样，对于非磁性介质的电能谱，除直接用能量、反射信号、透射信号外，还可以用复介电常数

$$\varepsilon = \varepsilon' - \mathrm{j}\varepsilon'' = \varepsilon'(1 - \mathrm{j}\tan\delta) = \varepsilon' - i\sigma/\omega\varepsilon_0 \tag{9.3}$$

的实部 ε'和虚部ε''(或损耗角正切 $\tan\delta$，电导率 σ)的频率、温度关系来描写.

在光学中，人们更多用复折射指数

$$n^* = n - \mathrm{j}k = n - \mathrm{j}c\alpha_p/(4\pi\nu) \tag{9.4}$$

的实部折射指数 n 和虚部消光系数 k(或功率吸收系数 α_p)的频率、温度谱来描写.上式中 c 是光速；ν 是外电场的频率.

在同频率下，n，k 与 ε'，ε''的关系是

$$n^* = \varepsilon^{1/2}. \tag{9.5}$$

分开实部和虚部后，有

$$\varepsilon' = n^2 - k^2, \tag{9.6}$$

$$\varepsilon'' = 2nk, \tag{9.7}$$

$$n^2 = \frac{1}{2}[(\varepsilon'^2 + \varepsilon''^2)^{1/2} + \varepsilon'], \tag{9.8}$$

$$k^2 = \frac{1}{2}[(\varepsilon'^2 + \varepsilon''^2)^{1/2} - \varepsilon'].\tag{9.9}$$

在光学中,人们更乐意用功率吸收系数 α_p 来描写被介质吸收的能量,特别是在各类光谱仪中.显然,功率吸收系数 α_p 和介质损耗因子 ε''的关系,从式(9.7)和式(9.4)有

$$\varepsilon'' = \frac{nc\alpha_p}{2\pi\nu} = \frac{n\lambda\alpha_p}{2\pi},\tag{9.10}$$

式中 λ 是波长.该式表明,α_p 和 ε''的吸收峰$(\alpha_p)_{max}$和$(\varepsilon'')_{max}$不发生在同一 ν 值.因此,应该注意这样一个问题:光学工作者认为是透明的材料,未必是电介质工作者认为的低损耗材料.例如,对于低损耗介质,即有小的色散$\left(\frac{dn}{d\nu}\approx 0\right)$,$(\varepsilon'')_{max}$发生在

$$\frac{d\varepsilon''}{d\nu} = \frac{nc}{2\pi\nu}\frac{\partial\alpha_p}{\partial\nu} - \frac{nc\alpha_p}{2\pi\nu^2} = 0,\tag{9.11}$$

这样有

$$\frac{\partial\alpha_p}{\partial\nu} = \frac{\alpha_p}{\nu},\tag{9.12}$$

这正是在色散频率点 α_p-ν 曲线之正切,延长这根切线将通过原点 $\nu=0$(图 9.1).这是 α_p 谱的常见情况.大部分低损耗液体在亚毫米波就是如此.

上面已经提到,描写电磁能谱的自变量是频率或温度.就频率 ν 而言,也经常使用波长 $\lambda(=c/\nu)$、波数 $\sigma(=1/\lambda)$,在光学中还采用光子能量 $h\nu$(h 为普朗克常量).

此外,我们已知道,晶格振动是晶体中原子(或分子、离子)在其平衡位置附近的热振动,形成格波;当把这种晶格振动近似分解为许多简谐振动模时,每一简谐振动模有一定的波矢 $\boldsymbol{q}$ 和频率 ν,按照量子力学观点,它有本征能量 $h\nu$ 和本征准动量 hq.格波的量子称为声子.当研究光子与声子相互作用时,采用声子谱表示方法常是角频率 ω-q 图或能量 E-q 图.

其实根据介质中电场随时间和空间的变化规律:$e^{j(\omega t-\boldsymbol{q}\cdot\boldsymbol{r})}$($\boldsymbol{r}$ 代表波传播方向),可以选择 ω 或 $\boldsymbol{q}$ 任一为自变量.因有 $q=$

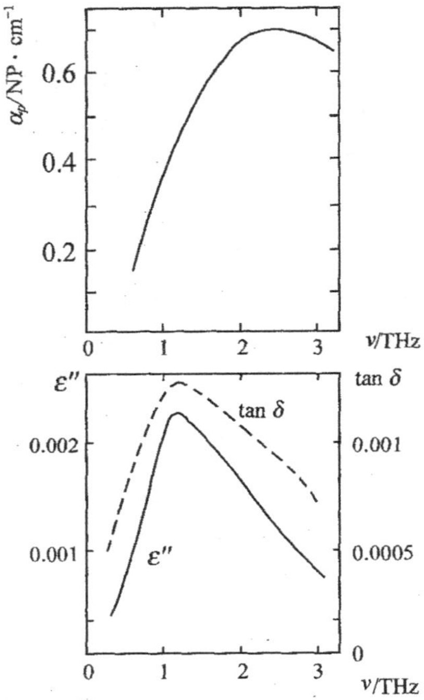

图 9.1 低损耗环己烷在亚毫米波的 α_p, ε''和 $\tan\delta$ 的比较.

$2\pi\sqrt{\varepsilon}/\lambda$(对于有损介质 $\boldsymbol{q}$ 是复矢量, 有时也将 q 定义为等于 $\sqrt{\varepsilon}/\lambda$), 当研究各向同性材料时, 采用 ε-ω 谱一般能在光频以下表征材料结构性能; 而当研究各向异性材料时, 不仅 ε 为高阶张量(对于有损介质 ε 是复张量), 还在特定光频下发生非弹性散射, 这样当研究材料中的空间场变化时, 若采用 ω-q 谱或 E-q 谱则更能表征晶体材料的结构特性, 故广泛应用于光学频段.

另外, 还有以离子质量 m 作为自变量来描写能谱的, 其依据是

$$Ve = mv^2/2, \tag{9.13}$$

式中 v 是离子速度; e 是电子电荷; V 是加速电压. 离子能量通常在 2000～6000 eV 的范围内就可得到离子质量数与能量的关系,

称为质谱.

在机械能谱中，与电磁能谱相类似的参数是复弹性系数和复声速的实部和虚部的频率、温度谱.

我们也已知道，介质中的热能、电磁能和机械能是相互关连的，并且在特定条件下(包括特定的物质结构)是可以相互转换的.如众所熟知的压电和逆压电效应，电(或磁)致伸缩现象等.这就是说，外激励还可以创造直接测量能谱间的相互关系和相互转换的条件.这时描写它们的参数是各种各样的转换系数和耦合系数.

总之，人们在不断地寻求和设置各种外激励条件，借以获得更加多样的电介质能谱及其相互转换，以不断增加的宏观信息来探索电介质的宏观性能与微观结构之间的联系.

从不同的外激励出发，我们可以把电介质能谱及其相互转换主要归纳为如下几方面.

1. *在广义电磁波激励下，有*

(1) 波谱.目前频率大约可以从 10^{-7} Hz 到 10^{21} Hz，主要包括介电谱、红外吸收谱、原子吸收光谱、发射光谱、质谱、X 射线谱和研究表面的俄歇能谱，以及研究核跃迁波谱的活化分析(共振吸收部分)和穆斯堡尔谱.波谱可以看成介质中的各类带电粒子在外电场作用下的极化、色散和对电磁波的吸收；通常，在微波频段以下产生弛豫，在该频段以上将产生共振.波谱一般是研究 ε 或 n^* 的频率 ν 关系或 $\alpha_p \sim \nu$ 关系.

(2) 光散射谱.单色光通过透明物质时，发生弹性散射和非弹性散射两部分，后者一般在频率约为 $\nu > 10^9$ Hz 才能出现，是外激励光子与介质中声子(广义)相互作用的结果.如果把晶格振动看成对入射电磁波的调制，产生不同于入射波频率的散射波，有布里渊和 Raman 散射.或者在小波矢区(高频区)则认为是入射光子与声子、激子、磁振子、等离子激元、杂质态等之间的耦合，产生极化激元，由再辐射造成非弹性散射.光子与声子相互作用所形成的散射，就频段而言，属远红外-红外散射，常研究 ω-q 关系.对于更高的频段，有中子散射，电子散射，X 射线散射，γ 光子散射和带电粒子散射等.

(3) 转换.如动态压电参数、电致伸缩、光弹性效应、非线性光学效应、光铁电效应等.

2. *在声波激励下,有*

(1) 波谱.超声谱,一般应用于不大于 10^9 Hz 的声频.

(2) 转换.如静态、准静态压电系数、弹光效应等.

3. *在热激励下的转换*　如热激励去极化电流谱、热释电系数等.

4. *在外磁场下的电磁波激励*　如磁共振波谱,其频率范围为 1 MHz 到 40 GHz.低频端为核磁共振谱,高频端为电子自旋共振谱.由于核磁子和 Bohr 磁子数值的差别,前者的共振频率比后者要小 3 个数量级.

5. *在外电场(直流或交流)或外声场(包括机械力)下的光波激励*　如电光效应.

6. *在冷、热作用下的电场激励*　如恒定频率下的介电温度谱、红外吸收温度谱.

本章只简述电介质能谱中有代表意义的介电谱、红外吸收谱、光散射谱和超声谱.

§9.2 介 电 谱

9.2.1 引言

复介电常数或称复电容率是表征电介质物理性质最重要的参数之一,也称介电参数.介电参数对外电场频率的响应称介电谱,又称电介质的色散吸收谱.当然,它可以在不同的温度下获得.介电谱能阐明电介质物质结构的某些规律及物质内部各微观组成部分(电子、原子、分子、偶极子、界面等)的极化、弛豫或共振机制,以及它们之间相互作用的某些规律.这样,频率从 10^{-7} Hz 到 10^{21} Hz 的波谱都可以看成介电谱,称为广义介电谱.然而,一般是将能同时测量复介电常数的实部 $\varepsilon'(\omega)$和虚部 $\varepsilon''(\omega)$才视为介电谱，至今其覆盖的频率范围约是 $10^{-7}\sim3\times10^{13}$ Hz(10 μm).

就物理机制而言，介电谱有弛豫型和共振型之分.例如，电介质中的原子、分子和电子在外电场作用下产生位移极化的过程中，受电场影响的电荷在一些力的作用下可认为是被吸向它们的中心位置，而这些力与电荷的位移成正比，即是一些线性弹性力.由于存在弹性恢复力，使相互作用具有共振特性.如果外电场的频率等于这些微观粒子的固有振动频率就产生共振.原子内的内层电子具有 10^{19} Hz 数量级(X 射线范围)的共振频率；价电子对电介质极化的贡献约在 $3\times10^{14}\sim3\times10^{15}$ Hz 的范围，即从近红外(1 μm)到紫外(0.1 μm)的光谱范围；分子内和晶体内的原子、离子对极化的贡献在亚毫米波至远红外频段：$10^{12}\sim3\times10^{13}$ Hz (0.3 mm～10 μm).

如果外电场的频率低于原子振动频率，则出现另一种类型的相互作用.这里电荷粒子间直接作用的恢复力不是弹性的，而是具有黏滞性的特点，这是不可逆热力学过程的一个结果.当外电场施加或撤除时，偶极子取向的迟缓集合，或在电极附近离子空间电荷的迟缓积聚，这些不能再用离散的能级说明其特性.正因为其形成过程是缓慢地趋向于一统计平衡态，故称为介质弛豫过程.常见的弛豫现象有偶极子弛豫、界面极化和弛豫、空间电荷极化和弛豫等.

对铁电体而言，在显示位移相变与有序-无序相变的软模体系中，极化对外电场的响应为共振型，其特征色散频率落在远红外区.但对于具有弛豫型的材料，如 TGS, $NaNO_2$ 等，其色散频率则落在微波或射频范围内.后者的介电谱是研究序参量的很好方法.通过介电谱可得到极化的弛豫时间和介质电弛豫的机制，以及铁电相变的重要信息.

在角频率为 ω 的交变外电场中，电介质的复介电常数谱 $\varepsilon(\omega)=\varepsilon'(\omega)-j\varepsilon''(\omega)$可认为是各种极化机制所引起的.假定外电场与介质内微观粒子周围的内电场之间的差别可以忽略，则有

相对复介电常数为

$$\varepsilon(\omega) = 1 + \sum_j \chi_j(\omega), \tag{9.14}$$

式中 $\chi(\omega) = \chi'(\omega) - \mathrm{j}\chi''(\omega)$是复极化率；下标 j 表示各种极化机制.频率愈低，则会有愈多类型的微观粒子对极化率有贡献，即 j 的数目愈多.在某一频段内，可以把它看成只有一种或少数几种极化过程的叠加，因此可把介电常数谱近似地写为

$$\varepsilon(\omega) = \varepsilon_\infty + \chi'_j(\omega) - \mathrm{j}\chi''_j(\omega),$$

其中只有第 j 种或 j 种极化机制起作用.ε_∞表示所有高于 ω 频率机制对 $\varepsilon(\omega)$的贡献.事实上，在大部分情况，特别是在固体中，内电场不可能等于外电场，这样复介电谱应写成

$$\varepsilon(\omega) = \varepsilon_\infty + \varepsilon'_j(\omega) - \mathrm{j}\varepsilon''_j(\omega). \tag{9.15}$$

此外，人们除用复介电常数对外电场频率的响应 $\varepsilon(\omega)$来描写介电谱外，还采用介质对外电场的时间响应，即介质响应函数$\Phi(t)$来表征材料的介电性能.这就是说，我们可以用介质响应函数 $\Phi(t)$或复介电常数谱 $\varepsilon(\omega)$，分别在时域或频域等效地表征材料的介电性能.其区别是 $\Phi(t)$能直接表征介质中各种电荷或电荷组合随时间的涨落，即分子运动的性能；而参数 $\varepsilon(\omega)$却直观地表征各种极化机制对频率的响应情况，又是电子、电工、光学等工程中直接使用的量.它们之间的联系是拉普拉斯变换或傅里叶变换.

为了进一步说明 $\Phi(t)$与 $\varepsilon(\omega)$的联系，我们将讨论线性介质对脉冲电场、交变电场的响应，给出介质响应函数 $\Phi(t)$，Kramers-Krönig 关系和 Cole-Cole 图，最后简述介电谱测量技术和时域测量数据实时分析求取 $\Phi(t)$的概念.至于共振型介电谱将在§9.3 中讨论.

9.2.2 弛豫型介电谱

首先考虑线性材料对脉冲电场的响应：一个振幅为 E 的矩形脉冲电场在时间间隔$\theta \sim (\theta + \mathrm{d}\theta)$内施加到线性介质上(图 9.2)，由图 9.3 可看出，这个外电场脉冲可以表示为

$$E(t) = [\Gamma(t-\theta) - \Gamma(t-\theta-d\theta)]E, \qquad (9.16)$$

式中 $\Gamma(u)$是振幅为 1 的阶跃函数.根据叠加原理,对应于脉冲的电势移 D 是由前缘产生的D_1 和后缘产生的 D_2 之和,即

$$D_1(t) = \varepsilon_\infty E\Gamma(t-\theta) + (\varepsilon_s - \varepsilon_\infty)f(t-\theta)E, \qquad (9.17)$$

$$D_2(t) = -\varepsilon_\infty E\Gamma(t-\theta-\mathrm{d}\theta) - (\varepsilon_s - \varepsilon_\infty)f(t-\theta-\mathrm{d}\theta)E, \qquad (9.18)$$

式中 ε_∞和 ε_s 分别为很高和很低频率下的介电常数.在这些方程中,右边第一项涉及来源于电子的瞬时极化,在电场施加的瞬时就立即表现出来.第二项涉及由于偶极子取向或任何其他黏滞过程而引起的迟缓极化.函数 $f(u)$表征迟缓极化的滞后程度,它从 $f(0)=0$增加到 $f(\infty)=1$,称归一化介质响应函数;用 $\Phi(t)$表示未归一化的介质响应函数.

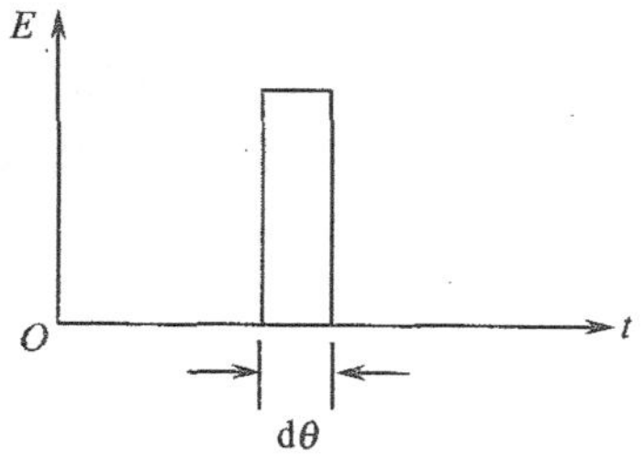

图 9.2　一个外电场脉冲.

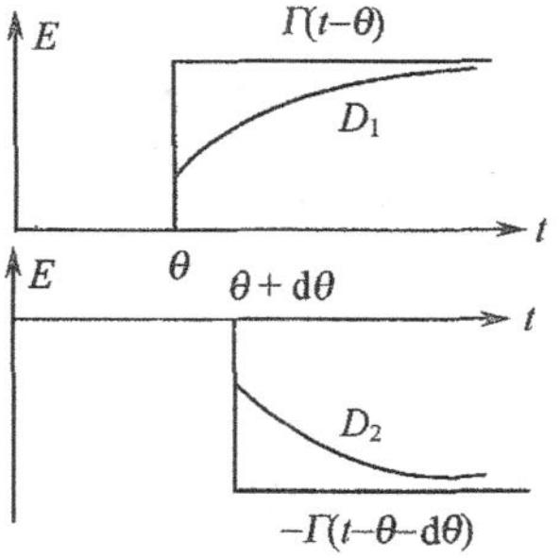

图 9.3　$E(t)$和 $D(t)$的分解.

因体系是线性的,所以由脉冲 $E(t)$在时刻 t 产生的电势移D为

$$D(t) = D_1 + D_2 = \varepsilon_\infty E(t) + (\varepsilon_s - \varepsilon_\infty)\int f'(t-\theta)E\,\mathrm{d}\theta, \qquad (9.19)$$

其中,当 $t>(\theta+\mathrm{d}\theta)$时,$E(t)=0$.出现方程中的 $f(u)$的导数 $f'(u)$是一个递减函数,在无穷大时为零,通常称为被$(\varepsilon_s-\varepsilon_\infty)$归一化的衰减函数,用 $\dot{\Phi}(t)$表示未归一化的衰减函数.

如果在 $t=-\infty$ 时,所施加的电场是一个时间连续函数,则在时刻 t 的电势移是

$$D(t) = \varepsilon_\infty E(t) + \int_{-\infty}^{t} \dot{\Phi}(t-\theta)E(\theta)\mathrm{d}\theta. \tag{9.20}$$

如果我们引入新的变量 $u=t-\theta, \mathrm{d}\theta=-\mathrm{d}u$,则 $D(t)$变为

$$D(t) = \varepsilon_\infty E(t) + \int_{0}^{\infty} \dot{\Phi}(u)E(t-u)\mathrm{d}u, \tag{9.21}$$

式中的积分项是 $\dot{\Phi}$ 和 E 的卷积,常写成

$$\dot{\Phi}(t) * E(t). \tag{9.22}$$

这样由偶极子取向(广义)引起的时域介电常数满足

$$D_{or}(t) = \varepsilon_{or}(t) * E(t). \tag{9.23}$$

从数学上得知:卷积的拉普拉斯变换是各自拉普拉斯变换的简单乘积,即

$$D_{or}(\omega) = \varepsilon_{or}(\omega)E(\omega). \tag{9.24}$$

我们已知道,在含偶极子的系统中,当阶跃函数电场施加(图 9.3 上)或撤除(图 9.3 下)时,极化强度和电势移随时间按指数规律变化,因此衰减函数 $\dot{\Phi}(t)$和介质响应函数 $\Phi(t)$可分别表示为

$$\dot{\Phi}(t) = \frac{\varepsilon_s - \varepsilon_\infty}{\tau}\exp(-t/\tau), \tag{9.25}$$

$$\Phi(t) = (\varepsilon_s - \varepsilon_\infty)(1-\exp(-t/\tau)), \tag{9.26}$$

式中 τ 是偶极弛豫时间.按拉普拉斯变换,有

$$\varepsilon_{or}(\omega) = \frac{\varepsilon_s - \varepsilon_\infty}{\tau}\int_0^\infty e^{-t/\tau - \mathrm{j}\omega t}\mathrm{d}t = \frac{\varepsilon_s - \varepsilon_\infty}{1+\mathrm{j}\omega\tau}, \tag{9.27}$$

故有

$$\varepsilon(\omega) = \varepsilon_\infty + \frac{\varepsilon_s - \varepsilon_\infty}{1+\mathrm{j}\omega\tau}, \tag{9.28}$$

这就是著名的德拜关系式的最简单形式,在这里忽略了材料的电导率.

分开 $\varepsilon(\omega)$的实部 $\varepsilon'(\omega)$和虚部 $\varepsilon''(\omega)$,得

$$\varepsilon'(\omega) = \varepsilon_\infty + \frac{\varepsilon_s - \varepsilon_\infty}{1+\omega^2\tau^2}, \tag{9.29}$$

$$\varepsilon''(\omega) = (\varepsilon_s - \varepsilon_\infty)\frac{\omega\tau}{1+\omega^2\tau^2}. \tag{9.30}$$

根据这两个方程,可以作出如图 9.4 的曲线.

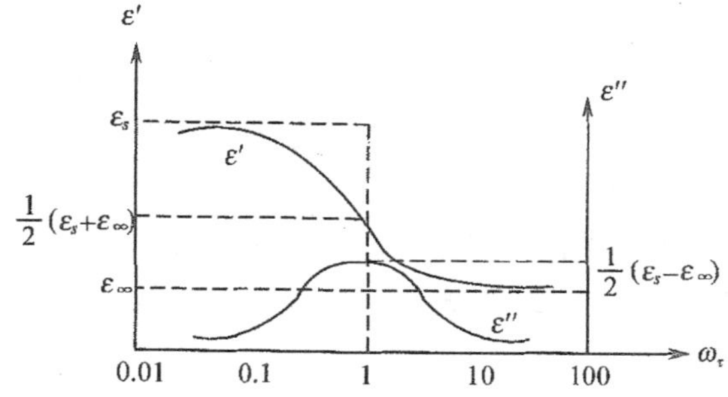

图 9.4 ε′和 ε″与 log(ωτ)的关系.

从式(9.29)和式(9.30)中消去 $\omega\tau$,给出

$$\left[\varepsilon'(\omega) - \frac{1}{2}(\varepsilon_s + \varepsilon_\infty)\right]^2 + [\varepsilon''(\omega)]^2$$

$$= \left[\frac{1}{2}(\varepsilon_s - \varepsilon_\infty)\right]^2, \tag{9.31}$$

这是半径为$(\varepsilon_s - \varepsilon_\infty)/2$,中心在 $\varepsilon' = (\varepsilon_s + \varepsilon_\infty)/2$, $\varepsilon'' = 0$ 处的圆方程,显然,此时纵坐标为 ε″,横坐标为 ε′(图 9.5).这就是常说的 Cole-Cole 图,或称德拜半圆或 Argand 图.因为 $\varepsilon'' > 0$,所以只有半

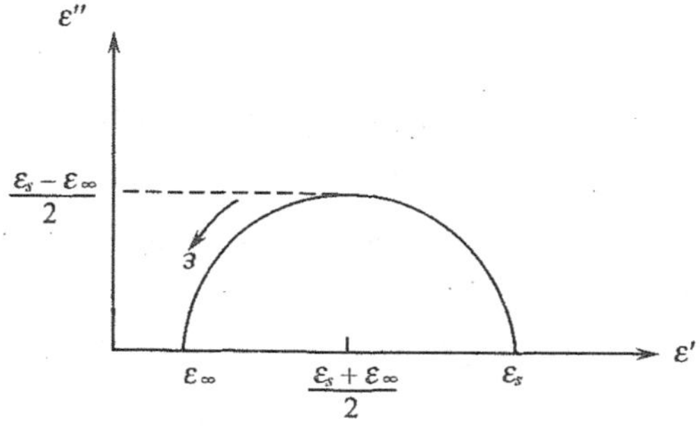

图 9.5 Cole-Cole 图.

个圆是有物理意义的．严格地讲，按式(9.3)这个半圆在 Argand 图的下半部，但实际上通常画出 ε'和 ε''的测量值在上半个平面．ε_s和 ε_∞的值由圆弧与 ε'轴截矩给出，最大损耗 $\varepsilon''_{max}=(\varepsilon_s-\varepsilon_\infty)/2$ 发生在 $\omega\tau=1$ 处．对应最大损耗的介电常数是 $\varepsilon'=(\varepsilon_s+\varepsilon_\infty)/2$．

德拜半圆的优点是能很直观地表示介质的简单弛豫过程．其缺点是所有的表示都具有类似的形式，即对不同的弛豫频率不能显示出有区别的图形．

实际上，经常遇到一些 ε''-ε'图是不对称的，在这种情况下，对不同的图形有相应变形的德拜解析式．例如，Davidson 和 Cole 提出的简单解析式

$$\varepsilon(\omega)=\varepsilon_\infty+\frac{\varepsilon_s-\varepsilon_\infty}{(1+j\omega\tau)^\alpha},\quad 0<\alpha<1. \tag{9.32}$$

当 $\alpha<1$ 时，能符合图 9.6 所示的图形．参数 α 可作为介质偏离德拜方程程度的衡量．如果 $\alpha=1$，则该式为德拜关系式．

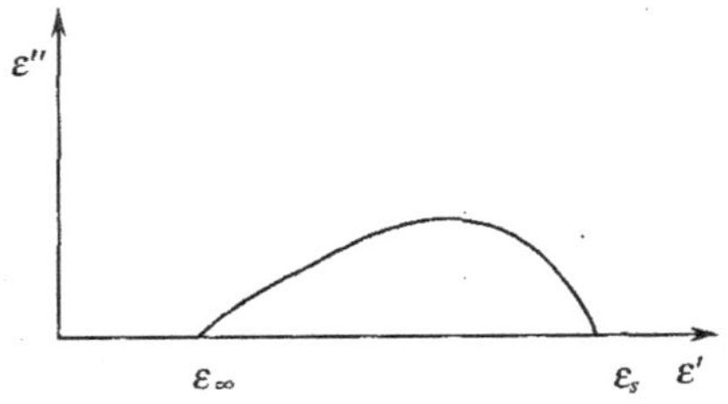

图 9.6　偏斜的 Davidson-Cole 图．

实验数据与德拜判别之间的符合程度常被用作进一步理论探讨的基础．内电场、直流电导和多重弛豫时间等的影响，都会使 $\varepsilon''(\varepsilon')$图与 Cole-Cole 半圆产生偏离，所以 Cole-Cole 图是有实际意义的、重要的图解表示方法．

我们也知道，与脉冲撤除时电势移随时间变化等效的电介质极化电流(暂态电流)有 Curie-von Schweidler 定律

$$I(t)=At^{-n},\quad 0<n<1. \tag{9.33}$$

如果把它作为衰减函数，按傅里叶变换，有

$$\varepsilon''(\omega) \propto \omega^{n-1}. \tag{9.34}$$

当 $n=0$ 时，即得到德拜模型在非常高频率下所描述的情况（参阅式(9.30)）.

前面已经提到，在实际的凝聚态的介电谱中，损耗峰比德拜峰要宽，并且是不对称的.峰的频率也远小于单粒子体系内偶极子的固有振动频率.此外还必须看到，利用德拜关系式及其修正来解释这些现象是无能为力的.但采用式(9.33)，(9.34)则可解释这一宽频分布以及介电谱形状的不对称.介电谱峰的不同宽度和各种不对称程度都与表示相互作用程度的 n 值有关.可惜至今还不能从理论上求得 n 值，而需依赖实验来决定，但它能解释德拜模型所不能解释的一些现象，在解释介质内多粒子相互作用时，其物理意义清晰.该模型对不同化学组分、物理状态和物质结构的许多介质，包括铁电体在内都有效，而不问引起极化的电荷是偶极子还是价电子或离子.

这里使我们想到大家熟知的 Hamon 近似法，他假定暂态电流符合式(9.33)，但没有必要真正从实验找寻暂态电流曲线表达式中的 n 值，而可直接从下面简单的式子中近似获得介质损耗：

$$\varepsilon''(\omega) = \frac{I(2/\pi\omega)}{\omega C_0 V}, \tag{9.35}$$

式中 C_0 是介质电容量；V 是阶跃电压；$I(2/\pi\omega)$ 是在时间为 $t=2/\pi\omega$ 时的暂态电流.Hamon 谱是式(9.34)在低频下的很好近似.对于聚合物中有典型德拜弛豫过程的情况，这个结果十分符合.这反映了这样一个事实：在频率 ω 时对傅里叶变换的主要贡献是暂态电流在时间接近 $t=0.63/\omega$ 时的性能有关.

而介电常数可用简化的下式近似获得：

$$\varepsilon'(\omega) = \varepsilon''(\omega)\tan\frac{n\pi}{2} + \varepsilon_\infty. \tag{9.36}$$

因此，有人将式(9.33)和式(9.34)称为凝聚态的介电响应的普适模型，或介电响应的多体模型.它能描述甚超低频到至少 10^9 Hz 频率的许多介电响应的现象.

9.2.3 交变电场的情况;Kramers-Krönig 关系式

假设外电场为振幅 E_0,角频率 $\omega=2\pi\nu$ 的余弦函数

$$E(t) = E_0\cos\omega t, \tag{9.37}$$

把式(9.37)代入式 (9.21),则得出

$$D(t) = \varepsilon_\infty E_0\cos\omega t + E_0\int_0^\infty \dot{\Phi}(u)\cos(\omega t - \omega u)\mathrm{d}u, \tag{9.38}$$

这里我们所涉及的时间 t 比瞬变时间长得多,所以 $D(t)$最终变为与外电场有相同的角频率 ω,但与外电场仍有一个相位差的余弦函数

$$\begin{aligned} D(t\to\infty) &= D_0\cos(\omega t - \varphi) \\ &= D_0\cos\varphi\cos\omega t + D_0\sin\varphi\sin\omega t. \end{aligned} \tag{9.39}$$

从式(9.38)可得到关 $D(t\to\infty)$的另一个表示式,即

$$\begin{aligned} D(t\to\infty) = \varepsilon_\infty E_0\cos\omega t + E_0\int_0^\infty \dot{\Phi}(u)(\cos\omega t\cos\omega u \\ + \sin\omega t\sin\omega u)\mathrm{d}u, \end{aligned} \tag{9.40}$$

或

$$\begin{aligned} D(t\to\infty) = \left[\varepsilon_\infty + \int_0^\infty \dot{\Phi}(u)\cos\omega u\,\mathrm{d}u\right]E_0\cos\omega t \\ + \left[\int_0^\infty \dot{\Phi}(u)\sin\omega u\,\mathrm{d}u\right]E_0\sin\omega t. \end{aligned} \tag{9.41}$$

联合式(9.39)和式(9.41),我们得到

$$D_0\cos\varphi = \left[\varepsilon_\infty + \int_0^\infty \dot{\Phi}(u)\cos\omega u\,\mathrm{d}u\right]E_0, \tag{9.42}$$

$$D_0\sin\varphi = \left[\int_0^\infty \dot{\Phi}(u)\sin\omega u\,\mathrm{d}u\right]E_0. \tag{9.43}$$

但是,根据复介电常数的定义,有

$$D = \varepsilon E = (\varepsilon' - \mathrm{j}\varepsilon'')E, \tag{9.44}$$

因此,D 的同相位分量对应于 ε',相相位差 90°的分量对应于 ε'',这样得出

$$\varepsilon' = \varepsilon_{\infty} + \int_0^{\infty} \dot{\Phi}(u)\cos\omega u \, du, \tag{9.45}$$

$$\varepsilon'' = \int_0^{\infty} \dot{\Phi}(u)\sin\omega u \, du. \tag{9.46}$$

上述两式表明:复介电常数的实部和虚部都依赖于同一衰减函数 $\dot{\Phi}(u)$,它可以写成傅里叶变换式

$$\dot{\Phi}(u) = \frac{2}{\pi} P\int_0^{\infty} (\varepsilon'(x) - \varepsilon_{\infty})\cos ux \, dx \tag{9.47}$$

$$= \frac{2}{\pi} P\int_0^{\infty} \varepsilon''(x)\sin ux \, dx. \tag{9.48}$$

式中 P 代表 Cauchy 主值积分.因此这两个谱是彼此相关的.把式(9.48)代入式(9.45),可导出它们之间的关系

$$\varepsilon'(\omega) - \varepsilon_{\infty} = \frac{2}{\pi} P\int_0^{\infty} \left[\int_0^{\infty} \varepsilon''(x)\sin ux \, dx\right]\cos\omega u \, du. \tag{9.49}$$

改变积分的次序,得出

$$\varepsilon'(\omega) - \varepsilon_{\infty} = \frac{2}{\pi} P\int_0^{\infty} \left[\int_0^{\infty} \sin xu \cos\omega u \, du\right]\varepsilon''(x) dx. \tag{9.50}$$

方括号里的积分为

$$\int_0^{\infty} \sin xu \cos\omega u \, du = \frac{x}{x^2 - \omega^2}. \tag{9.51}$$

因此

$$\varepsilon'(\omega) - \varepsilon_{\infty} = \frac{2}{\pi} P\int_0^{\infty} \frac{x\varepsilon''(x)}{x^2 - \omega^2} dx. \tag{9.52}$$

同样从式(9.46)和式(9.47)得出

$$\varepsilon''(\omega) = \frac{2\omega}{\pi} P\int_0^{\infty} \frac{\varepsilon'(x) - \varepsilon_{\infty}}{x^2 - \omega^2} dx. \tag{9.53}$$

式(9.52)和式(9.53)称为 Kramers-Krönig 关系式.它表明一个产生电磁场吸收峰的外激励以 $\Delta\varepsilon = \varepsilon'(\omega) - \varepsilon_{\infty}$ 贡献给静介电常数,而任一介质色散总是伴随着吸收峰.它们对任何类型的线性色散介质都是成立的,而且只要在全波谱范围内测出其中一个波

谱就可以得到另一个波谱. 在光谱中这些关系被用于从吸收测量去计算 $\Delta\varepsilon$, 他们也适应于数字计算机的快速傅里叶运算. 然而, 上面两式的积分实际上只能在有限区间内进行, 在频率范围不够宽时会导致重大的误差.

如果令式(9.52)中的 $\omega=0$, 则有

$$\varepsilon_s - \varepsilon_\infty = \frac{2}{\pi}P\int_0^\infty \varepsilon''(x)\,\frac{\mathrm{d}x}{x},$$

即

$$\int_0^\infty \varepsilon''(\omega)\,\frac{\mathrm{d}\omega}{\omega} = \frac{\pi}{2}P(\varepsilon_s - \varepsilon_\infty), \tag{9.54}$$

这表明在 ε''对 $\log\omega$ 的关系图中, 曲线下面包括的总面积只简单地与介电常数的极端值有关, 而不问色散的机制如何.

9.2.4 介电谱的测量导论

从上面讨论知道, 介电谱有两种表示形式: 以介质对时间电场响应的介质响应函数 $\Phi(t)$和复介电常数的频率谱 $\varepsilon(\omega)$. 介质响应函数的微分 $\dot{\Phi}(t)$与 $\varepsilon(\omega)$之间的联系是拉普拉斯变换或傅里叶变换. 可是人们总是习惯于用 $\varepsilon(\omega)$来理解介电谱. 上面也已说过, 如果把能同时测量 $\varepsilon'(\omega)$和 $\varepsilon''(\omega)$才视为介电谱的话, 其频率范围是 10^{-7} Hz 到 3×10^{13} Hz. 但至今还没有任何单一的测试方法和仪器能覆盖这样阔广的频率范围, 而只能依赖于频域介电谱技术、时域介电谱技术和白噪声相关技术来覆盖上述所有的频段.

频域介电谱技术是采用正弦波电场激励来测量复介电常数作为频率的函数之实验技术. 在集总参数回路有电桥法、谐振回路法和矢量阻抗法. 在分布参数回路可按含介质传输线的反射、透射和反射-透射组合的原理, 利用微波矢量网络分析仪、六端口技术、测量线或微波电桥等进行测量; 或者采用各种波模的谐振腔技术, 按腔体谐振法、腔内微扰法和腔外微扰法运行; 或者采用介质谐振腔、Fabry-Perot开腔、不调谐腔体等技术. 在这些技术中, 当采用

传输线与自由空间的混合系统，即导向波技术与光学技术共存时，上限频率可超过 300 GHz. 而超低频电桥的下限频率约为 0.01 Hz.

时域介电谱技术是观察介质对激励它的阶跃电压脉冲的响应，传统的由傅里叶变换获得复介电常数的频率谱 $\varepsilon(\omega)$，或者按时域信号的实时分析来近似求取介质响应函数 $\Phi(t)$. 时域技术是决定网络在宽频带特性的脉冲相关技术，被记录的反射信号或透射信号通称网络响应信号 $R(t)$，是激励脉冲信号 $V_0(t)$对网络响应函数 $h(t)$的卷积. 利用含低频到甚超低频信号的极化电流时间积分技术和含超高频微波信号的快速上升时间(～20 Ps)的脉冲产生、取样技术可在 10^{-7} Hz 到 25 GHz 的频段内获得介电谱.

我们已知道，不管采用频域法或传统的时域法测量，$\Phi(t)$总是从 $\varepsilon(\omega)$获得，这时需预先假定 $\Phi(t)$的函数形式[如式(9.26)，(9.33)]. 这样，人们自然就提出这样一种设想：不经过拉普拉斯变换，不预先假定 $\Phi(t)$的形式，能否从时域记录的数据来获得$\Phi(t)$函数呢？这个从与时间有关的系统响应曲线直接求取与时间有关的介质响应函数 $\Phi(t)$的方法称为介质响应的实时分析. 这个分析的开创应归功于 Fellner-Fedegg 的薄样品法.

从介质响应的实时分析可知，对于在匹配线中的薄样品，其反射脉冲 $R(t)$的一阶近似是

$$(\varepsilon_\infty - 1) + \Phi(t - T_r/2) \approx (2c/d)\int_0^t \frac{R(t')}{V_0}\mathrm{d}t', \quad t > T_r, \tag{9.55}$$

或

$$(\varepsilon_\infty - 1)\delta(t) + \dot{\Phi}(t) \approx (2c/d)\,\frac{R(t)}{V_0}, \tag{9.56}$$

式中 T_r 是脉冲上升到 V_0 的时间；d 是样品长度. 当上述公式引入高阶的修正项后能获得很好的近似. 这样我们可以从时域数据，不经过傅里叶变换直接求取介质响应函数 $\Phi(t)$. 现在得到最粗

糙的近似是:反射脉冲正比于介质响应函数的微分 $\dot{\Phi}(t)$. 这里要注意的是:式(9.56)的这个简单结果只有在样品长度趋于零时才是正确的. 这是因为在 $t=0$ 时的 δ 函数只有当 $d\to0$ 时才能被获得.

虽然这个方法的高阶近似是繁锁的,但却把介质行为看成纯时域现象,而不像常规那样把它作为频域响应的逆傅里叶变换,且又不需要预先假定 $\Phi(t)$ 的形式,并能将介质的直流电导和交流电导(介质损耗)分开. 这个结果使我们解决了从实验曲线直接求取 $\Phi(t)$ 函数的方法.

高频微波时域数据的实时分析的结论使我们联想到,在低频时域技术中,当测量暂态电流的时间积分(即电荷)时,其时间响应曲线与介质响应函数 $\Phi(t)$ 近似成正比;而当测量暂态电流或放电电流的时间关系时,则与介质响应函数的微分 $\dot{\Phi}(t)$ 成正比. 现在我们明了为什么 $\Phi(t)$ 是介电谱的另一种表示形式.

白噪声相关技术是把被测介质材料暴露在外加的随机噪声中,利用激励信号和系统对它的响应进行相关分析,从傅里叶变换获得材料的复介电常数频率谱. 这是不同于脉冲相关技术的又一类相关技术. 两者有着相同的数学描写,但却有着许多本质的区别,并用完全不同的实验方法来完成. 现在被记录的信号不是时域法中的网络响应信号,而是噪声激励信号和网络响应信号卷积所产生的相关信号. 在亚毫米波远红外频段,是把待测样品置于双臂干涉仪的一个臂(即一束光)中,使傅里叶变换波谱技术(FTS)具有不对称性,常称色散傅里叶变换波谱技术(DFTS),这时与微波噪声相关技术的区别是用光程差 x 来替代时延 τ,可在 60 GHz (5 mm)到 30 THz(10 μm)频段内获得复折射指数的频率谱.

如果把噪声相关技术看成是脉冲相关技术的扩展,都属于时域相关技术,则介电谱测量技术也可以认为只有两类:频域介电谱技术和(时域)相关介电谱技术. 它们分别对应于复介电常数的频率谱 $\varepsilon(\omega)$ 和介质响应函数 $\Phi(t)$.

§9.3 红外吸收谱

红外吸收谱主要是研究功率吸收系数 α_p 的频率响应，在电介质研究中已有几十年历史．不过在高分辨率红外谱仪问世以前，主要用于高分子电介质及其他非极性电介质研究，而且以近、中红外谱为主．自 19 世纪 60 年代傅里叶变换红外谱仪问世以来，已将红外谱的研究扩展到整个极性和非极性电介质领域，包括生物电介质 RNA(核糖核酸)、DNA(脱氧核糖核酸)、氨基酸等在内．19 世纪 70 年代出现的色散傅里叶变换谱技术，使红外谱的低频端能同时测量复折射指数的实部 n 和虚部 α_p，并使低频端延伸至约 60 GHz(5 mm)，不过其高频端至今仍只能达到中红外波段，约 30 THz(10 μm)．我们现在所说的红外谱常指 0.3 THz(1mm)到 300 THz(1 μm)的频段．

如§9.2 所述，红外吸收谱是共振型介电谱，主要用于研究原子和分子的振动光谱、分子结构和化学键性质、晶体的晶格动力学性质等．但就研究晶体的晶格动力学性质而言，还可应用 Raman 散射谱(见§9.4)．两者都是研究光子与晶格振动(声子)的相互作用，但红外谱是基于晶格振动引起的光吸收，只与一个光子有关；而散射是与两个光子有关的复杂过程，含入射光和散射光，即在此过程中有一个光子进、有一个光子出，并产生或湮没一个声子，故其散射频率与入射频率不同，属于非弹性散射．因此两种方法各有特点，并成为相互补充．

此外，对比一下吸收谱中的晶格吸收和电子能带之间的跃迁吸收(带间跃迁光谱)是有益的．两者均属扩展态，需满足波矢守恒定律．但两者又有一定差别，电子的带间跃迁是电子从一能态(例如在价带)因吸收一个光子而跃迁到更高的另一能态(例如在导带)，电子在跃迁前后都是存在的，仅所处的能态不同而已；而晶格吸收是固体吸收一光子而产生一个声子，在跃迁前那个声子是不存在的，即是说，声子是从无到有．于是电子带间跃迁可以在布里渊区整个范围中产生，只要满足波矢守恒定律，即相应于竖直跃迁；而晶格吸收只可在布里渊区中心(即 $q\approx0$)处发生，别的地方不能满足波矢守恒定律.

除能量守恒定律和波矢守恒定律外，一个晶体是否有红外振动(或红外活性)还取决于选择定则.这种选择定则是由晶格振动模的对称性决定的，分析和确定这些选择定则需要用到群论知识.现在我们只简单地来讨论选择定则.

在光场作用下，如果对应于晶格振动简正模的原子位移形成偶极矩 $\boldsymbol{M}$，则这个简正模是红外活性的；或者说，晶体具有红外活性的必要条件是 $\boldsymbol{M}\neq0$.但这种性质不易从晶体是否具有对称中心来决定，因为这个偶极矩并不决定于原子的平衡位置，而是决定于原子的振动位移.例如，NaCl 和金刚石都是具有反演对称中心的晶体，但金刚石的 $\boldsymbol{M}=0$，而 NaCl 则具有 $\boldsymbol{M}\neq0$.这是因为金刚石结构的光学宇称为偶数，而 NaCl 为光学奇宇称.更具体地说，在金刚石晶体中，在互为最近邻的一对碳原子的相对振动过程中并不产生电矩；而互为最近邻的 NaCl 晶体中正离子和负离子，它们的任何相对振动位移都会产生附加的电矩.具有红外活性的简正模同光波的相互作用以 $\boldsymbol{M}\cdot\boldsymbol{E}$ 为标志.如果 $\boldsymbol{M}\cdot\boldsymbol{E}\neq0$，并且在布里渊区中心的红外频率接近于简正模的频率，就会产生红外光的共振吸收.但是一些非极性晶体也有晶格振动吸收谱，这些情况比较复杂，常常与多声子跃迁过程有关.

入射光子频率为 ω_0，波矢为 q_0，它被介质吸收后形成频率为 ω_j，波矢为 q_j 的声子；能量和波矢守恒定律要求

$$\omega_0=\omega_j,\quad q_0=q_j=0. \tag{9.57}$$

在单位时间内，晶格由初态 $|i\rangle$ 跃迁到终态 $\langle f|$ 的概率等于

$$W_{fi}(\omega)=\frac{2\pi}{\hbar^2}|\langle f|\boldsymbol{E}_0\cdot\boldsymbol{M}|i\rangle|^2\delta(\omega_{fi}-\omega_0), \tag{9.58}$$

式中 $\boldsymbol{E}_0$ 为红外光频场的矢量振幅.若要上式的值不等于零，则必有 $\omega_{fi}=\omega_0=\omega$.

晶体总电偶极矩可按原子振动位移 $\boldsymbol{u}_j$ 展开为级数

$$M = M_0 + \sum_j \left(\frac{\partial M}{\partial u_j} \right)_0 u_j + \frac{1}{2} \sum_{jj'} \left(\frac{\partial^2 M}{\partial u_j \partial u_{j'}} \right)_0 u_j u_{j'} + \cdots, \tag{9.59}$$

这里 M_0 为静态偶极矩；$\partial M/\partial u_j$ 相当于离子的有效电荷；$\partial^2 M/\partial u_j \partial u_{j'}$ 为离子 j 的有效电荷改变率，这种改变是离子 j' 离开了平衡位置所感生的．若离子位移用简正坐标 $Q_l(q)$ 来表示时，则为

$$u_j = \sum_{lq} \left(\frac{1}{Nm_j} \right)^{1/2} Q_l(q) e_{lj}(q) \mathrm{e}^{\mathrm{j}(q \cdot r - \omega t)}, \tag{9.60}$$

式中 l 标志声子的分支；$e_{lj}(q)$ 为声子的极化矢量．这样 M 可改写成

$$\begin{aligned} M &= M_{0n} + \sum_j \alpha_{jn} Q_j(q) + \sum_{ij} \alpha_{ijn} Q_i(q) Q_j(q) + \cdots \\ &\equiv M_{0,n}(Q) + M_{1,n}(Q) + M_{2,n}(Q, Q') + \cdots, \end{aligned} \tag{9.61}$$

式中 $n = x, y, z$；静态偶极矩 M_0 在振动吸收谱中无贡献；$M_{1,n}$ 是简正坐标 Q_j 的线性组合，因而它决定了第一级红外声子谱．

由此得到，矩阵元

$$\langle m \mid E_0 \cdot M \mid m' \rangle \propto e_j E_0 \langle m \mid Q \mid m' \rangle, \tag{9.62}$$

其中 m 和 m' 表示能态．只有当 $m' = m \pm 1$ 和 $q = q_0$ 时，矩阵元才不为零．乘积 $e_j E_0$ 表示红外光波只同横晶格模相互作用．由式(9.61)和式(9.62)可以得到红外吸收的选择定则．可见，只有对晶体总偶极矩有贡献的简正模 Q_j 才有红外活性．从概念上讲，由于光波是电磁波，是横向波，纵光学声子不与横波的光子发生作用，所以光子被吸收而产生的声子是横光学声子．所有的铁电软模都属于这一类．因此，无论在居里点 T_c 以上或 T_c 以下，都是红外活性的．但 T_c 以上的反铁电软模不出现在红外谱中，因为反铁电体的不稳定性不发生在 $q = 0$ 处．

下面考虑双声子过程，即式(9.61)中的二级电偶极矩的情况．此时，红外吸收谱线强度 $I(\omega)$ 是电偶极矩自相关函数的傅里叶变换

$$I(\omega) = \frac{1}{2\pi} \int_{-\infty}^{+\infty} \mathrm{e}^{-\mathrm{j}\omega t} \langle E \cdot M(0) \cdot E \cdot M(t) \rangle \mathrm{d}t. \tag{9.63}$$

如果用对应的简正坐标的相关函数来表示，则上式可表示为

$$I(\omega) \propto \frac{1}{2\pi}\int_{-\infty}^{+\infty} \langle Q_j(0) Q_j(t) \rangle \mathrm{e}^{-\mathrm{j}\omega t} \mathrm{d}t \propto \varepsilon''_j(\omega), \quad (9.64)$$

即 $I(\omega)$同振动模 j 所联系的介电损耗$\varepsilon''(\omega)$成正比.

上式表示与二级电偶极矩 $\boldsymbol{M}_2(Q, Q')$相联系的红外吸收，即晶体能量按简正坐标展开的非谐振项所引起的红外吸收. 这种过程为双声子过程；即同时产生或湮没两个声子，或湮没一个声子而产生另一个声子的情况. 这时，由能量守恒及波矢守恒定律可知

$$\begin{aligned} \omega_0 &= \pm\, \omega_j \pm \omega_{j'} = \omega, \\ \boldsymbol{q}_0 &= \pm\, \boldsymbol{q}_j \pm \boldsymbol{q}_{j'} \approx 0, \end{aligned} \quad (9.65)$$

这里 ω_j, $\omega_{j'}$和$\boldsymbol{q}_j$, $\boldsymbol{q}_{j'}$表示两个声子的频率和波矢. 式(9.65)中的第二个式子是因为 $\boldsymbol{q}_0 \approx 0$ 所引起的 $\pm \boldsymbol{q}_j \pm \boldsymbol{q}_{j'} \approx 0$ 表明，二级红外吸收谱不限于 $\boldsymbol{q} \approx 0$ 的情形. 这时波矢守恒定律要求参与双声子光跃迁过程的两个声子的波矢有如下关系：当吸收光子产生两个声子时，两个声子的波矢绝对值相同而方向相反；当吸收光子产生一个声子并伴随湮没一个声子时，这两个声子的波矢应相同. 由此可见，双声子过程所涉及的声子并不像单声子过程那样要在 $\boldsymbol{q} \approx 0$ 处. 由于波矢守恒的限制，反铁电软模不能在一级红外谱中出现，但原则上，不论 $\boldsymbol{M}$ 是否等于零，反铁电软模都能出现在二级红外光谱中.

红外谱常分近红外、中红外和远红外 3 个波段，至今的远红外波段已延伸到包括短毫米波，故也常称亚毫米波-远红外波段. 红外仪有色散光谱仪(光栅型、棱镜型)、傅里叶变换光谱仪和色散傅里叶变换光谱仪三类. 后两类有信号多重传输功能和通过能力大两大优点；前者使信噪比是光栅型的 200 倍以上，后者使通过光信息比色散型得到 10^2 数量级的好处. 这两个优点的重要结果是使很弱的信号具有高的分辨率，并能实现快速扫描，这在光栅光谱仪中是达不到的.

用红外光谱仪测量时，既可用透射谱，也可用反射谱. 在傅里叶变换光谱仪中广泛采用透射测量来获得功率吸收系数谱

$\alpha_p(\nu)$，但仅限于样品厚度远大于波长的情况，其缺点是不能直接测量折射指数 $n(\nu)$. 有两个近似的补救方法：适当透明材料的 n 可以从透射信号的条纹谱的周期计算得到，或用 Kramers-Krönig 积分从测得的吸收系数谱去计算折射指数谱. 后者由于一些极化和电导现象的重叠以及只能取无限积分中的一部分，所以它的误差是大的. 此外透射测量对于几毫米的样品常常是一个很好的近似，但当应用到很薄样品时，由于出现样品中的波长与入射光的波长可以相比拟，就必须考虑表面反射产生的相移，这时通常从透射测量转到反射测量. 对薄样品反射测量的计算，需考虑样品后界面的影响. 已知或忽略材料的吸收系数后便能得到折射指数谱. 为了获得复折射指数谱，要求对两个不同厚度的样品或采用两个不同入射角进行独立测量，用计算机迭代法来求解 n^*，这是难度大和费时的实验. 但对无限厚度样品的垂直入射情况，理论上是可以同时得到折射指数和消光系数. 因有

$$r = |r| e^{j\theta} = \frac{1-\sqrt{\varepsilon}}{1+\sqrt{\varepsilon}} = \frac{1-n+jk}{1+n-jk}, \tag{9.66}$$

式中 r 是无限厚样品的复反射系数. 分开实部和虚部，得

$$n = \frac{1-|r|^2}{1+|r|^2+2|r|\cos\theta}, \tag{9.67}$$

$$k = \frac{2|r|\sin\theta}{1+|r|^2+2|r|\cos\theta}, \tag{9.68}$$

式中 $|r(\nu)|^2$ 是傅里叶变换光谱仪测得的值 $\rho(\nu)$；$\theta(\nu)$ 可由 $\rho(\nu)$ 利用 Kramers-Krönig 积分求出，即

$$\theta(\nu) = \pi + \frac{\nu}{\pi}\int_0^{\infty} \frac{\ln\rho(\nu') - \ln\rho(\nu)}{\nu^2 - \nu'^2} d\nu'. \tag{9.69}$$

另外，从傅里叶光谱仪测得的反射功率谱 $\rho(\nu)$ 也可以得到

$$\rho(\nu) = rr^* = \frac{(n-1)^2 + (c\alpha_p/4\pi\nu)^2}{(n+1)^2 + (c\alpha_p/4\pi\nu)^2}, \tag{9.70}$$

式中 r^* 是 r 的共轭复数. 所以归一化反射功率主要受折射指数 n 支配，但当 $\alpha_p > \nu/c$ 时，α_p 对它才有贡献. 一般 α_p 要求另外方法

独立测量.当 α_p 为已知时,上式可获得折射指数 n.它适用不能在宽频带测得反射谱的情况.反射测量的缺点是 ρ 较小,一般最小测量值在 0.01 左右才能保证足够的精度.

这些就是傅里叶变换光谱仪常规只用于透射测量的道理.前面已经说过,只有把待测样品放在双臂干涉仪的一束光路中构成色散傅里叶变换光谱仪时,由于产生了相位灵敏度,才能对折射指数和吸收系数进行同时测量.

§9.4 光 散 射

9.4.1 引言

透明介质中的光散射是由于介质中存在不均匀性而造成,例如悬浮于液体或气体中的外来粒子.1871 年瑞利证实空气分子光散射是天空呈蓝色的原因,其散射强度 I_s 与波长 λ 的关系为

$$I_s \propto 1/\lambda^4,$$

称为瑞利散射.

1928 年,Raman 在实验上发现单色光投射到物质中被散射时,散射谱中除了入射光频率外还包含与入射光频率不同的成分;这一现象称 Raman 散射.同年俄国人 Landsberg 和 Mandelstan 在石英晶体中观测到同样的现象,不过他们将其命名为联合散射.约两、三年后,Gross 对液体和固体证实了布里渊理论,找到了布里渊散射.

一般地说,单色光通过透明物质时,发生弹性散射和非弹性散射两部分.前者是指光频不变的部分,即瑞利散射.后者是指在非光前进的某一方向上,观察到比入射光(激励光)波长短或长的新的光;即 Raman 散射.Raman 散射是由介质中的局域热涨落而造成的,这种热涨落同介电响应相耦合,使散射光谱中包含了新的成分.热涨落的振幅越大,散射效应也越强.以液体介质为例,容易说明涨落引起的散射.若入射光场为 E 使介质分子 i 产生极化,感

应电偶极矩 $\mu_i=\alpha_i E$. 体积为 V 的 N 个分子的极化强度

$$P=\sum_i \mu_i = E\sum_i \alpha_i = \langle N\alpha\rangle E,$$

或

$$P = V\langle\rho\rangle\langle\alpha\rangle E, \tag{9.71}$$

其中,ρ 为质点密度,α 为极化率. 实际上,ρ 和 α 都与平均值有偏离. 在热力学近似的条件下,密度涨落

$$\mathrm{d}\rho = \left(\frac{\partial\rho}{\partial p}\right)_\sigma \mathrm{d}p + \left(\frac{\partial\rho}{\partial\sigma}\right)_p \mathrm{d}\sigma, \tag{9.72}$$

式中 σ 为液体的熵,p 为压力. 上式右边第一项表示压力涨落所引起的密度涨落,它经由多普勒效应引起频移,产生布里渊散射. 第二项由熵的涨落引起密度涨落,它是非传播型的,引起瑞利散射. 式(9.71)中 α 的涨落引起了 Raman 散射.

在任何体系中,通过对这一热涨落的探测,就能得到体系的低态激发信息. 热涨落使介电常数产生局域涨落,因此从散射光的角度分布和频率分布就可得出介电常数随时间和随空间改变的信息. 光散射已成为研究分子体系中原子和分子的振动、电子跃迁、固体中的杂质缺陷、各种元激发以及结构相变等的重要手段. Raman 谱的频率范围为 0.5 cm^{-1}(1.5×10^{10} Hz)~4000 cm^{-1}(1.2×10^{14} Hz);其中 0.5~10 cm^{-1}为低频 Raman 谱,10~4000 cm^{-1}为高频 Raman 谱;0.05~1 cm^{-1}为布里渊谱.

9.4.2 Raman 散射和布里渊散射

当电场为 $\boldsymbol{E}$ 的单色光入射到物质中时,组成物质的原子或分子的正负电荷会产生位移,形成电偶极矩. 在一定的条件下,这一振动着的电偶极子将再辐射电磁波,成为散射光. 后者的频率和波矢量都与入射光不同. 如果把它看成电偶极矩被机械或声子所调制的结果,这一现象就不难理解. 现把感生电偶极子记为 $\boldsymbol{p}$,则

$$\boldsymbol{p}_i = \alpha_{ij}\boldsymbol{E}_i. \tag{9.73}$$

式中 α_{ij}为介质的电子极化率,为二阶张量. 设入射波 $\boldsymbol{E}_i$ 和散射波

$\boldsymbol{E}_s$ 都是平面波，即

$$\boldsymbol{E}_i = \boldsymbol{E}_{i0}e^{j(\omega_i t - \boldsymbol{q}_i \cdot \boldsymbol{r})}, \tag{9.74}$$

$$\boldsymbol{E}_s = \boldsymbol{E}_{s0}e^{j(\omega_s t - \boldsymbol{q}_s \cdot \boldsymbol{r})}, \tag{9.75}$$

式中 ω 和 $\boldsymbol{q}$ 分别表示光的角频率和波矢，$\boldsymbol{E}_{i0}$和 $\boldsymbol{E}_{s0}$分别表示入射光和散射光的振幅.通常，晶体中原子随晶格振动，极化率被晶格振动所调制，并随时间周期地变化.在绝热近似条件下，电子极化率可按晶格振动位移的简正坐标 $Q_j(\boldsymbol{q},t)$展开为

$$\begin{aligned}\alpha_{i'j'} &= \alpha_{i'j'}(0) + \sum_{j=1}^{N}\left(\frac{\partial \alpha_{i'j'}}{\partial Q_j}\right)_0 Q_j(\boldsymbol{q},t) \\ &\quad + \frac{1}{2}\sum_{i,j=1}^{N}\left(\frac{\partial^2 \alpha_{i'j'}}{\partial Q_i \partial Q_j}\right)_0 Q_i(\boldsymbol{q},t)Q_j(\boldsymbol{q},t) + \cdots,\end{aligned} \tag{9.76}$$

式中

$$Q_j(\boldsymbol{q},t) = Q_{j0}e^{j(\omega_j t \pm \boldsymbol{q}_j \cdot \boldsymbol{r})}. \tag{9.77}$$

将上式代入式(9.73)，得到

$$\begin{aligned}\boldsymbol{p}_{i'} &= \alpha_{i'j'}(0)\boldsymbol{E}_0 e^{j(\omega_i t - \boldsymbol{q}_i \cdot \boldsymbol{r})} \\ &\quad + \sum_{j=1}^{N}\left(\frac{\partial \alpha_{i'j'}}{\partial Q_j}\right)_0 Q_{j0}\boldsymbol{E}_0 e^{j[(\omega_i \pm \omega_j)t - (\boldsymbol{q}_i \pm \boldsymbol{q}_j)\cdot \boldsymbol{r}]} + \cdots \\ &= \boldsymbol{p}_{i'}^{(0)} + \boldsymbol{p}_{i'}^{(1)} + \boldsymbol{p}_{i'}^{(2)} + \cdots.\end{aligned} \tag{9.78}$$

上式右边第一项对应于与入射光频率相同的散射光，即瑞利散射.第二项对应于以角频率 $\omega_s = \omega_i \pm \omega_j$ 的散射光，频移 $\Delta\omega = \omega_j$，反映了光与介质中的元激发相互作用：或是从光激发获得一个能量子，即吸收一个声子；或是失去一个能量子，即产生一个声子；如图 9.7 所示意那样.前者表现为频率上移，称为 Anti-Stokes 谱；后者表现为频率下移，称为 Stokes 谱.若光的散射过程与光学声子的产生或湮没相联系，则上述过程就称为一级 Raman 散射.若过程与声学支声子的产生或湮没相联系，就称为一级布里渊散射.这些散射的示意见图 9.8.式(9.78)中的第三项对应于 $\omega_s = \omega_i \pm \omega_j \pm \omega_{j'}$，$\boldsymbol{q}_s = \boldsymbol{q}_i \pm \boldsymbol{q}_j \pm \boldsymbol{q}_{j'}$的二级散射.这时参与过程的是两个声子，可以是产生两个声子，也可以是湮没两个声子，还可以是湮没一个声

子同时产生一个声子;这两个声子是具有不同的能量.

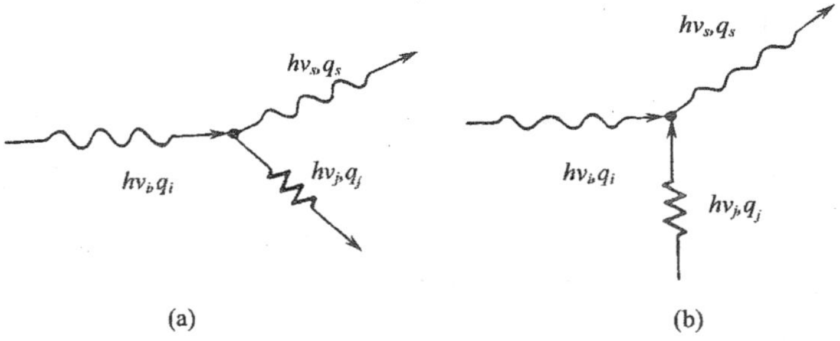

图 9.7　一级散射中光子与声子的相互作用.
(a) Stokes 分量;(b) Anti-Stokes 分量.

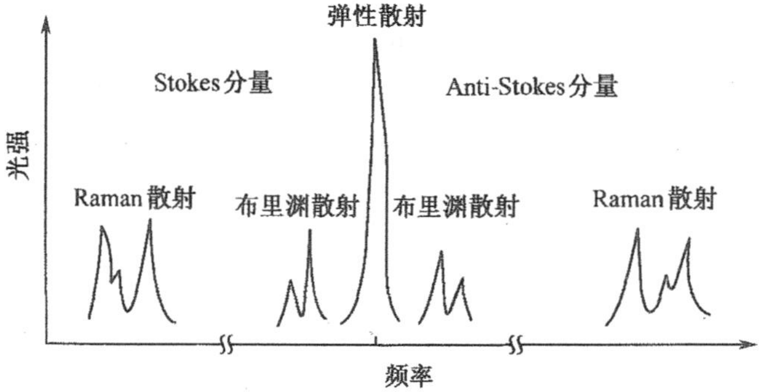

图 9.8　固体中弹性散射和一级非弹性散射的示意图.

9.4.3　声子-光子耦合态

在小波矢约 $10^3 \sim 10^4\ \mathrm{cm}^{-1}$ 的区域内,这相应于频率为 $3 \times 10^{13} \sim 3 \times 10^{14}$ Hz,即波长为 10～1 μm 的光波,晶格振动与该激励电磁波具有很强的相互作用,而且已不可能把光学光子和光学支声子分开来研究.这时可认为声子与光子相互耦合产生声子-光子的混合元激发,它是晶体中极化波与外加电磁场的耦合态,称极化激元或电磁激元.在玻恩和黄昆的晶格动力学中,首次处理了电磁波与离子晶体中光学支声子的耦合问题,采用经典的处理方法把晶体中的光学振动与电磁振动方程联立,用于描述光子与声子的相互作用.给出如下方程:

$$\ddot{\boldsymbol{u}} = b_{11}\boldsymbol{u} + b_{12}\boldsymbol{E}, \tag{9.79}$$

$$\boldsymbol{P} = b_{21}\boldsymbol{u} + b_{22}\boldsymbol{E}, \tag{9.80}$$

式中 $\boldsymbol{u}$ 是用来描述晶格的光学类型运动的参量,是正负离子相对位移矢量乘上折合质量的平方根. $\boldsymbol{P}$ 是极化强度矢量. b_{ij} 是一组常数.上述方程是建立在长光波近似条件下的.

$\boldsymbol{u}$ 可分为两部分

$$\boldsymbol{u} = \boldsymbol{u}_t + \boldsymbol{u}_l, \tag{9.81}$$

$\boldsymbol{u}_t$ 和 $\boldsymbol{u}_l$ 分别是无散度矢量和无旋度矢量,满足

$$\nabla \cdot \boldsymbol{u}_t = 0, \tag{9.82}$$

$$\nabla \times \boldsymbol{u}_l = 0. \tag{9.83}$$

分离无散度分量与无旋度分量,解方程式(9.79)和式(9.80),得到 $\boldsymbol{u}_t$ 和 $\boldsymbol{u}_l$ 的特解.它们为两种简谐振子,各具有角频率 ω_t 和 ω_l,并有

$$\omega_t = \omega_0 = \sqrt{-b_{11}} \tag{9.84}$$

$$\omega_l = \left(\frac{\varepsilon_s}{\varepsilon_\infty}\right)^{1/2}\omega_0 = \sqrt{\frac{4\pi b_{12}b_{21}}{1+4\pi b_{22}} - b_{11}}, \tag{9.85}$$

这样, $\boldsymbol{u}_t$ 和 $\boldsymbol{u}_l$ 的特解分别为横平面波和纵平面波.横波和纵波的频率是不同的.这点在 19 世纪 30 年代曾由 Lyddane 等指出,后来 Lyddane, Sachs 和 Teller(LST)导出关系

$$\left(\frac{\omega_l}{\omega_t}\right)^2 = \frac{\varepsilon_s}{\varepsilon_\infty}, \tag{9.86}$$

这正是式(9.84)和式(9.85)左半部的组合.这里 ε_s 和 ε_∞ 分别是频率为极低和极高时的介电常数值.式(9.86)常称为 LST 关系.

离子晶体或极性固体的纵波频率 ω_l 比横波 ω_t 高,离子性愈强则比值 ω_l/ω_t 愈大.这是因为电磁波是横波与纵向晶格振动模不发生耦合,使纵向晶格振动模保持机械振动特性,其频率不随波

矢 $\boldsymbol{q}$ 而变.由于纵向极化电场的存在,增加了离子的恢复力,使纵波振动频率得以提高.横波的情况就不同了,晶格振动横波与电磁波是耦合的,这时 ω 随 $\boldsymbol{q}$ 而变,稍后将看到,横波有两支,形成色散关系.

式(9.79)和式(9.80)是晶格方程和描述电磁场的 Maxwell 方程的组合,可求得晶格振动与电磁场相耦合的解,得到如下关系:

$$\varepsilon = \varepsilon_{\infty} + \frac{\varepsilon_s - \varepsilon_{\infty}}{1 - \left(\dfrac{\omega}{\omega_t}\right)^2}. \tag{9.87}$$

极性晶体的晶格振动频率为 ν,波矢为 $\boldsymbol{q}$ 的平面波时,产生极化强度

$$\boldsymbol{P} = \boldsymbol{P}_0 \mathrm{e}^{\mathrm{j}2\pi(\nu t - \boldsymbol{q}\cdot\boldsymbol{r})}, \tag{9.88}$$

根据 Maxwell 方程,可导出

$$\boldsymbol{E} = \frac{\dfrac{\nu^2}{c^2}\boldsymbol{P} - \boldsymbol{q}(\boldsymbol{q}\cdot\boldsymbol{P})}{\varepsilon_0\left(q^2 - \dfrac{\nu^2}{c^2}\right)}. \tag{9.89}$$

对于横晶格振动波,极化强度 $\boldsymbol{P}$ 垂直于波矢 $\boldsymbol{q}$,于是

$$\boldsymbol{E} = \frac{\nu^2/c^2}{\varepsilon_0\left(q^2 - \dfrac{\nu^2}{c^2}\right)}\boldsymbol{P}. \tag{9.90}$$

将上式代入

$$\varepsilon\varepsilon_0 \boldsymbol{E} = \varepsilon_0 \boldsymbol{E} + \boldsymbol{P}, \tag{9.91}$$

并用 $\nu = \omega/2\pi$,便得到

$$\varepsilon = (2\pi q)^2 c^2/\omega^2. \tag{9.92}$$

联合式(9.87)和式(9.92),得到横波的色散关系

$$\frac{(2\pi q)^2 c^2}{\omega^2} = \varepsilon_{\infty} + \frac{\varepsilon_s - \varepsilon_{\infty}}{1 - \left(\dfrac{\omega}{\omega_t}\right)^2}, \tag{9.93}$$

可见横波的频率与波矢大小有关.图 9.9 是光波与晶格振动耦合时的 ω-q 关系图.

图 9.9 中色散曲线有两支. 高频支在 $\boldsymbol{q}\to 0$ 时其 ω 趋向于 ω_l，更具有机械振动性，在 q 很大时其 ω 接近于正比 q，更具有电磁振动性. 低频支的情况正好相反，在 $\boldsymbol{q}\to 0$ 时更具有电磁性；q 很大时 ω 趋向于 ω_t，更具有机械性.

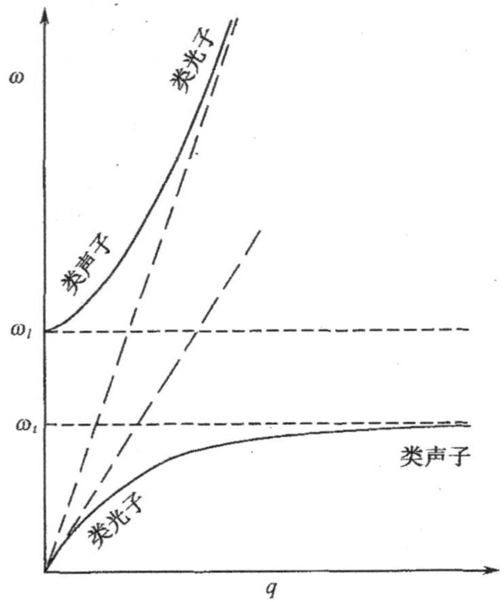

图 9.9　极化激元的 ω-q 关系.

从图 9.9 还可看到，声子与光子耦合会改变波的传播特性. 在 ω_l 与 ω_t 之间出现一个截止带，在这截止带中，波不能传播. 换言之，波矢 $\boldsymbol{q}$ 在这截止带中没有实部. 这样复折射指数没有实部，从式(9.66)可知在 ω_l 与 ω_t 之间的截止带内反射系数的模 $|r|=1$.

式(9.87)没有考虑阻尼，计及阻尼后，式修正为

$$\varepsilon = \varepsilon_\infty + \frac{\varepsilon_s - \varepsilon_\infty}{1 - \left(\frac{\omega}{\omega_t}\right)^2 - \mathrm{j}\left(\frac{\omega}{\omega_t}\right)\left(\frac{\gamma}{\omega_t}\right)}, \tag{9.94}$$

其中 γ 表示阻尼系数. 考虑阻尼更接近实际情况，这时在截止带中仍存在高反射，但反射系数的模小于 1.

光学声子与光子耦合，形成新的耦合场量子，这一混态量子既有声子性也有光子性．某此波矢下声子性显著些，叫类声子；某些波矢下光子性显著些，叫类光子(见图 9.9)．

至今，极化激元这个概念已被广泛使用，泛指各种极性元激发与光子的耦合态，包括电磁波与声子、激子、磁振子、等离子激元以及杂质态等等之间的耦合．此外元激发之间的相互作用也会产生新的效应，如杂质与声子、缺陷与声子等．固体中杂质与缺陷的引入，引起固体中电子能态的变化，出现一些局域态．另一方面，杂质与缺陷也能影响固体中的晶格振动，可以使一些禁戒的晶格振动跃迁变成红外活性的，还可以诱发新的振动模式，引起新的跃迁．这种新的诱发模可以是局域的或准局域的．

应用光散射方法可以观察到铁电相变中的软模．在固体的相变过程中，出现某种局域的原子的特殊的周期分布，称作调制结构．若调制结构的周期(或波长)与原来的晶格周期不是一简单的整数比时，称为无公度；称这个新相为无公度相；反之称为公度和公度相．无公度相作为基态是不稳定的，通常仅限于有限温度范围才出现．使无公度相稳定的能量称为锁定能．随着温度的降低，晶格调制周期变得更长；在某些温度下，公度结构变得比无公度结构更稳定，因此出现无公度-公度相变．

在铁电性介质中，无公度相一般出现在铁电相之前．例如溴锌化铷(Rb_2ZnBr_4)、亚硝酸钠($NaNO_2$)、硫尿[$SC(NH_2)_2$]．无公度相也有宏观电极化，但比起铁电相来要弱得多．根据布里渊区中心附近软声子的 ω-q 色散关系，通过光散射可以了解到无公度相的相变情况．

§9.5 超声谱

由§9.4 可知，用电磁波激励产生光的散射谱可以研究物质内频率 $\nu > 10^9$ Hz 的光学支声子和声学支声子的行为和色散，如布里渊散射谱，Raman 散射谱和中子非弹性散射谱等．这些谱是研究电介质,尤其是铁电体和反铁电体的晶格动力学的有效手段.但在低频段($\nu \leqslant 10^9$ Hz)则只能采用声波激励的方法来研究.利用超声波谱能直接研究弹性波与物质的相互作用,是光散射研究之必要和很好的补充.如果将固体中声速极近似地看成3×10^3 m/s,由于固体中电磁波速度接近 2×10^8 m/s,因此同频率下的声波和光波,其波矢之比 $q_A/q_0\approx1/10^5$.例如,对于频率为 $1.5\times10^9\sim3\times10^{10}$ Hz的布里渊谱,就光波而言,其波矢约为 $0.3\sim6$ cm^{-1};而就声波而言,则波矢约为 $3\times10^4\sim6\times10^5$ cm^{-1}.这样,当声波的频率 $\nu=5$ MHz 时,则声学波矢 $q_A=2\pi\nu/v\approx10^2$ cm^{-1}(v 是声速).本节涉及的均为声学波矢.

超声法的另一优点是,利用它可以同时研究晶体的静态和动态性质.在低频下测量声速可得到晶体的绝热弹性系数.另一方面,超声吸收和波速色散的研究,可得出晶体的动力学性质.应变的振荡导致序参量的振荡;但远程有序不可能在瞬时建立,所以序参量的真实值有别于平衡值.弛豫的发生导致声的吸收和色散.而声波同序参量热涨落的相互作用,则成为超声吸收的另一来源.

在通常情况下,晶体中超声波的速度 v 和吸收系数 α 都同声的传播方向和偏振有关.至于电学性质和力学性质之间的关系,即极化波同声波之间的相互作用,则可以是压电的或电致伸缩的.如果晶体没有对称中心,则以压电效应为主;这时的相互作用对于应变或序参量都是线性关系.如果单胞具有对称中心,则没有压电效应,但存在电致伸缩效应;这种作用对于应变是线性的,但对于序参量则是二次方的.在这两种情况下,可以预期,当声波的传播和偏振方向都确定时,在居里点 T_c 附近,声速将出现极小,声的吸收将呈峰值.图 9.10 定性地示出了声速 v 和吸收系数 α 随温度变化的关系;其中实线表示 T_c 以上为压电性的电介质,点线代表非压电体的情况.

在电介质中,远离相变的声吸收由非谐振子-声子相互作用所决定.在超声波中出现的应变,既调制声子频率,也调制声子的平衡位置.但声子位置的改变需要一定的时间,从而导致超声的吸收

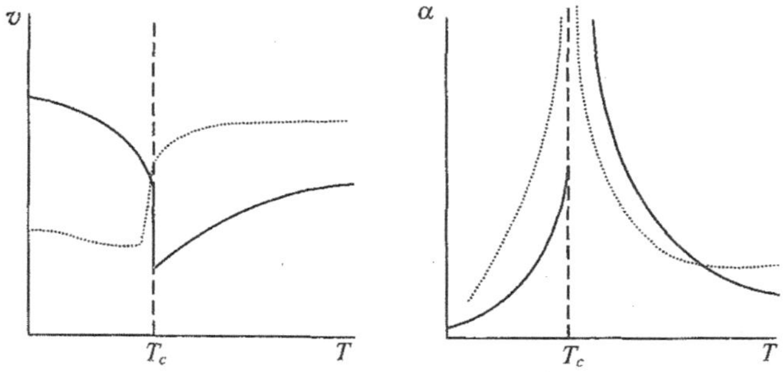

图 9.10　电介质中的声速 v 和吸收系数 α 在居里点附近的变化.

和色散.在最简单的情况下,即只有一个光学模和一个声学模相互作用时,超声吸收可以用下式表示:

$$\alpha = \frac{C_0 T(\gamma_A - \gamma_0)^2}{2\rho v^2} \cdot \frac{\omega^2 \tau}{1 + (\omega\tau)^2}, \tag{9.95}$$

式中, C_0 为光学模的热容; γ_A 和 γ_0 分别为声学模和光学模的 Grüneisen 参量; τ 为光学模的有效弛豫时间; ω 为声波角频率; ρ 为晶体密度; v 为声速.

下面讨论小信号声波在介质中传播时可以用弛豫时间 τ 来表征的情形.在过阻尼软模的情况下,超声谱与电学德拜弛豫谱很相似.如若假定机械应力、应变和序参量 p 随时间和空间的变化按 $\exp j(\omega t - \boldsymbol{q}\cdot\boldsymbol{r})$规律,则可写成

$$p(r,t) = r_0 e^{j(\omega t - q^* \cdot r)}. \tag{9.96}$$

当存在衰减时, ω 或 q 应是复量,这里假设 ω 为实值, q^* 为复量,称复波矢.在传播方向一定时,对应于 q^* 的复声速 v^* 和实声速 v 是

$$q^* = \frac{\omega}{v^*} = \frac{\omega}{v} - j\alpha, \tag{9.97}$$

式中 α 为吸收系数.而复声速也与复弹性系数 c^*(随频率而异)有关,有

$$v^* = (c^*/\rho)^{1/2}. \tag{9.98}$$

因此,得到

$$\frac{\omega}{v} - \mathrm{j}\alpha = \omega(\rho/c^*)^{1/2}, \tag{9.99}$$

并有

$$\frac{1}{v} = \frac{1}{\omega}\mathrm{Re}(q^*) = \mathrm{Re}(\rho/c^*)^{1/2} \tag{9.100}$$

和

$$\alpha = -\mathrm{Im}(q^*) = -\omega\mathrm{Im}(\rho/c^*)^{1/2}. \tag{9.101}$$

如果介质可用单弛豫时间 τ 来表征,则有

$$c^* = c_\infty - \frac{c_\infty - c_0}{1 + \mathrm{j}\omega\tau} \tag{9.102}$$

或

$$(v^*)^2 = v_\infty^2 - \frac{v_\infty^2 - v_0^2}{1 + \mathrm{j}\omega\tau}, \tag{9.103}$$

式中 c_∞为频率等于无限大时的弹性系数,这时机械应力的变化非常快,序参量来不及跟随它变化;c_0 为零频率时的绝热弹性系数,此时体和处于平衡态,序参量随时间的变化与机械应力同相位.量值 $v_\infty = (c_\infty/\rho)^{1/2}$, $v_0 = (c_0/\rho)^{1/2}$分别表示无限大频率和零频率的相应声速.

若$(\alpha v/\omega)^2 \ll 1$,则这些关系简化为

$$\rho v^2 = \mathrm{Re}(c^*), \tag{9.104}$$

$$\alpha = \frac{\omega}{2\rho v^3}\mathrm{Im}(c^*), \tag{9.105}$$

即

$$v^2 = \mathrm{Re}\left[v_\infty^2 - \frac{v_\infty^2 - v_0^2}{1 + \mathrm{j}\omega\tau}\right], \tag{9.106}$$

$$\alpha = \frac{\omega}{2v^3}\mathrm{Im}\left[v_\infty^2 - \frac{v_\infty^2 - v_0^2}{1 + \mathrm{j}\omega\tau}\right]; \tag{9.107}$$

从而得到

$$v^2 = v_\infty^2 - \frac{(v_\infty^2 - v_0^2)}{1 + (\omega\tau)^2}, \tag{9.108}$$

$$\alpha = \frac{\omega^2 \tau}{2v^3} \cdot \frac{(v_\infty^2 - v_0^2)}{1 + (\omega\tau)^2}. \tag{9.109}$$

在低频下($\omega\tau \ll 1$),此时声频远小于弛豫时间的倒数 τ^{-1},速度无色散,式(9.108)变为

$$v = v_0. \tag{9.110}$$

而吸收系数则正比于频率的平方,从式(9.109)得

$$\alpha = \omega^2 \tau \frac{(v_\infty^2 - v_0^2)}{2v^3}. \tag{9.111}$$

如果 τ 表现出临界行为,则 α 也具有临界的形式.

对于声波和序参量波的运动方程,可在不可逆过程热力学和把单位体积自由能展开为序参量 p_α 和弹性应变 $u_{\alpha\beta}$ 的幂级数中得到,即

$$\begin{aligned} g(p_\alpha, u_{\alpha\beta}, T) = g_0(T) &+ \frac{1}{2}\sum_{\alpha\beta\gamma\delta} c_{\alpha\beta\gamma\delta} u_{\alpha\beta} u_{\gamma\delta} \\ &+ \frac{1}{2}\sum_{\alpha\beta} \eta_{\alpha\beta}(T) p_\alpha p_\beta + \phi(p_\alpha) \\ &+ \frac{1}{2}\sum_{\alpha\beta\gamma\delta} K_{\alpha\beta\gamma\delta} \frac{\partial p_\alpha}{\partial x_\gamma} \frac{\partial p_\beta}{\partial x_\delta} + \sum_{\alpha\beta\gamma} \lambda_{\alpha\beta\gamma} p_\alpha u_{\beta\gamma} \\ &+ \frac{1}{2}\sum_{\alpha\beta\gamma\delta} g_{\alpha\beta\gamma\delta} p_\alpha p_\beta u_{\gamma\delta} + \cdots, \end{aligned} \tag{9.112}$$

式中右边第一项表示无自发应变及高次参量的平衡自由能密度;第二项表示弹性能密度;第三和第四项是序参量的贡献,具有更高次项的部分表示为函数 $\phi(p_\alpha)$;第五项表示序参量在传播过程中可能出现的变化;第六项表示压电效应贡献的声波与序参量高次项相互作用;第七项为电致伸缩效应的贡献.

在超声波和极化波的相互作用中,对于电致伸缩项,若令

$$p_\alpha = p_0 + \delta p_\alpha(r, t), \tag{9.113}$$

$$u_{\alpha\beta} = u_{\alpha\beta}^0 + \delta u_{\alpha\beta}(r, t), \tag{9.114}$$

则可将其分为两部分:弛豫部分和涨落部分.弛豫项是由与声波有关的应变同自发极化的相互作用所引起的,记为

$$g_R \propto p_0 \delta p, \tag{9.115}$$

它在 $T \to T_c (T < T_c)$时剧增,并在 T_c 时降到零;又与声波的传播方向很有关系.涨落项是由声波同极化的相互作用所引起,记为

$$g_F \propto \delta p^2. \tag{9.116}$$

在 T_c 处,它有对称峰,并与声波的传播方向无关;只有在接近 T_c 时这一项才有重要贡献.

声学声子在软光支声子上散射时,声学声子同软光学模的相互作用导致声衰减,它遵循幂定律

$$\alpha \propto \omega^n (T_c - T)^{-\eta}, \quad T \neq T_c, \tag{9.117}$$

并导致声子速度的临界慢化.如果忽略软模的衰减,则在 T_c 处,声速将突变,并具有奇异点及

$$\Delta v \propto (T_c - T)^{-1/2}. \tag{9.118}$$

设软模衰减系数为 γ,当声频 $\omega \ll \gamma$ 时,$n = 2$,而 $\eta = 0.5$ 和 1.5 分别对应于阻尼不足和过阻尼的情况.目前只找到各向同性物质的谱之声衰减临界指数.至于软模的色散关系,在许多情况下,其各向异性很强.

上述结果可用于对应变为线性相互作用、对光学软模坐标为平方相互作用的相变;而与不稳定性发生在布里渊区中心($q = 0$)或其他任何处($q \neq 0$)无关.

参 考 文 献

[1] Flugge S. (ed.). Dielectrics, in Book Encyclopedia of Physics, Berlin: Springer-Verlag, 1956(17)

[2] Grigas J. Microwave Dielectric Spectroscopy of Ferroelectrics and Related Materials. Amsterdam: Gordon and Breach Science, 1996

[3] Blinc R, Zeks B. Soft Modes in Ferroelectrics and Antiferroelectrics. Amsterdam: North-Holland, 1979

[4] 倪尔瑚著.材料科学中的介电谱技术.北京:科学出版社,1999

[5] Jonscher A K. Dielectric Relaxation in Solids. London: Chelsea Dielectric Press, 1983

[6] Chamberlain J, Chantry G W. High Frequency Dielectric Measurements. Guildford, UK: Science and Technology Press, 1973

[7] Afsar M N, Birch J R, Clarke R N. Proc. IEEE, 1986(74):183
[8] Hedving P. Dielectric Spectroscopy of Polymers. Budapest: Akademia Kiado, 1977
[9] Coelho R. Physics of Dielectric for the Engineer. 吕景楼, 李守义译. 电介质物理学. 北京:科学出版社, 1984
[10] Ngai K L, Jonscher A K, White C T. Nature, 1979(277):693
[11] Hamon B V. Proc. Inst. Elec. Eng., 1952(99):151
[12] Mitsui T. et al., An Introduction to the Physics of Ferroelectrics. Amsterdam: Gordon Breach Science, 1976
[13] Kozlov G V, Kriukova E V, Lebedev S P, Grigas J, Paprotny W, Uesu Y. Ferroelectrics, 1984(54):321
[14] Rehwald W. Ferroelectrics, 1980(24):281
[15] Penna A F, Chaves A, Andrade P R, Porto P S. Phys. Rev., B, 1976(13):4907
[16] Hauret G, Benoit J P. Ferroelectrics, 1982(40):1
[17] Nakamura T. et al., Solid State Communication, 1979(32):95
[18] 莫党. 固体光学. 北京:高等教育出版社, 1996
[19] Born M, Huang K. Dynamical Theory of Crystal Lattices, Oxford: Clarenden Press, 1954
[20] Barker A S, London J R. Rev. Modern Phys., 1972(44):18

第十章 电介质的实验研究

许煜寰

本章介绍电介质物理研究中的各种基本的实验方法.

电介质的物理特性和效应涉及到弹性、介电、热电、铁电、压电、声学、光学、电光、晶格振动以及相变等许多方面,实验研究的方法也是多种多样的,而且正在不断地发展和更新.在本章的有限篇幅中,我们不可能全面罗列叙述各种实验,只能选择一些当前应用较为广泛的和较为成熟的实验方法和技术作典型的介绍.我们希望着重介绍实验方法中的物理思想,而不去过多地描述实验的仪器结构和装置的细节,因为具体的仪器装置可因具体条件而异,而物理思想本身则是研究方法的核心.对于一些实验中的理论推导,我们也适当地省略了,但仍列出有关的公式和文献,使得要深入研究的读者有辙可寻.

电介质除了它本身特有的物理性能以外,还有各种与其他物质相类似的物理性质,例如密度、硬度、熔点、比热容等等,这些性质的测定以及包括显微观测、X 射线结构分析等,其实验方法往往只需使用众所周知的常规分析手段即可,除了少数特殊研究介质薄膜的方法之外,一般不在本章介绍.

§10.1 复介电常数和介电谱的研究

电介质最基本的物理性质是它的介电性.对介电性的研究不但在电介质材料的应用上具有重要意义,而且也是了解电介质的分子结构和极化机理的重要分析手段之一.

一个平行平板电容器,真空时电容量为 C_0,在极板之间充满了电介质之后，施加一个圆频率为 ω 的交变电动势 $\mathscr{E}$，电容器便会有交变电流 i 流过

$$i = \mathrm{j}\omega\varepsilon_r C_0 \mathscr{E}, \quad (j = \sqrt{-1}),$$

其中 ε_r 是电介质的相对介电常数，它是 ω 的函数．若两极板之间的介质材料有损耗（包括漏电），ε_r 就需要用复数表示，即

$$\varepsilon_r^*(\omega) = \varepsilon'(\omega) - j\varepsilon''(\omega), \tag{10.1}$$

式中 $\varepsilon'(\omega)$ 为介电常数实部，$\varepsilon''(\omega)$ 是介电常数虚部，代表介质损耗．在工程上更常使用的是介质损耗角 $\delta(\omega)$ 的正切 $\tan\delta$，

$$\tan\delta = \varepsilon''/\varepsilon'.$$

平行平板电容器的电流密度可写成

$$J = \mathrm{j}\omega\varepsilon_0\varepsilon' E + \omega\varepsilon_0\varepsilon'' E,$$

式中 E 为电场强度．我们定义比值 J/E 的实部为电介质的电导率 σ，即

$$\sigma(\omega) = \omega\varepsilon_0\varepsilon''(\omega). \tag{10.2}$$

$\sigma(\omega)$ 概括了电介质的全部损耗机构的总和．因此，对于任何频率，我们用 ε'，另外再加上 ε''、$\tan\delta$ 和 σ 3 个量中任何一个量与 ε' 相配，便可以完整地描述电介质在电场中的介电行为．

10.1.1 复介电常数的测量[1~5]

测量复介电常数有多种方法．如何选择测量方法，要取决于如下诸因素：(1)频率范围；(2)材料性能（ε' 与 ε'' 的大小）；(3)材料样品的加工、尺寸等．图 10.1 示出了复介电常数的一般测量方法所覆盖的频率范围．目前能够进行测量的各种条件的范围：频率可自直流到光频；温度自接近 0K 到 1923K（即 1650℃）；ε' 的值可自 1 到 10^4；$\tan\delta$ 可由 10^{-5} 到 1（由电阻率测量可以更高）．但即使是上述的范围，仍然存在测量的准确度的问题．同一种材料，不同的科研工作者报道的数据往往都有出入．对于极低损耗和极高损耗的材料，数据的误差特别大．在低温、高温条件，以及远红外（毫米波和亚毫米波）都有不少尚待解决的问题．在可见光频段（包括红外、

紫外)，由折射率 $n(\omega)$和反射比 $R(\omega)$等测得的结果反而较好，已经有多种谱仪问世．六十年代以后，发展了色散傅里叶变换波谱测定法(dispersive fourier transformation spectrum，简写成 DFTS)[6~8]，衔接了微波的高频端(10^{11}Hz)到中红外区(10^{13})，补充了远红外范围(到亚毫米波)的测定方法．远红外谱与晶格振动频率有关，故 DFTS 为研究物质的微观结构提供了有效的手段．

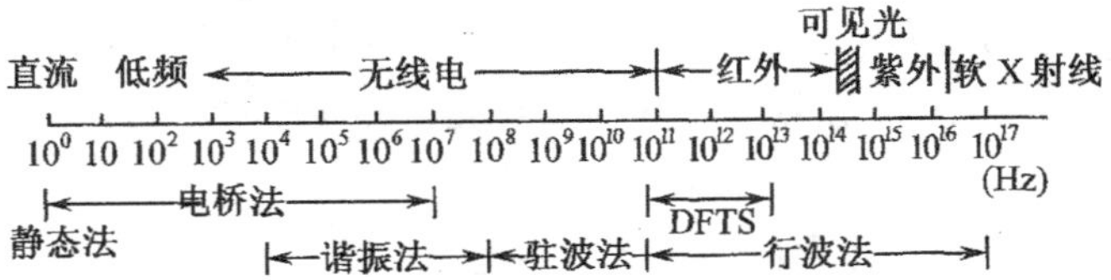

图 10.1　介电常数的测量方法及其频率范围．

下面简单介绍由直流到高频(微波)测量复介电常数的几种实验方法．

1．直流介电常数的测量　分别测量一个平行平板电容器在有介质存在时和无介质时通过一个标准电阻放电的时间常数，从而求出介电常数的实部 ε'，虚部则用介质的电阻率(或电导率)来表示．

2．电桥法测量低频介电常数　电桥法是测量 ε'和 $\tan\delta$ 最广泛使用的方法之一．有各种不同结构的电桥，频率覆盖可以由 0.01Hz 至 150MHz．按频率范围可以分为超低频电桥(0.01Hz 至 200Hz)、音频电桥(20Hz 至 3MHz)和双 T 电桥(1MHz 以上)等等．音频电桥最典型的电路是施林电桥(Schering Bridge)，用施林电桥测量可以同时读出电容量 C 和 $\tan\delta$，由此而计算出 ε'和 ε''．现在已有较完善的数字化低频阻抗分析仪，测量的参数可达十余个，使用十分方便．

3．谐振电路法测量复介电常数[9]　频率范围到达 10MHz 至 100MHz 时，用通常的电桥法测量介电常数就有一定困难，因为高频会使杂散电容的效应增加，从而显著地影响测量结果的精确性．

在高频测量中往往使用谐振电路法.用 Q 表测量便是谐振电路法的一种典型.现在较好的高频数字化阻抗分析仪的频率范围已高达十余吉赫(GHz).

4. 传输线法(测量线法)[10] 在超高频范围(100～1000MHz)以上时,调谐电路技术就不好应用了,因为在这样高的频率,由于辐射效应和趋肤效应,很难实现一个集总元件的谐振电路.这时要使用分布电路,通常多采用传输线(同轴线)和波导,还有用带状线(微带)等.波导测量宜在高频率(微波),否则尺寸太大;而且每一种波导只能在平均波长两侧的20%～25%范围内传输电磁波,不能覆盖整个频段,要扩大频率范围,还必须建立一系列装置.同轴线测量的频率范围约为100～6000MHz,如果只测量300～3000MHz,则只需用一套测量线就可以了.根据电磁波与物质相互作用的原理,传输线法又分为驻波场法、反射波法和透射波法三种,后两种属于行波法.

5. 微波测量[11] 微波频段的介电常数测量可使用波导(原则上,超过100MHz时就可以用)或谐振腔技术.波导传播的电磁波可以是高阶型的(当然也可以是TEM).若测量固体电介质,具体的测量方法(实际使用的模式)取决于被测材料的性质与数量.如果有足够尺寸的材料,就可用波导法(行波);如果材料的尺寸很小,可用谐振腔法.

10.1.2 介电谱[30]

复介电常数 ε_r^* 随电磁场频率而变化称为介电常数频谱,简称介电谱.一般分别作出实部 $\varepsilon'(\omega)$ 频谱和虚部 $\varepsilon''(\omega)$ 频谱.只要在全频率范围内测出其中的一个谱,另一个频谱就可以由 Kramers-Krönig 关系式求出

$$\begin{aligned}\varepsilon'(\omega)-\varepsilon_\infty &= \frac{2}{\pi}\int_0^\infty \frac{x\varepsilon''(x)}{x^2-\omega^2}\mathrm{d}x,\\ \varepsilon''(\omega) &= -\frac{2\omega}{\pi}\int_0^\infty \frac{\varepsilon'(x)-\varepsilon_\infty}{x^2-\omega^2}\mathrm{d}x.\end{aligned}\tag{10.3}$$

在低频至微波范围的测量,已见前述.在红外或可见光到紫外频段,往往测量的是介质的反射比 $R(\omega)$(反射光强度与入射光强度之比).定义反射系数 $\gamma(\omega)$为反射电场 E_r 与入射电场E_i 之比,故

$$\gamma(\omega) = \sqrt{R(\omega)} = E_r/E_i = \rho(\omega)e^{j\theta(\omega)},$$

式中反射系数的振幅为 $\rho(\omega)$,并有

$$\rho^2(\omega) = R(\omega).$$

反射系数的相位角 $\theta(\omega)$可由 Kramers-Krönig 关系式解出[12]

$$\theta(\omega) = -\frac{\omega}{\pi}\int_0^{\infty}\frac{\ln[R(x)]}{x^2-\omega^2}dx.$$

在垂直入射的情况,有

$$r(\omega) = \frac{n(\omega)+j\kappa(\omega)-1}{n(\omega)+j\kappa(\omega)+1},$$

式中 $n(\omega)$为介质折射率,$\kappa(\omega)$为消光系数.复折射率为

$$N(\omega) = n(\omega) + j\kappa(\omega) = \sqrt{\varepsilon(\omega)}.$$

于是有

$$\varepsilon' = n^2 - \kappa^2 \text{ 和 } \varepsilon'' = 2n\kappa,$$

故由反射比 $R(\omega)$的测量便可以完全确定复介电常数的实部和虚部的谱.

或者,由实验上测量透射光强度的衰减

$$I(x) = I(0)\exp[-\alpha(\omega)x],$$

由此而定出吸收系数 $\alpha(\omega)$,再由下式求出 $\kappa(\omega)$:

$$\alpha(\omega) = \frac{4\pi\kappa(\omega)}{\lambda}.$$

介电谱可以给出有关极化机构和晶格振动等重要信息.图10.2示出了典型的固体电介质的介电谱,在不同频率范围出现空间电荷极化和偶极子取向极化的弛豫型响应以及原子(离子)极化、价电子极化和内层电子极化的共振型响应.由响应频率便可以确定原子(离子)之间以及原子实与电子之间的相互作用(弹性恢复力)及弛豫型极化的弛豫时间等等.

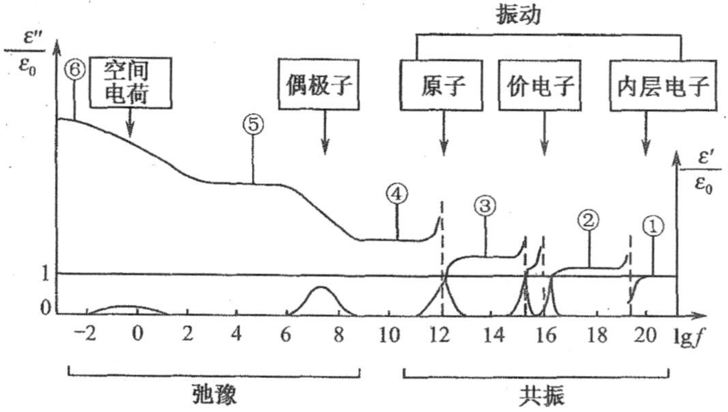

图 10.2 典型的固体电介质的介电谱示意图.

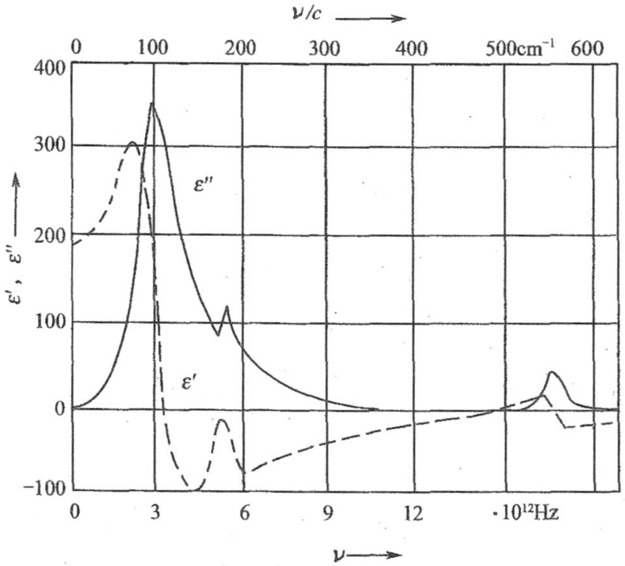

图 10.3 $SrTiO_3$ 在室温下的红外频段的介电谱[13].

作为实例,图 10.3 与图 10.4 分别示出 $SrTiO_3$ 在红外区和紫外区的介电谱[13,14].图 10.5 示出 $LiNbO_3$ 自低频到红外范围的介电谱[15].

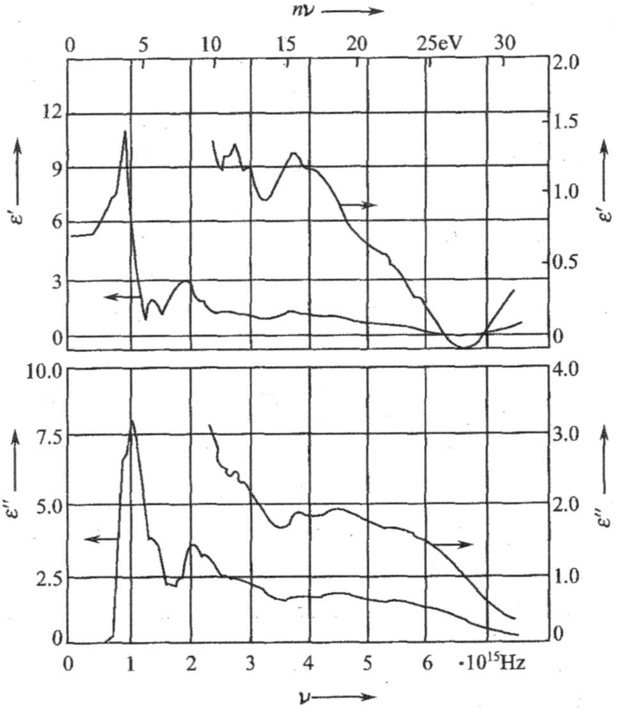

图 10.4　$SrTiO_3$ 在紫外频段的介电谱[14].

在测量有压电性的介质的介电谱时,往往在千赫到兆赫范围观察到一些尖锐的 ε'' 峰值.这些峰是由压电谐振效应引起的[105~108].图 10.6(a)和(b)分别是 PZT(锆钛酸铅)和 $BaTiO_3$(钛酸钡)多晶薄膜样品介电谱中的压电谐振损耗峰[109].

图 10.7 示出 TGS 的 $\varepsilon''(\omega)$ 的介电弛豫谱[16],其极大值处的频率倒数即为德拜弛豫时间 τ.

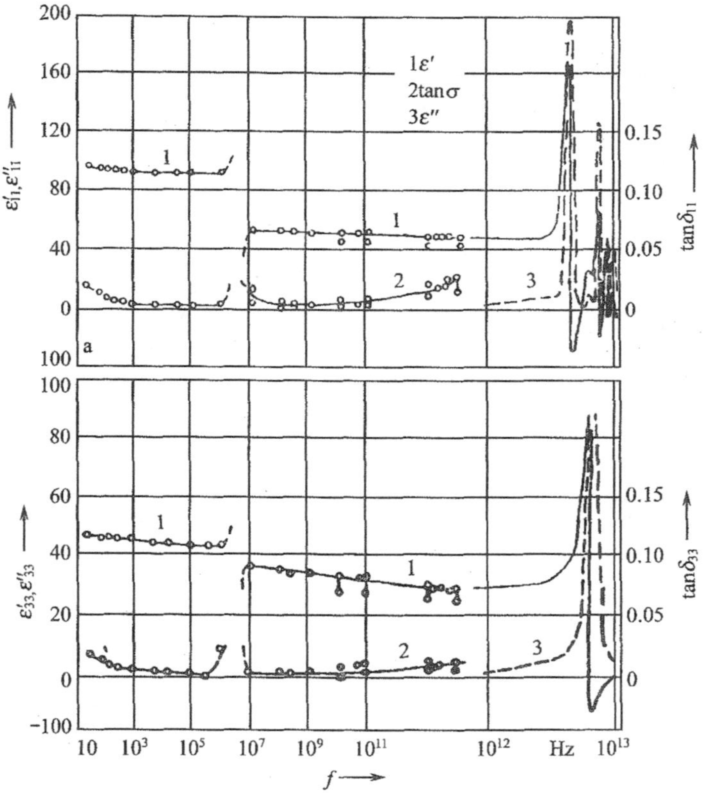

图 10.5　$LiNbO_3$ 自低频到红外范围的介电谱[15].

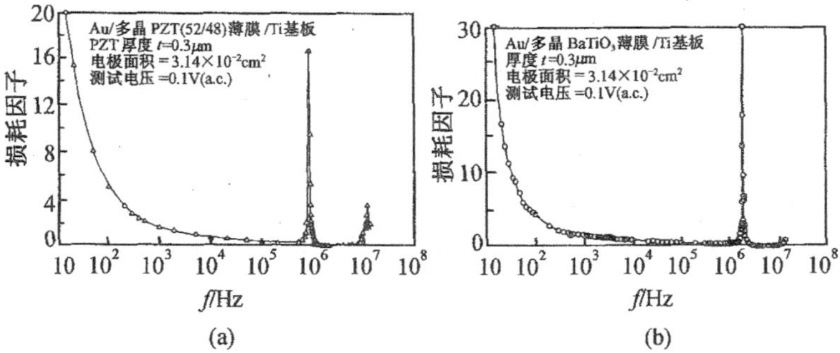

图 10.6　PZT(a)和 $BaTiO_3$(b)的介质损耗谱. PZT 的压电谐振吸收峰在 1MHz 和 12MHz, $BaTiO_3$ 的在 2MHz[109].

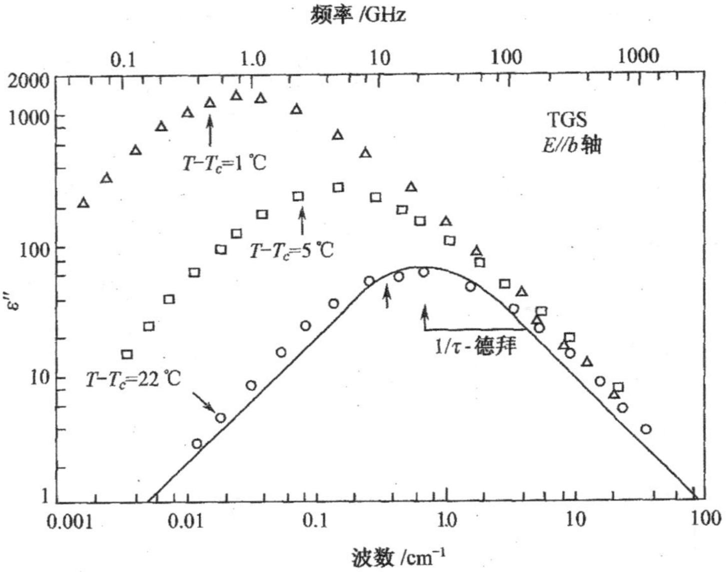

图 10.7　TGS 的 ε″在三种温度下对频率的函数关系[16].

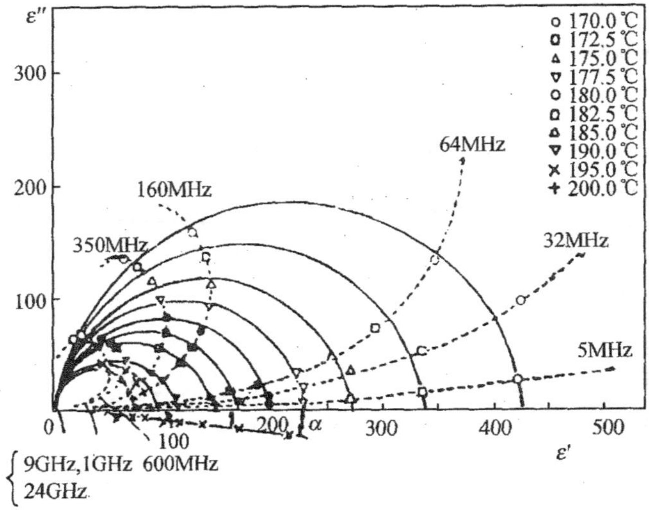

图 10.8　$NaNO_2$ 各种温度下的 Cole-Cole 弧[101].

介电谱的一种特殊形式是把 $\varepsilon'(\omega)$ 和 $\varepsilon''(\omega)$ 画成 Argand 图(常称为 Cole-Cole 弧)[17],它是研究介电弛豫的一种手段.符合德拜方程 $\varepsilon^* = \varepsilon_\infty + \varepsilon_s/(1 - j\omega\tau)$ 所描述的具有单一弛豫时间 τ 的介质,若以 ε'' 为纵坐标,以 ε' 为横坐标画出的自静态介电常数 ε_s 到高频介电常数 ε_∞ 的 $[\varepsilon'(\omega), \varepsilon''(\omega)]$ 点的轨迹就是个半圆弧.在 ε''

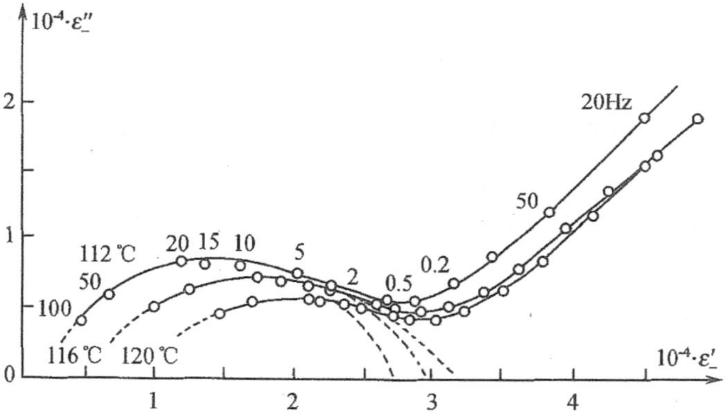

Nb 掺杂的 Remeika 单晶 /1%at.

(a)

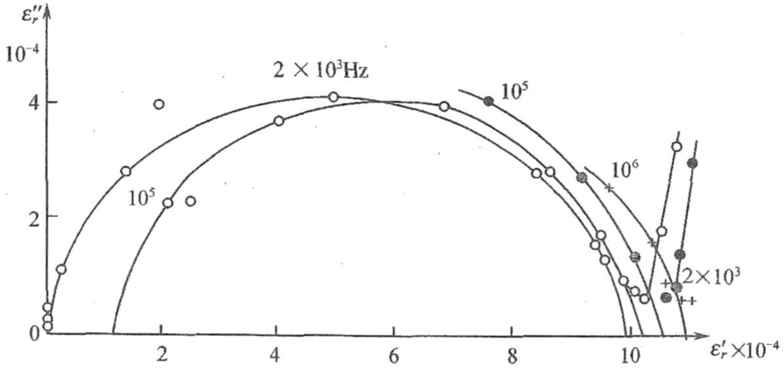

Nb 掺杂的提拉单晶 /0.19%at.

+T=−121℃ ○T=−139℃ □T=−163,5℃ ●T=−183℃

(b)

图 10.9 掺 Nb 的 $BaTiO_3$ 单晶(两种生长方法)的 Cole-Cole 作图[18].

最大值处的频率 $\omega = 1/\tau$，由此可定出德拜弛豫时间 τ．但事实上绝大多数电介质并不严格符合德拜方程组的 Cole-Cole 半圆弧．这意味着它们的弛豫时间 τ 存在一个分布．研究 Cole-Cole 弧可以求出弛豫时间的分布，从而获得有关介质极化弛豫机构(包括电导性)的信息．图 10.8 示出 $NaNO_2$(亚硝酸钠)的 Cole-Cole 弧[101]，它的圆心落在实轴的下方．作出其圆心与 ε_∞点的连线，求该连线与实轴的夹角 α，并令参量 $\beta = 1 - \frac{2}{\pi}\alpha$，参量 β 表示了弛豫时间的分布范围．$\beta = 1$ 相当于单一的 τ 值；随着分布变宽，β 值变小．对于 $NaNO_2$，它的 $\beta = 0.94$，弛豫时间分布并不十分宽．

图 10.9 示出由熔盐法(Remeika 法)生长的掺 Nb 的 $BaTiO_3$ 单晶(a)和由提拉法生长的掺 Nb 的 $BaTiO_3$ 单晶(b)的 Cole-Cole 图，后者具有更低的电导率[18]．

10.1.3 介电常数对温度的函数关系(温度谱)

测量介电常数对温度的函数关系是十分重要的实验研究．电介质发生相变或其他结构的微观上的变化时，介电常数将会出现异常，一般，实部 ε' 要出现峰值．在铁电体转变为顺电体的相变点(铁电居里点 T_c)处，实部 ε' 往往比室温时的值高出 3～4 个数量级．在 $T > T_c$ 时，低频介电常数的变化遵从居里-外斯定律

$$\varepsilon' = \frac{C}{T - T_c}，(C \text{ 是居里-外斯常数})． \tag{10.4}$$

科学研究者常常通过介电常数的峰值来确定铁电居里点 T_c，由 ε' 的倒数对温度变化的斜率来确定居里-外斯常数 C．图 10.10 示出 $PbTiO_3$ 在不同压力下介电常数的虚部(a)和实部(b)随温度的变化，在不同压力下，它的居里点是不同的[21]．

属于钙钛矿型的或钨青铜型的固溶体铁电物质随着成分的改变，相变时介电常数的实部峰会变得“浓散”(或“扩散”)，“扩散相转变”(DPT)便是根据 $\varepsilon'(T)$曲线峰的形状而得名的．图 10.11 示出铌酸锶钡(SBN)单晶随 Sr/Ba 比值不同的一组 $\varepsilon'(T)$曲线[19]．

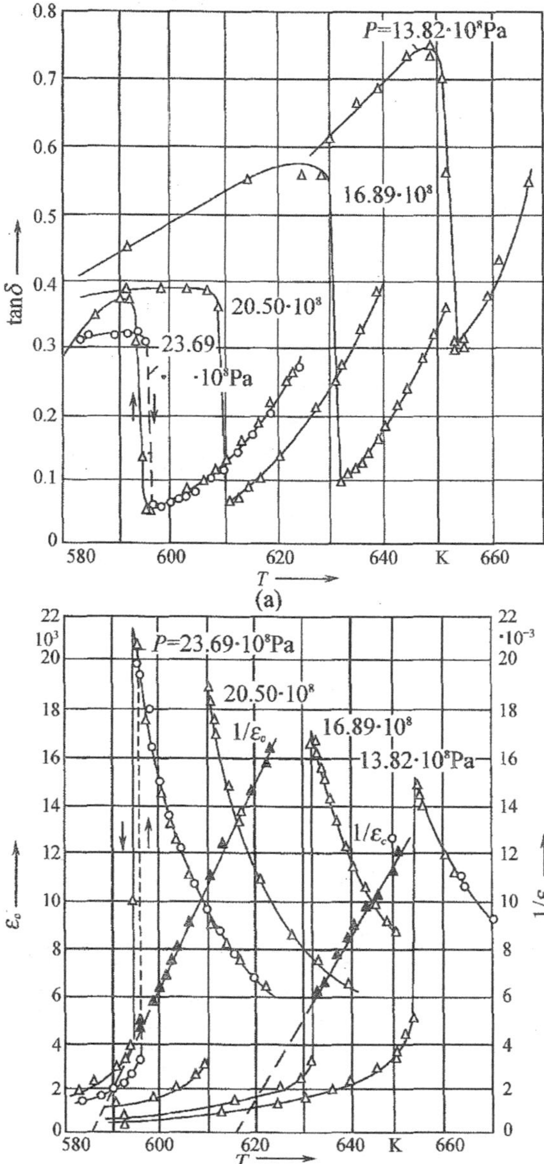

图 10.10　$PbTiO_3$ 在各种压力下介电常数虚部(a)和实部(b)随温度的变化[21].

图 10.12 示出不同 Ba/La 比值的锆钛酸钡镧(BLTZ)陶瓷的 ε′(T)曲线[20].

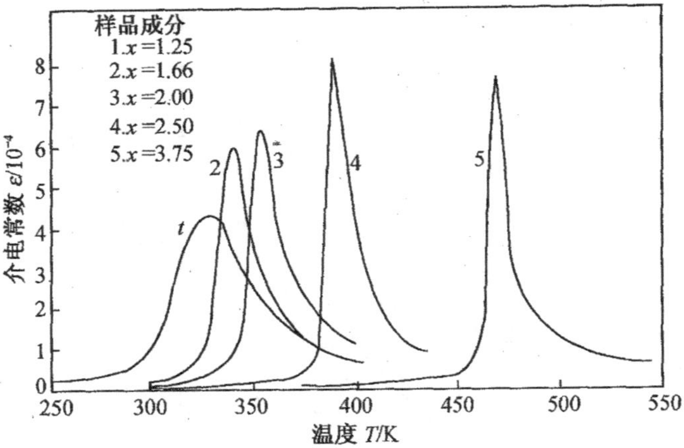

图 10.11 $Sr_{1-x}Ba_xNb_{10}O_{30}$单晶在 1kHz 时不同 Sr/Ba 比例的 ε′(T)曲线[19].

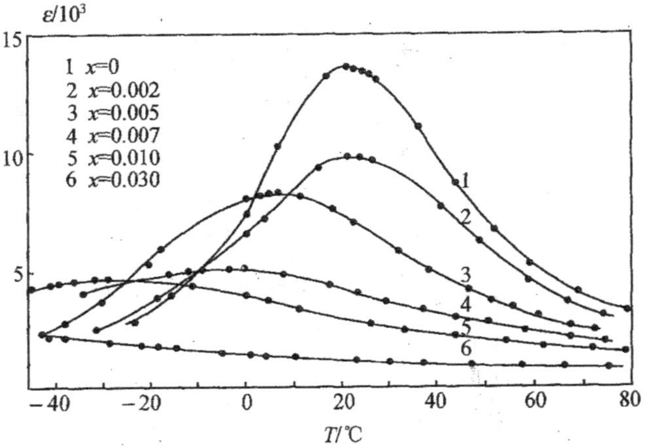

图 10.12 $(Ba_{1-x}La_x)(Ti_{0.80}Zr_{0.20})O_3$ 陶瓷在 1kHz 时不同 Ba/La 比例的 ε′(T)曲线[20].

10.1.4 热激励去极化电流的测量(TSDC 谱)[102~104]

热激励去极化电流(thermally stimulated depolarization currents,简写为 TSDC 或 TSC)是电介质材料在受热过程中建立极化态或解除极化态时所产生的短路电流. TSDC 技术是在 1964 年由 Bucci 和 Fieschi 在研究离子点偶极子的基础上建立的[103]. 基本方法是将试样夹在两电极之间,加热到一定温度(视具体试样而定)使样品中的载流子激发,然后施加一个直流的极化电压,经过一段时间(一般为 10 min 以上)使样品充分极化,以便载流子向电极漂移或偶极子充分取向. 随后立即降温到低温(一般使用液氮)使各类极化"冻结". 然后以等速率升温,同时记录试样经检流计短路的去极化电流随温度的变化关系,即得到 TSDC 谱. TSDC 谱属于介电温度谱的一种,通过 TSDC 谱可以研究介质材料中偶极子和可动离子的性质、激活能(或陷阱深度)、以及弛豫时间(寿命)等. 图 10.13 示出了测量 TSDC 谱的装置.

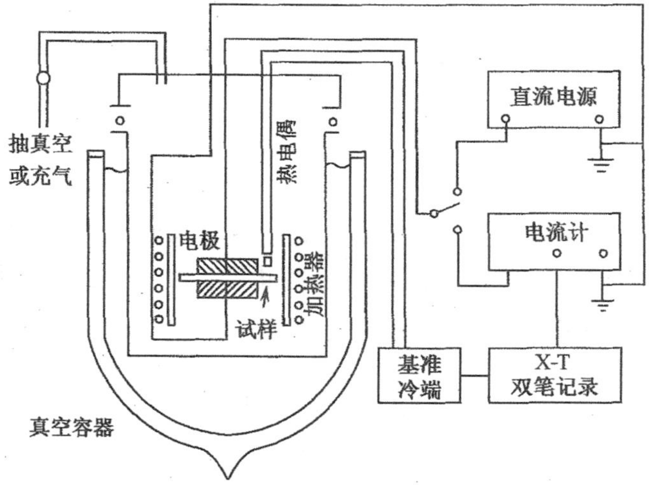

图 10.13 热激励去极化电流的测量装置示意图.

在对样品冻结之后的匀速率升温的过程中，被冻结于不同结构单元中的偶极子随着热运动增大而去极化，同时各种深度的陷阱中的空间电荷在不同温度下次第被释放出来．图 10.14 示出掺 Ni 的 KDP 铁电单晶的实验结果[104]，这是一种典型的包含两种机构的 TSDC 谱．Ni 的掺入取代了 K^+位置，由于电中性补偿，形成了 K^+或 H^+的空位．由谱可分析计算出掺 Ni 的 KDP 晶体具有两种空位极化机构，即空位取向极化和空位漂移极化，它们分别对应于不同的激活能．

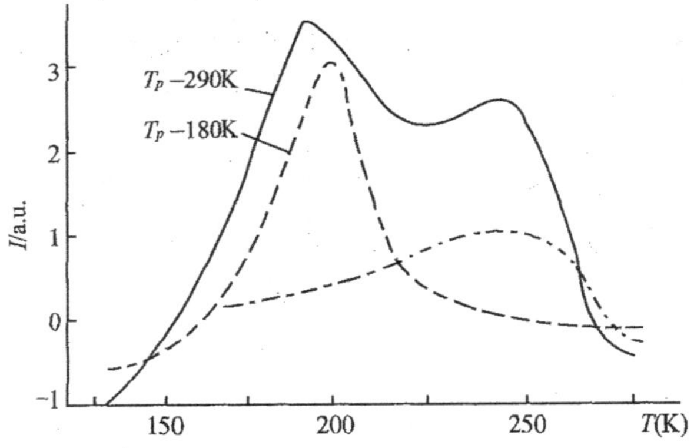

图 10.14　掺 Ni 的 KDP 晶体的 TSDC 谱[104]($F_p // C_{49} F_p = 2\times10^3$V/cm).

忽略了驻极体注入电荷效应时，TSDC 谱的电流解析表达式可分为两类：一类描述由偶极子去极化产生的 TSDC；另一类描述空间电荷去极化产生的 TSDC.

(1)由偶极子去极化所产生的 TSC(电流密度)为

$$J_D(T) = \frac{P_e(T_p)}{\tau_0}\exp\left(\frac{-E}{kT}\right)\exp\left[\frac{-1}{q\tau_0}\int_{T_0}^{T}\exp\left(\frac{-E}{kT'}\right)\mathrm{d}T'\right], \quad (10.5)$$

式中 $J_D(T)$为电流密度，$P_e(T_p)$为平衡极化强度，τ_0 为偶极子取向的弛豫时间，E 为偶极子取向的激活能，q 是升温速率，T_0 是升温的起始温度．另外，$P_e(T_p) = SN_dP_\mu^2\beta F_p/kT_p$，$P_\mu$ 是偶极矩，N_d 是偶极子密度，βF_p 为有效电场，S 是几何因素．

$J_D(T)$的曲线是不对称的，它的峰值正比于极化电场强度 F_p，低温时主要取决于激发(第一项指数)，高温时主要取决于放电(第二项指数).曲线的形状与 q，τ_0，E 等有关.峰值由 $\mathrm{d}J_D(T)/\mathrm{d}T=0$ 处求得，即

$$T_m = \left[\frac{E}{k}q\tau_0\exp\left(\frac{E}{kT_m}\right)\right]^{1/2}. \tag{10.6}$$

(2)由空间电荷去极化所产生的 TSC 为

$$J(T) = A\exp\left[-\frac{E}{kT} - \frac{B}{q}\exp\int_{T_0}^{T}\left(\frac{-E}{kT'}\right)\mathrm{d}T'\right], \tag{10.7}$$

式中 A，B 均为常数，其他的量与式(10.5)的相同.

计算激活能 E 可用作图法.取 TSDC 谱的起始部分，此时 $T\ll T_m$，由于点缺陷尚处于"冻结"，而且 $kT\ll E$，一般有

$$J(T)\approx A\exp\left(-\frac{E}{kT}\right),$$

$$\ln J(T) = \ln A - \frac{E}{k}\frac{1}{T}.$$

作出 $\ln J(T)$-$1/T$ 的图线，由斜率 $-E/k$ 便可得出激活能 E，然后可由式(10.6)计算出 τ_0.

§10.2 电介质的铁电性与热释电性的实验研究

各种固体电介质中只有属于 10 种点群对称性的物质可具有铁电性和热释电性.对电介质物理研究和应用研究来说，电介质材料的铁电性和热释电性方面的数据是十分重要的.铁电性的实验研究包括电滞回线的观测、铁电居里点的测定、相变类型的确定、铁电畴的观测、铁电软模的确定等等.热释电性的研究包括自发极化(或剩余极化)随温度变化的测量以及热释电系数的确定等.铁电畴的观测对样品的制备有一定的要求，但方法基本上与使用偏光显微镜、SEM 和 TEM 等作显微结构观测的相同，读者可参阅有关参考书(例如参考文献[22]).至于铁电软模的研究，我们将放在

§10.6 和§10.7 中再介绍.本节主要介绍铁电电滞回线的观测、居里点的确定以及热释电系数的测量等.

10.2.1 电滞回线的观测

电滞加线是铁电体的主要特征之一,往往由电滞回线的测量去检验物质是否为铁电体、反铁电体或顺电体.通过电滞回线的测量,还可以测定铁电体的剩余极化强度 P_r、自发极化强度 P_s 以及矫顽场 E_c.

测量电滞回线的基本电路是 Sawyer-Tower 电路[23],经 Diamant 等人改进之后[24],其基本电原理如图 10.15 所示. C_F 是待

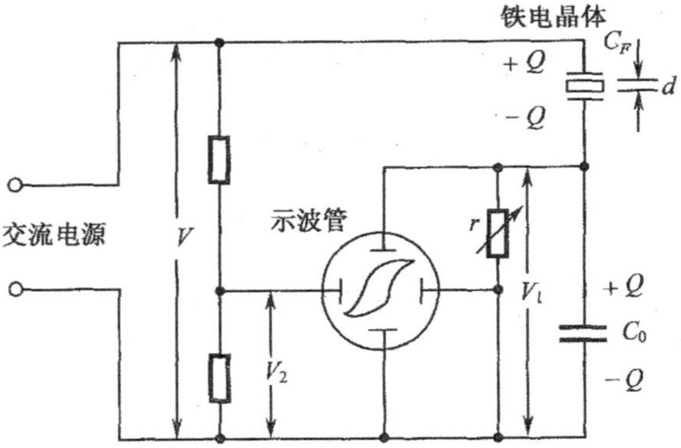

图 10.15 测量电滞回线的 Sawyer-Tower 电路原理

测样品(铁电晶体)的电容,它与一个已知的电容 C_0 串联,$C_0 \gg C_F$.加在示波管垂直偏转板上的电压正比于样品的极化强度 P,加在水平偏转板上的电压正比于加在样品上的电场 E. $V_1 = Q/C_0 = AP/C_0$(A 为样品电极面积),而 $V_2 \propto V \propto V/d = E$.电容 C_0 用来收集样品电极放出来的电荷,故这种方法也称为"电容积分法".由于通常铁电体的电阻并不是无穷大,故要用一个相移电 r 来作补偿.交流电源可用正弦波或三角波,每变化一周,便在示波管荧光屏上显现出如图 10.16 那样的电滞回线.如果频率

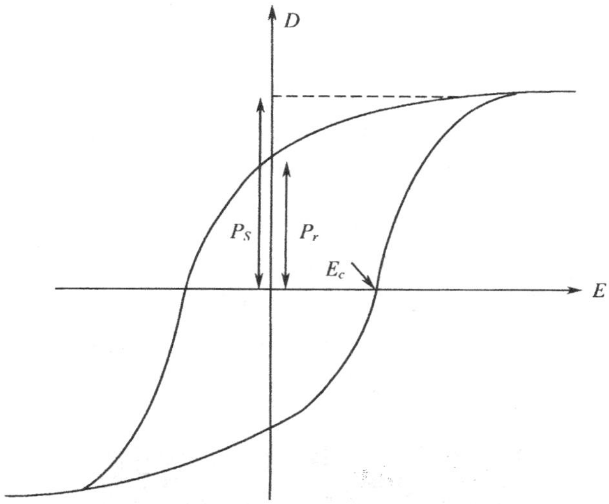

图 10.16 电滞回线

足够低,也可以用 X-Y 记录仪直接记录电滞回线.对于典型的反铁电体,则出现螺旋桨形的双电滞回线.图 10.17 示出一种锆钛锡酸铅(PSZT)反铁电陶瓷的双电滞回线[25].

由电滞回线可以求出 P_r, P_s 和 E_c(见图 10.16).自发极化 P_s

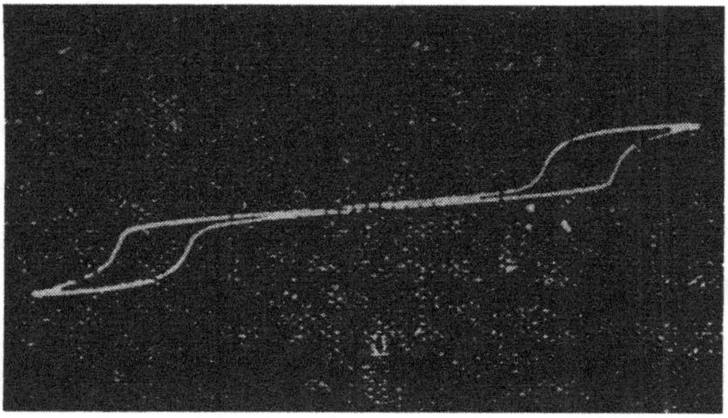

图 10.17 PSZT 反铁电陶瓷的双电滞回线[25].

随温度变化的曲线对研究铁电体相变和热释电性均具有重要意义.

Sawyer-Tower 电路经过多年的发展和不少科学研究工作者对它的改进,测量的精确性也不断提高.其中一方面的改进是测量的频率已由 50Hz 向低频方面发展[26],原因是铁电体会因介电损耗而发热,测得的回线便不能反映真实的温度关系,人们希望能测到电场第一次施加时的起始回线,这需要十分缓慢的扫描才能记录到.目前回线的频率已可以低至 0.05Hz 以下.图 10.18 所示出的是,由 0.04Hz 的三角波电压扫描所记录到的 KNSBN 铁电晶体的起始回线和以后几周的蜕化现象[27].

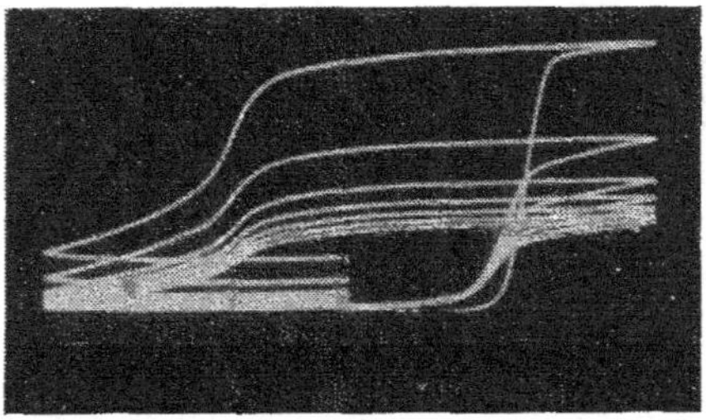

图 10.18 KNSBN 单晶的起始回线及其蜕化现象[27].

另一种改进是考虑到铁电体的微分电容 $C_F(E)$ 事实上相当大,往往不能保证 $C_0 \gg C_F$.改进的方法是将 C_0 除掉,只保留 r,并将 r 固定为一个很小的值,r 两端输出的电压幅值约为零点几伏的数量级,可以精确地测出.再用电子计算机按一定程序进行修正,便可得出精确的电滞回线[28].近年来也有测量铁电薄膜电滞回线的整机商售.

10.2.2 铁电体居里温度的测定

铁电体从低温升到高温,当到达某个特定温度时,便会发生结构相变,由对称性较低的铁电相变为对称性较高的顺电相.该特定温度称为该铁电体的居里温度 T_c. 铁电体在 T_c 附近会出现各种物理性质的反常,如介电常数、弹性系数、比热容、光学双折射等的突变,自发极化趋于零,以及由顺电相转变为铁电相时某种晶格振动模式的频率趋于零等等. 因此,从原则上说,利用铁电体的物理性质突变的现象可以确定居里温度. 通常,最普遍的是由介电常数的突变点和比热容的突变点来确定 T_c. 介电常数、比热容以及其他一些物理量的测量,往往都只需用常规方法,这里不多叙述. 由介电常数的反常来测量 T_c 的方法,可参考 § 10.1(例如图 10.10).

图 10.19 示出由比热容的突变来确定 TGS 晶体的居里点的实验结果[29].

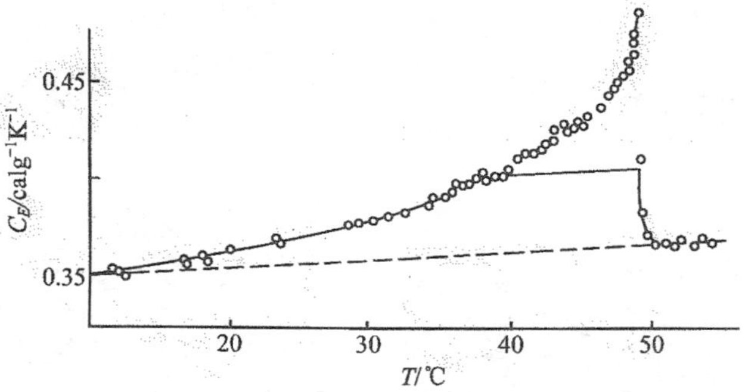

图 10.19 TGS 晶体的比热容随温度的变化[29].

用介电常数的峰值来确定居里点时,电学参数的变化可用交流电桥、自动导纳仪、"相变仪",或锁相放大器[31]等仪器来精确测量样品的介电常数(或导纳)的变化. 但是,还要必须注意精确地控温和测温. 在一级相变时,样品要放出(或吸收)潜热,所以,在升温过程和降温过程中所测得的突变点温度可能不一致,即出现"热滞". 如果升温与降温的速率是一样的,分别测得的突变温度是 T_A 和 T_B,则可按 $T_c=\frac{1}{2}(T_A+T_B)$来近似确定 T_c. 目前,在技术上已经达到控温精度为 0.01℃ 甚至 0.001℃,这就有可能发现一些只存在于很窄的温度区间的相和新的相变点，例如某些铁电体的非公度相和非公度相转变(这方面的测量需要用 X 射线衍射或中子散射作结构分析).

铁电相变也可以通过电滞回线的观测来研究.当升温到达居里点时，由铁电相转变为顺电相，回线消失.图 10.20 记录了 SBN (铌酸锶钡)多晶薄膜的电滞回线随温度升高而逐渐消失，在 200℃变为顺电相[110]

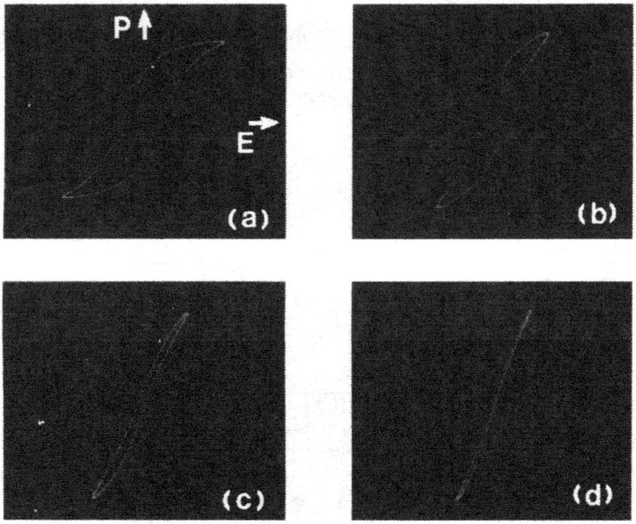

图 10.20 SBN 的薄膜(0.8 μm)的电滞回线随温度变化.
(a)25℃;(b)110℃;(c)175℃;(d)200℃[110].

但如果是扩散相变类型，回线就不会在介电常数峰值所对应的温度下消失.图 10.21 示出的锆钛酸钡镧陶瓷扩散相变时的回线变化，其介电常数峰值对应于 62℃，但回线要到 105℃时才完全变成直线[32].

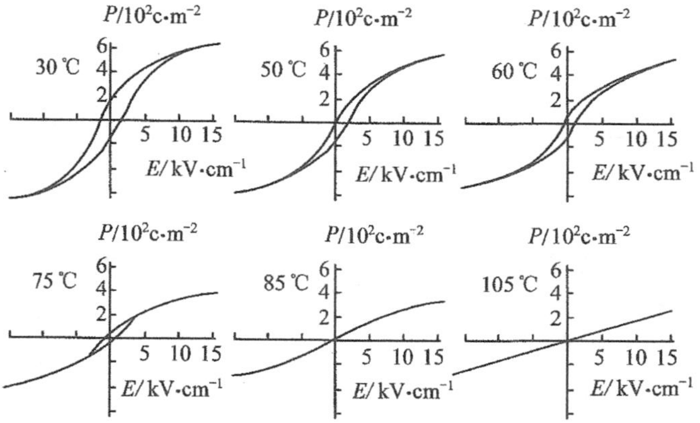

图 10.21 BLTZ(锆钛酸钡镧)扩散相变时的回线变化[32].

10.2.3 热释电系数的测量

热释电体的极化强度 P 随温度 T 的变化率称为热释电系数，以 p 表示，它是个矢量，以 $p_i(i=1,2,3)$表示它的分量. 对于铁电性的热释电体，在外电场和应力为零的条件下，热释电系数就等于自发极化 P_s 随温度的变化率，即 $p_i=-\mathrm{d}P_i/\mathrm{d}T$(负号是使得 $\mathrm{d}T$ 为正时 p_i 取正值). 在恒应变条件下测得的热释电系数称为一次热释电系数 $p_i^{S,E}$(上角标表示应变 S 和电场E 恒定). 若在晶体受热时发生自由膨胀变形，则还会由于压电效应而引起附加的极化改变，这时测得的热释电系数 $p_i^{X,E}$(上角标表示应力 X 与电场E 恒定)是一次热电系数与二次热释电系数的总和，即 $p_i^{X,E}=p_i^{S,E}+d_{ij}^T\alpha_{ij}^E/s_{ij}^{B,T}$. 右方第二项即为二次热释电系数，它与晶体的热膨胀系数 α_{ij}^E、压释电系数 d_{ij}^T(T 表示温度恒定)以及弹性系数 $s_{ij}^{E,T}$ 有关. 如果测得 d_{ij}^T, α_{ij}^E和 $s_{ij}^{E,T}$, 便可以计算出二次热释电系数，把 $p_i^{S,E}$ 和 $p_i^{X,E}$ 的值区别出来.

图 10.22 示出了热释电体 $Li_2SO_4 \cdot H_2O$(一水合硫酸锂)的实验结果. 图中分别标出了一次热释电系数、二次热释电系数以及总

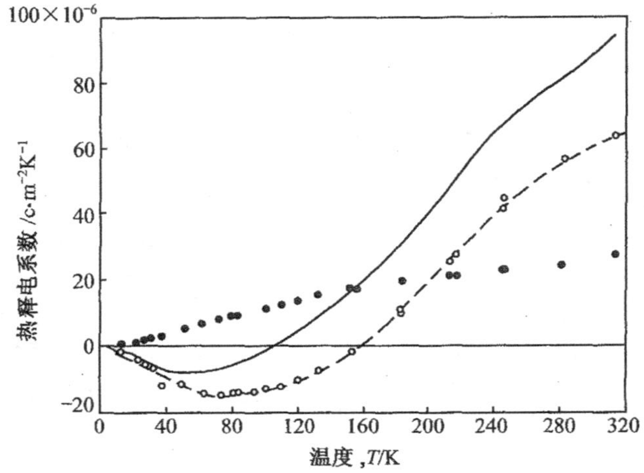

图 10.22　$Li_2SO_4 \cdot H_2O$ 的热释电系数实验结果[33].
(——为总热释电系数;○为一次热释电系数;●为二次热释电系数).

的热释电系数[33].

热释电系数的测量有如下几种方法:

1. 静态法　这里的"静态"是指每次测量是在恒温状态下进行的. 先由电滞回线求出不同温度下晶体的极化强度 P, 再由 P 对 T 的曲线求斜率, 便得到热释电系数 p. 这种方法不容易作精确测量, 特别是不能保证外电场为零这个条件.

2. 动态法[34,35]　用受调制的红外光源(由一个机械旋转的斩波装置来遮光以达到调制的目的)使晶体受热. 设晶体在 $\mathrm{d}t$ 时间内的温度变化为 $\mathrm{d}T$, 晶体的极化改变为 $\mathrm{d}P_s$(P_s 是自发极化强度), 则极化的变化率 $\mathrm{d}P_s/\mathrm{d}t$ 就是电流密度. 通过外接适当电路(例如用精密电流计), 可测出热释电电流为

$$i = A\frac{\mathrm{d}P_s}{\mathrm{d}t} = A\left[\frac{\mathrm{d}P_s}{\mathrm{d}T}\cdot\frac{\mathrm{d}T}{\mathrm{d}t}\right]_T, \qquad (10.8)$$

其中 A 为晶体电极面积, $\mathrm{d}T/\mathrm{d}t$ 为温度随时间的变化率. 在一定

入射光功率下，$\mathrm{d}T/\mathrm{d}t$ 可保持不变，因此热释电电流与热释电系数 $\mathrm{d}P_s/\mathrm{d}T$ 成正比．此法的灵敏度比静态法要高，且能保证外电场为零的条件．

3．电荷积分法[19] 当温度变化时，样品电极面上出现的热释电电荷为 $\Delta Q = A(\mathrm{d}P_s/\mathrm{d}T)\Delta T$，故当温度由 T_1 变到 T_2 时，总的电荷变化为

$$\int \Delta Q = A\int_{T_1}^{T_2} \frac{\mathrm{d}P_s}{\mathrm{d}T}\Delta T = A[\Delta P]_{T_1}^{T_2}. \qquad (10.9)$$

利用有反馈电容 C 的运算放大器，其输出电压 U_{sc} 与输入电流 I_s 的积分成正比

$$U_{sc} \simeq -\frac{1}{C}\int I_s \mathrm{d}t = -\frac{A}{C}[\Delta P]_{T_1}^{T_2},$$

再由 U_{sc} 对 T 的曲线的斜率求出热释电系数．

图 10.23 示出不同成分的铌酸锶钡晶体($Sr_{1-x}Ba_xNb_2O_6$)用电荷积分法测出的极化强度改变 ΔP(a)，以及用动态法测得的热释电电流对温度的关系(b)[19]．

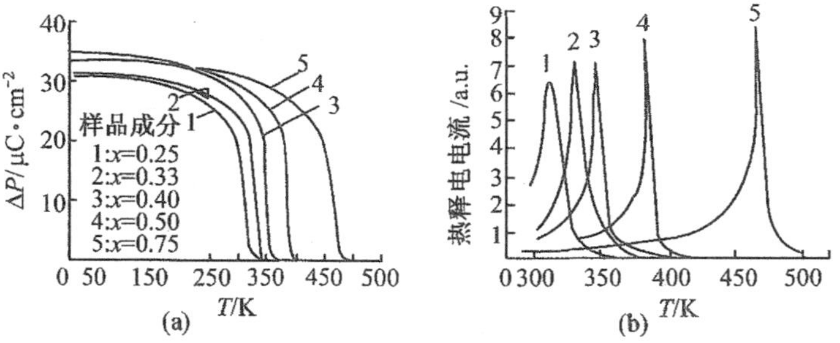

图 10.23 铌酸锶钡($Sr_{1-x}Ba_xNb_2O_6$)晶体的热释电实验结果[19]．

4．数字积分法[36] 图 10.24 示出的是一种在室温附近精确测量热释电系数的数字积分法装置示意图．面积为 A 的薄片样品 S 装在保护套管内，与贝克曼温度计 T 一起插入恒温槽中，建立平衡的起始温度 T_1，并保持 T_1 直到样品没有热释电电荷为止．

然后加热恒温槽达到温度 T_2，并同样地维持 T_2 至足够长时间.在这个过程中，热释电荷被积分电路积累起来产生正或负的积分电压.当电压到达一定的绝对值时，控制电路就使积分电路进行一次反向脉冲放电，放电时间由石英时标控制(0.5 ms)，放电电压由标准的正电源或负电源供给，使得每次放电量都精确等于某个规定值 δQ(约为 10^{-11}C 的数量级)，以计数器记录放电的次数.这样逐次放电可以保证整个测量过程中的任何瞬时出现于样品电极上的电压不会超过微伏数量级，十分接近外电场为零的条件.若正、负计数器的稳定读数为 N_+ 和 N_-，则总的热释电荷 $\Delta Q = \delta Q(N_+ - N_-) = \delta Q \Delta N$.而热释电系数

$$p = -\Delta P/\Delta T = \frac{1}{A}(\Delta Q/\Delta T) = \frac{1}{A}(\delta Q \Delta N)/(T_2 - T_1).$$

对于通常的热释电材料，当 A 为 1cm^2，ΔT 约 1℃ 时，ΔN 可以给出 4～5 位有效数字.用这种方法测量，可以做到长时间高稳定度.

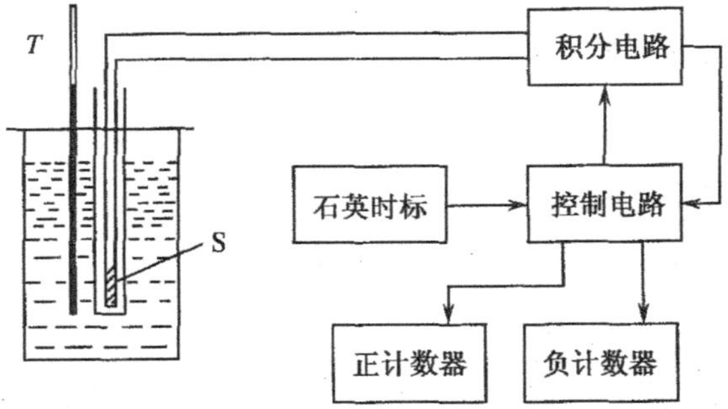

图 10.24 测量热释电系数的数字积分法装置示意[36].

§10.3 压电效应和电致伸缩效应的实验研究

对于用来作为压电材料的电介质，人们关心的是它与压电应用有关的物理性质，一般包括压电常数、弹性常数、介电常数和机电耦合系数.前 3 个分别是由压电方程、Hooke 定律和电场与电位

移的关系定义的系数，而机电耦合系数则是由压电振子在特定的振动模式下机械能与电能之间的转换比例来定义的，它可以表示成前三种常数的函数.对于复介电常数的测量，§10.1 已经有过介绍，本节只说明一下对各向异性晶体测量恒应变和恒应力边界条件的介电常数的要求.本节主要介绍测量压电常数和机电耦合系数的常用方法.弹性系数是固体材料的重要物理量，人们已经发展了很多有效的测量弹性系数的方法，这里只介绍与测量压电常数有联系的小信号电场激发的谐振法(传输线法)，其他一些研究弹性系数的方法分别在§10.4、§10.6 和 10.9.3 节中再介绍.

电介质(无论是否具有压电性)材料在较高的电场作用下，其电致伸缩效应会变得明显，有些材料已经达到可以应用的程度，本节也将介绍电致伸缩系数的直接测量和间接测量方法.至于其他一些派生的物理量，如频率常数，压电常数的温度系数、弹性常数的温度系数等就不一一介绍了.

10.3.1 据“IRE 标准”对介电、压电、弹性常数测量的程序[37]

对于三十二种点群对称性的晶体，各自拥有的介电、压电、弹性常数的数目都不相同.为了得到各自的分量，样品的制作也有各自的要求.对各个常数的测量，一般地说，最通常的办法是把材料按一定要求制备成特定的几何形状.例如测量介电常数，就要求做成平行平板电容器的形状，然后测量其电容值，按平行板电容器的公式算出介电常数.在远低于样品最低固有谐振频率下测出其电容，计算出的就是常应力下的介电常数 ε_{ij}^{T}；在远高于样品的最高固有频率下测出的电容计算出的就是常应变下的介电常数 ε_{ij}^{S}.对于各向异性晶体，例如四角晶系的晶体，我们取宏观坐标 X, Y, Z 方向与四角晶系的晶轴 a, a, c 方向重合.由 a 切片，或称(xy)切片，根据在低频(1kHz)和在高频(>20MHz)测出的结果，便可计算出 $\varepsilon_{11}^{T}/\varepsilon_0$ 和 $\varepsilon_{11}^{S}/\varepsilon_0$.由 c 切片，或称(zx)切片，得出的是 $\varepsilon_{33}^{T}/\varepsilon_0$ 和 $\varepsilon_{33}^{S}/\varepsilon_0$.上角标的 T 和 S 分别对应于恒应力和恒应变.在测量介电常数的同时，往往可以同时测出介质损耗角正切 $\tan\delta_{11}$ 和 $\tan\delta_{33}$.

相应地,介质隔离率 β_{mn}^T 和 β_{mn}^S 便可由下式计算出:

$$\beta_{mn} = (-1)^{m+n}\Delta_{\varepsilon_{mn}}/\Delta_{\varepsilon}, \tag{10.10}$$

式中 Δ_{ε} 为介电常数张量 $[\varepsilon_{mn}]$ 的代数行列式, $\Delta_{\varepsilon_{mn}}$ 为 ε_{mn} 项的代数余子式.

弹性系数,压电常数和机电耦合系数通常大多采用传输线方法来进行测量(参见"IRE 标准"[37]).传输线法属于"动态法",在测量时,使被测样品处于运动状态,在其固有谐振频率附近作机械振动.振动是用交变的小电场激发来实现的.把压电晶体(或压电陶瓷)样品插入传输电路中,测量整个网络的最大和最小传输频率(近似地等于样品的固有谐振和反谐振频率).传输法的电路有多种,包括 Π 型网络、T 型网络以及其他种种改进的电路和专用设备(如扫频仪)等.图 10.25 是电压恒定法 Π 型网络的电路图.整个装置包括:传输器、信号发生器、检测器(高频毫伏表)和频率计.传输器网络中对称元件的数值相等, $R_i \ll R_T$, $R_T \ll |Z_m|$. R_i 与 R_T 均要求用无感电阻, R_T 是可变的.改变信号发生器的频率,由检测器测出最大传输和最小传输时的频率 f_r 和 f_a,即近似为压电样品的谐振与反谐振频率.

从原则上来讲,如果选择一定取向和一定形状的晶体切片,就可以用一定方向的正弦交变电场激发出特定模式的谐振.读取该模式的谐振频率 f_r 和反谐振频率 f_a,根据样品的运动方程和压电

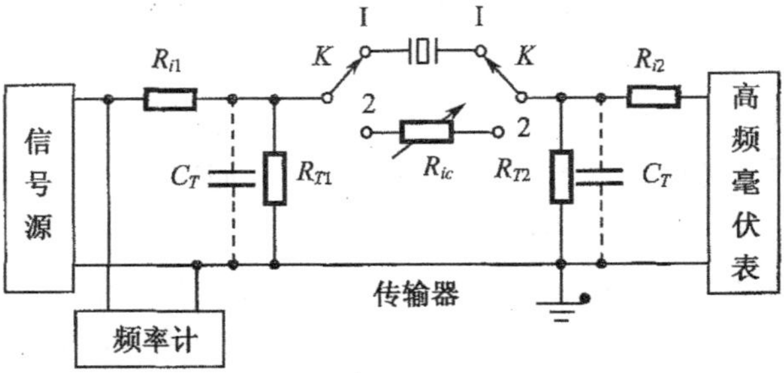

图 10.25 传输法网络电路[37].

方程组,便可以据此计算出各个弹性系数和压电系数.但是,不同的点群对称性有各自的特殊性,还需要对样品的形状和取向作特殊的考虑.

对压电陶瓷(对称性为∞mm,各张量的矩阵形式与点群$6mm$相当)的介电、压电和弹性各系数的测量程序,国际上已有“IRE 标准”[37]可供参考,我国根据具体的情况也已经制定了一些国家标准.图 10.26 示出对压电陶瓷的介电、压电、弹性系数以及机电耦合系数进行测量的一种典型的程序.

对于其他点群的晶体,目前尚未有统一颁布的测试标准,每一

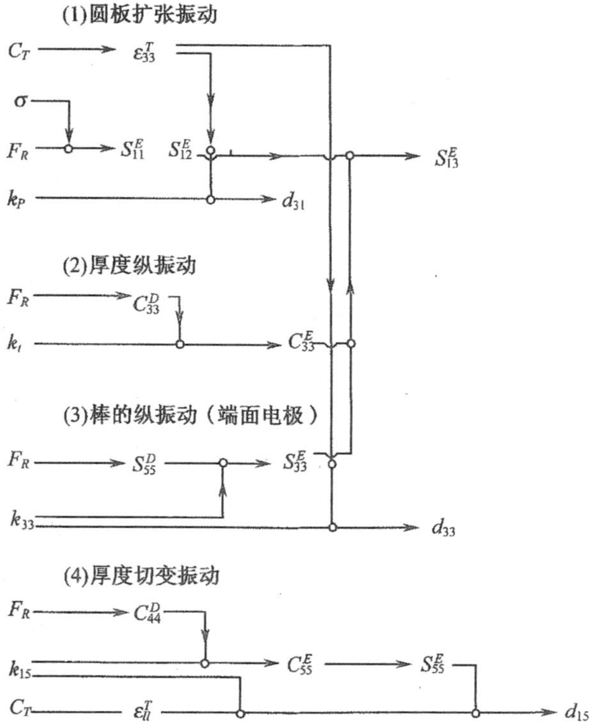

图 10.26 对压电陶瓷各独立的介电、压电、弹性系数和机电耦合系数测量和推算的典型程序.

点群的晶体(甚至每种具体晶体)的具体测量程序既有共同性,也有其特殊性.下面以四角晶系点群 $4mm$ 为例来说明各独立常数的测量程序[38],所举的方法并不是惟一的,方案也有待于标准化.

室温下属于点群 $4mm\,(C_{4v})$ 对称性的晶体包括有熟知的 $BaTiO_3$, $PbTiO_3$ 以及相当一部分钨青铜结构的铌酸盐等.在铁电材料中,这个点群是比较重要的.$4mm$ 点群晶体的独立介电常数有 2 个:ε_{11} 和 ε_{33};独立的弹性系数有 6 个:s_{11}, s_{12}, s_{13}, s_{33}, s_{55} 和 s_{66};独立的压电系数有 3 个:d_{31}, d_{33}, d_{15}.对这些独立的常数的测量和推算的步骤如下:

(1)用长条形(zx)切片(长度 l 沿 a 轴的 c 切割晶板),令交变电场沿 c 轴方向施加,测出基频波及高次谐波的谐振频率 f_{ri}.以及反谐振频率 f_{ai},可计算出 s_{11}^E, s_{11}^D, k_{31} 和 d_{31}(横向长度伸缩模式).

(2)用(zx)切片(长、宽沿两个 a 轴,厚度为 t 的 c 切晶板),令交变电场沿 a 轴方向施加,可计算出 s_{55}^E, s_{55}^D, k_{15} 和 d_{15}(厚度切变模式).

(3)用长度 l 沿 c 轴的 z 棒晶柱,电场沿 c 轴方向施加,可计算出 s_{33}^E, s_{33}^D, k_{33} 和 d_{33}(纵向长度伸缩模式).

(4)用方形的 c 切片,加上 c 方向的交变电场,可以激励起多种轮廓平面振动模式,由其中的平面伸缩模式Ⅲ与模式Ⅳ的频率常数 N_{III} 与 N_{IV} 的比值,通过查表[37],可求出 Poisson 比 σ^E.由 $\sigma^E = -s_{12}^E/s_{11}^E$,计算出 s_{12}^E.

(5)上述四种切割的样品均不能激励起含有 s_{66} 的剪切振动模式.为了求得 s_{66},需要采取其他方位的晶体切片,例如(zxl)45°切片(不是惟一的选择),这时,沿切片法线方向的坐标系(X', Y', Z')与原来坐标系(X, Y, Z)的线性变换矩阵为

$$A = \begin{pmatrix} 1 & 0 & 0 \\ 0 & 1/\sqrt{2} & 1/\sqrt{2} \\ 0 & -1/\sqrt{2} & 1/\sqrt{2} \end{pmatrix}.$$

于是,在新的坐标系(X', Y', Z')中,晶体的介电、弹性和压电张量变为

$$
\begin{pmatrix}
s_{11} & \frac{(s_{12}+s_{13})}{2} & \frac{(s_{12}+s_{13})}{2} & s_{13}-s_{12} & 0 & 0 \\
\frac{(s_{12}+s_{13})}{2} & \frac{1}{4}(s_{11}+2s_{13}+s_{33}+s_{55}) & \frac{1}{4}(s_{11}+2s_{13}+s_{33}-s_{55}) & \frac{(s_{33}-s_{11})}{2} & 0 & 0 \\
\frac{(s_{12}+s_{13})}{2} & \frac{1}{4}(s_{11}+2s_{13}+s_{33}-s_{55}) & \frac{1}{4}(s_{11}+2s_{13}+s_{33}+s_{55}) & \frac{(s_{33}-s_{11})}{2} & 0 & 0 \\
s_{13}-s_{12} & \frac{(s_{33}-s_{11})}{2} & \frac{(s_{33}-s_{11})}{2} & s_{11}-2s_{13}+s_{33} & 0 & 0 \\
0 & 0 & 0 & 0 & \frac{(s_{55}+s_{66})}{2} & \frac{(s_{55}-s_{66})}{2} \\
0 & 0 & 0 & 0 & \frac{(s_{55}-s_{66})}{2} & \frac{(s_{55}+s_{66})}{2}
\end{pmatrix}
$$

$$\begin{bmatrix} \varepsilon_{11} & 0 & 0 \\ 0 & \frac{1}{2}(\varepsilon_{11}+\varepsilon_{33}) & \frac{1}{2}(\varepsilon_{33}-\varepsilon_{11}) \\ 0 & \frac{1}{2}(\varepsilon_{33}-\varepsilon_{11}) & \frac{1}{2}(\varepsilon_{11}+\varepsilon_{33}) \end{bmatrix},$$

以及

$$\begin{bmatrix} 0 & 0 & 0 & 0 & \frac{d_{15}}{\sqrt{2}} & \frac{d_{15}}{\sqrt{2}} \\ \frac{d_{31}}{\sqrt{2}} & \frac{d_{31}+d_{33}+d_{15}}{2\sqrt{2}} & \frac{d_{31}+d_{33}-d_{15}}{2\sqrt{2}} & \frac{d_{33}-d_{31}}{\sqrt{2}} & 0 & 0 \\ \frac{d_{31}}{\sqrt{2}} & \frac{d_{31}+d_{33}-d_{15}}{2\sqrt{2}} & \frac{d_{31}+d_{33}+d_{15}}{2\sqrt{2}} & \frac{d_{33}-d_{31}}{\sqrt{2}} & 0 & 0 \end{bmatrix}.$$

因此，对于(zxl)45°切片，按新的坐标系有弹性系数 $s'_{55}=\frac{1}{2}(s_{55}+s_{66})$，压电介数 $d'_{15}=\frac{1}{\sqrt{2}}d_{15}$，以及介电常数 $\varepsilon'_{11}=\varepsilon_{11}$. 故对该晶片在 $X'(=X)$方向施加电场，可激发起厚度(t)的剪切振动模式(绕 Y'轴的切变). 由反谐振频率便可求出 s'_{55}及 s_{66}^{D}, s_{66}^{E}.

(6)由上述各样品仍不可能激发起含 s_{13}的振动模式. 与前面的方法相似，采用(xzl)45°棒，使电场沿 Z'轴施加，可激发起长度(l)的扩张谐振模式. 测量它的谐振和反谐振频率，可求出等效的 $s_{33}^{D'}$和 $s_{33}^{E'}$. 由新坐标系的弹性系数可知：$s'_{33}=\frac{1}{4}(s_{11}+2s_{13}+s_{33}+s_{55})$. 由于 s_{11}, s_{33}和 s_{55}均可以独立测出，故由该式便可求得 s_{13}^{D}和 s_{13}^{E}. 至此，全部恒电场弹性常数$[s_{ij}^{E}]$的各独立常数和压电常数$[d_{nj}]$的各个独立常数都已得到.

上面这些数据的获得，共使用了 6 种切片样品作传输线法的测量，并用了 a 切片和 c 切片测量介电常数.

(7)推算压电常数

$$[g_{nj}],\ g_{nj}=\sum\beta_{nm}^{T}d_{mj}. \tag{10.11}$$

(8)推算恒电势移弹性系数

$$[s_{ij}^D],\ s_{ij}^D = s_{ij}^E - \sum g_{ni}d_{nj}. \qquad (10.12)$$

(9)根据定义，s_{ij}与c_{ij}之间有如下关系：

$$c_{ij} = (-1)^{i+j}\Delta_{s_{ij}}/\Delta_s, \qquad (10.13)$$

式中 Δ_s 代表弹性系数张量$[s_{ij}]$的代数行列式，而 $\Delta_{s_{ij}}$ 则代表 s_{ij} 项的代数余子式. 分别将 s_{ij}^E和 s_{ij}^D的数据代入式(10.13)，即可求得各个系数 c_{ij}^E和 c_{ij}^D.

(10)最后，压电系数$[h_{nj}]$和$[e_{nj}]$按下式算出：

$$\begin{aligned} h_{nj} &= \sum g_{ni}c_{ij}^D, \\ e_{nj} &= \sum \varepsilon_{mn}^s h_{mj}. \end{aligned} \qquad (10.14)$$

目前，图 10.25 所示的传输线装置已发展成用导纳电桥(或阻抗分析仪)测量谐振频率，并使用频谱分析仪和计算机处理，在荧

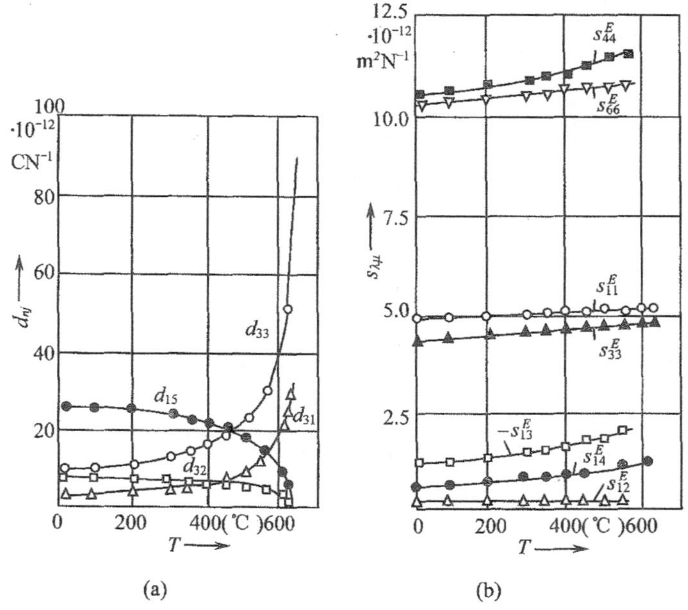

图 10.27 $LiTaO_3$ 晶体的压电常数.

(a)弹性系数；(b)随温度的变化[40].

光屏上显示出扫频谐振特性，十分迅速而方便，而且已有成品仪器出售.

$LiNbO_3$ 和 $LiTaO_3$ 属三角晶系点群 3 m，关于它们的压电、弹性系数的测量，读者可参看有关的参考文献[39,40]. 图 10.27 示出测得的 $LiTaO_3$ 的各压电常数(a)和各弹性柔顺系数(b)随温度变化的实验结果[40].

在实际测量之前，必须注意晶体切割方位的准确性以及确保样品单畴化.

10.3.2 静态法和准静态法测量压电系数

静态法是使被测样品处于不发生交变形变的状态下的测试方法，用于测量压电系数.

根据压电方程，在无电场作用而只有应力作用时，有

$$[D_n] = [d_{nj}][T_j], (n = 1,2,3;\ j = 1,2,\cdots,6).$$

在静态测试时，对样品施加一定大小和一定方向的作用力，压电样品将因形变而产生一定的电荷. 所产生的表面电荷密度在数值上正好等于所产生的单位体积的电势移.

测量装置可设计成对样品施加单向应力(例如只在样品的极化轴方向施加 T_3 应力)，对于压电陶瓷样品便有

$$D_3 = d_{33}T_3.$$

若总的作用力为 F_3，则在电极上产生的总电荷

$$Q = d_{33}F_3.$$

设样品的静态电容为 C，由于充有电荷 Q，因而在样品两极产生电压 $V = Q/C$，故

$$d_{33} = Q/F_3 = CV/F_3.$$

单向作用力 F_3 可用弹簧、杠杆或砝码等施加到样品上，Q 或 V 可用静电计或电荷积分仪等测量出，便可算得 d_{33}. 实际操作时往往采用释放应力的办法而不是加应力的办法.

也可以将样品置于高压罐(以绝缘油作流体传递压力的介质)

中，对样品施加流体静压力 p_0，同时进行测量.这时，压电方程变成

$$D_h = d_h T_h = d_h p_0. \tag{10.15}$$

这样测出的 d_h 称为流体静压力压电系数，它是若干个压电系数之和.例如对于正交晶系、三角晶系和六角晶系的晶体，有

$$d_h = d_{31} + d_{32} + d_{33}. \tag{10.16}$$

对于四方晶系及压电陶瓷(∞mm 对称性)，有

$$d_h = 2d_{31} + d_{33}. \tag{10.17}$$

需要注意的是，由静态法测得的 d_h 往往与由动态法测得的 d_{ij} 有差别，这是因为两种方法的边界条件不同所致.

关于压电系数的测量方法远不止上面所介绍的几种，还有一些专用仪器，直接用数字显示数据，使得测量更加简单迅速.例如"Berlincourt d_{33}测量仪"和中国科学院声学研究所制造的 ZJ-2 型准静态 d_{33}测量仪，都是根据准静态的测量方法设计的.它们的测量原理是将一个低频(几赫兹到几百赫兹)振动的应力同时施加到待测的压电样品和已知压电系数的标准样品上，将两个样品的压电电荷分别收集并作比较，经过电路处理，使待测样品的 d_{33}值直接由数字管显示出来，同时表示出样品的极性.

10.3.3 电致伸缩系数的测定

当电场作用于电介质上时，所产生的应变若近似地正比于电场的平方，且应变与电场的正负方向无关，这一效应就称为"电致伸缩".事实上，电致伸缩也可以看成是电场诱导极化的效果，因此，电致伸缩应变也近似地正比于极化强度的平方.不管电介质是否具有压电性和铁电性，都会有电致伸缩效应.

电致伸缩系数是四阶张量(有 81 个分量)，由热力学关系和对称性可以进一步简化，独立系数的数目并不多.电致伸缩系数 $Q_{\lambda\mu}$ 是按下式定义引入的：

$$x_\lambda = \sum Q_{\lambda ij} P_i P_j, \quad \begin{pmatrix} \lambda = 1,2,\cdots,6, \\ i,j = 1,2,3. \end{pmatrix}$$

并规定

$$Q_{\lambda\mu} = \begin{cases} Q_{\lambda ij}, (i = j), \\ 2Q_{\lambda ij}, (i \neq j), \end{cases} (\mu = 1, 2, \cdots, 6.) \qquad (10.18)$$

式中 x_λ 是电致伸缩应变，P_i(和 P_j)是电场诱导极化强度.

1. **电致伸缩系数的直接测量** 实际的电致伸缩材料往往是在顺电相情况下工作，通常需要直接测量电致伸缩应变来求得 $Q_{\lambda\mu}$. 例如电介质属于立方晶系顺电相，电场沿方向 2 施加，使样品产生横向效应(即方向 1 的应变)，则电致伸缩方程简化为

$$x_1 = Q_{12}P_2^2, \quad (P_1 = P_3 = 0). \qquad (10.19)$$

在施加电场的同时，测出方向 1 的应变 $x_1(=\Delta l_1/l_1)$ 以及极化强度 P_2 随电场的变化. 作出 x_1 对 P_2^2 的关系图线. 得出的斜率即为 Q_{12}. 实验装置如图 10.28 所示[41]，用线性位移换能器(或微位移计)测量 Δl_1，并用 X-Y 记录仪记录应变随电场的变化. 同时用 Sawyer-Tower 电路测量极化强度随电场的变化. 于是，在施加一个循环的三角波交流电压时，便得出 x_1 和 P_2 随电场的变化关系(回线可用拍照或用另一个 X-Y 记录仪记录).

若测量与电场同方向的应变，得出的便是纵向电致伸缩系数 Q_{11}.

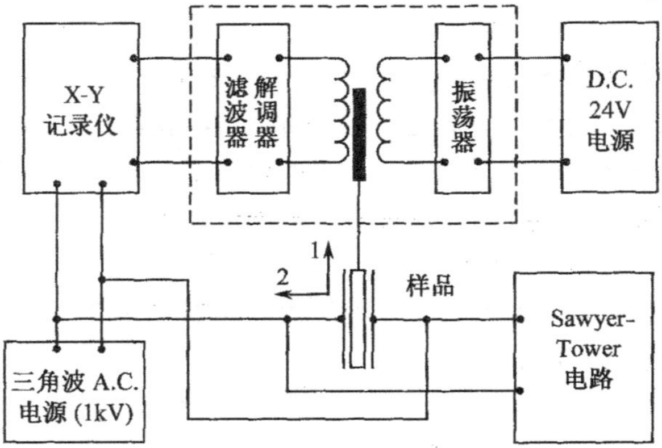

图 10.28 测量 Q_{12} 的装置示意[41].

图 10.29 示出了 BLZT(锆钛酸钡镧)系列陶瓷的纵向(a)和横向(b)电致伸缩效应的实验结果[42].

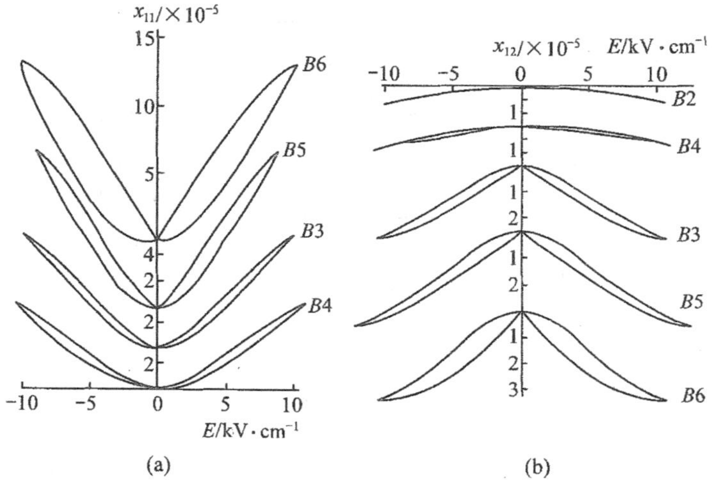

图 10.29 BLZT 系列陶瓷的纵向(a)和横向(b)电致伸缩效应的实验结果[42].

2. 电致伸缩系数的间接测量 对各向同性的电介质,由热力学关系有[41]

$$\left(\frac{\partial\beta}{\partial p_h}\right)_T = 2Q_{11} + 4Q_{12} = 2Q_h, \tag{10.20}$$

等式右方的 Q_h 被定义为流体静压力的电致伸缩系数.将待测样品置于流体静压力的高压罐中,加以流体静压力 p_h,测出等温过程的介质隔离率 β(由样品的电容值求得介电常数 ε,再求出 β)随 p_h 的变化. Q_h 即可由 β 对 p_h 变化作图的斜率来求得.具体的实验装置如图 10.30 所示[41].

在实际测量的过程中,一般是先将压力加到最大,然后逐次等差减压,每次待温度恢复恒定之后,再由交流电桥读取样品在某个 p_h 值下的电容值.

间接测量方法也可以设计成加单轴应力的装置,这样可以分

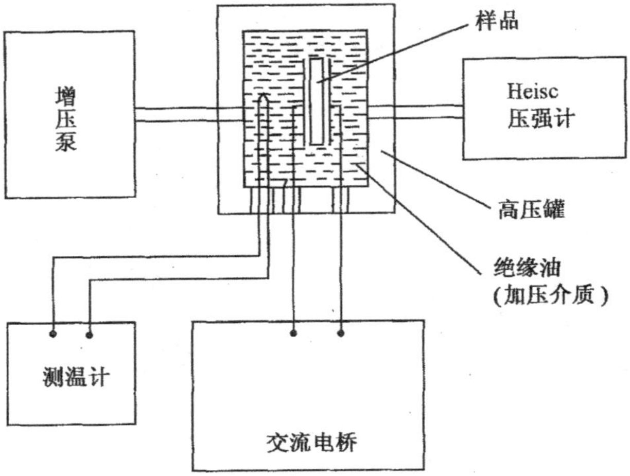

图 10.30　测量 Q_h 的实验装置示意[41].

别测出各个独立的电致伸缩系数.例如,只在方向 1 施加应力 T_1 便有

$$2Q_{11}=-\frac{\partial\beta_1}{\partial T_1}.$$

由上述的测量方法的原理,还发展了一些更精密的方法和专用设备,在这里就不一一介绍了.电致伸缩系数对于研究铁电体的一些非线性效应(例如电光双折射和声光效应等)与极化强度之间的关系有着重要的意义.

§10.4　电介质的声学研究

用声学方法可以确定弹性波在各向异性电介质中传播的纵波、横波和表面波的波速,确定电介质中的各个弹性系数 c_{ij} 和 s_{ij} 等等.近代的实验方法是采用动态方法,其中包括对压电体使用谐振方法测量它的弹性系数(见 10.3.1 节),以及用光的布里渊散射方法(见 10.6.3 节).本节介绍的仅是超声波频段的动态方法.

10.4.1 声速与弹性系数的关系[43~46]

如果使某一个密度为 ρ 的各向异性介质的一端发生某种力学上的扰动，若该扰动在该介质中传播的速度为 v，则有 $v=(E/\rho)^{1/2}$的关系，其中 E 为相应的弹性系数．力学扰动的传播可以有纵向和横向两种形式，故 E 的值也取决于不同的传播形式．对于在固体中某个任意方向传播的弹性波，一般有三种类型，它们以不同的波速同时传播，即

$$E_1 = \rho v_1^2, E_2 = \rho v_2^2, E_3 = \rho v_3^2. \tag{10.21}$$

因此，E 将有 3 个值，其中一个值对应于纵波波速，而其余两个值对应于横波波速．

弹性波在各向异性固体中传播的一般理论是 Christoffel 方程，它是动态方法由实验数据计算弹性常数的依据．

当某个弹性波在各向异性无穷大的介质中传播时，可以有 3 个独立而相互正交的位移矢量 $\boldsymbol{D}$，一般说，这 3 个 $\boldsymbol{D}$ 矢量表示了在波矢量$\boldsymbol{k}$ 方向上传播的 3 个不同的平面波．由于 3 个 $\boldsymbol{D}$ 是相互正交的，如果其中一个 $\boldsymbol{D}$ 为平行于$\boldsymbol{k}$ 的方向的纯的纵波的话，其余两个 $\boldsymbol{D}$ 就是纯的横波．如果不是这样，则这些波是准纵波和准横波．

设波矢$\boldsymbol{k}$ 具有相对于正交坐标参考系(对应于晶轴)的方向余弦为 l, m 和 n．在一般的情况下，3 个可能的 $\boldsymbol{D}$ 矢量的方向与$\boldsymbol{k}$ 的方向是不同的．可以写出弹性波的相速度与方向余弦 l, m, n 之间关系的一组方程．在密度为 ρ 的各向异性晶体中，与波矢$\boldsymbol{k}$ 相连系的 3 个可能的相速度 v 与方向余弦 l, m, n 之间的关系由下面的久期方程解出：

$$\begin{vmatrix} \lambda_{11} - \rho v^2 & \lambda_{12} & \lambda_{13} \\ \lambda_{12} & \lambda_{22} - \rho v^2 & \lambda_{23} \\ \lambda_{13} & \lambda_{23} & \lambda_{33} - \rho v^2 \end{vmatrix} = 0, \tag{10.22}$$

式中 $\lambda_{ij} = c_i k_{jl} \cdot \alpha_k \alpha_l$，称为 Christoffel 模量(而 $i, j, k, l = 1, 2$ 或

3), c_ik_{jl}是弹性常数, α 是波法向的方向余弦. λ_{ij}是 c_{ij} 的函数, 由于 $c_{ij}=c_{ji}$, 因此, $\lambda_{ij}=\lambda_{ji}$. 下面给出六个可能的 λ_{ij}的值(注意, 弹性系数采用了简化的二脚标, 并已把方向余弦代入):

$$
\begin{aligned}
\lambda_{11}&=l^2c_{11}+m^2c_{66}+n^2c_{55}+2mnc_{56}+2nlc_{51}+2lmc_{16},\\
\lambda_{22}&=l^2c_{66}+m^2c_{22}+n^2c_{55}+2mnc_{24}+2nlc_{45}+2lmc_{26},\\
\lambda_{33}&=l^2c_{55}+m^2c_{44}+n^2c_{33}+2mnc_{34}+nlc_{35}+2lmc_{45},\\
\lambda_{23}&=l^2c_{56}+m^2c_{24}+n^2c_{34}+mn(c_{23}+c_{44})\\
&\quad+nl(c_{45}+c_{36})+lm(c_{36}+c_{25}),\\
\lambda_{31}&=l^2c_{15}+m^2c_{46}+n^2c_{35}+mn(c_{45}+c_{36})\\
&\quad+nl(c_{31}+c_{55})+lm(c_{56}+c_{14}),\\
\lambda_{12}&=l^2c_{16}+m^2c_{26}+n^2c_{45}+mn(c_{46}+c_{25})\\
&\quad+nl(c_{56}+c_{14})+lm(c_{12}+c_{66}).
\end{aligned}
\tag{10.23}
$$

下面举例说明如何运用式(10.23)来确定晶体的 c_{ij}.

(1)以三角晶系的方解石(点群属 $\bar{3}\,m$)为例. 首先写出不为零的弹性系数 c_{ij}的矩阵

$$
\begin{bmatrix}
c_{11} & c_{12} & c_{13} & c_{14} & 0 & 0\\
c_{12} & c_{11} & c_{13} & -c_{14} & 0 & 0\\
c_{13} & c_{13} & c_{33} & 0 & 0 & 0\\
c_{14} & -c_{14} & 0 & c_{44} & 0 & 0\\
0 & 0 & 0 & 0 & c_{44} & c_{14}\\
0 & 0 & 0 & 0 & c_{14} & c_{66}
\end{bmatrix}
$$

其中 $c_{66}=(c_{11}-c_{12})/2$.

于是, 对点群 $\bar{3}\,m$, 式(10.23)可化简为

$$
\begin{aligned}
\lambda_{11}&=c_{11}l^2+c_{66}m^2+c_{44}n^2+2c_{14}mn,\\
\lambda_{12}&=2c_{14}nl+(c_{66}+c_{12})ml,\\
\lambda_{13}&=(c_{14}+c_{13})nl+2c_{14}ml,\\
\lambda_{22}&=c_{66}l^2+c_{11}m^2+c_{44}n^2-2c_{14}mn,\\
\lambda_{23}&=c_{14}(l^2-m^2)+(c_{13}+c_{44})mn,\\
\lambda_{33}&=c_{44}(l^2+m^2)+c_{33}n^2.
\end{aligned}
\tag{10.24}
$$

设超声波在晶体中传播，且令其波矢$\boldsymbol{k}$沿平行于晶体的z轴，便得到方向余弦$l=0, m=0, n=1$的情况，将l, m, n代入式(10.24)，有

$$\lambda_{11}=\lambda_{22}=c_{44}, \quad \lambda_{33}=c_{33},$$

其余的λ_{ij}均为零. 于是可得出式(10.21)的v的3个解为

$$\rho v_1^2=c_{44}, \quad \rho v_2^2=c_{44}, \quad \rho v_3^2=c_{33}.$$

(2)再以立方晶系的NaCl的情况为例. 对立方晶系，λ_{ij}模量如下：

$$\begin{aligned}
\lambda_{11}&=l^2c_{11}+(m^2+n^2)c_{44},\\
\lambda_{12}&=lm(c_{12}+c_{44}),\\
\lambda_{13}&=ln(c_{12}+c_{44}),\\
\lambda_{22}&=m^2c_{11}+(l^2+n^2)c_{44},\\
\lambda_{23}&=mn(c_{12}+c_{44}),\\
\lambda_{33}&=n^2c_{11}+(l^2+m^2)c_{44}.
\end{aligned} \tag{10.25}$$

立方晶系的弹性系数有

$$c_{14}=0, c_{13}=c_{12}, c_{32}=c_{11}, c_{66}=c_{44}.$$

表 10.1　立方晶体中声波的速度和位移的方向

波的性质	方向		波速$=(E/\rho)^{\frac{1}{2}}$的具体形式
	传播方向	位移方向	
L(纵)	[001]	[001]	$(c_{11}/\rho)^{1/2}$
T_1(横)	[001]	[010]	$(c_{44}/\rho)^{1/2}$
T_2	[001]	[100]	$(c_{44}/\rho)^{1/2}$
L	[110]	[110]	$[(c_{11}+c_{12}+2c_{44})/2\rho]^{1/2}$
T_1	[110]	[001]	$(c_{44}/\rho)^{1/2}$
T_2	[110]	$[1\bar{1}0]$	$[(c_{11}-c_{12})/2\rho]^{1/2}$
L	[111]	[111]	$[(c_{11}+2c_{12}+4c_{44})/3\rho]^{1/2}$
T_1	[111]	任何垂直[111]的方向	$[(c_{11}-c_{12}+c_{44})/3\rho]^{1/2}$
T_2	[111]	任何垂直[111]的方向	$[(c_{11}-c_{12}+c_{44})/3\rho]^{1/2}$

为了更清楚地进行说明，我们在表 10.1 中列出立方晶体中各种超声波传播速度用 c_{ij} 表示的表达式. 可以看出，晶体中声波传播速度既取决于波的性质(纵波还是横波)，也取决于它们在晶体中传播的方向.

10.4.2 超声波波速的测量

由上面的讨论可知，对介质的弹性系数 c_{ij} 的确定，实际上归结为对晶体中按特定方向传播的声波波速的测量.

通常的实验方法如下：利用压电换能器在待测样品的一端激发起声波(通常是声脉冲)，然后在声波传播方向的另一端用另一个压电换能器接收，得出两端信号之间的延迟时间 τ，以 τ 去除输入、输出换能器之间的距离 l，便得到声速. 纵波或横波则取决于用来作激励的压电换能器的振动模式. 换能器的材料和形式有多种多样，可以选择使用. 例如 X 切片的压电水晶换能器可激发横波扩张模式振动，而 Y 切片的水晶换能器可激发横波剪切模式振动，用 Y 棒的水晶换能器则激发纵波扩张模式振动. 一般使用压电陶瓷厚度振动模式的换能器均可以激发出纵波. 用锗酸铋($Bi_{12}GeO_{20}$)晶体做换能器，当晶片是(111)面时，激发出纵波，当

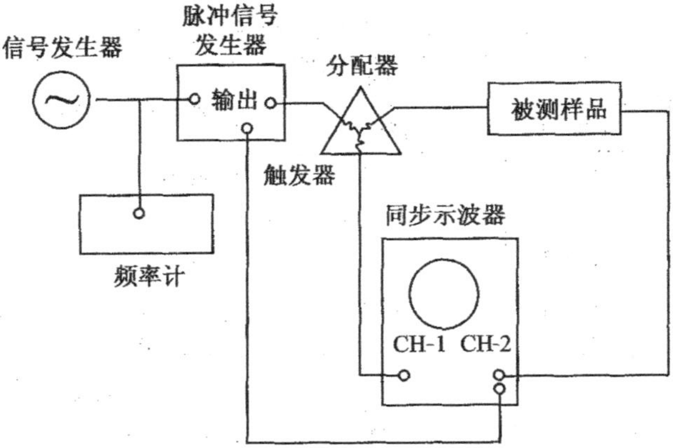

图 10.31 脉冲重合法装置示意图[48]

晶片是(110)面时,则激发出横(剪切)波.常用的换能器材料还有 $LiNbO_3$.

上述的波速测量方法同样可用于压电体的声表面波(SAW)的波速测量,不过需要使用一对叉指形电极的换能器,以便激发和接收声表面波.

两端信号之间的延迟时间(声波传播时间)τ 可通过图 10.31 所示的装置来测出[48].用这种装置的测量方法称为"脉冲重合

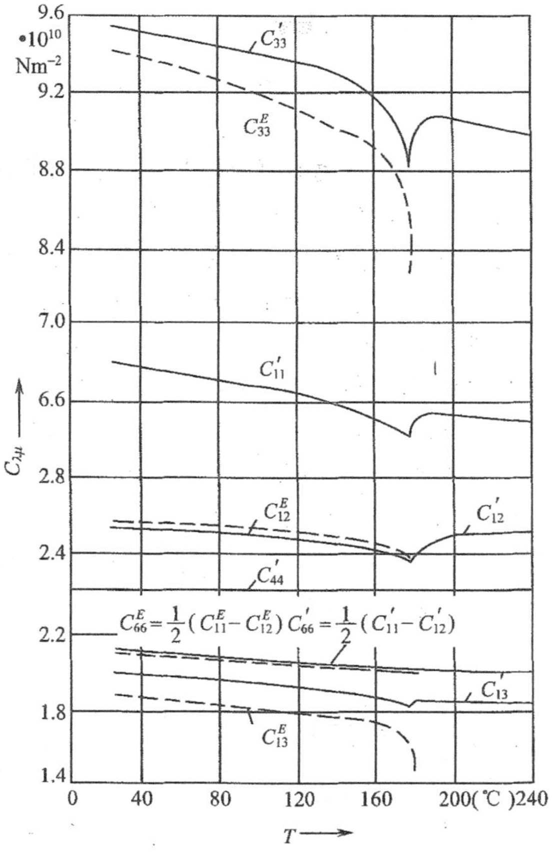

图 10.32 锗酸铅($Pb_5Ge_3O_{11}$)的弹性刚度系数随温度变化的实验结果[47].

法”.改变信号源的频率(即脉冲信号的重复频率),使得被测样品的输出脉冲信号比输入脉冲信号仅差一个周期,此时如果信号源的频率为 f,样品的输出、输入换能器之间的距离(声表面波的传播距离)为 l,则延迟时间 $\tau=1/f$,声波传播速度 $v=l/\tau=l\cdot f$.为了提高测量的相对精确度,应使传播距离 l 尽可能大一些为好.

图 10.32 示出了锗酸铅($Pb_5Ge_3O_{11}$)晶体的弹性刚度系数随温度变化的实验结果[47].

10.4.3 对透明介质的声速测量[49~52]

对于透明的固体介质,可以将超声技术与光学技术相结合来测量固体介质的弹性和光弹性(声光)方面的性质.测量方法也有很多种,其中一些方法所根据的原理如下:一个透明的待测样品在超声频率作用下产生振动,晶体中便形成了密度的周期性起伏,于是晶体变得类似于一个衍射光栅.如果使一束单色光通过这样的晶体,便会出现一系列的衍射光束.通过对衍射花纹的观测,便可求得光栅的栅线间距,因而可以计算出(由 Raman-Nath 理论)声波的波长.如果超声波的频率为已知,则可确定声波的波速.

下面介绍一种由 Hiedemann 提出的[49]、利用超声波对光衍射的技术来确定透明晶体的弹性系数的方法(也称线状衍射法).它的实验装置如图 10.33 所示.M 为汞弧光,L_1, L_2, L_3 是透镜,F 是绿色滤波片,SS 为狭缝光源,CA 是圆孔光阑,S 是待测晶体样品,Q 是石英换能器,C 是照相机.

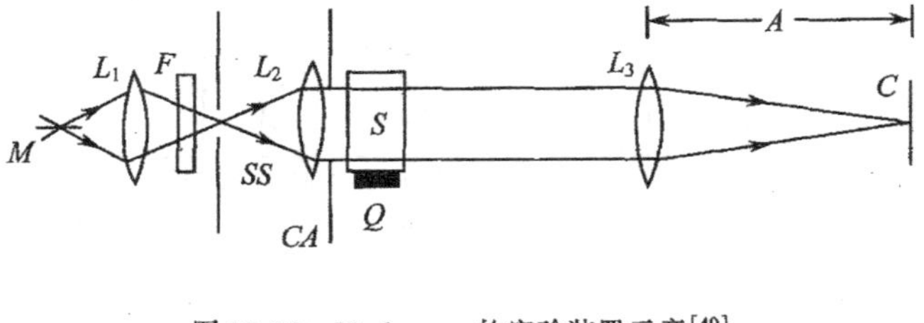

图 10.33 Hiedemann 的实验装置示意[49].

图 10.34 示出了受超声激励的介质对光的衍射. 超声波(UC)在介质中传播, 使介质密度发生稀、密的起伏的间隔, 变成了折射率周期起伏的光栅, 平面光波前(PMF)通过介质之后变成了起皱褶的波前(CMF), 发生衍射. 衍射角 θ 遵从熟知的光栅公式, 即

$$e \cdot \sin\theta = \pm n\lambda, \tag{10.26}$$

其中 e 为光栅常数(一个周期的距离), n 为整数, 决定衍射极大值的级, λ 是所用的单色光在真空中的波长. 现在, 由于 e 等于介质中声波的波长 λ_a, 故有

$$\lambda_a \sin\theta = \pm n\lambda. \tag{10.27}$$

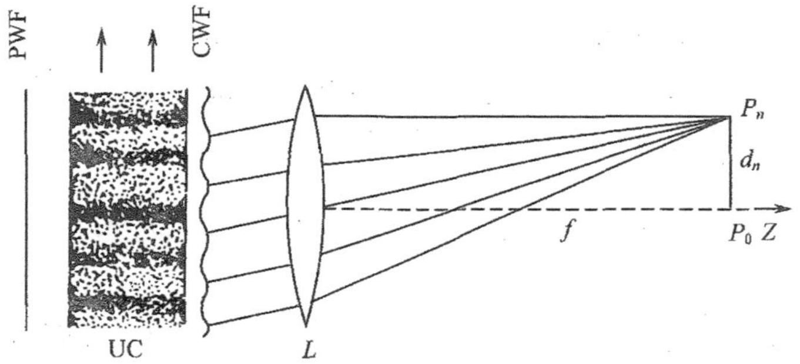

图 10.34 受超声激励的介质对光的衍射.

实验上, 我们可以通过测量第 n 级的衍射角 θ_n 来确定 λ_a. 在图 10.33 中, f 为用来使衍射图样聚焦的透镜 L 的焦距, d_n 是第 n 级衍射极大值 P_n 距零级谱线中心 P_0 的距离, 若 θ_n 不是很大的话, 则有 $\theta_n = d_n/f$. 因此, 有

$$\lambda_a = \pm n\lambda/\theta_n = \pm n\lambda f/d_n. \tag{10.28}$$

从照相底片上可测得 d_n, 于是便可计算出 λ_a. 由 λ_a 和超声频率便可得到声速 v.

如上所述, 采用不同的换能器, 可以在介质中激励起纵波或横波. 一般来说, 纵波的衍射花样总是强于横波的衍射花样. 图 10.35 示出 Hiedemann 实验[52]做出的超声作用下玻璃的衍射花

样照片，由左至右每两张分别对应于超声波为纵波(a)、横波(b)以及纵波、横波同时存在(c)的情况．照片上最宽的亮纹是零级线．

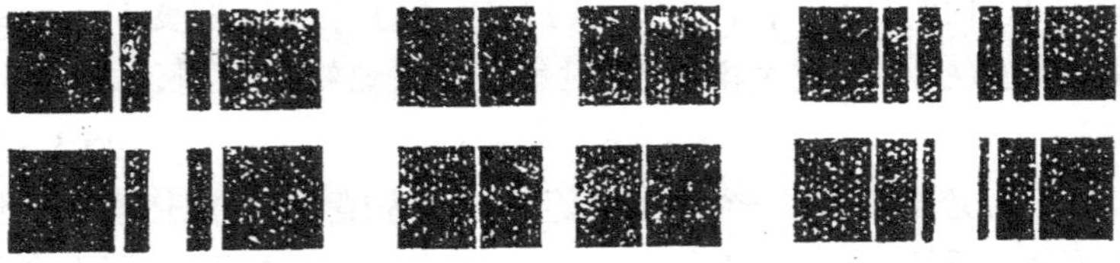

(a) (b) (c)

图 10.35　超声激励下的玻璃的衍射花样照片[52]．

用超声激励透明固体介质使之对光发生衍射的技术，还发展成多种研究固体光弹性（包括声光系数的测量）的实验方法，读者可参阅有关文献（例如参考文献[53～57]）．

§10.5　电介质光学性质的研究

电介质在光学上有重要的应用．利用电介质晶体和薄膜的光学折射率、电光效应、声光效应和非线性光学效应等，可以制造光集成和激光应用的可调谐窄带干涉偏振单色器、光调制器、光束偏转器、频率漂移器、二次（及高次）谐波发生器等．所以，对电介质（晶体和透明铁电陶瓷）的光学研究，对发展激光技术、光集成技术和光通信技术等有着十分重要的意义．另一方面，从基础研究的角度来看，电介质的光学性质又往往反映了它的结构和特殊的物理效应（例如电极化机构、分子振动频率等），通过对电介质的光学研究，可以得到很多微观机理方面的信息．

本节着重介绍对电介质的折射率、吸收谱、电光效应和非线性光学效应的研究．对电介质晶体的光学研究还包括晶体的光弹性效应、光折变（光诱导折射率改变）、光散射、光生伏特效应和光发射效应等等，涉及的范围相当广．除了光散射将要在§10.6中专门介绍之外，其余的在这里就不能一一介绍了．

10.5.1 电介质的光学折射率

固体电介质按其宏观对称性,可以分为各向同性与各向异性,各向异性又以其点群不同,在光学上分为单轴晶与双轴晶.在光频范围内,电介质的介电常数 $\varepsilon = n^2$, n 是光学折射率.若把坐标轴 x, y, z 取在晶体的 3 个主轴方向上,并考虑到晶体为各向异性介质时,便有

$$\varepsilon_x = n_x^2, \quad \varepsilon_y = n_y^2, \quad \varepsilon_z = n_z^2, \tag{10.29}$$

式中 n_x, n_y, n_z 为晶体的主折射率.由光的电磁理论可知,电感应在晶体中的传播可以用一个椭球来表示,它的 3 个半轴长度分别与主折射率 n_x, n_y, n_z 成正比,故被称为折射率椭球.

折射率的测量有很多种方法,例如用油浸法在阿贝(Abbe)折射计上观测、用最小偏向角方法测定、用椭圆偏光仪测定等等.一般来说,固体介质光学折射率的测定是属于普通物理的实验内容,已为多数读者所了解.这里只提一下用最小偏向角方法测量晶体的折射率(特别是折射率大于 1.80 的晶体,往往需要用这种方法而不能用油浸法)中的一些问题:

(1)用最小偏向角方法测量晶体的折射率,必须把晶体切割、研磨成光学棱镜(三角棱柱)形状,晶体的折射率大,棱镜的顶角 α 就要小一些(一般有 30°左右就可以了),否则折射光便不能垂直顶角平分面而传播,这样就不可能调节到最小偏向角的光路要求.

(2)对于单轴晶,棱镜切割的方位可使其光轴与棱柱的棱平行,顶角 α 的垂直平分面(含光轴 z)垂直于 x 轴(或 y 轴).这样,当光进入棱镜之后,光传播方向沿 x(或 y 轴),相互垂直的两个偏振光分量的振动面分别与 z 轴(光轴)和 y 轴平行,故 $n_z = n_c, n_x = n_y = n_0$.

(3)对双轴晶,由于 $n_x \neq n_y \neq n_z$,故需要两块按不同方位切出的棱镜,才可以确定 3 个折射率.例如取一块棱镜的顶角平分面垂直于 x 轴,而另一个棱镜的顶角平分面垂直于 y 轴或 z 轴.

最小偏向角方法可使用单色光源(用激光或用多色光源加滤

波片)和分光镜对晶体的折射率进行测定.这样只能测出对某一波长的光学折射率.图 10.36 示出 $LiNbO_3$ 对两种波长的折射率随温度变化的测量结果[60].

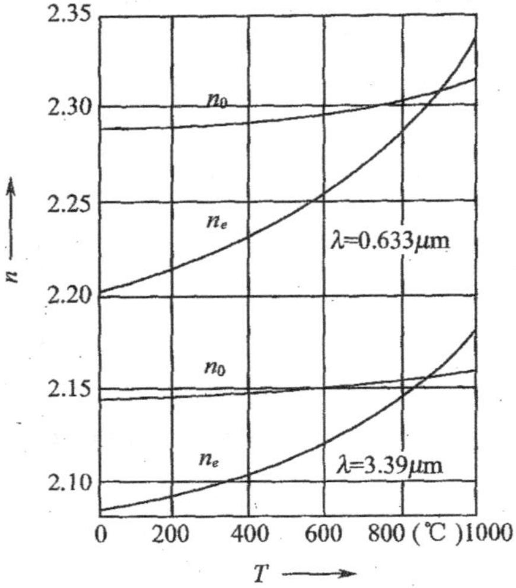

图 10.36　$LiNbO_3$ 的折射率随温度变化的实验结果[60].

但如果要测得折射率的色散曲线,就需要使用单色仪进行测量.在可见光区域内,一般的透明固体介质都表现出正常色散,即随着波长的增加,折射率变小,而在红外区(或远红外区)和紫外区的选择吸收带的位置,则会出现“反常色散”,即在一个窄的波长范围内,随着波长增加,折射率变大.在吸收带范围内,由于光受到很强的吸收,所以折射率的测量会变得比较困难.

10.5.2　电介质的吸收光谱

事实上,没有一种介质对所有波长的光(电磁波)是完全透明的,一般是对某些波长范围内的光是透明,而对另一些波长范围内的光又是不透明.对可见光透明的离子晶体,有一些在红外区仍是透明,但在紫外区则完全不透明(例如含有氧八面体结构的晶体);

有一些光在紫外区和可见光区内是透明的，但在远红外区却不透明（例如石英）．有一些晶体，特别是掺有微量杂质元素的晶体，会在连续透明的区域中出现一些狭窄的吸收峰．所以不同的物质，它们的吸收光谱是不相同的．现代已研制成各种各样的谱仪，一般分为可见光-紫外谱仪和红外、远红外谱仪，利用它们可测定物质的吸收光谱．可见光-紫外谱仪直接测出的多为透过率，红外谱仪直接测出的多为反射率．现代的谱仪自动化程度很高，可以直接把吸收光谱标绘出来．从实质上来说，吸收光谱就是在由红外（或远红外）至紫外频段的介电频谱．

研究电介质的吸收光谱，有助于我们了解电介质的极化机构．在红外频段，吸收谱的频率相应于分子（或离子）的振动频率，可以给出有关分子结构、分子力等的信息．在紫外频段，吸收谱的频率则反映了价电子的极化惯性频率．作为例子，图 10.37 示出 $(K_{1-x}Na_x)TaO_3$ 晶体的红外反射比 $R(\omega)$[62]；图 10.38 示出 $(Sr_{1-x}Pb_x)TiO_3$ 的相对透射比，样品厚度为 1.2 mm[61]；

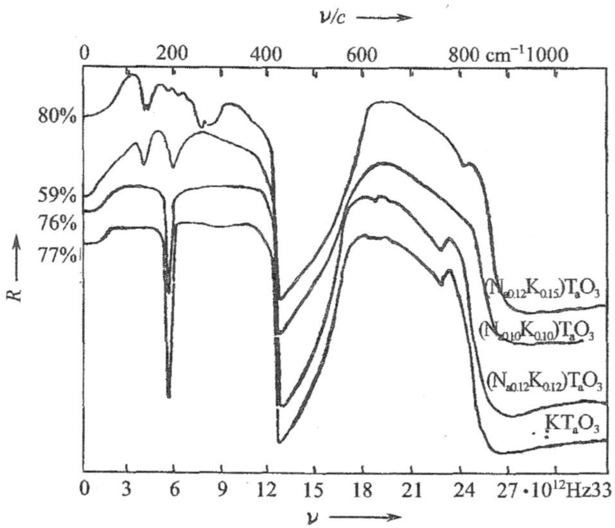

图 10.37 $(K_{1-x}Na_x)TaO_3$ 的红外反射谱[62]

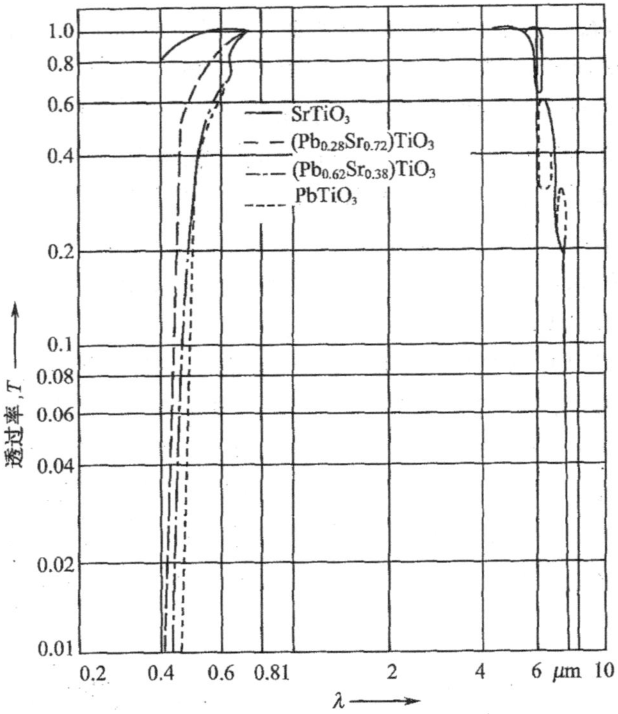

图 10.38 $(Sr_{1-x}Pb_x)TiO_3$ 的透射谱,样品厚度为 1.2mm[61].

图 10.39示出 $Gd_2(MoO_4)_3$(钼酸钆)晶体的透射比,样品厚度为 1.65 mm[63].

图 10.40 示出了未掺杂的 KNSBN(铌酸锶钡钾钠)和掺 Nd 的 KNSBN 两种晶体的透光率.掺 Nd 的 KNSBN 晶体的透光谱中出现了 4 个强的吸收峰(在 520,580,740 和 800 nm 的波长位置),相当于三价的钕离子 Nd^{3+} 的电子由基态能级 $^4I_{9/2}$ 被光激发到较高能级:$^4G_{11/2}+{}^2G_{9/2}$,$^2G_{7/2}+{}^2H_{11/2}$,$^4F_{9/2}+{}^4F_{3/2}$ 和 $^2H_{9/2}+{}^4F_{7/2}$ 所分别吸收的光子能量.所以,研究介质的光吸收谱(或透光谱)有助于了解晶体中的杂质状态[111].

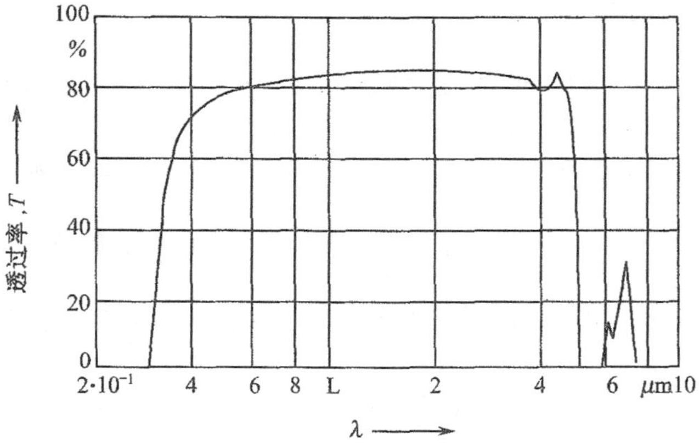

图 10.39 钼酸钆晶体的透射谱，样品厚度为 1.65mm[63].

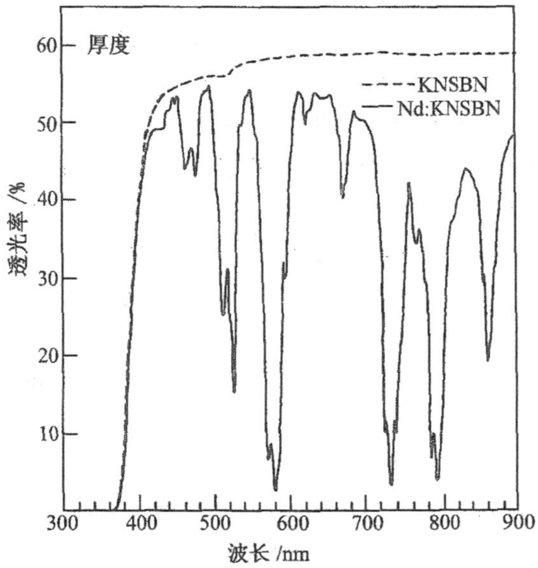

图 10.40 KNSBN 和掺 Nd 的 KNSBN 单晶的光透射谱[111].

10.5.3 晶体电光效应的实验研究[58]

晶体的电光效应有线性 Pöckels 效应和二次方 Kerr 效应两种. 在实验中,通过对晶体施加一个已知电场,测量光学介质(包括晶体、透明铁电陶瓷等)的电光双折射以及极化常数的改变 ΔB_{ij} $\left(=\Delta\left(\dfrac{1}{n_{ij}^2}\right)=\sum\limits_k R_{ijk}E_k,\ i,j=1,2,3\right)$来确定电光系数 R_{ijk} 或 r_{ij} (当 B_{ij} 简化成二脚标时,电光系数便化为 r_{ij},即 $\Delta B_i=\sum r_{ij}E_j$, $i=1,2,\cdots,6,\ j=1,2,3$).

一般要将待测晶体切割研磨成直角的平行六面体(方柱体),取它的各个棱边为宏观坐标系 x', y', z',并记住宏观坐标相对于原来晶体的结晶学轴(x, y, z)所转过的角度. 需要在样品上覆盖一对电极,以便施加电场. 如果光的传播方向与电场方向垂直,一般可使用蒸发金属电极或银浆烧结的电极. 如果光沿着电场方向通过,就得使用透明电极或格子状的电极. 所加的电场可以是直流,也可以是交流的. 在电场作用下,晶体的光学折射率椭球将要发生变化,椭球的轴可能改变轴长,也可能变得倾斜. 使用 Babinet 补偿器或 Sénarmont 补偿器便可以把相位差 δ 测出[58].

此外,还有下述几种测量方法:

(1)将晶体样品置于两个正交的(或两个平行的)尼科耳棱镜之间,在晶体后面放置一个 $\lambda/2$ 波片. 将电场加于晶体之上,使之在晶体中引起电光效应的光程推迟,直到出现另一个半波推迟为止(这可以用一个光电元件精确地确定). 于是便测得半波电压 $V_{\lambda/2}$的值[64].

(2)测量电场作用下光轴角的变化[65].

(3)对自然双折射相当大的晶体,可以把试样制成小角度(几分的弧度)尖劈,置于两个正交的(或平行的)偏振片之间,使显示出巴俾涅型条纹. 当晶体受电场作用时,所引起的光程推迟就可以通过测量巴俾涅条纹的漂移而计算出来[66].

(4)用锥光偏振仪测量,将晶体置于两个正交的尼科耳棱镜之间，通过晶体便可观察到线偏振光或圆偏振光，当加上电场之后，圆形的条纹变成椭圆条纹，使电场变化，并测出椭圆条纹的长轴和短轴的长度变化[67].

(5)Filon 分光镜方法[68].图 10.41 示出研究晶体的线性的和二次方的电光效应的几种类型的示意实验装置.图中 S 代表单色光源，L 为会聚透镜，P 为起偏器，A 为检偏器，C_r 为待测样品，$\lambda/4$ 为四分之一波片，C_0 为补偿器，用度数标出的数据是表示各种光学器件的取向方位.

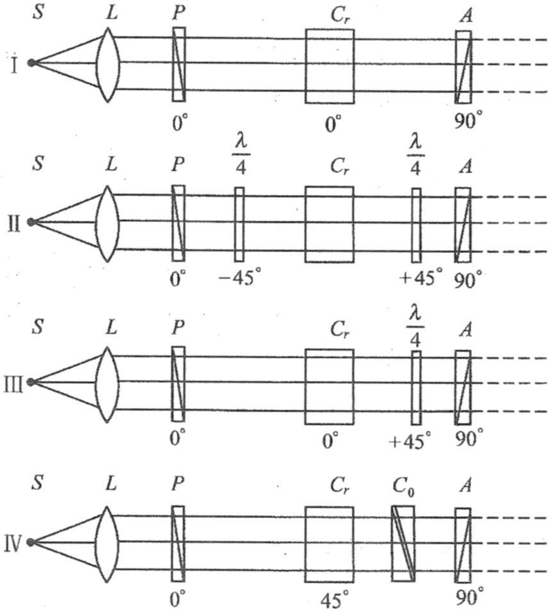

图 10.41 研究晶体的电光效应的几种实验装置示意图.

下面我们以具体的点群的晶体为例，说明如何确定电光系数 r_{ij}.

(1)$\bar{4}3m$ 点群的立方晶体(如 ZnS, CuCl).这类晶体的 r_{41} 利用横向效应可以较为容易测出.令电场沿[001]方向施加，使平行光束沿[110]方向传播.在这种情况下,沿光传播方向的每单位长度每单位电场所产生的双折射为 $-\frac{1}{2}n_0^3r_{41}$.于是光程推迟 δ 由下式给出:

$$\delta=-\frac{1}{2}n_0^3r_{41}E_z\cdot d, \tag{10.30}$$

式中 d 是沿光传播方向的厚度.用 Babinet 补偿器测出 δ,便求得 r_{41}.

(2)$\bar{4}2m$ 点群的四方晶体(如 ADP, KDP).在电场 E_z(沿光轴)的作用下,晶体的折射率椭球要形变,原来 z 截面上的圆形被改变成椭圆.椭圆的取向与结晶学轴 x, y 轴成 $\pm 45°$ 角.于是,电光轴 x' 和 y' 相对于结晶学轴 x 和 y 的倾斜角等于 45°,且与 E_z 无关(如图 10.42 所示).当晶体被置于两个正交的偏振器之间,光沿着 z 轴通过时,透过检偏器的光的相对强度由下式表示[65]:

$$I/I_0=\sin^2(\pi Vn_0^3r_{63}/\lambda), \tag{10.31}$$

式中 λ 是波长,n_0 是寻常光折射率,$V=E_zd$,是加于晶体上的电压.当电压 $V=V_{\lambda/2}$ 时(即相当于产生半波光程推迟时的电压),相对强度将达到最大值,即 $I/I_0=1$,即

$$(\pi V_{\lambda/2}n_0^3r_{63}/\lambda)=\pi/2,$$

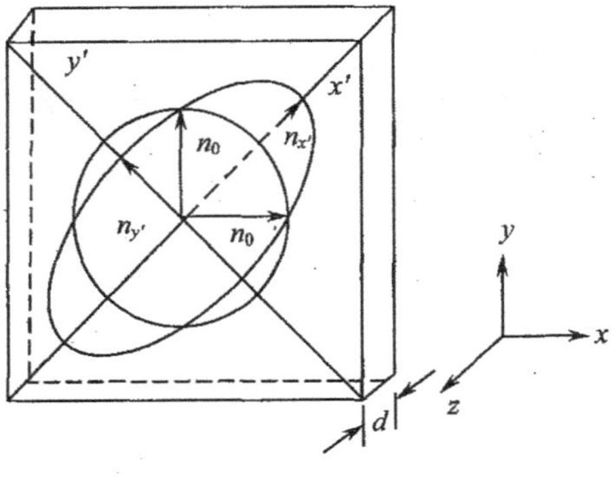

图 10.42　42m 点群晶体的折射率椭球在 z 截面上的变化.

故有

$$r_{63} = \lambda/(2V_{\lambda/2}n_0^3). \tag{10.32}$$

由上式便可以得出电光系数 r_{63}.

另外,也可以通过用一个 Senarmont 补偿器来测出补偿角 ϕ,从而定出 r_{63}.当已知电压加到晶体上时,为了使光的透射强度得到补偿或降回到极小值,应使检偏器转过一个角度 ϕ,ϕ 即为补偿角.ϕ 与加于晶体上的电压值成线性关系:$\phi = r_{63}n_0^3\pi V/\lambda$,这种方法适于对晶体施加任意值的电压而不一定要求 $V_{\lambda/2}$,便可以定出 r_{63}.

图 10.43 示出 KDP 型的几种晶体的电光系数 r_{63}和半波电压

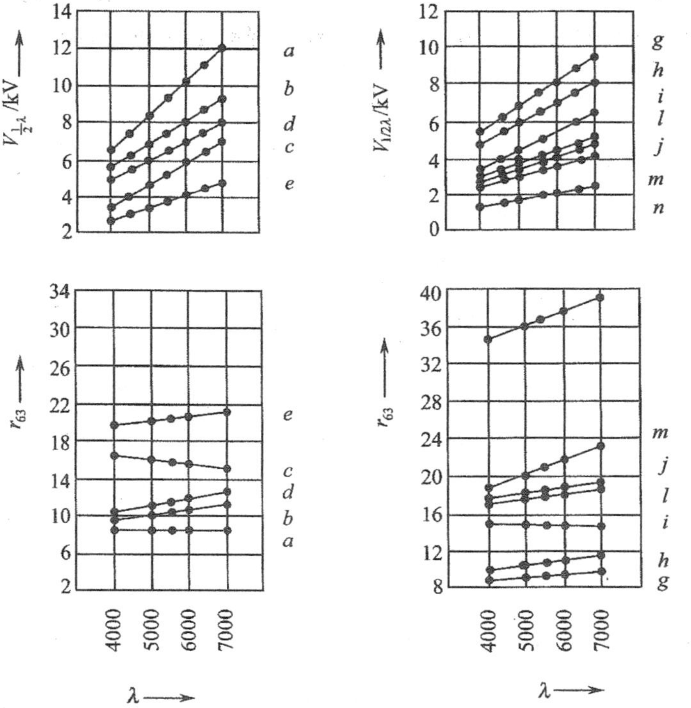

图 10.43　几种 KDP 型晶体的 $V_{\lambda/2}$/kV 和 $r_{63}/10^{-10}\text{cm}\cdot\text{V}^{-1}$的实验结果[69].

$V_{\lambda/2}$随波长变化的实验结果[69]. 曲线旁用字母标记每种晶体：a——ADP； b——KDP； c——RbDP； d——AD* P； e——KD* P； g——ADA； h——KDA； i——RbDA； j——CsDA； l——KD* A；m——RbD* A；n——CsD* A.

无论具有线性的或者是二次方的电光效应的晶体或透明铁电陶瓷，都会由外加电场而引起双折射 $\Delta n(=n_c-n_0)$的变化. 对线性电光效应，有 $\Delta n=\frac{1}{2}n_1^3r_cE_3$($r_c$ 为等效线性电光系数)，对二次方电光效应，有 $\Delta n=\frac{-1}{2}n_1^3RE_3^2$($R$ 为 Kerr 电光系数，也称二次方电光系数). 研究电光双折射特性对电光材料的应用有重要意义. 图 10.44 示出透明铁电陶瓷 PLZT(掺镧的锆钛酸铅陶瓷)的线性电光特性(a)[70]和 PBLN(掺镧的铌酸钡铅陶瓷)的二次方电光特性(b)[71]，纵坐标均为等效的电光双折射.

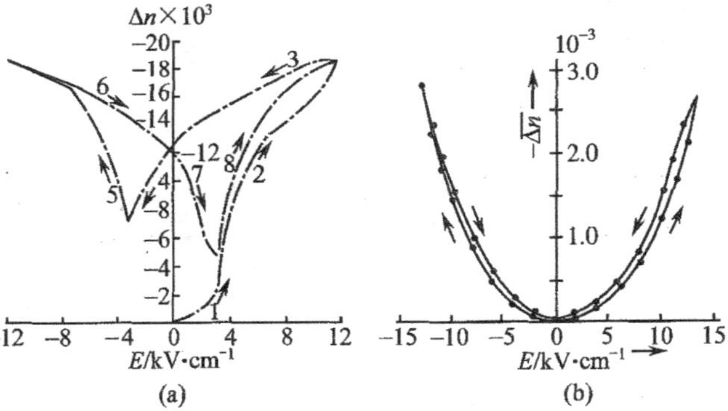

图 10.44 透明铁电陶瓷 PLZT(a)和 PBLN(b)的电光双折射特性[70,71].

10.5.4 非线性光学系数的测定[59]

一些各向异性的电介质晶体具有非线性的极化效应，在激光技术中用来作为倍频晶体以及光参量放大器等. 将晶体中的电极化 P 按极化电场E 的幂级数展开，可以表达为

$$P_i = \sum_j \chi_{ij}E_j + \sum_{jk}\chi_{ijk}E_jE_k + \sum_{jkl}\chi_{ijkl}E_jE_kE_l + \cdots, \tag{10.33}$$

等式右方第一项对应于线性效应，第二项 $\sum_{jk}\chi_{ijk}E_jE_k$ 是产生倍频、和频、差频和参量振荡的极化场，第三项可能产生的效应之一是三倍频现象，等等．本节讨论的“非线性”只限于第二项．以倍频效应为例，辐射极化场

$$P_i(2\omega) = \sum_{jk}\chi_{ijk}E_j(\omega)E_k(\omega), \tag{10.34}$$

式中 χ_{ijk}是三阶张量，经过将三脚标简化为二脚标之后，往往将 χ_{ijk}写成 $d_{i\alpha}$，$d_{i\alpha}$只有 18 个分量，加上晶体对称性的限制，独立的分量数目还可以进一步减少．

1．**相位匹配**　在讨论非线性光学系数的测定之前，先要介绍一下相位匹配，因为相位匹配条件对于有关的非线性效应有着关键性的影响．如果不满足这一条件，就可能几乎无法观测到输出光．

仍以倍频(也称二次谐波发生，写作 SHG)为例．倍频相位匹配要求光子动量$\boldsymbol{k}$ 有如下关系

$$2\boldsymbol{k}_1 = \boldsymbol{k}_2 \quad 或 \quad 2\boldsymbol{k}(\omega) = \boldsymbol{k}(2\omega). \tag{10.35}$$

因为$\boldsymbol{k} = \frac{n}{c}\omega\boldsymbol{k}$ ($\boldsymbol{k}$ 为波法线方向上的单位矢量)，由式(10.35)得出折射率关系

$$n(\omega) = n(2\omega), \tag{10.36}$$

即要求基频光的相速度等于二次谐波光的相速度，才能达到相位匹配．当式(10.36)的条件被满足时，基频光沿途诱发的倍频极化场产生的辐射因有相同的相位而相互加强．否则，从晶体的一部分和另一部分辐射出的倍频波便产生相消干涉．

在正常色散的频率范围，一般有 $n(2\omega) > n(\omega)$，必须使用双折射晶体，利用它在同一方向上传播的光波的寻常光与非常光(偏振态不同)的不相等的相速度，以满足相位匹配条件(10.36)．用来作 SHG 的晶体除了应具有较大的非线性光学系数 $d_{i\alpha}$之外，还必

须事先根据晶体光学的理论和有关的折射率数据，计算出切割晶体的方位，磨制成平行面，使正交入射的基频光与其倍频光满足相位匹配条件(缩写为 PM). 使用负单轴晶为倍频介质($n_0 > n_c$)，可使入射光(基频)的偏振方向为寻常光的偏振态，而倍频光则为非常光. 光的波法线方向与光轴的夹角 θ_k 满足下式时得到相位匹配：

$$n_0^{2\omega} n_c^{2\omega} / [(n_0^{2\omega})^2 \sin^2\theta_k + (n_c^{2\omega})^2 \cos^2\theta_k]^{1/2} = n_0^{\omega}. \tag{10.37}$$

上式的解为

$$\sin^2\theta_m = (n_c^{2\omega})^2 [(n_0^{2\omega})^2 - (n_0^{\omega})^2] / (n_0^{\omega})^2 [(n_0^{2\omega})^2 - (n_c^{2\omega})^2], \tag{10.38}$$

θ_m 表示满足 PM 条件的 θ_k，通常称之为相位匹配角.

无论是单轴晶或双轴晶，均有两类 PM 方式：第一类为平行式，是使基频光的电矢量在某一特许线偏振态方向上的分量的平方项产生倍频极化场. 第二类是正交式，是使基频光的电矢量在两个相互正交的特许偏振方向上分量的乘积产生极化场. 在多数实验中使用负单轴晶的第一类安排. 表 10.2 列出了单轴晶的两类安排方式[72].

表 10.2　单晶轴的两类安排方式

	第一类		第二类	
	偏振方式	条　件	偏振方式	条　件
正单轴晶	$e + e \to 0$	$n_1^e(\theta_m) = n_2^0$	$o + e \to o$	$\frac{1}{2}[n_1^0 + n_1^e(\theta_m)] = n_2^0$
负单轴晶	$o + o \to e$	$n_1^0 = n_2^e(\theta_m)$	$e + o \to e$	$\frac{1}{2}[n_1^0 + n_1^e(\theta_m)] = n_2^e(\theta_m)$

2. 用相位匹配 SHG 法测量非线性光学系数[73]　由电动力学可得出倍频光在相位匹配时的功率

$$S_{2\omega} = S_\omega^2 \frac{128\pi^2\omega^2}{w_0^2 c^3 (n_\omega^0)^3} l^2 [d_{i\alpha} F(\theta_m \phi)]^2, \tag{10.39}$$

式中 S_ω 是基频光的功率，w_0 是$(00q)$模的孔径，θ_m 是相位匹配角.式(10.39)假定了实验是在调整到相位完全匹配时测量 $S_{2\omega}$，并且适用于负单轴晶的第一类匹配.式中的 $F(\theta,\phi)$ 可由查阅资料(例如参考文献[72])得到，对 KDP 的第一类匹配的 $d_{i\alpha}F(\theta,\phi)=d_{36}\sin\theta\sin2\phi$，一般安排使 $\phi=45°$.

在进行测试时，要求将晶体切割成两面相互平行的平片，平行度及光洁度应达到低于 λ 的量级，厚度 l 不宜太大.式(10.39)只适用于相位匹配方向为平片样品的法线方向、激光垂直入射的情况.大多数实验测定的是 d 的相对值，即测定 $d_{i\alpha}$(待测晶体)/d(参考晶体)的比值.用作参考的 d 值有 3 个：d_{36}(ADP)，d_{36}(KDP)和 d_{11}(水晶).由于水晶不能实现相位匹配，故在 PM 方法中只以 ADP 和 KDP 的 d_{36} 作参考.具体的方法是：使用同一个激光器，同时对待测晶体样品和 KDP(或 ADP)分别测出 $S_{2\omega}$.两种晶体的有关参数 n_{ω}^{0}，n_{ω}^{e}，l 等已事先测出，故由 $S_{2\omega}$(样品)/$S_{2\omega}$(KDP)，即可算出 $d_{i\alpha}$(样品)/d_{36}(KDP).事实上并不需要测 S_{ω}^{2}，而式(10.39)中的因子 $(128\pi^2\omega^2S_{\omega}^{2})/c^3w_0^2$ 在两个 $S_{2\omega}$ 的比值中相消掉.

3.Maker 条纹法(MF 法)[74]　有一些晶体不能实现相位匹配，因此无法用上面的方法来确定非线性光学系数.在这种情况下，就要用 Maker 条纹法来测定.所谓 Maker 条纹是 Maker 在不能实现 PM 的 SHG 的实验中记录到的谐频光强度随着样品的转

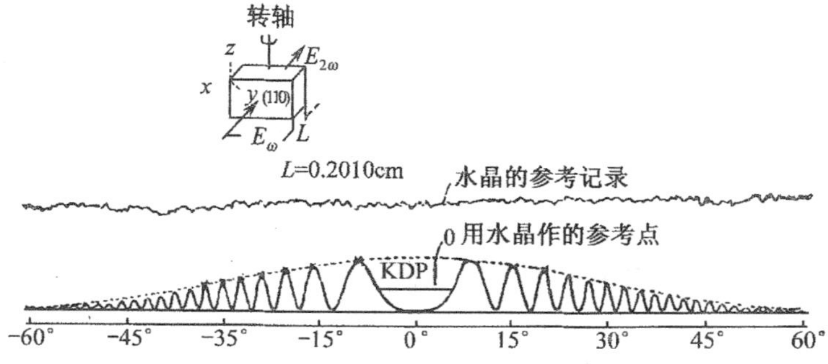

图 10.45　KDP 的 MF 记录[75].图中：---- 理论包迹；× 实验修正点.

动所出现的近似周期性变化的曲线[74]. 曲线上相邻的 $S_{2\omega(\max)}$的峰值随 θ 的增加而缓慢下降. 图 10.45 示出的是 KDP 的 MF 条纹记录[75], 通过 $S_{2\omega}$峰的虚线称为 MF 的包迹, 图上同时画出作为参考的静止水晶片接近 $\theta=0$ 的第一 SHG 峰值的记录, 其平均值的实际高度用图中称为水晶参考 0 线的水平等高线所标出. MF 充分表现了谐频束缚波(极化场)和谐频自由波(倍频光波)之间的干涉现象, 通过分析 MF 记录, 可以测定有关的某些物理参量, 例如各个 $d_{i\alpha}$系数.

目前确定 $d_{i\alpha}$的方法是用 MF 条纹曲线的包迹(图中虚线)来计算的. 由 Jerphagnon[76]推导出 MF 的表达式为

$$S_{2\omega}(\theta)=\left(\frac{512\pi^3}{Ac}\right)d^2t_\omega^4T_{2\omega}\mathscr{R}(\theta)P^2(\theta)\left[\frac{l}{n_\omega^2-n_{2\omega}^2}\right]^2\times\left(\sin\frac{\pi l}{2l_c(\theta)}\right)^2. \tag{10.40}$$

MF 的包迹即为令上式中正弦函数等于 1 的曲线, 包迹应通过 $S_{2\omega(\max)}$诸峰值, 在 $\theta=0$ 点, 包迹出现极大值, 即

$$S_{2\omega}^0=(512\pi^3/Ac)d^2t_\omega^4(0)T_{2\omega}(0)\mathscr{R}(0)P^2(0)[l/(n_\omega^2-n_{2\omega}^2)]^2, \tag{10.41}$$

式中 A 是基频光的面积, 相当于式(10.39)中的 πw_0^2, $t_\omega^4T_{2\omega}$为透射修正比, $\mathscr{R}(\theta)$为多重反射修正, $P(\theta)$是投影因子, 相当于式(10.39)中的 $F(\theta_m)$, 如果采取适当的样品取向安排, 可使 $\theta=0$ 时, 有

$$\begin{cases}P(0)=1,\\ \mathscr{R}(0)=(1+r_{2\omega}^2r_\omega^4)/(1-r_{2\omega}^4)(1-r_\omega^3),\\ \qquad\qquad (r=n-1/n+1,\text{为反射系数})\\ t_\omega^4(0)T_{2\omega}(0)=32n_{2\omega}(n_{2\omega}+n_\omega)/(n_\omega+1)^3(n_{2\omega}+1)^3.\end{cases}$$

由式(10.41)可得出从 MF 包迹顶点($\theta=0$)计算 d^2 的相对值的公式[77]

$$d^2=C\frac{S_{2\omega}^0}{l_c^2}(n_\omega+1)^3(n_{2\omega}+1)^3(n_\omega+n_{2\omega})$$

$$\times n_{2\omega}^{-1}\exp\left(\alpha_{\omega}+\frac{1}{2}\alpha_{2\omega}\right)l, \tag{10.42}$$

最后一个指数因子代表了来自吸收和散射所引起的衰减修正.

利用式(10.42)确定非线性光学系数 d 时,要知道以下几点:

(1)可以不必通过计算 MF 包迹,而是直接用最小二乘方法画出 $S_{2\omega(\max)}$对 $\theta_{\max}$的曲线,外推到 $\theta=0$,即可求得顶点 $S_{2\omega}^{0}$.

(2)l_c 是相干长度,也不必通过计算,而是由 MF 的记录曲线上第 m 个 $S_{2\omega(\min)}$,其角度 $\theta_{\min}$相应于$\frac{\pi}{2}[l/l_c(\theta_m)]=m\pi$,即 $l_c(\theta_m)=l/2m$(l是样品厚度),读出多个 $\theta_{\min}$值,用最小二乘方法画出 $l_c(\theta_m)$对 $\theta_{\min}$的曲线,并外推到 $\theta=0$,即得到 l_c.

(3)为了避免 MF 可能出现在 $\theta=0$ 两边的不对称,必须安排晶体转轴位于聚焦激光束的最窄部位的中心,并与光束相垂直;晶

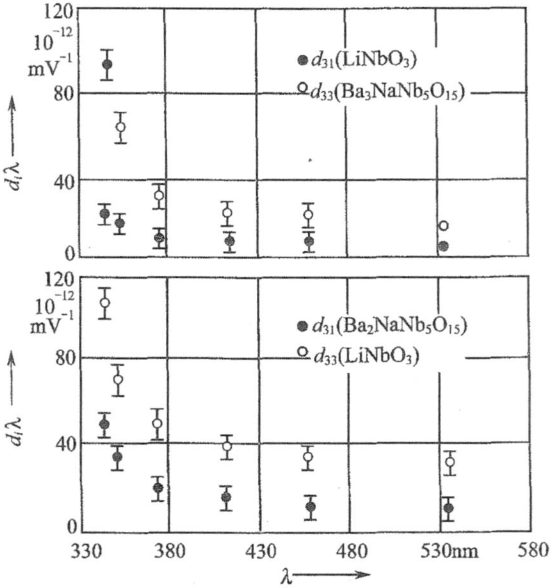

图 10.46 $LiNbO_3$ 和 $Ba_2NaNb_5O_{15}$的非线性系数随波长变化的实验结果[78].

体转动时，入射面保持不变，否则 $P(\theta)\neq P(-\theta)$.

图 10.46 示出 $LiNbO_3$ 和 $Ba_2NaNb_5O_{15}$ 两种晶体的非线性光学系数随波长变化的实验结果[78].

由 Landau 的唯象理论可以推出铁电体沿极轴的线性电光系数和非线性光学系数与自发极化间有一定的联系. 由二次谐波发生(SHG)的实验结果，证实了朗道理论的推论. 图 10.47 示出的是，$LiTaO_3$ 晶体[79]和 $LiNbO_3$[80]晶体的非线性系数随温度的相对变化与自发极化随温度的相对变化的比较. 可以看出，d_{33} 与 P_s 随温度变化的规律十分接近.

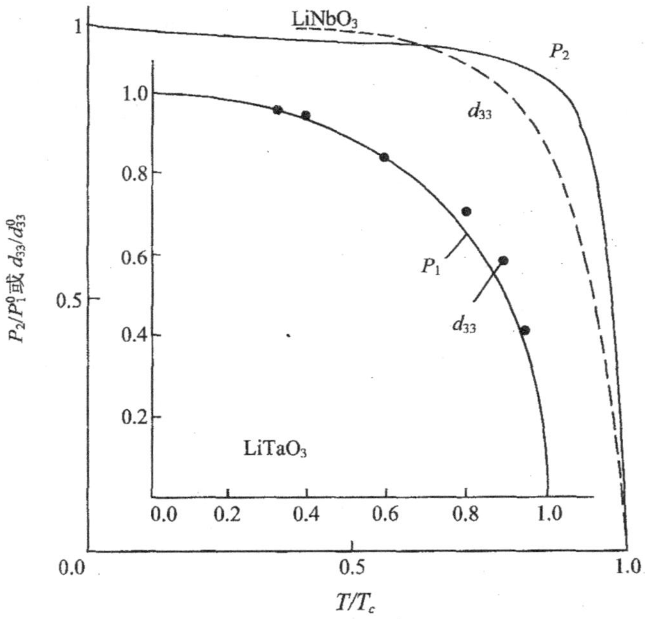

图 10.47 $LiNbO_3$ 和 $LiTaO_3$ 的非线性光学系数和自发极化随温度的变化[79,80].

§ 10.6 电介质的光散射研究

当光束进入介质时，其中一部分光线偏离主要的传播方向，这种现象称为光散射.光散射有以下几种:(1)瑞利散射,其特点是散射光的频率不变,其强度除了与散射方向有关外,还与 λ^4 成反比;(2)布里渊散射,当散射介质中存在声波引起介质的密度涨落时,散射光中瑞利谱线附近会出现对称地分布着的分离谱线,这些谱线与入射光谱线的频率差值,由声波的速度来决定,这种散射的频移是很小的.上面两种散射都是由密度涨落引起的.(3)Raman 散射.入射光与分子振动、固体晶格振动或其他各种元激发(如杂质、等离子体激元、磁振子、极化声子、激子等)相互作用所引起的散射光频移,统称为 Raman 散射.在 Raman 散射中,散射体可使入射光子能量减小或增大;减小或增大的量由散射体的能级间距来决定.

光散射的频谱简示于图 10.48,光谱中央的峰是与入射光频

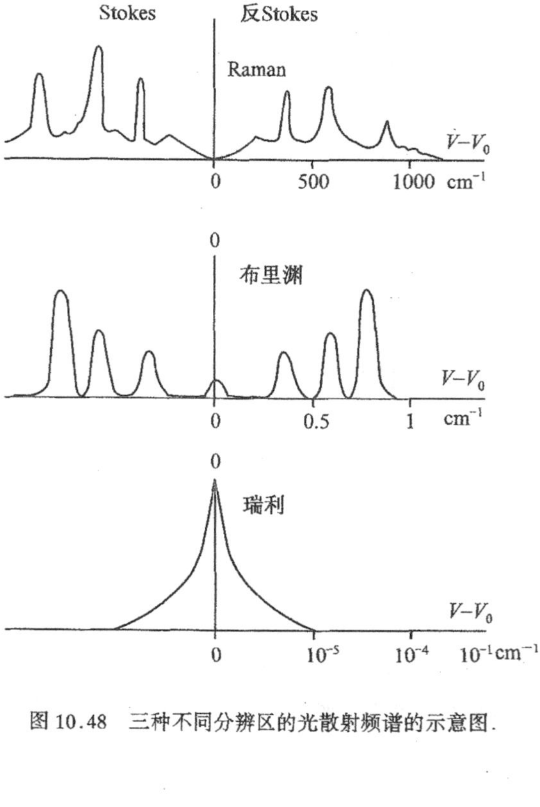

图 10.48 三种不同分辨区的光散射频谱的示意图.

率相同的谱线,即瑞利中心线(见最下图),这时光子的能量不变,是弹性散射.其余的散射峰都相对于入射光发生了频移,为非弹性散射;它们的频移分别出现在两个显著不同的频移分辨区.由声频声子引起的布里渊散射分量靠近中心的频率,频移量约介于$10^{-2}\sim 1\text{cm}^{-1}$(见中图).由分子振动或固体中晶格振动(光学声子)引起的 Raman 散射频移通常为$10^2\sim 10^3\ \text{cm}^{-1}$(见最上图).非弹性散射的频率小于入射光的频率,称为 Stokes 分量,记作ω_s;而频率大于入射光的则称为反 Stokes 分量,记作ω_{as}.

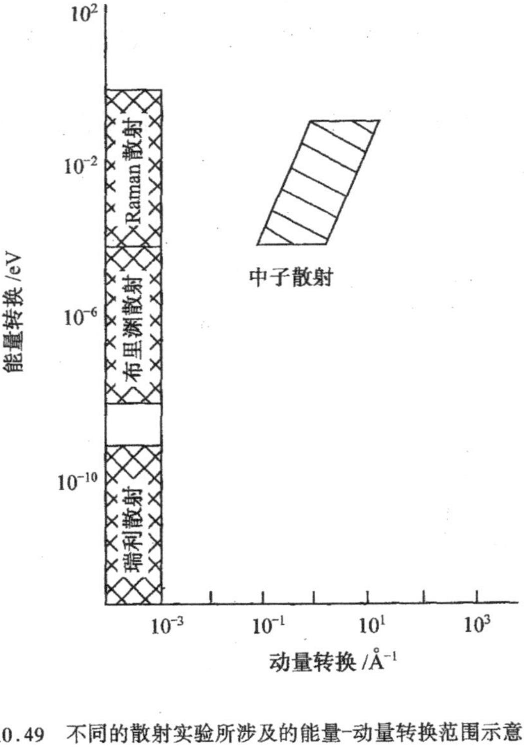

图 10.49　不同的散射实验所涉及的能量-动量转换范围示意图.

通过研究物质的 Raman 和布里渊散射谱,可以研究分子结构和组态,确定晶体对称性,确定固体中各种元激发能谱,激发态密度分布、杂质缺陷性质等等.光散射已成为固体物理研究的重要手段之一.光散射实验直接测得的是散射光的频率、强度和偏振.

三种光散射的频谱可以示意地画在图10.49的3个分辨区域内.与中子散射相比较,光散射有显著的能量转换而动量转换非常小.本节只介绍Raman散射和布里渊散射.

10.6.1 Raman散射和布里渊散射的原理[81~84]

当晶体样品中的分子或原子受到电磁场

$$\boldsymbol{E}(\boldsymbol{r},t)=E_0 f_0 \exp[\mathrm{j}(\boldsymbol{k}_0\boldsymbol{r}-\omega t)] \tag{10.43}$$

的作用时(式中 E_0 为振幅,$\boldsymbol{k}_0$ 为波矢,$\boldsymbol{f}_0$ 为极化矢,ω_0 为入射的电磁场的角频率),正电荷和负电荷会发生相对位移,从而诱发出一个发出散射辐射的振荡电偶极子 $\boldsymbol{p}$,即

$$\boldsymbol{p}(t)=[\alpha_e]\boldsymbol{E}(t), \tag{10.44}$$

式中$[\alpha_e]$是晶体系统中单位体积的电子极化率张量,它由样品的热激发所调制.除了在入射光前进的方向以外,在其他方向上的散射强度取决于由热激发所引起的$[\alpha_e]$张量的变化.

单位体积中电子极化率张量元 α_{mn} 可用广义声子或赝自旋波的简正坐标 $Q(\boldsymbol{q},t)$ 展开

$$\begin{aligned}\alpha_{mn} &= \alpha_{mn}^{(0)}+\sum_j C_{mn}^j Q_j(\boldsymbol{q},t)+\sum_{ij} C_{mn}^{ij} Q_j(\boldsymbol{q},t) Q_i(\boldsymbol{q},t)+\cdots \\ &= \alpha_{mn}^{(0)}+\alpha_{mn}^{(1)}+\alpha_{mn}^{(2)}+\cdots,\end{aligned} \tag{10.45}$$

系数 C_{mn}^j 代表 α_{mn} 对 Q_j 的导数,$C_{mn}^j=(\partial\alpha_{mn}/\partial Q_j)$.因为极化率张量$[\alpha_e]$是对称的,因此 m 和 n 互换时,系数 C_{mn}^j 也是对称的.系数 C_{mn}^{ij} 代表二阶导数,$C_{mn}^{ij}=(\partial^2\alpha_{mn}/\partial Q_i\partial Q_j)$.上式假设了电子结构绝热地过渡到核的瞬态位形.

式(10.45)中的常数项 $\alpha_{mn}^{(0)}$ 产生瑞利散射,散射光的频率等于入射光的频率.一级项 $\alpha_{mn}^{(1)}$ 是 Q 的线性项,如果在光子散射过程中产生或湮没一个光学声子,则 $\alpha_{mn}^{(1)}$ 就导致一级Raman散射;如果涉及的是一个声学声子,则导致布里渊散射.二级项 $\alpha_{mn}^{(2)}$ 是 Q 的二次项,它导致涉及两个声子的二级Raman散射过程,这两个声

子既可以是声学声子,也可以是光学声子.下面只讨论一级散射.

如图 10.50 所示,初始态(ω_0, $\boldsymbol{k}_0$)的光子被吸收,使电子和晶格振动从初态($n_e n_v$)跃迁到一个虚的中间态($n'_e n''_v$).然后,它们辐射出次级光子(ω_s, $\boldsymbol{k}_s$),同时导致由中间态到终态($n_e n'_v$)的跃迁.由初态到终态的过渡,产生了或湮灭了一个频率为 ω_i 而波矢为 $\boldsymbol{q}_j$ 的声子.

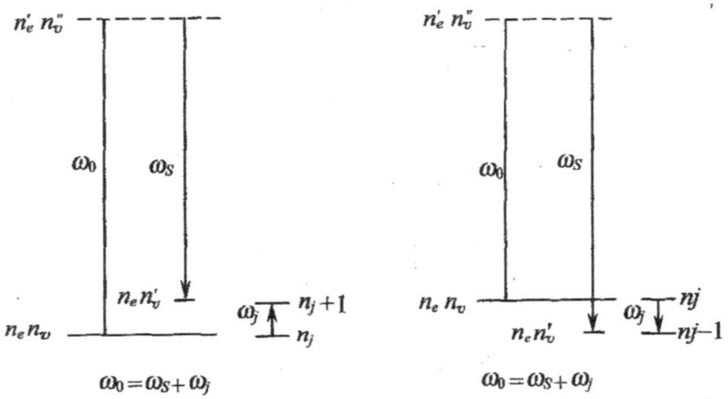

图 10.50　一级 Raman 或布里渊散射的过程.

能量守恒要求:$\omega_0=\omega_s\pm\omega_j$,

动量守恒要求:$\boldsymbol{k}_0=\boldsymbol{k}_s\pm\boldsymbol{q}_j$,

式中正负号分别对应于散射谱中的 Stokes 线和反 Stokes 线(参看图 10.48).

设散射线的波长 λ_s 近似地等于入射线的波长 λ_0,从图 10.51 中可看出,动量守恒条件可以写成如下形式:

$$q_j = 2\mid\boldsymbol{k}_0\mid\sin\frac{\delta}{2}\approx 2\mid\boldsymbol{k}_s\mid\sin\frac{\delta}{2}, \qquad (10.46)$$

式中 δ 是入射方向与散射方向之间的夹角.

对布里渊散射的情况,声学声子在接近布里渊区中心($\boldsymbol{q}=0$ 附近)的色散关系是线性的;v_j 为声速,则

$$\begin{aligned}\omega_j &= v_j q_j\\ &= 2\mid\boldsymbol{k}_0\mid v_j\sin\frac{\delta}{2} = 2v_j\frac{n\omega_0}{c}\sin\frac{\delta}{2},\end{aligned} \qquad (10.47)$$

式中 n 为折射率.

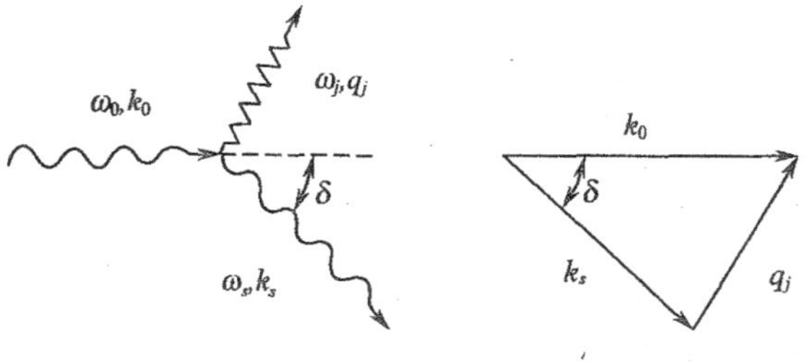

图 10.51 一级光散射的几何示意和动量守恒.

这样,对于一给定的声学模,所得到的布里渊散射双线的相对频移 $\Delta\omega=\omega_s-\omega_0$ 为

$$\Delta\omega/\omega_0=\pm\frac{2v_j}{c/n}\sin\frac{\delta}{2}. \tag{10.48}$$

由于 v/c 的数量级为 10^{-5},所以 ω_s 与 ω_0 的相对偏差仅为 1×10^{-5},从而验证了 $\lambda_0\approx\lambda_s$ 的假设.由上式还可以看出,布里渊频移随散射角 δ 的增加而增加,它正比于 $\sin\frac{\delta}{2}$.通过对布里渊散射的频移的测量,可以方便地计算出声速,从而对介质的弹性常数、声速的各向异性、弛豫过程、相变、声子与其他低频元激发之间的相互作用都可以进行研究.

对于 Raman 散射,情况则完全不同.Raman 散射是入射光与晶格振动的光学模[$\omega_j\neq\omega_j(\boldsymbol{q}_j)$]的作用,在 Raman 散射中,频移 $\Delta\omega=\omega_s-\omega_0$ 基本上与散射角 δ 及 ω_0 无关.

由晶格动力学可知,在每个晶胞具有 r 个原子的晶体中,有 $(3r-3)$ 支光学支(光学声子);3 支声学支(声学声子),其 $\omega=\omega(\boldsymbol{q})$.通过光散射几何学可以选取给定的 $\boldsymbol{q}$.在没有对称元素的晶体中,原则上可以观测到 $(3r-3)$ 对不同的 Raman 谱线和 3 对不同的布里渊谱线.

如果晶体中的所有原子都占有反演对称的位置,则因为电子

极化率的变化是原子间相对位移的平方项，故对光学声子来说，其一级项 C^j_{mn} 为零，不能发生一级 Raman 散射．如果单胞中的某些原子位于对称中心，而其余原子处于一般位置上，则偶对称的声子（它们不引起线性矩）将是 Raman 活性的，而奇对称的声子将是非 Raman 活性的．换言之，只有当导出极化率张量至少有一个非零张量元 $(\alpha_{ij})'_k$ 时，才会发生 Raman 散射．

这里要特别指出的是，在晶体系统中，红外活性与 Raman 活性是相互补充的．因为在红外光谱学中，通常是将电偶极矩 $\boldsymbol{M}$ 用简正坐标展开

$$M_n = M_{0,n} + \sum\left(\frac{\partial M_{0,n}}{\partial Q_j}\right)_0 Q_j(\boldsymbol{q}) + \cdots, (n = x, y, z). \tag{10.49}$$

而我们知道，极化率张量元的变换与坐标积（xx, xy, xz 等等）的变换相同，但电偶矩组元的变换则与（x, y, z）的变换相同．只有当电偶极矩至少有一个分量在平衡位置上对 Q_k 的导数不为零时，才会发生红外活性．

图 10.52 示出以线型对称分子 ABA 的振动为例，对上面的内容加以说明．这种分子结构具有 4 个振动模：一个对称伸缩模 Q_1，一个反对称伸缩模 Q_2，和两个具有相同频率而形成简并对的弯曲模 Q_{3a} 和 Q_{3b}．图中键轴取作 z 轴．对于对称伸缩模 Q_1，两个 A—B 键在一个运动状态中同时伸张，而在另一个运动状态中同时压缩，两个 A—B 键的非零键偶极矩导数总是取值相反而互相完全抵消；因此这个振动是红外非活性的．另一方面，对于这个振动，在两个 A—B 键中非零极化率导数是相加的，因而这个振动是 Raman 活性的．具体说来，由于分子极化率椭球的轴在这个振动中不改变，所以分子极化率导数 $(\partial\alpha_{xx}/\partial Q_1)_0 = (\partial\alpha_{yy}/\partial Q_1)$．以及 $(\partial\alpha_{zz}/\partial Q_1)_0$ 均不为零，因此振动具有 Raman 活性．

反对称伸缩模 Q_2 的情形则完全不同，当一个 A—B 键被拉伸（或压缩）的时候，另一个 A—B 键则被压缩（或拉伸）．非零的键偶极矩导数是相加的，因而这个振动是红外活性的．另一方面，键

分　子	 A B A		
振动模	Q_1 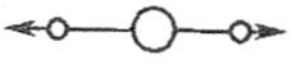	Q_2 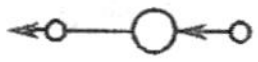	Q_3 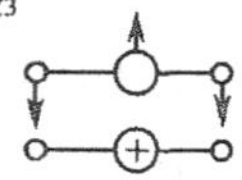
极化率随简正坐标的变化（示意图）	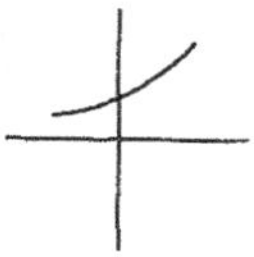	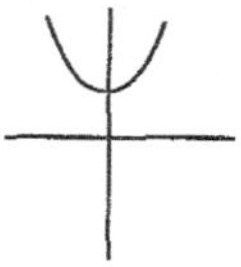	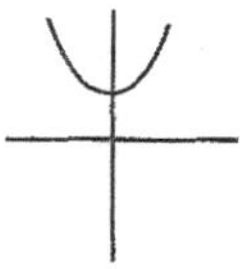
极化率导数	$\neq 0$	$=0$	$=0$
Raman 活性	是	非	非
偶极矩随简正坐标的变化（示意图）		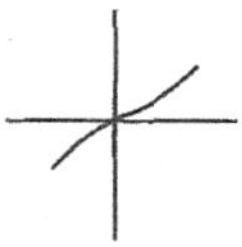	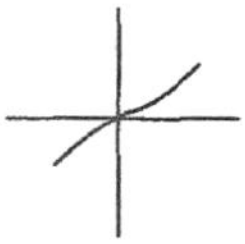
偶极矩导数	$=0$	$\neq 0$	$\neq 0$
红外活性	非	是	是

图 10.52　线型分子 ABA 的极化率和偶极矩在平衡位置附近的变化以及振动的 Raman 活性及振动的红外活性.

极化率导数相互抵消,因而分子极化率全部导数$(\partial\alpha_{xx}/\partial Q_2)_0=(\partial\alpha_{xy}/\partial Q_2)_0=\cdots=0$,故 Q_2 模是 Raman 非活性的.

对于简并的弯曲模 Q_{3a} 和 Q_{3b},很容易看出垂直于分子轴方向上的偶极矩导数不为零,因此这两个模是红外活性的.但分子极化率的 6 个导数对这两个振动模都是零,故这两个模都是 Raman

非活性的.

对于晶体来说,晶体的对称性以及它的振动模所属的对称类,决定了极化率张量中哪些张量元为零,以及这个张量包含多少不同的非零张量元.因此,研究晶体及其振动模的对称性,在光散射研究中显得特别重要.采用群论方法,可以不经过对具体振动过程的计算,只根据晶体及其振动模的对称性来判定哪些振动是 Raman 活性的.也就是说,用标准的群论方法可以确定晶体的 Raman 散射的选择定则.确定声子模在一级 Raman 散射中激活与否的精确判据是:在晶格所具有的点群下该声子模的变换是否与张量元 α_{mn}的变换相同.

用群论的语言则可以表达如下:简正模所遵循的不可约表示必须包含在以张量元 α_{mn} 为基的可约表示中.类似地,如果简正模是红外活性的,则其不可约表示必须被包含在以电偶极矩元为基的表示中.

三十二种晶体点群的极化率张量元变换的不可约表示已经由一些研究者列成表格,以供查阅(多数关于 Raman 散射的参考书都附有,例如参考文献[83]).表格中列出了各点群的 Raman 活性振动模 Q 的不可约表示以及各晶类和点群的一级 Raman 散射矩阵 C^j_{mn}的相应的非零元素.矩阵 C^j_{mn} 由 m 和 n 依次取 x, y, z 所得到的 9 个不同元素组成. x, y, z 分别表示晶体的 3 个主轴.借助于这种表格,可得到 Raman 散射强度 I^j_s.

$$I^j_s = 常数 \times \left[\sum_{m,n=x,y,z} f^m_0 C^j_{mn} f^n_1 \right]^2, \tag{10.50}$$

式中 f^m_0 和 f^n_1 分别是入射光和散射光的单位极化矢沿主轴 m 和 n 的分量.我们在研究铁电软模时,就可以按表格和式(10.50)来选择正确的几何配置,以便观测属于特定不可约表示的软模.反之,改变入射方向、观测方向和偏振方向与晶轴之间的夹角,就可以用上式和表格来确定散射矩阵 C^j_{mn}.

实际上由测量得到的 Raman 散射谱都对应了一个或几个张量元,因此在测量中需要考虑偏振的几何配置.通常用 4 个符号来表示偏振配置：$\boldsymbol{k}_i(e_i, e_s)\boldsymbol{k}_s$，其中$\boldsymbol{k}_i$与$\boldsymbol{k}_s$分别表示入射光和散射光的传播方向，$\boldsymbol{e}_i$与$\boldsymbol{e}_s$为相应的辐射电矢量方向（即偏振方向）.当入射光的传播方向沿晶体的 x 轴，偏振沿 y 方向，测量的散射光的传播方向和偏振方向分别沿晶体的 z 方向和 x 方向，相应的偏振的配置是 $x(yx)z$，所对应的张量元为 α_{yx}，这是一种 90°散射.对于 x 的背向散射，则可有 $x(zz)\bar{x}$，$x(zy)\bar{x}$ 及$x(yy)\bar{x}$ 等偏振配置，分别对应于 α_{zz}，α_{zy}及α_{yy}张量元.对于 $LiNbO_3$ 晶体（点群 C_{3v}），这三种偏振配置分别可以激发晶格振动中 A_1 类、E 类以及 A_1+E 类振动.利用各种不同的偏振配置在 Raman 谱的研究中是十分重要的，它是用来区分不同对称类的模，以及纵模或横模的基本方法.

对于布里渊散射，除了前面介绍的频移之外，下面还要简单介绍一下线宽和瑞利比这两个重要参量.

在完全弹性散射的情况下，布里渊散射的谱线应该是很窄的锐线，线宽近似为零.在有弹性波吸收的情况下，散射光的电场表示式

$$E_{\substack{S\\AS}}(t) = E_{\substack{SO\\ASO}}\boldsymbol{e}_s\exp[\mathrm{j}([\omega_0 \mp \omega_j]t - \boldsymbol{h}_{\substack{S\\AS}}\cdot\boldsymbol{r})]$$

之前要乘上一个随时间变化的衰减因子 $\exp\left(-\dfrac{\Gamma}{2}q^2t\right)$.经过傅里叶展开，布里渊谱线的强度将随频率有一个分布.通常用半宽度 $\delta\omega$ 来描述这种谱线增宽效应.数值上有

$$\delta\omega = 2\Gamma q^2 = 2\alpha v, \tag{10.51}$$

式中 α 为弹性波在介质中每 1 cm 路程内的阻尼幅度系数，v 为弹性波的速度.测定了布里渊谱线的半线宽和对应的声速，就可以计算出阻尼幅度系数 α，于是便可以研究介质由于非简谐性、载流子阻尼、结构弛豫、共振吸收或者其他一些机理引起的声衰减特性.

瑞利比则表示对应于单位入射强度、单位体积散射进入单位立体角中的光通量，即是单位体积的微分截面，以 R 表示

$$R^j = B\cdot\frac{[e_s(T^j)e_{\mathrm{I}}]^2}{\rho v^i_{\mathrm{I}}}, \tag{10.52}$$

式中 ρ 是晶体密度，v 为声速，$\boldsymbol{e}_{\mathrm{I}}$ 和 $\boldsymbol{e}_s$ 分别表示入射光和散射光的偏振单位矢量，$(\boldsymbol{T})$ 为晶体的布里渊散射张量，角标 j 指示该物理量是属于第 j 个声学模的，B 是一个散射系数(与温度、材料和散射光的波长有关)，在既定的实验中看作是单位量.

下面以立方晶体为例说明布里渊散射的情况. 例如用图 10.53 的几何配置，入射光沿 x 轴方向($\boldsymbol{k}_I:\boldsymbol{k}_I,0,0$)，散射光沿 y 轴方向($\boldsymbol{k}_s:0,k_s,0$)，则由 Christoffel 系数方程可以解出下述两个纯的横模和一个纯的纵模(参见表 10.1)：

横模　$T_1(e_{T_1}:0,0,1)$，$\rho v_{T_1}^2=c_{44}$；

横模　$T_2(e_{T_2}:\sqrt{2}/2,\sqrt{2}/2,0)$，$\rho v_{T_2}^2=(c_{11}-c_{12})/2$；

纵模　$L(e_L:\sqrt{2}/2,-\sqrt{2}/2,0)$，$\rho v_L^2=(c_{11}+c_{12}+2c_{44})/2$.

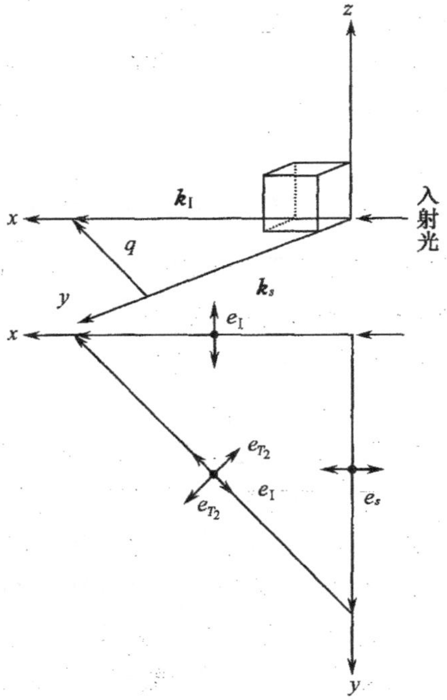

图 10.53　立方晶体的布里渊散射配置.

入射光的偏振单位矢量可有两种取法：平行于 z 轴($e_{\mathrm{I}}:0,0,1$)或平行于 y 轴($e_{\mathrm{I}}:0,1,0$)；散射光的偏振单位矢量也有两种可能的取法：平行于 z 轴($e_s:0,0,1$)和平行于 x 轴($e_s:1,0,0$).对上述各种可能的情况分别进行推算，可得到如表 10.3 所列出的散射光对于频率和偏振方向的强度分配(瑞利比)数据.表中 c 为光速，c_{11}，c_{12}和 c_{44}是弹性常数，p_{12}，p_{44}为光弹性系数；R 的第一个脚标表示入射光的偏振方向，第二个脚标表示散射光的偏振方向.

表 10.3　立方晶体声学模布里渊散射的瑞利比

频移 \ 散射配置*	R_{zz}	R_{zx}	R_{yz}	R_{yx}
$\dfrac{\omega_{T_1}}{\omega}=\sqrt{2\dfrac{c_{44}}{\rho}}\cdot\dfrac{n}{c}$ 横波，偏振⊥散射平面	0	$\dfrac{1}{2}\dfrac{p_{44}^2}{c_{44}}$	$\dfrac{1}{2}\dfrac{p_{44}^2}{c_{44}}$	0
$\dfrac{\omega_{T_2}}{\omega}=\sqrt{\dfrac{c_{11}-c_{12}}{\rho}}\cdot\dfrac{n}{c}$ 横波，偏振//散射平面	0	0	0	0
$\dfrac{\omega_L}{\omega}=\sqrt{\dfrac{c_{11}+c_{12}+2c_{44}}{\rho}}\cdot\dfrac{n}{c}$ 纵　波	$\dfrac{2p_{12}^2}{c_{11}+c_{12}+2c_{44}}$	0	0	$\dfrac{2p_{44}^2}{c_{11}+c_{12}+2c_{44}}$

* R 的第一脚标表示入射光的偏振方向，第二脚标表示散射光的偏振方向。

从表 10.3 中可看出，对应于偏振平行于散射平面(即 xy 平面)的声学模的散射强度为零，因此，最多只能得到两根 Stokes 线和两根反 Stokes 线，每一对线分别对应于横声学模和纵声学模.通过对谱线强度和选择定则的研究，可以得到关于介质弹性、光学性质方面的信息，这对于研究固体的晶格动力学以至制造声学器件，均具有重要意义.

10.6.2　Raman 散射的实验研究

研究 Raman 散射谱的光学装置称为 Raman 散射谱仪，典型

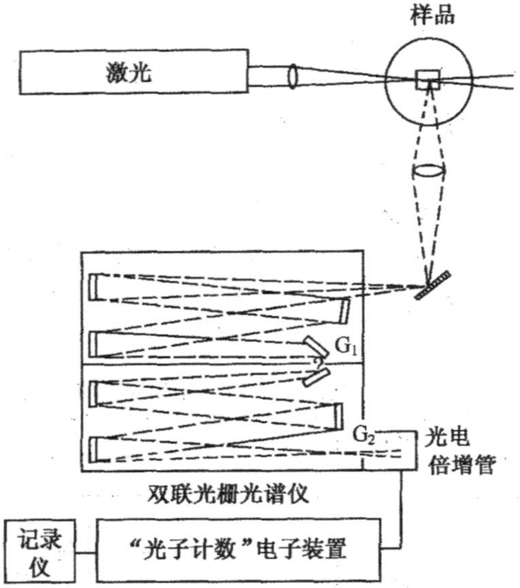

图 10.54　Raman 散射光谱仪结构示意图.

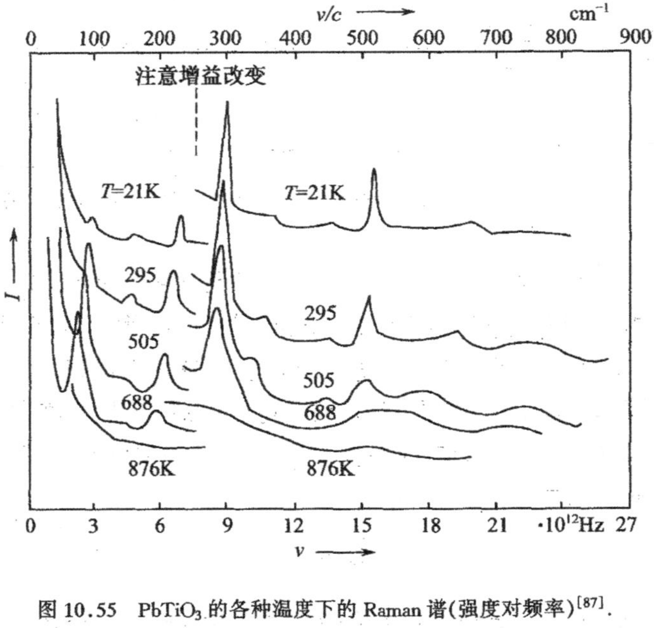

图 10.55　$PbTiO_3$ 的各种温度下的 Raman 谱(强度对频率)[87].

的装置示意图如图 10.54 所示.通常使用激光源,单模输出50 mW左右,通过前置滤波器(如碘分子蒸气吸收室、标准具等)选出单频窄谱线,经过聚焦投射到样品上.利用会聚透镜组,将微弱的散射光收集起来,馈入分光色散系统.由于瑞利散射强度比 Raman 散射高 10^3 以上,所以色散系统必须精心设计,消除种种杂散光.为了达到高分辨率,可采用双联或三联单色仪作为分光系统.通常要求样品对入射光是透明的,否则有可能产生共振 Raman 散射.对于不透明的或粉末状的样品,可以采取"背向散射"配置.接收系统采用小阴极、低暗电流的光电倍增管(加致冷器),输出的电信号经"光子计数器"处理.光子计数器是由前置放大器、放大器、甄别器等组成,由甄别器输出的脉冲信号通过计数率计转换成模拟信号,

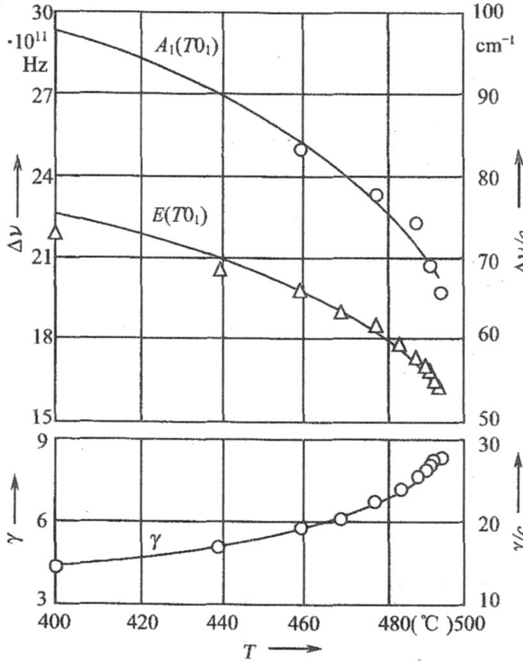

图 10.56　$PbTiO_3$ 的 Raman 频移对温度的关系[88].

由记录仪记录下来.晶体中 Raman 散射效率依赖于入射光与散射光相对于晶轴取向和它们的偏振状态,所以在入射光束和散射光束经由的光路上都配有起偏器和检偏器.

研究定向晶体的 Raman 光谱与温度和压力的函数关系,能获得与相变相联系的结构改变的信息.图 10.55 示出的是铁电相 $PbTiO_3$ 在各种温度(由 21K 到 876K)下的 Raman 谱实验结果,实验配置为 $z(yz)x$[87].图 10.56 示出 $PbTiO_3$ 的低频 A_1 横光学模和 E 横光学模的 Raman 频移 $\Delta\nu$ 随温度变化关系以及低频 E 模的阻尼常数 γ 随温度的变化关系[88].$PbTiO_3$ 在 490℃(763K)附

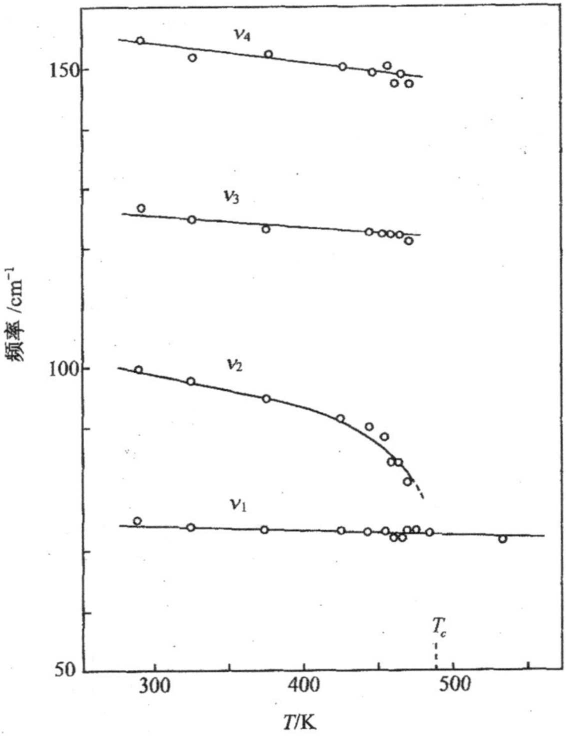

图 10.57　KNSBN 晶体外振动线的频移与温度的关系.偏振配置为 $x(zz)y$[112].

近经历一级铁电⇌顺电相变. 在 T_c 以下, 所有的模均是尖锐、且欠阻尼的. 从低温向 T_c 接近时, $A_1(T0_1)$ 和 $E(T0_1)$ 模明显"软化", 温度高于 T_c, 该两模消失.

图 10.57 示出了 KNSBN 晶体偏振配置为 $x(zz)y$ 的 Raman 谱外部振动线的温度依赖关系. 其中晶格振动 A_1 模的 ν_2 频率在接近相转变温度 T_c 时, 其硬模行为有明显软化的趋向[112].

碘硫化锑(SbSI)在 T_c(292K)时经历一级铁电相变. 低于 T_c 时, 晶体中 S 原子沿 c 轴位移, 引起对称中心的消失. 由 Raman 散射实验证实, 在铁电相的 SbSI 中观测到一个欠阻尼的软 A_1 模, 它与温度的关系同静态介电常数 $\varepsilon_0^{-1/2}$ 与温度的关系是相同的, 即有 $\bar{\omega}_{T0} \propto 1/\sqrt{\varepsilon(0, T)}$ 的关系, 如图 10.58 所示[89]. 在顺电相时, SbSI 的中心对称使得软模在 Raman 散射中不可能是激活的, 但在 T_c 温度以上却观察到红外激活的软模 B_{1u} 模.

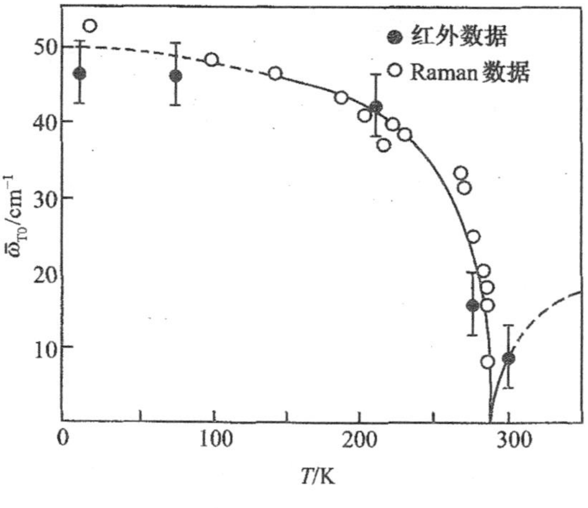

图 10.58 SbSI 中的铁电模频率与温度的关系. 实线为 $\propto 1/\sqrt{\varepsilon(0, T)}$ 的图线[89].

10.6.3 布里渊散射的实验研究

研究布里渊散射谱的典型装置如图 10.59 所示. 采用法布里-

珀罗干涉仪作为分光系统.激光器发出的激光经透镜聚焦到样品上.样品放在可自动控温的带有透光窗口的高温炉中或低温杜瓦瓶内.散射光经过准直透镜转换成平行光,投射到一具空间滤波器上,以限制散射体积,并去掉杂散光.以压电扫描式的三或五行程的法布里-珀罗干涉仪作为色散系统.由干涉仪输出的光经另一个会聚透镜聚焦到一个针孔上,然后投射入小阴极、低暗电流的光电倍增管中.与 Raman 谱仪类似,输出的信号经过光子计数器处理,换成数字信号或模拟信号,然后用微型计算机采集和处理,或用记录仪记录下来.为了防止光电倍增管受到强的瑞利辐照,在它的前面还安放了一个快速的电子开关元件.微型计算机在系统中起了多道分析器的作用,采用序列多次扫描方式来合成布里渊谱,可降低噪声.微型计算机还同时可用来动态调节法布里-珀罗标准具,使在长时间数据收集过程中,标准具总是保持在最佳工作状态.

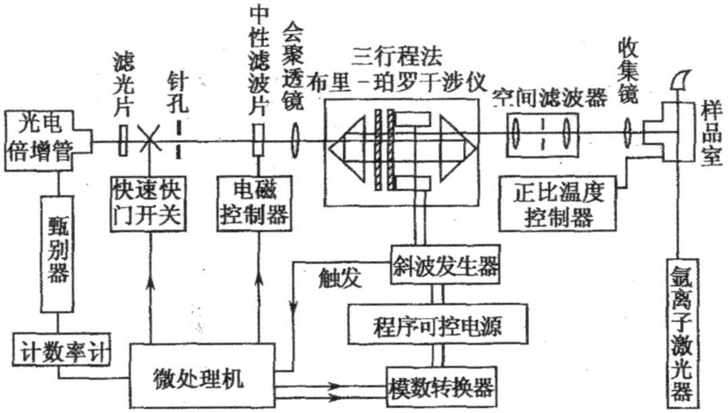

图 10.59　典型的布里渊散射谱仪方框图.

布里渊散射技术是研究固体中的结构相变的有力工具.例如,某些晶体发生相变时,晶体的某些弹性张量元趋于零.当温度从相变点之上和之下两个方向逼近相变点时,都观察到弹性系数反常(正规铁弹相变).KH_2PO_4(KDP)及其同构物的 $\bar{4}2m \to mm2$ 相变是典型的正规铁弹相变.KDP 的原型是四方晶系 $\bar{4}2m$,既是铁电体又是铁弹体,在 $T_0=122\text{K}$ 时发生相变,转变到 $mm2$ 极性正交相,B_2 的对称性切应变变成不稳定.热力学分析表明,当 T 趋于 T_0 时,它的弹性系数 $c_{66}^{E}\xrightarrow{T\to T_0}0$.由光学模和声学模之间的线性耦合谐振子理论得出:$\omega_-^2=\omega_2^2-q^2a_{36}^2/(\rho m^*\omega_1^2)$,其中 a_{36} 是压

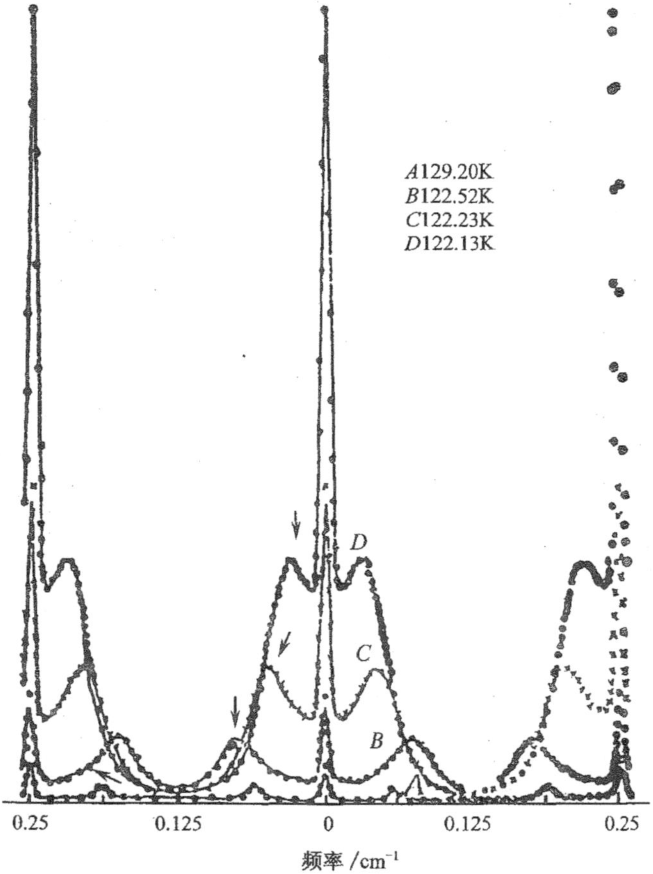

图 10.60　KDP 晶体的布里渊散射谱,$xz(x\bar{z},y)x\bar{z}$ 配置[90].

电常数，ω_1 是光学软模频率，m^* 是光学软模的有效质量，ρ 为密度；ω_2 为声学模频率，$\omega_2^2 = q^2 c_{66}^D / \rho$，$q$ 为声学模的波矢值，ω_- 为耦合声学模频率．光学模未完全软化时，就迫使声子模频率趋向零．

KDP 的布里渊散射谱如图 10.60 所示[90]，它的 $T_0 = 122\text{K}$，在 $T_0 + 7.2\text{K} \xrightarrow{\text{降温}} T_0 + 0.13\text{K}$ 的实验结果表明，布里渊频移值减小，线宽变窄．由布里渊频移测量推算出的弹性系数 c_{66}^E 对 T 的依赖关系如图 10.61 所示[91]，c_{66}^E 对 T 的曲线在相变点处从两边趋于零．

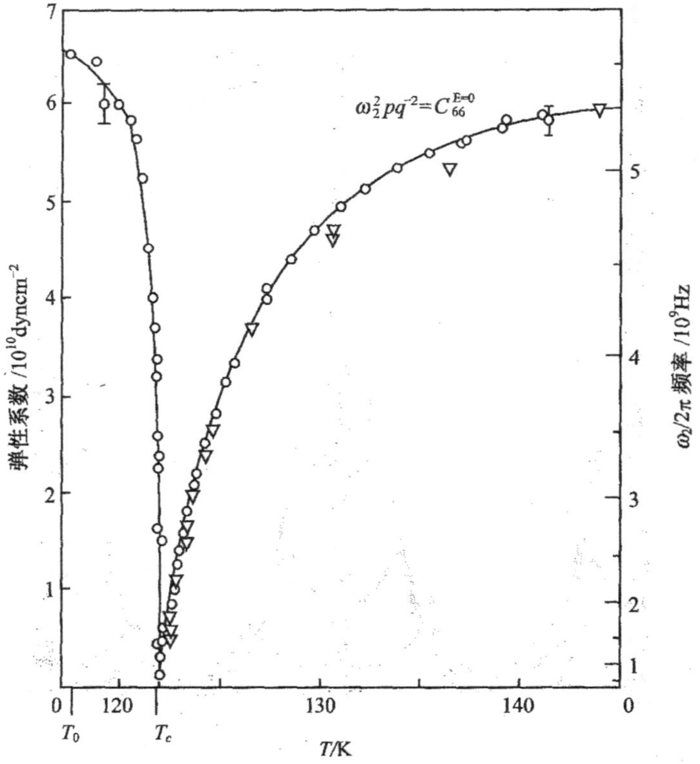

图 10.61　由布里渊散射确定的 KDP 的弹性系数 c_{66}^E 随温度 T 变化的曲线[91]．

§ 10.7　中子非弹性散射和声子谱的研究

用粒子、电磁波等射线射入固体样品,使之与晶体的各类元激发产生相互作用,通过对被晶体散射后的射线谱的测量,便可对固体物质的结构和晶格振动进行研究,从而获得固体物质的许多信息:分子结构和组态、晶体的对称性、固体中各类元激发的能谱、激发态的密度分布、杂质缺陷性质等等.散射方法已经成为固体物理研究(因而也是电介质物理研究)的重要实验手段之一.特别是在研究铁电体的晶格动力学和结构相变方面,更是不可缺少的实验工具.

研究固体特性的散射方法,包括中子散射、电子散射、X 射线散射、光的 Raman 散射和布里渊散射、红外光散射等等.这些方法各有优缺点、互为补充.光的 Raman 散射和布里渊散射已在 § 10.6 介绍过了.本节只讨论中子的非弹性散射.

10.7.1　中子散射的特点

中子散射技术在铁电和反铁电相变以及在凝聚态物质的晶格动力学性质的研究中占有独特的地位.这是因为热中子(能量约在 0.1eV 以上)有如下主要特性:

(1)热中子的波长 $\lambda = \hbar/\sqrt{2ME} = 0.286/\sqrt{E(\text{eV})} \approx 1(\text{Å})$的数量级,与固体中原子间距的数量级相同,热中子被晶体散射时,有可能出现相干现象,所以能够用中子衍射(热中子弹性散射)来确定晶体的静态结构.例如测定铁电体软模的振动位移,检验铁电相变时发生的静态原子位移是否相当于不稳定软模的“冻结”了的振幅.

(2)热中子在凝聚态物质上发生非弹性散射时,散射过程中中子能量的改变与入射中子的能量有相同的数量级,因此中子非弹性散射是对凝聚态物质的元激发能谱和动力学研究的非常敏感的工具.通过中子非弹性散射能够在整个布里渊区中测量软模频率与温度的关系,研究包括布里渊区边界在内的声子及赝自旋波的色散关系,等等.

(3)中子对氢核的非弹性散射截面相当大,因此能够测定有重原子存在时,像氢这样的轻原子的位置和振幅,了解离子是如何重新排列而使原胞极化的.

另外,中子不带电,穿透力强,故反映的是体效应,而不像 X 射线或电子束那样,很大程度是面效应.

中子散射实验的缺点是必须用高通量的反应堆(要求反应堆中心处的通量约 10^{14}中子/cm^2·s),这样势必是费用昂贵、设备庞大,实验周期较长.

10.7.2 中子散射的实验装置

中子散射的实验装置包括中子源和中子谱仪两部分.中子源有两类:一类是稳态中子源(核反应堆),它的能谱符合 Maxwell 分布;另一类是脉冲中子源(包括质子同步回旋加速器、电子直线加速器等),脉冲束中子通量可达 10^{16}中子/cm^2·s.中子谱仪种类很多,根据入射中子的单能化和散射中子能量分析的不同方法来区分,用得较多的有"三轴晶体谱仪"和"飞行时间谱仪"两类.前者主要用晶体的布拉格反射方法;后者则用飞行时间方法.也有把两类方法结合在一起的谱仪.

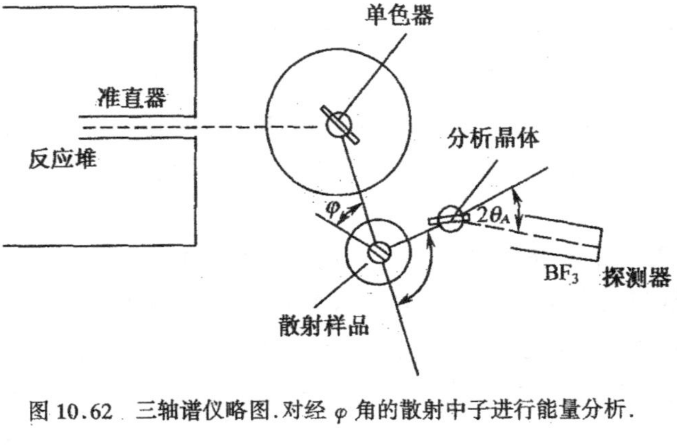

图 10.62 三轴谱仪略图.对经 φ 角的散射中子进行能量分析.

三轴晶体谱仪的装置如图 10.62 所示.第一块晶体(单色器)通过布喇格反射产生单色中子束,经过单能化中子准直器(图中未

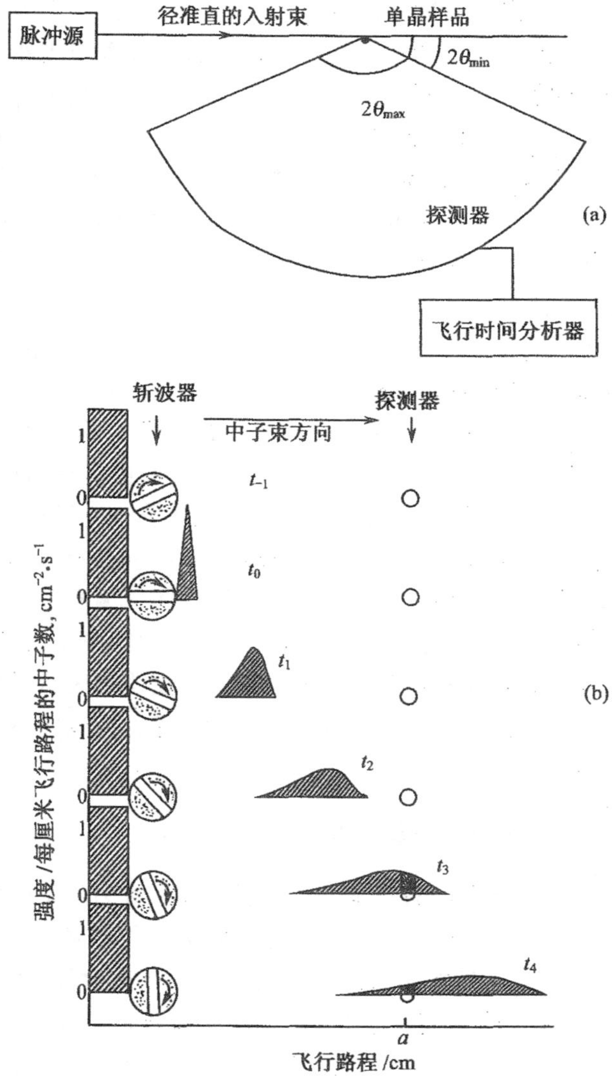

图 10.63 飞行时间谱仪.(a)结构原理图;(b)探测原理图.

画出)，再射入第二块晶体(散射样品)上.散射后的中子再经另一个准直器(未画出)选择方向，使之射到第三块晶体(分析晶体).分析晶体对散射束进行布喇格反射，从而分析测定中子束的动量(能量)值.如果维持由中子源发出的中子的波矢大小和方向都不变，而改变入射到散射样品的中子束和分析晶体之间的角度 φ，便可改变入射波矢$\boldsymbol{k}_i$或散射波矢$\boldsymbol{k}_f$，从 $\hbar^2(k_f^2-k_i)/2M_n$ 即可得到某一$\boldsymbol{q}$ 的声子不同支的频率.改变探测器与分析晶体的相对位置 $2\theta_A$，便可测定中子能量的增加或减少.这样，实验上便可测定出被样品散射的中子的波矢$\boldsymbol{k}_f$和能量分布.这种谱仪主要用来做相干非弹性中子散射实验，测定声子色散曲线.

飞行时间谱仪的原理如图 10.63 所示.能量连续分布的中子通过两个高速旋转的曲线缝转子(斩波器)之后，便成为单能化的脉冲中子束.在一定距离 L 内，中子飞行的时间 t 不同，其速度、能量便不相同[$v=(L/t)=(\hbar/m\lambda)$]，飞行时间由多道时间分析器监示记录下来，便可知入射的单能中子的能量 E_i.经样品散射的中子由部分球面多角度分布的探测器(飞行时间分析器，通常用 H^3e 探测器)测量.图 10.63(b)示出了飞行时间探测原理.斩波器在时间 t_0 时打开，阴影的面积表示在相继延迟时间中子的空间分布.在 t_3，t_4 探测到的依次较小速度的中子以重阴影表示.这种谱仪主要用于多晶样品的非相干非弹性中子散射实验，以测量声子态密度 $F(\omega)$.

10.7.3 色散关系与声子谱的测定[92,93]

在固体中，原子振动的频率与波矢量的关系称为声子的“色散关系”$\omega=\omega_i(\boldsymbol{q}_i)$，通过热中子非弹性散射实验可以测出色散关系.图 10.64 示出了在实际空间和动量空间中子散射过程.$\boldsymbol{k}_i$ 和 $\boldsymbol{k}_f$分别是入射和散射的中子波矢，$\boldsymbol{\kappa}$ 是中子波矢的改变.$\delta\boldsymbol{\kappa}_i$，$\delta\boldsymbol{\kappa}_f$ 是由能量分辨率决定的；$\delta\boldsymbol{k}_{ix}$，$\delta\boldsymbol{k}_{fx}$是由谱仪的准直器的发散角宽度决定的.设入射到样品中的中子能量为 E_i，散射出来的中子能量为 E_f.对于单晶样品，中子与原子之间交换的能量和动量分别

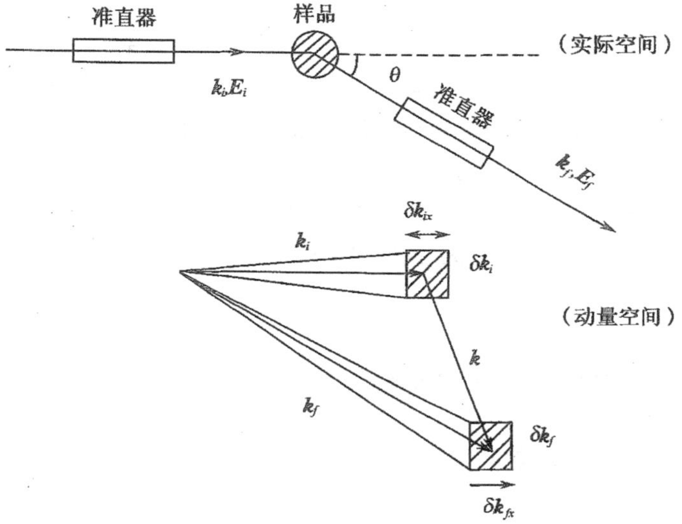

图 10.64 在实际空间和动量空间的中子散射过程.

为

$$E_i - E_f = \hbar\omega = \frac{\hbar^2}{2M}(\boldsymbol{k}_i^2 - \boldsymbol{k}_f^2), \tag{10.53}$$

和

$$\hbar \boldsymbol{k}_i - \hbar \boldsymbol{k}_f = \hbar \boldsymbol{q}, \tag{10.54}$$

或

$$\hbar q = \hbar(k_i^2 + k_f^2 - 2k_i k_f \cos\theta)^{1/2}, \tag{10.54'}$$

式中的 $\boldsymbol{q}$ 为声子波矢, M 为中子质量, θ 是散射角. 因此, 只要从谱仪测出 $E_i(\boldsymbol{k}_i)$和 $E_f(\boldsymbol{k}_f)$, 就可以测得 $\omega = \omega_i(\boldsymbol{q}_i)$的色散曲线, 其中 θ 角可以通过谱仪的机械传动装置测到.

在三轴晶体谱仪中, 中子通过单晶体中某一已知面间距(d)的布拉格角 θ 的衍射, 应满足:

$$2d\sin\theta = \lambda = 0.286/\sqrt{E(\text{eV})}, \tag{10.55}$$

故在 θ 为一定的情况下, 由已知 d 的晶面衍射出的中子的 λ 是固定的，可以换算成 $\sqrt{E}$，能量便可以确定了.

上述的方法只适用于单晶样品.如果要测量多晶样品，一般需要求出声子谱 $\rho(\omega)$（或称声子态密度），方法如下：由中子非弹性散射实验得到的结果是“双微分散射截面”$\mathrm{d}^2\sigma/\mathrm{d}\Omega\mathrm{d}E'$，它的定义为

$$\frac{\mathrm{d}^2\sigma}{\mathrm{d}\Omega\mathrm{d}E'}=\left.\begin{Bmatrix}\text{[单位时间散射到}(\theta,\varphi)\\ \text{方向的立体角}\mathrm{d}\Omega\text{而能量}\\ \text{间隔为}E'\text{到}E'+\mathrm{d}E'\text{的}\\ \text{中子数目 }N]\end{Bmatrix}\right/ \text{入射中子通量 }\phi. \tag{10.56}$$

由实验测量出散射中子的强度，经过本底修正和探测效率修正等，便可以得到 $\mathrm{d}^2\delta/\mathrm{d}\Omega\mathrm{d}E'$.

另一方面，由散射截面作声子展开，并对多声子过程的非弹性散射项采用高斯近似，就可得到下述的非相干非弹性散射截面的一个表达式：

$$\left(\frac{\mathrm{d}^2\sigma}{\mathrm{d}\Omega\mathrm{d}E'}\right)^d_{\substack{\text{非相干}\\ \text{非弹性}}}=\frac{N\sigma_i^d}{4\pi\hbar}\frac{k_f}{k_i}\mathrm{e}^{-2W_d}\cdot\left\{\frac{\hbar\kappa^2}{2M_d}\frac{\rho_d(\omega)}{\omega}[n(\omega)+1]\right.$$
$$\left.+\frac{1}{\delta_d}\exp\left[\frac{N_d\omega}{\delta_d^2\gamma_d(0)}\right]F_d(a_d,b_d)\right\}, \tag{10.57}$$

式中 d 标记是指多原子晶体中第 d 种原子，M_d 为原子质量. $\rho_d(\omega)$为第 d 种原子的中子散射权重声子谱，ω 是声子频率. σ_i^a 即第 d 种原子的非相干散射截面. k_i 与 k_f 分别是入射与散射中子的波矢.而

$$W_d=\frac{\hbar\kappa^2}{4M_d}\gamma_d(0)=\frac{\hbar\kappa^2}{4M_d}\int_{-\infty}^{\infty}\frac{\rho_d(\omega)}{\omega}n(\omega)\mathrm{d}\omega,$$

$$\kappa^2=k_i^2+k_f^2-2k_ik_f\cos\theta,$$

$\boldsymbol{\kappa}$ 是中子波矢的改变. $n(\omega)$是声子数密度

$$(n(\omega)=[\mathrm{e}^{\frac{\hbar\omega}{kT}}-1]^{-1}),\ \delta_d^2=\frac{4E_d}{3\hbar\gamma_d(0)}-\frac{N_d^2}{\gamma_d^2(0)},$$

$$E_d=\frac{3}{2}\int_0^{\infty}\rho_d(\omega)\hbar\omega\left[n(\omega)+\frac{1}{2}\right]\mathrm{d}\omega.$$

式中的函数

$$F_d(a_d, b_d) = \sum_{n=\lambda}^{\infty} \frac{a_d^n}{n!} \frac{\exp(-b_d^2/2n)}{\sqrt{2\pi n}},$$

而

$$\begin{cases} a_d = \dfrac{\hbar\kappa^2}{2M_d}\gamma_d(0)\exp[-N_d^2/2\delta_d^2\gamma_d^2(0)], \\ b_d = \omega/\delta_d. \end{cases}$$

$F_d(a_d, b_d)$已经有完整的表可查，若 a_d 和 b_d 已知，便可以查表得出 $F_d(a_d, b_d)$. 式(10.57)中 N_d 是第 d 种原子的散射权重声子谱的归一化因子；当还原为单原子晶体时，N_d 可用 1 代入.

在非相干的单原子晶体散射的情况下，可根据实验测得的双微分截面，按式(10.57)，去掉 d 脚标，令 $N_d = 1$，就可分析出声子谱 $\rho(\omega)$. 方法是，先略去式(10.57)中右边第二项(即多声子项)，分析出一个声子谱，记为 $\rho_0(\omega)$，将 $\rho_0(\omega)$代入多声子项，又由式(10.57)重新分析出一个声子谱，记为 $\rho_1(\omega)$；如此迭代，直到收敛(一般只要迭代几次即可).

对于多原子晶体，由实验得到的散射截面导出声子谱的普遍和严格的方法，是迭代求解点阵动力学方程和计算散射截面. 对于一定的晶体，在选定的力模型下，就可以建立起点阵动力学方程. 求解此方程(数值解)就可以得到声子谱和各个原子的权重声子谱(这些声子谱是力参数的函数). 将求得的这些声子谱代入散射截面式(10.57)，就可计算得散射截面. 调整上述力参数，使得散射截面的计算值和实验值相符合. 如此反复迭代直至声子谱收敛为止.

但是，实际上对多原子晶体往往可采取另外一种简单的处理办法，这就是引入“广义声子谱”. 由计算得出，多原子晶体非相干非弹性散射截面，可近似地表示为

$$\left(\frac{d^2\sigma}{d\Omega dE'}\right)_{\substack{\text{非相干}\\ \text{非弹性}}} = \frac{N\kappa^2}{8\pi}\frac{k_f}{k_i}\sum_d \frac{\sigma_i^d}{M_d} e^{-2W_d}\frac{\rho_d(\omega)}{\omega}[n(\omega)+1]. \tag{10.58}$$

如果认为各种元素 σ_i^d/M_d 比值接近相等的话，就可以把各种有 d

的因子合并起来，于是，定义广义声子谱

$$G(\omega) = \sum_d e^{-2W_d} \frac{\sigma_i^d}{M_d} \rho_d(\omega), \tag{10.59}$$

式(10.58)就可写为

$$\left(\frac{d^2\sigma}{d\Omega dE'} \right)_{\substack{\text{非相干} \\ \text{非弹性}}} = \frac{N\kappa^2}{8\pi} \frac{k_f}{k_i} \frac{G(\omega)}{\omega} [n(\omega) + 1]. \tag{10.60}$$

这样，从实验测得双微分散射截面的值之后，就可按上式分析出广义声子谱 $G(\omega)$. 若对所有的 d，下式都成立：

$$e^{-2W_d} \frac{\sigma_i^d}{M_d} \simeq \text{常数},$$

则

$$G(\omega) \simeq \text{常数} \times \sum_d \rho_d(\omega) = \text{常数} \cdot \rho(\omega). \tag{10.61}$$

这时，广义声子谱就是真正的声子谱. 实验结果证明了广义声子谱事实上可以十分近似地代替真正的声子谱.

10.7.4 铁电体的中子散射实验研究

利用三轴晶体谱仪测出的铁电体 $KTaO_3$ 中子散射频谱如图 10.65 所示[94]，第一个峰(频率较低的)是接近倒易点阵{100}面的准弹性中子散射，第二个峰是横声学声子谱，阴影部分是非相干散射本底.

再以 G. Shirane 等对 $PbTiO_3$ 晶体(10mm×10mm×0.8mm)做的中子散射实验为例[95]. 图 10.66 示出了在立方 $PbTiO_3$ (510℃时)中沿[001]方向所得到的色散关系. 图中横轴用归一化坐标 ζ 来表示波矢 $\boldsymbol{q}$，定义 $\boldsymbol{q} = (\zeta, 0, 0)\boldsymbol{a}^*$，从图中可看出，在布里渊区中心观察到了软光学模(TO)，它的能量(或频率)随着 q 值增加而急剧增大. 事实上，除了在 $\zeta < 0.08$ 的小 q 值的一定区域之外，这些软模都是明显地可由实验确定的. 另外，在 $\zeta = 0.1$ 附近横向声学模曲线(TA)明显下降，这是由于与温度有关的光学模在趋近于声学模时，两者之间产生耦合而引起的.

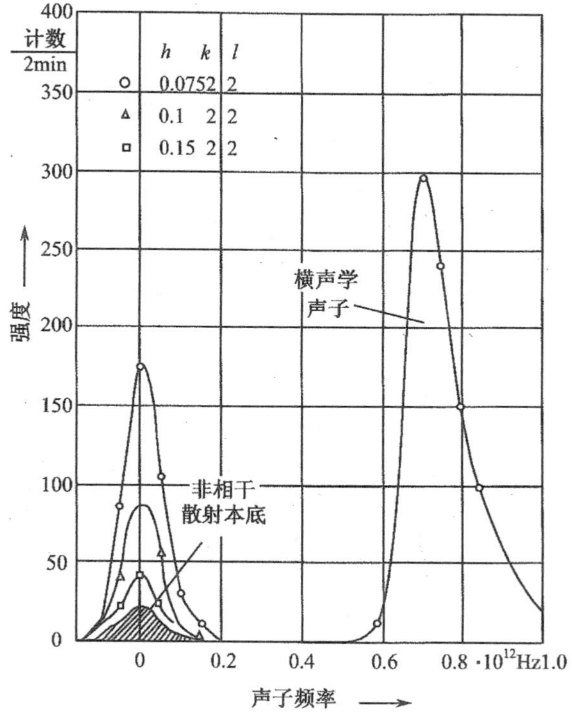

图 10.65　铁电晶体 $KTaO_3$ 的准弹性中子散射谱[94].

按 LST 关系，在 $q=0$ 处的软模能量 $\hbar\omega_0$ 假定为具有如下的形式：

$$(\hbar\omega_0)^2 = K(1/\varepsilon) = A_1(T - T_0), \qquad (10.62)$$

图 10.67 示出了实验所得到的 $q=0$ 的软模的能量(纵坐标用 v_0^2)与温度 T 的关系；v_0 是在 $q=0$ 处最低能量的 TO 模的频率. 这样求得的近似的居里-外斯定律为

$$(\hbar\omega_0)^2 = A_f(T - T_0),\ T_0 = 440℃,$$

$$A_f = 0.13(\pm 0.03)\mathrm{meV}^2/℃,$$

T_0 的数值与介电测量的结果一致.

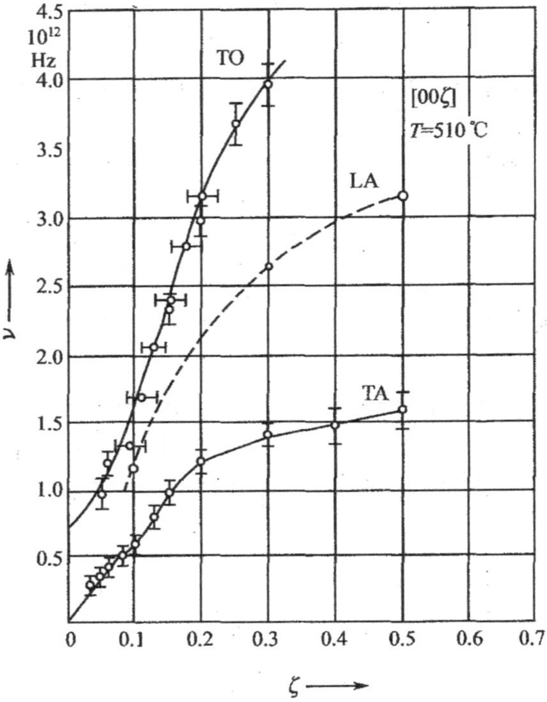

图 10.66　对立方 $PbTiO_3$(510℃)作中子散射实验得到的沿[001]方向的色散关系[95].

当 $PbTiO_3$ 处于室温四方相时,其软模的阻尼相当小,故可以精确地测定其能量.图 10.68 为波矢沿[001]和[100]的 $PbTiO_3$ 中两个最低的横向声子的色散曲线,由图可知,在 $q=0$ 处,两横向光学声子(TO)的能量不相等,代表了介电常数 ε_c 和 ε_a 的不相等.

$KTaO_3$ 的软模也是欠阻尼的,与 $PbTiO_3$ 类似.图 10.69 示出了 $KTaO_3$ 中沿[100]方向的 TA 和 TO 模声子频率在不同温度时的色散关系实验结果[96].由实验结果可知,小波矢的 TO 模频率随温度降低而急剧变小,而声学模频谱的反常温度关系则是由于光学模与声学模的互作用而引起的.虽然 $KTaO_3$($SrTiO_3$ 也是这

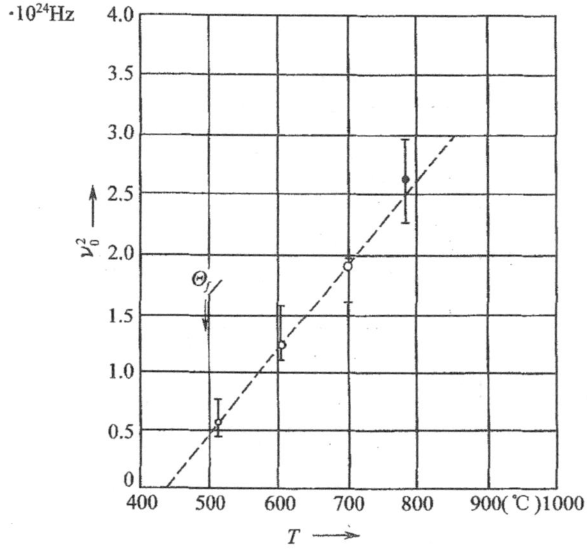

图 10.67 $PbTiO_3$ 的 ν_0^2 随温度变化的实验结果. ν_0 是在 $q=0$ 处最低能量横向光学声子的频率[95].

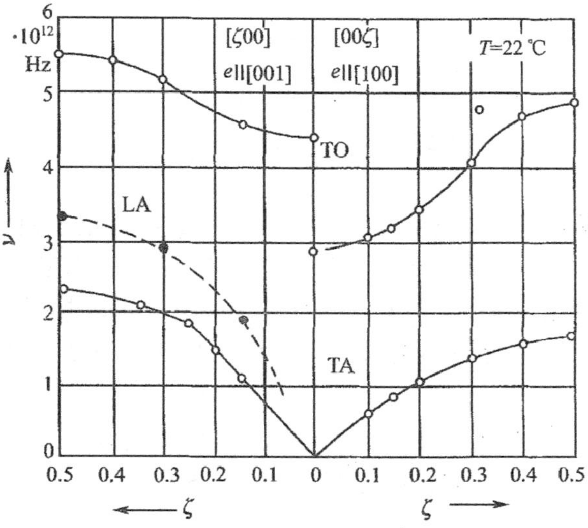

图 10.68 $PbTiO_3$ 的最低能量的两个横向光学声子的色散曲线（e 为极化矢量）.

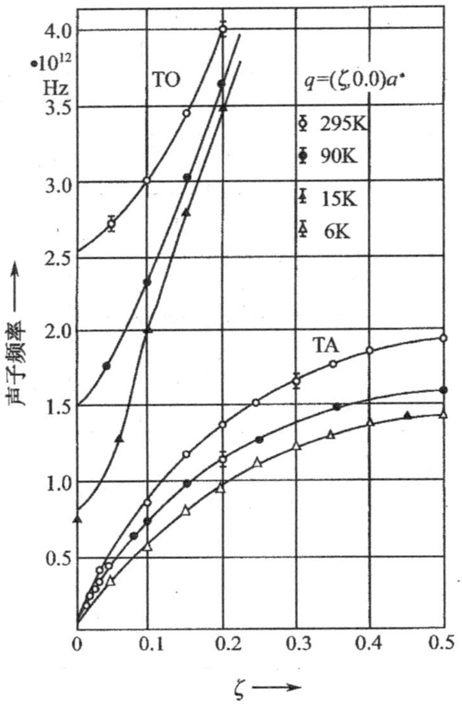

图 10.69 KTaO$_3$ 中沿[100]方向的 TA 和 TO 模声子频率在不同温度时的色散关系[96].

样)在温度降低到最低测量温度(4K)时仍处于顺电相,但由中子散射实验已证实了铁电相变的确与长波长的光学模的不稳定性有关.

有一些铁电体(如 BaTiO$_3$, KNbO$_3$ 等),它们的软模是过阻尼的(即 $\gamma/\omega_0>2$, γ 是线宽度,也称阻尼系数),要精确地测量模频率十分困难.

中子散射也可以用来研究铁电体的非公度结构.图 10.70 示出的是 KNSBN 晶体在 10K 温度沿[HH1.5]方向的弹性中子扫描结果.图内的插入图则是沿着[HHL]$\left(\text{其中 } L=\dfrac{2n+1}{2}, H\approx\dfrac{1}{3}\right)$

所观察到的伴线强度. 计算结果发现 KNSBN 晶体具有一个调制波矢量$\mathbf{k}_I = \pm\left[\frac{1-\Delta}{3}(a^* + b^*) + \frac{c^*}{2}\right]$, 这个波矢量在 $T = 806\text{K}$ 的温度时, 可观察到软声子模[113].

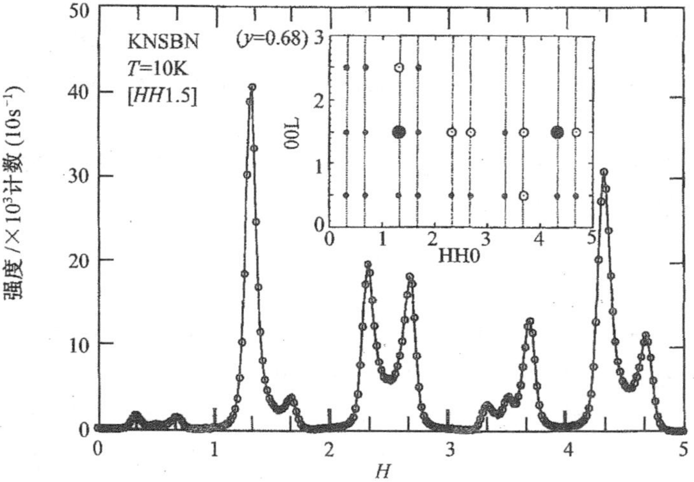

图 10.70 KNSBN 晶体在 10K 温度沿[HH1.5]方向的弹性中子散射扫描结果[113].

§10.8 电介质的核磁共振研究

核磁共振(NMR)是由核的自旋系统所显示出对外部施加的交变磁场在特定频率下的共振. 核磁共振不仅可以揭示出具有磁矩的核的存在(例如氢核), 而且也揭示了该核与附近核的相互作用, 因而它成为确定分子结构的一种非常有效的方法, 也已经成为研究相转变的最有用的工具之一. 应该指出, 磁共振方法(包括核磁共振)所测量的是经历相变的系统的局部性质, 而不是测量该系统对外加扰动的集体响应.

10.8.1 核磁共振的原理[97~99]

处在交变磁场中的某些原子的自旋系统在特定的频率(共振频率)下吸收能量的现象称为磁共振.这一交变磁场必须与磁系统的自然频率同步,所谓“自然频率”,是指系统中的原子或核组成的整体磁矩 $\boldsymbol{M}$ 对某一磁场 $\boldsymbol{H}$ 的进动频率.磁矩 $\boldsymbol{M}$ 可能来源于原子核、电子轨道运动、电子自旋或在分子转动期间核电荷的运动等等.

设磁矩 $\boldsymbol{M}$ 来源于元电流或本征磁矩,总存在一个与 $\boldsymbol{M}$ 相联系的角动量 $\boldsymbol{J}$,它们的关系为

$$\boldsymbol{M}=\gamma\boldsymbol{J}, \tag{10.63}$$

式中 γ 称为旋磁比.

当系统处于电磁场中,例如磁系统处于相邻的核原子或分子所产生的磁偶极场中,或者核电四极矩处于核所在位置的电场梯度元中,系统就会受到力矩作用.在一般情况下,我们可以按经典理论假定力矩来自一个等效的外加静磁场 $\boldsymbol{H}$.力矩 $\boldsymbol{M}\times\boldsymbol{H}$ 使角动量 $\boldsymbol{J}$ 随时间变化,即

$$\mathrm{d}\boldsymbol{J}/\mathrm{d}t=\boldsymbol{M}\times\boldsymbol{H},\text{或 }\mathrm{d}\boldsymbol{M}/\mathrm{d}t=\gamma\boldsymbol{M}\times\boldsymbol{H}, \tag{10.64}$$

γ 在这里可理解为等效的旋磁比.由上式可知,$\boldsymbol{M}$ 的运动是以角频率 γH 绕磁场 $\boldsymbol{H}$ 方向作进动.在热平衡的情况下,$\boldsymbol{M}$ 与 $\boldsymbol{H}$ 平行,不发生进动.当在垂直于 $\boldsymbol{H}$ 的方向上加上一交变磁场 $H_x\cos\omega t$ 时,只要满足共振条件 $\omega=\gamma\boldsymbol{H}$,则 $\boldsymbol{M}$ 将偏离 $\boldsymbol{H}$ 而倾斜,同时吸收能量.实际上,能量吸收可以发生在 $\gamma\boldsymbol{H}$ 两侧的一个很窄的频率范围之内.平行于 H_x 的磁化强度 M_x 为

$$M_x=H_x\chi'(\omega)\cos\omega t+H_x\chi''(\omega)\sin\omega t,$$

其中 $\chi'(\omega)$和 $\chi''(\omega)$分别为复数磁化率的实部和虚部,即

$$\chi(\omega)=\chi'(\omega)-\mathrm{j}\chi''(\omega),\mathrm{j}=\sqrt{-1}, \tag{10.65}$$

χ'与 χ''分别表示色散与吸收.对于典型的共振,在频率接近 $\omega=\gamma H$ 的范围内,$\chi''(\omega)$达到最大值.

从量子化的理论来理解磁共振时，可以考虑一个系统，它由许多有微弱的相互作用的相同部分(原子或核)所组成，每部分的角动量量子数为 F(总角动量 $= \sqrt{F(F+1)}\hbar$，$\hbar$ 为普朗克常数 h 除以 2π).由于系统在磁场 H 中是空间量子化的，于是便得到$(2F+1)$个等间距的能级，这些能级用量子数 $M_F=(F, F-1, \cdots, -F)$ 来表征.相邻能级之间的能量差为 $\gamma\hbar H$.交变磁场 $H_x\cos\omega t$ 的作用是使系统发生满足选择定则 $\Delta M_F = \pm 1$ 的能级跃迁.跃迁应满足的玻尔频率条件 $\hbar\omega = \gamma\hbar H$，其结果与前面的经典考虑是一致的.

10.8.2 核磁共振的实验方法[97~99]

具有角动量(核自旋)和不为零的磁矩的原子核可以显示出磁共振(具有偶数中子和偶数质子的稳定的核，其自旋与磁矩均为零，因此它们不能显示磁共振).在绝缘体、金属、顺磁盐、反铁磁物质、其他固体以及气体和液体中都已经观察到了核磁共振现象.实验上检测磁共振，实际上就是在一个含有试样的回路中，测量磁能的吸收或者测量此回路自感或共振频率的变化，前者可以测出 $\chi''(\omega)$，后者可以测出 $\chi'(\omega)$.通过改变 ω 或改变磁场 H 可获得共振条件 $\omega=\gamma H$(更通常的方法是改变 H).另外，在研究弛豫时间的工作中，可以首先加一个持续时间较短的交变磁场，使 $\boldsymbol{M}$ 偏离 $\boldsymbol{H}$ 的方向而倾斜，然后观察由于 $\boldsymbol{M}$ 的自由进动所感生的电压.

在具体实验中，样品与线圈的配置如图 10.71 所示.通常将样品放在电磁铁两极之间.在电磁铁的主绕组上还附带有一个小的辅助绕组，称为扫描绕组 A.有一个环绕样品的线圈 B 与振荡器连接.另一个围绕样品的次级线圈 C 放置成与振荡线圈及扫描线圈均成直角，以避免它们之间的直接耦合.振荡器的振荡频率是固定的，扫描线圈用来连续地改变磁场强度，使成为连续改变频率的磁场扫描.当扫描频率达到共振频率时，样品发生磁能吸收，次级线圈中的感应信号就被检出、放大.一般在 1 万高斯的磁场中，典型的共振频率在射频的范围(1～45MHz).

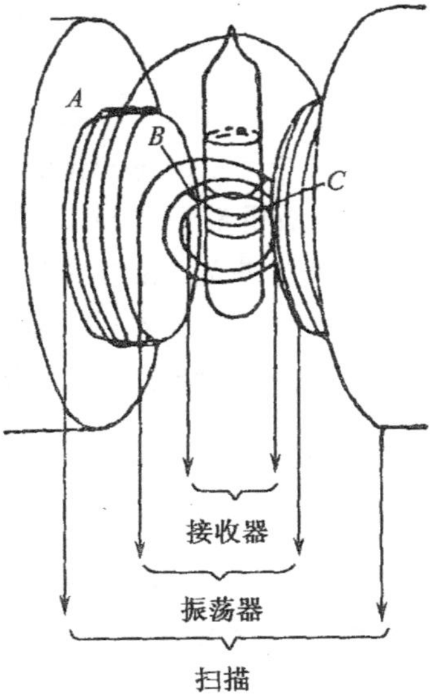

图 10.71　核磁共振实验中样品和线圈的位置.

由固体介质的核磁共振谱可以得到如下的一些物理结果：

(1)吸收线的线宽及其二次矩(磁矩与相对位置矢量的乘积).固体中的核磁偶极子是处于它的近邻磁偶极子所产生的局域磁场中的,这个磁场是由两个核自旋之间的相互作用所引起的,它取决于该两核磁矩的大小和取向,也取决于它们的相对位置矢量的大小和方向.这个局域磁场决定了吸收线的展宽,称为"偶极展宽".展宽的大小强烈地依赖于相邻两个核磁偶极的相对位置矢量是在空间中固定的(例如刚性晶格)还是由于相邻的核自旋的相对运动而迅速地起伏着的.已经证实,对于刚性晶格,吸收线的线宽是高斯型的;但对于核自旋之间存在着快速的相对运动,则可观测到吸收线的二次矩变小,这种现象称为"运动窄化",因为核自旋之间的快速相对运动会使得每个磁偶极子所在的局域磁场随时间而迅速起伏,如果起伏的相关时间变得短于刚性晶格线宽的倒数,则在局域磁场应取平均值，故二次矩变小."运动窄化"常常是推断固体中基团内某个分子运动速率的有力工具.另外，对于两质子和三质子系统中，相对位置矢量几乎完全固定的情况，往往由吸收线的形状就能确定矢量的大小和量值.

(2)由核四极矩引起的吸收线的裂距.一个自旋 $I \geqslant 1$ 的核具有核四极矩.在磁场中，这个四极矩与核所在位置的电场梯度之间的相互作用引起 $(2I+1)$ 个核塞曼能级.出现了 $2I$ 个完全不同的不再相等的能级间隔，情形如图 10.72 所示.从图中可看出，此时吸收线可分裂成两条线.裂距 $(\nu_2-\nu_1)=2\Delta\nu$ 正比于核四极矩乘上沿磁场方向的电场梯度张量的分量.通常使用四极耦合常数 e^2qQ 来表征核四极矩的作用，这里 eQ 是核四极矩，而 eq 则是在主坐标系中电场梯度张量的最大分量.裂矩 $2\Delta\nu$ 依赖于磁场的方向与电场梯度张量最大分量的方向之间的夹角.因此，我们可以通过测量单晶中核四极矩的磁共振谱的角度依赖关系来得出原子键合的特性和电子绕核的行为.

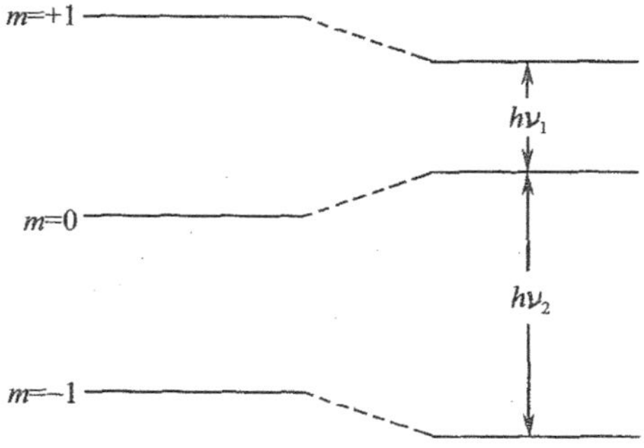

图 10.72　当核自旋 $I=1$ 时，核四极矩对塞曼能级的影响. m 为核自旋的磁量子数.

(3)自旋-晶格弛豫时间 T_1.有关固体内部分子运动的种种情况，可以通过测量自旋-晶格弛豫时间来获得.自旋-晶格弛豫时间表征核自旋系统与晶格(这里"晶格"一词不是指一个有序的晶体,而是指除自旋取向以外的自由度)之间达到热平衡的速率.当然,由吸收线的二次矩也可以得到有关内部运动(诸如分子受阻转动)的情况;但是由自旋-晶格弛豫时间对运动速率提供的情况所包括的频率范围比之二次矩所提供的要宽得多.我们知道,固体中的核磁偶极子与其他磁偶极子可通过偶极-偶极的相互作用,另外,核四极矩则与核所处的电场梯度发生相互作用.这样的局域磁场和电场梯度可以由晶格振动引起的核涨落(诸如分子受阻转动)的情况来探知.如果受阻转动的相关函数的傅里叶分量包含了拉莫尔(进动)频率 ν_L 和二次谐波频率 $2\nu_L$ 的成分,则弛豫速率正比于谱密度.我们可以在 NH_4^+, NH_3, H_2O 等受阻转动的质子弛豫机构中看到这样的例子.图 10.73 示出了出现弛豫的谱密度的例子.

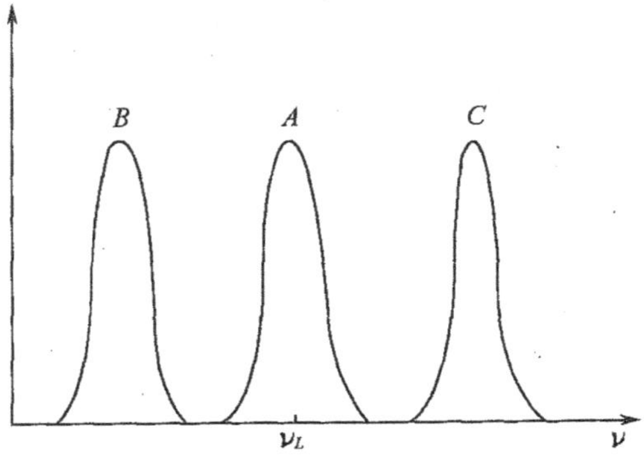

图 10.73　谱密度对频率的关系.

如果运动的平均频率与核的进动频率 ν_L 重合一致,如曲线 A 所示,则自旋-晶格弛豫最有效地发生,且弛豫时间 T_1 变为最小值.另方面,如果平均频率偏离 ν_L(如曲线 B 和 C 所示),则弛豫时间 T_1 将变长.由于运动的平均频率依赖于温度,故当谱密度的平均频率与 ν_L 一致时,在该温度处弛豫时间 T_1 呈现极小值,而运动的相关时间 τ_c 便等于$(2\pi\nu_L)^{-1}$.但是由于谱密度 $2\nu_L$ 也对弛豫有影响,故应在 $\omega\tau_c \simeq 0.6$ 时, T_1 取最小值.对于处在一个不均匀的局域电场中的核自旋 $I \geqslant 1$ 的核的情况，电场梯度的涨落对弛豫起了主导作用. 可以利用氘化的晶体作氘核自旋-晶格弛豫时间的测量，并化为质子运动的性质，从而获得有关氘核运动的情况. 对于一般的铁电体，自旋-晶格弛豫时间 T_1 的范围可自几微秒到几秒的量级.

10.8.3 用核磁共振的方法研究铁电体相变[100]

用核磁共振方法研究铁电相转变最成功的例子之一是对 KD_2PO_4 型晶体的研究. 图 10.74 示出了 CsD_2AsO_4 中氘核($I=1$)的核磁共振线的四极裂距与温度关系的实验结果. 从裂距与角度的关系可以确定 T_c 以上和 T_c 以下氘核所在处的电场梯度张量的方向和主值. 氘四极耦合常数在 $T=30$℃ 时为 $eQV_{zz}/h = eQq/h = 121.5\text{kHz}$，其非对称参数 $\eta = (V_{xx} - V_{yy})/V_{zz} = 0.05$，其中 $|V_{zz}| > |V_{yy}| > |V_{xx}|$ 是电场梯度张量的主轴. 在 T_c 以下，

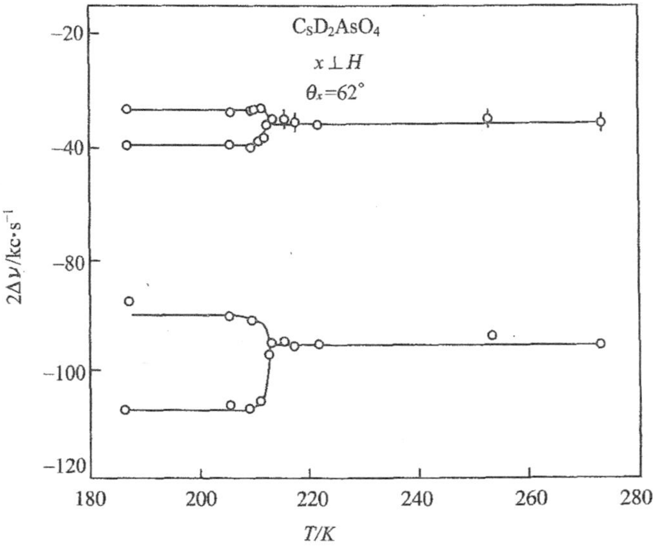

图 10.74 CsD_2AsO_4 中氘核磁共振的四极裂矩与温度的关系[100].

$eQq/h = 126.7\text{kHz}$,如果计及 O—D—O 键的热膨胀,那么这个数值实际上与 T_c 以上的值相同.但是当温度降低到 T_c 以下时,电场梯度张量的一个非对角元素的符号将改变,这相当于将对角化了的电场梯度张量的两个较小的主轴进行了旋转.这些轴的顺电方向是两个低温值的平均.在 KH_2PO_4 族的其他晶体中也得到了

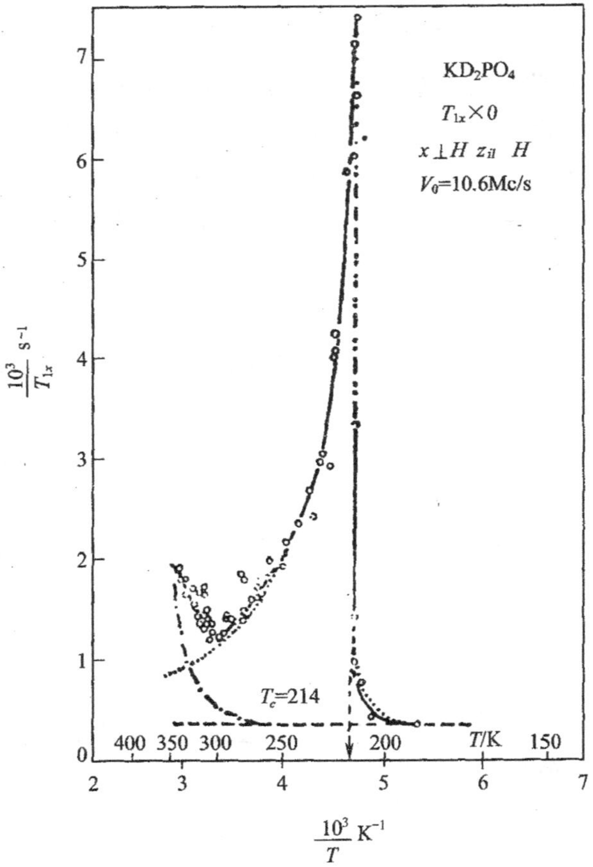

图 10.75　KD_2PO_4 的氘核自旋-晶格弛豫率与温度的关系[100].

图中:——$1/T_1x$(实验);……$1/T_1x$(内键理论);

—·—$1/T_1x$(键间);－－－－$1/T_1x$(自旋扩散).

类似的结果.在 KD_2PO_4 型晶体中,氘核并非处在 O—D—O 键的中心位置,而是占据一个偏心的位置.假若在 T_c 以上,氘核位于 H 键的中心,而在 T_c 以下位移到偏心位置,那么氘核四极耦合常数就应该在 T_c 处发生大的变化,但事实上并未观测到这种现象.

对氘核自旋-晶格弛豫时间 T_1 的研究,可以知道氘核的动态行为.实验结果表明,在接近 $T_c(=214K)$时,自旋-晶格弛豫率反常地增加[100],如图 10.75 所示.由 KD_2PO_4 的结构可知,O—D…O 键沿 a 轴(x 轴)和 b 轴(y 轴)方向,分别称为 x 键和 y 键.对实验结果的分析可以得出这样的结论:存在着三种对弛豫时间 T_1 有贡献的机构:(1)氘在 x 键与 y 键之间跳跃的"键间运动";(2)氘在一个键内两个势阱位置之间跳跃的"键内运动";(3)对顺磁杂质的自旋扩散.最后一种机构,即自旋扩散到顺磁杂质引起的转变概率近似计算结果为 $0.03(\mathrm{min})^{-1}$,且几乎与温度无关(如图中粗虚线所示).键间运动所引起的弛豫(图中锁线)在相变温度处与实验符合得很好.图中代表键内运动的细点线是通过由总的弛豫时间减去其他两部分的贡献得出的.结果表明,在室温时键间运动的弛豫占优势,而在铁电相则是自旋扩散占优势,在低于室温的顺电相,弛豫的主要贡献则来自键内运动.这一研究为考虑与氘核运动有关的相变理论提供了实验基础.

对 KH_2PO_4 型晶体的磁共振研究还包括有对 KH_2PO_4 中 O^{17} 核四极共振的研究,对 CsD_2AsO_4 中的 Cs^{133} 核磁共振的研究以及 KH_2AsO_4 和 NH_4AsO_4 中的 As^{75} 共振谱等等,这里不能一一介绍了.

§10.9 电介质薄膜的实验研究

近 10 多年来,由于电脑、网络工业和光通信、无线通讯工程技术的迅速发展,以及要求容量大、体积小的产品,使得电集成以及光集成技术不断提高,自然导致了电介质薄膜的研究受到广泛的重视和发展.电介质薄膜在半导体工业、光通信和电通信,以及微电机系统(MEMS)等方面都有重要的应用.

与块状材料相比较，电介质薄膜在物理性质和测量方面，有本身的特殊性．我们不能简单地把薄膜看成是块状材料的尺寸减薄．首先，薄膜是淀积在衬底基板上的，薄膜在绝大多数的情况下都与衬底连系在一起．衬底与薄膜在物理上和化学上的相互作用，使得同一种介质薄膜淀积在不同材料的衬底上，其性能会有相当差异．第二，薄膜的厚度，在一定程度上对自身的物理性能有着重要影响，这就是所谓"尺寸效应"．第三，由于薄膜的厚度往往是微米量级甚至更薄，薄膜又是附着在衬底基板上，这就使得许多原来用于块状材料的测量手段不适用于薄膜，于是又发展出一些研究薄膜的特殊实验方法．最后，薄膜的淀积工艺技术有多种多样，例如蒸发淀积、溅射淀积、化学气相淀积(CVD)、溶胶-凝胶(sol-gel)淀积、电子束加热蒸发淀积、分子束外延生长淀积等．不同的淀积工艺制成的薄膜，其结构和性质也有差异．这就使得薄膜的测量技术更显得重要．

本节着重介绍薄膜的微结构和电学、光学、力学性质研究的一些典型的实验方法．

10.9.1 薄膜微结构的观测

如上所述，淀积工艺和衬底基板对介质薄膜性能有决定性的影响，主要是对介质薄膜所形成的微结构有影响．微结构的观察手段主要包括 X 射线衍射，透射式及扫描式电子显微镜等．

用 X 射线衍射观测所形成的薄膜微结构，可以由衍射峰判别薄膜是非晶体还是结晶体，是单一结晶相还是多相的结晶，是混乱取向的还是择优取向的晶粒，抑或是外延生长的单晶薄膜？图 10.76 示出了不同热处理温度下的锆钛酸铅(PZT)在铂(Pt)衬底上用溶胶-凝胶法生长的薄膜的 X 射线衍射结果．在 350℃ 作 1h 热处理的 PZT，基本上仍是非晶相，没有观察到衍射峰．在 700℃ 处理 1h 的 PZT 薄膜，全部衍射峰都出现了，呈现四方晶相[109]．

图 10.77 示出了铌酸钾($KNbO_3$)薄膜淀积，在三种不同基板上的结果．在 $SrTiO_3$ 的(100)基板上，由于晶格匹配良好，形成了

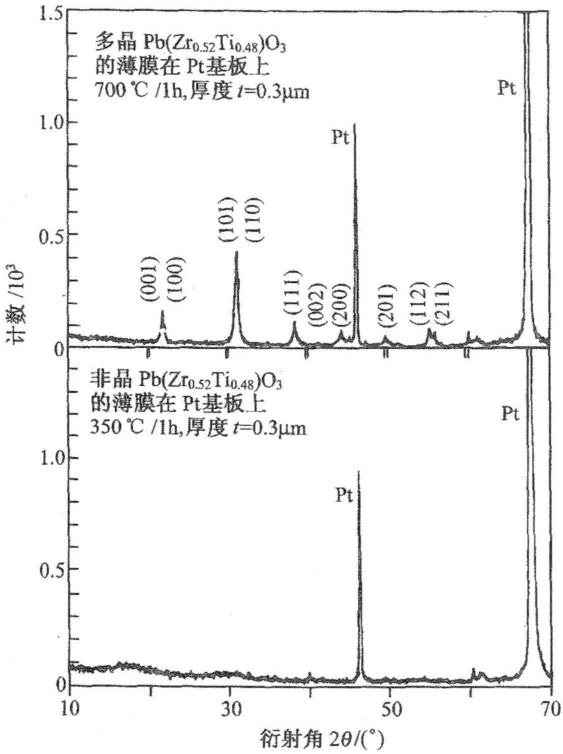

图 10.76 在不同热处理温度得出的 PZT 薄膜的 X 射线衍射结果. 上为四方晶相, 下为非晶相[109].

外延取向生长的单晶薄膜, 衍射花样上只出现单一方向(110)的衍射峰. 淀积在立方 ZrO_2 单晶和立方 MgO 单晶上的 $KNbO_3$ 则形成有几种晶粒取向的薄膜[114].

由 X 射线衍射峰的半宽度$\left(\text{即衍射强度的}\frac{1}{2}\text{处峰的宽度}\right)B$, 可以用 Scherrer 公式估算出多晶结构的平均晶粒尺寸 $\overline{D}$

$$\overline{D}=\frac{0.89\lambda}{B\cos\theta}, \tag{10.66}$$

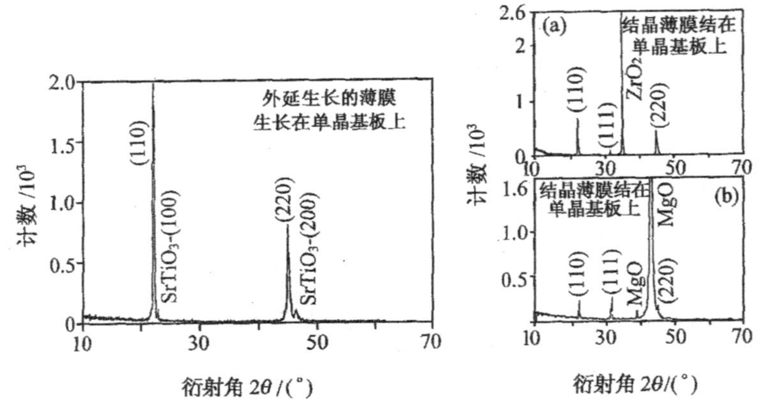

图 10.77 $KNbO_3$ 薄膜生长在三种不同的衬底基板上的 X 射线衍射结果.三种基板分别为 $SrTiO_3$ 的(100)取向单晶(左),立方 ZrO_2 单晶(右上)和立方 MgO 单晶(右下)[114].

其中 λ 是 X 射线的波长,θ 是衍射角,B 是半宽度(应以弧度为单位来计算).

与 X 射线衍射的原理类似,用透射式电子显微镜(TEM)作电子衍射分析,由电子衍射花样也可以探知微结构.对于单晶结构,电子衍射呈现出与晶体对称性有关的几何对称的衍射斑点.对于多晶结构,电子衍射形成尖锐的多层衍射斑环.对于非晶结构,衍射环是十分散漫以致难于分辨的.图 10.78 示出了 $BaTiO_3$ 薄膜多晶结构(a)和非晶结构(b)的电子衍射花样[109].

高分辨透射式电子显微镜(HRTEM)适合观察更加微细的结构.分辨率达到 1Å 以内的 HRTEM 能够显示出样品的晶格结构以及各种微缺陷(小到纳米级).图 10.79 示出的是 $KNbO_3$ 单晶薄膜外延生长在 $SrTiO_3$ 的(100)衬底基板上的横断面照片,由照片上可以观察到薄膜/基板界面,螺旋位错,晶格,以及纳米铁电畴[115].

扫描式电子显微镜(SEM)可直接观察薄膜表面的形貌,如晶粒大小,形状,缺陷以及横截面等,是大家熟知的有力的研究工具.

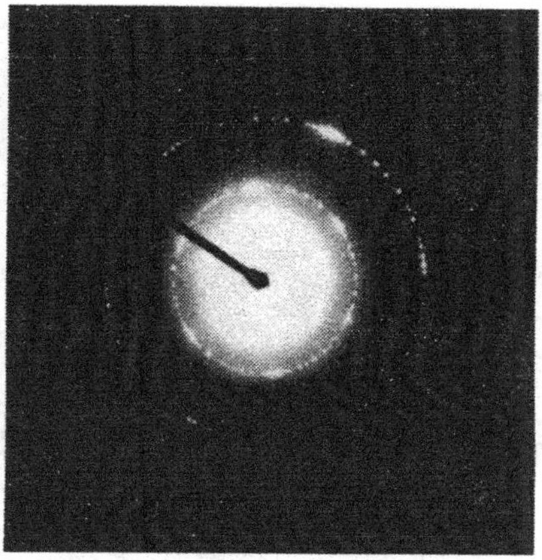

(a)

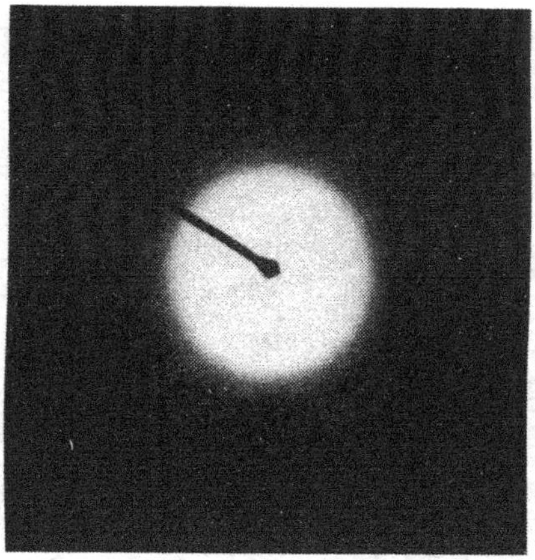

(b)

图 10.78 $BaTiO_3$ 薄膜的电子衍射花样(a)多晶相,(b)非晶相[109].

各类电子显微镜往往附有 EDX 分析仪,可以把电子束轰击样品原子所发出的特征 X 射线收集,从而对样品的化学成分作出分析.

此外,对薄膜样品微结构的研究的常用设备还有俄歇电子谱仪,卢瑟福背散射谱仪(RBS),均可以测出薄膜化学成分随深度变化的剖面图.用于薄膜表面(平整度)观测的有原子力显微镜(AFM)以及扫描隧道显微镜(STM)等.

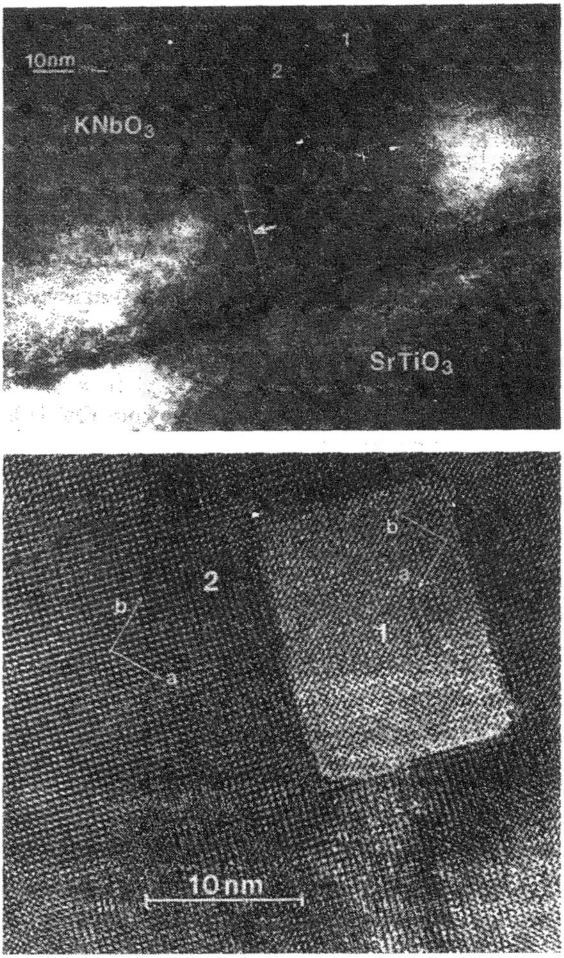

(a)

(b)

图 10.79 $KNbO_3$ 单晶外延生长在 $SrTiO_3$ 基板上的横断面高分辨透射电镜的影像. 下图是上图的局部放大. 区域 1 是纳米铁电畴, 其 c 轴取向与区域 2 的 c 轴反平行. 箭头所指处是一个螺旋位错[115].

10.9.2 介质薄膜电学和光学性质的实验研究

介质薄膜的电学性质测量有其特殊性, 重要的是如何选择一对合适的电极.由于薄膜是附着在衬底基板上的,所以只有一个表面是自由面,其上可以淀积金属电极(或氧化铟锡-ITO导电电极).如果随意选取导电的衬底(例如选择半导体硅片),有可能不会获得品质高的介质薄膜.另外要注意的是,在热处理工艺过程中可能在薄膜与硅基板之间的界面上生长出一层氧化硅层.这就相当于串联了一个低介电常数(SiO_2 的介电常数为 3.9)的电容.这样一来,测量到的薄膜样品的介电常数值会偏小.另外,半导体基片/介质薄膜/金属电极这样的夹层式结构会形成各层之间的电子势垒,肯定会影响电学测量的结果.比较好的方法是选用同种金属的衬底电极以及表面电极.但需要注意的是,一种薄膜材料对不同的衬底电极不一定都是合适的,不当的搭配会出现相互附着性很差的情形.所以必须仔细研究选取.例如铂(Pt)或钛(Ti)或 Pt/Ti 双层对于 PZT 薄膜就是比较适合的底电极材料.

通常由于薄膜的厚度很薄,而表面电极的面积约有几个平方毫米的大小或更大,故可以用平行板电容器的公式,通过测量一定频率时样品的电容值来求得薄膜的介电常数.

薄膜的厚度是一个重要的数值,在许多测量计算中都需要知道介质薄膜的厚度.最简单测量厚度的方法是用"微台阶探针"(α-step)的成品仪器,把薄膜表面事先腐蚀(或光刻)一部分,露出基板的表面,然后用该仪器把薄膜表面与基板平面之间的台阶深度(即薄膜厚度)测出.更加直接的办法是用电子显微镜观测薄膜的横截面.如果薄膜是质量很好的光学透明介质,可以用椭偏光仪在测量光折射率的同时,获得厚度的数据.

在测量薄膜的电滞回线时,如果选择了不同的底电极,回线的形状也会有很大的不同.图 10.80 示出 PZT 多晶薄膜淀积在 n 型硅衬底作为底电极(a)和金属钛(Ti)衬底作为底电极(b)的两种回线形状.前者因电子势垒引起的自偏置异质结效应而形成了不对称的回线[116],而后者则显示出对称的回线[109].

介质薄膜的厚度对其电学与光学性质也有着明显的影响(尺寸效应).厚度小的样品往往具有偏小的介电常数和光学折射率.

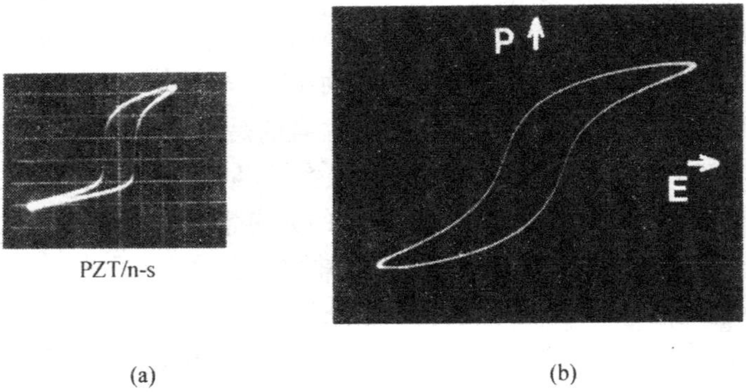

图 10.80　PZT 多晶薄膜在不同的底电极(衬底)观测到的电滞回线形状.(a)为 n-Si 底电极;(b)为金属 Ti 底电极.上电极均为溅射淀积的金(Au)电极[109,116].

样品的厚度在 0.3 μm 以上,其物理性能数据可渐趋于恒值.图 10.81 示出了 PZT 多晶薄膜由椭偏仪测出的光学折射率随厚度增加而趋于稳定,接近块状材料的数值[109].

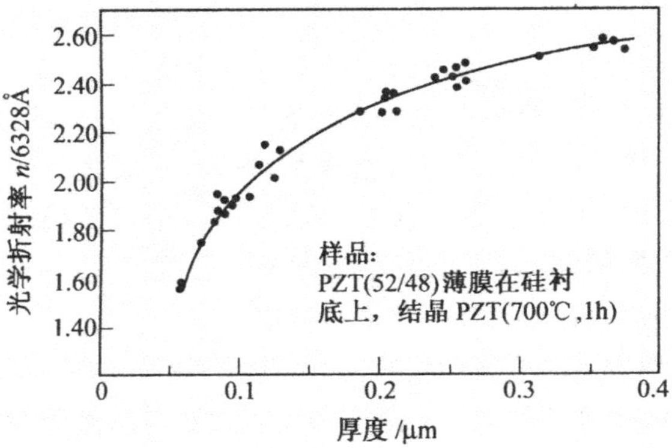

图 10.81　PZT(52/48)多晶薄膜的光学折射率随厚度而改变[109].

介质薄膜的光学折射率 $n(\omega)$ 和消光系数 $\kappa(\omega)$ 可以用椭偏光仪测量.椭偏法是一种测量光在样品反射(或透射)后偏振状态

变化的光学方法.此法是利用光的波动性,以偏振光在两种介质的界面上的反射和折射公式以及光干涉公式为其理论基础.椭偏法的特点主要是:可以同时测得 $n(\omega)$ 值和 $\kappa(\omega)$ 值,不必用 Kramers-Kronig 关系[即式(10.3)]从其中之一去求另一个,有十分高的测量灵敏度,适宜于薄膜与表面、界面的测量和分析,是一种精度高的精密测量.关于椭偏法的原理,可参阅有关的书籍文献[117].目前有多种椭偏仪的成品仪器出售.图 10.82 示出的是由椭偏法测得的 PLZT(5/50/50)薄膜(厚度为 3250Å,玻璃基板)的 n 和 κ 与波长的关系[118].

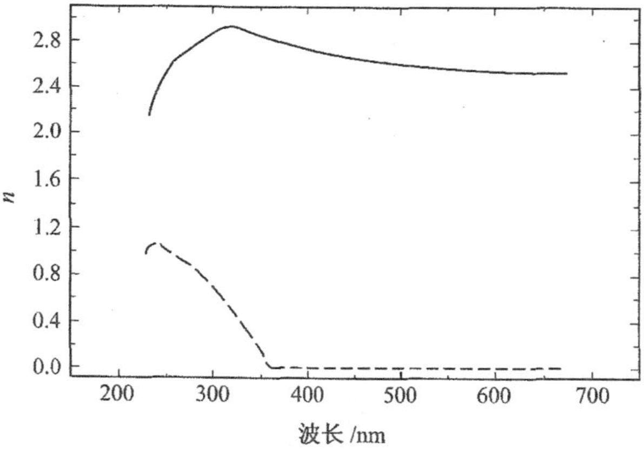

图 10.82　由椭偏法测得的 PLZT(5/50/50)的 $n(\omega)$(实线)和 $\kappa(\omega)$(虚线)[118].

另外,光在薄膜中传输的光损耗,是光通信工业界十分重视的。标志光学薄膜(和光纤)材料质量的重要参数,用分贝/米(dB/m)表示.通常可用棱镜耦合或光纤耦合的方法,把光耦合到薄膜中,测出一定传输距离的入射与出射光强度比值,然后计算出光损耗:$\frac{1}{10}\log\frac{I_{\text{out}}}{I_{\text{in}}}$(dB).

直接测量铁电薄膜的电光效应要比块状材料困难.其原因是

薄膜样品中的光程远比块状材料中的光程要小,因而产生的相位推迟也小.往往要自行建立出更加精密的测量系统.设计的基本思想仍然是与测量块状材料相同,目的是要测量样品在施加电场之后其双折射的变化.例如,在未极化的 SBN 多晶薄膜(厚度 0.3 μm,熔石英为基板)的表面上用光刻技术制造一对金属(Cr/Au)的电极,电极间隙为 8 μm.入射光是偏振光并受到相位调制.用一具共焦扫描极化显微镜将入射光聚焦到 0.4 μm 直径的光斑射到样品的表面.用锁相放大器测量输出信号的相位推迟,从而计算出施加电场之后双折射的变化.图 10.83 示出了该方法测量的结果[110].

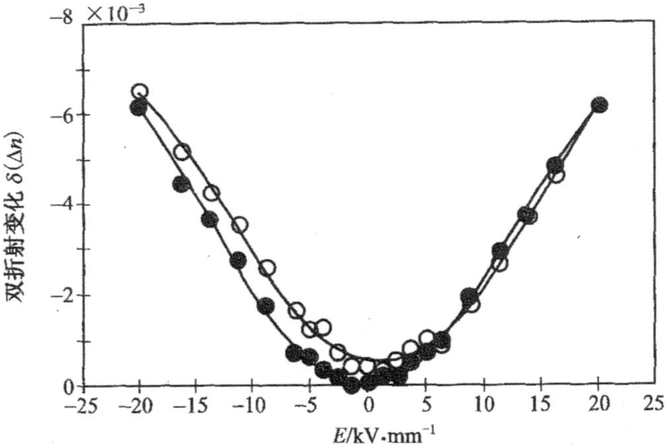

图 10.83　SBN 薄膜(0.3 μm,熔石英基板)的电光效应测量结果.黑圈是样品未极化前所得的数据,白圈是样品受极化之后测得的数据[110].

10.9.3　介质薄膜的力学性质测量

介质薄膜淀积在衬底基板之上,经过热处理的工序冷却下来时,由于薄膜与基板的热膨胀系数的差异,一定会在薄膜内引起内部应力.内应力的存在,会影响到薄膜的物理性能,例如介电常数,光折射率,铁电居里点等等.严重的应力甚至会导致薄膜产生裂纹，不能使用．所以薄膜的内应力以及各种力学常数(例如弹性模量，硬度等)的测量是十分需要的．

由于薄膜与衬底基板之间热膨胀系数不一致，因此当它们在热处理之后冷却至室温时，热膨胀系数大的一方会收缩得更多，因而施予压缩应力到另一方，而本身却受到另一方的张应力作用．这种应力在基板厚度不大的情况下(通常硅片基板的厚度为 0.25 mm)，就导致了基板曲率发生变化．"偏转双光束技术"就是测量基板在淀积薄膜前后的曲率变化，从而求得薄膜的内应力．这种方法是用两束垂直薄膜表面入射的激光束照射薄膜表面，如果基板(以及薄膜)整体的曲率发生变化，则两束由表面反射出来的反射光束之间的距离就会发生变化．由这个距离的改变就可以计算出基板的曲率．薄膜中的应力 σ_f 可由 Stoney 方程表示

$$\sigma_f = \left(\frac{Y}{1-\nu}\right)_s \frac{t_s^2}{6\gamma t_f}, \tag{10.67}$$

其中 Y, ν 和 t_s 分别是衬底基板的杨氏模量，Poisson 比，以及厚度，γ 是测量出的曲率，t_f 则是薄膜的厚度．如果对样品循环加热和冷却，同时测量应力 σ_f 的改变，可以得出内应力与温度的关系．这种实验方法已经发展成商品仪器(名称是"Flexus")．图 10.84 是一种高分子聚合物 PAE 介质薄膜的测量结果[120]．

根据 Hooke 定律(推导从略)，应力-温度曲线的斜率应为

$$\frac{\mathrm{d}\sigma_f}{\mathrm{d}t} = M_f(\alpha_s - \alpha_f), \tag{10.68}$$

其中 $M_f = Y_f/(1-\nu_f)$ 称为薄膜的双轴弹性模量，Y_f 与 ν_f 分别是薄膜的杨氏模量与 Poisson 比，α_s 和 α_f 则分别是基板与薄膜的热膨胀系数．如果知道基板的热膨胀系数和薄膜的双轴弹性模量，便可以由式(10.68)求出薄膜的热膨胀系数．如果不知道薄膜的 M_f，可以把同样的介质薄膜淀积在两种不同的衬底上(例如硅片和石英片，它们的热膨胀系数都是已知的)，分别测出应力-温度曲线，由式(10.68)可以得到两个独立的方程，从中消去 M_f，也可以求得薄膜的热膨胀系数 α_f．

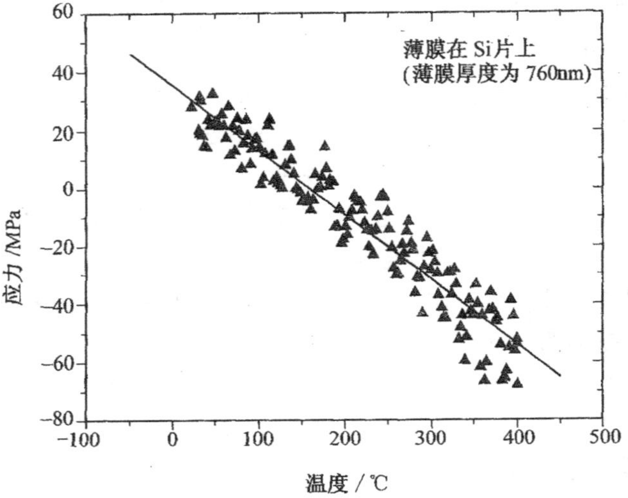

图 10.84　由偏转光束技术测量得的高分子聚合物 PAE 介质薄膜的应力-温度曲线[120].

这里再介绍一种可以独立测量介质薄膜的 M_f(双轴弹性模量)的方法——薄膜膨胀分析法[119,120].在已经制造好薄膜的衬底基板(例如硅片)的背面(没有薄膜的一面),用光刻腐蚀出一定几何形状(例如正方形)的"窗口",也就是腐蚀去掉窗口部分的衬底而只保留了窗口上的薄膜.将窗口中的薄膜样品置于特制的有抽气孔的样品台上,然后用抽气泵缓缓对窗口中的薄膜减压,使之向下凹陷膨胀.施加在薄膜上的压力可以由真空压力计读出.只要测量出薄膜在该压力下的形变,由 Hooke 定律推演计算,就可以确定薄膜的 M_f.

我们用光干涉方法测量薄膜在压力下的微小膨胀.用一束激光束均匀地照在样品上,反射出来的光束与另一参考光束差生干涉,干涉花样用透镜组加以放大,可清楚地看到一系列的等厚干涉的环状条纹,如图 10.85(a)所示.相邻的两条亮(或两条暗)纹之间的光程差为一个波长(通常用 633 nm 的氦-氖红光).由干涉条

纹的数目，可以算出由薄膜中心到窗口边缘的位移应变.改变施加的压力，条纹数目就发生变化，相应地知道应变的改变.这样的测

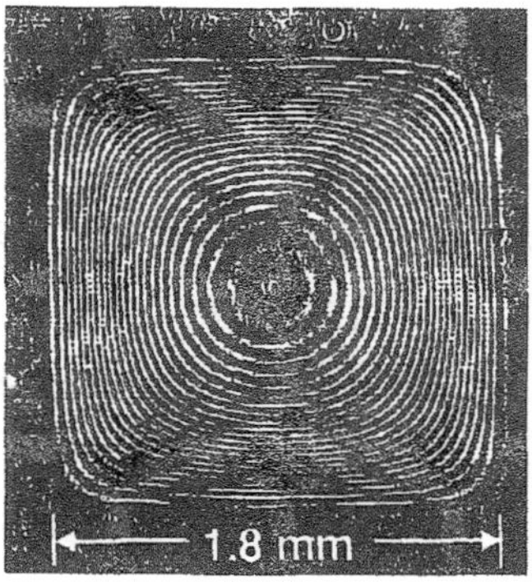

(a)

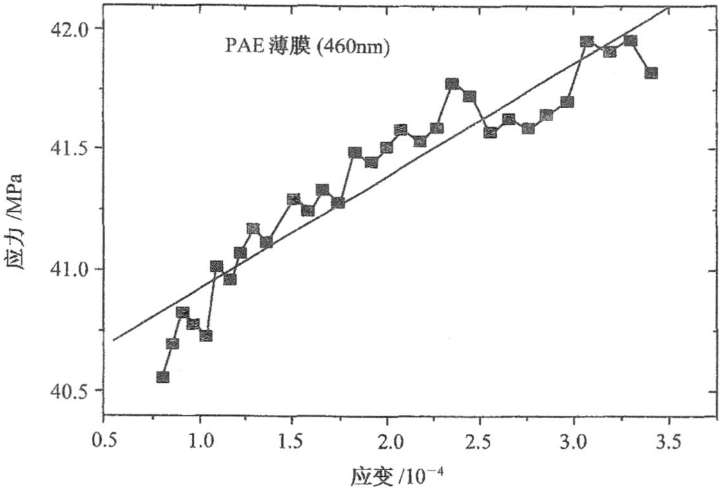

(b)

图 10.85 用薄膜膨胀分析法测量高分子聚合物，PAE 介质薄膜的结果.(a)窗口内的薄膜膨胀产生的干涉条纹；(b)测出的应力-应变曲线[119,120].

量，可以获得薄膜的应力—应变曲线，如图 10.85(b)所示．由曲线的斜率可以求出该薄膜样品的双轴弹性模量 M_f．

最后介绍一种可以同时测量薄膜硬度和杨氏模量的方法——纳米压痕技术[120]．这种方法的物理原理与传统的测量块状材料的压痕硬度计大同小异，已有成品仪器．纳米压痕技术可以精确控制施压负载小到 3～700 μN，压痕的深度可控制在 10～300 nm，因而在测量薄膜表面时不致触及衬底基板．由测出压痕深度与施加负载的数值关系，可以通过物理数学模型，求出硬度与杨氏模量．如果压痕深度大于薄膜厚度的 15%，应该把衬底对压力的反射效应计入修正项．

参 考 文 献

[1] Anderson J C. Dielectrics. Chapman & Hall, 1964
[2] Von Hippel A. Dielectrics and Waves. Wiley, 1954
[3] Coelho R. Physics of Dielectrics, Elsevier Scientific Publishing Company, 1979
[4] 倪尔瑚．电介质测量．北京：科学出版社，1981
[5] 李远，秦自楷，周志刚．压电与铁电材料的测量．北京：科学出版社，1984
[6] Chamberlain J, et al. Infrared Phys., 1969(9):185
[7] Bell E E. ibid, 1966(6):57
[8] Afser M N, et al. IEEE Trans. Instru. Measur., 1976(IM-25[4]):290
[9] Ichijo B. J. Appl. Phys., 1953(24):307
[10] Fatuzzo E. Proc. Instru. Elect. Engrs., 1962(109C):283
[11] Lurio A , Stern E. J. Appl. Phys., 1960(31):1805
[12] Spitzer W G, et al. Phys. Rev., 1962(126):7110
[13] Perry C H, et al. Phys. Rev., 1964(135):A408
[14] Bauerle D, et al. Z. Phys., 1978(B29):179
[15] Poplavko Yu M, et al. Sov. Phys. Solid State, 1973(15):991
[16] Barker A S. Ferroelectricity, ed. Weller E F. New York:Elsevier, 1967
[17] Cole K S , Cole R H. J. Chem. Phys., 1941(9):341
[18] Godefroy G , Perrot A. Ferroelectrics, 1984(54):87
[19] Glass A M. J. Appl. Phys., 1969(40):4699
[20] Xu Yuhuan (许煜寰) , Wang Hong (王虹). Japan. J. Appl. Phys., 1985(24, Supp1-24-2):336

[21] Samara G A. Ferroelectrics, 1971(2):277
[22] 许煜寰.铁电与压电材料(第四章第三节).北京:科学出版社,1978
[23] Sawyer C B, Tower C H. Phys. Rev., 1930(35):269
[24] Diamant H, et al. Rev. Sci. Instru., 1957(28):30
[25] Schulze W A, et al. J. Amer. Ceram. Soc., 1980(63):596
[26] 王永令等.物理, 1980,9(3):207
[27] 陈焕矗, 许煜寰. 硅酸盐学报, 1982,10(4): 406
[28] 李景德. 物理, 1981,10(12):736
[29] Strukov B A. Sov. Phys. Solid State, 1965(6):2278
[30] 倪尔瑚.材料科学中的介电谱技术.北京:科学出版社, 1999
[31] 赵世富.物理,1985, 14(5):301
[32] 王虹, 许煜寰. 物理学报, 1986(35):605
[33] Lang S B. Phys. Rev., 1971(B4):3603
[34] Chynoweth A G. J. Appl. Phys., 1956(27):78
[35] Liu S T, et al. Ferroelectrics, 1972(3):281
[36] 李景德,雷德铭,沈文彬.物理, 1984,13(7):407
[37] IRE Standards on Piezoelectric Crystals, Proc. IRE, 1949(37):1378; 1957(45):353; 1958(46):764; 1961(49):1161
[38] 许煜寰,陈焕矗.物理学报,1983, 32(6):705
[39] 刘鸿举等.声学学报,1980(2):134
[40] Yamada T, et al. Japan. J. Appl. Phys., 1969(8):4713
[41] 许煜寰, 中山大学学报, 1983(1):19
[42] 王虹,许煜寰.硅酸盐学报, 1986, 14(4):425
[43] Cady W G. Piezoelectricity, New York: Dover Publications, 1964
[44] Kolsky H, Stress Waves in Solids, London: Oxford University Press, 1953
[45] Hearmon R F S. An Introduction to Applied Anisotropic Elasticity, London: Oxford University Press, 1961
[46] McSkimin H J. J. Acoust. Soc. Am., 1961(33):606
[47] Barsch G R, et al. Phys. Status Solidi (a), 1975(29):241
[48] Roy M K. J. Phys.,1976(9):148
[49] Mayer W G, Hiedemann E A. J. Acoust. Soc. Am., 1958(30):756
[50] Hiedemann E A, et al. Z. Phys., 1934(91):413
[51] Bachem C, et al. Nature, 1934(133):176
[52] Breazeale M B, Hiedemann E A. J. Acoust. Soc. Am., 1955(27):1220
[53] Mueller H, Z. Kristallogr. 1938(A99):122
[54] Narasimhamurty T S. Acta Crystallogr., 1961(14):1176

[55] Pettersen H E. J. Acoust. Soc. Amer., 1970(48):1093
[56] Smith T, Korpel A. IEEE J. Quantum Electron., 1965(QE-1):283
[57] Dixon R W , Cohen M G. Appl. Phys. Lett., 1966(8):205
[58] Narasimhamurty T S. Photoelastic and Electro-Optic Properties of Crystals, New York and London: Plenum Press, 1981
[59] 李荫远,杨顺华.非线性光学.北京:科学出版社,1974
[60] Smith D S, Riccius H D. Opt. Commun., 1976(17):332
[61] Dibenedetto B, Cronan C J. J. Am. Ceram. Soc., 1968(51):364
[62] Perry C H, Tornberg N E. Phys. Rev., 1969(183):595
[63] Nassau K, et al. J. Phys. Chem. Solids , 1965(26):1805
[64] Carpenter R O'B . J. Opt. Soc. Am., 1950(40):225
[65] Billings B H. J. Opt. Soc. Am., 1949(39):802
[66] Zwicker B, et al. Helv. Phys. Acta, 1943(16):214
[67] Zheludev I S. Sov. Phys. -Usp., 1966(9):97
[68] Veerabhadra Rao K, et al. Appl. Opt., 1970(9):155
[69] Adhav R S, et al. J. Opt. Soc. Am., 1969(59):414
[70] 林,柴田,和久.电子通信学会论文志,1975, 58C(4):177,185
[71] Yekosuka M. Japan. J. Appl. Phys., 1977, 16(2):379
[72] Midwinter J E, Warner J. Brit. J. Appl. Phys., 1965 (16):1135
[73] Francois G E. Phys. Rev., 1966(143):597
[74] Maker P D et al. Phys. Rev. Lett., 1962(8):21
[75] van der Ziel J P, Bloembergem N. Phys. Rev., 1964(35A):1662
[76] Jerphagnon J, Kurtz S K. J. Appl. Phys., 1970(41):1667
[77] Jerphagnon J. J. Appl. Phys. Lett., 1971(16):298
[78] Dorozhkin L M, et al. JETP Lett., 1976(24):329
[79] Glass A M. Phys. Rev., 1968(172):564
[80] Bergman J G. Chem. Phys. Letters., 1976(41):133
[81] Porto S P S. Light Scattering Spectra of Solids (ed. Wright G B). Springer-Verlag, New York, 1969
[82] Blinc R, Zeks B. Soft Modes in Ferroelectrics and Antiferroelectrics North-Holland 1974
[83] Long D A. Raman Spectroscopy, McGrow-Hill 1977
[84] Hayes W, Loudon R. Scattering of Light by Crystals, John Wiley and Sons, New York 1978
[85] 顾本源, Cummins H Z. 物理, 1985, 14(5):258
[86] 王卫国,物理,1983, 12(8):449

[87] Burns G , Scott B A. Phys. Rev. Lett., 1970(25):167
[88] Burns G , Scott B A. Phys. Rev., 1973(B7):3088
[89] Agrawal D K, Perry C H. Proc. 2-nd International Conference on Light Scattering in Solids, Flammarion Sciences, Paris, 1971, 401
[90] Lagakos N, Cummins H Z. Phys. Rev., 1974, B10:1063; Phys. Rev. Lett., 1975 (34):883
[91] Brody E M , Cummins H Z, Phys. Rev. Lett., 1968(21):1263
[92] Cochren W. Adv. in Phys., 1960, 9:387; ibid., 1961(10):401
[93] Marshsall W, Lovesey S W. Theory of Thermal Neutron Scattering, Oxford 1971
[94] Comes R , Shirane G. Phys. Rev., 1972(B5):1886
[95] Shirane G, et al. Phys Rev., 1970(B2):155
[96] Axe J D, et al. Phys. Rev., 1970(B1):1227
[97] Pake G E. Sci. Amer. 1958, 199(2):58
[98] Roberts J D. Nuclear Magnetic Resonance in Solid State Physics (ed. F. Seitz et al.,) 1956(2)
[99] Abragam A. The Principles of Nuclear Magnetism, Oxford Clarendon Press 1961.
[100] Blinc R, et al., J. Chem. Phys., 1971(54):187
[101] Hatta I. J. Phys. Soc. Japan., 1968(24):1043
[102] 吴南屏等,1983 年全国绝缘电介质学术讨论会论文集,西安交通大学出版社, 1984(15):56
[103] Bucci C , Fieschi R. Phys. Rev. Lett., 1964(12):16
[104] Aceituno P, et al. Ferroelectrics, 1984(55):173
[105] Roberts S. Phys. Rev., 1947(71):890
[106] Bunget I, Popescu M. Physics of Solid Dielectrics, 1st Ed., Amsterdam Elsevier, 1984(1):316
[107] Smolenskii G A (Editor-in-Chief). Ferroelectrics and Related Materials, New York: Gordon and Breach, 1984(1):443
[108] Mianxue Wu, Peinan Zhu. J. Non-Cryst. Solids, 1986(84):344
[109] Yuhuan Xu(许煜寰), Cheng C H(程知行), Mackenzie J D. J. Non-Cryst. Solids, 1994, (176):1~17
[110] Yuhuan Xu(许煜寰), Ching Jih Chen (陈清志), Ren Xu (许仁), Mackenzie. John D. Phys. Rev. B, 1991, (B44):35~41
[111] Huan Chu Chen (陈焕矗), Yuhuan Xu(许煜寰). J. Cryst. Growth, 1989, (96): 357~362
[112] Chen Ting (陈亭), Shao Xiaohong (邵小红), Yuhuan Xu(许煜寰), Huan Chu Chen (陈焕矗). Ferroelectrics, 1988(82):37~43

[113] Ling Ye (叶玲), Shapiro S M , Yuhuan Xu(许煜寰). Report of Brookhaven National Laboratory (美国布鲁克海文国家实验室), 1995
[114] Chih-Hsing Cheng (程知行), Yuhuan Xu(许煜寰) Mackenzie Johu D, Jie Zheng (张洁), LeRoy Eyring, Mat. Res. Soc. Symp. Proc. 1992(271):383
[115] Yuhuan Xu(许煜寰), Chih-Hsing Cheng (程知行), Mackenzie Johu D, Korean. J. Physical Soc., 1998(32):S1724
[116] Yuhuan Xu(许煜寰), Ching Jih Chen (陈清志), Ren Xu (许仁), Mackenzie John D. J. Appl. Phys., 1990(67):2985
[117] 莫党, 固体光学. 北京: 高等教育出版社, 1996
[118] Huiqiu Li, Yueli Zhang, Jinhui Wen, Shenghong Yang, Dang Mo(莫党), Chih-Hsing Cheng (程知行). Yuhuan Xu(许煜寰), Mackenzie. John D. Jpn. J. Appl. Phys. 2000 (39):1180
[119] Zheng D W (郑大维), Yuhuan Xu(许煜寰), Tsai Y P (蔡宜斌), Tu K N(杜经宁), Patterson P, Zhao B (赵斌), Liu Q Z, Brongo M. Appl. Phys. Lett., 2000 (76):2008
[120] Yuhuan Xu(许煜寰). Chung Wo Ong (王聪和), et al., J. Appl. Phys. September, 2000

第十一章　电介质材料的新应用

王永龄

功能陶瓷的应用非常广泛,从发展历史来看大致可分成如下几个阶段,并尚在不断地发展:

(1) 高介电常数(高介陶瓷)的应用;

(2) 铁电性(自发极化)的应用,

压电(机电耦合)应用,

热电(热释电-热电耦合)应用,

光电(光电耦合)应用;

(3) 半导电性(PTC)的应用;

(4) 诱导相变的应用;

(5) 离子导电的应用;

(6) 铁电薄膜及复合效应的应用.

这些应用都与材料的特殊性能有关,具有这些特性的材料品种很多,不可能全部介绍.本章仅介绍其中几个应用的最新发展.除了一些特殊场合,将主要专注于陶瓷材料,其中铁电陶瓷最为突出,因为这些特殊性能的宏观物理效应包括压电、热释电、光电、铁电半导、电致伸缩、诱导相变以至离子导电和超导效应都几乎与自发极化及其随电场、应力、温度的变化有直接或间接的关系.

陶瓷压电效应的物理基础是择优取向的自发极化随外加应力的变化;热释电效应是自发极化随温度的变化;光电(或电光)效应是自发极化随外加电场的变化(包括方向和模值),从而导致材料的光性(包括折射、散射性能)发生变化;PTC效应是由于自发极化控制晶界势垒变化的结果;通过电场、应力、温度的诱导相变来控制自发极化的变化,从而控制与自发极化密切有关的物性的变化是开辟铁电材料新应用的物理基础，其发展前景目前已有所显示．晶体的晶格振动建立了铁电相变的理论基础，即使是功能陶瓷的离子导电性和超导性也与形成自发极化的基础，即晶格振动发生密切关系．

近代功能陶瓷的应用领域是从代表特殊感应极化的高介电常数开始的．本章将首先介绍在微波 GHz 频段仍具有甚高介电常数($\varepsilon=30\sim120$)的微波陶瓷的应用和高储能密度的铁电-反铁电陶瓷的应用．它们虽说是介电性能的应用，然而从材料结构来看，高介电常数的起因与自发极化的产生似乎有内在密切的关系．对陶瓷而言，高介电常数往往还是铁电陶瓷的三大特征之一(铁电陶瓷的另外两个特征是电滞回线和相变)．由此引出的铁电性自发极化的应用是本章论述的重点．

上述各个应用方面的实例很多，我们只能在各个应用方面选择一些例子作较详细的展开，介绍各种应用的物理基础；使用材料的性能特征；设计器件的结构要求以及效应的定量计算．最后将谈些应用发展的前景．

§11.1 高介陶瓷的新应用

11.1.1 高介电容器[1]

介电常数 ε 是描述电介质材料电学性能及其应用的最重要参数．静态介电常数是衡量电介质储存电荷的能力；动态介电常数则同时也衡量电介质导电的能力．当然，这里所指的导电主要是位移电流的传导．因此，在超高频、微波频段以至更高频率下的介电常数是衡量传导电磁波也就是传输电磁能的能力．高介陶瓷与其他电介质材料相比，具有一个非常突出的性能，就是具有高介电常数．它比有机聚合物(polymer)要大上千倍，有的甚至上万倍．因此，人们很自然会想到：如果高介陶瓷材料的耐电强度能赶上有机聚合物，那么在静电场下，它的储能密度按下式计算要比聚合物材料大上千倍：

$$w = \frac{1}{2}\varepsilon_0\varepsilon_r E_s^2 \quad [J/m^3], \tag{11.1}$$

式中，w 为单位体积的电能[J/m^3]，ε_0 为单位介电常数[$8.85 \times 10^{12}F/m$]，ε_r 为比介电常数［无量纲]，E_s 为最高的安全电场[V/m].

然而，由于高介陶瓷和有机聚合物这两类材料的电学、力学、热学性能以及制备工艺有很大差别，因此在制成不同电压等级和电容量级的实际器件时各具优点，既是相互竞争又相互补充.特别在制成多层薄膜电容器和要求单位重量的高电容量比值时，有机高聚物薄膜电容器仍占有相当有利的竞争地位.

表 11.1 列出了作为各类电容器的高介电常数陶瓷材料和聚合物材料在低频下的介电常数、介质损耗、耐电强度和储能密度，同时也列出了允许使用的最高频率.

表 11.1　常用电容器材料的介电性能

材料	介电常数 ε_r	介电损耗 $1000\tan\delta$ /1000Hz	最高使用频率 MC/S	耐电强度 $/10^3kV\cdot m^{-1}$	计算储能密度 $/J\cdot cm^{-3}$
X7R 陶瓷	1800	20	25	10	0.8
Z5U 陶瓷	6000	30	2	10	2.7
NPO 陶瓷	60	1	70	10	0.027
PET 聚合物	3.2	4	2	30	0.013
PS 聚合物	2.5	0.1	2500	20	0.005

高介陶瓷材料虽具有很高的介电常数，不低的耐电强度，因而可得较高的储能密度，然而为了制成大容量的电容器，往往需要把电介质材料制成薄膜叠层，并联或塑性卷制，陶瓷材料一般最小厚度在 25μm 以上，有机聚合物即使在大面积的情况下厚度也可达 2μm，而且相当均匀.另外聚合物的最高使用频率，耐电强度（薄膜

状态)都远比陶瓷材料高,而且介电损耗小.绝大部分的应用都需要电容器具有较小的电容温度系数,最好接近于零,并能使用于较宽的温度范围(−20～+80℃).陶瓷材料的电容温度系数一般比聚合物的大.在高介陶瓷材料中,为了获得较小的电容温度系数往往只能牺牲一些介电常数特别高的优点.图 11.1 示出的是比较 X7R,Z5U,NPO 三种常用高介陶瓷的电容温度系数,可以看到 X7R 的电容系数比 Z5U 的大有改进,然而室温下的介电常数要比 Z5U 的小不少.

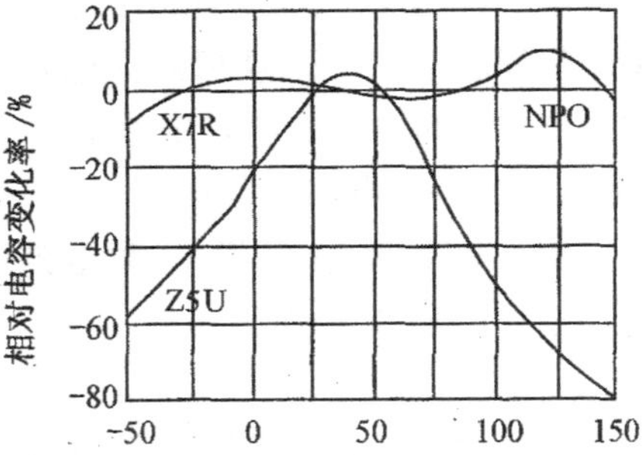

图 11.1　三种陶瓷材料的介电系数随温度的相对变化(相对于 25℃ 的介电系数)[1].

一般高介陶瓷大都是通过改性 $BaTiO_3$ 陶瓷来获得的,如 Z5U 和 X7R 就是基于钛酸钡陶瓷改性得到的.纯 $BaTiO_3$ 在居里温度 120℃ 附近具有非常高介电常数的性能,可以用添加固溶材料改性,使居里温度接近室温,并且大大降低它本身随温度的灵敏变化.主要是因为用不同于 Ba^{+2}, Ti^{+4}的离子半径,但价键相同的 Ca^{+2}和 Zr^{+4}取代之故,用较大的四价离子 Zr^{+4}取代 Ti^{+4}会导致居里温度下降,如图 11.2 所示.15%(质量百分比)的 $BaZrO_3$ 能很均匀地固溶于 $BaTiO_3$ 里,使居里温度接近室温.另一方面用较小离子半径的 Ca^{+2}取代 Ba^{+2}会导致部分立方八面体体积增大,而另一些不变,从而使材料的相转变温度拓宽,使得居里峰变得不明显.另外,从图 11.2中还可看到 Zr^{+4}, Ca^{+2}离子的取代还影响 0℃

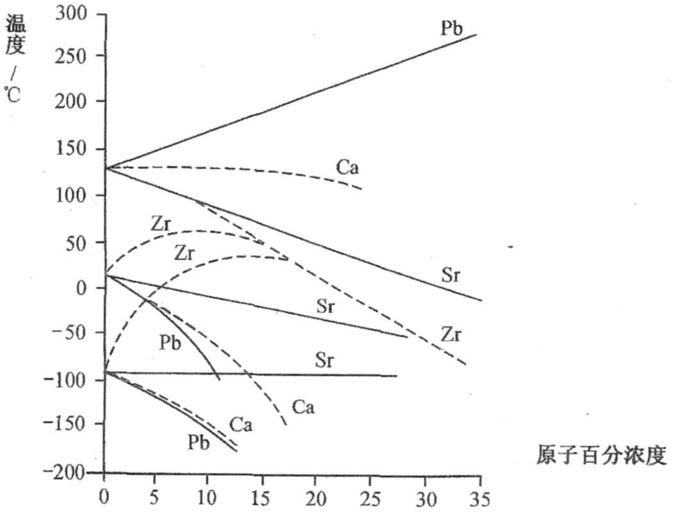

图 11.2　$BaTiO_3$ 陶瓷的相转变温度与取代元素量的关系.

附近的相转变温度.合适的组成使得 Z5U 陶瓷在室温附近具有高达 6000 的比介电常数,然而它的电容温度系数还是变化比较尖锐.X7R 陶瓷相当程度地牺牲介电常数而换来较低的电容温度系数.用少量的 Nb_2O_5 加入已经过预烧的钛酸钡粉料中,在粉料被烧结成连续结晶相的陶瓷时,晶粒长大占据颗粒之间的空隙,具有五价且离子半径只有 0.070nm 的 Nb^{+5}离子在钙钛矿结构中该处于钛氧八面体中 Ti 的位置.由 Nb^{+5}取代 Ti^{+4}从表面到内部是不均匀的,陶瓷晶粒表面 Nb 的浓度高而在内部的浓度低,形成梯度变化.Nb 在周期表中的位置邻近 Zr,其化学行为起到与锆相似的降低居里温度的作用.实验证明只要有 1%的 Nb 就能具有如上的理想分布.陶瓷的介电常数随温度的变化曲线如图 11.1 所示相当平坦,并且一个五价的 Nb 离子取代 Ti 离子必然带进 2.5 个氧离子(平衡后为 0.5 个氧离子),因此可以预料将会使烧结后陶瓷的直流电阻系数增大,损耗降低.这就是 X7R 陶瓷是在 Z5U 基础上进一步改进的理论基础.

高储能密度的材料不仅可用于制成相对体积小，容量大的电容器，而且在用于机电、热电和光电换能器时，可具有较高的转换总能量密度.因此在用于大功率压电发射换能器时，高介电常数是一个很重要的优点.在同样的电场强度驱动下，它储有更多的电荷，流过更大的电流，传输更强的功率.虽然介质的储电能力与转换能力是两个概念，不能混为一谈.然而在比较两种具有相同转换能力的材料时，介电常数大的能转换更多的能量.当然我们前面都没有考虑介电常数的损耗因子部分.因此作为水声大功率发射换能器用的压电陶瓷材料，它的复介电常数即实部 ε' 和虚部 ε'' 及其随电场、温度、应力的变化仍然是一个起决定作用的重要参数.我们对高介电常数在这类应用中的物理含义和作用必须要有一个清晰的认识，这些我们将在水声应用中作进一步分析讨论.

高介陶瓷可应用于很宽的频率范围.在水声应用中的工作频率一般比较低，大致在 $1\sim10^5$Hz.频率较高的($10^5\sim10^7$Hz)超声换能器应用，超高频段($10^7\sim10^8$Hz)的声表面波换能器，滤波器及传输线的应用，以及微波频段($10^8\sim10^{11}$Hz)谐振腔、介质波导等应用中，复介电常数都是最重要的参数之一.在超高频段微波频段介电常数的传输电磁能的功能比较显著.在微波频段大部分的电介质仅存在电子、离子极化的贡献，因而电介质的介电常数较小.唯独还有些高介电陶瓷介质仍具有较高(大于 30)的介电常数，它在近代信息传输领域的应用必不可少.我们将要分专节来给予介绍.高介电常数电介质材料的应用近年来还表现在极微小区域($\sim0.1\sim0.1\mu$m)表面上，需存贮较多电荷的需要方面.集成电路的大量被应用，需要很多各种容量的微区电容器被集成.为工艺简便，尽量不采用多片叠合并联联结的工艺.在集成电路中，一个电容器往往只是基板表面的一小点，由于电容器极板面积大大减小，如果不具备很高介电常数的电介质薄膜就很难达到具有一定电容量的要求.譬如计算机存储单元由于位数和速度的不断增高，作为存贮电荷单元的面积愈来愈小，但该单元所吸收或释放的电荷总是有一定要求的.要同时满足由于体积和电荷相互矛盾的要求,不得不采用高介电常数的陶瓷薄膜,它在DRAM上的应用是显而易见的.

11.1.2 微波介电陶瓷[2]

众所周知,由于电子系统的组装不断地向小体积、高密度方向发展,因而要求电子元件的尺寸必须大大减小.很多微波器件包括介质振荡器、滤波器和移相器等都需要采用高介电常数的微波介电陶瓷代替传统的空腔振荡器.把介质充入腔体后,工作在同样频率下腔体体积可大为缩小,但它尚需满足高品质因素 Q,即介质损耗必须很小;频率稳定性要高,即频率温度系数很小,有些应用要求频率温度系数接近于零.按理论推算,微波器件的线密度尺寸缩小与比介电常数的平方根 $\sqrt{\varepsilon_r}$ 成反比.谐振器在低频段(<3GHz)的同轴线,其线度

$$l=\frac{\lambda_0}{4}\frac{1}{\sqrt{\varepsilon_r}}. \tag{11.2}$$

在高频段(90Gc/s),小段介质线的直径

$$D\approx\lambda_0\frac{1}{\sqrt{\varepsilon_r}} \tag{11.3}$$

频率温度系数 $\mathrm{TCF}=\frac{1}{f}\cdot\frac{\partial f_r}{\partial T}\approx\frac{1}{f_r}\cdot\frac{\Delta f_r}{\Delta T}$ 在 $-20\sim80$℃范围内要求接近于零.因此用于微波频段的介质一般要满足如下4个要求:

(1) 高介电常数;

(2) 低介质损耗(高 Q);

(3) 温度膨胀系数小;

(4) 低谐振频率温度系数

$$\mathrm{TCF}=\frac{1}{2}T_\varepsilon-\alpha.$$

T_ε 为介电常数 ε_r 的温度系数;α 为热膨胀系数.

早在20世纪60年代人们就已用二氧化钛 TiO_2、钛酸钡 $BaTiO_3$ 陶瓷做微波谐振器,但其介电温度系数太大,谐振频率不

够稳定.人们也早已知道用锆钛基陶瓷材料可提高稳定性,并在制备 $ZrTiO_4$ 基材料时发现正离子的有序排列程度,杂质和晶格缺陷会明显地影响 Q 值.Newnham 证实,$ZrTiO_4$ 的晶型具有正交结构,有 α-PbO_2 结构形式.McHale 和 Roth 发现,c 轴的长度受工艺条件的影响非常敏感,它的变化范围从高温烧结高温退火(~1400℃)的 5.50 到高温烧结低温退火(≤1100℃)的 5.35 .一般选择退火温度 1130~1170℃.高温退火的 c 轴长但有序度差;低温退火的 c 轴短但正离子有序度高.此外过快的退火速率,以及 Ti 的还原造成的氧缺位和三价杂质如 Fe 或 La 杂质的影响都会导致 Q 值大大下降.然而添加 Sn 制备 $Zr_{0.8}Sn_{0.2}TiO_4$ 陶瓷并采用合适的工艺就能使 Q 值增大,频率温度系数降至接近于零.复合钙钛矿能使 Q 值提高到 40,000 左右(2~5Gc/s),这些情况都与正离子有序度有关.

上述的几种微波高介陶瓷的比介电常数一般在 30~40 左右.然而 BaO-R_2O_3-TiO_2 系统,其中 R 是稀土元素 Nd, La, Sm, Pr 能具有高达 90~100 的比介电常数,而且 Q 值也有数千.20 世纪 80 年代 BaO-Nb_2O_3-TiO_2 系统已作了详细研究,Kolar 等人证实了 3 个组分的比例为 1:1:3,1:1:4 或 1:1:5 时能同时获得高 ε_r 和高 Q 值.BaO-Nb_2O_3-TiO_2 在比例为 1:1:4 时用 PbO 或 Bi_2O_3 或同时添加能获得很好的温度稳定性.此外基于 Sm_2O, Pr_2O 和 La_2O_3 的系统也都被研究过.现代最常用的微波介质陶瓷有表 11.2 列出的五大类.

表 11.2　一些微波介电陶瓷的性能

材料	ε_r	TCF /ppm·k^{-1}	Q /2GHz	20GHz	Qf/×10^3
$Ba_2Ti_9O_{20}$	40	2	15000	2000	30~40
$MgTiO_3$-$CaTiO_3$	21	2	10000		20~30
$Zr_{0.8}TiSn_{0.2}O_4$	38	0	15000	3000	30~60
$Ba(MgTa)O_3$-$BaSnO_3$	25	≈0	40000	10000	80~120
Nd_2O_3-BaO-TiO_2-Bi_2O_3	90~100	≈0	3000		6~10

未来在通信系统中譬如移动电话系统要求体积更小，集成密度更高，因而要求微波介质的比介电常数高于 100，并同时具有较高的品质因素. 除了材料的组成变化以外，结构畸变，杂质和晶体缺陷以至器件的机械加工都需要更精细的考虑.

11.1.3 反铁电储能电容器[46]

前述高介电常数陶瓷应用于贮能电容器主要是应用 D-E 曲线的线性关系. 为了提高贮藏电荷，除了增高外加电场外也常采用介电常数与电场呈非线性的铁电电容器. 为了更进一步提高储能密度，也有采用反铁电相变电容器的. 这三种贮电方式的工作原理和贮电能量计算示于图 11.3(a～c).

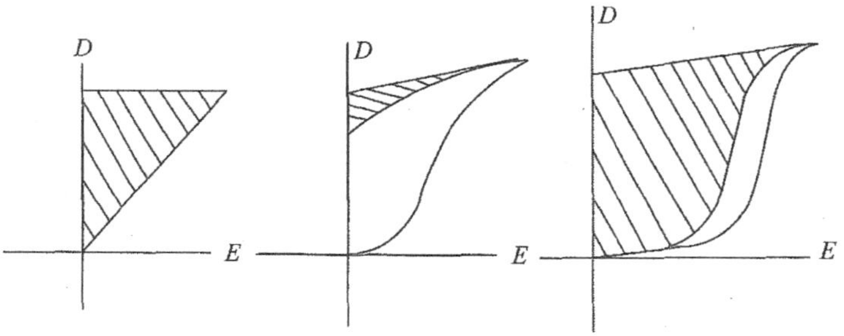

(a)线性介质　(b)铁电介质　(c)反铁电介质

图 11.3　不同介质的 D-E 曲线.

线性贮能密度自然等于 $\frac{1}{2}DE$，由图 11.3(a)三角形阴影面积表示. 非线性铁电储能是在外加电场超过矫场强后进行的. 由于比介电常数 ε_r 的非线性增大，在同样电场下的储藏电荷显然也随之增大，但放电使用时，由于电滞效应并存在剩余极化，因而外负载上能利用的电能只是图 11. 3(b)上示出的三角形阴影面积所表示的那部分. 一般说来选择适当的铁电材料，贮能密度可高于线性的. 本节主要讨论的是第三种反铁电储能电容器. 与铁电电容器同样的工作原理，在放电负载上能得到的电能由图 11. 3(c)上所示的那块接近于四方形的阴影面积来表示.这三种材料放电性能的测量回路如图 11.4 所示.显然,采用第一种线性方式,为得到较高储能密度需提高介电常数和安全耐电强度.采用第二种非线性铁电方式,为得到较高储能密度需采用高非线性,高饱和电场强度以及低剩余极化和回线面积小的铁电材料.采用第三种方式,为得到较高储能密度,首先得研制具有能电场诱导反铁电-铁电相变的材料,室温是反铁电的材料在外加电场超过一定值时可转变为铁电相,这个电场强度称为转折场强;其次,在外加电场回零过程中,铁电相可返回反铁电相,即具有双电滞回线特性;第三,要求转折电场强度愈高愈好,但必须低于击穿场强,即增大阴影长方形的一边;第四,正反向转折电场的差别愈小愈好,即反铁电回线面积愈小愈好;第五,转折极化值的变化愈大愈好,即增大阴影长方形的另一边.

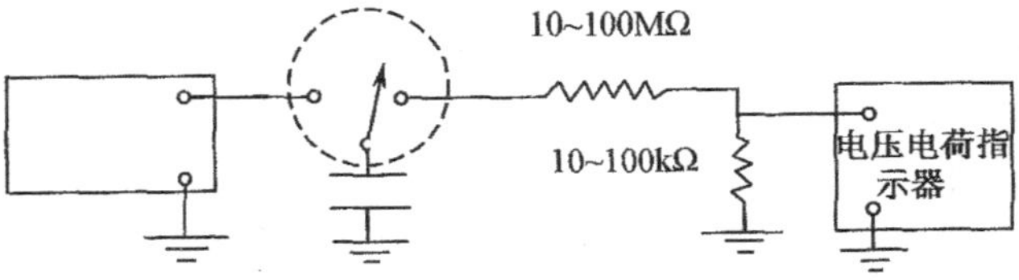

图 11.4 放电电荷测试回路.

富锆的锆钛酸铅系统 PZT95/5 型陶瓷材料中添 Sn 置换 Zr, Ti 而得的 PSZT 系统和 $PbHfO_3$ 系统中加 La 改性而得 PLHT 陶瓷材料在室温附近某些组成具有双电滞回线,具有铁电-反铁电相变特性.然而在这两个体系中并不是所有的材料都能在施加电场回零时能返回反铁电的.例如在 PSZT 系统中,只有室温下是反铁电相,高温是顺电相,低温是铁电相的组成才具有双电滞回线特性.有了这个必要条件也并不是都适合制成高贮能密度电容器.材料具有高耐电强度,高"矫顽"场强(反铁电-铁电转折电场强度)和高转折 ΔP 才是在电容量上能创新高的充分条件.致密烧结能提高耐电强度,组成偏离铁电 - 反铁电相界能提高矫顽场强,高 ΔP

在某种程度上决定于材料本质. 综合这些条件, PLHT 似乎比 PSZT 更优越些. 目前, PLHT2/95/5 材料[45]的贮能密度已达 5J/cm^3, 这是从电滞回线上得到的计算值. 在做成实用的电容器时还得考虑多次相变后可能引起的性能退化以及机械强度与尺寸因子问题. 由于反铁电-铁电相变伴随了原胞体积的最大变化, 相变时所造成的局部内应力往往会超过材料所能承受的机械强度容易造成内部微裂纹甚至整块材料破裂, 特别是具有转折 ΔP 较大的材料.

综上所述, 反铁电贮能电容器的工作原理与线性和非线性贮能电容器有相当大的差别, 也带来不少值得进一步深入研究的内容. 在展望未来的高贮能密度电容器发展时, 它还蕴藏着相当的潜力. 有关相变陶瓷材料, 我们在以后各节中还会更详细地讨论.

§ 11.2　铁电性(自发极化)的应用[11,47,48]

11.2.1　绪言

一些晶体材料中存在自发极化, 这是由晶体本身的组成结构所决定的. 自发极化的存在与这些晶体是否在外电场作用下没有关系, 所以自发极化是晶体材料的一个本征参数. 它与描述介电常数的感应极化不同, 感应极化只在外电场作用下存在. 一旦外电场撤除, 材料中由外电场感应产生的电偶极子也会同时消失, 虽然消失的时间随材料而异, 但最终是要消失的. 然而表明自发极化存在的电偶极子极性, 在一定温度范围内是永久的. 宏观自发极化的表现是由很多微观定向排列的电偶极矩的宏观综合反映. 宏观自发极化量是由单位体积内这些定向排列的电偶极矩来度量的. 如果把所研究的材料看作是连续的, 那么它也表现为单位面积的极化电荷值. 在此我们要强调的是自发极化的存在及其在一定空间范围内的定向排列都是与外电场是否施加没有关系, 它是客观存在的, 当然在外界因素包括温度、应力和电场的作用下, 由于影响材料的结构也会影响自发极化变化，甚至影响它的存在．一个具有自发极化的材料，在外电场作用下其自发极化无论在量值上和定位方向上都可能发生变化，那些永久电偶极矩在直流电场作用下可能被拉长或缩短些，也可能会沿电场方向旋转一定角度．这些“拉长”或“缩短”在外电场撤除后会复原，但“转向”有时不能复原．只要外电场足够大，大于一个被称为矫顽场的数值，自发极化可以反转．一个具有自发极化的材料在外电场的作用下，其自发极化可以从一个状态转变为另一个状态的材料被称为铁电材料．铁电材料特别是铁电陶瓷在外界因素的作用下，因自发极化的变化而导致机-电、热-电、光-电耦合效应的应用是本章讨论的主题．

NYE 早在 1964 年出版的《晶体的物理性质》一书中用图 11.5 非常清晰地说明了晶体的机-电、热-电和热-机耦合性能的物理基础，并列出了如下在线性范围的机-电-热耦合的能量方程，它是发展功能晶体的应用基础．

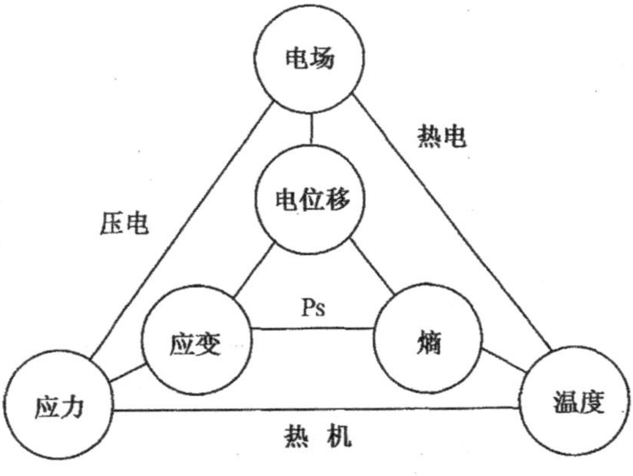

图 11.5　晶体的机-电-热耦合性能．

NYE 所描述的是晶体的普遍性质，包括压电、热电和铁电晶体．

$$\chi = s^{ET}\sigma + d_t^T E + \alpha^E \Delta T, \tag{11.4}$$

$$D = d^T\sigma + \varepsilon^{\sigma T}E + p^\sigma \Delta T, \tag{11.5}$$

$$\Delta S = \alpha_{t\sigma}^{E} + p_t^{\sigma}E + (C^{\sigma E}/T)\Delta T. \qquad (11.6)$$

所描述的方程是晶体在外界条件变化时的状态方程.我们在本节中将利用这个图和这些方程,进一步发展具有自发极化铁电晶体特别是铁电多晶陶瓷的机-电-声-热耦合性能及其应用.虽然从数量上铁电晶体少于压电晶体和热释电晶体,然而通过人工极化的铁电多晶陶瓷具有很高的压电和热释电等耦合性能,而且近代发展了价格低廉、可容易地制成各种形状尺寸的铁电陶瓷器件,使得耦合性能的应用大为拓宽.事实上,对铁电陶瓷来讲这些耦合性能是通过自发极化的变化来实现的.

铁电多晶陶瓷的耦合性能的应用,包括静态和动态耦合的应用.由机械振动产生声,发展了电声耦合,自发极化与光频电场的作用发展了电光耦合.如图 11.6 所示,这些通过自发极化变化的交叉耦合,使铁电多晶陶瓷的应用范围极其广泛.

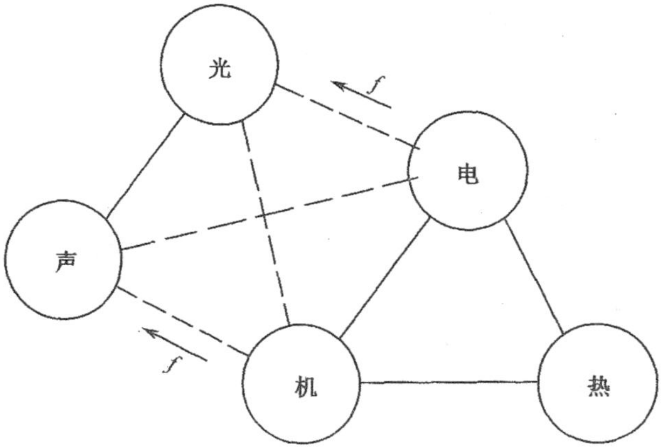

图 11.6 铁电陶瓷的机-电-声-光-热耦合性能.

压电(机电耦合)应用是各类耦合应用中最广泛的,目前市场上销售的器件已不下数百种.利用压电原理的应用大体可分成静态(包括准静态)和动态(从次声频到超高频微声)两大类.前者基于压电方程，后者基于压电等效回路．利用压电原理进行各种不同器件的设计更是千变万化、层出不穷．从压电应用发展的进程并为了叙述方便，我们把利用同样或类似原理设计的器件归并在一起，大致可分成如下几个方面：

(1) 利用压电静态和准静态原理的有：压电点火、引燃、引爆器件；位移、速度、加速度器件；截光器(light chopper)；压电开关；压电微位移器；压电打印；压电喷雾；压电拾音；压电电扇；压电泵；压电步进马达；应力分布测试仪；地震测试器；光偏转、光调制器等．

(2) 利用压电低频、声频振动原理的有：水声发射换能器；水听器；压电扬声器、警报器；振动台；发声玩具等．

(3) 利用压电超声换能、传输的有：超声清洗器；超声探头(包括各类无损探伤仪中的声波发送和接收器件，如 B 超探头和声全息装备等)；超声延迟线；SAW 声表面波技术的应用等．

(4) 利用压电谐振原理的有：压电振荡器；压电滤波器等．

(5) 利用正反压电效应组合的有压电变压器，阻尼器和智能消声器件等．

(6) 电致伸缩的应用．

(7) 电诱相变的应用．

压电静态与准静态应用的物理基础是压电方程，它是联系电学参量(电场强度 E、电势移 D)和机械参量(应力 σ，应变 χ)的线性方程．这 4 个机电参量中任选两个为自变量，另外两个为应变量就组成如下四组 8 个压电能量方程：

$$\sigma = C^{D}\chi - h_{t}D, \tag{11.7}$$

$$E = - h\chi + \beta^{\chi}D, \tag{11.8}$$

$$\chi = S^{D} + g_{t}D, \tag{11.9}$$

$$E = - g\sigma + \beta^{\sigma}D, \tag{11.10}$$

$$\chi = S^{E}\sigma + d_{t}E, \tag{11.11}$$

$$D = d\sigma + \chi^{\sigma}E, \tag{11.12}$$

$$\sigma = C^E\chi - e_t E, \tag{11.13}$$

$$D = e\chi + \varepsilon^\chi E, \tag{11.14}$$

式中 D, E 是一级张量(矢量);σ, ε 为二级张量;介电常数 ε, β ($[\beta]=1/[\varepsilon]$)是二级张量;形变弹性系数 s, c 是四级张量.压电系数 e, d, g, h 是三级张量.上注角 D, E, χ, σ 标明恒定的边界条件,一般情况等于零.下注角 t 代表逆向参量.(倒矩阵)

注 * 号的是最常用的二个压电方程.它表示压电元件在不受外加电场作用下($E=0$),施加应力产生电荷,建立电场;在不受外加应力作用下的自由压电元件,施加电场产生形变,建立力场.

11.2.2 压电点火[3]

举个压电点火元件的例子.如图 11.7 所示的一个小圆柱体,两端圆平面被电极.经过极化后,元件内形成永久剩余极化,电极板上吸附一定量的自由电荷以保持平衡态元件整体对外呈电中性.在冲击应力 F_3 作用下,由于剩余极化的变化,极板上自由电荷也作相应的变化以保持电中性,从而建立电场.压电方程(11.12)在 $E=0$ 时,$D_3=d_{33}\sigma_3$,或 $Q_3=d_{33}F_3$.

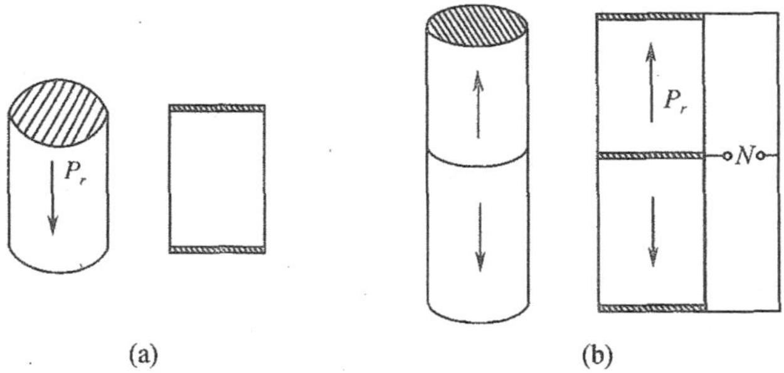

图 11.7 (a)压电点火元件;(b)压电点火器件.

一个普通的硬性 PZT 材料制成的压电元件直径 $\phi=7$mm,高 $h=10$mm,$d_{33}=500\times10^{-12}$C/N,受 100kg 的冲击力,可产生

0.5μc电荷，建立7000V的电压降.实际上几百公斤的冲击力是很容易借助于刚性弹体的撞击产生的，因而在很小的压电元件上能容易地建立上万伏的电压，高电压通过空气间隙形成火花点燃易燃气体或引爆.实用的压电点火元件往往采用如图11.7(b)所示的中心抽头，两端面通过刚性夹具接地连接.

压电点火元件对压电材料的要求如下：

(1) 高 g_{33}，为产生较高电压；

(2) 高 ϵ_{33}，为放电能量的要求；

(3) 高矫顽场强，为避免电场老化；

(4) 低老化率，为工作次数不小于 10^9 次；

(5) 高绝缘电阻率，包括 ρ_v，ρ_s，为具有足够的时间常数.

一个工作稳定，经久耐用，价格低廉的压电元件，除了压电材料性能需满足如上要求外，元件装置的结构设计也具有同等重要的要求.采用两个元件头尾相串接如图11.7(b)所示的优点在于火花放电的能量增加一倍，高电压从中间输出，材料本身作为绝缘的支撑，结构紧凑，安全可靠.元件的使用寿命在很大程度上决定于撞击应力是否能均匀平整地传递给压电元件.施加应力的方式有静态和动态两种，前者一般是利用杠杆原理增压，短时间(0.5 s左右)卸压时产生高电压引燃易燃气体.常用的是动态加压，尤如铁锤撞击产生冲击力，可用弹簧预压撞击铁锤，释放预压时弹出铁锤的方式.理论上铁锤与PZT压电陶瓷的声阻抗相接近为最佳.铁的声阻抗为 4.6×10^6 kg/m^{2}s，PZT的声阻抗为 3.4×10^6 kg/m^{2}s，实用中证明，这两种材料的配合是比较理想的.有些应用中为获得较好的脉冲电压波形并配合气体引燃所需的时间，由此来提高引燃率和材料的使用寿命，就需要作更细致的设计，包括选用铁锤的长度，冲击接触面的形状，放电距离的调节，以及尽量减小分布电容和提高外表绝缘电阻等，有的还需要在放电回路中串接电阻，控制放电时间常数.

压电点火器的特点在于响应时间快(＜10^{-7}s)，元件体积小、重量轻，点火器没有旋转系统也不需要任何辅助电源，因此结构简单.但火花电流小,能量低,适用于电压型的点火或起爆.在外阻抗匹配的情况下运行相当可靠而且不受磁场和核辐照等影响.

这种正向压电效应的应用场合很多,例如一些高灵敏度的传感器用作位移、速度、加速度的检测,地震测试仪,复杂的应力分析以及无行程接触开关,飞行器中的陀螺仪等都能找到这类压电效应的应用.所有待测的敏感参数只要能转化为应力的变化,不论是压缩、拉伸或剪切力,也无论其作用方向如何复杂都可对应不同的压电模式,选用不同的压电方程进行精确计算和分解.

近年来逆向压电效应,即施加电场于压电元件,使之产生压电形变建立力场的应用发展很快,其应用方面更为广泛.如静态、准静态状态下的压电微位移器和动态状态下的压电马达已在精密机械、微机械和智能系统中作为驱动器获得独一无二的应用.基于各种不同的应用要求,这种器件的种类繁多.但大多是从如下两种元件的基本结构形式发展起来的:(1)叠片堆;(2)双晶片.

叠片堆压电器件的结构如图 11.8(a)所示.为了能在同样等

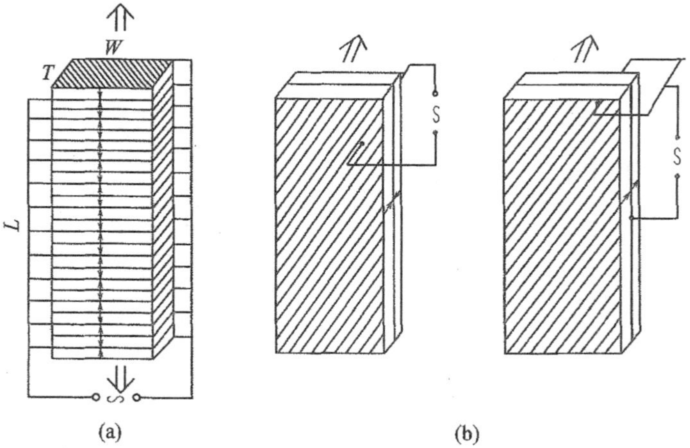

图 11.8　两类压电驱动器.

(a) 叠片堆;　(b)双晶片.

→ 极化方向,　⇒位移方向,　∽DC 为低频电源.

级的电压作用下获得较大的绝对形变，并利用纵向伸缩压电系数 d_{33}较大的优点，并联施加电场，各单元的形变串联叠加. 各单元的形状有圆形、方形或矩形的，它的面积大小决定于所需推动机械负载的大小，它的厚度决定于可承受的最高电场强度，所要求的最大位移量决定了叠片的高度，从而也决定了叠片数. 这种驱动器可以在较宽的频率范围内工作，但一般使用于频率较低的场合.

叠片堆压电器件的位移量由下式计算：

$$\Delta L = N d_{33} V, \tag{11.15}$$

式中，ΔL 为位移量/m，N 为层数(包括两个单元)，d_{33}为压电系数/10^{-12}C·N^{-1}，V 为电压/V.

叠片堆压电器件所能产生的最大推动力由下式计算：

$$F_B = \frac{\Delta L \cdot A}{2 \cdot N \cdot T \cdot S_{33}^E}, \tag{11.16}$$

式中 F_B 定义为压电器件在外电场作用下，为限制压电器件形变所需的外加应力. 前面计算形变公式中的 ΔL 是在空载的情况下测到的位移量. 施加负载会使 ΔL 减小，如图(11.9)所示. 把 ΔL

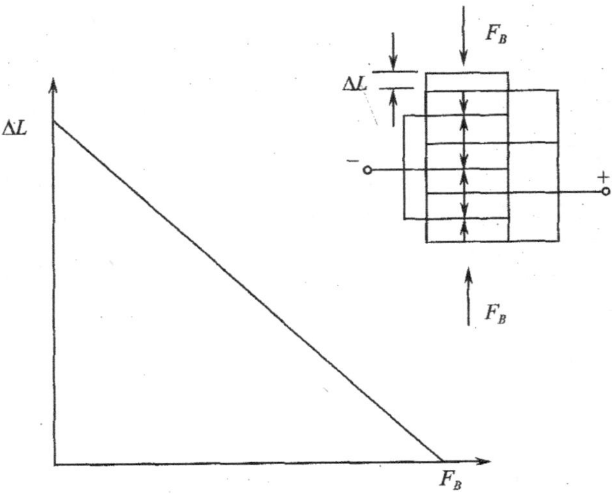

图 11.9　驱动器位移负载(阻力)的关系.

减小到零的负载力定义为最大推力 F_B.

从式(11.11)和式(11.13)可见,如要获得大的形变或大推力,必须施加高电压.但为了保持形变与施加电压的线性关系,特别在外加电场与材料中剩余极化相反方向施加时,该施加电场值是有限的.硬性 PZT 陶瓷材料具有较高的极限值.美国 EDO 公司声学部推荐的压电陶瓷,其电压极限值见表 11.3,这些陶瓷的电性能见表 11.4.

表 11.3　压电陶瓷的电压极值

材料	电压极值
EC-69	800V/mm
EC-64	700V/mm
EC-65	600V/mm
EC-70	450V/mm
EC-76	400V/mm

表 11.4　陶瓷材料的电物理性能

性能参数	E100P-1	E100P-4	E200P-1	E200P-4	E300P-3	E400P-1	E400P-4
动态范围(μm)	0-8	0-20	0 − 12	0 − 30	0 − 34	0 − 20	0 − 50
A 直径(mm)	11	11	16	16	22	25	25
B 长度(mm)	13	26	17	36	43	27	60
C 内径(mm)	N/A*	N/A	5	5	N/A	12	12
最大预应力(牛顿)	890	890	1780	1781	4400	4400	4400
刚度(N/μm)	150	70	230	100	220	330	140
自由电容(nF)	36	90	100	250	1100	500	1250
谐振频率(kHz)	100	44	70	30	16	42	18
驱动四重量(kg)	0.004	0.009	0.012	0.030	0.090	0.048	0.113
轴向位移(μm)	N/A	24	17	35	42	26	60

* N/A 为不确定.

这种叠片结构在制成实用器件时除了材料的性能外，单元片的平整度，电极材料及其引出，连线绝缘，环氧粘接和机械封装等都需要做专门的技术考虑．此外为了获得较大的位移量，只能靠增多叠片的数量．装配的技术会更复杂．表 11.4 中列出 EDO 公司有关这类应用的产品．采用的材料是铌镁酸铅陶瓷，其工作电压最高不超过 +800V．为了获得较大的推力，单元片的直径较大，而且中心有孔定位．其结构见图 11.10．

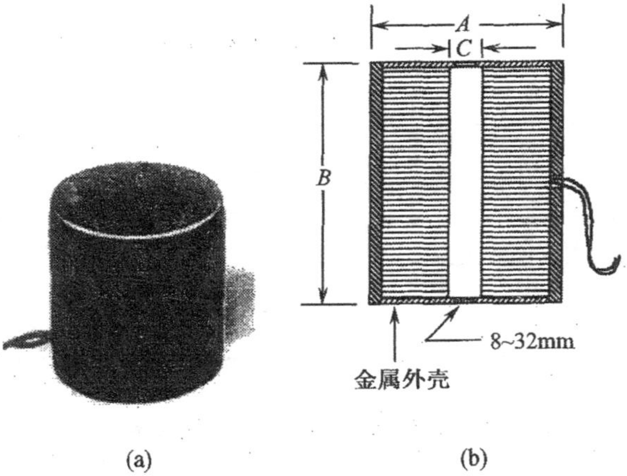

图 11.10　美国 EDO 公司的一种压电驱动器产品．
(a)外形结构；(b)剖面结构示意图．

这类应用对压电材料的要求是很容易理解的．为获得大形变需选用高压电系数 d_{33}，并能在尽可能高的电场作用下形变始终保持线性，在电场下降时滞后小，电场回零时形变也回零，这就要求材料有较高的矫顽场强．为了同时获得较大的推力，即在有负载的情况下工作，则要求材料具有较高的弹性模量．实际上要求材料能储藏较高的电能并能转换尽可能多的机械能，因此材料的介电常数和机电耦合系数要尽可能的高．显然，材料的机械强度也要有保证．这些要求在动态工作状态下更为明显．这类应用一般在远离谐振频率的较低频或静态下工作，有不少应用场合只需精确的形变量,这样对材料的要求就简单得多.

11.2.3 压电双晶片

叠片结构的驱动器能产生的微形变量一般在几个微米到几十个微米范围内.如要求更大的形变量就很难采用这种结构或单纯利用压电伸缩模式.因为目前压电材料所能产生的伸缩形变,即使在允许的最高施加电场下工作,也只能获得 $\Delta L/L$ 在 10^{-3}数量级.也就是说,如要获得 1mm 的绝对形变(叠片)器件的高度要高达 1m.当然这种结构能产生较大的应力,直径小于 50mm 的圆片叠片结构,可产生近 1t 的最大应力.

如果需要毫米级的形变量,就需要采用双晶片结构或单晶片弯曲形变

$$x_f = \frac{3}{2} \cdot d_{31} \cdot (L/T)^2 \cdot (1 + t/T) \cdot V \cdot A, \tag{11.17}$$

$$F_b = \frac{3}{8} \cdot Y_{11}^E \cdot d_{31} \cdot (T/L) \cdot W \cdot (1 + t/T) \cdot V \cdot A, \tag{11.18}$$

$$x_f = 3 \cdot d_{31} \cdot (L/T)^2 \cdot (1 + t/T) \cdot V \cdot A, \tag{11.19}$$

$$F_b = \frac{3}{4} \cdot Y_{11}^E \cdot d_{31} \cdot (T/L) \cdot W \cdot (1 + t/T) \cdot V \cdot A. \tag{11.20}$$

压电双晶片在电场作用下产生弯曲形变如图 11.11 所示,可以有三种不同的结构.典型的双晶片结构是由两长条压电片中间夹一金属薄片用环氧粘接成一整体而成,这两长条片都在平板面被上电极,自发极化垂直于平板面叠合堆积的方式有两种:一种是两压电片的自发极化方向一致[图 11.11(b)];另一种自发极化方向相反[图 11.11(a)].两压电片的自发极化与外加电场的方向关系始终是不同的,因此依靠压电系数 d_{33}产生的形变也始终是反方向的,即一片伸长,另一片则收缩.而导致整体弯曲,中间金属片不形变.

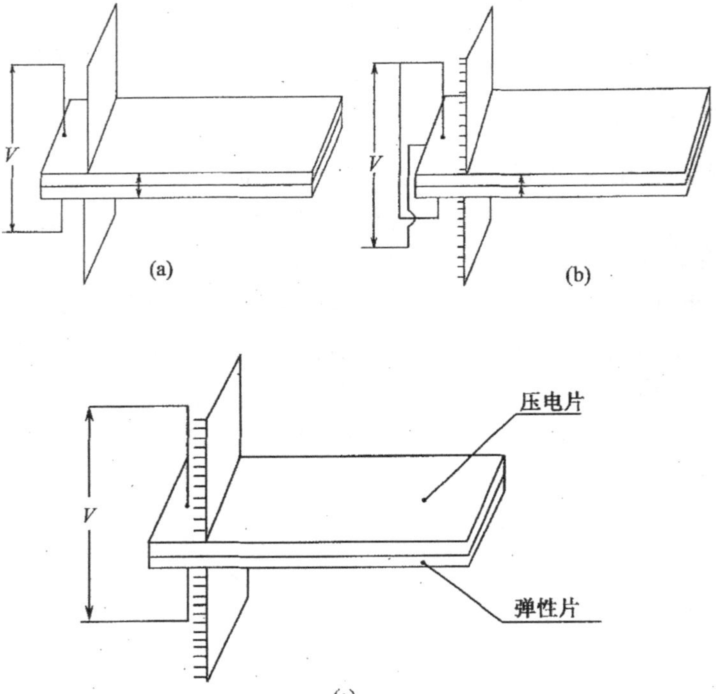

图 11.11 三种不同的双晶片结构.

(a)两压电晶片的自发极化方向相反;(b)两压电晶片的自发极化方向一致;

(c)压电晶片与非压电弹性片组成双晶片结构.

这两种结构的压电双晶片在相同的电压作用下,端头的形变量 X_f 和推力 F_b 可由式(11.17)~(11.20)计算得到.由于单片承受的电场强度在这两种结构形式中是有成倍的差别,因而计算结果在线性变化状态下也有成倍之差.式中

L:悬臂长度, F:施加应力,

W:元件宽度, X_f:自由端偏移,

T:整体元件厚度, F_b:最大推力,

t:片和环氧一起的厚度, Y_{11}^E:杨氏模量,

V:施加电压，　　　　　　　　g_{31}:压电电压系数，

V_0:产生电压输出，　　　　　　d_{31}:压电形变系数.

A:经验权重因子($\geqslant 1$),

第三种结构形式[图 11.11(c)]是用一片弹性介质或金属替代压电双晶片中的一片，当压电片在施加电压后伸长或缩短时，这弹性体保持不变形，同样能导致整体弯曲. 这种结构形式往往能大大提高整体的弯曲强度，很有实用价值.

压电双晶片的最大特点在于它能产生很大的形变量. 使用目前已有的压电材料可应用的范围大致在几十个微米到几个毫米，决定于元件的几何形状和尺寸. 然而，它在自由端只能承受较小的应力. 相反，利用正向压电效应，其自由端在不大的应力作用下能产生较高的电压. 有些压电双晶片也大量应用于弯曲谐振状态，弯曲谐振频率对一般尺寸的压电双晶片来说是比较低的，但振动形变很大，因此有不少低频大功率的应用，例如低频震动、低频震荡阻尼和噪音控制智能器件等. 所以在衡量压电双晶片的品质时不仅要注意到它的形变量和推动力，还要注意能量转换效率，这就与材料的机电耦合系数以及电学、力学阻抗匹配有关.

下面我们对一个双晶压电驱动器作一些能量转换的计算. 如果在自由端没有机械负载，即处于不受应力的自由振动状态，施加电压 U_0 产生最大形变 X_Z，双晶压电片中储藏了电能和机械能

$$W_{电} = \frac{1}{2} Q_0 U_0. \tag{11.21}$$

由 $Q_0 = CU_0$ 可得

$$W_{电} = \frac{1}{2} C U_0^2, \tag{11.22}$$

式中，$W_{电}$ 为电能，Q 为电荷，U 为电压，C 为晶片电容.

值得注意的是，以上公式是在理想状态下，把压电双晶片作为一个线性的刚性整体材料来推导的，因而器件的组装工艺技术对器件的性能影响会显得特别重要. 另外，机电耦合系数与机电转换效率是不同的两个概念，虽然计算得到的 K_{31} 一般小于 K_p，然而

在谐振状态应用时，如果电阻抗、机械阻抗或声阻抗匹配合适同样可得到高于 80% 的机电转换效率. 我们在下一节压电换能器应用中还会就此做详细叙述.

目前，压电双晶片的应用范围正在不断扩展，方兴未艾，特别在自动化控制工程，精密测量技术，微机械系统和智能系统中，这种机电换能装置的特点在于体积小、重量轻、无旋转机械，谐振频率稳定，效率高. 比如日本三洋公司早就把这种压电双晶片用于红外探测的遮光装置中，不单体积大为缩小，而且性能更加稳定. 这种应用并不要求高效的能量转换，只要求精确的稳频的微小形变量，因而结构相当简化. 在智能器件中也有用于人工中耳，把压电双晶片一端固定在听骨上，受传入声波激励弯曲振动，从而产生电压或微小电流刺激神经，达到助听的目的. 在这种高技术的应用中，高效率的机电能量转换就显得相当重要. 由于压电片与人体差别很大，因而电声阻抗匹配相当困难.

11.2.4 压电水声换能器[5,6]

近年来大部分水声换能器，包括发射和接收换能器已采用压电型换能器. 发射换能器是主动型的，它利用逆向压电效应，在外电场的作用下产生振动，发射声波. 它联系电功率放大器和声功率输出. 发射换能器一般工作在谐振频率附近，在输入电阻抗和输出声阻抗匹配的条件下进行最大的机电能量转换，辐射最大的声能. 为了使发射的声波在海水中能传播得远，水声发射换能器除了增大发射功率外，一般还需要工作在低频以减小传播损耗，若在谐振频率下工作，换能器的尺寸必然较大.

如图 11.12 所示，当外电场驱动压电发射换能器谐振时，它把电能转换成机械能是以压电振子的振动形式进行的. 换能器在水中辐射声波是靠辐射面在振动时推动与它接触的海水分子来回运动，不断地传递给邻近海水分子进行的. 海水中被推动分子的往复运动平行于传播方向，它的传播速度等于声音在水中的传播速度. 由于海水是可以压缩的，因此这种运动也是声压的不断传递过程.

压电接收换能器，一般称为水听器，它通过正向压电效应把声压转换成电荷$\left(\frac{\mathrm{d}D}{\mathrm{d}\sigma}\right)$，再通过前置放大器得以响应．接收换能器是被动型的，它联系接收的声压与接收器的前置放大器．水听器的接收声波特性是用开路电压接收灵敏度(open circuit voltage，即 OCV)来表示，也就是在接收到声压幅度为 1μPa 时，水听器开路端的电压有效值，用分贝 dB 表示．譬如一个水听器对应 $1\text{V}/\mu$Pa 具有开路电压(－180dB)，那就是它在受到 1μPa 的声压作用下产生 10^{-9} V_{RMS}．如果进入声波是 20μPa，具有开路电压 20×10^{-9}V，水听器的工作频率一般低于换能器的谐振频率，并在很宽的频率范围内具有很平坦的响应率．

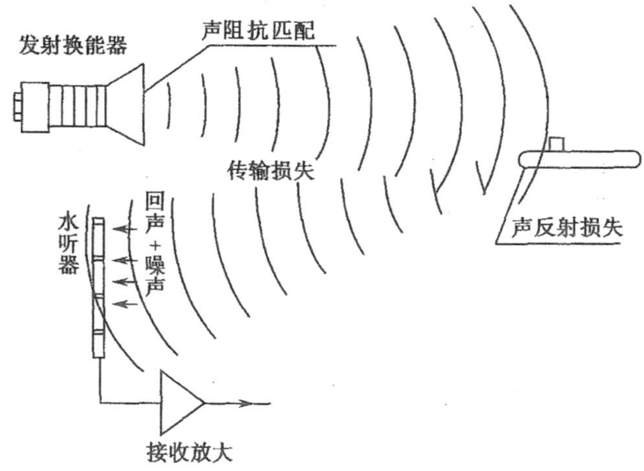

图 11.12　声纳换能顺在海水中的发射与回波接收．

压电发射换能器可应用于水深度探测、鱼群探测和海底矿藏的地层结构分布的探测等，同时也可作为接收水听器用，发射和接收是同一器件．但用作为远距离潜水艇探测时，水听器的结构就要复杂得多，往往需要把多个水听器连接成一个阵列协同探测．如果说探测 20km 只需要单个探测水听器，那么探测 800km 的声信号就至少需要 40 个水听器连起来．

水声传播的基本概念　在平面声波传播中声压 p 与海水分子振动速度 u 符合下列关系式：

$$p = \rho c u, \tag{11.23}$$

式中，ρ 为海水密度，$\sim 1\text{g/cm}^3$，

c 为传播速度，$\sim 1500\text{m/s}$，ρc 称为海水的特征声阻抗 $\sim 1.5\times 10^5\ \text{g/(cm}^2\cdot\text{s)}$. 在空气中传播，声阻抗 $\rho c = 42\text{g/(cm}^2\cdot\text{s)}$. 从下面机电参数的类比表 11.5 中可以看到：式(11.23)是声学的欧姆定律，水分子的振速 u 对应于电流，声压 p 对应于电压 V，它们都是矢量. 在交变声压作用下，水分子带着振动动能向前传播，在平面波情况，传播方向垂直于波平面. 单位时间流过单位面积的能量也类比于电学情况定义为声功率强度 I

$$I = p^2 \rho c. \tag{11.24}$$

表 11.5　机电参数类比表

	电学体系	力学体系
参数	R 电阻	μ 阻尼系数
	L 电感	M 惯量
	C 电容	S 应变系数
回路	$V = L\ddot{q} + R\dot{q} + qc$ $i = \frac{dq}{dt} = \dot{q}$	$F = m\ddot{x} + \mu\dot{x} + xs$ $U = \frac{dx}{dt} = \dot{x}$
谐振状态	$\omega^2 = \frac{1}{LC}$	$\omega^2 = \frac{1}{ms}$
阻抗	$Ze = R + j\omega l + \frac{1}{j\omega c}$	$Zm = \mu + j\omega m + \frac{1}{j\omega s}$

如果声压在一段时间间隔内取均方根平均值，那么功率强度

$$\dot{I} = \bar{p}^2 \rho c, \tag{11.25}$$

在实用中往往用平均值 $\bar{p}^2$ 代替瞬时值 p^2. 如果 p 的单位用 dyn/cm·s，那么功率强度的单位是 erg/cm·s. 因为 1 个 J 等于

10^7 erg，所以功率强度

$$I = \bar{p}^2 \rho c \times 10^{-7} \quad (\mathrm{W/cm^2}). \tag{11.26}$$

通过上式计算，如果平面波的声压为 $1\mathrm{dyn/cm^2}$，在海水中的 ρc 取 $1.5\times10^5 \mathrm{g/(cm^2\cdot s)}$，功率强度则为 $0.64\times10^{-12}\mathrm{W/cm^2}$. 声学上声压还往往采用其他单位如 PASCAL(Pa)，为转换方便特列出下面的单位转换：

$1\mathrm{dyne/cm^2} = 10^{-1}\mathrm{Pa}$, $\quad 1\mu\mathrm{Bar} = 10^5\mu\mathrm{Pa}$,

$1\mathrm{Bar} = 10^5\mathrm{Pa}$, $\quad 1\mathrm{ATM} = 1.013\times10^5\mathrm{Pa}$,

$1\mu\mathrm{Bar} = 1\mathrm{dyne/cm^2}$, $\quad 1\mathrm{PSI} = 6895\mathrm{Pa}$.

压电水声换能器从施加电压激励振动发射声波，在海水中传输碰到目标返回，再接收声波转换回电信号，整个过程将损失很多能量，仅有非常小的一部分能量可以接收到，因此要求接收灵敏度很高. 譬如说发射声功率在 10kW 数量级，通过传输，能回收到的声功率也许要小于 $0.1\mu\mathrm{W}$. 作发射和接收用的压电材料要求不尽相同. 如表 11.6 所列. 两类换能器都要求材料具有较高的机电耦合系数，因为机-电耦合系数的平方值是衡量机、电能量的转换能力，不论是电能转换为机械能(或声能)，还是机械能(或声能)转换为电能. 在压电陶瓷体系中，任何时候都同时存在电能、机械能和机电转换能. 耦合系数决定它们可能转换的比例，但并不就是体系的转换效率. 绝对转换量决定于输入能量的大小和体系的效率，它决定于体系的电损耗和机械损耗. 压电器件工作在谐振状态时由于阻抗接近最低值，因此在相同的电压作用下，流进压电振子最大电流即会输入最大电能，通过机电耦合系数能转换一定比例的机械能. 以目前较高的机电耦合系数 0.7 计算，能转换将近 50% 的电能. 然而如果在空载状态这些电能、机械能和机电耦合能都存在于系统中. 输出能量的大小决定于输出阻抗与体系内阻抗的匹配程度. 在这两个阻抗接近时能获得最大额定输出. 另外约 50% 未被转换的能量仍存在于压电系统中. 机械谐振的情况类似于电谐振. 在电回路中电能和磁能在各半周相互转换并分别在电容、电感中存贮，转换效率则决定于系统的电损耗和振动阻尼损耗.

表 11.6 发射和接收换能器对材料的要求

发射换能器要求	接收换能器要求
硬性压电陶瓷	软性压电陶瓷
高机电耦合系数 K	高机电耦合系数 K
高压电系数 g	高压电系数 g
高介电常数 ε	低介电常数 ε
高矫顽场强 E_c	矫顽场强没有要求
高耐电强度和低损耗	耐电强度没有要求
高机械强度	机械强度没有要求
高 Q_e 和高 Q_m	Q_e, Q_m 一般比较低
工作在谐振状态	一般不工作在谐振状态

一个有效的压电换能器的设计与压电材料的选择和制备同等重要.限制大功率发射换能器的最大使用功率有 3 个,那就是电场极限、机械强度极限和热极限.电场极限不仅决定于耐电强度,有时在小于耐电强度前就出现形变随电场的非线性变化,导致介质损耗很快增大,压电材料的温升并导致损耗恶性增高;对压电陶瓷来讲,机械强度往往是限制最大输出功率的最主要因素.电功率增大使振幅增大,振动体的内耗增大,也同样导致发热,而且陶瓷的抗张强度一般都不高.温度极限不仅决定于居里温度,一般在低于居里温度前会出现因温升导致机电损耗的不可逆增大以及其他压电性能的退化、老化.因此,这三者实际上是密切关联的.压电换能器设计的一个主要任务是如何平衡 3 个极限发挥压电材料的最大潜在能力.此外,“空化”和发射换能器之间的声互作用也是限制最大输出声功率的重要因素,因此一个有效换能器的设计所要考虑的因素以及它们之间的相互关系是相当复杂的.其中阻抗匹配更是重中之重的因素.

压电振子在谐振状态下的等效回路不但能清晰地表明振子的

实际运行状态，等效回路中各元件所代表的物理概念及其在周围环境条件下的变化，而且在允许的误差范围内可用以计算使用工作状态下的电功率、声功率和运行效率，如图 11.13 所示.

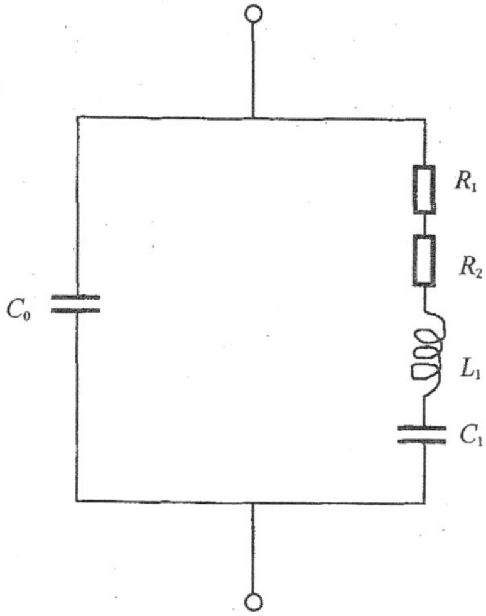

图 11.13　压电振子等效回路.

图中：

C_0 为并联电容，包含介质损耗，　　C_1 为动态电容，

L_1 为动态电感，　　R_1 为动态电阻，

R_2 为辐射电阻.

压电振子在第一个基本谐振频率时，回路中机械分支的阻抗最低，并且是接近等于 R_1+R_2 的纯电阻抗. 在空气中自由振动状态时，由于压电材料的声阻抗 $\rho c \approx 34 \times 10^7 \mathrm{kg/m^2 \cdot s}$ 与空气的声阻抗 $\rho c \approx 420 \mathrm{kg/m^2 \cdot s}$ 相差甚远，因此 R_2 很小，幅射面虽然振幅很大，但辐射声功率甚小. 振子在水中谐振时，由于海水的声阻抗 $\rho c \approx 1.5 \times 10^6 \mathrm{kg/m^2 \cdot s}$比空气的声阻抗大不少，$R_2$ 具有一定的数值，振子的辐射面能辐射一定量的声功率. 但由于海水声阻抗与压电材料的声阻抗尚不接近，因此在换能器设计中一般需扩大辐射

面并在压电材料与海水间引入中间过渡介质以达到较为匹配的声阻抗，从而能得到最大声功率辐射. 振子的辐射效率近似等于，$\left(\frac{R_2}{R_1+R_2}\right)\%$，$R_1$ 与 R_2 在等效回路的机械分支里都在耗散机械振动能，但 R_1 代表的是损耗，R_2 代表的是有用辐射能，它是衡量有效设计的最重要的参数. 在理解等效回路中各元件的物理含义时，可以近似地认为振子的自由电容在远离谐振频率的低频下等于 C_0+C_1，像一般的电介质一样储藏电能. 在谐振频率附近储藏了机械能并在各个半周期与电感 L 交换能量. 而 R_1 是机械损耗. 假设在自由谐振状态 $R_2=0$，在这个理想状态下，有效机电耦合系数

$$k_{\text{eff}}^2 \doteq \frac{C_1}{C_0+C_1}\%.$$

11.2.5 热释电的应用

众所周知，热释电材料都具有自发极化，但并不是所有的热释电体的自发极化都能随外加电场转向，也就是说它并不一定显示铁电性. 然而热释电体的自发极化随温度变化. 所有的铁电材料包括晶体和陶瓷都具有热释电性能，其中铁电陶瓷必须经过极化才能显示热释电性.

材料的热释电系数 p 在恒定应力和恒定电场下由下式定义：

$$p_s = \left(\frac{\partial P_s}{\partial T}\right)_{E,\sigma}, \tag{11.27}$$

式中，P_s 是自发极化；T 是温度；E 是电场强度，σ 是弹性应力[1,2]. 从 NYE 著的《晶体的物理性质》一书中所引出的电-机-热互作用三角形图的热力学分析，可得到如下的表达式：

$$p_i^\sigma = p_i^\chi + d_{ijk}^T C_{jklm}^{TE} \alpha_{lm}^\sigma, \tag{11.28}$$

式中 p_i^σ 是总的热释电效应. 这往往就是我们通常所测到的热释电效应. 它包含两部分，第一部分 p_i^χ 是恒定应变条件下的热释电系数，被称为一级热释电效应；第二部分是由于温度变化导致材料形

变后，通过反向压电效应产生表面吸附电荷的变化，被称为二级热释电效应．二级热释电系数是由压电系数 d_{ijk}^{T}、热容 C_{iklm}^{TE} 和热膨胀系数 α_{lm}^{σ} 的乘积来表示．另外，由于材料中的温度不均匀分布也会导致电感应，称为三级热释电效应．但由于它决定于实验条件，因而不是固定的，一般不加以考虑．

铁电体的一级热释电效应一般比较大，而且是负电性的．因为大部分铁电材料的自发极化在温度升高时减小，特别是在温度接近居里温度时迅速减小，以至消失．但这也不是绝对的，有些铁电体的铁电性只存在于一定的温度区间，偏高或偏低这个温度区间都会导致自发极化迅速减小以至消失．

铁电体的二级热释电效应一般比较小，其符号有正有负，决定于各种材料的压电系数、热容和热膨胀系数．对应于各种晶体对称群的二级热释电效应贡献量可以从下面的一些式子来计算．

对应于点群 2，b 为极轴的晶体，它的二级热释电效应由式(11.29a)计算

$$\begin{aligned}P_{\text{二级}} &= d_{21}(c_{11}\alpha_1 + c_{12}\alpha_2 + c_{13}\alpha_3 + c_{15}\alpha_5)\\ &\quad + d_{22}(c_{12}\alpha_1 + c_{22}\alpha_2 + c_{23}\alpha_3 + c_{25}\alpha_5)\\ &\quad + d_{23}(c_{13}\alpha_1 + c_{23}\alpha_2 + c_{33}\alpha_3 + c_{35}\alpha_5)\\ &\quad + d_{25}.\end{aligned} \tag{11.29a}$$

对应于点群 mm2，c 为极轴的晶体，它的二级热释电效应由式(11.29b)计算．

$$\begin{aligned}P_{\text{二级}} &= d_{31}(c_{11}\alpha_1 + c_{12}\alpha_2 + c_{13}\alpha_3)\\ &\quad + d_{32}(c_{12}\alpha_1 + c_{22}\alpha_3 + c_{23}\alpha_3)\\ &\quad + d_{33}(c_{13}\alpha_1 + c_{23}\alpha_2 + c_{33}\alpha_3)\end{aligned} \tag{11.29b}$$

对应于点群 3，3m，4，4mm，6，6mm，c 为极轴的晶体，它的二级热释电效应由式(11.29c)计算

$$\begin{aligned}P_{\text{二级}} &= 2d_{31}(c_{11}\alpha_1 + c_{12}\alpha_2 + c_{13}\alpha_3)\\ &\quad + d_{33}(2c_{13}\alpha_1 + c_{33}\alpha_3).\end{aligned} \tag{11.29c}$$

对应于点群∞mm 的极性陶瓷，等值于六方晶体系．该∞轴对

应于极轴，一般用 x_3 来表示.

在上面 3 个式子中的一些常数可在 Landolt-Bornstein 数据手册中查到.很显然，铁电陶瓷和铁电晶体的一级热释电效应和总效应的量值都是较大而且是负的.二级效应系数都比较小，而且是正的，不过 SBN 和 $NaNO_2$ 例外，它们的二级效应系数小，而且是负的，从而加强了一级效应，使热释电效应增大.著名的热释电晶体 TGS, $Ba_2Na_2Nb_2O_3$ 和 PZT, $BaTiO_3$ 陶瓷的二级效应比较大，然而 PZT 95/5 陶瓷的一级效应与 PZT[$Pb(Zr_{0.52}Ti_{0.48})O_3+Nb$]相比相当高，而二级效应却相对地小，所以它的总热释电效应相对地高，其总效应差不多与 TGS 的一样大.

非铁电体的热释电系数包括其符号和量值没有简单地方法可以预测.表 11.7 列出已测试的一些铁电和非铁电材料的热释电效应，总效应是直接测数据，二级效应是计算得到的，一级效应是从总效应减去二级效应得到的.

表 11.7　有关材料的一级、二级和总的热释电效应(室温)

材　　料	点群对称	总效应 $/\mu C\cdot m^{-2}\cdot K^{-1}$	二级效应 $/\mu C\cdot m^{-2}\cdot K^{-1}$	一级效应 $/\mu C\cdot m^{-2}\cdot K^{-1}$
A. 铁电				
(a)陶瓷				
$Pb(Zr_{0.52}Ti_{0.48})O_3+Nb$	∞mm	−50	+60	−110.0
$BaTiO_3$	∞mm	−190.0	+80	−270.0
$Pb(Zr_{0.95}Ti_{0.05})O_3+Nb$	∞mm	−268.0	+37.7	−305.7
(b)单晶				
$Sr_{0.5}Ba_{0.5}Nb_2O_6$	$4mm$	−550	−21.0	−529.0
TGS	2	−270	+60.0	−330.0
$LiTaO_3$	$3m$	−176	+2.00	−178
$LiNbO_3$	$3m$	−83.0	+12.9	−95.5
$Pb_5Ge_3O_{11}$	3	−95.0	+15.5	−110.5

续表

材　　料	点群对称	总效应 $/\mu C\cdot m^{-2}\cdot K^{-1}$	二级效应 $/\mu C\cdot m^{-2}\cdot K^{-1}$	一级效应 $/\mu C\cdot m^{-2}\cdot K^{-1}$
$Ba_2NaNb_5O_{15}^*$	$2mm$	−100.0	+41.8	−141.8
$NaNO_2$	$2mm$	−140.0	−5.0	−135.0
B. 非铁电				
$Li_2SO_4\cdot H_2O$	2	+86.3	+26.1	+60.2
Tourmaline	$3m$	+4.0	+3.2	+0.8
Bone	∞	$+25\times10^4$	$+117\times10^4$	-92.0×10^4
Ba_2SrTiO_8	$4mm$	+10	+22, +16	−12.0, −6.0
$Li_2SO_4\cdot H_2O$	$2mm$	−27	−12.8	−14.2
C. 半导体				
CdS	$6mm$	−4.0	−1.0	−3.0
CdSe	$6mm$	−3.5	−0.56	−2.94
ZnO	$6mm$	−9.4	−2.5	−6.9
ZnS* *	$6mm$	0.43	−0.34	
BeO	$6mm$	−3.40	−0.008	−3.39

*　热释电测量的最大值.

* *　报告中没有标明 p_i^ϵ 的符号.

热释电的应用　热释电效应的应用主要分两个方面:一个是在红外探测方面,它要求较高的热释电灵敏度和热释电优值,因而对工作材料往往是弱场低噪声信号的要求;另一个是热电量转换方面的应用探索,它要求高效率热电能量转换,因而对工作材料往往是强场高能密度能量转换的要求.

热释电效应由 Brewster 取名于 1824 年,实际上人们早在约 200 年以前就已发现这种现象.当温度在热释电材料上均匀地变化 ΔT,材料的自发极化在量值上就会变化 ΔP_s.如果热释电晶体材料体内的自发极化是排列整齐、方向一致的,热释电陶瓷材料内混乱排列的自发极化经过前呈极化处理后也是排列整齐方向一致

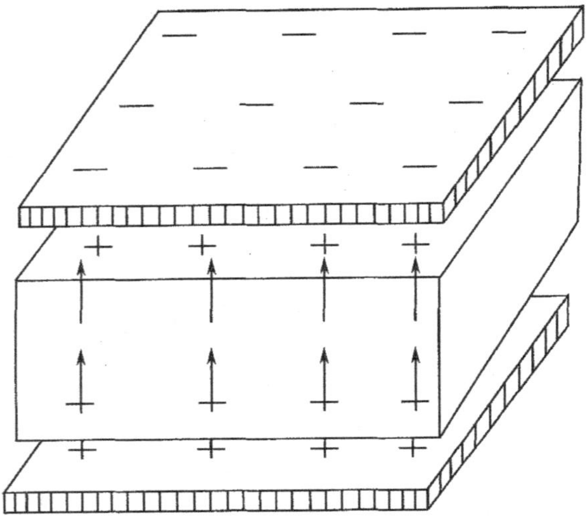

图 11.14　热释电晶体和陶瓷中自发极化排列.

的,极化方向垂直于极板平面,如图 11.14 所示.

那么上述这种变化关系在微小的温度变化范围内可写成如下的线性代数式:

$$\Delta P_s = p\Delta T, \tag{11.30}$$

式中 P_s 是自发极化,ΔT 是微小的温度变化,p 是代表总的热释电效应的系数.这个效应主要应用于室温下的热辐照探测.如果把探测器做成是一个长方形的小薄片电容器,极板面垂直于自发极化,当极板面吸收外来辐照后,薄片的温度变化,使它的总极化值也变化 ΔP_s,从而导致电容器表面电荷变化 ΔQ.让我们对这个热电传感器作一些理论处理,并推导出一个等效回路、等效噪声功率 NEP 和热释电优值 Q 的两个表达式来分析它与材料的性能以及器件的设计条件的关系,这无论在实验室或在实用中都会是非常有用的.

应用原理　理论上,热释电性存在于任何有单一极轴的晶体

中，所以其晶体结构应属于下面 10 种对称群中的一个，即 C_1，C_2，C_{1h}，C_{2v}，S_4，C_4，C_3，C_{3v}，C_6 和 C_{6v}. 另一方面，任何各向同性的晶体可在偏压电场下形成极轴，这个极轴就是热释电性所要求的极轴. 这里我们所讨论的是指存在自发极化的晶体. 图 11.15 示出的是一个热释电探测器的工作原理图.

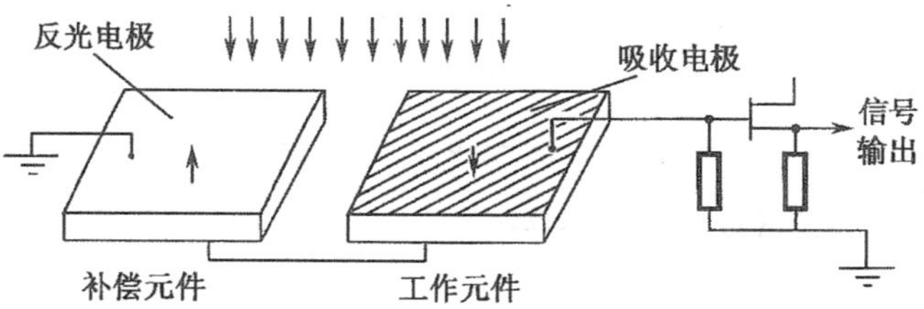

图 11.15 热释电探测器原理图.

一小片被极化过的材料具有平行的两个平板电极，它实际上是个电容器. 它内在的极化吸附着极板上的自由电荷，所以对外不显示带电. 当入侵的红外辐照，照到这小片材料上，由于温度的变化导致内在极化的变化，因而极板上电荷会瞬时失去平衡而感应电压. 一个低噪音的高输入阻抗放大器与它相接，并把微小的电压信号放大送至功率放大器，推动报警系统发出呼叫，显示有入侵者. 图中一个补偿元件与工作小片由同样的材料制成的，但它表面覆盖反光电极，因而对红外辐照没有反应，所以它能补偿工作元件因环境温度变化所带来的噪音.

如果在热释电元件上加一个电压 V（假设这个电压很小，不会影响自发极化 P_s），那么流过元件的电流将像普通电容器那样由传导电流 $i_{传} = (A\sigma/h)V$ 和充电电流 $i_{充} = \mathrm{d}(cv)/\mathrm{d}t$ 两部分组成. 因此热释电元件在红外辐照作用下，因热释电效应建立电压，流过元件的电流由下式表示：

$$\begin{aligned} i_{总} &= i_{传} + i_{充} + i_{热} \\ &= (A\sigma/h)V + \mathrm{d}(cv)/\mathrm{d}t + A \cdot \mathrm{d}p_s/\mathrm{d}t, \end{aligned} \tag{11.31}$$

等效回路如图 11.16 所示，式中 A 是面积，h 为厚度，V 是施加电压，$C_{内}$ 是元件电容，$G_{内}$ 是元件漏导，热释电电流 $i_{热} = A \cdot \mathrm{d}p_s/\mathrm{d}t$ 与施加电压无关，因此在图 11.16 中示出的是一个电流源. 在 P_s 方向垂直于极板面的条件下，$i_{热} = A \cdot \mathrm{d}p_s/\mathrm{d}t$. 热释电探测器等效回路中的电压输出是基于温度的变化，是热释电效应产生的

$$i_{热} = A \cdot \mathrm{d}p_s/\mathrm{d}t = A \frac{\mathrm{d}p_s}{\mathrm{d}t} \cdot \frac{\mathrm{d}T}{\mathrm{d}t}. \tag{11.32}$$

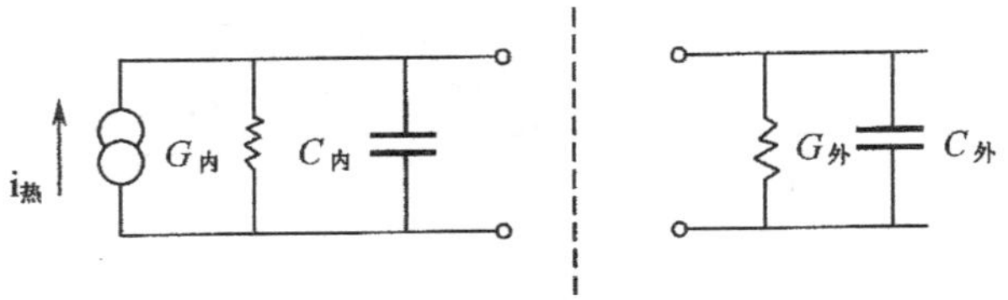

图 11.16　热释电元件等效回路.

热释电材料可以把入射的热能转换成电能，其转换效率可以由材料表面电极涂黑增加吸收系数而增高，热释电响应也可作为入射能量的一种测量器件. 在分析和计算热电探测灵敏度时，引入一个称为等效噪声功率(NEP)的参数是非常有益的，一个探测器的等效噪声功率的含义是“在每秒一周带宽频率下，入射一个电磁能功率，它产生的电压信号在数值上等于噪音电压”. 这也就意味着入射功率如果小于噪声功率，靠热释电效应产生的信号是无法被探测到的，因为该信号电压小于噪声电压，指示器无法显示出来. 任何物体都存在本底噪音，所以一个热释电探测器的等效噪声功率实际上就是该探测器的极限灵敏度. 至于噪声分析是很复杂的，通常是用一个叫 Johnson 噪音电压 V_n 作为我们原理分析的基础. 根据上述定义：

$$\mathrm{NEP} = \frac{V_n p}{V_s (\Delta f)^{1/2}}, \tag{11.33}$$

式中 V_n 是噪声电压，V_s 是信号电压，p 是入射功率，Δf 是带宽. 因此，我们有必要来推导 NEP 的表达式并从中看出它与材料本征

性能和探测器设计条件的关系.

假设一个具有角频率 ω 调制的恒定辐照强度的电磁能入射探测器,其强度由式(11.34)的实部表示

$$I(t) = \frac{I_0}{2}(1 - e^{j\omega t}), \tag{11.34}$$

I_0 为峰对峰辐值.假定探测器被均匀加热,并采用 Johnson 噪声计算式

$$V_n = [4kTG\Delta f]^{1/2} Y, \tag{11.35}$$

式中 G 是探测器电导,它包括元件本身电导 $G_{内}$ 和外接电导 $G_{外}$;Y 是探测导纳,它也包括元件内外两部分

$$Y = (G_{内} + G_{外}) + j(B_{内} + B_{外}), \tag{11.36}$$

$B_{内}$ 和 $B_{外}$ 分别是探测器的内外电纳,Δf 是带宽,k 是 Boltzmann 常数,T 是温度.如果探测器热量发散的主要部分是对周围空间的传导,那么热量耗散率将正比于材料相对周围环境的温差 T^*,这样我们就能写成热平衡方程

$$\alpha I = c_p\rho h(\mathrm{d}T^*/\mathrm{d}t) + BT^*, \tag{11.37}$$

这里 c_p 是热释电材料的恒压比热,ρ 是材料密度,α 是入射能的吸收系数,I 是正面入射材料极板的辐照强度,B 是有效热导.这个方程的稳态解应该是

$$T^*(t) = \frac{\alpha\frac{I_0}{2B} - [\alpha i_0 \exp(j\omega t)]}{[2(B + j\varpi c_p\rho h)]}. \tag{11.38}$$

探测器相对于周围的稳定(时间)平均温度为

$$T^* = (\alpha I_0)2B. \tag{11.39}$$

假定环境温度是常数则 $\mathrm{d}T/\mathrm{d}t = \mathrm{d}T^*/\mathrm{d}t$.等效回路中的电流源强度就可由 $\mathrm{d}T^*/\mathrm{d}t$ 即方程(11.12)对时间微分得到

$$i_{热} = [\alpha\omega p I_0 A2(B + j\omega c_p\rho h)]\exp j\left(\omega t - \frac{\pi}{2}\right). \tag{11.40}$$

当然实际电流应该是式(11.16)的实部,所以 i_x 是一个正弦电流,具有幅值

$$(i_{热})_{\max} = \frac{\alpha\omega p A I_0}{2B + \mathrm{j}\omega c_{p}\rho h}, \qquad (11.41)$$

这里 p 是热释电系数，如果热释电元件外接导纳 $Y_{外} = G_{外} + \mathrm{j}B_{外}$，那么端头输出电压 $V_{外} = (i_{热})_{\max} \cdot Y$. 代入式(11.33)和式(11.35)得到

$$V_s = V_{外} = \frac{(\alpha\omega p A I_0)}{(2B + \mathrm{j}\omega c_{p}\rho h)} \cdot Y. \qquad (11.42)$$

把 Johnson 噪声 V_n[式(11.9)]和 V_s[式(11.16)]代入 NEP 定义式[式(11.9)]，得到

$$\mathrm{NEP} = \frac{2(B + \omega c_{p}\rho h)(4kTG)^{1/2}}{(\alpha\omega p)}. \qquad (11.43)$$

从实际探测器结构我们可以认为 $B \ll \omega c_{p}\rho h$，所以式(11.43)可近似认为

$$\mathrm{NEP} = \frac{2c_{p}\rho h(4kTG)^{1/2}}{(\alpha p)}. \qquad (11.44)$$

如果外接放大器(一般为高输入阻抗的运算放大器)的输入阻抗很高，即

$$G = G_{内} + (\omega A\varepsilon'/h)\tan\delta, \qquad (11.45)$$

$$\mathrm{NEP} = [c_{p}\rho(\varepsilon'\tan\delta)^{1/2}\rho] \cdot [2(4kT\omega A\varepsilon_0)^{1/2}h\alpha]. \qquad (11.46)$$

从式(11.22)使我们可以清楚地看到它包含两个因子，第一个因子即第一个方括号是仅与材料的本征参数有关，第二个因子即第二个方括号仅与器件控制因素有关. 衡量探测器的灵敏度或探测率最常用的是一个与 NEP 直接联系的参数 D^*，它被定义为如下的表达式：

$$D^* = (\mathrm{NEP})^{-1}A^{1/2}, \qquad (11.47)$$

而 NEP 表达式中第一个因子的倒数定义为热释电材料的品质因数 F_p

$$F_p = \frac{P}{[c_{p}\rho(\varepsilon'\tan\delta)^{1/2}]}, \qquad (11.48)$$

这个因数指明了热释电材料用于热电探测，在性能上进一步改进

的方向，它往往被用作比较各类热释电材料性能的重要指标.

用于探测器的热释电材料 我们已经知道热释电材料有铁电的，非铁电的和半导体的(表 11.7)，近年来用于探测器的材料还很快地发展了有机高分子聚合物. 由于单晶铁电 TGS(硫酸三甘酞)材料具有优良的性能，故最先得到了应用. 但是陶瓷与单晶相比具有一系列众所周知的优点，因此热释电陶瓷也受到了广泛的重视，发展很快. 尤其是组分靠近铁电-反铁电相界的改性 PZT 陶瓷既有高的热释电系数又有比较低的介电常数，使得它在红外探测、热成像、热电换能方面成为很有前途的一种材料. 表 11.18 列出一些用于热电探测的常用热释电材料及其主要性能，以便比较.

表 11.8 一些材料热释电优值的比较[13]

	居里温度 T_c(℃)	介电常数 ε_r	介电损耗 $\tan\delta$	比热 $C/\mathrm{J\cdot cm^{-3}\cdot ℃^{-1}}$	热释电系数 $\mathscr{P}/10^{-8}\mathrm{C\cdot cm^{-2}\cdot ℃^{-1}}$	$F_i=\mathscr{P}/C$ $/10^{-8}\mathrm{C\cdot cm\cdot J^{-1}}$	$F_v=\mathscr{P}/C\varepsilon_r$ $/10^{-10}\mathrm{C\cdot cm\cdot J^{-1}}$	$F_D=\mathscr{P}/C\cdot\sqrt{\varepsilon_r\tan\delta}$ $/10^{-8}\mathrm{C\cdot cm\cdot J^{-1}}$
TGS(25℃)	49	35	0.025	2.5	3.5	1.4	4.0	1.5
$LiTaO_3$(25℃)	660	47	0.006	3.16	1.9	0.6	1.3	1.1
$SBN_{(x=0.50)}$	121	380	0.003	2.1	6.5	3.1	0.81	2.9
PVF_2	120	11	0.023	2.4	0.3	0.13	1.1	0.26
PZT(Nb)-25(22℃)	215	250	0.03	~3.0	3.1	1.0	0.4	0.37
PZT(Nb)-25(32℃)	215	~250	0.03	~3.0	46	15	6.1	5.6
PZT(Sb)-50(22℃)	202	280	0.024	~3.0	3.3	1.1	0.39	0.42
PZT(Sb)-50(34℃)	202	~280	0.024	~3.0	41	13	4.8	5.2
PZT(Bi)-70(22℃)	204	388	0.023	~2.5	3.3	1.3	0.34	0.45
PZT(Bi)-70(35℃)	204	~388	0.023	~2.5	14	5.7	1.5	1.9
1#(22℃)	224	318	0.018	~2.5	3.6	1.4	0.45	0.59
2#(22℃)	220	314	0.012	~2.5	3.3	1.3	0.42	0.68
3#(22℃)	224	313	0.010	~2.5	3.1	1.3	0.40	0.71

注：PZT(Nb)-25 的化学组成式是 $Pb(Zr_{0.975}Ti_{0.025})O_3 + 1WT\%\ Nb_2O_5$；

PZT(Sb)-50 的化学组成式是 $Pb(Zr_{0.95}Ti_{0.05})O_3 + 1WT\%\ Sb_2O_5$；

PZT(Bi)-70 的化学组成式是 $Pb_{0.925}Bi_{0.05}(Zr_{0.93}Ti_{0.07})O_3$.

入侵警报器. 热电探测器原则上可用于探测各种波长的辐照，

最常用的是红外波段，目前的探测器可以做到在 0.3μm 到 25μm 波段内几乎相同的灵敏度．此外，热释电探测器也已用于微波和 X 射线频段的探测．

目前，热释电探测器的最大市场是应用于入侵报警系统，在很多场合这是一种消耗性的产品．为了提高系统效率，需要给探测器配备一个多面反射镜，把在较宽探测区域的移动物所造成的红外辐照变化反射聚焦于探测器，如图 11.17 所示．反射镜是由很多镜面拼接而成，各个镜面反射各个指定的区域．商品化的红外探测器

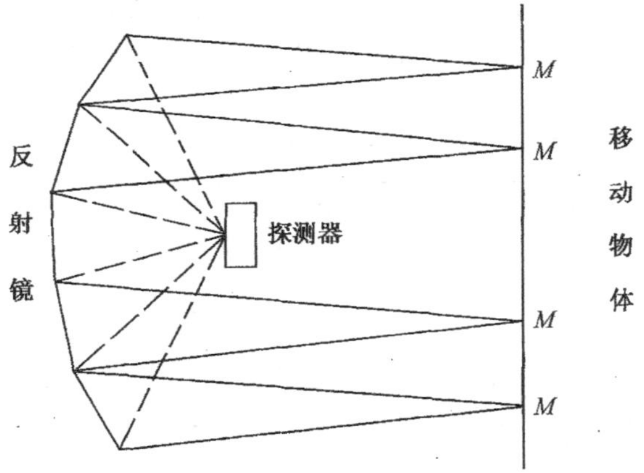

图 11.17　入侵警报器工作原理图．

可覆盖 135°扇形立体反射区，距离探测器在 15m 以内的移动物，都能敏感反应．通常的工作频率从 0.1Hz 到 10Hz，响应灵敏的波段是 8～14μm，峰值在 10μm(以 300K 黑体为标准计算)．为了消除太阳辐照的影响，可采用滤波器，滤掉波长低于 6～7μm 的辐照．户外使用的单线系统可探测 100m 外的人体的移动，用一个抛物镜或红外镜可聚焦 100m 见外约 2m 范围的移动体．户外系统存在的主要问题是环境温度受风的影响，因此在探测系统中往往需要与探测器串联一个极性相反的补偿器，这样就可以把环境温度受风影响造成的漂移给抵消．

火警传感器. 热释电探测器也常被用作火警警报. 虽然其市场不及入侵报警器, 但比较先进的大楼中几乎每个房间都装有这种传感器, 特别是高级公寓装有控制每个角落的报警系统. 探测火焰一般操作在较短波长, 譬如 4μm 左右. 该报警器是针对火焰闪耀时所产生的温度波动来设计的, 工作频率在 5Hz 到 40Hz 范围内, 不受太阳光的影响.

辐射源的探测(辐射计). 原理上, 用热释电探测器来制造辐射计非常简单, 只需要一个反光镜限定观察场合, 并用一个遮光片来调制入射辐照. 然而在实际应用中尚需解决一些具体问题, 譬如要求测量辐照源的温度, 必须要预先知道这个辐射源在被调制波长(一般为 10 μm)范围内的发射率. 另外, 探测器的输出信号幅度只反映温差, 不管辐射源的温度是高于还是低于遮光部分的温度, 所以需要同时接一个相敏探测系统来消除这个模糊结果.

我们这里仅介绍几种利用热释电效应原理来发展几个具体应用的几个实例, 实际上随着红外高技术以及热释电材料的不断发展, 应用的广度和深度正方兴未艾. 特别是近代薄膜热释电材料是一个主要的发展方向, 现代的薄膜技术有可能生产厚度仅为几个微米的热释电探测器[21], 导电热释电材料的获得有可能做成二维热像阵列, 已做成小阵列中的单个元件的 $D^* \approx 10^8 \mathrm{cmW^{-1}Hz^{1/2}}$ (100Hz). 这与当前最好的单元探测器相比还差一段, 但如果能做成大阵列, 其中每个单元仍然能保持这个性能, 那将是很有意义了. 因为它将比目前的热释电摄像管要好. 目前的集成器件由二维热释电阵列和顶部 CCD 组合已经优于热释电摄像管, 并达到目前用冷却探测器的水平. 另外在高速激光脉冲的探测应用方面也是非常有前途的, 但必须消除伴随的压电干扰等.

热释电效应在热电能量转换方面的应用[14~25,30] 热释电能量转换也是利用热释电效应在温度发生变化 ΔT 时, 材料中的自发极化产生 ΔP_s 的变化, 从而入射热能, 输出电能, 进行热能向电能的转换. 然而它与热电探测的应用要求不同, 着重于每个冷热周期的能量转换量和转换效率, 不单纯是自发极化随温度的灵敏变

化.在设计换能器时并不要求在一段温度范围内自发极化的线性变化,而是要选择具有较高卡诺因子的换能方式.下面我们将根据热释电换能的发展历史,介绍近代已进行的多种换能方式.

铁电-顺电相变换能.利用热释电陶瓷进行固体热电换能的研究与试验起始于20世纪50年代末,20世纪60年代初[15],当时很多科技工作者利用$BaTiO_3$在居里温度(~125℃)附近具有很高的介电常数时对材料充电,再利用温度上升高于居里温度时介电常数反而下降的特点,在具有良好绝缘性能的$BaTiO_3$陶瓷元件上贮藏电荷的电势因介电常数下降而升高,取得较高的电能,配合负载放电取得较高电能.根据如下计算:充电电能

$$W_1 = \frac{1}{2}C_1U_1^2, \tag{11.49}$$

式中,C_1是接近居里温度时的元件电容量,U_1是充电电压.放电电能

$$W_2 = \frac{1}{2}C_2U_2^2, \tag{11.50}$$

式中,C_2是高于居里温度某点元件的电容量($C_2 \ll C_1$).因为

$$C_1U_1 = C_2U_2,$$

所以

$$U_2 = \frac{C_1u_1}{C_2}, \qquad W_2 = \frac{C_1}{C_2}W_1, \tag{11.51}$$

所以似乎输出能量W_2是充电能量W_1的C_1/C_2倍.当时曾进行了不少试验,甚至计划设计安装在人造卫星外壁上的热释电换能器,其工作原理如图11.18如图所示.

按顺序1—2充电(在接近居里温度),然后升温,极板上充电电荷的电势因介电常数下降而上升至U_2,通过3—4放电,取得电能由ΔOAC表示.但事实上由于$BaTiO_3$在偏置电压下,介电常数随温度的变化远没有在弱电场下那么陡,即居里峰大为减弱,所以获得的换能效率很低,大部分热能消耗在晶格相变上不能返回.当时还进行了不少理论计算,特别是1975年Van der ziel[17]发表了

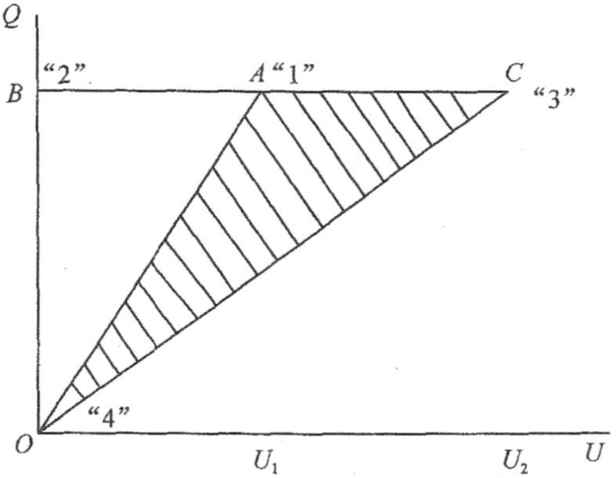

图 11.18　利用电容变化的热-电换能原理图.

这类热电效率的极限值是 0.054% 的理论计算，致使大部分研究放弃继续探讨.然而仅仅一年以后，Drummond[18]用铁电陶瓷做了实验，其净效率已超过此极限，从而推动热电换能(实际上是热释电-电卡的电热换能)研究不断地发展.

1976 年 Gonzalo 提出[20]，利用接近居里温度的自发极化较大的变化来进行热电换能，其简单的工作原理如图 11.19 所示.铁电元件受热后温度升高从 $T_1 \to T_2$，相应材料 P_s 的变化从"1"→"2"，电荷密度差值 ΔQ 释放给负载而获得电能.此后温度冷却返回 T_1，相应 P_s 的状态从"2"回到"1"，虽然一般会存在热滞现象，

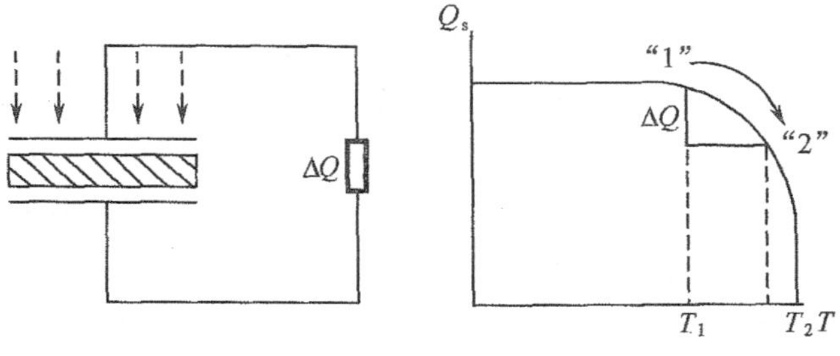

图 11.19　接近居里温度进行热释电换能示意图.

然而仍会有等量的电荷密度释放给负载，但极性相反．控制适当的热交换频率和对负载放电时间常数，可获得最大的交流电能．这种换能方式的惟一限制就是热释电元件的温度不能超过铁电材料的居里温度，否则将退极化，不经再极化处理就无法再继续工作．显然，利用靠近居里温度的自发极化随温度变化较大的特点能获得较大的电荷变化量，流过负载较大的电流．但在居里温度附近作长期工作循环，材料是比较容易退化的．

由自发极化的变化导致熵变化，从而使材料的自由能发生变化，因而可近似地推导热电能量的转换式：

$$\Delta W = \frac{1}{2}\beta p_s^2,(\Delta T/T_c), \tag{11.52}$$

式中 β 是极化率，T_c 是外推居里温度，P_s 是自发极化，ΔT 是温差，$\Delta T/T$ 是卡诺因子．由于这种运行方式仍需要工作在居里温度附近，材料介电常数与电场的关系或多或少与前面的例子差不多，也很难实现高效能．

铁电-反铁电相变换能．20 世纪 70 年代末 80 年代初，不少科技工作者又掀起了铁电固体热电换能的研究．为获得最大限度的自发极化变化，大多开始采用温度诱导相变的研究．当时铁电陶瓷材料已发展到一个新阶段，有 3 个方面的特点对提高热电换能效率起了很大的作用．

(1)先进的热释电材料具有很高的热动力学活性；

(2)采用高能量密度转换的诱导相变；

(3)采用多级再生换能结构以提高卡诺循环因子．

法国 INSA（国家科学应用研究所）的 Briot，Trocaz 和 Gonnard[22]等采用铁电-反铁电循环相变可达到高储能密度的转换．我们从下面 *D-E* 曲线(见图 11.20)上工作点的进程和循环来说明热电转换各个阶段的状态变化．所采用的材料是富锆的 PZT95/5 型陶瓷(锆含量从 95%～99% 的 PZT 材料)．该材料在室温处于正交反铁电相．温度上升的相序变化是从反铁电→铁

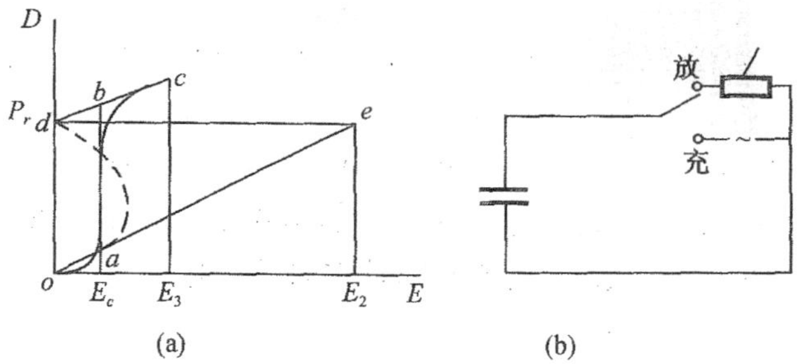

(a) (b)

图 11.20 理想热电换能的能量转换图.

电→顺电.用作热电换能时,起始于铁电态.在铁电相时外加电场 E 对工作样品进行极化,如图所示工作点从“o”→“a”→“b”→“c”,走的是起始的上升电滞回线,电场移去后回到“d”点,样品具有剩余极化 P_r,如果此时样品在空载条件下被降温至室温,显然样品会自然地相转变为反铁电相,释放剩余极化,在样品电极上被剩余极化束缚住的自由电荷因剩余极化消失而使样品电势升高(在开路不漏电状态下)工作点从“d”-“e”,这时样品上的电场高达 E_2.如果此时接通负载(图中用放电管表示),显然所获得的电能可用三角形 oed 的面积扣除极化时损耗的能量(相当于四边形 $oabd$ 的面积),剩余接近三角形 aeb 的面积来代表.工作点回到 o 点完成第一循环.为了防止在降温从铁电相转变为反铁电相时样品两端电压升得太高导致样品自击穿,可串联一个如图 11.20(b)所示的合适的负载电阻 R_c,使“d”点在通过该负载放电时,经过一个半圆弧曲线回到“o”点.虽然所获得的电能按有效面积计算要小些,但这个合适的负载可限制最高电压在样品击穿电压以下的一个较安全可靠的电场下连续工作.这种换能方式虽然能获得很高的放电能密度($\sim 1J/cm^3$),但每次再循环样品都需再极化,而且铁电-反铁电相变由于原胞尺寸变化很大,会导致材料中存在很大的内应力,即使质量很好的样品在重复多次加热-冷却循环后也会开裂或产生微裂纹内击穿,因而难以实用.

反铁电-顺电相变换能. 美国 Power Conversion Technology Inc. 的 Olsen[21,23,24], 采用强迫电滞回线顺时针旋转方式来达到热能向电能的转换, 这在原理上是容易理解的. 如图 11.21 电滞回线在一般情况下, 施加交变电场因迫使铁电材料中电畴来回转向而消耗电能转变为热能, 电能在每周的损耗量可用电滞回线的面积大小来衡量. 回线的循环是逆时针方向运转的.

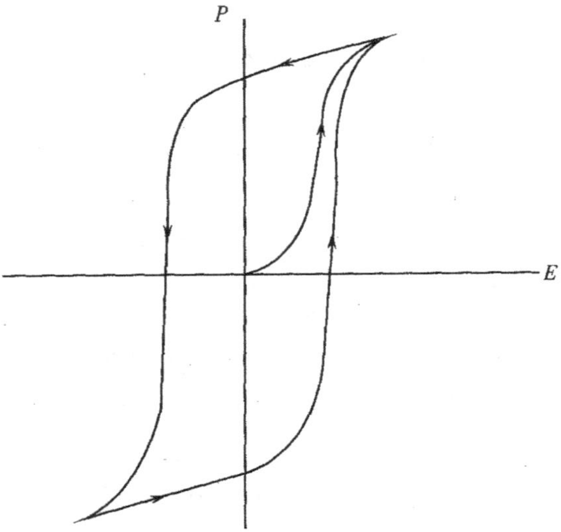

图 11.21　逆时针运转电滞回线.

如果能利用铁电材料随温度变化的相变特性, 依靠温度变化和回路的设计迫使 D-E 曲线顺时针方向运转, 从物理含义可以理解, 这样的运转可使热能转换成电能. Olsen 采用的富锆 PSZT 材料可以满足这个要求. 该材料的电滞回线特性如图 11.22 所示, 在设定的温度(142℃), 该材料是反铁电相, 具有双电滞回线的特征

该材料在室温下是铁电相, 升温至 150℃ 以下经历反铁电相区, 反铁电相区的温度范围可由 Sn 的添加量来调节. 如图 11.22 所示, 在 142℃ 时首先把样品极化至饱和点, 然后在保持电场下升

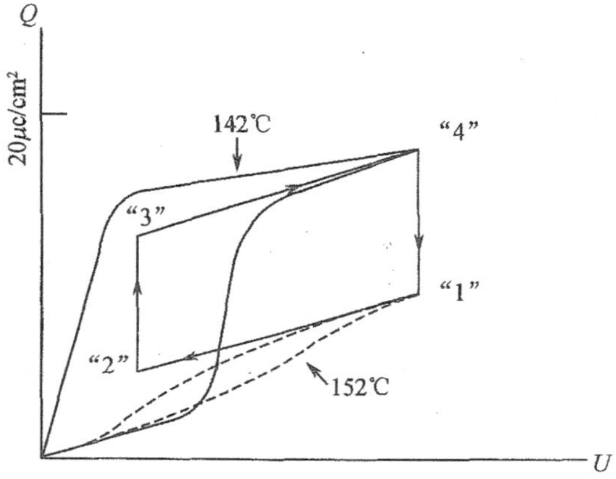

图 11.22 PSZT 陶瓷材料在第一象限的电荷-电压特性曲线以及热-电换能的运转周期(粗实线).

温至 152℃,材料在该温度下相变为顺电相. 工作点从"4"移到"1". 进一步移去电场并外接负载,样品作等温放电,工作点从"1"移到"2"是需要控制的. 此后再降温至 142℃,工作点在恒定电场下移到"3",继续外接电场等温充电至饱和点"4"完成顺时针运转 D-E 曲线的第一周期. 该设想已通过实验得到证实. 为提高热电转换效率,Olsen 和戴驯虎[25]等还试探多级换能的可能性. PSZT 系列材料中调节不同的 Sn 含量可容易地获得一系列具有不同的反铁电-顺电相转变温度的组成,把具有不同相变温度的样品用叠片方式热串联,可达到提高工作温度差 ΔT 的目的,从而提高运转卡诺因子. 这种利用反铁电-顺电相变的热电换能方式也可获得较大的自发极化变化($10\sim15\mu C/cm^2$),因而转换功能密度也较高,与前述反铁电-铁电相变的热电换能方式相比虽然 ΔP_s 小一些,但由于相变过程中材料的形变比较小,重复循环相变所带来的性能退化也因此比较弱,惟一的缺点是每周期循环都存在重新极化过程.

铁电-铁电相变换能. 中国科学院上海硅酸盐研究所王永龄、

练静于和戴驯虎等利用 PZT95/5 型铁电陶瓷在低于 100℃ 温度下存在两个铁电相之间的相变进行热电换能.该材料的剩余极化随温度的变化曲线如图 11.23 所示.图中 F_{RL}代表菱方铁电低温相,F_{RH}代表菱方铁电高温相.F_{RL}-F_{RH}相变温度 T_w 可由锆钛比(Zr/Ti)调节.由于处于这两相中的自发极化主要是相对方向发生变化,因此在发生相变时,样品的宏观剩余极化绝对值即极板上的自由电荷值发生变化 ΔP_s,也可利用作为热电换能.这种换能方式显然不需要重新极化工序,无论在低温或高温(低于居里温度)材料始终处于铁电相.铁电-铁电相变换能的工作原理见图11.24.

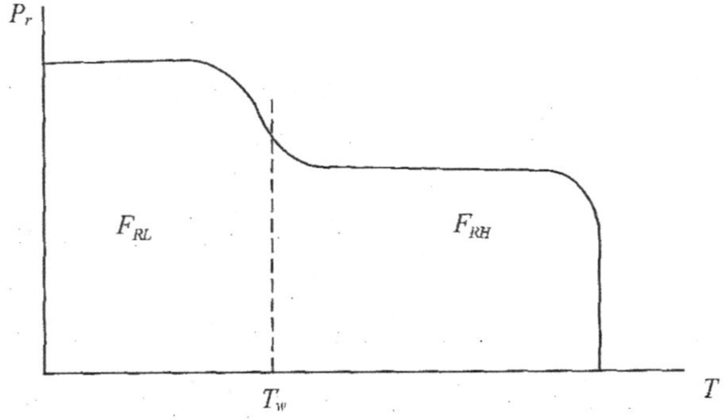

图 11.23　PZT95/5 型陶瓷的剩余极化-温度曲线.

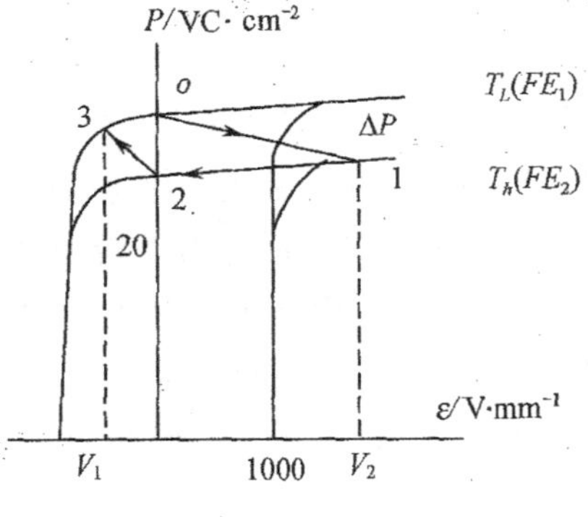

图 11.24　两个铁电相之间(F_{RL}-F_{RH})的热释电换能原理图.

起始于低温铁电相的剩余极化“0”点，该点是铁电元件经过强场极化后，电场回零得到的.元件从这点开始升温，该铁电元件发生从菱方低温铁电相 F_{RL} 到菱方高温铁电的相变，工作点移至“1”.图 11.24 所示的两个电滞回线分别属于低温(T_L)和高温(T_h)电滞回线，由于温度升高，自发极化减小 ΔP_r，在样品极板上建立高压 V_2.此后样品通过负载电阻作等温放电，工作点从“1”移至“2”，该点是高温铁电相的剩余极化位置.为重复循环可再升温至高温铁电相，样品能继续以负极性放电(ΔP_r 增高)，工作点移至“3”后再回原始起点“0”.其输出电压如图 11.25(a)所示，比较相同元件工作在线性热释电区域所建立的电压曲线[图 11.25(b)]，可以看到利用相变效应产生的放电电荷远远大于线性效应.

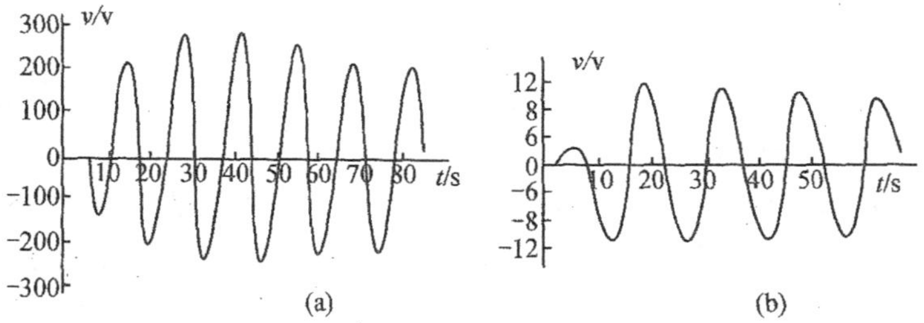

图 11.25 热释电能量转换的输出电压曲线.
(a)工作在 F_{RL}-F_{RH}相变区域；(b)工作在线性热释电效应区域.

由于铁电-铁电相变换能是在两个铁电相之间进行的，利用的是两个铁电相之间的 ΔP，因而样品无需重新极化.同时由于相变过程样品的形变量很小，在陶瓷材料的弹性形变范围内变化，因此实验证明在长期运行后几乎未见老化现象，样品也从未发现有相变开裂现象.虽然与前面几种相变换能相比它的 ΔP 较小($2\sim4\mu m/cm^2$)，每次转换能密度较低，这种换能方式的发展也需要采用多级换能方式.可喜的是这种材料的铁电-铁电相变温度一般在室温附近，也比较容易通过不同的锆钛比(Zr/Ti)来调节材料的相变温度.近代实验[25]已证实，采用三级串联换能，最高热电转换效率在比较匹配的负载条件下已接近于1%，远高于Van dr zrel的极限效率.

11.2.6 铁电高功率脉冲电源[31~40]

铁电高功率脉冲电源又常被称为冲击波爆电换能器.它的英文译名为“shock wave explosive energy converter”.铁电体的这个应用是自发极化的直接应用，也是铁电体所特有的应用.到目前为止，一些主要工业国家已持续不断地研究了几十年，取得了不少成果，如美国、俄国、法国和中国、日本等.

Neilson于1965年提出了一个重要的概念：如果一个被极化了的铁电材料，在外加冲击波的作用下可以去极化，那么一个由下式计算的高能电密度可以被释放.

$$E = P_s^2/2\varepsilon_0\varepsilon_r, \tag{11.53}$$

式E是电能密度，P_s是铁电材料的自发极化，ε_r是比介电常数，ε_0是真空介电常数.

按当时的PZT材料数据计算，这个能量密度最大可达25～30J/cm^3.这个数值比当前高压电容器的最高储能密度要大2～3个数量级.然而，从已经报道的各个实验中所获得的结果来看，即使在负载最佳匹配条件下，也只能低于或接近1J/cm^{3}左右，当然实际应用中有很多因素会影响铁电陶瓷的释放储能密度，材料在冲击波通过时，内在的绝缘强度就是最主要的影响因素.因此，陶瓷材料的制备工艺，特别是大体积的相变陶瓷材料，必须注意如何控制在烧结过程中因发生相变所产生的内应力和性能的均匀一致性.此外，材料的表面处理和周围包封材料的力学和电学性能也会在很大程度上影响实验结果.这些影响和击穿机理在放电实验的电流和电压随时间变化的曲线中会清楚地表明，而且在冲击波过后被破碎的材料中还能找到某些表面放电的痕迹.

铁电材料　从原理上，很多铁电材料都能在冲击波作用下去极化和释放铁电储能.从计算式(11.53)，为了获得较大的释放电能需要选择P_r较高的材料.然而各种铁电材料的剩余极化不仅数值大不相同，而且在冲击波通过时其释放量和释放特性更是不同，高功率脉冲电源所要求的功率密度和特性曲线也并非利用目前已有材料的压电效应所能完成的．由线性压电效应所能获得 P 的变化仅仅是很小的一部分（少于 10%）．即使考虑不可逆的非线性效应，各种材料由于其去极化特性的不同，剩余极化的释放量和应力释放特性也各不相同．图 11.26 和图 11.27 分别所显示各种不同铁电陶瓷在平行于剩余极化方向的一维静态压应力和等静压应力作用下的电荷释放特性，其中 S_3 是相当于 PZT-5 的软性压电陶瓷，F_3 是相当于 PZT-4，8 的硬性压电陶瓷，它们在等静压作用下，即使使用到非线性部分去极化状态，也难以与相变陶瓷 PZT95/5 型材料相比．这种相变陶瓷材料在一定的等静压或一维沿极化轴的压应力作用下可发生应力诱导相变而使它的剩余极化几乎全部释放．PZT95/5 型相变陶瓷材料在不同的添加元素和不同的添加下量改性下所获得的剩余极化释放特性也大不相同．用于冲击波换能试验的材料 $Pb(Zr_{0.95}Ti_{0.025})O_3$ 的介电、压电和铁电参数如表 11.9 所示．

表 11.9　掺 Nb 的 PZT95/ 5 型陶瓷的介电、压电、铁电性能

密度 $\rho/g\cdot cm^{-3}$	ϵ_r 弱场	ϵ_r 强场	损耗因子	$d_{33}/$ $10^{-12}C\cdot N^{-1}$	k_p	T_c/℃	$p_r/C\cdot cm^{-2}$
>7.6	250	1500	3×10^{-2}	70	<0.1	250℃	30×10^{-6}

*　从 0.1C/s，250℃ 电滞回线的 P_r 点斜率计算得到．

制作器件所用的大尺寸试样是用等静压成型并于 1300℃ 保温 1.5h 烧结的．由于 PZT95/5 型相变陶瓷具有较复杂的相结构，对冲击波换能用的材料的烧成工艺需作特殊考虑，以保持在烧结后的冷却过程中不致于形成过大的内应力而使材料开裂．另外这种应用的器件为达到一定的功率和放电波形的要求，往往需要多片性能一致的元件组装起来使用．因此被烧结的陶瓷素环尺寸较大，用于组装的元件是从同一块烧结陶瓷上切割下来再加工得到．

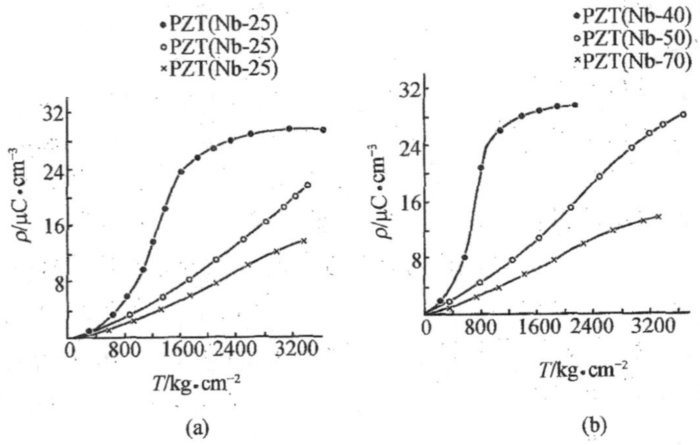

图 11.26 (a)掺 Nb PZT95/5 陶瓷的一维应力放电曲线；(b)掺 Sb PZT95/5 陶瓷的一维应力放电曲线.

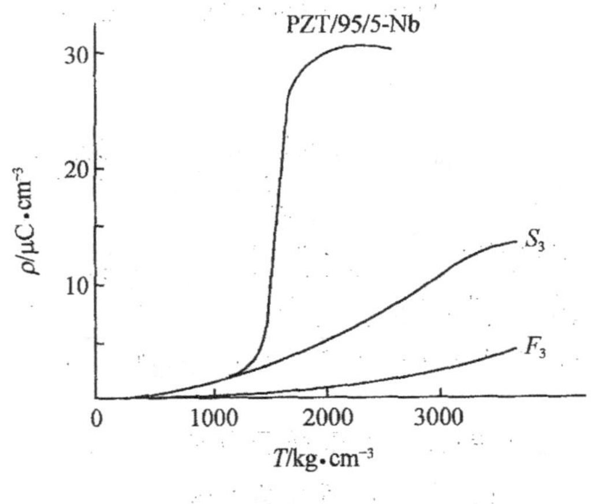

图 11.27 掺 Nb 的 PZT95/5 陶瓷的等静压力放电曲线.

烧结陶瓷块的尺寸为 5cm × 12cm × 1.2cm($W \times L \times T$). 经过切割、研磨、上极和极化后，提供各种小尺寸元件的需要. 各较小元件的尺寸可以是 $X_0 \cdot Y_0 \cdot Z_0 = 1\text{cm} \cdot 4\text{cm} \cdot 1\text{cm}$；0.5cm·7cm·1cm和

1cm·7cm·1cm,它们可以用于单独测试,也可用于各种组装测试.为获得不同等级的电压或电流输出,元件样品可以串联或并联组装,不论是哪种组装它们都平行地面对冲击波方向.

测量装备　测试样品:测试用样品的结构如图 11.28(a)所示,冲击波方向垂直于样品中剩余极化方向.假设样品的电容和电阻值在冲击波通过的时间间隔内保持常数,同时因为冲击波是由专门的平面波发生器产生的,其波宽时间远大于相变材料由应力诱导发生从铁电到反铁电相变所需的时间,因此图 11.28(b)所示的样品等效回路是成立的.

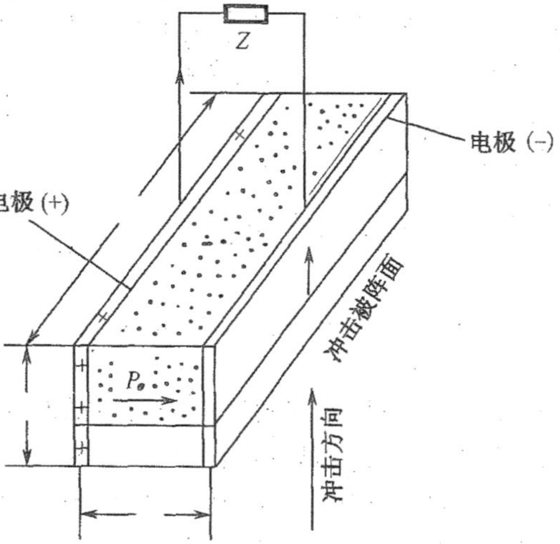

(a)

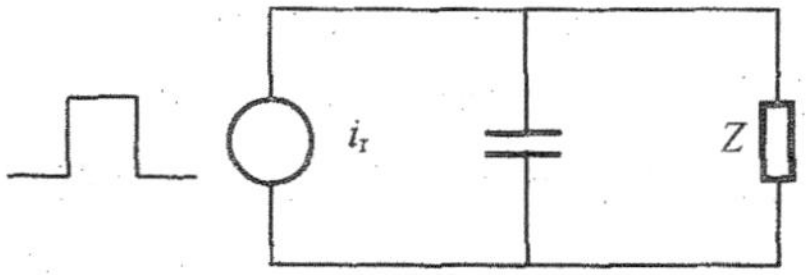

(b)

图 11.28　样品结构.

在冲击波试验前和试验中,样品是经过真空去气后浸没在硅油槽中使用的,以保持必要的耐表面放电的绝缘性能.

测量装置与测试回路:如图 11.29 所示,样品盒置于平面波发生器的平台上,两者的平整度不低于 0.1μm. 为了控制波前的脉冲强度和保证波宽的时间远大于 10^{-6}s,样品和平台波之间可插入匹配衰减片. 实验所用的脉冲应力大约为 30kPa,低于样品的 Hozoniof 极限,波速大致为 3.85mm/μs,通过 1cm 厚样品的时间大约为 2.5μs.

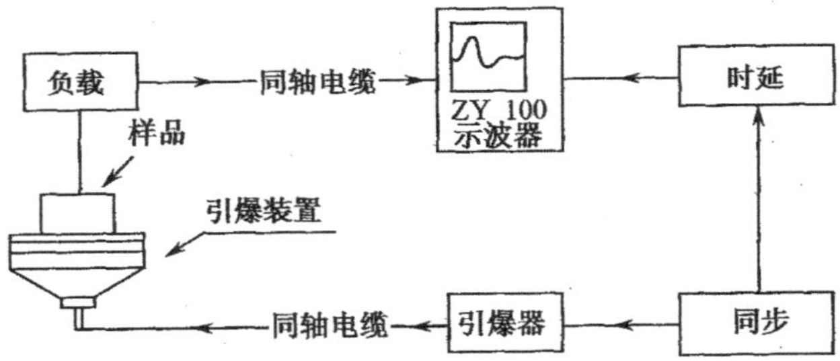

图 11.29 冲击波相变换能装置的测量示意图.

为保证测试安全可靠,测试装置由室内和室外两部分组成产生平面冲击波的爆炸装置,样品和输出负载在室外,引爆触发、测量示波器和同步时间延迟装置在室内. 室内外靠匹配电缆连接,每次冲击波测试后都需要重新连接和安装.

测量结果:样品在各种不同组装方式和不同负载条件下进行系统测试. 实验结果分别列于表 11.10,表 11.11 和表 11.12. 表 11.10 为短路负载条件,实际上外负载是一个数值接近于 1Ω 的纯电阻(无感). 表 11.11 是阻容负载条件,电容负载的主要作用是为了限制输出电压不超过样品的击穿电压,阻容匹配可控制输出波形,并能取得最佳的电功率输出条件. 表 11.12 为电感负载条件,电感负载的目的是为了功率因素匹配,取得最大的功率输出的条件.

表 11.10 短路条件实验数据表

序号	样品						R/Ω	τ 10^{-6} (s)	信号宽度 10^{-8}(s)		电流 /A	
	x_0 /cm	y_0 /cm	z_0 /cm	z_0y_0 /cm	q_0 10^{-6} (C)	C_0 10^{-12} (F)			实测	计算	实测	计算
1	0.5	7	1	7	226.1	2100	1.012	2.6	2.50	2.6	82	87
2	0.5	28*	1	28	904.4	8400	0.260	2.6	2.48	2.6	337	348

* 四块 7cm 的样品并联.

表 11.11 电阻负载实验数据表

序号	样品						C' 10^{-12} (F)	R 10^3 (Ω)	τ 10^{-6} (s)	峰值电压 10^3(V)	
	x_0 /cm	y_0 /cm	z_0 /cm	z_0y_0 /cm^{-2}	q_0 10^{-6} (C)	C_0 10^{-12} (F)				实测	计算
1	1	4	1	4	129.2	600	3900	39	2.6	31.2	28.5
2	2*	4	1	4	129.2	300	1950	39	2.6	59.0	56.6
3	4**	4	1	4	129.2	150	975	39	2.6	107.0	111.5

* 两块 4cm 宽的样品串联.

** 四块 4cm 宽的样品串联.

表 11.12 电感负载实验数据表

序号	样品						C' 10^{-12} (F)	L 10^{-4} (H)	τ 10^6 (s)	ω $10^3(s^{-1})$		最大输出电流 f_{max} (A)		最大输出能量 $\frac{1}{2}Li_{max}$ (J)	
	x_0 (cm)	y_0 (cm)	z_0 (cm)	z_0y_0 (cm)^2	q_0 10^{-6} (C)	C_0 10^{-12} (F)				实测*	计算	实测	计算	实测	计算
1	0.5	7	1	7	226.1	2100	3900	59	2.6	1.70	1.68	170	174	0.85	0.89
2	0.5	14**	1	14	452.2	4200	7800	59	2.6	—	1.19	373	348	4.10	3.57
3	1.0***	28****	1	28	904.4	4200	15600	59	2.6	—	0.93	695	696	14.3	14.3

* 2 号、3 号为实测信号未记录.

** 两块 7cm 宽的样品并联.

*** 两块 0.5cm 厚的样品串联.

**** 四块 7cm 宽的样品并联.

上述这些基本匹配条件下的电流、电压输出随时间的变化曲线示于图 11.30.

在短路条件下(外接无感电阻小于 1Ω),获得近似于矩形的电流随时间的响应曲线.从矩形电流曲线的积分可容易地计算释放电荷密度,其绝对值与材料的剩余极化值很接近,矩形曲线也清楚地显示了平面冲击波通过样品的移动速度接近于 4mm/μs(通过1cm 宽度样品的时间约为 2.5μs).这些数据精确地表明在冲击波通过之处的自发极化被全部释放,因而也直接证明样品在足够的应力诱导下会发生从铁电到反铁电的相转变.由于冲击波通过样品宽度(Z_0)的时间仅为 2.5μs,实际上样品在这么短的时间内还来不及发生机械破裂;另一方面在短路负载条件下,样品电极间不建立高电压,所以在一般情况下,矩形曲线是比较容易获得的,而且矩形曲线能完整地定性和定量地说明相转变特性.

在接近于开路的阻容负载条件下,可以从实验得到电压上升随时间几乎线性的变化曲线,如图 11.30(b)所示.为了防止在冲击波通过时,样品上电压很高以致样品自击穿,因而需要附加匹配电容使上升电压最高不能超过样品的击穿强度.附加电容的数值可以根据短路负载条件下的释放电荷量以及样品自身电容值来计算,所谓最佳匹配条件是上升的最高电压尽可能接近于样品的击穿电压但必须是安全的.在这种条件下,可以获得最高的输出电能.从图 11.30(b)曲线上还可以看到在冲击波过后仍然能在样品上维持一段时间(大约 4μs),这说明样品在这段时间内仍具有良好的绝缘性能而且仍未破碎,所以电压随时间变化曲线上出现平坦部分在一般情况下是很不容易得到的.绝大多数的 V-t 曲线,由于样品的绝缘性能不够好而出现如图 11.31(b)所示的情况,很多曲线表明在 2.5μs 以内已发生击穿或表面放电.由图 11.30(b)可以计算样品的耐电强度可达 $30\mathrm{kV/cm^3}$ 以上.

在电感负载的条件下,从电工基础计算应该可以获得最高的电能密度.实际例子说明在 $28\mathrm{cm^3}$ 的铁电陶瓷样品上能释放14.3J的电能,电能密度达 $0.51\mathrm{J/cm^3}$.这当然是在接近最佳匹配条件,

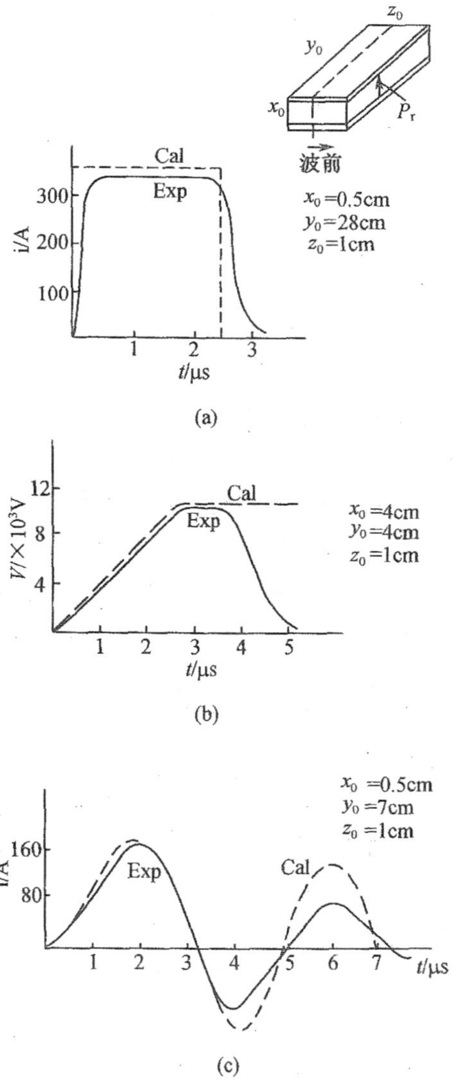

图 11.30　电阻、电容、电感负载下的爆电响应. (a)短路负载条件下的电流响应; (b)阻容负载条件下的电流响应; (c)电感负载条件下的电流响应.

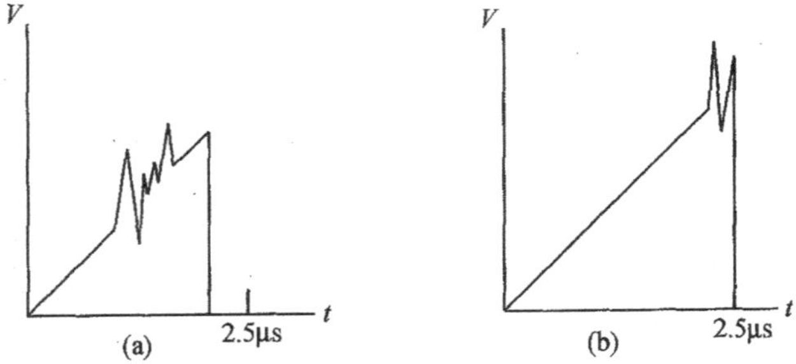

图 11.31　在冲击波作用下的 V-t 响应曲线.

即 $10\tau=\pi$ 的情况下获得的，然而图 11.30(c)也清楚地表明由于电压、电流随时间的振荡变化，反峰电压的建立，样品上所承受的最高电场是峰对峰值，接近于阻容匹配条件的两倍，所以只要样品能承受该绝缘强度，电能获得将是前者的四倍. 这再次表明在这类应用中，材料的绝缘强度是何等重要. 由于绝缘强度的不稳定性，所以图 11.30(c)的振荡曲线一般也不是容易得到.

11.2.7　铁电薄膜存贮器及其他应用[27～29,41～44]

利用铁电体中可反转的自发极化在正反向脉冲电压作用下能稳定地存在 $+P_r$ 和 $-P_r$ 两态的特性(即电滞回线特性)，人们早在 20 世纪 60 年代就采用铁电厚膜电容器进行铁电存贮的应用研究.

从原理上，铁电体中剩余极化的两态对应于计算机逻辑电路中的“1”和“0”两态，由脉冲电压来控制是完全可行的. 众所周知，自发极化存在于铁电晶体的每个原胞中，完整晶体的原胞是严格地点阵排列的. 原胞的几何尺寸，以钙钛矿钛酸钡铁电晶体为例，其立方原胞的一个线度为 4Å 左右. 在足够高的外电场(大于矫顽场强)作用下，可以使晶体中的自发极化全体排列整齐，这样沿电场方向(即剩余极化方向)晶体外表面能束缚每平方厘米几个以至几十个微库的电荷. 每一次反转所感应的 ΔP_r 变化即使在很小单元($1\mu m \times 1\mu m$)表面产生的电荷变化也已足够启动当前微电子器件开关，因此这种运转方式在发展微电子和光电子器件领域变得很有吸引力．另一方面，如果把铁电膜直接沉积在场效应晶体管的“门”位置作为绝缘，控制 P_r 的旋转将会在很大程度上影响从“源”极到“拽”极的电流，这个电流可直接传感不需要开关器件，这就有可能制作非破坏性读出存贮器件，所以把铁电性与半导体结合起来，其发展前景不可估量．但由于当时采用的是厚膜材料，用以启动极化反转的电压太高，并由于铁电体的矫顽场强一般都是外加电场的函数，除钛酸铋($Bi_4Ti_3O_{12}$)和硝酸钾(KNO_3)外很少具有较确定的矫顽场强值，而实际存储矩阵列中各单元记忆元件之间缺乏有效隔离(实际上被注册的邻近单元也具有一定的电势，$10^{-3} \sim 10^{-6}$的动作概率会带来误差，这在大容量存贮中是不允许的．)，所以实验并不成功．

20 世纪 70 年代硅衬底器件的大量发展和铁电薄膜材料的兴起导致从 20 世纪 80 年代末开始铁电存储器件的研究重新引起重视．它与磁性存贮相比的一些优点是很明显的．

(1)非挥发性(non volatility)．铁电体的基本特性是电滞回线特性，回线上在零电场处存在 $\pm P_r$ 的两态是同样稳定的．所以要保持记忆态是不需要外加电场或电压的．这种两态的操作与液晶显示器件中分子的向列在外加电场受到干扰时会回到原始态，或硅衬底 DRAM(denamic random access memory)器件需要外加“恢复”电压(每秒好几次)来保持存贮记忆信号是不同的．

(2)快速“读”和“写”．可达 10ns．

(3)小尺寸、高密度．单元尺寸可小于 $1\mu m \times 1\mu m$．

(4)抗核辐照．

(5)在集成设计中与 MOS 工艺、二极工艺和砷化镓工艺都能较好的相容，使铁电薄膜存贮器作为集成器件的一部分．

当代铁电存贮器的主要要求如下所列：

单元尺寸：$1\mu m \times 1\mu m$；

开关极化：$\geqslant 1\mu C/cm^2$；

开关时间:(包括读出时间、擦除重读时间)5~200ns;

工作温度:0~70℃(民用);-40~125℃(军用);特殊应用要求-100~300℃;

开关电压:3~5V;

击穿电压:40V;

老化周期:10^{10}~10^{15}周;

退化时间:5~10年;

抗辐照强度:5 *Miad cms* (X射线),

10^{11} *rad cms* (X射线),

10^{14} cm^{-2}(中子).

从材料方面考虑也只有优质的铁电薄膜可以满足铁电存贮器的要求.虽然到目前为止在比较相同组分的体材料和薄膜材料的电性能中,可以看到体材料还一般地优于薄膜材料见表11.13.

表11.13 PZT体材料与薄膜材料性能比较

性能	体材	薄膜
电阻率 ρ_r	$>10^{12}\Omega\cdot cm$	$<10^{12}\Omega\cdot cm$
介电常数 ϵ_r	10^3	10^2
介质损耗 $\tan\delta$	10^{-3}	10^{-2}
矫顽场强 E_c	$\sim10^4V/cm$	$\sim10^5V/cm$
剩余极化 P_r	$\sim30\mu C/cm^2$	$\sim10\mu C/cm^2$
开关速率	$10^{-7}s$	$10^{-9}\sim10^{-12}s$

上述存贮器件的要求只是一个大致的定性范围,它要求与应用场合密切相关.单元尺寸、开关速度、矫顽场强、退化和等方向要求愈来愈高.适用的体材料在性能价格、均匀性、稳定性方面也在不断地提高,它们各自发挥自己的性能特点,适用于各个不同的应用场合,其发展方兴未艾.

铁电薄膜在微电子方面的应用除了非挥发存贮器外,还有高容量DRAMS,声表面波(SAW)器件,微传感和微驱动器等,在光电子方面的应用有红外探测器,光波导,光调制器和倍频器等.

铁电薄膜材料　满足存贮器应用基本要求的铁电材料还是不少的.除了材料的本征性能以外,薄膜制备工艺并和集成电路器件制备的相容性,往往在实际应用中起了决定的作用.铁电薄膜材料的剩余极化、漏导、介电常数、介质损耗和代表材料本征性能的矫顽场强都与薄膜制备工艺、材料的纯度有密切关系.虽然这些重要的性能参数一般都比相同组分的体材料差一些,然而由于薄膜的厚度小于 0.5μm 使得开关电压小于 3～5V 已能满足集成电路存贮器件这个必须满足的要求.十几年来很多铁电薄膜都已制备出来,然而性能要求的关键看来是薄膜材料的抗老化和退化性能.大部分铁电薄膜目前还难以满足高要求.这里的退化性能主要是指材料在经历多次极化反转后,剩余极化的衰减.它往往是大部分铁电薄膜需要通过掺杂或工艺条件来进行改进的主要目标.本章主要列举的是钙钛矿结构的锆钛酸铅 PZT;层状结构的钽酸锶铋 $SrBi_2Ta_2O_9$(常称"Y1")和钛酸锶钡(BST).其他材料用于存贮器件的还有硝酸钾 KNO_3,钛酸铋 $Bi_4Ti_3O_{12}$ 用于 DRAMS 和 FE-FETs(铁电场效应晶体管)的氟化钡镁 $BaMgF_4$ 等.

锆钛酸铅 PZT 薄膜　基于丰富的体材料制备、性能和应用基础,一开始就是被研究得最多的材料,其组分在准同型相界,Zr/Ti:53/47附近,各研究工作者,如 Maderic, Melnich Mozzami Spierings, Klee 等所报道的具有相似组分的 PZT 性能有不小的差异,就以 Siemens 公司所发表的 PZT 薄膜性能如表 11.14 所示为例,不同的制备方法和处理条件可带来性能的不小变化.由此说明为使 *PZT* 薄膜符合铁电存贮的要求,无论在有关性能要求,还是材料的微观结构、颗粒定向分布、组分、纯度以及必需的掺杂改性和采用各种制备方法来控制性能的变化等方面还需要做大量的工作.

钽酸锶铋 SBT 薄膜　与 PZT 薄膜相比,用于集成存贮器 SBT 薄膜的主要优点如下:

(1)具有很好的抗退化性能.从图 11.32(b)所示 SBT 电容器的疲劳性能和电滞回线可以看到,通过 10^{12} 周期的放电操作,它的性能变化很小.

表 11.14 PZT 薄膜性能

沉积方法	温度控制/℃	Zr/Ti	薄膜厚度/nm	剩余极化 $/\mu C\cdot cm^{-2}$	矫顽场强 $kV\cdot cm^{-1}$	比介电常数
MOCVD (一步法)	700	23/77 57/43	220 350	60 50	170 75	400 870
单靶溅射(二步法)	650	58/42	350	24	32	950
平面多靶(一步法)	450	52/48	520	20	70	610
溶胶-凝胶(sol-gel 法)	700	53/47	390	18	79	570
激光脉冲沉积(两步法)	650	52/48		32	130	850
多靶离子束(一步法)	480	50/50	90	20	110	900
多离子束(二步法)	650	56/44	800	20	60	1150

(2)具有很小的漏电流.图 11.33 所示的为 $BaBi_2Ta_2O_9$ 薄膜,厚度 240nm, 在 10V 电压作用下,漏电流密度为$10nA/cm^2$.在这个具有层状结构的家族中包括 $SrBi_2Ta_2O_9$ 和 $PbBr_2Ta_2O_9$ 都具有近似的漏电小性能,这个数据比 PZT 薄膜在相同面积和厚度条件下要小 100 倍.

(3)能保持体材料的性能到很薄的薄膜.例如该材料的比介电常数可一直保持为 600 左右,即使样品的厚度为 100nm 左右,而 PZT 体材料比介电常数远大于 1000,但当厚度降至 100nm 时,只有 100 至 200 左右.

与 PZT 薄膜相比,SBT 也有一个比较大的缺点,就是制备工

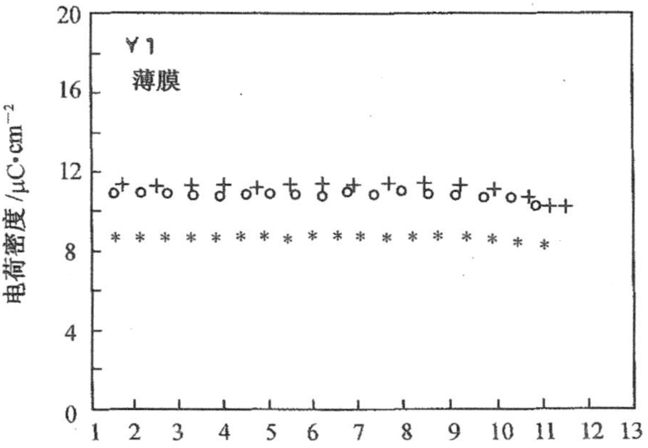

(a)

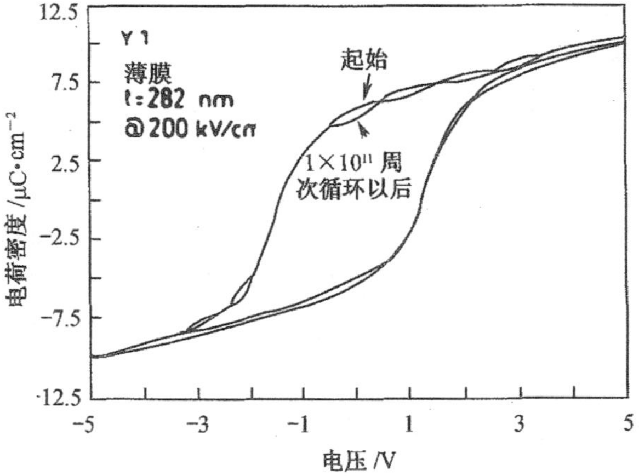

(b)

图 11.32 SBT 电容器的疲劳性能和电滞回线图
(a)和电滞回线的变化(b)(Paz de Araujo et al., 1995).

艺过程需要高温达 800℃ 左右,在制备器件时往往限制金属化的应用.PZT 薄膜在制备过程中经历 3 个相,起始沉积是非晶相,摄氏几百度就转变为焦录石相(pyrochlore phase), 它在环境条件下

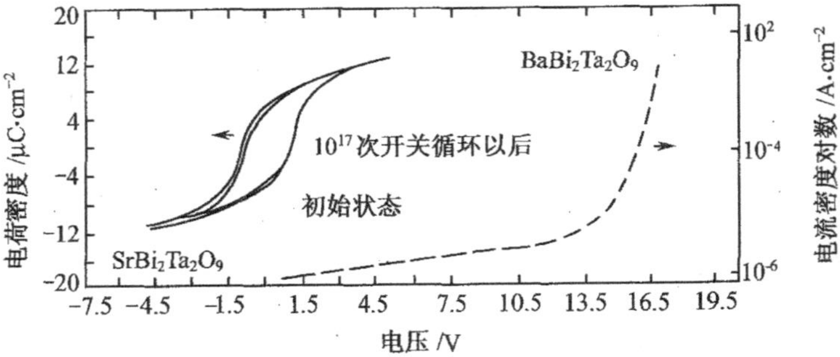

图 11.33 SBT 家族的漏电特性.

不是铁电的,铁电 PZT 薄膜需经过退火工艺即在较高温度下快速冷却,在一定温度下,焦录石相会转变为钙钛矿相.目前最低退火温度可达 450℃左右.

钛酸锶钡 BST 薄膜　BST 体材料是大家非常熟悉的介电、铁电材料,它大量应用于各种高介电常数电容器.由于 BT($BaTiO_3$)和 ST($SrTiO_3$)可以各种比例固熔,因此可以在很宽的温度范围控制其居里温度的变化(-233~+120℃).该系统在居里温度附近的介电常数很高(ε_r 可达 6000~10000),控制在非铁电相介质损耗也较一般铁电材料要小,而且化学稳定性也好,所以很自然地,被联想到用于大规模集成电路中做集成电容器.它的第一个特点是高介电常数.在应用于超大规模动态随机存取存贮器(ULSI-DRAM)中显然是可取的优点之一.随着 DRAM 器件的集成密度愈来愈高,从表 11.15 可见,当存贮密度为 4Gbit 时单元电容器的面积为 0.1μm^2,用目前采用的二氧化硅 SiO_2 或硅的氮氧化合物,由于其介电常数只有 6 左右,即使采用叠合办法也很难凑合.

BST 薄膜的第二个特点是小信号介电常数随直流偏置电压的非线性大.这也许是它最重要的特性,这种特性使得铁电薄膜的应用扩展到微波器件领域,如介质调制滤波器,调制谐振天线和微波移相器等.此外,因为钛酸钡家族的热释电系数比较大,BST 薄膜也被探索用于薄膜阵列的红外探测器.

表 11.15　用于 DRAMS 的集成电容要求

存贮密度	最小特征尺寸/μm	C/Area (pF/μm^2)	电容器面积/μm^2	V/V	年
16Mbit	0.6	25	1.1	3.3	1992
64Mbit	0.35	30	0.7	3.3	1995
256Mbit	0.25	55	0.35	2.2	1998
1Gbit	0.18	100	0.2	1.6	2001
4Gbit	0.15	140	0.1	1.1	2004

铁电薄膜存贮器结构和制备方法　早期铁电薄膜存贮器的结构设计如图 11.34 所示.

纵列位(位线).每一根“位”线和“字”线的交错处接一个电容

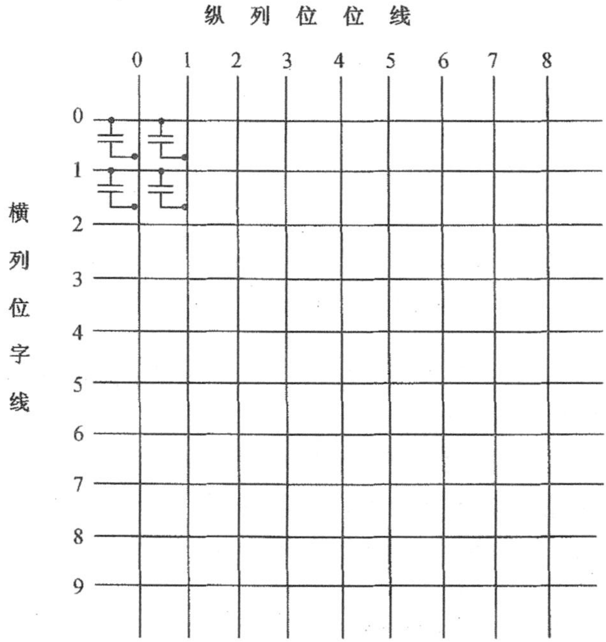

图 11.34　存贮器结构示意图.

作存贮单元.位线间、字线间以及位线和字线间自然是绝缘的,信号电压脉冲沿位线和字线施加上,它的数值为 $1/2V_s$, V_s 为开关电压, $V=E_cd$, E 是矫顽场强, d 是薄膜厚度.由于这个 $1/2V_s$ 会导致注册单元邻近的存贮单元也有 10^{-3}到 10^{-6}的注册概率,这是因为铁电体的矫顽场强一般不是一个确定值,它随加压时间的长短和前呈已开关工作的历史有所变化,承压时间延长和已开关工作次数增多都会导致 E 下降而造成误操作,这在高容量存贮器的设计中是不允许的,因而这种理想相的设计不具有实用性.这个问题经常被设计者称为"half-select disturb pulse threshold".现在实用的设计结构有二:一是把每个铁电存贮单元与邻近的单元通过一个通栅晶体管相隔离,如图 11.35 所示.

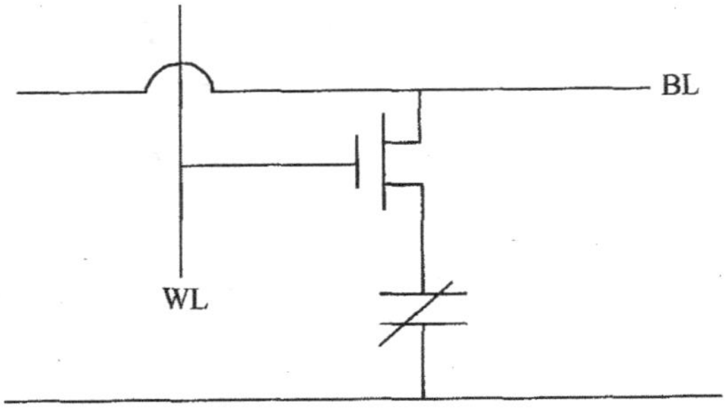

图 11.35 1T-1C 结构(Eaton,1986).

另一个是用二个晶体管和二个电容的电路设计结构,如图 11.36 所示,称为 2T-2C 结构.

它可以自己补偿铁电材料因温度或材料老化所引起的极化状态的变化,使得各个单元都具有同一的参考电势.

铁电电容器与 MOS(metal oxide semiconductor)晶体管集成的剖面图如图 11.38 所示.

目前非挥发的 256kbit 随机存取记忆元件(NV-RAMS)已经商业化了(Matsushita Electric Co.,1995).

铁电薄膜的制备方法大体有溅射(sputterling)法,溶胶凝胶法

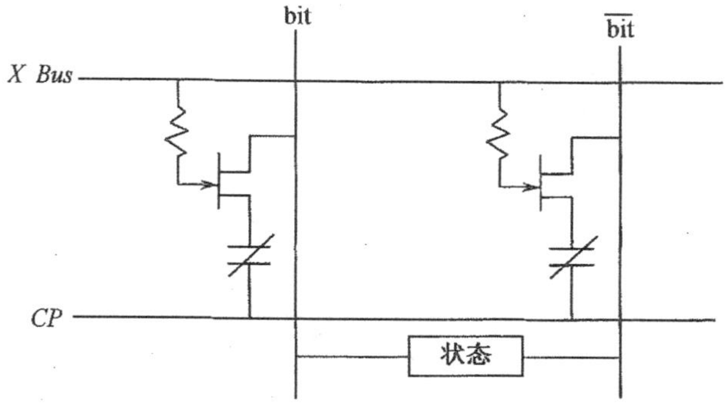

图 11.36　2T-2C 结构.

(sol-gel spin on)，激光气化沉积(laser ablation)法，热蒸发(thermalevaporation)法，和各种各样的化学气相沉积(chemical vapor deposition, CVD)法.

溅射法是用高速惰性气体离子，在真空射频高压作用下轰击铁电体靶材，把撞击出的原子沉积在基板上.由于电子与正电荷离子交替轰击靶面，从而消除靶面的电荷积累.外加静磁场可以提高溅射效率并消除一些电子轰击的影响.常用磁控溅射法制备多元组分的铁电氧化物薄膜.要制备大面积致密陶瓷靶材不容易，因此采用金属靶反应溅射和多靶离子来溅射是当前比较先进的技术.

激光气化沉积是利用聚焦在小面积上的高功率激光能瞬时蒸发被照区域的所有原子并沉积于邻近基板表面，确保制备薄膜与靶材料具有一致的化学计量，但这种方法设备较昂贵，制膜面积较小，沉积时间长.

溶胶凝胶(sol-gel)和金属有机分解(MOD)法，并采用旋转甩胶成膜(spin-coating)的办法，也许是近代制备大面积均匀薄膜最受欢迎的薄膜制备工艺，以 PZT 为例，图 11.37 示出了这种工艺的大体程序.所谓 MOD 是把金属醇盐水解在溶胶中形成聚合的种子再缩聚成.所谓 spin on (甩胶)工序如图 11.39 所示.

虽然，目前已报道的sol-gel工艺有很多种.但它的基本成膜程

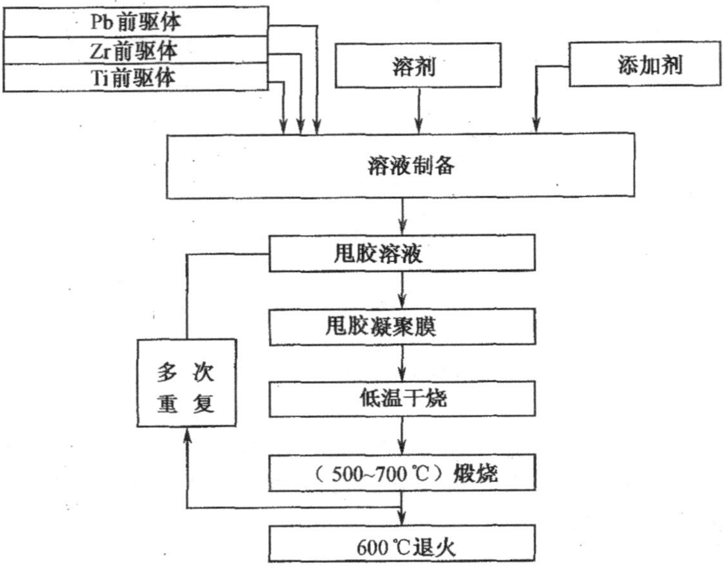

图 11.37 用 MOD/sol-gel spin 工艺流程简图.

序都是如上图所示的，铁电薄膜是由干燥金属有机膜（凝胶 gel）再通过热分解形成的.然而干燥烧结和退火过程会显著地影响铁电薄膜的形貌和性能.

上述用物理方法沉积的薄膜往往会包含不少无定形（非晶态）结构，成膜之后需要在较高的温度下进行二次结晶退火工艺.目前，PZT 薄膜的退火温度已可低至 450～500℃.

热蒸发法是把各种反应物质的气相流在加热的基片上反应并沉积在基片上成为薄膜.这种反应过程的控制比较困难对于复杂的铁电化合物不太合适.

近年来报道了不少金属有机化学气相沉积（MOCVD）法制备优质铁电薄膜包括 PZT，SBT 和 BST 薄膜.

化学气相沉积（CVD）法中载流气体把金属有机化合物带入反应室，可在平衡态反应条件下稳定地在加热基板上生长；但它存

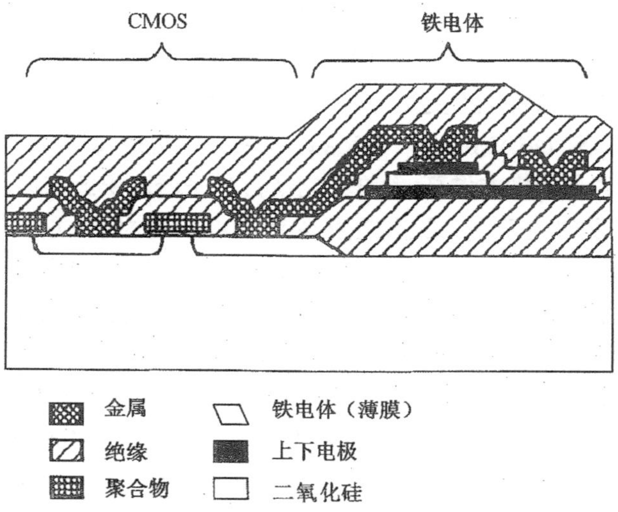

图 11.38　铁电薄膜与 CMOS 集成.

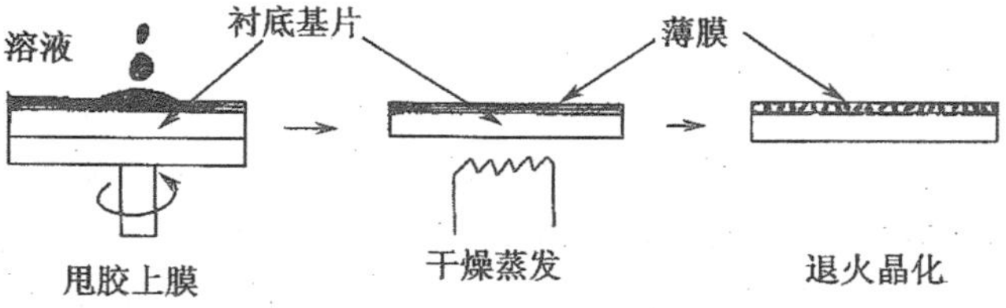

图 11.39　MOD/sol-gel spin 程序.

在金属有机前驱体的挥发问题.如卤素原子的沾污.采用 MOCVD 能克服这种金属有机前驱体的交替,可以实现结构控制的薄膜生长,并具有较快的沉积速率,可以在非平面基体上生长.这个方法的缺点是设备代价高,源物质获取困难,前驱体往往毒性强.

铁电薄膜的应用　铁电薄膜除了被应用于铁电随机存取记忆外,尚还有很多的应用正在开发.铁电体的介电性能、热释电性能、压电性能、半导电(PTC)性能以至诱导相变性能和超导性能,在薄膜状态大都能继续显示.很多科技工作者都认为,随着对薄膜结构的深入了解和薄膜制备方法的不断更新，铁电薄膜材料的不少性能将接近于体材料，然而薄膜材料状态在微电子和光电子器件领域所具有的独特优点更是体材料所无法替代的.

高容量DRAM器件　DRAM器件中所用的每一个电容器随着进位容量密度的增高，允许给它所占的平面面积愈来愈小.为要满足一定的电容量，必须选用高介电常数的材料.过去所用的SiO_2薄膜电容器，由于介电常数太小即使采用纵向叠片的结构(trench结构)也难以满足大于256Mbit的器件.NEC起始于1994年发展钛酸锶($SrTiO_3$)溅射薄膜电容器，它的介电常数为310，目前日本微电子器件制造者已用BST($Ba_xSr_{1-x}TiO_3$)薄膜并采用全平面结构(Planar结构)，用作高于64Mbit和256Mbit的DRAM器件.BST薄膜还被用于微波(2～20GC/s)器件，由于它在微波频段还能保持高Q值达数千.

电荷耦合的红外探测器(CCDS)　用铁电薄膜电容器取代CMOS集成电容有可能大大提高深冻碲镉汞($Hg_xCd_{1-x}Te$)的复式读出电子红外探测器.但铁电薄膜必须工作在77K，考虑半导体探测器热绝缘，将涉及到(256×256pixel)的基阵.

铁电场效应晶体管　在FERAM器件中每一个栅通两极管都具有顶和底面两个金属电极，该电极通常是铂，并具有中间钛夹层以改善与硅片的黏接，电极材料也有采用RuO_2的.在铁电场效应晶体管中，铁电薄膜直接沉积在场效应管的栅极(gate)位置，它介于源极(S)和漏极(D)之间而铁电层的剩余极化取向($\pm P$)在很大程度上会影响S极到D极的电流.由于P的直接影响也就不用开关，这就提供了非破坏读出存贮的可能.这个特性对于很多通讯器件来说是很重要的，因为它要求大容量读出运算，而擦除再写(erase/rewrite)次数相对很小，因此就可把持久(endurance)运算的寿命延长好几个数量级.

铁电薄膜压电器件　近年来铁电薄膜的压电效应，无论是静态、准静态和超高频振荡压电效应都在进行各种传感器和驱动器的应用研究.Sreenivas等(1988)评述了SAW器件的应用；Wersing

和 Bruchhaus 研究铁电薄膜用于集成微音拾音器(microphones)和扬声器(loudspeaker)Polla 和 Francis(1996)详细地评述了铁电薄膜换能器驱动器和其他微机械器件的应用等.

最近,中国科学院上海硅酸盐研究所正在研制各种复合效应的应用.这是基于铁电体自发极化 P 在外电场、应力或温度作用下的变化,特别是在诱导相变时自发极化 P 的非线性变化,引入组合功能效应的概念,利用厚膜和薄膜材料的叠层技术和集成工艺,将功能陶瓷中二种或二种以上的效应组合起来,并通过等效回路和整体设计回路连接各部分的功能,从而设计和制备材料、器件、回路一体的新型智能材料和器件.例如利用光伏效应和铁电效应的叠合提供设计新型光存贮器件的可能;利用热耦合将 PTC 陶瓷厚膜的电热非线性效应和 PZT 相变陶瓷的热释电非线性效应叠合起来,实现了低电压到高电压的变换(热释电电压变压器件)等.

参 考 文 献

[1] Nicholas Braithwaite, Graham Weaver. Electronic Materials, 1990

[2] Wersing W, Steele B C H. Electronic Ceramic, 1991

[3] Piezoelectric Ceramics, Mullard Company, 1971

[4] Robert J. Urick. Principles of Underwater Sound, 1975. First edition published in 1967 under the title principles of Underwater Sound for Engineers

[5] Wilson O B. An Introduction to the theory and Design of sonar transducers, 1989

[6] Hamonic B, Decarpigny J N. Porceedings of the International Workshop. Held in Lille, France, 1987

[7] Bhalla A S, Newnham R E. Phys. Stat. sol., 1980, 58(a):K19

[8] Hardiman B, Beeves C P, zeyfang R b. Ferroelectrics, 1976(12):163~165

[9] Beerman H P. Infrared Phys., 1975(15):235~237

[10] Liu S T. Donald Long, Proc. IEEE, 1978(66):1, 14~16

[11] 王永龄等.全国铁电压电陶瓷材料第二届专业会议论文摘要汇编(上),1980:7.

[12] 王永龄,冯锡淇,林盛卫.红外研究,1982(1):1,9~14

[13] 秦树基,王永龄,林盛卫.红外研究,1983,2(2):118~122

[14] Lian J Y, Wang Y L. The Application of FE1-FE2 phase transtion in Nb Doped

(95/5). Ferroelectrric ceramics to Heat-Electric Energy Conversion
[15] Childress J O. Application of a Ferrelectric Materials in an Energy Conversion Devices, Journal of Applied Physics, 1962(33):1793
[16] Hoh S R. Conversion of thermal to Electric Energy with Ferroelectric Materials Procedding of IEEE, 1963
[17] Van der ziel A. Jouranl of Applied Physics, 1974, 45(9):128
[18] Drummond J E. Dielelctric Power Conversion. IEEEC'79 Record, 569
[19] Drummond J E. Proceedings 10thIECEC, 1975:569
[20] Gonzalo J A. Ferroelectrics, 1976(11):423~430
[21] Olsen R B, Briscoe J M, Bruno D A, Butterr W F. Ferroelectrics, 1981(38):975~978
[22] Briot R, Gonnard P, Troccaz M. Silicates Industrels, 1980(2):33
[23] Olsen R B. Proccedings 15th IECEC, 1980:1587
[24] Olson R B, Brown D D. Ferroelectrics, 1982(40):17~27
[25] Dai X H, Wang Y L. Ferroelectrics, 1990(109):253~258
[26] 王永龄,潘振甦.功能材料,1991,22(4):237~241
[27] Wang Y L. Proceeding of TFPA 97' 70~76. SPIE vol. 3175, 0277-786x/98
[28] 王永龄,俞大畏,董显林.无机材料学报,1999,14(2)
[29] 王永龄.材料学报,1992(3):27~30
[30] Noheda B, Iglesias T, Cereceda N, Gonzalo J A, chen H T, Wang Y L, Cax D E, Shirane G. Ferreclectrics, 1996(184):251~255
[31] Neilson F W. Ferromagnetic and Ferroelectric One-Shory Explosive Electric Transducer, SC-TM-230B-56(51)
[32] Lysne P C, Bartel L C. J. A. P., 1975, 46(1)
[33] Lysne P C, J. A. P., 1977, 48(3)
[34] Novits Rii E Z, Sadunov V D, G. Ja karpenko Fizika gorenija I vzryva, t. 14, N4, S. 115, 1978
[35] Novitskii E Z, Sadunov V D, Sadykov S A. Zhurnal Tehnich Fiz . t. 55, N9. S. 1973, 1985
[36] Bauer F. Kvolrath . Ferroeelctrics, 1976, 12(1):153
[37] Bauer F, Graham R A. In Book of Abstracts ISAF 90 Urbana, USA, June 6-8, 1990:13, 4, 135
[38] 王永龄,袁万宗,何国荣,林盛卫,凌荣华,瞿翠凤.物理学报[ACTA PHYCICA SINICA],1983,32(6):780~785
[39] 王永龄,袁万宗,何国荣,林盛卫,凌荣华,瞿翠凤,万炳根.新型无机材料,1982,10(3~4):53~59
[40] Wang Y L, Yuan W 2, He G R. Lin S W, etc. Ferroelectrics, 1983, 49(1~4):169~

176
[41] Ames J. Scott F. Ferroelectrics Review, 1998, 1(1): 1～129
[42] Larsen P K, Cuppens R, Spierings G A C M. Ferroelectrics, 1992(128): 265～292
[43] Tatsumi Sumi, Yuji Judai, Kanji Hiranol, etc. Jpn. J. Appl. Phys. 1996(35): 1516～1520
[44] Scoh J F, Paz De Araujo C A, Mcmillan L D. Condensed Matter News, 1992, 1(3): 16～20
[45] Nye J F. Physical Properties of Crgstals, Clarendon Press, Oxford, 1964

第十二章　铁电薄膜

肖定全

§12.1　概　　述[1~6]

12.1.1　铁电薄膜

具有铁电性、且厚度在数十纳米至数微米的薄膜材料就称为铁电薄膜.铁电薄膜,包括少数只具压电性而不具热释电性和铁电性的压电薄膜(如 ZnO, AlN 等),是一类重要的功能性薄膜材料,是目前高新技术研究的前沿和热点之一.究其原因,可以概括为三条:一是铁电薄膜具有一系列的特性,如介电性、铁电开关效应、压电效应、热释电效应、电光效应、声光效应、光折变效应和非线性光学效应,可以单独利用上述诸效应制作出不同的功能器件,也可综合利用两个或两个以上的效应制作多功能器件、集成器件或机敏(smart)器件;二是自 20 世纪 80 年代中期以来,由于薄膜制备技术的发展,基本扫清了制备高质量铁电薄膜的技术障碍.特别是,能在较低的衬底温度下淀积高质量的外延或择优取向的薄膜,使铁电薄膜工艺技术与半导体工艺技术的兼容成为可能,并且使传统的电介质材料、器件及物理与半导体材料、器件及物理相结合,形成了一个新兴的学科分支——集成铁电学;三是微电子技术、光电子技术和传感器技术等的发展,对铁电材料提出了小型、轻量、可集成等更高的要求,从而使一大批新型铁电薄膜器件(或器件原型)不断涌现出来.因此,铁电薄膜材料、集成铁电器件以及与之相关的物理问题,引起物理学(特别是电介质物理学)、材料科学与工程、微电子与光电子学等领域的科学技术人员和学者的关注.

本章集中讨论铁电薄膜的制备科学技术，与铁电薄膜和半导体芯片集成相关的集成铁电学及铁电异质结构，铁电薄膜在微电子学、微机电学、光电子学、集成光学以及相关器件上的应用，铁电薄膜的特性退变机制等问题，简要介绍 $SrBi_2Ta_2O_9$ 层状钙钛矿结构铁电薄膜，PZT 系列铁电薄膜，以及 ZnO，AlN 类非铁电性压电薄膜；最后，对铁电薄膜的研究与开发前景作一概括评述.

12.1.2 重要的铁电薄膜材料

从晶体结构来看，目前研究的铁电薄膜材料主要有四种：(1)含氧八面体的；(2)含氢键的；(3)含氟八面体的；(4)含其他离子基团的. 在以开关效应为基础的铁电随机存取存储器(FRAM)的应用中，$Pb(Zr,Ti)O_3$(PZT)基铁电薄膜是较常用的材料. 由于 PZT 系铁电材料耐疲劳性能较差以及铅的公害问题，近年来人们对新材料体系进行了开发和研究，特别是铋系层状结构的 $SrBi_2Ta_2O_9$(简记为 SBT)铁电薄膜. 这类薄膜材料具有良好的抗疲劳特性，用其制作的 FRAM，在 10^{12}次重复开关极化后，仍无显著疲劳现象，且具有良好的存储寿命和较低的漏电流. 以高容量为主要要求的动态随机存取存储器(DRAM)，常采用高介电常数的铁电薄膜作为电容器的介质材料. 选用高介电常数的铁电薄膜(介电常数高达 $10^3 \sim 10^4$)作为电容介质，可大大降低平面存储电容的面积，有利于制备超大规模集成(ULSI)的 DRAM. 目前，研究的介质膜有 PZT，$SrTiO_3$(ST)，$BaTiO_3$(BT)和$(Ba,Sr)TiO_3$(BST)等. 由于工作在铁电相的铅系铁电薄膜(如 PZT)具有易疲劳、老化及漏电流大、不稳定等缺点，目前介质膜的研究主要集中在高介电常数的顺电相 BST 薄膜. 在光电子学应用方面，$(Pb,La)(Zr,Ti)O_3$(PLZT)铁电薄膜是很受关注的材料. 这是由于这类薄膜具有良好的光学和电学性能，调整其化学组成可以满足电光、弹光及非线性光学等多方面的要求. 此外，PLZT 还可用于集成光学，是一类很有希望的光波导材料. 但 PLZT 铁电薄膜的化学组成复杂，且性能对组分的变化很敏感，这很不利于薄膜的制备.

$KTa_xNb_{1-x}O_3$(KTN)亦是一类很有希望用于光电子学的薄膜材料.在光学非线性和光折变效应方面，KTN 比 PLZT 更好一些，而且薄膜制备要求不像 PLZT 那样苛刻.PLZT 和 KTN 均为钙钛矿结构材料.具有类钙钛矿结构的 $LiNbO_3$，$LiTaO_3$ 类铁电薄膜，在集成光学上的应用也引起人们的高度关注.钨青铜结构的 SBN[$(Sr_{1-x}Ba_x)Nb_2O_6$]等铁电晶体是重要的电光材料，这类材料的薄膜化已有一些报道.随着光电子学的发展，这类铁电薄膜将日益受到人们的重视.

12.1.3 铁电薄膜的应用

自铁电薄膜的制备技术在 20 世纪 80 年代中期获得突破性进展以来，人们一直致力于研究铁电薄膜在微电子技术、光电子技术和集成光学中的应用，已经提出和制备了一大批相关器件.表12.1列出了铁电薄膜按物理效应应用的分类.

表 12.1 铁电薄膜按物理效应应用的分类

铁电薄膜的物理效应	主要应用示例
介电性	薄膜陶瓷电容器，与硅太阳能电池集成的贮能电容器，动态随机存取存储器(DRAM)，微波器件(谐振器、探测器、波导)，AC 电致发光器件，薄膜传感器
压电性	声表面波(SAW)器件，微型压电驱动器，微型压电马达
热释电性	热释电探测器及探测器列阵
铁电性	铁电随机存取存储器(FRAM)，铁电激光光盘，铁电神经网络元件，铁电记录信用卡
电光效应	全内反光开关，光波导，光偏转器，光调制器，光记忆与显示器
声光效应	声光偏转器
光折变效应	光调制器，光全息存储器
非线性光学效应	光学倍频器(二次谐波发生)

表 12.1 列出的铁电薄膜器件，有的已开发成产品，但多数尚处于实验室研究阶段．不过，这些器件的应用前景是肯定的，潜在市场也是可观的．例如，作为小型轻量、可在室温下工作、具有广谱响应、且分辨率较高的薄膜型热释电红外探测器及探测器列阵，在军事及民用上均有一定的市场．此外，铁电薄膜新的应用还在不断提出，如将铁电薄膜用作激光光盘、微波波导、能与太阳能电池兼容的太阳能电池储能电容器、冷阴极强电子发射源等等．

12.1.4 非铁电性压电薄膜

压电薄膜具有许多重要的应用，特别是在声表面波器件上具有广泛应用．人们从 20 世纪 60 年代初就开始了非铁电性压电薄膜研究，并已开发出多种压电薄膜．从制备简便、性能优良、应用较广等方面看，研究得比较深入的非铁电性压电薄膜主要有 ZnO 和 AlN 薄膜，此外还有 Ta_2O_5 薄膜和 ZnO/AlN 复合薄膜，其中 ZnO 薄膜在约 10 年前即已达到实用化，广泛用于多种压电器件，且已投入大量生产．AlN 薄膜的制备技术已比较成熟，薄膜的压电性能也相当优异，在多种超高频电子器件上获得应用．

参考文献[6]详细介绍了 ZnO, AlN, Ta_2O_5 和 ZnO/AlN 等主要非铁性压电薄膜的制备技术、结晶学特性、压电和介电特性的及在不同器件中的应用，以方便有兴趣的读者查阅．这里我们分别给出 ZnO 和 AlN 压电薄膜的结晶学参数、体波性能和表面波性能

表 12.2 ZnO 和 AlN 压电单晶和薄膜的晶格常数

材料名称	晶格类型	晶格常数/nm		
		晶　体	单晶薄膜	择优取向薄膜
ZnO	六方晶	$a=0.32497$ $c=0.52066$	$a=0.3264$ $c=0.5210$	$a=0.3249\sim0.3264$ $c=0.5205\sim0.5160$
AlN	六方晶	$a=0.3110\sim0.3114$ $c=0.4980\sim0.4986$	$a=0.3112$ $c=0.4982$	$a=0.3112\sim0.3113$ $c=0.4980\sim0.5004$

(参见表 12.2 至 12.4).需要说明的是,表 12.2 至 12.4 中列出的数据只是参考性的,因为这些压电薄膜的参数是多个因素的函数,而且还与薄膜的质量密切有关.例如,如果薄膜有晶粒错位、晶粒极性反向、残留应变,以及各种缺陷和杂质等,都会影响到这些非铁电性压电薄膜的声表面波性能.

表 12.3 ZnO 和 AlN 压电晶体和薄膜的体波性能

材料		机电耦合系数 k/%	声速 $V/\mathrm{m \cdot s^{-1}}$	声阻抗 $\lvert Z \rvert$ /$10^6 \mathrm{kg/m^{-2} \cdot s^{-1}}$
ZnO	晶体	18.2(k_{31}) 38.0(k_t) 48.0(k_{33})	2945(V_{TS},切变) 6400(V_{TE},伸缩)	34~36
	取向薄膜	10.0(k_{31}) 17~18(k_t)	2945(V_{TS},切变) 6400(V,伸缩)	
AlN	晶体	20.0(k_t) 30.0(k_{33})	10400(V_{TE},伸缩)	34~44
	取向薄膜	18.0(k_{31}) 20~28(k_t)	5560(V,横波) 11300(V,纵波)	

表 12.4 ZnO 和 AlN 的声表面波性能

压电薄膜	声速(m/s)		声速温度系数 /$10^{-6} \cdot ℃$	耦合系数 ks^2/%	传输损耗 /$\mathrm{dB \cdot mm^{-1}}$
	平行于 c 轴	垂直于 c 轴			
ZnO	2650	5560	15~25	0.4~0.6	0.41~0.58 (57~212 MHz)
AlN	6200	11300	42	0.10~0.18	0.2~0.4

§ 12.2 铁电薄膜制备技术

12.2.1 铁电薄膜制备技术

在过去约 30 年的时间里，铁电薄膜的制备技术发展很快，现在，人们已能利用多种方法，制备性能优良的铁电薄膜．按照制膜机理的不同，铁电薄膜的制备方法可分为物理方法和化学方法两大类．图 12.1 给出了这两类方法的概况．由于铁电薄膜大多是化学组成比较复杂的多组元金属氧化物薄膜，加之多数铁电材料是含铅材料，而铅在不太高的温度下就可能以 PbO 的形式挥发，因此，制备铁电薄膜要比制备一般的单组元或双组元薄膜更为困难．目前，应用最为广泛的铁电薄膜制备技术主要有四种，即溅射法、溶胶-凝胶法、化学气相沉积法(CVD)、脉冲激光沉积法(PLD)等．这几种方法的技术优劣的比较如表 12.5 所示．

- 物理方法—（→带能束流辅助原位监测分析）
  - 真空蒸发(单源单层蒸发；单源多层蒸发；多源反应共蒸发)
  - 磁控溅射—
    - 直流磁控溅射[单靶(反应)溅射；多靶反应共溅射]
    - 射频磁控溅射[单靶(反应)溅射，多靶反应共溅射]
  - 离子束溅射[单离子束(反应)溅射；双离子束(反应)溅射；多离子束反应共溅射
  - 分子束外延(MBE)与激光分子束外延(L-MBE)
  - 脉冲激光沉积(PLD)
- 化学方法—（→原位监测分析）
  - 化学气相沉积(CVD)—
    - 热解化学气相沉积[热解(CVD)]
    - 等离子体增强化学气相沉积(PECVD)
    - 激光诱导化学气相沉积(LCVD)
    - 金属有机物化学气相沉积(MOCVD)
    - 化学束外延(CBE 或 MOMBE)
    - 微波等离子化学气相沉积(MWCVD)
  - 化学溶液法—
    - 溶胶-凝胶法
    - 水热电化学法
    - 液相外延(LPE)

图 12.1 铁电薄膜制备方法分类示意图．

表 12.5 几种主要的铁电薄膜制备技术比较

性能 \ 制备技术	溅射	激光沉积	溶胶-凝胶	化学气相沉积
显微结构	好	好	好	很好
均匀性	好	好	很好	很好
化学计量比	较好	好	很好	很好
掺杂	困难	困难	容易	容易
厚度控制	容易	容易	困难	容易
附着力	很好	好	好	好
重复性	中等	较好	好	好
前驱体	很容易	很容易	容易	困难
生长速度	快	快	慢	快
外延能力	强	强	强	弱

12.2.2 溅射法

溅射法可分为磁控溅射和离子束溅射，这种方法的优点是能够以较低的成本制备实用的大面积薄膜，制膜可使用陶瓷靶材，也可在氧气气氛中使用金属或合金靶材通过反应溅射获得所需薄膜. 利用这种方法已经获得了较好的 PZT, SBT($SrBi_2Ta_2O_9$，又称为 Y1)和 BST[(Sr, Ba) TiO_3]薄膜. 其缺点是，在溅射过程中各组元的挥发性差别很大，膜的成分和靶的成分有较大偏差，而且偏差大小随工艺条件而异，这使摸索工艺和稳定工艺较为困难. 我国学者发展的多离子束反应共溅射技术，为在溅射过程中控制多组元铁电薄膜的成分开辟了新的途径[7].

12.2.3 脉冲激光沉积(PLD)法

脉冲激光沉积(plused laser deposition, PLD)是 20 世纪 80 年

代后期发展起来的新型的薄膜制备技术,典型的 PLD 装置如图 12.2 所示.一束激光经透镜聚集后投射到靶上,使被照射区域的物质烧蚀,烧蚀物(ablated materials)择优地沿着靶的法线方向传输,形成一个看起来像羽毛状的发光团——羽辉(plume),最后烧蚀物淀积到前方的衬底上形成一层薄膜.在淀积的进程中,通常在真空腔中充入一定压强的某种气体,如淀积氧化物时总是充入氧气,以改善薄膜的性能.

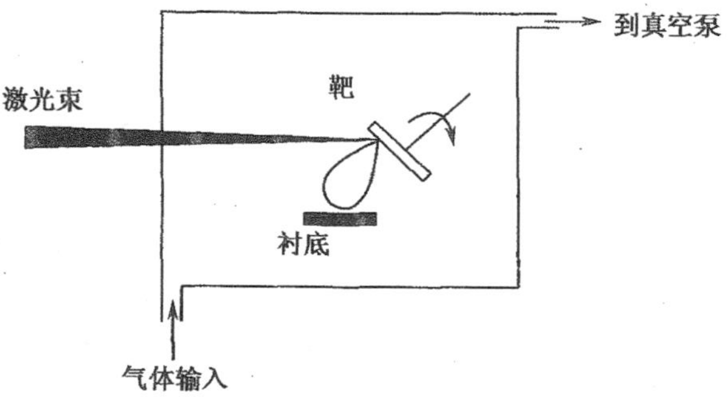

图 12.2 典型的 PLD 装置示意图.

大量的事实表明,对范围广泛的材料,可以调节实验条件使薄膜的化学成分与靶的化学成分一致,制得某一特定成分的靶就能获得与之成分基本相同的薄膜,而靶的制备是陶瓷科学中的成熟技术,正是这一点使 PLD 成为制备复杂组分薄膜材料的重要手段.

整个 PLD 过程可以分为 3 个阶段:(1)激光与靶作用阶段,(2)烧蚀物(在气氛气体中)的传输阶段,以及(3)到达衬底的烧蚀物在衬底上的成膜阶段.前两个阶段是 PLD 更为本质的过程,第三个阶段则更侧重于一般的薄膜生长行为.人们对 PLD 的物理机制,特别是激光与靶相互作用的物理基础,烧蚀物的传输进行了大量的研究,使 PLD 技术日臻完善.

PLD 方法的最大优点是膜的化学成分和靶的化学成分很接

近,因而特别适用于制备复杂氧化物薄膜,包括铁电薄膜、高温超导薄膜和磁性薄膜;缺点是膜表面上常有细微液滴凝固形成的颗粒状突起而使表面质量不甚理想,也不易于制备大面积薄膜.利用 PLD 技术已成功地制备了 PZT,PLZT,BST 等多种铁电薄膜.

在 PLD 技术发展中,有人采用偏置电场以增加铁电薄膜 c 轴的取向度[8]或采用"阴影掩膜"(shadow mask)技术以减少薄膜表面的粗糙度[9].图 12.3 和图 12.4 分别给出了这两种 PLD 技术中的电极配置和掩膜配置示意图.

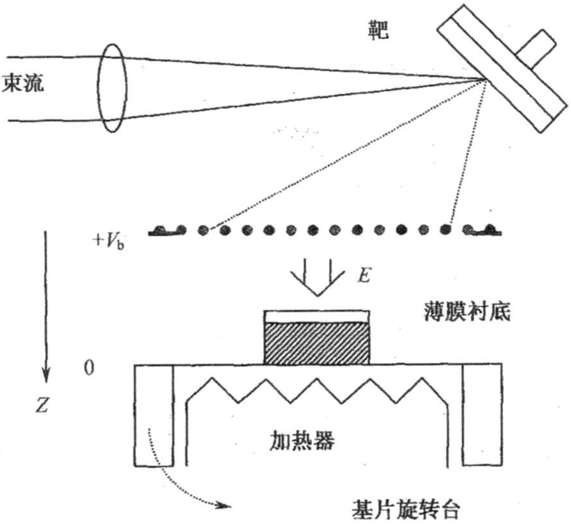

图 12.3 PLD 技术中电极配置示意图.

12.2.4 溶胶-凝胶法

这种方法的基本原理是将薄膜各组元的醇盐溶于某种溶剂中反应产生复醇盐,然后加入水和催化剂使其水解并依次转变为溶胶和凝胶,可用甩胶法,经干燥、烧结制成所需薄膜.该法的优点是可获得分子水平的均匀膜,设备简单,成本低,可制备大面积薄膜;

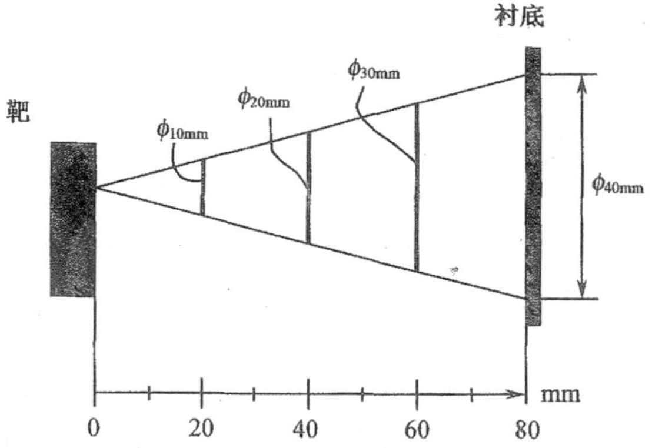

图 12.4 PLD 技术中掩膜配置示意图.

缺点是膜的致密性差,常有针孔等缺陷导致漏电导,表面平整度也不太理想.人们用此方法已成功地制备了 PZT,PLZT 和 SBT 等薄膜.

金属有机物沉积法(MOD)与溶胶-凝胶法类似,不同之处在于用液态金属有机物前驱体代替溶胶.该方法已成功地用于 SBT,PZT 等铁电薄膜的制备,取得了较好的效果.

12.2.5 化学气相沉积(CVD)法

这种方法的特点是在材料通过化学反应合成的同时成膜,其中又以金属有机物化学气相沉积(MOCVD)用途最广.利用 MOCVD 可以制备面积较大、结构致密、结晶性良好的薄膜,包括外延单晶膜.如果用激光加热衬底还可实现薄膜的图案生长. MOCVD 已发展成为制备铁电薄膜的重要方法,并可能发展成为工业生产用铁电薄膜制备技术.该法的缺点是,对一些重要的铁电薄膜材料,所需的具有足够高饱和蒸气压的金属有机物前驱体尚难合成,因而影响了该技术的充分发挥.近年正在发展的"雾化" CVD(又称为液相 CVD)铁电薄膜制备技术,也引起人们的关注.

12.2.6 激光分子束外延法[4]

激光分子束外延(L-MBE)是近年来发展起来的一种新的薄膜制备技术,它将传统 MBE 的超高真空、原位监测的优点和脉冲激光沉积的易于控制化学成分、使用范围广等优点结合起来,在生长、探索人工控制多层膜的新材料方面具有独到之处.图 12.5 示出的是 L-MBE 设备的示意图,它有两个真空室,一个是进样室,真空达 1.33×10^{-5}Pa,一个是薄膜生长室,极限真空为 1.33×10^{-8}Pa.系统配备有反射式高能电子衍射仪(RHEED)、四极质谱仪(QMS)、石英晶体原位膜厚监测仪等.4 个同样大小的靶安装在可公转和自转的靶托上,激光光束经过反射聚焦后通过石英窗口打在靶面上,反射镜由计算机控制进行转动以便光束在靶面上实

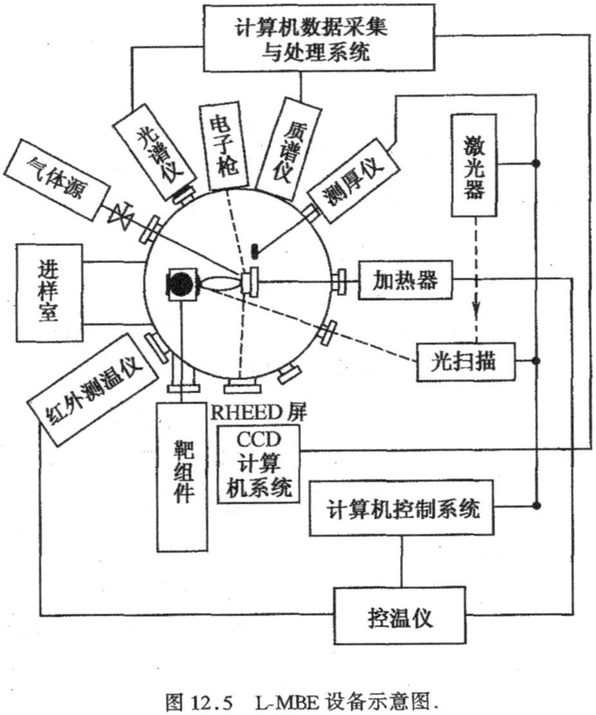

图 12.5 L-MBE 设备示意图.

现二维扫描.样品架可实现三维移动和转动,样品可准确定位,便于薄膜生长过程中 RHEED 的原位监测,此外还建立了 RHEED 图像和 RHEED 强度振荡曲线数据采集和处理系统,可以实时监测和记录生长过程中 RHEED 的衍射像及 RHEED 的强度振荡曲线.

由于生长室的真空度较高,制备氧化物薄膜时需用特殊的氧化装置,目前使用了两种方法:(1)高纯臭氧系统;(2)活化氧气系统.在氧化气氛中和同时用 RHEED 的条件下,衬底加热是一个棘手的问题,采用硅片加热和钽丝加热两种方法,能适合原位加热薄膜样品的要求.近年来,利用 L-MBE 已成功地研制了多种铁电薄膜、超导薄膜、铁电/铁电异质结薄膜以及铁电/超导异质结薄膜,并可实现超晶格制备和薄膜的外延生长.研究结果表明,利用 L-MBE技术可在薄膜生长过程中进行原子水平的观察和调控,并可在此基础上实现铁电薄膜的单原子层外延生长.可以预期,L-MBE技术可望将铁电薄膜制备推到一个全新的水平.

§12.3 集成铁电学与铁电异质结构

12.3.1 铁电薄膜与集成铁电学[10~13]

20 世纪 80 年代中期以来,由于薄膜制备技术的发展,使得在较低的衬底温度下沉积高质量的外延或择优取向的铁电薄膜成为可能,从而使铁电薄膜工艺技术与半导体工艺技术的兼容成为可能.此外,微电子、光电子和传感器等相关技术的发展,也对铁电材料提出了小型化、薄膜化和高集成度等更高的要求.正是在这种研究背景下,传统的半导体材料与工艺和铁电材料与工艺相结合而形成的交叉学科——集成铁电学(integrated ferroelectrics)出现了,并由此使铁电材料及器件的研究与开发出现了两个重要的变化:一是由单晶器件向薄膜器件发展;二是由分立器件向集成化器件发展.在这种集成化器件中,铁电薄膜已成为硅或砷化镓集成电路中的一个集成部分.

集成铁电学问世以后,立即在世界范围内引起了广泛的关注,并极大地促进了铁电物理学及铁电薄膜材料与器件的发展.

根据集成铁电学创始人之一的 Scott 和 Paz de Araujo 的定义,集成铁电学是研究铁电薄膜与半导体芯片直接接触时,在发生可控制的相互作用过程中所涉及到的一系列科学技术问题.目前,这一概念已被科技界广泛接受.

由集成铁电学的上述定义可知,集成铁电器件的基本结构是

半导体芯片(衬底)+铁电薄膜(元件).

在集成铁电器件中,作为衬底的半导体集成电路芯片提供控制、放大、传送、反馈等微电子功能;而作为多功能介电材料的铁电薄膜,与集成电路中特定的晶体管集成,并根据集成铁电器件的总要求,通过铁电、压电、介电、热释电、电光、非线性光学等效应,起存储、转换、调制、开关、传感或其他作用.

半导体集成电路芯片直接与铁电薄膜相结合,构成了一系列新的功能器件.表 12.6 列出了有代表性的几种集成铁电微电子器件[即铁电随机存取存储器(FRAM)、高容量动态随机存取存储器(DRAM)、薄膜电容器和微型压电驱器四种器件]及其对材料的要求.此外,集成铁电器件还有铁电场效应晶体管(FETS)、声表面波器件(SAW)等多种,在此不一一列举.可以预计,在不久的将来,将有一大批集成铁电器件面世.这既是近年来铁电材料与器件研究的一个巨大推动力,也是铁电学发展到一个新阶段的重要标志.

与集成铁电器件密切相关的是铁电薄膜光电子学器件和集成光学电器件.这些器件包括:利用薄膜的热释电效应制作的红外热释电单元探测器及列阵探测器;利用电光效应制作的光开关、光波导、光偏转器和光调制器;利用声光效应制作的声光偏转器;利用光折变效应制作的空间光调制器;利用非线性光学效应,特别是二次谐波效应(SHG)制作的薄膜型光学倍频器,等等.在这些器件中,有的也可以直接与半导体集成电路芯片集成,半导体集成电路芯片提供必要的微电子学功能.除了上述这些应用外,近年来还开

表 12.6　几种有代表性的集成铁电微电子器件

器件名称	对材料的要求	首选材料	薄膜厚度 /μm	制备与加工中的关键技术
铁电随机存取存储器(非挥发性存取存储器)(FRAM)	①剩余极化大 ②矫顽场低 ③耐疲劳性好 ④ *D-E* 回线矩形度高	①锆钛酸铅 ②钽酸锶铋	0.1～0.3	①与硅技术兼容 ②选择电极材料 ③选择阻挡层材料 ④光刻
高容量动态随机存取存储器(DRAM)	①介电常数大 ②耐击穿场强高	①钛酸钡 ②锆钛酸铅 ③钛酸锶钡	0.2～0.5	①与硅技术兼容 ②在非平整表面上沉积均匀薄膜 ③选择电极材料 ④光刻
薄膜电容器	①介电常数大 ②介电损耗小 ③介电性随温度变化小 ④耐击穿场强高	①锆钛酸铅 ②钛酸锶钡 ③铌镁酸铅	0.1～0.5	①与衬底材料兼容 ②选择电极材料 ③光刻
微型压电驱动器	①压电系数大 ②机械损耗小	锆钛酸铅	1～10	①与衬底材料兼容 ②设计器件结构 ③光刻

发了若干新的铁电薄膜型光电子学器件,如铁电光学图像比较仪、可擦重写铁电光盘(ferroelectric optical disc,简记为 FOD)等.表 12.7 列出几种铁电薄膜光电子学和集成光学器件以及这些器件对材料的要求.在后面§12.5 中将对其中部分器件给予较为详细的描述.

由表 12.6 和表 12.7 可知,在集成铁电器件以及铁电薄膜光电子学和集成光学器件中使用的薄膜材料主要有两大类;一是锆

表 12.7　几种有代表性的铁电薄膜光电子学器件和集成光学器件

器件名称	对材料的要求	首选材料	薄膜厚度 /μm	制备与加工中的关键技术
热释电红外单元探测器与列阵探测器	①热释电系数大 ②介电常数低 ③介电损耗小 ④电阻率高	①钛酸铅 ②钛酸铅镧 ③钽铌酸钾 ④钽钪酸铅	1～3	①制备外延或高度择优取向的薄膜 ②与衬底材料兼容 ③适于半导体硅工艺的微细加工 ④光刻
光波导	电光系数大	①铌酸锂 ②铌酸钾 ③锆钛酸铅镧 ④铌酸锶钡	0.2～2.0	①外延薄膜生长 ②薄膜表面平滑 ③与衬底材料兼容 ④光刻
空间光调制器	光折变性能好	锆钛酸铅镧	0.5～5.0	①器件设计 ②与衬底材料兼容 ③光刻
光学倍频器	①非线性光学系数大 ②SHG 系数大	①铌酸锂 ②铌酸钾 ③偏硼酸钡 ④三硼酸锂	0.2～2.0	①薄膜的外延生长 ②薄膜光学质量好 ③光刻

钛酸铅镧(PLZT)系列，包括钛酸铅(PT)、钛酸铅镧(PLT)、锆钛酸铅(PZT)等；另一类是铌酸盐、硼酸盐系列，包括铌酸锂、铌酸钾、三硼酸锂、偏硼酸钡等. 后一类材料主要用于集成光学器件之中.

集成铁电学及相关集成铁电器件已成为铁电学研究中最活跃的领域之一，亦已成为信息科学技术中的重要研究领域之一，受到了材料物理、凝聚态物理、陶瓷学、微电子学和信息科学等领域中众多科学家的关注.

集成铁电学的兴起和集成铁电器件的出现也给我们一个重要

启示，即传统学科和相关技术之间的交叉和互补将有可能出现新兴的、颇具生命力的学科和技术，这无疑对某些传统学科和技术的改造具有借鉴意义.

12.3.2 铁电薄膜异质结构[13~15]

集成铁电学已成为当前国际铁电学研究中最活跃的领域.在集成铁电微电子器件以及基于铁电薄膜的集成光电子学器件和集成光学器件(表 12.6 和表 12.7)结构中，都是将铁电薄膜制作在一定的衬底或电极/衬底表面，然后在铁电薄膜的外表面再制备电极或其他类型的薄膜.因此，这些器件都具有异质结构.可以说，铁电薄膜异质结构是集成铁电器件的核心，透彻了解这类异质结构的物理性质是提高集成铁电器件性能及开发新器件的关键.

在 20 世纪 80 年代中期至 90 年初期，铁电薄膜异质结构大多采用半导体/铁电体/金属异质结构，半导体和金属分别采用传统使用的 Si 和 Pt.由于它们在结构和性质上与应用中大多要用的钙钛矿结构铁电体大相径庭，界面反应和界面的多种缺陷导致器件的疲劳和失效，成为困扰集成铁电学发展的一大难题.近年，人们对铁电薄膜异质结构进行了大量的基础研究，取得了重要进展，主要如下：

(1)采用新的异质结构制备技术，包括低温溅射、多靶溅射、多靶 PLD、激光 MBE 等，能制备出界面清晰的异质结构；

(2)界面研究日趋深入，包括界面反应，界面电子输运、界面态及界面附近的化学成分等；

(3)在铁电薄膜/衬底及(或)铁电薄膜/电极之间添加缓冲层，制备多层膜和外延异质结构，用以改善铁电薄膜的电性能，取得了比较满意的结果；

(4)采用具有钙钛矿结构的导电金属氧化物作电极取代铂(Pt)，这类电极材料主要有钇钡铜氧(YBCO)、镧锶钴氧(LSCO)和 $SrRuO_3$ 等.

Ramesh 等人[14]利用 $SrRuO_3$，LSCO 等具有金属电导率的钙钛矿结构化合物制备了与 PZT 等钙钛矿结构铁电体完全兼容的外延薄膜电极，成功实现了电极/铁电薄膜界面的结构匹配，大大延长了制得的铁电存储器的耐疲劳寿命.

铁电薄膜异质结构研究中一个非常引人注意的方向是制备具有全钙钛矿结构的铁电异质结.适当选择材料，这样的异质结还可能具有新的效应，并可望由此开发出新的器件.例如，Mathews 等人[15]报道了 PZT/LCMO($La_{0.7}Ca_{0.3}MnO_3$，p 型半导体材料)外延异质结，并由此制备出全钙钛矿结构的铁电场效应管(图 12.6).由于 LCMO 还具有特大巨磁电阻效应，这种异质结更具有很大的发展潜力.

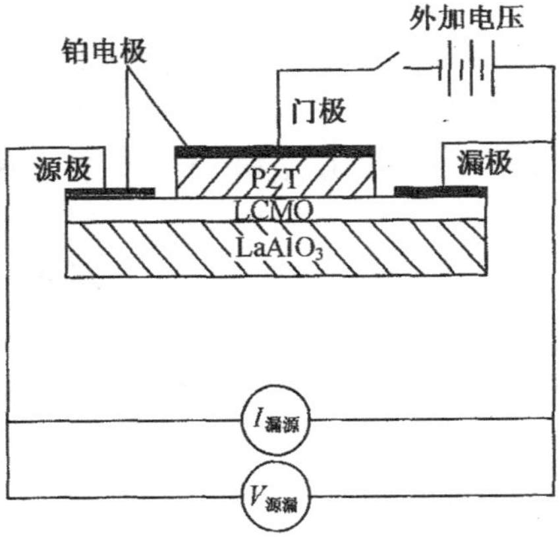

图 12.6　全钙钛矿结构的铁电场效应管及其测量电路的结构示意图.

在全钙钛矿铁电异质结构研究中，人们对同为钙钛矿结构因而结构兼容的铁电体/高温超导体及铁电体/金属性导电氧化物异质结构具有极大的兴趣.这是由于前者利用铁电体的极化场可对超导载流子浓度及输运特性产生重要的影响，而超导体的超导/正常态转变可能影响铁电体的极化行为，这将导致丰富的新物理现象，为人们揭示铁电体自发极化的微观起源提供了新的途径；而后者将为集成铁电器件提供优异的电极材料.可以预测,这方面研究的突破将发展出一批新型集成铁电器件.

§12.4 铁电薄膜在微电子技术和微电机系统中的应用

利用铁电薄膜的压电性和铁电性,可以制备多种微电子器件和微电机系统(MEMS)用的器件.例如,利用铁电薄膜(包括非铁电性压电薄膜)的压电性能,可以制备声表面波(SAW)器件和微驱动器(microactuator)或机敏传感器(smart sensor);利用其铁电性,可以制备非挥发性随机存取存储器(FRAM);利用其高介电性,可以制备动态随机存取存储器(DRAM).本节重点介绍铁电薄膜在微电子技术和微电机系统中应用的四类主要器件,即声表面波器件,FRAM,DRAM 和 MEMS 器件.

12.4.1 压电薄膜声表面波器件

利用压电体材料制作的压电器件因受尺寸限制,频率一般不超过数百兆赫.利用压电薄膜可大大提高器件的工作频率,并为压电器件的微型化和集成化创造了条件.虽然迄今实用较多的压电薄膜是 ZnO 等非铁电材料,但铁电薄膜的压电效应强得多,是非铁电材料不可替代的.例如,在 $SrTiO_3$(100)基底上用离子刻蚀形成一些沟槽以后,侧向生长可得到外延薄膜,根据薄膜的阻抗特性得知,其机电耦合因数 k_t 可达 0.8,这是非铁电性压电材料所远远不及的.

采用薄膜的压电性能制作的声表面波器件的基本结构如图 12.7 所示,最通用的集成电路基片是硅,压电薄膜制备在硅基片上,薄膜上再制备叉指换能器,电信号由一个叉指换能器输入,通过逆压电效应产生声表面波,在这个过程中,关键的两个参量是有效机电耦合因数和表面波的传播速度.在这种层状结构中,耦合因数 k 和传播速度 v_s 与 3 个因素有关:膜厚(以声表面波的波长来

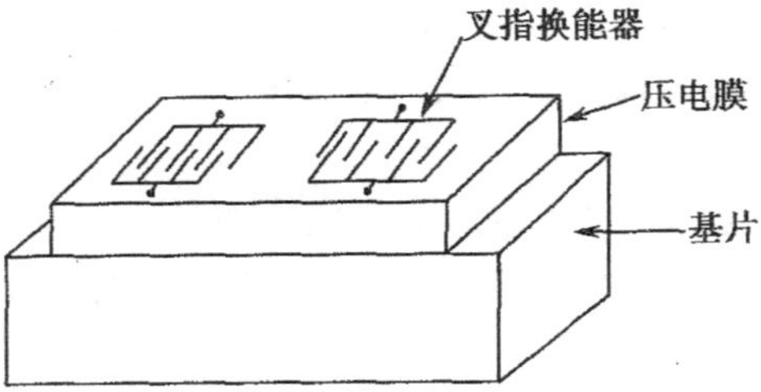

图 12.7　利用薄膜的压电性能制备的声表面波器件的基本结构.

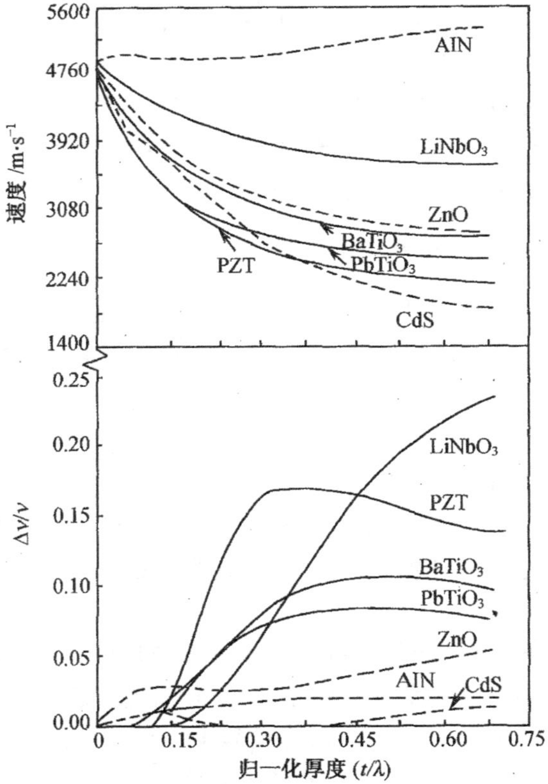

图 12.8　膜材料和厚度不同时,膜-硅层状结构的声表面波速度和耦合因数.

衡量),膜的压电常量和弹性刚度.

根据层状结构中声表面波的理论,利用薄膜材料和基底材料的弹性、介电和压电参量,可以计算各种条件下声表面波的速度和机电耦合因数.图 12.8 示出的是一组计算结果[16],这里的膜材料有三种是非铁电性的压电体(ZnO, CdS 和 AlN),其他是铁电体.计算时对 ZnO, CdS 和 AlN 都是采用 c 轴垂直于膜表面的 6mm 点群晶体的数据(虽然 CdS 也可以立方相的形式存在),对其他材料采用的是陶瓷材料的数据,其中 PZT 是 $PbZr_{0.58}Ti_{0.42}O_3$ + 1.25mol% La_2O_3 + 1.0mol% MnO, $BaTiO_3$ 是 $Ca_{0.05}Ba_{0.95}TiO_3$. 图中归一化厚度(为厚度)与声表面波波长之比.耦合因数与膜厚的关系,与实验结果符合得很好.图 12.9 示出的是 PZT 膜分别与 Si,石英和蓝宝石基底形成层状结构时,其耦合因数与归一化厚度的关系.

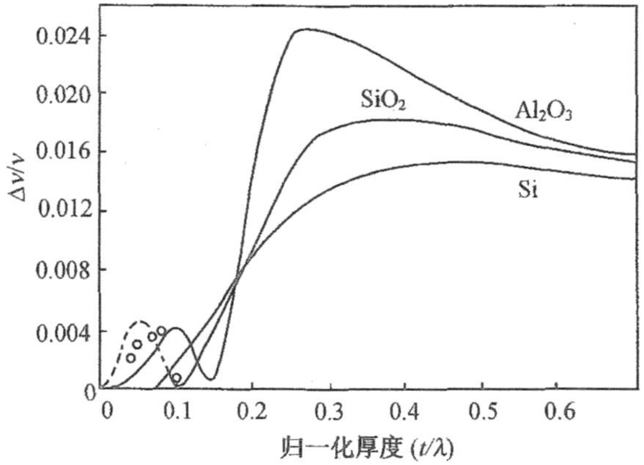

图 12.9 PZT 膜与不同的基底材料形成层状结构时耦合因数与归一化厚度的关系.

12.4.2 非挥发性铁电随机存取存储器(FRAM)

铁电薄膜在存取存储器上的应用是其最重要的应用,也是推动铁电薄膜研究的巨大动力.目前,铁电薄膜在存取存储器上的应用主要有两种：一是非挥法性铁电随机存取存储器(FRAM)；二是动态随机存取存储器(DRAM).

非挥发性铁电薄膜随机存取存储器(ferroelectric random access memories, FRAM)是利用铁电材料固有的双稳态极化特性——电滞回线制备的永久性(又称为非挥发性)存取存储器.在这种存储器中,作为数值计算基础的布尔代数中的"1"和"0"两种状态,用一个铁电薄膜电容器中自发极化"向上"和"向下"来表示.一组这样的电容器排成矩阵就成了一个铁电非挥发性存取存储器.在每个铁电存取存储器单元中含有一个晶体管和一个铁电电容(称为"IC + IT"结构).

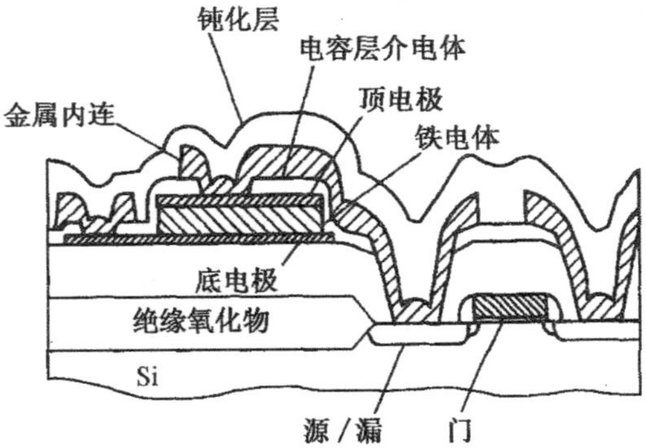

图 12.10　FRAM 中一个铁电存储单元剖面示意图.

图 12.10 示出的是 FRAM 中一个铁电存取存储单元剖面示意图.图中显示了集成在一起的一个铁电薄膜电容器和一个 n 通道 MOS 晶体管结构.一个兆位的存储器要由一千行和一千列这种铁电电容器存取存储单元构成.为了克服各存取存储单元之间的交叉干扰,每个铁电电容器被用一个门晶体管(passgate transister)与其他电容器分隔开,每行存取存储单元的各晶体管用位线(bitline)连接,而每列存取存储单元的各晶体管用字线(wordline)连接.

FRAM 的"写入"是通过极化反转实现的.若使一个铁电电容器极化反转所需的脉冲电压为 Vp,则通过在第 m 行位线和 n 列的字线上同时各加上 $Vp/2$ 的电脉冲便可使位于第 m 行 n 列的那一个铁电电容器能通过电脉冲叠加而实现极化反转即"写入",而第 m 行和第 n 列的其余存储单元由于只有 $Vp/2$ 的电压而不受影响.若欲读出某一存储器的状态,可按类似方法向该存储器加一个激发电脉冲.若其电场与被读存储器中铁电电容器的极化方向相同,则极化方向不变;若相反,则铁电薄膜的极化方向将反转,使束缚电荷改变 $\mathrm{d}P$,并由此产生一个附加的输出电信号 $\mathrm{d}P/\mathrm{d}t$.通过对这一输出电信号的比较和鉴别,便可知道该存储单元中极化"向上"或是"向下",亦即读出它是"0"或是"1".这种存储器的读出是破坏性的,读完之后为了保持原来存储的信息必须进行复位.由于这种铁电存储在"写入"和"读出"时都要进行正、反向的交替极化,长期工作会使材料因疲劳而失效,因而材料的疲劳寿命是一重要指标,一般要求达到 10^{12}次极化反转.

为了从器件设计上克服引起"疲劳"的"破坏性读出"问题,近年来人们正在大力研究新型非破坏性读出的铁电存储器-铁电场效应晶体管(FeFET).图 12.11 示出了一个示例,它以铁电薄膜(图中以 $LiNbO_3$ 薄膜为例)作为门电极,铁电薄膜"向上"或"向下"的极化场使场效应晶体管(FET)开通或关断,分别相应于存贮单元的"0"或"1".测量 FET 的源和漏之间的电流便可知道存储单元的状态.这种存储器要在"写入"时改变铁电薄膜的极化方向,而读出时则不必这样做,因而可在很大程度上解决"疲劳"问题.不过,FeFET 中铁电薄膜要和半导体直接接触,界面反应和界面陷阱尚未完全解决.

"IC + IT"非挥发性铁电存储器用的薄膜材料主要是 PZT 和 SBT($SrBi_2Ta_2O_9$).PZT 的特点是剩余极化较大($30\sim40\mu C/cm^2$),电滞回线矩形度较好.它的主要问题是,PZT 与 Pt 电极的界面缺陷导致易于发生疲劳,采用导电氧化物如 LSCO 等电极可在一定程度上克服疲劳问题;PZT 含铅,在制备和使用中可能产生污染.

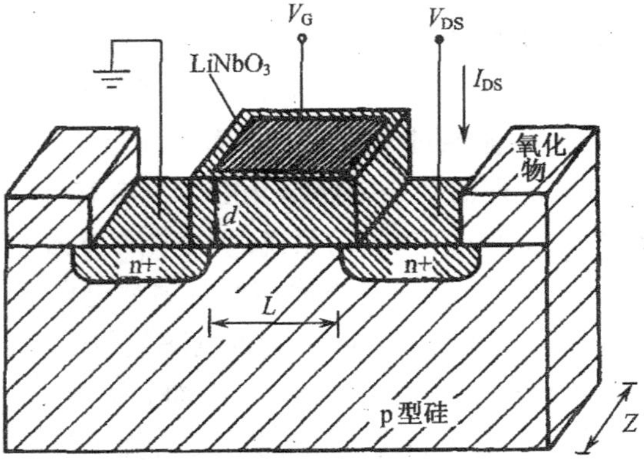

图 12.11　铁电场效应晶体管结构.

SBT 用于非挥发性铁电存储器的主要优点是,即使使用金属电极也几乎不发生疲劳,人们认为,这是由于其层状结构中的富氧 Bi_2O_3 层的作用;漏电流小(比 PZT 低两个数量级);可以制成极薄的膜而不失去大块材料的铁电性.缺点是剩余极化较小($6\mu C/cm^2$),且自发极化出现在薄膜不易发生择优取向的 α 轴方向.不过,该材料多晶膜的剩余极化已能满足铁电存储器的要求.有关问题的详细讨论,请参见§12.7 和§12.8.

与其他存储器相比,非挥发性铁电薄膜存取存储器的显著特点是:非挥发性和记忆都是基于自发极化的取向,因而即使切断外加电源记忆也不消失;存取速度快,可达 10ns 量级(理论上可达 1ns);能耗低,存取靠电压驱动而不是电流驱动;制备工艺基本与现有半导体工艺兼容;抗辐照损伤能力强.

非挥发性铁电薄膜存取存储器近期应用主要是要求耗电少的手机、BP 机、智能卡、遥控装置等电信产品;从中长期看将大量用于计算机,特别是笔记本计算机.它的市场前景极为广阔,因而国际上主要电子厂家均大力开展相关研究.自 20 世纪 90 年代初第一条 256kb 非挥发性铁电薄膜存取存储器商业生产线问世以来,现已能生产 1Mb、存储时间为 60ns 的这类存储器. 据预测, 到 21 世纪初的几年中, 总产值将达每年数十亿美元.

12.4.3 铁电动态随机存取存储器(DRAM)

用铁电非挥发性存取存储器取代目前广泛采用的普通动态随机存取存储器(DRAM)或磁盘, 将是计算机工程技术的一大革命. 当前需解决的问题是大容量 FRAM 和 DRAM 成套技术和这种新型存储器要为半导体工业界所接受. 做到这两点, 尚需时日. 目前, 利用铁电薄膜高介电常数的特性取代现有 DRAM 中的介电材料后大大缩小了 DRAM 中电容器的尺寸, 已引起人们的广泛注意. 铁电动态随机存取存储器正是在这一背景下发展起来的.

DRAM 技术是目前主导半导体技术发展的核心技术. DRAM 的密度几乎每三年要增加 4 培. 增加 DRAM 的密度意味着要缩小 DRAM 中电容器的尺寸, 或选用高介电系数材料. 现在 DRAM 采用的介电材料为氧化硅/氮化硅/氧化硅(ONO), 介电系数为 6.8～6.9, 不久前推出的 256Mb 的 DRAM 中, 电容器尺寸已减至 0.25μm, 已接近 ONO 材料的极限. 人们预期要推出的下一代 1GbDRAM 必须采用高介电常数材料. 最可望在 1Gb 和 4Gb 中采用的高介电系数材料是(Ba, Sr)TiO_3(BST)薄膜, 介电常数为 200～800, 用 BST 膜取代 ONO 膜可使 DRAM 的密度提高 50 倍左右.

12.4.4 压电马达与集成铁电微电子机械系统[17]

微电子机械系统(microelectromechanical system, MEMS)指的是, 由制作在半导体基集成电路表面上的微小传感器和微小驱动器等构成的、具有某种功能的器件系统. 铁电薄膜的应用, 特别是基于集成铁电学发展起来的 FRAM、DRAM、热释电探测器、探测器列阵、压电马达和薄膜旁路电容器等, 都属于微型传感器和微型驱动器类型的器件, 在器件制作上都与平面工艺技术相关. 而且, 由于铁电薄膜优良的介电、压电、热释电和铁电性质, 使它们成为制备 MEMS 的首选材料. 其中, 人们特别关注 PLZT 系列(包括 $PbTiO_3$, PZT)薄膜材料. 这种主要基于集成铁电器件发展的微电子机械系统, 叫集成铁电微电子机械系统(integrated ferroelectric, MEMS). Polla 教授等采用集成铁电微电子机械系统的方法制备了集成声压传感器、红外探测器列阵、悬臂式加速度计、微型机械阀、线性位置控制器件(微型马达)等器件. 铁电薄膜与 MEMS 的兼容集成, 需要考虑薄膜材料的选择、微型机械加工方法、电极材料及多层电极结构、器件结构配置、薄膜和多层结构的刻蚀方式以及连续加工的可行性等问题.

在集成铁电 MEMS 中, 微型机敏传感器(micro smart sensors)和微型执行器(micro actuators)是两个重要的组成部分. 微型机敏传感器要求传感过程中带有某些智能化的特征, 这就要求传感技术和微电子技术必须结合起来. 铁电微型机敏传感器(包括热释电探测器)的发展是比较顺利的. 近来, 常利用集成微加工技术(如光刻、腐蚀等工艺)对沉积在硅表面的 PZT 铁电薄膜进行加工处理, 如通过腐蚀方法可形成悬臂梁结构和制成高灵敏度的微型加速度传感器等.

相对来说, 铁电微型执行器的发展较晚. 近年来, 由于集成铁电学的发展, 开辟了用铁电薄膜制备微执行器的新方向. 这方面引入注目的一个新进展就是压电薄膜型微超声马达的出现. 压电薄膜微型马达是压电陶瓷薄膜工艺与硅微电子工艺相结合的产物, 具有驱动电压低(3～5V)、体积小、转矩大等优点, 而且能与 IC 电路兼容. 图 12.12 示出了一种利用 PZT 压电薄膜制备微型马达的结构示意图. 在这种结构中, 利用溶胶-凝胶法在 $Pt/Ta/Si_3N_4/SiO_2/Si$ 底电极上制备出 20～30μm 厚的 PZT 压电薄膜, 该薄膜作为微马达的振子产生旋转的表面驻声波, 同时利用硅微加工技术制作出微型转子, 该转子与 PZT 压电薄膜装配在一起, 就构成了微型马达. 这种微型马达的驱动电压仅为 1～3V, 工作频率为 25～100kHz, 转速达 100～200r/min, 可在 IC 电路的标准电压下工作. 这一进展使得利用铁电薄膜制备微型驱动器的研究异常活跃，成为 MEMS 研究的热点之一.

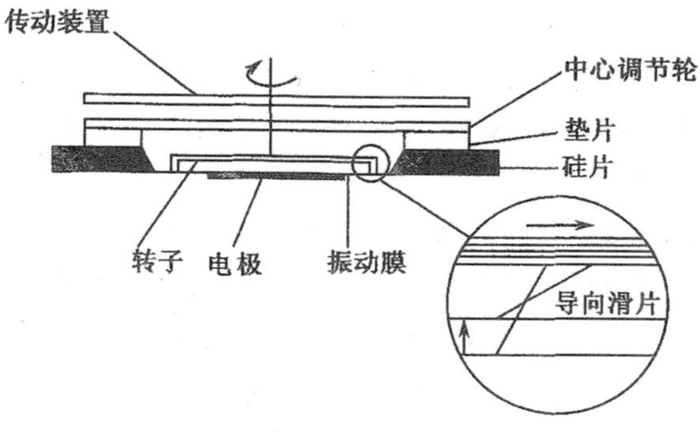

图 12.12 PZT 压电薄膜微型马达结构示意图.

§12.5 铁电薄膜在光电子学和集成光学中的应用

12.5.1 铁电薄膜下一步的发展——在光电子学和集成光学中的应用

利用铁电薄膜的铁电性，介电性和压电性制作的各种器件，包括 FRAM，DRAM，声表面波器件，压电马达以及微驱动器等等，均已获得很大成功. 与这些器件相比，表 12.7 中列出的铁电薄膜在光电子学和集成光学中的相关器件研究，还需作很大努力，才能得以推广，可以说，当前铁电薄膜应用研究中最吸引人的是铁电薄膜在光电子学和集成光学中的应用. 国际上众多的研究工作者在这一领域开展了多年的研究，已有大量的研究成果公开发表.

铁电薄膜在光电子学和集成光学中应用的重要性在于：随着现代信息技术的发展，急切期盼高速、大容量、实时或准实时的光电子信息处理系统，这种信息处理将电子学技术和光学技术紧密结合，从而能克服全光学系统或全电子学系统的缺陷. 铁电薄膜除具有铁电、介电、压电、热释电性质外，还具有重要的光学性质，包括电光效应，非线性光学效应，光折变效应等.这些特性使铁电薄膜成为在光电子学和集成光学中应用的重要候选材料.加之铁电薄膜制备技术已比较成熟，特别是铁电薄膜与半导体集成电路的兼容已成为现实，从而使铁电薄膜在光电子学和集成光学中的应用成为可能.

与相关体材料器件相比，铁电薄膜光电子学和集成光学器件具有突出的优点：(1)可望与广泛使用的微电子或光电子元件集成从而构成独石集成器件(monolithic integrated device)，将这些薄膜与半导体二极管激光器集成能制作小型、紧凑、独石集成的电光或倍频器件就是一个明显的例子；(2)薄膜与衬底之间大的折射率差，使薄膜与衬底本身就构成一个光波导，并可望使器件实现高能光束限定，从而使器件具有高的功率密度，这在器件设计上是很有用的；(3)可实现集成光波导器件的小型化；(4)抗光损伤能力优于同类型的体材料等等.

目前利用铁电薄膜制备光电子学和集成光学器件中的主要问题是如何降低光学损耗，这种损耗主要来自于薄膜表面的粗糙性和多晶薄膜的晶粒间界.人们在选材和材料制备上，已作了许多努力，并取得了比较大的进展.特别是，关于 $LiNbO_3$ 薄膜的许多研究，包括利用化学汽相沉积(CVD)，液相外延(LPE)、磁控溅射、分子束外延(MBE)，脉冲激光沉积(PLD)等制备技术制备出$LiNbO_3$薄膜，以及所开展的相关的器件设计，使人们对铁电薄膜在光电子学和集成光学中的应用，充满着信心和期望.人们预期，铁电薄膜在光电子器件和集成光学器件上的应用，将是铁电薄膜在未来 5 年左右时间内的研究热点.

本节主要讨论铁电薄膜在热释电探测，集成光波导和光开关上的应用，并讨论铁电薄膜超晶格及其主要应用.

12.5.2 薄膜型热释电红外探测器[18]

光电子技术中的一个重要方面是光的探测，特别是红外光的探测. 按原理分,红外光探测有量子型和非量子型两种. 前者主要利用半导体材料,如 PbS, InSb, HgCdTe 等;后者主要利用热释电材料. 与量子型红外探测器相比,热释电红外探测器具有响应光谱宽、非制冷、可室温操作等优点,因而可以满足常温下对物体进行热成像的需要.

铁电薄膜在红外上的应用尤其是在军用红外上的应用一直受到人们的关注. 相对于体材而言,薄膜型热释电红外探测器具有分辨率高、响应快、能与微电子技术相集成等优点,因而是制作高性能热释电红外探测器比较理想的材料.

图 12.13 示出的是一种薄膜型热释电红外探测器的结构示意图. 薄膜材料选用 $Pb_{1-x}La_xTi_{1-x/4}O_3$ 系列 ($x = 0.05 \sim 0.15$). 采用射频电磁控溅射法在(100) MgO 单晶衬底上沉积一层厚约 0.2μm的(100)取向的 Pt 电极,再淀积 1～8μm 厚、(001)取向的 PLT 膜,再在其上淀积一层 Ni-Cr 感光电极. 这样得到的单元探测器的探测率 D^* 在温度为 500K、带宽为 1Hz、重复频率为 25Hz 时达 $5\times10^8 \mathrm{cm\cdot Hz^{1/2}W^{-1}}$.

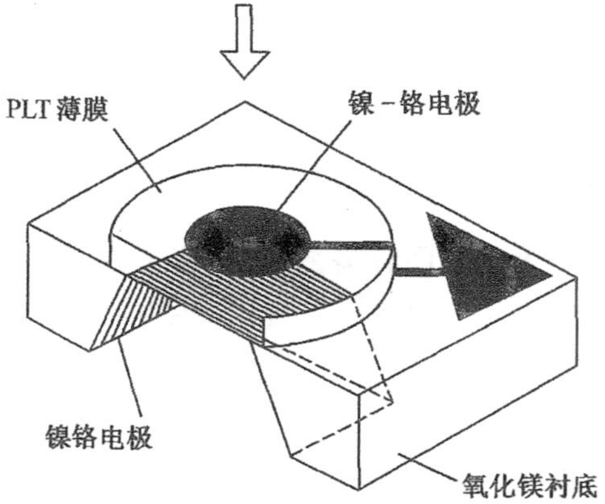

图 12.13 薄膜型热释电红外探测器结构示意图.

需要特别指出的是,随着集成铁电学的发展,有关薄膜型热释电红外探测器列阵的报道不断增多.这种探测器列阵可在室温下实现红外凝视成像及跟踪,从而从根本上改变了目前红外光电子学的面貌.图12.14给出了大面积集成二维列阵薄膜型热释电红外探测器结构示意图.目前,薄膜型热释电红外探测器列阵和红外焦平面需解决的关键问题既有材料问题,也有电极问题,还有器件制备工艺技术.参考文献[19]中对热释电探测器和焦平面列阵有较为详细的描述,可供有兴趣的读者参考.

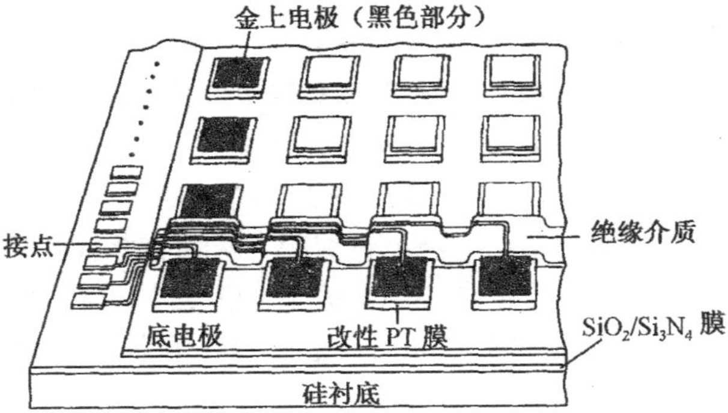

图12.14 大面积集成二维列阵薄膜型热释电红外探测器结构示意图.

12.5.3 铁电薄膜集成光波导器件

现代信息技术的发展急需高速、大容量的光电子信息处理系统.铁电材料[如PZT, $LiNbO_3$, $Ba_xSr_{1-x}Nb_2O_6$ (SBN), $Ba_2NaNb_5O_{15}$(BNN)等]具有优良的介电、压电、热释电和铁电性质,同时又具有电光、非线性光学、光弹和光折变性质,可在不同的光电子器件中获得广泛应用.

为了使铁电薄膜集成光波导器件实用化,人们做了大量研究,包括材料选择与薄膜制备、性能测试与表征、光学损耗机制研究及降低光学损耗的措施、器件物理研究和器件设计等.从材料选择看,几乎所有可供实用的材料都已做过研究,不过报道最多的还是集中在 PLZT 和 $LiNbO_3$ 两类材料上. 为了提高材料的取向度和能更好地与半导体集成电路集成, 也研究过许多阻挡层材料及其制备. 例如, 为了在 Si 或 GaAs 衬底上制备出性能优良的 $LiNbO_3$ 薄膜, 人们大多选用 MgO 作为过渡层. 从薄膜光学性能测试与表征看, 对铁电薄膜集成光波导器件所需的基本参数, 如二次谐波产生(SHG)系数、电光系数、光学损耗系数以及折射率指数等, 已基本解决. 图 12.15 示出的是相位匹配二次谐波产生系数实验测试示意图.

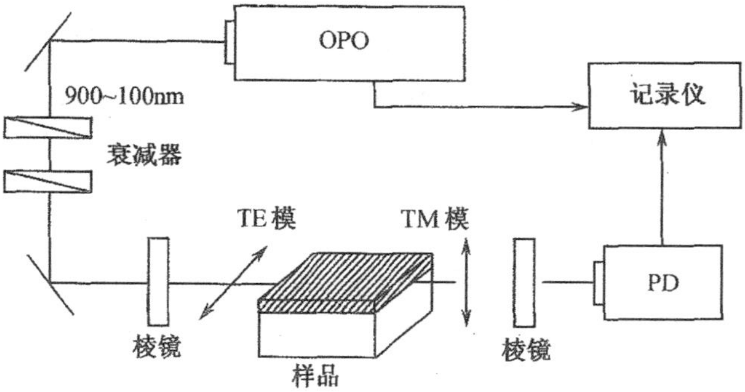

图 12.15 铁电薄膜相位匹配二次谐波产生系数实验测试装置示意图.

影响铁电薄膜在集成光电子器件上实用化的主要因素是目前制备的铁电薄膜光学损耗较大(能达到的最佳光学损耗约为 2dB/cm). 薄膜光学损耗主要来源于光吸收损耗、漏电损耗、散射损耗和薄膜表面粗糙度. 由于光吸收是一种本征特征, 漏电损耗较易解决, 因而降低薄膜光学损耗最重要的途径是降低散射损耗和降低表面粗糙度. 采用改进的 MOCVD 技术、阴影掩膜 PLD 技术以及液相外延技术制备的铁电薄膜, 已在降低光学损耗方面取得重要进展. 若铁电薄膜的光学损耗能降到 1dB/cm 以下, 即可望使器件实用化.

12.5.4 铁电薄膜光开关

尽管迄今为止尚没有用铁电薄膜集成光波导器件取代体材料器件的报道，但人们已设计和制备了多种原型器件．图 12.16 示出的是一种铁电薄膜全内反（TIP）光开关示意图．利用在蓝宝石衬底上外延生长的 PLZT 薄膜的电光调制特性做成的有四条波导槽的光束开关，驱动电压为 4.7V，开关速度高于 1 GHz．工作时，当入射光从通道 1 进入，两平行电极间的电压大于 4.7V 时，入射导波光进入通道 4；而当两电极间不加电压，入射导波光进入通道 3．当入射光波长为 632.8nm 时，这种 TIP 光开关的插入损失为 7dB．当波长大于 1μm 时，插入损失可减小到 2dB 或更小．这种用 PLT 制作的光波导开关，具有较大的电光效应和高稳定工作状态，比掺 Ti 的 $LiNbO_3$ 波导器件性能优越．

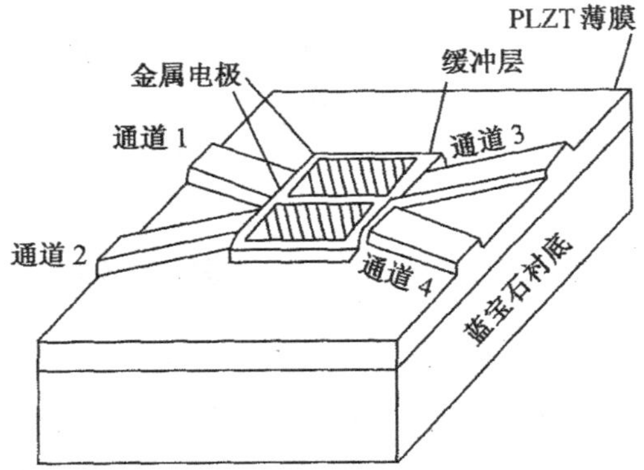

图 12.16 铁电薄膜型全内反（TIP）光开关示意图．

12.5.5 光学超晶格与声学超晶格[20]

众所周知，铁电材料的基本特征是具有自发极化，材料中自发极化一致的区域称为电畴，对电畴可以通过不同的方法来调制．我国学者发展的人工调制电畴结构，即周期性片状畴引起人们的高度重视.这种片状畴结构可以采用扩散法、脉冲场处理法、质子交换法和特殊的晶体提拉法来实现,也可以通过控制铁电薄膜的制备技术来实现.因此,我们将这种特殊的人工调制电畴结构放在铁电薄膜中一并加以讨论.

图 12.17 示出的是一种周期片状畴结构示意图.该结构的周期为 $a+b$,其中 a, b 分别为正向畴和反向畴的宽度(从一个畴过渡到另一个畴时,自发极化反向).如果畴结构可以与光波或超声波长相比拟,则将这一类具有周期性调制结构的材料分别称为光学超晶格或微米超晶格.它们分别在激光倍频和超高频压电谐振器中有重要应用.例如,利用 $LiNbO_3$ 晶体 180°片状畴,已成功地实现了准相位匹配倍频激光输出.

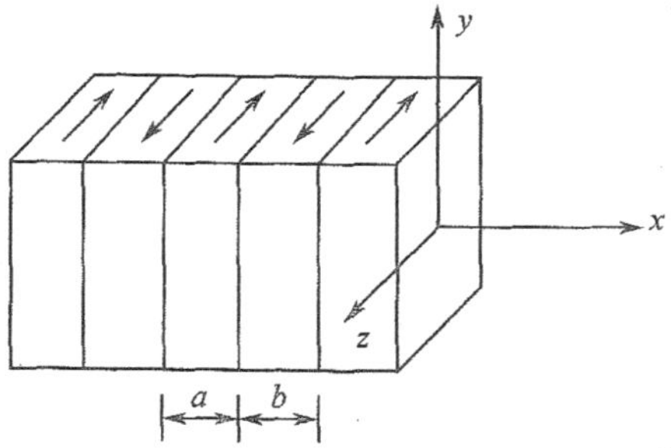

图 12.17 光学超晶格周期性片状畴结构示意图.

与图 12.17 结构不同的另一种周期性片状畴结构示意图在图 12.18 中示出.在这种结构中,自发极化与畴壁垂直,畴壁处自发极化反向,从而使作为三阶张量的压电系数反向,并导致特有的声学性质.因而人们把图 12.18 周期性片状畴结构称为声学超晶格.理论分析表明,声学超晶格的基音谐振频率为: $f_r = v/a+b$,式中, $a+b$ 为片状畴的周期; v 为声速.显然,谐振频率只决定于超晶格的周期而与晶体总长度无关,所以可用块状晶体制备超高频压电谐振器.众所周知,因频率常数的限制,通常制造超高频压电谐振器必须用很薄的晶片,加工和组装都很困难,但制备周期为数微米的声学超晶格比较容易，所以可方便地用声学超晶格制造数百兆赫兹至数吉赫兹(GHz)的压电谐振器. 周期约为 7μm 的声学超晶格，基音谐振频率约为 1 GHz. 若采用铁电薄膜制备技术，使声学超晶格的周期达 1μm 左右，则其基音谐振频率可达 10 GHz.

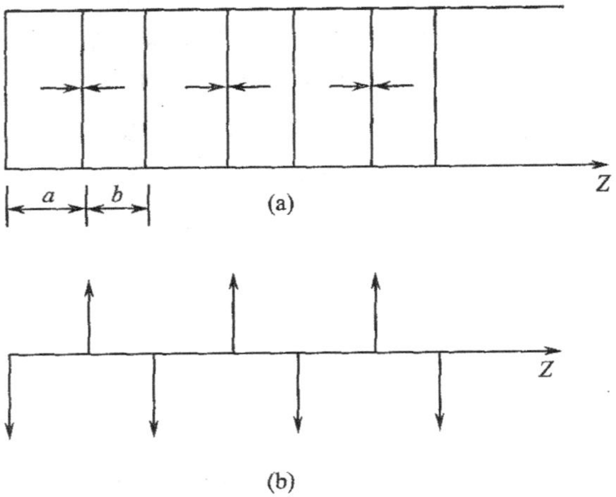

图 12.18　声学超晶格周期性片状畴结构.
(a)在畴壁处的声源；(b)示意图.

§12.6　铁电薄膜的其他应用

12.6.1　铁电薄膜电子发射与铁电冷阴极

铁电体具有电子发射特性，这种发射不需要加热，只需要施加外加电场即可. 因此，铁电体可以视为一种铁电冷阴极材料[2]. 与其他阴极材料相比，铁电冷阴极具有如下许多重要的特点：

(1)可在常温下实现激励并伴生有空间电荷平衡的等离子体环境，使得所发射的电子束具有非常小的发射度和较高的束亮度；

(2)发射速度快，耐辐射能力强；

(3)通过阴极表面金属膜形状的设计，可以获得不同的电子束截面；

(4)不怕“中毒”，对真空环境要求不苛刻；

(5)发射电流密度大，可以大大超过热阴极和光阴极电子源；

(6)材料较易获取，价格比较低廉，器件坚固可靠.

铁电薄膜的电子发射引起了人们的关注，世界上许多国家(如美国，俄罗斯，法国，以色列，瑞士，德国等)的科技工作者都已投入相当多的精力开展相关研究. 图 12.19 示出了从 PZT 薄膜表面观察到的纳秒级电子发射的情况，图中横坐标每分格为 250ns，纵坐标每分格为 1A[1,21]. 由图 12.19 可见，由 PZT 薄膜所产生的电流密度可达每平方厘米数十安培，比以前报道的结果大近十个数量级. 利用铁电薄膜的电子发射可以制备不同的相关器件. 例如，已有人设计了可望在铁电薄膜平板显示器上应用的器件. 可以预期，利用铁电薄膜的电子发射开发出的冷阴极强电子发射源，在很多方面都可能获得重要的应用.

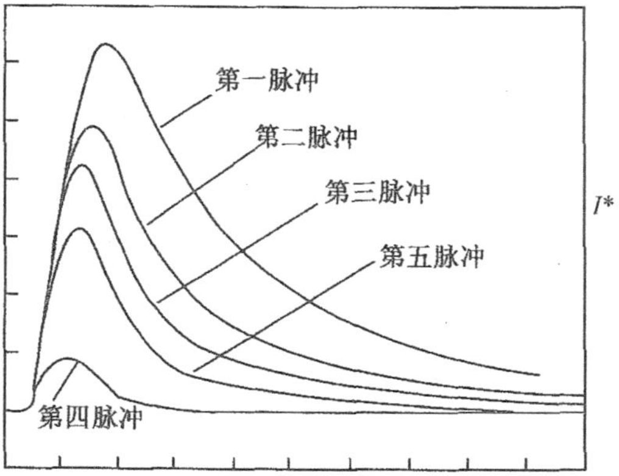

图 12.19　由 PZT 薄膜表面所产生的纳秒电子发射.

图 12.20 示出的是研究铁电薄膜表面电子发射的实验装置示意图[22]. 在这种结构的装置中，产生电子发射的电场 E 可由下式得出：

$$E = p\Delta T[\varepsilon g/(d+1)]^{-1}, \tag{12.1}$$

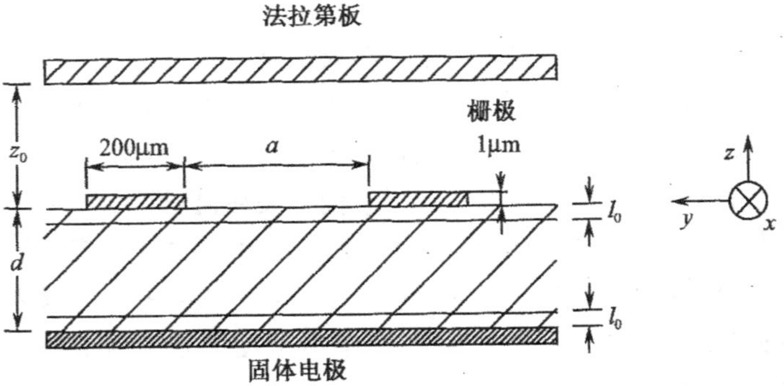

图 12.20　研究铁电薄膜表面电子发射的实验装置示意图.

式中，p 为铁电薄膜的热释电系数，ΔT 为温度的改变，g 是靶与微通道板间的距离，d 是薄膜的厚度，ε 为薄膜的介电常数. 在不同温度下测得的 PZT 薄膜的发射电荷与外加电场的关系在图 12.21中示出[22].

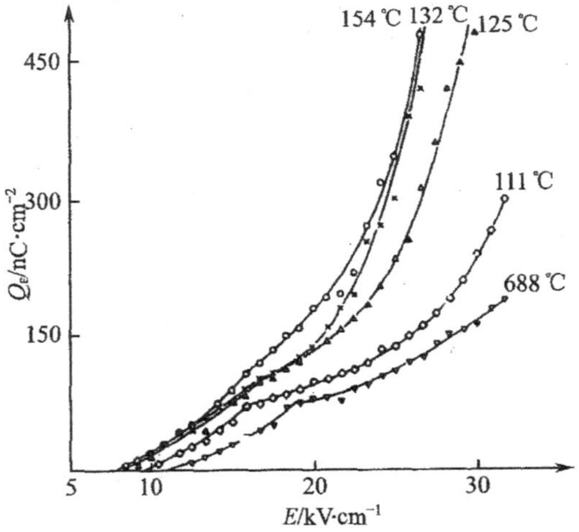

图 12.21　在不同温度下测得的 PZT 薄膜的发射电荷与外加电场的关系.

12.6.2 铁电薄膜微波器件——移相器和相阵控雷达应用

§12.3 中已经指出，具有全钙钛矿结构的铁电薄膜异质结构

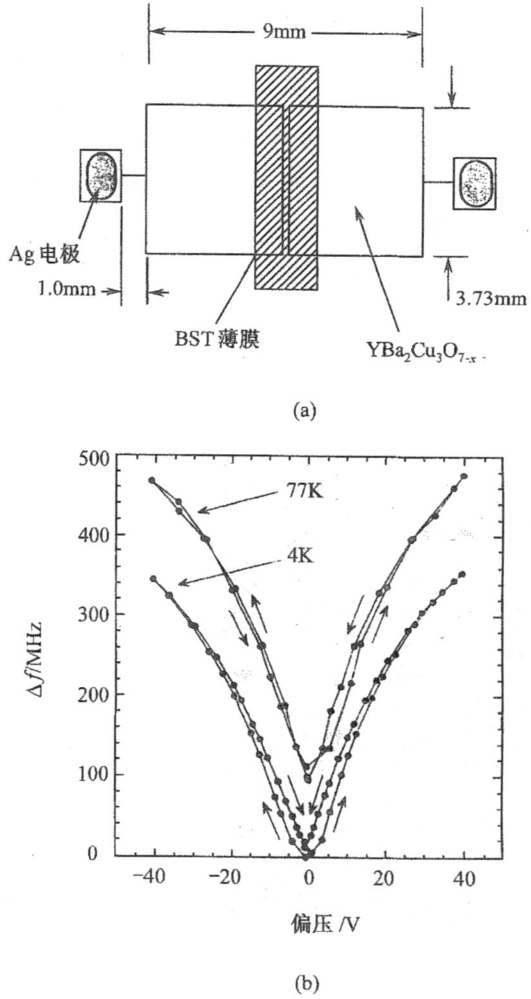

图 12.22　利用 BST 和 YBCO 薄膜设计的移相器示意图(a)和利用 BST 和 YBCO 薄膜制备的 10GHz 移相器的频率移动与施加电压的关系(b).

是当前集成铁电薄膜器件研究的一个重要方面. 其中, $BaTiO_3$, PZT 类铁电薄膜与 YBCO 超导体的异质结构及其物理特性研究就是一个例证.

已经知道, 铁电薄膜, 如 $Sr_{1-x}Ba_xTiO_3$(BST)等, 具有介电非线性, 即介电系数随偏置电场强度而变化, 且在一定的温度和频率范围内介电损耗较低、介电调谐率高、介电调谐响应快. YBCO ($YBa_2Cu_3O_{7-\delta}$)高温超导陶瓷, 在温度为 77K、频率为 10GHz 时, 表面电阻率要比通常的导体(如铜)在同样的温度和频率下低两个数量级. 而 BST 和 YBCO 都具有钙钛矿结构, 晶格参数相近, 具有化学兼容性. 因此, 若将具有介电非线性的铁电薄膜与高温超导薄膜相结合, 制备出 BST/YBCO 异质结构, 可望制备出高机械品质因数的谐振器件, 其中心频率可以通过外加偏置电场来调节, 从而发展出一类频率可变的电压调谐低温微波器件. 这类低温微波器件在退耦电容、可调谐滤波器、移相器、可调谐列阵天线等方面, 均

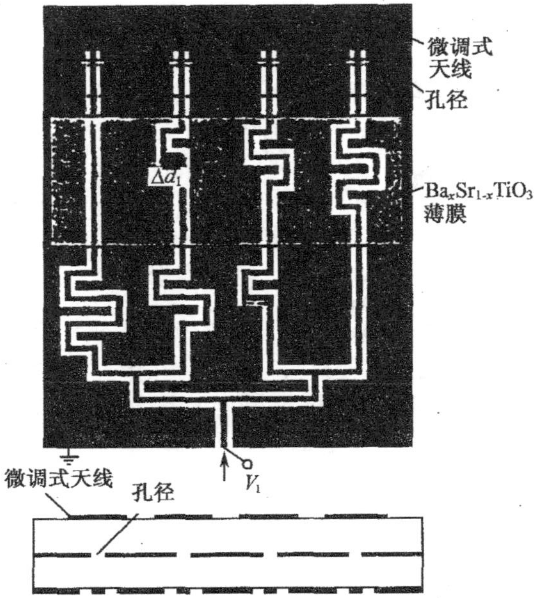

图 12.23　铁电薄膜相阵控雷达反馈系统示意图.

可望获得应用，特别适用于国防、卫星通信等高新技术领域．人们甚至预言，这类微波器件将是 21 世纪的新一代微波器件．

迄今为止，人们利用钛酸锶、BST 等不同铁电薄膜已制备出性能较好的移相器[23～27]，并对相关器件物理进行了比较深入的研究[28]．图 12.22 中分别示出了一种移相器的器件设计，以及利用 BST 铁电薄膜和 YBCO 薄膜制作的 10GHz 移相器频率移动与施加偏压关系[29]；图 12.23 示出了铁电薄膜相阵控雷达的反馈系统示意图[23]．

12.6.3 其他铁电薄膜器件

除了 § 12.4，§ 12.5 和本节前面所列的重要的、已广泛应用或具有潜在应用价值的铁电薄膜器件外，人们还利用铁电薄膜制备了（或提出了）许多其他器件，限于篇幅，这里不可能逐一介绍，只列出相关器件研究类型和参考文献．例如，利用铁电薄膜可以制作传感器，特别是气敏传感器（如一氧化碳传感器、氧传感器）[1]，换能器、驱动器及相关微机械器件[17]，生物医用器件[30]，以及航空和航天用的加速度计[31]等等．

§ 12.7 铁电薄膜的特性退变机制

12.7.1 概述[32]

铁电薄膜（包括某些高介电常数的钙钛矿型介电薄膜）具有重要而广泛的应用．因此，有关这类薄膜的特性随时间、温度和（或）外加电场而退变的机制，引起了人们的高度关注，一直是近 10 多年铁电薄膜物理研究的重要问题之一．

铁电薄膜的特性退变主要包括 3 个方面，即铁电疲劳（fatigue）、铁电老化（aging）和介电体电阻退变（resistance degradation）．所谓铁电疲劳是指铁电材料在反复的极化反转过程中，铁电体的可开关电极化随之减小的现象；所谓铁电老化是指铁电薄膜的特性随时间的变化，它是通过在铁电体的极化-电压(或极化-电场)的响应即 P-V 或 P-E 中极化改变与时间的关系来表征的；而介电体电阻退变是指介电体的绝缘特性在直流(CD)偏压，或温度升高时所发生的绝缘特性变差(daterioration)的现象.

上述所列铁电薄膜特性退变，极大地影响着利用铁电体和高介电常数电介质所制备的器件的寿命和可靠性.例如，疲劳和老化将直接关系到铁电薄膜在微电子学、光电子学(包括热释电探测)等应用中的使用可靠性；介电体的电阻退变直接影响着高介常数电介质薄膜在动态随机存取存储器(DRAM)应用中的寿命.正因为如此，对铁电薄膜的特性退变机制研究以及寻求如何减小退变的途径，一直为铁电薄膜科技工作者所关注.

12.7.2 铁电薄膜的疲劳特性

1. 铁电疲劳的“畴壁钉扎”机制　铁电薄膜在反复的极化反

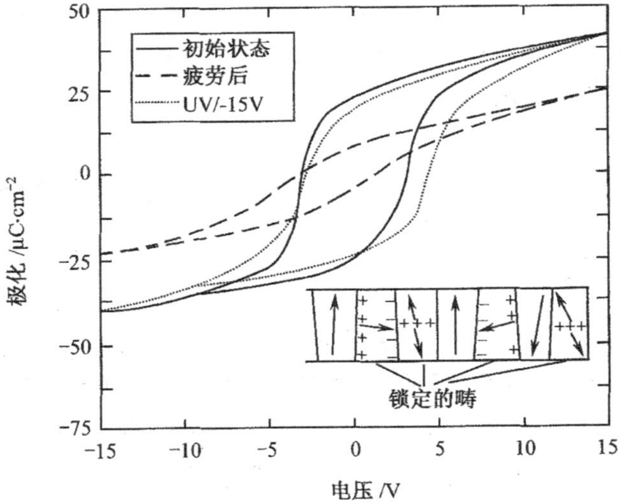

图 12.24　PZT(40/60)铁电薄膜在初始状态、径 3.5×10^8 开关循环后以及在 15V 偏压下经紫外光辐照后的电滞回线.插图给出了在铁电薄膜的畴界上因俘获电荷可能引起的电畴结构状态.

转过程中的疲劳特性可由图 12.24 来说明，该图中的三条电滞回线分别给出了以 Pt 作为电极的 PZT(40/60)铁电薄膜在最初状态、经 3.5×10^8 开关循环后，以及在 15V 偏压下经紫外光辐照后的 P-V 特性[33]. 该图清楚地表明，铁电薄膜在反复开关后，电滞回线变窄，剩余极化明显下降(甚至大幅度下降)，这就是典型的铁电疲劳特性. 该图还表明，在外加偏压作用下紫外光辐射后，铁电薄膜的电滞回线又几乎恢复到它的初始状态.

现在比较一致的观点认为，铁电体的疲劳特性，亦即其可开关电极化的减小，是由于铁电体中的电畴受到"畴壁钉扎"(pinning of domain walls)的结果，正是这种"钉扎"作用，限制了电畴的开关性能. 人们已经提出了几种畴壁钉扎机制，包括电子俘获(electronic-charge trapping)和氧空位等[34,35]. 不过，要想单纯通过电学测量来明确区分这两种机制是不可能的，因为单纯的电学测量只能给出铁电体宏观的平均特性，而不可能给出具体的微观过程. 通过光致铁电疲劳及其恢复特性的研究，以及通过铁电体的电子顺磁共振(EPR)谱研究，可以获取与铁电薄膜疲劳特性相关的更详细机理的细节.

由电子俘获引起的"畴壁钉扎"已在很多实验中得到证实. 例如，当对 PZT 薄膜、PLZT 陶瓷和 $BaTiO_3$ 单晶等铁电材料，利用光子能量与其禁带宽度相匹配的光对其辐照，这些辐照光将在铁电体中激发电子一空穴对，辐照时，同时对铁电体施加一个稍低于其开关阀值的直流偏压，此时将在这些铁电体中引起可开关极化的损失，亦即使铁电体出现疲劳[36]. 在这种光照作用下出现的铁电疲劳以及在外电场作用下反复开关引起的铁电疲劳，均可在对铁电体进行光辐照的同时，施加足够大的直流电场使铁电体得到充分极化从而使之恢复到其初始值. 图 12.24 中示出的点虚线给出的就是这种情况. 综合这两方面的实验结果，人们有理由相信，在铁电体内部畴界处由电荷俘获引起的"畴壁钉扎"(参见图 12.24 中的插图)是主要的疲劳机制，正是在畴界附近极化(亦即束缚电荷)的不连续，起着电荷俘获的驱动力的作用；光生载流子与这些俘获电荷复合，使得在直流偏压作用下，这些原先被锁定的电畴得以转变方向，因而使铁电体恢复到原来的状态．

利用 EPR 谱对 $BaTiO_3$ 单晶的缺陷状态进行深入的研究，也已得出缺陷对钙钛矿类铁电体中电荷俘获的影响．研究结果表明，疲劳引起了这些晶体中孤立的杂质点缺陷（如 Fe，Pt）的氧化状态发生改变，很明显，这也直接起因于电子俘获[37]．实验还发现，在 $BaTiO_3$ 单晶中由疲劳引起的 Pt^{3+} 色心远比在没有产生疲劳的 $BaTiO_3$ 单晶中由光引起的 Pt^{3+} 色心稳定．实验结果表明，与电子俘获有关的疲劳过程是相当复杂的，比如，可能引起铁电体中局域的结构畸变，这种结构畸变使俘获电荷能得以稳定下来．在铁电体中，出现由氧空位带两个负电荷（V_O）的畸变的可能性更大．

2．*电极对铁电薄膜疲劳特性的影响*　由图 12.24 可以看出，当用 Pt 电极时，Pt/PZT/Pt 将会产生严重的铁电疲劳．但是，很多实验表明，当用（La，Sr）CoO_3（LSCO），RuO_2，IrO_2 等金属氧化物作电极时，PZT 薄膜则几乎没有铁电疲劳的现象[38~39]．单金属（如 Pt）电极与金属氧化物电极对铁电薄膜疲劳的这种影响结果给人们一个非常明确的信息，铁电体与电极的相互作用在确定铁电疲劳特性中起着至关重要的作用．进一步的研究还表明[40]，铁电薄膜与其两个主要表面电极的界面对铁电疲劳均有重要的影响，只有当两个表面的电极都用金属氧化物电极（如 LSCO/PZT/LSCO）时，铁电薄膜才不致发生严重的疲劳现象．

要在铁电薄膜两个主要表面上制备氧化物电极是比较困难的．近期发现的铋基层状钙钛矿结构 $SrBi_2Ta_2O_9$（简记为 SBT，也简记为 Y1）铁电薄膜，即使采用单金属电极，如 Pt/SBT/Pt，也没有严重的铁电疲劳（参见 §12.8），因而该类铁电薄膜材料引起人们的高度关注．

3．*铁电疲劳的速率*　近年的研究表明，即使在通常情况下没有疲劳现象的铁电薄膜电容器，如 LSCO/PZT/LSCO，Pt/SBT/Pt 等，在某些情况下，如在疲劳试验中用紫外光对其进行辐照，这些电容器也会出现严重的疲劳效应，如图 12.25 所示[41]．该图示出

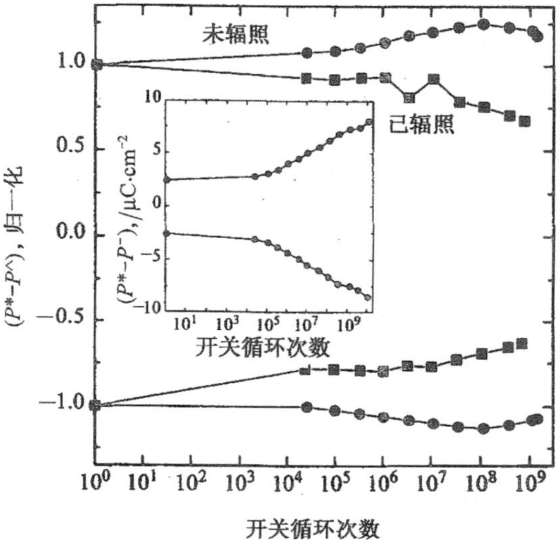

图 12.25 Pt/SBT/Pt 铁电薄膜电容器在有光照和无光照情况下的疲劳特性，图中插图示出了在光辐照下已出现铁电疲劳的 Pt/SBT/Pt 电容器在无光照下反复开关后，铁电疲劳的复原.

了 Pt/SBT/Pt 铁电薄膜电容器在宽频带紫外光(UV)辐照及没有 UV 辐照下，在 ±10V(25kHz)开关电压(电压为 $V_s = \pm 8V$)作用下，电容器的极化疲劳特性 $P^* - P^-$ 与开关次数的关系. 由该图可见，若在疲劳测试时对电容器施加 UV 辐照，可开关的电极化将随之减少，亦即电容器出现疲劳；与之相对应，若不对电容器施加 UV 辐射，可开关的电极化反而稍有增加，亦即电容器未出现疲劳. 这种疲劳就是光诱导疲劳. 该图中的插图表明，对已出现光诱导疲劳的 Pt/SBT/Pt 电容器，在没有 UV 辐照的情况下施以 ±10V电压进行开关试验，其可开关极化随开关次数的增加反而逐渐上升，亦即铁电疲劳逐步恢复. 这一实验结果清楚地表明，即使在所谓标准条件下(反复开关至饱和态，无光辐照)没有铁电疲劳的铁电薄膜电容器，如 LSCO/PZT/LSCO, Pt/SBT/Pt 也会出现电荷俘获引起畴壁钉扎所致铁电疲劳现象；已出现铁电疲劳的铁电薄膜电容器，可在光辐照下对其施加饱和直流偏压，或在无光辐照下施加电场对其进行反复开关，可以使铁电疲劳得以消除．这一特性可视为消除铁电薄膜疲劳的一种本征特性．

上述实验结果表明，铁电疲劳实际上是由畴壁钉扎和解除畴壁钉扎两个方面决定，当钉扎速率小于解除钉扎的速率时，就不会有铁电疲劳出现．光辐照下，由于铁电体中有高的自由载流子浓度，这将加速电荷俘获，从而使钉扎速率增加；同时，在光辐照作用下，自由载流子增加也会引起复合速率的增加，从而使解除畴壁钉扎的速率也增加．换言之，光辐照使畴壁钉扎速率和解除畴壁钉扎速率都增加．对于 Pt/SBT/Pt 和 LSCO/PZT/LSCO 等电容器，自由载流子浓度的增加对畴壁钉扎的影响要大于对解除钉扎速率的影响，从而使这类电容器在“正常”状态下没有疲劳效应，而在光辐照下出现疲劳效应．

对 PZT 铁电薄膜，其铁电疲劳速率与电极材料密切相关，还可以从铁电体与电极材料之间发生的相互作用对畴壁钉扎和解除畴壁钉扎的速率的影响来加以解释，特别是电极附近的氧空位的堆积，对铁电疲劳有至关重要的影响．有关情况不在此展开讨论，有兴趣的读者可参考相关文献[42,43]．

12.7.3 铁电薄膜的老化特性[32,41]

1．*铁电老化与电压漂移*　铁电老化定义为铁电体的电滞回线随时间推延而发生的自发改变．这种自发改变主要起因于铁电电畴结构随时间推移而出现的逐渐稳定化过程．铁电老化的表现形式多种多样，如电滞响应的漂移或受限，介电常数或介电损耗的逐步减小，压电特性、电光特性或其他功能特性的改变，等等．需要指出的是，升高温度会加速铁电体的老化，但最高升温应低于铁电体的居里点，因为我们所指的铁电老化，是铁电体处于铁电相时其特性随时间的改变．

对铁电薄膜器件而言，其电压漂移可能是铁电老化最重要的指标特征. 电压漂移的含义可由图 12.26 来理解, 该图示出了 Pt/PZT(30/70)/Pt 铁电薄膜电容器初始的电滞回线, 以及在极化电场作用下(以保证使其剩余极化达 + Pr)并在 120℃ 温度下保温 2h 的电滞回线. 由图 12.26 可以看出, 在加热作用下, 该铁电薄膜电容器的电滞回线向负电压方向发生了漂移.

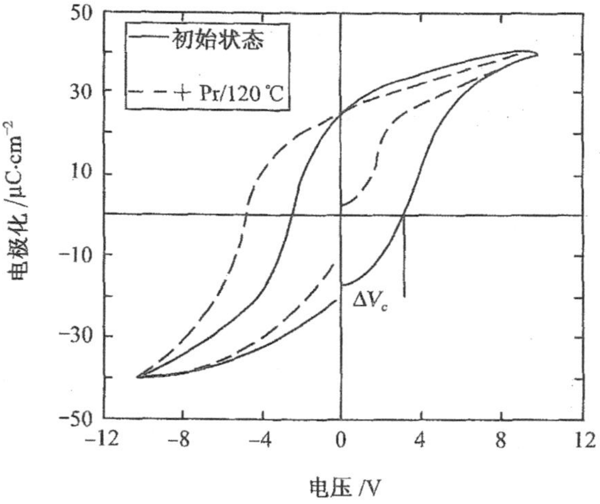

图 12.26 Pt/PZT/Pt 铁电薄膜电容器的电滞回线在热作用下发生的"电压漂移".

铁电薄膜因老化引起的电压漂移是很有害的. 比如, 若电压漂移足够大以致于两剩余极化态(+ Pr, - Pr)的电极化差值小于铁电记忆元件的阈值, 将直接导致铁电记忆元件的失效; 同样, 如果电压向右漂移足够大, 以致于使得开关电压远大于预先经程序设计的记忆元件的工作电压, 这将使铁电开关特性丧失, 也会使记忆元件失效. 由此可见, 如何控制铁电薄膜的老化, 仍是需要注意的重要问题.

2. 影响铁电老化的主要机制　若铁电体受到光子能量等于(或大于)其禁带宽度的光的辐照, 将导致铁电体的电压漂移, 这就是所谓的光致电压漂移.相关实验[36]表明,光致电压漂移起源于俘获载流子(特别是电子)产生的空间电荷场所引起的.

对铁电体加热也会导致电压漂移.定性地看,热致电压漂移与光致电压漂移相似,但热致电压漂移要比光致电压漂移大得多.这两种电压漂移的关键不同之处是,在热致电压漂移中出现的离子运动将直接导致缺陷偶极矩的重排.其中,最重要的缺陷偶极矩是含氧的空位对,如 $V''_{Pb}-V_O^{\cdot\cdot}$, $V'_A-V''_O$($A=Fe, Ni$,“·”表示相对于中性晶格的负电荷)等.由于 $V_O^{\cdot\cdot}$ 空位具有很高的迁移率,上述这些含氧空位对易于在外场作用下重新取向.图 12.27 示出了

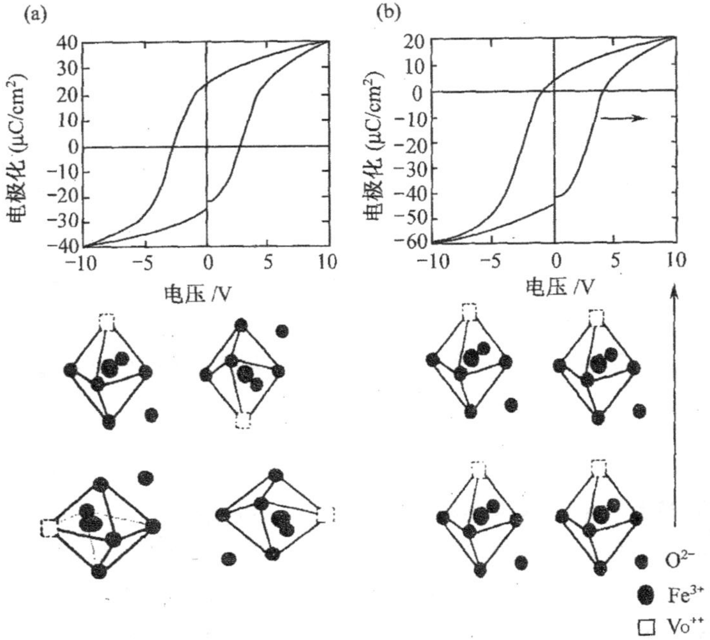

图 12.27 $BaTiO_3$ 陶瓷中 $Fe^{3+}-V_O^{\cdot\cdot}$ 偶极矩重排引起的电滞回线的错位.(a)薄型 $BaTiO_3$ 电容器的初始电滞回线及与之相关的缺陷偶极矩随机分布示意图;(b)缺陷偶极矩重排后引起的电滞回线的错位.

$BaTiO_3$ 陶瓷中 $Fe^{3+}-V_O^{\cdot\cdot}$ 缺陷偶极矩的重排(在 4.5kV/cm 电场作用下,110℃保温 2h)引起的铁电体电滞回线的错位.这种错位还可能导致铁电体应变—电压特性的改变.

对铁电体进行施主掺杂可以降低热致电压漂移的影响,这是因为,在 ABO_3 等类型铁电体中,用施主离子进行 B 位取代,可以降低 $V_O^{\cdot\cdot}$ 空位的浓度.人们发现,用 Nb^{5+},Ta^{5+},W^{6+},以及其他常用施主掺杂,都会降低热致电压偏移[44,45].此外,还有一些其他因素,如铁电体的制备加工技术,也有可能引起热致电压偏移.限于篇幅不可能在此逐一予以介绍.

3.铁电体的保持特性和写入特性　除了上面讨论的老化特性外,铁电薄膜还有两种老化特性,即保持特性(retention)和写入特性(imprint).其中,保持特性是指铁薄膜电容器在不受到任何外界场作用时,在其表面(包括薄膜与电极的界面)上发生的可移动电荷运动并被俘获,从而使铁电电容器中所存储的电荷减少,使作为记忆存储器使用的铁电电容器丧失"0"或"1"的功能.这种失效叫"保持特性",更确切地说,叫缺乏保持特性.应当指出,保持特性不是由于铁电薄膜的内部漏电电流所引起的,而是铁电体内部存在的一种类似于驻极体中的电荷移动所引起的.由于这种电荷移动主要发生在铁电薄膜与电极的界面和铁电薄膜表面上,因此,保持特性属于一种异质充电(hetero-charging)效应[1].

铁电薄膜作为铁电记忆存储器件使用时的另一种特性叫写入特性.写入特性是指铁电电容器具有保持择优取向态的趋势,这里的择优取向态通常是第一次写入待存储信息时的状态,或作为信息存储已经经历较长时间的那种取向态.写入特性也是一种驻极体特性,参考文献[46]针对铌酸锂薄膜写入特性作了比较详细的论述.

12.7.4　介电薄膜电阻特性的退变

高介电陶瓷电阻特性的退变指的是,在直流偏压和高温的作用下,经过一段特定时间(亦即"寿命期")之后,陶瓷的漏电电流将出现稳定持续的增加的现象. 图 12.28 示出了用 0.1at% Ni 掺杂的具有不同微结构的 $SrTiO_3$ 电容器在 600K 和 0.625kV/cm 电场作用下的电导率 J 与时间的对数的关系曲线[47]. 实验结果表明，当温度和电场分别都远远低于热击穿和电击穿所需的临界值时，就会出现特有的电阻退变特性. 无论对铁电体或非铁电性电介质来说，这种类型的特性退化都是非常重要的，它直接关系到多层陶瓷电容器的寿命，对应用于 DRAM 中的高介薄膜也是至关重要的.

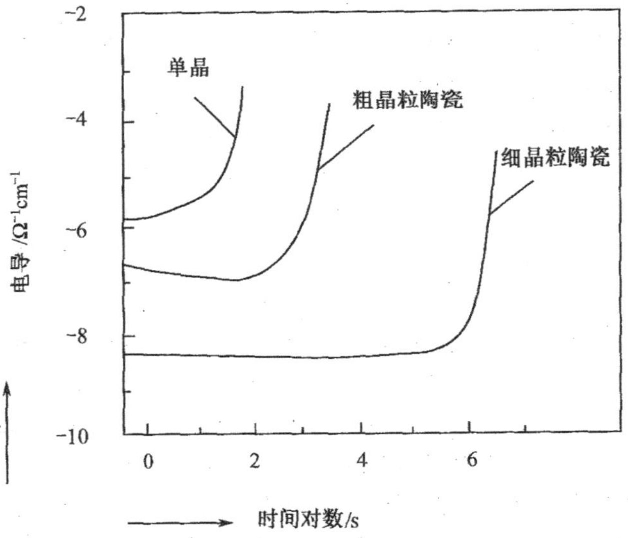

图 12.28　具有不同微结构的、0.1at% Ni 掺杂的 $SrTiO_3$ 样品，其电导率与时间对数的关系曲线（$SrTiO_3$ 电容器的温度为 600K，施加电场为 0.625kV/cm 的电阻退变特性）.

电阻退变特性通常发生在受主掺杂的钙钛矿型电介质中，对电阻退变起作用的是氧空位. 此时，受主为带正电荷的氧空位 $V_O^{\cdot\cdot}$ 所补偿. 其作用过程是 $V_O^{\cdot\cdot}$ 发生迁徙，并在阴极上发生 $V_O^{\cdot\cdot}$ 的堆积，使得阳极中的 $V_O^{\cdot\cdot}$ 出现耗散[48].

电阻退变的速率受许多有关材料应力和材料参数的影响. 比如, 由于电阻退变特性涉及到 $V_O^{\cdot\cdot}$ 的迁徙, 因此, 若电介质处于较高的温度或受到较高电场的作用, 其电阻退变速率将显著增大. 电阻退变速率也受到电介质材料的掺杂种类、掺杂浓度、晶粒大小、化学剂量比、孔隙率及电极种类的影响. 对钙钛矿类电介质, 采用施主掺杂有助于降低电阻退变速率, 因为施主掺杂将阻止钙钛矿晶格中 $V_O^{\cdot\cdot}$ 缺位的形成.

12.7.5 铁电薄膜特性退变研究的进展

前面讨论的铁电疲劳、铁电老化和电阻退变是三种最重要的铁电特性退变, 这些特性退变严重制约了钙钛矿型铁电薄膜器件的寿命和可靠性. 经过多年的研究, 人们对三种特性退变的机制有了比较清晰的认识, 也找到了一些比较有效的解决办法. 例如, 采用铋基层状结构钙钛矿化合物(如 SBT), 或采用全氧化物电极的 PZT 薄膜结构, 可望制得基本没有疲劳的铁电薄膜器件. 但是, 恐怕还不能说铁电薄膜特性退变的问题已经完全解决, 更多的工作, 特别是与铁电异质结、纳米铁电薄膜, 以及铁电薄膜与其他功能薄膜相集成而可能出现的铁电薄膜特性退变, 仍需做大量研究工作. 通过缺陷化学、电荷俘获现象、钙钛矿铁电体与电极的相互作用等多方面深入研究, 将会对铁电薄膜的特性退变以及解决特性退变的办法, 有比较完整的认识.

§12.8 SBT 铁电薄膜

12.8.1 SBT 的特性[1,49~51]

众所周知, PZT 系列铁电薄膜是人们研究得最多的铁电薄膜材料, 并已在 FRAM、热释电探测以及其他相关器件中获得应用. 但是, PZT 系列薄膜有许多严重的缺陷. 例如, 当采用 Pt 等金属电极时, PZT 系列铁电薄膜存在严重的铁电疲劳特性, 只有采用全氧化物电极，才能使疲劳特性基本消除；又如，PZT 系列薄膜的尺寸效应很明显，当薄膜厚度小于 100nm 时，PZT 系列薄膜的特性将有明显下降．

近年来，具有铋基层状钙钛矿结构的 $SrBiTa_2O_9$（简记为 SBT，亦可简记为 Y1）引起了人们的广泛关注，已成为许多集成铁电薄膜器件应用的首选材料．究其原因，主要有如下三条：

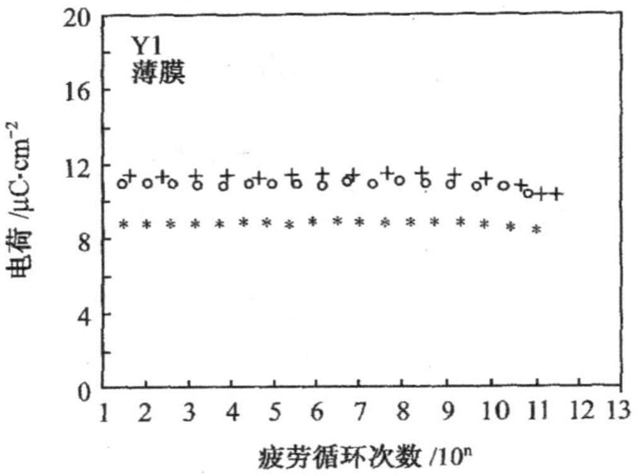

(a)

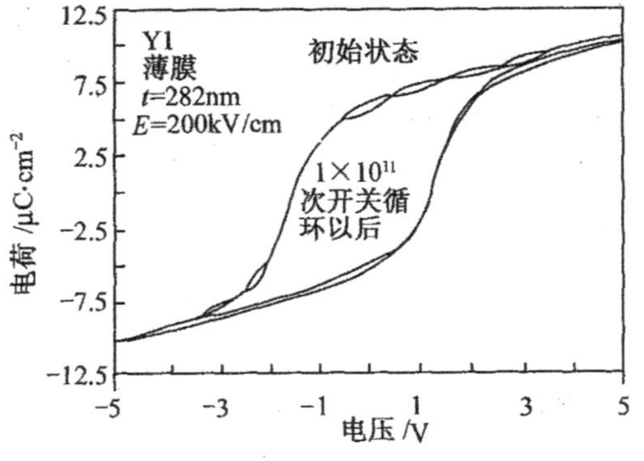

(b)

图 12.29　SBT(Y1)电容器的疲劳特性．

(a)疲劳特性与开关次数的关系；(b)初始状态及开关 1×10^{11}次后的电滞回线与开关电压的关系．

(1)即使使用全金属电极,如采用 Pt/SBT/Pt 结构,该体系材料的铁电疲劳特性也基本可以忽略.图 12.29 示出了 Pt/SBT/Pt 电容器的疲劳特性与开关次数的关系[图 12.29(a)]和其电滞回线与开关电压的关系[图 12.29(b)].由图可见,开关 1×10^{11} 次后,该电容器基本上还没有出现疲劳效应,其电滞回线与初始状态时的电滞回线基本一致.因此,尽管 PZT 薄膜的制备温度(550～650℃)较 SBT 薄膜的(700～800℃)低,由于 SBT 薄膜不需如 PZT 薄膜那样复杂的全氧化物电极,从而使 SBT 薄膜在器件应用上的制备工艺较 PZT 薄膜的简单,这在器件应用上是非常有利的.

(2)SBT 系列薄膜的漏电电流很小,在相同厚度和相同电极情况下,SBT 系列薄膜的漏电电流比 PZT 系列薄膜的低 100 倍以上.图 12.30 示出了 $SrBi_2Ta_2O_9$ 和 $BaBi_2Ta_2O_9$ 等薄膜的漏电电流与外加电压的关系.由图 12.30 可以看出,层状铋系材料中具有代表性的 $BaBi_2Ti_2O_9$ 薄膜在厚度为 240nm、外加电压为 10V 时,其漏电电流为 $10nA/cm^2$.

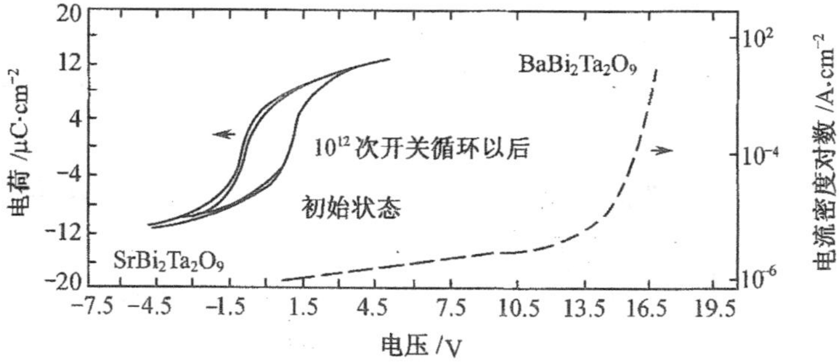

图 12.30 SBT 体系薄膜的漏电电流与外加电压的关系
(图中给出了具有代表性的 $BaBi_2Ta_2O_9$ 薄膜在厚度为 240nm、外加电压为 10V 时,其漏电电流为 $10nA/cm^2$).

(3)SBT 薄膜的尺寸效应不显著.PZT 系列薄膜的尺寸效应

非常显著，当 PZT 薄膜的厚度减到 45nm 时，其介电常数将从 1300 降为 100 至 200；而对 SBT 材料而言，当厚度在 45nm 以上时，所有薄膜材料的介电常数都在 600 附近，几乎没有变化．正因为如此，人们可以利用 SBT 薄膜制作极薄（甚至低于 40nm）的铁电薄膜材料．

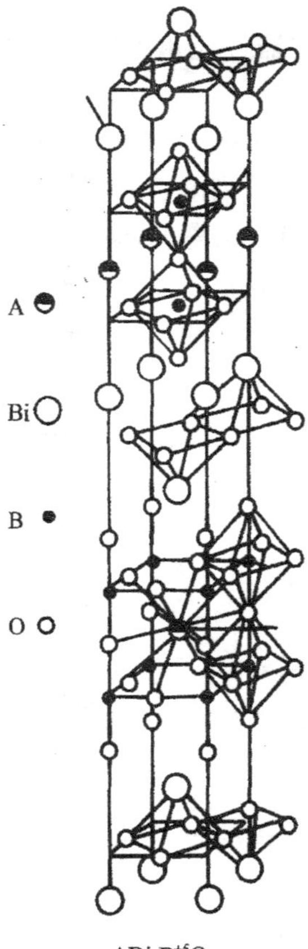

图 12.31　SBT 的晶体结构示意图．

12.8.2　SBT 的结构

SBT 是一种铋基层状钙钛矿结构化合物．铋基层状钙钛矿结构化合物是一大类化合物的统称，其通式可表示为

$$ABi_bM_cO_{(2+3b+5c)/2},$$

式中，A 为 Ba, Sr, 或 Pb；M 为 Ti, Ta 或 Nb．上述的 A 和 M 的组合可有 9 种形式，这些不同的形式分别用 X-1, X-2, X-3；Y-1, Y-2, Y-3 和 Z-1, Z-2, Z-3 等代码来表示．例如 $SrBi_2Ta_2O_9$（SBT）就可用 Y-1（简写为 Y1）代码来表示．该体系薄膜最早是由前苏联学者 Smolensky 等人于 20 世纪 50 年代后期合成的[51]，但在其后若干年中，人们对其特性几乎没有什么了解，直到 1961 年才有少许报道[52]．图 12.31 示出了 SBT 的晶体结构示意图．

12.8.3　SBT 薄膜的制备

可用多种方法制备 SBT 及其

相关系列(如用 Ti 或 Nb 取代 Ta;用 Ba 或 Pb 取代 Sr)薄膜,如采用溶胶-凝胶法[53],金属有机物热分解[54],溅射法[55],脉冲激光沉积(PLD)[56]等,薄膜的电极为金属铂(Pt)或铂/钛(Pt/Ti)双金属层.

大家知道,在制备 PZT 系列薄膜时,随着温度的不同,PZT 薄膜将经历 3 个主要的晶相:若在不加热的情况下进行沉积,所形成的是非晶 PZT 薄膜;经过几百度(450℃ 以下)退火,该非晶薄膜转变成焦绿石结构薄膜,在通常情况下,这类焦绿石薄膜不呈现铁电性;对此焦绿石型 PZT 薄膜在 600～800℃ 下退火 30～90min,或进行快速热处理(RTP)90s,薄膜将由焦绿石结构转变为所需要的简单的钙钛矿结构.实验上所获得的、使 PZT 薄膜由焦绿石结构转变为钙钛矿结构的最低温度为 450℃.

完全类似地,在不同温度下制备的 SBT 薄膜,也要经历 3 个相的转变:低温下的非晶态,中等温度下的不良氟石相(defective fluorite phase)结构,以及在高温下的层状钙钛矿结构.人们采用 XPS, EXAFS, TEM 等技术,详细分析了相关的相结构,以及在不同晶相中 SBT 的离子占位情况.有关详细的研究结果在此不多作介绍,有兴趣的读者可参考相关文献[1].

§12.9 铁电薄膜发展展望

近 10 多年来,铁电薄膜的制备,表征和特性研究,集成铁电学及异质结构研究,铁电薄膜物理学研究(包括铁电畴、极化稳定性、铁电开关特性、微观缺陷与宏观物理性能的关系、铁电尺寸效应、铁电疲劳、老化及介电特性退变等),以及铁电薄膜器件的设计与制备,一直是铁电体科技工作者、材料科学与凝聚态物理工作者非常关注的研究领域之一.已经取得的研究进展,以及与之相关的专著和论文都非常清楚地表明,铁电薄膜研究是电介质物理、材料和器件研究的主要方向之一,传统的电介质研究与其他领域的科学技术相结合,将会出现众多的研究热点,产生人们难以预期的研究成果.当然,要进一步发展铁电薄膜,尚有许多方面值得关注.本节拟提出相关研究方向供大家参考.

12.9.1 进一步发展铁电薄膜的主要障碍与解决对策

要进一步发展铁电薄膜,需要解决目前铁电薄膜研究中尚存在的一些问题和技术障碍,主要如下:

(1)制备、加工温度较高.多数铁电薄膜的制备加工温度高,如PZT类薄膜需600℃以上,SBT类薄膜需720℃以上,这就妨碍了集成电路中溅金属(如铝)的使用,同时也会增加器件成本,增大制作难度.发展新的铁电薄膜制备技术,如本章前面介绍的L-MBE技术,可望在较低的温度下制备出高性能铁电薄膜.

(2)应大力发展性能优良的非铅基铁电薄膜材料.多数铁电薄膜是含铅材料,不符合电子器件的环保要求.众所周知,铅具有很强的挥发性,联合国环境开发署、美国的环境保护署(EPA)、欧共体环境保护委员会,以及其他很多国家都在进一步加大对铅的控制,据《国际电子商情》报道,到2006年1月1日,将不允许含铅电子元器件销售,这必将对铁电薄膜器件构成威胁.

(3)铁电薄膜表面以及铁电薄膜异质结界面还不能完全人为控制.传统的Si技术,每立方厘米中的杂质含量10^{16},就算杂质含量很高的了.与之相比,在铁电氧化物中,俘获陷阱可达每立方厘米中有10^{21}个.对所有的直接型FOS(ferroelectric-on-semiconductor,即将铁电体直接与半导体相结合)器件,如具有非破坏性读出特性的铁电场效应晶体管来说,大量的表面施主态和其他表面俘获陷阱使得器件的设计、模拟和性能优化变得非常困难.

(4)铁电疲劳与老化限制了铁电薄膜的广泛应用.尽管人们已找出疲劳效应小的铁电薄膜材料,如SBT,但铁电疲劳和老化仍限制着铁电薄膜器件的广泛应用.此外,对铁电体的开关特性而言,没有精确的电压阀值,而且开关特性及与之相关的开关电压和剩余极化还与铁电薄膜的疲劳和老化特性密切相关,这更促使人们急切解决铁电薄膜的疲劳和老化问题.

(5)与铁电薄膜相关的物理问题需继续深入加以研究.这些物理问题包括标度理论,尺寸效应理论,快速输运理论,以及铁电薄膜击穿理论等.此外,基于铁电薄膜的微结构特性(如晶粒尺寸、电畴取向、晶体缺陷、畴壁等),电极特性(如金属电极、氧化物电极)以及界面特性(如铁电薄膜与半导体接触)的铁电薄膜微观模型,还没有完全建立,要建立这样的模型仅靠对现有的凝聚态理论进行简单的推广,似有很大的难度.

(6)铁电薄膜微观特性的表征,及其与宏观特性的对应关系尚不清楚.随着纳米科学技术的发展,制备纳米级铁电薄膜已引起人们的重视,但是,如何表征纳米铁电薄膜的特征,尚不十分清楚,需要发展新型的分析表征手段和相关仪器,才有可能得到解决.这类纳米尺度的特性与测出的宏观性能(特别是电学性能)的关系,更有待深入的理论研究和实验验证.

12.9.2 重视集成铁电薄膜器件的研究开发

在12.9.1节中提及的发展铁电薄膜的几个方面,主要侧重于铁电薄膜的物理机制和材料的选择与制备.另一同样重要的问题是重视铁电薄膜、特别是集成铁电薄膜器件中的研究与开发.主要如下:

(1)重视铁电异质结构特性及相关新效应研究.§12.3对此有比较详细的论述,在此不再重复.

(2)铁电薄膜在集成光学和微电机系统中的应用应当大力加以开发.铁电薄膜在微电子和光电子中的应用已有比较长足的发展,尤其是在FRAM,DRAM,热释电探测器和非致冷热释电红外焦平面列阵以及在表声波器件中的应用,是其应用中的典型代表,并可望形成一批规模较大的产业或产业群.铁电薄膜在集成光学中的应用虽已研究多年,但至今还没有可实用器件,主要是其光传输损耗较大,通过降低薄膜平面粗糙度,减少膜材料内部缺陷、降低晶界散射,可望利用铁电薄膜获得实用的集成光学器件.铁电薄膜在微电机上的应用前景非常广阔,需要加以注意的是薄膜的沉积技术和器件制作时的表面微加工技术.

(3)注意新型铁电薄膜器件的开拓.铁电薄膜具有多种优异的特性,利用这些特性,或将这些特性与其他材料的特性相结合,可以开发出一系列器件.除本章中已经指出的外,新型铁电薄膜器件还有多种,一大批新的原型器件还在不断提出.例如,有人制备了纳米铁电薄膜电容器,其电极尺寸为 100nm×100nm,将这种电容器与超大规模集成电路相结合,可制备高密度的铁电薄膜存储器;将铁电薄膜用于医学研究,可以制作血压传感器、微流控制器、微型泵、微型阀等;利用铁电薄膜制作的电学写入、光学读出,光学写入、电学读出,以及全光型(光学写入、光学读出)等存储器或光盘,也在大力开发之中.参考文献[1]中给出了与这类器件相关的大量参考文献.此外,利用与铁电薄膜的双折射有关的光学双稳态,还可开发出在光电子学和集成光学中具有不同应用目的的器件.

综上所述,我们可以看出,经过 10 多年的努力,铁电薄膜的研究已取得了骄人的成绩;可以预期,再经过 10 来年的研究,铁电薄膜和相关集成铁电器件一定会有更突出的进展.

参 考 文 献

[1] Scott J F. Ferroelectrics Review, 1998, 1(1):1

[2] 肖定全.见干福熹主编.信息材料.天津:天津大学出版社,2000:第十章

[3] 李金桂,肖定全主编.现代表面工程设计手册.北京:国防工业出版社,2000:第五章

[4] 吴锦雷,吴金德主编.几种功能薄膜材料.北京:北京大学出版社,1999:第九、十一章

[5] 钟维烈.铁电体物理学.北京:科学出版社,1999:第七章

[6] 余萍,肖定全.见张福学,王丽坤主编,现代压电学(中册),北京:科学出版社,2002:第十四章

[7] Xiao D Q, Xiao Z L, et al. Appl. Phys. Lett., 1991(58):36

[8] Hu W S, Liu Z G, et al. J. Appl. Phys., 1996(80):7089

[9] Kim D W, Oh S M, et al. Jpn. J. Appl. Phys., 1998(37):2016

[10] Scott J F, Paz de Araujo C A. Science, 1989(246):1400

[11] Bondurant D, Gandinger F. IEEE Spectrum, 1989:30

[12] 肖定全.物理,1994(23):577

[13] 朱信华,刘治国.物理,1999(28):68
[14] Ramesh R, Lee J, et al. Appl. Phys. Lett.,1994(64):2511
[15] Mathews S, Ramesh R, et al. Science,1997(276):238
[16] Mansingh A. Ferroelectrics,1990(102):69
[17] Polla D L, Francis L F. MRS Bulletin,1996:59
[18] Takayama R, Tomita Y, Asayama J, et al. Sensors and Actuators, 1990(A21～A23):508
[19] 余萍,肖定全.见张福学,王丽坤主编.现代压电学(下册).北京:科学出版社,(2002):第29章
[20] 闵乃本.物理学进展,1993(13):26
[21] Gundel H. Integrated Ferroelectrics,1992(2):207
[22] Gundel H. Ph.D Thesis, Univ. of Berlin,1996
[23] Barnes F S, Price J, Hermann A, et al. Integrated Ferroelectrics, 1995(8):171
[24] Babbitt R W. U.S. Patent,1993(5):212,463
[25] Jack L, U.S. Patent,1991(5):70,241
[26] Utzourhit A, Naziripour A, Trefny J U, et al. Integrated Ferroelectrics, 1995(8):227
[27] Yandrofsky R M, Price J C, et al. U.S. patent, 1995(5):472,395
[28] Hermann A M, Price J C, Scott J F, et al. Bull. Am. Phys. Soc.,1993(38):689
[29] Galt D, Price J C, Beall J A, et al. Appl. Phys. Lett.,1993(63):3078
[30] Frazier A B, Warrington R O, Fredrich C. IEEE Trans. Ind. Electron.,1995(42):423
[31] Scott W B. Aviation Week and Space Technol.(March 1 issue), 1993:36
[32] Warren W L, Dimos D, Waser R M. MRS Bulletin, July,1996:40
[33] Warren W L, Dimos D, Tuttle B A, et al. J. Appl. Phys., 1995(77):6695
[34] Mihara T, Watanabe H, Paz de Araujo C A. Jpn. J. Appl. Phys.,1994(33):5281
[35] Scott J F, Paz de Araujo C A. Science, 1989(246):1400
[36] Dimos D , Warren W L, Sinclair M B, et al. J. Appl. Phys.,1994(76):4305
[37] Wamen W L, Tuttle B A, Dimos D. J. Appl. Phys. Lett.,1995(67):1496
[38] Ramesh R, Gilchrist H, Sands T, et al. Appl. Phys. Lett.,1993(63):3592
[39] Nakamura T, Nakao Y, kamisawa A , et al. Appl . Phys. Lett., 1994(65):1522
[40] Al-Shareef H N, Kingon A I, Chen X, et al. J. Mater. Res., 1994(9):2960
[41] Al-Shareef H N, Dimos D, Boyle T J, et al. Appl. Phys. Lett.,1996(68):690
[42] Scott J F, Paz de Araujo C A, Melnick B M, et al. J. Appl. Phys., 1991(70):382
[43] Al Shareef H N, Tuttle B A, Warren W L, et al. J. Appl. Phys., 1996(79):1013
[44] Warren W L, Dimos D, Pike G E, et al. Appl. Phys. Lett.1995(67):866

[45] Takahashi S. Ferroelectrics, 1982(41):143
[46] Chen J, Ho KS, Lin J, et al. Integrated Ferro electrics, 1995(10):215
[47] Waser R. Ferro electric Ceramics, edited by Setter N and Colla E L, Birkhauser and Verlag, 1993
[48] Waser R, Baiatu T, Hardtl, K-H. J. Amer. Ceram .Soc., 1990(73):1645
[49] Paz de Araujo C A, Cuchiaro J D, McMillan L D, et al. Nature, 1995(374):627
[50] Scott J F, Ross F M, Paz de AraujoCA, et al. MRS. Bull., 1996(21):33
[51] Smolensky G A, Agronovskaya A I. Sov. Phys., Solid State, 1959(1):149, 400, 907
[52] Subbarao E C. J. Chem. Phys. 1961(34):695; Phys. Rev., 1961(122):804
[53] Klee M, Mackens U, Pankert J, et al. in Science and Technology of Electroceramics Thin Films, edited by Auciell. O and Waser R, Kluwer, Dordrecht, 1995:99
[54] McMillan L D, Paz de Araujo C A, Robert J, et al. Ferroelectrics, 1992(2):351
[55] Amanuma K, Hase T, Miyasaka Y. Appl. Phys Lett., 1994(66):221
[56] Dat R, lee J K, Auciello O, et al. Appl. Phys. Lett., 1995(67):572
[57] Scott J F, Ross F M, Paz de AraujoCA, et al. MRS Bullet., 1996:33